航天科技图书出版基金资助出版

WILEY

加速试验

——统计模型、试验设计与数据分析

Accelerated Testing

Statistical Models，Test Plans，and Data Analysis

［美］韦恩·B. 纳尔逊（Wayne B. Nelson） 著

张正平 李海波 等 译

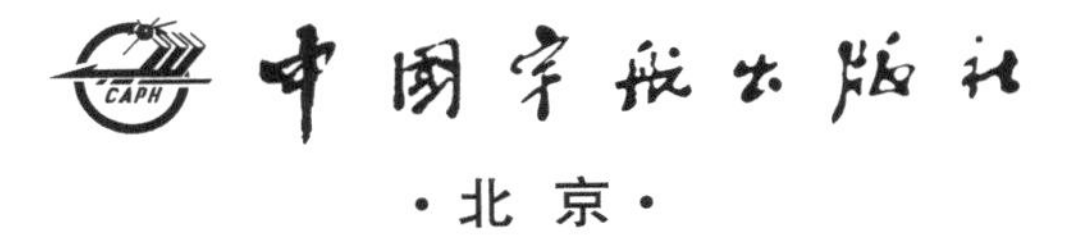

·北京·

著作权合同登记号：图字：01－2019－5241 号

图书在版编目(CIP)数据

加速试验：统计模型、试验设计与数据分析 /（美）韦恩·B·纳尔逊（Wayne B.Nelson）著；张正平等译. -- 北京：中国宇航出版社，2019.8（2023.9重印）

书名原文：Accelerated Testing：Statistical Models，Test Plans，and Data Analysis

ISBN 978-7-5159-1679-8

Ⅰ.①加… Ⅱ.①韦… ②张… Ⅲ.①加速寿命试验 Ⅳ.①N33

中国版本图书馆 CIP 数据核字(2019)第 190796 号

责任编辑　彭晨光　　**封面设计**　宇星文化

出版发行　中国宇航出版社

社　址	北京市阜成路 8 号　**邮　编**　100830 (010)60286808　(010)68768548	**版　次**	2019 年 8 月第 1 版 2023 年 9 月第 3 次印刷
网　址	www.caphbook.com	**规　格**	787×1092
经　销	新华书店	**开　本**	1/16
发行部	(010)68767386　(010)68371900 (010)68767382　(010)88100613（传真）	**印　张**	35
		字　数	852 千字
零售店	读者服务部　(010)68371105	**书　号**	ISBN 978-7-5159-1679-8
承　印	北京厚诚则铭印刷科技有限公司	**定　价**	128.00 元

本书如有印装质量问题，可与发行部联系调换

航天科技图书出版基金简介

航天科技图书出版基金是由中国航天科技集团公司于2007年设立的，旨在鼓励航天科技人员著书立说，不断积累和传承航天科技知识，为航天事业提供知识储备和技术支持，繁荣航天科技图书出版工作，促进航天事业又好又快地发展。基金资助项目由航天科技图书出版基金评审委员会审定，由中国宇航出版社出版。

申请出版基金资助的项目包括航天基础理论著作，航天工程技术著作，航天科技工具书，航天型号管理经验与管理思想集萃，世界航天各学科前沿技术发展译著以及有代表性的科研生产、经营管理译著，向社会公众普及航天知识、宣传航天文化的优秀读物等。出版基金每年评审1～2次，资助20～30项。

欢迎广大作者积极申请航天科技图书出版基金。可以登录中国宇航出版社网站，点击“出版基金”专栏查询详情并下载基金申请表；也可以通过电话、信函索取申报指南和基金申请表。

网址：http：//www.caphbook.com

电话：(010) 68767205，68768904

译者序

可靠性是产品质量和竞争力的重要保证，而可靠性试验是保证和评估产品可靠性的有效手段。随着科技的发展和产品质量的提高，高可靠、长寿命成为众多新研产品的重要特性，但也为这些产品可靠性的评估带来了一些难题。加速试验是通过提高试验应力水平来缩短试验周期的一种可靠性试验方法。通过加速试验可以快速激发产品故障，使高可靠、长寿命产品的可靠性评定成为可能。同时，加速试验还可为产品改进设计、提高质量提供依据。20世纪70年代，加速寿命试验技术传入我国，立即引起工程界和统计学家的兴趣，并开始在电子、机械、仪表等行业边使用边研究。经过近50年的发展，加速试验已在我国多个工业领域广泛开展，成为可靠性工程技术研究的重要组成部分。本书由美国可靠性领域著名专家Wayne Nelson博士撰写，是一本有关可靠性和加速试验数据统计分析的经典著作。翻译此书，一是为了系统介绍国外加速试验方法，推动国内加速试验方法的理论和应用研究，二是希望能够为我国加速试验方法的进一步推广应用贡献力量。

本书系统介绍了评估产品可靠性的加速试验统计模型、试验设计与数据分析方法，涵盖了大多数加速试验数据统计模型和方法，并包含了大量的相关实例，内容全面，结构合理，通俗易懂，实用性强。

本书面向专业工程师、统计人员，以及在产品的设计、研发、试验、制造、质量控制等过程中使用加速试验的工程技术人员，可供航空、航天、电子、机械等关注产品寿命和可靠性的行业从业人员，以及生物、医药、保险统计等关注回归模型的行业从业人员参考。此外，本书还可作为统计和工程课程的辅助教程。

本书共11章，由张正平、李海波负责全书的策划、翻译、统稿等工作，由张正平、李海波、徐静、冯国林、原凯、吴建国、李志强、王龙、李凌江、尹凯完成全书译校工作。在本书翻译过程中，得到了北京强度环境研究所李宪珊研究员、宋文治研究员的大力支持和帮助，谨以致谢。

由于译者水平有限，难免存在错误和不当之处，恳请读者指正。

译　者

2018年11月

译者序

再版序

本书 1990 年首次出版，对加速试验数据统计模型与分析方法的介绍，在目前看来仍是最全面的。令人欣慰的是，本书已被广泛应用，并受到统计和工程领域从业人员的称赞。这次廉价平装版的面世离不开 Steve Quigley 先生、Susanne Steitz 女士以及 Wiley 出版社员工的细致工作。

关于加速试验的后续研究进展，读者可以关注以下文献：

• Meeker，W. Q. and Escobar，L. A. (1998)，*Statistical Methods for Reliability Data*， Wiley，New York，www. wiley. com. 特别是，该书的退化模型和相应的统计方法与本书的第 11 章，可共同构成对加速退化的基本介绍。

• Nelson，Wayne (2004)，“A Bibliography of Accelerated Test Plans”(加速试验计划的参考书目) 收录超过 100 篇参考文献，若有需求可与作者联系：WNconsult@aol. com。

自 1990 年以来，用于分析加速试验数据的商业软件发展迅速。为了反映这些进展，第 5 章中的表 5.1-1 与相应的文字说明已经更新。值得注意的是，使用正态分布近似试样分布，然后通过最大似然估计与渐近标准误差获得置信限的方式已不是当前的最佳实践案例。取而代之的方法是使用第 5 章中介绍的软件进行分析，该软件使用似然比计算置信限，因为这种方法得到的近似置信区间是目前已知的几乎所有应用软件中最好的。

Wayne B. Nelson
Consulting and Training
WNconsult@aol. com
2004 年 6 月
纽约，斯卡奈塔第

序

产品的可靠性决定了其质量和竞争力。在产品可靠性上，许多产品制造商每年要花费数百万美元。这些投入用于可靠性的管理和工程等各个方面，如：评估新设计，改进设计和工艺，查找故障原因，进行设计方案、供应商、材料、工艺方法的比对，等等，往往重大的决策都是基于几个试样的寿命试验数据。此外，对于长寿命产品，在设计条件下（低应力）进行寿命试验是不切实际的。许多产品在高应力条件下的寿命试验可以快速激发产品故障，分析加速试验的寿命数据得到设计条件下产品寿命的必要信息，可以节省大量的时间和金钱。本书针对加速试验介绍了实用的现代统计方法；介绍了最新的加速试验模型、数据分析方法和试验方案，包括很多最近几年新开发的有用的方法。本书有助于开展更高效的加速试验，获取更有效、准确的信息。

本书适用于职业工程师、统计学从业者，以及在设计、研发、测试、制造、质量控制和采购等环节使用加速试验的各类技术人员。本书对关注存活率回归模型的其他领域的研究人员也有帮助，如医学、生物学和精算学等。同时，本书也是统计和工程课程的有益补充，因为它提供了很多实例，重视实用的数据分析方法（采用图形化的方法和计算机程序），并展示了如何使用通用的最大似然方法分析截尾数据。

编写本书的目的主要是为从业者服务，许多最简单和最有用的材料均为首次出现。本书从基本模型和图形数据分析开始，一直延伸到先进的最大似然方法和有效的计算机程序应用。为了方便参考，每个主题都相对独立，尽管这会造成一些重复。因此，本书可作为参考书或教科书。通常情况下，书中的推导过程均被省略，除非它们有让读者顿悟的奇效。在本书知识内容较高深的章节中给出了一些推导过程，以满足那些寻求更深入的理解或发展新的统计模型、数据分析方法和计算机程序的人的需求。充足的参考文献将为那些寻求数学证明的人提供更多的帮助。

读者在阅读本书前3章内容时，不需要任何专业基础，对于第4章及其以后的部分，需要一定的统计学基础。对于更高深的内容，读者需要熟练掌握微积分、偏微分以及矩阵代数等基础。

关于加速试验统计方法的文献有很多且在不断更新。但本书仅限于那些最基本且应用最为广泛的方法，本书参考的文献未详尽列出。书中引用了一些为客户开发且先前未公开的方法，这些方法可能在方法论上还存在一些缺陷，希望有人能指出并完善。至于除了本书基本方法之外的先进创新和复杂应用程序，建议咨询专家或查阅文献。

本书第 1 章介绍加速试验的基本概念、术语和实际工程关注的重点。第 2 章介绍加速试验模型，包括产品的基本寿命分布和寿命-应力关系。第 3 章阐述评估产品寿命的简便的图形分析方法。数据图形容易看懂、信息丰富，且只需要很少的统计学知识基础。第 4 章介绍完全寿命数据（所有试样均发生故障）的最小二乘估计和置信区间。第 5 章介绍适用于截尾寿命数据（部分试样发生故障）的最大似然估计和置信区间。第 6 章介绍如何选定试验方案，即确定应力水平和对应的试样数量。第 7 章介绍竞争失效模式下数据的处理方法，包括模型、图形分析和最大似然分析。第 8 章和第 9 章介绍利用最小二乘法和最大似然方法进行的比较（假设检验）。第 10 章介绍步进应力试验和累积失效模型。第 11 章介绍加速退化试验方法和模型。

书中所有实例的数据都是真实的，大多来自我在通用电气等公司从事顾问工作时的积累。不同于教科书的例子，许多数据集显得有点散乱——未被完全理解且充满瑕疵。对于私有数据，采用属类命名和倍乘系数的方式进行了保护。在此，我由衷地感谢那些为本书慷慨提供实例数据的客户和同事。

我非常感谢为本书出版给予帮助的朋友。Gerald J. Hahn 博士是一位知识渊博、充满活力、值得尊重的同事，在加速试验技术研究方面，他给予我的支持超过其他任何人。此外，他还帮我获得了通用电气公司对本书的出版资助。感谢通用电气公司研发部门的管理层对我的支持，他们是 Roland Schmitt 博士（现任伦斯勒理工学院院长）、Walter Robb 博士、Mike Jefferies 博士、Art Chen 博士、Jim Comly 博士和 Gerry Hahn 博士。Josef Schmee 教授在任联合大学研究生管理学院主任期间为我撰写本书提供了办公条件，并给了我一个用本书原稿教授课程的机会，这对书稿的完善提高非常有帮助。

感谢不惜时间认真阅读书稿并提出宝贵建议的朋友们，特别感谢为本书做出重要贡献的 Bill Meeker 教授、Necip Doganaksoy 博士、Ralph A. Evans 博士、D. Stewart Peck 先生、Agnes Zaludova 博士、Don Erdman 先生、John McCool 先生、Walter Young 先生、Dev Raheja 先生和 Tom Boardman 教授。我对加速试验的兴趣和多数贡献归功于实践应用的促进和众多合作研究，尤其是与 Del Crawford 先生、Don Erdman 先生、Joe Kuzawinski 先生和 Niko Gjaja 博士的合作。许多工程专家和统计学专家为本书的编写提供了关键的参考文献和其他贡献，在此一并感谢。

本书精美的插图归功于 James Wyanski 先生（斯科舍，纽约）和 Dave Miller 先生的出色工作。John Stuart 先生（斯卡奈塔第，纽约）和 Rita Wojnar 女士娴熟的文字处理技术对书稿编辑也大有裨益。

希望在期刊出版物中引用本书的实例、数据和其他材料的作者应在著作权法的许可范围内以适当形式说明信息来源。这些材料的其他任何形式的使用都需要有出版商的书面许可。

欢迎来信对本书的主要参考文献或内容的完善改进提出宝贵建议。

Wayne B. Nelson
1989年8月
纽约，斯卡奈塔第

作者简介

Wayne Nelson 博士是加速试验数据和可靠性统计分析领域最主要的专家之一。他目前担任多家公司的顾问，针对统计方法的不同工程和科研应用为企业提供咨询，开发了新的统计方法和计算机程序。Nelson 博士为企业、高校和专业协会提供讲学、培训和研讨；Nelson 博士还是一名鉴定人，并曾在通用电气公司研发部门从事应用咨询 25 年。

鉴于他在可靠性、加速试验方面的贡献，Nelson 博士被选为美国统计协会会员（1973）、美国质量协会会员（1983）以及电气与电子工程师学会（IEEE）会员（1988）。由于他在产品可靠性与加速试验数据统计方法开发与应用方面的突出贡献，通用电气公司研发部为他颁发了 1981 年度 Dushman 奖。美国质量协会为表彰他杰出的技术领导与创新发展能力而授予他 2003 年度 Shewhart 奖。

Nelson 博士已发表统计方法方面的学术论文 120 余篇，其中大部分都是关于工程应用的。由于发表的论文，他曾获 1969 年度 Brumbaugh 奖、1970 年度 Youden 奖和 1972 年度 Wilcoxon 奖，以及所有美国质量协会的奖项。ASA 为表彰他在国家联合统计会议上发表的高水平论文，已经授予他 8 次杰出表现奖。

1990 年，他获得第一个 NIST/ASA/NSF 高级研究奖学金资助，在美国国家标准与技术研究所合作研究微电子的电迁移失效模型。2001 年，受 Fulbright 奖资助，他在阿根廷从事可靠性数据分析的研究和讲学工作。

1982 年，Nelson 博士完成专著 *Applied Lfe Data Analysis* 的撰写，并由 Wiley 出版社出版发行；1988 年该书由日本科学家和工程师联合会翻译成日语出版。1990 年，Wiley 出版社出版了他的标志性著作 *Accelerated Testing：Statistical Models，Test Plans，and Data Analyses*。2003 年，ASA - SIAM 出版了他的著作 *Recurrent Events Data Analysis for Product Repairs，Disease Episodes，and Other Applications*。他还参与了多本教科书和指导手册的编写，并为工程协会的标准建立做出了贡献。

作者简介

目 录

第 1 章　绪　论

1.1　怎样使用本书

本节描述全书的主要内容、组织结构，以及如何使用本书。本书介绍了用于评估产品可靠性的加速试验的统计模型、试验设计与数据分析。

（1）本章概述

本章是加速试验方法的绪论。1.2 节概述加速寿命试验的常见应用和信息来源；1.3 节介绍加速试验的数据类型；1.4 节介绍加速类型与应力加载类型；1.5 节讨论设计和实施加速试验时的工程因素；1.6 节介绍常用加速试验；1.7 节概述数据收集和分析过程中的统计步骤和考虑因素。本章是本书其他章节的基础。阅读本章，读者仅需具有一般的工程基础。当然，事先熟悉加速试验对学习本书是有帮助的。不熟悉的读者，可在阅读第 1 章之前阅读第 2 章和第 3 章。

（2）全书概述

第 1 章是全书的概览，并说明了所需的基础。第 2 章描述了加速寿命试验模型，包括寿命分布和寿命-应力关系。第 3 章介绍了完全数据和截尾数据分析的概率图和寿命-应力关系图。规定所有样品失效时的数据为完全数据；数据分析时，部分样品失效，则该类数据为截尾数据。概率图和寿命-应力关系图可用于估计模型参数、产品寿命（分布百分位数、可靠度、失效率）及其他参量。第 4 章介绍完全数据的最小二乘法，可以得到点估计和对应的置信限。第 5 章是截尾数据的最大似然方法，可以得到点估计和置信限。第 6 章介绍加速试验方案设计。第 7 章介绍竞争失效模式数据的模型、图形分析法和最大似然分析方法。第 8 章和第 9 章介绍完全数据和截尾数据的比较（假设检验）方法。第 10 章论述步进应力试验、累积失效模型和数据分析方法。第 11 章介绍加速退化试验、模型和数据分析方法。Nelson（1990）简要介绍了上述主题最基本的应用要点。

（3）文档结构

图 1.1-1 显示了本书的所有章节，各章根据数据类型（完全、截尾和竞争失效模式）和统计方法（图形分析法、最小二乘法和最大似然方法）组织，按照难度排序，图中的箭头表明前面章节是后面章节的基础。此外，每章的引言都会指出该章需要的基础知识，并描述该章的层级。前 3 章比较简单，是所有章节的基础。描述模型的第 2 章是其他所有章节的基础。介绍数据图形分析法的第 3 章是最有用的。第 4～6 章按照难度排序。按照学科发展的逻辑，第 6 章（试验方案设计）在第 5 章（截尾数据和最大似然方法）之后，但

在第 2 章之后阅读也是有益的。对于许多计划采用某一特定模型的读者，可以跳过第 3 章（数据图形分析法）内容，仅阅读与该模型相关的部分。最大似然方法（第 5 章）非常重要，它们是通用的，适用于大多数模型和数据类型，并具有很好的统计特性。如果时间有限，阅读第 2、3、5 章重点章节，可以解决大部分问题。第 7～11 章论述不同专题，可以按任何顺序阅读。

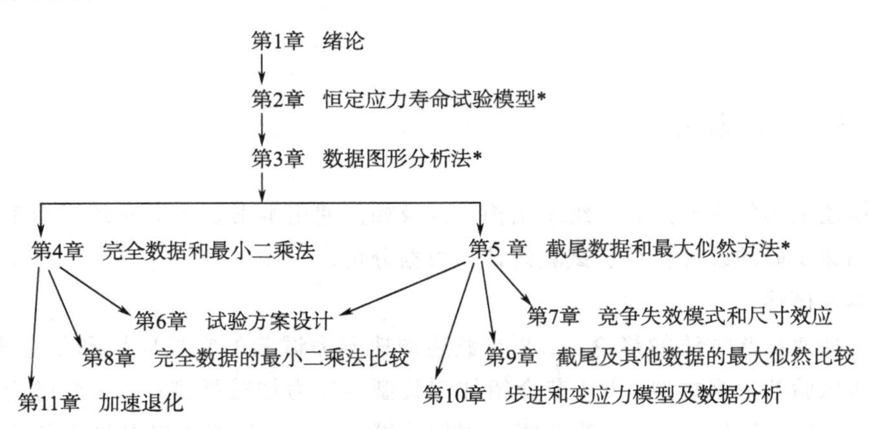

图 1.1-1　全书组织结构（* 基础章节）

（4）编号方式

本书章节、公式、图、表的编号方式如下。每一章内的节编号包括章序号和节序号，如 2.4 为第 2 章第 4 节；子节编号包括章节号和子节序号，如 2.4.2 为第 2 章第 4 节第 2 子节。公式编号包含章节号和公式号，如式（2.2-3）是第 2 章 2.2 节中的第 3 个公式。图和表的编号中包含章节号和图表序号，如图 2.2-3 是第 2 章 2.2 节中的第 3 幅图。

（5）习题

每章最后有两种类型的习题，一种是用该章所讲述的方法分析数据，另一种是将该章的结论进行扩展，再应用到其他习题。星号（*）表示困难或复杂的习题。

（6）引用

本书参考文献的引用方式采用哈佛体系。每条引用包括作者姓名、出版年度和该年度的出版物，例如“Nelson（1972b）”是指引用的是 Nelson 在 1972 年出版的第 2 种出版物。本书最后列出了所有参考文献，合著参考文献根据第一作者列在独著参考文献的后面。例如，Nelson and Hahn（1972）列在 Nelson 的参考文献之后。

（7）表

基本统计用表在本书后面的附录 A 中列出，其他可由参考文献中获得。

（8）目录

本书的目录详细，同时，为方便读者，有些章节是独立的，因此有些内容有重复。

（9）推导

本书省略了大部分推导过程，这是因为：1）了解假设而不了解推导过程，读者也可以正确应用大部分方法；2）很多推导过程对读者或教师来说很容易；3）读者可将更多时间用于阅读实际有用的方法。很多推导过程可参见 Mann、Schafer and Singpurwalla (1974)，Bain (1978)，尤其是 Lawless (1982) and Viertl (1988) 的著作。

1.2 方法与应用综述

本节简要回顾加速试验的统计方法、工程方法与文献，并简要介绍加速试验广泛应用的情况。

1.2.1 方法

(1) 加速试验

简单地说，加速试验包括多种用以缩短产品寿命或加速其性能劣化的试验方法。加速试验的目的是快速获取数据，通过恰当的建模分析，得到正常使用条件下的产品寿命或性能信息。加速试验可以节省大量时间和经费。本书旨在为从业者提供基本的、实用的加速试验统计模型、试验设计和数据分析方法。

(2) 统计方法

近年来，统计学家开发了很多用于加速试验的统计方法，解决了 Yurkowski、Schafer 和 Finkelstein (1967) 列出的大部分统计问题。例如，统计学家解决了加速试验的大难题——竞争失效模式数据的正确分析（第7章）。含有加速试验统计方法章节的书籍有 Lawless (1982)，Mann、Schafer and Singpurwalla (1974)，Jensen and Petersen (1982)，Lipson and Sheth (1973)，Tobias and Trindade (1986)，Kalbfleisch and Prentice (1980)，Cox and Oakes (1984)，以及 Little and Jebe (1975)。Viertl (1988) 综述了加速试验的统计理论，Nelson (1990) 简要介绍了实用的加速试验统计方法和模型的最基本要素。本书提供了实用的加速试验统计方法和模型。统计方法还在快速发展中，因此图书出版超过5年会缺少重要的进展，超过10年将严重过时，本书也不例外。

加速试验统计方法的调研文献包括 Viertl (1988)，Nelson (1974)，Ahmad and Sheikh (1983)，Meeker (1980)，Singpuwalla (1975)，以及 Yurkowski、Schafer and Finkelstein (1967)。Peck and Trapp (1978) 介绍了半导体数据的简单图形分析法，Peck and Zierdt (1974) 综述了加速试验在半导体上的应用。

(3) 期刊

加速试验方面的期刊可以在本书后面的参考文献中找到，加速试验统计方法方面的期刊有：

- *American Soc. for Quality Control Annual Quality Congress Transactions*
- *Annals of Reliability and Maintainability*
- *Applied Statistics*
- *IEEE Transactions on Reliability*
- *J. of Quality Technology*

- *J. of the American Statistical Assoc.*
- *J. of the Operations Research Soc. of America*
- *J. of Statistical Planning and Inference*
- *Naval Research Logistics Quarterly*
- *Proceedings of the Annual Reliability and Maintainability Symposium*
- *The Q R Journal - Theory and Practice, Methods and Management*
- *Quality and Reliability Engineering International*
- *Reliability Review of the American Socf or Quality Control*
- *Technometrics*

（4）工程方法

工程师们早已将加速试验应用于多种产品。各国政府和专业协会发布了一系列加速试验方法和数据分析的标准和手册。工程参考文献中包含大量关于加速试验理论和应用的论文。Meeker（1980）关于加速试验的参考书目、Yurkowski and others（1967）引用的524篇更早的参考文献说明了加速试验应用的广泛性。同时，多种工程图书都介绍了加速试验，相关实例可以在后面的应用中看到。

（5）数据库/手册

本书涵盖加速试验数据收集和分析的统计方法，但对于具体的材料和产品，缺乏数据库和手册，以下资源可以作为加速试验数据研究的起点。美国国防部（DoD）（1981，1985）主持的信息分析中心（IACs）发布的有：

- Concrete Technology IAC，（601）634 - 3269
- DoD Nuclear IAC，（805）963 - 6400
- Infrared IAC，（313）994 - 1200 ext. 214
- Metals and Ceramics IC，（614）424 - 5000. See the publication list of Metals and Ceramics IAC（1984）
- Metal Matrix Composites IAC，（805）963 - 6452
- Plastics Technical Evaluation Center，（201）724 - 3189
- Pavement and Soils Trafficability IAC，（601）634 - 2209
- Reliability AC，（315）330 - 4151
- Thermophysical and Electronic Properties LAC，（317）494 - 6300

其他信息资源有：

- 多个领域的标准，美国国家标准研究所［Standards in many fields，American National Standards Inst. Catalog，1430 Broadway，New York，NY 10018］；
- 国家核数据中心［National Nuclear Data Center，（516）282 - 2103］；
- 电子化引用和数据库，STN 国际（化学文摘社）［Computerized references and data bases，STN International（Chemical Abstracts Service），PO Box 3012，Colombus，OH 43210 - 9989］；

• IEEE出版物索引，以及IEEE标准快速索引［Index to IEEE Publications（1988），（201）981－1393. Also，*Quick Reference to IEEE Standards*］；

• 乌利希国际期刊指南，美国鲍克公司（*Ulrich's International Periodicals Directory*，R. R. Bowker Co.，New York）；

• 科学引文索引（*Science Citation Index* for locating more recent papers citing known papers on a topic）；

• 关于电子、机械部件失效率的政府-行业数据交换计划［GIDEP，Government-Industry Data Exchange Program，for failure rates of electronic and mechanical components，（714）736－4677］；

• 信息和数值数据分析与综合中心，维护电介质和其他材料数据库［CINDAS－Center for Information and Numerical Data Analysis and Synthesis，Purdue Univ.，Dr. C. Y. Ho，(317)494－6300. Maintains data bases on dielectrics and other materials］。

（6）省略

本书省略了加速试验涉及的多个工程方向，包括：

• 失效分析。信息来源包括检测和失效分析国际研讨会，涂层力学性能、功能和失效模式研讨会（NBS/NIST），塑料工程师学会失效分析小组，以及Ireson and Coombs（1988）的第13章。

• 试验设备与实验室。信息来源包括质量进展(1988)，工程评估杂志［(813)966－9521］，美国实验室认可联合会（200信箱，传真VA 22039），以及专业协会的各种标准。

• 度量/计量和检测方法。工程协会的标准详细论述了这些内容，会议包括IEEE仪表与测量技术会议等，参考文献包括Heymen（1988）等。

（7）应用

为了方便，加速试验应用分为以下3个方面：1）材料；2）产品；3）退化机理。这些简要论述意在说明加速试验应用广泛，熟悉某一应用可以得到基本的认识。每方面的介绍都包括：应用情况、典型产品、加速应力、专业协会、期刊和会议，以及部分参考文献。应用实例详见Meeker（1980）和Carey（1988）中提到的加速试验文献，更早的应用可见Yurkowski and others（1967）的综述。多数应用涉及时间——故障时间或产品的性能退化时间。

1.2.2 材料

下面简要总结材料的加速试验，包括金属、塑料、电介质和绝缘材料、陶瓷、胶粘剂、橡胶和弹性材料、食品与药品、润滑剂、保护涂层和涂料、混凝土和水泥、建筑材料，以及核反应堆材料。

（1）金属

加速试验已被应用于金属，样品包括试样和实际零部件，以及组件、焊缝件、钎焊件、粘合件和其他形式。表征特性包括疲劳寿命、蠕变、蠕变断裂、裂纹萌生和扩展、磨损、腐蚀、氧化和锈蚀。加速应力有机械应力、温度、样品几何形状、表面光洁度。化学加速因素包括湿度、盐雾、腐蚀剂和酸性物质。协会组织包括美国材料试验学会（ASTM）、美国机械工程师学会（ASME）、美国粉末冶金研究所、ASM国际（原美国金属学会）、金属研究所、汽车工程师学会（SAE）和实验力学学会（SEM）。参考文献包括ASTM STP 91－A，744和E739－80，Little and Jebe（1975），Graham（1968），Dieter（1961），Shelton（1982），金属和陶瓷信息中心（1984），SAE手册AE－4（1968），以及Carter（1985）。

（2）塑料

加速试验已被应用于多种塑料制品，包括建筑材料、（电/热）绝缘材料、机械部件、包覆层。材料有高分子聚合物、聚氯乙烯（PVC）、氨基甲酸乙酯泡沫和聚酯纤维。表征特性包括疲劳寿命、耐久性、力学性能和色牢度。加速应力有机械载荷（包括振动和冲击）、温度（包括循环和冲击）、气候环境（紫外线辐照和湿度）。协会组织包括美国塑料协会、塑料与橡胶研究所（PRI）、塑料工程师学会（尤其是其失效分析专业小组）。会议包括聚合物疲劳国际会议等。出版物有《高分子工程与科学》（*Polymer Engineering and Science*）、《高分子应用学报》（*J. of Applied Polymer Science*）。参考文献包括Mark（1985），Brostow and Corneliussen（1986），Hawkins（1984，1971），Underwriter Labs（1975），以及Clark and Slater（1969）。

（3）电介质和绝缘材料

加速试验在电介质和绝缘材料的应用包括固体（聚乙烯、环氧树脂）、液体（变压器油）、气体和复合物（油脂、环氧云母）。产品包括电容、电缆、变压器、电动机、发电机，以及其他电气设备。表征特性包括失效时间和其他性能（击穿电压、伸长率、极限机械强度）。加速应力包括温度、电压应力、热循环、热冲击、电循环、电冲击、振动、机械应力、辐射和湿度。协会组织包括电气和电子工程师协会（IEEE）、美国材料试验学会（ASTM）和国际电工委员会（IEC）。出版物有*IEEE Trans. on Electrical Insulation*和*IEEE Electrical Insulation Magazine*。会议包括IEEE年度电气绝缘和介电现象会议、IEEE一年两次的电气绝缘国际研讨会和电气/电子绝缘会议。参考文献包括Sillars（1973），IEEE Standard 101（1986），IEEE Standard 930（1987），Goba（1969），IEEE Index（1988），Vincent（1987），Simoni（1974，1983），Vlkova and Rychtera（1978），Bartnikas（1987，第5章）。

（4）陶瓷

加速试验在陶瓷方面的应用关注疲劳寿命、磨损，以及力学和电学性能的退化。参考文献包括金属和陶瓷信息中心（Metals and Ceramics Information Center）（1984）。协会组织包括美国先进陶瓷协会和美国陶瓷学会。出版物有《美国陶瓷学会学报》（*J. of the American and American Ceramics Society*）。会议包括世界材料大会（ASM）、陶瓷研讨会和展览会（ASM/ESD）。参见Frieman（1980）及金属部分的参考文献。

(5) 胶粘剂

加速试验已应用于胶粘剂和粘接材料，如环氧树脂。表征特性包括寿命和强度。加速应力有机械应力、循环速率、加载模式、湿度和温度。参考文献包括 Beckwith（1979，1980），Ballado Perez（1986，1987），Gillespie（1965）和 Rivers and others（1981）。

(6) 橡胶和弹性材料

加速试验已应用于橡胶和弹性材料（如高分子聚合物）。产品包括轮胎和工业安全带。表征特性包括疲劳寿命和耐久性。加速应力包括机械载荷、温度、路面状况和气候因素（太阳辐射、湿度和臭氧）。协会组织有塑料与橡胶研究所（PRI）。参考文献包括 Winspear（1968）的《范德比尔特橡胶手册》（*Vanderbilt Rubber Handbook*）和 Morton（1987）。

(7) 食品与药品

加速试验已应用于食品（如白葡萄酒的褐变）、药物、医药用品，以及其他化学制品。表征特性通常为贮藏（或贮存）寿命，一般用可分解的活性成分数量表示。性能变量包括味道、pH 值、水分损失或增加、微生物生长、颜色，以及特定的化学反应。加速变量包括温度、湿度、化学制剂、pH 值、氧和太阳辐射。协会组织包括美国试验方法学会、美国药剂师学会和国际药品制造商协会。主要会议包括 Interplex 年度会议。Kulshreshtha（1976）给出了 462 篇关于医药制品贮存的参考文献。参考文献包括 Carstensen（1972），Connors and others（1979），Bentley（1970），US FDA Center for Drugs and Biologics（1987），Young（1988），Labuza（1982），Beal and Sheiner（1985），Grimm（1987）。

(8) 润滑剂

加速试验已应用于固体润滑剂（石墨、二硫化钼和聚四氟乙烯）、油、油脂及其他润滑剂。表征特性包括抗氧化、挥发性和杂质。加速应力包括速度、温度和杂质（水、铜、钢和污垢）。协会组织包括摩擦学和润滑工程师学会（STLE，原美国润滑工程师学会，ASLE）、美国国立润滑脂研究所（NLGI）、美国材料试验学会（ASTM）、汽车工程师学会（SAE）、Elsevier Sequoia，S. A.（瑞士）出版了关于摩擦、润滑和磨损原理与技术的国际期刊 *WEAR* 。

(9) 保护涂层和涂料

加速试验已应用于耐气候涂料（液体和粉末）、高分子聚合物、抗氧化剂、阳极氧化铝和电镀层的风化。表征特性包括颜色、光泽和物理完整性（如磨损、开裂、起泡）。加速应力包括气候因素［温度、湿度、太阳辐射（波长和强度）］与机械载荷。协会组织包括美国电镀和表面加工商协会。会议包括世界材料大会（ASM），涂层力学性能、特性和失效模式研讨会（NBS/NIST）。

(10) 混凝土和水泥

加速试验已应用于预测混凝土和水泥的性能——固化 28 天后的强度。加速应力为高温。会议包括水泥工业技术会议等。

(11) 建筑材料

加速试验已应用于木材、碎料板、塑料、复合材料、玻璃和其他建筑材料。表征特性包括抗磨损性、色牢度、强度及其他力学性能。加速应力包括载荷和气候因素（太阳辐射、温度、湿度）。参考文献包括 Clark and Slater（1969）。

(12) 核反应堆材料

加速试验已应用于核反应堆材料，如燃料棒包壳。表征特性包括强度、蠕变和蠕变断裂。加速应力包括温度、机械应力、污染物和核辐射（类型、能量和通量）。协会组织包括环境科学研究所（1988）和美国核学会。期刊包括《IEEE 核科学和辐射研究学报》（*IEEE Trans. on Nuclear Science and Radiation Research*）。DePaul（1957）调研总结了核反应堆材料的加速试验。

1.2.3 产品

下面介绍一些产品的加速试验，产品范围从简单的元器件到复杂的组装件。

(1) 半导体和微电子

加速试验已应用于多种类型的半导体器件，包括晶体管，如砷化镓场效应晶体管（GaAs FETs）、绝缘栅场效应晶体管（IGFETs）、发光二极管（LEDs），MOS 和 CMOS 器件，随机存取存储器（RAMs），以及它们的固定、连接和塑料封装材料。它们可以单独试验，也可以组装试验，如电路板、集成电路（LSI 和 VLSI）和微电路。表征特性包括寿命和某些工作性能。加速应力包括温度（恒定、循环、冲击）、电流、电压（偏置）、功率、振动和机械冲击、湿度、大气压力，以及核辐射。协会组织包括电气和电子工程师协会（IEEE）、美国电子协会（AEA）、先进材料和工艺工程协会。主要的专业会议包括国际可靠性物理研讨会、年度可靠性和维修性（RAM）研讨会、测试和失效分析研讨会、电子材料及工艺大会（ASM）、微电子封装和腐蚀年会，以及砷化镓集成电路研讨会（IEEE）。参考文献包括 Peck and Trapp（1978），Peck and Zierdt（1974），IEEE Index（1988），以及 Howes and Morgan（1981）。出版物包括上述专题讨论会的会议论文集、《微电子和可靠性》（*Microelectronic and Reliability*）、《IEEE 可靠性学报》（*IEEE Trans. on Reliability*）、《IEEE 固态电路期刊》（*IEEE Journal of Solid-State Circuits*）、《IEEE 消费电子学报》（*IEEE Trans. on Consumer Electronics*）、《IEEE 电路和设备杂志》（*IEEE Circuits and Devices Magazine*）、《IEEE 电路和系统学报》（*IEEE Trans. on Circuits and Systems*）、《IEEE 电子器件学报》（*IEEE Trans. on Electron Devices*）、《IEEE 电力电子学报》（*IEEE Trans. on Power Electronics*）、《国际 SAMPE 电子材料大会论文集》（*Proceedings of the International SAMPE Electronics Materials Conference*）、《IEEE 量子电子学期刊》（*IEEE J. of Quantum Electronics*）和《IEE 论文集》（*IEE Proceedings*）（英国）。

(2) 电容

加速试验已应用于大多数类型的电容器，包括电解电容、聚丙烯电容、薄膜电容和钽电容。表征特性一般为寿命。加速应力包括温度、电压、振动。发布加速试验方法及应用的相关标准和期刊文章的专业协会包括电气和电子工程师协会（IEEE）、美国电子协会（AEA）。此外，可参阅半导体应用的文献。

（3）电阻

加速试验已应用于薄膜电阻、金属氧化物电阻、热解电阻和碳膜电阻。表征特性为寿命。加速应力包括温度、电流、电压、功率、振动、电化学腐蚀（湿度），以及核辐射。参考文献包括 Krause（1974）。此外，可参阅半导体应用的文献。

（4）其他电子产品

加速试验已应用于其他电子元器件，如光电器件（光电耦合器、光电导元件）、激光器、液晶显示器，以及电连接器。表征特性、加速应力、专业协会和参考文献基本与半导体的相同。出版物包括《IEE论文集》（*IEE Proceedings*）、《IEEE电力电子学报》（*IEEE Trans. on Power Electronics*）、《IEEE电子材料期刊》（*IEEE Journal of Electronic Materials*）以及《IEEE电子设备学报》（*IEEE Trans. on Electron Devices*）。会议包括电子元器件会议（IEEE）和国际电子设备会议（IEEE）。

（5）电触点

加速试验已应用于开关、断路器和继电器的电触点。表征特性包括耐腐蚀性和寿命。金属疲劳、破裂和熔接是常见的失效机理。加速应力包括高速循环、温度、污染物（湿度）和电流。参考文献包括 IEEE Index（1988）。会议包括电触点霍尔姆会议（Holm Conference on Electrical Contacts）（IEEE）等。

（6）电池和电池组

加速试验已应用于可充电电池、不可充电电池和太阳能电池。表征特性包括寿命、自放电、电流和放电深度。加速变量包括温度、电流密度，以及充放电速率。协会组织包括电化学学会[(609)737 - 1902]。出版物包括《电化学学会期刊》（*Journal of the Electrochemical Society*）、《太阳能电池》（*Solar Cells*）（瑞士），以及《锂电池研讨会论文集》（*Proceedings of the Symposium on Lithium Batteries*）。参考文献包括 Sidik and others（1980），McCallum and others（1973），Linden（1984），以及 Gobano（1983）。会议包括电池研讨会（NASA），电池应用和发展年会（IEEE和加州州立大学），以及国际电源研讨会。

（7）灯

加速试验已应用于白炽灯（长丝）、荧光灯（包括镇流器）、汞蒸气灯和闪光灯。表征特性包括寿命、功率和光输出。加速应力包括电压、温度、振动以及机械与电子冲击。协会组织包括国际电工委员会（IEC）等。参考文献包括 EG&G Electro - Optics（1984）、IEC Publ. 64（1973）和 IEC Publ. 82（1980）。

（8）电子设备

加速试验已应用于多种电子设备，包括电动机、加热元件和热电转换器。参考文献包括 IEEE Index（1988）等。电动机和发电机的故障几乎都是由于绝缘材料或轴承失效引起的，因此，它们的寿命分布是根据它们的绝缘材料和轴承的寿命分布（第 7 章）推断的。

(9) 轴承

加速试验已应用于滚柱轴承、滚珠轴承和滑动（油膜）轴承。表征特性包括寿命和磨损量（质量损失）。材料包括滚动轴承用钢和氮化硅、滑动轴承用多孔（烧结）金属、青铜、巴氏合金、铝合金和塑料。加速应力包括超速、机械载荷和污染物。协会组织包括抗摩轴承制造商协会（AFBMA）、国际标准化组织（ISO）、美国材料试验学会（ASTM）、美国汽车工程师协会（SAE）和 ASM 国际（原美国金属学会）。参考文献包括 Harris (1984)、SKF (1981) 和 Lieblein and Zelen (1956)。

(10) 机械部件

加速试验已应用于机械部组件，例如汽车部件、液压元件、工具和齿轮。表征特性包括寿命和磨损量。加速应力包括机械载荷、振动、温度和其他环境因素，以及这些应力的组合。协会组织包括美国材料试验学会（ASTM）、美国汽车工程师协会（SAE），以及美国机械工程师学会（ASME）。会议包括国际机械设备监测和诊断大会（由纽约州斯克内克塔迪的联合大学赞助）。参考文献包括 Collins (1981)，Zalud (1971)，Boothroyd (1975)，还可参见金属的相关文献。

1.2.4 退化机理

下面介绍常见的产品性能退化机理，加速试验利用或研究这些机理。欲了解更多详细信息，请参阅之前关于材料和产品的论述。会议包括国际机械设备监测和诊断大会。

(1) 疲劳

如果材料受到反复的机械加载和卸载，包括振动，最终将会发生疲劳失效。金属、塑料、玻璃、陶瓷，以及其他机械材料的疲劳研究已取得很好的成果。疲劳是机械零件（包括轴承和电触头）的一个主要失效机理。常用的加速应力为载荷，其他应力有温度和化学物质（水、氢、氧等）。参考文献包括 Tustin and Mercado (1984)，ASTM STP 648 (1978)，ASTM STP 744 (1981)，ASTM STP 748 (1981)，ASTM STP 738 (1981)，Frieman (1980)，Skelton (1982)。

(2) 蠕变

蠕变是恒定机械载荷作用下材料产生缓慢的塑性变形，可能会妨害产品功能，甚至造成破裂或断裂。加速变量一般为温度和机械载荷、循环载荷及化学污染物（例如水、氢和氟）。参考文献包括 Goldhoff and Hahn (1968)，Hahn (1979)，以及 Skelton (1982)，参见金属和塑料的文献。

(3) 裂纹

金属、塑料、玻璃、陶瓷和其他材料都可能断裂，有必要研究裂纹的萌生和扩展。加速应力包括机械应力、温度和化学因素（湿度、氢、碱和酸）。参见金属和塑料的文献。

(4) 磨损

在实际应用中，许多材料受到摩擦作用而损耗，例如，橡胶轮胎胎面耗损，房屋油漆冲刷减损，齿轮、轴承和机床磨损。加速应力包括速度、载荷（大小和类型）、温度、润滑度、化学因素（湿度）。参考文献包括 Rabinowicz（1988），Peterson and Winer（1980）。DePaul（1957）调研了加速试验的核应用。Boothroyd（1975）论述了机床的磨损。Elsevier Sequoia，S. A.（瑞士）出版的 *WEAR* 是关于摩擦、润滑和磨损原理与技术的国际期刊。

（5）腐蚀/氧化

大多数金属和多数食品、药品等，由于与氧（氧化和生锈）、氟、氯、硫、酸、碱、盐、双氧水和水的化学反应而发生劣化。加速应力包括化学品的浓度、催化剂、温度、电压和机械载荷（应力腐蚀）。会议包括微电子封装和腐蚀年度会议。专业协会包括美国腐蚀工程师协会（NACE）。金属和陶瓷信息中心（1984）的出版物清单包括腐蚀方面的著作。参考文献包括 DePaul（1957）发表的有关加速试验及其应用的文章、Rychtera（1985），以及 Uhlig and Revie（1985）。

（6）自然老化

自然老化与天气对户外使用材料的影响效应有关，户外使用的材料包括金属、保护涂层（油漆、电镀和阳极化）、塑料和橡胶。加速应力包括太阳辐射（波长和强度）和化学因素（湿度、盐、硫和臭氧）。老化通常涉及腐蚀、氧化（生锈）、变色或其他化学反应。专业协会包括环境科学研究所（1988）。出版物包括《环境科学杂志》（*Journal of Environmental Sciences*）。

1.3 数据类型

本节介绍加速试验数据分析的预备知识。加速试验数据可以分为两种类型，对应所关心的两类产品特征：1）寿命，2）其他一些性能度量（如拉伸强度或延展性）。下面介绍试验数据相关的一些术语，这些预备知识对本书的其他章节非常重要。

（1）性能数据

人们可能关心产品性能是如何随着时间退化的。在加速性能试验中，样品在高应力下老化，并在不同时间测量它们的性能。通过拟合退化模型对性能数据进行分析，预测性能、时间和应力之间的关系。第 11 章详细讨论了这类数据，并介绍了退化模型和数据分析方法。加速退化试验早就开始应用于实践，例如，电绝缘材料和医药制品的高温老化。Goba（1969）提到了电绝缘材料的加速退化试验。

（2）寿命数据

正确的寿命数据分析依赖于数据的类型。下面介绍从单一试验或设计条件得到的寿命数据的常见类型。

（3）完全数据

完全数据包括每个样品的准确寿命（失效时间）。图 1.3-1（a）描绘了从单一试验条件得到的完全样本。图中每条直线的长度对应一个样品的寿命长度。第 3、第 4、第 8 章将探讨这类数据的分析处理方法。大量寿命数据是不完全的，也就是说，部分样品的确切失效时间是未知的，仅有其失效时间的部分信息。后续给出相关实例。

(4) 截尾数据

通常进行寿命数据分析时，有些样品还未失效，仅知道它们的失效时间超过它们目前的运行时间，这样的数据称为右截尾数据。在较早的文献中，这类数据或试验被称为截断(truncated) 数据或试验。未失效单元称为溢出件、幸存件、移除件，或中止件。这种截尾数据出现在下列情况中：1) 部分单元在失效之前被移出试验或停止使用；2) 部分单元在数据分析时仍在运行；3) 部分单元由于外部原因失效而被移出试验或停止使用，如试验设备失效。同样，仅知道失效时间在某一时间之前的数据称为左截尾数据。如果所有未失效单元的运行时间相同，且所有失效时间都迟于某个时间，此时数据为单一右截尾数据。当参试单元同时开始试验，并在所有单元失效之前进行分析时，得到单一截尾数据。如果该截尾时间是固定的，则数据是单一定时截尾数据，且在固定截尾时间的失效数是随机的。如图 1.3-1 (b) 所示，图中直线表明未失效单元的无失效运行时间，箭头指向右边表明单元的失效时间较晚。定时截尾数据也被称为Ⅰ型截尾数据。如果指定数量的单元失效停止试验，此时数据为单一定数截尾数据。指定数量的单元发生失效的时间是随机的，如图 1.3-1 (c) 所示。在工程实践中，定时截尾数据更常见，而定数截尾数据在理论文献中更常见，这是由于定数截尾数据在数学上更容易处理。第 3、第 5 章将介绍这类数据的分析方法。

(5) 多重截尾数据

许多具有不同运行时间的右截尾数据和失效数据混合在一起，被称为多重截尾数据(也称逐步截尾数据、超-截尾数据和任意截尾数据)。当单元的试验时间不同时，产生多重截尾数据，故在数据记录时，各单元的运行时间不同。多重截尾数据可能是定时截尾数据 [运行时间不同于失效时间，如图 1.3-1 (d) 所示] 或定数截尾数据 [运行时间与失效时间相同，如图 1.3-1 (e) 所示]。第 3、第 5、第 7 章将介绍这类数据的分析方法。

(6) 竞争失效模式

当样本单元由于不同原因失效，将出现混合竞争失效模式，如图 1.3-1 (f) 所示，其中 A、B 和 C 分别表示不同的失效模式。某一失效模式数据包括以该模式失效的各单元的失效时间。竞争失效模式下某一失效模式的失效数据是多重截尾数据。第 3、第 7 章将介绍这类数据的处理方法。

(7) 量子响应数据

有时，人们仅知道一个单元的失效时间是在某一确定时间之前或之后，每个观测值要么是左截尾要么是右截尾。如果每个单元只检查一次看它是否已经失效，得到的寿命数据称为量子响应数据，也称为灵敏度、概率单位、二元制和 0-1 响应数据，如图 1.3-1 (g) 所示。图中箭头表示单元在检查之前或之后失效。第 5 章将介绍这类数据的处理方法。

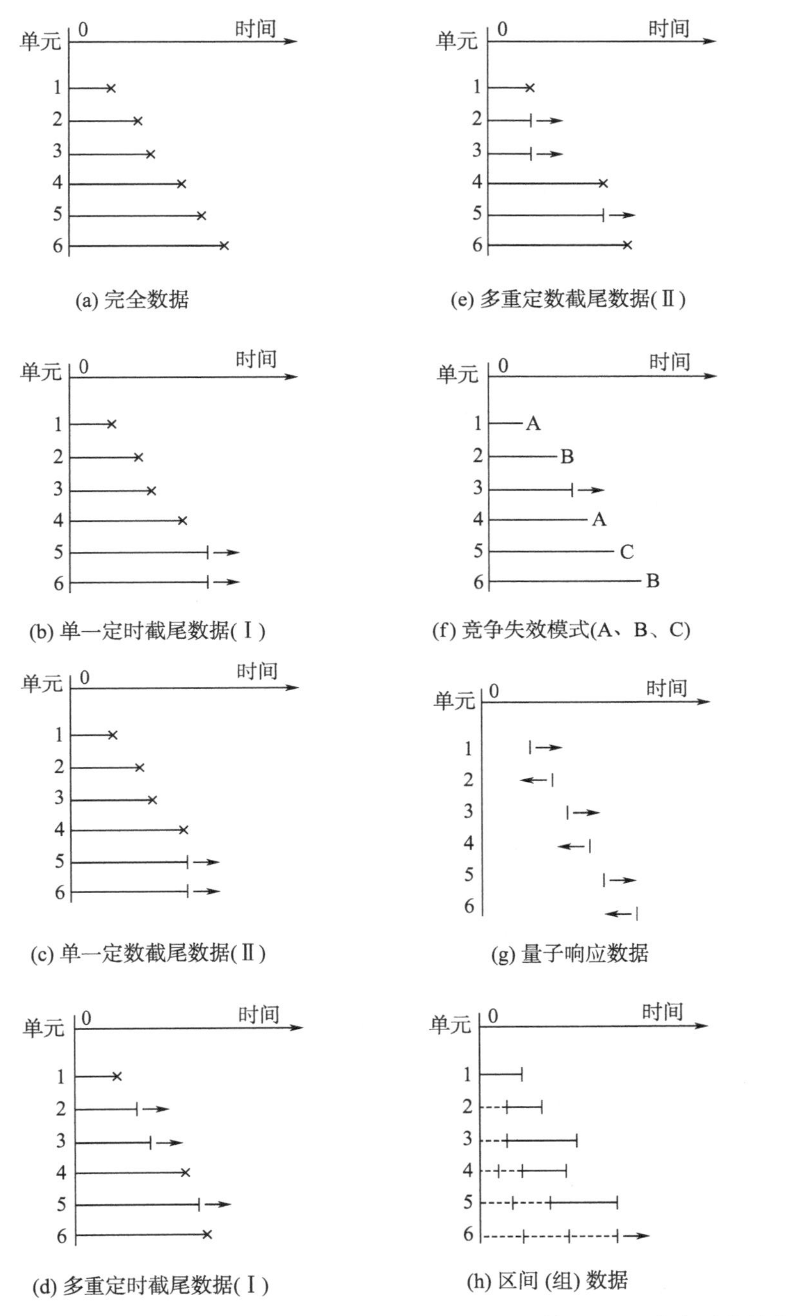

图 1.3－1 数据类型（×表示失效时间，|⟶ 表示运行时间，⟵| 表示失效较早）

(8) 区间数据

当每个单元的失效检测次数不止一次，仅知道一个单元的失效时间在两次检查之间，这类数据称为区间数据、分组数据或读出数据，如图 1.3－1 (h) 所示，图中直线表示单元失效的时间区间，虚线表示该单元未失效的检测区间。这类数据也可以包含右截尾和左截尾观测数据。第 5 章介绍这类数据的处理方法。

(9) 混合数据

数据也可以是包含上述数据类型的混合数据。

(10) 目的

截尾数据及区间数据分析与完全数据分析的目的基本相同，例如，评估模型参数和产品寿命分布、预测产品寿命。

1.4 加速类型与应力加载

本节介绍加速试验的常见类型（高使用率、过应力、截尾、退化和样品设计）和应力加载。先阅读 1.5.1 节试验目的可能更有益。

1.4.1 高使用率

一种加速缩短产品使用寿命的简单方法是更多地运行该产品——在更高的使用率下。以下是进行这类时间压缩试验的两种常用方法。

(1) 更快

加速的方法之一是使产品运行更快。例如，在许多寿命试验中，滚动轴承大约以正常速度的 3 倍运行。高使用率也可以与过应力试验联合使用。例如，滚动轴承同时在高于正常机械载荷下试验。高使用率的另一实例是由 Johnston and others (1979) 开展的一种电绝缘材料的电压耐久试验。试验采用的交流电压为 412 Hz，而不是常用的 60 Hz，那么试验时间将缩短为原来的 60/412=1/6.87。

(2) 减少不工作（关机、空闲）时间

许多产品在实际使用中大部分时间是不工作的。这些产品可以通过增加运行时间百分比来加速。例如，在大多数家庭中，某大家电（比如洗衣机或烘干机）每天运行 1 h 或 2 h，在试验时每天运行 24 h。日常使用时，冰箱压缩机每天运行约 15 h；在试验时，每天运行 24 h。某小家电（比如烤面包机或咖啡壶）每天运行几个循环，在试验时每天进行更多个循环。

(3) 目的

这类试验的目的是估计产品在正常使用率下的寿命分布。假设产品在试验时失效的循环数、转数、小时等数值与在正常使用率下的相同。例如，假设某轴承在高转速下运行 620 万转时发生故障，则在正常转速下也将运行 620 万转后发生故障。这些数据被视为来自于真实使用样本。通过规范的寿命数据分析可以估计保修期内的失效百分比、中位寿命等，还可进行设计、工艺、材料、供应商等的比较。Nelson (1983c, 1982, pp. 567-569) 及其引用的可靠性书籍阐述了这些分析方法。

(4) 假设

产品在高使用率和正常使用率下的失效循环数相同不是自动实现的。通常试验实施时必须特别注意，以确保产品操作和应力在除了使用率外的其他所有方面均相同。例如，高频率的使用通常会使产品温度升高，可能导致产品在较少的循环内失效，甚至可能会产生在正常温度和使用率下不存在的故障模式。因此，多数此类试验都包含冷却程序，以将产品温度保持在正常水平。相反，如果没有热循环，对热循环敏感的产品可能连续运行更长时间。由于这一原因，试验中的烤面包机在两个运行周期之间须用风扇冷却。

1.4.2 过应力

过应力试验是在高于正常应力水平的加速应力下进行的为缩短产品寿命或更快降低产品性能的试验。典型加速应力有温度、电压、机械载荷、热循环、湿度和振动。下文将根据试验目的和试验性质对过应力试验进行说明。过应力试验是加速试验最常见的形式，也是本书的主要内容。

1.4.3 截尾

现代加速试验实践中多采用截尾加速试验（第5、第6章），即试验在全部样品失效前结束，这缩短了试验时间。对于高可靠性产品，人们通常仅关心产品寿命分布的低尾段，并且由高尾段数据获得的信息一般很少。但是，有时设计应力水平下重要的失效模式在试验应力水平的寿命分布低尾段不会出现，而是出现在其寿命分布的高尾段。此时，高尾段数据非常有用，过早终止试验将丢失重要的失效模式（第7章）。

1.4.4 退化

加速退化试验属于过应力试验，此类试验是观测产品性能随时间的退化，而不是观测寿命。例如，在不同时间点测量绝缘材料样品在高温下的绝缘击穿电压。利用这些性能数据拟合性能退化模型，并外推性能和失效时间。因此，可以在样品失效之前预测失效时间和寿命分布，加快了试验。假设样品性能退化至低于规定值时发生失效，例如，当绝缘材料样品的击穿电压退化至低于设计电压时，样品失效。第11章将介绍加速退化模型和数据分析。

1.4.5 样品设计

某些产品的寿命可以通过样品的尺寸、几何形状和光洁度来加速。

(1) 尺寸

一般大样品比小样品失效快。例如，高容值电容器比相同设计的低容值电容器失效快。大电容仅仅是介电区域更大。同样的，长的电缆样品比短的失效更快。一个直径3英寸电极的绝缘液体的击穿时间比直径1英寸电极的短。大（直径或长度）金属疲劳样品比小的失效更快。为增加试验机上的金属样品数量，将一组蠕变断裂样品首尾相连，试验至一组中出现首个样品失效时停止，这就是所谓的突发性失效试验。通常人们需要估计更小或更大标准尺寸产品的寿命，这就需要一个考虑了样品尺寸的模型（第7章）。Harter

(1977 年）论述了这类模型。

（2）几何形状

样品的几何形状可能影响样品的寿命。例如，一些金属疲劳、裂纹扩展和蠕变断裂样品存在刻痕，从而产生局部高应力和早期失效。可能有人主张这样的样品是局部过应力，应该在过应力试验的范畴内讨论。但是，这些样品中的平均应力可能是正常设计应力。此外，金属样品的表面光洁度（粗糙度）和残余应力也会影响其疲劳寿命。

1.4.6 应力加载

加速试验的应力加载可以采用多种方式，常见的加载方式包括恒定、循环、步进、序进和随机应力加载。

本节论述仅限于单应力变量，但其原理可扩展到多个应力变量。

（1）恒定应力

恒定应力是最常用的应力加载方式。每个样品在一个恒定应力水平下试验，图 1.4－1 描述了 3 个应力水平的恒定应力加速试验。图中样品的经历被描述为沿水平直线至以“×”表示的失效，未失效样品的寿命以箭头表示。在最高应力水平下，所有 4 个样品全部失效。在中等应力水平下，4 个样品失效，1 个未失效。在最低应力水平下，4 个样品失效，4 个未失效。实际使用中，大多数产品在恒定应力下运行。因此，恒定应力试验可以模拟实际使用，其简单且具有以下优势：首先，在多数试验中，恒定应力水平更容易保持；其次，恒定应力加速试验模型更成熟，并已被经验验证；再次，可靠性评估的数据分析方法很成熟并已实现程序化。第 6 章介绍恒定应力试验的试验设计，包括“最佳”试验应力水平和每个应力水平下的样本数量的确定。

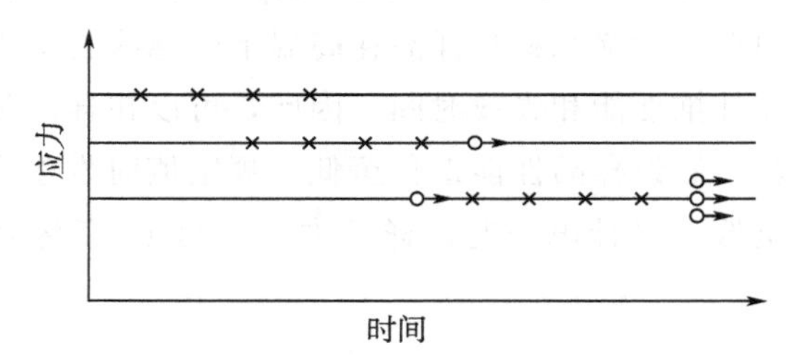

图 1.4－1 恒定应力试验（×表示失效，○→表示未失效）

（2）步进应力

在步进应力试验中，样品依次经受连续增大的应力水平。样品首先置于某一规定的恒定应力下至规定的时间。如果样品没有失效，则将其置于更高应力水平下到指定的时间，如此继续，样品经受的应力水平逐步提高，直至失效。通常，所有样品经受的应力水平和试验时间模式相同，有时不同的样品会采用不同的加载模式。图 1.4－2 显示了两种步进应力加载模式，步进应力数据可能是截尾数据。模式 1 有 6 个样品失效，3 个未失效。

①优点

步进应力试验的主要优点是可以快速出现失效。逐步增大的应力水平确保了这一点。

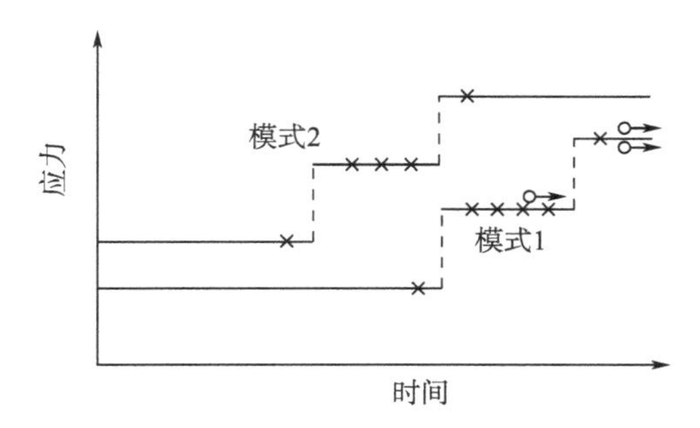

图 1.4-2　步进应力试验（×表示失效，○→表示未失效）

统计学家乐于看到失效，因为由失效数据可以得到模型和产品寿命的估计值。而工程师们更乐于看到没有失效发生，这表明（也许不正确）该产品是可靠的。快速故障并不保证更准确的估计。有几个样品失效的恒定应力试验的评估精度一般高于所有样品失效的时间更短的步进应力试验。大致说来，试验总时间（所有样品试验时间的和）决定精度——而不是失效数。

②缺点

步进应力试验的主要缺点在于可靠性评估。大多数产品是在恒定应力下运行——而不是步进应力。因此，模型必须适当考虑连续应力的累积损伤效应。此外，该模型还必须给出恒定应力下的寿命估计值。这样的模型远比恒定应力试验模型复杂。累积暴露模型（也称为累积损伤模型）就像天气，每个人都在谈论它们，但没有人可以对它们做什么。文献中有许多这样的模型，但仅有少数已被采用进行数据拟合，而且数据充分拟合的更少。此外，这样的拟合数据模型需要一个复杂的专用计算机程序。因此，对于可靠性评估，一般推荐恒定应力试验甚于步进应力试验。步进应力试验的另一个缺点是，高应力水平下的故障模式可能与使用条件下的不同。部分开展大象试验（1.6.1 节）的工程师没有注意到这一点。第 10 章介绍了步进应力模型和数据分析。假如有适当的累积损伤模型，多失效模式的步进应力数据可以采用第 7 章和第 10 章的方法进行分析。

③实例

Nelson（1980）论述了一个步进应力模型和数据分析方法。Schmaltz and Lane（1987）采用这一模型优化了实时监测步进试验设计。Goba（1969）在开展电绝缘材料温度加速试验时参考了步进试验的相关著作。ASTM 的特殊技术刊物 No. 91-A（1963）提供了步进应力金属疲劳试验数据的分析方法。Yurkowsi and others（1967）概述了步进试验的早期研究。

（3）序进应力

在序进应力试验中，样品经受不断增大的应力水平。不同组的样品经受的序进应力模式可能不同。图 1.4-3 描述了 3 种序进应力模式——每一种都是一个线性增加的应力。在低上升率的应力下，样品的寿命更长，且失效的应力水平较低，序进应力寿命数据可能是截尾数据。在金属疲劳中，机械载荷线性增加的试验称为普鲁特快速疲劳试验。

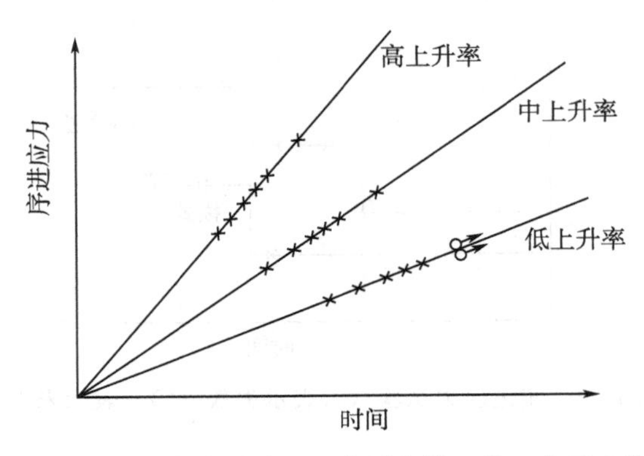

图 1.4-3　序进应力试验（×表示失效，○→表示未失效）

①缺点

序进应力加速试验具有与步进应力加速试验相同的缺点。此外，序进应力加速试验的加载应力难以准确控制。因此，对于可靠性评估，一般建议采用恒定应力加速试验甚于序进应力加速试验。第 10 章介绍了序进应力模型和数据分析。

②实例

Endicott and others（1961，1961，1965）开展了电容的序进应力加速试验。Nelson and Hendrickson（1972）分析了绝缘液体介电击穿的序进应力试验数据。Prot（1948）将序进应力试验引入到金属疲劳的研究中。ASTM 的特殊技术出版物 NO. 91-A（1963）给出了分析序进应力金属疲劳试验数据的方法。Goba（1969）提到了电绝缘材料的温度序进加速试验的相关工作。ASTM 标准 D2631-68（1970）说明了如何开展电容的序进应力加速试验。

（4）循环应力

在使用中，一些产品反复经受循环应力载荷。例如，交流电压可视为一个正弦应力。此外，许多金属构件反复经受机械循环应力。这类产品的循环应力加速试验是对样品反复施加相同应力模式下的高应力水平。图 1.4-4 描绘了一个循环应力载荷。对于许多产品，应力循环是正弦的。对于其他产品，负载（或试验）循环往复，但不是正弦的。失效循环数（通常很高）即为样品的寿命。循环应力寿命数据可能是截尾数据。

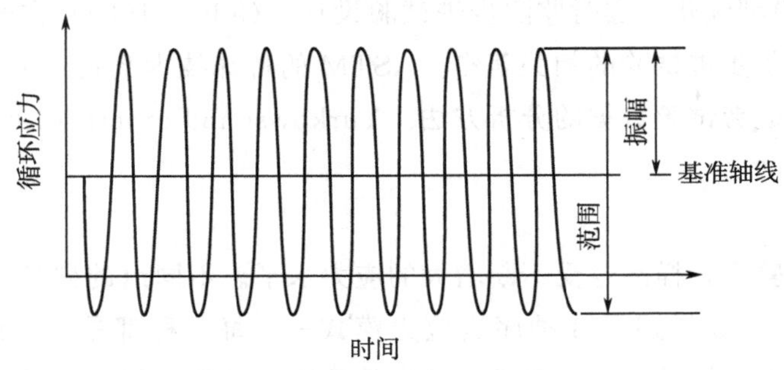

图 1.4-4　循环应力载荷

①绝缘材料

对于绝缘材料的试验，应力水平为交流电压正弦波的振幅，即从正电压到负电压的幅度。因此，应力水平可以用一个数值表示。为了建模和数据分析，这样的循环应力被认为是一个常数，它可以被描述为图 1.4-1 的形式，其中，纵轴表示电压振幅。

②金属

在金属疲劳试验中，样品通常经受（近似）正弦载荷，但正弦载荷的平均应力不必为零。图 1.4-4 显示了一个正平均值的正弦载荷，图中拉伸应力为正，压缩应力为负。因此，根据该图可知，在一个循环中，样品大部分时间受拉应力，少部分时间受压应力。这种正弦加载可以用两个数值表征，如应力范围和平均应力。频率的影响往往可以忽略不计，因此，疲劳寿命可以被视为这两个“恒定”应力变量的函数。冶金学家使用 A-比值代替应力范围，即应力幅（应力范围的一半）除以平均应力。例如，假设一个样品经受的循环应力为从 0 psi 至 80 000 psi，再到 0 psi。平均应力为 40 000 psi，且A-比值为 0.5×(80 000-0)/40 000=1。由于平均电压为零，绝缘材料的交流电压循环应力的 A-比值是无限大的。通常情况下，在疲劳试验中，所有样品的 A-比值相同，实际使用中部分产品也是如此，但是不同组样品的平均应力水平不同，这种试验可视为恒定应力试验。如图 1.4-1 所示，其中纵轴表示平均应力。样品寿命可采用恒定应力模型建模，并进行相应数据分析。

③假设

在大多数循环应力试验中，应力循环的频率和长度与产品实际使用中相同。对于某些产品，它们是不同的，但假定其对寿命的影响可以忽略不计。对于其他产品，循环的频率和长度会影响寿命，因此它们作为应力变量被包含在模型中。

（5）随机应力

一些产品在使用中经受随机变化的应力水平，如图 1.4-5 所示。例如，桥梁构件和飞机结构部件受到风引起的抖振，环境应力筛选（1.6.2 节）使用的随机振动。因而，加速试验通常采用与实际随机应力分布相同的随机应力载荷，但应力水平较高。与循环应力试验类似，随机应力模型采用某些应力分布的特征量作为应力变量（如均值、标准差、相关函数和功率谱密度）。这样随机应力试验可视为恒定应力试验，这一点很简单，但很有用。随机应力试验可描述为图 1.4-1 的形式，其中横轴表示平均应力。此外，样品寿命可采用恒定应力模型建模，并进行数据分析。随机应力试验的寿命数据可能是截尾数据。

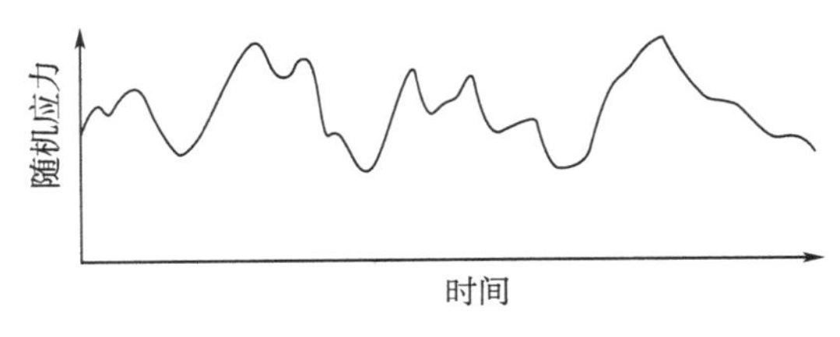

图 1.4-5 随机应力载荷

1.5 工程因素

许多因素影响加速试验获取信息的有效性和准确性。本节概述科学地设计与实施加速试验时涉及的某些工程和管理方面的因素，并且强调加速试验是为了评估产品在设计条件下的寿命。不过，一般来说，大多数因素也适用于性能退化试验和工程试验。

以下条目突出对试验的可靠管理和工程决策。通常，这样的决策涉及管理人员、设计师、产品和试验工程师、统计人员等的协作。条目包括：

- 试验目的；
- 产品特性；
- 真实的试验样品；
- 真实的试验条件；
- 加速应力；
- 其他变量；
- 测量误差；
- 模型；
- 试验配置；
- 预先设计。

本节强调预先考虑这些条目的重要性。

1.5.1 试验目的

下面描述产品加速试验的工程目的和统计目的。

(1) 目的

加速寿命试验和性能退化试验有多种用途。常见的用途包括：

1) 辨识设计缺陷。通过冗余、优化设计和元件等消除或减少设计缺陷。

2) 比较。选择设计、元件、供应商、额定工作条件、检验法等。

3) 辨识制造缺陷。通过优化工艺、元件、老炼试验等消除制造缺陷。通过消除或减少某一失效模式，估计可靠性增长。

4) 老炼。消除早期失效的生产工序，确定老炼时间和条件。

5) 质量控制。监测产品可靠性并根据需要采取纠正措施，如何时出现新的失效模式、或者出现寿命或性能退化。

6) 评估其他变量。评估设计、制造、材料、管理和其他变量对可靠性的影响。对它们进行优化以提高可靠性，决定哪些变量需要加以控制。

7) 验收抽样。评价生产或新近批次的产品。

8) 验证设计和制造的改变、元件、供应商等满足要求。

9) 度量可靠性。评估是否向制造商推广某一设计或向客户推广某一产品。估计保修和服务成本、失效率、平均无失效时间（MTTF）、退化率等。满足客户对这些量的要求，并作为市场信息。

10）验证可靠性。证明产品可靠性高于客户要求。

11）验证加速试验。证明随着时间的推移，加速试验与其自身、其他试验（包括其他实验室的试验）及现场数据是一致的。确定试验应力范围，研发新的试验方法。

12）评价模型。确定工程关系和统计分布是否适用，研究这类模型。

13）工作条件。制定可靠性（或退化率）和工作条件之间的关系。选择设计工作条件。

14）服务策略。决定何时进行检测、维修或更换，以及制造和库存的备件和替代物的数量。当运行中出现意想不到的问题时，产品单元可以被取出，并在加速条件下进行试验。

一个试验可能有一个或多个目的，如关注设计、制造、质量控制、试验、应用、市场和现场服务。

（2）明确目的需求

任何试验最重要的是明确试验目的。通常这些工程目的会影响工程师和管理者的决定，例如，他们需要：1）判断一种绝缘材料是否可以工作足够长的时间；2）判断几个竞争方案中哪个的工作时间最长；3）判断哪些生产和服务变量可以延长产品的工作寿命。通常，这些典型的工程和管理决策必须以试验和其他信息为基础。统计方法不能提供答案，也不能作出决定，仅能给出产品性能的数值信息。因此，如果使用统计方法，工程目的也必须根据产品数值信息需求表示为一个统计目标值。

（3）统计目的

如果一个工程师（或管理者）难以明确所需的数值信息，下面的内容可能会有所帮助。试想拥有一个总体未来所有时间的所有可能数据。显然，数千或数百万个体数据值没有被用来帮助决策。描述总体的几个简单有用的数值需要通过海量数据计算得到。工程师必须确定哪几个数值是有用的。统计分析只是从有限的样本数据估计总体的数值。此外，统计试验设计可以使这些估计值更精确，即更接近总体真值。管理者和工程师还必须明确这些估计值的准确程度以便进行目标决策。因此，工程师需要根据总体的所有数据和从海量数据中提取的有用的总体数值表示他们的统计目的。

（4）实例

这些总体数值包括设计工况下的中位寿命、保修期内的失效百分比、产品寿命和某些生产变量的数值关系等。本书介绍可有效获得这类总体数值精确估计的统计模型、数据分析和试验设计。

1.5.2　产品特性

（1）特性选择

产品特性通常以寿命或物理性能来衡量。例如，电缆绝缘以机械性能（如强度极限和极限伸长率）和电气性能（如击穿强度和介电损耗）来衡量。对于一种特定的产品，通常采用标准的特性和方法来衡量。这些内容在工程书籍、标准和手册中，不在本书的介绍范围之内。某些性能随着产品寿命而退化，并且这种退化可通过高应力水平来加速。性能退化的加速试验在第 11 章中介绍。在统计术语中，这类特性变量称为因变量或响应变量。

（2）失效

在加速寿命试验中，失效时间是性能特征或因变量，因而“失效”必须精确地定义。为了减少生产者和消费者之间的误解和纠纷，预先明确定义非常必要。下面为关于“失效”的论述。

（3）突发失效

许多产品经历突发性失效，即明显地突然停止工作。例如，白炽灯的突然失效。

（4）阈值失效

当产品的性能随着时间缓慢退化，且没有明显的寿命终点时，可以采用性能退化至低于规定值的阈值失效。例如，喷气式发动机部件有 4 个失效阈值。

1）关键部件出现裂纹时“失效”，在实践中，这意味着当裂纹可检测时发生失效；

2）不太重要的部件当裂纹先达到指定的大小时“失效”；

3）对于任一部件，当从服务中移除时“失效”，通常检查结果显示该部件超出 1）或 2）的规定，这个定义对于会计师和高级管理人员肯定是有意义的；

4）当发生“部分分离”时，任一喷气式发动机部件“失效”——灾难性失效的委婉说法。

（5）咖啡壶

现代电动咖啡壶通过加热管传递热量使水温升高。在使用时，管内积聚的矿物质使开口变窄，这种积累使得制作一壶咖啡的时间逐渐增加。工程师们开发了一种加速试验来研究这个问题——淤渣试验。它被用于比较竞争者之间的管道的设计。该试验采用矿物质丰富的混合溶液，重复运行咖啡壶，以快速产生矿物质积聚。根据定义，咖啡壶制作一壶咖啡的时间超过 20 min 时“失效”。当然，20 min 是一个合理的时间，这主要是基于我们现有的指示计数值，也可任选时间，如选择 17.2 min。

（6）客户定义失效

另一个定义是值得注意的，当顾客说它失效时，产品“失效”。营销和高层管理人员非常重视这个定义。许多工程师定义的失效没有严重到影响顾客。

（7）正确的定义

哪几种定义是正确的？都正确，每个都有价值。在实践中，人们可以采用几种定义并根据每个定义分别分析数据，获取信息。失效的定义是一种工程或管理决策。

（8）使用/曝露

失效时间只是使用或曝露的一个合理度量。对于某些产品，可以采用其他度量方法，如滚珠轴承的使用度量是转数，不可充电电池的使用度量是能量输出，机车的使用度量是英里。许多产品的使用度量是工作循环次数，如烤面包机、洗碗机、可充电电池、开关和断路器。许多这样“循环工作”的产品有一定时间的保修期（例如，一年），但是循环使用在不同消费者之间差别很大。本书中“时间”表示使用的各种度量。即使是使用时间，也必须决定是从安装日期开始计算还是从制造日期开始计算。有时，安装日期尚不清楚。此外，如果产品只在部分时间内运行，人们必须决定是以实际运行时间度量还是仅仅使用日历时间度量。通常，日历时间的确定更容易，也更便宜。曝露的选择及其如何度量是工程和管理决策。

1.5.3 实际试验样品

（1）样品与产品

许多试验样品与实际产品是不同的。工程师们意识到样品的寿命可能不同于产品寿命。因而，他们假设样品寿命相当于或低于产品的寿命。样品和产品之间的一些差别是显而易见的，而另一些则很微小。通常采用实际产品以获得更准确的信息是值得的。统计学家公认样品试验得到的只是样品的寿命估计，而不是产品的寿命估计。工程师们必须建立样品寿命和产品寿命之间的联系。

（2）电动机绝缘

电动机绝缘样品通常是绝缘寿命试验模型——而非电动机。绝缘寿命试验模型包含相间绝缘、对地绝缘和匝间绝缘，类似于电动机。试验模型中绝缘材料的量和几何形状与电动机不同。此外，绝缘寿命试验模型没有运动部件，它仅仅是在基体上装有与电动机中相同的三种绝缘材料的样品。

（3）金属疲劳

金属疲劳试验的样品一般是小的圆柱体。金属部件一般都较大，有复杂的几何形状，有不同的表面处理，等等。飞机机体、喷气发动机以及其他行业的工程师通过规定运转部件的寿命是样品寿命的1/3来部分弥补这些差异。例如，在30 000个周期内，1 000个样品中有1个失效，则金属部件要在30 000/3＝10 000个周期时停止运转。

（4）电缆绝缘

大部分电缆绝缘样品的长度范围是从1/2英尺到几英尺。通常，导体截面和绝缘材料几何形状和厚度与实际电缆相同，但也不总是相同。由于短得多，样品的寿命远长于一般数英里长的实际电缆。电缆可被视为大量（端对端）的样品，并当第一个样品失效时电缆失效。关于尺寸效应的统计模型将在第7章中介绍。

（5）抽样偏差

即使样品是真实产品，这些样品通常也不是随机抽样，而是有偏抽样，不能充分代表总体。例如，一个新产品的加速试验通常采用原型单元。它们可能是在实验室或模型工厂制造的。即使是生产线制造的，它们也可能不同于稍后生产的单元。设计或制造工艺在生产过程中总是不断变化的。有些变化是明显的、有意的——新材料、节约成本、新的供应商等。其他改变则是细微的，往往意识不到——供应商的工艺变化、工厂湿度的变化、员工使用了超声波设备清洗滚珠等。质量控制工程师花费大量时间寻找未知的使产品品质下降的生产变化。工程师普遍认识到原型样机与大量生产的产品不同。

(6) 代表性的样本

对于产品可靠性估计，代表性的样本是最有效的。代表性样本是不均一的，包括来自不同生产周期或批次的样品。在理想情况下，它是来自总体的、真正的随机样本。对于其他目的，均匀样本可能更好。例如，对于两种制造工艺的比较，均匀样本在两种方法之间随机分配。由于均匀样本之间的差异较小，可以检测到两种工艺之间微小的差别。同样地，试验变量，如湿度、温度等，也可以在所有样品中保持恒定，在对比中最小化试验变量的影响。对于其他目的，可以抽取监测协变量极值下的样品进行检测。协变量数值的宽值域范围可以获得对其影响的更准确的估计。Taguchi (1987) 等主张在生产过程中的例行试验中采用观测协变量极值。

(7) 什么是样品

下面的例子表明，“样品”的定义可能需要阐明。多数金属疲劳试验采用圆柱形试件。圆柱形试件两端的直径较大，以便于试验机装夹。故障可能发生在圆柱段、扩展段，或者装夹段。通常，只有圆柱形部分被视为样品。而且，如果扩展段或者装夹段出现故障，则认为圆柱段在该循环数下溢出。另一种广为试验技术人员接受的观点是——不能忽略装夹段的失效及其所包含的信息。在实践中，最好对不同样品定义的数据分别进行分析。

1.5.4 实际试验条件

(1) 试验与实际使用

除了过应力变量的高应力水平，许多加速试验尝试模拟实际使用条件。理想试验条件应该准确地复现使用条件。事实上，很多工程师都在思考和努力如何使得试验更真实。专业协会发布试验标准指导试验开展。这样做是为了保证试验数据可以准确反映产品的实际使用可靠性。然而，仍有许多试验与实际使用情况差别很大，但可能仍然是有用的。工程师认为（根据经验），在试验中运行良好的产品在实际使用中也会运行良好，并认为某一设计、材料、供应商或工艺在试验中表现比另一种好，则在实际使用中也是如此。这类试验可以被视为工程试验或指标试验，可以给出产品实际使用性能粗糙但有效的度量，几乎没有加速试验能够准确模拟实际使用条件。唯一的问题是试验如何模拟实际使用，工程师们必须完成从试验到现场性能的可信转换。统计人员只承认他们估计的是试验条件下样品的可靠性。下面的例子包括试验和使用条件的明显和细微的差别，因而，区分试验可靠性和现场可靠性非常有益。

试验方法的详细说明不在本书的介绍范围之内，可以参考工程学会发布的大量试验方法标准。

(2) 电机绝缘材料试验

IEEE Standard 117 (1974) 详细说明了如何开展电机绝缘材料的温度加速寿命试验。将试验样品放入温箱，将其升温至试验温度。在温箱中，不施加电压。试验达到规定时间后，将样品取出并冷却到室温。向样品喷洒水，施加指定的电压，测试其是击穿（失效）

还是未失效。将未失效样品放入温箱进行下一个周期的温度试验。在实际使用中，电机绝缘材料一直在电压下运行，无喷洒水，且在许多应用中不存在热循环。

(3) 电线试验

小家电电线须进行挠曲耐久性试验。试验机反复弯曲电线样品，直到其电学失效，以试验至失效的时间度量电线的性能。一个星期的试验时间相当于10～20年的使用时间。为使试验反映实际使用情况，采用多种类型的试验机和调整装置进行试验，直到产生与实际使用中相同的失效组合（短路、开路等）。这种“指标”试验用于监控质量，比较设计和生产的变化（包括节约成本），以及评价新设计和供应商。这种试验忽略了化学降解（退化）。

(4) 烤面包机试验

在寿命试验中，烤面包机反复循环，即手柄被按下，烤面包机加热，最后手柄弹出。一个循环紧接另一个循环（减少不工作时间）。为了加速试验，使之更加符合实际情况，在两个循环之间采用风扇冷却烤面包机。缺少冷却环节可能缩短一些部件的使用寿命，延长另外一些部件的使用寿命（那些对温度变化引起的机械应力敏感的部件）。此外，一种类型的寿命试验是手动进行烤面包（真实），而另一种是自动进行烤一片石棉（节约成本）。经验表明，面包和石棉对烤面包机寿命的影响是一样的。

(5) 金属疲劳试验

试样或实际零件的金属疲劳试验一般采用正弦载荷，每个样品受到的应力振幅、频率和平均应力是恒定的，从而得到疲劳曲线数据。在运行时，大部分部件受到的不是这样简单的载荷，多数是其他循环模式的载荷，而另外的则是随机载荷（即具有一定的振幅和频率的载荷谱）。更真实的疲劳试验模拟这类复杂载荷。

(6) 总体和样本

前面样品和试验条件的讨论都基于统计原理，即样本必须具有代表性。在统计理论中，这意味着样本是真正随机地从总体中抽取。此外，应使用随机数和简单随机抽样。在实践中，这基本不可能。从统计角度，样本是来自总体的任意一组单元。在工程中，“样本”也表示一个样品或一个试验单元，这表明总体必须明确定义。通常，目标（理想）总体是某一设计用于生产的所有产品。实际上，采样总体一般是总体的一些小子集。例如，样本可能包括原型或早期生产的实验室试验单元。只有工程判断可以评估一个特定样本对总体的代表性（试验样品和试验条件）。

1.5.5　加速应力

在实践中，人们必须确定如何加速试验，应该采用高温、机械载荷、电压、电流、振动、湿度还是其他应力？是否应该采用组合应力？

(1) 标准应力

对于许多产品，已有标准试验方法和加速应力。例如，电气绝缘材料和电子设备的加速寿命试验通常采用高温和高电压。这些标准方法和应力一般是基于大量工程经验，且多数已写入工程标准。

（2）非标准应力

对于其他产品的加速试验，可能还没有标准应力。因此，工程师需要确定合适的加速应力。可能需要开展试验确定适当的应力。选定的应力应能加速关注的失效模式，并应避免加速设计条件下不存在的失效模式。如果存在无关的失效模式，仍可进行正确的数据分析（第 7 章）。非标准加速应力的选择是一个工程问题，不在本书的介绍范围之内。

（3）多重应力

由于多种原因，加速试验可能采用多个（不止一个）加速应力。首先，人们可能希望了解几种应力同时作用下的产品寿命，例如，多种电子设备的降额曲线包括两个或两个以上应力，如温度、电压、电流。这些应力相互作用，需要更复杂的模型，如广义 Eyring 模型（第 2 章）。其次，单应力不能增大到快速激发失效的足够高的应力水平，因而采用第二种应力以增大加速效率。因为试验设备或产品不允许（例如，产品可能熔化、产生相变、退火等），第一种应力可能不够高。第三，一种应力只能加速使用条件下的部分失效模式，而在其他样品的试验中，另一种应力可以用来加速其他失效模式。此外，两种应力在一个试验中可以有多个应力水平组合。

（4）单应力是最简单的

为了试验的简明性和有效性，最好采用单一加速应力。产品的多应力试验经验很少，经过验证的适用模型更少。例如，由于在电气绝缘和电介质多应力加速试验方面存在分歧，且信息缺乏，IEEE 成立了相关的专业委员会。

（5）真实应力

辨别哪种应力真的对产品寿命有加速效果非常重要，例如，一种观点是电刷电流加速电机电刷的耐久性（和寿命）。当然，电流越大，电刷温度越高，因而另一种观点认为温度加速电刷寿命。温度和电流的组合试验表明只有温度可以决定电刷寿命。这个实例说明加速模型应包含温度，或者当温度不是加速应力时，所有样品的温度应相同。高电压、大电流、高转速等会使温度升高，样品需要冷却。

（6）应力加载

人们必须确定样品上的应力如何施加。样品上的应力可以是恒定的、周期性变化的、随机变化的（在一定的频率和幅值分布下），或者是连续增大的或步进增大的。应力加载方式（1.4.6 节）的选择取决于产品在运行时的载荷情况，以及实际和理论上的限制。例如，关于变应力对产品寿命影响的理论不成熟，且大部分未经验证。

（7）恒定应力更可取

在使用时，许多产品运行在加速应力的某一恒定水平下，如大部分绝缘材料在恒定温度和电压下运行，大多数轴承在恒定载荷下运行，大多数电子元器件在恒定电压和电流下运行，等等。这表明测定可靠性的加速试验中应力水平应是恒定的，与实际使用情况相同。此外，恒定应力加速试验最易于实施和建模。

(8) 步进应力的难点

对于某些在恒定应力下运行的产品，工程师有时选择进行序进或步进加速试验，以保证样品在短时间内失效。目前，利用序进或步进试验数据评估产品在恒定设计应力下寿命的理论没有经过充分验证。此外，虽然一种设计的样品比另一种设计的样品的试验时间更长，但不一定在较低的恒定设计应力下也如此，尤其是对于具有混合失效模式的产品。高应力梯度可能导致出现设计应力下不存在的产品失效，因此，一般不推荐采用变应力加速试验进行可靠性评估。但是，对于识别失效模式的大象试验（1.6.1节）可能有用。

(9) 变应力下的产品

有些产品在实际使用中是在变应力条件下运行的。最简单的试验方法是在更高的应力水平下使用相同的应力加载。恒定应力模型可以充分描述这种试验。虽然产品在工作时经受的是变应力，但由于易于实施，一些工程师仍选择恒定应力试验。目前，基本没有采用恒定应力数据估计变应力下寿命的理论，必须把恒定应力试验看作一种指向试验。即，假设在恒定应力下性能良好的产品在变应力下的性能也良好。采用恒定应力模型，根据产品经受的最低和最高应力水平，可以获得产品最好或最差的寿命分布。这种方法包含隐含的假设，由于产品寿命与应力的关系是高度非线性的，因此在使用的平均或最大应力水平下评估模型是错误的。

(10) 试验应力水平

试验应力水平不应太高，以避免产生设计应力水平下很少出现的失效模式，但试验应力水平应足够高，以充分地激发设计应力下的失效。此外，加速试验模型的有效性是在有限的应力范围内，因而应力水平也要在这个范围内。例如，可以引起熔化、脱粘、退火、材料相变的高温都有一定的温度范围。另一实例是在极端高压下检测润滑剂失效的压缩机试验，一种新的压缩机设计可能无法承受这种压力，因此标准试验方法可能不能使用。确定试验应力水平的试验设计将在第6章介绍。

1.5.6 其他变量

(1) 类型

除了加速应力，加速试验还包括其他影响产品寿命的工程变量（或因素），称为独立变量或解释性变量，包括产品设计、材料、生产商、操作或测试，以及环境变量。下面对变量进行分组讨论，分组依据为变量是否：1）可通过不同值的调研确定其影响；2）为一固定值；3）不可控，但可观测确定其影响；4）不可控并且不能观测确定其影响。

(2) 连续变量与分类变量

工程变量可能是连续变量或分类变量。一个连续变量在一定范围内可以取任意值，例如，绝缘材料的胶粘剂含量（理论上）可能是0～100%之间的任一数值。类似地，绝缘厚度（理论上）可以在0到正无穷之间变化。一个分类变量只能是个别（离散）值，例如，生产班次是一个分类变量，它有3个值——白天、傍晚和夜间。由于材料的生产和购买批次不同，生产批量是分类变量。如果在一个试验中比较3种不同设计，设计是一个分类变量。

(3) 试验原则

试验设计书籍讨论试验设计和研究这些变量的方法，例如，Cox (1958)，Little and Jebe (1975)，Diamond (1981)，Daniel (1976)，以及 Box、Hunter and Hunter (1978)。这些书籍介绍试验原则，如随机化和模块化。这些试验原则帮助人们获得清晰正确的结果，以及更准确的信息。下面简要介绍一些基本原则，很多所谓的试验设计书籍仅少量谈及设计原则，而重点论述数学模型及其推导和复杂数据分析。这些往往是不需要的，因为大多数精心设计的试验可以从简单的计算和数据图中得到清晰的信息。

(4) 试验变量

在一些加速试验中，对试验（控制）变量进行了研究。不同样本的试验变量值不同，例如带状绝缘材料加速试验，试验中存在两个试验变量：1) 导体上带子重叠缠绕的层数；2) 后一层带子相对于前一层带子的数量变化。试验包括 3 个重叠水平（数量）和 3 个层间数量变化水平。这些具有不同重叠缠绕层数和层间数量变化的样品在不同电压水平下进行加速试验。另一类似带状绝缘材料试验研究了一种试验变量——绝缘材料总厚度（带子可以叠加到任意多层）。试验采用 5 种不同厚度的样品，每种厚度的样品在多个电压应力水平下进行加速试验。

(5) 恒定变量

在大多数加速试验中，某些恒定变量保持在一个固定值。例如，在上一段的绝缘材料试验中，带状绝缘材料来自于单一均匀总体，这避免了因批次差异出现的问题，且样品全部由同一技术员制作并作为一组一起经历所有生产工序，如一起硫化。相比之下，下文实例中的 H 级绝缘系统样品的某些制造变量并未保持一个单一固定值。260 ℃下的样品与其他样品是分别制作的，且可能存在材料批次和制造方面的差异。

(6) 不可控可观测变量

在一些加速试验中，样品的某些变量变化是不可控的，但可以进行观测或测量。人们往往想要评估这些不可控但可观测的变量对产品寿命的影响，如果这些变量与产品寿命相关，则它们可能包含在数据拟合模型中。带状绝缘材料试验包含不可控变量，例如，胶粘剂含量和损耗因子。如果胶粘剂含量对寿命的影响可忽略不计，可以放宽胶粘剂含量的生产规格。如果损耗因子与寿命相关，则可用其确定绝缘材料使用应力的高低。为了更准确地评估这些变量的影响，可以像 Taguchi (1987) 建议的那样，选取具有这些变量极值的样品进行试验。

(7) 相关性

这些可观测、不可控的协变量数据可能与寿命（或性能）“相关”。在工程使用中，“相关”是指寿命与协变量具有某种关系，通常假设为一种物理因果关系。尤其是样本（对数）寿命数据与这些协变量的互相关图可表明它们之间的关系，如协变量数值越大，寿命越长。图中的这种关系并不一定意味着将协变量数值保持在较高水平就可以得到寿命的相应延长。也就是说，协变量和寿命之间可能不是因果关系。相反，可能存在一个更基本的变量同时影响协变量和寿命。因而，统计学家称寿命和协变量是（统计）“相关”的。当协变量与寿命之间存在因果关系，可以通过协变量控制寿命。上文中的胶粘剂含量就是一个这样的协变量。当协变量与寿命之间不存在因果关系，而仅是统计相关，可以通过协变量预测寿命，但不能控制寿命。下面的生产批次就是这样的协变量。一个协变量与寿命之间是否存在因果关系只能通过试验确定，试验中该协变量是可控的试验变量。

在上述带状绝缘材料的其他试验中，样品生产分为白天、傍晚、夜间。不特意安排使样品由单一班次生产，相反，试验工程师仅记录在正常生产过程中哪一班次进行粘接。数据分析表明，夜间班次粘接的绝缘材料失效最快，这是预测产品寿命的有用信息。这种绝缘材料可用于低应力水平以减小产品使用失效风险。类似地，生产样品的带状绝缘材料来自多个生产批次，每个样品的材料批次都进行了记录和分析。

(8) 不可控不可测变量

在大多数加速试验中，还存在很多不可控不可测变量。工程师们注意到了部分这类变量。假设这些变量的影响可忽略不计或难以测量（工程师不会测量它们）。这些变量可能包括生产和试验时的环境湿度、温度，还可能包括各种材料和过程变量，如固化炉中的样品位置。

例如，假设生产过程中的湿度是这类变量，并假设 1/3 的样本是在高湿度环境下生产的且寿命时间短，其余是在低湿度环境下生产的且寿命时间长。假设这 1/3 的样本在高应力下试验，其余在较低应力下试验，则设计应力下的寿命估计值偏低。此外，应力的影响与湿度的影响“混淆”在一起，随机化可以避免这一问题。

①随机化

这些变量引起的偏差可以通过随机化降低。随机化包括采用随机数确定样品生产、使用、试验、测试等每一步骤的次序。次序并不是随意确定的，例如，随机分配样品的试验应力水平和试验设备，随机分配样品在烤箱或固化炉中的位置等。这种随机化减小了偏差的可能性。例如，不同湿度的样品将分散在所有试验应力水平下，它们之间的差异将被平均掉，此外，记录每个样品完成每一步的随机顺序（位置或其他）是有益的。每一个顺序的残差图（第 4 章）可以提供信息，辨识生产和试验中出现的问题。

②标准样品

应对这些变量的另一种方法是定期进行标准样品试验，以监测试验设备、技术和环境的一致性。这需要一个均匀的样本。如果这些样品的寿命或退化量与之前不同，则需要确定原因，并使试验回到控制状态。此外，可以采用标准样品的寿命或退化量“修正”同时试验的其他样品的估计值。

(9) 变量类型的选择

在实践中，人们可以选择一个变量是试验变量、可控变量，还是不可控可观测变量。这种选择取决于试验目的，例如，如果要估计实际带状绝缘材料的寿命，则试验应采用多个批次的产品，获得真实的离散数据。与此相反，如果要以最大精度识别重叠和层间变化效应，则应采用一个批次，以最小化数据分散性，得到更准确的重叠和层间变化效应估计。

1.5.7　测量误差

工程师决定试验应力类型和试验中的其他变量，并须确定如何测量。试验结果可能对寿命、应力和其他变量的测试误差敏感。

（1）寿命

通常，试验中的寿命测量是足够准确的，但在定期检测样品失效时可能出现例外。如果第一次检测晚了，很多样品可能在检测前失效，则数据包含的产品寿命分布低尾段信息很少，也就是说，低百分位数的估计值是粗略的，因此，早期检测周期应较短。

（2）应力

应力测量通常是足够准确的，但也有例外，例如绝缘材料的耐压性试验。应力是穿过绝缘材料的电压除以以毫英寸（mils）为单位的绝缘厚度。这个所谓的电压应力量纲为伏特每毫英寸。绝缘材料可能很薄，对于逆幂律模型，1%的厚度测量误差往往产生 6%～15%的寿命误差。Fuller（1987）论述了带有明显随机误差的自变量测量数据的回归模型拟合，本书不涉及这一复杂情况。此外，因为绝缘材料上点到点之间的电压不同，厚度的不均匀性使电压应力的含义复杂化。第 7 章 7.4 节论述了不均匀应力的应用。

（3）应力修正

如果应力的观测值与设计值不同，数据分析时应使用试验应力的实际值。例如，环境温度可能是错误的，假设由于电气或机械功率的耗散，样品的温度高于环境温度，则必须确定正确的样品温度。这可以通过直接测量样品温度或者通过基于物理理论的修正计算完成。

（4）其他变量

其他独立（自）变量需要采用合适的精度测量。通常，要求随机测量误差远小于样品之间的差异。更精确地说，随机测量误差的标准差应是样品之间偏差的一小部分。

1.5.8　模型

（1）模型选择

加速寿命试验数据分析需使用模型，这种模型包括一个描述产品寿命散布的寿命分布模型和一个描述特征寿命与加速应力及其他变量之间关系的模型。这种模型基于工程理论和经验，对于多数产品，现有模型（第 2 章）可以满足应力和其他变量的需求。例如，对于温度加速寿命试验，Arrhenius 模型一般可以满足要求。

（2）必要模型

对于其他产品，工程师们需要开发这类模型。从理论上，寿命-应力关系是基于物理失效机理，统计学家们普遍缺乏开发这种模型的物理洞察力。但是，他们可以帮助工程师充分收集并准确分析数据，采用模型评估产品寿命。现代统计理论是通用的，可以评估产品寿命，用于标准模型或新模型。缺乏适当的物理模型阻碍了加速试验在部分产品中的应用。

(3) 预先选择

设计加速试验时必须确定加速模型。确定模型有助于设计试验，以获取所需的信息。特别地，人们需要确定两件事：第一，数据可以用来估计模型；第二，模型估计可以产生产品寿命评估所需的信息。没有确定模型的加速试验，可能产生无用数据。例如，试验可能缺少重要变量的数据，统计人员对此进行的事后分析对提取所需信息通常作用微小。统计分析在试验设计阶段最有益。当然，在查看数据之后，可以舍弃原模型，而选择另一模型。

1.5.9　样本量、应力水平和试验时间的选择

(1) 选择

试验设计包括选择试验应力水平和每一应力水平下的样本量。如果存在其他变量，必须选定这些变量的试验值和每个综合试验等级下的样本量。例如，在带状绝缘材料试验中，存在重叠缠绕层数和层间变化量两个变量，样品生产时采用不同的重叠缠绕层数和层间变化量组合，每一组合的样品在不同电压水平下进行试验。

(2) 传统设计

加速试验的传统工程设计为单个应力的 3 或 4 个试验应力水平，每个应力水平下的样品数相同。这种做法得到的低应力水平下的产品寿命估计不太准确，如第 6 章所述，在低应力水平安排比高应力水平更多的样本，可以得到更准确的估计。此外，将样品分配到 4 个应力水平得到的估计值往往不如分配到 3 或 2 个应力水平的准确。

(3) 样本量

样本量，即试验样品数量，必须确定。通常它是指可用的样品数。在研发计划中，样本量一般是有限的。生产和试验成本可能限制样本量。理想情况下，样本量的选择根据要求的评估精度确定。当然，样本量越大，评估越准确。第 6 章给出了样本量与评估精度之间的关系。

(4) 约束

试验的各个方面，如试验应力水平、样本量，都受到约束的影响。例如，试验截尾的最后期限可能影响应力水平和样本量的选择。有限的试验箱空间或试验机或人员影响选择。如果模型在高于某一应力水平后不适用，则试验应力不能超过该应力水平。甚至可用的数据分析计算机程序都可能影响试验如何进行。

(5) 试验时间

试验设计的另一方面是试验时间。有些试验进行至所有样品失效——通常是不好的实践。其他试验在最后期限或为释放试验设备结束。第 6 章将介绍估计精度和试验时间的权衡方法。

1.5.10　预先设计

（1）经验

“经验是人们对其错误的代称”。通过经验，我们知道格言“草率试验必后悔”和“设计的价值胜过数据分析”的真实性。

（2）辅助设计

多数加速试验是常规的，缺少事先考虑。但是，本书的方法可以改善这种状况，即使是常规试验。新试验尤其需要预先考虑上述问题。理想情况下，作为一种辅助设计，应该在试验开始前编写最终报告。报告中的空白部分可以在数据收集后填写。此外，采用小样本进行先导试验非常有用。先导试验应包括生产和试验的所有步骤。这样可以暴露问题，并在主试验前得到纠正。同时，先导试验数据或仿真数据分析是对最终数据分析能否得到足够准确的信息的一种检验。当然，实际数据可能需要采用其他分析方法。1.7 节概述了这类数据分析的统计因素。

1.6　常用加速试验

本节简要介绍几种常见的加速试验：大象试验、环境应力筛选（ESS）、单应力水平加速试验、多应力水平加速试验以及老炼试验等。读者可以跳过这一节，本节对本书其余部分来说不是必要的。

1.6.1　大象试验

大象试验又被称作极限试验、设计极限试验、设计余量试验、设计鉴定试验、耐久性试验以及振动和烘烤试验（shake and bake）。形象地说，这类试验就像大象踩在产品上（在电视上，行李制造商使用大猩猩）。如果产品未失效，则表明它通过了试验检验，研发工程师们会对产品更有信心。如果产品发生失效，工程师们将采取适当的措施消除故障产生的原因，通常是重新设计或改进生产工艺。

（1）试验程序

通常大象试验仅有 1 个（或几个）样品。试验应力可能是某一应力（如温度）的单一严酷应力水平，也可能是变应力（如热循环），还可能是同时或顺序施加的多种应力。一种大象试验可能不能激发出产品服役时的某些重要故障。因此，不同的大象试验可用于激发不同的故障模式。例如，高电压试验用于激发电气故障，而振动试验用于激发机械故障。

（2）炊具

例如，陶瓷炊具制造商使用大象试验监控产品生产质量。生产中进行定期抽样，将每个样品都加热到指定温度，然后投入冰水中。重复这一加热和热冲击组成的循环直至样品失效，记录样品失效时的周期数。

(3) 标准大象试验

对于多数产品，公司都拥有标准的大象试验。大象试验标准通常由专业协会和政府组织编写。例如，电力电缆绝缘试验标准要求：取规定长度的新设计电缆，在不小于规定的时间长度内，经过一系列规定的复杂的电压和温度试验后，如果电缆样品仍符合绝缘要求，则新设计电缆可以使用。MIL－STD－883C是关于微电子产品的鉴定试验标准。

(4) 目的

在产品设计和生产的研制阶段，大象试验可用来发现产品的失效模式，然后研发工程师可通过改变产品设计或优化生产工艺来消除产品故障。大象试验的这个重要用途通常被视为改进产品设计的标准工程实践。不过也有例外，如下文实例中的电视变压器。为了控制产品质量，从产品中抽样进行大象试验可以揭示产品的变化。众多的试验故障表明产品退化的过程。例如，为了快速检测压缩机的润滑剂失效，会对抽取的产品实施高压试验。若新设计产品的金属部件不能承受试验的压力，则试验不能实施。大象试验也可用于不同设计方案、供应商或制造方法等的定性比较。大象试验貌似可以用于任意目的，这显然是被误导了，下文将解释其局限性。

(5) 好的大象试验

每个人都在问：好的大象试验是什么样的呢？答案很简单：试验激发的故障模式和故障比例都与正常服役时相同。最困难的问题是：如何设计这样的试验呢？特别是对于新的产品设计，可能会有新的故障模式。究竟用哪种大象（非洲象还是亚洲象）？选择什么颜色（灰色，白色或粉红色）？什么性别和年龄？是大象踩在产品上，还是在产品上跳布加洛舞？这些都是非常困难的问题。是否不止一头大象可供使用？如果是这样的话，是同时用还是顺序用？如下文的实例所示，更难实施的大象试验不一定是更好的。

(6) 电视变压器

某公司近期生产了大量某型号变压器，并已投入使用。工程师发明了一种新的大象试验，该试验方法激发出一种新的故障模式。新的设计克服了该故障模式，为了适应新的设计，生产进行了调整。若干年后，老式设计的变压器并没有出现那种故障模式，因此，改进设计不是必要的。大多数公司在某些产品上都有类似的经历。所以，工程师认为一个好的大象试验设计是一个黑色艺术，不仅需要工程背景知识、丰富的经验、深邃的洞察力，还需要好的运气。大象试验工作是有价值的，不过本书也要指出，大象试验也可能会造成严重误导，特别是面对新的设计、材料或供应商时。

(7) 局限性

大象试验提供了一个产品是好或是坏的定性信息，对于上面的类似应用实例，这样的信息足够了。此外，大象试验也适用于由许多不同零件装配的复杂产品。许多可靠性应用需要评估产品失效率、保修期内的失效概率、特征寿命等。但由于样本量少的缘故，大象试验不能提供定量的可靠性信息。更为重要的是，由单应力量级下获得的数据往往不能外推到实际使用条件（详见1.6.3节）。

1.6.2 环境应力筛选

(1) 环境应力筛选

本节简要介绍环境应力筛选。环境应力筛选是指产品在随机振动、温度循环和温度冲击及其组合条件下的加速试验，又被称作振动和烘烤试验。环境应力筛选有两个主要目的：第一，作为产品研发阶段的大象试验，目的是激发出产品的设计与制造缺陷；第二，作为批产阶段的加速老炼试验，目的是提高产品可靠性。环境应力筛选被广泛应用于军用、工业和消费级电子元件和组件。环境应力筛选源于大象试验和老炼试验，其成为规范距今已有30余年，被视为工程科学或黑色艺术，但专家们的意见尚不统一。

(2) 相关标准

除了RADC TR-86-139，下述来自海军出版物及表格中心的军用标准是可用的。

• MIL-HDBK-344 (20 Oct. 1986), "Environmental Stress Screening - Electronic Equipment"

• MIL-STD-810D (19 July 1983), "Environmental Test Methods and Engineering Guidelines"

• MIL-STD-883 (25 August 1983), "Test Methods and Procedures for Microelectronics"

• MIL-STD-2164 (5 April 1985), "Environmental Stress Screening Process for Electronic Equipments"

• RADC TR-86-139 (Aug. 1986), "RADC Guide to Environmental Stress Screening", RADC, Griffiss AFB, NY 13441.

• U. S. Navy Document P-9492 (May 1979), "Navy Manufacturing Screening Program"

(3) 参考文献

Tustin (1986) 简要归纳了ESS的研究进展。环境科学协会列出了众多相关的专著、标准、手册、会议论文集等资料。其中，专著包括：

• Schlagheck, J. G. (1988), *Methodology and Techniques of Environmental Stress Screening*, Tustin Technical Inst. (below).

• Tustin, W. and Mercado, R. (1984), *Random Vibration in Perspective*, Tustin Technical Inst. (below), 200 pp., $100.

(4) 来源

关于ESS的专业知识、会议、课程以及文献资料的来源包括：

• Institute of Environmental Sciences, 940 E. Northwest Hwy., Mt. Prospect, IL 60056, (708) 255-1561. Technical Publications Catalog.

• Tustin Technical Institute, Inc., 22 E. Los Olivos St., Santa Barbara, CA 93105, (805) 682-7171, Dr. Wayne Tustin.

• Technology Associates, 51 Hillbrook Dr., Portola Valley, CA, (415) 941-8276, Dr. O. D. "Bud" Trapp.

• Hobbs Engineering Corp., 23232 Peralta Dr., Suite 221, Laguna Hills, CA 92653, (714) 581-9255, Dr. Gregg K. Hobbs.

1.6.3 单应力水平加速试验

一些用于可靠性评估的加速应力试验是单应力水平加速试验。此时，使用条件下的产品寿命分布评估则依赖于特定假设。通常这些假设的符合程度较差，评估精度可能也很差。下面详细介绍这类试验的两个模型：加速因子和部分已知的寿命-应力关系。此外，这类试验常用于验证试验和设计、材料、生产工艺等的比较。

这类试验基于一个假设，即该试验能够加速和揭示产品使用条件下的所有重要失效模式。这类混合失效模式（包括那些在使用条件下未观察到的失效模式）数据的分析方法将在第7章介绍。

1.6.3.1 加速因子

（1）定义

某柴油发动机的加速寿命试验中，发动机以额定功率的102%运行，该条件下的加速因子假设为3。粗略地说，如果发动机在试验中的寿命为400 h，这意味着该发动机在服役条件下可以无故障运行3×400=1 200 h。假定另一个发动机试验的加速因子为5，同理，如果发动机在该试验中无故障运行300 h，则可认为发动机在服役条件下可无故障运行5×300=1 500 h。为了得到服役条件下的不同失效模式，通常需要两个或更多的此类试验。为了分析此类加速试验数据，需要将它们转换为服役时间，然后使用单个样本评估服役寿命分布的标准统计方法分析这些服役时间数据。这类方法可参考Nelson的可靠性专著（1983c，1982，pp.567-569）。

（2）假设

该方法涉及多种数学假设，但这些假设在实践中可能作用不大。

1）加速因子已知。通常假设加速因子是已知的，实践中，加速因子的取值通常是出处不明的公司传统，或者是根据早期设计产品的试验或现场数据给出的估计值。试验时间向服役时间的转换以及后续的数据分析（特别是置信区间）都没有考虑加速因子的不确定性。这种不确定性源于早期产品试验和服役数据统计样品的随机性。更重要的是，加速因子是基于早期设计产品得到的。因此，这种方法假设（通常是错误的）新设计产品的加速因子与早期设计产品相同。

2）分布形状相同。使用加速因子与试验时间相乘获得服役时间时，还有一个微妙的假设，即产品服役寿命分布与试验寿命分布是简单的倍数关系。因此，假设两个分布有相同的形状，服役寿命分布是由试验寿命分布以与加速因子相当的量扩展而成的更高寿命分布。换句话说，产品服役寿命分布的尺度参数与试验寿命分布的尺度参数是倍数关系。实际可能不是这样。

3）失效模式。通常统计数据中的失效模式不止一个。如果不考虑失效模式的不同，则可假设拥有相同的加速因子。通常情况下，不同的失效模式的加速因子不同（第7章），特别是对于那些由不同部件组成的复杂产品更是如此。

（3）性能

以上是关于产品寿命的讨论，但是单一加速试验条件也可应用于加速产品性能随时间的改变或退化。例如，混凝土工业使用的是经过 28 天固化后的混凝土强度。加速固化（比如说，高温下 3 h 固化）可用来预测 28 天后的混凝土强度。

1.6.3.2 部分关系已知

（1）方法

对于某些单应力水平加速试验下的产品，可能其寿命-应力关系是部分已知的。例如，假设某绝缘介质在高温应力下开展加速寿命试验，假设 Arrhenius 模型（第 2 章 2.9.1 节）可描述其寿命与温度应力的关系，并假设温度每降低 10 ℃寿命增至原来的 2 倍，以上为假设的部分信息。尽管上述假设是错误的（习题 2.11），但却能粗略地获得一个加速因子，将高试验温度下的数据转化为低服役温度下的数据。对于绝缘材料实例，假设试验温度比服役温度高 40 ℃（$=4\times10$ ℃），则服役温度下的寿命是试验应力温度下的 16（$=2^4$）倍。因此，试验时间乘以加速因子 16 即可转化为服役时间。然后，便可使用单个一次抽样样本的标准统计方法分析这些服役时间数据，评估绝缘材料在服役温度下寿命分布。这类方法可参考 Nelson（1983c，1982，pp. 567 - 569）引用的可靠性专著。由于未反映出加速因子假定为 2 带来的误差，分析所得的置信区间偏窄。本书中关于加速因子的实例有微处理器（第 3 章 3.6.3 节）和润滑油（第 5 章 5.2.3 节）。

（2）假设

该方法进行了多种假设。首先，所有的假设都是为了获取加速因子。其次，该方法使用了假定的寿命-应力关系（如 Arrhenius 模型），且为寿命-应力关系赋予了假定的数值（如温度每降低 10 ℃，寿命增至原来的 2 倍）。这种幂律近似不能准确地表示真实的 Arrhenius 模型，即使能准确表示，真实的加速因子也可能是 2.4，而不是 2。加速因子取整数 2，而不是 2.4，将不由自主地让人产生怀疑。实践中，通常会尝试加速因子取各种可能的值，比较相应的估计和结论有何不同。并且希望结论和适当的操作对加速因子的取值不敏感。如果对加速因子的取值敏感，则必须获得一个非常准确的加速因子。多应力水平加速试验（1.6.4 节）可以获得加速因子的统计估计值，这显然比假设的加速因子更可取，除非统计估计值有很大的不确定性。

（3）优势

因为对寿命-应力关系做了补充假设，该方法比简单的加速因子更有优势。也就是说，该方法适用于任意试验应力和任意服役应力情况。相比之下，简单加速因子只适用于特定试验和服役条件，而这类寿命-应力关系一般只适用于材料或简单产品，对于电路板和柴油机等这类由不同部件组成的复杂产品则不可靠。

1.6.3.3 比较

(1) 方法

单应力水平加速试验条件有时被用于两个或两个以上不同设计、材料、供应商和制造方法等的对比分析。每个设计（或供应商等）的若干样品都在相同的试验条件下进行试验。试验条件可能是量级很高的单应力，也可能是一个或多个应力的复合载荷。通过对比分析不同设计的寿命数据确定最佳设计方案。设备电源线的挠曲试验就是这类试验，既可以比较电源线的设计方案，也可以监控产品的质量。

(2) 假设

假设在加速试验时拥有最好寿命分布的产品设计在正常的条件下也有最好的寿命分布。当然，由于不同的设计和失效模式通常有不同的加速因子，也有可能存在高应力条件下好而正常应力条件下差的产品设计。多应力水平加速试验（1.6.4节）能够解决这一难题，根据试验数据可以分别得到每个设计和失效模式的加速因子估计值。

1.6.4 多应力水平加速试验

(1) 描述

多数用于可靠性评估的加速应力试验使用的是多应力水平加速试验。每个应力水平分配一组样品。样品寿命模型由不同应力水平下的寿命数据拟合得到，利用拟合模型可以评估某一设计应力水平下的产品寿命分布。此类试验可能不止一个应力变量。多组样品在不同应力条件（每种应力不同水平的组合应力）下分别试验。根据试验寿命数据拟合得到包含所有应力变量的复杂模型，利用该模型可以评估某低水平组合应力下产品的寿命分布。

(2) 有效性

多应力水平加速试验、加速试验模型、数据分析和试验设计是本书的主题。此类试验的思想也适用于其他类型的加速试验，包括大象试验和用于可靠性评估的单应力水平试验。多应力水平加速试验和模型已成功地广泛应用于材料和简单产品，但在电路板等由不同组件构成的复杂产品中的成功应用案例很少。

(3) 比较

多应力水平加速试验适用于不同设计（供应商、材料等）在正常应力水平下的比较。对不同设计的试验数据分别进行模型拟合，利用这些拟合模型估计和比较不同设计在正常应力水平下的寿命分布。

1.6.5 老炼试验

老炼是一个使产品在设计条件或加速条件下持续运行一定时间，以暴露产品短寿命元件（缺陷）的生产工序。老炼后的产品在服役时很少出现早期失效。出现早期失效的产品通常都有制造缺陷。老炼主要用于电子元器件和组件。Jensen and Petersen (1982) 的合著综述了老炼的研究进展，其中有一章内容专门介绍加速老炼。书中介绍了许多关于加速老炼的细节，感兴趣的读者会发现这本书非常有用。根据试验目的，环境应力筛选

(1.6.2 节) 包含老炼。特别说明，第 7 章竞争失效模式的内容与加速老炼相关。

1.7 统计因素

本节简要介绍一些对于本书有用的统计因素，主要包括统计模型、总体和样本、有效数据、数据分析的特性、点估计和置信区间、假设检验、实际和统计显著性、数值计算和符号，其中许多因素与 1.5 节中的工程因素是对应的。

(1) 统计模型

在相同条件下制造和使用的同一类产品，一般具有不同的性能、尺寸和寿命等，这种变异性是所有产品固有的，并可以通过统计模型或者分布来描述。第 2 章中将阐述这些模型。

(2) 总体与样本

统计模型描述的是某个总体特征。日光灯制造商关注的是某一日光灯设计未来的生产，本质上是无穷总体；机车制造商关心的是机车生产的小规模总体；冶金工程师关注的是某新合金未来的生产，其本质也是无穷总体。制造商关注的是来年制造的小规模发电机总体的性能。由于目标总体将影响样本或者其他条件的选择，在开始之前必须清晰地指明关心的目标总体。为了获取信息，必须采用来自总体的一个样本（一组产品），通过分析样本数据以获得潜在的总体分布信息或预测总体的未来数据。

(3) 有效数据

对于收集有用的和有意义的数据有很多实用的观点，部分如下所述，本书假设收集到的数据都是有效的。例如，测量必须是正确的和有意义的。同时，必须避免在数据处理时出错。不好的数据可能在不知不觉中通过计算机自动或手动产生。

(4) 总体

大多数的统计工作都假设样本来自目标总体，来自另一总体或者目标总体子集的样本可能提供错误的信息。例如，服务合同中规定的设备失效率往往高估了不在服务合同中的设备的失效率。同样，实验室试验数据也与现场数据有很大差异。去年生产产品的数据往往不能充分地预示今年生产产品的数据。实践中，通常不可避免地要利用此类数据，工程上必须判定这样的数据对所关心总体的代表程度以及对这些信息的采信程度。

(5) 随机抽样

统计理论假设样本是总体的一个简单随机抽样，n 个样本单元是等机会地从总体中抽样获得的，这类随机抽样只与采用的随机数有关。在实践中，也会采用其他统计抽样方法，常用的有任意抽样、分层抽样、两阶段抽样。数据分析必须考虑抽样方法，与其他著作一样，本书中假设所用抽样方法都是简单随机抽样，某些样本是任意抽样，也就是非概率抽样。其他样本可能是可用样机产品，这可能会导致错误的结果。

(6) 试验设计

很多工程试验都没有采用好的试验设计原则。使用这些原则可以提高试验结果的有效性和清晰度。此外，一个设计好和实施好的试验更容易分析和解释。同时，这样的试验也更容易向其他必须承认试验结果的人阐释。这些试验原则包括选择合适的试验条件和样本，在试验所有步骤中使用随机化原则，使用统计设计、区组设计等。1.5节对部分设计原则进行了论述。大多数试验设计方面的统计类专著强调统计模型和数据分析，关注试验原则的著作则比较少，这些往往是统计学家和工程师们在实践中学习得到的。

（7）数据分析的特性

以下内容简要描述了数据分析的统计特性，并对如何定义统计问题、选择数学模型、拟合数据及阐述结果进行了概述。

一个包含数据分析的实际问题的统计解决方案包括如下7个基本步骤：

1）清晰地描述实际问题和数据分析的目的。尤其是详细说明给出结论和做出决策需要的数值信息；

2）对问题进行建模；

3）使用试验设计原则，对数据的收集和分析进行设计；

4）获取估计模型参数需要的合适的数据；

5）对数据进行模型拟合，由拟合模型获取所需的信息；

6）对数据和模型进行有效性检验。如果需要，更改模型，或剔除某些数据，或收集更多的数据（常常被统计人员忽视），重复步骤5）和6）；

7）对拟合模型提供的信息进行解释，为工程问题得出结论、作出决策提供支持。

本书给出步骤3）、5）和6）的方法，其他步骤需要工程师、管理者或者科学工作者等的判断。这些步骤在1.5节中的工程因素中进行了论述，多数已有统计推论。在设计阶段，数据分析人员可以提醒注意这些因素。下文对每一步进行了更详细的论述，但要完全理解这些步骤还要通过实践。数据分析是一个迭代和探索的过程，分析人员通常对同一个数据集进行多种分析以获得数据背后的深刻认识。因此，本书中的多个实例都是用不同方法分析同一数据集。

1）清晰地描述实际问题与陈述数据分析的目的，是成功解决问题的基础。在此基础上，一般可以详细说明对实际问题作出结论和决策需要的数值信息。当然，统计分析并不提供决策，而只为作决策的人提供数值信息。如果在指定需要的数值信息时存在困难，则可以利用如下的方式。假设可以获得任意所需的数据（如整个总体），确定通过这些数据获得的哪些值是有用的，统计分析通过有限的样本数据对这些值进行估计。如果这样的设想仍不能使问题变得清晰，而让人难以理解，有时可以采用探索性的数据分析，即没有明确的目的但可能获得有用的信息。数据图形对于探索性分析特别有效。

2）利用模型描述问题，所用模型往往是简单直观的，并在实践中广泛使用的。例如绝缘材料失效时间采用 Arrhenius -对数正态模型描述。理想情况下，在收集数据之前要选择一个尝试性的模型。收集到数据之后，如果通过直观的方式不能确定合适的模型，则可以以多种方式显示数据，如在不同的概率纸和关系纸上显示数据。通过这些数据图通常能够确定合适的模型，实际上，数据图形一般可以显示出需要的信息并作为模型使用。另一种方法是使用一般性的模型，适合的模型可能是该模型的一个特例。利用一般模型对数据进行拟合之后，一般可以确定哪个特例合适。第三种实用的方法是尝试各种可能的模型，选择拟合数据最好的一个。当然，选定的模型必须能提供需要的信息。后续章节将给出这些方法相应的实例。

3）使用试验设计原则对试验与数据收集进行设计，可以保证通过数据能够得到模型参数及其他量的准确估计。如果在确定模型与数据分析方法之前已经进行了数据收集，可能难以拟合到一个理想的模型，而必须使用与实际符合程度较低的模型。统计工作者通常在试验设计这一步骤上的作用最大，试验设计方法将在第 6 章中介绍。

4）数据收集与处理的实际情况需要事先考虑和关注。例如，收集的数据有可能不是来自关心的总体，数据可能来自样机产品而不是批产产品。由于缺乏事先考虑，许多公司在收集试验数据方面付出了昂贵的代价，最终只得到了少量有价值的数据。

5）对数据进行选定模型的拟合有多种方法。这一步简单易懂，可利用本书中介绍的方法获得模型参数的点估计和置信区间。置信区间非常重要，如果估计的置信区间很宽，则告诉工程师们其点估计具有很大的统计不确定性。模型拟合一般可以通过计算机程序完成。

6）当然，也可以快速机械地拟合一个不适合的模型，计算机程序可以很好地完成这一工作。然而，不适合的模型产生的信息可能导致错误的结论和决策。在使用拟合模型的信息前，必须对模型的适用性进行检验。这类检验通常会利用数据图形，检验模型与数据的一致性。模型也可以通过新数据进行检验。有时多个模型都可以在一定范围内很好地对数据进行拟合，但在范围之外的结果却大不相同。此时必须基于其他条件选定模型，如最简单的或最保守的。此外，也可以增加试验样本解决这类问题，工程师们会根据需要开展更多试验，但这种方法常常被经验不足的统计工作者和统计类文献忽视。

7）当上述步骤都得到正确执行时，根据拟合模型对结果进行解释就变得非常简单，同时实际的结论与决策也变得显而易见。一个可能的难点是，相对实际目的而言，结果信息可能不够准确或不足以得出结论。这种情况下，需要更多的数据以进行进一步的分析，或者进行进一步试验。此外，实践中可能需要在信息不准确的情况下做出决策。某种程度上大多数的模型与数据都是不准确的，因此任何点估计或预测值的不确定性都要大于相应的置信区间或预测区间。

（8）数据分析方法

此处讨论一些数据分析方法，包括点估计、置信区间和假设检验。这些方法的详细内容将在后续章节中介绍。Nelson（1983c，1982，第 6 章第 1 节）对此进行了更详细的论述。Nelson（1990）简要介绍了加速试验数据的基本分析方法，较早的统计学著作中介绍了专用的数据分析技术，通过计算 t 统计量或假设检验对数据集进行分析。现代的数据分析方面的著作强调对同一数据集进行各种不同类型的分析，尤其是图分析。本书中提倡对一个数据集进行多重分析。为了阐明这一主张，本书中多个实例出现在不同的章节中，采用不同的分析方法，以获得对数据更深的认知。

(9) 点估计和置信区间

本书给出了利用样本数据评估模型参数和其他感兴趣参量的点估计与置信区间的方法。点估计接近参数真值，参数置信区间的宽度表明了点估计的不确定性。如果对于某个实际问题置信区间太宽，则可以通过增大样本量使置信区间达到期望的宽度。过宽的置信区间警示点估计的不确定性可能太大。Hahn & Meeker（1990）对置信区间估计进行了综述。

(10) 统计比较

统计假设检验（第8章和第9章）是在对模型做出某个假设的条件下，比较不同样本数据。一种常见的假设是参数等于某个给定值，例如，Weibull分布形状参数等于1（也就是说，分布是指数分布）。另一种常见的假设是两个或多个总体的相应参数相等。例如，标准两样本 t -检验比较两个总体均值是否相等。如果假设模型与数据之间存在统计显著性差异，则充分表明假设模型是不适当的（统计上称为“假的”）。否则，假设模型是符合要求的可行假设。当然，只有少量失效数据的数据集可能与某个物理上不适当的模型是相符的。同时，拟合检验或者异常值检验的结论可能是拒绝模型或数据。

(11) 实际和统计显著性

置信区间表明了点估计的精确程度，反映了数据的随机散布。假设检验则可以指出观测到的差异是否具有统计显著性。也就是说，假设检验可以指出相对于数据的随机散布，样本数据与假设模型之间的差异（或者一些样本之间的差异）是否很大。统计显著性差异是大到必须承认的差异。对比之下，实际显著性差异则是实践中足够大而重要的差异。尽管分析结果可能是实际显著的，但除非这些结果也具备统计显著性，否则不能相信这些结果。统计显著性保证了结果是真实的，而不仅仅是随机抽样的差异。

对于这些差异，置信区间往往比统计假设检验更容易解释，并含有更多的信息。通过置信区间的宽度可以判断结果的精度是否足以识别这些实践中重要的差异。第8章和第9章将对置信区间及其应用进行阐述。

(12) 数值计算

数值计算需要谨慎。也就是说，在数据代入公式以及中间计算过程中要使用较多的有效数字位数，仅最终结果使用合适的有效数字个数，这样有利于确保最终计算结果的显示精度。一般的做法是将所有数值四舍五入到最终结果要求的有效数字个数，这样几乎不会出现少于要求的有效数字个数的情况。对于大多数实际问题，2到3个有效数字就足够了。合理的做法是使点估计和置信限具有足够的数值位数，以便它们仅在最后一到二位数字存在区别。例如，对于参数 μ，点估计 $\mu^{*}=2.76$ 与置信上限 $\tilde{\mu}=2.92$ 仅最后两位数字不同。

多数实例和问题的计算都可以通过便携式计算器轻松完成，但是，有些计算尤其是最大似然计算，则需要计算机程序。读者可以按照本书的描述自行开发程序，也可以使用某些标准化程序。

习题

1.1　调研。调研 1.2 节中某些应用领域的相关文献，形成文献索引，并标注。

1.2　扩展。对 1.5 节、1.6 节、1.7 节中任意一个主题的论述进行扩展，并明确受众。

第 2 章　恒定应力寿命试验模型

2.1　引言

（1）目的

本章介绍恒定应力加速寿命试验的数学模型。这些模型是后续章节必不可少的基础，所有加速试验方案设计与数据分析都是基于这些模型。同时，本章对具体的模型和概念作了详细介绍，对大象试验和单应力试验的工作人员也非常有益。这些模型和概念有助于建立加速寿命试验的表观认识，减少对其含义和分析的认知模糊性，试验模型取决于产品、试验方法、加速应力和样品形态等因素。前面出现的寿命统计分布和寿命-应力关系对理解本章是有益但非必需的基础。

（2）模型

加速寿命试验的统计模型包括两类，一类是表示产品寿命散布的寿命分布；另一类是寿命-应力关系。通常，寿命分布的均值（和某些标准差）可表述为加速应力的函数。2.2 节～2.6 节介绍了几种常用的寿命分布：指数分布、正态分布、对数正态分布、Weibull 分布和极值分布。2.2 节还介绍了寿命分布的基本概念，包括可靠度函数和危险函数（Hazard Function，也称瞬时失效率）。2.7 节简要介绍了一些很有用但不常用的分布，包括混合分布和对数伽马分布，其中，Weibull 分布和对数正态分布可视为对数伽马分布的特例。2.8 节～2.14 节介绍寿命-应力关系，用于表述分布参数（如均值、百分位数或标准差）与加速应力或其他可能变量的函数关系。使用最广泛的基本寿命-应力关系是：1）高温加速试验的 Arrhenius 模型（2.9 节）；2）逆幂律模型（2.10 节）。Singpurwalla（1975）研究了多个加速试验模型。Nelson（1990）简要介绍了最基本的应用模型。

（3）标准模型

对于多数产品，存在适用的标准加速变量和模型。例如，电动机绝缘的寿命试验通常采用高温加速，采用 2.9.2 节的 Arrhenius -对数正态模型进行数据分析。而有些存在标准加速变量的产品，寿命分布形状或寿命-应力关系可能还需考虑。例如，对于某绝缘材料的电压耐久性试验，采用 Weibull 分布、对数正态分布、逆幂律以及其他寿命-应力关系进行试验数据拟合，比较不同分布和关系的拟合结果，评价哪种分布的拟合更好。产品的标准加速变量和模型可见产品相关文献。例如，Meeker（1979）和 Carey（1985）调研了多种产品加速试验的电子文献。本章介绍这些产品的标准模型。后续章节介绍使用这些模型的数据分析方法和试验方案设计。

(4) 新模型

还有一些其他的产品，可能需要选择一个合适的加速变量、建立并验证一个合适的模型。本书没有详细论述这一难题。这些工作需要产品专家的长期努力，可能还需要高水平的统计工作者的支持。专著 Box and Draper (1987) 对这些工作非常有用。

(5) 单一失效原因

本章模型最适合于只有一种失效原因的产品，但是也能满足描述具有多种失效原因产品的要求。第 7 章将介绍适用于多种失效原因产品的串联系统模型。

(6) 多种试验方法

对于某些产品，有两种或两种以上不同加速变量及相应加速试验方法。不同的加速试验加速不同的失效模式。例如，某些失效模式可能需要高温加速，而有些则需要高电压加速或振动加速。

(7) 其他模型

更复杂情况下的模型未在第 2 章介绍。这些模型包括步进应力模型（第 10 章）、性能退化模型（第 11 章）、考虑样品尺寸效应的模型（第 7 章）、方差分析模型、方差分量模型等。这些模型并不适用于大多数可修系统（允许多次故障和维修）。Ascher and Feingold (1984)，Nelson (1988) 提出了可修系统的模型与数据分析方法。目前，针对可修系统的加速试验理论很少。

(8) 符号

本书总体上遵循通用的统计符号规则。总体参数和模型系数一般用希腊字母表示，例如 α、β、γ 与 σ。这些参数的数值通常是未知常数，由数据估计得到。而这些常数的估计值是随机量，用带有补字符 ^ 的希腊字母或相应的拉丁字母表示，如 $\hat{\alpha}$、a、$\hat{\beta}$、b、$\hat{\gamma}$、c、$\hat{\sigma}$ 和 s。通常，总体真值的符号 σ 与估计值的符号 $\hat{\sigma}$ 是不同的。这样可避免将总体真值与估计值混淆。随机变量通常用大写拉丁字母表示，如失效时间用 T 或 Y 表示。随机变量的具体数值结果用相应的小写拉丁字母表示，如 t 或 y。用于表示工程变量的拉丁字母（大、小写）一般遵循标准的工程符号准则。常见的例外是拉丁字母也可能用作工程表达式的系数。

2.2 基本概念与指数分布

本节介绍产品寿命分布的基本概念，并以指数分布为例进行说明。

2.2.1 累积分布函数

(1) 定义

累积分布函数 $F(t)$ 描述了寿命 t 内的总体失效概率。任意连续分布函数 $F(t)$ 具有如下数学性质：

1) 对于 t 的所有取值，函数 $F(t)$ 均连续；

2) $\lim\limits_{t \to -\infty} F(t)=0$，且 $\lim\limits_{t \to +\infty} F(t)=1$；

3) 对于任意 $t<t'$，有 $F(t) \leqslant F(t')$。

对于大部分寿命分布，t 的定义域为 $(0, +\infty)$，但在有些分布中 t 的定义域为 $(-\infty, +\infty)$。

(2) 指数分布的累积分布函数

当产品寿命服从指数分布时，寿命 t 内的总体失效概率为

$$F(t)=1-\mathrm{e}^{-t/\theta}, t \geqslant 0 \tag{2.2-1}$$

式中，$\theta>0$ 为平均故障前时间（MTTF），度量单位与 t 相同，如小时、月或循环数等。指数分布的累积分布函数如图 2.2-1 所示。产品寿命服从指数分布时，其失效率是常数，定义为

$$\lambda \equiv 1/\theta \tag{2.2-2}$$

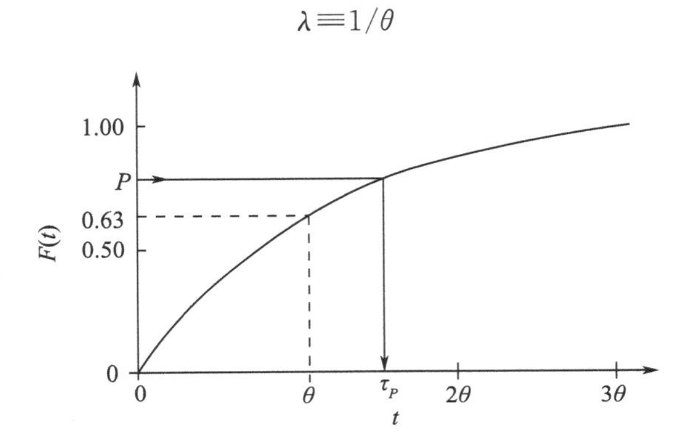

图 2.2-1　指数分布的累积分布函数

失效率 λ 与 MTTF θ 的上述关系仅在指数分布下成立。λ 可表述为每百万小时的产品失效数，或每个月的产品失效百分比，或每 1 000 小时的产品失效百分比。对于高可靠电子产品，λ 常用菲特（FIT）描述，即每十亿小时的失效数。用 λ 描述，累积分布函数可表示为

$$F(t)=1-\mathrm{e}^{\lambda t}, t \geqslant 0 \tag{2.2-3}$$

指数分布可以用来描述绝缘油和液体（电介质）以及某些材料和产品的寿命分布。实践中，指数分布经常被误用在本该用 Weibull 分布或其他分布描述的产品上。一些初级可靠性著作错误地提出指数分布可用来描述多数产品的寿命分布。根据作者的经验，仅有 10%～15%的产品的寿命分布低尾段适合用指数分布描述。

(3) 发动机风扇实例

用 $\theta=28\ 700$ h 的指数分布描述某柴油发动机风扇的失效时间分布。28 700 h 由试验数据估计得到，存在很大的统计不确定性。本章中视此类数据为准确值，那么相应的失效率 $\lambda=1/28\ 700=3\ 510^{-6}\ \mathrm{h}^{-1}$，根据公式（2.2-1），发动机风扇在保修寿命 8 000 h 时的总体失效概率为：$F(8\ 000)=1-\exp(-8\ 000/28\ 700)=0.24$。考虑到 24%太高，管理者决定采用更好的风扇设计方案。

2.2.2 可靠度函数

(1) 定义

对于一个确定的寿命分布，可靠度函数 $R(t)$ 即为寿命大于 t 时的存活概率，定义为

$$R(t)\equiv 1-F(t) \tag{2.2-4}$$

该函数也称为残存函数或生存函数。

(2) 指数分布的可靠度

寿命服从指数分布时，寿命大于 t 时的总体存活概率为

$$R(t)=\mathrm{e}^{-t/\theta},t\geqslant 0 \tag{2.2-5}$$

指数分布的可靠度函数如图 2.2-2 所示，正好是累积分布函数图（图 2.2-1）的“翻转”。发动机风扇在 8 000 h 时的可靠度为 $R(8\ 000)=\exp(-8\ 000/28\ 700)=0.76$，即在保修期内此类风扇的存活概率为 76%。

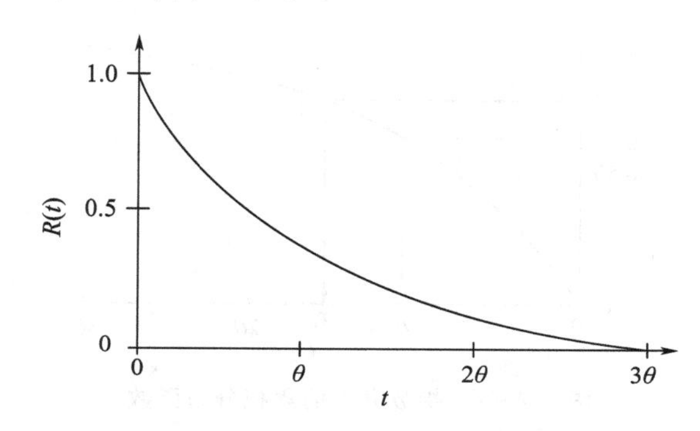

图 2.2-2 指数分布的可靠度函数

2.2.3 百分位数

(1) 定义

分布函数 $F()$ 的 $100P\%$分位数是总体失效比例为 P 时的寿命 τ_P，即式（2.2-6）的解

$$P=F(\tau_P) \tag{2.2-6}$$

在进行寿命数据分析时，人们往往希望知道低百分位寿命值，如 1%或 10%分位寿命，这些寿命值与早期失效密切相关。50%分位寿命被称为中位寿命，常作为“特征”寿命。τ_P 亦可由图 2.2-1 所示的方法获得，具体方法如下：以图中纵轴上的 P 值作为起始点，沿水平方向作一直线与曲线 $F(t)$ 相交，然后垂直向下，与时间轴交点即为 τ_P。

(2) 指数分布的百分位数

指数分布的 $100P\%$分位数为

$$\tau_P=-\theta\ln(1-P) \tag{2.2-7}$$

例如，指数分布的均值 θ 大致是其分布函数的 63%分位数。对于柴油机风扇，其中位寿命 $\tau_{0.50}=-28\ 700\ \ln(1-0.50)=19\ 900$ 小时，1%分位寿命为 $\tau_{0.01}=-28\ 700\ \ln(1-0.01)=288$ 小时。

2.2.4　概率密度

(1) 定义

如果分布函数 $F(t)$ 可导，那么分布函数的导数就是概率密度函数，即

$$f(t) \equiv \frac{\mathrm{d}F(t)}{\mathrm{d}t} \tag{2.2-8}$$

它相当于总体寿命时间的直方图。换句话说，寿命 t 内总体的失效概率是式（2.2-8）的积分，即

$$F(t) = \int_{-\infty}^{t} f(u)\mathrm{d}u \tag{2.2-9}$$

如果分布区间的下边界是 0，则积分区间为 $[0, t]$。

同理，产品可靠度为

$$R(t) = \int_{t}^{\infty} f(t)\mathrm{d}t$$

(2) 指数分布的概率密度

由式（2.2-1）微分可得

$$f(t) = (1/\theta)\mathrm{e}^{-t/\theta}, t \geqslant 0 \tag{2.2-10}$$

指数分布的概率密度函数如图 2.2-3 所示。概率密度函数也可以写成如下形式

$$f(t) = \lambda \mathrm{e}^{-\lambda t}, t \geqslant 0 \tag{2.2-11}$$

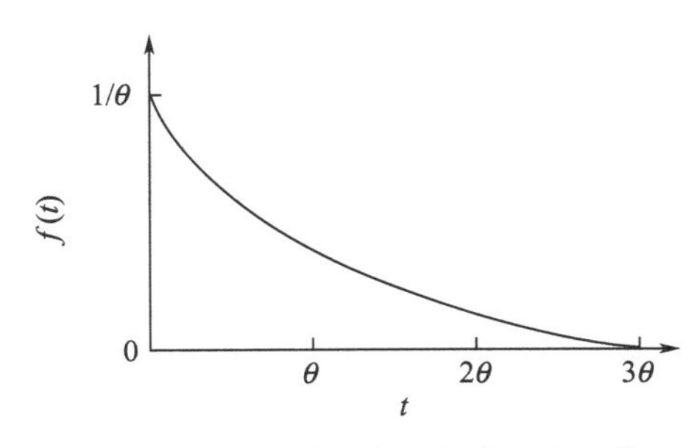

图 2.2-3　指数分布的概率密度函数

2.2.5　均值

(1) 定义

设随机故障时间 T 的概率密度为 $f(t)$，则分布的均值或期望 $E(T)$ 可用以下积分式表述

$$E(T) \equiv \int_{-\infty}^{\infty} t f(t)\mathrm{d}t \tag{2.2-12}$$

积分区间与分布区间相同，通常为 $[0, +\infty)$ 或 $(-\infty, +\infty)$。均值也被称为平均寿命或期望寿命，等于总体中所有个体寿命的算术平均值。与中位寿命一样，平均寿命也常作为“特征”寿命。此处的术语“期望”或“期望寿命”具有如式（2.2-12）的精确统计意义，而不是“预期的寿命”。

(2) 指数分布的均值

指数分布的均值为

$$E(T)=\int_0^{\infty} t(1/\theta)\mathrm{e}^{-t/\theta}\mathrm{d}t=\theta \tag{2.2-13}$$

这也解释了为何称 θ 为平均故障前时间 (MTTF)。并且，$E(T)=1/\lambda$，如上所述这一关系仅在指数分布下成立。由此可见，柴油发动机风扇的平均寿命 $E(T)=28\ 700$ h。

2.2.6 方差和标准差

(1) 方差定义

假设某分布的概率密度函数为 $f(t)$，则分布的方差为

$$\mathrm{Var}(T)\equiv\int_{-\infty}^{\infty}[t-E(T)]^2 f(t)\mathrm{d}t \tag{2.2-14}$$

上式的积分区间与分布区间相同。方差用来表征分布的散度，其表达式的等价形式如下

$$\mathrm{Var}(T)=\int_{-\infty}^{\infty}t^2 f(t)\mathrm{d}t-[E(T)]^2 \tag{2.2-15}$$

Var (T) 的量纲是时间的平方，如小时的平方。统计工作者在使用过程中视方差与标准差相互等价，而标准差更容易理解。

(2) 指数分布的方差

指数分布的方差为

$$\mathrm{Var}(T)=\int_0^{\infty}t^2(1/\theta)\exp(-t/\theta)\mathrm{d}t-\theta^2=\theta^2 \tag{2.2-16}$$

指数分布的方差刚好是均值的平方。对于柴油发动机风扇，其失效时间的方差为 $\mathrm{Var}(T)=28\ 700^2=8.24\times10^8\ \mathrm{h}^2$。

(3) 标准差定义

寿命分布的标准差 $\sigma(T)$ 为

$$\sigma(T)=[\mathrm{Var}(T)]^{1/2} \tag{2.2-17}$$

标准差的量纲与寿命相同，如小时。由于标准差与寿命的维度相同，在表征分布散度的时候，标准差通常比方差使用得更为广泛。

(4) 指数分布的标准差

对于指数分布，其标准差为

$$\sigma(T)=(\theta^2)^{1/2}=\theta \tag{2.2-18}$$

指数分布的标准差与均值相等。对于柴油发动机风扇，标准差 $\sigma(T)=(8.24\times10^8)^{1/2}=28\ 700$ h。

2.2.7 危险函数 (瞬时失效率)

(1) 定义

寿命分布的危险函数 $h(t)$ 定义如下

$$h(t) \equiv f(t)/[1-F(t)] = f(t)/R(t) \tag{2.2-19}$$

危险函数是产品在寿命 t 时刻的瞬时失效率，即：在 t 时刻未发生失效的产品，在寿命从 t 增至 $t+\Delta$ 的微小时间段内发生失效的概率为 $\Delta \cdot h(t)$。危险函数 $h(t)$ 是寿命 t 的函数，用来衡量失效倾向，又称为危险率或死亡率。在多数实际应用中，人们希望知道：随着产品寿命的增加，总体失效率是增长还是降低，即随着产品寿命的增加，服役失效数是增加还是减少。

（2）指数分布的危险函数

指数分布的危险函数为

$$h(t) = [(1/\theta)e^{-t/\theta}]/e^{-t/\theta} = 1/\theta = \lambda, t \geqslant 0 \tag{2.2-20}$$

图 2.2-4 给出了这一恒定危险函数的图形。同时 $h(t)=\lambda$，$t \geqslant 0$ 也说明了 λ 为什么被称为失效率。只有指数分布的失效率是常数，这是指数分布的一个重要特征。也就是说，只有寿命服从指数分布的产品，在未来的某一个时间区间 Δ 内，旧产品和新产品发生失效的概率才相等。这类产品被认为是无记忆的，就像有些人记不得自己的年龄一样。此外，产品失效率为常数，其失效被视为随机失效，往往暗示是失效由突发事件或外部事件引起的。术语“随机”具有误导性，因为许多服从指数分布的产品失效是由耗损或制造缺陷引起的。例如，任意寿命值的发动机风扇因为疲劳以每百万小时 35 个失效的恒定速率失效，这显然是不可能的。

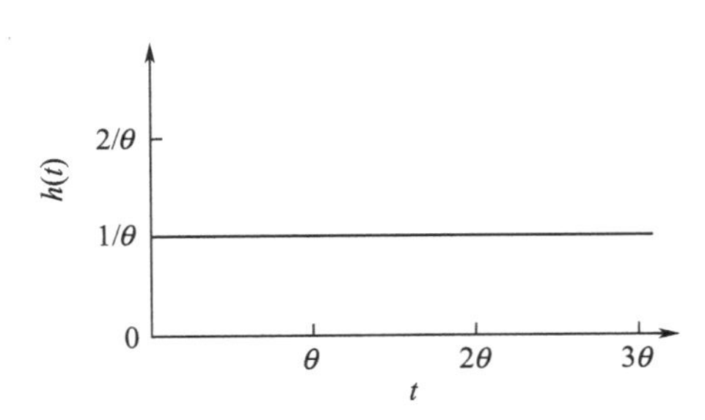

图 2.2-4　指数分布的危险函数

（3）累积危险

累积危险函数表达式为

$$H(t) \equiv \int_{-\infty}^{t} h(u)\mathrm{d}u \tag{2.2-21}$$

式中，积分下限为分布区间的下边界。该函数常用于危险函数图分析（第 3 章）。对于指数分布，累积危险函数为

$$H(t) = \int_{0}^{t} \lambda \mathrm{d}u = \lambda t, t \geqslant 0$$

对于任意分布

$$H(t) = -\ln[R(t)]$$

即

$$R(t) = \exp[-H(t)] \tag{2.2-22}$$

危险图纸（第 3 章）就是利用了这一基本关系。

（4）早期失效率

如图 2.7－4 靠近时间零点的图形所示，在产品寿命初期，递减的危险函数对应早期失效率，这往往表明产品具有设计或制造缺陷。有些产品，如电容和某些半导体器件，在其可观测的寿命周期内故障率都是递减的。

（5）耗损

在产品寿命后期，无限增大的危险函数对应耗损失效，这表明失效是由于产品逐渐耗损导致的。图 2.7－4 中危险函数曲线的末端部分描述了这一特征。许多产品在全寿命周期内的失效率是逐渐增大的。如果失效率是递增的，在使用过程中进行部件的预防性更换，可以避免代价高昂的使用故障。

2.3 正态分布

本节介绍正态（或高斯）分布。正态分布的危险函数是无限增大的，因此可以用正态分布来描述耗损失效的产品寿命分布。正态分布已用于描述白炽灯（灯泡）灯丝和电绝缘材料的寿命分布，也可用于描述加速试验中的产品性能分布，如强度（电或机械）、延伸率、耐冲击性等。正确理解与使用广泛用于分析加速试验数据的对数正态分布（2.4 节）也非常重要。而且，多数估计量的抽样分布都近似服从正态分布，这一事实被用于获取近似置信区间。因此，正态分布的知识是非常重要的，相关参考书有 Schneider（1986）和 Johnson and Kotz（1970）。

（1）正态分布累积分布函数

寿命 y 内的总体失效概率为

$$F(y)=\int_{-\infty}^{y}(2\pi\sigma^{2})^{-1/2}\exp\left[-\frac{1}{2}\left(\frac{x-\mu}{\sigma}\right)^{2}\right]\mathrm{d}x,-\infty<y<\infty \qquad (2.3-1)$$

其函数图形如图 2.3－1 所示，式中，μ 为总体均值，可以取任意值；σ 为总体标准差，只能取正值。μ 和 σ 的度量单位与 y 相同，如小时、月、循环次数等。式（2.3－1）可由标准正态分布函数 $\Phi()$ 表示为

$$F(y)=\Phi[(y-\mu)/\sigma],-\infty<y<\infty \qquad (2.3-2)$$

当 $\mu=0$ 且 $\sigma=1$ 时，式（2.3－1）即为标准正态分布函数 $\Phi()$，其取值列表见附录 A1。大多数表格仅给出 $z\geqslant0$ 时的函数值 $\Phi(z)$，当 $z<0$ 时，有 $\Phi(-z)=1-\Phi(z)$。$z=(y-\mu)/\sigma$ 被称为（标准化的）正态偏差。

变量 $y\in(-\infty,+\infty)$，当然，寿命必须取正值。为了在工程应用中获得一个足够精确的近似值，分布函数中取值小于零的比例必须尽可能得小。

（2）绝缘材料实例

Nelson（1981）得到某型绝缘材料样品的寿命近似服从 $\mu=6\ 250$ 年，$\sigma=600$ 年的正态分布。其寿命取负值的概率为 $F(0)=\Phi[(0-6\ 250)/600]=\Phi[-10.42]\approx1.0\times10^{-25}$，基本可以忽略不计。

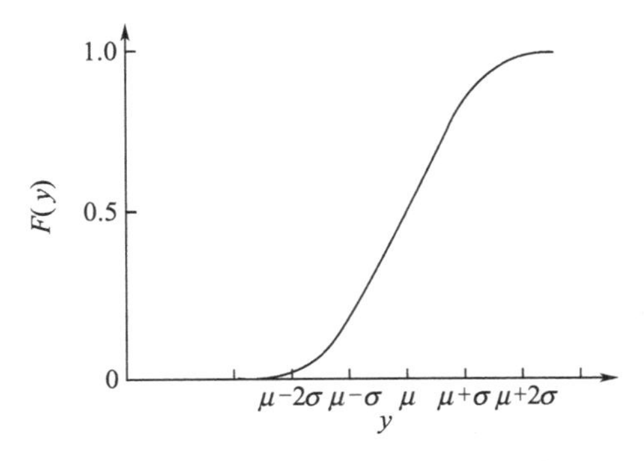

图 2.3-1　正态分布累积分布函数

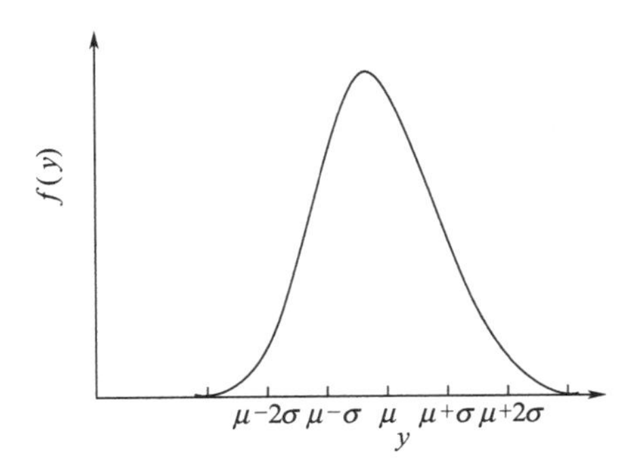

图 2.3-2　正态分布的概率密度函数

(3) 正态分布的概率密度

正态分布的概率密度函数为

$$f(y)=(2\pi\sigma^2)^{-1/2}\exp[-(y-\mu)^2/(2\sigma^2)],-\infty<y<\infty \tag{2.3-3}$$

图 2.3-2 即为正态分布的概率密度函数，其图形关于均值 μ 对称。图形形状表明，μ 为函数中值，σ 决定分布的散度。

(4) 正态分布的百分位数

正态分布的第 $100P\%$分位数 η_P 为

$$\eta_P=\mu+z_P\sigma \tag{2.3-4}$$

式中，z_P 为标准正态分布的 $100P\%$分位数。标准正态分布各百分位数简要列表见表 2.3-1，详见附录 A2。由于标准正态分布的中值 $z_{0.50}=0$，故正态分布的中值 $\eta_{0.50}=\mu$。常用的标准正态分布百分位数如下。

表 2.3-1　常用的标准正态分布百分位数对应函数值

$100P\%$	0.1	1	2.5	5	10	50	90	95	97.5	99
z_P	−3.090	−2.326	−1.960	−1.645	−1.282	0	1.282	1.645	1.960	2.326

对于前述绝缘材料样品，中位寿命 $\eta_{0.50}=6\ 250$ 年，第 1 个百分位寿命为 $\eta_{0.10}=6\ 250+(-2.326)\times600=4\ 830$ 年。

(5) 正态分布的均值与标准差

对于正态分布，均值和标准差均为其分布参数，即

$$E(Y)=\mu,\sigma(Y)=\sigma \tag{2.3-5}$$

对于绝缘材料样品，$E(Y)=6\ 250,\sigma(Y)=600$。

(6) 正态分布的危险函数

图 2.3-3 给出了正态分布的危险函数图形，由图可知，正态分布失效率随着寿命增加逐渐增大（耗损行为）。因此，上文中绝缘材料样品的失效率也是递增的。这表明越旧的绝缘材料部件越容易失效。在预防性更换计划中，应首先更换使用时间较长的部件以减少产品使用故障。

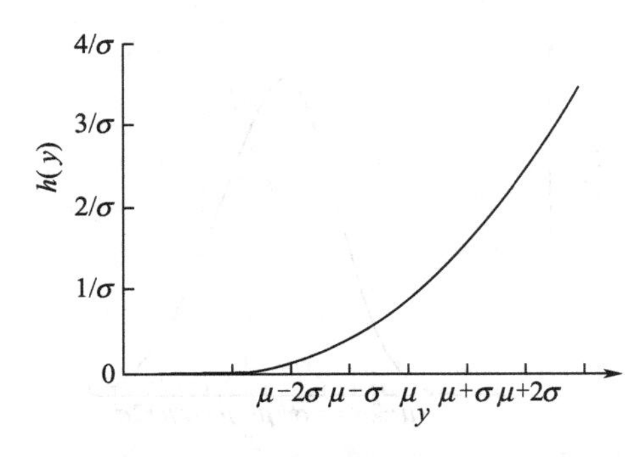

图 2.3-3 正态分布的危险函数

2.4 对数正态分布

对数正态分布广泛应用于寿命数据分析，如金属疲劳寿命、固态元件（半导体、二极管、GaAs 场效应晶体管等）寿命、电绝缘材料寿命等。对数正态分布与正态分布相关，因此可采用分析正态分布数据的方法来分析对数正态分布数据。关于对数正态分布的书籍很多，包括 Crow and Shimizu (1988), Schneider (1986), Johnson and Kotz (1970), Aitchinson and Brown(1957)等。

(1) 对数正态分布累积分布函数

寿命服从对数正态分布的总体在寿命 t 内的总体失效概率为

$$F(t)=\Phi\{[\log(t)-\mu]/\sigma\},t>0 \tag{2.4-1}$$

其函数图形如图 2.4-1 所示。式 (2.4-1) 中，μ 是对数寿命的均值，而不是寿命的均值，被称为对数均值，取值范围可为 $(-\infty,\ +\infty)$。σ 是对数寿命的标准差，而不是寿命的标准差，被称为对数标准差，且必须取正值。μ 和 σ 的量纲与时间 t 不同，它们是无量纲的纯数字。式中的 log( ) 表示以 10 为底的对数。有些作者使用以 e 为底的自然对数，本书用符号 ln( ) 表示。Φ( ) 是标准正态分布的累积分布函数，其取值可查附录 A1。式 (2.4-1) 与表示正态累积分布函数的式 (2.3-1) 类似，只是用 $\log(t)$ 替换了 t。对数正态累积分布函数也可以写成如下形式

$$F(t)=\Phi\{[\log(t/\tau_{0.50})]/\sigma\}=\Phi\{\log[(t/\tau_{0.50})^{1/\sigma}]\} \tag{2.4-1'}$$

$$\tau_{0.50}=\text{antilog}(\mu)$$

式中，$\tau_{0.50}=\text{antilog}(\mu)$ 为寿命中值。式（2.4－1′）与 Weibull 分布累积分布函数式（2.5－1）相似。式（2.4－1′）表明 $\tau_{0.50}$ 是尺度参数，σ 是形状参数。

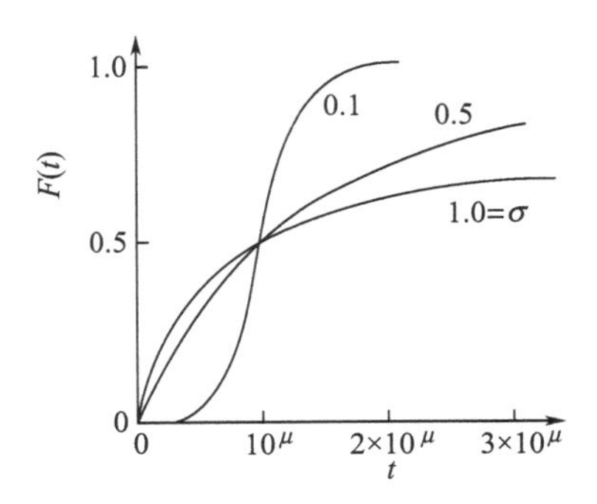

图 2.4－1　对数正态分布累积分布函数

（2）对数正态分布概率密度

对数正态分布概率密度函数为

$$f(t)=\{0.4343/[(2\pi)^{1/2}t\sigma]\}\exp\{-[\log(t)-\mu]^2/(2\sigma^2)\},t>0 \qquad (2.4-2)$$

式中，$0.4343\approx 1/\ln(10)$。图 2.4－2 给出了固定尺度参数时不同形状参数的对数正态概率密度曲线，σ 的取值决定了分布的形状，μ 的取值决定了 50％分位点和函数在时间轴的散布。

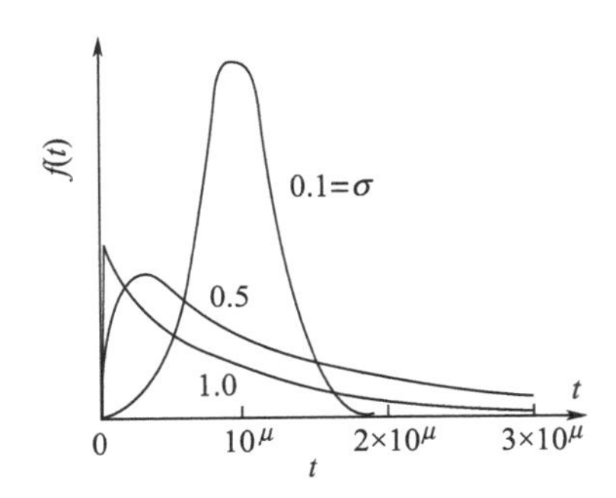

图 2.4－2　对数正态分布概率密度函数

（3）H 级绝缘系统实例

某推荐的 H 级绝缘系统样本在设计温度下的寿命服从 $\mu=4.062$、$\sigma=0.1053$ 的对数正态分布。在 20 000 小时的设计寿命期内，其总体失效概率为 $F(20\,000)=\Phi\{[\log(20\,000)-4.062]/0.1053\}=\Phi[2.270]=0.988$。这意味着设计寿命期内大部分产品将会失效，应该舍弃这种绝缘系统。

（4）百分位数

对数正态分布的 $100P\%$ 分位数为

$$\tau_P=\text{antilog}[\mu+z_P\sigma]=10^{\mu+z_P\sigma} \qquad (2.4-3)$$

式中，z_P 为标准正态分布的 $100P\%$ 分位数。对数正态分布的中位数（50％分位数）为

$\tau_{0.50}=\mathrm{antilog}(\mu)$ 。对于 H 级绝缘系统，其中位寿命 $\tau_{0.50}=\mathrm{antilog}\ (4.062)\ \approx 11\ 500$ h，1%分位寿命为 $\tau_{0.01}=\mathrm{antilog}\ [4.062+\ (-2.326)\ 0.105\ 3]\ \approx 6\ 600$ h。

(5) 对数正态分布的可靠度函数

服从对数正态分布的产品在寿命 t 时的总体存活概率为

$$R(t)=1-\Phi\{[\log(t)-\mu]/\sigma\}=\Phi\{-[\log(t)-\mu]/\sigma\} \tag{2.4-4}$$

(6) 对数正态分布的均值与标准差

在加速试验中，时间 t 的均值和标准差很少使用。均值和标准差的公式可见专著 Nelson (1982)。

(7) 对数正态分布的危险函数

对数正态分布危险函数的图形如图 2.4－3 所示。当 $\sigma\approx 0.5$ 时，危险函数 $h(t)$ 近似为常数。当 $\sigma\leqslant 0.2$ 时，$h(t)$ 是递增的，像尺度缩小了的正态分布危险函数图形；并且对数正态分布累积分布函数和概率密度函数接近正态分布累积分布函数和概率密度函数。当 $\sigma>0.8$ 时，$h(t)$ 先快速增加，然后缓慢减小。这种灵活性使得对数正态分布适用于描述多数产品的寿命分布。但是，对数正态分布危险函数有一种在产品中很少见的特性，即：在时间为 0 时，危险函数也为 0，随着时间的增加先增至最大值，然后再降至零。尽管如此，在其大部分分布区间内，特别是在低尾段，对数正态分布适合多数产品的寿命数据。在实际应用中，一般只使用对数正态分布的低尾段部分。

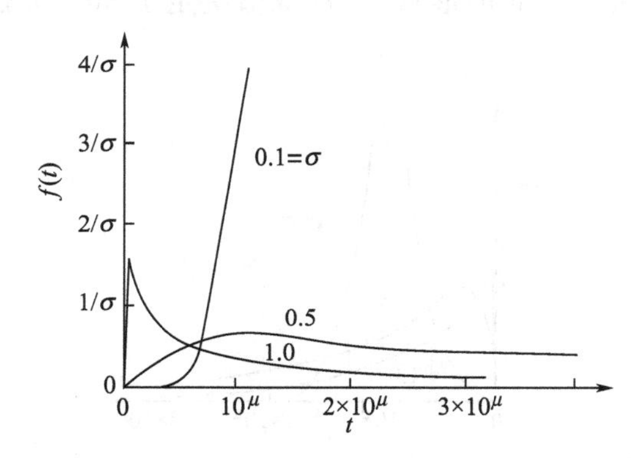

图 2.4－3　对数正态分布的危险函数

对于前述 H 级绝缘系统，根据拟合的对数正态分布，$\sigma=0.105\ 3\leqslant 0.2$，则其失效率随寿命逐渐增大（远处的上高尾段除外）。大多数绝缘材料、金属及其他材料的失效率是严格递增的。有时一个对数正态分布可以拟合来自不同分布（批次、试验条件等）的集合数据，σ 的评估结果大于单一分布数据的评估结果。因此，当不同数据集合后的真实失效率要低于分别评估时的失效率。

(8) 与正态分布的关系

假设寿命 t 服从参数为 μ 和 σ 的对数正态分布，那么对数（以 10 为底）寿命 $y=\log(t)$ 服从均值为 μ、标准差为 σ 的正态分布。因此，正态分布数据的分析方法可用于分析对数正态分布数据。

(9) 以 e 为底的对数正态分布

目前，多数工程实践中习惯使用以 e 为底的对数正态分布。以 e 为底的对数正态累积分布函数为

$$F(t)=\Phi\{[\ln(t)-\mu_e]/\sigma_e\} \tag{2.4-5}$$

式中的参数与相应的对数正态分布（以 10 为底）的参数 $\mu_{10}=\log(\tau_{0.50})$ 和 σ_{10} 相关，即

$$\mu_e=\ln(\tau_{0.50})=\mu_{10}\times\ln(10),\sigma_e=\sigma_{10}\times\ln(10) \tag{2.4-6}$$

2.5　Weibull 分布

因为 Weibull 分布可以简单地模拟失效率递增或递减的情况，所以广泛应用于产品寿命分布描述。此外，Weibull 分布还常用于加速试验中的产品性能分布描述，例如强度（电或机械）、延伸率、电阻等。Weibull 分布可用于描述加速试验中滚珠轴承、电子元件、陶瓷、电容以及电介质等产品的寿命分布。根据极值理论，Weibull 分布可以描述“最弱环”产品，这类产品由服从相同寿命分布的多个部件组成，当出现第一个部件失效时，产品失效。例如，电缆或电容的寿命取决于其电介质的最短寿部分。有关电缆或极值现象的统计理论详见 Galambos（1978）和 Gumbel（1958）。

(1) Weibull 分布累积分布

寿命 t 内，Weibull 分布总体的失效概率为

$$F(t)=1-\exp[-(t/\alpha)^{\beta}],t>0 \tag{2.5-1}$$

式中，形状参数 β 和尺度参数 α 均为正数。α 也被称为特征寿命，是 Weibull 分布的 63.2%分位数。α 的量纲与 t 相同，如小时、月、周期等。β 是无量纲量，当采用 Weibull 分布图形（第 3 章）进行评估时，β 也被称为β 参数或“斜率”参数。对于大多数产品和材料，β 的取值在 0.5～5 之间。Weibull 分布累积分布函数的图形如图 2.5-1 所示。

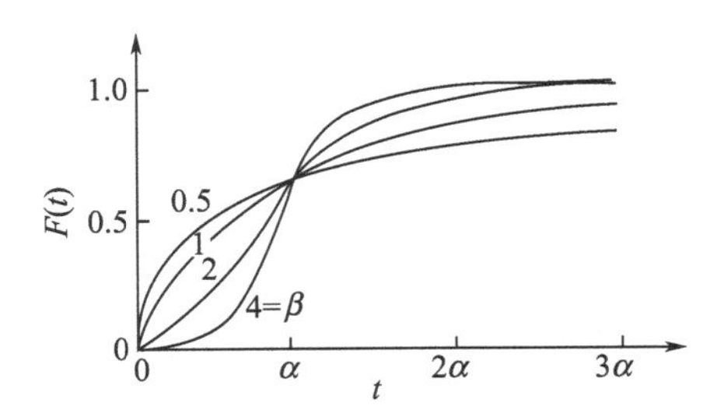

图 2.5-1　Weibull 分布累积分布函数

(2) 电容实例

某型电容的寿命服从参数 $\alpha=100\ 000$ h、$\beta=0.5$ 的 Weibull 分布，其使用第 1 年内的总体失效概率为 $F(8\ 760)=1-\exp[-(8\ 760/100\ 000)^{0.5}]=0.26$（26%）。

(3) Weibull 分布概率密度

对于 Weibull 分布，其概率密度函数为

$$f(t)=(\beta/\alpha^{\beta})t^{\beta-1}\exp[-(t/\alpha)^{\beta}],t>0 \tag{2.5-2}$$

图 2.5-2 所示的 Weibull 分布概率密度函数图形表明，参数 β 决定分布的形状，参数 α 决定分布的散度。在对数寿命中，β 决定分布的散度。β 越大，分布的散度越小。当 $\beta=1$ 时，Weibull 分布即为指数分布。对于多数寿命数据，Weibull 分布的拟合效果要好于指数分布、正态分布以及对数正态分布。

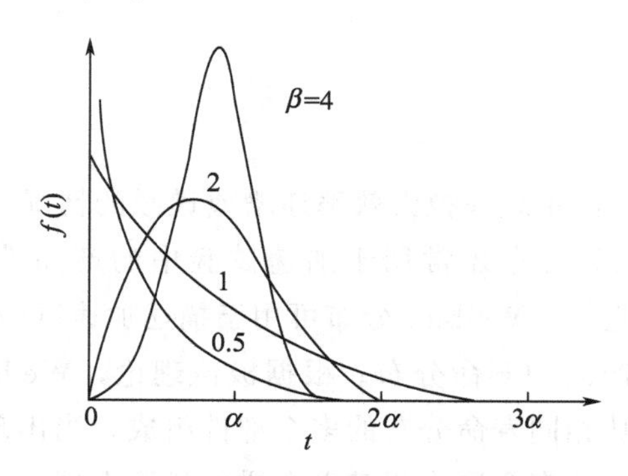

图 2.5-2　Weibull 分布概率密度函数

(4) Weibull 分布可靠度函数

Weibull 分布总体在寿命 t 时的存活概率为

$$R(t)=\exp[-(t/\alpha)^{\beta}],t>0 \tag{2.5-3}$$

对于前述电容，寿命为 1 年时的可靠度为 $R(8\ 760)=\exp[-(8\ 760/100\ 000)^{0.5}]=0.74$ (74%)。

(5) Weibull 分布百分位数

Weibull 分布的 100P %分位数为

$$\tau_P=\alpha[-\ln(1-P)]^{1/\beta} \tag{2.5-4}$$

式中，ln( ) 表示自然对数。由图 2.5-1 可见，对于任意 Weibull 分布均有 $\tau_{0.632}\approx\alpha$ 。对于前述电容，其 1%分位寿命为 $\tau_{0.01}=100\ 000\ [-\ln(1-0.01)^{1/0.5}]=10$ h，是对其早期寿命的一个度量。

(6) Weibull 分布的均值与标准差

Weibull 分布的均值与标准差在加速试验中很少用到，其公式可见 Nelson (1982) 与一些可靠性方面的教科书。

(7) Weibull 分布危险函数

Weibull 分布的危险函数为

$$h(t)=(\beta/\alpha)(t/\alpha)^{\beta-1},t>0 \tag{2.5-5}$$

其函数图形如图 2.5-3 所示。$h(t)$ 是时间 t 的幂函数，当 $\beta>1$ 时，$h(t)$ 逐渐增大，当 $\beta<1$ 时，$h(t)$ 逐渐减小，当 $\beta=1$ (指数分布) 时，失效率为常数。由于具有单调递增或递减失效率，Weibull 分布可以灵活地描述产品寿命。β 反映了失效率的基本特征，这一

信息非常重要，尤其在关于是否进行预防性更换时。

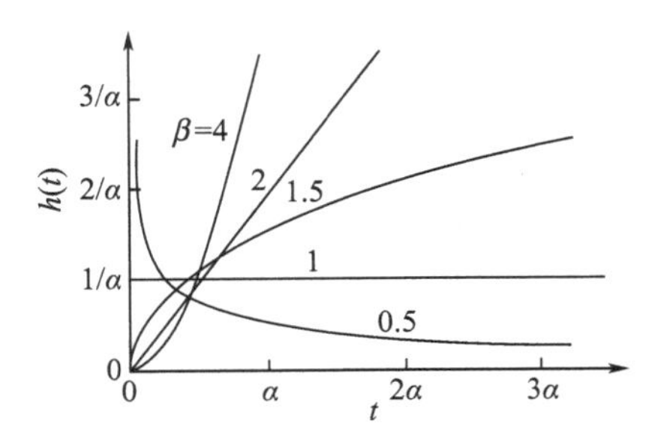

图 2.5－3　Weibull 分布的危险函数

对于电容，$\beta=0.5<1$，因此其失效率是随时间递减的，称为早期失效率行为。这与 $\tau_{0.01}=10$ h 是相符的，尽管 $\alpha=100\ 000$ h 很大。失效率递减是固体介质电容的典型特征。

(8) 与指数分布的关系

以下关系用更为简单的指数分布分析 Weibull 分布数据的依据。假设失效时间 T 服从参数为 α 和 β 的 Weibull 分布，则 $T'=T^{\beta}$ 服从 $\theta=\alpha^{\beta}$ 的指数分布。在这类分析中，常假设 β 已知，则 α 和其他参量即可由数据评估获得。

(9) 三参数 Weibull 分布

在 Nelson (1982) 和 Lawless (1982) 等著作中介绍了三参数 Weibull 分布，但很少用于加速试验。

(10) Weibull 分布或对数正态分布

在许多实际应用中，Weibull 分布与对数正态分布对同一组数据的拟合可能都很好，尤其是分布的中间部分。当用两种分布拟合同一组数据时，相对于对数正态分布，Weibull 分布的低尾段开始得更早，即：Weibull 分布的低百分位数小于相应对数正态分布的低百分位数。因此，Weibull 分布是较保守的。第 4 章与第 5 章详细介绍了评价哪种分布拟合更好的方法。

2.6　极值分布

(最小) 极值分布是 Weibull 数据分析方法的必要基础。若失效时间服从 Weibull 分布，则其以 e 为底的对数服从极值分布。极值分布也被用来描述某些极值现象，如：材料的电气强度或某些类型的寿命数据。与 Weibull 分布相似，最小极值分布也适合于“最弱环”产品。也就是说，假设某产品由若干名义相同的零件构成，且所有零件具有相同的强度 (寿命) 分布 (无下界)，则产品的强度 (寿命) 取决于最容易 (早) 发生失效的零件。因此，最小极值分布可以描述零件的强度 (寿命) 分布 [Galambos (1978)]，如电缆绝缘材料的寿命或电气强度，即：电缆可视为由许多电缆段构成，当有一段发生失效则整个电缆发生失效。

(1) 极值累积分布

总体中小于 y 的比例为

$$F(y)=1-\exp\{-\exp[(y-\xi)/\delta]\},-\infty<y<\infty \tag{2.6-1}$$

式中，ξ 为位置参数，取值范围为 $(-\infty, +\infty)$，是极值分布的 63.2%分位数；尺度参数 δ 为正值，决定了分布的散度。ξ 和 δ 的量纲与 y 相同，如小时、循环次数等。极值分布累积分布函数的图形如图 2.6-1 所示，定义域为 $(-\infty, +\infty)$。当然，寿命必须为正，因此，作为符合要求的寿命分布，分布中小于零的部分必须要很少。

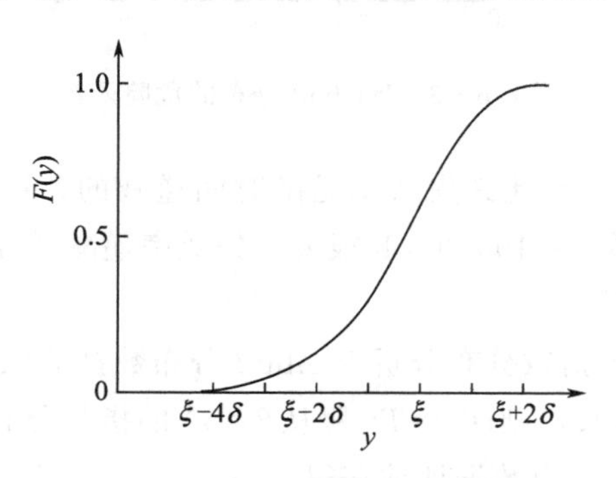

图 2.6-1　极值分布累积分布函数

(2) 材料强度

Weibull (1951) 用参数 $\xi=108\ \text{kg/cm}^2$ 和 $\delta=9.27\ \text{kg/cm}^2$ 的极值分布描述某种材料的极限强度，该种材料强度低于 80 kg/cm^2 的样品所占比例为 $F(80)=1-\exp\{-\exp[(80-108)/9.27]\}=0.048$ 或 4.8%。

(3) 极值分布的概率密度

极值分布的概率密度函数为

$$f(y)=(1/\delta)\exp[(y-\xi)/\delta]\cdot\exp\{-\exp[(y-\xi)/\delta]\},-\infty<y<\infty \tag{2.6-2}$$

其函数图形如图 2.6-2 所示，具有明显的不对称性。

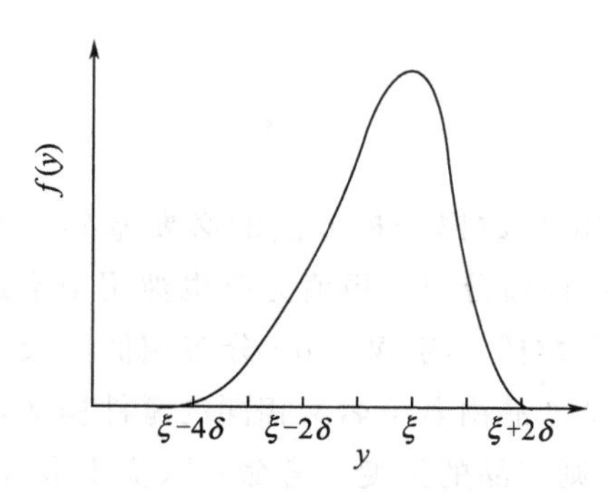

图 2.6-2　极值分布的概率密度函数

(4) 极值分布的可靠度函数

极值分布的可靠度函数为

$$R(y)=\exp\{-\exp[(y-\xi)/\delta]\},-\infty<y<\infty \tag{2.6-3}$$

对于前述材料，其在 80 kg/cm² 的应力作用下的可靠度为 $R(80)=1-F(80)=0.952$，即 95.2%的样品能承受 80 kg/cm² 的应力作用。

(5) 极值分布百分位数

极值分布的 $100P\%$分位数为

$$\eta_P=\xi+u_P\delta \tag{2.6-4}$$

其中

$$u_P\equiv\ln[-\ln(1-P)] \tag{2.6-5}$$

是标准极值分布（$\xi=0$ 且 $\delta=1$）的 $100P\%$分位数。例如，由于 $u_{0.632}\approx0$，则 $\eta_{0.632}\approx\xi$，即极值分布的位置参数。常用的标准极值分布百分位数见表 2.6-1。

表 2.6-1　常用的标准极值分布百分位数

$100P\%$	0.1	1	5	10	50	63.2	90	90
u_P	−6.907	−4.600	−2.970	−2.250	−0.367	0	0.834	1.527

对于前述材料，$\eta_{0.5}=108+(-0.367)\,9.27=104.6$ kg/cm²。

(6) 极值分布的均值与标准差

对于任意的极值分布有

$$E(Y)=\xi-0.5772\delta,\ \sigma(Y)=1.283\delta \tag{2.6-6}$$

式中，0.577 2 是欧拉常数，$1.283=\pi/\sqrt{6}$。均值是极值分布的 42.8%分位数。对于任意极值分布，均有“均值 < 中值 < ξ”。对于前述材料，$E(Y)=108-0.5772\times9.27=102.6$ kg/cm²，$\sigma(Y)=1.283\times9.27=11.9$ kg/cm²。

(7) 极值分布的危险函数

极值分布的危险函数为

$$h(y)=(1/\delta)\exp[(y-\xi)/\delta],-\infty<y<\infty \tag{2.6-7}$$

如图 2.6-3 所示，危险函数 $h(y)$ 随着寿命增加呈指数增长（耗损型）。

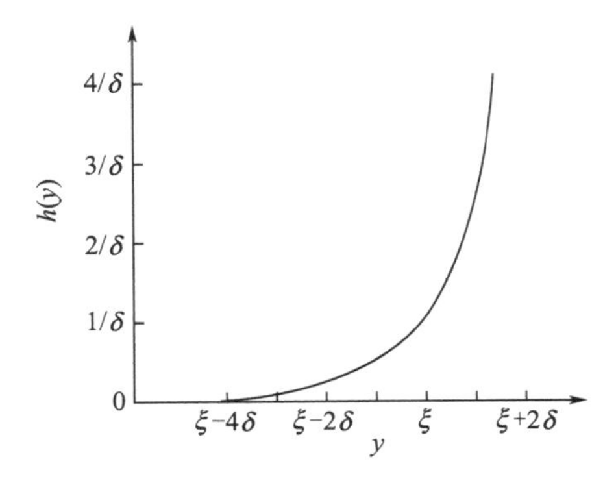

图 2.6-3　极值分布的危险函数

(8) 与 Weibull 分布的关系

极值分布常用于分析 Weibull 分布数据。以下关系常被用来分析 Weibull 分布数据的自然对数（以 e 为底的对数）。使用更简单的极值分布分析对数数据更为容易，这是因为极值分布与正态分布相似，形状单一、位置和尺度参数简单。假设某 Weibull 寿命分布的尺度参数与形状参数分别为 α 和 β，则寿命 t 的自然对数 $y=\ln(t)$ 服从极值分布，且存在如下关系

$$\xi=\ln(\alpha),\sigma=1/\beta \tag{2.6-8}$$

式（2.6－8）表明，对数寿命的散度取决于 β 的倒数。因此，β 越大，对数寿命的散度越小。Weibull 分布的参数亦可写成

$$\alpha=\exp(\xi),\beta=1/\delta \tag{2.6-9}$$

同理，Weibull 分布的参数也可以用极值分布的标准差 $\sigma(Y)$ 和均值 $E(Y)$ 表述为

$$\beta=1.283/\sigma(Y),\alpha=\exp[E(Y)+0.4501\sigma(Y)] \tag{2.6-10}$$

在第 4 章中，上述关系被用来分析 Weibull 分布数据。

2.7　其他分布

上述基本分布（2.2 节～2.6 节）是加速试验的常用寿命分布，下文中的其他分布或构想对加速试验或许也会有用，其中包括零时刻失效、永久存活、混合分布、广义伽马分布以及非参数分析等。第 7 章将介绍串联系统模型，该模型适用于混合竞争失效模式产品的寿命分析。

(1) 带有零时刻失效的分布

总体中的一小部分可能在零时刻已失效或不久后失效。例如，消费者可能会购买到装配完后就不能工作的产品。这种情况的模型由零时刻的失效比例 p 和其余部分的连续寿命分布构成。其累积分布函数的图形如图 2.7－1 所示。零时刻样本的失效比例用于评估 p，其他样本的失效时间用于评估连续分布。

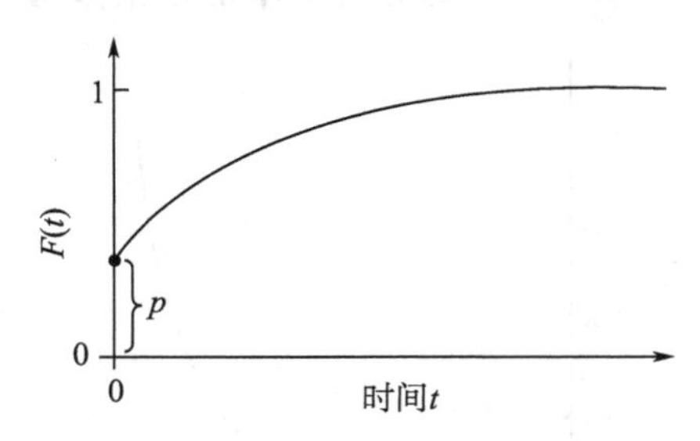

图 2.7－1　带有零时刻失效的累积分布函数

(2) 包含永久存活个体的分布

有些试验单元可能永不失效，累积分布如图 2.7－2 所示。该分布适用于以下几种情况：1）若某些个体对某种疾病免疫，则因该种疾病死亡的时间适用该分布；2）某些商品

券丢失而永远不能赎回时，商品券的赎回时间也适用该分布；3）当有些产品不存在某一缺陷时，因该缺陷引起的产品失效时间适用该分布；4）保单只对初始所有人有效的产品，若部分所有人在产品故障前将产品转售，则产品的担保时间适用该分布。Meeker（1985，1987）在集成电路中开展了该分布的应用研究。

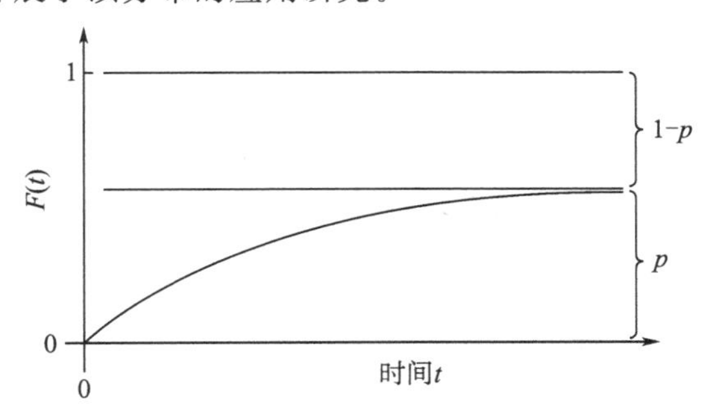

图 2.7-2　包含永久存活个体的累积分布

（3）混合分布

一个总体可能由 2 个或多个子总体构成。图 2.7-3 所示为由 2 个子总体构成总体，其构成占比分别为 p 和 $1-p$ 。由于设计、原材料、环境、使用率等方面可能存在差异，不同批次产品的寿命分布可能不同。因此，明确次等产品的状态、批次、客户与环境显得尤为重要，这样就可以对该部分产品采取恰当的措施。设两个子总体的累积分布函数分别为 $F_1(t)$ 和 $F_2(t)$，则总体的累积分布函数为

$$F(t)=pF_1(t)+(1-p)F_2(t) \tag{2.7-1}$$

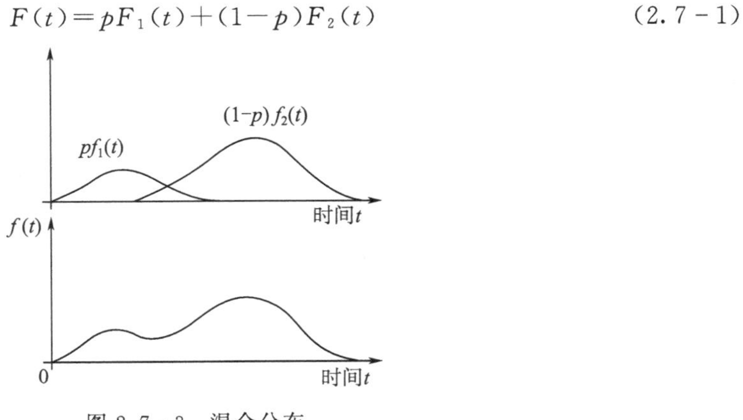

图 2.7-3　混合分布

此处的混合分布应该与第 7 章中描述的竞争失效有所区分。Everitt and Hand（1982），McLachlan and Basford（1987）以及 Titterington、Smith and Makor（1986）均对混合分布进行过详细研究。Hahn and Meeker（1982）针对应用混合分布分析产品寿命数据的方法提出了实用建议。Peck and Trapp（1978）将某些半导体产品分成两个子总体，并将早期失效称为“畸变”，这种失效在新研发产品中所占的比例为 20%～30%，而对于成熟产品，所占比例一般为 1%～2%。Vaupel and Yashiri（1985）展示了若忽视总

体的混合分布特征，将会如何严重曲解寿命分布数据。

(4) 浴盆曲线

有些产品在寿命早期的失效率是逐渐减小的，在寿命末期的失效率是逐渐增大的，其危险函数如图 2.7-4 所示，被称为“浴盆曲线”。然而，大多数产品在其观测寿命期内的失效率是单调减或单调增的。因此，多数产品的浴盆曲线是不完整的。浴盆曲线常见于可靠性著作中，但仅可描述作者应用实例的 10%～15%，且通常是竞争失效产品。Hahn and Meeker (1982) 深入研究了子总体混合分布模型与竞争失效模型的区别，研究表明：两种情形下总体的失效率都能用浴盆曲线描述。

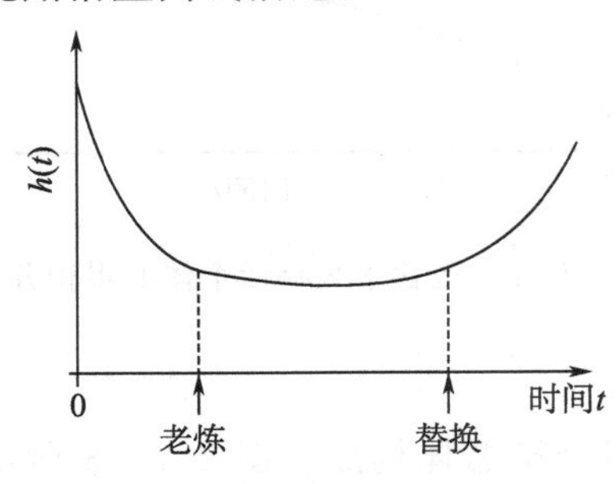

图 2.7-4 “浴盆曲线”危险函数

(5) 老炼

有些产品的失效率是逐渐减小的，投入使用前需要进行老炼试验以剔除早期失效，如高可靠性电容和半导体器件。如果产品总体是两个子总体的混合，其中所占比例较小的子总体带有能导致产品早期失效的制造缺陷，而所占比例较大的子总体符合产品的寿命要求，此时老炼是最有效的。Peck and Trapp (1978)、Jensen and Petersen (1982) 全面论述了老炼试验的设计和分析方法，包括老炼的经济性和加速老炼。老炼也被称为“振动与烘烤”，其目的是剔除早期失效，这也是环境应力筛选的目的之一。Tustin (1986) 深入研究了环境应力筛选。此外，其他一些产品可能在耗损开始前已经停止使用，产品仅在其寿命期内失效率较低的阶段使用，这显著提高了产品的使用可靠性。

(6) 广义伽马分布

Farewell and Prentice (1977)、Kalbfleisch and Prentice (1980)、Cohen and Whitten (1988)、以及 Lawless (1982) 分别介绍了广义伽马分布。对数正态分布与 Weibull 分布均可视为广义伽马分布的特例。(对数寿命的) 广义伽马分布包含位置参数、尺度参数、形状参数等三个参数。当用广义伽马分布进行数据拟合时，形状参数的估计值常用于比较对数正态分布与 Weibull 分布的拟合情况。当不能通过经验确定是何种分布时，这种比较非常有用。Farewell 与 Prentice 基于位置参数是 (转换) 应力的线型函数的假设开发了一个用广义伽马分布拟合加速试验截尾数据的计算程序。Bowman and Shenton (1987) 研究了简化的伽马分布。

(7) Birnbaum - Saunders 分布

Birnbaum and Saunders (1969) 提出了一种描述金属疲劳寿命的 Birnbaum -

Saunders分布。该分布是由一个裂纹扩展模型（第11章11.2.4节）经过严格的数学推导获得的，其累积分布函数为

$$F(t)=\Phi\{[(t/\beta)^{1/2}-(\beta/t)^{1/2}]/\alpha\},t>0 \tag{2.7-2}$$

式中，$\Phi\{\ \}$是标准正态分布累积分布函数；$\beta>0$是中位数；$\alpha>0$决定分布的形状。

对数正态分布广泛用于金属疲劳寿命的描述，此时Birnbaum-Saunders分布可替代对数正态分布，其在各重要方面都与对数正态分布相当。当α很小时，如$\alpha<0.3$，Birnbaum-Saunders分布的累积分布近似于对数正态分布的累积分布，则相应的以e为底的对数正态分布参数近似为$\mu_e\approx\ln(\beta)$、$\sigma_e\approx\alpha$。Birnbaum-Saunders分布的危险函数在$t=0$时等于0，并随着寿命的增加逐渐增大至最大值，最终减小至一恒定值。对数正态分布的危险函数与之类似，但最终减小至0。相比于对数正态分布，Birnbaum-Saunders分布的低尾段更短。即Birnbaum-Saunders分布的0.1%分位点在相应的对数正态分布的上方。因此，通过两个大于0.1%（如1%、50%）的百分位数相等或其他某些合理的值相等，可以认为两个分布相等。

（8）非参数分析

数据的非参数分析不需要假定的（参数化的）分布形式，也就是说，可以自由拟合分布。非参数估计广泛应用于生物医学中的寿命数据，但很少用于工程数据。首先，若假定的参数化分布合适，则非参数估计不如参数估计准确；其次，非参数估计无法获得样本数据范围之外的百分位数或失效概率的估计值，即非参数估计不能外推分布函数的低尾段或高尾段。截尾寿命数据的非参数拟合和回归模型详见各种生物医学著作，从基础的到高级的，包括：Lee（1980）、Miller（1981）、Kalbfleisch and Prentice（1980）、Cox and Oakes（1984）、Viertl（1988）以及Lawless（1982）。他们都介绍了被广泛使用的Cox模型，也称为比例危险模型。所有的回归模型都利用了寿命与应力或其他变量的参数化关系，只有寿命分布没有假定的参数化形式。由于非参数估计很少用于加速试验，因此这类模型本书不作介绍。

2.8 寿命-应力关系

本节是后续几节中寿命-应力关系和模型的导引。这些关系适用于恒定应力试验。实际上，多数产品在实际使用过程中在名义恒定应力下运行，而在加速试验过程中在恒定应力下运行。部分读者可以跳到第2.9节。

2.8.1 关系

典型的恒定应力试验寿命-应力关系如图2.8-1（a）所示，图中“×”表示寿命数据，寿命和应力采用线性尺度。低应力下的寿命往往远远大于高应力下的寿命。同时，低应力下的寿命离散度远大于高应力下的寿命离散度。穿过数据的光滑曲线描述了“寿命”与应力之间的函数关系。有些曲线的工程理论没有确切的规定“寿命”的内涵，寿命是某

个"名义"寿命，没有明确指定。本书中的"名义"寿命是寿命分布的某一具体特征，一般为均值、中位数或其他分布百分位数。MIL-HDBK-217E（1986）给出了多种寿命-应力关系，作为多种电子元器件的降额曲线。

当采用对数或者其他合适的尺度时，寿命-应力关系可能更简单。在合适的坐标纸上，绘制的数据点趋向于遵循一条直线，如图2.8-1（b）所示。穿过数据点的直线表现了产品"寿命"与应力之间的关系。用直线拟合数据比曲线更容易。而且，假设直线拟合是适合的，则用直线外推评估低应力下的产品名义寿命在数学上更容易。另一方面，类似图2.8-1（a）所示的曲线外推是很困难的。在特定坐标纸上使用一条直线等价于使用一个特定公式表述寿命与应力关系。2.9节中的Arrhenius模型和2.10节中的逆幂律模型都是特定的公式。

上述加速试验数据的简单图形一直深受工程师的青睐。对于某些工作，图形方法已经足够，但是，符合自身规律的精确模型对大多数应用更为有益。

2.8.2 应用

在工程技术文献中，已经发表了很多产品和材料的寿命-应力关系。Meeker（1979）和Carey（1985）所做的计算机文献检索收集了大量应用案例。下面的参考文献中论述了多个应用的寿命-应力关系。

- 电绝缘材料：Goba（1969）。
- 电子元器件：Grange（1971），MIL-HDBK-2lZE（1986）。
- 金属疲劳：ASTM STP 91-A（1963），STP 744（1979），Gertsbakh and Kordonskiy（1969）。

2.8.3 包含分布和关系的模型

单纯的寿命-应力关系不能描述被试产品寿命的分散性。对于每个应力水平，产品的寿命都有特定的统计分布。更为精确的模型需要利用某一统计分布描述寿命的分散性，如图2.8-1（c）所示。每一应力水平下的寿命概率密度曲线（直方图）本应垂直于纸面，但在图中以平面图画出。一条粗实线穿过每个应力水平下分布的50%分位点，两条细实线分别穿过分布的10%和90%分位点。类似地，可以画出经过任意百分位点的曲线。因此，图中的模型包含一组寿命分布和一个寿命-应力关系。寿命的百分位数曲线描述了这一模型。

在对数或其他合适尺度的坐标纸上，寿命与应力的关系呈线性，很多类似模型的形式会更简单。例如，在图2.8-1（d）的坐标系中图2.8-1（c）所示模型中的寿命-应力关系表现为一条直线。如图2.8-1（d）所示，对于多数模型而言，不同寿命分布百分位数的寿命-应力关系是相互平行的直线。例如，不同分位数的Arrhenius模型（2.9节）和逆幂律模型（2.10节）在适当的坐标纸上均为相互平行的直线。这类包含分布的模型比单纯的寿命-应力关系更真实。对于特定的应力水平，这种模型可以给出产品失效的任意百分位寿命值。更一般的模型不需要在特定坐标纸上绘制不同百分位数的平行线。

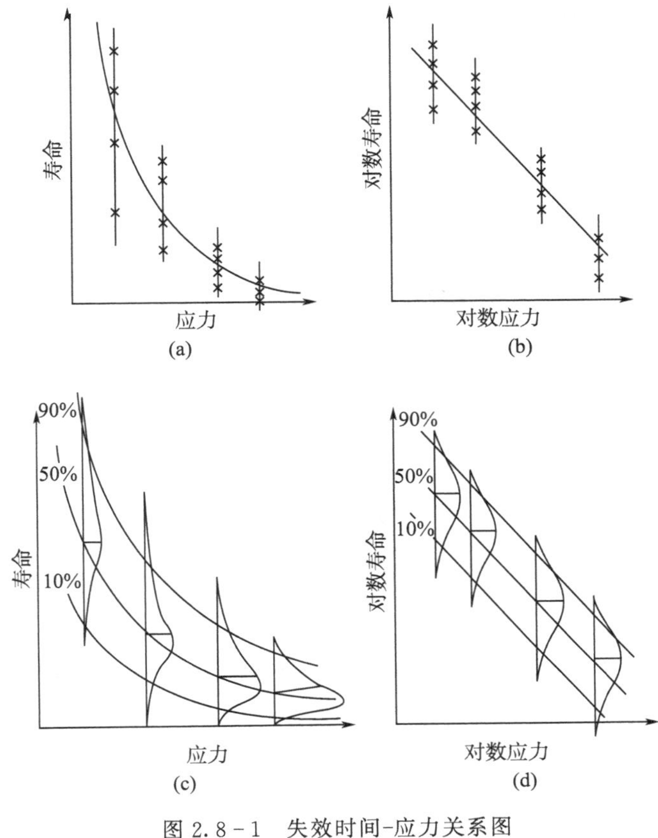

图 2.8-1　失效时间-应力关系图

常用的理论寿命分布包括前面章节提到的指数分布、对数正态分布、Weibull 分布等。

2.8.4　分布曲线

图 2.8-1 描述了寿命数据与试验应力的关系。加速试验寿命数据的另一种图形也非常有用。样本累积失效百分数与时间的关系曲线如图 2.8-2（a）所示。图中的点表示样本的失效时间，光滑曲线表示总体累积失效百分数随时间变化的函数关系。图中还给出了两个应力水平的样本数据及相应的总体分布。同时，给出了较低设计应力水平下的总体累积分布曲线。

图 2.8-2（a）中的图形在适合的概率纸上会更简单。概率纸用合适的数据尺度（通常为对数）描述时间，用概率尺度描述累积失效百分数。如图 2.8-2（b）所示，在合适的概率纸上绘制的点沿一条直线分布，该直线表现了该应力水平下总体累积失效百分数与时间的函数关系。目前已有可用于指数分布、正态分布、对数正态分布、Weibull 分布、极值分布以及其他分布的多种概率纸。概率纸上的直线是各分布的累积分布函数。不同应力水平的直线相互平行。在合适的概率纸上，Arrhenius 模型（2.9 节）和逆幂律模型（2.10 节）下的分布函数也是平行线。更一般的模型不需要在特定概率纸上绘制分布函数的平行线，替代永不相交的分布曲线。

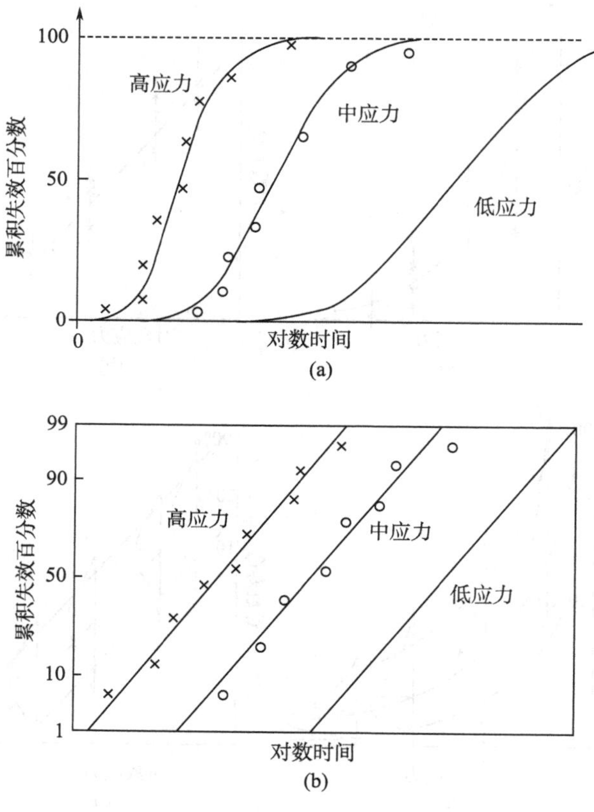

图 2.8-2　累积失效率与时间的关系

2.8.5　概述

本节介绍了后续几节的背景。2.9 节介绍用于温度加速试验的 Arrhenius 模型，2.10 节介绍逆幂律模型，这两个基本模型应用广泛，而且许多其他模型是这两个基本模型的推广。2.11 节介绍产品耐久性（或疲劳）极限模型，当应力低于耐久性（疲劳）极限时，产品不会失效。2.12 节概括论述一些其他的单应力模型系。2.13 节介绍多变量模型，用于具有多个加速应力或其他变量（如设计变量、制造变量和工作变量）的加速试验。2.14 节介绍寿命分布散度与应力和其他变量的函数关系。

这些模型一般用于单一失效模式情况，可能不适用于多失效模式产品。适用于多失效模式产品的模型将在第 7 章介绍。此外，第 7 章还将介绍与样品尺寸效应相关的模型。

2.9　Arrhenius 寿命-温度关系

（1）应用

Arrhenius 寿命模型广泛用于建立变量为温度的产品寿命函数，其应用包括：

- 电绝缘材料以及电介质，Goba（1969）；
- 固态器件和半导体器件，Peck and Trapped（1978）；

- 电池单元；
- 润滑剂和润滑脂；
- 塑料制品；
- 白炽灯灯丝，IEC Publ. 64（1974）。

基于描述简单化学反应速率的Arrhenius定律，其寿命模型主要用于描述由于化学反应或金属扩散引起的退化导致失效的产品，且仅在一定温度范围内有效。

（2）概述

2.9.1节介绍描述反应速率的Arrhenius定律，并导出Arrhenius寿命模型。2.9.2节、2.9.3节和2.9.4节分别介绍对数正态分布、Weibull分布和指数分布与Arrhenius寿命模型的联合模型。

利用Arrhenius模型分析不同类型数据的方法可见：

- 完全数据（第4章4.2节）；
- 截尾数据（第5章5.2节）；
- 混合失效模式数据（第7章）。

Arrhenius寿命模型描述了恒定温度下运行的产品和试样的寿命。第10章介绍变温度下的寿命模型，第11章介绍产品性能退化模型，是温度和寿命的函数。

2.9.1　Arrhenius寿命模型

本节推导Arrhenius寿命模型。读者可以直接跳到2.9.2节。此外，第11章给出了其他推导。

（1）Arrhenius定律

根据Arrhenius定律，单一化学反应速率与温度的关系如下

$$\text{rate}=A'\exp[-E/(kT)] \tag{2.9-1}$$

式中，E为化学反应的激活能，单位是电子伏，用eV表示；k为波尔兹曼常数，8.6171×10^{-5} eV/℃；T为绝对温度，单位K，等于摄氏温度加上273.16 ℃，等于华氏温度加上459.7 ℉；A'为与产品失效机理或者试验条件相关的常数。

金属扩散速率也可以用相同的方程描述。因此，如果金属的几何结构不是重要因素，基于式（2.9-1）的Arrhenius寿命模型可以用来描述固态器件和其他某些金属制品由于金属扩散造成的失效。在相关文献中，几何外形的影响大部分都被忽略了。

（2）推导

下述关系式是基于“失效是由化学反应或扩散引起的”的观点得到的。假设临界数量的化学品都已发生化学反应（或扩散）时产品失效，可简单表述为

$$\text{临界值}=\text{速率}\times\text{失效时间}$$

等价于

$$\text{失效时间}=\text{临界值}/\text{速率}$$

上式表明名义失效时间（寿命）τ与反应速率［式（2.9-1）］成反比，则有

Arrhenius 寿命模型

$$\tau = A\exp[E/(kT)] \tag{2.9-2}$$

式中，A 为与产品几何形状、试验件尺寸和结构、试验方法及其他因素有关的常数。如果产品有多种失效模式，不同失效模式的 A 和 E 不同。式（2.9-2）对某些产品和失效模式的适用性已经经过了试验验证。实际上，在某些工程应用中（如电动机绝缘），如果 Arrhenius 寿命模型不能充分拟合数据，那么一般会怀疑数据而不是该模型。没有必要对惯常的式（2.9-1）和式（2.9-2）之间的变换过程挑错。两式之间的关系非常重要，它表明了式（2.9-2）适用时的失效机理，即由单一化学反应（或金属扩散）引起的退化。

（3）线性化模型

将式（2.9-2）取对数（以 10 为底）可得

$$\log(\tau) = \gamma_0 + (\gamma_1/T) \tag{2.9-3}$$

其中

$$\gamma_1 = \log(e)(E/k) \approx 0.434\,3E/k \tag{2.9-4}$$

可见，名义寿命的对数 $\log(\tau)$ 是绝对温度的倒数 $x=1/T$ 的线性函数。Sillars（1973，p. 29）在绝缘材料寿命研究中提出了式（2.9-3）。寿命 τ 通常取为（对数）寿命分布的均值或特定的百分位数，一般选取 50%、63.2%和 10%分位数。式（2.9-4）也可以表述为

$$E = 2.303k\gamma_1 \tag{2.9-5}$$

对于大多数二极管、晶体管及其他固态器件，E 的取值范围为 0.3～1.5 eV。此外，不同失效模式的 E 不同，即使是同一器件也是如此。

（4）H 级绝缘系统实例

采用 Arrhenius 寿命模型描述某新型电动机绝缘系统的寿命，有 $\gamma_0=-3.163\,19$、$\gamma_1=3\,273.67$。实际上，这些参数由数据评估得到，具有很大的统计不确定性。在本章中，认为这些参数值和其他数值是准确的。该电动机绝缘系统在设计温度 180 ℃（453.16 K）下的对数寿命为－3.163 19＋（3 273.67/453.16）＝4.061 1，其反对数大约为 11 500 小时，激活能 $E=2.303\times 8.617\,1\times 10^{-5}\times 3\,273.67\approx 0.65$ eV。Dakin（1948）提出了用 Arrhenius 寿命模型描述电气绝缘材料和电介质的温度加速寿命试验。目前 Arrhenius 模型已广泛应用于上述产品和其他产品的温度加速寿命试验。

（5）Arrhenius 加速因子

由式（2.9-1）可得，温度 T 下的寿命 τ 与温度 T' 下的寿命 τ' 之间的 Arrhenius 加速因子为

$$K = \tau/\tau' = \exp\{(E/k)[(1/T)-(1/T')]\} \tag{2.9-6}$$

对于 H 级绝缘系统，温度应力 $T=453.16$ K（180 ℃）与 $T'=533.16$ K（260 ℃）之间的加速因子为

$$K = \exp\{(0.65/8.617\,1\times 10^{-5})[(1/453.16)-(1/533.16)]\} = 12$$

因此，样品在 180 ℃下的寿命相当于在 260 ℃下的寿命的 12 倍。

(6) Larson - Miller 模型

关于温度对金属蠕变或断裂寿命影响的研究很多，如 Dieter（1961）对此进行了探讨。绝对温度 T 下的 Larson - Miller 模型即将式（2.9 - 3）写成

$$T[-\gamma_0+\log(\tau)]=\gamma_1 \tag{2.9-7}$$

式中，γ_1 为 Larson - Miller 参数，只与载荷（应力单位：磅/平方英寸）有关，与温度 T 或寿命 τ 无关。Dieter（1961）提出了其他用于拟合高温蠕变-断裂数据评估较低设计温度下寿命的模型。一般 τ 取中位寿命，且寿命的散布在冶金业研究中通常被忽略。当然，对于需要避免失效的高可靠性产品，寿命分布的低尾段必须用某寿命分布建模。

(7) Arrhenius 坐标纸

图 2.9 - 1 所示为 Arrhenius 坐标纸，寿命为对数坐标，温度（摄氏度）为非线性坐标，而绝对温度的倒数为线性坐标。在图中添加绝对温度倒数的线性坐标是为了显示其与非线性温度坐标的对应关系。在该坐标纸上，Arrhenius（寿命-温度）模型［式（2.9 - 2）］是一条直线。A 的值决定直线的截距（$T=\infty$ 或 $1/T=0$ 时），E 的值决定直线的斜率。前文计算的 180℃下 H 级绝缘系统的寿命 11 500 小时即为图 2.9 - 1 中的中位（50%）寿命。

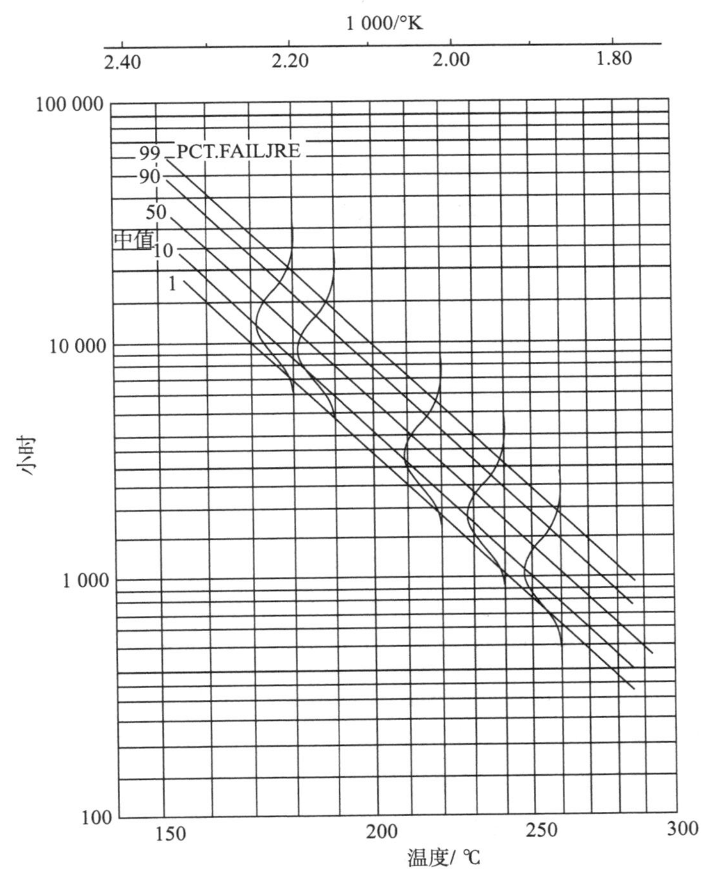

图 2.9 - 1　Arrhenius 坐标纸上的 Arrhenius 模型（和对数正态分布百分位数线）

2.9.2 Arrhenius -对数正态模型

在温度加速试验中，很多产品和材料的寿命可以用对数正态分布描述。IEEE 标准 101（1988）将对数正态分布用于电动机绝缘。Peck and Trapp（1978）将对数正态分布用于半导体或者固态器件。下面介绍 Arrhenius -对数正态模型，该模型是对数正态寿命分布与寿命-温度的 Arrhenius 模型的组合。

（1）假设

Arrhenius -对数正态分布模型的假设如下：

1）在绝对温度 T 下，产品寿命服从对数正态分布，等价地，寿命的对数（以 10 为底）服从正态分布；

2）对数寿命的标准差 σ 是一个常数，即与温度无关，2.14 节将此模型扩展到非恒定 σ；

3）中位寿命 $\tau_{0.50}$ 的对数是绝对温度 T 的倒数的线性函数，即

$$\log[\tau_{0.50}(T)]=\gamma_0+(\gamma_1'/T) \tag{2.9-8}$$

也就是 Arrhenius 寿命模型。参数 γ_0、γ'_1 和 σ 是产品和试验方法的特征量，由数据估计得到。表示式（2.9－8）的曲线如图 2.9－1 所示。等价地，对数寿命的均值 $\mu(x)$ 是 $x=1\ 000/T$ 的线性函数

$$\mu(x)=\gamma_0+\gamma_1 x \tag{2.9-9}$$

这里及本书其他位置，1 000 是计算温度倒数的比例系数，且 $\gamma_1=\gamma'_1/1\ 000$。这样结果数据使用起来会更方便。根据假设可得下述寿命累积分布函数及其百分位数的表达式。

（2）基于底数 e

如果采用以 e 为底的对数，式（2.9－8）和式（2.9－9）变为

$$\ln[\tau_{0.50}(T)]=\gamma_0^e+(\gamma'^e_1/T) \tag{2.9-8'}$$

$$\mu'(x)=\gamma_0^e+\gamma_1^e x \tag{2.9-9'}$$

由于 $\ln(10)\approx 2.30$，式中 $\gamma_0^e=2.30\gamma_0$，$\gamma_1^e=2.30\gamma_1$，$\sigma^e=2.30\sigma$。而在下面的公式中，将 log 替换为 ln 即可。

（3）失效概率

在绝对温度 T 下，t 时刻的累积分布函数为

$$F(t,T)=\Phi\{[\log(t)-\mu(x)]/\sigma\} \tag{2.9-10}$$

式中，$\Phi\{\}$ 为标准正态分布累积分布函数。失效概率与 t 的关系在对数正态概率纸上是一条直线，如图 2.9－2 所示。直线的斜率由 σ 的值决定。σ 值越大对应直线的斜率越大，对数寿命的分布范围越宽。图 2.9－2 中的分布直线相互平行，这体现了假设 2。假设 2 的必要原因如下：不同温度下的不同 σ 值使得分布直线的斜率不同，这些直线相交后会出现温度越高失效数越少的情况。这样的相交在物理上是不合理的。因此假设 σ 为常值。

H 级绝缘系统的模型可以作为评价式（2.9－10）的一个实例。假设 σ 为 0.105 33，H 级绝缘系统在 180 ℃、10 000 h 时的失效概率的计算过程如下。绝对温度 $T=180+$

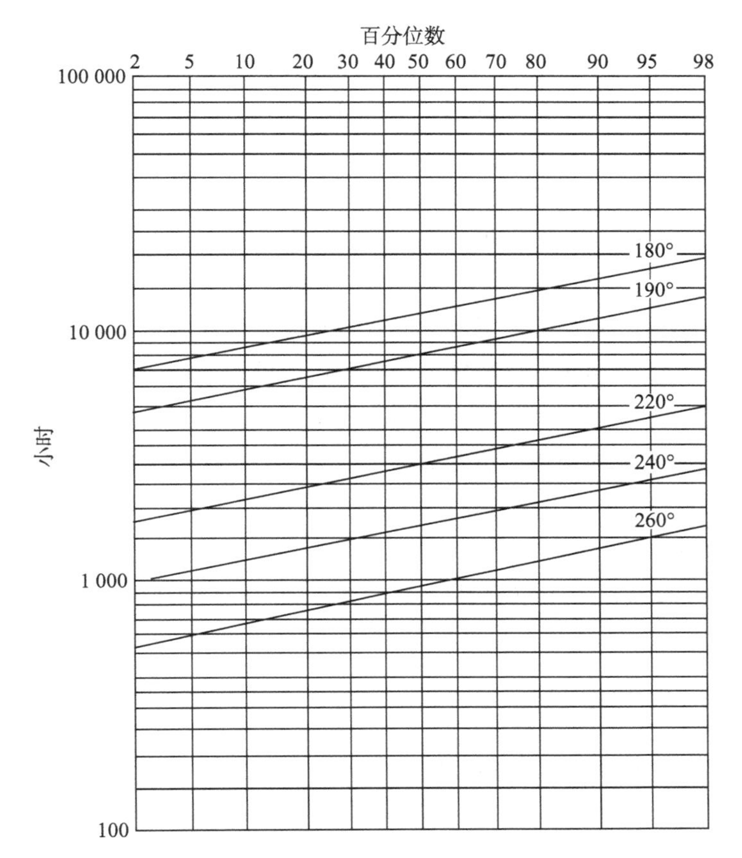

图 2.9-2　Arrhenius-对数正态模型在对数正态概率纸上的累积分布图

273.16=453.16 K，x=1 000/453.16=2.206 7。对数均值为

$$\mu(2.206\,7)=-3.163\,19+(3.273\,67)2.206\,7=4.061\,1$$

失效概率为

$$F(10\,000,453.16\ \mathrm{K})=\Phi\{[\log(10\,000)-4.061\,1]/0.105\,33\}=\Phi(-0.580)=0.281$$

这个 28%的概率是图 2.9-2 中 180 ℃直线在 10 000 小时处的点。计算另一时刻的失效概率，并在对数正态概率纸上画出该点，画一条通过两点的直线即可绘制整个分布。

(4) 百分位数

在温度 T 下，寿命分布的 100P%分位数为

$$\tau_P(T)=\mathrm{antilog}[\mu(x)+z_P\sigma]=\mathrm{antilog}[\gamma_0+\gamma_1(1\,000/T)+z_P\sigma] \quad (2.9-11)$$

式中，z_P 为标准正态分布的上 P 分位数。对于确定的 P 值，$\tau_P(T)$ 与摄氏温度的关系在 Arrhenius 坐标纸上是一条直线。图 2.9-1 给出了几个百分位数下的关系直线。z_P 决定了对应直线的垂向位置。相应的对数寿命分布的百分位数为

$$\eta_P(x)=\log[\tau_P(x)]=\mu(x)+z_P\sigma \quad (2.9-12)$$

特殊情况下，当百分位数为 50%时，有

$$\tau_{0.50}(T)=\mathrm{antilog}[\mu(x)]=\mathrm{antilog}[\gamma_0+\gamma_1(1\,000/T)] \quad (2.9-13)$$

$$\eta_{0.50}(x)=\mu(x)=\gamma_0+\gamma_1 x$$

对于 H 级绝缘系统，在 180 ℃下，其对数寿命的 10%分位数为

$$\eta_{0.10}(2.206\ 7)=4.061\ 1+(-1.282)0.105\ 33=3.926\ 1$$

其 10%分位寿命为

$$\tau_{0.10}(453.16\ \mathrm{K})=\mathrm{antilog}(3.926\ 1)\equiv 10^{3.926\ 1}=8\ 435\ \mathrm{h}$$

这是图 2.9－1 中 10%直线上的一点，同时也是图 2.9－2 中 180 ℃直线上的一点。

（5）设计温度

在一些工程应用中，需要选定期望“寿命”对应的设计温度。期望寿命通常是指定的百分位寿命 τ_P^* 。对于 Arrhenius -对数正态模型，期望的绝对温度为

$$T^*=1\ 000\gamma_1/[\log(\tau_P{}^*)-\gamma_0-z_P\sigma] \tag{2.9-14}$$

例如，H 级绝缘系统的期望中位寿命为 $\tau_{0.50}{}^*=20\ 000$ h，该寿命对应的设计温度为

$$T^*=1\ 000(3.273\ 67)/[\log(20\ 000)-(-3.163\ 19)-0(0.105\ 33)]=438.58\ \mathrm{K}$$

即（438.58－273.16）≈165 ℃。该温度也可以从图 2.9－1 中得到。在图中时间坐标轴找到 20 000 小时的点，水平对应到 50%直线，垂直对应到温度坐标轴，得到温度值 165 ℃。

2.9.3 Arrhenius－Weibull 模型

在温度加速试验中，某些产品和材料的寿命可以用 Weibull 分布描述。例如，Nelson 利用 Weibull 分布描述了电容电解质和绝缘胶带的寿命。下面介绍 Arrhenius－Weibull 模型，它是 Weibull 寿命分布与 Arrhenius 寿命-温度模型的组合。

（1）假设

Arrhenius－Weibull 模型的假设如下：

1）在绝对温度 T 下，产品寿命服从 Weibull 分布，等价地，自然对数寿命服从极值分布。

2）Weibull 分布形状参数 β 是一个常数（与温度无关），对应地，自然对数寿命的极值分布的尺度参数 $\delta=1/\beta$ 是个常数。2.14 节将 Arrhenius－Weibull 模型扩展到了非恒定 β 。

3）Weibull 分布特征寿命 α 的自然对数是 T 的倒数的线性函数

$$\ln[\alpha(T)]=\gamma_0+(\gamma_1'/T) \tag{2.9-15}$$

参数 γ_0，γ_1，β 是产品以及试验方法的特征量，由数据中估计得到，$\alpha(T)$ 在 Arrhenius 坐标纸上是一条直线，如图 2.9－3 所示。等价地，自然对数寿命极值分布的位置参数是 $x=1\ 000/T$ 的线性函数，即

$$\xi(x)=\ln[\alpha(T)]=\gamma_0+\gamma_1 x \tag{2.9-16}$$

根据这些假设可得产品寿命的累积分布函数以及百分位数。

（2）失效概率

在绝对温度 T 下，t 时刻的累积分布函数（总体的失效概率）为

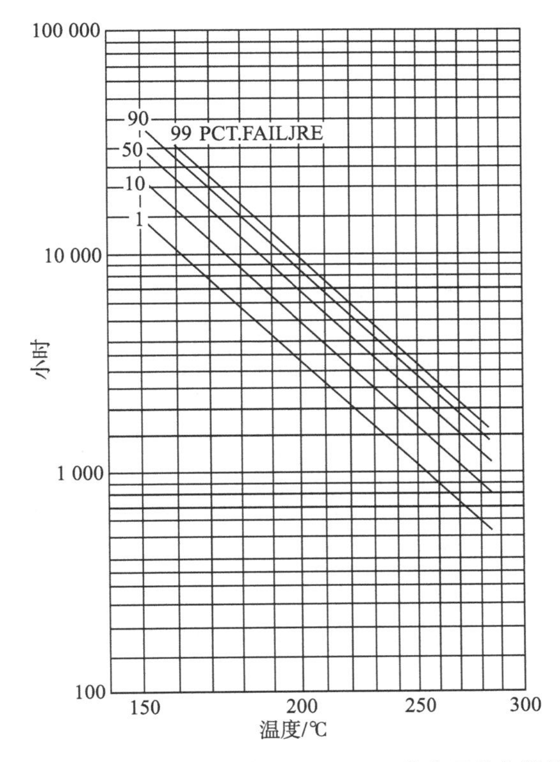

图 2.9-3　Arrhenius 模型和 Weibull 分布百分位数线

$$F(t;T)=1-\exp\{-[t/\alpha(T)]^{\beta}\}=1-\exp\{-[t\exp[-\gamma_0-(\gamma_1'/T)]]^{\beta}\} \tag{2.9-17}$$

当温度 T 确定时，失效概率与 t 的关系在 Weibull 概率纸上是一条直线，如图 2.10-2 所示，是另一种寿命-应力关系下的 Weibull 寿命分布线。β 的取值决定了这些直线的斜率，因此 β 也称为斜率参数。不要与寿命-应力模型的斜率 γ_1 混淆。β 的值越大，对数寿命的分布范围越窄。在图 2.10-2 中，由于假设 2，分布直线相互平行。

(3) 百分位数

在温度 T 下，Weibull 分布的 $100P\%$分位数（P 分位数）为

$$\tau_P(T)=\alpha(T)[-\ln(1-P)]^{1/\beta}=\exp[\gamma_0+\gamma_1(1\,000/T)][-\ln(1-P)]^{1/\beta} \tag{2.9-18}$$

对于确定的 P 值，$\tau_P(T)$ 与 T 的关系在 Arrhenius 坐标纸上是一条直线，如图 2.9-3 所示。但是，这些平行的 Weibull 分布百分位线的间距与图 2.9-1 中对数正态分布百分位线的间距不同。对应地，对数寿命的百分位数为

$$\eta_P(x)=\xi(x)+u_P\delta \tag{2.9-19}$$

式中，$x=1\,000/T$，$u_P=\ln[-\ln(1-P)]$服从标准极值分布。则

$$\tau_P(T)=\exp[\eta_P(x)] \tag{2.9-20}$$

Weibull 分布的 63.2%分位点是特殊的，有 $\tau_{0.632}(T)=\alpha(T)$，$\eta_{0.632}(x)=\gamma_0+\gamma_1 x$。

（4）设计温度

假定期望寿命是某一指定的百分位寿命 τ_P^* ，对于 Arrhenius - Weibull 模型，该寿命对应的绝对温度为

$$T^* = 1\,000\gamma_1/\ln\{\tau_P^*/[-\ln(1-P)]^{1/\beta}\} \tag{2.9-21}$$

2.9.4 Arrhenius -指数模型

半导体、固态器件以及其他电子元器件的寿命通常（错误地）用指数分布描述，如 MIL - HDBK - 217E（1986）采用指数分布描述各类电子元器件的寿命。指数分布是对复杂电子系统故障间隔时间分布的合理近似。但是对于（不可修）元器件和材料，指数分布并不合适。工程师们由于各种原因错误地使用指数分布，有些是对指数分布的了解不深，即使了解较深，有些工程师也会按照惯例使用指数分布，因为指数使用简单，且手册中只给出了恒定的失效率。并且，粗糙的可靠性估计总比没有估计要好。有些人会使用 Weibull 分布，相比指数分布会好些，但是缺少适当的试验数据、现场数据或者手册信息，因此无法估计出 Weibull 分布的参数。当然 Arrhenius -指数模型是当 $\beta = 1$ 时的 Arrhenius - Weibull 模型，其他适当的 β 假定值通常可以得到更好的结果。

（1）假设

Arrhenius -指数模型的假设如下：

1）在任意绝对温度 T 下，寿命服从指数分布；

2）平均寿命 θ 的自然对数是温度 T 的倒数的线性函数，即

$$\ln[\theta(T)] = \gamma_0 + (\gamma_1'/T) \tag{2.9-22}$$

模型参数 γ_0，γ'_1 是产品及试验方法的特征量，由试验数据估计得到。在 Arrhenius 坐标纸上，$\theta(T)$ 是一条直线，等价地，（恒定）失效率 $\lambda = 1/\theta$ 的自然对数为

$$\ln[\lambda(T)] = -\gamma_0 - (\gamma_1'/T) \tag{2.9-23}$$

同样，$\lambda(T)$ 在 Arrhenius 坐标纸上也是一条直线。该模型由 Evans（1969）提出。根据这些假设可以得到产品寿命的累积分布函数和百分位数。

（2）温度额定参量曲线

MIL - HDBK - 217E（1986）给出了电子元器件的失效率信息。例如，金属氧化物半导体器件（MOS）的失效率（$10^{-6}\ \mathrm{h}^{-1}$）可以表示为

$$\lambda(T) = 1.08 \times 10^8 \mathrm{e}^{-6\,373/T}$$

当设计温度为 55 ℃（$T = 273.16 + 55 = 328.16$ K）时，$\lambda(328.16) = 1.08 \times 10^8 \mathrm{e}^{-6\,373/328.16} = 0.39 \times 10^{-6}\ \mathrm{h}^{-1}$。该失效率关系式在 Arrhenius 坐标纸上是一条直线。

（3）失效概率

在绝对温度 T 下，t 时刻的累积分布函数为

$$\begin{aligned} F(t;T) &= 1-\exp[-t/\theta(T)] = 1-\exp[-t\lambda(T)] \\ &= 1-\exp\{-t\exp[-\gamma_0-(\gamma_1'/T)]\} \end{aligned} \tag{2.9-24}$$

对于某一温度 T ，失效概率与时间 t 的关系在 Weibull 概率纸上是一条直线。不同

温度下的分布直线相互平行，如图 2.9－2 所示，但直线之间的间距与 Weibull 分布的不同。

（4）百分位数

在绝对温度 T 下，指数分布的 $100P\%$分位数为

$$\tau_P(T)=\theta(T)[-\ln(1-P)]=\exp[\gamma_0+\gamma_1(1\,000/T)][-\ln(1-P)] \quad (2.9-25)$$

对于确定的 P 值，$\tau_P(T)$ 与 T 的关系曲线在 Arrhenius 坐标纸上是一条直线。不同 P 值对应的分位数直线相互平行，它们之间的间距由（2.9－25）决定。当然，63.2%分位数是分布的均值 $\theta(T)$ 。

2.10 逆幂律模型

（1）应用

逆幂律模型广泛用于产品寿命与加速应力之间函数关系的建模。应用包括：

1）电气绝缘材料和电介质的电压耐久性试验。例如 Cramp（1959），Kaufman and Meador（1968），Zelen（1959），Simoni（1974），以及 IEEE 标准 930（1987）；

2）滚珠轴承和滚柱轴承，例如 Lieblein and Zelen（1956），Harris（1984），以及 SKF catalog（1981）；

3）白炽灯（电灯泡灯丝），IEC Pulb. 64（1974）；

4）闪光灯，EG&G Electro－Optics（1984）；

5）机械载荷下的单相金属疲劳，例如 Prot（1948），Weibull（1961），以及热循环下的单相金属疲劳，例如 Coffin（1954，1974），Manson（1953，1966）。

该模型也叫做逆幂律准则或幂律准则。术语“准则”暗示该模型的普遍适用性，而实际上并不是这样的。虽然通常没有理论依据，但根据经验该模型适用于多种产品。

（2）概述

本节首先介绍逆幂律模型，之后介绍该模型与产品寿命分布——对数正态分布、Weibull 分布和指数分布——的组合模型。

利用逆幂律模型分析不同类型数据的方法可见：

- 完全数据（第 4 章 4.4 节）；
- 截尾数据（第 5 章 5.2 节）
- 混合失效模式数据（第 7 章）；
- 步进应力试验数据（第 10 章）。

逆幂律模型描述了恒定应力条件下产品或者样本的寿命与应力的关系。第 10 章介绍变应力下的寿命模型。

2.10.1 模型表达式

（1）定义

假定加速应力 V 是正的，那么产品名义寿命 τ 与 V 之间的逆幂律关系为

$$\tau(V)=A/V^{\gamma_1} \tag{2.10-1}$$

式中，A 和 γ_1 是产品、样品结构、工艺、试验方法等的特征参数。等价形式为

$$\tau(V)=(A'/V)^{\gamma_1},\tau(V)=A''(V_0/V)^{\gamma_1}$$

式中，V_0 是指定（标准）应力水平，γ_1 被称为指数或幂。

（2）变压器油实例

逆幂律模型可用于描述某些试验条件下变压器油的寿命（单位 min）。假定参数 $A=1.2284\times10^{26}$，$\gamma_1=16.3909$，电压应力 V 的单位是千伏（kV）。于是有 $\tau(V)=1.2284\times10^{26}/V^{16.3909}$。当 $V=15$ kV 时，$\tau(15)=1.2284\times10^{26}/15^{16.3909}=6.45\times10^{6}$ min。

（3）Coffin - Manson 模型

逆幂律模型可用于热循环下金属疲劳失效寿命的建模。失效循环次数 N 是热循环温度变化范围 ΔT 的函数，即

$$N=A/(\Delta T)^{B} \tag{2.10-2}$$

式中，A 和 B 为金属、试验方法以及热循环的特征常数。该表达式被称为 Coffin - Manson 模型。由 Coffin（1954，1974）和 Manson（1953，1966）提出，并进行了应用。该模型已被用于机械零部件和电子元器件。在电子元器件中，用于焊接或者其他连接失效情况。对于金属而言，其疲劳寿命常采用对数正态分布与逆幂律模型的组合模型描述。对于金属，B 的值接近 2；对于微电子的塑料密封材料，B 的值接近 5。习题 3.15 是对逆幂律模型的应用。Nachlas（1986）提出了一种热循环下通用的寿命模型。Nishimura and others（1987）指出电子产品塑料密封材料寿命还依赖于最低循环温度。

（4）Palmgren 方程

滚珠轴承和滚柱轴承的寿命试验采用高机械载荷进行。实际上，滚珠轴承和滚柱轴承的寿命（百万转）与载荷的函数关系可以用其 10%分位寿命的 Palmgren 方程表述，即

$$B_{10}=(C/P)^{p} \tag{2.10-3}$$

式中，C 为承载能力，是一个常数；p 为指数；B_{10} 为“B10”轴承寿命；P 为（等效径向）载荷，单位为英镑。轴承寿命一般服从 Weibull 分布，其加速试验数据可采用 Weibull 分布与逆幂律模型的组合模型进行分析。对于滚动钢轴承来说，Weibull 分布的形状参数在实际使用中一般取 1.1～1.3，在实验室试验时一般取 1.3～1.5。对于钢制滚珠轴承，一般取 $p=3$；对于钢制滚柱轴承，一般取 $p=10/3$。该模型由 Harris（1984）和 SKF 手册（1981）提出。

（5）Taylor 模型

Boothroyd（1975）提出了用于描述切割工具中位寿命 τ 的 Taylor 模型，即

$$\tau=A/V^{m}$$

式中，V 为切割速度（英尺/秒）；A 和 m 为与工具材料、结构等有关的常数，对于高强度钢，m 约为 8，对于碳化物，m 约为 4，对于陶瓷材料，m 约为 2。

（6）线性化模型

式（2.10－1）的自然对数为

$$\ln(\tau)=\gamma_0+\gamma_1[-\ln(V)] \tag{2.10-4}$$

即特征寿命的对数 $\ln(\tau)$ 是转换应力 $x=-\ln(V)$ 的线性函数，寿命 τ 通常为某一指定的百分位寿命，一般选取 50%、63.2%、10%分位寿命。

（7）双对数坐标纸

从式（2.10－4）可以看出逆幂律模型在双对数坐标纸上是一条直线，如图 2.10－1 所示。之前计算的变压器油在 15kV 电压下的名义寿命 6.45×10^6 min 在其 63.2%分位寿命线上。绘制变压器油的寿命图需要专用的双对数坐标纸，即如图 2.10－1 所示，时间对数刻度的间隔长度要远小于电压对数刻度的间隔长度。普通的双对数坐标纸上两个坐标轴的刻度间隔长度是一样的，这对大部分加速寿命试验分析是不合适的。一些组织已经制作了满足自己要求的双对数坐标纸。利用现有的制图软件可以方便地制作双对数坐标纸。图 2.10－1 中纵轴显示的是时间，有些双对数坐标纸的横轴显示时间、纵轴显示的是应力，这种表示方法常见于金属疲劳和绝缘材料耐久性等工程应用中。

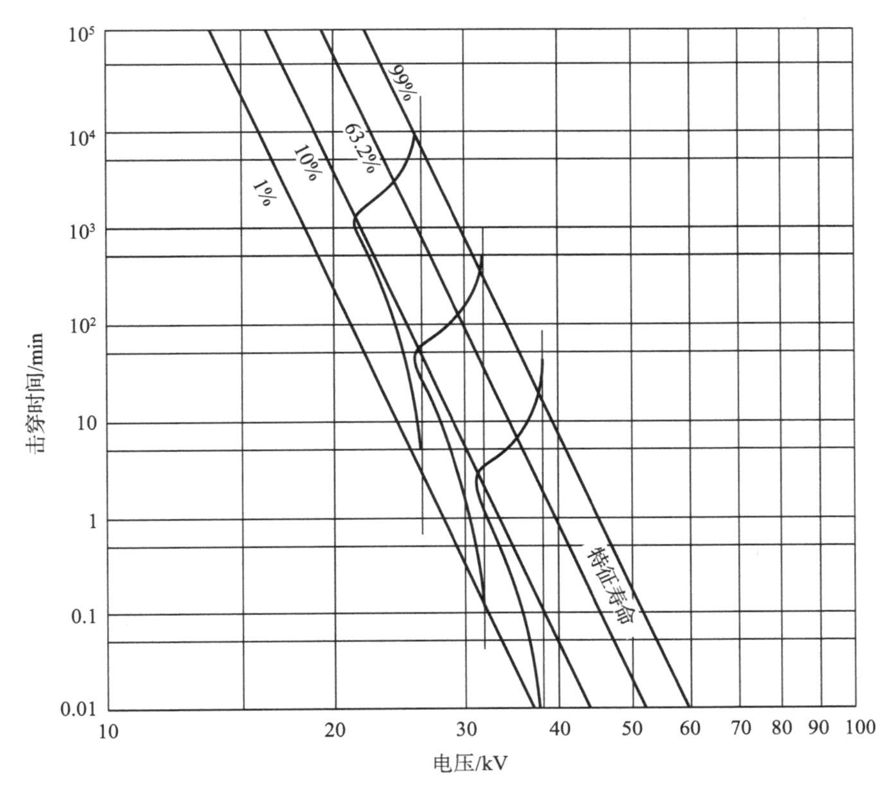

图 2.10－1　双对数坐标纸上的逆幂律模型（Weibull 分布百分位数线）

(8) 加速因子

根据式 (2.10-1),应力 V 下的寿命 τ 与应力 V' 下的寿命 τ' 之间的加速因子为

$$K=\tau/\tau'=(V'/V)^{r_1} \tag{2.10-5}$$

变压器油在 $V=15$ kV 和 $V'=38$ kV 之间的加速因子为 $K=(38/15)^{16.3909}=4.1\times 10^6$,即如果该模型是正确有效的,这种变压器油在 15 kV 下的工作时间比在 38 kV 下长 410 万倍。

2.10.2 幂律-对数正态模型

某些产品的寿命服从对数正态分布,且中位寿命是应力的逆幂函数。对于金属疲劳问题来说,幂律-对数正态模型是最简单的模型,例如在 ASTM STP 744 (1979) 以及 ASYM STP 91-A (1963) 中都采用了这一模型。Nelson 采用这一模型对绝缘胶带的电压耐久性进行了建模。

(1) 假设

幂律-对数正态模型的假设有:

1) 在任意应力水平 V 下,产品寿命服从对数正态分布;

2) 对数寿命的标准差 σ 是一个常数,2.14 节将模型扩展到 σ 不是常数的情况;

3) 中位寿命 $\tau_{0.5}$ 是应力的逆幂函数,即

$$\tau_{0.50}(V)=10^{\gamma_0}/V^{\gamma_1} \tag{2.10-6}$$

式中,参数 γ_0、γ_1 和 σ 是产品及试验方法的特征量。式 (2.10-6) 的示例图如图 2.10-1 所示。等价地,(以 10 为底) 对数寿命的均值 $\mu(t)$ 是转换应力 $x=-\log(V)$ 的线性函数

$$\mu(x)=\gamma_0+\gamma_1 x \tag{2.10-7}$$

根据以上假设可得产品寿命的累积分布函数和百分位数。

(2) 失效概率

在应力水平 V 下,对数正态分布的累积分布函数 (寿命 t 内的总体失效概率) 为

$$F(t;V)=\Phi\{[\log(t)-\mu(x)]/\sigma\} \tag{2.10-8}$$

式中 $\Phi\{\}$ ——标准正态分布累积分布函数。

在对数正态概率纸上,失效概率与时间的关系是一条直线,如图 2.9-2 所示。

(3) 百分位数

在应力 V 水平下,对数正态分布的 $100P\%$分位数为

$$\tau_P(V)=\text{antilog}[\mu(x)+z_P\sigma]=(10^{\gamma_0}/V^{\gamma_1})\times\text{antilog}(z_P\sigma) \tag{2.10-9}$$

式中,Z_P 为标准正态分布的百分位点。对于确定的 P 值,$\tau_P(V)$ 与 V 的关系曲线在双对数坐标纸上是一条直线,如图 2.10-1 所示,但这些百分位数线在垂直方向间距与 Weibull 分布的相似。对应的对数寿命分布的百分位数为

$$\eta_P(x)=\log[\tau_P(V)]=\mu(x)+z_P\sigma \tag{2.10-10}$$

中位寿命或对数中位寿命是百分位数的特例,对应 $z_{0.5}=0$。

（4）设计应力水平

在一些实际应用中，需要为产品的给定期望寿命选定对应的应力水平。期望寿命一般指定为某一百分位寿命 τ_P^*，例如，在什么样的应力水平下，金属疲劳的 0.1%分位寿命是 12 000 个循环。对于幂律-对数正态模型，与 τ_P^* 对应的应力水平为

$$V^* = (1/\gamma_1)\text{antilog}[\gamma_0 + z_P\sigma - \log(\tau_P^*)] \quad (2.10-11)$$

在飞机结构以及发动机设计中，常使用这样的应力水平计算方法，部件在服役 $(\tau_P^*/3)$ 个寿命周期后将不再使用。这样做是为了避免出现工业部门中称为“部件分离”的情况。安全系数选取 3 可以补偿由于样品几何形状与实际部件几何形状上的差异和试验应力与实际应力、环境等的差异所带来的不确定性。

2.10.3 幂律- Weibull 模型

某些产品的寿命服从 Weibull 分布，产品的特征寿命是应力的幂函数，幂律- Weibull 模型的应用范围包括：

1）电绝缘材料与电介质，如 IEEE Publication P930（1987），Nelson（1970），以及 Simoni（1974），电压应力是加速变量；

2）滚珠轴承和滚柱轴承，如 Lieblein and Zelen（1956），Harris（1984），以及 SKF（1981），载荷是加速变量；

3）金属疲劳，如 Weibull（1961）。机械应力（磅每平方英寸）是加速变量。

（1）假设

幂律- Weibull 模型的假设如下：

1）在应力水平 V 下，产品寿命服从 Weibull 分布；

2）Weibull 分布的形状参数 β 是一个常数（与 V 无关），2.14 节将模型扩展到 β 不是常数的情况；

3）Weibull 特征寿命 α 是应力 V 的逆幂函数，即

$$\alpha(V) = e^{\gamma_0}/V^{\gamma_1} \quad (2.10-12)$$

γ_0，γ_1，β 为产品及试验方法的特征参量。$\alpha(V)$ 与 V 的关系在双对数坐标纸上是一条直线，如图 2.10 - 1 所示。等价地：

1）产品寿命的自然对数服从极值分布；

2）极值分布的尺度参数 $\sigma = 1/\beta$ 是一个常数；

3）极值分布的位置参数 $\xi = \ln(\alpha)$ 是转换应力 $x = -\ln(V)$ 的线性函数，即

$$\xi(x) = \gamma_0 + \gamma_1 x \quad (2.10-13)$$

根据这些假设可以得到产品的累积寿命分布及其百分位数。

（2）失效概率

在应力水平 V 下，Weibull 分布的累积分布函数（寿命 t 的总体失效概率）为

$$F(t;V) = 1 - \exp\{-[t/\alpha(V)]^\beta\} = 1 - \exp\{-[t e^{-\gamma_0} V^{\gamma_1}]^\beta\} \quad (2.10-14)$$

对于规定的应力水平 V，$F(t;V)$ 与 t 的关系曲线在 Weibull 概率纸上是一条直线，

如图 2.10 - 2 所示。β 越大，产品寿命的分布越窄。

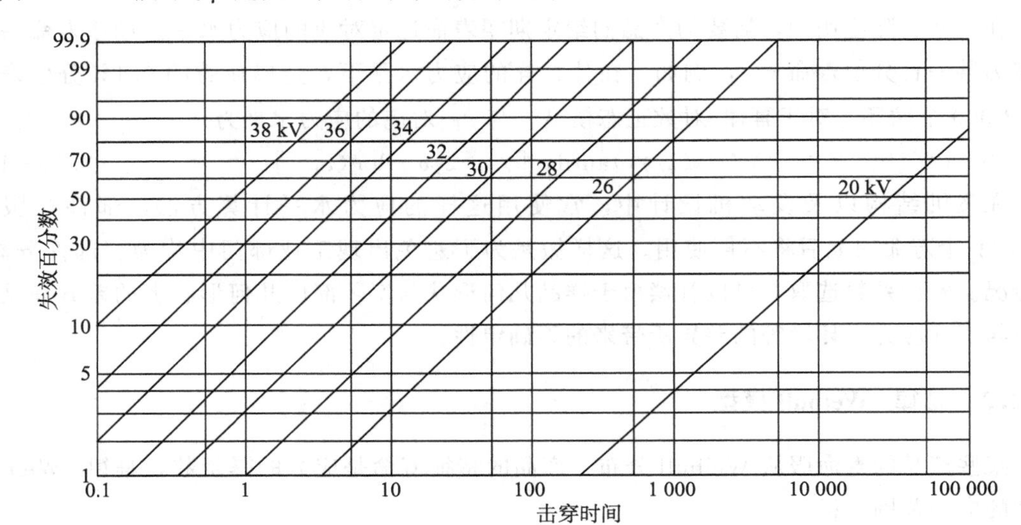

图 2.10 - 2　幂律- Weibull 模型的 Weibull 概率图

（3）变压器油

某变压器油的电压耐久性（击穿时间）可用幂律- Weibull 模型描述。设参数 $\gamma_0=60.161\ 1$，$\gamma_1=16.390\ 9$，$\beta=0.808\ 4$，时间 t 以分钟（min）为单位，电压以千伏（kV）为单位，电压应力场以 V/mil 为单位。试验时，电极之间的距离保持不变。变压器出厂试验之一为在 20 kV 电压下运行 10 min，则该变压器油失效的概率为 $F(10;20)=1-\exp\{-[10e^{-60.161\ 1}20^{16.390\ 9}]^{0.808\ 4}\}=0.000\ 8$ 或 0.08%。

（4）百分位数

在应力水平 V 下，产品寿命的 $100P$%分位数为

$$\tau_P(V)=\alpha(V)[-\ln(1-P)]^{1/\beta}=[e^{\gamma_0}/V^{\gamma_1}][-\ln(1-P)]^{1/\beta} \qquad (2.10-15)$$

上式表明 $\tau_P(V)$ 与 V 的关系曲线在双对数坐标纸上是一条直线，如图 2.10 - 1 所示。由因子 $[-\ln(1-P)]^{1/\beta}$ 可知，这些平行的百分位线的间距依赖于 Weibull 分布。在变压器油实例中，变压器油在 20 kV 电压下的 0.1%分位寿命为 $\tau_{0.001}=[e^{60.161\ 1}/20^{16.390\ 9}][-\ln(1-0.001)]^{1/0.808\ 4}=12.4$ min 。

相应的对数寿命百分位数为

$$\eta_P(x)=\ln[\tau_P(V)]=\xi(x)+u_P\delta \qquad (2.10-16)$$

其中

$$u_P=\ln[-\ln(1-P)],\delta=1/\beta$$

63.2%分位数是特殊的，有

$$\tau_{0.632}(V)=\alpha(V)=e^{\gamma_0}/V^{\gamma_1},\eta_{0.632}(x)=\xi(x)=\gamma_0+\gamma_1 x \qquad (2.10-17)$$

（5）设计应力水平

假定期望寿命是某一指定的百分位数，对于幂律- Weibull 模型，该寿命对应的应力

水平为

$$V^{*}=\{e^{\gamma_0}[-\ln(1-P)]^{1/\beta}/\tau_P^{*}\}^{1/\gamma_1} \tag{2.10-18}$$

2.10.4　幂律-指数模型

半导体、固态器件及其他电子器件的寿命一般用指数分布描述，如 MIL - HDBK - 217E（1986）。本节介绍幂律-指数模型仅仅是因为该模型在实践中应用广泛。一般来说，采用幂律- Weibull 模型描述电子元器件的寿命更好。另一方面，如 Cramp（1959）and Nelson（1970）所述，幂律-指数模型可以充分拟合变压器油电压耐久性数据和老炼后的某些半导体数据。幂律-指数模型是幂律- Weibull 模型在 $\beta=1$ 时的特例。

（1）假设

幂律-指数模型的假设如下：

1）在任意应力水平 V 下，产品寿命服从指数分布；

2）平均寿命 θ 是 V 的逆幂函数，即

$$\theta(V)=e^{\gamma_0}/V^{\gamma_1} \tag{2.10-19}$$

式中，模型参数 γ_0，γ_1 是产品和试验方法的特征参数。$\theta(V)$ 在双对数坐标纸上是一条直线。等价地，失效率 $\lambda=1/\theta$ 是 V 的幂函数

$$\lambda(V)=e^{-\gamma_0}V^{\gamma_1} \tag{2.10-20}$$

同样，λ（V）在双对数坐标纸上也是一条直线。

寿命的自然对数服从极值分布并且其尺度参数 $\delta=1$，位置参数为

$$\xi(x)=\ln[\theta(x)]=\gamma_0+\gamma_1 x \tag{2.10-21}$$

式中，$x=-\ln$（V）。

（2）变压器油

上面提到的变压器油的电压耐久性（击穿时间）也可以用幂律-指数模型来描述。假设参数值 $\gamma_0=60.161\,1$，$\gamma_1=16.390\,9$，该变压器油在 20 kV 下的平均失效时间为 θ（20）$=e^{60.161\,1}/20^{16.390\,9}\approx 63\,500$ min。对应的失效率为 λ（20）$=1/63\,500\approx 16$ 次失效每百万分钟。

（3）失效概率

在应力水平 V 下，产品寿命的累积分布函数为

$$F(t;V)=1-\exp[-t/\theta(V)]=1-\exp[-t\lambda(V)]=1-\exp[-te^{-\gamma_0}V^{\gamma_1}] \tag{2.10-22}$$

对于规定的应力水平 V，失效概率与 t 的关系曲线在 Weibull 概率纸上是一条直线，如图 2.10 - 2 所示。在 20 kV，10 分钟的出厂试验中，前述变压器油的失效概率为 $F(10;\ 20)=1-\exp(-10/63\,500)\approx 0.000\,16$ 或 0.016%，如果是 $\beta=0.808\,4$ 的 Weibull 分布，变压器油的失效概率为 0.08%。

（4）百分位数

在应力水平 V 下，产品寿命的 $100P$%分位数（P 分位点）为

$$\tau_P(V)=\theta(V)[-\ln(1-P)]=[e^{\gamma_0}/V^{\gamma_1}]\cdot[-\ln(1-P)] \qquad (2.10-23)$$

对于确定的 P 值，$\tau_P(V)$ 与 V 的关系曲线在双对数坐标纸上是一条直线，如图 2.10-1 中所示，不同 P 值下的直线相互平行，由式（2.10-23）可知，他们之间的间隔由指数分布决定。

变压器油在 20 kV 下的 0.1%分位寿命为 $\tau_{0.001}(20)=63\ 500[-\ln(1-0.001)]=63.5$ min。

（5）设计应力水平

假设期望寿命为平均失效时间 θ^*，对于幂律-指数模型，该寿命对应的应力水平为

$$V^*=(e^{\gamma_0}/\theta^*)^{1/\gamma_1} \qquad (2.10-24)$$

以失效率 λ^* 表示为

$$V^*=(e^{\gamma_0}\lambda^*)^{1/\gamma_1}$$

2.11 耐久（疲劳）极限模型与分布

某些钢材的疲劳数据表明样品在低于某一应力的应力下进行试验几乎永远不会失效。这个应力称为疲劳极限。Graham（1968）和 Bolotin（1969）研究了这一现象，ASTM STP 744（1979，p. 92）给出了多个带有疲劳极限的钢材的寿命-应力模型。对于很多部件，这样低的设计应力是不经济的，这些部件被设计成有限寿命并在失效前将其更换。

类似地，某些电介质、绝缘材料的电压耐久性数据表明：样品在低于某一电压应力下进行试验可以一直不失效。这一电压应力称为耐久极限。这种极限应力的存在可能是有疑问的，它使得设计者可以通过将关键部件置于一个足够低的应力下来避免其在设计寿命内失效。

下面的简单模型即使在不存在物理耐久极限的情况下也可能有效。该模型包含三个参数，且对非线性数据的拟合程度比同样含有三个参数的二项式模型更好。

2.11.1 幂型模型

当耐久（或疲劳）极限 $V_0>0$ 时，常用的“名义”失效时间 τ 与应力的关系模型为

$$\tau=\begin{cases}\gamma_0/(V-V_0)^{\gamma_1}, & V>V_0\\ \infty, & V\leqslant V_0\end{cases} \qquad (2.11-1)$$

式中，V 为实际应力；γ_0，γ_1 为产品参数。γ_0，γ_1，V_0 由数据估计得到。当 $V_0=0$ 时，式（2.11-1）可简化为逆幂律模型。当实际应力低于 V_0 时，产品寿命无穷大。Bolotin（1969）、ASTM STP 91-A 以及 ASTM STP 744 针对金属疲劳提到过该模型，此时 V 是机械应力，单位为磅/平方英寸（psi）。对于绝缘材料耐久性问题，V 是电压应力，单位为伏特/豪英寸（V/mil）。

2.11.2 线性模型

当耐久（或疲劳）极限 $V_0>0$ 时，另一种常用的简单模型为

$$\log(\tau)=\begin{cases}\gamma_0+\gamma_1\log(V),V>V_0\\ \infty, \qquad\qquad V\leqslant V_0\end{cases} \tag{2.11-2}$$

式中，V 为实际应力；γ_0，γ_1 为产品参数。当 $V>V_0$ 时，式（2.11－2）在双对数坐标纸上是一条直线。ASTM STP 744（1979，pp. 92、pp. 111）、Dieter（1961，p. 304）用该模型描述了某些钢材的疲劳数据。当 $V_0=0$ 时，式（2.11－2）即为逆幂律模型。

2.11.3 疲劳极限（或强度）分布

上述简单模型都包含一个明显的疲劳极限，应力低于疲劳极限，所有样品永不失效，应力高于疲劳极限，所有样品的寿命都为有限寿命。一个看似更合理的模型假设样品的疲劳极限各不相同，因此存在一个疲劳极限分布，该分布也叫做强度分布，如图 2.11－1 中竖直方向的分布即为强度分布。当然，疲劳试样不能进行无限时间的试验，因此钢的疲劳试验一般进行 10^7 个循环。在大多数实际应用中，10^7 个循环已经远远超过了产品的设计寿命。设计者可以选取一个设计应力使得所有产品部件的疲劳寿命大于 10^7 个循环。这个期望的设计应力一般为疲劳极限分布的 0.001 分位数（0.1 百分位数）或者 10^{-6} 分位数。在某些应用中，设计寿命很短，设计应力远大于疲劳极限，此时可以使用强度分布进行寿命设计。下面介绍疲劳极限（强度）分布、试验数据类型以及数据分析。

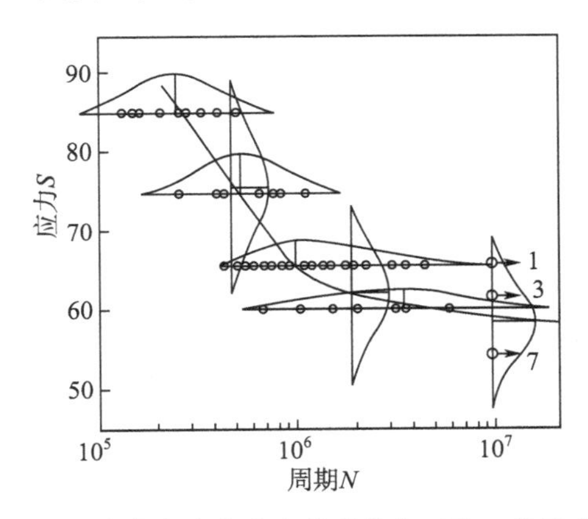

图 2.11－1　疲劳寿命分布和强度分布（○→表示未失效）

疲劳极限（或强度）分布可以用正态分布、对数正态分布、Weibull 分布、极值分布、logistic 分布等分布描述，具体可见 ASTM STP 744（1979，p. 174）、Little and Jebe（1975，10－12 章）、Serensen and others（1967，第 3 章）等。其中，正态分布简单实用。假设整个总体都在应力水平 S 下运行，则在 N 个循环前的总体失效概率为

$$F(S;N)=\Phi[(S-\mu_N)/\sigma_N] \tag{2.11-3}$$

式中，$\Phi[\ ]$ 为标准正态分布的累积分布函数；μ_N，σ_N 为 N 个循环内强度的均值和标准差。

图 2.11－1 中垂直方向的强度分布就是正态分布。若设计寿命为 N^* 个循环时的失效概率为 $100P\%$，则由式（2.11－3）可得设计应力为

$$S^* = \mu_{N^*} + z_P \sigma_{N^*} \tag{2.11-4}$$

式中，z_p 是标准正态分布的 P 分位点，实际中，μ_N，σ_N 由数据估计得到。

用于评估强度分布的失效数据通常具有如图 2.11－1 所示形态。每个应力下有多个样品进行试验。假定试验在 10^7 个循环结束，图 2.11－1 中的带箭头的点表示样品未失效。对于某一设计寿命（比如说 10^7 个循环），每个试验应力下的数据包括在设计寿命前失效的样本数量和达到设计寿命未失效的样本数量，这样忽视了精确的失效寿命。这种二元数据（在设计寿命之前失效或在设计寿命未失效）被称为量子响应数据，往往可由升降法试验获得。升降法试验包含多个应力水平，一次进行一个样品的试验。如果样品在设计寿命前（后）失效，那么下一个样品将在更低的（高的）试验应力下继续试验。这就使得大部分的样品是在强度分布的中间段进行的试验。

利用量子响应数据拟合强度分布的方法和数据表已有人给出，例如 Little（1981）、Little and Jebe（1975）。此外，很多计算机程序可用于量子响应数据的强度分布拟合。一般地，通过这些方法以及升降法试验可以得到有效的强度分布中位数的点估计以及置信区间。在疲劳设计中，强度分布百分位数下限的估计往往更重要些。但实际上并没有为估计百分位数下限进行有效的试验设计。Meeker and Hahn（1977）针对 logistic 强度分布提出了一些优化设计方法。设计寿命量子响应数据以及强度分布的使用忽略了疲劳寿命与应力之间的关系。这种简化是有缺点的，即在设计寿命内的未失效数据不会包含在量子响应数据分析中。因此需要一种更复杂的模型（包括疲劳曲线和寿命分布）将这种早先未失效的数据包含在分析之中。

2.12 其他单应力模型

Arrhenius 模型和逆幂律模型是最常用的寿命-应力模型。当然人们还使用了很多其他模型。本节简要介绍几个单应力变量模型。关于这些模型与寿命分布的联合模型这里不作介绍，读者可以参照 2.9 节、2.10 节将单应力模型与任一寿命分布进行联合。

本节首先介绍两个系数的简单模型，然后介绍包含三个及三个以上系数的模型。同时还将介绍一些有特殊意义的模型（如弹塑性疲劳模型）。MIL－HDBK－217E（1986）列举了多种电子元器件失效率的降额曲线和模型，这些模型一般是温度、电压或者电流的函数。

2.12.1 指数模型

寿命 τ 是应力 V 的指数函数

$$\tau = \exp(\gamma_0 - \gamma_1 V) \tag{2.12-1}$$

根据 Simoni（1974），该模型已用于电介质的寿命评估。Simoni 指出：一般没有足够的数据评价是指数模型还是逆幂律模型对数据的拟合更好。MIL－HDBK－217E（1986）还将该模型用于多种电子元器件。式（2.12－1）的自然对数为

$$\ln(\tau)=\gamma_0-\gamma_1 V \tag{2.12-2}$$

该式表明式（2.12－1）在半对数坐标纸上是一条直线，其中，寿命 τ 是对数刻度，应力 V 是线性刻度。

2.12.2　幂指数模型

在幂指数模型中，“名义”寿命 τ 是应力或转换应力 x 的函数

$$\tau=\exp(\gamma_0-\gamma_1 x^{\gamma_2}) \tag{2.12-3}$$

在 MIL－HDBK－217E 中使用了该模型，其中，x 通常是电压或者是绝对温度的倒数。幂指数模型中有三个参数 γ_0、γ_1、γ_2，因此，其在任何坐标纸上都不是线性的。

2.12.3　二次多项式模型

多项式模型中，名义寿命 τ 的对数与（转换）应力 x 的函数关系如下

$$\log(\tau)=\gamma_0+\gamma_1 x+\gamma_2 x^2 \tag{2.12-4}$$

当线性关系式 $\gamma_0+\gamma_1 x$ 不能充分拟合数据时，可以使用该模型。例如，当 Arrhenius 模型的线性化形式［式（2.9－9）］或幂逆律模型的线性化形式［式（2.10－4）］不适用时，可以采用式（2.12－4），其图形在适合的坐标纸上是二次方程曲线。Nelson（1984）在处理金属疲劳数据时使用了该模型。对于所有试验数据，二项式模型基本都适用。但如果外推超过一定范围，将出现较大偏差。最好是将式（2.12－4）看成一条数据拟合曲线，而不是将其看作有理论依据的物理模型。

为了计算准确，式（2.12－4）常写成下面的形式

$$\log(\tau)=\gamma_0'+\gamma_1'(x-x_0)+\gamma_2(x-x_0)^2 \tag{2.12-5}$$

其中，x_0 是选取的接近数据或者试验范围中间位置的应力值。

多项式模型中，名义寿命 τ 的对数与（转换）应力 x 的函数关系如下

$$\log(\tau)=\gamma_0+\gamma_1 x+\gamma_2 x^2+\cdots+\gamma_K x^K \tag{2.12-6}$$

该模型可以用于金属疲劳数据分析。当 $K\geqslant 3$ 时，多项式模型的外推是无效的，即使是短距离外推。

2.12.4　金属疲劳的弹塑性模型

对于应力范围很宽的金属疲劳问题来说，可以使用弹塑性模型。“寿命”N（循环数）与等应变（或伪应力）幅值 S 之间的弹塑性模型如下

$$S=AN^{-a}+BN^{-b} \tag{2.12-7}$$

该模型（$S-N$ 曲线）有四个参数 A、a、B、b，这些参数需从数据中估计得到。式中 N 无法写成关于 S 的显式函数，因此，在采用上式及其他疲劳模型对数据进行最小二乘拟合时，一些数据分析人员错将 S 当作因变量（和随机变量）。最小二乘假设随机变量是因变量。Hahn（1979）研究了将应力错误地当成因变量的后果。式（2.12－7）有时也被错误地称为 Coffin－Manson 模型，Coffin－Manson 模型是由 Dr. Coffin 提出的。

Graham（1968，p. 25）给出了冶金学上关于式（2. 12 - 7）的解释。例如，弹性项 AN^{-a} 中 a 的取值通常在 0. 1 到 0. 2 之间，一般取为 0. 12；塑性项 BN^{-b} 中 b 的取值通常在 0. 5 到 0. 7 之间，一般取为 0. 6。金属的疲劳寿命很复杂，没有一个 $S-N$ 曲线可以普遍适用，即使是式（2. 12 - 7）那样有四个参数也无法通用。ASTM STP 774（1981）列举一些推荐的 $S-N$ 曲线。一些包含温度和其他变量的应用中会采用多项式疲劳曲线，这样的多项式曲线只是为了平滑数据，没有物理基础。

2. 12. 5　温度加速的 Eyring 模型

对于温度加速试验，Arrhenius 模型可以用 Eyring 模型替代。该模型由 Glasstone、Laidler and Eyring（1941）在量子力学的基础上，作为化学降解的反应速率方程提出。

Eyring 模型中，名义寿命 τ 是绝对温度 T 的函数

$$\tau=(A/T)\exp[B/(kT)] \tag{2. 12 - 8}$$

式中，A 和 B 为与产品和试验方法相关的特征常数；k 为波尔兹曼常数。在大部分应用中，绝对温度的变化范围很小，(A/T) 基本不变，式（2. 12 - 8）近似于式（2. 9 - 2）的 Arrhenius 模型。对于大多数情况，这两个模型对数据的拟合都很好。

使用 Eyring 模型拟合数据的方法与 Arrhenius 模型的相同，稍后的章节中将会进行介绍。只需进行时间变换 $t'=t\cdot T$，即可将 Eyring 模型作为 Arrhenius 模型处理。

在 Eyring -对数正态模型中，式（2. 12 - 8）描述的是中位寿命与应力的关系。此外，假设对数寿命 t 的标准差 σ 是一个常数，则对数转换寿命的标准差也是常数 σ。

2. 13　多变量模型

2. 8～2. 12 节介绍的寿命-应力模型只涉及一种加速应力。这些模型适用于多数加速试验。但是，有些加速试验包含不止一种加速应力或者包含一种加速应力以及其他工程变量。例如一个采用高温高电压的电容器加速寿命试验，包含两个加速变量，需要确定两种应力对寿命的影响。又如某一绝缘胶带的加速寿命试验，加速变量是电压应力，但是模型中考虑了样品的损耗因子。损耗因子与寿命相关，并且可以用来确定哪一批绝缘胶带可以安装在高电压下。此外，MIL - HDBK - 217E（1986）采用多变量的降额曲线描述电子元器件的失效率，该曲线是温度、电压、电流、振动以及其他变量的函数。

本节介绍寿命与两个及两个以上变量的关系模型，变量可能是应力或者其他预示变量。简单来说，加速应力和其他变量都叫做变量。

有必要将非加速变量分为两组。一组包含各种试验变量，试验变量的取值对于每个样品各不相同。例如，胶带试验中绝缘胶带缠绕在导体上，胶带重复缠绕的层数是不同的——不同样品有不一样的缠绕层数。另一组变量是不可控变量，这种变量只能进行估量。例如每个胶带样品需要分别估算其损耗因子，因为损耗因子是与寿命相关的样品特性。在试验设计手册中，这些被观测到并且包含在模型中的不可控变量叫做协变量。

本节首先介绍一个常用的多变量模型——对数-线性模型，它包含广义 Eyring 模型以及指示变量。随后简要介绍非线性模型和 Cox（比例危险）模型。

2.13.1　对数-线性模型

（1）一般关系式

一个常用的、简单的“名义”寿命 τ（如某百分位数）的多变量模型是对数-线性模型，其表达式为

$$\ln(\tau)=\gamma_0+\gamma_1 x_1+\cdots+\gamma_J x_J \tag{2.13-1}$$

式中，γ_0，γ_1，…，γ_J 为产品以及试验方法的特征系数，通常通过数据估计得到；x_0，x_1，…，x_J 为变量或转换变量。任意 x_J 都可能是一个或多个基本工程变量的函数（转换）。式（2.13-1）可以用于假设寿命分布的参数分析，也可以用于没有寿命分布限定的非参数分析。例如，下面介绍的 Cox 比例危险模型就是非参数模型，并且使用了式（2.13-1）。

式（2.13-1）是 γ_0，γ_1，…，γ_J 中每个参数的线性函数，但用于计算 x_0，x_1，…，x_J 的原始变量没有必要是线性的。采用系数的线性关系式主要是因为数学便利性和物理充分性，而不是因为其正确性。下述多个模型都是对数-线性模型的特例。此外，该模型作为多个变量的函数，还可用于描述寿命的散度（如对数正态分布的 σ 和 Weibull 分布的 β）（见 2.14 节）。

（2）胶带试验

绝缘胶带试验是为了评估绝缘胶带在导体上缠绕的层数 w 对其寿命的影响。采用式（2.13-1）和正弦曲线对其影响进行建模有

$$x_1=\sin(2\pi w/W),x_2=\cos(2\pi w/W)$$

式中，W 为胶带的宽度。此外，该寿命试验的加速应力是电压，因此采用逆幂律模型对电压应力的影响进行建模有 $x_3=-\ln(V)$ 。

（3）电池实例

在电池应用实例中，Sidik and others（1980）使用了五个变量的二项式模型，通过优化五个设计和控制变量寻找电池寿命二次函数的最大值。式（2.13-1）中的项对应二项式模型中的线性项、二次项以及交叉项。

2.13.2　广义 Eyring 模型

（1）模型

广义 Eyring 模型常用于描述含有温度和其他变量的加速寿命试验，由 Glasstone、Laidler and Eyring（1941）作为反应速率方程提出。“名义”寿命 τ 是绝对温度 T 和变量 V 的函数，表达式为

$$\tau=(A/T)\exp[B/(kT)]\times\exp\{V[C+(D/kT)]\} \tag{2.13-2}$$

式中 A，B，C，D 为待估系数；k 为波尔兹曼常数。上式在工程应用时，非温度变量一般

用 V 或者 V 的变换 $\ln V$ ，如下面介绍的 Peck 模型。有些应用中省略了第一个 $1/T$ 。当满足下面的条件时，式（2.13－2）与式（2.13－1）等价

$$\tau'=\tau\cdot T,\gamma_0=\ln(A),\gamma_1=B/k,x_1=1/T,$$
$$\gamma_2=C,x_2=V,\gamma_3=D/k,x_3=V/T$$

其中，$x_3=x_1x_2=V(1/T)$ 是 $x_1=1/T$ 与 $x_2=V$ 的“交叉项”。其应用实例如下所示。理论仅仅是理论，式（2.13－2）与其他关系式一样，应用时需要数据和经验作为支撑。

（2）电容器

在电容器加速寿命试验中，研究人员采用不含第一个 $1/T$ 的式（2.13－2）作为 Weibull 分布特征寿命的表达式，式中 V 为电压的自然对数，并假设温度与电压相互作用的交叉项为零（$D=0$）。如果 $D\neq0$，那么在 Arrhenius 坐标纸上，随着电压水平的不同，表示式（2.13－2）的直线的斜率不同。由于 V 为电压的自然对数，因此包含寿命和电压之间满足逆幂律模型的假设。图 2.13－1 显示该模型是三维空间中的一个平面。图中，温度以绝对温度的倒数为尺度，寿命和电压都是对数尺度。图 2.13－2 描述的是投影在图 2.13－1 中的温度—电压平面上的寿命等值线。图 2.13－2 中，温度—电压平面与 Arrhenius 纸类似，而这些寿命等值线是直线是由于 $D=0$。Montanari and Cacciari（1984）假设 Weibull 形状参数与温度是线性函数关系，对该模型进行了扩展，并应用于低密度聚乙烯加速寿命试验中。

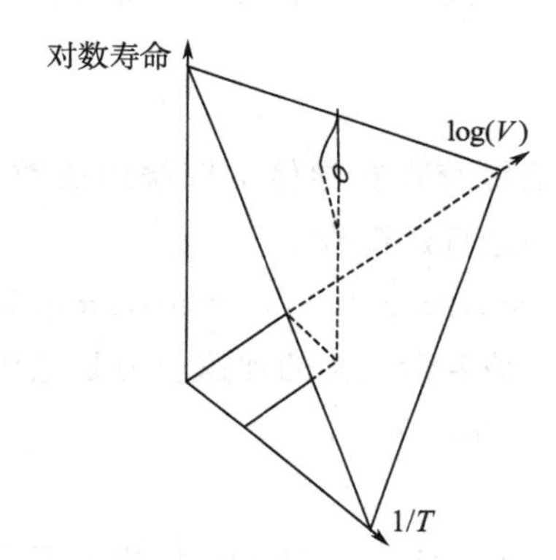

图 2.13－1 V 为幂关系的广义 Eyring 模型

（3）电迁移

d'Heurle and Ho（1978），Ghate（1982）研究了由电迁移导致的超大规模集成电路和微电子产品中的铝互连线失效。互连线中的高电流密度加速了铝原子的移动，使互连线产生空隙（断路）或者小丘（短路）。这种现象的加速试验通过提高温度 T 和电流密度 J 进行。互连线中位寿命 τ 的 Black 准则即 Eyring 模型，表达式为

$$\tau=AJ^{-n}\exp[E/(kT)] \tag{2.13-3}$$

式中 $V=-\ln(J)$ ，$D=0$（无交叉项）。如果将电压 V 替换为电流密度 J ，那么图 2.13－1 和图 2.13－2 描述的就是中位寿命的 Black 准则。Black 使用了有争议的物理模型，并进行论证，推导得到 $n=2$。很多数据符合这一取值。Shatzkes and Lloyd（1986）提出一种

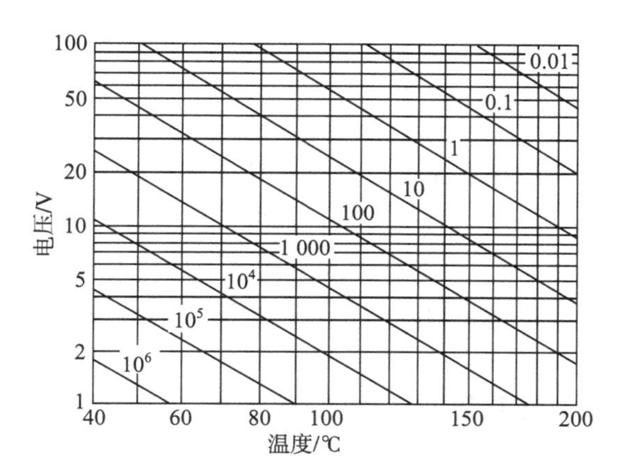

图 2.13-2　无交叉项（$D=0$）广义 Eyring 模型的寿命等值线图

物理机制，表述为

$$\tau = A(T/J)^2 \exp[E/(kT)]$$

他们称：在只有两组数据时，该模型与 Black 准则拟合效果相同。互连线电迁移失效寿命数据多数使用对数正态分布描述。

（4）温度-湿度试验

多数环氧树脂封装电子器件的加速寿命试验是在高温高湿下进行的，如常用的试验条件为 85 ℃和 85% RH（相对湿度）。Peck（1986）研究了这类试验，对寿命提出了一种 Eyring 模型

$$\tau = A(\mathrm{RH})^{-n} \exp[E/(kT)]$$

被称为 Peck 模型。由他所用的数据估算得 $n=2.7$、$E=0.79$ eV。如果用相对湿度 RH 代替电压 V，并且将对数坐标换为线性坐标，则图 2.13-1 和图 2.13-2 描述的即为 Peck 模型。Intel（1988）使用了另一种形式的 Eyring 模型

$$\tau = A\exp(-B \cdot \mathrm{RH})\exp[(E/(kT)]$$

Intel 指出，相对于数据的不确定性，该模型与 Peck 模型的差别很小。

（5）固体断裂

Zhurkov 模型表述固体断裂时间 τ 与绝对温度 T 和拉伸应力 S 之间的关系，为

$$\tau = A\exp[(B/kT) - D(S/kT)]$$

这是当 $C=0$，D 前面为减号时的 Eyring 模型。同时也是 larsen - Miller 模型［式(2.9-7)］的另一种形式。Zhurkov 利用化学分子运动理论得到该模型，并列举出大量材料数据支撑该模型。他定义 B 为分子键断裂的能量，D 为分子结构未知时的一种度量。Ballado - Perez 将该模型用于木质复合材料的寿命评估，并将其扩展成包含指示变量的形式，其中指示变量表示木材种类、粘合剂等因素。

2.13.3 指示变量

（1）分类变量

模型中的大部分变量是数值类型的，并可在某一区间内取任意值。例如，绝对温度可以从0到无穷大任意取值。同时，有些变量只能取有限个离散的数值或者类别。例如：1）三个不同班次生产的绝缘材料；2）涂在两种不同金属导体上的绝缘材料；3）来自两个供货商的材料。在模型中，分类变量可以用下述指示变量表示。

（2）班次实例

根据实际情况，假设绝缘材料生产分为三个班次，记为0、1、2，并假设绝缘材料的寿命在电压耐久试验中符合幂律-Weibull模型。同时，假设不同班次生产的绝缘材料在模型中的幂指数相同，但系数（截距）不同。则第 j 个班次生产的产品的特征寿命 α_j 为

$$\ln[\alpha_0(V)]=\gamma_0+\gamma_3\ln(V),\ln[\alpha_1(V)]=\gamma_1+\gamma_3\ln(V),\ln[\alpha_2(V)]=\gamma_2+\gamma_3\ln(V) \tag{2.13-4}$$

式中，V 为电压应力；γ_3 为幂系数且为负；γ_j 为对应班次 $j=0$、1、2的截距系数。在双对数坐标纸上，三个班次对应的三条直线是平行的。设三个班次产品的幂系数 γ_3 相等，表示绝缘材料的物理特性相同，截距依赖于班次，表示工人技术的差别。这些假设量可以通过数据评估得到。

（3）定义

如果试验样品是来自班次 j，则定义相应的指示变量 $z_j=1$，否则 $z_j=0$。例如，来自班次1的试验样品的三个指示变量为 $z_0=0$，$z_1=1$，$z_2=0$，指示变量也叫做虚变量，只能取0或1，因此指示变量又叫做0-1变量。令 $z_3=\ln(V)$，则式（2.13-4）可写成一个简单的方程式

$$\ln[\alpha(V)]=\gamma_0z_0+\gamma_1z_1+\gamma_2z_2+\gamma_3z_3 \tag{2.13-5}$$

上式有四个变量（z_1，z_2，z_3，z_4）和四个系数（γ_1，γ_2，$\gamma_3.\gamma_4$），其中不含截距系数，截距系数是不带变量的系数。大部分用于数据线性拟合的程序要求拟合模型含有截距系数，可以通过将式（2.13-5）改写为下式实现

$$\ln[\alpha(V)]=\delta_0+\delta_1z_1+\delta_2z_2+\gamma_3z_3 \tag{2.13-6}$$

式中，$\delta_0=\gamma_0$ 为截距，且 $\delta_0+\delta_1=\gamma_1$，$\delta_0+\delta_2=\gamma_2$，即 $\delta_1=\gamma_1-\gamma_0$，$\delta_2=\gamma_2-\gamma_0$。系数 δ_j 并不能直接简单地描述寿命与应力的关系。但这种表述方法更适合于需要截距项的计算机程序。

有些关系式中包含不只一种分类变量。例如，三个班次生产两种绝缘材料，班次是一个分类变量，需要两个指示变量（z_1 和 z_2），绝缘材料是又一个分类变量，需要一个指示变量（z_3），此时

$$\ln[\alpha(V)]=\delta_0+\delta_1z_1+\delta_2z_2+\delta_3z_3+\gamma_3\ln(V)$$

在有两个或者多个分类变量的情况下，这种与指示变量呈线性的关系式叫做主成分模型。更复杂的模型中包含交叉项，详见方差分析相关著作，例如Box、Hunter和Hunter

(1978)。Zelen (1959) 采用一种带交叉项的模型描述了一定温度和电压范围内玻璃电容器的寿命。

2.13.4 Logistic 回归模型

Logistic 回归模型广泛应用于生物医学领域，该领域的因变量是二元的，即因变量是两种互斥类型之一，例如，死亡或者存活。某一确定类型的比例为 p 的 Logistic 模型与独立变量 x_1，…，x_J 的函数关系如下

$$\ln[(1-P)/P]=\gamma_0+\gamma_1 x_1+\cdots+\gamma_J x_J \tag{2.13-7}$$

式中，γ_1，γ_2，…，γ_J 为待估参数。

在加速寿命试验中，当寿命数据是量子响应数据时，可以使用式 (2.13-7)。每个样品在规定时间检测一次确定其是否失效，p 为失效概率，自变量之一为（对数）检测时间。

Neter、Wasserman 和 Kutner (1983)，Miller、Efron 等 (1980) 介绍了 Logistic 模型，并用其进行了数据拟合。Breslow 和 Day (1980) 全面阐述了 Logistic 回归模型。Dixon (1985) 的 BMDP 统计软件是众多可以采用 Logistic 回归模型拟合数据的统计软件之一。

2.13.5 非线性模型

对数线性模型式 (2.13-1) 是未知系数的线性关系式。工程理论指出模型系数可能是非线性的。但是大部分计算机软件仅能进行线性模型拟合，非线性模型拟合通常需要编写专用程序。

Nelson 和 Hendrickson (1972) 给出了一个关于非线性模型的实例。在平行片状电极之间的绝缘液体的击穿时间试验中，电极之间的电压随着时间按照不同的速率 $R(V/S)$ 线性增大，并采用不同的电极表面积 A 。假设击穿时间服从 Weibull 分布，分布参数为

$$\alpha(R,A)=\{\gamma_1 R/[A\exp(\gamma_0)]\}^{1/\gamma_1},\beta=\gamma_1$$

可见，$\ln(\alpha)$ 与 γ_1 是非线性关系。

2.13.6 Cox（比例危险）模型

在生物医学领域，Cox 模型可以作为加速寿命试验模型。该模型没有假定分布形式，这可能是其比较有吸引力的一点。由于没有限定寿命分布（非参数），该模型可以用于应力外推但不能用于时间外推。该模型不能用于外推寿命数据范围之外的分布下尾段的早期失效时间和分布上尾段的末期失效时间，仅可用于估计实际使用条件下寿命分布的观测范围。很多实际应用中需要这种应力外推。下面简要介绍 Cox 模型。

令 x_1，x_2，…，x_J 表示变量，$h_0(t)$ 表示未知寿命分布当 $x_1=x_2=\cdots=x_J=0$ 时的危险函数。则 Cox 模型在变量值为 x_1，x_2...，x_J 时的危险函数为

$$h(t;x_1,\cdots,x_J)=h_0(t)\cdot\exp(\gamma_1 x_1+\cdots+\gamma_J x_J) \tag{2.13-8}$$

基准危险函数 $h_0(t)$ 和系数 γ_1，γ_2，…，γ_J 是未知量，由数据估计得到。注意式

(2.13－8) 与对数-线性模型式 (2.13－1) 的相似性，式 (2.13－8) 中不含截距系数 γ_0，如同用 $h_0(t)$ 代替了 γ_0。相应的可靠度函数为

$$R(t;x_1,\cdots,x_J)=[R_0(t)]^{\exp(\gamma_1 x_1+\cdots+\gamma_J x_J)} \tag{2.13-9}$$

当 $x_1=x_2=\cdots=x_J=0$ 时，可靠度函数为

$$R_0(t)=\exp\left[-\int_0^1 h_0(t)\mathrm{d}t\right] \tag{2.13-10}$$

寿命的可靠度函数式 (2.13－9) 很复杂，其"特征"寿命（如某分位寿命）与 x_1，x_2，…，x_J 有着复杂的关系。此外，对数寿命分布的形状和散度通常也与 x_1，x_2，…，x_J 存在复杂的关系。前文的参数模型，如 Arrhenius－对数正态模型和线性－Weibull 模型，形式都比较简单。特征寿命满足多变量对数线性模型式 (2.13－1) 的 Weibull 分布是式 (2.13－9) 的特例。

Kalbfleisch 和 Prentice (1980)，Lee (1980)，Miller (1981)，以及 Cox 和 Oakes (1984) 等详细介绍了 Cox 模型，并给出了采用该模型进行数据拟合及其拟合效果评价的方法和程序。

2.14　与应力相关的对数寿命的散度

多数加速寿命试验模型假设对数寿命的散度在关注的全部应力水平下相等。例如 Arrhenius－对数正态模型假设对数寿命标准差 σ 为常数，幂－Weibull 模型假设形状参数 β 为常数。假设散度为常数有两个原因：第一，数据或者数据相关经验表明一个恒定散度模型足以描述对数寿命分布；第二，分析人员采用恒定散度模型是由于惯例或者方便。例如，几乎所有的模型拟合程序都假定散度为常数。

另一方面，某些产品的经验表明对数寿命的散度是应力的函数。例如，对于金属疲劳寿命以及滚珠轴承寿命，应力越低散度越大；对于一些电气绝缘材料的寿命，应力越低散度越小。以下段落介绍散度的几个简单的"异方差"模型，是应力的函数。为了具体，介绍时利用对数正态分布的对数寿命标准差 σ，同样，也可以利用 Weibull 分布的形状参数 β，以及某一寿命分布的任一散度度量。

2.14.1　散度的对数线性模型

对于散度参数 σ，最简单的模型就是对数线性模型

$$\ln[\sigma(x)]=\delta_0+\delta_1 x \tag{2.14-1}$$

式中，δ_0，δ_1 是产品的特征参数，可由数据估计得到。x 是应力或转换应力，上式等价于

$$\sigma(x)=\exp[\delta_0+\delta_1 x] \tag{2.14-2}$$

当 $\mu(x)$ 是 $x=\ln$(应力) 的线性函数时，式 (2.14－2) 的图形如图 2.14－1 (a) 中所示。Nelson (1984) 给出了一个采用式 (2.14－1) 拟合含截尾的金属疲劳失效数据的实例。当然 σ 是正数，式 (2.14－1) 的对数形式保证了这一点。Glaser (1984) 假设 σ 是应

力 x 的线性函数，当 x 取极值时，该函数得到错误的负的 σ，因此该函数仅在 x 的有限范围内适用。

此外，也可使用其他数学上看似合理的模型，例如对数-二次模型

$$\ln[\sigma(x)]=\delta_0+\delta_1 x+\delta_2 x^2 \tag{2.14-3}$$

当 $\sigma(x)$ 是应力 x 的函数时，包含对数正态（或 Weibull）分布的模型有如下缺点。图 2.14－1（b）描述了对数正态（或 Weibull）概率纸上低应力和高应力下的寿命分布函数。如果这两条直线延伸到寿命分布的低尾段，两个应力下的寿命分布函数可能会交叉。这在物理上是不合理的，且在寿命分布低尾段很重要时是不合乎要求的。故这类含有 $\sigma(x)$ 的模型在寿命分布边侧的评估不够准确。这一缺点在图 2.14－1（a）中没有表现出来。实际应用中需要更完善的模型使得分布不会交叉。

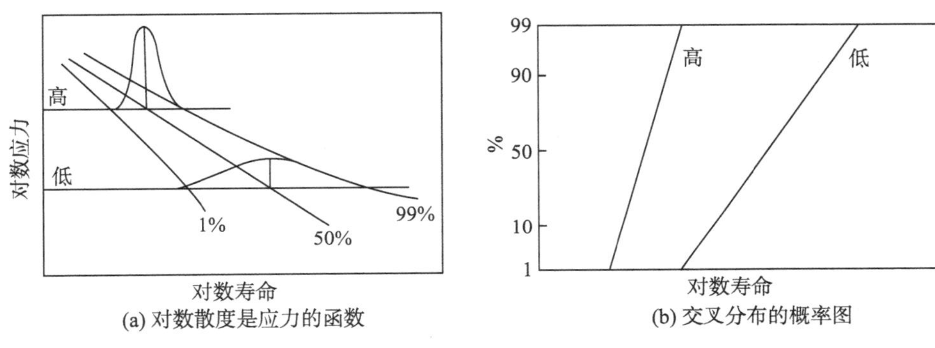

(a) 对数散度是应力的函数　　(b) 交叉分布的概率图

图 2.14－1　散度的对数线性模型

散度可能与多个加速变量和其他变量相关，其关系可以用 2.13 节中的对数线性模型或其他多变量模型表述。

2.14.2　方差分量

金属或者其他产品都是分批生产的。对于金属，各批次之间的疲劳寿命分布可能会明显不同。从而整个产品总体的寿命分布是所有批次产品寿命分布的综合。这种含有多个批次的情况可以采用方差分量模型建模。大部分关于方差分析的书都介绍了的单应力水平的方差分量模型，如 Box、Hunter 和 Hunter（1978）。近期的研究试图将该模型扩展到包含退化的情况。但这种扩展不适用于截尾数据或标准差与加速变量相关的情形。对于金属疲劳以及其他应用，该模型还需要进一步发展。

习题（*表示困难或复杂）

2.1　指数分布。指数分布的分布函数 $F(t)=1-\exp(-\lambda t)$，$t>0$，推导下述特征量的表达式：

（a）概率密度。

(b) 危险函数。

(c) $100P\%$分位数。

用指数分布建立绝缘液体的击穿时间模型，其失效率为 $\lambda=0.946$ 个失效/千小时。计算：

(d) 20 min 内的失效概率。

(e) 平均失效时间。

(f) 中位寿命。

(g) 在 Weibull 概率纸上画出该寿命分布图。

2.2 Weibull 分布。Weibull 分布的累积分布函数为 $F(t)=1-\exp[-(t/\alpha)^{\beta}]$，$t>0$，推导下述特征量的表达式：

(a) 概率密度。

(b) 危险函数。

(c) $100P\%$分位数。

采用 Weibull 分布拟合绝缘液体的击穿时间，有参数 $\alpha=63\ 400$，$\beta=0.884$，计算下列特征量：

(d) 中位寿命。

(e) 试验 20 min 的失效概率。

(f) 在 Weibull 纸上画出该寿命分布图。

2.3 以 10 为底的对数正态分布。根据对数正态分布累积分布函数 $F(t)=\Phi[(\log_{10}(t)-\mu)/\sigma]$，$t>0$ 推导下列特征量的表达式：

(a) 概率密度。

(b) 危险函数。

(c) $100P\%$分位数。

130 ℃下，B 级绝缘系统的寿命服从 $\mu=4.669\ 8$、$\sigma=0.259\ 6$ 的对数正态分布，计算：

(d) 中位寿命。

(e) 1%分位数。

(f) 40 000 h 的失效概率。

(g) 在对数正态概率纸上画出该寿命分布图。

2.4 以 e 为底的对数正态分布。以 e 为底的对数正态分布累积分布函数为

$$F(t)=\Phi[(\ln(t)-\mu_e)/\sigma_e],0<t<\infty$$

式中，μ_e 是对数寿命均值，σ_e 是对数标准差。推导：

(a) $100P\%$分位数。

(b) 以标准正态分布概率密度 $\phi(\ )$ 表示的概率密度。

(c) 危险函数。

(d) μ_e 和 σ_e 与以 10 为底的对数正态分布的参数 μ 和 σ 的关系。评估上题中 B 等级绝

缘材料的寿命分布参数 μ_e 和 σ_e 。

2.5* 指数分布的混合。假设总体中来自均值为 θ_1 的指数分布的单元的比例为 p，其余占比 $1-p$ 的单元来自均值为 θ_2 的指数分布。Proschan（1963）论述了这一问题。

(a) 推导混合分布的危险函数。

(b) 证明混合分布的失效率随时间减小。

(c) 将结果扩展到具有相同形状参数 β，特征参数分别为 α_1、α_2 的两个 Weibull 分布混合的情况。

结果表明混合分布的失效率对应的 β 小于每个子总体的 Weibull 分布的 β。例如在实验室试验条件下轴承的寿命服从 Weibull 分布，其参数 β 的范围为 1.3～1.5。但在多种使用条件的混合条件下，其寿命分布参数 β 的范围为 1.1～1.3。

2.6 B 级绝缘系统（对数正态分布）。B 级电动机绝缘系统寿命（单位：小时）近似符合参数为 $\sigma=0.2596$，$\gamma_0=-6.0098$，$\gamma_1=4.3055$ 的 Arrhenius-对数正态模型（以 10 为底），模型中 $x=1\,000/T$，T 为绝对温度。

(a) 计算该绝缘系统在 220 ℃、190 ℃、170 ℃、150 ℃、130 ℃（设计温度）下的 1%、10%、50%、90%、99%分位寿命。

(b) 在 Arrhenius 坐标纸上标出这些百分位数，并画出百分位数线。

(c) 在对数正态概率纸上标出这些百分位数，并画出寿命分布直线。

(d) 评述对数正态分布的危险函数。

2.7 B 级绝缘系统（Weibull 分布）。B 级绝缘系统寿命的 Weibull 分布拟合如下。假设上题中 50%和 10%分位寿命的计算是正确的，百分位数（10%和 50%）的选择是合理的但也是任意的。

(a) 计算对数（以 e 为底）中位寿命的模型系数。

(b) 利用绝缘系统在某一温度下的 10%和 50%分位寿命计算 Weibull 分布形状参数，并评述其失效率特性（增大还是减小）。

(c) 计算在 220 ℃、190 ℃、170 ℃、150 ℃、130 ℃（设计温度）下 Weibull 分布的 1%、90%、99%分位数。

(d) 在 Arrhenius 坐标纸上标出这些百分位数，并画出百分位数线。

(e) 在 Weibull 概率纸上标出这些百分位数，并画出寿命分布直线。

(f) 将对数正态百分位数绘制在 Weibull 概率图中，并画出寿命分布曲线。评述 Weibull 分布与对数正态分布在下述三种情况下的比较结果：1) 低于 10%分位点；2) 在 10%和 50%分位点之间；3) 高于 50%分位点。

2.8 Eyring 模型。根据 Eyring 模型式（2.12-8）和对数正态分布，完成：

(a) 假设式（2.12-8）是中位寿命的关系式，推导对数寿命均值的方程式。

(b) 将（a）中得到方程式表示成系数 γ_0，γ_1 和 $x=1/T$ 的线性形式，其中 γ_0，γ_1 是 A 和 B 的函数。

(c) 写出用寿命 t 和温度 T 表示的可靠度函数。

(d) 写出用 x 和 σ 表示的对数 $100P\%$分位数表达式。

(e) 分别写出关于 x 和 σ 以及 T 和 σ 的 $100P\%$分位数表达式。

(f) 2.9.2 节中 H 级绝缘系统实例采用 Arrhenius -对数正态模型，且有 $\sigma=0.105\ 33$、$\tau_{0.5}$（260 ℃）=940 小时、$\tau_{0.5}$（190 ℃）=8 030 小时。计算 Eyring -对数正态模型中相应参数 γ_0，γ_1 的值。

(g) 采用 Eyring -对数正态模型，计算 H 级绝缘系统在 300 ℃、260℃、225 ℃、190 ℃、180 ℃、130 ℃下的 10%和 50%分位寿命。

(h) 将 (g) 中得到的分位寿命绘制在 Arrhenius 坐标纸上，画出通过这些点的光滑曲线。画出由 Arrhenius -对数正态模型得到的相应的分位寿命，并画出通过他们的直线。对比两种模型在设计应力 180 ℃和 130 ℃时的值，哪个比较乐观？

2.9　高温合金疲劳。Nelson (1984) 采用对数正态分布描述了镍基高温合金样本的疲劳寿命

$$\mu(S)=4.573\ 919-5.004\ 997[\log(S)-2.002\ 631]$$

$$\sigma(S)=\exp\{-1.262\ 398-4.921\ 923[\log(S)-2.002\ 631]\}$$

式中　S 为应力，单位为千磅每平方英寸 (ksi)。

(a) 计算 S=75、85、100、120、150 ksi 时 $\mu(S)$、$\sigma(S)$ 的值。

(b) 计算上述应力下样本的 0.1%、10%、50%分位寿命。

(c) 在双对数坐标纸（纵坐标为应力，横坐标为寿命）上标出上述百分位寿命，并画出百分位寿命曲线。

(d) 在对数正态概率纸上画出上述百分位寿命，并画出寿命分布直线。

(e) 根据这些图形，评述所用模型的特性和不足。对于合金，设计师通常使用 0.1% 分位寿命的 1/3 作为设计寿命。

2.10　继电器失效率。MIL - HDBK - 217E (1986) 给出了某型电阻式继电器在环境温度 85 ℃下的额定失效率 ($10^{-6}\ h^{-1}$)。MIL - HDBK - 217E 中假设失效率为常数，即假设寿命分布服从指数分布。该型继电器的失效率是绝对温度 T 和应力 S（工作负载电流/额定负载电流）的函数，有

$$\lambda(T,S)=5.55\times10^{-3}\exp[(T/352.0)^{15.7}]\exp[(S/0.8)^{2.0}]$$

(a) 计算 85 ℃下，S=0.2、0.4、0.6、0.8 和 1 时的失效率。

(b) 计算在 25 ℃、50 ℃、125 ℃下，S=0.2、0.4、0.6、0.8 和 1 时的失效率。

(c) 在适当的坐标纸上画出之前 4 个温度下的失效率与应力 S 的关系曲线。

(d) 当应力 S=0.8 时，计算失效率 $0.018\times10^{-6}\ h^{-1}$对应的工作温度。

(e) 当失效率 $\lambda=0.010\times10^{-6}\ h^{-1}$时，计算 S=0、0.2、0.4、0.6、0.8、1 时的 T 值。T 和 S 的关系曲线是折中曲线。

(f) 当 λ=0.05、0.1 ($10^{-6}\ h^{-1}$) 时，计算 S=0、0.2、0.4、0.6、0.8、1 时的 T 值。

(g) 根据 (e) 和 (f)，在适当的坐标纸上画出三条折中曲线，结果是常数 λ 的等值

线图。

2.11　寿命的 10 ℃法则。10 ℃法则是一个被广泛使用的经验法则，采用逆幂函数形式，近似于 Arrhenius 模型，该法则规定：温度每降低 10 ℃，产品寿命增加一倍。以下习题表明该方法非常粗略且容易出错。

(a) 对于给定的激活能 E，证明仅在某一温度 T_2 下该准则是正确的。给出以 E 表示的 T_2 的表达式。

(b) 计算 $E=0.50$ eV 时 T_2 的值。

(c) 计算 $E=1$ eV 和 $E=1.5$ eV 时 T_2 的值。

(d) 说明对于不同于 T_2 温度，降低 10 ℃，温度系数与 2 的差异情况。

(e) 评述该经验法则的有效性。

2.12　广义 Eyring 加速因子。根据广义 Eyring 模型式 (2.13-2)：

(a) 给出环境条件 (T, V) 和 (T', V') 之间的加速因子。

(b) 证明只有当 $D=0$ 时，加速因子才是 T 和 V 各自加速因子的乘积。

采用 Peck 模型（第 13 节），取参数 $n=2.7$，$E=0.79$ eV。

(c) 在 Arrhenius 坐标纸上，画出恒定加速因子 K 的等值线图。以 MIL-STD-883 中电子产品常用的试验条件 85 ℃、85% RH（相对湿度）作为基准条件，取 $K=0.001$、0.01、0.1、1、10、100、1 000，温度 40～200 ℃，相对湿度 10%～100%。该图形显示了对于任意设计温度湿度，基准条件对寿命的加速程度。

2.13　Zhurkov 模型。在适当的坐标纸上，画出 Zhurkov 模型恒定寿命等值线图。

2.14　MOS。使用 2.9.4 节中 MOS 的失效率公式：

(a) 计算其失效率，并在 Arrhenius 坐标纸上画出；

(b) 计算温度为 25 ℃、50 ℃、100 ℃和 150 ℃时 MOS 的寿命分布，并在 Weibull 概率纸上画出。

第 3 章　数据图形分析法

3.1　引言

（1）目的

本章为基础章节，介绍加速寿命试验数据的简单的数据图形分析法。通过数据图形可以评估模型参数和产品在设计应力下的寿命分布，评价模型和数据的有效性。此外，数据图还可以帮助我们理解后续章节介绍的复杂的数值分析方法。

（2）基础知识

本章所需基础知识见第 2 章，尤其是一些简单模型，包括对数正态分布、Weibull 分布和指数分布等寿命分布，以及 Arrhenius 模型和逆幂模型。不同于解析方法，图形方法不需要了解统计理论。

（3）优点

相对于解析方法，利用图形法分析数据有利有弊。图形分析法有多种用途，其优点包括：

• 简单——可以快速完成且容易理解。作者的儿子在十一岁就可以绘制并解释数据图形。此外，图形方法不像解析方法需要专用的计算机程序。但是，利用计算机程序（第 5 章 5.1 节）绘制数据图很容易，而且精确的计算机图形是可信且有说服力的。

• 可以用于评估模型参数和任一应力水平下的产品寿命分布（百分位数、失效百分比）。

• 可以用于评价模型对数据的拟合程度和数据的有效性，这种评价在采用解析方法前是必需的。

• 最重要的是，有助于其他人相信图形分析和解析分析的结果。

• 可以揭示数据深层次的含义。例如在下面的 H 级绝缘材料系统实例中，图形分析法的发现每年产生＄1 000 000 的经济效益。解析分析法在这方面则相对较差，它们是管中窥豹，很少能不计算而挖掘一些信息。

（4）缺点

解析方法相对于图形方法的优势包括：

• 解析估计的不确定性可以通过置信区间客观的给出。这很重要，因为没有经验的数据分析人员通常自认为估计值很准确。而图估计对于实际使用来说足够（或不够）准确往往很明显；

• 可以通过置信区间或者假设检验进行客观的比较（如比较两种产品），判断观测差异是否具有统计显著性，即是否可信。当然，当观测差异大于数据分散性时，图形比较可能是可信的。但每个人对于哪个更可信的判断是有分歧的。观察同一数据图，3 个分析人员可能给出 6 种不同的观点。因此，应借助客观解析方法，谨慎进行主观判断。

• 解析方法可以确定适当的样本量，优化试验方案。

大多数情况下，需要同时采用图形方法与解析方法。每种方法都可以提供一些独有的信息。一个充分的数据分析通常需要多种分析方法。不同章节中重复出现的实例展示了同一组数据可用分析方法的多样性。

（5）方法

图形分析法利用简单模型并涉及两种数据图形。第一种利用假设寿命分布（如对数正态分布、Weibull 分布、指数分布）概率纸，第二种利用可以使假设模型（如 Arrhenius 模型、逆幂律模型）线性化的坐标纸。简单模型通常只适用于单一失效模式数据。多失效模式数据的模型和分析方法参见第 7 章。第 4 章和第 5 章介绍完全和截尾数据的分析方法。第 11 章介绍适用于性能退化型产品的模型和数据分析方法。Cleveland（1985）、Tufte（1983）、Chambers 等（1983）全面阐述了数据图形分析法。Nelson（1990）简要介绍了加速试验数据图形分析法的基本应用。

（6）概述

这一章中，3.2 节详细介绍了基本的概率图与模型关系图，涉及完全数据、对数正态概率图和 Arrhenius 关系图。3.3 节简单介绍了关于完全数据、Weibull 概率图和逆幂率模型的图形分析。3.4 节介绍单侧截尾数据的概率图和模型关系图。3.5 节介绍多重截尾数据的概率图和模型关系图。3.6 节介绍区间数据的概率图和模型关系图。

3.2　完全数据与 Arrhenius-对数正态模型

（1）引言

本节基于第 2 章的简单模型，以对数正态分布和 Arrhenius 模型为例，介绍分析完全数据的简单图形方法。图形分析法可以用于评估模型参数和任一应力水平下产品的寿命分布。数据图形也还用于评价模型和数据的有效性。

第 4 章中相应的数值分析方法可以给出模型参数和寿命分布的点估计和置信区间。图形分析法更简单，可以满足了大多数实际需求，并可以提供一些数值方法不能提供的信息，如检验数据和模型的有效性。另一方面，图形分析法不能确定估计值的准确性，而数值方法则可通过置信区间显示估计值的准确性。因此最好采用图形方法和数值方法相结合的方法。

（2）概述

3.2.1 节介绍示例数据。3.2.2 节展示如何绘制和使用数据的概率图。3.2.3 节介绍描述寿命-应力关系的数据图。3.2.4 节介绍模型参数和任一应力水平下寿命分布的图估计。3.2.5 节介绍模型和数据的评价方法。

3.2.1 数据（H 级绝缘系统）

表 3.2-1 所示完全数据是安装有新型 H 级绝缘系统的绝缘寿命试验模型在 190 ℃、220 ℃、240 ℃和 260 ℃下运行的失效时间。在这些数据引导下的发现使得商用绝缘材料的花费每年减少 100 万美元（按照 1989 年的价格）。每个试验温度下 10 个样本，定期对样本进行绝缘失效检测，通过中间插值法确定绝缘失效时间。试验的目的是评估 H 级绝缘系统在设计温度 180 ℃下的中位寿命，其要求值是 20 000 小时。根据工程经验，采用 Arrhenius -对数正态模型进行数据分析。

表 3.2-1 H 级绝缘系统的寿命数据和绘点位置

失效时间				次序	绘点位置	
190 ℃	220 ℃	240 ℃	260 ℃	i	F_i	F_i'
7 228	1 764	1 175	600	1	5	9.1
7 228	2 436	1 175	744	2	15	18.2
7 228	2 436	1 521	744	3	25	27.3
8 448	2 436	1 569	744	4	35	36.4
9 167	2 436	1 617	912	5	45	45.5
9 167	2 436	1 665	1 128	6	55	54.5
9 167	3 108	1 665	1 320	7	65	63.6
9 167	3 108	1 713	1 464	8	75	72.7
10 511	3 108	1 761	1 608	9	85	81.8
10 511	3 108	1 953	1 896	10	95	90.9

这是一个均匀样本的 4 温度等级加速试验，属于传统的工程试验方案，但效率较低。较好试验方案包括 2 到 3 个应力水平，并在低应力水平下安排较多的样品。如第 6 章所述，优化试验方案可以得到设计应力下更准确的寿命分布估计值。

3.2.2 对数正态概率图

将每个应力水平下的寿命数据绘制在概率纸上，根据图形可以得到模型参数和寿命分布百分位数的估计值。数据图形类似于第 2 章图 2.9-2 中对数正态概率纸上的模型图。在适当的概率纸上，理论的寿命累积分布函数是一条直线。概率图的绘制方法如下所述，寿命分布百分位数和模型参数的估计方法稍后介绍。2.5 节阐述了利用数据图评价数据和模型有效性的方法。

（1）绘点位置（经验频率）

将表 3.2-1 中每个应力下的 n 个失效时间按从小到大的顺序排序。记最早失效的次序为 1，第二个失效的次序为 2，以此类推。根基每个点的次序计算其在概率坐标上的位置，第 i 个失效的绘点位置（经验频率）为

$$F_i = 100(i-0.5)/n \tag{3.2-1}$$

对于 H 级绝缘系统数据，F_i 的值见表 3.2－1。这些基于次序量中点的绘点位置近似于失效时间小于第 i 次失效的总体百分数。也可以采用如下期望经验频率公式计算绘点位置

$$F'_i = 100i/(n+1) \tag{3.2-2}$$

表 3.2－1 中也列出了 H 级绝缘系统数据的 F'_i 值，此外，还可以采用如下中值经验频率公式计算绘点位置

$$F''_i \approx 100(i-0.3)/(n+0.4) \tag{3.2-3}$$

所有应力应采用相同的绘点位置计算公式。F_i 的值可查附表 A7，F'_i 由 King（1971）给出，$F''i$ 由 Johnson（1964）给出。相较于数据的随机变化，不同计算公式得到的绘点位置的差异很小。有些作者强力主张采用某一种绘点位置计算公式，但这种争论毫无意义。

（2）概率图

采用假设寿命分布的概率纸，选择的概率和数据坐标范围应涵盖数据和关心的任一寿命分布和百分位数。概率图展示了绘图数据并揭示了其细节。可以联合使用两种或多种绘图概率纸，获取更多数据信息。标记数据尺度测定数据和任何感兴趣的寿命分布，如设计温度下的寿命分布。画出每个失效时间及其在概率坐标上的绘点位置。对数正态概率纸上 H 级绝缘系统的数据图如图 3.2－1（a）所示。

（3）评价寿命分布

如果某一应力水平下的失效数据点趋于一条直线，则假设寿命分布适用于描述该数据。但加速寿命试验中每个应力水平下样本量通常比较小（小于 20 个），数据点可能很分散。第 4 章将介绍一种更灵敏的基于残差的寿命分布评价方法。

（4）寿命分布线

如图 3.2－1（b）所示，分别绘制穿过每个应力水平下数据的寿命分布直线，数据点与拟合线之间的垂直偏差应当尽可能的小。由于数据的随机变化或不相等的斜率真值，这些拟合线不一定平行。然而，Arrhenius 模型和其他简单模型通常假设不同应力水平下寿命分布的斜率相同，如第 2 章图 2.9－2 所示。对数正态分布直线的斜率取决于其对数标准差 σ。图 3.2－1（b）中，260 ℃下数据的斜率与其他温度下数据的斜率不同。需要注意的是拟合线会分散对数据的关注，从而可能曲解数据，因此最好在有拟合线和无拟合线的两情况下都进行图形分析。

（5）平行线

当平行线适用时，图 3.2－2 所示是一种较好的平行线拟合的方法。根据分别拟合各应力水平下的寿命分布直线，选择折衷的相同斜率对每个应力水平下的数据进行平行线拟合。若各应力下的样本数不同，则可根据样本量对该应力的斜率加权选择斜率常数。数据的平行拟合看起来很像第 2 章图 2.9－2 中的模型图。由平行线得到估计的方法如下所述，平行线拟合的解析方法见第 4 章。注意图 3.2－2 中的平行线如何分散注意力，并且错误的暗示数据图形是平行的。

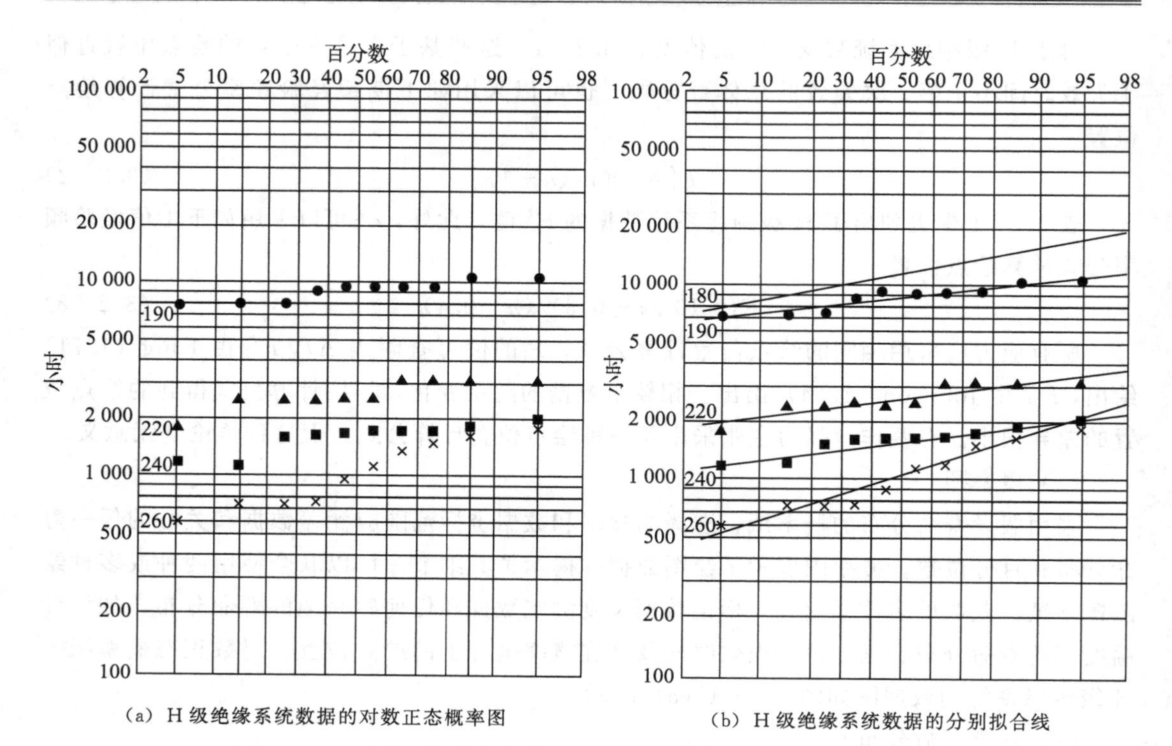

(a) H级绝缘系统数据的对数正态概率图　　(b) H级绝缘系统数据的分别拟合线

图 3.2-1　对数正态分布概率纸上的H级绝缘系统数据图和拟合线

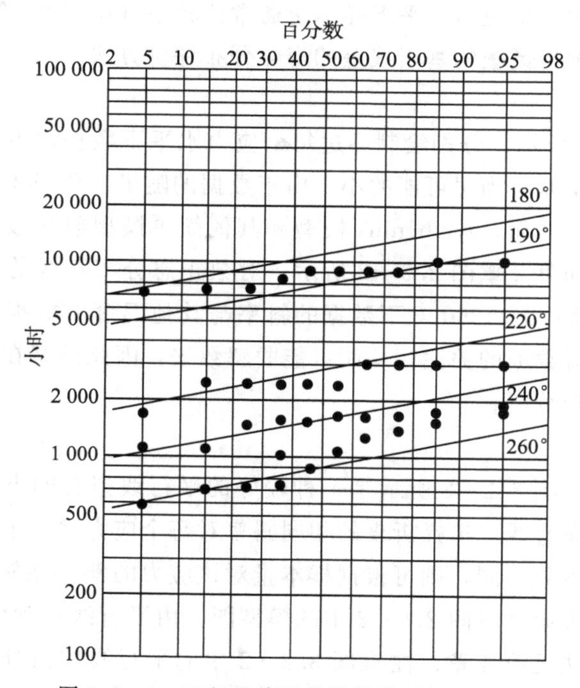

图 3.2-2　H级绝缘系统数据的平行线拟合

（6）试验应力水平下的失效概率

任一类型的寿命分布拟合线都可以给出产品在给定时间的失效概率估计值。从概率图时间轴上的给定时间刻度处引出一条直线，向指定应力的拟合线延伸，交点对应的概率轴刻度即为指定应力水平下给定时间产品的失效概率。例如，在图 3.2－1（b）中，190 ℃下 7 000 小时时 H 级绝缘系统的失效概率为 7%。类似地，由图 3.2－2 得到的估计值为 27%。如果模型适合，由平行分布直线得到的估计往往更准确。

（7）百分位数估计

试验应力水平下寿命分布百分位数的估计方法如下。从概率图中概率轴上要求百分比刻度处引出一条垂线，向指定试验应力水平的寿命分布拟合线延伸，交点对应的时间轴刻度即为所求百分位数估计值。例如，由图 3.2－1（b）可得 190 ℃下 H 级绝缘系统的中位寿命估计值为 8 700 小时。各试验应力水平下的中位数估计值在图 3.2－3 中的 Arrhenius 坐标纸上用“×”表示。

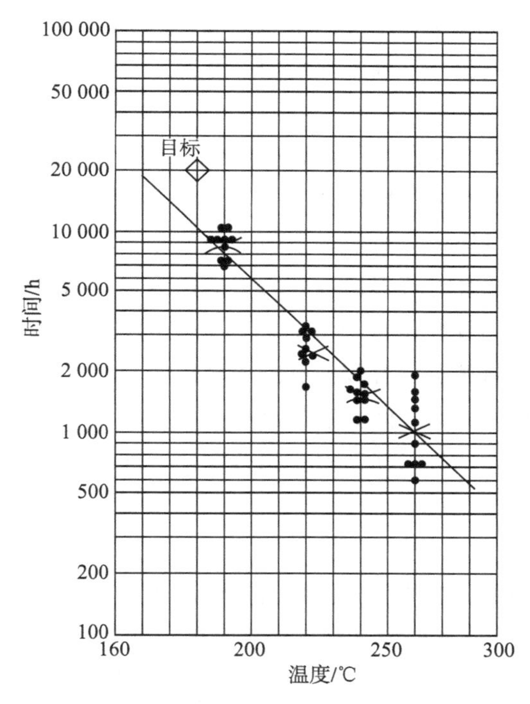

图 3.2－3　H 级绝缘系统数据的 Arrhenius 关系图（×表示中位寿命）

3.2.3　寿命-应力关系图（Arrhenius）

（1）数据图

下述数据的寿命-应力关系图与第 2 章图 2.9－1 中模型的关系图类似。通过图形可以估计寿命与应力之间的关系。这种方法利用可以使假设模型呈一条直线的坐标纸。例如，图 3.2－3 的 Arrhenius 坐标纸。画出表 3.2－1 中 H 级绝缘系统数据每个失效时间及其对应温度，如图 3.2－3 所示。画一条穿过这些数据点的直线，以估计寿命与温度的函数关系。可以看到图 3.2－3 中 260℃下数据的分散性大于其他温度下的数据。这点在对数正态概率图（图 3.2－2）中也有所体现，且更明显。概率图往往可以揭示更多信息。图 3.2－2 和图 3.2－3 具有相同的时间轴，同一失效时间在两个图中的高度相同。这两个图是相同模型和数据的两个不同视角。

（2）任一应力水平下的寿命估计

寿命-应力关系线可用于估计任一应力水平下的产品寿命，从模型关系图应力轴的指定应力刻度处引出一条直线，垂直向拟合的寿命-应力线延伸，交点对应的时间轴刻度即为指定应力水平下的寿命估计值。对于 H 级绝缘系统，由图 3.2－3 可得其在设计应力 180 ℃下的寿命估计值为 11 500 小时，远小于要求的 20 000 小时。这里的“寿命”是某不明确的“特征”寿命，是常见的工程用法。图估计的不确定性可以通过主观测量给出。保持对数据的良好拟合，轻微摆动寿命-应力关系拟合线，可以改变寿命估计值，此时最大和最小估计值反映了图估计的不确定性。例如，180 ℃下穿过 20 000 小时的线对数据的拟合不够好，这表明该 H 级绝缘系统在 180 ℃下的寿命不满足 20 000 小时。第四章介绍的置信区间是一种评估数值估计不确定性的精确方法。

（3）百分位数线

通过下述方法拟合的寿命-应力关系线包含更详细的信息。在模型关系坐标纸上，画出每个应力水平下寿命分布百分位数估计值。百分位数估计值如前所述由概率图中的寿命分布线获得，也可采用下述样本分位数和几何平均值作为其估计值。对各应力下的百分位数估计值进行线性拟合。拟合时可根据各应力下的样本量对估计值所占比重进行加权。这条拟合线即为产品寿命分布百分位数与应力之间关系的图估计。图 3.2－3 所示为中位数与应力的关系拟合线。绘制显示所有数据有助于找出奇异数据。

中位数及其他百分数与应力之间关系的解析估计方法见第 4、5 章。绘制如图 3.2－3 所示的数据拟合线非常有用，可以辅助检验拟合效果，同时，无论是对于解析估计还是图估计，都是一种很好的结果展示方法。

（4）样本百分位数

样本百分位数是另一种有效的百分位数估计值。假设所选百分数是某绘点位置（经验频率），如 25％，样本百分位数即为其对应的观测值。例如，由表 3.2－1 可知 240 ℃下的 25％分位数为 1 521 小时。假设所选百分数不是绘点位置，如 50％，则可以通过在寿命-应力关系图相邻两个绘点位置对应的观测值间进行适当的插值得到其对应的百分位数。对于 H 级绝缘系统数据，样本的 50％分位数介于 45％和 55％绘点位置对应的百分位数之间，即第 5 个和第 6 个观测值之间。在关系图中用“×”标出插值的样本百分位数。

样本百分位数具有很强的鲁棒性，也就是说，即使假设总体寿命分布不正确，它也是寿命分布百分位数的有效估计值。这是由于该估计值没有利用概率图中的寿命分布线。如果假设寿命分布是正确的，样本百分位数则不如之前的估计值的准确。这是因为样本百分位数只利用了 1～2 个观测值，而前面的估计则利用了该应力下的全部样本观测值。通常百分位数选在寿命分布的中低段，接近设计应力下关心的百分位数。

(5) 几何平均值

几何平均值是另一种有用的中位数估计值。对于某一应力水平，对样本观测时间取以10为底的对数，求和后除以观测样本量，结果的反对数就是观测数据的几何平均值。例如，190 ℃下H级绝缘系统数据的几何平均值为8 701小时。该估计仅在样本数据服从对数正态分布且没有奇点数据时有效，此时是最准确的中位数估计，而当不确定数据是否服从对数正态分布时，前面两种估计更准确。

3.2.4 图估计

下面介绍模型参数和任一应力水平下寿命分布的图估计。

(1) 任一应力水平下的寿命分布

任一应力水平（如设计应力）下的寿命分布线拟合方法如下。首先，利用寿命-应力关系图中的百分位数线估计选定应力水平下的百分位数。例如，由图3.2－3可得H级绝缘系统在设计温度180 ℃下的中位寿命估计值为11 500小时。将该估计值标绘在概率图上，如图3.2－2中的“×”所示。绘制一条穿过该点平行于试验应力寿命分布线的直线。如图3.2－2所示，180 ℃寿命分布线的斜率是一个加权平均值，通过这条直线可以得到180 ℃下寿命分布百分位数和失效概率的估计值。

如果图形或其他认知表明寿命分布线不平行，则在绘制指定应力水平下的寿命分布线时需采用一个适当的斜率，如采用最接近的试验应力水平下的寿命分布线斜率。在图3.2－1（b）中，应当用190 ℃的寿命分布线斜率，而不是图中180 ℃线的平均斜率。稍后给出的信息表明在绘制180 ℃线时应当忽略260 ℃下的数据。

(2) 任一应力水平下的失效概率

指定应力水平（如设计应力）下给定寿命内失效概率的估计方法如下。从概率图中时间轴上给定寿命刻度处引出一条直线，水平向指定应力水平下的寿命分布线延伸，交点对应的概率轴刻度即为该应力水平下给定寿命的失效概率。对于H级绝缘系统，由图3.2－2可得其在180 ℃下10 000小时时的失效概率为27%。

(3) 任一应力水平下的百分位数

利用寿命分布拟合线估计指定应力水平（如设计应力）下的百分位数的方法如下。从概率图中概率轴上的给定概率刻度处引出一条直线，垂直向指定应力水平的寿命分布拟合线延伸，交点对应的时间轴刻度即为指定应力水平下给定概率对应的百分位数。例如，在图3.2－2中，H级绝缘系统在设计应力180 ℃下中位寿命的估计值为11 500小时，远远小于要求的20 000小时。此外，其在180 ℃下的1%分位寿命估计值为6 600小时。

(4) 其他百分位数线

在寿命-应力关系图上绘制其他百分位数线的方法如下。按前述方法获得设计应力下的某百分位数估计。例如，H级绝缘系统在180℃下的1%分位数估计值为6 600小时。将估计值标绘在寿命-应力关系图中，穿过该点画一条平行于初始模型的直线，如第2章图2.9－1所示。这条增加的线即是所求的百分位数线，可用于估计指定寿命对应的设计应力。多个平行的百分位数线图类似于第 2 章图 2.9 - 1 的模型图。

(5) 设计应力

实践中可能需要估计指定寿命对应的设计应力，方法如下，从寿命-应力关系图中时间轴上指定寿命刻度处引一条直线，向要求百分数拟合线方向延伸，交点对应的应力轴刻度即为指定百分位寿命对应的设计应力。例如，由图 3.2 - 3 可得中位寿命 20 000 小时对应的应力水平估值为 165 ℃。设计应力的解析估计方法见第 4 章。

(6) 模型参数 (激活能)

实践中时常希望得到简单线性模型系数 γ_0 和 γ_1 的估计值。对于 Arrhenius 模型，γ_1 与产品失效的化学裂解激活能 E 相关，因此 γ_1 具有物理含义。选择两个相差较大的温度 $T < T'$，由寿命-应力关系图得到两个温度下中位寿命图估计分别为 $t^*_{.50}$ 和 $t^{*\prime}_{0.50}$，则 γ_0 和 γ_1 及激活能 E 的图估计为

$$\gamma_1^* = [TT'/(T'-T)]\log(t^*_{0.50}/t^{*\prime}_{0.50}), \gamma_0^* = \log(t^{*\prime}_{0.50}) - (\gamma_1^*/T') \tag{3.2 - 4}$$

$$E^* = 2.303k\gamma_1^*$$

式中，$k = 0.861\,7 \times 10^{-4}$ 为玻耳兹曼常数，单位 eV/K。γ_0，γ_1 及 E 的解析估计方法见第 4 章。Peck 和 Trapp (1978) 给出的 Arrhenius 坐标纸含有专用标尺，可以直接估计激活能。

例如，根据图 3.2 - 3，H 级绝缘系统在 $T = 453.2$ K (180 ℃) 和 $T' = 533.2$ K (260 ℃) 的中位寿命图估计分别为 11 500 小时和 950 小时。因此

$$\gamma_1^* = [(453.2)533.2/(533.2 - 453.2)]\log(11\,500/950) = 3\,271$$

$$\gamma_0^* = \log[(950) - (3\,271/533.2)] = -3.17$$

$$E^* = 2.303 \times 0.861\,7 \times 10^{-4}(3\,271) = 0.65 \text{ eV}$$

(7) 对数标准差

通过对数正态概率图中的寿命分布拟合线斜率估计对数标准差 σ 的方法如下，从图中概率轴上 50%刻度处引一条直线，向平行的寿命分布拟合线方向延伸，与其中任一寿命分布线的交点对应的时间轴刻度为该应力下的中位寿命估计值 $t^*_{0.50}$。类似地，可以得到该应力下的 16%分位数估计值 $t^*_{0.16}$，σ 的图估计为

$$\sigma^* = \log(t^*_{0.50}/t^*_{0.16}) \tag{3.2 - 5}$$

σ 的解析估计方法见第 4 章，此外，还可以利用残差得到 σ 的另一个图估计值。

例如，利用图 3.2 - 1 (b) 中的 180 ℃线可得：$t^*_{0.50} = 11\,500$ 小时，$t^*_{0.16} = 9\,000$ 小时，则 $\sigma^* = \log(11\,500/9\,000) = 0.11$。如此小的估计值表明该绝缘材料的失效率在大部分寿命时间内是递增的。试验温度的寿命分布线也可用于估计 σ，如 190 ℃线。

3.2.5 评价模型和数据

上述图分析和图估计的有效性取决于假设模型的有效性。下面介绍简单模型 (如 Arrhenius -对数正态模型) 和数据有效性的图检验方法，主要包括假设寿命分布的适用性检验方法，所有应力下的寿命分布散度相等的检验方法，以及 (转换) 寿命-应力关系为

线性的检验方法。此外，还包括数据异常值及由试验失误或缺陷产生的其他奇异数据检验方法。

下面以 3.2.1 节的 H 级绝缘系统数据和 Arrhenius -对数正态模型为例介绍数据与模型的评价方法，但这些方法可用于任何简单模型，如第 3.3 节的幂律- Weibull 模型。

评价假设模型和完全数据的解析方法、基于残差的图分析方法见第 4 章。同时采用图分析法和解析方法可以获取更多信息。

（1）对数正态分布

通过概率图可以评价假设寿命分布对数据的拟合情况。比较直的对数正态图表明假设分布可以充分拟合数据。保持概率图与眼等高，沿着拟合线观察数据点，以判读拟合数据的直线性。例如，图 3.2－1（a）中的四个应力水平下的数据图形都比较直，这说明对数正态分布适用于这四个温度下的数据拟合。

（2）弯曲的寿命分布图形

相同弯曲形式的数据图形表明其他分布，例如 Weibull 分布，可能能更好的拟合数据。类似的曲线数据图分析如下，画出通过数据点的平滑曲线，这些曲线（非参数拟合）可以作为寿命分布线，按前述方法估计失效概率和百分位数。将这些百分位数估计值标绘在寿命-应力关系图中并进行百分位数线拟合。

有时寿命分布曲线的低尾段是直线。如果只关心寿命分布的低尾段，可以将各低尾段中高于某个数据点的数据视为截尾数据。截尾数据的分析方法可以参考第 4、5 章。这样拟合模型和特征量估计值只能描述拟合分布的低尾段。Hahn、Morgan 和 Nelson（1985）提出了早期失效数据的截尾和解析拟合方法。

（3）异常值

拟合直线之外存在的个别点可能不是寿命分布拟合效果不好，而是存在极端样品或处理不当的样品。这些“异常值”通常是在相同应力下远早于其他样品的失效。异常数据将在下面详细讨论。

（4）过度解读

经验不足的数据分析人员可能会对数据图过度解读。他们认为数据图中的任何明显的间断、平点、弯曲等都具有物理意义，是总体的一种特性。但是只有显著的图形特征才应被认为是总体的特性。Hahn 和 Shapiro（1967）、Daniel 和 Wood（1971）给出了真实正态分布 Monte Carlo 仿真数据的概率图，其图形是合理的，他们抽取 20 甚至 50 个观测数据得到的数据图形是不稳定的，会出现弯曲、间断、无关点等异常性状。大部分人主观上认为随机是严格的、有序的，他们错误地期望概率图上所有点都在一条直线上。一些研究人员在通过从概率图的直线上抽取数据创建演示数据时曾提出过这一谬论。《Caveat lector》提供的真实数据几乎全部存在数据聚集和异常的情况。

（5）恒定标准差

Arrhenius -对数正态模型假设对数寿命的标准差 σ 是常数。如果 σ 与应力有关，则某应力下的百分位数估计可能是不准确的。σ 与应力相关可能是产品的一种特征，可能是试验不当引起的，也可能是由于存在竞争失效模式（第 7 章）。

下述方法可以评价散度 σ 是否与应力无关。如果散度是常数，不同应力下的概率图寿命分布拟合线（3.2.3 节）是平行的。大多数加速试验中，每个应力下的样本量都属于小样本（小于 20），当总体的散度真值相等时，寿命分布线的斜率可能存在多种随机变化，因此，只有显著的斜率差异才是可信的。斜率随应力系统变化表明散度与应力相关或存在竞争失效模式。如果某一试验应力水平下寿命分布线斜率与其他试验应力水平下的差别很大，则该应力水平下的数据和试验可能有问题。

（6）节省 100 万美元的发现

在图 3.2－1（a）中，190 ℃、220 ℃和 240 ℃下的寿命分布线是平行的，260 ℃下的寿命分布线更陡。寿命分布线的斜率对应对数标准差 σ。所以此概率图说明 260 ℃下对数寿命的散度更大，这与简单模型散度（对数标准差）σ 是常数的假设是矛盾的。在绝缘材料加速试验中，Arrhenius 模型的有效性已经过验证，与模型的偏差通常是因为试验失误或者竞争失效模式（第 7 章）。这些不平行的寿命分布线是使得产品部门每年节省 100 万美元（1989 年的价格水平）的最早的提示。在得到不平行的寿命分布线后，负责的绝缘材料工程师提出了两个可能的原因。

第一，260 ℃下的 10 个绝缘寿命试验模型样品是在其他 30 个之后生产的。那 30 个样品的失效不够快（失效少信息就少），所以工程师们决定再生产 10 个样品，并置于 260 ℃下试验以快速获得失效数据。当被问到这 10 个样品和之前的 30 个样品的材料批次或生产人员是否相同时，工程师们表示不知道。这说明不同温度下的寿命分布线不平行可能是由于在材料和样品生产方面缺少质量控制。

第二，工程师们发现绝缘寿命试验模型失效主要有三个原因。当时作者是一个无经验的统计员，水平有限，不能在开始时询问工程师失效数据是否包含多种失效模式。现在，作者会立刻询问这一问题，即使是刚刚开始设计试验方案。剖析每一个失效样品，显示的失效原因有：1）匝间绝缘失效；2）对地绝缘失效；3）相间绝缘失效。每个失效原因对应绝缘系统不同部件失效。此外，260 ℃下的失效多为对地绝缘失效，而其他 3 个温度下的失效多为匝间绝缘失效。所以对地绝缘失效对数寿命的散度可能比匝间绝缘失效的大。180 ℃下的样品失效主要是匝间绝缘失效，因此，260 ℃下的失效数据不能用于估计 180 ℃ 下的绝缘材料寿命。3.5 节介绍竞争失效模式数据有效性的图分析方法，以及导致每年节省 100 万美元的进一步发现。第 7 章介绍竞争失效模式数据的数值分析方法。

下面的论述忽略了不平行的分布线和竞争失效模式。不考虑这些复杂情况以便于介绍图分析方法。

因此存在一个问题：分析时是否使用 260 ℃的数据。在实践中，最好进行 2 次分析：有可疑数据和无可疑数据。如果两次分析的结果相同，那么没必要选择一种分析方法。否则，必须决定哪种分析方法更好，如更准确或更保守。

（7）线性（Arrhenius）模型

Arrhenius 模型是一种转换寿命和温度之间的线性模型。这一线性假设对于外推评估低应力水平下的寿命非常重要。由于多种原因，产品的寿命-应力关系图可能不是线性的，如加速寿命试验可能实施不恰当，可能存在多个竞争失效模式，具有不同的线性模型。此外，（转换的）真实模型可能本就不是线性的。

通过检查数据（或百分位数估计）的寿命-应力关系图可以主观评价（转换）寿命与应力之间的关系是否是线性的。图 3.2－3 中 H 级绝缘系统试验数据及中位寿命与应力的关系相对于数据的散布近似于一条直线。这表明 Arrhenius 模型可以充分拟合数据。第 4 章介绍直线性检验的解析方法。

（8）非线性寿命-应力关系图

如果转换寿命与应力的关系具有明显的非线性，则需要检查百分位数估计与应力的关系图以确定模型偏离线性的方式。对于竞争失效模式（第 7 章），图 3.2－3 中的结果模型是向下凹的。如果某一应力水平下的样本百分位数与其他应力下的样本百分位数不在一条直线上，该应力水平下的数据可能存在错误。找出错误数据，确定其是否可用。检查百分位数与应力的关系图之后，可以进行如下任何操作：

1）如果寿命-应力关系图显示一条光滑的曲线可以描述百分位数与应力之间的关系，对数据进行曲线拟合。确定弯曲不是由错误数据造成的。很难证明曲线外推到设计应力水平是正确的，很可能是错误的。

2）采用线性拟合分析数据，但在说明数据和作出结论时主观考虑非线性。线性拟合可能会忽略一些数据，或者使某些数据权重过大或过小。

（9）有效数据

概率图和寿命-应力关系图可以暴露一些异常数据。在某种意义上，数据总是有效的。如果数据与模型不符，通常假设是不合理的。有时，异常数据是因为记录和抄写数据失误产生的，更多时候是由于制造不当、试验不当或错误模型产生的。前面的方法可以检验模型的适用性，即检验寿命分布是否适合、对数寿命标准差是否相同，以及寿命-应力关系是否是线性的。

（10）奇异数据

当模型不能很好的拟合数据时，确定原因很重要。有些人表示数据不符合使用的模型并要求拟合新模型。数据几乎总是对的，了解奇异数据产生的原因远比了解优良数据的重要。例如，260 ℃下 H 级绝缘系统数据的散度大于其他试验温度数据散度的原因，使得每年节省 100 万美元。因此，确定产生奇异数据的原因非常重要，而决定在分析时是包含还是删除奇异数据反而不太重要。一般来说，最好进行两种或者两种以上的分析，包含部分或者全部的奇异数据。这些分析方法的实际结果一般是相同的。当结果不同时，则必须选定一种分析方法，如最保守的或最真实的。

（11）异常值

有时在拟合线外存在一个或几个突出的数据点。这些点通常是远早于其他失效的样品失效。如前所述，确定“异常值”产生的原因通常是最有益的。另外，分析时可以用也可以不用这些异常值。3.4 节给出的数据中含有异常值。

3.3 完全数据和幂律-Weibull模型

(1) 简介

本节介绍了利用 Weibull 分布、指数分布和（逆）幂率模型分析完全数据的图形方法。与 3.2 节中介绍的一样，该方法可以估计模型参数和任一应力水平下的产品寿命，并可用于评价模型和数据的有效性。使用该方法需要了解第二章中的 Weibull 分布、指数分布和逆幂律模型。本节实例采用逆幂律模型，但这种方法也可用于其他寿命和应力关系模型。本节的方法和 3.2 节的相同，因此本节的目标仅是使读者熟悉在加速寿命试验中广泛使用的 Weibull 概率纸和逆幂律模型。

(2) 概述

3.3.1 节介绍本节实例所用数据，3.3.2 节说明如何绘制和使用数据的 Weibull 概率图，3.3.3 节介绍寿命-应力关系的双对数图，3.3.4 节介绍模型参数和其他参量的估计方法，3.3.5 节介绍模型和数据的评价方法。

3.3.1 数据（绝缘液体）

以表 3.3-1 中的数据为例介绍利用幂律-Weibull 模型分析完全数据的图形方法。这些数据是绝缘油在高电压下的击穿时间。高电压可以快速产生击穿数据。在设计电压下，击穿时间可能是几千年。试验采用两个平行电极板，面积和间隔一定，电极几何形状为常数，以电压作为加速电应力。

试验的主要目的是评估该绝缘液体击穿时间与电压之间的关系，包括数据模型拟合，用拟合模型估计产品在工厂试验 20 kV 下的失效概率。试验的另一个目的是评价产品的失效时间是否服从指数分布。

3.3.2 Weibull 概率图

(1) Weibull 概率图

本节中概率图的绘制和分析方法与 2.2 节中描述的相同，但利用的是 Weibull 概率纸（图 3.3-1）。Weibull 概率纸的时间轴是对数尺度、概率轴是 Weibull 尺度。将绝缘液体电压加速试验所有应力水平下的数据标绘在 Weibull 概率纸上，如图 3.3-1 所示，比较零乱。每个试验应力水平下的数据分别拟合一条直线，这些直线可以估计各试验应力水平下的累积概率分布函数，即失效时间与失效百分数的对应关系。

实例所用模型假设在任一应力水平下 Weibull 寿命分布的形状参数相同。这意味着寿命分布线是平行的。试验数据的平行直线拟合如图 3.3-2 所示，为了避免数据图太过混乱，图中只画出了一半试验应力水平下的数据。

表 3.3－1　绝缘液体的击穿时间

26 kV	
时间/min	绘点位置
5.79	16.3
1 579.52	50.0
2 323.70	83.3

28 kV	
时间/min	绘点位置
68.85	10.0
108.29	30.0
110.29	50.0
426.07	70.0
1 067.60	90.0

30 kV	
时间/min	绘点位置
7.74	4.5
17.05	13.6
20.46	22.7
21.02	31.8
22.66	40.9
43.40	50.0
47.30	59.1
139.07	68.2
144.12	77.3
175.88	86.4
194.90	95.55

32 kV	
时间/min	绘点位置
0.27	3.3
0.40	10.0
0.69	16.7
0.79	23.3
2.75	30.0
3.91	36.7
9.88	43.3
13.95	50.0
15.93	56.7
27.80	63.3
53.24	70.0
82.85	76.7
89.29	83.3
100.58	90.0
215.10	96.7

34 kV	
时间/min	绘点位置
0.19	2.6
0.78	7.9
0.96	13.2
1.31	18.4
2.78	23.7
3.16	28.9
4.15	34.2
4.67	39.5
4.85	44.7
6.50	50.0
7.35	55.3
8.01	60.5
8.27	65.8
12.06	71.1
31.75	76.3
32.52	81.6
33.91	86.8
36.71	92.1
72.89	97.4

36 kV	
时间/min	绘点位置
0.35	3.3
0.59	10.0
0.96	16.7
0.99	23.3
1.69	30.0
1.97	36.7
2.07	43.3
2.58	50.0
2.71	56.7
2.90	63.3
3.67	70.0
3.99	76.7
5.35	83.3
13.77	90.0
25.50	96.7

38 kV	
时间/min	绘点位置
0.09	6.2
0.39	18.7
0.47	31.2
0.73	43.7
0.74	56.2
1.13	68.7
1.40	81.2
2.38	93.7

（2）形状参数估计

Weibull 分布形状参数表征了失效率随时间的变化关系，形状参数可以从概率图（图 3.3－2）中估计得到。通过标记为“起点”的点画一条与数据拟合直线平行的线，该直线与形状参数标度尺的交点即为形状参数的图估计值。图 3.3－2 中的形状参数估计值为 0.81，小于 1，说明失效率随着时间减小，且寿命分布接近指数分布，但不能确定形状参数是否明显不等于 1。此外，不受控的试验条件可能导致数据的离散程度增大，使得观测到的形状参数值小于 1。第 4 章给出了评价样本形状参数是否显著不为 1 的解析方法，即，评价失效时间是否服从指数分布的解析方法。

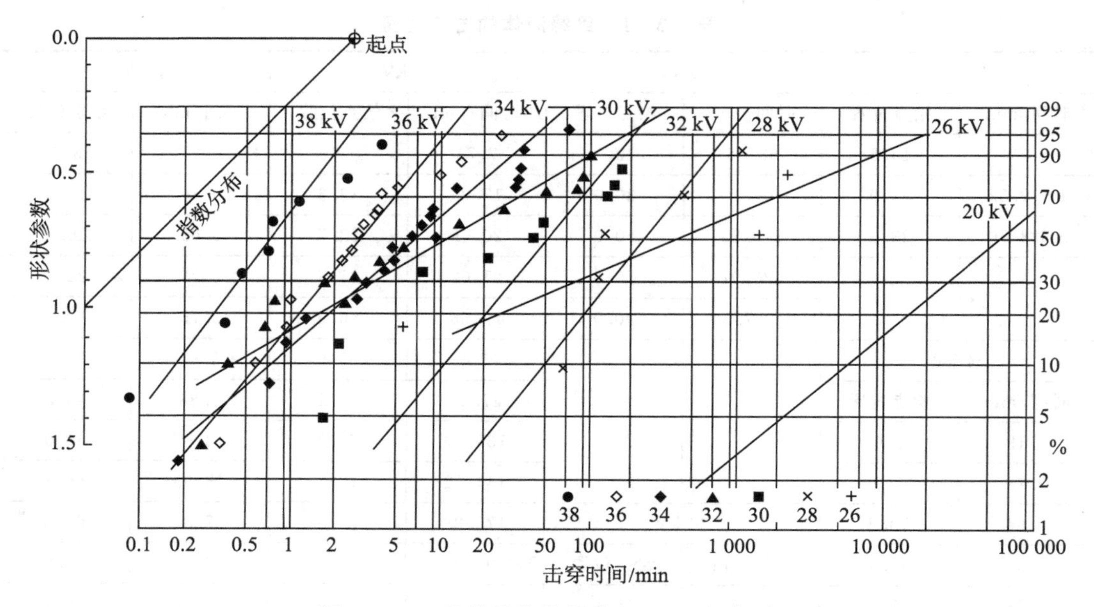

图 3.3-1 绝缘液体数据的 Weibull 概率图

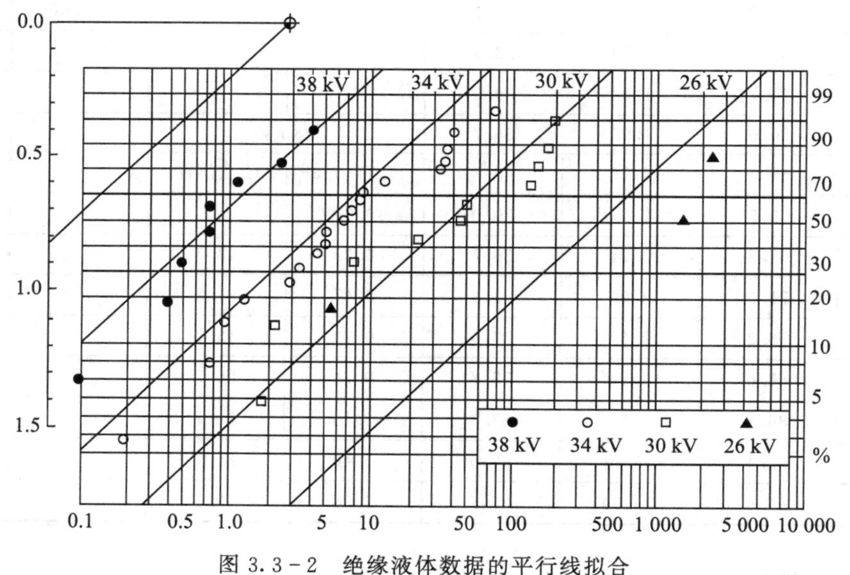

图 3.3-2 绝缘液体数据的平行线拟合

（3）指定的 Weibull 形状参数

有时 Weibull 形状参数是指定的。例如，假设寿命分布是 Weibull 形状参数为 1 的指数分布。利用指定形状参数拟合数据寿命分布的方法如下。在 Weibull 概率纸上从标记为“起点”的点画一条穿过形状参数标度尺上指定值的直线，如图 3.3-1 中穿过形状参数值 1 的直线。穿过某一应力水平下的数据点画一条平行于该形状参数线的直线，即可得到 Weibull 形状参数为指定值的拟合寿命分布。

(4) 指数概率纸

利用 Weibull 概率纸可以进行指数分布拟合。但在指数概率纸上，低尾段数据将被严重压缩，而这通常是人们真正关心的部分。

3.3.3 寿命-应力关系图（逆幂律）

(1) 寿命-应力关系线

对于逆幂律模型，将数据标绘在双对数坐标纸上（图 3.3-3），凭眼力拟合一条穿过数据点的直线，最好是对每个应力水平下的寿命百分位数估计值进行拟合。每个应力水平下的特征寿命（63.2%分位寿命）估计值在图 3.3-3 中用“×”表示。通过图 3.3-3 中的寿命-应力关系拟合线可以估计特征寿命和应力间的逆幂律模型。比较图 3.3-3 与第 2 章图 3.10-1 的模型图。这里寿命-应力关系图（图 3.3-3）和对应的概率图没有如图 3.2-2 和图 3.2-3 一样采用相同的时间轴，其中一个是另一个旋转 90°。双对数坐标纸和 Weibull 坐标纸采用相同的时间轴可以显示两种数据图之间的对应关系，但目前还没有这样成对的坐标纸。

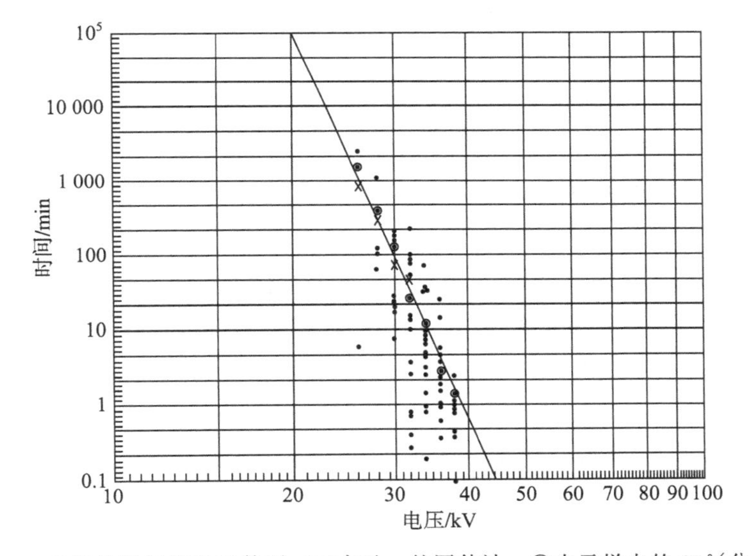

图 3.3-3　绝缘体数据的双对数图（×表示 α 的图估计，○表示样本的 63%分位寿命）

(2) 百分位数估计

估计某一应力水平下的百分位数有两种方法。一种方法是 3.2.2 节介绍的方法，通过拟合的寿命分布线得到百分位数的图估计，如图 3.3-3 中“×”所示。另一种方法是以 3.2.3 节介绍的样本百分位数作为产品百分位数估计值，如图 3.3-3 中“○”所示。在实践中，只需要得到一种估计即可。这两种估计在简易性和统计准确性上是有差别的，样本百分位数更容易得到但精度较低。对于大多数情况，推荐采用图估计。

(3) 双对数坐标纸

多数商用双对数坐标纸两个坐标轴刻度间的长度相同。这种坐标纸通常不适用于加速试验数据。这种坐标纸可以通过 CODEX（1988）、Craver（1980）、Dietzen（1988）、Keuffel 和 Esser（1988）及 TEAM（1988）等得到。比较好的双对数坐标纸（如图 3.3－3）应力轴刻度间有一到两个大的应力间隔，而时间轴刻度中有多个小的时间间隔。一些工程单位已经开发了这种坐标纸。也可以使用半对数纸，对数坐标轴的刻度按照 10^x 线性标定。

3.3.4　图估计

图估计方法已在 3.2 节进行了介绍。下面介绍图估计的应用实例，包括 Weibull 分布特征寿命估计、百分位数估计、模型参数估计及指定寿命的设计应力水平估计。

（1）特征寿命

任一应力水平下的特征寿命估计可以由寿命-应力关系图中的拟合线直接得到。从水平应力轴指定应力刻度处引一条直线，向寿命-应力关系拟合线延伸，交点对应的时间轴刻度即为指定应力水平下的特征寿命估计值。例如，由图 3.3－3 可得，绝缘液体在 20 kV 下的特征寿命为 105 000 分钟。如果寿命-应力关系是非线性的，估计值可能是错误的。检验线性度的解析方法见第 4 章。

（2）百分位数线

3.2 节介绍了寿命-应力关系图中百分位数线的估计方法。百分位数线如第 2 章图 2.10－1 所示。通过这些百分位数线可以估计任一应力水平下的百分位数。例如，由第 2 章图 2.10－1 可得，绝缘液体在 20 kV 下的 1%分位寿命为 210 分钟。

（3）模型参数（幂）

实践中通常关心逆幂律模型 $\alpha = e^{\gamma_0}/V^{\gamma_1}$ 的幂 γ_1。γ_1 的值越大，随着应力的增加，寿命降低得越快。对于两个应力水平 $V < V'$，产品特征寿命的图估计分别为 $\alpha*$ 和 α'^*，则 γ_1 和 γ_0 的图估计为

$$\gamma_1^* = \ln(\alpha^*/\alpha'^*)/\ln(V'/V),\gamma_0^* = \ln(\alpha^* V^{\gamma_1^*}) \tag{3.3-1}$$

例如，由图 3.3－3 可得，绝缘液体在 $V = 20$ kV 下的特征寿命 $\alpha^* = 105\ 000$ 分钟，在 40 kV 下的特征寿命 $\alpha'* = 0.6$ 分钟，则

$$\gamma_1^* = \ln(105\ 000/0.60)/\ln(40/20) = 17.4,\gamma_0^* = \ln(105\ 000 \cdot 20^{17.4}) = 63.7$$

即使对于绝缘寿命，17.4 的幂也是异乎寻常的大。

（4）设计应力的选择

在实践中，有时需要根据要求的特征寿命估计设计应力水平。从双对数图时间轴上要求特征寿命刻度处引一条直线，向寿命-应力关系拟合线延伸，交点对应的应力轴刻度即为所求设计应力水平。例如，由图 3.3－3 可得，特征寿命 1 000 000 分钟对应的设计应力水平为 17.6 kV。这种方法还可用于估计任一指定百分位寿命对应的设计应力水平。例如，如果要求的 1%分位寿命为 10 000 分钟，则由第 2 章图 2.10－1 可得设计应力水平为 15.8 kV。

(5) 任一应力水平下的寿命分布线

概率坐标纸上任一应力水平下寿命分布线的估计方法如3.2.4节所述。绝缘液体在工厂试验电压20kV下的寿命分布线如图3.3-1所示。采用3.2.4节的方法，利用寿命分布线可以估计产品的百分位数和失效概率。例如，由图3.3-1可得，绝缘液体在20 kV下的1%分位寿命估计值为210 min，在36 kV下10 min的失效概率为95%。

3.3.5 评价模型和数据

3.2.5节的图分析方法可用于评价（Weibull）寿命分布，（幂律）模型和数据。相应的解析方法见第4章。用图分析方法和解析方法相结合的方法可以获取更多数据信息。

Weibull概率图中的寿命分布拟合线为直线（图3.3-1）说明Weibull分布可以充分拟合数据。相对平行的寿命分布线（图3.3-1）说明Weibull分布形状参数相同的假设是合理的。寿命-应力关系图中的模型拟合线是直线（图3.3-3）说明幂律模型在整个数据范围内是适合的。在这两种数据图中，26 kV下较小的数据是一个明显的异常值，原因还未找到。因为样本量相对较大，且Weibull分布的低尾段较长，剔除该异常数据对估计结果的影响很小。

3.4 单一截尾数据

(1) 引言

寿命数据通常不是完全数据。在进行数据分析时，有些产品可能还未失效。当未失效产品的失效时间都大于这些产品当前相同的运行时间时，数据为单一截尾数据，显然，截尾寿命数据不能任意舍弃或者视作失效数据，这样会忽略和改变数据信息。

本节介绍利用单一截尾数据估计模型参数和任一应力水平下寿命分布的图形方法。该方法与3.2节、3.3节中完全数据的方法类似，包括：1）各应力水平下单一截尾数据的概率图；2）寿命与应力的关系图。

此外，每一应力水平下的寿命分布可能仅在低尾段可以充分拟合数据。当不关心高尾段时，可以消除高尾段数据的影响。一种方法是将所有的高尾段数据都视为在低尾段某一时刻的截尾数据。Hahn、Morgan和Nelson（1985）提出了上述人工截尾方法。

(2) 概述

3.4.1节介绍实例所用数据，3.4.2节介绍单一截尾数据的概率图，3.4.3节介绍单一截尾数据的寿命-应力关系图，3.4.4节简要回顾图估计方法，3.4.5节讨论模型和数据的评价方法。第5章将介绍相应的解析方法。综合运用单一截尾数据的图形方法和解析方法是最有效的。

3.4.1 数据（B级绝缘系统）

电动发电机用B级绝缘系统温度加速寿命试验的截尾数据见表3.4-1。试验采用四个温度应力水平（150 ℃、170 ℃、190 ℃、220 ℃），每个温度下 10 个绝缘寿命试验模型。试验目的是估计该 B 级绝缘系统在设计温度 130 ℃下的寿命分布（尤其是中位寿命和 10%分位寿命）。在进行数据分析时，170 ℃下出现 7 个失效，190 ℃和 220 ℃下各出现 5 个失效，150 ℃下没有失效。在表 3.4-1 中，"+"表示在该时刻绝缘寿命试验模型还未失效，失效时间是出现失效的检测周期的上端点。采用出现失效的检测周期的中点作为失效时间会更好。

表 3.4-1　B 级绝缘系统寿命数据和绘点位置

150 ℃		170 ℃		190 ℃		220 ℃	
h	F_i	h	F_i	h	F_i	h	F_i
8 064+	—	1 764	5%	408	5%	408	5%
8 064+	—	2 772	15	408	15	408	15
8 064+	—	3 444	25	1 344	25	504	25
8 064+	—	3 542	35	1 344	35	504	35
8 064+	—	3 780	45	1 440	45	504	45
8 064+	—	4 860	55	1 680+	—	528+	—
8 064+	—	5 196	65	1 680+	—	528+	—
8 064+	—	5 448+	—	1 680+	—	528+	—
8 064+	—	5 448+	—	1 680+	—	528+	—
8 064+	—	5 448+	—	1 680+	—	528+	—

采用对数正态分布和 Arrhenius 模型分析上述数据，所用分析方法同样适用于其他简单模型，如 Weibull 分布、逆幂律模型等。

3.4.2　概率图（对数正态分布）

每一应力水平下截尾数据概率图的绘制方法如下。根据模型分布（此处为对数正态分布）选择绘图概率纸。假设，在某试验应力水平下，n 个试验样本中有 r 个失效。将失效时间按从小到大排序，标记每个失效时间的秩，如前所述，第 i 个失效的绘点位置（经验频率）为

$$F_i = 100(i-0.5)/n, i=1,2,\cdots,r$$

所有失效时间对应的绘点位置如表 3.4-1 所示，非失效时间没有指定绘点位置。也可以采用 3.2.2 节其他绘点位置计算方法确定绘点位置。

在概率纸上，画出每一个失效时间及其对应的绘点位置。非失效时间不用画出，图 3.4-1 所示为上述 B 级绝缘系统数据的对数正态概率图。凭眼力对图 3.4-1 中每个应力水平下的数据点进行直线拟合（如有必要，也可进行曲线拟合）。根据模型假设，各应力水平下的寿命分布线平行，因此这些拟合线可能是平行的。如前所述，拟合线会掩盖数据，因此最好另外绘制一个没有拟合线的数据图。

单一截尾数据概率图包含的信息和分析方法与完全数据概率图相同，包括寿命分布百

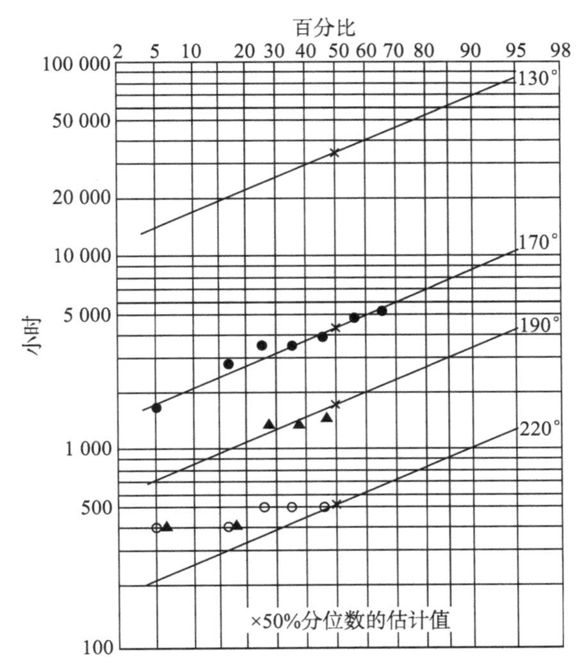

图 3.4－1　B 级绝缘系统截尾数据的对数正态概率图

分位数据估计和给定寿命的失效概率估计。例如，由图 3.4－1 可得，B 级绝缘系统在 170 ℃ 下的中位寿命估计值为 4 300 小时，190 ℃下的中位寿命估计值为 1 650 小时，220 ℃下的中位寿命估计值为 510 小时。估计 190 ℃或 220 ℃下的中位寿命需要从寿命分布低尾段的数据外推寿命分布的中段，采用对数正态分布进行时间外推在本质上与采用 Arrhenius 模型进行温度外推相似。

3.4.3　寿命-应力关系图（Arrhenius）

寿命-应力关系图的绘制方法如 3.2.3 和 3.3.3 节所述。利用概率图估计每一试验应力水平下指定的百分位数，将各应力水平下的百分位数估计值标绘在使寿命与应力的假设关系呈线性的坐标纸上，最后穿过所画估计点画一条直线估计寿命-应力关系。

对于 B 级绝缘系统，在 Arrhenius 坐标纸上画出每个试验温度下的中位寿命估计值，以“×”表示，如图 3.4－2 所示，凭眼力拟合一条直线。为了展示数据，画出了所有失效和非失效时间。非失效数据点会使数据图更难分析，这也是认为拟合百分位数估计比直接拟合数据更好的一个原因。

如 3.2.3 节、3.2.4 节、3.3.3 节及 3.3.4 节所述，拟合的寿命-应力关系可用于估计模型参数和给定应力水平下的寿命。例如，B 级绝缘系统在设计温度 130 ℃下的中位寿命估计为 35 000 小时，说明该绝缘系统的寿命满足要求。

截尾数据寿命-应力关系拟合的解析方法见第 5 章，解析拟合方法可以给出模型参数和寿命参量的点估计和置信限。

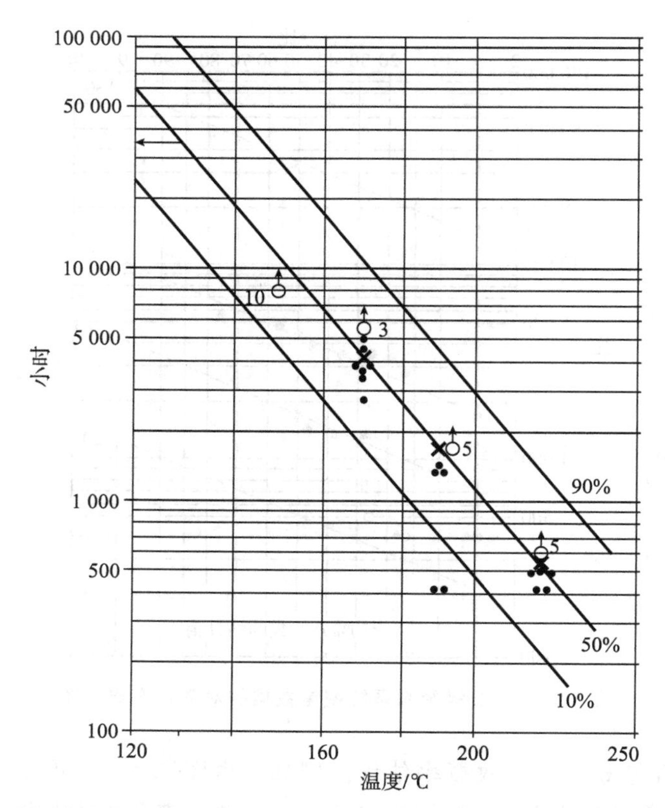

图 3.4-2 B级绝缘系统数据的 Arrhenius 图（·失效，×中位寿命估计值，↑未失效）

3.4.4 图估计

利用概率图和寿命-应力关系图获取估计值的方法如 3.2.4 节和 3.3.4 节所述。下面为应用实例。

估计 130 ℃下 B 级绝缘系统的寿命分布线。在图 3.4-1 的对数正态概率纸上标记中位寿命 35 000 小时，穿过该中位寿命点画一条直线。假设所有温度下寿命分布线的斜率相同，以目视的各试验温度下寿命分布线的平均斜率作为 130 ℃线的斜率。利用这条线可以得到 130 ℃下的寿命估计，例如，130 ℃下 B 级绝缘系统的 10%分位寿命估计值为 17 300 小时。

3.4.5 评价模型和数据

采用 3.2.5 节和 3.3.5 节的图方法评价寿命分布（对数正态），(Arrhenius) 模型和数据。截尾数据在分析时需要更加小心。例如，未失效数据的价值一定与失效数据不同，因此，在截尾数据图中，最好采用百分位数估计评价图形的直线性。

图 3.4-1 中，170 ℃和 220 ℃下数据在对数正态概率纸上相对来说均呈直线，但斜率不同。得知这一情况后，绝缘工程师分析发现这两个温度下 B 级绝缘系统的主要失效模式

不同。关于混合失效模式的描述详见第7章。

190 ℃下有2个失效出现的非常早，复查数据和试验方法都没有找出原因。剔除它们对数据进行重新分析，130 ℃下的中位寿命估计值变化很小。当然，对数标准差的估计值略有减小，130 ℃下10%分位寿命估计值略有增大。

中位寿命图形检验表明在170 ℃、190 ℃、220 ℃的范围内寿命-应力关系是线性的。

3.5　多重截尾数据

(1) 引言

在一些加速寿命试验中，试验应力水平下的试验数据是多重截尾的。多重截尾数据中失效时间与未失效时间混杂。多重截尾数据来源于1) 在样品尚未失效时进行数据分析；2) 试验进行中多次移除样品；3) 样品的试验开始时间不同；4) 样品由于不关心的失效模式或外部原因（如试验设备）失效。本节介绍加速模型和任一应力水平下产品寿命分布的图估计。图分析涉及1) 每个试验应力水平下多重截尾数据的危险图（瞬时失效率图，类似于概率图）；2) 寿命-应力关系图。多重截尾数据的解析分析方法见第5章。

实例采用对数正态分布和Arrhenius模型，当然，这些方法也适用于其他分布和其他（转换的）线性模型。

(2) 概述

3.5.1节介绍实例数据，3.5.2节阐述多重截尾数据的危险图，3.5.3节介绍多重截尾数据的寿命-应力关系图，3.5.4节介绍多重截尾数据的图估计法，3.5.5节介绍模型和数据的有效性检验方法。

3.5.1　数据（匝间绝缘失效）

本节以表3.5－1中的数据为例介绍多重截尾数据的图形方法。这些数据是一种新型H级绝缘系统安装在绝缘寿命试验模型中进行温度加速试验时的匝间绝缘失效时间，试验温度分别为190 ℃、220 ℃、240 ℃、260 ℃。试验目的是评估该H级绝缘系统系统在设计温度180 ℃下匝间绝缘失效的中位寿命，要求值为20 000小时。

每个温度应力水平下安排10个绝缘寿命试验模型，定期检测是否失效。表3.5－1中的时间是失效发现时刻和前一检测时刻的中间值。检测时间间隔很短，以检测区间中点作为失效时间对数据图几乎没有影响。试验在190 ℃、220 ℃、240 ℃、260 ℃下的检测时间间隔（也称为检测周期）分别为7天、4天、2天、2天。

表3.5－1　匝间绝缘失效数据（单位：小时）

190 ℃	220 ℃	240 ℃	260 ℃
7 228	1 764	1 175	1 128
7 228	2 436	1 521	1 464

续表

190 ℃	220 ℃	240 ℃	260 ℃
7 228	2 436	1 569	1 512
8 448	2 436+	1 617	1 608
9 167	2 436	1 665	1 632+
9 167	2 436	1 665	1 632+
9 167	3 108	1 713	1 632+
9 167	3 108	1 761	1 632+
10 511	3 108	1 881+	1 632+
10 511	3 108	1 953	1 896

因为部分绝缘寿命试验模型在匝间失效之前被移出了试验，故匝间失效数据不是完全数据。在表 3.5-1 中，非失效时间用“+”标记，而失效时间没有标记。这种多重截尾数据必须用专用方法进行分析。

3.5.2　危险图（对数正态分布）

绘制每一试验应力水平下多重截尾数据的危险图估计该应力水平下的寿命分布。危险图与概率图实质上是一样的，使用和分析方法类似。Kaplan and Meier（1958）、Herd（1960）、Johnson（1964）及 Nelson（1982，p. 147）给出了其他绘制多重截尾数据危险图的方法，这些方法都使用概率纸。危险图也适用于单一截尾数据和完全数据，但这些数据通常使用概率图，因为概率图更为人熟知也更容易理解。以表 3.5-2 中 220 ℃下的数据为例阐述危险图的绘制方法。

（1）危险函数值计算

假设某一试验应力水平下有 n 个试验样品（对于 H 级绝缘系统在 220 ℃下的数据 $n=10$）。将 n 个时间按从小到大排序（忽略是否为失效时间），用倒转的次序 k 标记时间，即记排序第一的时间次序为 n，第二个时间次序为 $n-1$，…，第 n 个时间次序为 1，见表 3.5-2。

表 3.5-2　220 ℃匝间绝缘失效数据的危险函数值计算结果

时间/h	相反的次序 k	$(100/k)$%危险值	累积危险值	修正的累积危险值
1 764	10	10.0	10.0	5.0
2 436	9	11.1	21.1	15.6
2 436	8	12.5	33.6	27.4
2 436+	7			
2 436	6	16.7	50.3	42.0
2 436	5	20.0	70.3	60.3
3 108	4	25.0	95.3	82.8

续表

时间/h	相反的次序 k	$(100/k)$%危险值	累积危险值	修正的累积危险值
3 108	3	33.3	128.6	112.0
3 180	2	50.0	178.6	153.6
3 108	1	100.0	278.6	228.6

用 $100/k$ 计算每个失效时间的危险函数值（瞬时失效率），其中 k 为失效时间对应的倒序值。例如，220 ℃下 H 级绝缘系统匝间失效的危险函数值见表 3.5-2，表中失效时间 2 436 小时的倒序为 8，危险函数值为 100/8＝12.5%。非失效时间不计算危险函数值。

计算每个失效的危险函数值与前一失效的累积危险函数值的和作为该失效的累积危险函数值。例如，对于 2 436 小时的失效，累积危险函数值为 12.5%＋21.1%＝33.6%。220 ℃下 H 级绝缘系统匝间失效的累积危险函数值见表 3.5-2。累积危险函数值没有物理意义，可以大于 100%，只作为绘点位置。

（2）修正的累积危险函数值

对于小样本绘图，采用修正的累积危险函数值可能更好。一个失效的累积危险函数修正值是其累积危险函数值与前一失效的累积危险函数值的平均值。第一个失效的累积危险函数修正值等于其累积危险函数值的一半。220 ℃下 H 级绝缘系统匝间失效的累积危险函数修正值见表 3.5-2。

（3）危险图纸

根据假设寿命分布选择危险图纸。许多常用寿命分布，如指数分布、Weibull 分布、极值分布、正态分布、对数正态分布，都有危险图纸。选用对数正态分布危险图纸分析绝缘材料寿命数据（图 3.5-1），并选择合适的纵轴坐标刻度。

（4）危险图

在危险图纸上标绘各数据点，纵坐标为失效时间，横坐标为累积危险函数值。非失效时间不用画出。H 级绝缘系统数据的危险图如图 3.5-1 所示。根据要求，对各应力水平下的数据点进行平行直线拟合，拟合线即为对应应力水平下累积分布的图估计。

（5）如何使用危险图

危险图中概率（百分比）轴与相应的概率纸上的概率轴完全相同，危险函数值轴只是便于标绘多重截尾数据。因此，危险图的使用方法和概率图相同，如 3.2.2、3.2.4、3.2.5 节所述。

（6）百分位数估计

利用危险图估计寿命分布百分位数的方法与利用概率图的相同。从危险图中概率轴上要求概率刻度处引一条垂线，向指定应力水平下的拟合直线延伸，交点对应的时间轴刻度即为指定应力水平下的百分位数估计值。例如，由图 3.5-1 可得，220 ℃下 H 级绝缘系统匝间失效的中位寿命（50%分位寿命）估计值为 2 900 小时。各试验温度下中位寿命估计值在图 3.5-2 中以“×”表示。

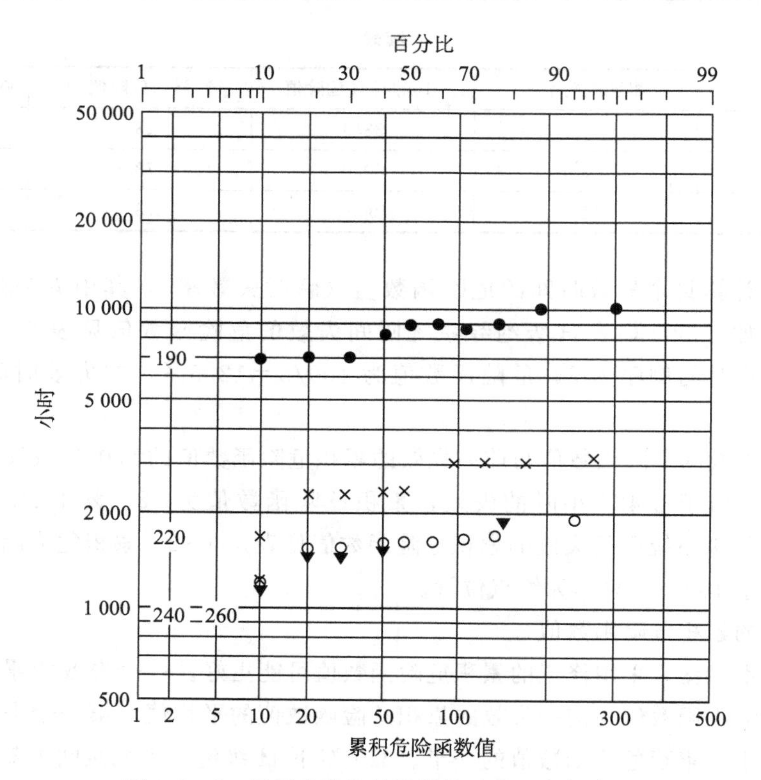

图 3.5－1　匝间绝缘失效数据的对数正态危险图

(7) 失效概率估计

危险图可用于估计任一应力水平下给定寿命的失效概率，方法与概率图类似。从危险图中时间轴上给定寿命刻度处引一条直线，向指定应力水平下的拟合直线延伸，交点对应的概率轴刻度即为指定应力水平下给定寿命的失效概率。例如，由图 3.5－1 可得，220 ℃下 30 00 小时时 H 级绝缘系统匝间失效的失效概率为 55%。

3.5.3　寿命-应力关系图 (Arrhenius)

对于多重截尾数据，产品寿命（或百分位寿命）和应力之间关系的评估方法与 3.2.3 和 3.3.3 节中所介绍的方法相同。即，将每个试验应力水平下选定百分位数的估计值标绘在使假设寿命-应力关系呈直线的坐标纸上。Arrhenius 坐标纸上 H 级绝缘系统匝间失效的中位寿命点如图 3.5－2 所示。为显示数据可将匝间失效的失效时间和未失效时间都画在坐标纸上，但是，失效时间和未失效时间混杂在一起不易分析。

凭眼力对百分位数估计值进行直线拟合，根据这条拟合线可以得到寿命-应力关系的图估计。在图 3.5－2 中，260 ℃下的数据没有用于寿命-应力关系线的拟合，原因稍后给出。由该拟合线可以得到任一温度下的中位寿命估计值。如匝间绝缘在设计温度 180 ℃下的中位寿命估计值为 12 300 小时，小于要求值 20 000 小时。其他百分位寿命与应力关系的估计方法参见 3.2.4 节和 3.3.4 节。

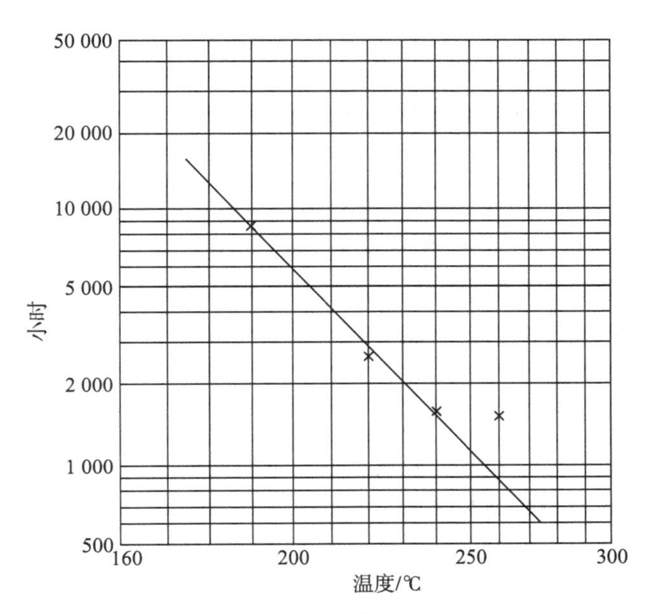

图 3.5－2　匝间绝缘失效中位寿命的 Arrhenius 图

3.5.4　图估计

按照 3.2.4 和 3.3.4 节中的方法，利用危险图和寿命-应力关系图可以得到模型参数和寿命参量的估计值。实例如下。

(1) μ 和 σ 的估计

利用危险图和寿命-应力关系图估计对数寿命均值 μ 和对数标准差 σ 。如前所述，一个应力水平下对数寿命均值 μ 的估计刚好是该应力水平下中位寿命的对数。例如，由图 3.5－1 可得，220 ℃下中位寿命的图估计为 2 900 小时，相应的对数寿命均值为 log(2 900)＝3.462。对数标准差 σ 的估计值是某一应力水平下 50%分位寿命和 16%分位寿命的对数之间的差值。220 ℃下的 16%分位寿命是 2 400 小时，对数标准偏差 σ 的估计值为 log(2 900)－log(2 400)＝0.08，该值表明产品的失效率逐渐增大。

(2) 设计温度下的中位寿命

由中位寿命与应力的关系图可以得到任一应力水平下的中位寿命估计值。例如，由图 3.5－2 可得设计温度 180 ℃下产品的中位寿命估计值为 12 300 小时。

3.5.5　评价模型和数据

采用 3.2.5 节介绍的图分析法评价寿命分布（此处为对数正态分布），模型（此处为 Arrhenius 模型）和数据。寿命-应力关系图中的截尾数据不易分析，因此在寿命-应力关系图中一般使用百分位数估计值。

(1) 相同的 σ

图 3.5－1 的显著特征是四个温度下寿命数据的拟合直线是平行的，这说明所有试验

应力水平下 σ 的值相等。这与 Arrhenius -对数正态模型的假设一致。相反，由于 H 级绝缘系统的试验数据包含多种失效模式，图 3.2 - 1（a）中的拟合直线不平行。模型对于单一失效模式数据的拟合优于对于混合失效模式数据的拟合。

（2）不是 Arrhenius 模型

图 3.5 - 1 中 260°下的数据与 240°下的数据相重合，因此图 3.5 - 2 中 260 ℃下的中位寿命与 240 ℃下的基本相同。但绝缘材料在 260 ℃下的寿命应小于在 240 ℃下的寿命。260 ℃下数据异常的原因可能是 260 ℃下的绝缘寿命试验模型与其他温度下的不是同一时间生产的，因而原材料或装配工艺可能不同，导致其寿命不同。

（3）＄1 000 000 的发现

260 ℃下数据异常的另一个的原因可能是对 IEEE 标准 117 中试验方法的错误理解。该标准推荐了温度试验中绝缘寿命试验模型的检测时间间隔。根据该标准，H 级绝缘系统试验在 190 ℃下的检测间隔时间为 7 天，在 220 ℃下为 4 天，在 240 ℃为 2 天，但在 260 ℃下的检测时间间隔没有采用 1 天，而是取为 2 天，与 240 ℃下相同。检测需要将绝缘寿命试验模型从温箱中移出，冷却到室温后施加设计电压检查绝缘性能是否满足要求，将未失效的绝缘寿命试验模型重新放回温箱并加热至试验温度。因此，试验中绝缘材料受到温度循环的作用，温度循环产生的机械应力可能使其寿命降低。根据这一理论，如果 260 ℃下绝缘寿命试验模型的检测时间间隔是 1 天，而不是 2 天，那么它们将会更快失效，数据将看起来是“正确的”。后续设计了关于温度和循环周期试验（习题 3.9）。该试验表明温度循环对绝缘寿命具有重要影响。绝缘材料工程师知道发动机有以下两种使用方式：1）连续运转；2）间歇性运转。工程师发现连续运行的电动机不会经受温度循环，较便宜的绝缘材料就能满足其要求。这一发现使得企业每年可以节省 1 000 000 美元（根据 1989 年的价格）。

3.6 区间数据

本节介绍区间数据的图分析方法，包括（加速）试验条件和设计条件下产品的寿命分布的评估方法。主题包括：

- 3.6.1 区间数据和微处理器实例；
- 3.6.2 概率图和置信限；
- 3.6.3 寿命-应力关系图和加速因子。

Tobias 和 Trindade（1986）介绍了区间数据图分析法在电子产品中的应用。区间数据的解析分析方法见第 5 章。

3.6.1 区间数据和微处理器实例

（1）概述

本节介绍区间数据及其如何产生、微处理器实例、移出和截尾及假设。

(2) 说明

有些寿命试验得到的样品失效时间是区间数据。在这类试验中，参试样品同时开始试验（在 0 时刻），并进行定期检测确定样品是否失效。若在第 i 次检测（时间 t_i）时发现某一样品失效，则仅知道该样品在第 $i-1$ 次检测的时间 t_{i-1} 和 t_i 之间失效（$t_0=0$）。不能观测到准确的失效时间是因为用设备监测样品观测失效很难或费用太高。

(3) 实例

表 3.6-1 所示为某型微处理器样本在 125 ℃、7.0 V 下试验得到的典型区间数据。检测时间为 6、12、24、48、168、500、1 000、2 000 小时。对于第 i 个检测区间，试验数据包括在该区间初始时间 t_{i-1} 投入试验的样本量 n_i 和在该区间结束时间 t_i 发现失效的样本数 f_i，其数值在表 3.6-1 中以 f_i/n_i 形式显示。例如，第 2 个检测区间从 6 小时到 12 小时，数据 2/1 417 表示，在试验时间 6 小时时有 1 417 个样品投入试验，在试验时间 12 小时时检测发现 2 个样品失效。这类数据也被称为定期检测数据。

(4) 目的

下述分析的目的是评估该型微处理器在试验条件（125 ℃、7.0 V）和设计条件（55 ℃，5.25 V）下的寿命分布。同时，假设器件的寿命服从指数分布，对比器件失效率与目标值 200 FIT（每 1 000 小时间的失效率为 0.02%）。

表 3.6-1　微处理器区间数据

区间 i	1	2	3	4	5	6	7	8
时时 t_1（小时）	6	12	24	48	168	500	1 000	2 000
f_i/n_i	6/1 423	2/1 417	0/1 415	2/1 414	1/573	1/422	2/272	1/123

(5) 移出和截尾

在定期检测试验中，一些没有失效的样品也可能在任意检测时间后被移出。例如，由表 3.6-1 可知，在第 4 个区间开始的 24 小时时，有 1 414 个样品投入试验，在第 4 个检测区间结束时发现 2 个失效，试验 48 小时后有 1 414－2＝1 412 个未失效样品，然而在 48 小时时只有 573 个样品投入第 5 个区间的试验。因此有 1 412－573＝839 个未失效样品在 48 小时时被移出试验。未失效的样品可能在不同时间点被移出。样品移出后试验设备可用于其他试验并可减少试验费用。当然，移出样品会降低以后检测时间点寿命分布的估计精度。最好在试验早期投入更多的样本，以获得寿命分布低尾段的准确估计。下面假设样品移出只发生在检测时间点。此外，截尾数据产生可能是由于由试验设备故障或其他外部原因导致的样本损耗。截尾数据还可能源于试验包含多个试验，在进行数据分析时各个试验的试验时间不同。不含截尾数据的区间数据更易于分析，参见 Nelson（1982，第 9 章）等。

(6) 假设

1）在一些试验中，样本在加速温度下试验，在室温下检测。每次检测形成的温度循环可能会影响产品寿命。通常忽略这种可能性。

2）试验始终采用相同的检测时间表。在表 3.6－1 中，所有样品在相同的时间点进行检测，因此下面的数据图较为简单。否则，需采用 Peto 图（1973）和 Turnbull 图（1976）。

3.6.2 概率图和置信限

本节介绍含有移出和截尾的区间数据寿命分布的概率图（非参数估计和置信限）。

3.6.2.1 点估计与绘图

（1）点估计

对于区间数据，仅可得到产品寿命分布在检测时间点的非参数估计。检测时间点处的总体失效概率的非参数估计 F_i 的计算方法及其图形绘制方法如下。区间数据的随机量是每个检测周期内的样品失效数 f_i 。由于没有观测到样品的真实失效时间，因此前面几节介绍的观测失效时间的概率图法并不适用。按如下步骤可以得到区间数据的 Kaplan－Meier（1958）估计。

（2）评估步骤

每个检测时间点的可靠度估计的计算过程见表 3.6－2，其中微处理器数据来自表 3.6－1。

表 3.6－2 微处理器可靠度估计的计算

i	t_i	f_i/n_i	$R'=1-(f_i/n_i)$		$R_i=R'_1R'_2\cdots R'_i$	$F_i=1-R_i$	95% conf.
1	6	6/1 423	$0.995\ 78_{35}$	→ = →	$0.995\ 78_{35}$	0.42%	±0.34%
2	12	2/1 417	$0.998\ 58_{85}$	⇄ × = →	$0.994\ 37_{80}$	0.56%	±0.39%
3	24	0/1 415	$1.000\ 00_{00}$	⇄ × = →	$0.994\ 37_{80}$	0.56%	±0.39%
4	48	2/1 414	$0.998\ 58_{55}$	⇄ × = →	$0.992\ 97_{16}$	0.70%	±0.44%
5	168	1/573	$0.998\ 25_{48}$	⇄ × = →	$0.991\ 23_{86}$	0.88%	±0.56%
6	500	1/422	$0.997\ 63_{03}$	⇄ × = →	$0.988\ 88_{97}$	1.11%	±0.73%
7	1 000	2/272	$0.992\ 64_{70}$	⇄ × = →	$0.981\ 61_{85}$	1.84%	±1.26%
8	2 000	1/123	$0.991\ 86_{99}$	⇄ × = →	$0.973\ 63_{78}$	2.64%	±2.02%

1）第 1 列为每次检测的序号 i，$i=1, 2, \cdots, 8$；

2）第 2 列为检测时间 t_i，单位：小时。例如，第 2 次检测时间为试验 12 小时后，检测区间从 6 小时到 12 小时；

3）第 3 列为试验数据 f_i/n_i ，f_i 是在区间 i 的样本失效数，n_i 是在区间 i 开始时间 t_{i-1} 投入试验的样本量；

4）第 4 列为区间 i 的条件可靠度估计值，$R'_i=1-(f_i/n_i)$ 。该估计值是总体在时间 t_{i-1} 未失效，到时间 t_i 仍未失效的概率，f_i/t_i 是区间 i 的条件失效概率估计值。例如，对于区间 2，$R'_2=1-(2/1\ 417)=0.998\ 588\ 5$。为了稍后的置信限估计，条件可靠度及其他计算结果至少保留 7 位有效数字；

5）第 5 列为 t_i 时刻可靠度估计的递归计算结果，当 $R_0=1$ 时，$R_i=R'_i\times R_{i-1}$ 。例如，对于区间 2，$R_2=R'_2\times R_1=0.998\ 588\ 5\times 0.995\ 783\ 5=0.994\ 378\ 0$。递归计算的流程在表

3.6－2 中以箭头表示；

6）第 6 列为时间 t_i 内总体失效概率的估计值，即用百分比表示的 $F_i = 1 - R_i$；

7）第 7 列为失效概率估计值 F_i 的±不确定度（置信度 95%），其计算方法稍后介绍。

（3）绘图

将时间 t_i 对应的总体失效概率估计值 F_i 标绘在概率纸上。在图 3.6－1 中的 Weibull 概率纸上，微处理器的失效概率估计值用“×”表示。在之前的概率图中，一个点对应一个样品失效的实际失效时间。但在区间数据的概率图中，一个点可能对应一个或多个失效，且该点画在检测时间点处——在实际失效时间之后。分析区间数据的概率图必须考虑这些不同点，可以在每个点的位置处写出该点对应区间的实际失效数，更好的作法是绘制表征 F_i 精度的置信限（如图 3.6－1 所示）。在第 3 个区间内没有失效，由于 F_3 没有对应任何失效，很难决定是否画出该估计值。

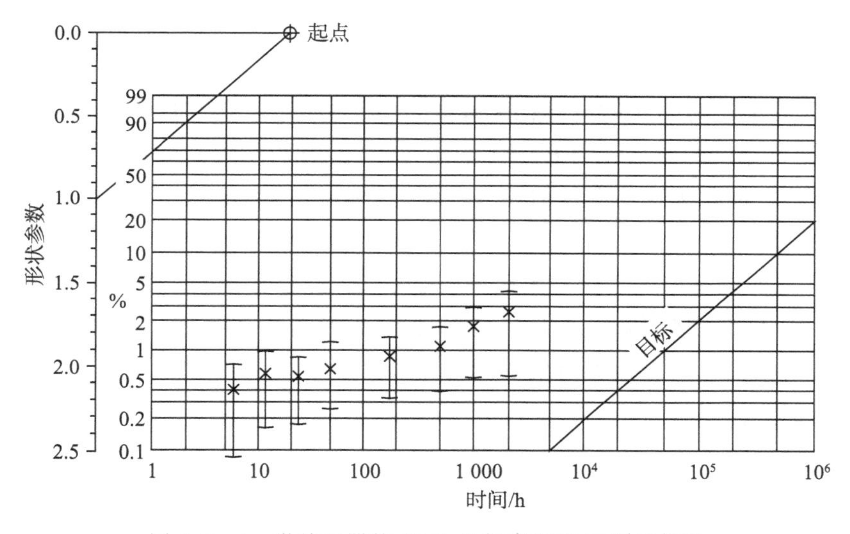

图 3.6－1　微处理器的 Weibull 概率图和 95%置信限

（4）分析

区间数据概率图的分析方法与其他概率图的类似，但需要考虑数据的区间特性。

1）寿命分布拟合。如果概率图中的数据点呈直线，则在检测时间范围内，假设寿命分布可充分拟合的数据。例如，图 3.6－1 中微处理器数据的 Weibull 概率图呈直线，表明 Weibull 分布可以充分拟合微处理器数据。为了比较不同寿命分布的拟合效果，将数据绘制在不同分布的概率纸上，利用数据图的线性度区分寿命分布拟合的好坏。下面介绍的置信区间也可以帮助区分寿命分布拟合的好坏。

2）失效率。Weibull 形状参数的图估计表征了失效率的特性（随时间增大、减小或不变）。根据微处理器数据，其形状参数估计值为 0.3，这说明该微处理器的失效率是逐渐减小的。因此，如果该试验条件下的失效模式是设计条件下的主要失效模式，老炼对这类器件有益。

3）目标。该微处理器的失效率目标值为 200FIT。在图 3.6－1 中以形状参数（斜率）1 的直线表示相应的指数分布，寿命分布估计值低于目标值。当然，这是加速试验条件下的估计值。3.6.3 节将介绍设计条件下寿命分布的估计方法。

3.6.2.2 置信限

本节针对截尾区间数据和无截尾区间数据介绍检测时间点的总体可靠度非参数置信限的获取方法。置信限可以帮助判断绘图点及其拟合线的精度。第 5 章介绍参数置信限。

（1）无截尾数据

假设 n 个样品投入试验，在第 i 个检测点之前没有出现截尾数据。下面简单的点估计和置信限获取方法适用于 t_i 之前的所有检测时间点。例如，对于表 3.6－1 中的微处理器数据，置信限评估方法可用于 $t_3=24$ 小时之前的所有检测时间点。而且，在一个良好的近似程度下，应用范围可以拓展到 $t_4=48$ 小时，因为 1 415 个样品中只有一个在 24 小时时被移出产生截尾数据。

①点估计

假设 C_i 是在检测时间 t_i 时的累积失效数，t_i 时总体失效概率的点估计是样本失效概率 $F_i=C_i/n$，则可靠度的点估计为 $R_i=1-(C_i/n)$。当不存在中间截尾数据时，前述截尾数据的点估计可以简化为这一简单估计值。将 F_i 标绘在概率纸上。

②精确置信限

如果在 t_i 之前没有截尾数据，累积失效数 C_i 服从二项分布，则可采用二项分布估计精确置信限。这种置信限估计方法在大多数统计专著中都有介绍，如 Nelson（1982，p. 205）。下面介绍简单的近似置信限估计法。

③泊松近似置信限

当失效数较少（$C_i<10$，$n>10C_i$）时，总体失效概率的 100P%双侧置信限（泊松近似）为

$$\underset{\sim}{F}_i\cong(0.5/n)\chi^2[(1-P)/2;2C_i],\tilde{F}_i\cong(0.5/n)\chi^2[(1+P)/2;2C_i+2] \quad (3.6-1)$$

式中，$\chi^2[P';D]$ 为自由度为 D 的 χ^2 分布的 100P'% 分位数。可以看到两个置信限的自由度不同，分别为 $2C_i$ 和 $2C_i+2$。可靠度的双侧置信限为 $\underset{\sim}{R}_i=1-\tilde{F}_i$ 和 $\tilde{R}_i=1-\underset{\sim}{F}_i$。总体失效概率的 100P%单侧置信上限为

$$\tilde{F}_i\cong(0.5/n)\chi^2(P;2C_i+2)$$

在 100P%置信度下，t_i 时总体失效概率不大于 $\tilde{F}_i$。

④实例

表 3.6－1 中的微处理器数据 $n=1\,423$，在 $t_1=6$ h 时，失效概率的简单点估计为 $F_1=6/1\,423=0.004\,2$ 或 0.42%，95%双侧置信限为

$$\underset{\sim}{F}_1\cong(0.5/1\,423)\chi^2[(1-0.95)/2;2(6)]=(0.5/1\,423)4.404=0.001\,5 \text{ 或 } 0.15\%$$

$$\tilde{F}_1\cong(0.5/1\,423)\chi^2[(1+0.95)/2;2(6)+2]=(0.5/1\,423)26.12=0.009\,2 \text{ 或 } 0.92\%$$

⑤正态近似置信限

当失效数较多（如 $10<C_i<n-10$）时，总体失效概率的 $100P\%$ 双侧置信限（正态近似）为

$$\underset{\sim}{F}_i \cong F_i - K_P\,[F_i(1-F_i)/n]^{1/2},\tilde{F}_i = F_i + K_P\,[F_i(1-F_i)/n]^{1/2} \quad (3.6-2)$$

式中，K_P 为标准正态分布的 $100(1+P)/2\%$ 分位数，如 $K_{0.95}=1.96\cong 2$。$100P\%$ 单侧置信上限为

$$\tilde{F}_i \cong F_i + z_P\,[F_i(1-F_i)/n]^{\frac{1}{2}}$$

式中，z_P 为标准正态分布的 $100P\%$分位数，如 $z_{0.95}=1.645$。可靠度的置信限为 $\underset{\sim}{R}_i=1-\tilde{F}_i$ 和 $\tilde{R}_i=1-\underset{\sim}{F}_i$。Thomas 和 Grunkemeier（1975）研究了更好的近似置信限。

（2）截尾数据

对于截尾区间数据，检测时间点 t_i 时的总体失效概率置信限的估计方法如下。当 $C_i>10$ 时，甚至是在 $C_i>5$ 的情况下，总体失效概率估计 F_i 的分布近似为正态分布，当 C_i 较小时，如果可行，可以采用无截尾区间数据的二项分布置信限作为截尾区间数据的置信限。将点估计 F_i 和置信限绘制在概率纸上。微处理器数据的置信限在 Weibull 概率纸上的图形如图 3.6－1 所示。

①置信限

利用点估计 F_i 的方差估计 $v(F_i)$ 评估置信限的方法如下。失效概率的 $100P\%$双侧置信限为

$$\underset{\sim}{F}_i \cong F_i - K_P\,[v(F_i)]^{1/2},\tilde{F}_i \cong F_i + K_P\,[v(F_i)]^{1/2} \quad (3.6-3)$$

式中，K_P 是标准正态分布的 $100(1+P)/2\%$ 分位数。

②近似方差

当 F_i 很小（$F_i<0.10$）时，方差可简单近似为

$$v(F_i) \cong R_i^2\{[F'_1/(n_1R'_1)]+[F'_2/n_2R'_2)]+\cdots+[F'_i/(n_iR'_i)]\} \quad (3.6-4)$$

式中符号的含义与表 3.6－2 中相同，带撇号和不带撇号的估计值均有，且 $F'_i=f_i/n_i=1-R'_i$。例如，对于微处理数据，在 $t_i=2\ 000$ h 时，$v(F_8)\cong 0.000\ 100$，则其 95%双侧近似置信限为

$$\underset{\sim}{F}_8 \cong 0.026\ 4-2(0.000\ 100)^{1/2}=0.006\ 4 \text{ 或 } 0.64\%$$

$$\tilde{F}_8 \cong 0.026\ 4+2(0.000\ 100)^{1/2}=0.046\ 4 \text{ 或 } 4.64\%$$

将这些置信限值标绘在图 3.6－1 中 2 000 小时处。

③精确方差

精确的方差估计的计算过程如表 3.6－3 所示。其中第 1 列至第 5 列的算法和表 3.6－2 中相同。但表 3.6－2 中第 3 列使用 $n'_i=n_i-1$ 代替 n_i。在表 3.6－3 中，r'_i 表示条件可靠度的估计值，r_i 表示 t_i 时的可靠度估计值。准确的方差估计为

$$v(F_i)=R_i(R_i-r_i) \quad (3.6-5)$$

式中 R_i 取自表 3.6－2，r_i 取自表 3.6－3，（R_i-r_i）是两个几乎相等的数值的很小

的差值。因此，R_i 和 r_i 必须精确到 7 位有效数字，以保证 $v(F_i)$ 精确到 2 位有效数字。$v(F_i)$ 在表 3.6-3 的第 6 列。第 7 列是当 $K_{0.95} \cong 2$ 时，$K_{0.95}\ [v(F_i)]^{1/2}$ 的值，$2\times100\times[v(F_i)]^{1/2}$ 中乘以 100 是为了得到百分数。$v(F_i)$ 是扩展到区间数据的 Kaplan-Meier 估计的 Greenwood（1926）方差。

表 3.6-3　$v(F_i)$ 的准确计算

i	t_i	f_i/n'_i	$r'_i=1-[f_i/n'_i]$	$r_i=r'_1r'_2\cdots r'_i$	$v(F_i)=R_i(R_i-r_i)$	$K_{0.95}[v(F_i)]^{1/2}=200[v(F_i)]^{1/2}$
1	6	6/1 422	$0.995\ 78_{06}$	$0.995\ 78_{06}$	$0.000\ 00_{28}$	±0.34%
2	12	2/1 416	$0.998\ 58_{75}$	$0.994\ 37_{41}$	$0.000\ 00_{38}$	±0.39%
3	24	0/1 414	$1.000\ 00_{00}$	$0.994\ 37_{41}$	$0.000\ 00_{38}$	±0.39%
4	48	2/1 413	$0.998\ 58_{45}$	$0.992\ 96_{66}$	$0.000\ 00_{48}$	±0.44%
5	168	1/572	$0.998\ 25_{17}$	$0.991\ 23_{07}$	$0.000\ 00_{78}$	±0.56%
6	500	1/421	$0.997\ 62_{47}$	$0.988\ 87_{62}$	$0.000\ 01_{32}$	±0.73%
7	1 000	2/271	$0.992\ 61_{99}$	$0.981\ 57_{82}$	$0.000\ 03_{94}$	±1.26%
8	2 000	1/122	$0.991\ 80_{32}$	$0.973\ 53_{25}$	$0.000\ 10_{24}$	±2.02%

④计算机软件

SAS Inst（1985）的程序 LIFETEST 和其他计算机软件可以计算多重截尾失效数据的 Kaplan-Meier 点估计和置信限。当所用样本的检测周期相同时，这些程序也可用于截尾区间数据。但在输入数据和使用输出结果时必须考虑数据的区间特性。如果多组样本的检测周期不同，必须使用更复杂的 Peto（1973）估计和 Turnbull（1976）估计的置信限。Buswell 等（1984）编写的软件 STAR 可以进行复杂的 Peto 计算和置信限估计。

3.6.3 寿命-应力关系图和加速因子

（1）概述

本节首先介绍利用加速因子分析单应力水平加速试验数据的方法。通过分析可以估计设计条件下的寿命分布。之后介绍两个或多个应力水平下区间数据寿命-应力关系图和概率图的绘制方法，并用 3.4.3 节和 3.5.3 节的方法进行分析，包括加速模型和数据的评价。

（2）一个试验条件

有些加速试验只有一个加速试验条件，试验条件可能包含多个加速变量，如温度、温度循环、湿度、振动等。这种试验在电子产品中很常见，MIL-STD-883 给出了详细的标准试验方法。在研发阶段开展单一水平加速试验通常是为了发现失效模式以便改进。同时，单一水平加速试验也被用作验证试验（MIL-STD-883），评价产品是否满足可靠性要求。只有知道试验条件和设计条件之间的产品寿命加速因子，才能估计产品在设计条件下的寿命。

(3) 加速因子

假如产品某一失效模式在设计条件下的"特征寿命"为 t ，在加速条件下的"特征寿命"为 t' ，则这两个条件间的加速因子 K 满足

$$t=K\cdot t' \tag{3.6-6}$$

例如，如果 $K=500$，则该失效模式在设计条件下的持续时间是加速条件下持续时间的 500 倍。或者泛泛地说，加速条件下 1 小时相当于设计条件下 K 小时。用数字说明，加速条件下的 6 小时相当于设计条件下的 500×6=3 000 小时。加速因子由已知的寿命-应力关系计算得到。不同失效模式的寿命-应力关系（加速模型）和加速因子不同。

(4) Arrhenius 加速因子

Arrhenius 模型常用于描述温度加速试验，此时产品失效是由化学退化或金属间扩散导致的。假设 T 为设计温度，T' 为试验温度，单位均为 K。1 K=1 ℃+273.16。则该失效模式的 Arrhenius 加速因子为

$$K=\exp\{(E/k)\,[(1/T)-(1/T')]\} \tag{3.6-7}$$

式中，E 为该失效模式的激活能（单位 eV）；$k=8.6171\times10^{-5}$ 是玻耳兹曼常数（单位 eV/K）。E 对应 Arrhenius 图上 Arrhenius 模型的斜率。要计算加速因子，必须知道 E 或假定其为某一值。其他寿命-应力关系（加速模型）也有类似的加速因子。

(5) 实例

对于微型处理器，试验温度为 $T'=125+273.16=398.06$，设计温度为 $T'=55+273.16=328.16$。对于某些失效模式，假设激活能为 $E=1.0$ eV，则相应的加速因子为

$$K=\exp\{(1.0/8.617\,1\times10^{-5})\,[(1/328.16)-(1/398.16)]\}=501$$

因此该失效模式在设计温度下的持续时间约为加速温度下的 500 倍。对于微处理器，其他失效模式的激活能也可能假设为 0.8 eV 或 0.3 eV。

(6) 设计寿命

下面介绍设计条件下寿命分布的估计方法。对于每个检测时间点 t'_i ，利用加速因子 K 计算其在设计条件下的等效时间为 $t_i=Kt'_i$ 。采用之前的方法，利用等效时间估计设计条件下的寿命分布。等效地，也可通过因子 K 将加速条件下的寿命估计变化为设计条件下的寿命。例如，图 3.6-2 给出了微处理器在 55 ℃下的 Weibull 概率图，55 ℃下的寿命高于图 3.6-1 中 125 ℃下的寿命，加速因子 $K=500$， 125 ℃下的 6 小时对应 55 ℃下的 500×6=3 000 小时。类似地，图 3.6-2 中 55 ℃下的置信限和参数估计值比图 3.6-1 中高 K 倍。

(7) 多变量加速

加速试验可能有多个加速变量，每个加速变量对应一个加速因子。假设各加速变量无交互作用，这些因子的乘积为综合加速因子。广义 Eyring 模型描述了应力间的交互作用。

(8) 不确定性

由 3.6-1 和 3.6-2 可见加速条件和设计条件下置信区间的宽度相同，这是基于"加

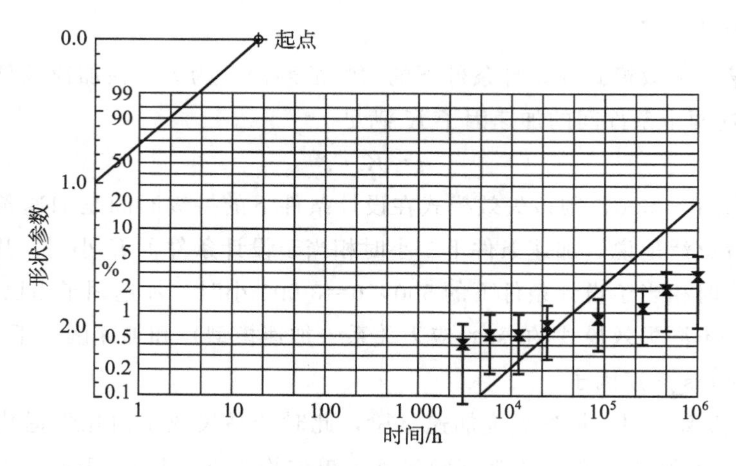

图 3.6－2　55 ℃下点估计和 95％置信限的 Weibull 概率图

速因子是正确的”的假设。而在实践中，加速因子是近似值，所以设计条件下寿命估计的不确定度实际上大于置信限。较好的分析应考虑加速因子的不确定性。

(9) Arrhenius 图

利用 Arrhenius 图估计加速因子的方法如下。图 3.6－3 的 Arrhenius 纸上显示了加速温度 125 ℃下的每个检测时间点及其样本累积失效概率，一条直线穿过“起点”和激活能标度尺上的刻度 1.0 eV，其斜率对应 $E=1.0$ eV。从 125 ℃下的检测时间点 t_i' 出发画平行于该直线的线，得到 55 ℃下对应的时间 t_i 。失效概率估计值 F_i 对应于这些新的时间点 t_i 。图 3.6－2 与图 3.6－3 具有相同的时间轴，显示了 Weibull 概率图和 Arrhenius 图之间的关系。

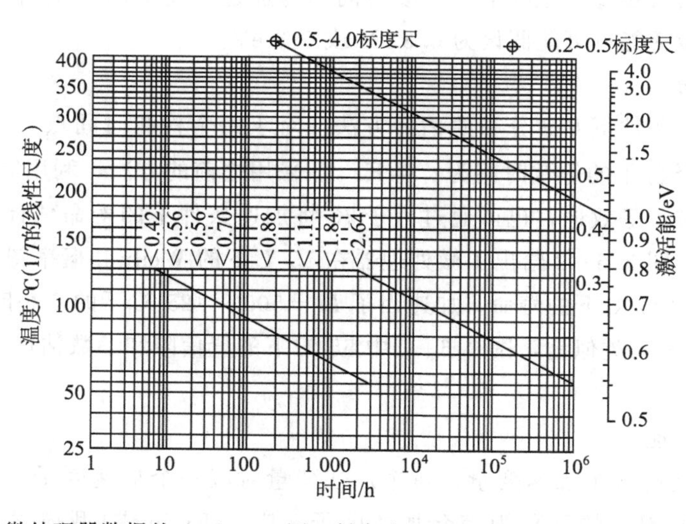

图 3.6－3　微处理器数据的 Arrhenius 图，斜率为 1.0 eV（图纸由 D. Stewart Peck 提供）

习题（* 表示复杂或困难）

3.1　三种绝缘材料。3 种电气绝缘材料在 3 个试验温度水平下的样本寿命（小时）如下表所示。失效时间是检测区间的中点。试验的主要目的是比较 3 种绝缘材料在设计温度 200 ℃下和偶然使用温度 225 ℃、250 ℃下的特征寿命。采用 Arrhenius -对数正态模型完成以下分析。

绝缘材料 1			绝缘材料 2			绝缘材料 3		
200 ℃	225 ℃	250 ℃	200 ℃	225 ℃	250 ℃	200 ℃	225 ℃	250 ℃
1 176	624	204	2 520	816	300	3 528	720	252
1 512	624	228	2 856	912	324	3 528	1 296	300
1 512	624	252	3 192	1 296	372	3 528	1 488	324
1 512	816	300	3 192	1 392	372			
3 528	1 296	324	3 528	1 488	444			

(a) 分别在不同的对数正态概率纸上画出 3 种绝缘材料在 3 个试验温度下的寿命数据。

(b) 数据中是否存在明显异常?

(c) 比较 3 种绝缘材料在工作温度 200 ℃下的中位寿命和（对数）寿命散度，有哪些明显不同? 为什么?

(d) 比较 3 种绝缘材料在偶然使用温度 225 ℃、250 ℃下的中位寿命和（对数）寿命散度? 有哪些明显不同? 为什么?

(e) 综合描述 3 种绝缘材料的比较结果，有哪些明显不同? 向管理部门写一个简短建议。

(f) 评估每种绝缘材料的对数标准差 σ。估计每个估计值的不确定度。3 种绝缘材料的斜率是否有明显不同? 评述 3 种绝缘材料的失效率特性（增大还是减小）。

(g) 分别在不同的 Arrhenius 坐标纸上画出 3 种绝缘材料的寿命数据。

(h) 在每个 Arrhenius 图上，标记样本中位寿命点，并对其进行直线拟合。评价每个 Arrhenius 图的线性度。

(i) 利用 Arrhenius 模型拟合线估计每种绝缘材料在 200 ℃下的中位寿命。估计每个估计值的不确定度。你认为哪种估计更好，这些估计值还是（c）中所获得的估计值? 为什么?

(j) 采用其他模型进行进一步分析。

3.2　绘点位置。使用上题中 225 ℃下绝缘材料 2 的数据。分别使用 1）中点绘点位置，2）期望绘点位置，3）中值绘点位置，在对数正态概率纸上画出 225 ℃下的数据图。

(a) 利用概率图，评估 3 种绘点位置下绝缘材料 2 的中位寿命、1%分位寿命和 σ 值，并进行对比；

(b) 以可靠度为评价指标，哪种绘点位置下的估计最保守，哪种最乐观；

(c) 相对于估计值的不确定度，估计值之间的差异看起来大吗？

3.3　加热器数据。某金属管加热器的温度加速试验数据如下表所示，数据类型为完全寿命数据（单位：小时）。试验的主要目的是评估该加热器在设计温度 1 100 ℉下的中位寿命和 1%分位寿命。绝对温度等于华氏温度加 460 ℉。假设加热器的寿命服从对数正态分布，符合 Arrhenius 模型。

温度/℉	时间/h					
1 780	511	651	651	652	688	729
1 660	651	837	848	1 038	1 361	1 543
1 620	1 190	1 286	1 550	2 125	2 557	2 845
1 520	1 953	2 135	2 471	4 727	6 134	6 314

(a) 将数据绘制在对数正态概率纸上，评述对数正态分布是否能够充分拟合试验数据。

(b) 分别对各试验温度下的数据进行拟合，根据拟合线估计每个试验温度下的对数标准差和中位寿命。估计每个估计值的不确定度。各试验温度下拟合线的斜率是否明显不同？

(c) 对各试验温度下的数据进行平行线拟合，由拟合的平行线估计共同的对数标准差，估计估计值的不确定度。

(d) 在 Arrhenius 坐标纸上标绘试验数据和样本中位寿命。当 Arrhenius 坐标纸不适合 1 100～1 708 ℉的温度范围时，可优先用半对数坐标纸制作 Arrhenius 坐标纸。

(e) 对样本中位寿命进行直线拟合，评价拟合线性度。

(f) 使用拟合的直线估计 1 100 ℉下的中位寿命，估计估计值的不确定度。

(g) 在对数正态概率纸上，画出 1 100 ℉下的中位寿命估计值和寿命分布线。

(h) 估计 1 100 ℉下的 1%分位寿命，估计其不确定度。

(i) 评述模型拟合中存在的明显不足或奇异数据。

(j) 采用其他模型进行进一步分析。

3.4　H 级绝缘系统数据（不含 260 ℃）。按如下要求，使用 Weibull 概率纸，重新分析表 3.2-1 的 H 级绝缘系统数据（不含 260 ℃下的数据）。如前所述，试验的主要目的是估计该 H 级绝缘系统在 180 ℃下的 50%分位寿命。

(a) 在 Weibull 概率纸上画出试验数据。

(b) 评价 Weibull 分布对数据拟合的适用性。

(c) Weibull 分布和对数正态分布哪个拟合更好？为什么？

(d) 对各试验温度下的数据进行分别拟合，通过拟合直线估计 3 个试验温度下的形状参数和 50%分位寿命，估计每个估计值的不确定度。各试验温度下寿命分布拟合线的斜率有明显不同吗？

(e) 对各试验温度下的数据进行平行线拟合，由平行拟合线估计共同的形状参数，估计其不确定度。形状参数估计值是否明显不等于 1？评述失效率随时间的变化情况。

(f) 在 Arrhenius 坐标纸上画出试验数据。

(g) 在 Arrhenius 图上标记样本中位寿命，并对其进行直线拟合，评价拟合模型的线性度。

(h) 利用拟合线估计该 H 级绝缘系统在设计温度 180 ℃下的中位寿命。估计其不确定度。

(i) 在 Weibull 概率纸上，画出 180 ℃下的中位寿命估计值和寿命分布线。

(j) 评述模型拟合中存在的明显不足或奇异数据。

(k) 采用其他模型进行进一步分析。

3.5　轴承数据。某滚动轴承载荷加速试验的完全寿命数据如下表所示，由 John McCool 提供。试验包含 4 个应力水平，总样本量为 40，每个载荷量级下 10 个样本。通常假设滚动轴承寿命服从 Weibull 分布，寿命与载荷之间满足逆幂律模型（palmgren 方程）。标记 * 的失效数据是明显的异常数据。

负载	寿命（$\times 10^6$ 循环）									
0.87	1.67	2.20	2.51	3.00	3.90	4.70	7.53	14.70	27.76	37.4
0.99	0.80	1.00	1.37	2.25	2.95	3.70	6.07	6.65	7.05	7.37
1.09	0.012*	0.18	0.20	0.24	0.26	0.32	0.32	0.42	0.44	0.88
1.18	0.073	0.098	0.117	0.135	0.175	0.262	0.270	0.350	0.386	0.456

(a) 绘制表中 4 组数据的 Weibull 概率图。

(b) 评述异常值和 Weibull 分布的适用性。

(c) 分别拟合各试验载荷下的寿命分布线，评估每个试验载荷下的寿命分布形状参数和 10%分位寿命（B10 寿命），估计每个估计值的不确定度。各载荷下采用相同的形状参数是否合理？

(d) 对各试验载荷下的数据进行平行线拟合，估计共同的形状参数，估计其不确定度。形状参数估计值是否明显不等于 1？失效率随时间是增大还是减少？

(e) 在双对数坐标纸上绘制数据的寿命-应力关系图。

(f) 在寿命-应力关系图中标记每个试验载荷下样本的 10%分位寿命，并对其进行直线拟合，评价拟合的充分性。

(g) 利用寿命-应力关系拟合线估计载荷为 0.75 时轴承的 10%分位寿命，估计其不确定度。

(h) 在 Weibull 概率图中，画出载荷为 0.75 时的 10%分位寿命估计值和寿命分布线。

(i) 评述模型拟合中存在的明显不足或奇异数据。

(j) 使用其他模型进一步分析数据。

3.6　轴承截尾数据。重做习题 3.5 的（a）～（i），每个试验载荷下只取前四个失效数据，剔除异常值。可以看到结果和习题 3.5 的结果有很大的不同。

3.7　B 级绝缘系统的截尾寿命数据。剔除表 3.4－1 中的两个异常数据，按以下要求重新进行分析。与之前一样，主要目的是估计该 B 级绝缘系统在 130 ℃下的中位寿命。

（a）在对数正态概率图上画出试验数据点。

（b）评价对数正态分布拟合的适用性，并与图 3.4－1 进行对比。

（c）分别拟合各试验温度下的寿命分布线，评估每个试验温度下的对数标准差和 50% 分位寿命，估计每个估计值的不确定度。各试验温度下拟合线斜率有明显不同吗？

（d）对各试验温度下的数据进行平行线拟合，评估共同的对数标准差，估计其不确定度。

（e）将试验数据和各试验温度下的 50%分位寿命估计值标绘在 Arrhenius 坐标纸上。

（f）对样本中位寿命进行直线拟合，并评价拟合寿命-应力关系的线性度。

（g）利用寿命-应力关系拟合线估计 130 ℃下的 50%分位寿命，估计其不确定度。

（h）在对数正态概率图中，画出 130 ℃下的中位寿命估计值和寿命分布线。

（i）评价模型拟合中存在的明显不足或奇异数据。

（j）将得到的估计值与 3.4 节的估计值进行对比，哪种分析（含奇异数据或者不含奇异数据）更好？为什么？

（k）使用其他模型进一步分析数据。

3.8　最新的 B 级绝缘系统数据。表 3.4－1 记录的 B 级绝缘系统试验继续进行，试验结束时得到如下表所示的数据。

150 ℃	170 ℃	190 ℃	220 ℃
9 429＋	1 764	408	408
9 429＋	2 772	408	408
9 429＋	3 444	1 344	504
9 429＋	3 542	1 344	504
9 429＋	3 780	1 440	504
9 429＋	4 860	1 920	600
9 429＋	5 196	2 256	600
9 429＋	6 206	2 352	648
9 429＋	6 792＋	2 596	648
9 429＋	6 792＋	3 120＋	696

完成习题 3.7（a）～（j），忽略数据的区间特性。

（k）补充失效数据后得到的估计值或结论与习题 3.7 的估计值或结论有明显不同吗？

3.9*　$1 000 000 试验。3.5.5 节中的 H 级绝缘系统匝间绝缘失效数据分析表明温度循环的周期可能会影响绝缘系统的寿命。随后对 H 级绝缘系统进行了多种温度与循环周期组合的试验，获得的匝间绝缘失效数据（小时）如下所示。分析的主要目标是评估该H级绝缘系统在设计温度 180 ℃下的匝间绝缘寿命，评价循环周期对匝间绝缘寿命的影响。由数据可知试验总样本量为 43，各试验条件下样本量不同，如第 6 章所述，这样可以提高设计温度 180 ℃下估计值的准确度。

200 ℃/7 天：　9 survived 7 392＋

215 ℃/28 天：　9 072，7 survivied 11 424＋

215 ℃/2 天：　6 survived 2 784＋

230 ℃/7 天：　4 286，4 452，2 at 4 620，5 746，6 216

245 ℃/28 天：　2 352，3 at 3 024，4 363，7 056

245 ℃/2 天：　1 660，1 708，1 996，3 008

260 ℃/7 天：　3 at 1 088，1 764

(a) 绘制四种组合试验条件（230 ℃，7 天）（245 ℃，28 天）（245 ℃，2 天）（260 ℃，7 天）下数据的对数正态概率图。评价对数正态分布拟合的充分性和四条拟合线的平行度（σ 是否为常数）。

(b) 估计共同的 σ 值，估计其不确定度。评述失效率的特性。

(c) 比较（245 ℃，28 天）和（245 ℃，2 天）下数据的对数正态概率图，两组数据是否存在明显差异？试验数据是否支持缩短循环周期将减少绝缘材料寿命的理论？

(d) IEEE 标准 117 建议使用试验条件（215 ℃，28 天）（230 ℃，7 天）（245 ℃，2 天）。绘制这三个条件下数据的对数正态概率图，并对其进行评述。

(e) 将（d）中三个试验条件下的数据（包括非失效数据）和样本中位寿命标绘在 Arrhenius 坐标纸上，进行 Arrhenius 寿命-应力关系拟合。估计 180 ℃下的中位寿命，估计其不确定度。

(f) 对循环周期相同的试验条件（200，7 天）（230，7 天）（260，7 天）下的数据进行分析。绘制这三个条件下数据的对数正态概率图，并对其进行评述。

(g) 将（f）中三个试验条件下的数据（包括非失效数据）和样本中位寿命标绘在 Arrhenius 坐标纸上，进行 Arrhenius 寿命-应力关系拟合。估计 180 ℃下的中位寿命，估计其不确定度。

(h) 由（e）和（g）得到的估计值有明显不同吗？你更喜欢哪个，为什么？

(i) 上述两个 180 ℃下中位寿命估计值对对数正态寿命分布假设是否敏感？

(j) 使用其他模型进一步分析数据。

(k) 为工程师写一份简要求的报告概述你的结论，包含适当的数据图和计算结果。

3.10* 　左、右截尾数据。某绝缘液体的电压耐久性试验数据如下。部分绝缘液体在电压上升到 45kV 后 1 秒内即被击穿，其击穿时间用 1 -表示。这类数据为左截尾数据，即失效发生在已知时间之前。在确定绘点位置时需包含这些数据，但不需要将其绘制出来。

试验目的是估计该绝缘液体在设计电压 15 kV 下的 1%分位寿命。

故障时间/s					
45 kV	40 kV	35 kV	30 kV	25 kV	作图位置
1−	1	30	50	521	4.2
1−	1	33	134	2 517	12.5
1−	2	41	187	4 056	20.8
2	3	87	882	12 553	29.2
2	12	93	1 448	40 290	37.5
3	25	98	1 468	50 560+	45.8
9	46	116	2 290	52 900+	54.2
13	56	258	2 932	67 270+	62.5
47	68	461	4 138	83 990*	70.8
50	109	1 182	15 750	85 500+	79.2
55	323	1 350	29 180+	85 700+	87.5
71	417	1 495	86 100+	86 420+	95.8

注：1. −表示左截尾（在记录时间之前发生的失效）。

2. +表示右截尾（未失效）。

3. * 表示不需画出的失效。

(a) 绘制五组数据的 Weibull 概率图，评价 Weibull 分布的适用性。

(b) 分别拟合各试验条件下的寿命分布线，估计各试验电压下的形状参数和相同百分位寿命，估计每个估计值的不确定度。使用相同形状参数是否合理?

(c) 对各试验条件下的数据进行平行线拟合，估计共同的形状参数，估计其不确定度。

(d) 工程理论指出绝缘液体的寿命服从指数分布。形状参数估计值是否明显不等于 1?判断失效率是递增还是递减。

(e) 在双对数坐标纸上绘制数据（包括截尾数据）的寿命-应力关系图。

(f) 对百分位寿命估计值进行直线拟合，判断直线拟合是否充分。

(g) 利用寿命-应力关系拟合线估计 15 kV 下的分位寿命，估计其不确定度。在 Weibull 概率纸上，画出该估计值和通过该值的寿命分布线。

(h) 评述模型拟合中存在的明显不足或奇异数据。

(j) 采用其他模型进一步分析数据。

3.11　多重截尾继电器数据。下表数据为批产继电器及其进行某种设计改进后的试验数据。根据工程经验，继电器寿命服从 Weibull 分布，且寿命是电流的指数函数。在试验电流范围内对改进前后的产品进行对比。

批产产品	循环数（千次）									
16A	38+	77+	138	168+	188	228	252	273	283+	288
	291	299	317	374	527	529	559	567	656	873
26A	103	110	131	219	226+					
28A	84	92	121	138	191	206	254	267	308	313
设计更改	循环数（千次）									
26A	110	138	249	288	297					
28A	8+	51+	118+	144	219	236+	236+	252	252+	

(a) 分别绘制两种继电器的 Weibull 危险图。

(b) 评价 Weibull 分布的适用性。

(c) 分别估计五组数据的形状参数和尺度参数，估计每个估计值的不确定度。

(d) 估计两种继电器设计各自的形状参数常数，并估计两种继电器设计的共同形状参数，估计每个估计值的准确度。采用相同的形状参数是否合理？形状参数估计值是否明显不等于 1？失效率是递增还是递减？

(e) 在半对数坐标纸上分别绘制两种设计的寿命-应力关系图，其中对数尺度表示循环次数，线性尺度表示电流，仅画出失效数据。

(f) 在每个寿命-应力关系图中，标记各试验电流下的样本百分位寿命（自己选取）估计值，并对其进行直线拟合，评价两个寿命-应力关系拟合线的线性度。

(g) 评述模型拟合中存在的不足或奇异数据。

(h) 其中一种设计是否明显优于另一种？

(i) 采用其他模型进一步分析数据。

3.12　变压器匝间失效数据。某变压器电压加速寿命试验的多重截尾数据如下所示。所有失效均为匝间绝缘失效。采用 Weibull 分布和逆幂律模型分析数据。试验的主要目的是估计 15.8 kV（设计电压 14.4 kV 的 1.1 倍）下该变压器的 1%分位寿命。

电压/kV	时间/h									
35.4	40.1	59.4	71.2	166.5	204.7	229.7	308.3	537.9	1 002.3+	1 002.3+
42.4	0.6	13.4	15.2	19.9	25.0	30.2	32.8	44.4	50.2+	56.2
46.7	3.1	8.3	8.9	9.0	13.6	14.9	16.1	16.9	21.3	48.1+

(a) 绘制数据的 Weibull 危险图，评价 Weibull 分布的适用性。

(a′)修改绘点位置，重新绘制数据的 Weibull 危险图，并与（a）得到的危险图进行对比。

(b) 分别拟合各试验条件下的寿命分布线，估计每个试验电压下的形状参数和选取的百分位寿命，估计每个估计值的不确定度。各试验电压下拟合线的斜率有明显不同吗？

(c) 对各试验电压下的数据进行平行线拟合，估计共同的形状参数，并估计其不确定度。形状参数估计值是否明显不等于 1？失效率是递增还是递减？

(d) 在双对数坐标纸上画出试验数据(包括非失效数据)和百分位寿命估计值,对百分位寿命估计值进行直线拟合,评价拟合寿命-应力关系的线性度。

(e) 估计逆幂律模型中的幂指数,并估计其不确定度。

(f) 利用寿命-应力关系拟合线估计 15kV 下的百分位寿命,估计其不确定度。在 Weibull 危险图纸上,画出该估计值。

(g) 在 Weibull 危险图纸上画出通过(f)中估计值的寿命分布线。估计 15.8 kV 下的 1%分位寿命,并将其单位从小时转换成年,估计其不确定度。

(h) 评述模型拟合中存在的不足或奇异数据,并做进一步分析。

(i) 将 56.2 小时的失效数据视为 50.2 小时的截尾数据,将试验数据作为单一截尾数据,利用 Weibull 概率图进行分析。评价上述分析方法的优点和缺点(包括难易度和准确度)。

(j) 使用对数正态危险图纸,完成(a)(b)(c),评价 Weibull 分布和对数正态分布哪个拟合效果更好,明显吗?

(k) 采用其他模型进一步分析数据。

(l) 为管理部门写一份简要的报告概述你的结论,包含适当的分析图。

3.13 坡莫合金腐蚀。将 30 个坡莫合金样品置于 6 个相对湿度(%RH)水平下开展腐蚀试验。规定时间后,每个样品质量大小的变化如下表所示。

%RH	腐蚀(质量变化)							
30	0.014 4	0.015 3	0.009 2	0.012 0	0.011 1	0.016 3	0.019 3	0.024 4
40	0.022 1	0.028 0	0.028 7	0.030 1	0.030 1	0.033 0		
50	0.074 4	0.068 4						
60	0.105 0	0.111 0	0.116 0	0.118 5				
70	0.166 5	0.206 5	0.222 0	0.254 0	0.293 0	0.300 8	0.340 8	0.380 7
78	0.654 9	0.666 0						

试验主要目的是确定 10%RH 和 20%RH 下,经过规定时间后产品质量大小变化是否低于规定值 0.005 0。

(a) 将质量变化数据标绘在对数正态概率纸和 Weibull 概率纸上。哪个分布拟合效果更好,明显吗?

(b) 不同湿度下的样本数据能否用平行线描述?说明原因。

(c) 在双对数坐标纸和半对数坐标纸上绘制质量变化数据与相对-湿度的关系图。在半对数纸坐标上,以对数坐标表示质量变化。关系图是直线吗?哪种图纸上关系图的线性度更好,明显吗?

(d) 对选定的关系图进行直线拟合,将拟合线延伸到 10%RH。你选择哪个百分位数拟合直线?估计 10%RH 和 20%RH 下该百分位数的值。

(e) 在选定的概率纸上画出(d)中两个百分位数估计值,画出分布线。相比于指定值 0.005 0，这两个质量变化的分布情况如何？要求在规定时间内的质量变化很小。

(f) 观察质量变化与相对湿度的关系图和质量变化概率图，考虑（e）中的结论，评价拟合模型的适用性。同时，注意是否有奇异数据。

(g) 写出关系模型的代数表达式，未知参数用符合表示。利用质量变化与相对湿度的关系图估计模型中的未知参数，写出代入参数估计值的模型表达式。

(h) 利用概率图估计分布“散度”参数。写出给定相对湿度下质量损失的累积分布函数——包括用符号和数值表示散度参数的两种形式。同样写出给定相对湿度下质量损失百分位数的方程式。

(i) 采用其他模型进行进一步分析。

3.14　Eyring 模型。用 Eying 模型代替 Arrhenius 模型重新对 H 级绝缘系统数据进行图分析。特别地，绘制转换时间 $t'_i=t_iT_i$ 的数据图，其中 t_i 是样品 i 的失效时间，T_i 是样本 i 试验的绝对温度。

3.15　温度循环。抽取十八个密封材料样本开展温度循环加速试验，试验分为三个应力水平，每个应力水平下六个样本，在试验 12、50、100、200 个循环后检测样品是否失效，试验得到的区间数据如下表所示。试验主要目的是评估密封材料在温度变化范围为 40 ℃ 时的循环寿命。

温度变化范围	循环数				
	0～12	13～50	51～100	101～200	未失效数 200
190 ℃	1	1	2	1	1
140 ℃	—	—	2	1	3
100 ℃	—	—	—	—	6

(a) 将数据标绘在对数正态概率纸上。当一个区间内仅有一个失效时，以区间的中值作为其失效时间。当区间内有两个失效时，在区间内等间隔差值确定失效时间。评价各个试验应力水平下的图形是否平行。

(b) 将数据（包括非失效数据）标绘在双对数坐标纸上，根据 Coffin - Masson 模型，寿命与温度变化范围的 5 次幂成反比。用相应的斜率对数据进行直线拟合，评价数据拟合情况。

(c) 利用上述两个图估计温度变化范围为 40 ℃时的寿命分布，并在对数正态概率纸上画出寿命分布线。

(d) 评价数据和模型的有效性。

(e) 在某新型密封材料的试验中，42 个样本在温度变化范围 190 ℃下试验 200 个循环后均未失效。如何比较新密封材料和旧密封材料在温度变化范围 190 ℃下的循环寿命？在温度变化范围 40 ℃下呢？有明显不同吗？用了哪些假设？有效吗？

3.16　导线清漆。对涂有电气绝缘清漆的缠绕导线开展温度加速试验，试验采用定期检测，各检测区间的中点和失效数如下表所示。

温度	小时（失效数）				
220 ℃	1 092（1）	2 184（2）	2 436（4）	2 604（1）	
240 ℃	528（5）				
260 ℃	108（2）	132（4）	156（3）	180（2）	204（5）

(a) 对数据进行全面的图分析。

(b) 估计设计温度 180 ℃下的中位寿命。

(c) 为什么各试验温度下的样本量不同?

3.17　CMOS RAM。某型 CMOS RAM 温度加速试验的定期检测失效数据（区间数据）如下。试验的目的是估计该 COMS RAM 在设计温度 55 ℃和最恶劣的工作温度 85 ℃下的寿命。当可移动离子玷污引起的漏电流达到规定值时，器件失效。试验在 336 小时结束。检测温度为环境温度，检测时对器件施加一定的反偏压。试验过程中没有样品被移出。

125 ℃（106 RAM）		150 ℃（48 RAM）		175 ℃（24 RAM）	
失效数	小时（天）	失效数	小时（天）	失效数	小时（天）
2	72（3）	3	24（1）	2	24（1）
1	168（7）	1	136（5.7）	3	72（3）
2	336（14）	2	168（7）	3	336（14）
336 h 后 101 个未失效		2	336（14）	336 h 后 16 个未失效	
		336 h 后 40 个未失效			

(a) 考虑数据的区间特性，将失效均匀分布到其发现的检测区间，绘制数据的 Weibull 概率图。Weibull 分布是否可以充分拟合数据？说明原因。视各区间内失效发生在检测时间点，重新绘制数据的 Weibull 概率图。对比两个 Weibull 概率图。

(b) 估计形状参数。失效率是递增还是递减?

(c) 形状参数是否与时间相关？说明原因。

(d) 估计各试验温度下同一低百分位数，并绘制在 Arrhenius 坐标纸上，画一条通过它们的直线。标出各个温度下的失效数和未失效数。评价 Arrhenius 模型的适用性。

(e) 根据 (d) 估计激活能，将其与该失效机理的惯用值 1.05eV 进行对比。

(f) 根据 (d) 在 Weibull 概率纸上画出 55 ℃和 85 ℃下的寿命估计值，尤其是 1%和 50%分位寿命。

(g) 所有器件由同一晶片制造而成，评述这对上述图估计和图分析的影响。

(h) 评述如何改进检测时间安排。

(i) 评述三个试验温度下样本量不同的优点和缺点。

(j) 设计一个优化的试验方案（第 6 章），并与上面的试验进行对比。

(k) 利用最大似然法（第 5 章）对数据进行 Arrhenius - Weibull 模型拟合。在 Weibull 概率纸和 Arrhenius 坐标纸上画出拟合模型及其置信限。

(l) 采用 Arrhenius -对数正态模型重复前面的分析。

3.18* 微处理器。某型微处理器加速试验的区间数据如下，参试微处理器与获取表 3.6-1 中数据所用的微处理器相同。试验加速温度也是 125 ℃，但电压为设计电压 5.25 V。

区间 i	1	2	3	4	5
时间 t_i/h	48	168	500	1 000	2 000
f_i/n_i	1/1 413	3/1 411	1/316	2/315	1/165

(a) 采用表 3.6-2 的形式计算失效概率估计值 F_i 。

(b) 将失效数据及对应的估计值 F_i 绘制在 Weibull 概率纸上。Weibull 分布是否可以充分拟合数据?

(c) 估计 Weibull 分布形状参数，评述试验条件下失效率特性。老炼能否改进生产?为什么?

(d) 两个电压下的形状参数有明显不同吗? 若有不同，说明原因?

(e) 计算失效概率的 95%双侧置信限，并在 Weibull 概率纸上画出。两个电压下的寿命分布有明显不同吗?

(f) 使用 E=0.8 eV，E=0.3 eV，计算试验温度 125 ℃相对于设计温度 55 ℃的加速因子。在 Arrhenius 坐标纸上，画出激活能为 0.3 eV、0.8 eV、1.0 eV 的斜率，画出电压为 5.25 V 时的数据。设计温度下哪个激活能的评估结果最保守?

(g) 假设 E=1.0 eV，在 Weibull 概率图中将 125 ℃下的点估计和置信限移到 55 ℃。比较 5.25 V 和 7.0 V 的寿命分布，并分别与目标值进行对比，有什么明显不同?

(h) 假设 E=0.8 eV，在另一张 Weibull 概率纸重新完成 (g)。设计温度下两个电压的寿命分布有明显不同吗?

(i) 假设 E=1.0 eV，在对数正态分布概率纸上重做 (b) 和 (g)。

(j) 评述前面的分析。

第4章　完全数据和最小二乘法

4.1　引言

（1）内容

本章介绍完全寿命数据的最小二乘法。最小二乘法可以给出产品寿命的点估计和区间估计，即模型参数、平均（对数）寿命、百分位寿命、要求寿命的应力水平和给定寿命的失效概率的点估计和区间估计。本章中将最小二乘法用于正态寿命分布、对数正态寿命分布、Weibull 寿命分布和指数寿命分布。最小二乘法也适用于随时间退化的产品性能测试数据。本章还将介绍数据和假设模型的检验方法，可用于评价点估计和置信限的有效性。更为重要的是，通过这些检验方法通常能够找出产品的改进措施。

（2）基础

本章所需基础包括第 2 章的寿命分布和线性寿命-应力关系。第 3 章的图分析法也十分有用。同时还需要点估计（抽样分布和标准误差）、置信限、假设检验等统计学基础知识，可参见 Nelson（1982，第 6 章和第 10 章）等书籍。最小二乘回归的知识也是有益的但不是必须的。回归分析相关书籍将在后面提及。本章面向仅了解基本统计方法的人员，那些熟练掌握最小二乘法的读者可以选择性阅读。

（3）本章概述

4.2 节介绍（对数）正态寿命分布和线性寿命-应力关系的点估计和区间估计的最小二乘法。4.3 节介绍检验数据和结合（对数）正态寿命分布的模型的解析法和图形法。4.4 节将最小二乘法扩展到 Weibull 寿命分布和指数寿命分布。4.5 节介绍检验数据和结合 Weibull（或指数）寿命分布的模型的解析法和图形法。4.6 节介绍多变量模型的最小二乘拟合方法，多变量模型包含两个或两个以上加速变量或工程变量。

（4）优点和缺点

相比于图形方法，类似于最小二乘法的解析方法有优点也有缺点。解析方法具有客观性，即不同的人使用同一解析方法分析同一组数据会得到完全相同的结果。图形方法却非如此，但不同的人使用图形分析法通常会得到相同的结论。而且，解析方法可以利用标准差和置信限表示估计精度。产品寿命估计的统计不确定度通常很大，精度对于工程实践非常重要，但图形方法不能明确表明信息的精度是否满足工程需要。解析方法的缺点是不容易揭示数据中的某些信息，但图形方法可以。第 3 章和本章第 3 节和第 5 节给出了这方面的实例。此外，大多数解析方法计算量都很大，需要专用的计算机程序。相比之下，图形方法很容易手动实现，而且已有可进行图形分析的计算机程序。此外，图形方法有助于向他人展示结果，眼见为实。

最好是将图形方法和解析方法结合使用。图形分析法可以辅助评价数据和解析方法的合理性。而且，一种方法可以提供另一种方法不能给出的某些信息。应该理解一组数据需要进行多种分析，许多现代统计教材详细介绍了这类重复性和探索性的数据分析。以前的教材轻率地通过仅仅计算一个 t 统计量、置信区间或者显著性水平来“解决”一个问题。

（5）编写本章的原因

用一章的内容来介绍完全数据的分析方法有以下几个原因。第一，许多加速试验运行至样品全部失效，这种试验方法效率低下，并不推荐使用，其原因在第 5 章给出，但这是许多产品的常用方法。第二，完全寿命的最小二乘法（计算）为人熟知且相对简单。例如，IEEE Std 101、ASTM 专业技术出版物 STP313，以及 ASTM 的标准操作规程 E 739 - 80 都涉及最小二乘法。回归分析相关书籍介绍了最小二乘计算方法和理论，如 Draper 和 Smith（1981），Weisberg（1985），以及 Neter、Wasserman 和 Kunter（1983、1985）。第三，最小二乘法的计算程序普遍可用，甚至有些便携式计算器也可进行最小二乘计算。第四，对于对数正态寿命分布，最小二乘法可以得到最优点估计和精确置信限。相比而言，最小二乘法对于 Weibull 寿命分布和指数寿命分布并不具有统计有效性（最精确）。第五，多数读者熟知完全数据的回归分析法。因此本章是第 5 章的一个简单导论，第 5 章将回归分析方法扩展到截尾数据，将更复杂。

（6）避免完全数据

加速寿命试验运行至所有样品都失效通常效率低下，浪费时间和经费。一般来说，在所有样品失效前适时结束试验会更好，这时可使用第 5 章的最大似然法分析截尾数据。最大似然法在 19 世纪 60 年代发展成熟，但仍有部分工程师对其不了解。此外，截尾数据的计算复杂，需要专用的计算机程序，而由于此类程序并不是主流统计软件的组成部分，多数大型公司都没有相关程序。因此工程师需继续采用完全数据和最小二乘法。

（7）模型误差

除了效率之外，在所有样品失效前适时结束试验的另一重要原因是结果的精度。假设需要评估某一应力水平下寿命分布的低百分位数，并假设寿命分布不能在分布的全部范围内充分拟合数据，即模型是不准确的。此时只对各应力水平下的早期失效数据进行寿命分布拟合通常会更好，这样较晚的失效就不会使低百分位数的估计产生偏差。图 4.1 - 1 的概率图显示了偏差产生的原因。Hahn、Morgan 和 nelson（1985）详细阐述了使用人工截尾减小模型偏差的方法，并建议将上尾段的失效数据视为某一较早时间的截尾数据。

（8）计算机程序[①]

最小二乘法的计算机计算程序普遍可用。大多数统计软件中都包含最小二乘计算程序，并可以给出概率图和互相关图，有效地检验模型和数据。企业使用的软件主要有：

- BMD，1974 年由 Dixon 编辑。
- BMDP，1983 年由 Dixon 编辑，与 BMD 相比，具有更友好的用户语言。

---

① 译者注：由于计算机和软件的高速发展，关于计算机程序的相关内容有些已经过时，仅供参考。

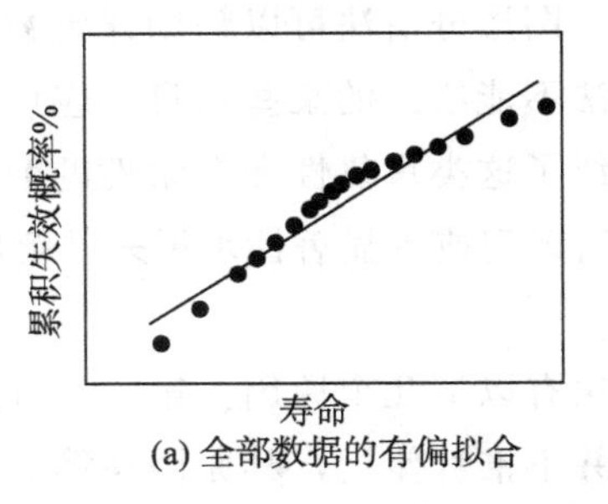

(a) 全部数据的有偏拟合

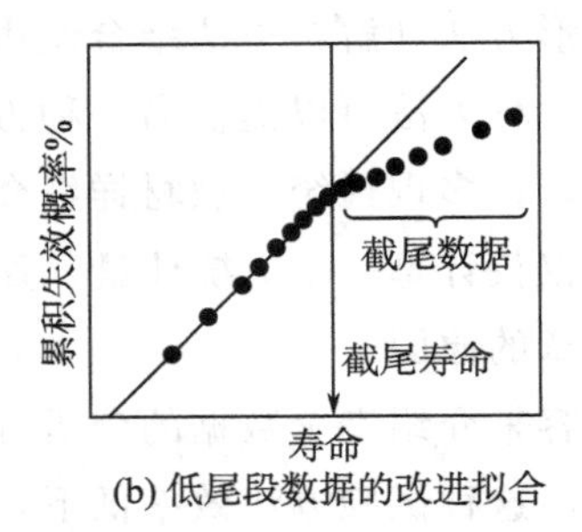

(b) 低尾段数据的改进拟合

图 4.1-1 数据拟合结果对比

- SAS，1982 年由 SAS 公司提供，联系方式（919）467-8000。
- SPSS，1986 年由 SPSS 公司提供。
- Minitab，由 Park 大学 215 邦德实验室的 Minitab 项目组提供。

对于加速试验，大多数最小二乘程序不能给出确定有用的计算结果，如百分位寿命、给定寿命的失效概率、规定寿命对应的设计应力的点估计和置信限。这些程序假设寿命服从（对数）正态分布，且大多对 Weibull 分布和指数分布缺少必要的修正。修正算法见 4.4 节和 4.5 节。大部分读者会使用已有的程序，但还有一些读者希望自己编写程序，本书中详细的计算过程有助于编程。但需要注意的是，个人编写的程序通常会受到舍入误差、溢出和下溢、t 百分位数和其他统计函数的粗略近似等因素的影响。而大多数成熟的标准统计软件采用先进复杂的算法，具有良好的通用性，而且可以计算残差并绘制残差图，残差的计算和绘图见 4.3 节和 4.5 节。

第 5 章第 1 节列出了可用最大似然方法分析截尾（完全）寿命数据的计算机软件。对于完全数据和对数正态分布，最大似然估计与最小二乘估计相同。此外，最大似然法的计算程序可以给出百分位寿命和给定寿命的失效概率的点估计和置信限，而最小二乘法的计算程序不能给出。

（9）不确定性更大

第 1 章讨论了数据收集与分析中的工程因素。例如，理想数据应该是所关心总体的随机抽样，即在实际使用条件下试验产品部件的随机抽样。模型应能充分表述产品寿命与应力间的函数关系。例如，当数据中包含多种失效模式时，本章的方法可能会得出错误的结果。第 7 章将介绍多失效模式数据的分析方法。当然，在实践中，参试产品和试验条件只能近似总体和使用条件，模型在某种程度上是不准确的。因此，下文中点估计的不确定度大于标准差和置信限所表征的不确定度。

（10）相关内容

后续几章是对本章方法的扩展。第 5 章介绍分析截尾数据和区间数据的最大似然方法。第 7 章介绍多失效模式数据的最大似然方法和图形分析法。此外，第 3 章介绍完全数据和截尾数据的图形分析法。第 6 章指导试验方案设计和试验样本量选取。

4.2　对数正态寿命分布的最小二乘法

（1） 目的

本节介绍模型参数、百分位寿命、可靠度及其他参量的点估计和区间估计的最小二乘法，这些方法适用于产品寿命服从对数正态分布或者正态分布，且寿命-应力关系为线性的情况，也适用于产品性能退化数据。

（2） 基础

本节所需要的基础知识包括正态分布、对数正态分布以及简单线性寿命-应力关系（第 2 章）。被广泛使用的 Arrhenius -对数正态模型是其中一个特例。此外，还需要点估计、区间估计和假设检验等统计学基础知识，以及第 3 章的图形分析法。

（3） 概述

4.2.1 节介绍用于阐明最小二乘法的实例数据、模型和计算机计算结果。4.2.2 节介绍模型参数、平均（对数）寿命、百分位寿命、设计应力，以及给定寿命的失效概率的点估计。4.2.3 节介绍上述参量的区间估计。4.3 节介绍数据和模型的检验方法。

4.2.1　实例数据、模型和计算机输出

（1） 实例数据

以 H 级绝缘系统数据为例说明正态分布和对数正态分布数据分析的最小二乘法。第 3 章介绍了 H 级绝缘系统完全数据及其图形分析法。40 个样本的对数（以 10 为底）失效时间如表 4.2 - 1 所示。当假设产品寿命服从对数正态分布时，应分析对数时间。和第 3 章一样，以检测区间的中点作为失效时间。

表 4.2 - 1　H 级绝缘系统的对数失效时间

样品 i \ 温度/℃	190	220	240	260
1	3.859 0	3.246 5	3.070 0	2.778 2
2	3.859 0	3.386 7	3.070 0	2.871 6
3	3.859 0	3.386 7	3.182 1	2.871 6
4	3.926 8	3.386 7	3.195 6	2.871 6
5	3.962 2	3.386 7	3.208 7	2.960 0
6	3.962 2	3.386 7	3.221 4	3.523 0
7	3.962 2	3.492 5	3.221 4	3.120 6
8	3.962 2	3.492 5	3.233 8	3.655 0
9	4.021 6	3.492 5	3.245 8	3.206 3
10	4.021 6	3.492 5	3.290 7	3.277 8

（2） 目的

最小二乘分析的主要目的是评估该绝缘系统在设计温度 180 ℃下的平均寿命，包括利用置信区间比较估计值和要求值 2 000 小时。此外，还应采用 4.3 节的方法评价数据和模

型的有效性，这导致了每年节省＄1 000 000 的发现。

（3）模型假设和符号

对于（对数）正态分布的完全数据，最小二乘分析包括如下假设。随机抽取 n 个样品进行试验，至所有样品失效结束。试验分为 J 个应力水平，n_j 个样品在（转换）应力水平 x_j 下进行试验，$j=1, 2, \cdots, J$。例如，对于阿伦尼斯模型，$x_j=1\,000/T_j$，是绝对温度 T_j 的倒数。对于逆幂律模型，$x_j=\log(V_j)$，是电压的对数。y_{ij} 表示试验应力水平 x_j 下样品 i 的（对数）失效时间。H 级绝缘系统失效的对数时间如表 4.2－1 所示，试验总样本量为 $n=n_1+n_2+\cdots+n_J$。

（对数）失效时间 y_{ij} 与应力水平 x_j 间的模型为

$$y_{ij}=\mu(x_j)+e_{ij} \tag{4.2-1}$$

其中，$i=1, \cdots, n_j$，$j=1, \cdots, J$。（对数）寿命 y_{ij} 的随机变差（或者随机误差）e_{ij} 服从均值为 0、标准差 σ 未知的正态分布。平均（对数）寿命的线性寿命-应力关系为

$$\mu(x_j)=\gamma_0+\gamma_1 x_j \tag{4.2-2}$$

式（4.2－2）包括 Arrhenius 模型和逆幂律模型。假设随机误差 e_{ij} 在统计上相互独立。这些是最小二乘回归理论的一般假设，详见 Draper 和 Smith（1981），Neter、Wasserma 和 Kutner（1983）。本节介绍模型参数 γ_0、γ_1、σ 及其他参量的最小二乘点估计和区间估计。

针对某些目的，式（4.2－2）可变换为如下形式

$$\mu(x_j)=\gamma_0'+\gamma_1(x_j-x') \tag{4.2-2'}$$

式中，x' 为选定值，通常接近数据的中心，或者是重要值，如设计应力。则 $\mu(x')=\gamma'_0$，$\gamma_0=\gamma'_0-\gamma_1 x'$，此时应力 x 关于 x'“中心化”或“编码”。

（4）计算结果

大多数统计软件都可以完成上述模型的最小二乘拟合。图 4.2－1 展示了使用 SAS 拟合 H 级绝缘系统数据的部分计算结果。SAS 计算精确到 7 位有效数字，表 4.2－1 精确到 4～5 位有效数字。对于加速试验数据，大多数最小二乘计算软件不能给出确定有用的计算结果。2.2 节和 2.3 节介绍了程序中潜在的计算过程，并定义了所有的符号和术语。这些计算公式的编号如下所示。变量为 LOGFITE（绝缘系统寿命以 10 为底的对数）和 INVTEMP（1 000 除以绝对温度）。输出结果中编号行的说明如下。

• 行 1 及随后内容显示的是描述性统计量，包括变量 LOGFITE 和 INVTEMP 的和、均值[式（4.2－7）和式（4.2－8）]、平方和[式（4.2－9）、式（4.2－10）和式（4.2－11）]。

• 行 2 显示对数标准差 σ 的点估计为 0.110 659 [式（4.2－15）]。此处用均方根误差标记。SAS 不能提供 σ 的置信限[式（4.2－25）]。

• 行 3 显示截断系数 γ_0 的最小二乘点估计－3.163 28 [式（4.2－13）]，及该点估计的标准误差[式（4.2－27）]。SAS 输出没有该系数的置信限[式（4.2－28）]。

• 行 4 显示 INVTEMP 的斜率系数的最小二乘点估计 3.272 841 66 [式（4.2－12）]，及该点估计的标准误差[式（4.2－30）]。SAS 输出没有该系数的置信限[式

(4.2－31)］。

• 行 5 及随后内容是系数点估计的方差和协方差［式（4.2－26）和式（4.2－29）］。

• 行 6 及随后内容是试验温度和设计温度下对数寿命均值的点估计和 95%双侧置信限［式（4.2－21）］，以及试验温度和设计温度下中位寿命（单位：小时）的点估计和 95%双侧置信限。可见，180 ℃下中位寿命的置信上限低于 20 000 小时，充分表明该绝缘系统不能满足 20 000 小时目标值。当然，SAS 不能自动给出这些结论。

SAS 软件还提供其他标准输出，但对加速试验的价值很小。使用标准软件分析数据的读者可以略过 2.2 节和 2.3 节的理论。

1 DESCRIPTIVE STATISTICS

VARIABLE	SUM	MEAN	UNCORRECTED SS
LOGLIFE	135.660 813 1	3.391 520 328	465.294 164 7
INVTEMP	80.111 401 0	2.002 785 025	160.887 403 1
INTERCEP	40.000 000 0	1.000 000 000	40.000 000 0

VARIABLE	VARIANCE	STD DEVIATION
LOGLIFE	0.133 275 882 9	0.365 069 695 9
INVTEMP	0.011 320 229 5	0.106 396 567 1
INTERCEP	0.000 000 000 0	0.000 000 000 0

SUMS OF SQUARES AND CROSSPRODUCTS

SSCP	LOGLIFE	INVTEMP	INTERCEP
LOGLIFE	465.294 2	273.144 4	135.660 8
INVTEMP	273.144 4	160.887 4	80.111 4
INTERCEP	135.660 8	80.111 4	40

DEP VARIABLE: LOGLIFE
ANALYSIS OF VARIANCE

SOURCE	DF	SUM OF SQUARES	MEAN SQUARE	F VALUE	PROB>F
MODEL	1	4.729 005 60	4.729 005 60	383.362	0.000 1
ERROR	38	0.468 753 83	0.012 335 63		
C TOTAL	39	5.197 759 43			

2

ROOT MSE	0.111 065 9	R-SQUARE	0.909 8
DEP MEAN	3.391 52	ADJ R-SQ	0.907 4
C.V.	3.274 811		

PARAMETER ESTIMATES

	VARIABLE	DF	PARAMETER ESTIMATE	STANDARD ERROR	T FOR′ HO: PARAMETER=0	PROB>|T|
3	INTERCEP	1	−3.163 28	0.335 236 83	−9.436	0.000 1
4	INVTEMP	1	3.272 841 66	0.167 155 51	19.580	0.000 1

5 COVARIANCE OF ESTIMATES

COVB	INTERCEP	INVTEMP
INTERCEP	0.112 383 7	−0.055 959 7
INVTEMP	−0.055 959 7	0.027 940 96

	TEMP	MEAN	STD ERR	LOWER95%	UFPER95%	MEDIAN	LMEDIAN	UMEDIAN
6	180 deg.	4.058 99	0.038 347 2	3.981 36	4.136 62	11 454.8	9 579.83	13 696.7
	190 deg.	3.903 05	0.031 479 3	3.839 33	3.966 78	7 999.3	6 907.59	9 263.6
	220 deg.	3.473 19	0.018 049 7	3.436 65	3.509 73	2 973.0	2 733.08	3 233.9
	240 deg.	3.214 54	0.019 750 8	3.174 56	3.254 52	1 638.9	1 494.71	1 796.9
	260 deg.	2.975 30	0.027 573 5	2.919 48	3.031 11	944.7	830.76	1 074.3

图 4.2－1　H 级绝缘系统数据的 SAS 最小二乘计算结果

4.2.2 参量的点估计

本节介绍模型参数及其他关心参量的最小二乘点估计计算公式。2.3 节介绍了相应的区间估计。点估计和区间估计的计算公式是最小二乘回归理论的标准公式，参见 Draper 和 Smith（1981），Neter、Wasserman 和 Kunter（1983，1985）。这些点估计具有良好的统计特性，适用于工程实践。

（1）前期计算

数据的前期计算如下，计算每个试验应力下的样品均值$\bar{y}_j$ 和标准差 s_j

$$\bar{y}_j=(y_{1j}+y_{2j}+\cdots+y_{n_jj})/n_j \tag{4.2-3}$$

$$\begin{aligned} s_j &= \left\{[(y_{1j}-\bar{y}_j)^2+\cdots+(y_{n_jj}-\bar{y}_j)^2]/(n_j-1)\right\}^{1/2} \\ &= \left\{[(y_{1j}^2+\cdots+y_{n_jj}^2)-n_j\,\bar{y}_j^2]/(n_j-1)\right\}^{1/2} \end{aligned} \tag{4.2-4}$$

式中和是试验应力 j 下所有观测值 y_{ij} 的和。antilog$(\bar{y}_j)$ 称为样本几何平均值。s_j 的第一个公式只有较少的舍入误差。s_j 的自由度为

$$\upsilon_j=n_j-1 \tag{4.2-5}$$

当 $n_j=1$ 时，不能计算 s_j 。表 4.2-2 显示了实例数据的上述计算。所有计算精确到 6 位有效数字，以确保最终结果有 3～4 位有效数字，最好数据也使用 6 位有效数字。

计算所有数据的均值

$$\bar{x}=(n_1\,\bar{x}_1+\cdots+n_J\,\bar{x}_J)/n \tag{4.2-6}$$

$$\bar{y}=(n_1\,\bar{y}_1+\cdots+n_J\,\bar{y}_J)/n \tag{4.2-7}$$

表 4.2-2　H 级绝缘系统的最小二乘法计算

式（4.2-4）	$\bar{y}=3.939\,58$，$\bar{y}_2=3.415\,00$，$\bar{y}_3=3.193\,95$，$\bar{y}_4=3.017\,55$
antilog$(\bar{y}_j)$	8 701　　2 600　　1 563　　1 040
式（4.2-5）	$s_1=\{[(3.859\,0-3.939\,58)^2+\cdots+(4.021\,6-3.939\,58)^2]/(10-1)\}^{1/2}=0.062\,498\,1$ $s_2=\{[(3.246\,5-3.415\,00)^2+\cdots+(3.492\,5-3.415\,00)^2]/(10-1)\}^{1/2}=0.079\,177\,5$ $s_3=\{[(3.070\,0-3.193\,95)^2+\cdots+(3.290\,7-3.193\,95)^2]/(10-1)\}^{1/2}=0.071\,672\,0$ $s_4=\{[(2.778\,2-3.017\,55)^2+\cdots+(3.277\,8-3.017\,55)^2]/(10-1)\}^{1/2}=0.170\,482$
式（4.2-7）	$\bar{x}=[10(2.159)+10(2.026)+10(1.949)+10(1.875)]/40=2.002\,25$
式（4.2-8）	$\bar{y}=[10(3.939\,58)+10(3.415\,00)+10(3.193\,95)+10(3.017\,55)]/40=3.391\,52$
式（4.2-9）	$S_{yy}=(3.859\,0-3.391\,52)^2+\cdots+(3.277\,8-3.391\,52)^2=5.197\,46$
式（4.2-10）	$S_{xx}=10(2.159-2.002\,25)^2+10(2.026-2.002\,25)^2+10(1.949-2.002\,25)^2=0.441\,627$
式（4.2-11）	$S_{xy}=10(2.159-2.002\,25)3.939\,58+\cdots+10(1.875-2.002\,25)3.017\,55=1.445\,74$
式（4.2-12）	$c_1=1.445\,74/0.441\,627=3.273\,67$
式（4.2-13）	$c_0=3.391\,52-3.27367\,(2.002\,25)=-3.163\,19$

续表

式（4.2-14）	$s=\{[9(0.062\ 489\ 1)^2+9(0.079\ 177\ 5)^2+9(0.071\ 672\ 0)^2+9(0.170\ 482)^2]/(40-4)\}^{1/2}$ $=0.105\ 327$
式（4.2-15）	$s'=\{[5.197\ 46-3.273\ 67(1.445\ 74)]/(40-2)\}^{1/2}=0.110\ 569$

式（4.2-6）和式（4.2-7）都是整个样本的和除以 n。计算平方和

$$S_{yy}=\sum_{j=1}^{J}\sum_{i=1}^{n_j}(y_{ij}-\bar{y})^2=\sum_{j=1}^{J}\sum_{i=1}^{n_j}y_{ij}^2-n\,\bar{y}^2 \tag{4.2-8}$$

$$S_{xx}=n_1(x_1-\bar{x})^2+\cdots+n_J(x_J-\bar{x})^2=n_1x_1^2+\cdots+n_Jx_J^2-n\,\bar{x}^2 \tag{4.2-9}$$

$$S_{xy}=n_1(x_1-\bar{x})\bar{y}_1+\cdots+n_J(x_J-\bar{x})\bar{y}_J=n_1x_1\,\bar{y}_1+\cdots+n_Jx_J\,\bar{y}_J-n\,\bar{x}\bar{y} \tag{4.2-10}$$

式中，S_{yy} 为全部 n 个样本观测值的二重和。表 4.2-2 显示了实例数据的求和计算。最小二乘计算程序可以完成式（4.2-3）～式（4.2-14）的所有计算。表 4.2-2 中的结果与图 4.2-1 中的结果不同，主要是因为表 4.2-1 中的数据有效数字个数较少。

有些数据集中每个或大多数样品的 x_j 值都不同，即 $n_j=1$。此时公式（4.2-7）至式（4.2-10）的求和计算必须遍历所有 n 个样品，接下来的所有计算也是一样，但要使用 s'［式（4.2-14）］而不是 s［式（4.2-13）］作为 σ 的估计值。

（2）系数的点估计

γ_0 和 γ_1 的最小二乘点估计分别为

$$c_1=S_{xy}/S_{xx} \tag{4.2-11}$$

$$c_0=\bar{y}-c_1\,\bar{x} \tag{4.2-12}$$

在表 4.2-2 的实例中，$c_1=3.273\ 67$ 和 $c_0=-3.163\ 19$。γ_0 和 γ_1 真值的置信限见 2.3 节，图估计见第 3 章。激活能（单位 eV）的点估计为

$$E^*=2\ 303kc_1$$

式中，波尔兹曼常数 $k=8.617\ 1\times10^{-5}$ eV/℃。在表 4.2-2 的实例中 $E^*=2\ 303\times8.617\ 1\times10^{-5}\times3.272\ 67=0.65$ eV（四舍五入到物理有效的有效数字个数）。

（3）σ 的点估计

（对数）标准差 σ 的合并估计为

$$s=[(\upsilon_1s_1^2+\cdots+\upsilon_Js_J^2)/\upsilon]^{1/2} \tag{4.2-13}$$

式中，$\upsilon=\upsilon_1+\cdots+\upsilon_J=n-J$ 为该点估计的自由度维数。此估计值被称为基于重复试验（纯误差）的标准差估计。对于表 4.2-2 中的实例，$s=0.105\ 327$。这个小数值表明该绝缘系统的失效率将随时间增大。σ 的另一个联合点估计为

$$s'=[(S_{yy}-c_1S_{xy})/(n-2)]^{1/2} \tag{4.2-14}$$

这是回归方程失拟时的标准差估计，其自由度为 $\upsilon'=n-2$。大部分回归分析程序给出的是这个估计值。对于表 4.2-2 中的实例，$s'=0.110\ 569$。对工程目的而言，该值与 $s=0.105\ 327$ 并没有什么不同。

σ 的任一估计值都可在后续计算中使用，但必须使用相应的 υ 或 υ' 。在下面的计算中推荐使用 s 。当真实的（转换）寿命-应力关系不是线性时，s' 往往会过高估计 σ ，但在某些情况下可能更可取，s' 是保守的，过高估计 σ 会使产品看来更糟。σ 的区间估计见 2.3 节，图估计见第 3 章。

（4）平均（对数）寿命的点估计

任一（转换）应力水平 x_0 下，平均（对数）寿命 $\mu(x_0)=\gamma_1+\gamma_0 x_0$ 的最小二乘估计为

$$m(x_0)=c_0+c_1 x_0 \tag{4.2-15}$$

该估计假设线性关系模型［式（4.2-2）］成立，否则估计可能不准确。拟合线性度的评价方法见 4.3.1 节，$\mu(x_0)$ 的区间估计见 4.2.3 节，图估计方法见第 3 章。对于对数正态分布，中位寿命的点估计 $t_{0.50}(x_0)=\text{antilog}[m(x_0)]$。

对于 H 级绝缘系统，在绝对温度 $T_0(x_0=1\ 000/T_0)$下

$$m(x_0)=-3.163\ 2+3.273\ 7x_0=-3.163\ 2+(3\ 273.7/T_0)$$

式中 c_0 和 c_1 由表 4.2-2 得到。式中的系数估计值需要 5 个或 5 个以上有效数字，以保证最终计算结果具有足够精度。该直线在 Arrhenius 纸上的图形如图 4.2-2 所示。在设计温度 180 ℃(x_0=2.207) 下，$m(2.207)=-3.163\ 2+3.273\ 7(2.207)=4.062$。180 ℃下的中位寿命的估计值为 $t_{0.50}(2.207)=\text{antilog}(4.062)=11\ 500$小时 。该点位于图 4.2-2 的中位寿命线上。

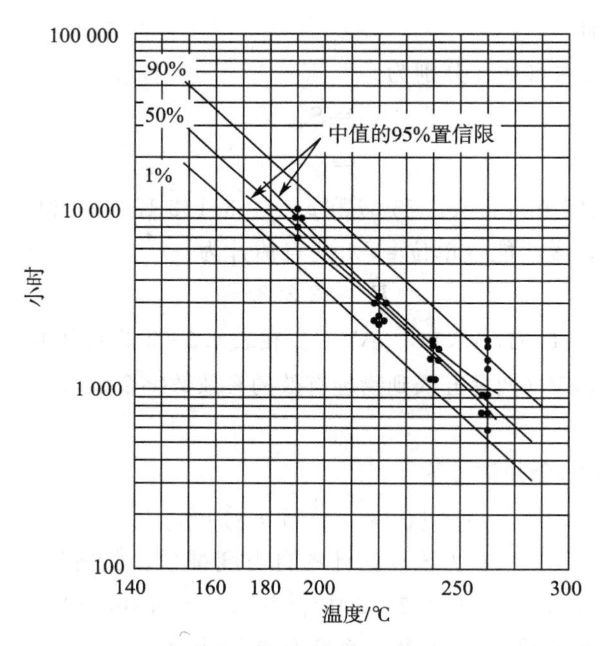

图 4.2-2　H 级绝缘系统数据的 Arrhenius 图和置信限

（5）百分位数的点估计

对于任一（转换）应力水平 x_0，正态分布的 100P%分位数 $\eta_P(x_0)=\mu(x_0)+z_P\sigma$ 的点估计为

$$y_P(x_0)=m(x_0)+z_P s=c_0+c_1 x_0+z_P s \tag{4.2-16}$$

式中，z_P 为正态分布的 100P%分位数。当 $P=0.50$ 时，该估计值为（对数）均值的点估计。对数正态分布的 100P%分位数的点估计为 $t_P(x_0)=\text{antilog}[y_P(x_0)]$。

对于 H 级绝缘系统，其在 180 ℃下对数寿命的 1%分位数的点估计为 $y_{0.01}(2.207)=4.062+(-2.2363)0.1053=3.827$，其中 $z_{0.01}=-2.2363$。1%分位寿命的点估计为 $t_{0.01}(2.207)=\text{antilog}(3.827)=6\,710$ 小时，如图 4.2-2 所示，1%分位寿命线穿过该估计值。

百分位数的置信下限估计见 4.2.3 节，图估计见第 3 章。

(6) 要求寿命对应应力水平的点估计

实践中可能需要估计使得规定（对数）寿命 η^* 的总体生存概率为给定值 100R%时的（转换）应力水平。由式（4.2-16）可得，（转换）应力水平的点估计 x^* 为

$$x^*=(\eta^*-c_0+z_R s)/c_1 \tag{4.2-17}$$

对于 H 级绝缘系统，假设 10 000 小时时的总体生存概率为 99%（$\eta^*=\log(10\,000)=4.000$），对应的转换应力水平为

$$x^*=[4.000-(-3.163)+(2.2363)0.1053]/3.2737=2.260$$

转换可得（1 000/2.260）−273.16≈169 ℃。

这类应力水平的区间估计见 4.2.3 节，图估计见第 3 章。

(7) 失效概率的点估计

任一（转换）应力水平 x_0 下，给定（对数）寿命 η_0 的失效概率点估计为

$$F^*(\eta_0;x_0)=\Phi\{[\eta_0-m(x_0)]/s\}=\Phi[(\eta_0-c_0-c_1x_0)/s] \tag{4.2-18}$$

式中，$\Phi\{\ \}$ 为标准正态分布累积分布函数（附录 A1）。对于 H 级绝缘系统，在 190 ℃下，$x_0=1\,000/(190+273.16)=2.159$，7 000 小时[$\eta_0=\log(7\,000)=3.84510$]时的失效概率点估计为

$$F^*(3.84510;2.159)=\Phi\{[3.84510-(-3.16319)-(3.27367)2.159]/0.105327\}$$
$$=\Phi\{-0.556\}=0.286$$

失效概率的图估计见第 3 章，失效概率真值的区间估计见 4.2.3 节。

4.2.3　置信区间

最小二乘法估计的精度可由估计值的标准误差和置信区间给出。下面介绍模型参数和其他关心参量的区间估计，多数由 Draper 和 Smith（1981），Neter、Wasserman 和 Kutner（1983，1985），Weisberg（1985）给出。

(1) 平均（对数）寿命的置信限

$m(x_0)=c_0+c_1x_0$ 是应力水平 x_0 下（对数）均值 $\mu(x_0)=\gamma_0+\gamma_1x_0$ 的点估计，服从均值为 $\mu(x_0)$ 的正态抽样分布，因此 $m(x_0)$ 是 $\mu(x_0)$ 的无偏估计。该抽样分布的标准差也是 $m(x_0)$ 的标准误差，为

$$\sigma[(m(x_0)]=\{(1/n)+[(x_0-\bar{x})^2/S_{xx}]\}^{1/2}\sigma \tag{4.2-19}$$

符号的含义同 2.2 节。标准误差的大小取决于试验方案，即试验应力水平 x_j 的选取和每个应力水平下试验样本量 n_j 的选择。标准误差的点估计为

$$s[(m(x_0))]=\{(1/n)+[(x_0-\bar{x})^2/S_{xx}]\}^{1/2}s \tag{4.2-20}$$

式中，s 是 σ 的点估计，自由度数为 υ（4.2.2 节）。

真值 $\mu(x_0)$ 的 $100\gamma\%$ 双侧置信区间的上、下限为

$$\underset{\sim}{\mu}(x_0)=m(x_0)-t(\gamma';\upsilon)\times s[m(x_0)]$$

$$\widetilde{\mu}(x_0)=m(x_0)+t(\gamma';\upsilon)\times s[m(x_0)] \tag{4.2-21}$$

式中，$t(\gamma';\upsilon)$ 为自由度为 υ 的 t 分布的 $100\gamma'\%$ 分位数，$\gamma'=(1+\gamma)/2$。t 分布的百分位数表见附录 A4。对数正态寿命分布中位数 $\tau_{0.50}(x_0)$ 的双侧置信区间的上、下限为

$$\underset{\sim}{\tau}_{0.50}(x_0)=\text{antilog}[\underset{\sim}{\mu}(x_0)],\widetilde{\tau}_{0.50}(x_0)=\text{anilog}[\widetilde{\mu}(x_0)]$$

H 级绝缘系统在 180 ℃（$x_0=2.207$）下的标准误差估计值为

$$s[m(2.207)]=\{(1/40)+[(2.207-2.002)^2/0.441\ 6]\}^{1/2}0.105\ 3=0.036\ 5$$

其中，$s=0.105\ 3$ 的自由度为 36。对数寿命均值的置信度为 95% 的置信区间的上、下限为

$$\underset{\sim}{\mu}(2.207)=4.062-2.029(0.0365)=3.988$$

$$\widetilde{\mu}(2.207)=4.062+2.029(0.0365)=4.136$$

式中，$t(0.975;36)=2.029$ 是自由度为 36 的 t 分布的 97.5%分位数。中位寿命的双侧置信限为 $\underset{\sim}{\tau}_{0.50}(2.207)=\text{antilog}(3.988)=9\ 730$ 小时，$\widetilde{\tau}_{0.50}(2.207)=\text{antilog}(4.136)=13\ 700$ 小时。置信区间不包含中位寿命要求值 20 000 小时，这清晰地说明真实中位寿命明显低于 20 000 小时，回答了主要问题。设计温度和试验温度下中位寿命的 95%双侧置信限如表 4.2-3 所示，置信限的曲线如图 4.2-2 所示。置信区间在靠近数据中心处最窄，离中心越远越宽——这是置信区间的一般特性。

表 4.2-3 试验温度和设计温度下中位寿命的 95%双侧置信限

温度/℃	置信下限/h	置信上限/h
180	9 730	13 700
190	6 980	9 220
220	2 720	3 190
240	1 510	1 780
260	836	1 070

由于长寿命是人们所希望的，故通常只需求取置信下限。$\mu(x_0)$ 的 $100\gamma\%$单侧置信下限为

$$\underset{\sim}{\mu}(x_0)=m(x_0)-t(\gamma;\upsilon)s[\mathrm{m}(x_0)] \tag{4.2-22}$$

式中，$t(\gamma;\upsilon)$ 为自由度为 υ 的 t 分布的 $100\gamma\%$分位数。对数正态寿命分布中位数的单侧置信下限是上式的反对数。

对于 H 级绝缘系统，在 180 ℃($x_0=2.207$) 下，$\mu(2.207)$ 的 95%单侧置信下限为 $\underset{\sim}{\mu}(2.207)=4.062-1.689(0.0365)=4.000$；其中 $t(0.95,\ 0.36)=1.689$ 是自由度为 36 的 t 分布的 95%分位数。中位寿命的 95%单侧置信下限为 $\underset{\sim}{\tau}_{0.50}(2.207)=\text{antilog}(4.000)=$ 10 000 小时。

100γ%双侧置信区间的下限也是 $100(1+\gamma)/2$% 单侧置信区间的下限。例如，95%双侧置信区间的下限是 97.5%单侧置信区间的下限。

(2) 百分位数的置信限

给定应力 x_0 水平下（对数）正态寿命分布的 $100P$%分位数 $\eta_P(x_0)$ 的区间估计如下。通常人们希望低于 $\eta_P(x_0)$ 的 100γ% 置信限的总体失效比例不大于 P，则 $\eta_P(x_0)$ 的 100γ% 近似置信下限为

$$\underset{\sim}{\eta}_P(x_0)\approx y_P(x_0)-z_\gamma\{[z_P^2/(2\upsilon)]+(1/n)+[(x_0-\bar{x})/S_{xx}]\}^{1/2}s \quad (4.2-23)$$

式中符号的含义与之前相同，$\underset{\sim}{\tau}_P(x_0)=\text{antilog}[\underset{\sim}{\eta}_P(x_0)]$ 是对数正态分布的 $100P$%分位数的单侧近似置信下限，也被称为总体的 $100(1-P)$% 下容许限。

Easterling（1969）给出了（对数）正态分布百分位数的精确置信下限。如果总体寿命分布不是（对数）正态分布，得到的置信限不准确。最小二乘回归分析程序不能给出百分位数的区间估计。

对于 H 级绝缘系统，在设计温度 180 ℃($x_0=2.207$) 下，对数寿命的 1%分位数的 95%单侧近似置信下限为

$$\underset{\sim}{\eta}_{0.01}(2.207)=3.827-1.645\{[(-2.326)^2/(2\times 36)]+(1/40)+[(2.207-2.002)^2/0.4416]\}^{1/2}0.1053=3.741$$

H 级绝缘系统的 1% 分位寿命的 95% 单侧近似置信下限为 $\underset{\sim}{\tau}_{0.01}(2.207)=\text{antilog}(3.741)=5\ 500$ 小时（2 位有效数字）。

(3) σ 的置信限

（对数）正态分布标准差 σ 的 100γ%双侧置信区间的上、下限为

$$\underset{\sim}{\sigma}=s\{\upsilon/\chi^2[(1+\gamma)/2;\upsilon]\}^{1/2},\tilde{\sigma}=s\{\upsilon/\chi^2[(1-\gamma)/2;\upsilon]\}^{1/2} \quad (4.2-24)$$

式中，$\chi^2(\delta;\ \upsilon)$ 是自由度为 υ 的 χ^2 分布的 100δ%分位数，s 同 4.2.2 节。χ^2 分布的百分位数见附录 A5。部分回归分析程序可以计算 σ 的置信限。

对于 H 级绝缘系统，σ 的 95%双侧置信区间的上、下限分别为

$$\underset{\sim}{\sigma}=0.1053\cdot[36/51.0]^{1/2},\tilde{\sigma}=0.1053\cdot[36/23.3]^{1/2}$$

其中

$$\chi^2(0.975;36)=51.0,\chi^2(0.025;36)=23.3$$

此处计算时也可使用 s'，其自由度为 υ'。（对数）寿命标准差的区间估计假设寿命服从（对数）正态分布，否则，区间估计是不准确的。

(4) γ_0 的置信限

截距 γ_0 的点估计 c_0 服从均值为 γ_0 的正态抽样分布，c_0 为 γ_0 的无偏估计。抽样分布的

标准差是 c_0 的标准误差，即

$$\sigma(c_0)=[(1/n)+(\bar{x}^2/S_{xx})]^{1/2}\sigma \quad (4.2-25)$$

其点估计为

$$s(c_0)=[(1/n)+(\bar{x}^2/S_{xx})]^{1/2}s \quad (4.2-26)$$

式中，s 为 σ 的点估计，自由度为 υ（4.2.2 小节）。

γ_0 的 $100\gamma\%$ 双侧置信区间的上、下限分别为

$$\underset{\sim}{\gamma_0}=c_0-t(\gamma';\upsilon)s(c_0),\tilde{\gamma}_0=c_0+t(\gamma';\upsilon)s(c_0) \quad (4.2-27)$$

式中，$t(\gamma';\upsilon)$ 自由度为 υ 的 t 分布 $100\gamma'\%$ 分位数，$\gamma'=(1+\gamma)/2$。t 分布的分位数表见附录 A4。大部分回归分析程序可以计算 γ_0 的置信限。由于 γ_0 没有有效的物理含义，因此其置信区间在加速试验中很少用到。

对于 H 级绝缘系统，$s(c_0)=[(1/40)+(2.002^2/0.4416)]^{1/2}0.1053=0.318$，其中 $s=0.1053$，自由度数为 36。γ_0 的 95% 双侧置信限为 $\underset{\sim}{\gamma_0}=-3.163-2.029(0.318)=-3.808$，$\tilde{\gamma}_0=-3.163+2.029(0.318)=-2.518$，其中 $t(0.915;36)=2.029$。

当寿命分布为对数正态分布时，上述区间估计是正确的。若为其他分布，大样本量情况下区间估计的置信度接近 $100\gamma\%$。

(5) γ_1 的置信限

斜率 γ_1 的点估计 c_1 服从均值为 γ_1 的正态抽样分布，是 γ_1 的无偏估计。抽样分布的标准差是 c_1 的标准误差，即

$$\sigma(c_1)=[1/S_{xx}]^{1/2}\sigma \quad (4.2-28)$$

其点估计为

$$s(c_1)=[1/S_{xx}]^{1/2}s \quad (4.2-29)$$

式中，s 为 σ 的点估计，自由度为 υ（4.2.2 小节）。

γ_1 的 $100\gamma\%$ 双侧置信区间的上、下限分别为

$$\underset{\sim}{\gamma_1}=c_1-t(\gamma';\upsilon)s(c_1),\tilde{\gamma}_1=c_1+t(\gamma';\upsilon)s(c_1) \quad (4.2-30)$$

其中

$$\gamma'=(1+\gamma)/2$$

式中，$t(\gamma';\upsilon)$ 为自由度为 υ 的 t 分布的 $100\gamma'\%$ 分位数。t 分布的分位数表见附录 A4。大部分回归分析程序可以给出 γ_1 的置信限。激活能（eV）的置信限为

$$\underset{\sim}{E}=2\,303k\,\underset{\sim}{\gamma_1},\ \tilde{E}=2\,303k\,\tilde{\gamma}_1$$

式中，k 为玻耳兹曼常数，$k=8.6171\times10^{-5}$ eV/℃。

对于 H 级绝缘系统，$s(c_1)=[1/0.4416]^{1/2}0.1053=0.1585$。$\gamma_1$ 的 95% 双侧置信限为 $\underset{\sim}{\gamma_1}=3.2737-2.029(0.1585)=2.952$ 和 $\tilde{\gamma}_1=3.2737+2.029(0.1585)=3.595$。激活能的 95% 双侧置信限为 $\underset{\sim}{E}=2\,303(8.6171\times10^{-5})2.952=0.59$ eV 和 $\tilde{E}=2\,303\times(8.6171\times10^{-5})3.595=0.71$eV。

当寿命分布是（对数）正态分布时，上述区间估计是准确的。若为其他分布，大样本情况下，上述区间估计的置信度接近 $100\gamma\%$。

（6）失效概率的置信限

（转换）应力水平 x_0 下，寿命 t_0 时失效概率的 $100\gamma\%$ 双侧近似置信区间的计算如下。先计算标准化离差

$$Z=[\eta_0-m(x_0)]/s \tag{4.2-31}$$

其中

$$\eta_0=\log(t_0)$$

计算近似方差

$$\operatorname{var}(Z)=(1/n)+[(x_0-\tilde{x})^2/S_{xx}]+[Z^2(2\upsilon)] \tag{4.2-32}$$

计算

$$\underset{\sim}{Z}=Z-z_{\gamma'}[\operatorname{var}(Z)]^{1/2},\tilde{Z}=Z+z_{\gamma'}[\operatorname{var}(Z)]^{1/2} \tag{4.2-33}$$

其中

$$\gamma'=(1+\gamma)/2$$

失效概率的双侧近似置信限为

$$\underset{\sim}{F}(t_0;x_0)=\Phi(\underset{\sim}{Z}),\tilde{F}(t_0;x_0)=\Phi(\tilde{Z}) \tag{4.2-34}$$

式中，$\Phi()$ 为标准正态分布累积分布函数（附录 A1）。求解失效概率的 $100\gamma\%$ 单侧置信限时，用 γ 替代 γ' 即可，失效概率通常使用置信上限。可靠度的置信限为

$$\underset{\sim}{R}(t_0;x_0)=1-\tilde{F}(t_0;x_0),\tilde{R}(t_0;x_0)=1-\tilde{F}(t_0;x_0)$$

自由度越大，置信区间越窄，当 $\upsilon\geqslant 15$ 时，通常可以得到满足需要的近似置信限。Owen（1968）给出了基于非中心 t 分布的失效概率的精确置信限。当寿命分布不是（对数）正态分布时，无论样本量多大，这类置信限都是不准确的。

（7）设计应力的置信限

有些时候需要确定设计应力水平 x，使得该应力水平下的 $100P\%$分位数 $\tau_P(x)$ 等于规定寿命 τ_P^*。设计应力水平的估计值 x^*［式（4.2-7）］低于真实 x 的概率约为 50%。人们希望设计应力 x 以高概率 γ 大于其下（安全）侧值，则可采用 x 的 $100\gamma\%$单侧置信下限 $\underset{\sim}{x}$ 作为设计应力。近似置信下限 $\underset{\sim}{x}$ 是下式的解

$$\eta_P^*=c_0+c_1\underset{\sim}{x}+z_Ps-z_\gamma\{[z_P^2/(2\upsilon)]+(1/n)+[(\underset{\sim}{x}-\bar{x})^2/S_{xx}]\}^{1/2}s \tag{4.2-35}$$

其中

$$\eta_P^*=\log(\tau_P^*)$$

上式假设转换应力 x 是试验应力的增函数，如 $x=\log(V)$。如果为减函数（如 $x=1\,000/T$），用 $+z_\gamma$ 代替 $-z_\gamma$，再求解式（4.2-35）。最小二乘计算软件不能计算此置信限。

Easterling（1969）和 Owen（1968）利用非中心 t 分布给出了设计应力的精确置信限。当总体分布不是（对数）正态分布时，无论样本量多大，该置信限都是不准确的。

4.3　线性-对数正态分布模型和数据的检验

最小二乘分析需要模型和数据的假设，点估计和区间估计的精度依赖于假设的有效性。在不满足假设要求时，一些点估计和区间估计仍然足够准确，而另一些可能对模型准确性或数据缺陷非常敏感。

本节介绍多种检验方法，4.3.1 节介绍寿命-应力关系的线性度检验方法，4.3.2 节介绍（对数）标准差独立性检验方法，4.3.3 节介绍（对数）正态分布检验方法，4.3.4 节介绍数据检验方法，4.3.5 节介绍利用残差估计 σ 的图形方法和评价其他变量对寿命影响的方法。更重要的是，这些检验可以揭示产品或试验方法的有用信息。

4.3.1　寿命-应力关系是否为线性?

检验平均（对数）寿命和应力之间的（转换）关系的线性度，即检验各试验应力水平下的样本对数寿命均值是否显著偏离拟合直线。样本均值显著偏离拟合线有以下两个主要原因：

1）真实的寿命-应力关系不是线性的。

2）真实的寿命-应力关系是线性的，但其他变量或因素导致数据偏离拟合直线。例如：

a）应力水平不准确（测量不精确或应力不能保持恒定）；

b）试验设备故障（例如，试验样品没有进行电气隔离，台架上一个样品失效导致该台架上的其他样品失效）；

c）由于原材料、生产、加工、人员等不同导致试验样品不同（例如，第三个班次生产的样品失效更快）；

d）除了试验应力外的不可控变量导致试验条件不同（例如，以电压为加速应力，温度随电压增大；当温度是加速应力时，温箱中的循环时间和温度循环范围可能也会影响产品寿命）；

e）记录、抄写、分析数据时出错；

f）两个或两个以上失效模式的综合效应。

假设 n 个样品在 J 个应力水平下进行试验，其中 $J>2$。符号的含义与 4.2 节相同，计算线性度检验的 F 统计变量

$$F=[(n-2)s'^2-(n-J)s^2]/[(J-2)s^2] \tag{4.3-1}$$

式中，s 为基于纯误差的 σ 点估计［式（4.2-14）］；s' 为方程失拟时的 σ 点估计［式（4.2-15)］。F 的分子可能是两个很大数值之间很小的差值，因此计算时应保留更多的有效数字。

寿命一应力关系的线性度检验有：

1）若 $F\leqslant F(1-\alpha;\ J-2,\ \upsilon)$，在显著性水平 $100\alpha\%$下，寿命-应力关系是线性的；

2）若 $F > F(1-\alpha; J-2, \upsilon)$，在显著性水平 $100\alpha\%$下，寿命应力关系具有明显的非线性。

式中 $F(1-\alpha; J-2, \upsilon)$ 是分子自由度为 $J-2$、分母自由度为 $\upsilon = n-J$ 的 F 分布的 $1-\alpha$ 分位点，参见附表 A6。该检验对于（对数）正态分布是精确的，对于其他分布也近似有效。如果寿命-应力关系具有显著非线性，检查数据的寿命-应力关系图（第 3 章）了解非线性产生的原因。

对于表 4.2-1 中的 H 级绝缘系统数据

$F = [(40-2)(0.110\,569)^2 - (40-4)(0.105\,327)^2]/[(4-2)(0.105\,327)^2] = 2.94$

其中，F 分布的分子自由度为 $4-2=2$，分母自由度为 $\upsilon = 40-4 = 36$，由于 $F = 2.94 < 3.27 = F(0.95; 2.36)$，该 H 级绝缘系统的寿命—应力关系是线性的。

4.3.2 （对数）标准差是否为常数？

假设 σ 为常数，即与应力无关。如果 σ 与应力有关，则任一应力水平下百分位数的点估计和区间估计将不准确。但是，即使 σ 与应力有关，参数 γ_0、γ_1 以及关系式 $\mu(x_0)$ 的估计值通常也可以满足需求。下述检验可以客观评价 σ 是否依赖于应力。σ 与应力的相关性可能是产品的固有特性，可能是试验失误导致的，也可能是由于不同应力水平下的失效模式不同。

检验（对数）标准差是否相等可用下述 Bartlett 检验。

n_j 为第 j 个试验应力水平下的样本量；

s_j 为第 j 个试验应力水平下的样本（对数）标准差；

υ_j 为自由度（$\upsilon_j = n_j - 1$）；

J 为试验应力水平数。

共同（对数）标准差的合并估计［式（4.2-13）］为

$$s = [(\upsilon_1 s_1^2 + \cdots + \upsilon_J s_J^2)/\upsilon]^{1/2} \tag{4.3-2}$$

式中，$\upsilon = \upsilon_1 + \cdots + \upsilon_J$ 为自由度维数。

Bartlett 检验统计量为

$$Q = C\{\upsilon \cdot \log(s) - [\upsilon_1 \cdot \log(s_1) + \cdots + \upsilon_J \cdot \log(s_J)]\} \tag{4.3-3}$$

式中，log() 是以 10 为底的对数，且

$$C = 4.605 \Big/ \left\{1 + \frac{1}{3(J-1)}\left[\frac{1}{\upsilon_1} + \cdots + \frac{1}{\upsilon_J} - \frac{1}{\upsilon}\right]\right\} \tag{4.3-4}$$

在近似置信水平 α 下，s_j 相等的检验有：

1）若 $Q \leqslant \chi^2(1-\alpha; J-1)$，在置信水平 $100\alpha\%$下，s_j 无明显不同；

2）若 $Q > \chi^2(1-\alpha; J-1)$，在置信水平 $100\alpha\%$下，s_j 显著不同。

其中 $\chi^2(1-\alpha; J-1)$ 是自由度为 $J-1$ 的 χ^2 分布的 $100(1-\alpha)\%$ 分位数，见附表 A5。

如果 s_j 显著不同，则检查以确定怎样不同。例如，将各应力水平下的点估计和区间估

计绘制在一张图上并观察其间的差别。H 级绝缘系统的标准差估计图如图 4.3-1 所示。大部分应用类书籍描述了数据图的价值，但很少说明点估计和区间估计图形的意义。在分析数据时必须考虑这些差异。例如，如果某一试验应力水平下的数据不可信，在分析时可以舍弃不可信数据，只分析“好”数据。

对于 H 级绝缘系统数据

$$C=4.605\Big/\left\{1+\frac{1}{3(4-1)}\left[\frac{1}{9}+\frac{1}{9}+\frac{1}{9}+\frac{1}{9}-\frac{1}{36}\right]\right\}=4.401$$

$$\begin{aligned}Q&=4.401\{36\times\log(0.1053)-[9\times\log(0.0625)+9\times\log(0.0792)+\\&\quad 9\times\log(0.0717)+9\times\log(0.1705)]\}\\&=12.19\end{aligned}$$

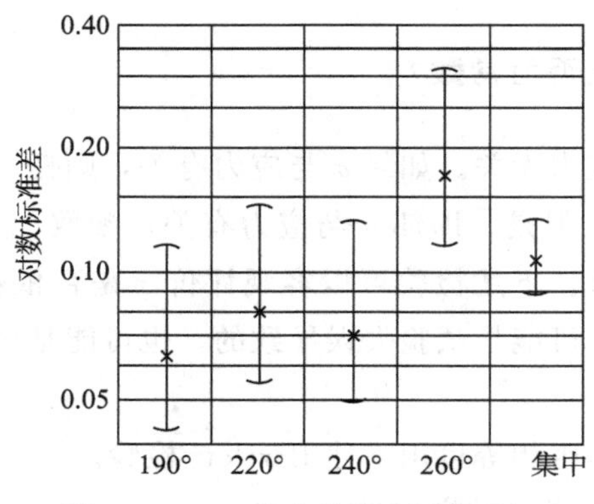

图 4.3-1　σ 的点估计和置信区间

Q 服从自由度为 $J-1=3$ 的 χ^2 分布。因为 $Q=12.19>11.4=\chi^2(0.99;\ 3)$，则在置信水平 1%下，$s_j$ 显著不同。图 4.3-1 表明 260 ℃下的对数标准差大于其他温度下的对数标准差，这一现象的出现存在多个可能原因。例如，260 ℃下的主要失效模式与其他温度的不同，多失效模式数据的正确分析方法见第 7 章；260 ℃下的样品原材料与其他温度的不同。分析时是否应该使用 260 ℃下的数据？了解 260 ℃下的数据获得的发现使得每年可以节省 $1 000 000。最好的处理方法是进行 2 次分析，一次包含可疑数据，一次不包含可疑数据。如果两次结果相差不大，可以使用任意一种分析。如果两次结果相差较大，确定哪种分析的精度更高或结果更保守。

比较标准差是否相等的另外两种检验方法为：

1）Cohran 检验，由 Draper 和 Smith（1981）提出；

2）最大 F 比检验，有 Pearson 和 Hartly（1954）提出。

上述两种检验方法只有当 n_j 全部相等时才适用。Nelson（1982，p. 481）介绍了基于最大 F 比检验法的同时比较图形法。这两种检验方法和 Bartlett 检验法都假设寿命分布为（对数）正态分布。否则，这些比较最好情况下也是粗略的。下面介绍正态性检验方法。

4.3.3 寿命分布是否是（对数）正态分布？

前面的分析方法假设任一关心试验应力水平下产品寿命分布服从（对数）正态分布。百分位数、失效概率的点估计和某些区间估计对该假定敏感。也就是说，其他参量的点估计和区间估计的精度对于大多数寿命分布是足够的。

第 3 章 3.2.2 节介绍了一种利用（对数）正态概率图检验（对数）正态分布适用性的简单检验法。H 级绝缘系统数据的概率图如第 3 章图 3.2-1 所示。当（对数）正态分布适合时，数据图形在相当程度上应是一条直线。多数应力水平下明显的弯曲则表明真实寿命分布不能用对数正态分布描述。在判断是否弯曲时，人们通常希望得到比随机样本产生的更直的数据图形。数据图形的分散性可以通过基于正态分布的蒙特卡洛抽样图形得到，该方法由 Hahn 和 Shapiro（1967），Daniel 和 Wood（1980）提出。

利用残差概率图可以更灵敏地检验寿命分布是否是（对数）正态分布。Draper 和 Smith（1981），Daniel 和 Wood（1980）介绍了残差的其他使用方法。

计算试验应力水平 j 下（对数）正态分布的调整残差为

$$r_{ij}=(y_{ij}-\bar{y}_j)[n_j/(n_j-1)]^{1/2} \tag{4.3-5}$$

式中，y_{ij} 为应力水平 j 下第 i 个（对数）观测值；$\bar{y}_j$ 为应力水平 j 下 n_j 个（对数）观测值的均值。如果 n_j 均相等，则标准化因子 $[n_j/(n_j-1)]^{1/2}$ 不是必要的。简单差值 $(y_{ij}-\bar{y}_j)$ 称为（对数）均值的原始残差。

大多数回归分析程序用 $r'_{ij}=y_{ij}-m(x_j)$ 计算拟合直线的原始残差，即（对数）观测值减去该应力水平下（对数）均值的估计值。许多统计程序用正态概率图和互相关图（见 4.5.5 节）中展示残差。下面的方法也适用于 Weibull 分布的残差，但是修正因子 $[n_j/(n_j-1)]^{1/2}$ 必须用 4.5.3 节中的替换。

将所有标准化残差合并为一个样本，该合并样本应该近似服从均值为 0、标准差为 σ 的正态分布。如第 3 章所述，将合并样本数据标绘在正态概率纸上。合并样本残差图比各试验应力下单独的残差图揭示的信息更多。评价残差是否为一条直线，如果不是，（对数）正态分布不能充分描述产品的失效时间。残差的曲率可以表明真实分布与（对数）正态分布的差别。同时，拟合不足可能表明某些观测值存在错误，即样品、试验、数据处理中出现失误。

H 级绝缘系统数据的标准化残差如表 4.3-1 所示。标准化残差的正态概率图如图 4.3-2 所示，其图形明显为直线。这表明对数正态分布可以很好地拟合数据。该图形没有显示 260 ℃下具有较大的标准差。这说明没有一种图形可以揭示数据的全部信息。鉴于 260 ℃下的标准差较大，应该略去 260 ℃的残差重新绘图。

表 4.3-1　H 级绝缘系统数据的标准化残差计算

190 ℃ 观测值　均值　标准化残差	220℃ 观测值　均值　标准化残差
$(3.8590-3.9396)\sqrt{10/9}=-0.085$	$(3.2465-3.4150)\sqrt{10/9}=-0.177$
$(3.8590-3.9396)\sqrt{10/9}=-0.085$	$(3.3867-3.4150)\sqrt{10/9}=-0.030$
$(3.8590-3.9396)\sqrt{10/9}=-0.085$	$(3.3867-3.4150)\sqrt{10/9}=-0.030$
$(3.9268-3.9396)\sqrt{10/9}=-0.013$	$(3.3867-3.4150)\sqrt{10/9}=-0.030$
$(3.9622-3.9396)\sqrt{10/9}=-0.024$	$(3.3867-3.4150)\sqrt{10/9}=-0.030$
$(3.9622-3.9396)\sqrt{10/9}=-0.024$	$(3.3867-3.4150)\sqrt{10/9}=-0.030$
$(3.9622-3.9396)\sqrt{10/9}=-0.024$	$(3.4925-3.4150)\sqrt{10/9}=0.082$
$(3.9622-3.9396)\sqrt{10/9}=-0.024$	$(3.4925-3.4150)\sqrt{10/9}=0.082$
$(4.0216-3.9396)\sqrt{10/9}=-0.086$	$(3.4925-3.4150)\sqrt{10/9}=0.082$
$(4.0216-3.9396)\sqrt{10/9}=-0.086$	$(3.4925-3.4150)\sqrt{10/9}=0.082$
240 ℃	260℃
观测值　均值　标准化残差	观测值　均值　标准化残差
$(3.0700-3.1940)\sqrt{10/9}=-0.131$	$(2.7782-3.0176)\sqrt{10/9}=-0.252$
$(3.0700-3.1940)\sqrt{10/9}=-0.131$	$(2.8716-3.0176)\sqrt{10/9}=-0.154$
$(3.1821-3.1940)\sqrt{10/9}=-0.012$	$(2.8716-3.0176)\sqrt{10/9}=-0.154$
$(3.1956-3.1940)\sqrt{10/9}=0.002$	$(2.8716-3.0176)\sqrt{10/9}=-0.154$
$(3.2087-3.1940)\sqrt{10/9}=0.016$	$(2.9600-3.0176)\sqrt{10/9}=-0.061$
$(3.2214-3.1940)\sqrt{10/9}=0.029$	$(3.0523-3.0176)\sqrt{10/9}=0.037$
$(3.2214-3.1940)\sqrt{10/9}=0.029$	$(3.1206-3.0176)\sqrt{10/9}=0.109$
$(3.2338-3.1940)\sqrt{10/9}=0.042$	$(3.1655-3.0176)\sqrt{10/9}=0.156$
$(3.2458-3.1940)\sqrt{10/9}=0.055$	$(3.2063-3.0176)\sqrt{10/9}=0.199$
$(3.2907-3.1940)\sqrt{10/9}=0.101$	$(3.2778-3.0176)\sqrt{10/9}=0.274$

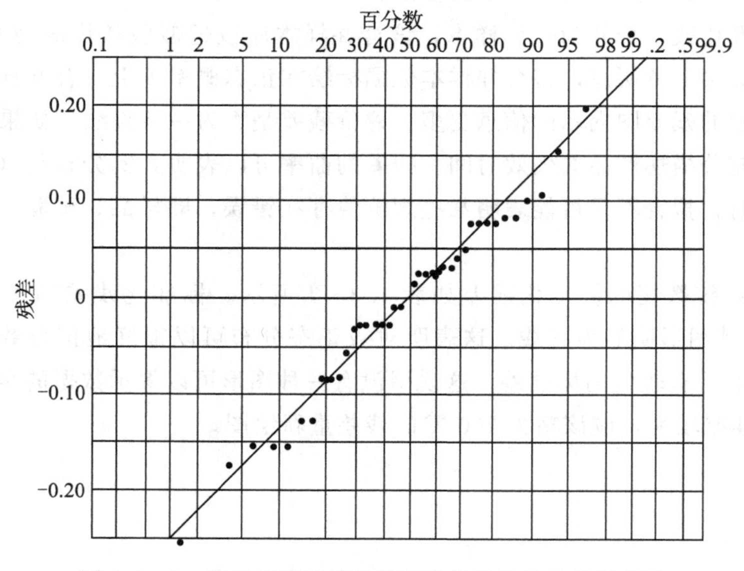

图 4.3-2　H 级绝缘系统数据标准化残差的正态概率图

如果正态概率纸上的残差图明显为曲线，在其他概率图纸上绘制残差图以评价其他分布的适用性，尤其是在极值分布概率纸上。如果残差在极值分布概率纸上呈直线，表明 Weibull 分布的拟合效果优于对数正态分布。H 级绝缘系统残差在极值分布概率图纸上的图形如图 4.3－3 所示，图形弯曲表明 Weibull 分布不适用。

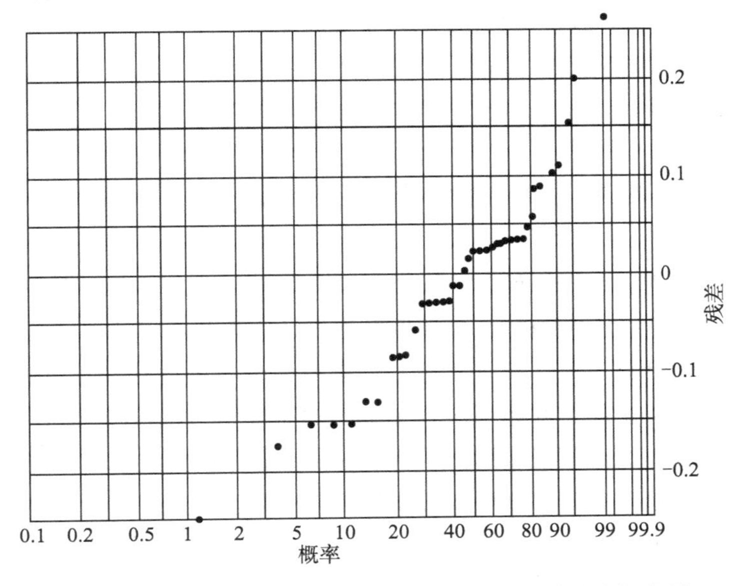

图 4.3－3　H 级绝缘系统数据标准化残差的极值分布概率图

目前检验数据正态性的解析方法有多种，如 Wilk 和 Shapiro（1968）检验。这些方法计算复杂但对非正态性非常敏感，只适用于单应力水平下的数据，不适用于合并残差。合并残差较单应力水平下的样本残差更接近正态分布。即使使用上述方法判定非正态性后，也必须观察残差图以找出非正态特性。

由于大多数加速试验的样本量少于 100，概率范围窄（1%～99%）的概率纸最适合绘制残差图。

4.3.4　数据检验

可疑数据是偏离假设模型的数据子集或个别观测数据，可能是由于试验方法不完善、模型不适用、数据记录和处理失误等产生的。之前的模型检验同时也检验数据。寿命-应力关系的非线性、标准差 σ 与应力的相关性、假设寿命分布拟合不充分都可能表明存在可疑数据。不同应力水平下数据的概率图（第 3 章图 3.2－1）可能显示出可疑数据。合并标准化残差的概率图可能暴露个别野点，称为异常值。这些点未落在大多数数据所确定的直线上。图形尾部的数据点通常偏离随机抽样直线很多，因此被怀疑或舍弃的异常数据应严重偏离其他数据的拟合线。在剔除异常数据前应当找出数据异常的原因。了解异常数据产生的原因有助于改进产品、试验方法或模型。

Beckman 和 Cook（1983）、Barnet 和 Lewis（1984）、Daniel 和 Wood（1980）给出了

单一总体的样本异常数据的有效数值判别方法。Flack 和 Flores（1989）将这些方法扩展至回归模型拟合残差。

4.3.5 其他变量的影响

其他变量对寿命的影响可以通过残差与变量的互相关图进行评价，残差与加速变量的互相关图也可能提供信息。Draper 和 Smith（1981），Neter、Wasserman 和 Kunter（1983），以及 Daniel 和 Wood（1980）详细介绍了互相关图。实例见 4.6.3 节和 4.6.4 节。

4.4 Weibull 分布和指数分布的最小二乘法

本节介绍用结合 Weibull 分布或指数分布的模型拟合完全寿命数据的最小二乘法。该方法可以给出模型参数、百分位数、失效概率和设计应力的点估计和区间估计。

本节的方法及其计算对第 2 节（对数）正态寿命分布的方法和计算进行了轻微修改。第 5 章介绍对于 Weibull 分布和指数分布更精确的最大似然估计，读者可以选择略过本节。本节的内容是独立的，便于使用。本节中的模型和分析方法应用广泛，故在此单独详细介绍。此外，这些修改在回归分析教材和其他资料中均未见介绍。

Weibull 分布最小二乘估计的精度不如其最大似然估计（第 5 章）。但是，最小二乘回归分析程序普遍可用，最小二乘法计算简单，读者可以通过便携式计算器完成计算，也可以自己编写计算程序。当然，大多数标准程序的舍入误差更好，更容易让人接受。但大部分标准程序不能提供某些对加速试验有用的计算结果。例如百分位数和失效概率的点估计和区间估计。读者可以针对这些计算结果编写程序。相较之下，Weibull 分布的最大似然拟合计算复杂，需要复杂完善的计算机程序，而部分读者没有。

4.4.1 实例数据和 Weibull 模型

本节介绍用于阐明最小二乘分析的实例数据和用于数据拟合的 Weibull 模型。所用模型为第 2 章的幂律- Weibull 模型和 Arrhenius - Weibull 模型。

（1）数据

以第 3 章 3.3.1 节中 Cramp（1959）提供的绝缘油数据为例介绍 Weibull 分布的最小二乘法。76 份样品在 26～38 kV 的七个试验电压下的对数击穿时间如表 4.4 - 1 所示。试验的主要目的是评估该绝缘油击穿时间与电压之间的关系。这需要拟合幂律- Weibull 模型，该模型常用于估计绝缘油在 20 kV 的变压器试验中的失效概率。另一个目的是评价指数分布是否适用于描述绝缘油击穿时间。

表 4.4 - 1 绝缘油的对数失效时间（以 e 为底）

26 kV	28 kV	30 kV	32 kV	34 kV	36 kV	38 kV
1.756 1	4.231 9	2.046 4	−1.309 4	−1.660 8	−1.049 9	−2.408 0
7.364 8	4.684 8	2.836 1	−0.916 3	−0.248 5	−0.527 7	−0.941 7

续表

26 kV	28 kV	30 kV	32 kV	34 kV	36 kV	38 kV
7.750 9	4.703 1	3.018 4	−0.371 1	−0.040 9	−0.040 9	−0.755 1
	6.054 6	3.045 4	−0.235 8	0.270 0	−0.010 1	−0.314 8
	6.973 1	3.120 6	1.011 6	1.022 4	0.524 7	−0.301 2
		3.770 4	1.363 5	1.150 5	0.678 0	0.122 2
		3.856 5	2.290 5	1.423 1	0.727 5	0.336 4
		4.934 9	2.635 4	1.541 1	0.947 7	0.867 1
		4.970 6	2.768 2	1.578 9	0.996 9	
		5.169 8	3.325 0	1.871 8	1.064 7	
		5.272 4	3.974 8	1.994 7	1.300 1	
			4.417 0	2.080 6	1.383 7	
			4.491 8	2.112 6	1.677 0	
			4.610 9	2.489 8	2.622 4	
			5.371 1	3.457 8	3.238 6	
				3.481 8		
				3.523 7		
				3.603 0		
				4.288 9		

(2) 模型、假设和符号

采用 Weibull 分布对完全加速寿命试验数据进行最小二乘分析需要如下假设。随机抽取 n 个样品进行试验，至所有样品全部失效结束。试验共有 J 个试验应力水平，（转换）应力水平 x_j 下的样本数为 n_j，$j=1, \cdots, J$。对于逆幂律模型，$x_j=\ln(V_j)$，V_j 为（正）试验应力。y_{ij} 表示试验应力水平 x_j 下第 i 个样品的对数失效时间（以 e 为底）。绝缘液体的对数失效时间如表 4.4－1 所示。试验样品的总数为 $n=n_1+\cdots+n_J$。

（转换）应力水平 x_j 下第 i 个样品的对数失效时间 y_{ij} 的模型为

$$y_{ij}=\mu(x_j)+e_{ij}, \ i=1, \cdots, n_j \quad j=1, \cdots, J \tag{4.4-1}$$

对数寿命 y_{ij} 的随机误差 e_{ij} 服从均值为 0、尺度参数 δ 未知的极值分布。对数寿命均值满足如下线性寿命-应力的关系

$$\mu(x_j)=\gamma_0+\gamma_1 x_j \tag{4.4-2}$$

Arrhenius 模型和逆幂律模型均为式（4.4－2）的特例。极值分布的位置参数 $\xi(x_j)$ 与均值有关，即

$$\xi(x_j)=\mu(x_j)+0.5772\delta=\gamma_0+\gamma_1 x_j+0.5772\delta \tag{4.4-3}$$

这也是 Weibull 分布尺度参数 $\alpha(x_j)$ 的对数，0.577 2 为欧拉常数。在第 2 章中，$\xi(x_j)$ 的公式写为 $\xi(x_j)=\gamma'_0+\gamma_1 x_j$，$\gamma'_0=0.5772\delta+\gamma_0$，与此处不同。对于第 4 章的目的，式（4.4－2）和（4.4－3）的形式更方便。随机变量 e_{ij} 的标准差形式相同，为

$$\sigma=1.283\delta=1.283/\beta \tag{4.4-4}$$

式中，β 为 Weibull 分布的形状参数。同时，假设所有 e_{ij} 统计相互独立。上述假设中除了

极值分布的假设外，都是最小二乘回归理论的一般假设，参见 Draper 和 Smith（1981）或 Neter，Wasserman 和 Kunter（1983，1985）。本节介绍模型参数 γ_0、γ_1、δ 及其他参量的最小二乘点估计和区间估计。

4.4.2　参量的点估计

下面介绍模型参数和其他关心参量的最小二乘点估计，相应的区间估计在 4.4.3 节介绍。这些点估计和区间估计是对由标准回归理论得到的点估计和区间估计的修正［标准回归理论参见 Draper 和 Smith（1981）、Neter，Wasserman 和 Kunter（1983，1985）等］。计算这些点估计的计算机程序十分普遍。

（1）前期计算

首先，计算各试验应力下样本对数均值和标准差。试验应力水平 j 时的计算包括

$$\bar{y}_j=(y_{1j}+y_{2j}+\cdots+y_{n_{jj}})/n_j \tag{4.4-5}$$

$$\begin{aligned} s_j &=\{[(y_{1j}-\bar{y}_j)^2+\cdots+(y_{n_{jj}}-\bar{y}_j)^2]/(n_j-1)\}^{1/2} \\ &=\{[(y_{1j}^2+\cdots+y_{n_{jj}}^2)-(n_j\,\bar{y}_j^2)]/(n_j-1)\}^{1/2} \end{aligned} \tag{4.4-6}$$

式中求和计算包括试验应力水平 j 下全部 n_j 个观测数据。$\exp(\bar{y}_j)$ 是样本几何平均值。计算机程序常用 s_j 的第二个表达式，在高精度计算时推荐第一个公式。s_j 的自由度为 $\upsilon_j=n_j-1$。当 $n_j=1$ 时，s_j 不能计算得到。绝缘液体数据的计算结果见表 4.4-2。中间计算过程中取 6 位或 6 位以上有效数字以保证最终结果有 3～4 位有效数字。

对于单一分布，Menmo（1963）提出了基于 $\bar{y}_j$ 和 s_j 的 Weibull 分布参数估计，并讨论了它们的性质，给出了参数估计值在大样本情况下的方差，他得到的估计值与下面方法得到的估计值相近。

之后，计算所有数据的总平均值

$$\bar{x}=(n_1\,\bar{x}_1+\cdots+n_J\,\bar{x}_J)/n \tag{4.4-7}$$

$$\bar{y}=(n_1\,\bar{y}_1+\cdots+n_J\,\bar{y}_J)/n \tag{4.4-8}$$

上两式均是所有样本值的和除以 n。计算平方和

$$S_{yy}=\sum_{j=1}^{J}\sum_{i=1}^{n_j}(y_{ij}-\bar{y})^2=\sum_{j=1}^{J}\sum_{i=1}^{n_j}y_{ij}^2-n\,\bar{y}^2 \tag{4.4-9}$$

$$S_{xx}=n_1(x_1-\bar{x})^2+\cdots+n_J(x_J-\bar{x})^2=n_1x_1^2+\cdots+n_Jx_J^2-n\,\bar{x}^2 \tag{4.4-10}$$

$$S_{xy}=n_1(x_1-\bar{x})\bar{y}_1+\cdots+n_J(x_J-\bar{x})\bar{y}_J=n_1x_1\,\bar{y}_1+\cdots+n_Jx_J\bar{y}_J-n\,\bar{x}\bar{y} \tag{4.4-11}$$

S_{yy} 是全部 n 个样本观测值的二重和。绝缘液体数据的计算结果见表 4.4-2。回归分析程序能自动完成这些计算。

（2）系数的点估计

γ_1 和 γ_0 的最小二乘估计为

$$c_1=S_{xy}/S_{xx} \tag{4.4-12}$$

$$c_0=\bar{y}-c_1\,\bar{x} \tag{4.4-13}$$

实例绝缘液体数据的最小二乘其计算见表 4.4－2。

表 4.4－2　绝缘液体的最小二乘计算

	26 kV	28 kV	30 kV	32 kV	34 kV	36 kV	38 kV
总数	16.871 8	26.647 5	42.041 5	33.427 2	33.940 5	13.532 7	－3.395 1
均值	5.623 93	5.329 50	3.821 95	2.228 48	1.786 34	0.902 180	－0.424 388
$\exp(y_j)$	276.977	206.335	45.693 4	9.285 74	5.967 58	2.464 97	0.654 17
n_j	$n_1=3$	$n_2=5$	$n_3=11$	$n_4=15$	$n_5=19$	$n_6=15$	$n_7=8$
	$n=3+5+11+15+19+15+8=76$						
式(4.4－6)	$s_1=\{[(1.7561-5.62393)^2+\cdots+(7.7509-5.62393)^2]/(3-1)\}^{1/2}=3.355520$						
	$s_2=\{[(4.2319-5.32950)^2+\cdots+(6.9731-5.32950)^2]/(5-1)\}^{1/2}=1.14455$						
	$s_3=\{[(2.0460-3.82195)^2+\cdots+(5.2724-3.82195)^2]/(11-1)\}^{1/2}=1.11119$						
	$s_4=\{[(-1.3094-9.28574)^2+\cdots+(5.3711-9.28574)^2]/(15-1)\}^{1/2}=2.19809$						
	$s_5=\{[(-1.6608-1.78634)^2+\cdots+(4.2889-1.78634)^2]/(19-1)\}^{1/2}=1.52521$						
	$s_6=\{[(-1.0499-0.90218)^2+\cdots+(3.2386-0.90218)^2]/(15-1)\}^{1/2}=1.10989$						
	$s_7=\{[(-2.4080+0.424388)^2+\cdots+(0.8671+0.424388)^2]/(8-1)\}^{1/2}=0.991707$						
式(4.4－7)	$\tilde{x}=[3(3.2581)+5(3.33221)+11(3.4012)+15(3.46754)+19(3.52637)+15(3.58352)+8(3.63759)]/76=3.49591$						
式(4.4－8)	$\tilde{y}=[3(5.62393)+5(5.32950)+11(3.82195)+15(2.22848)+19(1.78634)+15(0.90218)+8(-0.424389)]/76=2.14561$						
式(4.4－9)	$S_{yy}=(1.7561-2.14561)^2+(7.3648-2.14561)^2+\cdots+(0.8671+2.14561)^2=370.228$						
式(4.4－10)	$S_{xx}=3(3.2581-3.49591)^2+5(3.3322-3.49591)^2+\cdots+8(3.63759-3.49591)^2=0.709319$						
式(4.4－11)	$S_{xy}=3(3.2581-3.49591)5.62393+5[3.33221(-3.49591)]5.32950+\cdots+8(3.63759-3.49591)(-0.424388)=-11.6264$						
式(4.4－12)	$c_1=-11.6264/0.709319=-16.3909$						
式(4.4－13)	$c_0=2.14561-(16.3909)(-3.49591)=59.4468$						
式(4.4－14)	$s=\{[3(3.35520)^2+5(1.14455)^2+\cdots+8(0.991707)^2]/(76-7)^{1/2}=1.587$ $\upsilon=76-7=69$						
式(4.4－15)	$s'=\{[(0.709319)-(-16.3909)(-11.6264)]/(76-2)\}^{1/2}=1.558$ $\upsilon'=76-2=74$						
式(4.4－16)	$d=(0.7797)1.587=1.237$						
式(4.4－17)	$b=1.283/1.587=0.808$						

(3) σ 的点估计

标准差 σ 的合并估计为

$$s=[(\upsilon_1 s_1^2+\cdots+\upsilon_J s_J^2)/\upsilon]^{1/2} \tag{4.4－14}$$

式中，$\upsilon = \upsilon_1 + \cdots + \upsilon_J = n - J$ 为 s 的自由度。

上式为基于复制或者纯误差的对数标准差估计。σ 的另一估计值为

$$s' = [(S_{yy} - c_1 S_{xy})/(n-2)]^{1/2} \tag{4.4-15}$$

上式是拟合方程失拟（分散数据）时的标准差估计，也称为标准误差估计。自由度为 $\upsilon' = n - 2$，大多数回归分析程序给出的标准差估计是 s'。

σ 的任一估计值都可用于后续计算，但在计算中必须使用与其对应的自由度维数。在分析加速寿命试验数据时，推荐使用基于纯误差的估计值 s，在本节整个实例中都使用 s。推荐使用 s 是因为当对数寿命均值与应力 x 的关系不是线性时，s' 通常会过高估计 σ。然而某些情况下 s' 更可取，因为在某种意义上 s' 是偏保守的，它往往会使产品散布显得更差。此外，大多数计算程序给出的估计值是 s'，而不是 s。

极值分布的尺度参数 δ 的估计值为

$$d = (0.779\ 7)s \tag{4.4-16}$$

Weibull 分布的形状参数 β 的估计值为

$$b = 1/d = 1.283/s \tag{4.4-17}$$

绝缘液体数据的上述估计值的计算见表 4.4-2。其中，Weibull 分布形状参数的估计值为 $b = 0.80$，接近 1，这说明该绝缘液体的失效率接近常数（随时间缓慢减小）。故其寿命分布接近指数分布，而工程理论建议采用指数分布。

（4）平均对数寿命的点估计

任意应力水平 x_0 下，平均对数寿命 $\mu(x_0) = \gamma_0 + \gamma_1 x_0$ 的最小二乘估计 $m(x_0)$ 为

$$m(x_0) = c_0 + c_1 x_0 \tag{4.4-18}$$

例如，x_0 可能为设计应力水平。Weibull 分布的 42.8% 分位数为 $t_{0.428} = \exp[m(x_0)]$。式（4.4-18）假设寿命-应力关系是线性的，如果不是，则估计值可能不准确。寿命-应力关系线性度的评价方法见 4.5 节。Weibull 分布尺度参数的点估计为

$$\alpha^*(x_0) = \exp[m(x_0) + 0.577\ 2d]$$

对于绝缘液体，其寿命-应力关系的估计值为

$$m(x_0) = 59.446\ 8 - 16.390\ 9x_0 = 59.446\ 8 - 16.390\ 9 \cdot \ln(V_0)$$

式中 c_0、c_1 的值来自于表 4.4-2。上式所描述的是图 4.4-1 中心的直线。20 kV($x_0 = 2.995\ 73$)下对数均值的估计值为 $m(2.995\ 73) = 59.446\ 8 - 16.390\ 9(2.995\ 73) = 10.343\ 9$，Weibull 分布的 42.8%分位数的估计值 $t_{0.428}(2.995\ 73) = \exp(10.343\ 9) = 31\ 000$ 分钟。绝缘液体在设计电压和试验电压下的对数寿命均值和 42.8%分位寿命见表 4.4-3。20 kV 下 Weibull 分布尺度参数的估计值为 $\alpha*(2.995\ 73) = \exp[10.343\ 9 + 0.577\ 2(1.237)] \approx 63\ 400$ 分钟。如图 4.4-1 所示，对数均值的拟合线穿过各应力水平对数均值的估计值。

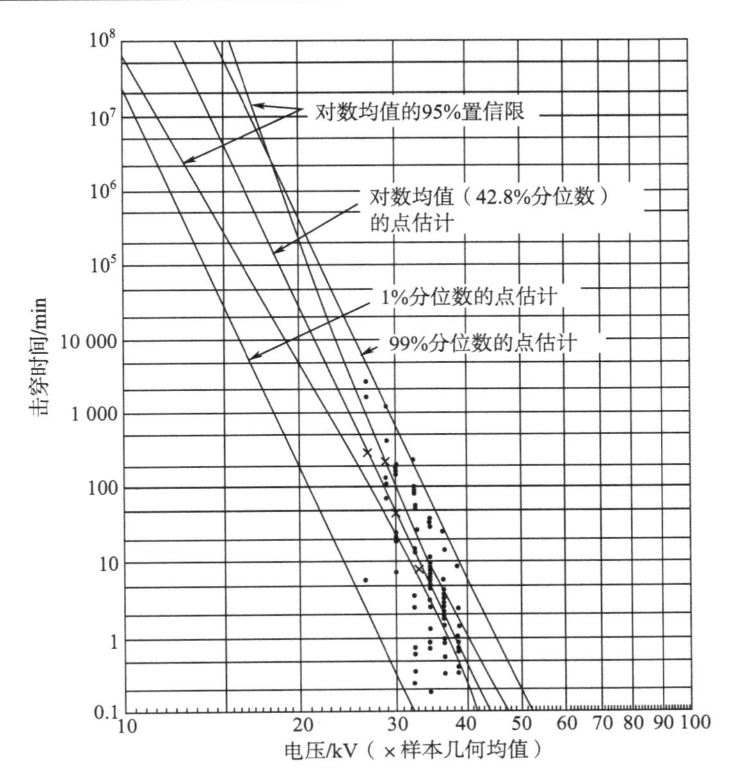

图 4.4-1　绝缘液体拟合模型的双对数图

表 4.4-3　不同电压下对数寿命均值的点估计

电压/kV	对数均值点估计	42.8%分位数的点估计
38	−0.176 7	0.838
36	0.709 6	2.03
34	1.646 4	5.19
32	2.640 1	14.0
30	3.698 0	40.4
28	4.828 8	125
26	6.043 5	421
20	10.343 9	31 000
15	15.059 2	3.45×10^{6}
10	21.705 2	2.67×10^{9}
5	33.066 6	2.29×10^{14}

(5) 失效概率的点估计

在任一（转换）应力水平 x_0 下，给定寿命 t_0 内的失效概率点估计为

$$F^*(t_0;x_0)=1-\exp\{-[t_0/\alpha^*(x_0)]^b\} \tag{4.4-19}$$

对于绝缘液体

$$F^*(t_0;V_0)=1-\exp\{-[t_0/(e^{60.160\,8}/V_0^{16.390\,9})]^{0.808}\}$$

$V_0=20$ kV、$t_0=10$ min时，绝缘液体的失效概率为

$$F^*(10;20)=1-\exp\{-[10/63\,400]^{0.808}=8.5\times10^{-4}$$

第3章介绍了失效概率的图估计。

(6)百分位数的点估计

应力水平 x_0 下，对数寿命的 $100P\%$ 分位数 $\eta_P(x_0)$ 的点估计

$$\begin{aligned} y_P(x_0)&=m(x_0)+[0.577\,2+u(P)]0.779\,7\,s \\ &=c_0+c_1x_0+[0.577\,2+u(P)]0.779\,7\,s \end{aligned} \tag{4.4-20}$$

式中，$u(P)=\ln[-\ln(1-P)]$ 为标准极值分布的100P%分位数。Weibull寿命分布的 $100P\%$ 分位数的点估计为 $t_P(x_0)=\exp[y_P(x_0)]$ 。对数均值的点估计公式（4.4-18）是公式（4.4-20）的特例，即42.8%分位数，$u(0.428)=-0.577\,2$。

极值分布位置参数 $\xi(x_0)$ 的点估计也是公式（4.4-20）的特例，位置参数是63.2%分位数，且 $u(0.632)=0$，则

$$\xi^*(x_0)=m(x_0)+0.450\,1\,s \tag{4.4-21}$$

Weibull分布特征寿命（63.2%分位寿命）在应力水平 x_0 下的点估计为

$$\alpha^*(x_0)=\exp[\xi^*(x_0)]=\exp[c_0+c_1x_0+(0.450\,1)s]$$

绝缘液体在20 kV下的1%分位寿命的点估计为

$$y_{0.01}(2.995\,73)=10.343\,9+[0.577\,2+(-4.600\,2)]0.779\,7(1.587)=5.366\,4$$

其中

$$-4.6002=u(0.01)$$

Weibull寿命分布的1%分位数的点估计为 $t_{0.01}(2.995\,73)=\exp(5.366\,4)=214$ 分钟。该估计值也可通过图4.4-1以图形法获得。类似地，20 kV下位置参数的点估计为

$$\xi^*(2.995\,73)=10.343\,9+0.450\,1(1.587)=11.057\,9$$

则Weibull分布特征寿命的点估计为 $\alpha*(2.995\,73)=\exp(11.057\,9)=63\,400$ 分钟。绝缘液体在试验应力水平和设计应力水平下的典型百分位寿命估计值见表4.4-4。

表4.4-4 不同电压下典型百分位寿命的点估计

电压/kV	百分位寿命/min		
	1%	63.2%	99%
38	0.000 58	1.71	11.3
36	0.001 40	4.15	27.5
34	0.035 8	10.6	70.1
32	0.096 6	28.6	189
30	0.278	82.4	545
28	0.862	255	1 690

续表

电压/kV	百分位寿命/min		
	1%	63.2%	99%
26	2.90	861	5 690
20	214	63 400	420 000
15	23.9×10^3	7.08×10^6	46.9×10^6
10	18.4×10^6	5.45×10^9	36.1×10^9
5	1.58×10^{12}	0.469×10^{15}	3.10×10^{15}

（7）设计应力的点估计

在一些工程应用中，需要求取使得规定时间 τ_P^* 内的总体失效概率为 $100P\%$的设计应力。根据式（4.4-20），设计应力水平的点估计 x^* 为

$$x^*=\{\eta_P^*-c_0-[0.577\ 2+u(P)]0.779\ 7\ s\}/c_1 \tag{4.4-22}$$

其中

$$\eta_P^*=\ln(\tau_P^*)$$

对于绝缘液体，假设要求其在 $\tau_{0.01}^*=10\ 000$ 分钟（$\eta_{0.01}^*=9.210\ 3$）内的失效概率为1%，对应应力水平的点估计为

$$\begin{aligned}x^*&=\{9.210\ 3-59.446\ 8-[0.577\ 2+(-4.600\ 2)]0.779\ 7(1.587)\}/(-16.390\ 9)\\&=2.761\ 2\end{aligned}$$

相应的电压估计值为 $V*=\exp(2.761\ 2)=15.8$ kV。此估计值也可通过图 4.4-1 以图形法得到。从图 4.4-1 中时间轴上的刻度 τ_P^* 处引一条直线，水平向 $100P\%$分位数线延伸，交点对应的应力轴刻度即为所求应力 x^*（或非转化应力 V^*）。

4.4.3　置信区间

点估计的精确程度可由其标准误差和置信区间给出。下面介绍模型参数和其他关心参量的最小二乘估计的标准差和置信区间，部分近似置信区间由 Draper 和 Smith（1981），Neter、Wasserman 和 Kunter（1983）给出。由于精确置信限的理论过于复杂，本小节仅介绍近似置信限。McCool（1980）提出了获取更近似置信限的仿真方法，对于最小二乘拟合，他的方法需要修正。Lawless（1976）给出了精确置信限，但需要专用的计算机程序。

（1）对数均值的置信限

应力水平 x_0 下，$m(x_0)=c_0+c_1x_0$ 是对数均值 $\mu(x_0)=\gamma_0+\gamma_1x_0$ 的点估计。在大样本情况下，其抽样分布近似服从均值为真值 $\mu(x_0)$ 的正态分布。$m(x_0)$ 是 $\mu(x_0)$ 的无偏估计。$m(x_0)$ 的精度可由其标准误差给出，为

$$\sigma[m(x_0)]=\{(1/n)+[(x_0-\bar{x})^2/S_{xx}]\}^{1/2}\sigma \tag{4.4-23}$$

其估计值为

$$s[m(x_0)]=\{(1/n)+[(x_0-\bar{x})^2/S_{xx}]\}^{1/2}s \tag{4.4-24}$$

式中，s 为 σ 的点估计，自由度为 υ，详见式（4.4-14）和式（4.4-15）。

$\mu(x_0)$ 的 $100\gamma\%$双侧近似置信区间的上、下限分别为

$$\underset{\sim}{\mu}(x_0)=m(x_0)-t(\gamma';\upsilon)s[m(x_0)],\tilde{\mu}(x_0)=m(x_0)+t(\gamma';\upsilon)s[m(x_0)] \tag{4.4-25}$$

其中，式中，$\tau(\gamma'; \upsilon)$ 为自由度为υ的t分布的 $100\gamma'\%$ 分位数，$\gamma'=(1+\gamma)/2$。Weibull 寿命分布的 42.8%分位数双侧近似置信区间的上、下限分别为

$$\underset{\sim}{\tau}_{0.428}(x_0)=\exp[\underset{\sim}{\mu}(x_0)],\tilde{\tau}_{0.428}(x_0)=\exp[\tilde{\mu}(x_0)] \tag{4.4-26}$$

本节中区间估计的前提为假设点估计的抽样分布近似为正态分布，这通常在样本量足够大时成立。

对于绝缘液体，在 20 kV 下（$x_0=2.995\ 73$）

$$s[m(2.995\ 73)]=\{(1/76)+[(2.995\ 73-3.495\ 91)^2/0.709\ 319]\}^{1/2}1.587=0.959\ 8$$

估计值 $s=1.587$ 的自由度为 $\upsilon=69$。$\mu(2.995\ 73)$ 的 95%近似置信区间上下限为

$$\underset{\sim}{\mu}\ (2.995\ 73)\ =10.343\ 9-1.994\ 9\ (0.959\ 8)\ =8.429\ 2$$

$$\tilde{\mu}\ (2.995\ 73)\ =10.343\ 9+1.994\ 9\ (0.959\ 8)\ =12.258\ 6$$

式中，$1.9949=t(0.975;\ 69)$。相应的 20 kV 下绝缘液体的 42.8%分位寿命的 95%双侧近似置信区间的上、下限分别为 $\underset{\sim}{\tau}_{0.428}(2.995\ 73)=\exp(8.429\ 2)=4\ 580$ 分钟和 $\tilde{\tau}_{0.428}(2.995\ 73)=\exp(12.258\ 6)=21\ 100$ 分钟。绝缘液体在设计电压和试验电压下 42.8%分位寿命的 95%近似双侧置信区间见表 4.4-5。置信限曲线如图 4.4-1 所示。

表 4.4-5　绝缘液体 42.8%分位寿命的点估计和区间估计

电压/kV	点估计/min	95%双侧置信限	
		下限/min	上限/min
38	0.838	0.440	1.60
36	2.03	1.25	3.32
34	5.19	3.55	7.59
32	14.0	9.58	20.5
30	40.4	24.3	67.1
28	125	61.2	256
26	421	161	1 106
20	31.1×10^3	4.58×10^3	210×10^3
15	3.47×10^6	0.176×10^6	68.5×10^6
10	2.67×10^9	$0.029\ 7\times10^9$	240×10^9
5	0.229×10^{15}	0.189×10^{12}	0.278×10^{18}

前面介绍的是对数均值的双侧置信区间。一般来说，产品寿命越长越好，因此有时人们只需要对数均值的置信下限。$\mu(x_0)$ 的 $100\gamma\%$单侧近似置信下限为

$$\underset{\sim}{\mu}(x_0)=m(x_0)-t(\gamma;\upsilon)s[m(x_0)] \tag{4.4-27}$$

式中，$t(\gamma;\ \upsilon)$ 为自由度为υ的t分布的 $100\gamma\%$分位数。Weibull 寿命分布的 42.8%分位数

的 $100\gamma\%$单侧近似置信下限为 $\underset{\sim}{\tau}_{0.428}(x_0)=\exp[\underset{\sim}{\mu}(x_0)]$

对于绝缘液体，在 20 kV（$x_0=2.99573$）下，$\mu(2.99573)$ 的 95%单侧近似置信下限为

$$\underset{\sim}{\mu}(2.99573)=10.3439-1.6672(0.9598)=8.7437$$

其中，$1.6672=t(0.95;69)$。20 kV 下，绝缘液体的 42.8%分位寿命的 95%单侧近似置信下限为：$\underset{\sim}{\tau}_{0.428}(2.99573)=\exp(8.7437)=6270$ 分钟。

$100\gamma\%$双侧置信区间的置信下限也是 $100(1+\gamma)/2\%$ 单侧置信下限。故表 4.4－5 中各电压应力水平下绝缘液体 42.8%分位寿命的 95%双侧近似置信区间的下限也是其 42.8%分位寿命的 97.5%单侧近似置信下限。

(2) 百分位数的置信限

应力水平 x_0 下，$100P\%$对数百分位数 $\eta_P(x_0)$ 的 $100\gamma\%$双侧近似置信区间的上、下限为

$$\underset{\sim}{\eta}_P(x_0)=y_P(x_0)-t(\gamma';\upsilon)s[m(x_0)]=\underset{\sim}{\mu}(x_0)+[u(P)+0.5772]0.7797\,s$$

$$\tilde{\eta}_P(x_0)=y_P(x_0)+t(\gamma';\upsilon)s[m(x_0)]=\tilde{\mu}(x_0)+[u(P)+0.5772]0.7797\,s \tag{4.4-28}$$

式中符号含义与前面相同。Weibull 分布的 $100P\%$分位数的 $100\gamma\%$双侧近似置信区间的上、下限为

$$\underset{\sim}{\tau}_P(x_0)=\exp[\underset{\sim}{\eta}_P(x_0)],\tilde{\tau}_P(x_0)=\exp[\tilde{\eta}_P(x_0)] \tag{4.4-29}$$

这些置信限忽略了点估计 s 的随机变化。当 x_0 远离试验应力时，s 的随机变化相对来说很小。

实践中通常希望得到置信下限，希望在产品 $100P\%$分位数的 $100\gamma\%$置信限之前产品的失效概率不超过 $P\%$。用 γ' 替代式（4.4－29）中的 γ 即可得到 Weibull 分布 $100P\%$分位数的单侧置信限。百分位数的单侧置信下限也被认为是统计容差下限。$\underset{\sim}{\tau}_P(x_0)=\exp[\underset{\sim}{\eta}_P(x_0)]$ 是 Weibull 分布 $100P\%$分位数的 $100\gamma\%$单侧近似置信下限。

对于绝缘液体，假设 $\beta=1/\delta=1$，即寿命服从指数分布。20 kV（$x_0=2.99573$）下 1%对数分位寿命的 95%单侧近似置信下限为

$$\underset{\sim}{\eta}_{0.01}(2.99573)=8.7437+(-4.6002+0.5772)=4.7207$$

Weibull 寿命分布的 1%分位数的 95%单侧近似置信下限为 $\underset{\sim}{\tau}_{0.01}(2.99573)=\exp(4.7207)=112$ 分钟。

(3) 设计应力的置信限

有时人们需要确定使得产品 $100P\%$分位寿命等于规定值 τ_P^* 的设计应力水平 x^*。x^* 的 $100\gamma\%$双侧近似置信区间 $(\underset{\sim}{x},\tilde{x})$ 是下述方程组的解

$$\eta_P^*=c_0+c_1\underset{\sim}{x}+[0.5772+u(P)]0.7797\,s-t(\gamma';\upsilon)\{(1/n)+[(\underset{\sim}{x}-\bar{x})^2/S_{xx}]\}^{1/2}s \tag{4.4-30}$$

$$\tilde{\eta}_P^* = c_0 + c_1 \tilde{x} + [0.5772 + u(P)]0.7797\, s + t(\gamma';\upsilon)\{(1/n) + [(\tilde{x} - \bar{x})^2/S_{xx}]\}^{1/2} s$$

式中，$t(\gamma';\upsilon)$ 为自由度为 υ 的 t 分布的 $100\gamma'\%$ 分位数，$\eta_P^* = \ln(\tau_P^*)$，$\gamma' = (1+\gamma)/2$。此处假设转换应力 x 是实际应力的增函数。如果为减函数，交换求解式（4.4-30）得到的 $\underset{\sim}{x}$ 和 $\tilde{x}$。该置信区间估计是粗略的，忽略了 s 的随机变化。当 x^* 远离试验应力时，误差较小。

人们通常以所求设计应力的 $100\gamma\%$ 单侧置信限 $\underset{\sim}{x}$ 作为设计应力。则 $\underset{\sim}{x}$ 下真实百分位寿命 $\eta_P(\underset{\sim}{x})$ 大于 η_P^* 的概率为 γ。估计设计应力的 $100\gamma\%$ 单侧置信限，只需用 γ 替换式（4.4-30）中的 γ'。

设计应力的双侧置信区间 $(\underset{\sim}{x}, \tilde{x})$ 可以通过 $\underset{\sim}{\eta}_P(x)$ 和 $\tilde{\eta}_P(x)$ 与 x 的关系曲线以图形分析法获得。$\underset{\sim}{\eta}_{0.428}(x)$ 和 $\tilde{\eta}_{0.428}(x)$ 与 x 的关系曲线如图 4.4-1 所示。从寿命-应力关系图中时间轴规定寿命刻度 τ_P 处引一条直线，水平向 $\underset{\sim}{\eta}_P(x)$ 和 $\tilde{\eta}_P(x)$ 与 x 的关系曲线延伸，两个交点对应的应力轴坐标即为相应的设计应力置信区间上、下限 $\underset{\sim}{x}$ 和 $\tilde{x}$。由图 4.4-1 可得，要求寿命 $\tau_{0.428}^* = 10^6$ 分钟对应的设计电压的 95%双侧置信限分别为 $\underset{\sim}{V} = 12.1$ kV 和 $\tilde{V} = 18.6$ kV。

（4）形状参数的置信限

目前还没有 Weibull 分布形状参数区间估计的最小二乘回归理论。基于最大似然理论的形状参数区间估计见第 5 章。Lawless（1976，1982）给出了 Weibull 分布形状参数的其他精确置信限。

（5）截距 γ_0 的置信限

截距 γ_0 的最小二乘估计 c_0 的抽样分布近似为均值为真值 γ_0 的正态分布。c_0 是 γ_0 的无偏计。c_0 的标准误差真值为

$$\sigma(c_0) = [(1/n) + (\bar{x}^2/S_{xx})]^{1/2}\sigma \tag{4.4-31}$$

其估计值为

$$s(c_0) = [(1/n) + (\bar{x}^2/S_{xx})]^{1/2} s \tag{4.4-32}$$

式中，s 为 σ 的点估计，自由度为 υ。

γ_0 的 $100\gamma\%$ 双侧近似置信限为

$$\underset{\sim}{\gamma}_0 = c_0 - t(\gamma';\upsilon)s(c_0),\ \tilde{\gamma}_0 = c_0 + t(\gamma';\upsilon)s(c_0) \tag{4.4-33}$$

式中，$t(\gamma';\upsilon)$ 为自由度为 υ 的 t 分布的 $100\gamma'\%$ 分位数，$\gamma' = (1+\gamma)/2$。在某种意义上，该置信区间是粗略的，但当样本量足够大时，其真实置信度接近 $100\gamma\%$。由于 γ_0 通常没有有效的物理含义，该置信区间在加速试验很少使用。

对于绝缘液体

$$s(c_0) = \{(1/76) + [(3.49591)^2/0.709319]\}^{1/2} 1.587 = 6.589$$

估计值 $s = 1.587$ 的自由度为 69。γ_0 的 95%双侧近似置信限为

$$\underset{\sim}{\gamma}_0 = 59.4468 - 1.9949(6.589) = 46.30$$

$$\tilde{\gamma}_0 = 59.4468 + 1.9949(6.589) = 72.59$$

其中，$1.9949 = t(0.975; 69)$ 。

(6) 斜率 γ_1 的置信限

斜率 γ_1 的最小二乘估计 c_1 的抽样分布近似为均值为真值 γ_1 的正态分布。c_1 是 γ_1 的无偏估计。c_1 的标准误差真值为

$$\sigma(c_1) = [1/S_{xx}]^{1/2}\sigma \tag{4.4-34}$$

其估计值为

$$s(c_1) = [1/S_{xx}]^{1/2}s \tag{4.4-35}$$

γ_1 的 $100\gamma\%$ 双侧近似置信限为

$$\underset{\sim}{\gamma}_1 = c_1 - t(\gamma'; \upsilon)s(c_1), \tilde{\gamma}_1 = c_1 + t(\gamma'; \upsilon)s(c_1) \tag{4.4-36}$$

式中，$t(\gamma'; \upsilon)$ 为自由度为 υ 的 t 分布的 $100\gamma'\%$ 分位数，$\gamma' = (1+\gamma)/2$。

对于绝缘液体，$s(c_1) = [1/0.709319]^{1/2}1.587 = 1.884$。$\gamma_1$ 的 95% 双侧近似置信限为

$$\underset{\sim}{\gamma}_1 = -16.3909 - 1.9949\ (1.884) = -20.149$$

$$\tilde{\gamma}_1 = -16.3909 + 1.9949\ (1.884) = -12.632$$

其中，$1.9949 = t(0.975; 69)$ 。由于存在较大的不确定性，上述置信限可四舍五入到小数点后 1 位。

(7) 失效概率的信限

这里未给出失效概率的近似置信限，可以使用第 5 章中基于最大似然法的置信限。

4.4.3.1　指数分布

指数分布是形状参数 $\beta=1$ 的 Weibull 分布。4.4.1 节、4.4.2 节、4.4.3 节中所介绍的模型、点估计和区间估计依然适用。但 β 的估计值 b（和极值分布尺度参数估计值 d）被替换为假定值 $\beta=1$。受到影响的公式在下文说明，公式的编号与前面相同，但在编号右上角加撇号“′”以示区别。这些公式通过适当的修改可用于任何确定的 β 值，对于不是指数分布的分布非常有用。

(1) 模型

因为 $\beta=1/\delta=1$，模型公式可简化为如下形式

$$\ln[\theta(x_j)] = \xi(x_j) = \mu(x_j) + 0.5772,\ \sigma = 1.283$$

$$\ln[\tau_P(x_j)] = \mu(x_j) + [0.5772 + u(P)] \tag{4.4-3'}$$

(2) 点估计

对于指数分布，修正的点估计如下，其他点估计未作修改。失效概率的点估计为

$$F^*(t_0; x_0) = 1 - \exp\{-t_0/\exp[m(x_0) + 0.5772]\} \tag{4.4-9'}$$

（对数）百分位数的点估计为

$$\ln[t_P(x_0)] = m(x_0) + [0.5772 + u(P)] = c_0 + c_1x_0 + [0.5772 + u(P)] \tag{4.4-20'}$$

平均寿命的点估计是上式在 $P=0.632$ 时的特例，则有

$$\theta^*(x_0)=\exp(0.5772+c_0+c_1x_0)$$

失效率的点估计为

$$\lambda^*(x_0)=1/\theta^*(x_0)=1/\exp(0.5772+c_0+c_1x_0)$$

给定百分位数 τ_P^* 对应的设计应力的点估计为

$$x^*=\{\ln(\tau_P^*)-c_0-[0.5772+u(P)]\}/c_1 \tag{4.4-22'}$$

(3) 置信限

修正后的指数分布 ($\beta=1$) 的 $100\gamma\%$ 置信限如下。所有置信限都进行了修正，在置信限计算公式中，用标准正态分布百分位数 z_{γ}' 替换 t 分布百分位数 $t(\gamma';\upsilon)$，其中 $\gamma'=(1+\gamma)/2$。对于 $100\gamma\%$单侧置信限，用 γ 替换 γ'。

平均对数寿命的 $100\gamma\%$双侧近似置信限为

$$\underset{\sim}{\mu}(x_0)=m(x_0)-z_{\gamma'}\sigma[m(x_0)],\tilde{\mu}(x_0)=m(x_0)+z_{\gamma'}\sigma[m(x_0)] \tag{4.4-25'}$$

其中

$$\sigma[m(x_0)]=\{(1/n)+[(x_0-\bar{x})^2/S_{xx}]\}^{1/2}1.283 \tag{4.4-23'}$$

$100P\%$分位数的 $100\gamma\%$双侧近似置信限为

$$\underset{\sim}{\tau}_P(x_0)=\exp\{\underset{\sim}{\mu}(x_0)+[0.5772+u(P)]\}$$

$$\tilde{\tau}_P(x_0)=\exp\{\tilde{\mu}(x_0)+[0.5772+u(P)]\} \tag{4.4-29'}$$

指数分布的平均寿命是其 $P=0.632$ 分位寿命，其 $100\gamma\%$双侧近似置信限为

$$\underset{\sim}{\theta}(x_0)=\exp[\underset{\sim}{\mu}(x_0)+0.5772],\tilde{\theta}(x_0)=\exp[\tilde{\mu}(x_0)+0.5772]$$

失效率的 $100\gamma\%$双侧近似置信限为

$$\tilde{\lambda}(x_0)=1/\tilde{\theta}(x_0),\tilde{\lambda}(x_0)=1/\underset{\sim}{\theta}(x_0)$$

设计应力的 $100\gamma\%$双侧近似置信区间 $(\underset{\sim}{x},\tilde{x})$ 是下述方程组的解

$$\eta_P^*=c_0+c_1\underset{\sim}{x}+[0.5772+u(P)]-z_{\gamma'}\{(1/n)+[(\underset{\sim}{x}-\bar{x})^2/S_{xx}]\}^{1/2}1.283$$

$$\eta_P^*=c_0+c_1\tilde{x}+[0.5772+u(P)]+z_{\gamma'}\{(1/n)+[(\tilde{x}-\bar{x})^2/S_{xx}]\}^{1/2}1.283$$

(4.4-30')

此处假设转换应力 x 是实际应力 V 的增函数。如果是减函数，交换 $\tilde{x}$ 和 $\underset{\sim}{x}$ 并求解方程组 (4.4-30')，且 $\underset{\sim}{V}$ 对应 $\tilde{x}$（$\tilde{V}$ 对应 $\underset{\sim}{x}$）。

截距 γ_0 的 $100\gamma\%$双侧近似置信限为

$$\underset{\sim}{\gamma}_0=c_0-z_{\gamma'}\sigma(c_0),\tilde{\gamma}_0=c_0+z_{\gamma'}\sigma(c_0) \tag{4.4-33'}$$

其中

$$\sigma(c_0)=[(1/n)+(\bar{x}^2/S_{xx})]^{1/2}1.283 \tag{4.4-31'}$$

斜率 γ_1 的 $100\gamma\%$双侧近似置信限为

$$\underset{\sim}{\gamma}_1=c_1-z_{\gamma'}[1/S_{xx}]^{1/2}1.283,\tilde{\gamma}_1=c_1+z_{\gamma'}[1/S_{xx}]^{1/2}1.283 \tag{4.4-36'}$$

寿命 t_0 内的失效概率的 $100\gamma\%$双侧近似置信限为

$$\underset{\sim}{F}(t_0;x_0)=1-\exp[-t_0/\tilde{\theta}(x_0)],\tilde{F}(t_0;x_0)=1-\exp[-t_0/\underset{\sim}{\theta}(x_0)]$$

4.5　线性-Weibull 模型和数据的检验

4.4 节中的点估计和区间估计是在一定的假设基础上进行的，估计的精度取决于假设的准确程度。本节介绍这些假设的检验方法，通过检验可以判断各点估计和区间估计的可信程度。当然，一些点估计和区间估计即使在假设不满足的情况下仍然可信，但其他点估计和区间估计则对假设的偏离程度很敏感。此外，本节还将介绍数据有效性的检验方法。这些检验方法可以暴露可疑数据，可疑数据可能是由于试验不当或数据处理失误产生的。这些检验方法针对以下内容：

- （转换）寿命-应力关系的线性度；
- Weibull 分布形状参数与应力的相关性；
- 寿命是否服从 Weibull 分布；
- 其他变量的影响；
- 异常数据。

这些检验方法在 4.3 节中有过介绍。下面将讨论偏离假设对于点估计和区间估计的影响。

4.5.1　寿命-应力关系是否是线性的？

4.4 节中的模型假设转换寿命-应力关系［式（4.4－2）］是线性的。线性度对于将拟合直线外推到试验应力范围之外非常重要。数据呈非线性可能是由多种原因造成的。

1）真实的寿命-应力关系是线性的，但由于试验不当使得观测到的寿命-应力关系可能呈非线性。例如，某些应力水平下的样品生产或加工与其他应力水平下的不同，或者是实际应力水平下的与目标应力水平下的不同。

2）不同失效失效模式的寿命-应力线性关系不同，多种失效模式共存导致寿命-应力关系呈非线性。

3）寿命-应力关系实际是非线性的，即不能用选择的线性寿命-应力关系描述。

通过观察数据的寿命-应力关系图可以主观评价寿命-应力关系的线性度，详见第 3 章 3.3.5 节。对于绝缘液体，由第 3 章图 3.3－3 中双对数坐标纸上的寿命-应力关系图可主观判定其寿命-应力是线性的。

3.1 节介绍的 F 检验法也适用于 Weibull 分布模型，但是近似可用。对于绝缘液体，F 统计量为

$$F=[(76-2)(1.558\ 15)^2-(76-7)(1.586\ 85)^2]/[(7-2)(1.586\ 85)^2]=0.47$$

式中，F 分布的分子自由度为 $J-2=7-2=5$，分母自由度为 $n-J=76-7=69$。因为 $F=0.47<2.35=F(0.95;5,69)$，绝缘液体的寿命-应力关系不具有显著的非线性。F 的观

测值很小，因此即使 F 的近似非常粗糙，但结论仍可用。第 3 章图 3.3－3 的数据双对数图也支持这一结论。

如果发现寿命-应力关系具有显著非线性，则应检查寿命-应力关系图确定寿命-应力关系是怎样偏离线性的。非线性可能是由于寿命-应力关系的固有非线性，异常数据或多失效模式造成的。如果存在多种失效模式，寿命-应力关系曲线是向下凹的（纵轴为时间轴）。如果某一应力水平下的数据偏离其他应力水平下数据的拟合直线，则该应力水平下的数据可能是错误的，必须查明错误数据产生的原因，以确定数据是否有效以及是否继续使用。在检查寿命-应力关系图后，完成下述一项或多项工作。

1）若寿命-应力关系图表明可用光滑曲线来描述寿命应力关系，则用曲线拟合数据或者转换数据。一般来说，（转换）应力的二次多项式可以满足要求。在此之前，确定图形弯曲不是由于错误数据造成的。

2）若寿命-应力关系图中一些数据点与其他数据点不一致，舍弃它们对其他看上去有效的数据进行分析。在此之前，证明舍弃这些数据是正确的，如这些数据是由于试验不当产生的。确定这些数据产生的原因非常重要，这可能促进产品或试验方法的改进。

3）依然使用线性模型下的点估计和区间估计，但在解释和作结论时考虑非线性的影响。

4.5.2 Weibull 分布的形状参数是否为常数?

结合 Weibull 分布的加速模型假设各应力水平下的形状参数 β 的真实值相等。β 可能依赖于应力，或者 β 值不同可能是由于试验失误造成的。若是如此，某一应力水平下的百分位数估计值不能利用形状参数的共用估计值计算得到，而应该利用该应力水平下的形状参数估计值计算得到。如果没有某一特定应力水平的数据，则应当用应力的函数来描述 β，该函数由试验数据估计得到。下面介绍不同试验应力水平下形状参数的图形比较法。基于最大似然估计的解析比较法见第 5 章。如第 3 章 3.2.5 节所述，利用 Weibull 概率图可以主观评价形状参数是否为常数。具有相同形状参数的数据的 Weibull 概率图是斜率相等的平行直线。当样本量是如第 3 章图 3.3－1 所示的小样本时，图形斜率的随机变化很大。只有当图形斜率严重不同或者整体不同时才能证明形状参数不是常数。若各应力水平下的图形斜率依次改变，则形状参数依赖于应力。某一应力水平下的图形斜率与其他应力水平下的图形斜率差异很大，则表明该应力水平下的试验可能存在过失。

对于绝缘液体，第 3 章图 3.3－1 的 Weibull 概率图表明各试验电压下的 Weibull 分布形状参数并不全部相等。特别是 32 kV 电压下的直线斜率远小于其他电压下的直线斜率。这表明 32 kV 下的试验数据可能有错误。26 kV 下的直线斜率也较小，但样本量太小不能保证结论的正确性。

如果 Weibull 概率图不能令人信服，采用客观统计检验法确定形状参数是否相等（第 5 章）。对于绝缘液体，统计检验显示各试验电压下的形状参数估计值在统计上没有显著差异。

4.5.3 寿命是否服从 Weibull 分布?

一些点估计和区间估计对于寿命服从 Weibull 分布的假设敏感，其中包括百分位数、失效概率的点估计以及一些区间估计。只有当 Weibull 分布适合时，拟合寿命-应力关系直线才是 42.8%分位数的估计值，否则，该直线是某不明确的名义寿命。下面介绍 Weibull 分布适用性的主观检验法。

(1) Weibull 概率图

如第 3 章 3.3.2 节所述，检查各试验应力水平下数据的 Weibull 寿命分布线，评价这些分布线是否是直线。大多数应力水平下的分布线存在明显的弯曲，这表明 Weibull 分布不适用。在判断过程中，无经验的人往往对分布线要求苛刻，他们希望获得比通常的观测分布线更好的线性度。对于数据分布线的主观观念往往过于严苛和规整。通过 Hahn 和 Shapiro (1967)、Daniel 和 Wood (1980) 中蒙特卡洛随机抽样的分布线可以了解寿命分布线的正态分散性。第 3 章图 3.3-2 对于无经验的人而言看起来是无规律的。

(2) 残差图

利用拟合线的调整对数残差图可以更灵敏地检验 Weibull 分布假设。试验应力 x_j 下第 i 个对数观测值 y_{ij} 的残差为

$$r_{ij}=[y_{ij}-m(x_j)]/\{1-(1/n)-[(x_j-\bar{x})^2/S_{xx}]\}^{1/2}$$

式中，$m(x_j)$ 为试验应力 x_j 下对数均值的最小二乘点估计，其定义见 4.4.2 节。差值 $r'_{ij}=y_{ij}-m(x_j)$ 称为拟合线的原始残差。原始残差易于计算，且大多数回归分析程序都可对其进行计算。各应力水平下的原始残差的标准差不同，但都略小于 σ，因此各试验应力下的原始残差不是来自标准差相同的分布。调整残差的标准差都等于 σ，因此使用调整残差更好。但对于比较大的样本，原始残差可以满足要求，如绝缘液体样本。

所有调整残差合并为一个样本，服从均值为 0、标准差为 σ 的极值分布。将合并样本数据绘制在（最小）极值分布概率纸上。大部分极值分布概率纸是针对最大极值分布的，对于最小极值分布，将最大极值分布概率纸上失效概率轴的刻度值 $100F\%$ 变为 $100(1-F)\%$ 即可。

检查残差图评价数据图形是否呈一条直线。判断直线性最好的方法是将概率纸置于视线高度的水平位置，逐一观察数据点。如果数据图形不能达到一定的线性度，Weibull 分布不适用。图形的弯曲特征可能显示真实分布与 Weibull 分布的差异。此外，非直线图也可能说明一些观测数据是错误的或假设的寿命-应力关系不适用。考虑到这一点，应该在检验寿命-应力关系后再绘制残差图。

对于绝缘液体，拟合线的调整残差见表 4.5-1。可以看到原始残差和调整残差相差很小，这是由于调整因子接近 1(1.007 ～ 1.050)。因此，原始残差也可用。调整残差的极值分布概率图如图 4.5-1 所示，图中最大极值分布概率纸的概率轴已重新标记，$100F\%$ 变为 $100(1-F)\%$。数据图形近似为直线且没有异常数据。因此，Weibull 分布是适用的。

表 4.5-1　调整残差的计算

26 kV

$$1/\sqrt{1-\frac{1}{72}-\frac{(3.258\,10-3.495\,91)^2}{0.709\,319}}=1.050$$

(1.756 1−6.043 5) 1.050=−4.50
(7.364 8−6.043 5) 1.050=1.39
(7.750 9−6.043 5) 1.050=1.79

28 kV

$$1/\sqrt{1-\frac{1}{72}-\frac{(3.332\,21-3.495\,91)^2}{0.709\,319}}=1.026$$

(4.231 9−4.828 8) 1.026=−0.61
(4.684 8−4.828 8) 1.026=−0.15
(4.703 1−4.828 8) 1.026=−0.13
(6.054 6−4.828 8) 1.026=1.26
(6.973 1−4.828 8) 1.026=2.20

30 kV

$$1/\sqrt{1-\frac{1}{72}-\frac{(3.401\,20-3.495\,91)^2}{0.709\,319}}=1.013$$

(2.046 4−3.698) 1.013=−1.67
(2.836 1−3.698) 1.013=−0.87
(3.018 4−3.698) 1.013=−0.69
(3.045 4−3.698) 1.013=−0.66
(3.120 6−3.698) 1.013=−0.58
(3.770 4−3.698) 1.013=0.07
(3.856 5−3.698) 1.013=0.16
(4.934 9−3.698) 1.013=1.25
(4.970 6−3.698) 1.013=1.29
(5.169 8−3.698) 1.013=1.49
(5.272 4−3.698) 1.013=1.60

32 kV

$$1/\sqrt{1-\frac{1}{72}-\frac{(3.467\,54-3.495\,91)^2}{0.709\,319}}=1.007$$

(−1.309 4−2.640 13) 1.007=−3.98
(−0.916 3−2.640 13) 1.007=−3.58
(−0.371 1−2.640 13) 1.007=−3.03
(−0.235 8−2.640 13) 1.007=−2.90
(1.011 6−2.640 13) 1.007=−1.64
(1.363 5−2.640 13) 1.007=−1.29
(2.290 5−2.640 13) 1.007=−0.35
(2.635 4−2.640 13) 1.007=−0.00
(2.768 2−2.640 13) 1.007=0.13
(3.325 0−2.640 13) 1.007=0.69
(3.974 8−2.640 13) 1.007=1.34
(4.417 0−2.640 13) 1.007=1.79
(4.491 8−2.640 13) 1.007=1.87
(4.610 9−2.640 13) 1.007=1.99
(5.371 1−2.640 13) 1.007=2.75

34 kV

$$1/\sqrt{1-\frac{1}{72}-\frac{(3.526\,37-3.495\,91)^2}{0.709\,319}}=1.007$$

(−1.660 8−1.646 35) 1.007=−3.33
(−0.248 5−1.646 35) 1.007=−1.91
(−0.040 9−1.646 35) 1.007=−1.70
(0.270 0−1.646 35) 1.007=−1.39
(1.022 4−1.646 35) 1.007=−0.63
(1.150 5−1.646 35) 1.007=−0.50
(1.423 1−1.646 35) 1.007=−0.22
(1.541 1−1.646 35) 1.007=−0.11
(1.578 9−1.646 35) 1.007=−0.07
(1.871 8−1.646 35) 1.007=0.23
(1.994 7−1.646 35) 1.007=0.35
(2.080 6−1.646 35) 1.007=0.44
(2.112 6−1.646 35) 1.007=0.47
(2.489 8−1.646 35) 1.007=0.85
(3.457 8−1.646 35) 1.007=1.82
(3.481 8−1.646 35) 1.007=1.85
(3.523 7−1.646 35) 1.007=1.89
(3.603 0−1.646 35) 1.007=1.97
(4.288 9−1.646 35) 1.007=2.66

36 kV

$$1/\sqrt{1-\frac{1}{72}-\frac{(3.583\,52-3.495\,91)^2}{0.709\,319}}=1.012$$

(−1.049 9−0.709 603) 1.012=−1.78
(−0.527 7−0.709 603) 1.012=−1.25
(−0.040 9−0.709 603) 1.012=−0.76
(−0.010 1−0.709 603) 1.012=−0.73
(0.524 7−0.709 603) 1.012=−0.19
(0.678 0−0.709 603) 1.012=−0.03
(0.727 5−0.709 603) 1.012=0.02
(0.947 7−0.709 603) 1.012=0.24
(0.996 9−0.709 603) 1.012=0.29
(1.064 7 −0.709 603) 1.012=0.36
(1.300 1−0.709 603) 1.012=0.60
(1.383 7−0.709 603) 1.012=0.68
(1.677 0−0.709 603) 1.012=0.98
(2.622 4−0.709 603) 1.012=1.94
(3.238 6−0.709 603) 1.012=2.56

38 kV

$$1/\sqrt{1-\frac{1}{72}-\frac{(3.637\,59-3.495\,91)^2}{0.709\,319}}=1.021$$

(−2.408 0−1.176 655) 1.021=−2.28
(−0.941 7−1.176 655) 1.021=−0.78
(−0 .755 1−1.176 655) 1.021=−0.59
(−0.314 8−1.176 655) 1.021=−0.14
(−0.301 2−1.176 655) 1.021=−0.13
(0.122 2−1.176 655) 1.021=0.31
(0.336 4−1.176 655) 1.021=0.52
(0.867 1−1.176 655) 1.021=1.07

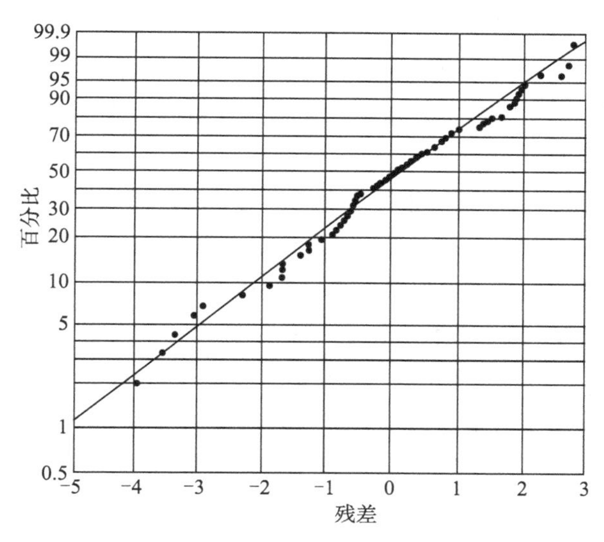

图 4.5-1　绝缘液体残差的极值分布概率图

4.5.4　Weibull 分布形状参数估计

（1）形状参数估计

利用合并后的调整残差图可以得到 Weibull 分布形状参数的图估计。凭眼力对残差数据散点图进行直线拟合，拟合直线在 42.8%分位点处的值为 0，其 78.3%分位数为极值分布尺度参数 δ 的估计值。其倒数是 Weibull 分布形状参数的估计值。由调整残差图得到的图估计比第 3 章的图估计更精确。图 4.5-1 中拟合直线的 78.3%分位数为 1.24，形状参数的联合估计值为 $\beta^{*}=1/1.24=0.81$。

（2）检验

利用残差图可以主观评价数据是否与规定的形状参数值 β_0 一致。例如，绝缘液体理论表明 $\beta_0=1$，在残差图中，标记点（$\delta_0=1/\beta_0$，78.3%），穿过该点和点（0，42.8%）画一条直线，比较这条直线与数据图形的斜率。若明显不同，则表明数据与规定值 β_0 不一致。对于绝缘液体，在图 4.5-1 中绘制 $\beta_0=1$ 对应的直线，该直线的斜率处于与数据斜率明显不同的边界上。当主观评价不能得出确切结论时，需要进行客观评价（第 5 章）。观测值 $\beta*=0.81$ 小于理论值 $\beta_0=1$。估计值较小可能是由于试验条件控制欠佳，存在微小变化，导致（对数）寿命离散度增大。

4.5.5　其他变量的影响

有时试验中存在其他可观测的试验变量，如每个样品的生产班次（人员）、试验循环的周期（见习题 3.9）、（绝缘材料的）损耗因子等。人们希望知道这些变量是否会影响产品寿命，如何影响产品寿命。可以通过拟合多变量关系式和互相关图检验这些变量对寿命的影响（4.6 节）。

对于拟合模型中没有的变量，可以通过拟合模型的残差与该变量的互相关图检查其影响。如果变量对产品寿命有影响，互相关图会呈现一定的趋势。如 4.6 节图 4.6-7 残差与粘结剂含量的互相关图，其中残差来自于某绝缘胶带电压耐久性数据的幂律-Weibull 模型拟合。互相关图表明绝缘胶带寿命随着粘合剂含量的增加而降低，粘合剂含量是绝缘胶带电解质能量损耗的度量。

粘合剂含量（百分比）是一个连续变量，即它可能是任意（正的）数值。有些变量是离散变量，如生产年份。4.6 节图 4.6-11 是绝缘胶带残差与生产年份的互相关图。该互相关图微弱表明最近几年生产的绝缘胶带寿命较短。

回归分析相关书籍详细介绍了如何绘制和分析残差的互相关图，如 Draper 和 smith（1981），Neter、Wasserman 和 Kutner（1983），以及 Daniel 和 Wood（1980）。仅互相关图的趋势不能说明该变量与寿命的因果关系，其他变量可能对寿命和变量产生影响。

大多数回归分析软件都可以计算拟合模型的原始残差，绘制残差与其他变量的互相关图。

4.5.6　数据检验

可疑数据是远离假设模型或大部分数据的数据子集或个别观测数据。可疑数据可能是由于试验失误、数据处理错误以及其他变量的影响等原因产生的。前面介绍的模型检验法也是数据检验法。寿命-应力关系的非线性、Weibull 分布形状参数与应力的相关性、Weibull 分布的不充分拟合——都可能表明存在可疑数据。此外，还可以通过观察数据的 Weibull 概率图和残差的极值分布概率图查找过高或过低的点，这些点被称为异常点，可能是错误数据，需要确定其产生的原因，并决定是否在分析时使用。由随机抽样的离散性造成的图形尾段点的变化远超人们预期。因此只有当这些数据点严重偏离直线时才可标记为异常点或舍弃。最好是可以找出异常点的产生原因，进而可以改进试验和数据处理方法。从某种意义上说，可疑数据总是正确的，它们反映了某些真实发生的事件，只是模型不合适或者人们的认知还不充分。

Beckman 和 Cook（1983），Barnett 和 Lewis（1984），Daniel 和 Wood（1980）给出了规范的数值分析方法，以断定数据是否异常。

4.6　多变量模型

4.6.1　引言

（1）概述

本节介绍多变量模型的最小二乘拟合，说明如何分析其计算结果。多变量模型的最小二乘拟合理论复杂，这里不作介绍，可参阅下面提及的参考文献。本节需要的基础知识包括多变量模型（第 2 章 2.13 节）和本章 4.2、4.3 节介绍的方法。本节内容包括：1）实例数据；2）拟合某一指定模型；3）评价模型和数据；4）一般模型的逐步拟合。

（2）为何采用多变量模型

如第 2 章 2.13 节所述，当存在一个以上加速变量或其他影响产品寿命的变量时须采用多变量模型。例如，在常见的电子器件实践中，多变量模型可以作为多个加速应力联合作用的降额曲线。此外，多变量模型还可产生推动产品的制造、使用和试验改进的认知。即使试验仅有一种加速应力且推测没有其他影响变量，通常也会涉及其他变量。例如：1）样品在生产和试验中每一步的次序；2）执行每一步骤的不同技术人员；3）试验支架的位置。好的试验程序可以保证样品在制造和试验中的每一步都是独立随机的。

（3）试验方案

谈到实验设计准则，需要提及 Box、Hunter 和 Hunter（1978），这是实验设计方面的众多入门书之一。第1章详细论述了试验设计。加速试验很少采用统计设计方法。这通常是由于准确信息较少，有时甚至没有信息。统计工程师在试验设计阶段作用最大。大部分加速试验书籍，包括本书，过于着重数据分析，很少对更重要的试验设计给予足够关注。大部分设计良好的试验不需要精妙的数据分析就能得到结论。最精妙的数据分析也不能挽救设计拙劣的试验。

（4）参考文献

很多书籍都介绍了多变量模型的最小二乘拟合，介绍如何分析标准计算程序的输出结果，并进行了基本理论推导。例如 Draper 和 Smith（1981），Neter、Wasserman 和 Kunter（1983，1985）。同时，很多计算机软件可进行最小二乘计算，4.1 节提到了其中几个软件，更多细节可咨询其开发人员。本节只是简要地评述这一广阔领域的一些基础内容。此外，需要注意的是，这些书籍和程序一般假设寿命分布服从（对数）正态分布，多数置信区间估计对此假设敏感。

（5）线性模型

大多数情况下，多变量模型是未知系数的线性关系式，模型系数由数据估计得到。这类模型可能是独立变量的非线性关系式，第2章 2.13 节介绍了这类模型，下面的实例中也将采用这类模型。采用“线性”多变量模型有以下两个原因：第一，使用标准的计算机程序可以很容易地完成数据拟合。第二，通常足以描述数据。它们大多没有理论依据，而是实践中适用的经验模型。本书不涉及验证重要变量及其与寿命的关系式形式这一困难的工程问题，Box 和 Draper（1987）对此进行了探讨。本书论述数据拟合模型的选择、模型和数据的评价等较简单的问题。

（6）假设

大多数计算机程序假设（对数）寿命的标准差是常数。当然，有些产品的标准差是加速应力或其他变量的函数，第5章将介绍这类模型的拟合。同时，在一些应用中，多变量模型是系数的非线性函数。这类模型可采用 4.1 节文献中介绍的非线性最小二乘法或第5章的最大似然法进行拟合。

（7）退化

最小二乘法可用于拟合多变量性能退化模型，详见第11章。此时，性能是统计因变量，时间是其中一个独立变量。

4.6.2　实例数据

（1）试验目的

本节以绝缘材料数据为例介绍多变量模型的最小二乘拟合。绝缘材料样品是不同发电机导线上的批产绝缘材料。数据包括设计变量、生产变量和试验变量，见表 4.6－1。抽取 106 个样品进行电压加速耐久性试验。数据收集与试验的目的包括：

1）评估（低）设计电压下的绝缘材料寿命（低百分位数）。

2）评估生产变量和设计变量对绝缘材料寿命的影响。

3）回顾评价质量控制，即评价在几年的生产周期内产品寿命分布是否稳定。如果不稳定，审查以往的生产变量数据，可能揭示有利于未来生产中质量控制的可指定的变量或因素。

4）评价 Weibull 分布和对数正态分布哪个对数据的拟合更好。同时，评价是否任一分布都能在外推到低尾段之前的数据范围内充分拟合。这与目的 1）相关。

表 4.6－1　变量列表

变量	说明
ELNO	电极（样品）数量
INSLOT	制作电极所用绝缘材料的批次
TAPLOT	制作电极所用胶带的批次
TPDATE	电极胶封时间（年月日）
INSWTH	绝缘电极的宽度/cm
INSHGT	绝缘电极的高度/cm
INSTHK	绝缘材料厚度/mm
LAYERS	电极上绝缘胶带的层数
MMPERL	单层厚度/mm＝INSTHK/LAYERS
MATDAM	胶带使用过程中的材料损伤度量
DENSTY	绝缘材料密度
VOLTLE	绝缘材料的挥发物含量百分比
BINDER	绝缘材料中有机粘合剂百分比
EXTRAC	绝缘材料中未反应的有机粘合剂百分比
BKNKV	去除粘合剂后绝缘材料的击穿电压/kV
KVSLOT	电极凹槽部分的击穿电压/kV
KVBEND	电极弯曲部分的击穿电压/kV
DFRTXV	室温，10 V/mm 下的损耗因子
DFCDXV	100 ℃，10～100 V/mm 下的损耗因子
DFRTTU	室温，10～100 V/mm 下损耗因子的变化速率
DFCDTU	100℃，10～100 V/mm 下损耗因子的变化速率
HOURS	绝缘材料寿命/h
VPM	施加在电极上的试验应力/（V/mm）
STRINS	绝缘材料所用钢绞线类型
LOGHRS	HOURS 的以 10 为底的对数
LOGVPM	VPM 的以 10 为底的对数
ASPECT	＝INSHGT/INSWTH

完全寿命数据在加速寿命试验中是不常见的（也是通常不希望得到的）。人们通常不会等到所有样品都失效才结束试验。由于数据列表对于上述目的并不重要，故在此省略。

（2）分析目的

下面的分析仅是举例说明多变量模型的最小二乘法拟合。分析并不完整，仅针对目的2）。完整的分析包含多个类似的分析。

（3）细节

注意到导体的矩形截面有助于分析。它们的高度和宽度因发电机设计差异而不同。电应力（VPM）是施加在绝缘材料上的电压除以其厚度（INSTHK）。

（4）试验设计

通过选定电压应力（加速变量）的试验水平设计试验方案可以得到设计应力下产品寿命的精确估计。施加在样品上的电压应力水平在试验应力范围内大致等间隔分布。这对于外推效率低下。如第 6 章所述，试验应力水平的优化选择可以使设计应力水平下的寿命估计值更精确，试验应力水平应多数取在试验应力范围的两端，少数取在应力范围中间。此外，低应力水平下的样本量应大于高应力水平下的样本量。

4.6.3　拟合指定的模型

（1）目的

本节介绍指定多变量模型的最小二乘拟合。该多变量模型描述了平均对数失效时间（LOGHRS）与对数电压应力（V/mm）、损耗因子（DFRTTU）的函数关系。所有对数都是以 10 为底的对数。

（2）模型

指定的对数寿命均值 μ 的线性模型为

$$\mu=\gamma_1+\gamma_2\text{LOGVPM}+\gamma_3\text{DFRTTU} \tag{4.6-1}$$

模型系数的估计值通过最小二乘法由数据估计得到，用 C_1、C_2、C_3 表示。假设对数寿命的标准差 σ 为常数。同时，为了估计产品的低百分位寿命，假设寿命分布为对数正态分布。实践中关心的是寿命分布的低百分位数。由于假设 σ 为常数，故任何百分位寿命的方程式都与式（4.6-1）相似。因此只需要计算式（4.6-1）。关心低百分位寿命而使用类似式（4.6-1）的模型时应该意识到其中隐含 σ 为常数的假设。

（3）变量

DFRTTU 或其对数都可以作为模型变量，工程认知不能说明哪个更好，且在 DFRTTU 的观测范围内两个都能充分拟合数据。同时，工程上在模型［式（4.6-1）］中是使用 LOGVPM 还是 VPM 更好的问题上也存在分歧。此处模型［式（4.6-1）］表示寿命与 VPM 之间的关系满足逆幂律模型。

（4）图像

构想数据和拟合方程的图像有助于理解多变量模型拟合。对于上述模型［式（4.6-1）］，每个样品数据都包含变量 LOGHRS、LOGVPM 和 DFRTTU 的一个值，则每个样品都可用三维空间中一个点来表示。空间的三个互相垂直的轴分别对应 LOGHRS（垂直轴），LOGVPM 和 DFRTTU。样品数据点在三维空间内形成云状图形，式（4.6-1）是穿过数据云图的一个平面。图 4.6-1 显示了数据云图在三个坐标平面内的投影。图 4.6-1A 中的高点对确定 γ_3 的估计值 C_3 有较大影响。

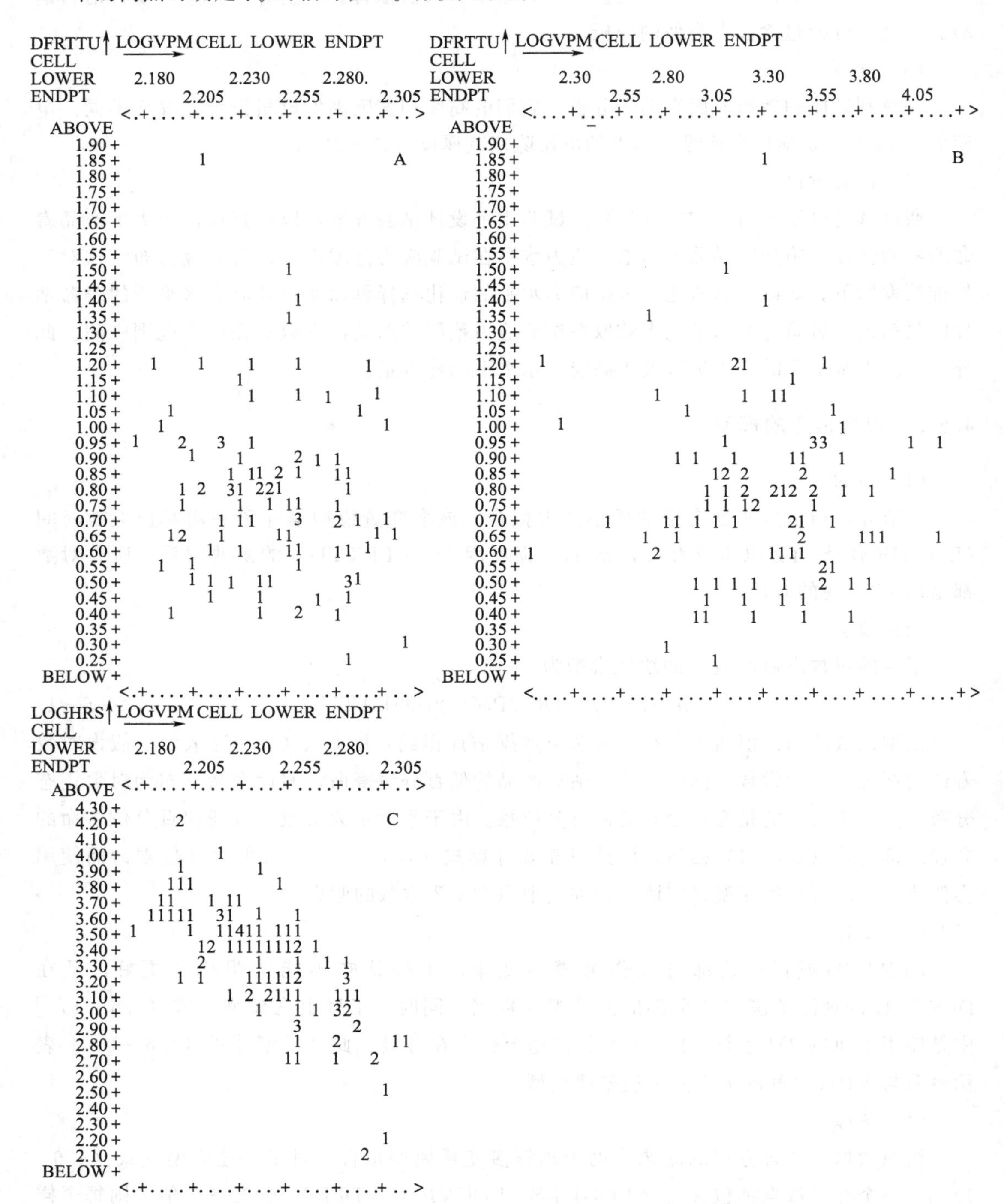

图 4.6-1　数据云图在三个坐标平面内的投影

(5) 拟合

利用数据拟合式 (4.6-1) 相当于确定一个穿过数据云图的“最佳”平面。最小二乘“最佳”平面使平面和数据点间的垂直 LOGHRS 距离的平方和最小。每个数据点与平面的差值（在 LOGHRS 轴的垂直距离）是该样品的残差。σ 恒定，则平面附近各处的点具有相同的垂直散度。

(6) 重要变量

如果式 (4.6-1) 中变量系数的估计值（C_2 或 C_3）明显不等于 0 或置信区间不包含 0，则该变量是在统计上有显著影响的变量。这等价于数据云图中存在沿该变量轴线的明显斜面。“明显”是相对于数据点关于拟合面的分散性而言的。

(7) 中心化

为了达到多种目的，式 (4.6-1) 写为如下形式可能更好

$$\mu = \gamma_1' + \gamma_2(\text{LOGVPM} - \text{LOGVPM}') + \gamma_3(\text{DFRTTU} - \text{DFRTTU}') \quad (4.6-1)$$

式中 LOGVPM′、DFRTTU′是选定值，选定值一般是：

1) 样本独立变量的均值；

2) 其他接近变量数据值中心的值；

3) 其他有意义的值，如设计值。

当 LOGVPM＝LOGVPM′、DFRTTU＝DFRTTU′时，$\mu=\gamma'_1$。即变量为选定值时，γ'_1 为对数寿命均值——一个简单、有效的截距系数的描述。独立变量的中心化将在第 5 章中作进一步论述。除了有助于描述之外，变量中心化还有助于数值计算。当然

$$\gamma_1 = \gamma_1' - \gamma_2 \text{LOGVPM}' - \gamma_3 \text{DFRTTU}'$$

(8) 计算结果

通过 Nelson 等 (1983) 编写的 STATPAC 软件，使用式 (4.6－1′) 进行数据拟合的计算结果如图 4.6-2 所示，重要行进行了编号。这些输出结果的含义和分析如下。参考回归分析书籍分析其他计算结果。

• 行 1 是最小二乘拟合命令；LOGHRS 是因变量，LOGVPM 和 DFRTTU 是独立变量。

• 行 2 及随后几行汇总显示样本数据的统计量。

• 行 3 显示式 (4.6-1) 的拟合结果。LOGVPM 和 DFRTTU 的系数的点估计都是负值，这表明寿命随着任一变量的增大而减小，与工程经验一致。因为 LOGVPM 的系数的点估计为-9.05，因此绝缘材料的寿命以电压应力（VPM）的负 9.05 次幂减小。DFRTTU 是不可控但可测的协变量，可以通过（系数）×（两倍的标准差）的大小估计其对绝缘材料寿命的影响，这里（−0.258）×（2×0.260）＝−0.134，则寿命减小因子为 antilog(−0.134)=0.73，这是因为 DFRTTU 不可控，且不在其取值范围的下端。优化生产或材料可以使绝缘材料的寿命提高 27%左右。只有寿命和 DFRTTU 存在因果关系时上述分析才成立。27%的改善是否可以作为努力控制 DFRTTU 的依据取决于工程师的判断。同时，工程师必须了解或学习如何控制 DFRTTU。

```
1） REGRESSION ALL(LOGHRS LOGVPM DFRTTU)

• SUMMARY STATISTICS

CASES
  106

2）VARIABLE   AVERAGE        VARIANCE          STD DEV

  LOGVPM     2.248131      0.1077328E-02     0.3282267E-01
  DFRTTU     0.7980566     0.6769291E-01     0.2631786
  LOGHRS     3.323656      0.1511960         0.3898394

CORRELATION MATRIX OF VARIABLES

VARIABLE     LOGVPM          DFRTTU            LOGHRS

LOGVPM     1.0000000
DFRTTU    -0.1461116       1.0000000
LOGHRS    -0.7389652      -0.6100866E-01     1.0000000

COVARIANCE MATRIX OF VARIABLES

VARIABLE     LOGVPM          DFRTTU            LOGHRS

LOGVPM     0.1077328E-02
DFRTTU    -0.1247757E-02   0.6769291E-01
LOGHRS    -0.9431225E-02  -0.6172105E-02     0.1511960

• LEAST SQUARES ESTIMATE OF THE FITTED EQUATION

3）MEAN=23.88226
          +( -9.053152     )*LOGVPM
          +(-0.2580513     )*DFRTTU

4）STD DEV=0.2558672

LEAST SQUARES ESTIMATES OF COEFFICIENTS WITH 95% LIMITS

VAR       COEFF    ESTIMATE      LOWER LIMIT     UPPER LIMIT

5）INTR     C00000   23.88226      20.42740        27.35713
  LOGVPM   C00001   -9.053152     -10.57830       -7.528002
  DFRTTU   C00002   -0.2580513    -0.4504556      -0.6564592E-01
```

图 4.6-2　模型［式（4.6-1）］的计算结果

•行 4 显示拟合方程的标准差 σ 的估计值，对应于前面几节中的估计值 s'，其自由度为 103，等于样本量（106）减去拟合方程系数的个数（3）。

•行 5 和随后几行是系数的点估计和 95％双侧置信限。DFRTTU 的系数的置信区间为（－0.450，－0.065 6），不包含 0。因此系数点估计值为－0.258 统计显著不等于 0（置信水平 5％下），DFRTTU 与寿命相关。当然，这不一定表示 DFRTTU 与寿命之间存在因果关系。因果关系需要由物理理论、设计好的实验或工程经验支撑。DFRTTU 可能与影响寿命的更基础的生产和材料变量相关。

其他计算结果不怎么有用，但在某些应用中可能有价值。计算机程序提供这些计算结果多半是惯例。通常，分析这些计算结果引起的困惑多于启发。

(9) 规定的系数

有时规定的模型系数值比通过数据得到的系数估计值更有效。此时可以利用规定的系数值通过数据拟合得到其他系数的估计值。第 5 章 5.4.4 节将介绍为什么和如何规定模型系数值。

(10) 检验模型适用性

利用假设检验评价假设模型适用性的方法如下。它是 4.3.1 节线性度检验方法的一般化。假设模型中包括 P 个待估系数（包含截距）。同时，假设有 n 个样品在 J 个不同试验条件下试验，$J<n$，即部分试验条件下不只一个样品。P 必须小于 J，否则不能得到全部 P 个系数的估计值。（通过计算机）对数据进行模型拟合，得到标准差的估计值 s' [式 (4.2-15) 的多变量扩展]。计算基于重复试验的标准差估计值 s [式 (4.2-14) 的多变量扩展]。大致说来，如果 s' 远大于 s，则拟合模型不适用。4.3.1 节列出了模型不适合的可能原因。

(11) 适用性的 F 检验

拟合模型适用性检验的 F 统计量为

$$F=[(n-P)s'^2-(n-J)s^2]/[(J-P)s^2] \tag{4.6-2}$$

F 的分子可能是两个很大的数值之间很小的差值，故在计算时应保留更多的有效数字。拟合的 F 检验为

1) 若 $F\leqslant F(1-\alpha;\ J-P,\ n-J)$，则在显著性水平 $100\alpha\%$ 下，拟合模型适用；

2) 若 $F>F(1-\alpha;\ J-P,\ n-J)$，则显著性水平 $100\alpha\%$ 下，拟合模型明显不适合。

式中 $F(1-\alpha;\ J-P,\ n-J)$ 是分子自由度为 $J-P$、分母自由度为 $n-J$ 的 F 分布的 $1-\alpha$ 上分位点。这种检验方法对于（对数）正态分布是准确的，对于其他分布近似有效。如果拟合模型不适合，检查数据图和残差图确定原因。含有相同变量或更多变量的更一般的模型或许会有更好地拟合效果。有些模型可能拟合效果可以，但使用效果不佳。这可能是由于重要的变量未包含在模型中。还有些模型可能拟合效果不佳，但实际上是适合的。

(12) 不同模型的比较方法

比较两种线性模型拟合程度的优劣的假设检验方法如下。这种检验方法只适用于一种模型包含另外一种的情况。假设一般模型有 Q 个待估系数（包括截距），较简单的“被包含”模型有 P 个待估系数。例如，两个变量的二项式模型有 $Q=6$ 个待估系数，较简单的两变量线性模型有 $P=3$ 个待估系数。当二次项和交叉项系数等于零时，二项式模型变为线性模型。通过设定一般模型中的某些系数互等，或等于零，或等于其他常数，可将一般模型转化为被包含模型。(在大多数一般理论中，可以通过设定关于 Q 个系数的 $Q-P$ 个指定的不同线性函数等于 0，将一般模型转化为被包含模型)。此外，假设 n 个样品在 J 个不同试验条件下试验，$J<n$。

(13) 增量 F 检验法

对于一般模型，计算其标准差估计值 s'_Q，对于被包含模型，计算 s'_P。大致说来，如果 s'_Q 远小于 s'_P，一般模型的拟合效果更好。精确的假设检验方法利用增量 F 统计量

$$F=[(n-P)s_P'^2-(n-Q)s_Q'^2]/[(Q-P)s_Q'^2] \quad (4.6-3)$$

在统计量计算过程中保留更多的有效数字。采用增量 F 检验比较两种模型有：

1) 如果 $F \leqslant F(1-\alpha;\ Q-P,\ n-Q)$，在显著性水平 $100\alpha\%$下，一般模型的拟合效果不比被包含模型好。

2) 如果 $F > F(1-\alpha;\ Q-P,\ n-Q)$，在显著性水平 $100\alpha\%$下，一般模型的拟合效果好于被包含模型。

式中 $F(1-\alpha;\ Q-P,\ n-Q)$ 是分子自由度为 $Q-P$，分母为 $n-Q$ 的 F 分布的 $1-\alpha$ 分位点。

(14) 讨论

s 是基于重复试验的标准差估计值，假设其自由度 $n-J$ 很大（如，大于 20)。用 s 代替式（4.6-3）分母中的 s'_Q，并用其自由度 $n-J$ 代替 F 百分位数中的 $n-Q$，通常可使比较更灵敏。如果一般模型的拟合在统计上显著优于被包含模型，评价一般模型是否在促进产品改进方面较简单模型更能产生实际效益。实际上 s'_Q 通常与 s'_P 相当，则一般模型在估计产品寿命时仅稍好一些。4.6.4 节中的逐步拟合也使用了增量 F 检验，逐步拟合时，候选模型中的变量系数一次一个逐步增加或减少。增量 F 检验对于（对数）正态寿命分布是准确的，对于其他分布近似有效。

(15) 实例

模型（4.6-1）中包含 $P=3$ 个待估系数，分别为：截距和变量 LOGVPM、DFRTTU 的系数。在 4.6.4 节中，一个更一般的"最终"模型包含 $Q=5$ 个待估系数，分别为截距和变量 BINDER、INSTHK、LOGVPM、VOTLE 的系数。由于以下两个原因不能按上述方法比较这两个模型，第一，两个模型之间不存在包含关系；第二，由于部分样品的某些变量值缺失，两个模型所拟合的数据子集不同。

(16) 残差

下面是利用残差图评价模型和数据的实例。样品的残差等于其（对数）寿命减去拟合方程在该样本变量值处的估计值（拟合值）。模型和数据的数值评价方法详见 4.3 节中提到的参考文献。

1) 图 4.6-3 是残差的正态概率图。图形近似为直线，表明在数据范围内可以采用对数正态分布描述数据，但仅表明对数正态分布可能适合外推到数据的低尾段。残差也可以绘制在极值分布概率纸上，用以评价 Weibull 分布的适用性。但是，最小二乘拟合使得残差"更符合正态分布"

2) 图 4.6-4 是残差与模型变量 LOGVPM 的互相关图。绘制残差与所有模型变量和非模型变量的互相关图是很好的做法。图 4.6-4 有两个显著特征。其一图中左上角有五个孤立点，值得研究。其二存在轻微的弯曲，顶点靠近中间。在模型（4.6-1）中加入一

个关于 LOGVPM 的二次项，并进行拟合检验上述发现。

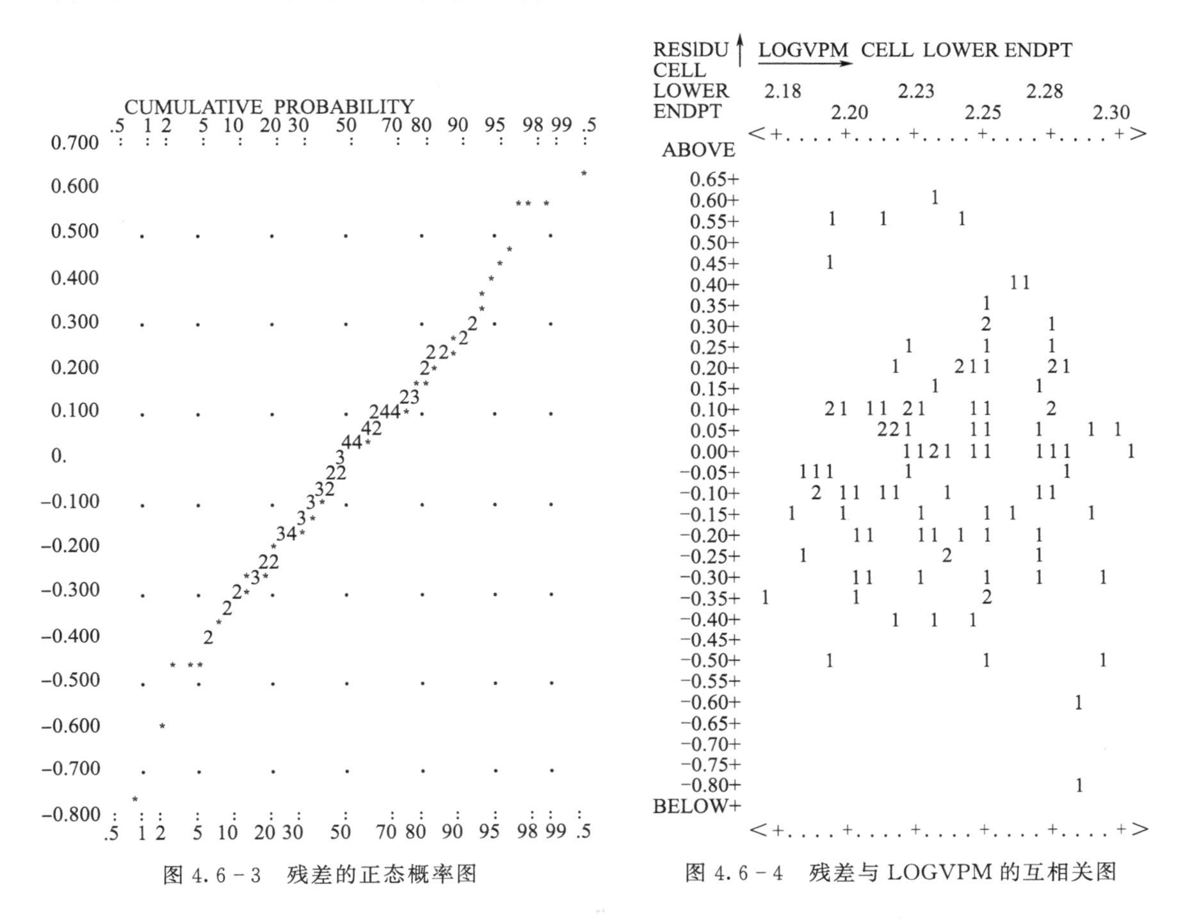

图 4.6-3　残差的正态概率图　　图 4.6-4　残差与 LOGVPM 的互相关图

3）图 4.6-5 是残差与变量 DENSTY 的互相关图，DENSTY 不是模型（4.6-1）的变量。图中散点分布无规律，表明 DENSTY 与寿命（LOGHRS）不相关。在此图和其他变量与残差的互相关图中，最小残差的位置有点儿太低。该点可能是可疑数据，并在某些分析中被舍弃。确定最小残差过低的原因非常重要。

4）图 4.6-6 是残差与变量 INSTHK 的互相关图。图形趋势表明在恒定电压应力下，寿命随着绝缘厚度的增大而减小。这是众所周知的绝缘现象。这表明模型中应包含 INSTHK 项，该项可以改善设计过程中的可靠性预计。图中左下角的两个点可能是异常值，值得研究。

5）图 4.6-7 是残差与变量 BINDER 的互相关图。图形趋势表明绝缘材料寿命随着粘合剂含量的增加而减小。这一现象众所周知。这表明模型中应包含 BINDER 项，还表明在高电压下使用粘合剂含量较低的绝缘材料可以提高可靠性。

6）图 4.6-8 是残差与变量 VOLTLE 的互相关图，图形存在微小的趋势。但是，遮盖图中右下角的点，图形无趋势。通常不能仅基于一点作结论。这也说明了在观察图形时遮盖影响较大的点的重要性。

```
RESIDU ↑ DENSTY   CELL LOWER ENDPT
CELL      ——————→
LOWER      1.83         1.88         1.93
ENDPT            1.85         1.90         1.95
        <+. . . . +. . . . +. . . . +. . . . +. . . . +>
   ABOVE
   0.65+
   0.60+              1
   0.55+                   1     1    1
   0.50+
   0.45+    1
   0.40+         1       1
   0.35+               1
   0.30+              11   1
   0.25+        1       1    1
   0.20+             1 1   1 1 1 3
   0.15+         1     1
   0.10+     1 111   2   1   1 2 11
   0.05+     1     1 211  1  1 1    1
   0.00+       11  1 2 111 1   1 1
  -0.05+         1 1     1 2
  -0.10+         1 2 2   2   1     1
  -0.15+ 1     1 1   1 1     1
  -0.20+         1   1   211          1
  -0.25+         1   1       1     1
  -0.30+   1       2 1 1   1
  -0.35+         1 1     1   1
  -0.40+   1          2
  -0.45+
  -0.50+             1 2
  -0.55+
  -0.60+                   1
  -0.65+
  -0.70+
  -0.75+
  -0.80+          1
  BELOW+
        <+. . . . +. . . . +. . . . +. . . . +. . . . +>
```

图 4.6－5　残差与 DENSTY 的互相关图

```
RESIDU ↑ INSTHX   CELL LOWER ENDPT
CELL      ——————→
LOWER   140          190          250
ENDPT         165          215
        <+....+....+....+....+....+>
   ABOVE
   0.65+
   0.60+                   1
   0.55+    1      1 1
   0.50+
   0.45+    1
   0.40+          1     1
   0.35+       1
   0.30+                 11   1
   0.25+            1  1 2
   0.20+     1    1    2 21  1
   0.15+                1   1
   0.10+    1    11211  1    1112
   0.05+     11     1  2 1   22
   0.00+        3 11  11   121
  -0.05+          1    1        12
  -0.10+      1        1  1  1122
  -0.15+ 1     1  1 1          1 1
  -0.20+         11    1   2  11
  -0.25+             1 1  1      1
  -0.30+       1       1    112
  -0.35+               1  11  1
  -0.40+            1     1  1
  -0.45+
  -0.50+               1  11    1
  -0.55+
  -0.60+     1
  -0.65+
  -0.70+
  -0.75+
  -0.80+             1
  BELOW+
        <+....+....+....+....+....+>
```

图 4.6－6　残差与 INSTHK 的互相关图

7）在残差与各变量的互相关图图 4.6－4 到图 4.6－8 中残差点的垂直散布不变。这证明了假设"在这些变量的观测范围内 σ 为常数"。Bartlett 检验和最大 F 比检验不能用于此处检验"σ 是常数"的假设。这两种检验方法要求重复样品所有变量的值精确相等。

可以通过计算并绘制残差散点图的光滑局部加权回归线，辅助检定互相关图中体现的变量关系，详见 Chambers 等（1983，4.6 节）。

（17）结论

由互相关图得出的最重要的结论是：在公式（4.6－1）中添加其他变量可以提高拟合效果，加深认知。在实例中，BINDER 和 INSTHK 显示与寿命相关，在其他方面，模型看起来是合理的。此外，调查研究异常点产生的原因，可能促进产品优化。对本节实例中偏离大部分点的异常点，需要进行多种数据分析，尤其是数据图分析。

4.6.4　一般模型的逐步拟合

（1）目的

本节介绍一般模型的逐步拟合。在一些试验中，数据涉及多个工程变量，确定这些"候选"变量中哪个与产品寿命有关非常有用。通过一般模型的逐步拟合可以得到答案。逐步拟合挑选统计重要变量并采用包含这些变量的模型进行拟合。"选定"的变量仅是与

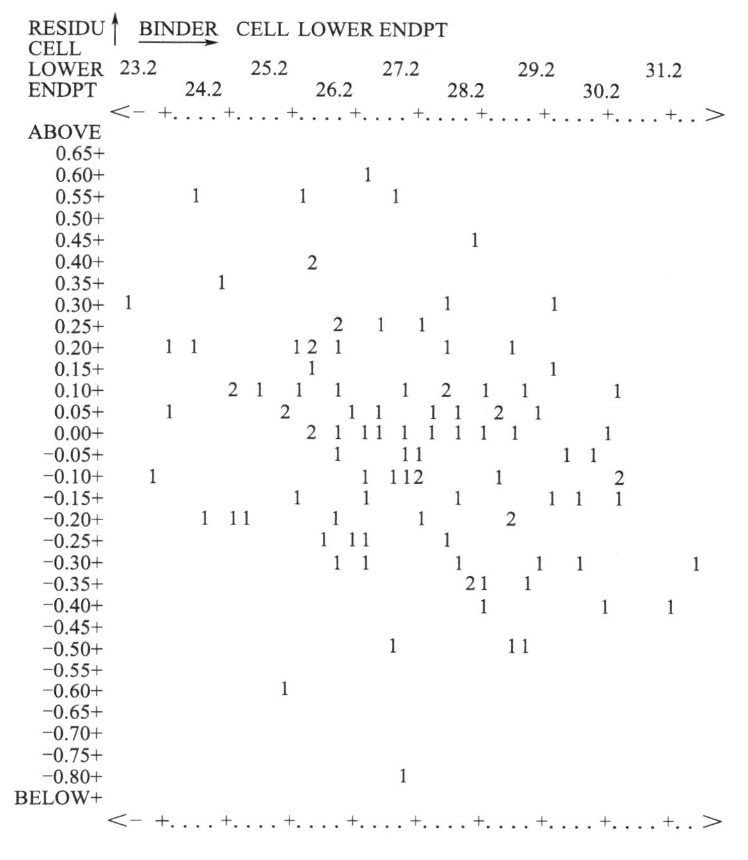

图 4.6－7　残差与 BINDER 的互相关图

寿命相关，是否与寿命存在因果关系必须从工程角度判定。预先设计好的实验是识别因果关系的最好方法。

（2）实例数据

以上面绝缘材料的数据为例介绍逐步拟合。收集多个设计变量、制造变量和试验变量的数据（表 4.6－1）。它们与寿命之间的关系可能会促进产品改进。下面的分析中使用了 9 个变量，全部 9 个变量都有值的样品有 83 个，对这些数据进行分析，忽略其他数据不全的 106－83＝23 个样品。Little 和 Rubin（1987）提出了“不完全”或“缺失“数据的分析方法，相关文献见美国统计协会的年度索引（1987）。目前还没有不完全数据的逐步回归程序。

（3）一般模型

假设数据包含 P 个变量 x_1，x_2，…，x_P 。这些变量可能是更基本的变量的函数；例如平方、叉积、对数。对数寿命均值的一般线性模型为

$$\mu=\gamma_0+\gamma_1 x_1+\cdots\gamma_P x_P \tag{4.6-4}$$

式中系数由数据估计得到。假设对数寿命的标准差 σ 为常数，即假设对数寿命分布的形状不变。在逐步拟合中，设模型某些不能改善拟合效果的变量系数等于 0，使结果方程中只包含统计重要变量。对于式（4.6－4）的逐步拟合，建议至少有 $5P$ 个样品数据。

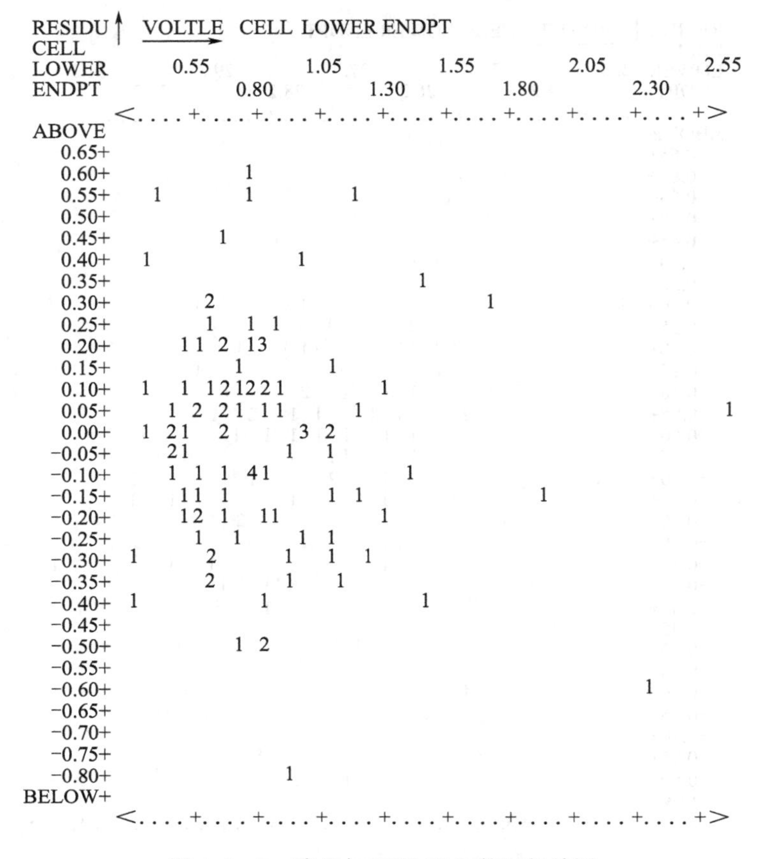

图 4.6－8　残差与 VOLTLE 的互相关图

（4）图像

构想实例数据和拟合方程的图像有助于理解逐步拟合。对于绝缘材料数据，每个样品数据都是 10 维空间中的一个点。10 个正交轴分别对应寿命 LOGHRS（垂直轴）和 9 个预示变量。样品数据点在 10 维空间中形成云状图形，模型（4.6－4）是该空间中的一个超平面。拟合模型（4.6－4）实际上是确定穿过数据云图的“最佳”平面。假设模型（4.6－4）中某个系数为零，如 γ_1，则（4.6－4）在 LOGHRS 和 x_1 平面上的投影是一条水平直线，即对于任意 x_1 值，寿命都相等。确定“最佳”平面包括指定那些使数据云图投影斜率接近零的变量的系数为零。“接近零”是相对于数据的散布而言。最终方程仅包含统计重要变量，增加或删除任一统计重要变量都将显著影响模型的拟合效果。

（5）逐步拟合原理

确定最终方程的变量有多种方法。Draper 和 Smith（1981）论述了这些方法，其中包括 Mallow 的 C_P 法。在其著作的 6.4 节中，详细介绍了大多数程序的逐步拟合计算原理。简要陈述如下。初始时，根据用户的选择，方程中可以包含全部变量或无变量。在可能的情况下建议选择包含“全部”变量。在通用步骤中，当前方程中都包含多个变量，程序按如下方法在当前方程中添加或删除一个变量。

1）添加变量。对于一个当前方程中没有的变量，程序将该变量加入当前变量，并拟合新的方程。对当前方程中没有的每一个变量进行上述拟合后，确定加入后拟合方程的样本标准差最小的变量。用增量 F 检验（4.6.3 节）确定该变量的标准差是否显著小于当前方程的样本标准差。如果是，将该变量添加到当前变量，获得新的当前方程。之后程序按下述步骤尝试从新的当前方程中删除一个变量。

2）删除变量。对于当前方程中的每一个变量，程序去除一个当前变量，并拟合新的方程。对每一个当前变量完成上述操作后，确定删除后结果方程拟合样本标准差最大的变量。用增量 F 检验确定该变量的标准差是否显著大于当前方程的样本标准差。如果不是，将这个变量从当前方程中删除。之后程序按上述步骤尝试在当前方程中添加一个变量。

程序不断在当前方程中添加和删除变量，直到相邻步骤添加或删除均失败。

（6）最终方程

初始方程中含全部变量或无变量，可能得到不同的最终方程。改变添加和删除变量的显著性水平也可能得到不同的最终方程。因此，最终方程不是唯一的，人们必须判断哪个最好。有些程序可以在每一步中“强迫”加入用户指定变量。某些变量是强制性的，例如，工程经验或理论建议的变量。

（7）分类变量

大多数程序增加或删除一个分类变量的过程如下。分类变量指示函数的系数是以组为单位进行增加或删除的，而不是逐个增加或删除。

（8）计算结果

绝缘材料数据的逐步拟合结果如图 4.6－9 所示。

1）行 1 为一般方程中包含的全部变量。

2）行 2 及随后几行是 83 个样品的统计量汇总，在分步计算中将用到，尤其是相关矩阵。

3）行 3 及随后几行是步骤 1，增加变量 LOGVPM；行 4 显示的是拟合方程，行 5 是拟合方程的样本标准差。LOGVPM 是与（对数）寿命相关性最强的变量。

4）行 6 及随后几行是步骤 2，增加变量 BINDER；行 7 是拟合方程，行 8 是拟合方程的样本标准差 s' 。

5）行 9 及随后几行是步骤 3，增加变量 INSTHK；行 10 是拟合方程，行 11 是拟合方程的样本标准差。

6）行 12 及随后几行是步骤 4，删除变量失败。行 13 及随后几行是增加变量 VOLTLE 的步骤，行 14 是拟合方程，行 15 是拟合方程的样本标准差。

7）行 16 及随后几行是步骤 5，删除变量失败。行 17 及随后几行显示增加变量失败。逐步拟合到此为止。

8）行 18 和 19 是最终方程及其样本标准差。随后几行是拟合最终方程所用的统计量及其估计。

1) REGRESSION STEP ALL (LOGHRS LOGVPM BINDER ASPECT DENSTY VOLTLE EXTRAC DFRTTU INSTHK DFCDTU)

2) * SUMMARY STATISTICS

CASES
83

VARIABLE	AVERAGE	VARIANCE	STD DEV
LOGVPM	2.248549	0.1075133E-02	0.3278923E-01
BINDER	27.28711	3.920270	1.979967
ASPECT	1.913630	0.5203001	0.7213183
DENSTY	1.891712	0.1054115E-02	0.3246714E-01
VOLTLE	0.8452530	0.8201226E-01	0.2863778
EXTRAC	14.91687	13.16459	3.628304
DFRTTU	0.7716145	0.5288268E-01	0.2299623
INSTHK	212.5422	847.9708	29.11994
DFCDTU	0.8154458	0.6688810E-01	0.2586273
LOGHRS	3.337746	0.1540612	0.3925063

CORRELATION MATRIX OF VARIABLES

VARIABLE	LOGVPM	BINDER	ASPECT	DENSTY
LOGVPM	1.0000000			
BINDER	−0.7127754E−01	1.0000000		
ASPECT	0.4152845E−01	−0.2417110	1.0000000	
DENSTY	−0.4571351E−01	−0.6546124	−0.6878039E−01	1.0000000
VOLTLE	0.1855866	−0.2745033	0.1764015	−0.5147923E−01
EXTRAC	0.4996372E−01	−0.3981858	0.1764736	0.2495507
DFRTTU	−0.1055449	0.6099511E−01	0.2523931E−01	−0.1007431
INSTHK	−0.5495333	0.1242588	−0.3872157	−0.7165637E−01
DFCDTU	−0.2060215	0.8406925E−02	0.1867475	0.1138306
LOGHRS	−0.7479180	−0.2097922	−0.1064552	0.2180162

VARIABLE	VOLTLE	EXTRAC	DFRTTU	INSTHK
VOLTLE	1.0000000			
EXTRAC	0.6151215	1.0000000		
DFRTTU	0.2609756E−01	0.4854147E−01	1.0000000	
INSTHK	−0.3835542	−0.3040712	0.7373877E−01	1.0000000
DFCDTU	0.4236557	0.3325855	0.5584080	−0.4472697E−01
LOGHRS	−0.3616158	0.2196694E−01	−0.4989165E−01	0.2556711

VARIABLE	DFCDTU	LOGHRS
DFCDTU	1.0000000	
LOGHRS	0.7189336E−01	1.0000000

3) * STEP NO.　　1

TEST TO ENTER NEW VARIABLE

OLD ERROR MEAN SQUARE: 0.1540612

VAR	INCREMENTAL CORR	F-RATIO	%PT. OF F-DIST	NEW ERROR MEAN SQUARE	INCREMENTAL ERROR MEAN SQ
LOGVPM	0.7479	102.8	100.	0.6872030E−01	0.8534091E−01
BINDER	0.2098	3.729	94.3	0.1490988	0.4962385E−02
ASPECT	0.1065	0.9285	66.2	0.1541957	−0.1345016E−03
DENSTY	0.2180	4.042	95.2	0.1485501	0.5511109E−02
VOLTLE	0.1616	2.172	85.6	0.1518895	0.2171716E−02
EXTRAC	0.2197E−01	0.3911E−01	15.6	0.1558879	−0.1826730E−02
DFRTTU	0.4989E−01	0.2021	34.6	0.1555750	−0.1513770E−02
INSTHK	0.2557	5.665	98.0	0.1457682	0.8292971E−02
DFCDTU	0.7189E−01	0.4208	48.2	0.1551571	−0.1095869E−02

图 4.6－9　逐步拟合计算结果

```
   * ENTERED: LOGVPM 4.0000 IS THE SPECIFIED VALUE FOR ENTERING A VARIABLE


   * LEAST SQUARES ESTIMATE OF THE FITTEO EQUATION

4) MEAN =      23.46925
               + (-8.953018       )* LOGVPY

5) STD DEV  =     0.2621456

   ----------------------------------------

6) * STEP NO.   2

   TEST TO ENTER NEW VARIABLE
   * ENTERED: BINDER 4.0000 IS THE SPECIFED VALUE FOR ENTERING A VARIABLE


   * LEAST SQUARES ESTIMATE OF THE FITTED EQUATION

7) MEAN =     25.40708
              + (-9.178652      )* LOGVPM
              + (-0.5242336E-01     )* BINDER

8) STD DEV  =     0.2420586

   ----------------------------------------

9) * STEP NO.   3

  TEST TO REMOVE OLD VARIABLE
   * REMOVED   NONE   3.0000 IS THE SPECIFIED VALUE FOR DELETING A VARIABLE

   TEST TO ENTER NEW VARIABLE
   * ENTERED: INSTHK 4.0000 IS THE SPECIFIED VALUE FOR ENTERING A VARIABLE


   * LEAST SQUARES ESTIMATE OF THE FITTED EQUATION

10) MEAN  =  28.68199
              + (-10.42966        )* LOGVPM
              + (-0.4916296E-01 )* BINDER
              + (-0.2592094E-02)* INSTHK

11) STD DEV  =  0.2350513

   ----------------------------------------

12) * STEP NO.     4

   TEST TO REMOVE OLD VARIABLE
    * REMOVED     NONE      3.0000 IS THE SPECIFIED VALUE FOR DELETING A VARIABLE

    TEST TO ENTER NEW VARIABLE

13) * ENTERED: VOLTLE   4.0000 IS THE SPECIFIED VALUE FOR ENTERING A VARIABLE


    * LEAST SQUARES ESTIMATE OF THE FITTED EQUATION

14) MEAN =     29.47465
              + (-10.50796        )* LOGVPM
              + (-0.5726074E-01 )* BINDER
              + (-0.3487699E-02)* INSTHK
              + (-0.2428519       )* VOLTLE

15) STD DEV  =  0.2277949

    ----------------------------------------
```

图 4.6-9　逐步拟合计算结果（续 1）

```
16) * STEP NO.    5

  TEST TO REMOVE OLD VARIABLE
   * REMOVED     NONE      3.0000 IS THE SPECIFIED VALUE FOR DELETING A VARIABLE

17) TEST TO ENTER NEW VARIABLE
   * NO VARIABLE IS SIGNIFICANT
       4.0000 IS THE SPECIFIED VALUE FOR ENTERING A VARIABLE


   VARIABLES IN THE EQUATION:
   LOGVPM BINDER INSTHK VOLTLE


   PARTIAL CORRELATIONS

   VARIABLE        LOGVPM            BINDER            INSTHK            VOLTLE
   LOGHRS    -0.7914638         -0.4404170         -0.3376917         -0.2695911


   * LEAST SQUARES ESTIMATE OF THE FITTED EQUATION

18) MEAN  =    29.47465
            + (-10.50796      )* LOGVPM
            + (-0.5726074E-01)* BINDER
            + (-0.3487699E-02)* INSTHK
            + (-0.2428519     )* VOLTLE

19) STD DEV  =    0.2277949
```

LEAST SQUARES ESTIMATES OF COEFFICIENTS WITH 95% CONFIDENCE LIMITS

VAR	COEFF	ESTIMATE	LOWER LIMIT	UPPER LIMIT	STANDARD ERROR
INTR	C00000	29.47465	25.01163	33.93768	2.241773
LOGVPM	C00001	-10.50796	-12.33721	-8.678714	0.9188296
BINDER	C00002	-0.5726074E-01	-0.8357311E-01	-0.3094338E-01	0.1321667E-01
INSTHK	C00008	-0.3487699E-02	-0.5679076E-02	-0.1296321E-02	0.1100726E-02
VOLTLE	C00005	-0.2428519	-0.4383946	-0.4730927E-01	0.9822084E-01

图 4.6-9 逐步拟合计算结果（续 2）

(9) 评论

可以看到（LOGHRS 的）样本标准差随着变量的增加逐步减小：

- 第 1 部分：0.392。
- 行 5：0.262，增加变量 LOGVPM。
- 行 8：0.242，增加变量 BINDER。
- 行 11：0.235，增加变量 INSTHK。
- 行 15：0.227，增加变量 VOLTLE。

标准差的减小量大部分出现在增加第一个变量 LOGVPM 时，这之后标准差的减小很少。因此，对于预测，增加变量对提高统计精度的作用很小。但是，控制这些增加的变量可能会增大产品寿命，具有实用价值。当增加或删除其他变量时，变量的系数估计值将随之改变。可以通过“正交”实验设计，避免这一情况出现。

(10) 分析

一个变量对寿命的实际影响可以根据该变量在最终方程中的系数与其标准差的二倍的乘积来判断。例如，对于变量 BINDER，乘积为 0.057 260 74（2 * 1.979 967）=0.226 75，其反对数为 1.686。乘积的反对数为变量对寿命的影响因子。变量 LOGVPM 的影响因子为 4.8，BINDER 的为 1.7，INSTHK 的为 1.6，VOLTLE 的为 1.4。控制这些影响寿命的变量处于其取值范围的低端可以提高产品寿命。尤其是生产过程中进行控制的变量 BINDER 和 VOLTLE，可以控制得更好。BINDER 和 VOLTLE 较低（高）的导体批次可以安装在发电机中应力水平较高（低）的位置。影响变量的负系数与绝缘材料的经验认知一致。这也再次说明选定的四个变量是可控的设计和生产变量。如果所选变量不可控，如 DRFTTU，则不能用于增加寿命，但可用于判定哪些绝缘材料可用于高应力水平。最终方程应仅视为一个可行的方程式，随着收集数据的增多、认识的深入、其他模型的深入分析等可能被修正。尤其是一般模型应包含交叉项。

(11) 评价拟合模型和数据

最终方程的各种拟合残差图可以辅助评价拟合模型和数据。

1) 图 4.6－10（a）是残差的正态概率图，图 4.6－10（b）是残差的极值分布概率图。这两个图在低尾段都存在低点，说明可能存在异常数据。正态概率图的曲率较小。因此，对数正态分布看起来稍好于 Weibull 分布。

2) 图 4.6－11 是残差与制造年度 TPADATE 的互相关图。稍有迹象表明最近生产的绝缘材料寿命较短的更多。TPADATE 不是之前逐步拟合的候选变量。

3) 图 4.6－12 是残差与导体截面高度宽度比 ASPECT 的互相关图。图中散点分布没有规律。这与没有选择其作为方程的候选变量相符。

4) 图 4.6－13 是残差与选定变量 BINDER 的互相关图。图形没有弯曲表明线性 BINDER 项满足要求。

5) 图 4.6－14 是残差与生产后绝缘材料的损伤度量 MATDAM 的互相关图。异常点存在矛盾，该样品的损伤最大，但关于最终方程，它的寿命最长。这一矛盾值得研究。其他点表明 MATDAM 与寿命不相关。

6) 有必要绘制分析残差与数据集中每个变量的互相关图，这样通常可以获得大量信息。只是前面这些互相关图几乎没有什么显著特征。

(12) 结束语

前面的分析并不是“答案”，很可能没有意义。但这些分析可以加深理解、提高认识。更重要的是，它们促使进一步分析。探索性分析对于增进对数据的认知非常有用。多数分析可能不能提供信息并被忽略。使用计算机程序可以很容易地完成这些分析。

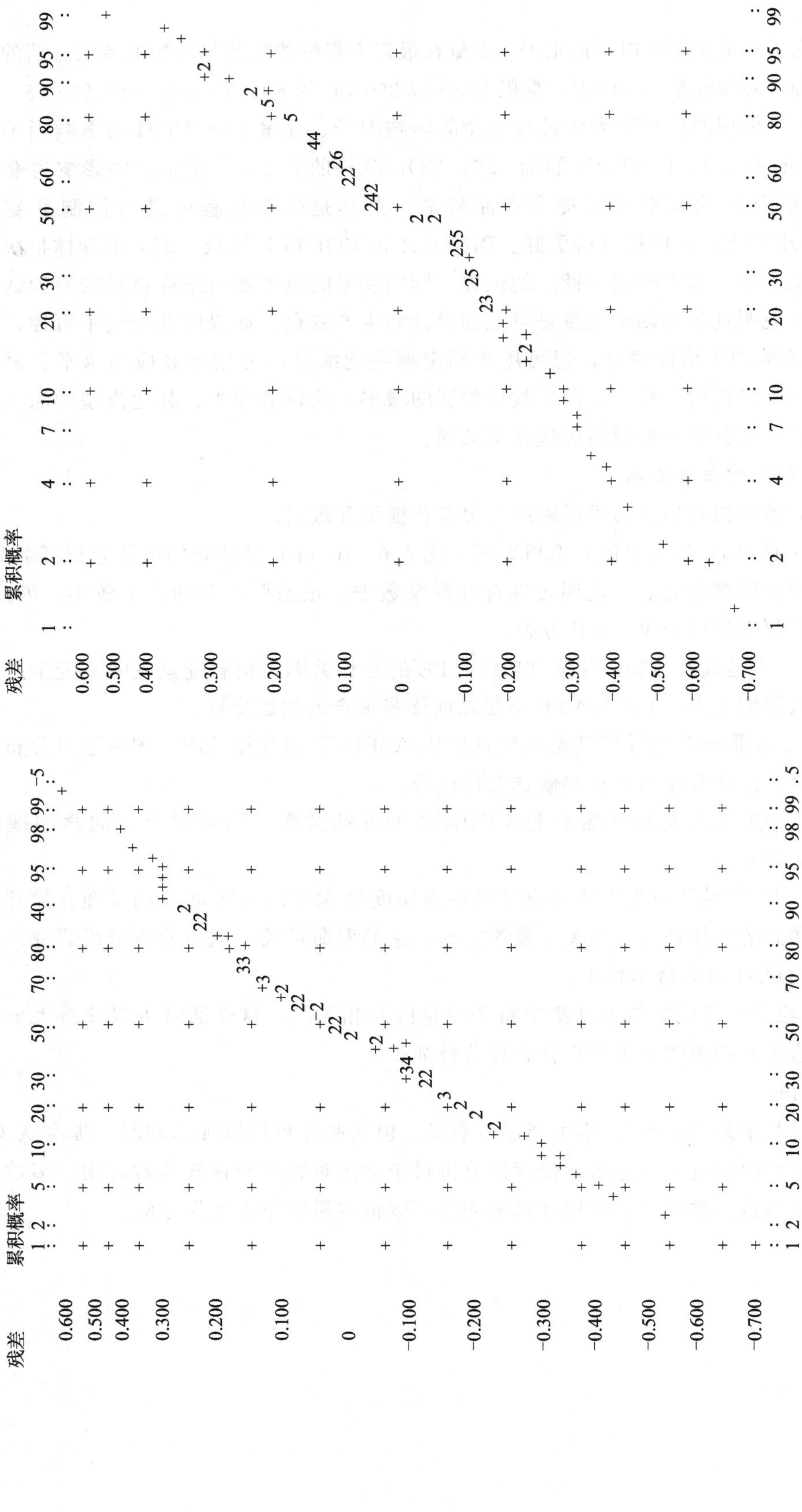

残差　累积概率

1 2 5 10 20 30 50 70 80 40 95 98 99 −5

0.600 0.500 0.400 0.300 0.200 0.100 0 −0.100 −0.200 −0.300 −0.400 −0.500 −0.600 −0.700

1 2 5 10 20 30 50 70 80 90 95 98 99 .5

（a）残差的正态概率图

残差　累积概率

1 2 4 7 10 20 30 50 60 80 90 95 99

0.600 0.500 0.400 0.300 0.200 0.100 0 −0.100 −0.200 −0.300 −0.400 −0.500 −0.600 −0.700

1 2 4 7 10 20 30 50 60 80 90 95 99

（b）残差的极值分布概率图

图 4.6－10　残差的两种分布概率图

```
RESIDU ↑ TPDATE   CELL  LOWER ENDPT
CELL     ────────→
LOWER   760000+          770000+         780000+         790000+         800000+
ENDPT           765000+          775000+         785000+         795000+
        <+....+....+....+....+....+....+....+....+....+>
   ABOVE
   0.60+
   0.55+ 1
   0.50+
   0.45+
   0.40+
   0.35+           1          1
   0.30+ 1         1
   0.25+                                 1
   0.20+ 11        1          1
   0.15+ 21
   0.10+ 11        11          1
   0.05+                                1
   0.00+ 2         2                              1
  -0.05+ 2
  -0.10+ 11        1
  -0.15+ 41          1                  1
  -0.20+
  -0.25+ 2         1
  -0.30+ 1                    1
  -0.35+                                          1
  -0.40+
  -0.45+
  -0.50+                                1
  -0.55+
  -0.60+
  -0.65+
  -0.70+                                          1
  BELOW+
        <+....+....+....+....+....+....+....+....+....+>
```

图 4.6-11　残差与 TPDATE 的互相关图

```
RESIDU ↑ ASPECT   CELL  LOWER ENDPT
CELL     ────────→
LOWER     1.10          2.10          3.10          4.10
ENDPT           1.60          2.60          3.60
        <.+....+....+....+....+....+....+..>
   ABOVE
   0.60+
   0.55+          1
   0.50+
   0.45+
   0.40+
   0.35+       1      1
   0.30+  11   1     1
   0.25+       111
   0.20+       11       1 1
   0.15+       15 2        1
   0.10+     1231   1      1 1
   0.05+  1 1  2      1               1
   0.00+   1  112     1        1
  -0.05+       3 1
  -0.10+  1   1 11      1  1         1
  -0.15+      431   1         1            1
  -0.20+    1                       1 1
  -0.25+    1 1   1                  1
  -0.30+      11          1
  -0.35+      1       1 1
  -0.40+       1
  -0.45+
  -0.50+                  1
  -0.55+        1
  -0.60+
  -0.65+
  -0.70+        1
  BELOW+
        <.+....+....+....+....+....+....+..>
```

图 4.6-12　残差与 ASPECT 的互相关图

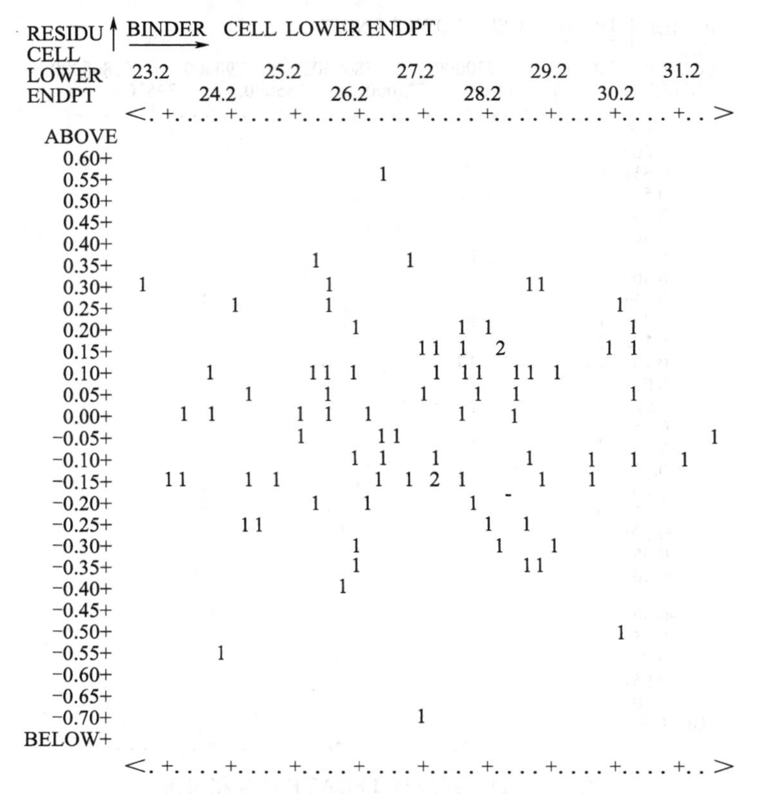

图 4.6-13 残差与 BINDER 的互相关图

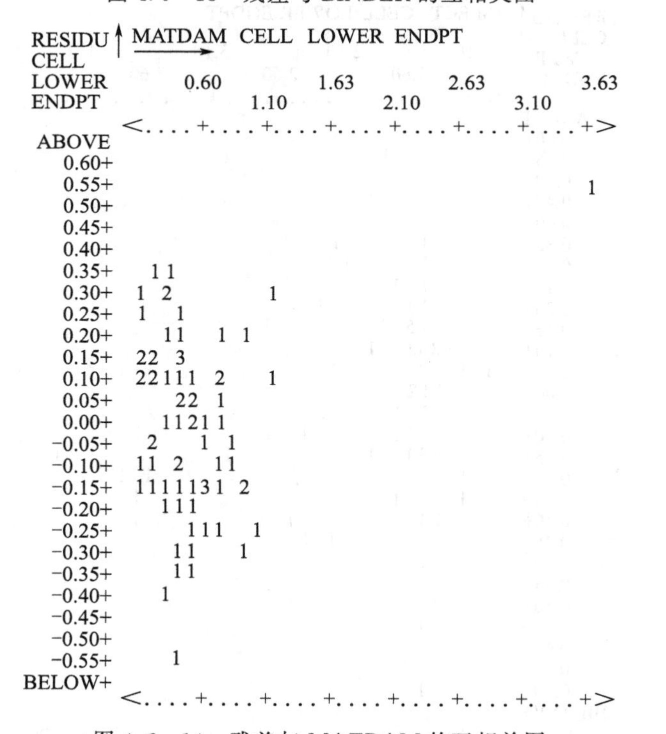

图 4.6-14 残差与 MATDAM 的互相关图

习题（*表示困难或复杂）

4.1　三种绝缘材料。对于习题 3.1 中的每种绝缘材料，使用回归分析程序，采用 Arrhenius -对数正态模型完成下述分析。

(a) 计算各试验温度下对数数据的均值和标准差。计算平方和。

(b) 计算模型系数和对数标准差的点估计和 95%双侧置信限（分别使用标准差点估计 s 和 s' 和相应的置信限计算公式）。

(c) 将三种绝缘材料相应的点估计和置信限绘制在一起。根据置信限判断，三种绝缘材料的模型系数或对数标准差是否存在显著差异?

(d) 计算三种绝缘材料在设计温度 200 ℃下平均对数寿命和中位寿命的点估计和 95%双侧置信限，并绘制在一起。

(e) 根据置信限判断，三种绝缘材料的中位寿命是否存在显著差异?

(f) 针对偶然工作温度 225 ℃和 250 ℃，重做 (d) 和 (e)。

(g) 计算标准化残差，并绘制其正态概率图。评价残差的（对数）正态性和数据。

(h) 采用 F 检验评价拟合模型的线性度。

(i) 采用 Bartlett 检验比较 3 个试验温度下的对数标准差。计算各试验温度下对数标准差的 95%双侧置信限，并绘制在一起。

(j) 采用 Bartlett 检验比较三种绝缘材料各自的共用对数标准差。

(k) 分别在 Arrhenius 坐标纸上绘制三种绝缘材料的点估计和置信限。

(l) 写一份简要的管理报告，描述绝缘材料比较的结果。不必介绍统计方法，包含适当的数据图。

4.2　s'的应用。用 s' 代替 s，重新进行 H 级绝缘系统实例的计算。评述两种情况下点估计和置信限有哪些重大不同。

4.3　加热器数据。利用习题 3.3 中的数据和 Arrhenius -对数正态模型完成下述分析。绝对温度等于华氏温度加 459.7 ℉。

(a) 计算各试验温度下对数数据的均值和标准差。计算平方和。

(b) 计算模型系数和对数标准差的点估计和 95%双侧置信限，计算激活能的点估计和 95%双侧置信限。

(c) 计算试验温度和设计温度 1 100 ℉下对数均值和中位寿命的点估计和 95%双侧置信限。

(d) 计算试验温度和设计温度 1 100 ℉下 1%分位寿命的点估计和 95%双侧置信限。

(e) 将点估计、置信限和数据绘制在 Arrhenius 坐标纸上。

(f) 计算 4 个试验温度下对数标准差的 95%双侧置信限，并绘制在一起。采用 Bartlett 检验比较各温度下的对数标准差。

(g) 利用 F 统计量检验拟合模型的线性度。

(h) 计算标准化残差，并绘制在正态概率纸和极值分布概率纸上。评述对数正态分布和 Weibull 分布的拟合情况。是否存在异常数据点？

(i) 绘制残差与温度的互相关图。该图形是否可以增进认识？

(j) 进行进一步的分析。

4.4　Eyring 模型。采用 Eyring -对数正态模型拟合 H 级绝缘系统数据。用 $t_i' = t_i \cdot T_i$ 代替样品寿命 t_i 作为因变量，其中 T_i 是绝对温度。完成习题 4.3 的分析工作。评述 Eyring 模型是否比 Arrhenius 模型更合适。是否存在明显差别？说明原因。

4.5　不含 260 ℃数据的 H 级绝缘系统数据。对于表 4.2-1 中的 H 级绝缘系统数据，舍弃 260 ℃下的数据，完成习题 4.3 中列出的分析工作。设计温度为 180 ℃。

4.6　轴承数据。利用习题 3.5 的数据，剔除异常值，采用幂律- Weibull 模型完成下述分析。

(a) 计算各试验载荷下对数数据的均值和标准差。计算平方和。

(b) 计算模型系数和 Weibull 形状参数的点估计和 95%双侧近似置信限。幂系数的估计值是否与标准值 3 一致？

(c) 计算试验载荷和设计载荷下对数寿命均值的点估计和 95%双侧近似置信限。

(d) 计算试验载荷和设计载荷下 10%分位寿命的点估计和 95%双侧近似置信限。

(e) 采用 F 检验评价拟合模型的线性度。

(f) 计算标准化残差，并绘制在极值分布概率纸和正态概率纸上。评价寿命分布适用性和数据。

(g) 将数据、42.8%分位寿命和 10%分位寿命的点估计与 95%双侧近似置信限绘制在双对数坐标纸上。

4.7　H 级绝缘系统数据的 Weibull 分布拟合。用 Weibull 分布代替对数正态分布，重新进行 H 级绝缘系统实例的计算，并重新进行标准化残差分析。

4.8　指数分布拟合。对于绝缘液体数据，采用指数分布重新完成实例中的所有计算。

4.9　坡莫合金腐蚀数据。对于习题 3.13 的坡莫合金腐蚀数据，假设质量变化服从对数正态分布和指数模型，完成下述分析。

(a) 采用最小二乘法对数据进行假设模型拟合。

(b) 计算所有模型参数的 95%双侧置信限。

(c) 采用 Bartlett 检验评价标准差是否恒定。陈述结论。

(d) 采用 F 检验评价假设模型的适用性。陈述结论。

(e) 计算拟合残差，并绘制在正态概率纸和极值分布概率纸上。评价哪种分布更适合，是否满足要求？

(f) 估计 10%RH 和 20%RH 下规定时间后产品质量变化大于规定值 0.005 的总体百分比。

(g) 计算 (f) 中两个相对湿度水平下百分比的 95%双侧置信限。

(h) 评述由数值分析得到的较习题 3.13 的图形分析增加的（或缺失的）信息。对于坡莫合金能否达到腐蚀要求是否存在疑问？

4.10　绝缘油。将一对平行盘状电极浸在绝缘油中进行加速试验。电极上的电压随时间以速率 R 线性增大，记录绝缘油的击穿电压。因为 $V=Rt$ ，记录击穿电压相当于记录击穿时间。3 种电压增大速率 R 和 2 种电极面积 A 组合成 6 个不同的试验条件，每个试验条件下的 60 个击穿电压如下。试验的目的是验证绝缘油数据的工程模型。该模型假设击穿电压（和击穿时间）服从 Weibull 分布，6 个试验条件下形状参数相同。推荐的两种对数击穿电压均值符合的模型分别为

$$\mu(R,A)=\gamma_0+\gamma_1\ln(R)+\gamma_2\ln(A) \tag{1}$$

$$\mu(R,A)=\gamma_0+\gamma_1\ln(R/A) \tag{2}$$

（a）将电极面积 $A=1\ \text{in}^2$ 的 3 组样本数据绘制在 Weibull 概率纸上，将 $A=9\ \text{in}^2$ 的 3 组数据绘制在另一 Weibull 概率纸上。评价 Weibull 分布的适用性，形状参数是否恒定，是否有奇异数据。

（b）由（a）中图形得到 6 个试验条件下 42.8%分位数的图估计，并绘制在合适的寿命-应力关系坐标纸上。对 $A=1\ \text{in}^2$ 和 $A=9\ \text{in}^2$ 下的估计值分别进行直线拟合，两个拟合线是否满足要求？说明原因。通过图形估计模型（1）的系数。当 $\gamma_1=-\gamma_2$ 时，模型（2）是模型（1）的特例。模型（1）的系数估计值是否与 $\gamma_1=-\gamma_2$ 一致？说明原因。

1 in²电极
10 V/s升压率

41 43 42 43 44 40 38 47 43 45
38 44 49 42 42 51 39 34 41 41
35 44 46 39 41 40 52 40 35 40
39 46 47 44 41 46 46 42 45 42
44 41 44 38 36 44 50 47 49 46
34 47 49 43 43 48 34 38 47 35

9 in²电极
10 V/s升压率

33 37 38 38 38 37 27 42 39 38
42 32 42 40 32 38 36 42 20 37
43 40 38 43 39 41 35 41 40 32
38 40 37 29 31 41 38 36 35 40
37 41 36 39 43 42 43 43 41 44
37 43 38 40 40 38 33 40 35 41

1 in²电极
100 V/s升压率

46 50 39 36 47 55 49 58 50 48
53 54 55 37 53 52 53 50 52 50
45 48 53 50 43 50 42 45 47 34
46 42 46 46 52 47 53 52 45 47
43 45 54 51 46 55 44 49 49 53
53 54 53 53 51 48 49 52 45 49

9 in²电极
100 V/s升压率

43 42 45 48 38 44 37 44 43 42
43 49 44 45 50 44 44 45 41 48
45 48 43 49 50 45 45 46 47 42
47 48 47 48 39 49 44 47 34 41
45 48 44 47 45 50 40 47 47 43
49 45 45 45 47 39 44 37 47 48

1 in²电极
1000 V/s升压率

55 57 59 57 55 60 53 51 57 54
57 64 53 63 51 62 62 56 62 57
41 41 51 58 59 60 58 55 59 63
63 53 63 61 59 53 60 58 62 56
69 65 51 56 55 57 54 63 65 65
56 54 65 60 60 64 60 54 57 61

9 in²电极
1000 V/s升压率

50 53 50 49 53 51 47 44 53 42
49 46 50 38 48 43 52 53 52 48
45 53 52 50 55 50 43 52 50 54
51 40 52 53 47 45 53 47 54 50
32 48 53 52 45 48 48 51 53 48
54 51 50 54 35 56 51 48 48 46

（c）设计一个合适的方法将所有观测数据绘制在（b）的图中，并绘制数据。

（d）利用计算机计算 6 个样本的对数均值和对数标准差，并绘制在 Weibull 概率图和寿命-应力关系图中。

（e）使用最小二乘计算程序用模型（1）拟合对数数据。将 γ_1 和 $-\gamma_2$ 的点估计和置信

限绘制在同一合适的坐标纸上。评述结果是否与 $\gamma_1=-\gamma_2$ 一致。

(f) 估计 Weibull 分布形状参数。

(g) 采用 F 检验对模型 (1) 进行失拟检验，陈述结论并说明原因。

(h) 对 (e) 中得到的 (对数) 残差，绘制合适的概率图和互相关图。各试验条件下横排的观测数据以测定顺序排列。评述这些残差图揭示的信息。

(i) 使用最小二乘计算程序用模型 (2) 进行对数数据拟合。

(j) 采用增量 F 检验比较模型 (1) 和模型 (2) 的拟合情况。陈述结论并说明原因。

(k) 对 (i) 中得到的残差，完成 (h)。

(l) 进行进一步分析。

(m) 为电介质工程师写一份简要报告，阐明你的结论，包含适当的图形和计算结果。

4.11　金-铝粘合剂。对习题 8.3 中的每组数据进行完全数据的图分析和最小二乘分析。

第5章 截尾数据和最大似然方法

本章是本书的重要章节，介绍最大似然（ML）方法，是分析截尾（和完全）数据的基础。这些广泛使用的方法是通用的，适用于大多数模型、数据类型和应力载荷类型。本章方法只适用于恒定应力试验和单一失效模式数据。第7章将介绍多失效模式的模型和数据分析方法。ML方法可以给出模型参数、设计应力下的产品寿命分布和其他感兴趣参量的点估计和区间估计，并可用于检验模型和数据的有效性。在实践中，同时使用ML方法和第3章的数据图可以获得最多的信息量。虽然计算复杂，但通过广泛使用的专用软件，ML方法很容易应用于工程实践中。Nelson（1990）阐述了加速试验数据分析的基本ML方法。

（1）概述

5.1节简要介绍ML方法的特性和ML软件。5.2节介绍简单线性模型对右截尾数据的ML拟合——ML方法最常见的应用，其中5.2.2节是最重要的。5.3节介绍加速模型和数据的评价方法，包括截尾残差图和模型假设的似然比检验。5.4节介绍ML方法在不同类型数据和模型下的应用。5.5节介绍ML方法的基础理论。

最大似然方法适用于随后几章中更复杂的模型和数据。例如，第7章利用ML方法分析多失效模式数据，第9章介绍ML比较（假设检验）。此外，第10章利用ML方法分析步进应力数据，第11章将ML方法应用于加速退化数据分析。

（2）基础

本章需使用第2章中的多个模型，尤其是简单线性模型（如Arrhenius-对数正态模型和幂律-Weibull模型）。本章数据分析的目的、概念和方法与第4章相同，唯一的区别是本章应用于截尾数据，并采用ML拟合。因此，关于更简单、更常见的完全数据和最小二乘拟合的第4章是有益的基础。同时，本章还使用了第3章的概率图和危险图。为了理解5.5节的ML理论，需要了解偏微分、基础矩阵代数和多元正态分布。在5.2节之后阅读5.1节可能更容易读懂，因为5.2节给出了5.1节概念的具体实例。

5.1 最大似然估计简介

（1）概述

本节概括介绍最大似然（ML）方法——ML点估计和区间估计的特性。主题包括截尾、ML方法特性、ML方法、渐近理论、不变性、置信区间、计算机软件、其他方法及非参数方法。本节提供的基础知识有助于后续几节方法的应用。ML方法的理论假设和证明见 Wilks（1962）、Rao（1973）、Hoadley（1971）、Rao（1987）和 Nelson（1982）。

（2）截尾

ML 方法适用于多重定时截尾数据（I 型截尾），这种数据在实践中比较常见，本章也将详细论述。ML 方法也适用于多重定数截尾数据（II 型截尾），这种数据在理论文献中比较常见，在数学上更容易处理。多重截尾数据包括特例单一截尾数据（I 型截尾和 II 型截尾）和完全数据。ML 方法也适用于左右混合截尾数据、量子响应数据、区间数据和各种截尾数据及失效数据的混合数据。

（3）截尾的价值

在加速试验中，通常在所有样品失效前就停止试验或分析数据。若模型和数据有效，利用截尾数据得到的估计值没有完全数据估计值精确。但是缩减的试验时间和费用足以抵销这一不足。截尾试验的优化（最精确）设计见第 6 章。工程师们已经认识到在样品全部失效前停止试验的价值，截尾试验的实例包括 Crawford（1970）和 Brancato 等（1977）。

（4）人工截尾

在一些应用中，人为将较晚的失效视为在某一更早时间的截尾可能有益于分析，例如在只关心寿命分布的低尾段，且能充分拟合假设的寿命分布的低尾段，但不同时对上尾段进行拟合时。第 4 章的图 4.1-1 描述了这种情况。Hahn、Morgan 和 Nelson（1985）探讨了人工截尾时间的选取方法，并给出了一个金属疲劳应用实例。

（5）基本假设

与其他多重右（或左）截尾数据分析方法（例如第 3 章中的方法）一样，ML 方法建立在一个基本假设之上，即假设在任一规定时间截尾的样品与该时间之后继续试验的样品服从相同的寿命分布。这种假设并不成立，例如，在样品看上去即将失效但还未失效时将其从使用中移除时。Lagakos（1979）详细讨论了他称之为随机截尾或无信息截尾的假设及其备择假设。

（6）ML 方法特性

ML 方法对于分析加速试验数据和其他数据非常重要，因为 ML 方法具有很强的通用性。即 ML 方法适用于大多数理论模型和各类截尾数据，并且可用成熟的计算机程序完成困难的 ML 计算。此外，如前面“概述”中的参考文献所述，大多数 ML 估计量具有良好的统计特性，例如，在模型和数据确定的情况下（通常在实践中遇到），ML 估计是最佳渐近正态估计（BAN）。也就是说，对于“大”失效样本，ML 估计量的抽样分布的累积分布函数近似于正态分布，其均值等于待估参量的真值。而且，该正态分布的标准差（估计量的标准误差）不大于任何其他渐近正态估计量的标准差。对于只有很少失效的样本，ML 估计量通常也具有良好的特性。此外，对于假设检验，基于 ML 理论的似然比检验（第 9 章）具有渐近最优性，例如，似然比检验是局部最有效的。在 5.3 节中，将利用似然比检验评价模型的假设。

（7）ML 方法

大体上，ML 方法很简单。首先写出样本似然（或其对数，对数似然）表达式，详见

5.5 节。它是假设模型（分布和寿命-应力关系）、模型参数（或系数）和数据（包括截尾或其他类型的数据）的函数。参数的 ML 估计使样本似然（或对数似然）函数取最大值的参数值。多数 ML 估计量、置信限和检验统计量的确切抽样分布是未知的。但根据渐近（大样本）理论，它们近似服从正态分布，可以为参数提供渐近置信限和假设试验方法。这一理论（5.5 节）在数学上和概念上都是先进的。但是，不必理解这一理论也可以计算得到参数的估计值、置信区间和假设检验统计量。

(8) 渐近理论

5.5 节介绍 ML 估计量、置信限、假设检验的渐近理论。对于小样本，ML 置信区间往往比精确置信区间窄。小样本的精确置信区间只针对少数寿命分布和单一Ⅱ型（定数）截尾的数据。根据渐近理论，要得到一个好的近似，样本失效数应该很大，大小取决于分布、待估参数和置信水平等。一个粗糙的经验准则要求失效数不少于 20 个，但 10 个可能也能满足评估要求。这种渐近理论也被称为大样本理论。因为需要失效数很大，这一术语对于多重和单一截尾数据存在误导。渐近理论对失效少的大样本（样品很多）来说是粗糙的。实际上，小样本也采用渐近理论，因为粗糙理论比没有理论好。此时置信限很窄，但通常足够宽，可认为是合理的。Shenton 和 Bowman（1977）提出了高阶项理论以提高 ML 抽样分布渐近理论的精度。

(9) 不变性

ML 方法可以给出模型参数的估计。实践中，人们还希望得到模型参数的函数的估计，例如：1）某一寿命的可靠度；2）设计应力水平下寿命分布的百分位数；3）给定寿命对应的设计应力水平。由于 ML 估计的不变性，这类函数的估计仅是函数在模型参数为 ML 估计时的函数值。渐近理论（5.5.6 节和 5.5.7 节）给出了 ML 估计量的方差和函数真值的近似置信区间。

(10) 置信区间

基于相应估计量抽样分布的简单正态近似，渐近理论给出了总体真值的近似置信限。似然比（LR）置信限（5.5.8 节）是一种更好的近似置信限。目前已经得到某些模型和单一截尾数据的精确置信限估计方法。例如，Lawless（1982）和 McCoun 等（1987）提出了幂律-指数模型和单一截尾数据的精确置信限理论，但置信限计算需要专用计算机程序。McCool（1980）采用蒙特卡罗方法给出了幂律- Weibull 模型和单一定数截尾数据的精确置信限表。这些区间估计可以扩展到对数正态分布及其他分布。Bootstrap 方法可以给出回归模型的更近似的置信限，并可能很快扩展到截尾数据。

(11) 似然比（LR）置信限

采用参数的最大对数似然函数可以获得参数的更近似的似然比（LR）置信限，Lawless（1982）、Doganaksoy（1989a，b）、Vander Wiel 和 Meeker（1988）对此进行了介绍。LR 置信限的优点包括：1）每个单侧置信限的置信水平通常都更接近规定的置信水平，尤其是对于只有很少失效的样本；2）置信限不会超出参数的正常范围，例如失效概率的置信限在 0 到 1 的范围内。LR 置信限（5.5.8 节）的计算更复杂，且可进行此类计算的最大似然程序很少。毫无疑问，LR 置信限将成为这些程序的特色。

（12）计算机软件①

下面的信息和表 5.1-1 由软件的开发者提供。

1）Greene（2000）的手册中描述了 LIMDEP. 8.0 在 Windows 电脑上的操作。联系方式：Econometric Software，Inc.，sales@limdep.com，www.limdep.com。

2）ReliaSoft 的可靠性软件 RELIABILITY OFFICE SUITE 包含：Weibull++模块，用于寿命数据分析；ALTA 模块，用于加速寿命数据分析、可修系统分析与退化分析。可以购买整套软件也可以购买单个模块。运行环境均为微软 windows（95，98，NT，2000，XP）。可在 http：//www.reliasoft.com/products.htm 免费下载试用版。联系方式：ReliaSoft@ReliaSoft.com，www.ReliaSoft.com，（888）886-0410。

3）SAS RELIABILITY 软件提供寿命数据、加速寿命试验数据、返修数据和退化模型的统计建模与分析。可进行区间截尾数据、右截尾数据、左截尾数据的标准寿命分布拟合，生成生存数据的概率图和百分位图，以及返修数据的平均累积函数图。SAS9.1 系统可在 Microsoft Windows、工作站（UNIX 系统和开放的 VMS）、OS/2、大型机上运行。联系方式：software@sas.com。有关通用信息和文档，访问 www.sas.com/rnd/app。

4）SAS 学会的 JMP5.1 是一个通用统计软件。可以进行寿命分布、竞争风险模型、加速试验模型、COX 模型、用户自定义模型的拟合和返修数据分析等可靠性分析。联系方式：jmpsales@jmp.com，www.jmp.com，（800）594-6567。

5）SPLIDA 是 S-PLUS 的附加模块，Insightful（www.insightful.com，（800）569-0 123）的一个通用统计软件。SPLIDA 可用于截断数据和截尾数据的寿命分布和回归模型拟合，重复检测和破坏性检测得到的递归数据和退化数据分析。SPLIDA 输出可参见 MEEKER 和 ESCOBAR（1998）的专著 *Statistical Methods for Reliability Data*。SPLIDA 通过 S-PLUS 的 2000 版本在 Windows95/98（及之后的系统）和在 Windows NT4.0（及之后的系统）上运行。SPLIDA 的功能、接口和使用说明可在 www.public.iastate.edu/-splida/下载。联系方式：wqmeeker@iastate.edu。

6）SURVIVAL 的介绍见 Steinberg 和 Cilla（1988）的手册。它是 SYSTAT 软件的一个模块，在 PC 机和苹果机上运行。联系方式：info-usa@systat.com，www.systat.com。

7）面向 Fortran 和 C 语言的 IMSL 程序库和面向 Java 应用的 JMSL 程序库是由 Visual Numerics 提供的综合的数学和统计编码程序库。详细的联系信息、产品系统兼容性、产品特色及更多信息见 www.vni.com。

8）WinSMITH™与 SuperSMITH™捆绑发布，可用于概率图绘制、可靠性增长建模和加速试验分析。用户指南和试用软件可以在 www.weibullnews.com 下载。WINSMITH4.0WH 的运行环境为 WINDOWS 系统（3.1、95、98、2000、NT、XT）。

① 译者注：由于计算机和软件的高速发展，关于计算机程序的相关内容有些已经过时，仅供参考。

联系方式：Wes Fulton，(310) 548 - 6358，wes33@pacbell.net；或 Dr. Bob Abernethy，(561) 842 - 4082，Weibull@worldnet.att.net。

表 5.1-1　ML 拟合软件特性

2004 年 6 月更新	LIMDEP 8.0 Greene	ReliaSoft ALTA	SAS 9.1 RELIA-BILITY	JMP 5.1	S-PLUS SPLIDA Meeker	SYSTAT 11 SUR-VIVAL	IMSL/JMSL	Win-SMITH
数据								
观测数据 & 右截尾数据	是	是	是	是	是	是	是	是
左截尾数据	是	是	是	是	是	是	是	是
区间数据	是	是	是	是	是	是	是	是
转换	是	是	In SAS	是	是	是	是	是
子集选择	是	是	是	是	是	是	是	是
仿真数据	是	是	In SAS	是	是	否	是	是
分布								
指数分布	是	是	是	是	是	是	是	是
Weibull 分布	是	是	是	是	是	是	是	是
(对数) 正态分布	是	是	是	是	是	是	是	是
(Log) Logistic 分布	是	是	是	是	是	是	是	否
伽马分布	是	是	否	是	是	否	是	否
极值分布	否	否	是	是	是	是	是	是
广义伽马分布	是	是	是	否	是	否	是	否
其他分布	Gompertz	多种	否	是	是	否	是	否
用户定义分布	是	否	ln SAS	是	w Effort	是	是	否
模型								
位置参数的线性模型	是	是	是	是	是	是	是	是
无截距的位置参数线性模型	是	是	是	是	是	否	是	是
尺度参数的对数线性模型	是	是	是	否	是	否	是	是
Cox 比例风险模型	是	是	ln SAS	是	ln S+	是	是	否
用户自定义模型	是	否	ln SAS	是	w Effort	是	是	否
步进/变应力模型	否	是	否	否	是	否	否	是
ML 拟合								
逐步拟合	否	是	否	否	ln S+	是	是	是
固定某些系数/参数	是	是	有些	否	是	是	是	是
频率计数数据 (加权)	是	是	是	是	是	是	是	是
拟合输出								
点估计和正态置信限								
参数	是	是	是	是	是	是	是	是
百分位数	是	是	是	是	是	是	是	是

续表

2004年6月更新	LIMDEP 8.0 Greene	ReliaSoft ALTA	SAS 9.1 RELIA-BILITY	JMP 5.1	S-PLUS SPLIDA Meeker	SYSTAT 11 SUR-VIVAL	IMSL/JMSL	Win-SMITH
失效概率	是	是	是	是	是	是	是	是
参数的用户函数	是	否	否	是	w Effort	是	否	否
点估计的协方差矩阵	是	是	是	否	是	是	是	否
最大对数似然函数	是	是	是	是	是	是	是	是
LR 置信限	否	是	是	是	有些	否	否	是
拟合关系图	否	是	是	是	是	是	是	是
拟合分布概率图	是	是	是	是	是	是	是	是
模型评价								
残差	否	是	是	否	是	否	否	是
概率图（右截尾）								
指数分布	否	是	是	是	是	是	是	是
Weibull 分布	否	是	是	是	是	是	是	是
极值分布	否	否	是	是	是	是	是	是
对数正态分布	否	是	是	是	是	是	是	是
正态分布	否	是	是	是	是	是	是	是
线性度和数据范围	是	是	ln SAS	是	是	是	是	是
其他	否	Logistic	Logistic	否	是	Logistic	是	Weibayes
Peto-Turnbull 失效概率估计	否	否	是	是	是	是	是	否
LR 检验	是	是	是	是	是	是	是	是
残差图	是	是	ln SAS	否	是	w Effort	否	是

Hitz、Hudec 和 Mullner（1985b），Harrell（1988）也对 ML 拟合软件进行了调研。Dallal（1988）提出了这类软件的常见不足。遗憾的是，许多大公司仍然没有这类软件。

一些通用统计软件需要用户自己编程进行截尾数据的加速试验模型拟合，如在 Wagner 和 Meeker（1985）的综述中有提到 BMDP、GLIM、SPSS。同时，他们还列举了一些加速试验模型拟合的专用程序，例如，Aitkin 和 Clayton（1980）用 GLIM 软件编程对截尾数据进行了线性-Weibull 模型拟合。NAG（1984）给出了 GLIM 手册。

（13）数值精度

大多数软件给出的点估计、置信限及其他计算量精确到 6～7 位有效数字。这些估计量通常精确到 3 或 4 位就可满足大多数应用的需求。此外，置信限与点估计的差别通常在第二或第一位数字。因此相对于统计不确定性，计算精度通常是符合要求的。一些软件通过复杂的算法和精细的程序可得到 3～4 位有效数字的精度。最好使用这些成熟的程序。自己编程可能会遇到数值问题。Nelson（1982，第 8 章第 6 节）讨论了 ML 计算的数值技术。Kennedy 和 Gentle（1980）、Chambers（1977）、Maindonald（1984），特别是

Thisted（1988）提出了统计计算数字表示的其他方面。

（14）其他估计方法

对于截尾数据的参数回归模型拟合，推荐使用最大似然方法，也可采用其他方法。Hahn and Nelson（1974）比较了这些方法。Schneider（1986）介绍了（对数）正态分布的回归分析。Viertl（1988）详细评述了各种方法的原理。当然，最重要的是第 3 章介绍的图形方法——对任何数据分析都必不可少。下述方法的估计量精度与 ML 方法的相当。

（15）线性估计

Nelson 和 Hahn（1972、1973）提出了基于定数截尾（Ⅱ型截尾）次序统计量的估计方法，给出了最佳（方差最小）线性无偏估计和简单线性无偏估计以及它们的标准误差和近似置信限。目前还没有基于线性估计的回归模型的精确置信限。类似于 ML 估计，可以采用蒙特卡罗仿真得到线性估计的置信限。线性估计的计算一般比 ML 估计简单，但依然复杂，且没有相关计算机程序。Bugaighis（1988）仿真比较了 ML 估计与线性估计的均方误差，对于极少数失效，ML 估计更好。Mann（1972）、Escobar 和 Meeker（1986）研究了针对线性估计的试验优化设计方法。

（16）迭代最小二乘

Schmee and Hahn（1979，1981），Aitkin（1981）提出了一种迭代最小二乘拟合方法，并给出了计算机程序。该方法假定寿命服从（对数）正态分布，以等于取决于样品无失效运行时间的期望失效时间的“观测”值替换截尾值，之后采用最小二乘法对失效时间和这些条件期望时间进行回归模型拟合。每次迭代使用之前的拟合模型获取替换截尾值的条件期望时间。适合这种估计量特性的精确置信限理论或渐近置信限理论都尚未开发出来。Schmee 和 Hahn 的蒙特卡罗仿真表明，该方法的估计量与 ML 估计量相当。Morgan（1982）将该方法拓展到极值分布（Weibull 分布）。该方法适用于定时（Ⅰ型）截尾数据和定数（Ⅱ型）截尾数据。

（17）加权回归

Lawless（1982）、Nelson（1970）及 Lieblein 和 Zelen（1956）计算了每个应力水平下分布参数的线性估计或 ML 估计，然后采用加权最小二乘回归对各应力水平下的位置参数估计值进行寿命-应力关系拟合。每个估计值的权重是其方差的倒数。同时，他们利用尺度参数估计值的加权和估计共同的尺度参数。

（18）贝叶斯分析

贝叶斯分析将模型参数值的主观认知或可信度表示为先验分布。然后结合先验分布与观测数据得到参数值的后验分布。后验分布比先验分布窄，这反映了来自数据的补充信息。由后验分布可以得到参数真值及其函数的贝叶斯估计和概率限。在数据分析后，一些分析人员不认同所得的后验分布，从而修改先验分布直到获得“满意的”后验分布。贝叶斯分析在某种程度上是介于采用参数假定值（对应于先验分布不散布）和本书中的标准“经典”方法（对应于无信息先验分布）之间。由于贝叶斯分析通常值带有对模型参数的主观认知，工程师们及其他人发现贝叶斯分析具有哲学魅力。大量的理论文献反映了人们的这一兴趣。统计学家讨论贝叶斯分析甚于讨论天气。然而，由于难于明确先验分布，贝叶斯分析很少应用。Efron 等（1986）讨论了贝叶斯分析在哲学上的对与错。Clarotti 和 Lindley（1988）、Proschan 和 Singpurwalla（1979）、Viertl（1987，1988）概述了加速试验的贝叶斯理论。Martz 和 Waller（1982）提出了贝叶斯可靠性分析方法，但不包括加速试验和回归模型。

（19）非参数拟合

对数据进行 Cox 比例风险模型拟合采用的方法是最大似然拟合的非参数形式。关于非参数拟合的生物医学著作包括 Lee（1980）、Cox 和 Oakes（1984）、Kalbfleisch 和 Prentice（1980）及 Lawless（1981）等。许多统计软件都可以进行非参数拟合。其他回归方法见非参数拟合文献。由于非参数方法很少用于加速试验数据，在此不作讨论，非参数方法参考文献有 Viertl（1988）、Shaked、Zimmer 和 Ball（1979）及 Basu 和 Ebrahimi（1982）等。

5.2 右截尾数据的简单模型拟合

（1）目的

本节介绍简单模型对右截尾数据的 ML 拟合。这是最常见的模型和数据类型，在这里进行详细介绍。右截尾数据可能是完全数据、单一截尾数据或多重截尾数据。ML 拟合可以得到参数、百分位数、可靠度和其他参量的点估计和近似置信限。本节仅说明如何分析 ML 拟合的计算结果，基础的 ML 理论和算法见 5.5 节。

（2）基础

需要的基础知识包括：

1）第 2 章的简单模型；

2）了解第 4 章介绍的简单模型的最小二乘拟合的结果；

3）基本了解统计点估计及其标准差、置信区间，统计学著作提供这方面的知识；

4）了解第 3 章的数据图方法。

（3）概述

5.2.1 节介绍实例数据和简单模型，5.2.2 节阐述如何分析右截尾数据简单模型拟合的计算结果。这是最重要的资料，许多分析都用到这些计算结果。5.2.3 节介绍一些特例，包括：

1）指数分布、Weibull 分布、对数正态分布；

2）完全数据和单一截尾数据；

3）假设（“已知”）斜率系数（加速因子）或 Weibull 形状参数。

5.3 节介绍模型和数据的检验方法，5.4 节介绍其他模型对其他类型数据的 ML 拟合。5.5 节介绍通用 ML 理论和算法。

5.2.1　实例数据和模型

（1）数据

以第 3 章表 3.4－1 中的数据为例介绍 ML 拟合，这些数据来自 B 级绝缘系统的温度加速寿命试验。试验共 4 个温度水平，每个温度下 10 个样本，且每个温度下的数据均是单一截尾数据。试验的主要目的是估计该绝缘系统在设计温度 130 ℃下的中位寿命。对样本进行定期检测确定失效时间，认为每次失效发生在检测区间的中点。由于检测区间较试验温度下的寿命分布窄得多，这样处理的影响很小。

（2）模型

适用于实例数据的模型是 Arrhenius－对数正态分布模型。它是第 2 章一般简单模型的特例，由以下两部分组成：

1）尺度参数 σ 恒定的寿命分布；

2）与单一（或转换）应力 x 的线性函数关系，即

$$\mu(x)=\gamma_1+\gamma_2 x \tag{5.2-1}$$

特殊地，对于指数分布，均值 θ 有

$$\ln\theta(x)=\gamma_1+\gamma_2 x \tag{5.2-2}$$

对于威布尔分布，尺度参数 α 有

$$\ln\alpha(x)=\gamma_1+\gamma_2 x \tag{5.2-3}$$

对于对数分布，对数均值 μ 的应力函数为

$$\mu(x)=\gamma_1+\gamma_2 x \tag{5.2-4}$$

ML 程序可采用这些模型进行数据拟合。

5.2.2　ML 计算结果

（1）概述

图 5.2－1 是 STATPAC 软件采用 Arrhenius－lognormal 模型对 B 级绝缘系统数据的 ML 拟合结果输出。输出计算结果通常包括模型系数和参数以及任意应力水平下的百分位寿命和可靠度的点估计和区间估计。下面讨论上述及其他主要计算结果。大多数 ML 程序（5.1 节）都可以提供这些计算结果。

图 5.2－1 中行 1 是 STATPAC 命令，定义了 Arrhenius－对数正态模型，应力变量是 INTEMP，（绝对）温度的倒数，等于 1 000/绝对温度（K）。绝对温度等于摄氏温度加上 273.16 ℃。

（2）对数似然

图 5.2－1 中行 2 是最大对数似然值－148.537 34。对数似然可用于多种模型拟合检验，详见 5.3 节，其计算见 5.5 节。

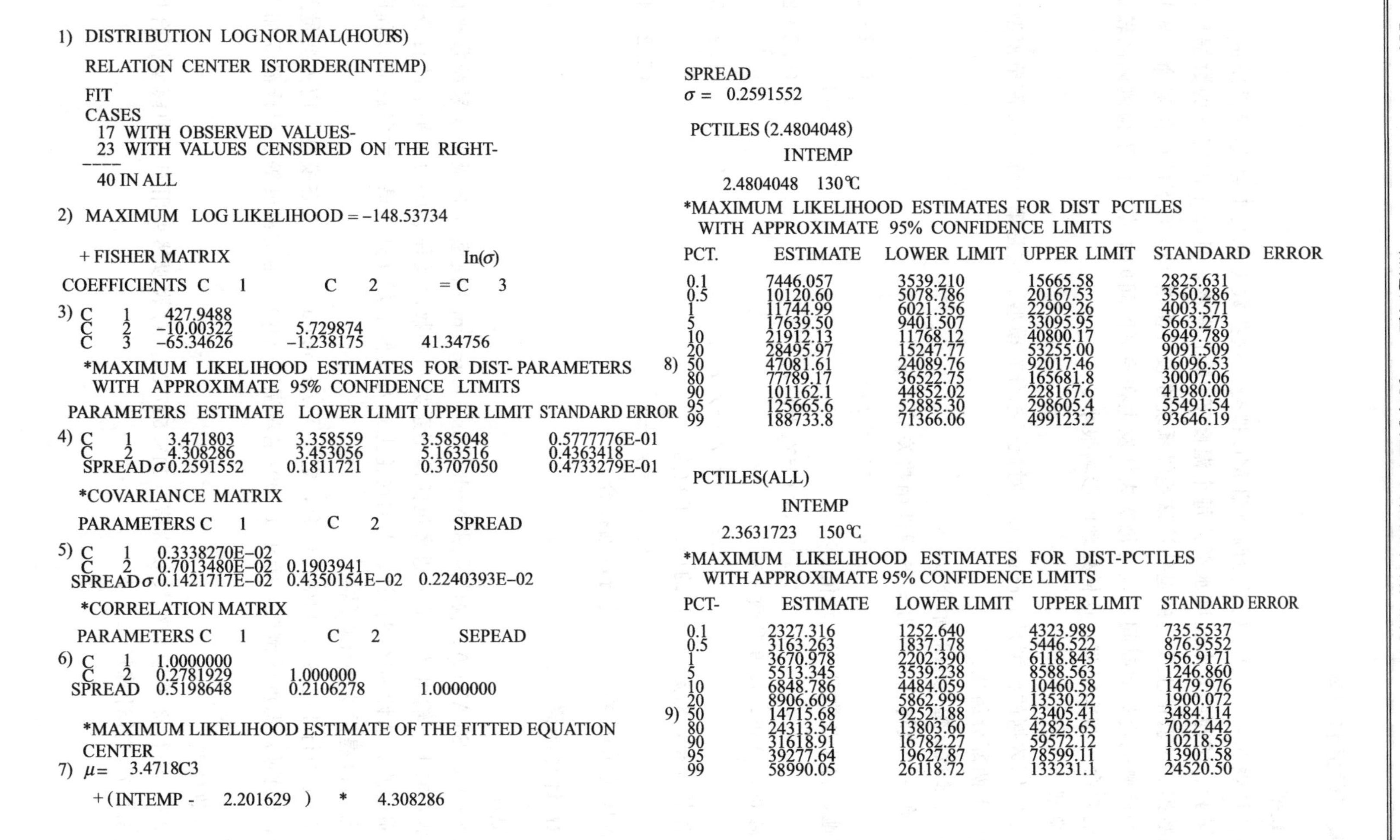

```
1) DISTRIBUTION LOGNORMAL(HOURS)
   RELATION CENTER ISTORDER(INTEMP)
   FIT
   CASES
    17 WITH OBSERVED VALUES-
    23 WITH VALUES CENSDRED ON THE RIGHT-
   ----
    40 IN ALL

2) MAXIMUM LOG LIKELIHOOD = -148.53734

   + FISHER MATRIX                                   In(σ)
  COEFFICIENTS C   1          C   2         = C   3
3) C  1  427.9488
   C  2  -10.00322      5.729874
   C  3  -65.34626      -1.238175       41.34756
   *MAXIMUM LIKELIHOOD ESTIMATES FOR DIST- PARAMETERS
    WITH APPROXIMATE 95% CONFIDENCE LTMITS
  PARAMETERS ESTIMATE  LOWER LIMIT UPPER LIMIT STANDARD ERROR
4) C  1   3.471803     3.358559     3.585048     0.5777776E-01
   C  2   4.308286     3.453056     5.163516     0.4363418
   SPREADσ 0.2591552   0.1811721    0.3707050    0.4733279E-01
   *COVARIANCE MATRIX
   PARAMETERS C  1          C  2          SPREAD
5) C  1  0.3338270E-02
   C  2  0.7013480E-02  0.1903941
   SPREADσ 0.1421717E-02  0.4350154E-02  0.2240393E-02
   *CORRELATION MATRIX
   PARAMETERS C  1          C  2          SEPEAD
6) C  1  1.0000000
   C  2  0.2781929       1.000000
   SPREAD 0.5198648      0.2106278      1.0000000

   *MAXIMUM LIKELIHOOD ESTIMATE OF THE FITTED EQUATION
   CENTER
7) μ=  3.4718C3
     +(INTEMP -   2.201629  )  *   4.308286

SPREAD
σ =  0.2591552

PCTILES (2.4804048)
       INTEMP
   2.4804048   130℃
*MAXIMUM LIKELIHOOD ESTIMATES FOR DIST PCTILES
 WITH APPROXIMATE 95% CONFIDENCE LIMITS
```

PCT.	ESTIMATE	LOWER LIMIT	UPPER LIMIT	STANDARD ERROR
0.1	7446.057	3539.210	15665.58	2825.631
0.5	10120.60	5078.786	20167.53	3560.286
1	11744.99	6021.356	22909.26	4003.571
5	17639.50	9401.507	33095.95	5663.273
10	21912.13	11768.12	40800.17	6949.789
20	28495.97	15247.77	53255.00	9091.509
8) 50	47081.61	24089.76	92017.46	16096.53
80	77789.17	36522.75	165681.8	30007.06
90	101162.1	44852.02	228167.6	41980.00
95	125665.6	52885.30	298605.4	55491.54
99	188733.8	71366.06	499123.2	93646.19

```
PCTILES(ALL)
       INTEMP
   2.3631723   150℃
*MAXIMUM LIKELIHOOD ESTIMATES FOR DIST-PCTILES
 WITH APPROXIMATE 95% CONFIDENCE LIMITS
```

PCT-	ESTIMATE	LOWER LIMIT	UPPER LIMIT	STANDARD ERROR
0.1	2327.316	1252.640	4323.989	735.5537
0.5	3163.263	1837.178	5446.522	876.9552
1	3670.978	2202.390	6118.843	956.9171
5	5513.345	3539.238	8588.563	1246.860
10	6848.786	4484.059	10460.58	1479.976
20	8906.609	5862.999	13530.22	1900.072
9) 50	14715.68	9252.188	23405.41	3484.114
80	24313.54	13803.60	42825.65	7022.442
90	31618.91	16782.27	59572.12	10218.59
95	39277.64	19627.87	78599.11	13901.58
99	58990.05	26118.72	133231.1	24520.50

图 5.2-1　Arrhenius—对数正态模型对 B 级绝缘系统数据的 ML 拟合

（3）矩阵

图 5.2－1 中行 3 是 Fisher 矩阵，行 5 和行 6 是系数和参数估计的协方差矩阵和相关矩阵。其计算和使用见第 5 节。协方差矩阵和相关矩阵都是关于主对角线对称的矩阵，因此图 5.2－1 中只给出了主对角线及其下方的元素。

（4）点估计和置信限

图 5.2－1 中行 4 系数 (γ_1，γ_2) 和 σ 的 ML 估计和近似“正态”置信限。例如，σ 的 ML 估计为 $\hat{\sigma}=0.259\cdots$，95%近似置信区间为 (0.181…，0.370…)。近似正态置信区间往往比精确置信区间窄，因此，ML 点估计的不确定度大于近似正态置信区间表示的不确定度。大致说来，失效数据越多，近似置信限越接近精确置信限。ML 点估计和近似正态置信限的计算方法见 5.5 节。一般来说，5.5.8 节中的似然比（LR）置信限是更近似的置信限。在图 5.2－1 计算结果输出中，C_1 和 C_2 表示的是式（5.2－5）中的系数。

（5）标准误差

图 5.2－1 中行 4 的最右边是系数和 σ 的 ML 估计量的标准误差的估计值。标准误差是估计量抽样分布的标准差。对于多失效样本，大多数 ML 估计量的抽样分布近似为正态分布。正态分布的均值（渐近）等于待估参量的真值，标准差等于 ML 估计量的真实渐近标准误差。标准误差估计值的计算见第 5 节。同时，如第 5 节所述，标准误差估计值常用于计算近似正态置信限。

（6）模型

图 5.2－1 中行 7 是 μ 与 x =INTEMP 之间的线性函数关系的估计，采用如下等价形式给出

$$\mu(x)=\gamma_1'+\gamma_2(x-\bar{x}) \tag{5.2-5}$$

式中，$\bar{x}$ 为转换应力（INTEMP）的均值，图中显示 $\bar{x}$ =2.201 629。

这种模型形式具有更强的数值稳健性，可以得到更准确的估计，并可以提高 ML 拟合的收敛速度和稳定性。许多 ML 软件不能自动将数据减去均值（或接近变量 x 中心的某个值），使用者应完成这一操作，以保证拟合精度。行 7 下面是 σ 的 ML 点估计。γ'_1 的估计值用 C_1 表示，显示在行 4 的计算结果中。

（7）百分位寿命

图 5.2－1 中行 8、行 9 列出了 B 级绝缘系统试验温度和设计温度下百分位寿命的点估计、置信限和标准差。例如，B 级绝缘系统在 130 ℃（INTEMP＝2.480 404 8）下的中位寿命（PCT＝50）点估计为 47 081 小时，95%近似置信区间为（24 089，92 017）小时。在编写报告时，这些估计值应当四舍五入到 2 位（最多 3 位）有效数字。但大多数计算机程序不能适当的舍入。因此，报告中点估计记为 47 000 小时，置信区间记为（24 000，92 000）小时。这表明该绝缘系统在设计温度 130 ℃下的寿命满足要求。

（8）图形表述

图 5.2－2 绘于对数正态概率纸上。图中拟合分布（各温度下的百分位寿命点估计）的图形呈直线，百分位寿命（图 5.2－1 中行 8）的 95%置信区间上、下限图形呈曲线。

图中的置信限曲线是 130 ℃下的，但可以绘制任一温度下的置信限曲线。该图有效地描述了拟合模型及其拟合的统计不确定度。如第 3 章所述，概率图中还应该显示数据。

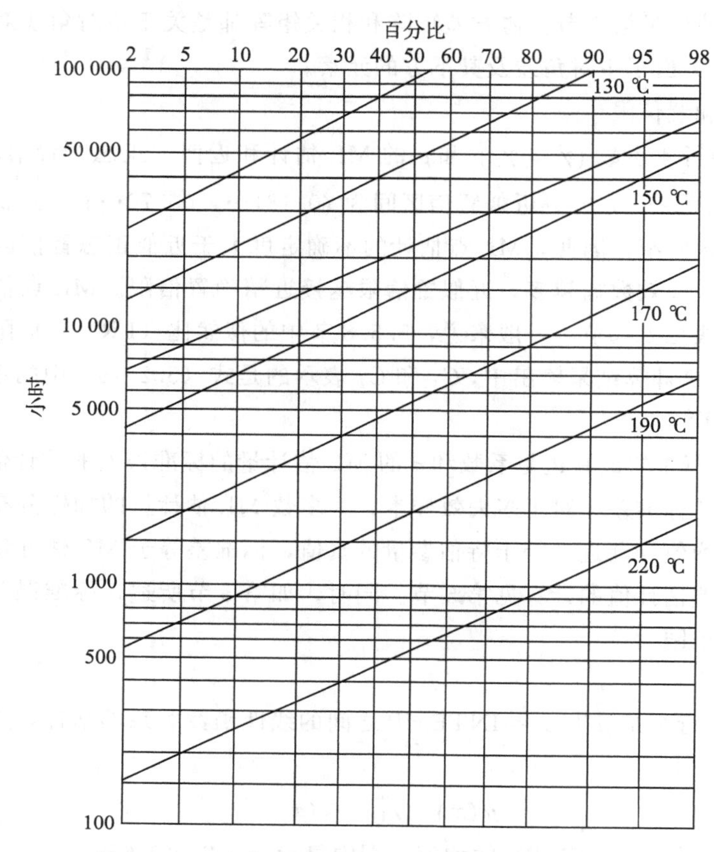

图 5.2－2　寿命分布和置信区间的对数正态概率图

类似地，Arrhenius 纸上的拟合模型图如图 5.2－3 所示。百分位数拟合线是直线，95％置信区间上、下限的拟合线是曲线。图中显示的是中位寿命置信区间的拟合曲线。如果在寿命-应力关系图中显示数据可以得到更多信息。不过如果一张图中总结大量信息，可能会显得混乱，如第 3 章所述。

(9) 可靠度

多数 ML 程序提供用户规定寿命和应力水平下的可靠度或失效概率的点估计和置信限。STATPAC 软件可以提供，但图 5.2－1 中没有列出。按照下文所述方法可以很容易计算得到这些估计值。此外，通过概率图（图 5.2－2）也可以得到可靠度的点估计和置信限。从概率图中时间轴上规定寿命刻度处引一条直线，水平向指定应力水平下的拟合分布线延伸，交点对应的概率轴刻度即为规定寿命和应力水平下可靠度的点估计。利用置信限曲线重复上述操作，可以得到规定寿命和应力水平下可靠度的置信限。百分位数和可靠度的点估计和置信限的关系适用于任何模型。

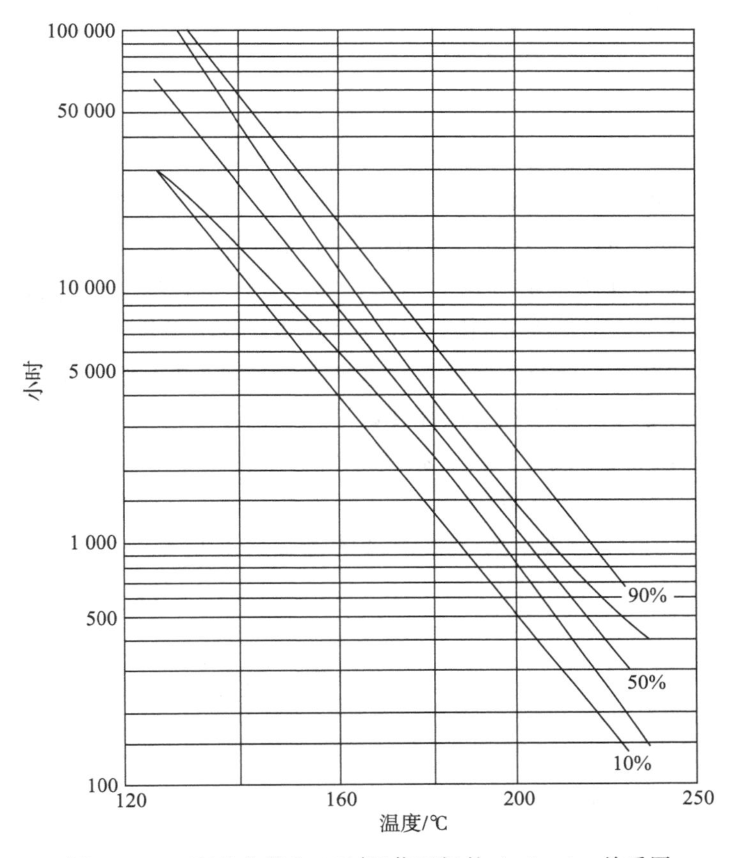

图 5.2-3　百分位数和 95%置信区间的 Arrhenius 关系图

(10) 其他估计

百分位数和可靠度是总体真实模型系数和参数的函数。在一些应用中还有其他关心的类似函数，例如：1) 指定应力水平下的失效率与寿命的关系；2) 规定寿命（如，某百分位寿命的规定值）对应的设计应力。相应的 ML 点估计是模型系数和参数为 ML 点估计时的函数值，相应的置信限见 5.5 节。一些 ML 程序包含这些函数作为标准特色，其他程序则需要用户编程计算这些函数的估计值。此外，还可以根据系数和参数估计手动计算这些函数的估计值。在系数和参数估计以及中间计算中使用多位有效数字，以保证最终的点估计和置信限精确到两到三位有效数字。

5.2.3　特例

本小节简要介绍简单模型和右截尾数据的一些特例，包括：

- 基本分布（指数分布、Weibull 分布和对数正态分布）及其他分布；
- 简单数据（单一截尾数据或完全数据）；
- 已知斜率系数；
- 已知加速因子；

• 已知 Weibull 分布形状参数。

5.2.3.1　指数分布

（1）滥用

指数分布结合简单线性模型已在实践中广泛应用，例如，在电子元器件标准 MIL-HDBK-217 中。许多可靠性教科书规定电子元器件寿命“服从”指数分布。根据作者的经验，只有10%到15%的产品寿命适合用指数分布描述。指数分布的滥用有以下几个原因：第一，往往可以得到粗糙但有用的结果；第二，由于长期使用已被认可；第三，简单，即可用一个参数——平均失效间隔时间（MTTF）或失效率——描述；第四，指数分布的数据分析方法比其他寿命分布简单。在这里介绍指数分布，因为它适于描述某些产品的寿命分布，也因为尽管不够准确，但即使博学人士也在继续使用，以便与经验较少的委托人、管理人员及合伙人交流。此外，很多合同指定使用基于指数分布的可靠性国家标准。下面介绍的具有确定形状参数的 Weibull 分布是一个更好的选择。实际上指数分布是形状参数为 1 的 Weibull 分布。大多数产品的寿命分布的采用具有其他形状参数值的 Weibull 描述更好。

（2）参考文献

简单模型结合指数分布在文献中广泛出现，包括 Evans（1969），Fiegl 和 zelen（1965），Glasser1967），Lawless（1976），Zelen（1969），Mann、Schafer 和 Singpurwalla（1974 年，第 9 章），以及许多最新的可靠性教材。大部分作者采用 ML 拟合分析右截尾数据。Hamada（1988）对 ML 估计的渐近方差与仿真得到的方差真值进行了对比。

（3）简单截尾

右截尾数据的 ML 拟合复杂且计算量大，必须通过计算机程序完成，单一截尾数据或完全数据的 ML 拟合也一样复杂。

（4）置信区间

对于指数分布，即使是完全数据，也还没有精确的置信限表。Lawless（1976，1982，6.3.2 节）提出了精确置信限理论，并给出了计算机程序。Mccoun 等（1987）将此理论扩展到一般化的指数分布，如形状参数已知的 Weibull 分布。

（5）两个应力水平

如果只有两种应力水平 x_1、x_2，ML 估计将简化。假设 x_i 下的失效数为 r_i，失效样本和截尾样本的总数为 n_i，运行总时间为 T_i。则 x_i 下均值的 ML 点估计 $\hat{\theta}_i$ 为

$$\hat{\theta}_i = T_i / r_i \tag{5.2-6}$$

当 $r_i = 0$ 时，该估计值不存在。简单模型［式（5.2-2）］的 ML 拟合通过点 $(x_i, \hat{\theta}_i)$，则模型系数的点估计为

$$\hat{\gamma}_2 = \{\ln(\hat{\theta}_2) - \ln(\hat{\theta}_1)\}/(x_2 - x_1), \hat{\gamma}_1 = \ln(\hat{\theta}_1) - \hat{\gamma}_2 x_1 \tag{5.2-7}$$

应力水平 x 下平均寿命的点估计为

$$\hat{\theta}(x) = \exp(\hat{\gamma}_1 + \hat{\gamma}_2 x) \tag{5.2-8}$$

这些参量的近似置信限可按照 5.5 节和 Lawless（1976，1982，6.3.2 节）的方法进行计算，其精确置信限表还未制定。当然，失效率的点估计为 $\hat{\lambda}(x)=1/\hat{\theta}(x)$ 。

5.2.3.2　Weibull 分布

（1）应用

结合 Weibull 分布的简单线性模型应用广泛，对于大多数产品，Weibull 分布比指数分布更适合。

（2）参考文献

关于 Weibull 分布对右截尾数据的 ML 拟合的参考文献包括 McCool（1981，1984），Lawless（1982），Singpurwalla 和 AlKhayyal（1977）。这种拟合很复杂，需要专用的计算机程序。

（3）简单截尾

即使对单一截尾数据或完全数据，Weibull 分布的 ML 拟合也未简化。

（4）置信区间

采用 5.5 节的方法，计算机程序可以计算模型参数和其他参量的点估计和置信限。Lawless（1982）利用专用程序计算给出了模型参数的精确置信限，但只适用于定数截尾数据，包括完全数据。Mccool（1980、1981）给出了单一定数截尾数据（包括完全数据）的精确置信限表，该表仅适用于相同样本量（外推效率不高）、每个应力水平下失效数相等，以及某些确定的应力水平间隔。

（5）两个应力水平

在只有两应力水平的数据时，即使是单一截尾数据或完全数据，Weibull 分布的 ML 拟合也不能简化。

5.2.3.3　对数正态分布

（1）应用

简单模型结合对数正态分布应用广泛。对于多数产品，对数正态分布和 Weibull 分布哪个更适合并不明显。

（2）文献

关于对数正态分布对右截尾数据的 ML 拟合的参考文献包括 Glasser（1965），Hahn 和 Miller（1968a，b），Schneider（1986），Aitken（1981），Lawless（1982）。这种拟合很复杂，需要专用的计算机程序。

（3）简单截尾

只有当数据为完全数据时，对数正态分布的 ML 拟合才能简化，此时，ML 拟合等价于最小二乘拟合。

（4）置信区间

采用 5.5 节的方法，计算机程序可以计算模型参数和其他参量的 ML 点估计和近似置信区间。Lawless（1982）提出了精确置信限理论，但需要专用的计算机程序。Schneider

和 Weisfeld (1987) 提出了基于其他 ML 统计量的近似正态置信限。即使对于单一截尾数据，目前也还没有精确置信限表。对于完全数据，可采用第 4 章中的置信限计算方法。

(5) 两个应力水平

只有对于完全数据，两个应力水平下对数正态分布的 ML 拟合才能简化。此时，参数的 ML 估计与上述指数分布的类似，只是将 θ 替换为对数均值 μ 。在每个应力水平下，将 θ 的估计值替换为样本的对数寿命均值。置信限的计算见第 4 章。

5.2.3.4 其他分布

(1) 文献

简单线性模型结合其他分布对右截尾数据的 ML 拟合也有文献发表。有关对数伽马分布的参考文献包括：Farewell 和 Prentice (1977)，Lawless (1982)。Lawless (1982) 提出了伽马分布和 logistic 分布。关于非参数 Cox（比例风险）模型的应用研究也很多，其中包括 Lee (1980)，Kalbfleisch 和 Prentice (1980)，Cox 和 Oakes (1984)，以及 Lawless (1982)。

5.2.3.5 指定斜率系数

(1) 原因

在一些应用中，可能将斜率系数 γ_2 指定（或假设）为某一值 γ'_2。即 γ_2 不是由数据的估计得到的。这主要是由于以下原因：

1) 样本失效数太少，斜率估计值不如假设值准确。

2) 只有一个应力水平存在失效，无法估计模型斜率。

下面介绍采用指定斜率下数据的分析方法。该方法适用于右截尾数据和其他类型数据。Singpurwalla (1971) 研究了这一问题，但并没有指出将转换为单一样本下的简单问题。

(2) 系数值

简单线性模型中的斜率系数对应于逆幂律模型中的幂，Arrhenius 模型中的激活能。对某些产品，经验可提供一个系数值。例如，对于钢珠轴承，Palmgren 方程中的幂常常取为 3，半导体失效的激活能常常取为 1.0 V，或根据失效情况取 0.35 和 1.8 之间的某一值。假设温度每降低 10 ℃寿命增加一倍相当于指定了斜率系数。在 Coffin - Manson 模型中，通常假设幂值为 2。认识到斜率是失效模式的一个特征非常重要。假如一个产品有多个失效模式，通常每个失效模式的斜率不同，如第 7 章所述。下面的内容适用于单一失效模式下的数据。

(3) 等效数据

估计某一应力水平 x' 下的某些寿命分布特性的过程如下。设样品 i 的对数失效或截尾时间为 y_i 。对于 Weibull 分布和指数分布采用自然对数，对于对数正态分布采用以 10 为底的对数，对于不确定的分布可采用任意对数。同时，假设样品 i 的试验应力水平为 x_i ，则其在 x' 下的等效对数寿命 y'_i 为

$$y'_i = y_i + (x' - x_i)\gamma'_2 \tag{5.2-9}$$

据此可得单一样本在应力水平 x' 下的等效对数寿命，图 5.2－4 描述了这一过程。图中每个数据点通过沿着斜率为 γ'_2 的直线移动转换到应力 x' 下。也可以对原始时间 $t_i=\exp(y_i)$（假设为自然对数）进行转换。此时，等效时间为

$$t_i'=t_i\exp\left[(x'-x_i)\gamma_2'\right] \tag{5.2-10}$$

式中，exp[ ] 是“加速因子”。

（4）分析

等效数据通常是多重截尾数据，采用标准图分析或数值分析进行等效数据的单一分布拟合。相关文献有：Nelson（1982）、Lawless（1982）、Lee（1980）等。此外，标准计算机程序（5.1 节）可进行等效数据分析。通过分析可以得到百分位数及其他参量的点估计和区间估计，以及这些数据的危险图（第 3 章）。

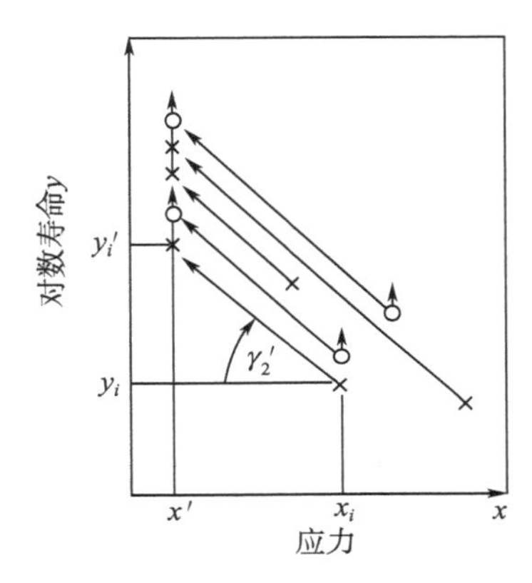

图 5.2－4　应力水平 x'下等效时间转换示意图

（5）其他斜率

指定的 γ'_2 很少是正确的，因此应当采用其他值进行重复分析，这种“敏感性分析”可以显示取值对结果的影响程度。

（6）润滑油实例

表 5.2－1 所示为润滑油在 50 个压气机中的温度加速寿命试验数据。试验的目的是估计润滑油在设计温度 220 ℉下的寿命分布。假设温度每降低 18 ℉（10 ℃）润滑油寿命增长一倍，这是一个粗略的经验法则，据此可计算得到 220 ℉下润滑油的等效数据。这一广泛使用的逆幂寿命-应力关系接近更准确 Arrhenius 模型，则等效时间为

$$t_i'=t_i/2^{\mathrm{drop}/18} \tag{5.2-11}$$

润滑油等效时间的计算见表 5.2－1，图 5.2－5 是等效时间及其 Weibull 分布 ML 拟合的 Weibull 概率图。对于 1 110 天的设计寿命来说，寿命分布处在临界位置。图 5.2－5 还显示了因子为 1.5 和 2.5 时的等效数据。图中设计寿命处的失效概率随因子变化显著，这表明确定更准确的因子非常重要。

表 5.2-1 润滑油数据及其等效时间

温度	数量	状态	时间/天	220 ℉下的等效时间/天
260 ℉	30	未失效	88+	$88\times2^{(260-220)/18}=411+$
310 ℉	1	失效	25	$25\times2^{(310-220)/18}=800$
	1	失效	43	$43\times2^{(310-220)/18}=1\ 376$
	1	失效	75	$75\times2^{(310-220)/18}=2\ 400$
	1	失效	87	$87\times2^{(310-220)/18}=2\ 784$
	1	失效	88	$88\times2^{(310-220)/18}=2\ 816$
	15	未失效	88+	$88\times2^{(310-220)/18}=2\ 816+$

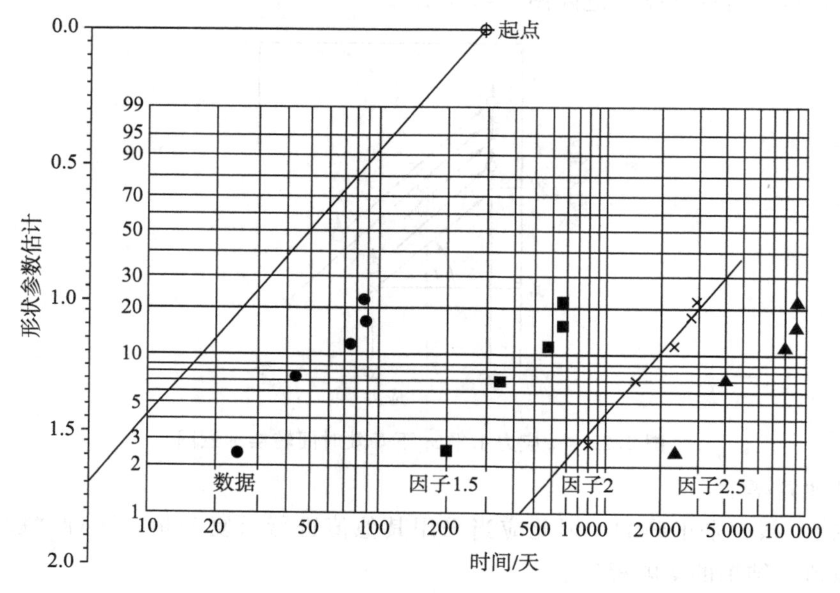

图 5.2-5 润滑剂数据的 Weibull 概率图

(7) 检验斜率

斜率系数的假设值可按如下方法检验。假设试验在多个应力水平下进行或者几个应力水平下的样本数量大致相等。计算等效时间，将每个应力水平下的等效数据视为独立样本。采用图方法或数值方法比较这些样本数据，判断它们是否来自相同分布——一致性检验。检验应该在数据分析前进行。各组之间的明显差异可能表示指定的斜率是错误的。如果观察到的各组分布和其应力水平的顺序相同（或相反），则指定斜率可能是错误的。如果观察到的各组分布是随机的，则模型或数据可能是错误的。

5.2.3.6 加速因子

(1) 定义

在一些应用中，设计使用条件下的寿命 t' 可用某一加速试验条件下的寿命表示为

$$t'=Kt \tag{5.2-12}$$

式中，K 为加速因子，假设已知。如前所述，可以由加速时间 t 计算等效时间 t'，估计设计条件下的寿命分布。

（2）加速因子的值

加速因子已知时，数据分析的准确度与加速因子一样。加速因子的值可以通过多种方法得到。

1）如果产品由已知斜率系数的简单模型描述，则可用模型和已知的斜率计算 K。前面的润滑油应用就是这种情况的一个实例。

2）许多公司进行例行的加速试验，试验可能包含任意数量的加速变量，并可能涉及不同应力的复杂顺序。所用加速因子往往是公司惯例，其由来可能早已被遗忘。

3）一些加速因子可由数据估计得到。这涉及估计特征加速寿命和特征“使用”寿命。“使用”寿命可能由现场数据或模拟使用条件的试验数据获得。K 因子是观测到的“使用”寿命与加速寿命的比值。

4）一些加速因子可查相关手册。例如，MIL－STD－217 给出了电子元器件的加速因子。

（3）不同的因子

产品的失效模式不同，加速因子 K 不同。此外，一种产品可能有不止一种加速试验，不同的加速试验加速不同的失效模式。加速试验和失效模式不同，加速因子 K 不同。例如，电子系统的振动试验引起焊点和引脚连接的机械失效；电子系统的温度加速试验引起电容器、半导体器件和其他系统元件的热退化失效；各种元器件失效模式的加速因子 K 不同。在实践中，一些分析人员将一个加速因子用于一种元器件的所有失效模式、用于一类元器件或用于整个系统，这通常是不对的。

（4）多种试验

当存在多种加速试验时，每种试验的加速因子 K 不同，但不同试验的数据可以联合。将每组试验数据转换为使用条件下的等效数据，并采用适合的方法进行分析，例如，将转换后的等效数据视为竞争失效数据进行分析。此外，可以比较各组数据判断采用同一分布是否合适。

5.2.3.7　Weibull 分布—指定形状参数

（1）原因

在一些应用中，很少或没有失效，则对于假设的 Weibull 分布，不能估计其形状参数，或只能得到一个粗略值。假设形状参数已知，则可按下述方法进行无失效数据分析。同时，对于有少数失效的数据也可以得到更准确的估计值。假设指数分布相当于假设 Weibull 分布形状参数等于 1。通常采用其他形状参数值可以得到更准确的分析结果。

（2）关系

以下分析利用了指数分布和 Weibull 分布之间的如下关系。假设 T_i 是来自应力水平 x_i 下参数值为 β 和 α_i 的 Weibull 分布的随机观测值。则

$$T_i' = T_i^{\beta} \tag{5.2-13}$$

是均值 $\theta_i = \alpha_i^\beta$ 的指数分布的随机观测值。

(3) 分析

利用转换的指数分布数据 T'_i，采用之前指数分布的分析方法进行分析。拟合的关于 θ 的对数线性模型必须向回转换为关于 Weibull 分布的模型

$$\alpha(x) = [\theta(x)]^{1/\beta} = \exp[(\gamma_1 + \gamma_2 x)/\beta] \tag{5.2-14}$$

Nelson (1985) 详细描述了单一分布的这种分析方法。Mccoun 等 (1987) 将 Lawless 精确置信限理论扩展到这一模型。

(4) 其他形状参数值

当然，假设的形状参数值存在一定误差，应采用小一些或大一些的形状参数值进行多次重复分析，希望不同形状参数下的结论相同，如果不同，则必须从中选择一个形状参数值，如选择结论最保守的形状参数值。

(5) 假设的斜率系数

数据分析可能是基于假设的形状参数值和斜率系数值，此时数据可转换为选定应力水平下的单一指数分布样本数据。关于指数分布的估计必须根据式 (5.2-14) 转换回关于 Weibull 分布的估计。

5.3 简单模型和右截尾数据的评价

5.2 节的分析方法建立在简单模型和右截尾数据的假设之上。点估计和区间估计的准确度取决于这些假设的符合程度。本节介绍的模型和数据的评价方法，用于评价：

- 5.3.1　模型特征参数等于指定值；
- 5.3.2　所有应力水平下尺度参数（Weibull 分布形状参数 β 或对数正态分布对数标准差 σ）的值相同；
- 5.3.3　（转换）寿命-应力关系是线性的；
- 5.3.4　假设寿命分布是适合的；
- 5.3.5　数据的有效性（识别异常数据）；
- 5.3.6　其他变量的影响。

本节依照第 4 章 4.3 节对于完全数据的介绍模式。4.3 节是有益的基础，但不是必要的。本节介绍适用于右截尾数据的图形方法和数值方法。数值方法包括适用于多种目的的似然比（LR）检验，具体理论见第 9 章。Escobar 和 Meeker (1988) 提出了其他评价假设和观测数据影响的方法。

5.3.1　模型特征参数等于指定值

(1) 概述

在一些应用中，某个模型系数、参数、参量或特征量（如 MTTF）存在标准值、指定值或推荐值。此时可能需要评价数据与该给定值是否相符。而采用给定值进行进一步分析

可能得到比基于数据估计值更准确的结果。例如：

1）滚动轴承寿命的 Weibull 分布形状参数为 1.1～1.3；

2）滚珠轴承寿命的 Palmgren 方程中的幂值为 3；

3）热疲劳的 Coffin – Manson 模型中的幂值为 2；

4）固态电子器件的 Arrhenius 模型中的激活能为 1.0 eV。

在验证试验中，需要评估某一总体的值是否大于规定值，例如：

1）180 ℃下某 H 级电动机绝缘系统的中位寿命是否大于 20 000 小时；

2）某电源的 MTTF 是否大于规定值。

评价这类问题的图形方法和数值方法如下。

（2）图形分析法

采用第 3 章的方法，通过数据图可以得到参量估计值，还可以进行规定值与估计值、数据的比较。它们可能一致（相对于数据的散度），也可能差异显著。例如，由第 3 章图 3.2 – 3 的 Arrhenius 图可知，试验 H 级绝缘系统在 180 ℃下的中位寿命的图估计值低于要求的 20 000 小时。又如第 3 章的绝缘液体实例，在图 3.3 – 1 和图 3.3 – 2 中，数据与形状参数等于理论值 $\beta=1$ 的 Weibull 分布一致。如果图形分析没有结论，可以采用下面的数值分析方法。

（3）置信区间

如果一个参量的置信区间包含规定值，则数据和该规定值是一致的，否则数据与规定值不一致。例如第 4 章中，180 ℃下 H 级绝缘系统中位寿命的 95%置信区间的上、下限分别为 9 730 小时和 13 700 小时，均低于规定值 20 000 小时，这表明该绝缘系统的中位寿命真值低于 20 000 小时。在可靠性验证时，置信下限必须大于规定值。例如，MTTF 的置信下限必须大于规定的 MTTF。

（4）假设检验

许多统计学理论涉及假设检验。假设检验可以简单地回答问题的“是”或“否”，如：数据与模型参量的指定值相符吗？置信区间可以回答相同的问题，但信息量更大。特别地，置信区间的长度显示了估计的准确性，以及是—或—否结论的可信度。假设检验方法参见第 8、9 章，似然比检验（第 9 章）适用于所有类型的截尾数据。

（5）验证试验

产品可靠性验证试验用于确定某一产品可靠性度量是否优于规定值。可靠性验证试验已长期用于军用产品，现在被越来越多的公司用于商业产品。典型可靠性验证试验的表述为“在置信度 C%下，（恒定）产品失效率（或其他可靠性度量）必须满足规定的（恒定）失效率 λ^*”。这表示：如果由试验数据得到的真实失效率（未知常数）λ 的 C%单侧置信上限 $\bar{\lambda}$ 满足 $\bar{\lambda}<\lambda^*$，产品通过验证试验。也就是说，置信限必须优于规定值，否则产品不能通过验证试验，需要采取改进措施（重新设计、更换供应商等）。一些产品设计师误解了这一表述，错误地将产品的失效率设计为规定值 λ^*，使得 $\bar{\lambda}$ 以高概率 C%高于 λ^*。也就是说，产品不能通过试验的概率高达 C%。为了保证产品高概率通过试验，设计人员

必须使产品的真实失效率 λ 远低于规定值 λ^*。设计人员可以用 OC 曲线进行等效假设检验，以确定合适的 λ 值，使产品可以高概率地通过试验。遗憾的是还没有适用于加速试验的 OC 曲线。Nelson（1972c）提出了一种加速验证试验。前面的论述也可以用 MTTF(θ) 或其他可靠性度量表示。此时，如果 $\theta > \theta^*$，产品通过验证试验。单侧渐近正态置信限是不准确的单侧置信限，单侧 LR 置信限（5.5.8 节）比单侧渐近正态置信限准确，推荐用于验证试验。一些可靠性验证试验标准假设产品服从非恒定失效率的 Weibull 分布或其他分布。

5.3.2　恒定尺度参数

（1）概述

简单模型假设对数寿命的尺度参数（Weibull 分布的 $1/\beta$，对数正态分布的 σ）是常数，即尺度参数在所有关心应力水平下的值相同。寿命分布低百分位数的估计值对非定常尺度参数敏感。此外，5.3.3 节到 5.3.5 节的大多数分析都是基于这一假设。评价这一假设的图形方法和数值方法如下。每种方法都可以得到不一样的认知，都值得使用。

（2）图形分析法

如第 3 章所述，利用概率图可以评价尺度参数是否恒定。若恒定，概率纸上不同应力水平下的数据图形应近似平行。在第 3 章的图 3.4-1 中，3 个试验温度下的 B 级绝缘系统数据图形看起来不平行，这可能是由 190 ℃下可能存在的异常数据造成的。

（3）置信区间

利用每个应力水平下尺度参数的点估计和置信区间可以粗糙的比较尺度参数是否相同，每个应力水平下至少有两个失效。因此，必须分别对每个应力水平下的数据进行分布拟合。如果一个应力水平下的置信区间叠盖另一个应力水平的点估计，这两个应力水平下的点估计相当（无统计显著差异）。如果两个应力水平下的置信区间不重叠，这两个应力水平下的估计在统计上显著不同。如果两个应力水平下的置信区间重叠，但都未叠盖另一应力水平下的点估计，就会出现中间情况。此时不能用这种方法得出结论，需要采用下面的似然比检验。

（4）B 级绝缘系统

对于 B 级绝缘系统数据，其尺度参数 σ 的 ML 点估计和 95%近似正态置信区间如下。

温度/℃	点估计	95%置信区间
170	0.202 8	(0.115 8，0.354 9)
190	0.399 6	(0.201 3，0.793 1)
220	0.072 8	(0.366 6，0.144 9)

不同温度下 B 级绝缘系统尺度参数的点估计和置信区间如图 5.3-1 中双对数坐标纸上所示。由该图可以更容易的比较各应力水平下的尺度参数。由于 190 ℃下的置信区间叠盖 170 ℃下的点估计，因此 170 ℃和 190 ℃下的估计一致。因为置信区间不重叠，190 ℃

与 220 ℃下的估计显著不同。而 170 ℃和 220 ℃下的置信区间虽然重叠，但两个置信区间都未叠盖另一温度下的点估计，故不能给出结论。此外，由图可见 σ 的估计与温度无关，因此不存在 σ 与温度的简单合理的函数关系。190 ℃下的异常数据更可能是 σ 不同的原因。

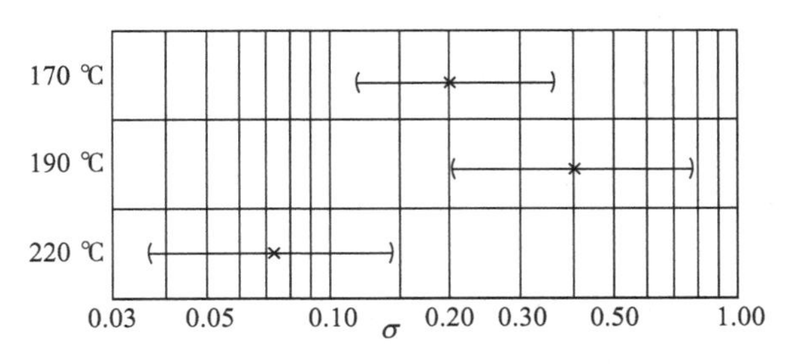

图 5.3－1　不同温度下 σ 的点估计与置信区间

（5）LR 检验

可以采用下述的 LR 检验比较尺度参数是否相等。LR 检验是对用于检验完全数据的（对数）正态标准差一致性的 Bartlett 检验（第 4 章）的推广，适用于任何具有尺度参数的分布。例如，对于 Weibull 分布和对数正态分布，对数寿命的分布尺度参数分别为 $\delta=1/\beta$ 和 σ 。LR 检验的步骤如下。

1）分别拟合 J 个试验应力水平下的寿命分布，每个应力水平下不少于 2 个不同的失效时间数据。得到 J 个应力水平下的最大对数似然值 $\hat{\mathcal{L}}_1$，…，$\hat{\mathcal{L}}_J$ 。例如，对于 B 级绝缘系统数据，有 $J=3$ 个试验温度，3 个温度下的最大对数似然值分别为 $\hat{\mathcal{L}}_{170}=-64.270$、$\hat{\mathcal{L}}_{190}=-43.781$ 和 $\hat{\mathcal{L}}_{220}=-32.302$。

2）使用相同的尺度参数和不同的尺度参数的模型，利用指示变量，对每个试验应力水平下的数据进行拟合，每个应力水平下不少于 2 个不同失效时间数据，得到相应的最大对数似然值 $\hat{\mathcal{L}}_0$。对于 B 级绝缘系统数据，由 $J=3$ 个试验温度下的数据得到 $\hat{\mathcal{L}}_0=-145.198$ 。

3）计算 LR 统计量

$$T=2(\hat{\mathcal{L}}_1+\cdots+\hat{\mathcal{L}}_J-\hat{\mathcal{L}}_0) \tag{5.3-1}$$

对于 B 级绝缘系统数据，$T=2[-64.270-43.781-32.302-(-145.198)]=9.69$。

4）若各应力水平下的尺度参数都相等，T 的分布近似为自由度为 $J-1$ 的 χ^2 分布。每个应力水平下失效数越多越近似，如每个应力水平下至少 5 个失效。若各应力水平下的真实尺度参数不同，T 的值将很大。按照如下方法评价 T ，其中 $\chi^2(1-\alpha;\ J-1)$ 是自由度为 $J-1$ 的 χ^2 分布的 $100(1-\alpha)\%$ 分位数。

• 若 $T\leqslant\chi^2(1-\alpha;\ J-1)$ ，则在置信水平 $100\alpha\%$下，尺度参数的估计无统计显著差异。

• 若 $T>\chi^2(1-\alpha;\ J-1)$ ，则在置信水平 $100\alpha\%$下，尺度参数的估计在统计上显著不同。

对于B级绝缘系统数据，$T=9.69>9.210=\chi^2(0.99;\ 2)$ 。因此，在置信水平1%下，σ 的估计值显著不同。也就是说，如果总体 σ 的估计值相等，那么 T 值很大的概率不到1%。而异常大的 T 值表明 σ 不同。

5）如果 T 很大，检查步骤1）得到的 J 个尺度参数的点估计和置信区间，并确定它们之间的差异。图5.3-1有助于完成这一工作。更改模型或者删减数据，重新分析。对于B级绝缘系统数据，190 ℃下 σ 的估计较大可能是由于408小时的两个异常数据。这些异常数据可见第3章图3.4-1、图3.4-2。

（6）最大比检验

另一种尺度参数相等的假设检验方法如下，分别对 J 个应力水平下的数据进行分布拟合，每个应力水平下至少有2个不同失效时间数据。检验统计量是尺度参数的ML估计的最大值与最小值之比。这种检验的一个实例是第4章完全正态数据的最大 F 比检验。具体地说，检验采用的最大比统计量为

$$R=\max(\hat{\sigma}_j/\hat{\sigma}_{j'}) \tag{5.3-2}$$

检验利用 R 的分布的 $100(1-\alpha)\%$ 分位点 $R(1-\alpha;\ J)$ ，有：

- 若 $R\leqslant R(1-\alpha;\ J)$ ，则在置信水平 $100\alpha\%$ 下，尺度参数的估计值无统计显著差异。

- 若 $R>R(1-\alpha;\ J)$ ，则在置信水平 $100\alpha\%$ 下，尺度参数的估计值明显不同。

R 的分布取决于 J 个样本的样本量和截尾情况。对于截尾数据，目前只有一个精确的 R 百分位数表。Mccool（1981，1974）给出了用于威布尔形状参数比较的精确 R 百分位数表，仅适用于相同样本量、单一截尾且每个样本的截尾数相同的情况。对于其他分布，可利用Bonferroni不等式得到的 R 的近似百分位数，见Nelson（1982，553页）。

（7）关系式

尺度参数的恒定性还可以通过拟合包含尺度参数关系式的模型进行评价。该方法相较于之前的方法有一个优势：适用于每个应力水平下仅有一个或几个样品的情形，且适用于部分应力水平下无失效的情况。最简单的尺度参数-应力关系式为

$$\sigma(x)=\exp(\gamma_3+\gamma_4 x) \tag{5.3-3}$$

这一关系式是 x 的单调函数。若 γ_4 的置信区间不包含0，则 σ 明显依赖于应力，否则，σ 与应力无关。

采用Arrhenius模型和式（5.3-3）拟合B级绝缘系统数据，包括150 ℃下的无失效数据。γ_4 的ML点估计和95%近似置信区间分别为−1.069和（−6.764，4.626）。其中 $x=1\,000/$ 绝对温度 。该置信区间包含0，因此 σ 无明显变化趋势。第4节介绍了这一关系式的另一实例。拟合式（5.3-3）是较之间的假设检验更灵敏的 σ 趋势检定方法，假设检验对于检定 σ 的无规律性更灵敏。也可以采用其他关系式，如包含 x 的二次项的关系式。这种检验方法也可用于不适用的位置参数-应力关系的检验，之前的假设检验方法却不适用。

5.3.3　寿命-应力关系是线性的吗？

（1）概述

简单模型包含线性的（转换的）寿命-应力关系。线性假设对外推到低应力水平至关重要。这一假设的图形评价方法和数值评价方法如下。每种方法都可以得到不一样的认知，都值得使用。

（2）图形法

第 3 章阐述了如何使用数据图进行寿命-应力关系的线性评价。对于 B 级绝缘系统数据，第 3 章的图 3.4－2 表明其寿命-应力关系是线性的。

（3）LR 检验

寿命-应力关系线性度的 LR 检验方法如下。LR 检验是对第 4 章中线性度检验的 F 检验的推广，假设试验有 J 个应力水平，所有试验应力水平下的尺度参数是常数，要求每个应力水平下至少有一个失效。对于 B 级绝缘系统，150 ℃下的数据中不包含失效数据故不采用。LR 检验的步骤如下。

1）拟合简单模型（5.2.1 节），得到最大对数似然值 $\hat{\mathcal{L}}_0$。对于 B 级绝缘系统数据，$J=3$，3 个温度下的最大对数似然值为 $\hat{\mathcal{L}}_0=-145.867$。

2）采用尺度参数相同和位置参数不同的模型，利用指标变量，对 J 个应力水平中每个应力水平下的数据进行拟合，得到最大对数似然值 $\hat{\mathcal{L}}$。对于 B 级绝缘系统数据，$\hat{\mathcal{L}}=-145.198$。

3）计算 LR 检验统计量

$$T=2(\hat{\mathcal{L}}-\hat{\mathcal{L}}_0) \tag{5.3-4}$$

对于 B 级绝缘系统数据，$T=2[-145.198-(-145.867)]=1.34$。

4）若寿命-应力关系是线性的，则 T 的分布近似为自由度为 J－2 的 χ^2 分布。若寿命-应力关系不是线性的，T 的值将很大。按如下方法评价 T，其中 $\chi^2(1-\alpha; J-2)$ 是自由度为 $J-2$ 的 χ^2 分布的 $100(1-\alpha)\%$ 分位数。

- 若 $T\leqslant\chi^2(1-\alpha; J-2)$，在置信水平 $100\alpha\%$ 下，数据符合线性寿命-应力关系；
- 若 $T>\chi^2(1-\alpha; J-2)$，在置信水平 $100\alpha\%$ 下，数据明显与线性寿命-应力关系不一致。

对于 B 级绝缘系统数据，$T=1.34<3.842=\chi^2(0.95; 1)$，因此在置信水平 5%下，数据符合线性寿命-应力关系。

5）如果寿命-应力关系存在明显的非线性，应查找原因。例如，检查寿命-应力关系图中的数据。拟合另一个模型或删减数据，然后重新分析数据。例如，对于第 3 章图 3.5－1、图 3.5－2 中的 H 级绝缘系统匝间绝缘失效数据，260 ℃下的数据与其他温度下的不相容。这一现象原因的发现每年产生 1 000 000 美元的价值。对非线性或其他欠佳的拟合的物理认识通常比重新分析更有价值。

（4）非线性拟合

非线性还可以通过拟合更加一般的寿命-应力关系（包含线性寿命-应力关系）来评价。该方法较之前方法的优点在于：它适用于多个应力水平中每个应力水平下只有1个或少量样品的情形，且适用于部分应力水平下无失效的情况。最简单的非线性寿命-应力关系式为

$$\mu(x)=\gamma_1+\gamma_2(x-x')+\gamma_3(x-x')^2 \tag{5.3-5}$$

上式含有应力 x 的二次项，x' 是某一选定应力值，它“中心化”数据，使ML拟合更好地收敛。一些软件可自动进行独立的变量中心化。如果不能，使用者应当手动完成，以确保准确拟合。若 γ_3 的置信区间不包含0，则寿命-应力关系是非线性的，否则，寿命-应力关系是线性的。采用二项式拟合B级绝缘系统数据，包括无失效的150 ℃数据。γ_3 的ML点估计和95%近似置信区间分别为5.02和（-13.8，23.8）。这里 $x=1\ 000/$ 绝对温度，$x'=2.201\ 629$ 是数据范围内 x 的平均值。γ_3 的置信区间包含0，因此寿命-应力关系无明显非线性。这种检验方法对于检定曲线寿命-应力关系更灵敏。前面的检验方法对检定数据的无规律性更灵敏。此外，非线性寿命-应力关系可以与尺度参数关系式［如式（5.3-3）］联合使用。5.4节给出了一个这种情况的应用实例。

5.3.4 评价寿命分布

（1）目的

本节介绍评价假设寿命分布的图形方法和数值方法。低百分位数的估计值对假设寿命分布敏感。不同方法可以得到不一样的认知，都值得使用。

（2）图形法

第3章介绍了评价假设寿命分布的概率图法和危险图法。例如，在第3章图3.4-1的B级绝缘系统数据概率图中，来自3个试验温度下的数据不是线性平行的，表明对数正态分布不合适或者数据有问题。Nelson（1972b）采用下述残差图更灵敏地检验了寿命分布。

（3）残差图

（原始）残差 $r_i=y_i-\hat{\mu}(x_i)$ 是对数观测值 y_i 与 x_i 处的位置参数估计值 $\hat{\mu}(x_i)$ 的差。如果观测数据是截尾的，其残差也是截尾的。B级绝缘系统数据残差的计算如图5.3-1所示。所有对数残差的合并样本来自假设的（对数）寿命分布。该分布的位置参数等于0，尺度参数等于总体尺度参数 σ 。合并样本通常为多重截尾。绘制合并样本对数残差的危险图评价分布适用性，用正态概率纸评价对数正态适用性，用极值分布概率纸纸评价Weibull分布适用性。B级绝缘系统残差的正态危险图如图5.3-2所示，图形不是直线。相对于其他数据，早期失效的残差在图中的位置较低。一般来说，这可能表明假设分布不合适或较低点是异常数据。第3章的图3.4-1和本章的图5.3-1表明异常数据是残差图不是直线的更可能的原因，需要剔除190 ℃下的两个异常数据后重新进行分析，但未能找出产生可疑异常数据的原因。多数寿命数据分析软件可以计算残差并绘制残差图。

表 5.3-1　B 级绝缘系统数据残差的计算（+表示截尾）

150 ℃			190 ℃		
y_i −	$\hat{\mu}(x_i)$ =	γ_i	y_i −	$\hat{\mu}(x_i)$ =	γ_i
3.906 6+	4.168 4	−0.261 8+	2.610 7	3.290 0	−0.697 3
3.906 6+	4.168 4	−0.261 8+	2.610 7	3.290 0	−0.697 3
3.906 6+	4.168 4	−0.261 8+	3.128 4	3.290 0	−0.161 6
3.906 6+	4.168 4	−0.261 8+	3.128 4	3.290 0	−0.161 6
3.906 6+	4.168 4	−0.261 8+	3.158 4	3.290 0	−0.131 6
3.906 6+	4.168 4	−0.261 8+	3.225 3+	3.290 0	−0.064 7
3.906 6+	4.168 4	−0.261 8+	3.225 3+	3.290 0	−0.064 7+
3.906 6+	4.168 4	−0.261 8+	3.225 3+	3.290 0	−0.064 7+
3.906 6+	4.168 4	−0.261 8+	3.225 3+	3.290 0	−0.064 7+
3.906 6+	4.168 4	−0.261 8+	3.225 3+	3.290 0	−0.064 7+
3.906 6+	4.168 4	−0.261 8+	3.225 3+	3.260 0	−0.064 7+
170 ℃			220℃		
3.246 5	3.707 7	−0.461 2	2.610 7	2.721 7	−0.111 0
3.442 8	3.707 7	−0.264 9	2.610 7	2.721 7	−0.111 0
3.537 1	3.707 7	−0.170 6	2.702 4	2.721 7	−0.019 3
3.549 2	3.707 7	−0.158 5	2.702 4	2.721 7	−0.019 3
3.577 5	3.707 7	−0.130 2	2.702 4	2.721 7	−0.019 3
3.686 6	3.707 7	−0.021 1	2.722 6+	2.721 7	0.000 9+
3.715 7	3.707 7	0.008 0	2.722 6+	2.721 7	0.000 9+
3.736 2+	3.707 7	0.028 5+	2.722 6+	2.721 7	0.000 9+
3.736 2+	3.707 7	0.028 5+	2.722 6+	2.721 7	0.000 9+
3.736 2+	3.707 7	0.028 5+	2.722 6+	2.721 7	0.000 9+

（4）其他残差

还可以绘制其他残差的图形。包括：

1）对每个试验应力水平数据分别进行分布拟合而产生的残差。线性寿命-应力关系的失拟不会影响对数残差。在失拟情况下，原始残差往往非常大（绝对值），且分布与总体的分布不同。第 4 章式（4.3-5）给出了完全数据的这类残差的计算公式。

2）在寿命-应力关系拟合中为减小尺度参数估计偏差而调整的残差。Cox 和 Snell（1968）推导了 ML 拟合的这种调整残差。第 4 章 4.5.3 节给出了完全数据和最小二乘拟合的调整残差计算公式。

绘制这些残差的图形是有必要的，不同类型的残差的图形可以显示不同的信息。

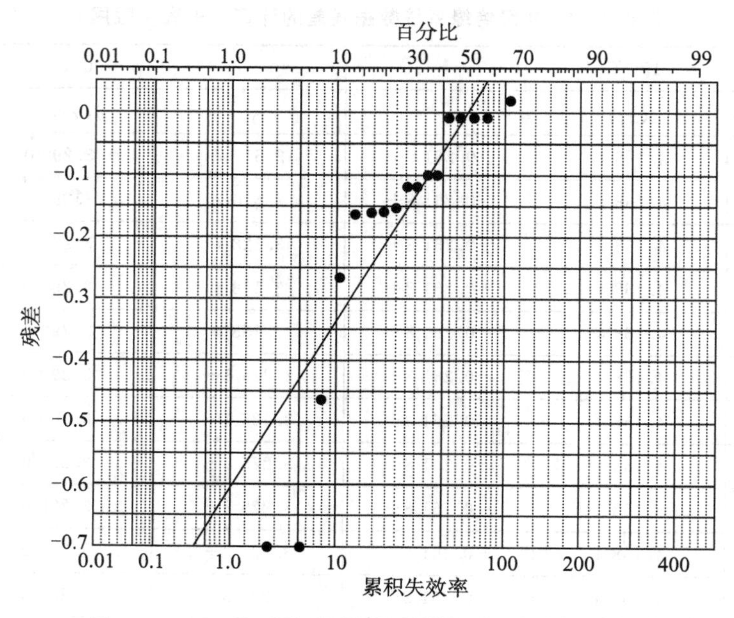

图 5.3-2　B级绝缘系统数据残差的正态分布危险图

(5) 广义伽马分布

Weibull分布和对数正态分布是常用候选寿命分布。可以通过对对数寿命数据进行简单寿命应力关系和广义伽马分布拟合，确定这两个寿命分布哪个适合，详见 Farewell 和 Prentice (1973)。广义伽马分布具有形状参数 q，位置参数和尺度参数。当 $q=0$，广义伽马分布即为正态（对数正态）分布，当 $q=1$，即为极值分布（Weibull 分布）。如果 $q=0$ 时的最大对数似然值大于 $q=1$ 时的最大对数似然值，对数正态分布更适合。否则，Weibull 分布更适合。计算两个最大似然值绝对差的 2 倍，若大于 $\chi^2(1-\alpha;1)$，则在置信水平 $100\alpha\%$ 下，具有较高对数似然值的分布在统计学上显著优于另一个分布。

例如，对于B级绝缘系统数据，两个最大对数似然值分别为 $\hat{\mathcal{L}}_0=-148.54$、$\hat{\mathcal{L}}_1=-147.02$。$\hat{\mathcal{L}}_1>\hat{\mathcal{L}}_0$，Weibull 分布更适合。又由于 $T=2(\hat{\mathcal{L}}_1-\hat{\mathcal{L}}_0)=3.04<3.842=\chi^2(0.95,1)$，因此，虽然 Weibull 分布更适合，但不是显著更适合。这种检验方法不需要简单寿命-应力关系和广义 gamma 分布的拟合程序，仅使用分别拟合结合 Weibull 分布和对数正态分布的模型得到的两个最大对数似然值。当然，计算机软件须计算 Weibull 分布和对数正态分布似然值之间的一致性。一些软件省略了似然方程中的常数。这种检验对异常数据很敏感。

(6) 拟合优度检验

D' Agostino 和 Stephens (1986) 提出了可用于多种分布拟合优度检验的标准检验法，只适用于来自单一寿命分布的单个样本，不适用于回归模型的拟合残差。当应用于残差时，这些标准检验法最多只能得到粗糙的结果。而且，作为模型拟合的结果，拟合残差的分布往往类似于所拟合的分布。此外，这些检验对异常数据敏感，异常数据不服从主要部分的总体分布。异常数据需要进行调查了解，并通常在随后的分析中剔除。如果使用这类检验方法并评价分布明显拟合不充分，则必须检查概率图了解原因。这些检验法不能表明拟合不足的具体特征，因而绘制残差概率图非常必要。

5.3.5　数据检验

（1）目的

本节简要回顾数据的图形检验法和数值检查法。它们主要用于识别数据中的异常数据和其他问题。通常，确定异常数据的原因比决定在分析时包含或剔除此类数据更重要。

（2）图形法

第 3 章的所有数据图和 5.3.4 节的残差图可以揭示数据中的异常数据和其他问题。例如，第 3 章图 3.5－1 显示 260 ℃下的匝间绝缘失效数据和其他温度下的数据不一致。第 3 章图 3.4－2 显示了 B 级绝缘系统数据存在 2 个低异常数据。通常调整后的残差可以比原始残差更清晰地显示异常数据。

（3）异常数据检验

Barnet 和 Lewis（1984）介绍了标准异常数据检验方法，Beckman 和 Cook（1983）对其进行了综合评述。这些检验大多仅适用于单一分布的单个样本。少数检验适用于回归模型和完全数据。标准（单个样本）异常数据检验对于残差样本来说是粗糙的，作为模型拟合的结果，残差的分布往往与假设分布类似。Flack 和 Flores（1989）给出了残差的异常数据检验方法。少数检验适用于截尾数据。

5.3.6　其他变量的影响

（1）目的

本节简要介绍评价其他变量对产品寿命影响的图形方法和数值方法。

（2）互相关图

如第 4 章所述，变量与残差的互相关图对于完全数据分析非常有用。但这些互相关图中的截尾数据通常难以解释，只知道图中失效数据的残差高于截尾数据的残差，如下一节的图 5.4－7、图 5.4－8 所示，图中残差是金属疲劳数据的寿命-应力关系拟合残差，其中，截尾数据的残差以 A 表示，如果该数据是失效数据，其残差高于 A 。图 5.4－7 是样品残差与伪应力的关系图。假设截尾数据的残差与失效数据残差相同，可以看到残差图有微弱的正趋势——可能无统计显著性。Lawless（1982，p. 281）建议将每个截尾数据残差替换为它的条件期望失效时间残差，并将期望失效残差作为失效残差绘制互相关图。Schatzoff（1985）的 GRAFSTAT 软件可以计算期望失效残差，并绘制残差的互相关图。

（3）危险图

可以利用残差的危险图评价其他变量对产品寿命的影响。根据被检变量的范围将残差分为两组或两组以上，在相同或不同的危险图纸上，分别绘制每一组的危险图。如果各组图形相似，该变量和产品寿命不相关。如果分布存在整体趋势，该变量和寿命相关。Nelson（1973）给出了残差危险图的应用实例。

（4）数值方法

可以通过拟合包含待评价变量的模型评价这些变量对寿命的影响。多变量模型的拟合见 5.4.3 节，它是评估变量影响的一种有效方法。

5.4　其他模型和数据类型

本节是对 5.2 节、5.3 节简单模型和右截尾数据的分析方法的扩展。5.4.1 节将方法扩展至其他类型数据，如左截尾数据、量子响应数据和区间数据。5.4.2 节将方法扩展到单一加速变量的更复杂的模型，如疲劳（或耐久性）极限模型、对数寿命散度与应力相关的模型。5.4.3 节将方法扩展至多变量模型。5.2 节、5.3 节是必要的基础。

5.4.1　其他类型数据的简单模型拟合

（1）目的

本节介绍简单模型对区间数据、量子响应数据、左截尾数据以及混合截尾数据的 ML 拟合，将 5.2 节、5.3 节的方法扩展到其他类型数据，重点介绍模型系数、参数和其他参量的 ML 点估计和置信区间。此外，本节还介绍了模型、数据和其他变量影响的评价方法。ML 拟合的理论见第 5 节。

（2）相同的信息

人们想要从其他数据得到的信息和从右截尾数据（5.2、5.3 节）相同，甚至用相同的简单模型拟合其他类型数据，得到相同系数、参数等的点估计和区间估计。同时，还用相同的方法评价模型和数据，仅是数据形式与 5.2、5.3 节的不同。实际上，软件对其他类型数据计算结果的输出形式与右截尾数据的相同。

（3）不同点

其他类型数据的分析结果在某些方面与右截尾数据的不同。相对于观测数据，截尾数据、区间数据和量子响应数据的点估计的标准误差往往更大、置信区间也更宽。也就是说，其他类型数据包含的信息较少，估计量抽样分布的正态近似需要更多的失效。样本的数据类型决定了样本似然函数的数学形式。似然函数见第 5 节。

（4）区间数据

第 3 章表 3.4－1 所示为 B 级绝缘系统数据，由多次重复检测得到。也就是说，该数据是区间数据，但每个失效被预先视为发生在其检测区间的中间。220 ℃和 190 ℃下的样品每隔 48 小时检测一次，170 ℃下的样品每隔 96 小时检测一次，150 ℃下的样品每隔 168 小时检测一次。采用 Arrhenius－对数正态模型对处理后的区间数据进行拟合。STATPAC 软件的计算结果输出如 5.4－1 图所示。5.1 节列出的统计软件可进行区间数据的模型拟合。

（5）估计精度

图 5.4－1 中的近似正态置信限和图 5.2－1 的相近，但图 5.4－1 的置信区间略宽。这

是由于区间数据包含的信息量不如确切失效数据。B 级绝缘系统数据的检测区间相对于其（对数）寿命分布来说很窄，因此图 5.4－1 的置信区间仅比图 5.2－1 中的略宽。如果检测区间相对于分布来说很宽，由区间数据得到的置信区间将比确切失效数据得到的置信区间宽得多。当然，由于数据记录仅精确到几位数字，所有数据都是区间数据。但对于大多数工作，舍入很小可以忽略。习题 5.13 所示数据的检测区间相对其寿命分布来说很宽。

```
MAXIMUM LOG LIKELIHOOD =   -73.957765

* MAXIMUM LIKELIHOOD ESTIMATES FOR MODEL COEFFICIENTS
  WITH APPROXIMATE 95% CONFIDENCE LIMITS

COEFFICIENTS   ESTIMATE     LOWER LIMIT    UPPER LIMIT   STANDARD ERROR

C00001         -6.016456    -7.907212      -4.125699     0.9646718
C00002          4.309538     3.437492       5.181584     0.4449215
C00003          0.2588536    0.1658819      0.3518253    4.743456E-02
* COVARIANCE MATRIX

COEFFICIENTS   C00001         C00002          C00003

C00001         0.9305916
C00002        -0.4284944      0.1979551
C00003        -8.728676E-03   4.613323E-03    2.250037E-03
* FISHER MATRIX

COEFFICIENTS   C00001         C00002          C00003

C00001         428.5899
C00002         933.5882       2038.920
C00003        -251.4781      -558.6667        614.2957
PERCENTILES(130. )

TEMP        130

* MAXIMUM LIKELIHOOD ESTIMATES FOR DIST.   PCTILES
  WITH APPROXIMATE 95% CONFIDENCE LIMITS

PCT.    ESTIMATE     LOWER LIMIT    UPPER LIMIT    STANDARD ERROR

0.1     7463.632     3529.896       15781.15       2851.313
0.5     10140.87     5057.636       20333.05       3599.356
1       11766.47     5991.561       23107.47       4051.641
5       17663.39     9334.361       33424.40       5747.740
10      21936.28     11670.98       41230.98       7062.543
20      28518.65     15103.33       53849.93       9248.815
50      47091.56     23818.50       93104.73       16377.08
80      77760.15     36069.61       167638.1       30476.36
90      101093.5     44276.43       230820.1       42582.69
95      125548.6     52189.44       302023.7       56228.65
99      188468.9     70393.80       504619.0       94702.79
```

图 5.4－1　B 级绝缘系统区间数据的 Arrhenius -对数正态模型拟合的计算结果

（6）区间数据相关文献

许多参考文献论述了单一分布区间数据的 ML 分析，如 Nelson（1982，第 9 章）。此外，下述参考文献介绍了检测时间的优化方法。Ehrenfeld（1962）、Nelson（1977）提出了指数分布下检测时间的优化方法，Kulldorff（1961）提出了（对数）正态分布下检测时间的优化方法，Meeker（1986）提出了 Weibull 分布下检测时间优化方法。

(7) 量子响应数据

量子响应数据的回归分析常见于生物医学领域的文献。重要的参考文献有 Finney (1968), Breslow 和 Day ((1980), Miller、Efron 等 (1980), 及 Nelson (1982, 第 9 章)。Nelson (1979) 采用幂律- Weibul 模型拟合涡轮盘断裂时间的量子响应数据。ASTM STP 731 (1981) 给出了金属疲劳中量子响应数据的分析方法，以估计金属的强度 (疲劳极限) 分布。Meeker 和 Hahn (1977, 1978) 提出了 logistic 分布下检测时间的优化方法。5.1 节列出的统计软件可进行量子响应数据的模型拟合。

(8) 左截尾数据

样品在连续监测之前失效时产生左截尾数据。如，某试验在周五开始，周末不进行观测；在一些试验中，失效出现太快以至于不能观测到失效时间，习题 3.10 中存在这类左截尾数据。由左截尾数据得到的寿命分布低百分位数的估计精度较低。当要估计寿命分布的低百分位数时，最好尽早、频繁观测，以得到更准确的估计值。5.1 节列出的统计软件可用于左截尾数据的模型拟合。

(9) 恒定尺度参数

评估尺度参数是否不变可采用 5.3.2 节的方法，包括 LR 检验，最大比检验和将尺度参数表述为应力的函数。这些方法也适用于其他类型数据。

(10) 线性度

简单线性寿命-应力关系的适用性可采用 5.3.3 节的方法进行评价。即，当有多个试验应力，每个应力下都有失效时，采用 LR 检验法。如果有多个应力水平，每个应力下仅有少量样本，则适宜采用一般非线性寿命-应力关系拟合的方法，所用一般寿命-应力关系必须包含简单线性寿命-应力关系。如关于疲劳极限的二项式模型和幂型模型。

(11) 寿命分布

假设寿命分布的适用性可采用 5.3.4 节的方法进行评价。可采用对数伽马分布比较 Weibull 分布和 (对数) 正态分布哪个更适合。其他类型数据的残差图更加复杂。残差可能是左截尾的、右截尾的、区间的，以及观测到的。通常区间残差比分布散度窄。区间残差可以视为在其区间内间隔相等的观测残差，并绘制在危险图纸上。B 级绝缘系统的区间残差可以按照这种方法处理。如果区间残差较宽或存在左截尾残差，则必须采用 Peto (1973) 图法。Turnbull (1976) 进一步发展了 Peto 图法。一些计算机软件可以绘制 Peto 图。

(12) 其他变量的影响

区间残差和截尾残差与应力及其他变量的互相关图很难分析，最好通过拟合包含待评价变量的模型评价这些变量对寿命的影响。多变量模型的拟合见 5.4.3 节。

5.4.2 其他单应力模型

(1) 目的

本节将简单模型的分析方法扩展到其他单应力模型，重点介绍其他单应力模型对所有类型数据的 ML 拟合，以及模型和数据的评价方法。各种单应力模型见第 2 章 2.11 节、2.12 节和 2.14 节。本节通过两个实例阐述这些单应力模型的 ML 拟合。第一个实例采用疲劳极限模型，第二个实例采用对数标准差与应力相关的模型。

5.4.2.1　疲劳或耐久极限模型

（1）概述

下面介绍第 2 章 2.11 节中的疲劳（耐久）极限模型的 ML 拟合，主题包括实例数据、模型、计算结果、模型和数据的评价及模型的扩展。

（2）绝缘材料实例

以某电气绝缘材料电压耐久性试验数据为例介绍疲劳（耐久性）模型的 ML 拟合。拟合的目的是评价该绝缘材料是否存在耐久极限（大于 0 的电压应力）。如果有，绝缘材料常用的简单的幂律-对数正态模型将不适合外推到设计应力。同时，可以选择低于耐久极限的设计电压应力以消除绝缘失效。实例绝缘材料数据共包含 110 个样品数据，其中 92 个失效数据，其余为右截尾数据。

（3）模型

假设模型采用对数正态分布，中位寿命的耐久极限模型形式为

$$\tau_{0.50}=\gamma_1/(V-\gamma_3)^{\gamma_2} \tag{5.4-1}$$

式中，V 为电压应力；γ_3 为耐久极限，也是电压应力，满足 $V>\gamma_3>0$。耐久极限模型含有三个系数，且是非线性的，第 2 章图 2.11-1 描述了这一模型。当 $\gamma_3=0$ 时，该模型是（逆）幂律模型，一个简单的两系数线性模型。上式在 5.1 节中的任何软件中都不是标准模型，需要编程添加到软件中。

（4）模型不适合

之前的模型假设存在明显的耐久极限 γ_3，且所有样品的耐久极限相同。第 2 章 2.11 节中的其他模型包含耐久性极的强度分布。这样的模型似乎更合理，且可以在钢的疲劳试验中观测到强度分布。当试验应力接近耐久极限时，明显的耐久极限可能导致关系式拟合出现问题，与习题 5.14 中一样。在上述绝缘材料实例中，试验应力远高于耐久极限，不存在拟合问题，上述模型［式（5.4-1）］是适合的。

（5）计算结果

绝缘材料数据对耐久极限模型的 ML 拟合的 STATPAC 计算结果输出如图 5.4-2 所示。耐久极限的 ML 点估计为 $C_3\approx73$ volts/mil（伏特/密耳）（1 密耳＝千分之一英寸），非常接近设计应力，其 95％近似置信区间为（36，100），不包含 0。若模型和数据有效，该置信区间充分表明存在正的耐久极限，即使模型在试验应力范围（116，207）之外无效，也充分说明真实模型不是逆幂律模型。C_2 和 C_3 的相关系数为－0.984 122 2，接近－1，但不足以引起对拟合数值精度不够的关注。模型另一种形式的数值拟合可能更准确。

MAXIMUM LOG LIKELIHOOD = -674.97635

* FISHER MATRIX

COEFFICIENTS	C 1	C 2	C 3	C 4
C 1	0.1343242			
C 2	5.298513	223.8206		
C 3	0.3771258	16.04091	1.153382	
C 4	-0.9484622	-63.77421	-5.197079	2298.933

* MAXIMUM LIKELIHOOD ESTIMATES FOR MODEL COEFFICIENTS
WITH APPROXIMATE 95% CONFIDENCE LIMITS

COEFFICIENTS	ESTIMATE	LOWER LIMIT	UPPER LIMIT	STANDARD ERROR
C 1	258.1657	234.8524	281.4789	11.89451
C 2	6.510000	3.611426	9.408574	1.478864
C 3	73.24000	36.78775	109.6923	18.59809
C 4 σ	0.2920000	0.2499631	0.3340368	0.2144737E-01

* COVARIANCE MATRIX

COEFFICIENTS	C 1	C 2	C 3	C 4
C 1	141.4793			
C 2	-10.30933	2.187040		
C 3	97.08243	-27.06735	345.8889	
C 4	-0.8150106E-02	-0.4772817E-02	0.7111651E-01	0.4599897E-03

* CORRELATION MATRIX

COEFFICIENTS	C 1	C 2	C 3	C 4
C 1	1.000000			
C 2	-0.5860783	1.000000		
C 3	0.4388599	-0.9841222	1.000000	
C 4	-0.3194794E-01	-0.1504778	0.1782905	1.000000

图 5.4-2　耐久极限模型的 ML 拟合结果

（6）LR 检验

$\gamma_3=0$ 的一种检验方法是似然比（LR）检验。以 $\hat{\mathcal{L}}$ 表示耐久极限模型对应的最大对数似然值，$\hat{\mathcal{L}}'$）表示幂律-对数正态模型（$\gamma_3=0$）对应的最大对数似然值。LR 检验统计量为 $T=2(\hat{\mathcal{L}}-\hat{\mathcal{L}}')$，若 $T>\chi^2(1-\alpha;1)$，则在置信水平 100α%下，耐久极限明显不等于 0，否则，耐久极限估计 C_3 与 $\gamma_3=0$ 一致。对于绝缘材料数据，$T=2[-674.976-(-677.109)]=4.266>3.841=\chi^2(0.95;1)$，故在置信水平 5%下，其耐久极限估计值 C_3 明显不等于 0。

（7）模型评价

耐久极限模型的适用性可以用两种方法评价。第一种方法：拟合其他模型，通常采用更加一般性的模型，如含有 4 个系数的模型。可以使用 LR 检验评价一般模型的拟合是否更好。此外，还可以拟合完全不同的模型，如对数应力的二项式模型。当用来外推时，模型应是物理合理的，二项式模型在试验应力范围之外可能不合理。第二种方法是绘制并检查残差与应力的交叉图。

（8）恒定尺度参数

恒定尺度参数的假设可以用 5.3 节介绍的方法评价。

(9) 分布评价

假设分布的适用性可采用 5.3 节所述方法进行评价。特别地，拟合对数伽马分布，绘制残差的概率图。绝缘材料对数残差的正态概率图如图 5.4－3 所示，可见图形是一条直线。

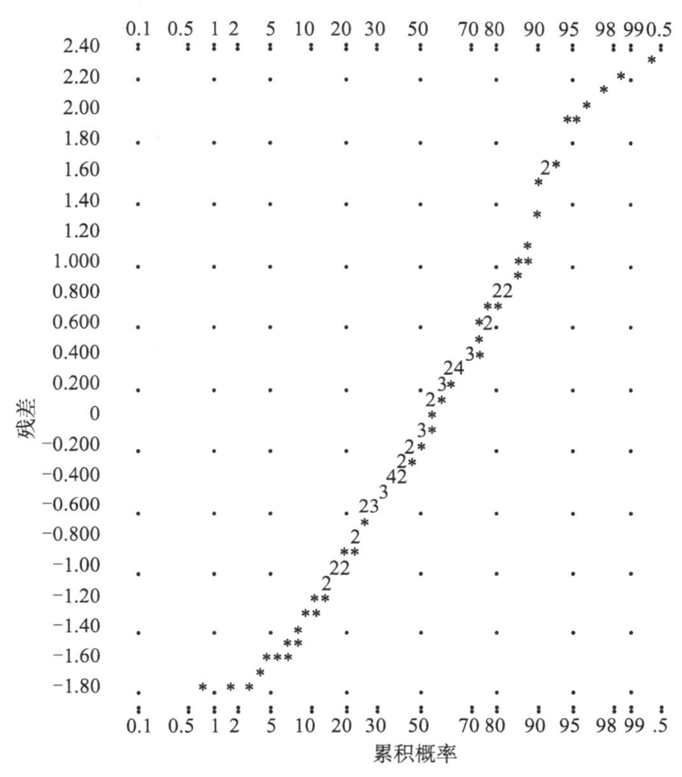

图 5.4－3　对数残差的正态概率图

(10) 其他变量

其他变量的影响可采用 5.3 节的方法进行评价。具体来说，可以如 5.4.3 节所述拟合含有其他变量的模型，也可以绘制残差与这些变量的互相关图。例如，绝缘材料样品分别由第一、第二、第三等 3 个班次生产。绘制每个班次样品对数残差的概率图，并进行比较。不同班次下概率图的中位数（接近 0）和标准差相当，因此生产班次不会显著影响绝缘材料的寿命。

(11) 模型扩展

上面的模型可以更真实。例如，模型可以包含耐久极限的分布，详见第 2 章第 11 节；对数寿命的标准差可以是应力的函数。这对钢和轴承的疲劳影响很大，但对电介质影响很小。

(12) 优化设计

目前还没有针对耐久极限模型的加速试验设计研究，因此没有试验应力水平和每个应力下的样本量的选取指南。

5.4.2.2 散度与应力相关

(1) 概述

下面介绍尺度参数的对数线性关系式的 ML 拟合。在一些应用中，常用的尺度参数不变的假设是不适合的，金属疲劳尤其如此。尺度参数的关系式见第 2 章 2.14 节。主要内容有实例数据、模型、拟合计算结果及模型和数据的评价。

(2) 疲劳实例

某应变控制疲劳试验的低周疲劳数据见表 5.4-1。对于 26 个样品中的每一个品，数据包括虚应力（S，样品的杨氏模量乘以其应变）、试验循环数和失效代码（1=失效，2=未失效）。分析时，样品等截面段的失效视为失效，样品过度圆弧、接合部或者螺纹处的失效视为未失效（截尾）。即将样品的等截面段作为实际分析样品。其他失效和样品的定义仍可使用。分析的目的是获取设计人员使用的疲劳曲线。在合金的应用中，设计人员一般采用“-3σ”疲劳曲线，粗糙的采用 0.1%疲劳失效曲线。数据见 Nelson（1984）。

表 5.4-1 疲劳数据（1.=失效，2.=未失效）

S	试验循环数	失效代码	S	试验循环数	失效代码
145.9	5 733.00	1.	114.8	21 300.0	1.
85.20	13 949.0	1.	144.5	6 705.00	1.
116.4	15 616.0	1	91.30	112 002.	1.
87.20	56 723.0	1.	142.5	11 865.0	1.
100.1	12 076.0	1.	100.5	13 181.0	1.
85.80	152 680.0	1.	118.4	8 489.00	1.
99.80	43 331.0	1.	118.6	12 434.0	1.
113.0	18 067.0	1.	118.0	13 030.0	1.
120.4	9 750.00	1.	80.80	57 923.0	2.
86.40	156 725.	1.	87.30	121 075.	1.
85.60	112 968.	2.	80.60	200 027.	1.
86.70	138 114.	2.	80.30	211 629.	1.
89.70	122 372.	2.	84.30	155 000.	1.

(3) 模型

假设模型采用对数正态寿命分布。对数寿命均值的拟合模型是 $LPS=\log(S)$ 的二项式

$$\mu(S)=\gamma_1+\gamma_2[LPS-A]+\gamma_3[LPS-A]^2 \tag{5.4-2}$$

式中，A 为试验样品的 $\log(S)$ 平均值。假设对数标准差是应力的对数线性函数，即

$$\ln[\sigma(S)]=\gamma_4+\gamma_5(LPS-A) \tag{5.4-3}$$

(4) 计算结果

由 STATPAC 软件得到的上述模型的 ML 拟合结果如图 5.4－4 所示。γ_5 的 95%近似

```
MAXIMUM LOG LIKELIHOOD= +246.72675

*MAXIMUM LIKELIHOOD ESTIMATES FOR DIST.PARAMETERS
 WITH APPROXIMATE 95% CONFIDENCE LIMITS

PARAMETERS     ESTIMATE        LOWER LIMIT       UPPER  LIMIT

C    1         4.482099           4.360507         4.603691
C    2        -7.012116          -8.745509        -5.278724 <0
C    3         19.96210       0<  6.936051         32.98814
C    4        -1.411449          -1.712305        -1.110592 <0
C    5        -5.482505          -8.897899        -2.067112 <0

*COVARIANCE MATRIX

PARAMETERS     C    1              C    2              C    3              C    4

C    1      0.3848529E-02
C    2     -0.2416480E-02      0.7821349
C    3     -0.1670752         -4.839053           44.16854
C    4      0.7317652E-03     -0.1446559E-01       0.6022734E-01       0.2356174E-01
C    5     -0.1097854E-01      0.1467465E-01       0.5314569          -0.3835418E-01

PARAMETERS     C    5

C    5      3.036473

*MAXIMUM LIKELIHOOD ESTIMATE OF THE FITTED EQUATION

CENTER μ (S)
  =     4.482099

     + (LPS      -     2.002631      )
      * (-7.012116
       +    19.96210        *   (LPS     -     2.002631      ))

SPREAD ln (σ)
  =    -1.411449

     + (LPS      -     2.002631      )    +     -5.482505

PCTILES(1.875061)

              LPS

       1.8750610          75ksi

*MAXIMUM LIKELIHOOD ESTIMATES FOR DIST.  PCTILES
 WITH APPROXIMATE 95% CONFIDENCE LIMITS

PCT.           ESTIMATE        LOWER LIMIT        UPPER LIMIT
P               N_P
0.1           15316.76         1831.747           128076.1
0.5           27383.94         4368.243           171666.3
1             36298.30         6624.217           198901.5
5             78395.90         20112.79           305572.7
10            118204.0         35473.36           393878.6
20            194378.0         67925.30           556240.6
50            502920.1         196105.8           1289756.
80            1301220.         426712.4           3967950.
90            2139762.         590307.8           7756263.
95            3226298.         752268.8           0.1383681E 08
99            6968052.         1140934.           0.4255616E 08
```

图 5.4－4　疲劳模型的 ML 拟合结果

正态置信区间为（−8.89，−2.06），不包含 0，表明 σ 与应力相关。实例疲劳试验数据及其拟合百分位数曲线如图 5.4－5 所示。图中 A 表示未失效，B 表示 1 个失效和 1 个未失效，D 表示 1 个未失效和 3 个失效。

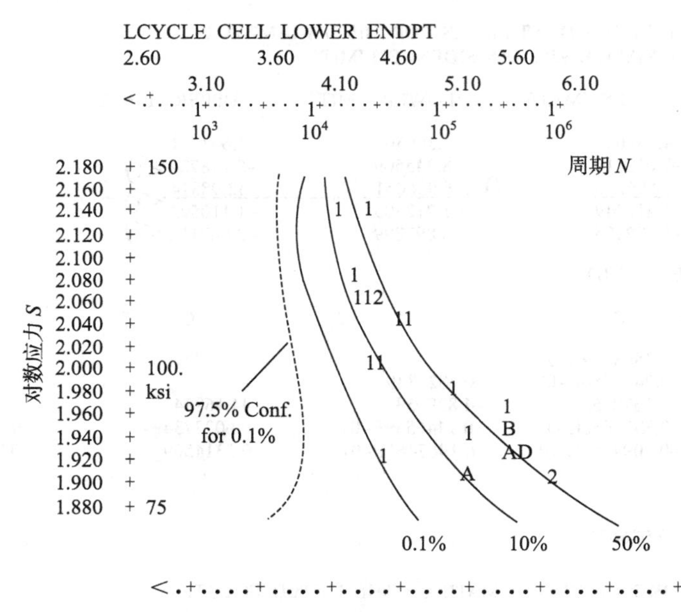

图 5.4－5　疲劳数据及其拟合百分位数曲线的双对数图

（5）其他模型

采用其他模型对数据进行拟合，模型及相应结果如下。

模型	1	2	3	4
μ（S）	线性	二项式	线性	二项式
ln[σ(S)]	常数	常数	线性	线性
$\hat{\mathcal{L}}$	−252.64	−250.55	−250.70	−246.73

采用似然比检验（第 9 章）比较各种模型。模型 2 明显好于模型 1，模型 4 明显好于模型 3；两个结果都表明二次项可以提高拟合精度。模型 3 明显好于模型 1，模型 4 明显好于模型 2；两个结果都表明对数线性 σ 优于常数 σ 。因此采用模型 4。

（6）组合残差

模型 4 中 σ 依赖于应力，故拟合方程的对数残差的标准偏差不相同。因而需要如下关于残差的一般化的定义。假设产品寿命分布的位置参数为 $\mu(x)$ ，尺度参数为 $\sigma(x)$ ，都是应力 x（和其他可能变量）的函数。令 y_i 表示样品 i 的（对数）寿命，$\hat{\mu}_i$ 是 $\mu(x_i)$ 在应力水平 x_i 下的估计值，$\hat{\sigma}_i=\exp(\hat{\gamma}_4+\hat{\gamma}_5 x_i)$ ，则样品 i 的组合（对数）残差为

$$r_i \equiv (y_i-\hat{\mu}_i)/\hat{\sigma}_i \tag{5.4-4}$$

大致说来，如果假设寿命分布是正确的，则组合残差是来自参数为 $\mu=0$，$\sigma=1$ 的分

布的样本。若 y_i 是截尾寿命，残差也是截尾的。

（7）概率图

疲劳实例组合残差（部分是截尾的）的正态概率图如图 5.4－6 所示。图形在分布的中间是弯曲的，且存在一个很高的异常值。因此正态分布是不适合的，或者说所用模型是不适合的。可以看到，图中低尾段相对来说是直线，即对数正态分布适合用于拟合低尾段。Hahn、Morgan 和 Nelson（1985）提出并阐述了如何对高尾段数据进行人工截尾，使模型在低尾段拟合得更好。在疲劳实例中，人们只关心寿命分布的低尾段，因此他们提出的方法很有用。由区间数据得到的残差也是区间的。绘制区间残差时可以以区间的中间点作为观测残差值，也可以采用 Peto（1973）和 Turnbull（1976）的方法。

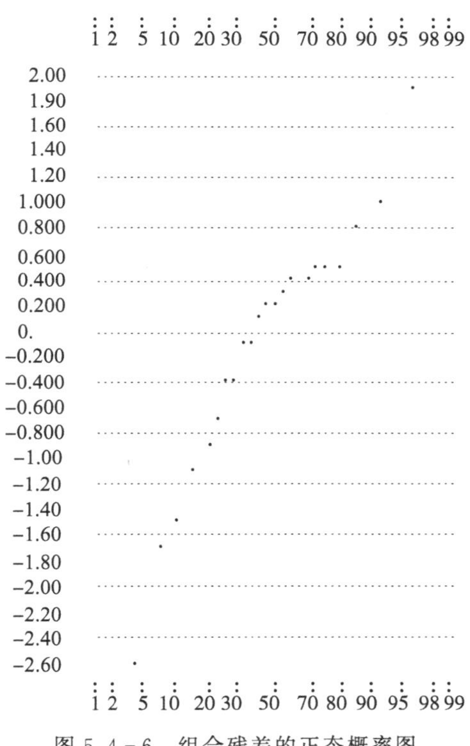

图 5.4－6　组合残差的正态概率图

（8）互相关图

组合残差与应力或其他变量的互相关图可以提供有用的信息。疲劳实例组合残差与伪应力的互相关图如图 5.4－7 所示。图中，A 表示截尾残差，B 表示 1 个观测残差和 1 个截尾残差。若截尾值与观测值相同，图 5.4－7 中表示截尾（组合）残差的点在表示观测残差的点之上。若互相关图显示无异常特征，则模型和数据是相互适应的。组合残差与合金的互相关图如图 5.4－8 所示。定量混合生产的金属称为合金。图中，0 表示 1 个截尾残差，11 表示 1 个截尾残差和 1 个失效残差。图 5.4－8 表明合金 185 的疲劳寿命较短。如果其疲劳寿命在统计上显著较短，则需要查找原因。因此首先应进行各种合金疲劳寿命的有效比较，可以通过拟合包含合金指示变量的模型来完成。Nelson（1984）绘制了疲劳实例组合残差与其他变量的互相关图。

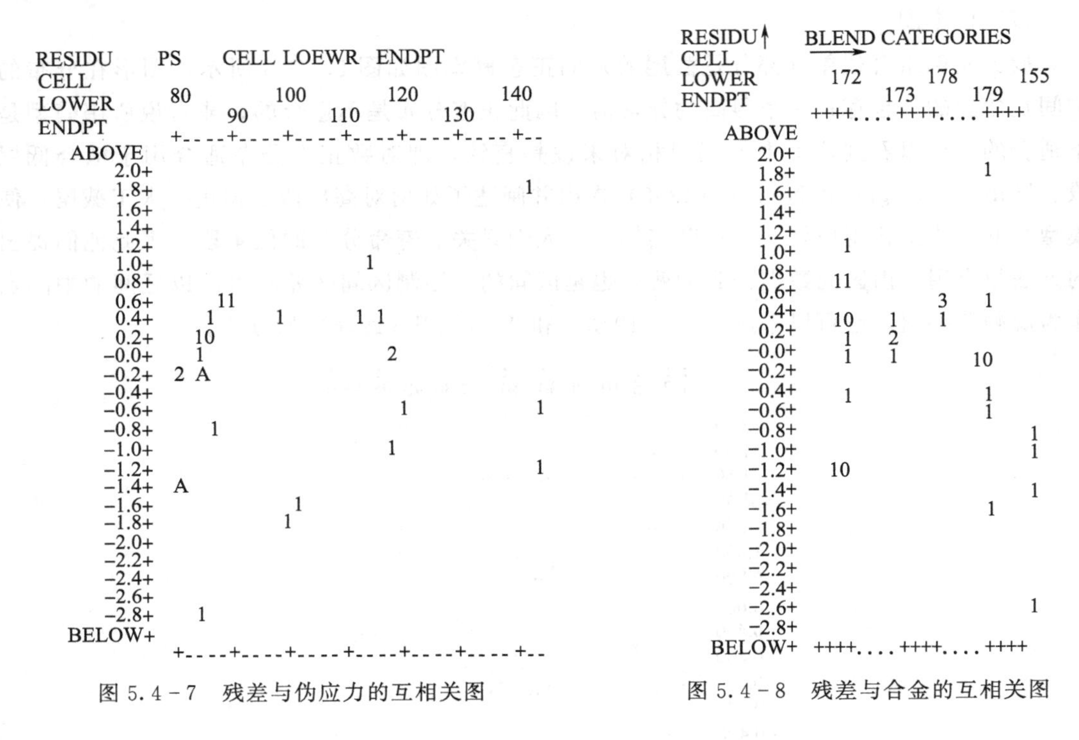

图 5.4-7 残差与伪应力的互相关图

图 5.4-8 残差与合金的互相关图

(9) 最优试验方案

Meeter 和 Meeker (1989) 研究了 σ 是应力的函数时的加速试验方案，给出了试验应力水平和每个应力水平下样本量的选取指南。

5.4.3 多变量模型

(1) 引言

本节介绍寿命分布位置参数和尺度参数的多变量模型的 ML 拟合，以及模型和数据的评价方法，是对前面几节中拟合方法和评价方法的扩展。因此本章前面几节和第 2 章 2.13 节、2.14 节是阅读本节需要具备的基础。本节首先介绍实例数据和模型，随后介绍实例数据的 ML 计算结果，探讨模型和数据的评价方法。如前所述，这些方法可以扩展至所有数据类型。实例数据为右截尾数据，是最常见的数据类型。

(2) 两种绝缘材料

实例数据来自两种相似的绝缘材料，分别用 0 和 1 表示，通过不同厚度绝缘材料样本的电压加速试验获得。分析的目的是比较绝缘材料寿命与电压和厚度的相关性。绝缘材料 0 共 106 个样本，全部失效，绝缘材料 1 共 99 个样本，其中 92 个失效。

(3) 模型

拟合模型假设寿命（单位：h）服从对数正态分布。对数寿命均值是绝缘材料 SOURCE（0-1 变量）、LOGVPM（对数电压应力，V/mm）、THICK（绝缘材料厚度，

cm）的函数，即

$$\mu=\gamma_1+\gamma_2\mathrm{SOURCE}+\gamma_3\mathrm{LOGVPM}+\gamma_4\mathrm{SOURCE}\times\mathrm{LOGVPM}+\gamma_5\mathrm{THICK}+\gamma_6\mathrm{SOURCE}\times\mathrm{THICK} \tag{5.4-5}$$

上式采用指示变量 SOURCE 及其交叉项比较两种绝缘材料。该关系式等价于如下两个独立的关系式

$$\mu_0=\gamma_1+\gamma_3\mathrm{LOGVPM}+\gamma_5\mathrm{THICK} \tag{5.4-6}$$

$$\mu_1=(\gamma_1+\gamma_2)+(\gamma_3+\gamma_4)\mathrm{LOGVPM}+(\gamma_5+\gamma_6)\mathrm{THICK} \tag{5.4-7}$$

如此，绝缘材料的中位寿命是电压应力的逆幂函数，是厚度的指数函数。式（5.4-7）显示 γ_2 是两种绝缘材料截距之间的差，γ_4 是绝缘材料（逆）幂律模型中幂值的差，γ_6 是绝缘材料厚度系数之间的差。如果这三个系数中任何一个的估计值统计显著不等于 0，则两个绝缘材料在该方面明显不同。

假设绝缘材料对数寿命的标准差依赖于绝缘材料，关系式为

$$\ln(\sigma)=\gamma_7+\gamma_8\mathrm{SOURCE} \tag{5.4-8}$$

等价于

$$\sigma_0=\exp(\gamma_7),\sigma_1=\exp(\gamma_7+\gamma_8) \tag{5.4-9}$$

模型拟合程序 STATPAC 可对上述关系式中的所有变量（包括 SOURCE 和交叉项）进行“中心化”处理。即在拟合前，将每个变量值减去该变量的样本平均值，从而计算结果输出中某些系数的值和含义与上面公式中的不同，但是，关键系数 γ_2、γ_4、γ_6、γ_8 是相同的。此外，还存在关系式相同但表述参数不同的情况。如果可以让使用者决定软件中关系式的参数表述会更好。STATPAC 采用的参数化方法可以使拟合迭代收敛的更快更稳定，确保计算结果更准确。当 ML 软件不能进行独立变量的中心化时，使用者应编程或手动完成，以保证拟合精度。

可以使用更一般的分布和参数-应力关系式组成更一般的模型。例如，当需要确定寿命分布形式时可以采用对数伽马分布；σ 可能与 LOGVPM 和 THICK 相关。

（4）计算结果

模型拟合计算结果的 STATPAC 输出如图 5.4-9 所示。第 1 行显示的是 μ 的关系式中包含的变量，其中 SRCLVW＝SOURCE×LOGVPM，SCRBLD＝SOURCE×THICK。第 2 行为 σ 的对数线性关系式中的变量 SOURCE。第 3 行为最大对数似然值－1 759.246，可用于模型的多种 LR 检验。第 4 行为系数的点估计和 95％近似置信区间。结论如下。

1）γ_2（截距的差）的 ML 点估计为 $C_2=0.17$，置信区间为（－8.51，8.86），包含 0，因此两种绝缘材料的截距无明显不同。

2）γ_4（幂值的差）的 ML 点估计为 $C_4=0.01$，置信区间为（－3.58，3.61），包含 0，因此两种绝缘材料的幂值无明显差异。

3）γ_6（厚度系数的差）的 ML 点估计为 $C_6=-0.10$，置信区间为（－4.98，4.78），包含 0，故两种绝缘材料的厚度系数无明显不同。

相较于各自置信区间的宽度，上述 3 个系数的点估计都非常接近于 0。

DISTRIBUTION LOGNORMAL(HOURS)

1 RELATION CENTER 1STORDER(SOURCE LOGVPM SRCLVM THICK SCRBLD)

2 RELATION SPREAD 1STORDER(SOURCE)

CASES
198 WITH OBSERVED VALUES.
7 WITH VALUES CENSORED ON THE RIGHT.

205 IN ALL

3 MAXIMUM LOG LIKELIHOOD= -1759.2460

* MAXIMUM LIKELIHOOD ESTIMATES FOR MODEL COEFFICIENTS
WITH APPROXIMATE 95% CONFIDENCE LIMITS

	PARAMETERS	ESTIMATE	LOWER LIMIT	UPPER LIMIT	STANDARD ERROR
4	C00001	3.404593	3.359651	3.449536	0.2292991E-01
	C00002	0.1765872	-8.510413	8.863587	4.432143
	C00003	-9.917424	-11.66295	-8.171894	0.8905768
	C00004	0.1156985E-01	-3.588896	3.612035	1.836972
	C00005	-2.220991	-4.203069	-0.2389132	1.011264
	C00006	-0.1013898	-4.984599	4.781819	2.491433
	C00007	-1.164480	-1.263478	-1.065483	0.5050898E-01
	C00008	0.4115606	0.2131610	0.6099603	0.1012243

* CORRELATION MATRIX

	PARAMETERS	C00001	C00002	C00003	C00004
	C00001	1.0000000			
	C00002	0.0163908	1.0000000		
	C00003	0.0005551	0.4917794	1.0000000	
5	C00004	-0.0124775	-0.9947363	-0.5000622	1.0000000
	C00005	0.0002882	0.2868598	0.5136944	-0.2552890
	C00006	-0.0045986	-0.6058051	-0.2153168	0.5215846
	C00007	0.0196192	-0.0374700	-0.0253823	0.0366767
	C00008	0.0197336	-0.0156666	0.0227263	0.0144723

PARAMETERS	C00005	C00006	C00007	C00008
C00005	1.0000000			
C00006	-0.4084182	1.0000000		
C00007	-0.0133711	0.0291553	1.0000000	
C00008	0.0120174	0.0199704	0.0435017	1.0000000

* MAXIMUM LIKELIHOOD ESTIMATE OF THE FITTED EQUATION

6 CENTER μ

```
 =  3.404593  +  (SOURCE -   0.4829268   ) * (  0.1765872     )
              +  (LOGVPM -   2.248905    ) * (  -9.917424     )
              +  (SRCLVM -   1.086457    ) * (  0.1156985E-01 )
              +  (THICK  -   0.2128927   ) * (  -2.220991     )
              +  (SCRBLD -   0.1025707   ) * (  -0.1013898    )
```

7 SPREAD lnσ

```
 =  -1.164480 +  (SOURCE -   0.4829268   ) * (  0.4115606     )
```

图 5.4-9　两种绝缘材料的 STATPAC 拟合结果

4）γ_8（对数标准差的差）的 ML 点估计为 $C_8=0.41$，置信区间（0.21，0.60），不包含 0，因而两种绝缘材料的 σ 明显不同。

综上所述，两种绝缘材料只有 σ 存在显著差异。

第 6 行为“中心（CENTER）”μ 的拟合关系式，式中所有变量，包括交叉项，都进行了中心化。第 7 行为“散度（SPEAD）”$\ln(\sigma)$ 的关系式。

（5）适合的 σ 关系式

大多数模型假设尺度参数（此处以 σ 表示）是常数，然后检验其是否为常数。在包含 σ 关系式的模型中，可按如下方法评价 σ 关系式的适用性。

1）绘制组合残差与关系式中每个变量的互相关图，确定图中哪些是截尾残差。如果截尾残差很多，则可以如 Lawless（1982，p281）所述，用条件期望观测残差替代截尾残差。如果组合残差的散度在互相关图中不是常数，则对该变量对 σ 的影响的建模不适合。

2）为了辅助确定非常数 σ 及其与变量的关系，可以将 Chambers 等（1983，4.7 节）介绍的残差散点图修匀法扩展到截尾残差。

3）根据变量（如变量值的低、中、高）将残差分为几组。绘制每组残差的危险图，并比较各图形的斜率。如果任一图形尺度参数的估计值（斜率）都不接近 1，则对该变量对 σ 的影响的建模不适合。

4）采用更一般的包含 σ 的初始关系式（如含有二次项和交叉项的 σ 关系式）的模型进行数据拟合。如果部分增加的系数在统计上显著不等于 0，则初始关系式不适合，应将这些系数（项）添加到 σ 的初始关系式中。

5）采用 LR 检验法对更一般的模型进行适用性检验

如果假设的 σ 关系式不适合，这些方法通常可以给出其改进建议。需要注意的是不适合的位置参数（此处以 μ 表示）关系式可能歪曲 σ 关系式的适用性。

（6）适合的 μ 关系式

对于含有位置参数 μ 的多变量关系式的模型，需要评价 μ 关系式的适用性。方法参见之前的章节，包括：

1）绘制残差与 μ 关系式中每个变量的互相关图。截尾残差的绘制与上面一样。如果图形不是点的水平云图，则需要根据图形对 μ 关系式进行关于该变量的改进。

2）采用包含 μ 的初始关系式（如含有二次项和交叉项的 μ 关系式）的更一般的模型进行数据拟合。假如部分增加的系数在统计上显著不等于 0，则 μ 的初始关系是不适合的，应将这些系数（项）添加到 μ 关系式中。

如果 μ 的假设关系式不适合，这些方法通常可以给出其改进建议。

（7）关系式的 LR 检验

LR 检验可以用来比较（尺度参数或者位置参数）更一般的关系式和假设关系式的适用性。假设关系式必须是一般关系式的特例，通常假设关系式是某些系数等于 0 的一般关系式。假设一般关系式中待估系数的个数为 J，假设关系式中待估系数的个数为 J'。两个关系式对应的最大对数似然值分别为 $\hat{\mathcal{L}}$（一般关系式）和 $\hat{\mathcal{L}}'$（假设关系式）。计算 LR 检验统计量 $T=2(\hat{\mathcal{L}}-\hat{\mathcal{L}}')$。如果一般关系式中增加的 $(J-J')$ 个系数的真值都为 0，则 T 的分布近似为自由度为 $(J-J')$ 的 χ^2 分布。如果这些系数中任意一个的真值不等于 0，则 T 的值将很大。LR 检验如下：

• 若 $T > \chi^2(1-\alpha;\ J-J')$，则在置信水平 100$\alpha$% 下，一般关系式更适合。$\chi^2$ 分布的百分位数见附录 A5。

• 若 $T \leqslant \chi^2(1-\alpha;\ J-J')$，则在置信水平 100$\alpha$% 下，两种关系式的拟合情况无明显差别。

如果一般关系式更适合，则应对比假设关系式，确定哪个增加的系数不等于 0。这里 LR 检验与最小二乘回归理论中的增量 F 检验相似。LR 检验常用于方差分析，还可用于同时检验位置参数和尺度参数的关系式。

（8）实例

LR 检验实例的一个模型来自于前面两种绝缘材料的数据分析。另一个拟合模型包含：1）μ 与 LOGVPM 和 THICK 的线性关系；2）常数 σ。即，采用式（5.4－6）进行合并数据拟合。该模型有 4 个待估系数（或参数）：－γ_1、γ_3、γ_5 和 σ。最大对数似然值为 $\hat{\mathcal{L}}'=-1\ 774.986$。上文中更一般的模型有 8 个待估系数，最大对数似然值为 $\hat{\mathcal{L}}=-1\ 759.246$。LR 检验统计量为 $T=2[-1\ 759.246-(-1\ 774.986)]=31.48$，自由度为 8－4=4。由于 $T=31.48>18.47=\chi^2(0.999,\ 4)$，因此更一般的模型明显更适合，其原因可以由前面的分析中得到，即两种绝缘材料的 σ 不同。

（9）逐步拟合

另一种得到合适模型的方法是逐步拟合。5.1 节中列出的一些软件可利用 LR 检验对截尾数据进行逐步拟合。拟合包含多个变量项的一般模型，逐步选择重要的那些项。第 4 章关于逐步拟合的论述是有用的基础。Peduzzi、Holford 和 Hardy（1980）探讨了 ML 拟合的逐步拟合过程。

（10）分布评价

假定分布的适用性可以采用 5.3.4 节的方法进行评价。例如，两种绝缘材料的合并组合残差的正态概率图如图 5.4－10 所示，除了两个最低的点外图形非常直，最低的这两个点可能是异常数据，应该查找其出现的原因。否则，对数正态分布是适合的。此外，可以通过拟合对数伽马分布确定对数正态分布和 Weibull 分布哪个更好。

（11）数据评价

数据的评价可以采用 5.3.5 节所述方法，主要是残差的概率图和互相关图。

（12）其他变量的影响

其他变量的影响可采用 5.3.6 节的方法进行评价。主要方法有残差的互相关图和拟合包含其他变量的模型。残差与变量的互相关图如图 5.4－7 和 5.4－8 所示。可以将 Chambers 等（1983，4.6 节）介绍的局部加权回归散点图修匀法的计算和图表扩展到截尾数据，辅助确定如图 5.4－7 所示的互相关图中存在的变量与寿命的影响关系。

（13）应用

多变量模型已被用于多种产品的截尾寿命数据的分析。例如：

1）Sidik 等（1980）将其用于电池组截尾数据；

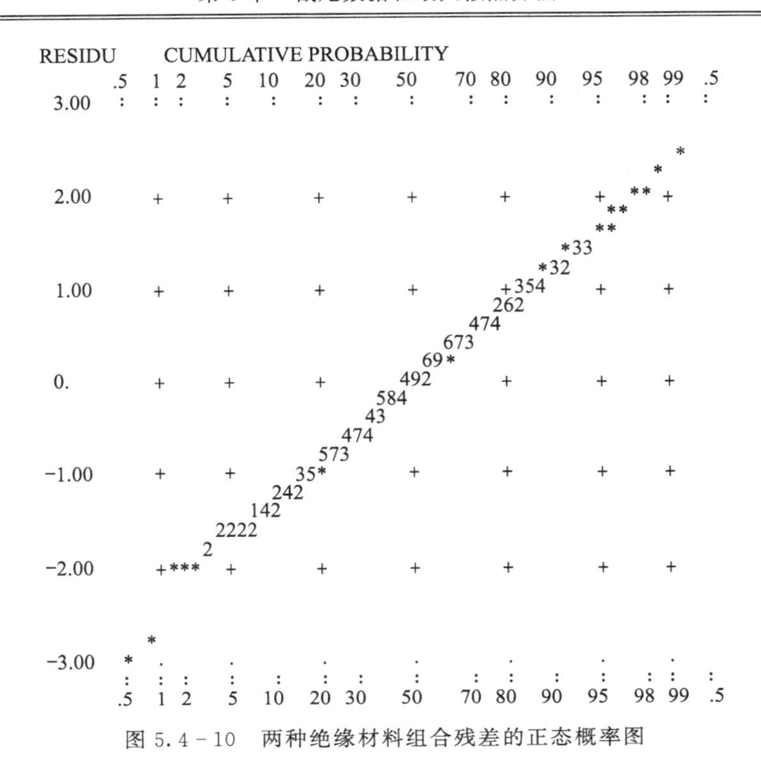

图 5.4-10　两种绝缘材料组合残差的正态概率图

2）Zelen（1959）将其用于电容器；

3）Montanari 和 Cacciari（1984）将其用于电气绝缘材料。

Meeker（1980）的文献目录中包含多变量模型的应用实践。

（14）Cox 模型

第 2 章介绍的 Cox 模型通常是多变量模型。该模型是非参数模型，无寿命分布假设。工程应用一般采用参数模型。

5.4.4　部分系数指定

（1）目的

本节介绍部分系数指定时多变量寿命-应力关系的评估方法。指定系数值主要有两个原因：第一，有时收集的数据只是相应变量某一个应力水平下的数据，如 2.3 节的压缩机润滑油试验，只收集了一个试验温度下的数据，变量的系数不能由数据估计得到，也不可能外推到该变量的其他水平。实际上，美军标 MIL-STD-883 中的许多试验都是单应力水平加速试验。通过假设或指定寿命-应力关系中的系数值，可以按下文所述进行寿命外推。第二，当由数据得到的系数估计值可能不准确时，指定系数值可以获得更准确的结果。

（2）系数值

指定的系数值可能是：

- 相似产品数据的估计值；

• 手册值（例如，来自 MIL - HDBK - 217）；

• 经验值（如温度每下降 10 ℃寿命加倍或激活能为 1.0 eV）；

• 经验推测值。

（3）模型

以下述模型为例进行方法介绍。假设特征（对数）寿命是变量 x_1、x_2 的线性函数，即

$$\mu(x_1, x_2) = \gamma_0 + \gamma_1 x_1 + \gamma_2 x_2 \tag{5.4-10}$$

设 γ_2 的指定值为 γ'_2，对于大多数模型，该值为负值。则系数 γ_0、γ_1 可由数据估计得到。这种方法可扩展到非线性模型、任意个变量，以及任意个指定的系数值。选取变量 x_2 的基准值 x'_2，x'_2 可能是设计值也可能是其他值（包括 0），则式（5.4－10）可改写为

$$\mu(x_1, x_2) = \gamma'_0 + \gamma_1 x_1 + \gamma'_2 (x_2 - x'_2) \tag{5.4-11}$$

其中，$\gamma'_0 = \gamma_0 + \gamma'_2 x'_2$。当 $x_2 = x'_2$ 时，特征（对数）寿命与 x_1 的关系式为

$$\mu'(x_1) = \gamma'_0 + \gamma_1 x_1 \tag{5.4-12}$$

采用上式按照下述方法进行转换数据拟合。

（4）数据转换

假设样品 i 的变量值为 x_{1i} 、x_{2i} ，其观测（或截尾）对数寿命为 y_i 。计算转换对数寿命

$$y'_i = y_i - \gamma'_2 (x_{2i} - x'_2) \tag{5.4-13}$$

这是 $x_{2i} = x'_2$ 时样品 i 的对数寿命。这种转换寿命可能是观测寿命、右截尾寿命或左截尾寿命。对于区间数据，计算下端点和上端点的转换值。应力水平 x_{2i} 下的转换寿命 $t_i = \exp(y_i)$ 与应力水平 x'_2 下的寿命 $t'_i = \exp(y'_i)$ 之间的加速因子为 $K_i = \exp[-\gamma'_2 (x_{2i} - x'_2)]$ ，即 $t'_i = K_i t_i$ 。

（5）数据拟合

采用图形方法或数值方法利用式（5.4－13）得到的转换数据拟合模型关系式（5.4－12），得到未指定系数和其他参量的点估计和置信区间。对于截尾（和区间）数据，采用最大似然拟合。对完全数据，采用 ML 拟合或者最小二乘拟合。只要指定的系数值正确，这些点估计就是无偏的，置信区间就是正确的。因此点估计的不确定度大于置信区间所显示的不确定度。指定其他系数值，重新进行数据拟合，可评估系数值对结果的影响。此外，还可以按 5.3 节所述方法评价模型的适用性和残差的拟合情况。

5.5 最大似然计算方法

本节介绍最大似然（ML）理论和观测数据、截尾数据、区间数据拟合模型的计算方法，得到 ML 点估计和近似置信区间。大体上，ML 方法计算简单，包括如下 3 步：

1) $\mathcal{L}$ 。写出样本的对数似然函数 $\mathcal{L}$（5.5.3 节），它是样本数据（5.5.1 节）和寿命数据类型（观测数据、截尾数据、区间数据）的函数；）模型（5.5.2 节）及其参数、系数的函数。

2) $\partial \mathcal{L}/\partial \gamma_j$。根据样本似然函数或者似然方程 $\partial \mathcal{L}/\partial \gamma_j=0$［式（5.5－12）］，计算 J 个模型系数 γ_j 的 ML 点估计 $\hat{\gamma}_j$（5.5.4 节）。

3) $\partial^2 \mathcal{L}/\partial \gamma_j \gamma_j'$。计算对数似然函数 $\mathcal{L}$ 关于模型系数 γ_j 的二阶偏导数，构成 $J \times J$ 矩阵［式（5.5－13）］，计算模型系数和其他参量的近似置信限（5.5.4－5.5.7 节）。

主要内容包括：

- 数据类型；
- 模型，包括因变量的统计分布、分布参数与独立参数和未知模型系数的关系；
- 样本对数似然函数；
- 模型系数的最大似然点估计；
- 点估计的 Fisher 信息阵和协方差矩阵；
- 系数的函数及其方差的点估计；
- 近似正态置信区间；
- 近似 LR 置信区间。

以 B 级绝缘系统数据和 Arrhenius－对数正态模型为例阐述上述内容。阅读本节需要了解矩阵代数和偏导数的基础知识。深一层的理论见第 6 章（真实协方差矩阵）和第 9 章（LR 检验）。Wilks（1962），Rao（1973），Hoadley（1971），Rao（1987）和 Nelson（1982）分别介绍了不同条件、证明和目的下的 ML 估计方法和结果。

5.5.1　数据

本节介绍加速试验的常见数据类型，特别是数据矩阵和截尾数据。

（1）数据矩阵

将数据构成数据矩阵。设样本有 n 个样品，每个样品都对应一个因变量 y（通常为寿命或对数寿命）的值和 J 个独立变量 x_1，…，x_J 的值，对于样品 i，这些变量以（y_i，x_{1i}，…，x_{Ji}）表示，称为数据组，其中 $i=1$，2，…，n。独立变量可能是数值变量也可能是指示变量。计算时，认为这些变量的数值是已知的或确定的。此外，数据还包含截尾信息。

（2）截尾

对于区间数据，因变量包含两个值 y_i 和 y'_i，分别为区间的上、下限。此外，对于截尾数据或者区间数据，通常用附加变量显示数据类型。例如，STATPAC 软件用变量 u 表示数据类型，其中 $u=1$ 表示准确的观测失效数据，$u=2$ 表示右截尾数据，$u=4$ 表示左截尾数据，$u=6$ 表示区间数据。

（3）实例

采用 Arrhenius－对数正态模型分析 B 级绝缘系统数据（第 3 章表 3.4－1）。样本 i 的数据包括其对数寿命 y_i、绝对温度的倒数 $x_i=1\,000/T_i$ 和数据类型变量 u_i。在 B 级绝缘系统应用中，寿命数据既有观测值又有右截尾值。

5.5.2 模型

数据拟合的模型包括因变量（通常是寿命）的统计分布和分布参数的关系式。分布参数的关系式描述了分布参数与独立参数和未知模型系数之间的函数关系，将在一般模型中进行介绍。

（1）统计分布

设因变量 y 服从某一连续累积分布函数

$$F(y;\theta_1,\cdots,\theta_Q) \tag{5.5-1}$$

式中，θ_1，…，θ_Q 是 Q 个分布参数，其概率密度函数为

$$f(y;\theta_1,\cdots,\theta_Q)\equiv \mathrm{d}F(y;\theta_1,\cdots,\theta_Q)/\mathrm{d}y \tag{5.5-2}$$

更一般地说，样品的分布形状可能各不相同，常以 F_i，f_i 表示。这里不需要考虑这一性质，故忽略，但在第 10 章的不同步进应力模式数据分析中需要考虑。

实例

对于 Arrhenius -对数正态分布模型，（以 10 为底）对数寿命 y 的累积分布函数为

$$F(y;\mu,\sigma)=\Phi[(y-\mu)/\sigma]$$

式中，$\Phi[\ ]$ 为标准正态分布累积分布函数；μ 和 σ 为 $Q=2$ 个分布参数。其概率密度函数为

$$f(y;\mu,\sigma)=(1/\sigma)\phi[(y-\mu)/\sigma]$$

式中，$\phi[z]=(2\pi)^{-1/2}\exp(-z^2/2)$ 为标准正态分布概率密度函数。

（2）分布参数的关系式

每个分布参数都可表述为 J 个独立变量 x_1，…，x_J 和 P 个不同模型参数 γ_1，…，γ_P 的假设函数，即

$$\begin{aligned}\theta_1&=\theta_1(x_1,\cdots,x_J;\gamma_1,\cdots,\gamma_P)\\&\vdots\\\theta_Q&=\theta_Q(x_1,\cdots,x_J;\gamma_1,\cdots,\gamma_P)\end{aligned} \tag{5.5-3}$$

通常一个系数仅出现在一个关系式中。式（5.5-3）的表示法并不表示每个系数会出现在每个关系式中，而是某一系数可能出现在每个关系式中。每个关系式的函数形式是规定的（假设的），但是模型系数的值是未知的，需由数据估计得到。

实例

对于 Arrhenius -对数正态模型，分布参数的关系式为

$$\mu=\gamma_1+\gamma_2 x,\ \sigma=\gamma_3$$

式中，x 为绝对温度的倒数，与之前的符号一致。当分布参数是常数时，术语“参数”和“系数”往往是等价的，如 $\sigma=\gamma_3$。此实例中 $P=3$。

（3）其他参数化法

可以将关系式（5.5-3）重新参数化，这可能是由于各种原因。例如，有时采用关系式 $\sigma=\exp(\gamma'_3)$，式中 σ 始终为正值，γ'_3 的取值范围为 $(-\infty,\ +\infty)$；在程序搜索求解 ML 点估计时允许无约束优化，避免 $\hat{\sigma}$ 取负的试算值。而且，γ'_3 的 ML 点估计的抽样分布

可能比 γ_3 的 ML 点估计的抽样分布更接近正态分布，故由 γ'_3 的近似正态置信限得到的 σ 的置信限可能更准确。参数 σ 也可以表述为 x 的函数，如 $\sigma=\exp(\gamma_3+\gamma_4 x)$ 。

（4）符号表示

对于样品 i ，分布参数的值为

$$\begin{aligned}\theta_{1i}&=\theta_1(x_{1i},\cdots,x_{Ji};\gamma_1,\cdots,\gamma_P)\\&\vdots\\\theta_{Qi}&=\theta_Q(x_{1i},\cdots,x_{Ji};\gamma_1,\cdots,\gamma_P)\end{aligned}\tag{5.5-4}$$

样品 i 的分布参数可简单的记为 θ_{1i}，…，θ_{Qi} ，其与 x_{1i}，…，x_{Ji} 和 γ_1，…，γ_P 的关系在式（5.5－4）中的表述虽不明确但应该可以理解。对于 Arrhenius -对数正态模型

$$\mu_i=\gamma_1+\gamma_2 x_i,\sigma_i=\sigma,i=1,\cdots,n$$

例如，在 5.2 节中的 B 级绝缘系统数据（见第 3 章表 3.4－1）中，样品 25 在 190 ℃下 1 440 小时时失效，有 $x_{25}=1\,000/(190+273.16)=2.159\,1$，其对数均值和标准差分别为 $\mu_{25}=\gamma_1+\gamma_2 2.159\,1$，$\sigma_{25}=\sigma$ 。

5.5.3　似然函数

模型系数的 ML 估计法是基于样本数据的（对数）似然函数。本节详细介绍样本似然函数的计算。

（1）样品似然

概括来说，某个样品（或数据组）的似然值是其因变量（一般为寿命）观测值的发生概率。因变量（或响应变量）可能是精确的观测数据（失效寿命）、截尾数据或区间数据。在本节中，左、右截尾数据视为区间数据。每种数据类型的样品似然函数如下。

（2）观测数据

设样品 i 的因变量观测值为 y_i ，其似然函数为

$$L_i=f(y_i;\theta_{1i},\cdots,\theta_{Qi})\tag{5.5-5}$$

式中，$f()$ 为假设分布的概率密度；θ_{1i}，…，θ_{Qi} 为样品的分布参数值；L_i 为样品在 y_i 失效的“概率”，是 y_i ，x_{1i}，…，x_{Ji} 和 γ_1，…，γ_P 的函数。

B 级绝缘系统的样品 25 在对数时间 $y_{25}=\log(1\,440)=3.158\,4$ 失效，则

$$L_{25}=\left(\sqrt{2\pi}\sigma\right)^{-1}\exp[-(3.158\,4-\gamma_1-\gamma_2 2.159\,1)^2/(2\sigma^2)]$$

（3）右截尾数据

设样品 i 的因变量在 y_i 处右截尾，即样品 i 的因变量值大于 y_i ，其似然函数为

$$L_i=1-F(y_i;\theta_{1i},\cdots,\theta_{Qi})\tag{5.5-6}$$

此时 L_i 是样品寿命大于 y_i 的概率。分布参数 θ_{1i}，…，θ_{Qi} 包含 x_{1i}，…，x_{Ji} 和 γ_1，…，γ_P 。例如，B 级绝缘系统的样品 26 在对数时间 $y_{26}=\log(1\,680)=3.225\,3$ 未失效，其似然值为

$$L_{26}=1-\Phi[3.225\,3-\gamma_1-\gamma_2 2.159\,1/\sigma]$$

(4) 左截尾数据

设样品 i 的因变量在 y_i 之前截尾，即样品 i 的因变量值小于 y_i ，其似然函数为

$$L_i = F(y_i;\theta_{1i},\cdots,\theta_{Qi}) \tag{5.5-7}$$

此时 L_i 是样品寿命小于 y_i 的概率。与之前一样，参数 θ_{1i}，…，θ_{Qi} 包含 x_{1i}，…，x_{Ji} 和 γ_1，…，γ_P 。

(5) 区间数据

设样品 i 的因变量值在区间 $(y_i,\ y'_i)$ 之间，其似然函数为

$$L_i = F(y'_i;\theta_{1i},\cdots,\theta_{Qi}) - F(y_i;\theta_{1i},\cdots,\theta_{Qi}) \tag{5.5-8}$$

此时 L_i 是样品寿命在 $(y_i,\ y'_i)$ 之间的概率，与之前一样，参数 θ_{1i}，…，θ_{Qi} 包含 x_{1i}，…，x_{Ji} 和 γ_1，…，γ_P 。当区间的下端点为 $-\infty$ 或 0 时，式 (5.5-8) 可简化为式 (5.5-7)，当区间的上端点为 $+\infty$ 时，式 (5.5-8) 可简化为式 (5.5-6)。

(6) 样本似然

假设样本的 n 个样品的因变量是统计独立的随机变量，或简单表述为：样本 n 个样品的寿命统计独立。则由于相互独立，样本似然（概率）L 是样品似然（概率）的乘积，即

$$L \equiv L_1 \times L_2 \times \cdots \times L_n \tag{5.5-9}$$

此时样本似然是 n 个因变量的联合概率。例如，对于 B 级绝缘系统数据，样本似然是 $n=40$ 个样品似然的乘积。

(7) 对数似然

样品 i 的对数似然为

$$\mathcal{L}_i \equiv \ln(L_i) \tag{5.5-10}$$

注意上式是以 e 为底的对数。如果与本书的符号统一的话应当称之为自然对数似然。样本的对数似然为

$$\mathcal{L} \equiv \ln(L) = \mathcal{L}_1 + \mathcal{L}_2 + \cdots + \mathcal{L}_n \tag{5.5-11}$$

在下文中，$\mathcal{L}$ 和 $\mathcal{L}_i$ 是 γ_1，…，γ_P 的函数

$$\mathcal{L} = \mathcal{L}(\gamma_1,\cdots,\gamma_P),\ \mathcal{L}_i = \mathcal{L}_i(\gamma_1,\cdots,\gamma_P),\ i=1,\cdots,n$$

图 5.5-1 描述的样本对数似然函数是两个系数的函数。似然函数依赖于假设统计分布、分布参数（独立变量和模型系数的函数）的假设关系式、数据类型以及独立变量值 x_{1i}，…，x_{Ji} 。B 级绝缘系统的样本对数似然函数是 γ_1，γ_2 和 σ 的函数，是 40 个样品对数似然函数的和。

(8) 实例

对于 Arrhenius-对数正态模型和对数寿命观测值 y_i ，样品 i 的对数似然函数为

$$\mathcal{L}_i(\gamma_1,\gamma_2,\sigma) = -(1/2)\ln(2\pi) - \ln(\sigma) - (1/2)[(y_i - \gamma_1 - \gamma_2 x_i)/\sigma]^2$$

式中，$z_i = (y_i - \gamma_1 - \gamma_2 x_i)/\sigma$ 为标准差。当样品寿命在对数寿命 y_i 右截尾时，样品的对数似然函数为

$$\mathcal{L}_i(\gamma_1,\gamma_2,\sigma) = \ln\{1 - \Phi[(y_i - \gamma_1 - \gamma_2 x_i)/\sigma]\}$$

样本对数似然是 γ_1、γ_2 和 σ 的函数，即

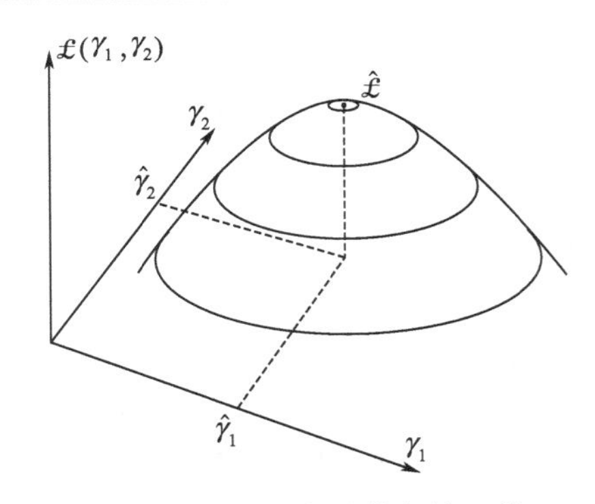

图 5.5-1　样本对数似然函数

$$\mathcal{L}(\gamma_1,\gamma_2,\sigma)=\sum{}'_i\{-(1/2)\ln(2\pi)-\ln(\sigma)-(1/2)[(y_i-\gamma_1-\gamma_2x_i)/\sigma]^2\}+\sum{}''_i\ln\{1-\Phi[(y_i-\gamma_1-\gamma_2x_i)/\sigma]\}$$

式中第一个和号 $\sum{}'_i$ 是所有观测失效样品似然函数的和，第二个和号 $\sum{}''_i$ 是所有未失效（右截尾）样品似然函数的和。B级绝缘系统的样本对数似然函数含有17个失效项和23个未失效项。

（9）基本似然函数

表5.5-1列出了常用寿命分布和多种数据类型的样品对数似然函数。寿命分布及其参数的符号与第2章相同。表中对数似然函数用标准差 z_i 表述，简化了公式和计算。z_i 可能包含 x_{1i}，…，x_{Ji} 和 γ_1，…，γ_P。这些样品对数似然函数可用于计算公式（5.5-11）中的样本对数似然。

表 5.5-1　常用分布和数据类型的样品对数似然函数 $\mathcal{L}_i$

分布	标准差	观测数据 y_i
Normal(μ,σ)	$z_i=(y_i-\mu_i)/\sigma_i$	$-(1/2)\ln(2\pi)-\ln(\sigma_i)-(1/2)z_i^2$
Log$_{10}$normal(μ,σ)	$z_i=[\log(t_i)-\mu_i]/\sigma_i$	$-(1/2)\ln(2\pi\sigma_i^2)+\ln[\log(e)]-(1/2)z_i^2-\ln(l_i)$
Extr. Value(ξ,σ)	$z_i=(y_i-\xi_i)/\delta_i$	$-\ln(\delta_i)-\exp(z_i)+z_i$
Weibull(α,β)	$z_i=[\ln(t_i)-\ln(\alpha_i)]\beta_i$	$\ln(\beta_i)-\exp(z_i)+z_i-\ln(t_i)$
Exponential(θ)	$z_i=t_i/\theta_i$	$-\ln(\theta_i)-z_i$

分布	右截尾数据 y_i^+	左截尾数据 y_i^-	区间数据 $(y_i\sim y_i')$
Normal(μ,σ)	$\ln[1-\Phi(z_i)]$	$\ln[\Phi(z_i)]$	$\ln[\Phi(z_i')-\Phi(z_i)]$
Log$_{10}$normal(μ,σ)	$\ln[1-\Phi(z_i)]$	$\ln[\Phi(z_i)]$	$\ln[\Phi(z_i')-\Phi(z_i)]$
Extr. Value(ξ,δ)	$-\exp(z_i)$	$\ln\{1-\exp[-e^{z_i}]\}$	$\ln\{\exp[-e^{z_i}]-\exp[-e^{z_i'}]\}$
Weibull(α,β)	$-\exp(z_i)$	$\ln\{1-\exp[-e^{z_i}]\}$	$\ln\{\exp[-e^{z_i}]-\exp[-e^{z_i'}]\}$
Exponential(θ)	$-z_i$	$\ln[1-\exp(-z_i)]$	$\ln[\exp(-z_i)-\exp(-z_i')]$

（10）其他似然函数

由前面的公式还可以得到其他分布的对数似然函数。之后即可利用对数似然函数进行数据的模型拟合。

5.5.4 模型系数的 ML 估计

（1）点估计

$\gamma_1,\cdots,\gamma_P$ 的最大似然估计 $\hat{\gamma}_1,\cdots,\hat{\gamma}_P$ 是在 $\gamma_1,\cdots,\gamma_P$ 的取值范围内使样本对数似然函数［式（5.5-11）］取最大值的系数值。图 5.5-1 描述了一个样本对数似然函数及相应的 ML 估计。因此，ML 估计是使样本数据出现概率最大的系数值。由这种直观合理的拟合准则得到的点估计具有优良的特性。ML 估计一般通过数值迭代优化算法得到，Nelson（1982，第 8 章）、Kennedy 和 Gentle（1980）、Ross（1990）和 Thisted（1987）等都对此进行了介绍。对于某些模型，每个 ML 估计 $\hat{\gamma}_p$ 都是全部样本值 $(y_i,x_{1i},\cdots,x_{Ji})$，$i=1,\cdots,n$ 的函数，理论上可以写为 $\hat{\gamma}_p=\hat{\gamma}_p(y_1,x_{11},\cdots,x_{J1};\cdots;y_n,x_{1n},\cdots,x_{Jn})$。但是，实际上，通常不能将 $\hat{\gamma}_p$ 写为数据的明确函数。最大对数似然值为 $\hat{\mathcal{L}}=\mathcal{L}(\hat{\gamma}_1,\cdots,\hat{\gamma}_P)$。对于 B 级绝缘系统实例，图 5.2-1 中第 2 行为对数似然值 $\hat{\mathcal{L}}$，第 4 行为 ML 点估计。

（2）似然方程

最大化 $\mathcal{L}=\mathcal{L}(\gamma_1,\cdots,\gamma_P)$ 的 ML 估计 $\hat{\gamma}_1,\cdots,\hat{\gamma}_P$ 一般可以通过常用的微积分方法得到。即，令 $\mathcal{L}=\mathcal{L}(\gamma_1,\cdots,\gamma_P)$ 关于 $\gamma_1,\cdots,\gamma_P$ 的 P 个偏导数等于 0，求解如下似然方程即可得到 $\hat{\gamma}_1,\cdots,\hat{\gamma}_P$

$$\partial\mathcal{L}(\gamma_1,\cdots\gamma_P)/\partial\gamma_1=0,$$
$$\vdots$$
$$\partial\mathcal{L}(\gamma_1,\cdots\gamma_P)/\partial\gamma_P=0 \tag{5.5-12}$$

上述关于 γ_1，…，γ_P 的非线性方程通常不能用代数方法求解，而必须用数值方法。二中选一，许多计算机程序直接采用数值搜索的方法优化对数似然函数 $\mathcal{L}()$。Nelson（1982，第 8 章）及其参考文献从数值角度论述了这类优化方法。求解方程组（5.5-12）之后，需要校验所得解是否是全局最大值——不是局部最大值或鞍点。例如，如果局部 Fisher 矩阵的全部特征值都是正值，所得解是最优解。如果每个独立变量都通过减去该变量数据中心点附件某一值（如均值）进行“中心化”，优化算法将收敛得更快更准确。

（3）实例

对于 Arrhenius-对数正态模型和完全数据，似然方程的求解过程明确，似然方程为

$$0=\partial\mathcal{L}/\partial\gamma_1=\sum_{i=1}^{n}(y_i-\gamma_1-\gamma_2x_i)/\sigma^2,0=\partial\mathcal{L}/\partial\gamma_2=\sum_{i=1}^{n}x_i(y_i-\gamma_1-\gamma_2x_i)/\sigma^2$$

$$0=\partial\mathcal{L}/\partial\sigma=\sum_{i=1}^{n}\{(-1/\sigma)+[(y_i-\gamma_1-\gamma_2x_i)^2/\sigma^3]\}$$

令 $\bar{y}=\sum_{i=1}^{n}y_i/n$，$\bar{x}=\sum_{i=1}^{n}x_i/n$，则似然方程的确定唯一解为

$$\hat{\gamma}_2=\left[\sum_{i=1}^{n}(y_i-\bar{y})(x_i-\bar{y})\right]\Big/\left[\sum_{i=1}^{n}(x_i-\bar{x})^2\right],\hat{\gamma}_1=\bar{y}-\hat{\gamma}_2\bar{x},$$

$$\hat{\sigma}=\left\{\sum_{i=1}^{n}(y_i-\hat{\gamma}_1-\hat{\gamma}_2x_i)^2/n\right\}^{1/2}$$

这些解与第 4 章的最小二乘估计相同。但是，在第 4 章中，σ 的点估计 s' 的公式中包含的是 $(n-1)$ 而不是 n，即 $\hat{\sigma}=s'\sqrt{(n-1)/n}$。

(4) 存在性和唯一性

对于一些模型和数据，ML 估计可能不存在。例如，估计值可能是实际上不能接受的值，如标准差为无穷大或 0。对于大多数模型和数据，ML 估计是唯一的。但是一些模型和数据的对数似然函数可能有任意多个的局部最大值。当然，ML 估计对应于全局最大值，此时需要专用的数值优化方法确定全局最大值。

(5) 渐近理论

ML 估计的渐近理论适用于具有很多失效的样本，且模型满足 5.1 节提及的正则条件。实际中使用的大多数模型都是满足条件的。$\hat{\gamma}_1$，…，$\hat{\gamma}_P$ 的联合抽样分布近似服从均值为 γ_1，…，γ_P 的多元正态分布，其协方差矩阵估计见下文。也就是说，$\hat{\gamma}_1$，…，$\hat{\gamma}_P$ 的抽样分布“依定律”（“按分布”）收敛于联合正态分布。这并不一定表示 $\hat{\gamma}_1$，…，$\hat{\gamma}_P$ 的均值、方差和协方差的真值收敛于渐近正态分布的均值、方差和协方差。但是，对于计算 γ_1，…，γ_P 的近似正态置信限（5.5.7 节），渐近（近似）正态分布是有效的。近似正态置信限利用 ML 估计处于其与真值的标准误差的规定倍数之内的（正态）概率求得。第 6 章介绍真实的理论渐近协方差矩阵。渐近正态性依赖于独立但不同分布变量的中心极限定理，详见 Hoadley (1971) 等。一般来说，在寿命分布的尾段，LR 置信限（5.5.8 节）更接近规定的置信水平。但是，多数 ML 软件计算的是近似正态置信限。

5.5.5 Fisher 矩阵和协方差矩阵

下面介绍 $\hat{\gamma}_1$，…，$\hat{\gamma}_P$ 的协方差矩阵的估计方法。协方差矩阵根据 Fisher 矩阵计算得到，可用于计算各参量的近似置信区间。

(1) Fisher 矩阵

局部 Fisher 信息矩阵是由似然函数的负的二阶偏导数构成的 $P\times P$ 对称矩阵

$$\boldsymbol{F}=\begin{bmatrix}-\partial^2\hat{\mathcal{L}}/\partial\gamma_1^2 & -\partial^2\hat{\mathcal{L}}/\partial\gamma_1\partial\gamma_2 & \cdots & -\partial^2\hat{\mathcal{L}}/\partial\gamma_1\partial_{\gamma_P}\\ -\partial^2\hat{\mathcal{L}}/\partial\gamma_2\partial\gamma_1 & -\partial^2\hat{\mathcal{L}}/\partial\gamma_2^2 & \cdots & -\partial^2\hat{\mathcal{L}}/\partial\gamma_2\partial\gamma_P\\ \vdots & \vdots & \vdots & \vdots\\ -\partial^2\hat{\mathcal{L}}/\partial\gamma_P\partial\gamma_1 & -\partial^2\hat{\mathcal{L}}/\partial\gamma_P\partial\gamma_2 & \cdots & -\partial^2\hat{\mathcal{L}}/\partial\gamma_P^2\end{bmatrix}\tag{5.5-13}$$

式中，符号“ˆ”表示导数在 $\gamma_1=\hat{\gamma}_1$，…，$\gamma_P=\hat{\gamma}_P$ 时的估计值。$\boldsymbol{F}$ 是真实（渐近）Fisher 矩阵的估计值。对于 B 级绝缘系统实例，图 5.2－1 的第 3 行为局部 Fisher 矩阵，图中参数 $C3=\ln(\sigma)$ 。

一些计算机软件根据导数的解析表达式估计 $\boldsymbol{F}$ ，其他则通过二阶差分的摄动计算得到导数的近似值，此时，为了得到准确的近似值，软件必须先计算每个数据组的二阶差分，再计算整个样本二阶差分的和。

实例

对于 Arrhenius -对数正态模型和完全数据，二阶偏导数为

$$\partial^2\mathcal{L}/\partial\gamma_1^2=\sum_{i=1}^{n}(-1/\sigma^2),\partial^2\mathcal{L}/\partial\gamma_1\partial\gamma_2=\sum_{i=1}^{n}(-x_i/\sigma^2)$$

$$\partial^2\mathcal{L}/\partial\gamma_1\partial\sigma=-2\sum_{i=1}^{n}(y_i-\gamma_1-\gamma_2x_i)/\sigma^3,\partial^2\mathcal{L}/\partial\gamma_2^2=\sum_{i=1}^{n}(-x_i^2/\sigma^2)$$

$$\partial^2\mathcal{L}/\partial\gamma_2\partial\sigma=-2\sum_{i=1}^{n}x_i(y_i-\gamma_1-\gamma_2x_i)/\sigma^3$$

$$\partial^2\mathcal{L}/\partial\sigma^2=\sum_{i=1}^{n}\{(1/\sigma^2)-3[(y_i-\gamma_1-\gamma_2x_i)^2/\sigma^4]\}$$

在 $\gamma_1=\hat{\gamma}_1$，$\gamma_2=\hat{\gamma}_2$，$\sigma=\hat{\sigma}$ 处的估计值为

$$\partial^2\hat{\mathcal{L}}/\partial\gamma_1^2=-n/\hat{\sigma}^2,\partial^2\hat{\mathcal{L}}/\partial\gamma_1\partial\gamma_2=-n\bar{x}/\hat{\sigma}^2,\partial^2\hat{\mathcal{L}}/\partial\gamma_2\partial\sigma=0,$$

$$\partial^2\hat{\mathcal{L}}/\partial\gamma_1\partial\sigma=0,\partial^2\hat{\mathcal{L}}/\partial\gamma_2^2=-\left[\sum_{i=1}^{n}x_i{}^2\right]/\hat{\sigma}^2,\partial\hat{\mathcal{L}}/\partial\sigma^2=-2n/\hat{\sigma}^2$$

局部 Fisher 信息矩阵为

$$\boldsymbol{F}=\begin{bmatrix} n/\hat{\sigma}^2 & n\bar{x}/\hat{\sigma}^2 & 0 \\ n\bar{x}/\hat{\sigma}^2 & \sum_{i=1}^{n}x_i^2/\hat{\sigma}^2 & 0 \\ 0 & 0 & 2n/\hat{\sigma}^2 \end{bmatrix}$$

ML 程序给出的是矩阵的数值表示。

(2) 协方差矩阵

$\boldsymbol{F}$ 的逆矩阵是 $\hat{\gamma}_1$，…，$\hat{\gamma}_P$ 的（渐近）协方差矩阵的局部估计值 $\mathbf{V}$ ，即

$$\mathbf{V}=\boldsymbol{F}^{-1}=\begin{Bmatrix} \mathrm{var}(\hat{\gamma}_1) & \mathrm{cov}(\hat{\gamma}_1,\hat{\gamma}_2) & \cdots & \mathrm{cov}(\hat{\gamma}_1,\hat{\gamma}_P) \\ \mathrm{cov}(\hat{\gamma}_2,\hat{\gamma}_1) & \mathrm{var}(\hat{\gamma}_2) & \cdots & \mathrm{cov}(\hat{\gamma}_2,\hat{\gamma}_P) \\ \vdots & \vdots & \ddots & \vdots \\ \mathrm{cov}(\hat{\gamma}_P,\hat{\gamma}_1) & \mathrm{cov}(\hat{\gamma}_P,\hat{\gamma}_2) & \cdots & \mathrm{var}(\hat{\gamma}_P) \end{Bmatrix} \tag{5.5-14}$$

$\mathbf{V}$ 是真实（渐近）协方差矩阵的估计。可以看到 $\mathbf{V}$ 中变量和协方差的位置与 $\boldsymbol{F}$ 中对应的二阶偏导数的位置相同。对于 B 级绝缘系统实例，图 5.2－1 中第 5 行为协方差矩阵的估计值，其中参数是 σ 而不是 $C3$，额外的替换计算这里不作介绍，详见 Nelson（1982，P. 374）。

（3）标准误差

$\hat{\gamma}_p$ 的标准误差 $\sigma(\hat{\gamma}_p)$ 是其渐近正态分布的标准差。$\sigma(\hat{\gamma}_p)$ 的点估计为

$$s(\hat{\gamma}_p)=[\mathrm{var}(\hat{\gamma}_p)]^{1/2} \tag{5.5-15}$$

上式可用于计算 γ_p 真值的近似置信区间。对于 B 级绝缘系统实例，图 5.2－1 中第 4 行为系数点估计标准误差的估计值。

实例

对于 Arrhenius－对数正态模型和完全数据，协方差矩阵的局部估计为

$$\boldsymbol{V}=\begin{bmatrix}\mathrm{var}(\hat{\gamma}_1) & \mathrm{cov}(\hat{\gamma}_1,\hat{\gamma}_2) & \mathrm{cov}(\hat{\gamma}_1,\hat{\sigma})\\ \mathrm{cov}(\hat{\gamma}_2,\hat{\gamma}_1) & \mathrm{var}(\hat{\gamma}_2) & \mathrm{cov}(\hat{\gamma}_2,\hat{\sigma})\\ \mathrm{cov}(\hat{\sigma},\hat{\gamma}_1) & \mathrm{cov}(\hat{\sigma},\hat{\gamma}_2) & \mathrm{var}(\hat{\sigma})\end{bmatrix}$$

$$=\boldsymbol{F}^{-1}=\begin{bmatrix}\hat{\sigma}^2\left(\sum_{i=1}^{n}x_i^2/n\right)/S_{xx} & -\hat{\sigma}^2\bar{x}/S_{xx} & 0\\ -\hat{\sigma}^2\bar{x}/S_{xx} & \hat{\sigma}^2/S_{xx} & 0\\ 0 & 0 & \hat{\sigma}^2/(2n)\end{bmatrix}$$

式中，$S_{xx}=\sum_{i=1}^{n}x_i^2-n\bar{x}^2$，标准误差的估计为

$$s(\hat{\gamma}_1)=\hat{\sigma}\left[\left(\sum_{i=1}^{n}x_i^2/n\right)/S_{xx}\right]^{1/2},s(\hat{\gamma}_2)=\hat{\sigma}/S_{xx}^{1/2},s(\hat{\sigma})=\hat{\sigma}/(2n)^{1/2}$$

5.5.6　函数与其方差的估计

（1）点估计

实践中通常需要估计模型系数的给定函数 $h=h(\gamma_1,\cdots,\gamma_P)$ 的值，如分布参数和百分位寿命。h 的 ML 估计 $\hat{h}$ 是 $\gamma_1=\hat{\gamma}_1$，…，$\gamma_P=\hat{\gamma}_P$ 时的函数值，即

$$\hat{h}=h(\hat{\gamma}_1,\cdots,\hat{\gamma}_P) \tag{5.5-16}$$

对于 B 级绝缘系统实例，图 5.2－1 第 8、9 行为其在两个温度下的百分位寿命点估计。

（2）方差

$\hat{h}$ 的方差的点估计如下，可用于下文 h 真值的近似置信区间的计算。计算偏导数 $\partial h/\partial\gamma_p$ 的列向量

$$\hat{\boldsymbol{H}}=\begin{bmatrix}\partial\hat{h}/\partial\gamma_1\\ \vdots\\ \partial\hat{h}/\partial\gamma_P\end{bmatrix} \tag{5.5-17}$$

式中，符号“ ^ ”表示导数在 $\gamma_1=\hat{\gamma}_1$，…，$\gamma_P=\hat{\gamma}_P$ 时的点估计。$\hat{h}$ 的（渐近）方差的局部估计为

$$\begin{aligned}\mathrm{var}(\hat{h}) &= \hat{\boldsymbol{H}}'\boldsymbol{V}\hat{\boldsymbol{H}} \\ &= \sum_{p=1}^{P}(\partial\hat{h}/\partial\gamma_p)^2\ \mathrm{var}(\hat{\gamma}_p) + 2\sum_{p<p'}\sum(\partial\hat{h}/\partial\gamma_p)(\partial\hat{h}/\partial\gamma_{p'})\mathrm{cov}(\hat{\gamma}_p,\hat{\gamma}_{p'})\end{aligned} \tag{5.5-18}$$

式中，$\boldsymbol{V}$ 为协方差矩阵的局部估计［式（5.5-14）］；$\hat{\boldsymbol{H}}'$ 为 $\hat{\boldsymbol{H}}$ 的转置，是一个行向量。真实的理论（渐近）方差矩阵见第 6 章。$\hat{h}$ 的标准误差的点估计 $s(\hat{h})$ 为

$$s(\hat{h}) = [\mathrm{var}(\hat{h})]^{1/2} \tag{5.5-19}$$

上式可用于 h 真值的近似置信区间的计算。对于 B 级绝缘系统实例，图 5.2-1 中第 8、9 行列出了其百分位寿命点估计标准误差的估计值。

实例

对于 Arrhenius-对数正态模型，通常需要估计产品在设计温度下的 $100P\%$ 分位寿命。设绝对设计温度的倒数为 x_0，百分位寿命的 ML 估计为

$$\hat{y}_P(x_0) = \hat{\gamma}_1 + \hat{\gamma}_2 x_0 + z_P\hat{\sigma}$$

式中　z_P ——标准正态分布的 $100P\%$分位数。

其偏导数为

$$\partial\hat{y}_P(x_0)/\partial\gamma_1 = 1, \partial\hat{y}_P(x_0)/\partial\gamma_2 = x_0, \partial\hat{y}_P(x_0)/\partial\sigma = z_P$$

对任何类型的数据，方差的点估计为

$$\mathrm{var}[\hat{y}_P(x_0)] = [1 \quad x_0 \quad z_P]\boldsymbol{V}\begin{bmatrix}1\\ x_0\\ z_P\end{bmatrix}$$

对于完全数据，上式可写为

$$\mathrm{var}[\hat{y}_P(x_0)] = \hat{\sigma}^2\{(1/n) + [(x_0 - \bar{x})^2/S_{xx}] + [z_P^2/(2n)]\}$$

标准误差的点估计 $s[\hat{y}_P(x_0)]$ 是上式的平方根。

5.5.7 近似正态置信区间

模型系数（或其函数）真值的 $100\gamma\%$ 近似正态置信区间如下。区间的形式取决于 h 在数学上是无界的 $(-\infty, +\infty)$ 、正的还是在（0，1）之间，这保证了置信限不超出 h 的取值范围。γ 越大，失效数越少，近似性越差。令 $\hat{h}$ 表示 ML 估计，$s(\hat{h})$ 表示其标准误差。

（1）无界置信限

设 h 的取值范围为 $(-\infty, +\infty)$ 。h 真值的 $100\gamma\%$ 双侧近似正态置信区间的上、下限分别为

$$\underset{\sim}{h} = \hat{h} - K_\gamma s(\hat{h}), \tilde{h} = \hat{h} + K_\gamma s(\hat{h}) \tag{5.5-20}$$

式中，K_γ 为标准正态分布的 $100(1+\gamma)/2\%$ 分位数。该置信区间要求失效数足够大，点估计 $\hat{h}$ 的分布近似为正态分布。在 B 级绝缘系统实例中，图 5.2-1 第 4 行给出了系数 γ_1、

γ_2 的双侧近似正态置信限。

实例

对于 Arrhenius -对数正态模型，$100P\%$ 分位对数寿命 $y_P(x_0)$ 是无界限的。其 $100\gamma\%$ 双侧近似置信区间的上、下限为

$$\underset{\sim}{y}_P(x_0)=\hat{y}_P(x_0)-K_\gamma s[\hat{y}_P(x_0)],\tilde{y}_P(x_0)=\hat{y}_P(x_0)+K_\gamma s[\hat{y}_P(x_0)]$$

相应的百分位数的 $100\gamma\%$ 双侧近似置信限为

$$\underset{\sim}{t}_P(x_0)=\text{antilog}[\underset{\sim}{y}_P(x_0)],\hat{t}_P(x_0)=\text{antilog}[\tilde{y}_P(x_0)]$$

对于 B 级绝缘系统实例，图 5.2 - 1 行第 8、9 行列出了其在两个温度下的百分位寿命的双侧近似置信限。

（2） 正置信限

设 h 的取值范围为 $(0,\ +\infty)$ ，则其 $100\gamma\%$ 双侧近似正态置信限为

$$\underset{\sim}{h}=\hat{h}\exp[-K_\gamma s(\hat{h})/\hat{h}],\tilde{h}=\hat{h}\exp[K_\gamma s(\hat{h})/\hat{h}] \tag{5.5 - 21}$$

上述置信限不可能取负值，要求失效数足够大，$\ln(\hat{h})$ 的分布近似为正态分布。当 h 的取值范围为负 [$(-\infty,\ 0)$] 时，需要对式（5.5 - 12）进行明显修改。对于 B 级绝缘系统实例，图 5.2 - 1 第 4 行给出了取值为正时 σ 的双侧近似置信限。

实例

对于 Arrhenius -对数正态模型，σ 必须为正。完全数据下，σ 的 $100\gamma\%$ 双侧近似正态置信限为

$$\underset{\sim}{\sigma}=\hat{\sigma}\exp\{-K_\gamma[\hat{\sigma}/(2n)^{1/2}]/\hat{\sigma}\}=\hat{\sigma}\exp[-K_\gamma/(2n)^{1/2}],$$

$$\tilde{\sigma}=\hat{\sigma}\exp[-K_\gamma/(2n)^{1/2}]$$

（3） 置信限在（0，1）之间

设 h 的取值范围为（0，1）。此时 h 通常是指失效概率或生存概率。h 的 $100\gamma\%$ 双侧近似正态置信限为

$$\begin{aligned}\underset{\sim}{h}&=\hat{h}/\{\hat{h}+(1-\hat{h})\exp[K_\gamma s(\hat{h})/(\hat{h}(1-\hat{h}))]\}\\ \tilde{h}&=\hat{h}/\{\hat{h}+(1-\hat{h})\exp[-K_\gamma s(\hat{h})/(\hat{h}(1-\tilde{h}))]\}\end{aligned} \tag{5.5 - 22}$$

上述置信限的取值不可能超出（0，1）范围，他需要有足够的失效，$\ln[\hat{h}/(1-\hat{h})]$ 的分布近似为正态分布。

（4） 单侧置信限

h 的 $100\gamma\%$ 单侧近似正态置信限是将相应的双侧置信限中的 K_γ 替换为 z_γ ，z_γ 是标准正态分布的 $100\gamma\%$ 分位数。例如，对于 Arrhenius -对数正态模型，$y_P(x_0)$ 的 $100\gamma\%$ 单侧近似置信下限为 $\underset{\sim}{y}_P(x_0)=\hat{y}_P(x_0)-z_\gamma s[\hat{y}_P(x_0)]$ 。通常，双侧近似正态置信区间的真实置信水平接近 $100\gamma\%$ 。而单侧近似正态置信区间的真实置信水平可能远不是 $100\gamma\%$ ，这是由于多数抽样分布是不对称的。对于单侧置信限，LR 置信区间更好（5.5.8 节），详见 Vander Weil 和 Meeker（1988）、Doganaksoy（1989b）。

（5）改进的置信限

相关学者提出了多种正态置信限的改进方法：

1）类似上文的参数转换，保证置信限在待估参量的自然分布范围内。

2）使转换参数的 ML 估计的抽样分布更接近正态分布的其他转换方法。如，使样本对数似然函数在最大值处关于转换参数的三阶导数等于 0 的转换方法。这样转换参数的对数似然函数更接近二次方程式，转换参数的 ML 估计的抽样分布更接近正态分布。

3）修正 ML 估计量的偏差，使单侧置信限更加准确。大多数修正的估计量是均值无偏估计。使中位数无偏的修正方法更好，这样正态近似百分位数可以与真实百分位数更相符。

4）Schneider 和 Weisfeld（1988）用选定的 ML 估计的函数更好地近似了不对称抽样分布。

一般来说，LR 置信限好于正态置信限，尤其是单侧置信限。

（6）联合置信限

如果计算得到 L 个参量的 $100\gamma\%$ 置信区间，则全部 L 个置信区间同时包含其真值的概率小于 γ。h_1，…，h_L 的联合置信区间以规定概率 γ 包含全部 L 个真值，Miller（1966）、Nelson（1982，第 10 章）对此进行了介绍。联合置信区间一般用于同时比较 h_l 的差值或比值。设 L 个参量 h_1，…，h_L 的 ML 估计为 $\hat{h}_1$，…，$\hat{h}_L$。$\hat{h}_1$，…，$\hat{h}_L$ 的标准误差的估计分别为 $s(\hat{h}_1)$，…，$s(\hat{h}_L)$。h_1，…，h_L 的 $100\gamma\%$ 联合近似置信区间为

$$\begin{aligned}
\underset{\sim}{h} &= \hat{h}_1 - K_{\gamma'} s(\hat{h}_1), \tilde{h}_1 = \hat{h}_1 + K_{\gamma'} s(\hat{h}_1) \\
&\vdots \qquad\qquad\qquad \vdots \\
\underset{\sim}{h}_L &= \hat{h}_L - K_{\gamma'} s(\hat{h}_L), \tilde{h}_L = \hat{h}_L + K_{\gamma'} s(\hat{h}_L)
\end{aligned} \tag{5.5-23}$$

其中

$$\gamma' = 1 - [(1-\gamma)/(2L)]$$

联合置信区间要求 $\hat{h}_1$，…，$\hat{h}_L$ 的抽样分布近似为正态分布，并依赖于 Bonferroni 不等式，详见 Miller（1966）。用 K'_γ 替换 K_γ，近似正态置信区间式（5.5-21）和式（5.5-22）也可以用于联合置信区间的计算。

5.5.8 近似似然比置信区间

本小节介绍 LR 置信区间及其计算方法。

（1）特性

前面的置信区间都利用了 ML 估计 $\hat{h}$［或其转换，如 $\ln(\hat{h})$］的抽样分布的近似正态性。此类单侧置信限的真实置信水平可能与规定值差别很大，在失效样本很少时尤其如此。利用似然比可以得到更好的区间估计，Lawless（1982，6.4 节、6.5 节）、Vander Wiel 和 Meeker（1988）、Doganaksoy（1989a，b）及 Ostrouchov 和 Meeker（1988）详述

了似然比区间估计法。除了真实置信水平更接近规定的置信水平外，LR 置信区间还具有其他的优点。第一，LR 置信限总是在待估参量的自然分布范围内。因此，不需要进行参量转换，如 $\ln(\hat{h})$ 。第二，LR 置信限是不变的。即，不论 h 如何参数化表示，置信限相同。例如，参数化法 $\sigma=\gamma_3$ 和 $\sigma=\exp(\gamma_3)$ 的 LR 置信限相同，但是他们的近似正态置信限不同。第三，LR 置信区间关于点估计 $\hat{h}$ 是不对称的，且每一端的概率大体上相等，这与可得到的精确置信区间相同。相反，近似正态置信区间关于 $\hat{h}$ 是对称的。LR 置信区间的不足是计算比较困难，并且缺少可用的标准软件。Vander Wiel 和 Meeker（1988）、Doganaksoy（1989a）提出了 LR 置信区间的计算程序。Doganaksoy（1989b）研究了 LR 置信区间的改进方法，包括修正的带符号的对数 LR 统计量的平方根和对数 LR 统计量的 Bartlett 修正，并总结表示：一般来说，更简单的 LR 置信区间与修正的 LR 置信区间差别不大。

（2）LR 方法

设模型系数或参数为 γ_1，…，γ_P ，计算其中某一系数或参数的置信区间，如 γ_1。记样本对数似然函数为 $\mathcal{L}(\gamma_1, \gamma_2, \cdots, \gamma_P)$ 。定义 γ_1 的约束最大对数似然函数为

$$\mathcal{L}_1(\gamma_1) \equiv \max_{\gamma_2,\cdots,\gamma_P} \mathcal{L}(\gamma_1,\gamma_2,\cdots,\gamma_P) \tag{5.5-24}$$

即 γ_1 的值固定时，关于所有其他参数最大化的似然函数。ML 估计 $\hat{\gamma}_1$ 使 $\mathcal{L}_1(\gamma_1)$ 取最大值。$\mathcal{L}_1(\hat{\gamma}_1)=\mathcal{L}(\hat{\gamma}_1, \hat{\gamma}_2, \cdots, \gamma_P)$ 是全局最大值。设 γ_1 是真值，则统计量

$$T=2[\mathcal{L}_1(\hat{\gamma}_1)-\mathcal{L}_1(\gamma_1)]$$

近似服从自由度为 1 的 χ^2 分布。因此，满足

$$T=2[\mathcal{L}_1(\hat{\gamma}_1)-\mathcal{L}_1(\gamma_1)] \leqslant \chi^2(\varepsilon;1) \tag{5.5-25}$$

的 γ_1 的值即为 γ_1 的 $100\varepsilon\%$ 近似置信区间。γ_1 的 LR 置信区间的上限 $\bar{\gamma}_1$ 和下限 $\underline{\gamma}_1$ 满足

$$\mathcal{L}_1(\gamma_1)=\mathcal{L}_1(\hat{\gamma}_1)-(1/2)\chi^2(\varepsilon;1) \tag{5.5-26}$$

$\hat{\gamma}_1$、$\bar{\gamma}_1$ 和 $\underline{\gamma}_1$ 的位置如图 5.5-2 所示，图中实线为 $\mathcal{L}_1(\gamma_1)$ 曲线。LR 置信区间一般通过数值搜索算法得到。根据渐近正态理论，样本对数似然函数在其最大值附近近似为二次方程式，可写为

$$\mathcal{L}(\gamma_1,\hat{\gamma}_2,\cdots,\hat{\gamma}_P) \approx \mathcal{L}(\hat{\gamma}_1)+(1/2)[\partial^2\mathcal{L}(\hat{\gamma}_1,\hat{\gamma}_2,\cdots,\hat{\gamma}_P)/\partial\gamma_1^2](\gamma_1-\hat{\gamma}_1)^2$$

式中导数是在所有系数 ML 估计处的估计值。图 5.5-2 描述了该二次函数和相应的近似正态置信限 $\underset{\sim}{\gamma_1}$ 和 $\tilde{\gamma}_1$。随着样本中失效数的增加，二次近似值在关心的范围内更接近 $\mathcal{L}_1(\gamma_1)$ 的真值。

实例

对于 Arrhenius-对数正态模型和完全数据，σ 的 LR 置信限的计算方法如下

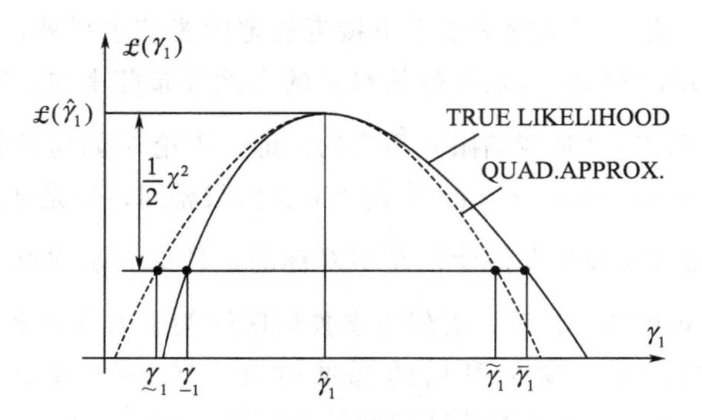

图 5.5－2　LR 置信限和近似正态置信限

$$\mathcal{L}(\gamma_1,\gamma_2,\sigma)=\sum\nolimits_{i=1}^{n}\left[-(1/2)\ln(2\pi)-\ln(\sigma)-\frac{1}{2\sigma^2}(y_i-\gamma_1-\gamma_2x_i)^2\right]$$

$$\mathcal{L}_\sigma(\sigma)=(-n/2)\ln(2\pi)-n\ln(\sigma)-\frac{1}{2\sigma^2}\sum\nolimits_{i=1}^{n}(y_i-\hat{\gamma}_1-\hat{\gamma}_2x_i)^2$$

$$=(-n/2)\ln(2\pi)-n\ln(\sigma)-\frac{1}{2\sigma^2}(n\hat{\sigma}^2)$$

$$\mathcal{L}_\sigma(\hat{\sigma})=(-n/2)\ln(2\pi)-n\ln(\hat{\sigma})-(n/2)$$

式中 $\hat{\sigma}^2$ 之前已给出。$100\varepsilon\%$ 双侧 LR 置信限是 $\mathcal{L}_\sigma(\sigma)=\mathcal{L}_\sigma(\hat{\sigma})-(1/2)\chi^2(\varepsilon;\ 1)$ 的两个解，可简化为求 $-\ln(\rho)-1+\rho=\chi^2(\varepsilon;\ 1)/n$ 的两个解 $\rho_1<\rho_2$。其中 $\rho=(\hat{\sigma}/\sigma)^2$，LR 置信限为 $\underset{\sim}{\sigma}=\hat{\sigma}/\sqrt{\rho_2}$、$\tilde{\sigma}=\hat{\sigma}/\sqrt{\rho_1}$。

（3）程序算法

大多数计算程序（5.1 节）尚不能计算 LR 置信区间，但是，可用于求解参数的 LR 置信限计算公式（5.5－26）。过程如下，利用程序计算待估参数在 LR 置信限附近的选定参数值下的约束最大对数似然函数式（5.5－24）。然后通过插值法计算满足式（5.5－26）的参数置信限。图 5.5－3 描述了这一计算过程。例如，设位置参数的线性关系式为

$$\mu=\gamma_0+\gamma_1x_1+\gamma_2x_2+\cdots+\gamma_Px_P$$

求系数 γ_1 的 LR 置信区间。设样品 i 的对数寿命为 y_i（观测的，截尾的或区间的），变量值为 $(x_{1i},\ \cdots,\ x_{Pi})$，$i=1,\ 2,\ \cdots,\ n$。选定试算置信限值 γ'_1，计算转换观测数据

$$y'_i=y_i-\gamma'_1x_{1i}$$

对于截距系数 γ_0，计算 $y'_i=y_i-\gamma'_0$。然后用软件进行转换数据的模型拟合，拟合模型包含的关系式为

$$\mu=\gamma_0+\gamma_2x_2+\cdots+\gamma_Px_P$$

式中缺少含 γ_1 的项。结果的最大对数似然值是约束对数似然函数 $\mathcal{L}_1(\gamma_1)$ 在 $\gamma_1=\gamma'_1$ 时的估计值。选择接近置信限的其他 γ'_1 值，重复上述计算，用插值法求解式（5.5－26）得到 LR 置信限。LR 置信限接近近似正态置信限，可以选择近似正态置信限作为第一个试算值。

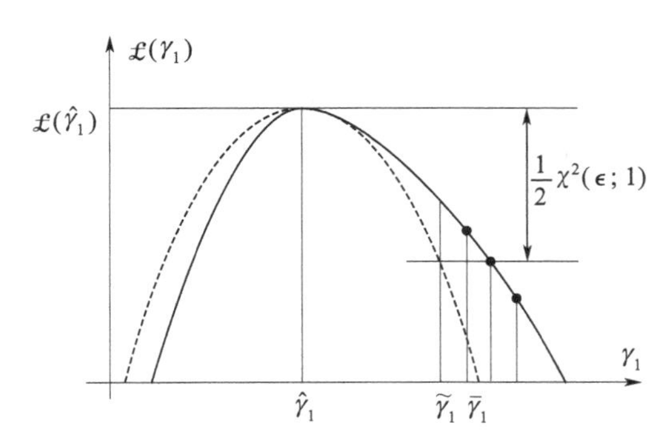

图 5.5－3　LR 置信限的约束对数似然插值算法

实例

对于绝缘液体数据，采用幂律-Weibull 模型进行分析，通过上述方法得到幂系数的 95%双侧 LR 置信区间，过程如下。由 SAS 软件得到的幂系数的 ML 估计为 $\hat{\gamma}_1=-17.73$，最大对数似然值为 $\mathcal{L}_1(\hat{\gamma}_1)=-137.748$，其近似正态置信上限为 $\tilde{\gamma}_1=-14.58$。LR 置信限是式（5.5－26）的解，即是

$$\mathcal{L}_1(\gamma_1)=-137.748-(1/2)\chi^2(0.95;1)=-139.668$$

的解。临近幂系数值的约束最大对数似然值为 $\mathcal{L}_1(-14.58)=-139.715$，$\mathcal{L}_1(-14.61)=-139.677$，$\mathcal{L}_1(-14.64)=-139.641$。由线性插值得到 95%双侧 LR 置信上限 $\bar{\gamma}_1=-14.62$。它也是 γ_1 的 97.5%单侧近似 LR 置信上限。图 5.5－3 展示了这些计算结果和插值。类似地，γ_1 的近似正态置信下限为 $\underset{\sim}{\gamma}_1=-20.88$。临近值的约束对数最大似然值为 $\mathcal{L}_1(-20.88)=-139.532$，$\mathcal{L}_1(-20.95)=-139.609$，$\mathcal{L}_1(-21.00)=-134.644$。用插值法得到的 95%双侧 LR 置信下限为 $\underline{\gamma}_1=-21.00$，它也是 γ_1 的 97.5%单侧近似 LR 置信下限。

（4）其他参数

将上述 LR 置信限的计算方法扩展到这类系数的线性函数，如规定值 x'_1，…，x'_P（如设计条件）下的位置参数。为此，将位置参数的关系式重新参数化，表述为

$$\mu=\gamma_0+\gamma_1(x_1-x'_1)+\cdots+\gamma_P(x_P-x'_P)$$

此时 γ_0 是位置参数的要求值。类似地，Weibull 形状参数 β 的 LR 置信限的计算如下。对于样品 i，利用寿命 t_i 而不是对数寿命，选定试算值 β'，计算转换寿命

$$t'_i=t_i^{\beta'}$$

利用包含指数分布的相同模型对转换数据 t'_i 进行拟合。结果的最大对数似然值是 $\beta=\beta'$ 时的约束最大对数似然函数式（5.5－24）的估计值。如上所述，计算多个 β' 值的约束最大对数似然值，在其间插值即可得到 LR 置信限。

实例

对于绝缘液体，计算其在 15 kV 下的特征寿命和 Weibull 分布形状参数的 95%双侧 LR 置信区间。由 SAS 软件得到待估参量的最大似然估计分别为 $\hat{\gamma}_0=64.85$ 和 $\hat{\beta}=0.7766$，最大对数似然值为 $\hat{\mathcal{L}}=-137.748$。$\beta$ 的 95%双侧近似正态置信区间的上、下限分别为 $\underset{\sim}{\beta}=$

0.653 5 和 $\tilde{\beta}=0.922\ 8$，其 LR 置信限是式（5.5－26）的解，即是

$$\mathcal{L}_{\beta}(\beta)=-137.748-(1/2)\chi^{2}(0.95;1)=-139.668$$

的解。临近 β 下限的约束对数似然值为 $\mathcal{L}_{\beta}(0.653\ 5)=-139.506$，$\mathcal{L}_{\beta}(0.645\ 0)=-139.769$，$\mathcal{L}_{\beta}(0.648\ 0)=-139.674$。插值得到 β 的 95%双侧 LR 置信下限为 $\underline{\beta}=0.648\ 2$。同理可得 β 的 95%双侧 LR 置信上限为 $\bar{\beta}=0.916\ 0$。对于 15 kV 下的特征寿命的 LR 置信限，重新参数化寿命-应力关系，表述为

$$\mu=\gamma_{0}+\gamma_{1}[\ln(V)-\ln(15)]$$

式中，γ_0 为 15 kV 下 的自然对数特征寿命。γ_0 的 LR 置信限是

$$\mathcal{L}_{0}(\gamma_{0})=-137.748-(1/2)\chi^{2}(0.95;1)=-139.668$$

的解。临近 γ_0 下限的约束对数似然值为 $\mathcal{L}_{0}(53.8)=-139.732$，$\mathcal{L}_{0}(54.0)=-139.661$，$\mathcal{L}_{0}(54.2)=-139.591$。插值得到 γ_0 的 95%双侧 LR 置信下限为 $\underline{\gamma}_{0}=54.0$。类似地，$\gamma_0$ 的 95%双侧 LR 置信上限为 $\bar{\gamma}_{0}=76.3$。

（5）函数

如果参量 h 不仅仅是模型系数或参数，其 LR 置信限的计算更困难。如在 Arrhenius -对数正态模型假设下，求应力水平 x_0 下百分位寿命的 LR 置信限，即求模型系数或参数 γ_1、γ_2 和 σ 的函数 $\eta_P=\gamma_1+\gamma_2x_0+z_P\sigma$ 的 LR 置信限。一种方法是重新参数化模型，用 η_P 替换 γ_1 作为参数，将 $\gamma_1=\eta_P-\gamma_2x_0-z_P\sigma$ 代入对数似然函数（对于完全数据）得到

$$\mathcal{L}(\eta_P,\gamma_2,\sigma)=(-n/2)\ln(2\pi)-n\ln(\sigma)-\frac{1}{2\sigma^2}\sum_{i=1}^{n}[y_i-(\eta_P-\gamma_2x_0-z_P\sigma)-\gamma_2x_i]^2$$

用上式和之前介绍的计算方法即可得到 y_P 的 LR 置信限。另一种方法是采用 lawless（1982，5.1.3 节）介绍的约束优化方法。未来，统计软件将可以实现 LR 置信限的计算，用户将不必再关注其复杂的计算。

（6）联合置信域

采用 LR 方法可以得到两个及两个以上系数或参数的联合置信域，详见 Lawless（1982，5.1.3 节）。加速试验分析中很少需要计算联合置信域。第 9 章的图 9.3－4 描述了此类联合置信域。联合置信限式（5.5－23）即为一个矩形联合置信域。

习题（*表示困难或复杂）

5.1 电容。Meeker 和 Duke（1982）给出了电容电压加速寿命试验的仿真数据。150 个电容数据均在 300 天单一截尾。目的是估计设计电压 20 V 下的电容寿命（天）。在 20 V 下，25 个样品中 0 个失效；26 V 下，36 个样品中 11 个失效；29 V 下，52 个样品中 13 个失效；32 V 下，37 个样品中 30 个失效。利用下面 CENSOR 软件的计算结果，基于幂律-Weibull 模型的完成习题。计算结果以极值分布的形式输出。假设的寿命-应力关系为

$$\xi(V)=\ln[\alpha(V)]=\gamma_0+\gamma_1\ln(V)$$

MAXIMUM VALUE OF THE LOGLIKELHOOD IS −122.1596

PARAMETER ESTIMATES

FOR THE SMALLEST EXTREME VALUE DISTRIBUTION

			95.00% CONFIDENCE LIMITS	
TERM	ESTIMATE	STANDARD ERROR	LOWER	UPPER
SCALE	1.2103	0.1349	0.9728	1.5058
B0	67.9456	8.1513	51.9659	83.9253
B1	−18.5460	2.3956	−23.2423	−13.8497

VARIANCE−COVARIANCE MATRIX OF THE ESTIMATED PARAMETERS

	SCALE	B0	B1
SCALE	0.182D−01	0.597D 00	−0.175D 00
B0	0.597D 00	0.664D 02	−0.195D 02
B1	−0.175D 00	−0.195D 02	0.574D 01

CORRELATION MATRIX OF THE ESTIMATED PARAMETERS

	SCALE	B0	B1
SCALE	1.0000	0.5429	0.5422
B0	0.5429	1.0000	−0.9998
B1	−0.5422	−0.9998	1.0000

PERCENTILE ESTIMATES FOR TEST CONDITIONS

	C1	C
1	2.9957	20V.

SMALLEST EXTREME VALUE DISTRIBUTION

LOCATION PARAMETER=12.3867 AND SCALE PARAMETER=1.2103

WEIBULL DISTRIBUTION (T=EXP (Y))

			95.00% CONFIDENCE LIMITS	
PERCENTILE	THAT	S (THAT)	LOWER	UPPER
0.010 0	3.4535	3.7662	0.4072	29.2915
0.0500	24.2289	23.3553	3.6614	160.3338
0.1000	56.0794	51.5864	9.2391	340.3924
0.5000	394.2983	334.7625	74.6430	2082.8641
1.0000	915.1363	763.4020	178.3453	4695.8033
5.0000	6580.1697	5530.4572	1266.6820	34182.7178
10.0000	15725.3249	13543.8629	2906.1499	85090.5336

20.0000	38998.3391	34854.3601	6762.7965	224887.8047
30.0000	68797.2696	63232.8222	11351.2676	416963.5023
40.0000	106262.2483	99989.5935	16797.6193	672218.1995
50.0000	153747.6239	147761.7507	23365.0614	1011695.6847
60.0000	215529.6184	211347.4767	31523.8049	1473585.3284
70.0000	299936.3631	300147.4416	42173.6575	2133128.2912
80.0000	426184.1660	436028.6702	57351.1639	3167031.5125
90.0000	657430.8036	691672.1697	83583.0013	5171090.4686
95.0000	904008.7763	971146.2133	110040.9717	7426614.4242
99.0000	1521207.3321	1691579.9219	171967.2135	13456470.5695
99.9000	2484921.5866	2855484.3760	261192.7069	23640917.7132

(a) 检查 3 个加速试验应力水平下数据的 Weibull 概率图。Weibull 分布是否适用？为什么？

(b) 根据极值分布尺度参数的 ML 估计和置信限计算 Weibull 形状参数的 ML 估计和置信限。

(c) 在 Weibull 概率纸上，画出 20 V 下电容寿命分布的点估计和置信限。

(d) 检查数据的双对数图。利用选定的样本百分位寿命判断寿命-应力关系是否是线性的。

(e) 在双对数坐标纸上绘制分位数为 0.1%，10%和 90%的寿命-应力关系拟合线。

(f) 检查相关矩阵，标出高相关值。说明每个高相关值产生的原因和减小的方法。

(g) 进一步分析数据。

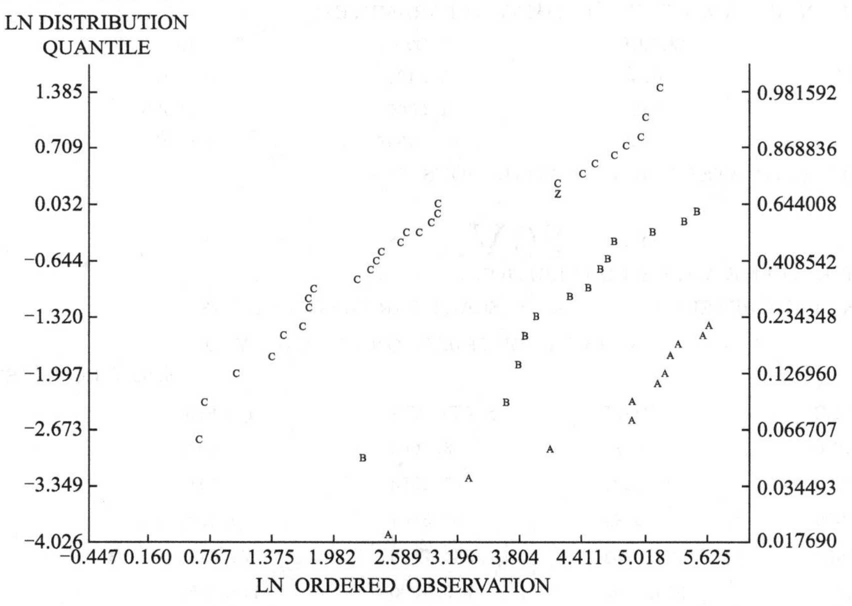

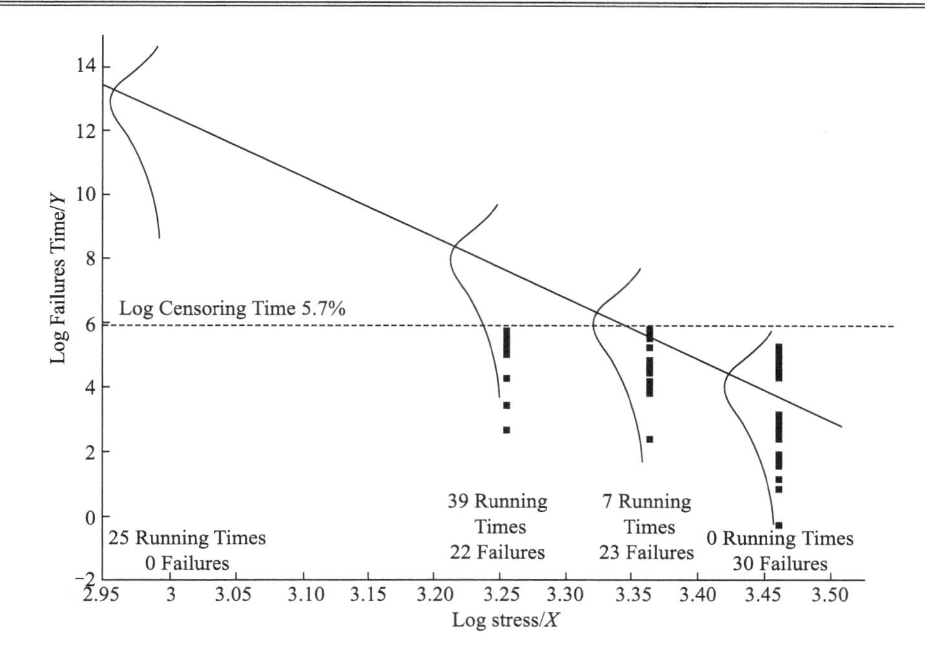

5.2　绝缘液体。采用幂律- Weibull 模型拟合第 3 章表 3.3－1 中的绝缘液体数据。William Meeker 教授在 Meeker（1984c）中给出了如下 STAR 软件基于 ML 拟合的计算结果。计算结果是关于对数寿命的极值分布的。

（a）将所有的点估计和置信限转换成幂律- Weibull 模型下的点估计和置信限。

（b）在 Weibull 概率纸上画出所选数据及其分布拟合线。

（c）在双对数坐标纸上画出所有数据和选定的百分位寿命线。

（d）计算 20kV 下特征寿命的 ML 点估计。

（e*）计算 20kV 下特征寿命的 95%近似置信限。

（f）根据残差图，评述 Weibull 分布的适用性。

（g）评述高相关值－0.999 615 0，如何将寿命-应力关系重新参数化以减小相关性？

Distribution is Weibull

The natural logs of these observations follow a [n] extreme－value distribution.

Intercept term included in model.

Maximum value of the log－likelihood is －137.7476

Parameter estimates for the extreme－value distribution：95.0% Confidence Limits

	Estimate	Std Error	Lower	Upper
Scale	1.287739	0.1133354	1.083667	1.530239
Intercept	64.84719	5.619756	53.83025	75.86414
VOLTAGE	－17.72958	1.606833	－20.87961	－14.57955

Variance－Covariance Matrix：

	Scale	Intercept	VOLTAGE
Scale	0.01284491	－0.00888925	0.000924538
Intercept	－0.008889254	31.58166	－9.026538

VOLTAGE	0.000924538	−9.026538	2.581914

Correlation Matrix：

	Scale	Intercept	VOLTAGE
Scale	1.000000	−0.01395668	0.00507678
Intercept	−0.01395668	1.000000	−0.9996150
VOLTAGE	0.00507678	−0.9996150	1.000000

20 kV

Insulating Fluid ALT

WEIBULL QUANTILE ESTIMATES WITH 95% CONFIDENCE LIMITS

QUANTILE	MINUTES	STD ERROR	LOWER CL	UPPER CL
0.01	333.728	333.521	47.04691	2367.302
0.05	2722.430	2465.738	461.1517	16071.99
0.10	6879.012	6009.730	1240.865	38135.30
0.20	18080.41	15319.34	3434.279	95187.78
0.30	33075.44	27611.80	6438.064	169924.5
0.40	52528.29	43464.10	10373.33	265991.7
0.50	77819.17	64022.72	15510.97	390421.7

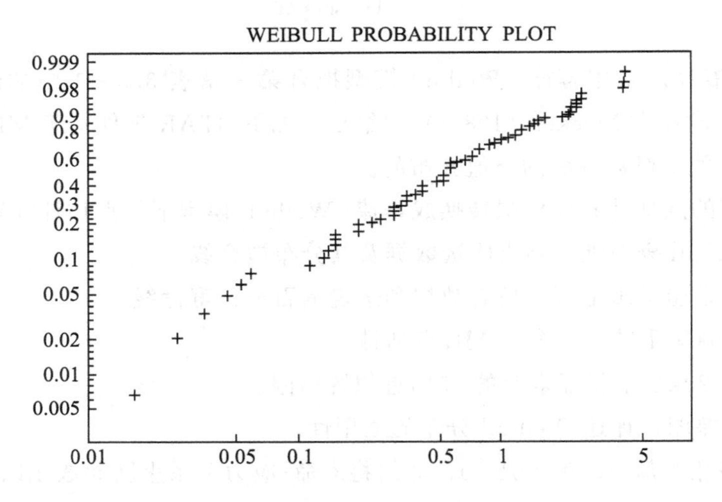

5.3 轴承。采用 ML 方法对习题 3.5 剔除异常值之后的轴承数据进行幂律- Weibull 模型拟合。STATPAC 软件的计算结果如下所示。

(a) 比较幂系数、Weibull 分布形状参数的 ML 点估计和置信区间与习题 3.5 的图形分析法、习题 4.6 的最小二乘法的评估结果。相对于置信区间的宽度，点估计彼此之间是否一致？ML 置信区间是否比理论预测值窄？

(b) 形状参数点估计和实验室经验值是否一致？即，数据的形状参数是否在 1.3 到 1.5 范围内？是否有明显的证据说明失效率逐渐增大？

(c) 计算设计载荷 0.75 下轴承 10%分位寿命的 ML 点估计。

(d*) 计算设计载荷 0.75 下轴承 10%分位寿命的 95%近似置信区间。

(e) 检查组合对数残差的极值分布概率图，评述 Weibull 分布的适用性。

(f) 检查残差与 LSTRES (ln (应力)) 的互相关图，评述寿命-应力关系的线性度。说明图中是否存在其他显著特征，如，每个样本分布的倾斜情况，散度 (β) 是否恒定等。

MAXIMUM LOG LIKELIHOOD=−54.138784

* FISHER MATRIX

COEFFICIENTS	C1	C2	C3
C1	60.30235		
C2	−0.1596908E−03	0.6684998	
C3	−22.05603	0.8500802	73.92661

* MAXIMUM LIKELIHOOD ESTIMATES FOR DIST. PARAMETERS WITH APPROXIMATE 95% CONFIDENCE LIMITS

PARAMETERS	ESTIMATE	LOWER LIMIT	UPPER LIMIT
C1	0.4991979	0.2315432	0.7668526
C2	−13.85280	−16.26991	−11.43569
SPREADβ	1.243396	0.9746493	1.586245

* COVARIANCE MATRIX

PARAMETERS	C1	C2	SPREAD
C1	0.1864823E−01		
C2	−0.7175376E−02	1.520832	
SPREAD β	0.7020492E−02	−0.2440648E−01	0.2386648E−01

* CORRELATION MATRIX

PARAMETERS	C1	C2	SPREAD
C1	1.0000000		
C2	−0.4260742E−01	1.000000	
SPREAD	0.3327780	−0.1281063	1.0000000

* MAXIMUM LIKELIHOOD ESTIMATE OF THE FITTED EQUATION

CENTER $\ln(\hat{\alpha})$

=0.4991979

+ (LSTRES−0.2404153E−01) * (−13.85280)

SPREAD β

=1.243396

PCTILES (ALL)

LSTRES

−0.13926207=ln(0.87)

MAXIMUM LIKELIHOOD ESTIMATES FOR DIST. PCTILES WITH APPROXIMATE 95% CONFIDENCE LIMITS

PCT.	ESTIMATE	LOWER LIMIT	UPPER LIMIT
P	$\hat{y}_P$	$\underset{\sim}{y}_P$	$\tilde{y}_P$
0.1	0.6119165E−01	0.1281440E−01	0.2922040
0.5	0.2236344	0.6307659E−01	0.7928829
1	0.3913096	0.1251383	1.223632
5	1.451552	0.6150606	3.425682
10	2.589731	1.230454	5.450596
20	4.735488	2.506414	8.946984
50	11.78282	7.064818	19.65159
80	23.19973	14.52764	37.04851
90	30.94404	19.41020	49.33149
95	38.23777	23.85527	61.29158
99	54.03563	33.02691	88.40821

下表总结了数据的多个 ML 拟合结果。利用表中结果进行下述模型评价。

模型	最大对数似然值	Weibull 形状参数			转数（百万）		
	$\hat{\mathcal{L}}$	$\hat{\beta}$	$\underset{\sim}{\beta}$	$\tilde{\beta}$	$\hat{\tau}_{10}$	$\underset{\sim}{\tau}_{10}$	$\tilde{\tau}_{10}$
1) β 相同，α 不同	−49.012	1.430	1.118	1.832	2.680	1.345	5.342
					0.8856	0.4743	1.654
					0.0795	0.0423	0.1496
					0.0512	0.0277	0.0946
2) β 不同，α 不同	−33.528	0.953	0.600	1.514	0.969	0.221	4.253
	−22.398	1.574	0.943	2.627	1.046	0.405	2.702
	2.900	1.950	1.232	3.085	0.1298	0.0623	0.2704
	7.282	1.963	1.197	3.221	0.0837	0.0397	0.1763

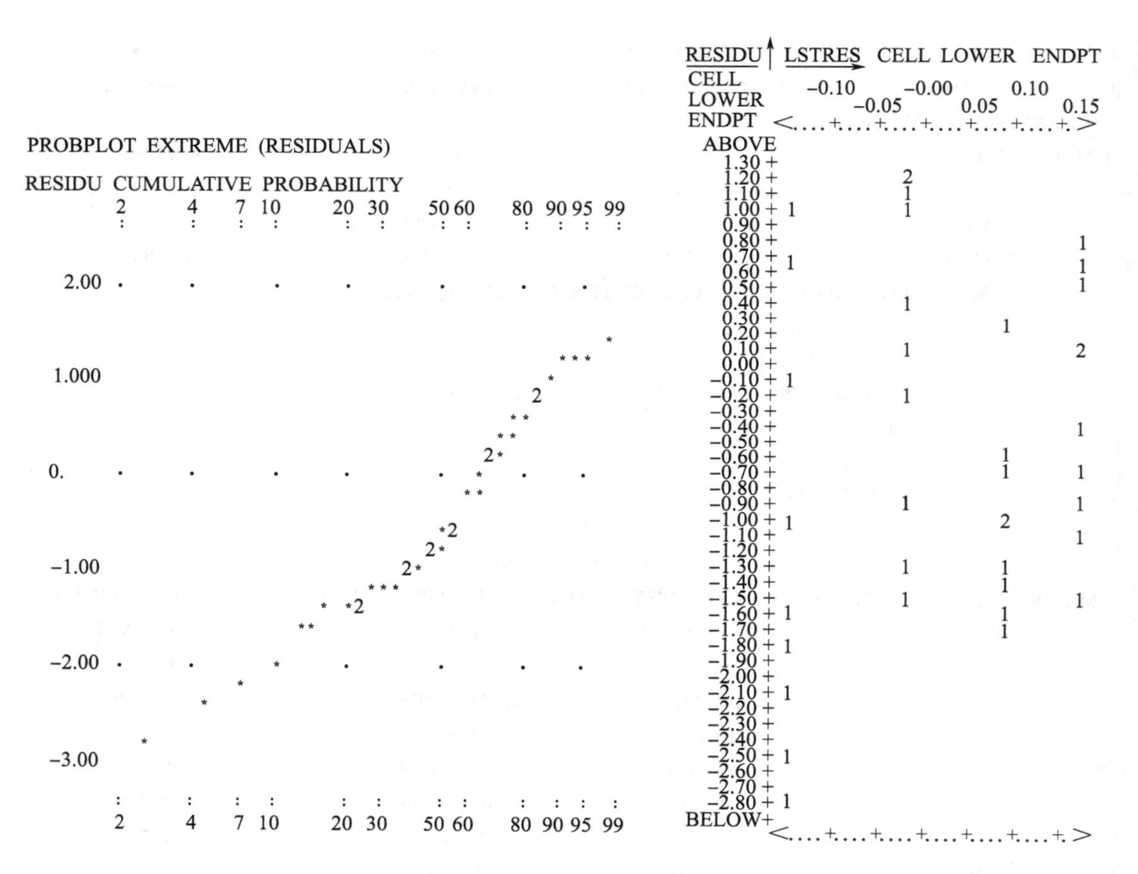

(g) 分别绘制表中两个拟合模型和幂律- Weibull 模型的 Weibull 概率图，并在每个图中都画出数据，评价模型的适用性。

(h) 采用 LR 检验法检验 Weibull 分布形状参数是否恒定。在适当的坐标纸上画出各模型所有形状参数的点估计和置信限。陈述结论。

(i) 利用公式（5.3－2）和 MCCool（1981，1974）给出的精确检验表对（h）进行检验。

(j) 在双对数坐标纸上画出表中10%分位寿命的估计值（包括置信限）及其拟合模型，评述模型的适用性。

(k) 假设β为常数，用似然比检验法检验逆幂律模型的适用性。陈述结论。

(l) 假设β不同，用似然比检验法检验逆幂律模型的适用性，参见第9章。

(m) 进行深入分析，并采用其他模型进行分析。

5.4 晶体管。27个微波功率晶体管的温度加速试验数据如下。试验的主要目的是评估该晶体管在100 ℃下、寿命为10年时的可靠度。只将“graceful”失效视为失效，其他作为截尾时间（以＋标识）。其他大多数失效是试验设备失效引起的。采用Arrhenius -对数正态模型进行分析。

(a) 将数据绘制在Weibull概率纸和Arrhenius坐标纸上，评述模型的适用性。

(b) 用图形分析法评估Weibull形状参数，并评价其准确性。失效率随着时间是增大还是减小？形状参数是否明显不等于1？

(c) 用图形分析法评估激活能，估计其不确定度。

(d) 用ML程序对数据进行模型拟合。与图形估计相比，ML点估计和置信区间的有哪些优势？

(e) 计算100 ℃下、寿命为10年时可靠度的ML点估计和置信区间，评述不确定度。

(f) 分别在Weibull概率纸和双对数坐标纸上画出（e）的点估计和置信限

(g) 在极值分布概率纸上绘制（对数）残差图，评价Weibull分布的适用性

(h) 进行深入分析。

215 ℃		190 ℃	
时间/h	失效原因	时间/h	失效原因
346＋	TWT failure	2 403	Graceful
346＋	TWT failure	2 668＋	Removed - fixture failed
1 416	Graceful	3 669＋	Removed - fixture failed
2 197＋	Removed - fixture failed	3 863	Graceful
2 533	Graceful	4 400＋	TWT failure
2 630	Graceful	4 400＋	Source failure
2 701＋	Removed - power failed	4 767	Graceful
3 000	Graceful	4 767	Graceful
3 489	Graceful	5 219	Graceful
6 720＋	Removed - test stopped	5 276＋	Removed - floor failed
		5 276＋	Removed - floor failed
		5 276＋	Removed - floor failed
		5 276＋	Removed - floor failed
		7 517	Graceful

		7 517	Graceful
		7 840	Graceful
		8 025	Graceful
		8 025	Graceful
		8 571+	Removed - test stopped

5.5　匝间绝缘失效。对3章表3.5-1中的匝间绝缘失效数据进行下述分析。全部4个温度下的Arrhenius-对数正态模型的ML拟合结果如下。

参数	点估计	95%置信区间
γ'_0	3.526 684	(3.499 721，3.553 648)
γ_1	3.478 935	(3.171 346，3.786 524)
σ	0.074 234 83	(0.057 104 98，0.096 503 15)
$\hat{\mu}(x)=3.526\,684+3.478\,935(x-2.044\,926)$		
最大对数似然值：17.25		

(a) 检查第3章3.5节中的数据图，评价模型和数据的有效性。

(b) 计算拟合寿命-应力关系的对数残差。

(c) 在正态危险图纸上绘制对数残差图。评述图形和对数正态分布的适用性。

(d) 在方形网格纸上绘制观测残差和截尾残差与温度的互相关图，并对图形进行评述。

采用对数寿命均值不同（不考虑寿命-应力关系）、对数标准差σ相同的模型对各温度下的数据进行ML拟合，结果如下。

对数均值		
温度/℃	点估计	95%置信区间
190	3.939 6	(3.896 4，3.982 8)
220	3.422 0	(3.377 7，3.466 4)
240	3.218 3	(3.174 6，3.262 1)
260	3.224 6	(3.175 5，3.273 7)
σ	0.069 76	(0.052 72，0.086 80)
最大对数似然值36.42		

(e) 计算对数均值的对数残差。

(f) 在正态危险图纸上绘制对数残差图，评述该图形、(c)中得到的图形及对数正态分布的适用性。

(g) 计算寿命-应力关系线性检验的似然比检验统计量，与近似χ^2分布的百分位数进行比较，评价寿命-应力关系是否为线性。考虑本题所绘图形和第3章3.5节中的图形，正式的线性检验是否必要？为什么？

（h）考虑所有相关图形，正式的 σ 一致性检验是否必要？σ 一致性吗？

（i）进行深入分析。

5.6　剔除异常数据的B级绝缘系统数据。剔除2个异常数据后，重新分析B级绝缘系统数据，重新完成本章和第3章中对B级绝缘系统数据的所有分析。

5.7　最新的B级绝缘系统数据。用ML分析法重做习题3.8，包括残差分析、σ 一致性检验和寿命-应力关系线性度检验。采用Weibull分布重新完成所有分析。记录哪些结果相当，哪些结果差别较大。在合适的坐标纸上画出点估计值和置信限。

5.8　继电器。用ML分析法重做习题3.11，在合适的坐标纸上画出点估计和置信限。进行残差分析、形状参数一致性检验和寿命-应力关系线性度检验。为工程师编写简要的总结报告，包括结论、相关图表、计算结果等。

5.9　变压器匝间失效数据。用ML分析法重做习题3.12，在合适的坐标纸上画出点估计和置信限。进行残差分析、形状参数一致性检验和寿命-应力关系线性度检验。

5.10　润滑油。针对表5.2-1中的数据，完成以下分析。

（a）假设温度每降低18 ℉（10 ℃）寿命增加0.5倍（加速因子1.5），重新计算220℉下润滑油的等效寿命。

（b）在Weibull概率纸上画出润滑油的等效寿命数据。

（c）在Arrhenius坐标纸上画出润滑油等效寿命数据（包括非失效数据）。

（d）假设温度每降低18 ℉（10 ℃）寿命增加1.5倍（加速因子2.5），重新计算220℉下润滑油的等效寿命。

（e）将（d）中得到的数据画在（b）中的Weibull概率纸上。

（f）在Arrhenius纸上画出（d）中得到的数据（包括非失效数据）。

（g）将表5.2-1中的原始（未转换）数据和基于2倍加速因子的等效数据绘制在Weibull概率纸和Arrhenius纸上。

（h）比较各组等效数据在1 100小时时的失效概率。结论对转换加速因子敏感吗？

（i）估计Weibull分布的形状参数，说明失效率的特性。

（j）对每组转换数据进行Weibull分布拟合，将ML点估计、置信限和数据绘制在Weibull概率纸上。

（k）进行深入分析。

5.11　涡轮盘的量子响应数据。分别在不同寿命时间点对356个涡轮盘各进行一次疲劳裂纹检测，其中100个出现裂纹。采用幂律-Weibull模型描述裂缝萌生时间与开裂叶片厚度的函数关系，利用如下STATPAC软件对量子响应数据的模型拟合输出结果，完成下述分析。通过厚度可望能够更好地预测裂纹萌生。Nelson（1979）对这些数据进行了更详细的分析。

```
MAXIMUM LOG LIKELIHOOD=-164.65188

* MAXIMUM LIKELIHOOD ESTIMATES FOR DIST. PARAMETERS
  WITH APPROXIMATE 95% CONFIDENCE LIMITS
```

PARAMETERS	ESTIMATE	LOWER LIMIT	UPPER LIMIT	STANDARD ERROR
C00001	8.402218	8.274504	8.529931	0.6515980E−01
C00002	−3.610256	−9.426808	2.206297	2.967629
SPREAD β	2.180689	1.687274	2.818396	0.2854109

* COVARIANCE MATRIX

PARAMETERS	C00001	C00002	β SPREAD
C00001	0.4245799E−02		
C00002	−0.7911342E−01	8.806821	
SPREAD	−0.1244511E−01	0.3106038	0.8145937E−01

MAXIMUM LIKELIHOOD ESTIMATE OF THE FITTED EQUATION

CENTER ln($\hat{\alpha}$)

= 8.402218

+ [LWEB − (−1.565025)] * (−3.610256)

SPREAD

β =2.180689

PCTILES (−1.61)

LWEB

−1.6100000

* MAXIMUM LIKELIHOOD ESTIMATES FOR DIST. PCTILES

WITH APPROXIMATE 95% CONFIDENCE LIMITS

PCT.	ESTIMATE	LOWER LIMIT	UPPER LIMIT	STANDARD ERROR
0.1	220.7706	110.6198	440.6053	77.83574
0.5	462.2401	273.8198	780.3157	123.4875
1	635.9341	402.7728	1004.070	148.1863
5	1342.842	967.5963	1863.614	224.5348
10	1868.023	1392.931	2505.156	279.6988
20	2635.319	1988.874	3491.880	378.4047
50	4431.600	3238.882	6063.536	708.9032
80	6521.208	4512.781	9423.491	1224.876
90	7685.192	5168.986	11426.26	1555.150
95	8670.887	5702.808	13183.73	1853.678
99	10560.83	6681.860	16691.64	2466.472

(a) 描述涡轮盘失效率的特性（随寿命增大或减小）。依据（置信区间）有说服力吗？为什么？

(b) 注意 LWEB（叶片厚度的自然对数）的系数−3.61…的符号，与叶片越厚裂纹萌生所需时间越长这一理论相符吗？说明系数的置信区间包含 0 的含义。

（c*）利用系数点估计及其协方差矩阵计算 LWEB＝－1.61 时（正的）涡轮盘百分位寿命的点估计和近似置信区间，并与题中给出的计算结果进行比较。

（d）说明如何检验模型适用性，以及如何计算和分析残差。

（e）检验模型适用性，计算、分析残差。

（f）进行深入分析。

5.12　左、右截尾数据。利用 ML 程序分析习题 3.10 中的数据。在合适的坐标纸上画出点估计和置信限。分析残差，评价模型和数据。

5.13　温度循环。将 18 个电缆样品安装在电子模块上进行温度循环试验，温度循环范围分别为 190 ℃、140 ℃、100 ℃。在第 12、50、100、200 个循环后，对样品进行检测。得到如下区间数据。试验目的是评估温度循环范围 40 ℃下的电缆寿命。采用幂律-对数正态模型（如 Coffin－Manson 模型）进行分析。

ΔT /℃	(0，12)	(12，50)	(50，100)	(100，200)	(200，∞)
190	1	1	2	1	1
140			2	1	3
100					6

（a）在对数正态概率纸和双对数坐标纸上画出数据的区间，将失效点均匀标示在区间内

（b）根据区间数据，计算模型参数的 ML 点估计和 95%置信区间。幂参数的置信区间与经验值 2 一致吗？

（c）计算在温度循环范围 40 ℃和每个试验温度循环范围下该电缆百分位寿命的 ML 点估计和置信区间。

（d）在对数正态概率纸上画出数据及寿命分布的点估计和置信限。评价拟合寿命分布与数据的一致。

（e）计算区间（对数）残差和截尾（对数）残差。将失效残差在其区间内均匀分布，并将其视为观测残差，合并（对数）残差，标绘在对数正态概率纸上。相对于样本数量和数据的区间特性，评述对数正态分布的适用性。

（f*）使用计算机软件绘制区间残差的 Peto 图。

（g）假设幂参数值为 2，计算并画出 ΔT ＝40 ℃时电缆寿命分布的点估计和置信限。

（h）进行深入分析。

5.14　疲劳极限。对钢试样进行应力比为－1 的四点弯曲疲劳试验。试样有两种钢，每种刚有两种类型：标准钢（Std）和感应淬火钢（IH）。试验目的是比较四种钢的疲劳曲线，特别是疲劳极限。在下表中，应力单位是 ksi（10^3 磅/英寸^2），寿命单位是 10^6 个循环。试样在 10×10^6 未失效则移出试验（右截尾数据，以＋标识）。

（a）在半对数坐标纸上画出钢 A 的两组数据。以垂直线性坐标轴作为应力轴，水平对数坐标轴作为寿命轴。评价标准钢和感应淬火钢的疲劳曲线，特别是疲劳极限，是否明显不同。

钢 A（Std）		钢 A（IH）		钢 B（Std）		钢 B（IH）	
应力	循环数	应力	循环数	应力	循环数	应力	循环数
57.0	0.036	85.0	0.042	75.0	0.073	85.0	0.126
52.0	0.105	82.5	0.059	72.5	0.115	82.5	0.165
42.0	10.＋	80.0	0.165	70.0	0.144	80.0	0.313
47.0	0.188	80.0	0.223	67.5	0.184	75.0	0.180
42.0	2.221	75.0	0.191	65.0	0.334	65.0	10.＋
40.0	0.532	75.0	0.330	62.5	0.276	70.0	10.＋
40.0	10.＋	74.0	10.＋	60.0	0.846	91.6	0.068
45.0	0.355	72.0	10.＋	57.5	0.555	72.5	1.020
47.0	0.111	70.0	10.＋	57.5	3.674	75.0	0.600 9
45.0	0.241	65.0	10.＋	57.5	10.＋		
				55.0	0.398		
				55.0	10.＋		
				55.0	10.＋		

（b）对钢 B 进行（a）中的分析。

（c）用图形法比较钢 A 和钢 B 的标准钢。评价他们的疲劳曲线是否明显不同。

（d）用图形法比较钢 A 和钢 B 的感应淬火钢。评论他们的疲劳曲线是否明显不同。

（e）获取四种钢的疲劳极限的图估计，在图中用水平线画出。这些估计值是否明显不等于 0?

采用如下耐久极限模型对四种钢的疲劳试验数据进行拟合，主要结果如下表所示。假设钢的寿命服从对数正态分布。中位寿命的拟合方程为

$$\tau_{0.50}=\begin{cases}10\gamma_1/(S-\gamma_3)^{\gamma_2} & ,S>\gamma_3\\ \infty & ,S\leqslant\gamma_3\end{cases}$$

式中，S 为应力，单位 ksi；γ_3 为疲劳极限。

钢	$\hat{\mathcal{L}}$	$\hat{\gamma}_1$	$\hat{\gamma}_2$	$\hat{\gamma}_3$	γ_3	$\tilde{\gamma}_3$	$\hat{\sigma}$
A Std	−3.347	3.696	3.877	34.2	17.1	51.4	0.533
A IH	7.847	−0.542	0.563	74.0	无		0.212
B Std	−7.775	3.440	3.237	48.6	25.3	71.9	0.529
B IH	6.380	0.258	0.998	70.5	61.9	79.2	0.174
合并 IH	2.067	0.153	1.034	72.0	71.8	72.2	

(f) 在数据图中，画出 γ_3 的点估计值 $\hat{\gamma}_3$ 和 95%置信区间 $(\underset{\sim}{\gamma}_3, \tilde{\gamma}_3)$ 。说明置信上限大于出现疲劳的应力的原因。即解释置信限的近似理论失灵的原因。疲劳极限是否明显不等于 0? 为什么?

(g^*) 计算 γ_3 的 LR 置信限。

(h^*) 感应淬火钢 A 的 Fisher 信息阵是奇异矩阵，不能计算近似置信限，说明其原因。

(i) 计算并画出每种钢的中位寿命曲线。

(j) 计算每种钢的对数残差（对数观测寿命减去对数中位寿命），并绘制正态危险图。对数正态分布是否适合? 为什么?

(k) 合并两种标准钢的残差，并绘制正态危险图。对数正态分布是否适合? 为什么? 对两种感应淬火钢进行同样的分析。

(l) 阐述不适宜合并四种钢的原始残差的原因。

(m) 绘制所有标准钢的残差（包括截尾残差）与应力的互相关图。描述图形特征。

(n) 对感应淬火钢的残差进行（m）中的分析。

(o) 将标准钢的残差按照应力高低分为等数量的两组，绘制每组残差的危险图，并描述图形特征。对于大多数金属疲劳，较低应力下的 σ 较大，图中是否如此?

(p) 对感应淬火钢的残差进行（o）中的分析

(q) 计算四种钢的组合残差，全部合并，绘制其与应力的互相关图，并进行评述。

(r) 绘制（q）中残差的正态概率图，并进行评述。

(s) 对（q）中得到的残差进行（o）中的分析。

采用幂律-对数正态模型（$\gamma_3=0$）对四种钢的疲劳试验数据进行拟合，主要结果如下表所示。其中 $\tau_{0.50}=10^{\gamma_1}/S^{\gamma_2}$ 。

钢	$\hat{\mathcal{L}}$	$\hat{\gamma}_1$	$\hat{\gamma}_2$	$\hat{\sigma}$
A Std	−3.717	−0.252 4	−15.07	0.552
A IH	−0.437	0.197 5	−37.93	0.598
B Std	−8.056	−0.070 1	−14.88	0.536
B IH	−1.090	−0.195 0	−17.71	0.397
合并 IH	−4.289	−0.021 2	−24.91	0.578

(t) 采用 LR 检验法检验每种钢的 γ_3 是否等于 0。

(u) 提出进一步分析数据的建议。

(v) 评述 γ_3 的置信区间的宽度。你认为试验应力改善后将使置信区间宽度减少多少? 证明你的观点。

(w^*) 写出对数似然函数表达式：(i) 高于疲劳极限的应力下出现一个失效；(ii) 高于疲劳极限的应力下存在一个未失效；(iii) 低于疲劳极限的应力下存在一个未失效。

(x^*) 利用一组“典型”数据，如上述任意一种钢的数据，写出关于 γ_3 的样本对数似然函数的通用形式。

5.15　＄1 000 000 试验。采用 ML 分析法重做习题 3.9。将数据看作区间数据进行分析，以区间的中间点作为失效时间。分析残差，为了简单，将每个失效残差取为其（对数）残差区间的中值。检验 σ 是否相同以及所用模型的适用性。

5.16　绝缘油。采用 ML 分析法重做习题 4.10。

5.17　简单指数模型。本题涉及 ML 理论与右截尾数据的指数分布和对数线性寿命-应力关系拟合方法。假设均值 $\theta(x)$ 与应力（或转换应力）x 的函数关系为

$$\ln[\theta(x)]=\gamma_0+\gamma_1 x$$

（a）设样本数为 n，失效数为 r，右截尾数为 $n-r$，样品 i 的失效/截尾时间和应力为 t_i 和 x_i，写出样本的似然函数。

（b）写出样本的对数似然函数。

（c）导出似然方程。

（d）推导两个应力水平加速试验的模型系数的 ML 估计显式。用这两个应力水平下的均值的 ML 估计表述这些系数的估计。证明拟合方程穿过这些系数的 ML 估计。

（e）对于一般加速试验，计算对数似然函数的负二阶偏导数矩阵。

（f）对于两个应力水平的加速试验，利用未知系数的 ML 估计估计（e）中得到的矩阵的值。用两个应力水平下均值的 ML 估计表述该局部信息矩阵。

（g）计算（f）中得到的矩阵的逆矩阵，得到协方差矩阵的局部估计。

（h*）对于一般加速试验，计算（e）中矩阵的期望，得到理论 Fisher 信息阵。

（i）计算（h）中得到矩阵的逆矩阵，得到理论协方差矩阵。

（j）对于两个应力水平的加速试验，利用系数的 ML 估计估计（i）中得到的矩阵的值。用两个应力水平下均值的 ML 估计表述该矩阵。

（k）给出应力水平 x_0 下均值和失效率的 ML 估计。

（l）计算（k）中点估计的理论方差。

（m）计算应力水平 x_0 下均值和失效率的近似正态置信限和 LR 置信限。

（n*）针对区间数据重做（a）～（m）。

（o*）针对（n）的一个特例——量子响应数据重做（a）～（m）。

5.18*　已知 β 的简单 Weibull 模型。假设形状参数已知，用 Weibull 分布代替指数分布重做习题 5.17。其中（k）～（m），估计 $100P\%$分位寿命。

5.19*　β 未知的简单 Weibull 模型。假设形状参数 β 是未知待估参数，重做习题 5.18。

5.20　疲劳极限模型。采用对数在正态分布，推导 4.2 节疲劳极限模型的 ML 理论。

（a）设样本数为 n，失效数为 r，截尾数为 $n-r$，样品 i 的失效/截尾时间和应力为 t_i 和 S_i，写出样本的对数似然函数。

（b）导出似然方程。

（c）计算对数似然函数的负二阶偏导数，得到 Fisher 信息阵。

（d）假设已知协方差矩阵的局部估计（（c）中矩阵的逆矩阵在 ML 估计处的值）。推导（i）疲劳极限 γ_3（ii）应力 S_0 下的 $100P\%$分位寿命的近似置信限。

5.21* σ 依赖于应力。推导 4.2 节中模型式（4.2.2）和式（4.2.3）的 ML 理论。重做习题 5.20 的（a）～（c）。

（d）假设已知协方差矩阵的局部估计。推导（i）γ_5，（ii）应力 S_0 下的 100P%分位寿命的近似置信限。

第6章 试验方案设计

本章介绍加速试验方案设计，包括最优试验方案、传统试验方案和良好折中试验方案，并给出加速试验样本量与估计精度（标准误差）的关系。最优试验方案可以得到设计应力下产品寿命的最精确估计。传统试验方案的应力水平等间隔分布，且每个应力水平下的样本量相同。试验技术人员习惯使用传统试验方案，其估计精度低于最优试验方案和良好折中试验方案。相同精度下，传统试验方案较优良试验方案要多耗费25％～50％的试验件，因此应少用传统试验方案。良好折中试验方案中低应力水平下的样本量要多于高应力水平，这是一个重要的通用准则。基于本章介绍的试验设计准则的优良试验方案，在给定试验费用和时间下可以得到更好的评估结果。而不好的试验方案，费时费钱甚至可能得不到想要的信息。Nelson（1990）介绍了最基本、有效的试验方案。

（1）基础

第2章的简单模型是本章不可缺的重要基础，而由于试验方案需要利用最小二乘估计和最大似然估计，第4章和第5章也是有利的基础。尽管如此，仍可以在阅读第4、5章之前先阅读本章。实际上，实践中必须在分析数据之前确定试验方案。本章介绍的试验方案最适合单一失效模式产品，但是也可用于多失效模式产品。第1章1.4节、1.6节介绍了许多试验设计中要考虑的重要因素，下面不再赘述。

（2）概述

6.1节介绍简单模型和完整数据的传统试验方案、最优试验方案及良好折中试验方案。6.2节介绍实践中最常见的单一截尾数据的试验方案。6.3节阐述评价各种试验方案的通用方法。6.4节综述加速试验方案方面的文献。6.5节用于评价试验方案及优化试验方案的最大似然（ML）理论。

6.1 简单模型和完全数据的试验方案

（1）目的

本节论述简单线性模型和完全数据下的试验方案，介绍方案精度评价方法和样本量确定方法，并比较最优试验方案和传统试验方案。虽然产生完全数据的试验通常需要进行很长时间，但适合完全数据的理论简单，其结果可以拓展到更复杂的模型和数据，故在此进行介绍。第4章是本节必要的基础，6.1.1节也简要介绍了必要的基础知识。读者可以跳过本节，直接阅读6.2节截尾数据的试验方案。

（2）文献

关于用最小二乘法对完全数据进行线性寿命-应力关系拟合的最优试验方案方面的文献很多。针对简单线性寿命-应力关系，Gaylor 和 Sweeny（1965）总结了相关文献并推导出下文将介绍的最优试验方案；Daniel 和 Heerema（1950）研究了使外推和系数估计最优的试验方案；Stigler（1971）提出了良好折中试验方案；Little 和 Jebe（1969）提出了样品逐个单独试验、总试验时间一定，对数寿命的标准差可能不是常数时外推最优的试验方案；Hoel（1958）推导了用多项式外推时的最优方案，但在加速试验中很少使用。

（3）概述

6.1.1 节介绍在假设模型，评估和试验约束方面的必要基础。6.1.2 节导出了最优方案及其特性。6.1.3 节介绍传统试验方案。6.1.4 节比较各传统试验方案及传统试验方案和最优试验方案。6.1.5 节介绍“良好”试验方案。

6.1.1　基础

（1）目的

本节回顾 6.1 节必要的基础知识，包括简单线性-对数正态模型，最小二乘估计，最小二乘估计的方差（通过最优试验方案可以最小化），以及试验约束。

（2）模型

简单线性-对数正态模型的假设如下：

1）任一应力水平下样品的寿命 t 服从对数正态分布；

2）对数寿命的标准差 σ 是常数；

3）应力（或转换应力）水平 x 下，平均对数寿命满足

$$\mu(x)=\gamma_0+\gamma_1 x \tag{6.1-1}$$

式中，γ_0，γ_1，σ 为待估参数。

4）样品寿命相关的随机变量是统计独立的。

下述结果可以扩展到任一简单线性模型。当然，下述结果在模型可以充分表述产品寿命的范围内有效。

（3）估计

假设 n 个样品分别在应力水平 x_1，x_2，…，x_n（有些可能相等）下试验，观测对数寿命分别为 y_1，y_2，…，y_n，根据第 4 章，γ_0，γ_1 的最小二乘估计为

$$c_1=\left[\sum y_i(x_i-\bar{x})\right]/\left[\sum(x_i-\bar{x})^2\right],c_0=\bar{y}-c_1\bar{x} \tag{6.1-2}$$

式中两个和号是所有样品的和，$\bar{x}=(x_1+x_2+\cdots+x_n)/n$，$\bar{y}=(y_1+y_2+\cdots+y_n)/n$。在指定应力水平（如设计应力）$x_0$ 下，平均对数寿命 $\mu(x_0)$ 的最小二乘估计为

$$m(x_0)=c_0+c_1x_0 \tag{6.1-3}$$

这通常是人们最关心的估计量。该估计是统计无偏的，即该估计抽样分布的均值等于其真值 $\mu(x_0)$。该估计抽样分布的标准差是其标准误差［式（6.1-5）］。

（4）精度

$m(x_0)$ 的方差为

$$\mathrm{Var}[m(x_0)]=\left\{1+(x_0-\bar{x})^2\left[n/\sum(x_i-\bar{x})^2\right]\right\}\sigma^2/n \tag{6.1-4}$$

其平方根是 $m(x_0)$ 的标准误差，即

$$\sigma[m(x_0)]=\left\{1+(x_0-\bar{x})^2\left[n/\sum(x_i-\bar{x})^2\right]\right\}^{1/2}\sigma/\sqrt{n} \tag{6.1-5}$$

统计人员经常使用方差，由于方差与 $1/n$ 成比例，因此很适合用于比较样本量。但对大多数人来说标准误差更容易理解。特别地，点估计 $m(x_0)$ 在 $\mu(x_0)\pm K_\gamma\sigma[m(x_0)]$ 范围内的概率为 γ，其中 K_γ 是标准正态分布的 $100(1+\gamma)/2\%$ 分位数。对于任一试验方案，都可以用式（6.1-4）（或等价公式（6.1-5））计算 $m(x_0)$ 的精度。6.1.2 节介绍使估计的方差［式（6.1-4）］或标准差［式（6.1-5）］最小的应力水平优化选择方法。6.4 节介绍用于优化试验的其他判别准则。

（5）加热器实例

某包覆式管状加热器加速试验的 4 个试验温度分别为 1520℉、1620℉、1660℉和 1708℉，每个温度下 6 台加热器——一个传统加速试验。采用 Arrhenius-对数正态模型进行分析。设计温度 1100℉下，该加热器的平均对数寿命点估计的方差的计算如下。试验温度和设计温度对应的绝对温度的倒数分别为

$$x_1=\cdots=x_6=1\,000/(1\,520+460)=0.505\,1$$
$$x_7=\cdots=x_{12}=1\,000/(1\,620+460)=0.480\,8$$
$$x_{13}=\cdots=x_{18}=1\,000/(1\,660+460)=0.471\,7$$
$$x_{19}=\cdots=x_{24}=1\,000/(1\,708+460)=0.461\,3$$
$$x_0=1\,000/(1\,100+460)=0.641\,0$$

则

$$\bar{x}=[6(0.505\,1)+6(0.480\,8)+6(0.471\,7)+6(0.461\,3)]/24=0.479\,75$$

$$\begin{aligned}\sum(x_i-\bar{x})^2/n=&[6(0.505\,1-0.479\,75)^2+6(0.480\,8-0.479\,75)^2+\\&6(0.471\,7-0.479\,75)^2+6(0.461\,3-0.479\,75)^2]/24\\=&0.000\,261\,83\end{aligned}$$

根据式（6.1-4），对于目前的试验方案

$$\mathrm{Var}[m(0.641\,0)]=\{1+[(0.641\,0-0.479\,75)^2/0.000\,261\,83]\}\sigma^2/24=4.18\sigma^2$$

下文中最优试验方案的方差为 $2.16\sigma^2$，大约是此方差的一半。

（6）试验约束

如果试验应力水平 x_1，x_2，…，x_n 是无约束的，将所有样品都置于应力水平 x_0 下试验，即 $x_1=\cdots=x_n=x_0$，可以使方差［式（6.1-4）］或标准差［式（6.1-5）］最小。但这样试验就不是加速试验了，通常需要很长时间。因此，必须确定允许的最低试验应力水平 x_L。该应力水平应尽可能低以最小化方差［式（6.1-4）］，但也要足够高，以保证样品都能快速失效。允许的最高试验应力水平 x_H 应尽量高并最小化方差［式（6.1-

4)］，但也不能太高，以致产生其他的失效模式或使线性寿命-应力关系［式（6.1-1）］不适合。则为了使方差［式（6.1-4）］最小，应将所有试验应力水平控制在应力水平 x_L 至 x_H 之间。

6.1.2 最优试验方案

（1）最优应力水平

简单线性-对数正态模型（如 Arrhenius-对数正态模型）和完全数据的最优试验方案如下，Daniel 和 Heerema（1950）、Gaylor 和 Sweeny（1965）对此进行了介绍。最优应力水平是许用试验应力范围内的最小值和最大值，无中间应力水平。为了与其他试验方案比较，在此推导两个应力水平下 n 个试验样品的最优分配方案，并给出指定设计应力水平下对数寿命均值的最小二乘估计［式（6.1-3）］的最小方差。需要指出的是，这种最优试验方案没有考虑试验时间和试验费用。

（2）外推因子

对于某一应力水平 x ，定义外推因子

$$\xi \equiv (x_H - x)/(x_H - x_L) \tag{6.1-6}$$

式中，x_L 为最低许用应力水平；x_H 为最高许用应力水平。图 6.1-1 描述 ξ 的意义：长箭头和短箭头的长度之比。如此 ξ 即 x 距 x_H 的距离是试验应力范围 $(x_H - x_L)$ 的多少倍。ξ 很大对应长距离外推；ξ 接近 1 对应短距离外推。当 $x = x_H$ 时，$\xi_H = 0$；当 $x = x_L$ 时，$\xi_L = 1$。对于设计应力水平 x_0，由于假设设计应力水平低于许用试验应力范围，故 $\xi_0 \equiv (x_H - x_0)/(x_H - x_L)$ 大于 1。

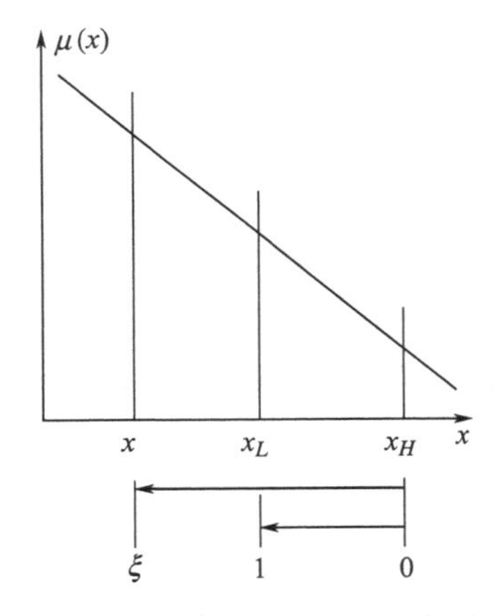

图 6.1-1 外推因子 ξ 示意图

（3）最优分配方案

n 个试验样品的最优分配方案的推导如下。以 p 表示应力水平 $x_L(\xi = 1)$ 下的样品占比，$1 - p$ 则为应力水平 $x_H(\xi = 0)$ 下的样品占比。因此各样品的外推因子 $\xi_i \equiv (x_H -$

$x_i)/(x_H - x_L)$ 的值分别为 $\xi_1 = \cdots = \xi_{pn} = 1$ 和 $\xi_{pn+1} = \cdots = \xi_n = 0$，且 $\sum \xi_i = np$ ，$\bar{\xi} = p$ ，$\sum \xi_i^2 = np$ ，则

$$\mathrm{Var}[m(x_0)] = \left[1 + \frac{(\xi_0 - p)^2}{p(1-p)}\right]\sigma^2/n \tag{6.1-7}$$

上述方差公式中包含未知参数 σ 的真值。使方差式（6.1－7）最小的比例 p^* 为

$$p^* = \xi_0/(2\xi_0 - 1) \tag{6.1-8}$$

对于外推法（$\xi_0 > 1$），p^* 总是大于1/2。因此，低应力水平下的样品应多于高应力水平。最小方差为

$$\mathrm{Var}_2^*[m(x_0)] = [1 + 4\xi_0(\xi_0 - 1)]\sigma^2/n \tag{6.1-9}$$

分配到低应力水平下的样品数应为最接近 np^* 的整数。取整后的方差略大于式（6.1－9）的值。如 1.5 节所述，多数情况下最优试验方案可能并不可行。这种分配方案也可以使 100P% 分位对数寿命 $y_P(x_0) = m(x_0) + z_P s$ 的最小二乘估计的方差最小。对于简单线性-对数正态模型［式（6.1－1）］和完全数据，上述最优试验方案与未知参数 γ_0，γ_1，σ 的真值无关。

（4）极端分配方案

式（6.1－9）存在两种有指示意义的极端情况。第一种情况，如果最低试验应力等于设计应力（$x_L = x_0$），则 $\xi_0 = 1$，$p^* = 1$。即，所有样品都在最低应力水平下试验。第二种情况，如果 x_0 远小于 x_L（如 $\xi_0 \to \infty$），则 $p^* = 1/2$。即，样品在试验应力 x_L 和 x_H 下平均分配。$\mathrm{Var}_2^*[m(x_0)]$ 与 ξ_0 的关系曲线如图 6.1－2 所示。

（5）H 级绝缘系统实例

对于在第 3 章和第 4 章讨论的 H 级绝缘系统，其样品的最优分配方案和方差如下。设计温度为 $T_0 = 180$ ℃（$x_0 = 1\ 000/453.2$ K $= 2.207$），许用的最低试验温度为 $T_L =$ 190 ℃（$x_L = 1\ 000/463.2$ K$=2.159$），最高试验温度为 $T_H = 260$ ℃（$x_H = 1\ 000/533.2$ K$=$ 1.875）。外推因子为 $\xi_0 = (1.875 - 2.207)/1.875 - 2.159 = 1.17$，接近 1，即设计温度接近试验温度范围。分配到 190 ℃的样品最优占比为 $p^* = 1.17/(2 \times 1.17 - 1) = 0.87$。也就是说，87%的样品应在 190 ℃下试验，13%的样品在 260 ℃下试验，因为属于短距离外推，所以分配得很不均衡。在 40 个样品中，$0.87 \times 40 \approx 35$ 个样品将在 190 ℃下试验，$0.13 \times 40 \approx 5$ 个在 260 ℃下试验。根据式（6.1－9），最小方差为

$$\mathrm{Var}_2^*[m(x_0)] = [1 + 4(1.17)(1.17 - 1)][\sigma^2/n] = 1.80\sigma^2/n$$

数值 1.8 可以从图 6.1－2 中直接读出。从水平轴的刻度 $\xi_0 = 1.17$ 处引一条垂线，向曲线 Var_2^* 延伸，交点对应的纵轴刻度即为 1.80。对于 $n = 40$，Var_2^* $[m(2.207)] =$ $0.045\sigma^2$。

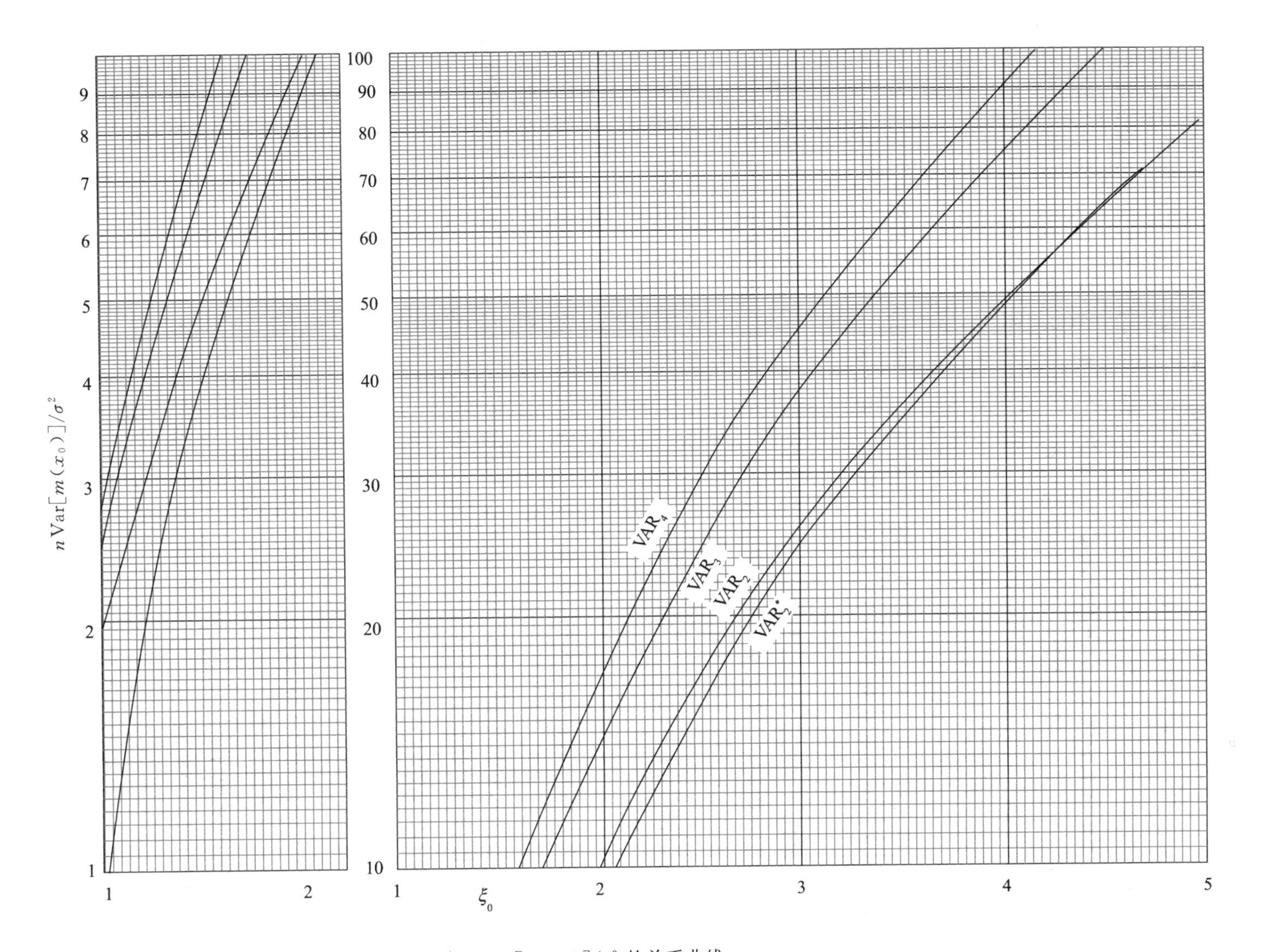

图 6.1－2　ξ_0 与 $n\mathrm{Var}[m(x_0)]/\sigma^2$ 的关系曲线

(6) 加热器实例

通过加速寿命试验评估包覆式管状加热器在设计温度 $T_0=1\ 100$ ℉[$x_0=1\ 000/(1\ 100+460)=0.641\ 0$]下的寿命。允许的最低试验温度 $T_L=1\ 520$ ℉[$x_L=1\ 000/(1\ 520+460)=0.505\ 1$]，最高试验温度为 $T_H=1\ 708$ ℉[$x_H=1\ 000/(1\ 708+460)=0.461\ 3$]。则 $\xi_0=(0.461\ 3-0.641\ 0)/(0.461\ 3-0.505\ 1)=4.10$。此时设计温度距离试验温度范围很远。分配到最低试验温度 T_L 下的样品最优占比为 $p^*=4.10/(2\times4.10-1)=0.57$，即57%的样品应在 1 520 ℉下试验，43%的样品应在 1 708 ℉下试验，差不多是平均分配。在 24 个试验样品中，$0.57\times24\approx14$ 个将在 1 520 ℉下试验，另外 $0.43\times24\approx10$ 个将在 1 708 ℉下试验。根据式 (6.1-9)，最小方差为

$$\mathrm{Var}_2^*[m(0.641\ 0)]=[1+4(4.10)(4.10-1)]\sigma^2/n=51.8\sigma^2/n$$

数值 51.8 可以从图 6.1-2 中读出。该方差是前面 H 级绝缘系统实例中方差的 29 倍。这么高的倍数是因为本实例中的外推距离大得多。对于 $n=24$，$\mathrm{Var}_2^*[m(0.641\ 0)]=2.16\sigma^2$。

然而，最优（方差最小）分配方案在实践中很少采用，但可为确定试验方案提供有用的指导。对于评估设计应力水平下的对数寿命均值，一个好的试验方案中试验样品应不均匀分配，并接近实际约束条件下的最优分配方案（见 6.1.5 节）。

6.1.3 传统试验方案

(1) 定义

常用试验方案的试验应力水平等间隔分布，且各应力水平下的样本量相同。为了与优化的试验方案进行比较，本小节介绍样品在两个、三个、四个应力水平下平均分配的传统试验方案，但并不推荐使用。优化的试验方案可以给出设计应力水平下更准确的寿命分布估计。因此应该使用样品不均匀分配的最优试验方案和良好折中试验方案。

(2) 两个应力水平

对于样品平均分配的两个应力水平的加速试验（每个应力水平下 $n/2$ 个样品），$\xi_1=\cdots=\xi_{(n/2)}=1$，$\xi_{(n/2)+1}=\cdots=\xi_n=0$。则 $\sum\xi_i=n/2$，$\bar{\xi}=0.5$，$\sum\xi_i^2=n/2$，有

$$\mathrm{Var}_2[m(x_0)]=[1+4(\xi_0-0.5)^2]\sigma^2/n \tag{6.1-10}$$

$\mathrm{Var}_2[m(x_0)]$ 是 ξ_0 的函数，如图 6.1-2 中的曲线 Var_2 所示。

(3) 三个应力水平

对于应力水平等间隔分布、样本平均分配的三应力水平加速试验（每个应力水平下 $n/3$ 个样品），$\xi_1=\cdots=\xi_{(n/3)}=1$，$\xi_{(n/3)+1}=\cdots=\xi_{(2n/3)}\approx1/2$，$\xi_{(2n/3)+1}=\cdots=\xi_n=0$。根据理论，此处等间隔是在转换应力 x 的尺度上等间隔，而不是在原始加速变量的尺度上。为了简单，这种小差别可以忽略。则 $\sum\xi_i=n/2$，$\bar{\xi}=0.5$，$\sum\xi_i^2=5n/12$，有

$$\mathrm{Var}_3[m(x_0)]=[1+6(\xi_0-0.5)^2]\sigma^2/n \tag{6.1-11}$$

$\mathrm{Var}_3[m(x_0)]$ 与 ξ_0 的关系如图 6.1-2 中的曲线 Var_3 所示。

(4) 四个应力水平

对于应力水平等间隔分布、样本平均分配的四应力水平加速试验（每个应力水平下$n/4$个样品），$\xi_1=\cdots=\xi_{(n/4)}=1$，$\xi_{(n/4)+1}=\cdots=\xi_{n/2}\approx 2/3$，$\xi_{(n/2)+1}=\cdots=\xi_{3n/4}\approx 1/3$，$\xi_{(3n/4)+1}=\cdots=\xi_n=0$。则$\sum\xi_i=n/2$，$\bar{\xi}=0.5$，$\sum\xi_i^2=7n/18$，有

$$\mathrm{Var}_4[m(x_0)]=[1+(36/5)(\xi_0-0.5)^2]\sigma^2/n \tag{6.1-12}$$

$\mathrm{Var}_4[m(x_0)]$与ξ_0的关系如图6.1-2中的曲线Var_4所示。

(5) H级绝缘系统实例

H级绝缘系统的试验方案中四个试验温度大致等间隔分布，样品平均分配。对于设计温度180 ℃，$\xi_0=1.17$，有

$$\mathrm{Var}_4[m(x_0)]\approx[1+(36/5)(1.17-0.5)^2]\sigma^2/n=4.23\sigma^2/n$$

数值4.23可以从图6.1-2中的曲线Var_4曲线中读出。

6.1.4 试验方案的比较

(1) 比较

图6.1-2中试验方案的方差可以通过它们在极限值时的比值进行比较。当$\xi_0=1$时，设计应力水平是试验应力范围的下限；当$\xi_0\to\infty$时，设计应力水平远低于试验应力范围。不同试验方案的方差比如表6.1-1所示。这些比值及其倒数与ξ_0的关系曲线如图6.1-3所示。其中倒数给出了优化试验方案要达到与不好的试验方案相同的精度需要的样本。无论何种外推（ξ_0），图6.1-3显示$\mathrm{Var}_2^*<\mathrm{Var}_2<\mathrm{Var}_3<\mathrm{Var}_4$。表6.1-1和图6.1-3还显示：对于给定方差，样品平均分配的两个应力水平的加速试验方案需要多用0～100%的样品，类似地，样品平均分配的三应力水平加速试验方案比最优试验方案需要多用50%～150%的样品，样品平均分配的四应力水平加速试验方案比最优试验方案需要多用80%～180%的样品；对于给定的某一估计量的标准差，三个应力水平的传统试验方案比两个应力水平的传统试验方案需要多用25%～50%的样品，四个应力水平的传统试验方案比三个应力水平的传统试验方案需要多用40%～80%的样品。

表6.1-1　最优试验方案与传统试验方案的极端方差比

方差比	$\xi_0=1$	$\xi_0\to\infty$
$\mathrm{Var}_2/\mathrm{Var}_2^*$	2.00	1.00
$\mathrm{Var}_3/\mathrm{Var}_2^*$	2.50	1.50
$\mathrm{Var}_4/\mathrm{Var}_2^*$	2.80	1.80
$\mathrm{Var}_3/\mathrm{Var}_2$	1.25	1.50
$\mathrm{Var}_4/\mathrm{Var}_2$	1.40	1.80
$\mathrm{Var}_4/\mathrm{Var}_3$	1.12	1.20

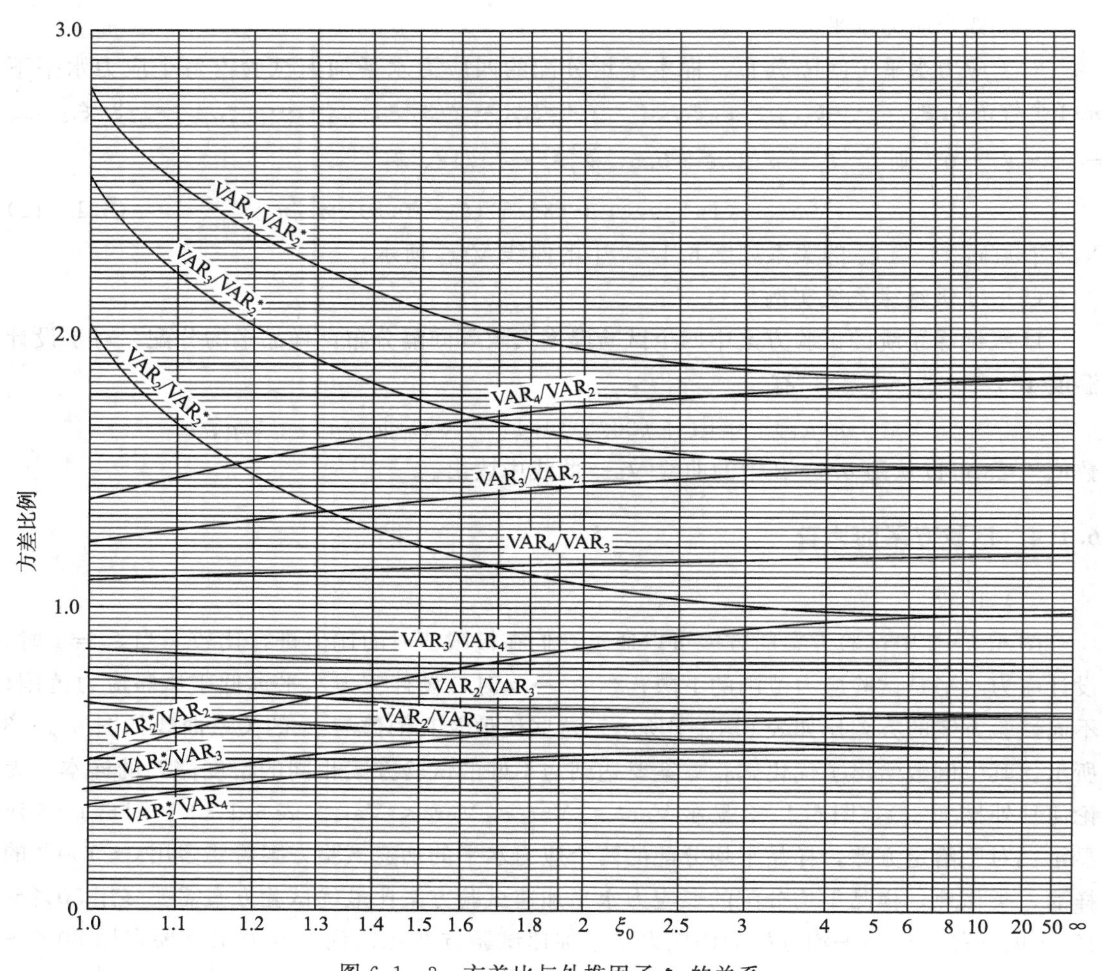

图 6.1-3 方差比与外推因子 ξ_0 的关系

(2) H 级绝缘系统实例

H 级绝缘系统试验采用四个试验温度等间隔分布，样品在各温度平均分配的加速试验方案。当 $\xi_0=1.17$ 时，最优试验方案的方差式（6.1-9）与此试验方案的方差式（6.1-12）之比为

$$\mathrm{Var}_4[m(x_0)]/\mathrm{Var}_2^*[m(x_0)]=4.23/1.80=2.35$$

数值 2.35 可以从图 6.1-3 中读出。因此，相同精度下，实际试验方案比最优试验方案需要多用 135%的样品。换句话说，传统试验方案用 40 个样品达到的精度，最优试验方案用 40/2.35≈17 个样品就可达到。这一结论忽略了最优分配方案的舍入误差。最优试验方案中 17×0.87≈15 个样品在 190 ℃下试验，17×0.13≈2 个样品在 260 ℃下试验。

6.1.5　良好试验方案

（1）缺点

最优试验方案有两个应力水平，如果模型和数据有效，可以得出最准确的对数寿命均值估计。但是，最优试验方案也有缺点，且根据下述实际原因需要采用更多应力水平。

1）高应力水平可能会产生与设计应力水平不同的失效模式。则这些数据只能提供较少的有用信息。并且必须用第 7 章介绍的方法进行分析。这表明加速试验应至少包含三个应力水平。

2）假设的简单线性寿命-应力关系可能不适合，必须有至少三个应力水平以检验线性度或拟合非线性寿命-应力关系。

3）某一应力水平下的样品可能因为某些问题不得不舍弃。例如，其中一个试验箱没能严格保持温度，则这个试验箱中的样品必须从分析中剔除。

4）到必须进行数据分析时，低应力水平下可能没有样品失效。那么就不能评估产品的寿命-应力关系。中间应力水平下的样品很可能可以在规定时间内失效。

图 6.1-3 表明四个试验应力水平较三个试验应力水平损失的精度很少。对照上述困难，三个或四个应力水平可以使试验方案稳健。对于外推，超过四个应力水平，估计的方差将更大。传统试验方案的主要缺点是评估精度较低。

（2）好的试验方案

一个好的试验方案应当可以实现多个目标、稳健并能给出准确的估计。这类方案包含三或四个等间隔分布的应力水平，样品在各个应力水平不均匀分配，试验应力范围的两端样品较多，中间应力水平样品较少。此外，最低应力水平的样品应较多，这在设计应力接近试验应力范围时尤其有效。可通过式（6.1-4）或式（6.1-5）评估这类方案的精度。当然，最低应力水平下的样品越多，全部样品失效需要的试验时间越长。试验结束时间在某种程度上可以通过最低应力水平的选择来控制。总之，如果确定没有困难，则采用最优试验方案。否则，采用两个以上应力水平，样品不均匀分配的稳健的试验方案。Stigler（1971）介绍了一些折中试验方案。

（3）导线漆实例

发动机导线漆（电绝缘材料）温度加速试验的目的是估计导线漆在设计温度 180 ℃下的中位寿命。选出的试验温度范围是 220～260 ℃。推荐的折中试验方案为：220 ℃下 16 个双绞线样品，240 ℃下 6 个双绞线样品，260 ℃下 8 个双绞线样品。根据式（6.1-4），180 ℃下对数寿命均值估计的方差为 $0.469\sigma^2$。根据式（6.1-9），最优试验方案的方差为 $0.375\sigma^2$，此时 65％的样品在 220 ℃下试验，35％的样品在 260 ℃下试验，这与折中试验方案中的样品比例 2：1 基本相同。也就是说，16 个样品在 220 ℃下试验，8 个样品在 260 ℃ 下试验。根据式（6.1-11），每个温度下 10 个样品的传统试验方案的方差为 $0.595\sigma^2$。比值 0.595/0.469＝1.27 表明：相同精度下，传统试验方案比折中试验方案需要多用 27％的样品。类似地，折中试验方案比最优试验方案需要多用 25％的样品。

6.1.6 样本量

(1) 目的

前面论述了样本量 n 给定时不同试验方案的比较。如下所述，可以根据设计应力下对数寿命均值或中位寿命的估计精度要求确定样本量 n 。Odeh 和 Fox (1975) 给出了线性和二项式寿命-应力关系下确定样本量的图表。

(2) 对数寿命均值

为了确定样本量 n ，可以规定 $\mu(x_0)$ 的估计 $m(x_0)$ 在 $\mu(x_0) \pm w$ 区间内的概率为 γ 。对于任意一种试验方案，根据式 (6.1-5)，满足要求的 n 可表述为

$$n = \left\{1 + (x_0 - \bar{x})^2 \left[n / \sum (x_i - \bar{x})^2\right]\right\} (K_\gamma \sigma / w)^2 \tag{6.1-13}$$

式中 {} 内的值不依赖于 n 。如前所述，σ 必须由相似数据推测或估计得到。

(3) H 级绝缘系统实例

对于 H 级绝缘系统，假设 m(180 ℃) 在 μ(180 ℃) ± 0.1 区间内的概率为 $\gamma = 0.95$，并假设样品在四个试验温度下平均分配。根据式 (6.1-12)，需要的样本量为 $n \approx [1 + 7.2\,(1.17 - 0.5)^2]\,(1.96 - 0.105\,3)^2 / (0.10)^2 \approx 19$，其中 $\xi_0 = 1.17$，σ 的估计为 $s = 0.105\,3$。将样本量取整为 20，在每个试验温度下安排 5 个样品。

(4) 其他估计

前面用来确定合适的样本量 n 的方法可以拓展到任何参数估计。各种参量估计的标准误差估计公式见第 4 章，这些公式可以改写成表述关于规定标准误差的倍数 K_γ 的样本量 n 的计算公式。

(5) 中位寿命

利用关系式 $\tau_{0.50}(x_0) = \text{antilog}[\mu(x_0)]$ 可以得到一个确定样本量 n 的等效公式。规定估计 $t_{0.50}(x_0) = \text{antilog}[m(x_0)]$ 在 $\tau_{0.50}(x_0)$ 的因子 r 的范围内的概率为 γ，即在 $\tau_{0.50}(x_0)/r \sim r\tau_{0.50}(x_0)$ 之间的概率为 γ 。对于任何试验方案，满足要求的样本量计算公式 (6.1-13) 可改写为

$$n = \left\{1 + (x_0 - \bar{x})^2 \left[n / \sum (x_i - \bar{x})^2\right]\right\} [K_\gamma \sigma / \log(r)]^2 \tag{6.1-14}$$

(6) H 级绝缘系统实例

假设 H 级绝缘系统在 180 ℃下的中位寿命估计在其中位寿命真值的因子 $r = 1.10$ 的范围内（大约 10%以内）的概率为 95%。并假设试验方案和之前一样采用四个等间隔分布的温度应力。根据式 (6.1-12)，需要的样本量为

$$n = [1 + 7.2(1.17 - 0.5)^2][1.96 \times 0.105\,3 / \log(1.10)]^2 \approx 105 \tag{6.1-15}$$

其中，$\xi_0 = 1.17$，σ 的估计值为 0.105 3。

6.2　简单模型和单一截尾数据的试验方案

6.2.1　引言

（1）目的

本节介绍简单模型和单一截尾数据下关于中位寿命的 ML 估计的最优加速试验方案、“传统试验方案”（等间隔应力下样品平均分配）、良好折中试验方案（包括 Meeker - Hahn 试验方案），以及不同试验方案的比较。以 B 级绝缘系统温度加速寿命试验为例进行试验方案介绍，根据经验，假设 B 级绝缘系统的寿命服从对数正态分布。这些方案说明了一个通用结论。即要得到低设计应力水平下更准确的寿命分布估计，最低试验应力水平下的样品数应多于最高试验应力水平。

（2）文献

很多著作人研究了简单线性模型和单一截尾数据下的加速试验方案。根据分布，参考文献列举如下：

1）指数分布。Chernoff（1962）提出了对数线性寿命-应力关系等假设下关于平均寿命或失效率估计的最优试验方案。

2）对数正态分布。Kielpinski 和 Nelson（1975）提出了简单线性寿命-应力关系下关于对数寿命均值估计的最优试验方案和最佳传统试验方案。Nelson 和 Kielpinski（1976）推导了适合这类试验方案的最大似然估计方法。Meeker（1984）、Meeker 和 Hahn（1985）提出了关于百分位寿命估计的良好折中试验方案，并将其与最优试验方案和传统试验方案进行了比较。Barton（1987）在满足精度要求的条件下，提出了最小化最大试验应力的最优试验方案。Meeter 和 Meeker（1989）研究了模型中参数 σ 不是常数时的优化试验方案。

3）Weibull 分布。Meeker 和 Nelson（1975）提出了特征寿命 α 的对数线性关系式下关于选定百分位寿命（1%、10%、50%分位寿命）的最优试验方案。Nelson 和 Meeker（1978）推导了适合这类方案的最大似然估计方法。Meeker（1984）、Meeker 和 Hahn（1985）提出了关于百分位寿命估计的良好折中试验方案，并与最优试验方案和传统试验方案进行了比较。Meeter 和 Meeker（1989）研究了模型中参数 β 不是常数时的优化试验方案。

4）Logistic 分布。Meeker 和 Hahn（1977）提出了量子响应数据下关于低失效概率估计的最优试验方案。

（3）计算机程序

Jesen（1985）提供了一个可用于 6.2 节及下文列举的所有试验方案的计算机程序。用户可以指定一个简单（转换的）线性- Weibull 模型或线性-对数正态模型、模型参数值、共同截尾时间、最高试验应力水平、设计应力水平，以及设计应力水平下关心的百分位寿命。对于下述试验方案，该程序可以优化和计算关心百分位寿命的 ML 估计的近似方差。

1）用户完全定义的试验方案（6.5 节）。用户指定全部试验应力水平，以及各应力水平下的样本量。此时程序不会优化该试验方案。

2）两个应力水平的最优试验方案（6.2.4 节）。程序将优化低试验应力水平以及样本量分配方案。

3）三个应力水平等间隔分布、样品平均分配的最佳传统试验方案（6.2.3 节）。程序将优化最低试验应力水平。

4）三个应力水平等间隔分布，10%或 20%的样品安排在中间应力水平的最佳折中试验方案（本书中没有提到）。程序将优化最低试验应力水平，以及剩余 80%或 90%的样品在最低和最高应力水平下的分配方案。

5）三个应力水平等间隔分布，且（A）各应力水平下的期望失效数相等的最佳试验方案（因效果较差，本书中未提及）。在满足（A）的情况下，程序将优化最低试验应力水平。

6）三个应力水平等间隔分布，样品按 4∶2∶1 分配的 Meeker - Hahn 试验方案（6.2.6 节）。程序将优化最低试验应力水平。

7）采用更低的最低试验应力水平的调整的 Meeker - Hahn 试验方案（6.2.6 节）。

该程序可在 IBM 计算机和兼容计算机上运行。

（4）概述

6.2.2 节介绍加速试验，包括试验方法和模型，并论述 ML 估计及其他基础知识。6.2.3 节介绍试验应力水平等间隔、各应力水平下样本量相同的最佳传统试验方案。6.2.4 节介绍最优试验方案。6.2.5 节比较传统试验方案、优化试验方案和推荐的良好折中试验方案。6.2.6 节介绍 Meeker - Hahn 的良好折中试验方案。

6.2.2　基础

（1）目的

本节介绍试验方法、假设模型、实例、截尾数据的估计方法、最优试验方案的设计准则、以及其他必要的基础。

（2）试验方法

假设：

1）每一个未失效试验样品都试验到规定试验时间 τ（截尾时间），即数据是定时截尾数据。

2）最高试验应力水平 x_H 是指定的。

3）指定的设计应力水平 x_0 低于试验应力水平。

试验时间 τ 应当在考虑实际情况和经济情况下尽可能长以最小化试验估计的方差。为了后面的分析，试验时间可以超过 τ 。$\eta \equiv \log(\tau)$ 是截尾时间的对数。在实践中，高应力水平下的样品时常在 τ 之前被移出试验，此时估计的精度较低。最高试验应力水平 x_H 应当尽可能高。这样可以最小化设计应力水平下任一百分位寿命估计的标准误差。但最高应力水平不应引起不同于设计应力水平的失效模式（第 7 章），并且模型应当在设计和试验应力范围内都有效。

（3）模型

简单线性-对数正态线性模型假设如下：

1）任何应力水平下，寿命服从（以 10 为底）对数正态分布。

2）对数寿命的标准差 σ 为常数。Meeter 和 Meeker（1989）研究了 σ 不是常数时的最优试验方案。

3）对数寿命均值应力或转换应力 x 的线性函数

$$\mu(x)=\gamma_0+\gamma_1 x \tag{6.2-1}$$

模型参数 γ_0、γ_1 和 σ 可以由试验数据估计得到。

4）各样品的寿命是统计独立的。

应力水平 x 下，$100P\%$ 分位寿命 $\tau_P(x)$ 或 $100P\%$ 分位对数寿命 $\eta_P(x)$ 为

$$\eta_P(x)=\log[\tau_P(x)]=\mu(x)+z_P\sigma=\gamma_0+\gamma_1 x+z_P\sigma \tag{6.2-2}$$

式中，z_P 为标准正态分布的 $100P\%$分位数。$\tau_{0.50}(x)=\text{antilog}[\mu(x)]$ 是中位寿命，常用作特征寿命。如上文提到的文献所述，下文的结论可以扩展到其他寿命分布。

（4）估计

本节采用 ML 估计，而不是线性估计或其他估计，原因有：

1）ML 估计的最优试验方案相较线性估计和其他估计的更容易计算。

2）对于大样本，ML 估计的标准误差最小。对于小样本，ML 估计的精度一般与其他估计基本相同。

3）线性估计和其他估计方法更适合于定数截尾数据。对于本节讨论的定时截尾数据，它们并不是完全正确的，但 ML 方法是正确的。

4）ML 估计的最优试验方案，与任何其他估计甚至是图估计的最优试验方案相近。

5）另外，已有计算机程序可以进行复杂的 ML 计算，但还没有可以进行线性估计的计算机程序。

Hahn 和 Nelson（1974）详细比较了多种估计方法。

（5）优化准则

本节最优试验方案是使指定（设计）应力水平 x_0 下中位寿命的 ML 估计的方差（标准误差）最小的试验方案。中位寿命是本节实例和很多其他应用中最关心的。也可以优化其他百分位寿命［式（6.2－2）］的估计，这需要一个不同的试验方案。Meeker（1984）提出了关于对数正态分布 1%和 10%分位寿命估计的最优试验方案。Meeker 和 Nelson（1975）提出了线性- Weibull 模型下关于百分位寿命估计的最优试验方案。

B 级绝缘系统实例：

以某绝缘系统加速寿命试验为例介绍试验方案设计。为了评价一种电动机用新型 B 级绝缘系统，开展该绝缘系统的温度加速寿命试验。试验目的是估计这种绝缘系统在 130 ℃下的中位寿命，分析时采用 Arrhenius -对数正态模型，前面线性-对数正态模型的特例，应力为 $x=1\ 000/T$ ，T 是绝对温度。试验采用四个试验温度水平：150 ℃、170 ℃、

190 ℃、220 ℃，每个试验温度下 10 个绝缘系统样品，试验在 8 064 小时截止，数据见 Crawford（1970）。下面几节介绍的试验方案好于实际试验方案。为了便于试验，不同温度下的样品在不同时间开始试验，因此各温度下样品的截尾时间不同。但是，如果各温度的试验同时开始，将可以更早地得到更多信息。针对举例说明的目的，假设所有样品同时开始试验。

（6）符号

设指定的最高试验应力水平为 x_H ，其下的对数寿命均值为 $\mu_H=\gamma_0+\gamma_1 x_H$ ，规定的设计应力水平为 x_0 ，其下的对数寿命均值为 $\mu_0=\gamma_0+\gamma_1 x_0$。图 6.2-1 的寿命-应力关系图中描述了这些参量和模型。试验方案优化设计利用标准化的截尾时间和斜率

$$a\equiv(\eta-\mu_H)/\sigma=(\eta-\gamma_0-\gamma_1 x_H)/\sigma, b\equiv(\mu_0-\mu_H)/\sigma=\gamma_1(x_0-x_H)/\sigma \tag{6.2-3}$$

a 和 b 是试验方案的特征值，必须近似其真值。截尾数据的最优试验方案设计需要指定真实模型参数 γ_0、γ_1 和 σ 的值计算 a 和 b 。比较起来，线性模型和完全数据的最优试验方案与模型参数值无关。因此对于截尾试验，必须根据经验、相似数据或预试验，指定近似参数值。利用概约值得到的最优试验方案一般比通过其他方法设计的试验方案要好。因为仅是在假设参数值下的最优试验方案，Chernoff（1953，1962）将这种试验方案称为“局部最优”试验方案。

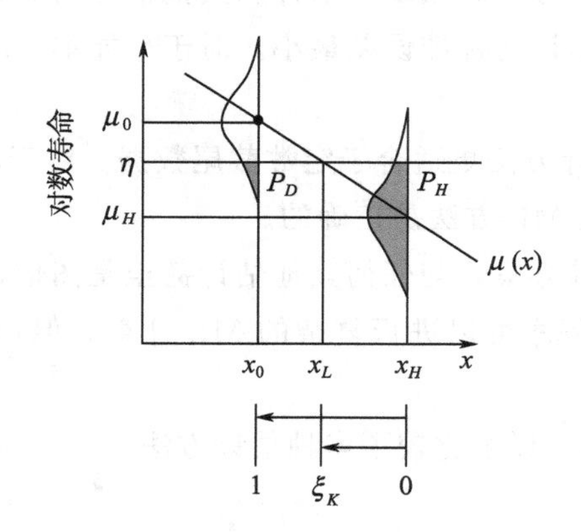

图 6.2-1　模型的寿命-应力关系图和符号

B 级绝缘系统实例：

对于第 5 章中的 B 级绝缘系统

$$\eta=\log(8\ 064)=3.906\ 6, \hat{\gamma}_0=-6.013\ 4, \hat{\gamma}_1=4.308\ 3, \hat{\sigma}=0.259\ 2,$$

$$x_H=1\ 000/(220+273.16)=2.027\ 7, x_0=1\ 000/(130+273.16)=2.480\ 4$$

因此

$$\begin{aligned} a&=[3.906\ 6-(-6.013\ 4)-4.308\ 3(2.027\ 7)]/0.259\ 2=4.57\\ b&=4.308\ 3(2.480\ 4-2.027\ 7)/0.259\ 2=7.52 \end{aligned} \tag{6.2-4}$$

6.2.3　最佳传统试验方案

（1）传统试验方案

本节介绍常用的传统试验方案。传统试验方案的 K 个试验应力水平等间隔分布，每个应力水平下的样品数相同。最高试验应力水平 x_H 必须确定。“最佳”试验方案采用使设计应力水平 x_0 下对数寿命均值的 ML 估计的标准误差最小的最低试验应力水平 x_L 。尽管最佳传统试验方案广为使用，但并不推荐使用。使用最优试验方案（6.2.4 节）或者良好折中试验方案（6.2.5、6.2.6 节）会更好。介绍传统试验方案只是为了说明传统试验方案通常效果较差，不赞成使用。

（2）最低试验应力

Nelson 和 Kielpinski（1976）给出了最佳的最低试验应力 x_L ，为

$$x_L = x_H + \xi_K (x_0 - x_H) \tag{6.2-5}$$

图 6.2－1 描述了 ξ_K 。图 6.2－2（a）、（b）给出了 ξ_2、ξ_4 与 K、a 和 b 的函数关系。$\xi_3 \simeq (\xi_2 + \xi_4)/2$，Nelson 和 Kielpinski（1972）给出了 $K=2$、3、4 时，ξ_3 与 a 和 b 的函数关系图，其中 b 值最小为 0.1。在图 6.2－2 中，从水平轴上 b 值刻度处引一条直线，垂直向上与 a 值的曲线相交，交点对应的垂直坐标即为 ξ_K 值。需要注意的是此处 ξ_K 的定义和 2.1 节中的 ξ 不同。转换应力值 x_L 必须向回变换为试验应力值。

（3）B 级绝缘系统实例

根据 $K=4$ 个试验应力水平、$a=4.57$、$b=7.52$，由图 6.2－2（b）可得 $\xi_4=0.72$。对于最高试验温度 220 ℃，$x_H=2.0277$；对于设计温度 130 ℃，$x_0=2.4804$。因此最佳的最低试验应力水平为 $x_L = 2.0277 + 0.72 \times (2.4804 - 2.0277) = 2.3536$，则 $T_L = (1000/2.3536) - 273.16 = 152$ ℃ 。试验人员采用了 150 ℃，四个试验温度大致等间隔，但是每个温度的截尾时间不同。考虑实例的目的，忽略这一情况。

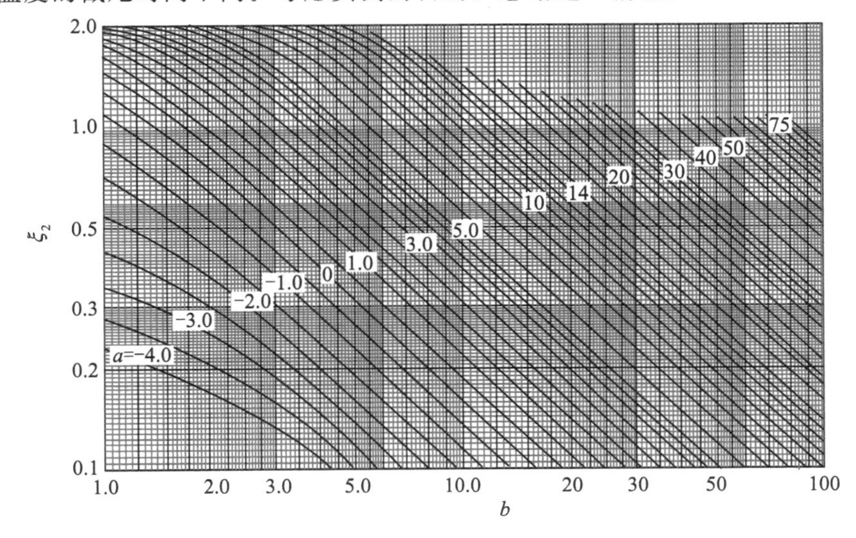

（a）两应力水平最佳传统试验方案的应力因子 ξ_2

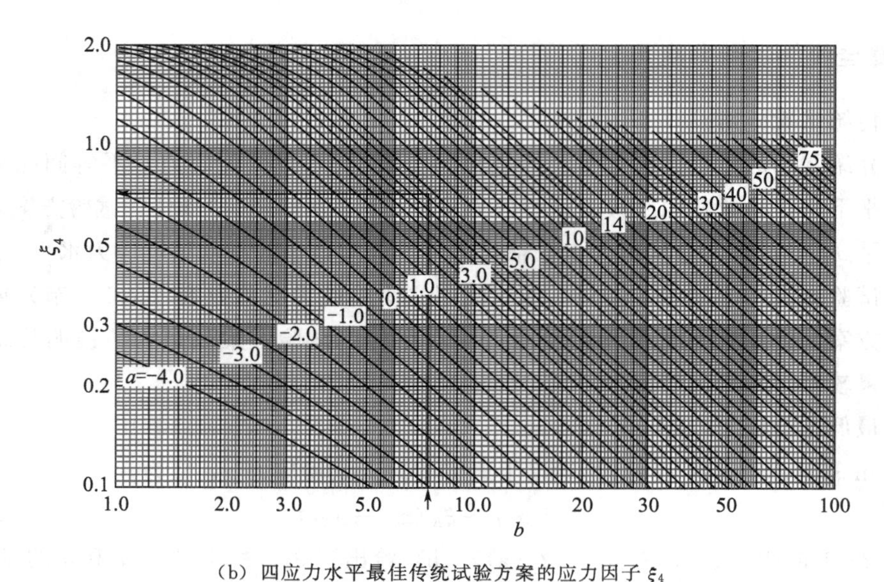

(b) 四应力水平最佳传统试验方案的应力因子 ξ_4

图 6.2-2 不同应力水平数的最佳传统方案的应力因子比较

(4) 多个截尾时间

在一些试验中，会在多个时间点分析数据。例如，$T_L=152$ ℃仅仅对于截尾时间 8 064 小时（数据分析时刻）是最好的。试验在 17 661 小时终止，重新分析数据。对于这一截尾时间，$T_L=140$ ℃是最好的。数据分析时可能会有多个截尾时间，选择最重要的时间或者折中时间，作为最佳试验方案。

(5) 等间隔应力

最佳传统试验方案的设计图表假设转换应力是等间隔分布的。对于 Arrhenius 模型，是绝对温度的倒数等间隔而不是温度等间隔。在实践中，可以取试验应力等间隔分布，也可以取转换试验应力等间隔，这两种情况下的设计图表相近。

(6) 标准误差

对于 n 个样品的最佳试验方案，大样本下，$\mu_0=\gamma_0+\gamma_1 x_0$ 的 ML 估计 $\hat{\mu}_0=\hat{\gamma}_0+\hat{\gamma}_1 x_0$ 的标准误差为

$$\sigma(\hat{\mu}_0)=\sigma\cdot(V_K/n)^{1/2} \qquad (6.2-6)$$

式中，V_K 由 K、a 和 b 取决，V_2 和 V_4 的曲线如图 6.2-3、图 6.2-4 所示。$V_3\simeq(V_2+V_4)/2$，Kielpinski 和 Nelson（1975）给出 V_3 的曲线图。对于 B 级绝缘系统实例，当 $a=4.57$、$b=7.52$ 时，由图 6.2-4 可得 $V_4=10.2$。V_K 是一个关于 a 的减函数，关于 b 的增函数，其最小可能值为 1。对于 a 和 b 的实际值，两个应力水平的最佳传统试验方案比三个应力水平的准确（$\sigma(\hat{\mu}_0)$ 更小），而三个应力水平的比四个应力水平的准确，即，对于实际的 a 和 b，$V_2<V_3<V_4$。

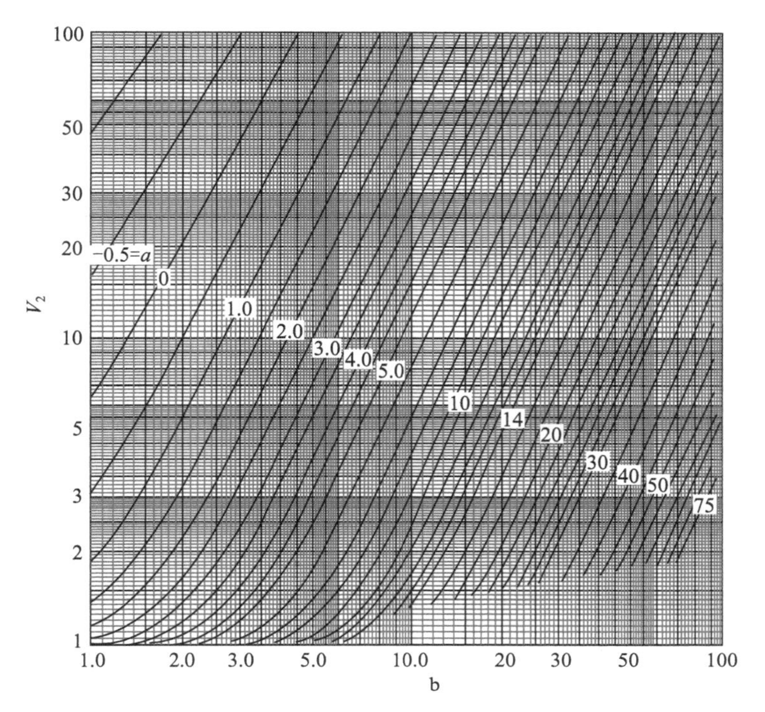

图 6.2-3　两应力水平最佳传统试验方案的方差因子 V_2

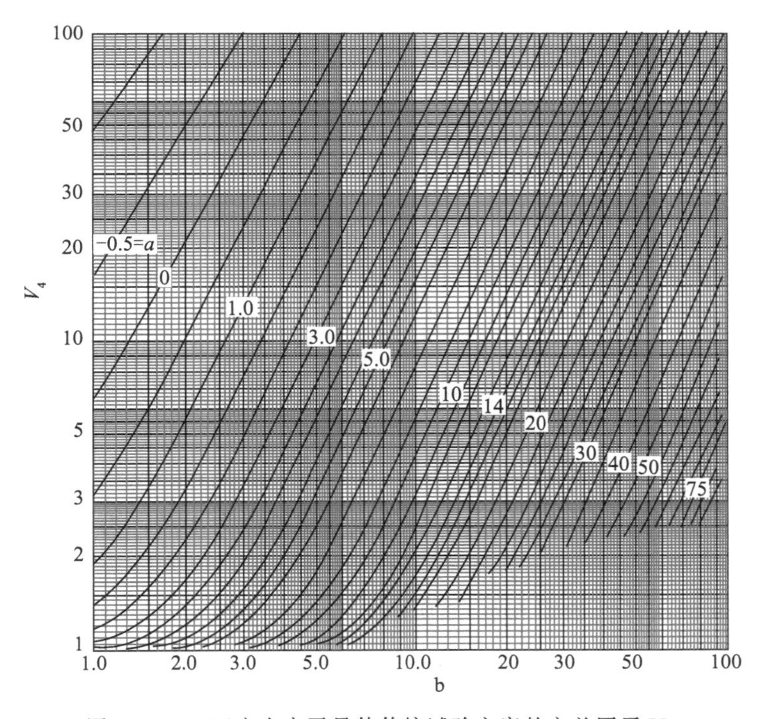

图 6.2-4　四应力水平最佳传统试验方案的方差因子 V_4

（7）样本量

样本量的确定方法如下。设要求 $\hat{\mu}_0$ 落在 $\mu_0 \pm w$ 范围内的概率为 γ，则满足要求的样本量 n_K 近似为

$$n_K \simeq V_K \cdot (K_\gamma \sigma / w)^2 \tag{6.2-7}$$

为了确定 n_K，必须给出未知模型参数的近似值。收集试验数据之后，可以得到 μ_0 的置信区间，并忽略 w。

（8）样本太大

如果计算得到的样本量 n_K 太大，不能实行，则必须接受较少的样品和较低的精度。否则，必须采用一个更好的试验方案，具有：1）更少的试验应力水平；2）更高的最高试验应力水平；3）更长的截尾时间；4）更接近最优试验方案。

（9）中位寿命

按照如下方法可以确定中位寿命的 ML 估计 $\tau_{0.50} = \text{antilog}(\hat{\mu}_0)$ 的精度。设要求该估计落在 $\tau_{0.50}(x_0)/r$ 和 $r \cdot \tau_{0.50}(x_0)$ 之间的概率为 γ，当 r 接近 1 时，$100|r-1|$ 是该中位寿命估计的近似百分比误差。之后将 $w = \log(r)$ 带入式（6.2-7）中计算 n_K。

（10）B 级绝缘系统实例

设 130 ℃下 B 级绝缘系统中位寿命的 ML 估计在其真值的±20%范围内概率为 90%，即 $r = 1.2$，$w = \log(1.2) = 0.0792$。此外，$V_4 = 10.2$，$\sigma = 0.259$，则 $n_4 = 10.2[1.645(0.259)/0.0792]^2 = 295$。实际样本量为 40，对应于因子 $r \simeq \text{antilog}[1.645(0.259)(10.2/40)^{1/2}] = 1.7$，此时，在 90%的概率下，ML 估计 $\hat{\tau}_{0.50}(2.4804)$ 在中位寿命真值的因子 1.7 的范围内。

6.2.4 最优试验方案

（1）目的

本节介绍最优试验方案。最优试验方案采用两个试验应力水平，各应力水平下的样品数不相等，并假设最高试验应力水平 x_H 是确定的，通过选取最低试验应力水平 x_L 及其样本量占比，最小化指定应力水平 x_0 下中位寿命的 ML 估计的标准误差。这种最优试验方案也适合进行 x_0 下多种产品中位寿命的比较，可以给出该应力水平下每种产品中位寿命的最精确估计。

（2）最优应力水平

Nelson 和 Kielpinski（1976）给出了最优最低试验应力水平，为

$$x_L^* = x_H + \xi^*(x_0 - x_H) \tag{6.2-8}$$

式中，ξ^* 是 a 和 b 的函数，如图 6.2-5 所示。ξ^* 对应于图 6.2-1 中的 ξ_K。

（3）B 级绝缘系统实例

对于 B 级绝缘系统，$a = 4.57$、$b = 7.52$、$x_H = 2.0277$、$x_0 = 2.4804$，由图 6.2-5 可得 $\xi^* = 0.63$。则 $x_L^* = 2.0277 + 0.63(2.4804 - 2.0277) = 2.3129$，$T_L^* = (1000/2.3129) - 273.16 = 159$ ℃。实际最低试验应力水平为 150 ℃。159 ℃只是在截尾时间为 8 064 小

时（一个数据分析时刻）时是最优的。试验在 17 661 小时终止，此时的最优最低试验温度为 148 ℃。

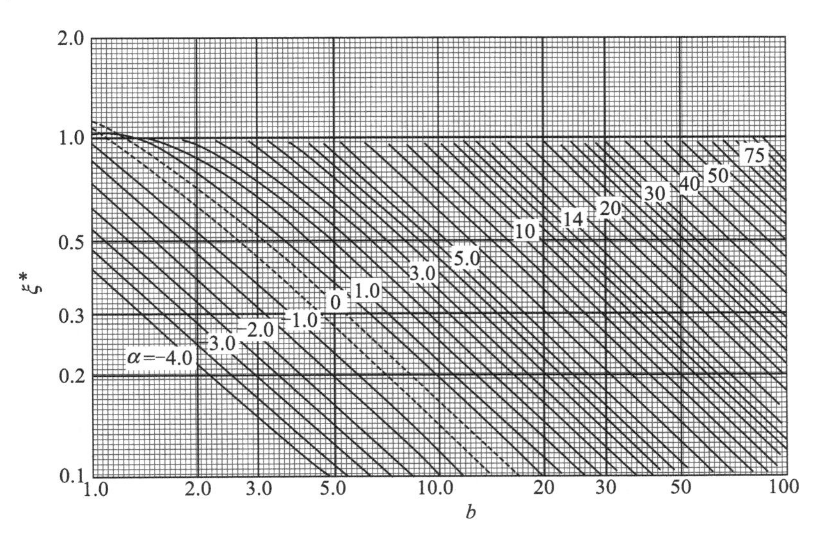

图 6.2-5　最优试验方案的应力因子 ξ^*

（4）最优分配方案

最优最低试验应力水平 x_L^* 下的最优样本占比 p^* 由 a 和 b 取决，如图 6.2-6 所示。Nelson 和 Kielpinski（1972）给出的图表中 b 值的范围最小到 0.1。对于 B 级绝缘系统实例，由图 6.2-6 可得 $p^*=0.735$，即 73.5%的样品将在 159 ℃下试验。当样本量为 40 时，$0.735\times40\approx29$ 个样品将在 159 ℃下试验，11 个样本将在 220 ℃下试验。对于实际的 a 和 b，$p*>0.50$。

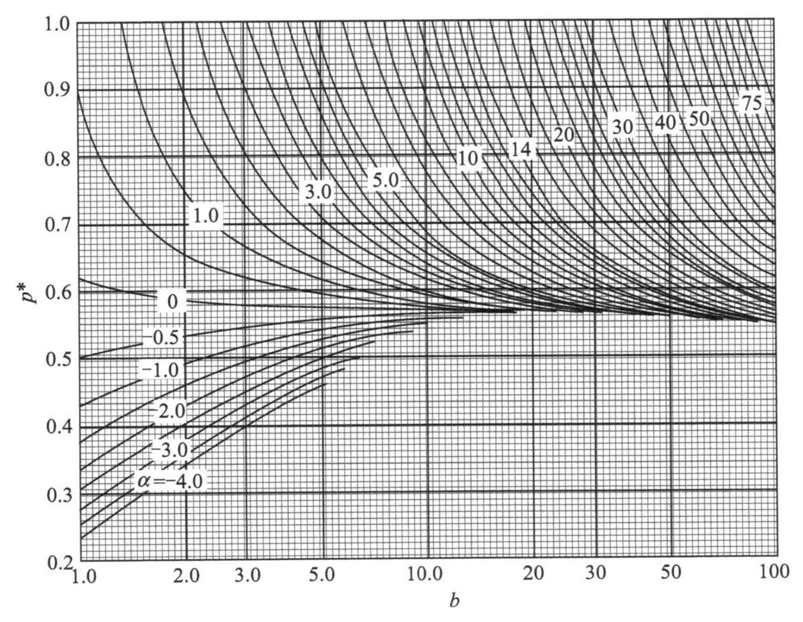

图 6.2-6　最优试验方案中 x_L^* 下最优样本占比 p^*

（5）标准误差

对于 n 个样品的最优试验方案，大样本下，$\hat{\mu}_0$ 标准误差为

$$\sigma(\hat{\mu}_0)=\sigma\cdot(V^*/n)^{1/2} \tag{6.2-9}$$

式中，V^* 由 a 和 b 决定，由图 6.2-7 所示。在 B 级绝缘系统实例中，$V^*=6.5$。对于任何 a 和 b，相同最高试验应力水平 x_H 和截尾时间 η 下，最优试验方案的标准误差小于其他任一方案。最佳传统试验方案和最优试验方案的比较见 6.2.5 节。

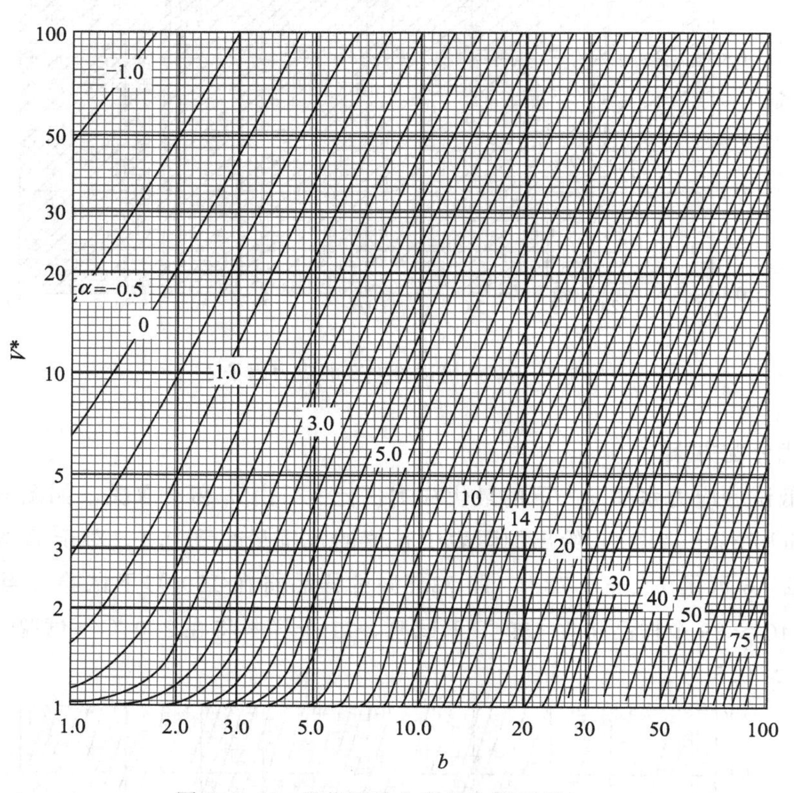

图 6.2-7　最优试验方案的方差因子 V^*

（6）样本量

在式（6.2-7）中，用 V^* 替换 V_K，即可得到最优试验方案需要的样本量 n^*。对于 B 级绝缘系统实例，假设其在 130 ℃下的中位寿命估计在真值的±20%范围内的概率为 90%，则 $r=1.2$，$V^*=6.5$。因此，最优试验方案中，$n^*=6.5[1.645(0.259)]/\log(1.2)]^2=188$。对应的四个试验温度的最佳传统试验方案的样本量为 $n_4=295$。相同精度下，最佳传统试验方案较最优试验方案需要多用 57%的样品。

（7）无失效

采用最优试验方案时，最低试验应力水平下的 $n_L^*=p*n$ 个样品中可能一个都没有失效。即每个样品的对数寿命 Y 都比截尾时间 η 长。此时无法估计 γ_0、γ_1。因此，计算最低试验应力水平下无失效出现的概率以确定其是否可以忽略非常有用，即计算

$$P\{\text{none}\}=[P(Y>\eta)]^{n_L^*}=\{\Phi-[-(\eta-\mu_L)/\sigma]\}^{n_L^*} \qquad (6.2-10)$$

对于 B 级绝缘系统实例，$\mu_L=\gamma_0+\gamma_1 x_L^*=-6.0134+4.3053\times 2.3129=3.9513$，$P\{\text{none}\}=\{\Phi[-(3.9066-3.9513)/0.2592]\}^{29}=7.7\times 10^{-8}$，概率很低，可以忽略，可以得到该参数足够准确的估计值。针对其他参数重新计算最低应力水平下无失效的概率也是有益的。

6.2.5 最优、最佳传统和良好折中试验方案的比较

(1) 目的

本节从以下两方面比较最优试验方案和最佳传统试验方案：

1) 标准误差，式 (6.2-6) 和式 (6.2-9)；

2) 对不正确模型和数据的稳健性。

比较试验方案时，推荐精度和稳健性都比较。

(2) 精度比较

Nelson 和 Kielpinski (1972) 给出了传统试验方案和最优试验方案的样本量之比等于其标准误差式 (6.2-6) 和式 (6.2-9) 之比时 $n_2/n^*=V_2/V^*$、$n_3/n^*=V_3/V^*$ 和 $n_4/n^*=V_4/V^*$ 的曲线。对于 B 级绝缘系统实例，比较最优试验方案与 $K=4$ 的最佳传统试验方案。由于 $a=4.57$、$b=4.52$，由上述曲线得到 $n_4/n^*=V_4/V^*=1.57$。因此，B 级绝缘系统的最佳传统试验方案比最优试验方案多需要 57%的样品。

(3) 两个应力水平的试验方案

6.1.5 节列出了完全数据最优试验方案的缺点，对于截尾数据，除此之外，还有以下缺点。

1) 如果最优试验方案的 x_L^* 太低，到截尾时间时，可能没有失效，则不能估计寿命-应力关系；

2) 如果 x_L^* 下无失效或只有一个失效，σ 恒定的假设不能检验。

这两个缺点可以通过在两个最优试验应力水平之间选择第三个试验应力水平避免。第三个试验应力水平必须足够高，以确保出现足够失效。最优试验方案仅在初始参数值和全部数据都有效时适合。如 6.1.5 节所述，传统试验方案的主要缺点是评估精度较差。

(4) 折中试验方案

下面介绍如何选择好的折中试验方案。与之前一样，假设最高试验应力水平 x_H 已经根据前面介绍的准则确定。则必须确定最低试验应力水平 x_L，中间的一个或两个试验应力水平，以及各应力下的样品分配方案（数量）。

一个好的折中试验方案需要三或四个试验应力水平，到截尾时间时，至少有两个应力水平下出现失效。为了设计应力水平下的估计更准确，与最优试验方案推荐的一样，最低试验应力水平下的样品应比最高试验应力水平下多。折中试验方案的合理的最低试验应力水平在最优试验方案最低试验应力水平与三个或四个应力水平的最佳传统试验方案最低试

验应力水平之间。相对的最优试验方案两个应力水平下的样品数可以作为折中试验方案两端应力水平下的样品数。为了估计更准确，中间试验应力水平下的样本占比应较小；而为了试验更稳健、失效更早，中间试验应力水平下的样本占比应较大。Meeker（1984）、Meeker 和 Hahn（1985）提出了将在 6.2.6 节介绍的折中试验方案。

（5）比较标准误差

一般来说，折中试验方案对数寿命均值估计的标准误差介于最优试验方案和最佳传统试验方案之间。标准误差可以采用 Jensen（1985）的程序、第 3 节的仿真方法或第 5 节的 ML 方法进行估计。

（6）无论如何最优

折中试验方案通常比最优试验方案更可取，除非模型、假设模型参数和数据都有效。尽管如此，卫星用高可靠性固态器件 GaAs FET 的温度加速验证试验仍然采用最优试验方案（习题 6.19），试验负责人员认为：即使是采用最优试验方案，估计精度还是处于最低限度。样品非常昂贵，不能用于通过将样品分配到第三个试验温度验证 Arrhenius 模型假设的基础研究，而只能采用适当的验证试验，为评定 GaAs FET 的可靠性提供正当的基础。

（7）敏感性分析

任何（最优、传统或折中）试验方案的估计精度或样本量取决于模型参数的假定值。当然，假定值不同于真值。因此，估计精度或样本量也与正确值不同。利用其他假定值、每次改变一个参数，重新评价试验方案非常有用。参数至少变化 20%以反映其真值的不确定度。希望试验方案及其精度受到的影响很小。如果试验方案或估计精度对某一参数值敏感，则必须选择一个折中试验方案或保守试验方案。还可以对试验方案的其他特征量进行此类分析，如最低试验应力水平下的无失效概率。Meeker 和 Hahn（1984）以 a 和 b 的取值范围为例阐明了试验方案的敏感性分析。

6.2.6 Meeker - Hahn 试验方案

（1）目的

本节简要介绍 Meeker 和 Hahn（1985）针对截尾试验提出的折中试验方案，适用于简单的线性-对数正态模型和线性- Weibull 模型。内容包括该试验方案、如何确定试验方案、实例、标准误差、样本量、调整的试验方案及说明。Meeker 和 Hahn（1985）提出这些试验方案只是作为制定试验方案的起点，而不是最终试验方案。其试验方案比最优试验方案更稳健，比传统试验方案更高效。Jensen（1985）给出了这些试验方案的计算程序。

（2）试验方案

该试验方案包含三个（转换）应力水平——x_H、x_M、x_L——高、中、低。x_H 根据前述实际因素确定。$x_M=(x_H+x_L)/2$ 在其余两者的中间。选择最佳 x'_L 使（转换）设计应力水平 x_D（前文以 x_0 表示）下 $100P\%$ 分位对数寿命的 ML 估计的近似方差最小。所有试验方案中，样本分配方案均为 $\pi_L=4/7$、$\pi_M=2/7$、$\pi_H=1/7$，比例为4∶2∶1。这种不平均的分配方案是外推差不多情况下的一种折中。对于有 n 个样品的样本，$n_L=4n/7$、$n_M=2n/7$、$n_H=n/7$。其他符号与前面几节相同。

B级绝缘系统实例：

对于上述绝缘系统实例，$x_H=2.0277$（220 ℃）、$x_D=2.4808$（130 ℃）、$n=40$。四舍五入到最接近的整数，样本分配方案为 $n_L=4(40)/7=23$、$n_M=2(40)/7=11$、$n_H=6$。

（3）最佳 x_L

按如下方法确定最佳低试验应力水平 x'_L。确定到对数截尾时间 η 时 x_D 和 x_H 下的失效概率 p_D 和 p_H。图6.2-1描述了 p_D 和 p_H。用6.2.2节中的 a 和 b 表述为

$$p_H=\Phi(a)=\Phi[(\eta-\gamma_0-\gamma_1\cdot x_H)/\sigma],\ p_D=\Phi(a-b)=\Phi[(\eta-\gamma_0-\gamma_1\cdot x_D)/\sigma] \tag{6.2-11}$$

与之前一样，假定未知参数的值，最佳 x_L 为

$$x'_L=x_D+\varsigma'(x_H-x_D) \tag{6.2-12}$$

式中，因子 ς' 是 P、p_D 和 p_H 的函数。对数正态分布和Weibull分布下的因子值见表6.2-1、表6.2-2。需要注意的是公式（6.2-5）、式（6.2-8）中的因子与公式（6.2-12）中的不同。ς' 的取值范围为（0，1），当 $\varsigma'=0$ 时，x'_L 等于设计应力水平 x_D，当 $\varsigma'=1$ 时，x'_L 等于高应力水平 x_H。

（4）B级绝缘系统实例

在B级绝缘系统实例中，$\eta=\log(8064)=3.9066$、$a=4.57$、$b=7.52$，故 $p_H=\Phi(4.57)=1.0000$、$p_D=\Phi(4.57-7.52)=0.0016$。需要估计B级绝缘系统在130 ℃下的50%分位对数寿命（$P=0.50$）。但表6.2-1中不包含这一百分位数。作为替代，确定关于10%分位对数寿命（$P=0.10$）估计的最佳 x'_L。根据表6.2-1，当 $p_H=1$、$p_D=0.0010$ 时，$\varsigma'=0.324$。即低应力水平在 x_D 到 x_H 距离的0.324分割点处。对于B级绝缘系统实例，数值0.324已十分接近。由于表中数值稀疏，差值比较困难。则 $x'_L=2.4804+0.324\times(2.0277-2.4804)=2.3337$，$T'_L=(1000/2.3337)-273.16=155$ ℃，且有 $x_M=(2.0277+2.3337)/2=2.1807$（185 ℃）。

（5）标准误差

x_D 下 $100P$%分位对数寿命的ML估计的渐近标准误差为

$$\sigma[\hat{\eta}_P(x_D)]=\sigma\cdot(R'V^*/n)^{1/2} \tag{6.2-13}$$

式中，σ 是对数正态分布的对数标准差，对于Weibull分布，$\sigma=1/\beta$。因子 R' 和 V^* 见表6.2-1、表6.2-2，是 P、p_H 和 p_D 的函数。V^* 是6.2.4节最优试验方案中式（6.2-9）的方差因子，R' 是折中试验方案方差与最优试验方案方差之比。

B级绝缘系统实例：

根据表6.2-1，当 $p_H=1$、$p_D=0.0010$ 时，$R'V^*=1.37\times6.530=8.95$，则 $\sigma[\hat{\eta}_{0.10}(2.4804)]=\sigma(8.95/40)^{1/2}=0.473\sigma$。

表 6.2－1　（对数）正态分布下的 Meeker－Hahn 试验方案

（摘自 Wm. Meeker 和 GJ. Hahn (1985)，美国质量控制协会许可）

			最优试验方案					最佳 4：2：1 分配方案						调整的 4：2：1 分配方案(0.80)					
P	p_D	p_H	ξ^*	π_L^*	p_L	$E(r_L^*)$	V^*	ζ'_L	p_L	ζ'_M	p_M	Er_L^*	R'	ζ''_L	p_L	ζ''_M	p_M	$E(r_L^*)$	R''
0.000 1	0.000 1	0.250	0.507	0.828	0.015	12	61.42	0.448	0.009	0.724	0.065	5	1.24	0.359	0.004	0.679	0.049	2	1.05
0.000 1	0.000 1	0.400	0.504	0.817	0.024	19	43.53	0.451	0.016	0.725	0.114	8	1.27	0.361	0.007	0.680	0.087	3	1.06
0.000 1	0.000 1	0.600	0.493	0.802	0.039	31	31.06	0.447	0.026	0.724	0.199	14	1.29	0.358	0.011	0.679	0.153	6	1.07
0.000 1	0.000 1	0.800	0.473	0.783	0.059	46	23.05	0.437	0.042	0.719	0.329	24	1.31	0.350	0.017	0.675	0.261	9	1.08
0.000 1	0.000 1	0.900	0.456	0.766	0.075	57	19.54	0.427	0.057	0.714	0.440	32	1.31	0.342	0.022	0.671	0.358	12	1.08
0.000 1	0.000 1	0.990	0.411	0.722	0.109	78	15.31	0.397	0.094	0.699	0.693	53	1.27	0.318	0.036	0.659	0.604	20	1.10
0.000 1	0.000 1	1.000	0.356	0.669	0.143	95	13.18	0.351	0.133	0.675	0.904	76	1.16	0.280	0.051	0.640	0.852	29	1.10
0.001 0	0.000 1	0.250	0.521	0.807	0.016	13	63.93	0.455	0.010	0.727	0.066	5	1.23	0.364	0.005	0.682	0.050	2	1.05
0.001 0	0.000 1	0.400	0.514	0.807	0.026	21	44.00	0.455	0.016	0.728	0.116	9	1.26	0.364	0.007	0.682	0.088	4	1.06
0.001 0	0.000 1	0.600	0.499	0.805	0.041	33	30.38	0.450	0.027	0.725	0.200	15	1.30	0.360	0.011	0.680	0.154	6	1.07
0.001 0	0.000 1	0.800	0.476	0.800	0.061	48	21.68	0.439	0.043	0.719	0.330	24	1.33	0.351	0.017	0.675	0.261	9	1.08
0.001 0	0.000 1	0.900	0.457	0.794	0.076	60	17.83	0.428	0.057	0.714	0.441	32	1.35	0.342	0.022	0.671	0.358	12	1.08
0.001 0	0.000 1	0.990	0.410	0.774	0.107	82	13.07	0.398	0.095	0.699	0.694	54	1.33	0.319	0.037	0.659	0.605	20	1.10
0.001 0	0.000 1	1.000	0.354	0.740	0.139	102	10.62	0.354	0.139	0.677	0.906	79	1.24	0.283	0.054	0.642	0.854	30	1.11
0.001 0	0.001 0	0.250	0.379	0.866	0.015	12	35.33	0.317	0.010	0.659	0.067	5	1.24	0.254	0.007	0.627	0.058	3	1.02
0.001 0	0.001 0	0.400	0.394	0.852	0.024	20	26.81	0.339	0.017	0.669	0.117	9	1.26	0.271	0.010	0.635	0.099	5	1.02
0.001 0	0.001 0	0.600	0.397	0.836	0.039	32	20.25	0.350	0.027	0.675	0.202	15	1.28	0.280	0.016	0.640	0.171	8	1.03
0.001 0	0.001 0	0.800	0.388	0.818	0.059	48	15.70	0.352	0.044	0.676	0.333	25	1.30	0.282	0.024	0.641	0.284	13	1.04
0.001 0	0.001 0	0.900	0.377	0.803	0.074	59	13.59	0.349	0.059	0.674	0.444	33	1.30	0.279	0.031	0.640	0.384	17	1.04
0.001 0	0.001 0	0.990	0.342	0.765	0.108	82	10.94	0.330	0.097	0.665	0.696	55	1.27	0.264	0.049	0.632	0.631	27	1.06
0.001 0	0.001 0	1.000	0.296	0.720	0.142	102	9.532	0.294	0.139	0.647	0.906	79	1.18	0.235	0.069	0.618	0.668	39	1.06

续表

			最优试验方案					最佳 4∶2∶1 分配方案						调整的 4∶2∶1 分配方案(0.80)					
P	p_D	p_H	ξ^*	π_L^*	p_L	$E(r_L^*)$	V^*	ζ'_L	p_L	ζ'_M	p_M	Er_L^*	R'	ζ''_L	p_L	ζ''_M	p_M	$E(r_L^*)$	R''
0.010 0	0.000 1	0.250	0.549	0.735	0.020	14	76.73	0.480	0.012	0.740	0.071	6	1.23	0.384	0.005	0.692	0.053	3	1.05
0.010 0	0.000 1	0.400	0.540	0.748	0.032	24	50.70	0.474	0.019	0.737	0.122	10	1.25	0.379	0.008	0.690	0.092	4	1.06
0.010 0	0.000 1	0.600	0.522	0.760	0.050	37	33.51	0.463	0.030	0.732	0.208	17	1.27	0.371	0.012	0.685	0.159	7	1.07
0.010 0	0.000 1	0.800	0.497	0.770	0.073	56	22.76	0.448	0.047	0.724	0.338	26	1.31	0.358	0.019	0.679	0.267	10	1.08
0.010 0	0.000 1	0.900	0.476	0.776	0.091	70	17.99	0.436	0.062	0.718	0.449	35	1.34	0.349	0.024	0.674	0.364	13	1.08
0.010 0	0.000 1	0.990	0.425	0.786	0.125	98	11.94	0.405	0.102	0.702	0.701	58	1.38	0.324	0.039	0.662	0.611	22	1.10
0.010 0	0.000 1	1.000	0.363	0.791	0.153	121	8.641	0.362	0.153	0.681	0.911	87	1.36	0.290	0.059	0.645	0.860	33	1.12
0.010 0	0.001 0	0.250	0.425	0.795	0.019	15	41.23	0.340	0.012	0.670	0.071	6	1.19	0.272	0.007	0.636	0.060	4	1.02
0.010 0	0.001 0	0.400	0.428	0.804	0.030	24	29.41	0.354	0.018	0.677	0.121	10	1.22	0.283	0.011	0.642	0.102	6	1.03
0.010 0	0.001 0	0.600	0.422	0.811	0.046	37	20.91	0.360	0.030	0.680	0.207	16	1.26	0.288	0.017	0.644	0.174	9	1.03
0.010 0	0.001 0	0.800	0.406	0.816	0.067	54	15.21	0.359	0.046	0.679	0.337	26	1.30	0.287	0.025	0.643	0.288	14	1.04
0.010 0	0.010 0	0.900	0.390	0.817	0.083	67	12.57	0.354	0.061	0.677	0.448	35	1.33	0.283	0.032	0.642	0.388	18	1.05
0.010 0	0.010 0	0.990	0.348	0.817	0.114	93	9.109	0.335	0.101	0.668	0.701	57	1.36	0.268	0.051	0.634	0.635	29	1.06
0.010 0	0.010 0	1.000	0.297	0.810	0.143	115	7.189	0.302	0.151	0.651	0.911	86	1.32	0.242	0.075	0.621	0.872	42	1.07
0.010 0	0.010 0	0.250	0.099	0.961	0.015	14	13.38	0.055	0.013	0.528	0.073	7	1.29	0.044	0.012	0.522	0.072	6	1.00
0.010 0	0.010 0	0.400	0.173	0.930	0.025	22	11.98	0.128	0.020	0.564	0.124	11	1.28	0.103	0.017	0.551	0.118	9	1.00
0.010 0	0.010 0	0.600	0.219	0.905	0.039	35	10.25	0.179	0.031	0.589	0.210	17	1.29	0.143	0.025	0.572	0.197	14	1.01
0.010 0	0.010 0	0.800	0.240	0.884	0.059	51	8.684	0.210	0.048	0.605	0.341	27	1.31	0.168	0.036	0.584	0.317	20	1.01
0.010 0	0.010 0	0.900	0.244	0.870	0.074	64	7.838	0.222	0.063	0.611	0.451	36	1.31	0.177	0.046	0.589	0.420	26	1.01
0.010 0	0.010 0	0.990	0.233	0.842	0.107	89	6.630	0.228	0.103	0.614	0.702	58	1.30	0.183	0.070	0.591	0.665	39	1.02
0.010 0	0.010 0	1.000	0.206	0.810	0.140	113	5.909	0.214	0.150	0.607	0.910	85	1.23	0.171	0.098	0.585	0.887	56	1.03
0500	0.000 1	0.250	0.569	0.669	0.024	15	93.37	0.525	0.017	0.800	0.100	9	1.27	0.420	0.007	0.800	0.100	4	1.07
0500	0.000 1	0.400	0.559	0.688	0.038	25	60.16	0.501	0.024	0.751	0.132	13	1.26	0.401	0.010	0.703	0.100	5	1.06

续表

			最优试验方案					最佳 4∶2∶1 分配方案						调整的 4∶2∶1 分配方案(0.80)					
P	p_D	p_H	ξ^*	π_L^*	p_L	$E(r_L^*)$	V^*	ζ'_L	p_L	ζ'_M	p_M	Er_L^*	R'	ζ''_L	p_L	ζ''_M	p_M	$E(r_L^*)$	R''
0500	0.000 1	0.600	0.543	0.706	0.059	41	38.76	0.484	0.036	0.742	0.220	20	1.27	0.387	0.015	0.694	0.168	8	1.07
0500	0.000 1	0.800	0.519	0.724	0.088	63	25.61	0.464	0.055	0.732	0.352	31	1.30	0.372	0.021	0.686	0.277	12	1.07
0500	0.000 1	0.900	0.500	0.734	0.111	81	19.82	0.450	0.071	0.725	0.463	40	1.32	0.360	0.027	0.680	0.375	15	1.08
0500	0.000 1	0.990	0.451	0.756	0.160	121	12.40	0.416	0.115	0.708	0.713	65	1.36	0.333	0.044	0.667	0.622	25	1.10
0500	0.000 1	1.000	0.388	0.778	0.203	158	8.207	0.374	0.175	0.687	0.918	99	1.39	0.299	0.068	0.650	0.867	38	1.12
0500	0.001 0	0.250	0.462	0.701	0.024	16	53.55	0.409	0.018	0.749	0.100	10	1.23	0.327	0.011	0.749	0.100	6	1.03
0500	0.001 0	0.400	0.463	0.724	0.038	27	36.45	0.389	0.023	0.695	0.131	13	1.22	0.311	0.014	0.656	0.109	7	1.03
0500	0.001 0	0.600	0.456	0.744	0.058	43	24.77	0.385	0.036	0.693	0.219	20	1.24	0.308	0.020	0.654	0.183	11	1.03
0500	0.001 0	0.800	0.439	0.761	0.086	65	17.20	0.377	0.054	0.689	0.351	30	1.27	0.302	0.028	0.651	0.298	16	1.04
0500	0.001 0	0.900	0.423	0.771	0.108	82	13.74	0.369	0.070	0.685	0.461	39	1.29	0.295	0.036	0.648	0.398	20	1.05
0500	0.001 0	0.990	0.380	0.791	0.152	119	9.137	0.347	0.113	0.674	0.712	64	1.35	0.278	0.057	0.639	0.645	32	1.06
0500	0.001 0	1.000	0.325	0.811	0.189	153	6.441	0.315	0.172	0.658	0.917	98	1.38	0.252	0.085	0.626	0.880	48	1.07
0500	0.010 0	0.250	0.237	0.788	0.026	20	20.06	0.164	0.020	0.632	0.100	11	1.16	0.131	0.017	0.632	0.100	9	1.00
0500	0.010 0	0.400	0.272	0.809	0.039	31	15.60	0.168	0.024	0.584	0.132	13	1.16	0.135	0.020	0.567	0.125	11	1.00
0500	0.010 0	0.600	0.290	0.825	0.057	47	11.98	0.204	0.036	0.602	0.220	20	1.21	0.164	0.028	0.582	0.204	16	1.01
0500	0.010 0	0.800	0.293	0.836	0.081	67	9.260	0.227	0.054	0.614	0.351	30	1.26	0.182	0.040	0.591	0.325	22	1.01
0500	0.010 0	0.900	0.288	0.842	0.099	83	7.886	0.236	0.070	0.618	0.461	40	1.29	0.189	0.050	0.594	0.428	28	1.01
0500	0.010 0	0.990	0.263	0.852	0.135	115	5.907	0.240	0.113	0.620	0.712	64	1.36	0.192	0.076	0.596	0.673	43	1.02
0500	0.010 0	1.000	0.225	0.862	0.167	143	4.659	0.227	0.171	0.614	0.917	97	1.38	0.182	0.110	0.591	0.894	62	1.03
1000	0.000 1	0.250	0.577	0.636	0.025	15	103.7	0.560	0.022	0.945	0.200	12	1.13	0.448	0.009	0.945	0.200	5	1.10
1000	0.000 1	0.400	0.568	0.658	0.040	26	66.16	0.528	0.029	0.830	0.200	16	1.28	0.422	0.012	0.830	0.200	6	1.09
1000	0.000 1	0.600	0.552	0.678	0.063	43	42.22	0.498	0.041	0.749	0.228	23	1.28	0.398	0.016	0.724	0.200	9	1.08
1000	0.000 1	0.800	0.530	0.698	0.096	67	27.64	0.476	0.061	0.738	0.362	34	1.29	0.381	0.024	0.690	0.284	13	1.07

续表

			最优试验方案					最佳4：2：1分配方案						调整的4：2：1分配方案(0.80)					
P	p_D	p_H	ξ^*	π_L^*	p_L	$E(r_L^*)$	V^*	ζ'_L	p_L	ζ'_M	p_M	Er_L^*	R'	ζ''_L	p_L	ζ''_M	p_M	$E(r_L^*)$	R''
1000	0.000 1	0.900	0.512	0.710	0.123	87	21.26	0.460	0.078	0.730	0.472	44	1.31	0.368	0.030	0.684	0.382	17	1.08
1000	0.000 1	0.990	0.465	0.734	0.183	134	13.07	0.425	0.125	0.712	0.722	71	1.35	0.340	0.048	0.670	0.630	27	1.10
1000	0.000 1	1.000	0.405	0.760	0.239	181	8.396	0.382	0.190	0.691	0.922	108	1.38	0.306	0.074	0.653	0.872	42	1.12
1000	0.001 0	0.250	0.475	0.657	0.026	17	61.64	0.452	0.023	0.931	0.200	13	1.13	0.361	0.013	0.931	0.200	7	1.04
1000	0.001 0	0.400	0.477	0.683	0.041	28	41.23	0.429	0.031	0.793	0.200	17	1.25	0.343	0.017	0.793	0.200	9	1.04
1000	0.001 0	0.600	0.470	0.707	0.064	45	27.56	0.404	0.041	0.702	0.228	23	1.24	0.323	0.022	0.673	0.200	12	1.04
1000	0.001 0	0.800	0.455	0.728	0.097	70	18.85	0.391	0.060	0.696	0.361	34	1.26	0.313	0.031	0.656	0.305	17	1.04
1000	0.001 0	0.900	0.440	0.741	0.122	90	14.90	0.381	0.077	0.691	0.472	44	1.28	0.305	0.039	0.653	0.406	22	1.05
1000	0.001 0	0.990	0.400	0.766	0.178	136	9.648	0.357	0.124	0.679	0.721	70	1.33	0.286	0.061	0.643	0.652	35	1.06
1000	0.001 0	1.000	0.345	0.791	0.229	181	6.530	0.324	0.189	0.662	0.922	107	1.37	0.259	0.093	0.630	0.884	52	1.08
1000	0.010 0	0.250	0.267	0.707	0.030	20	25.41	0.223	0.025	0.899	0.200	14	1.13	0.178	0.021	0.899	0.200	12	1.01
1000	0.010 0	0.400	0.303	0.741	0.045	33	18.91	0.238	0.033	0.716	0.200	19	1.19	0.191	0.027	0.716	0.200	15	1.01
1000	0.010 0	0.600	0.321	0.768	0.067	51	13.96	0.231	0.042	0.616	0.230	23	1.18	0.185	0.032	0.593	0.212	18	1.01
1000	0.010 0	0.800	0.324	0.789	0.097	76	10.43	0.246	0.061	0.623	0.362	34	1.22	0.197	0.044	0.598	0.333	25	1.01
1000	0.010 0	0.900	0.319	0.801	0.120	96	8.688	0.251	0.078	0.626	0.472	44	1.25	0.201	0.055	0.600	0.436	31	1.02
1000	0.010 0	0.990	0.294	0.822	0.169	138	6.197	0.252	0.124	0.626	0.721	70	1.32	0.201	0.082	0.601	0.680	46	1.02
1000	0.010 0	1.000	0.253	0.841	0.213	178	4.598	0.238	0.188	0.619	0.922	107	1.38	0.190	0.120	0.595	0.898	68	1.03

表 6.2-2　Weibull(极值)分布下的 Meeker-Hahn 试验方案

(摘自 Wm. Meeker 和 GJ. Hahn(1985),美国质量控制协会许可)

			最优试验方案					最佳 4:2:1 分配方案						调整的 4:2:1 分配方案(0.80)					
P	p_D	p_H	ξ^*	π_L^*	p_L	Er_L^*	V^*	ζ'_L	p_L	ζ'_M	p_M	Er_L^*	R'	ζ''_L	p_L	ζ''_M	p_M	Er_L^*	R''
0.000 1	0.000 1	0.250	0.673	0.837	0.021	17	635.0	0.606	0.012	0.803	0.058	7	1.15	0.485	0.005	0.742	0.036	2	1.10
0.000 1	0.000 1	0.400	0.690	0.829	0.036	29	426.1	0.625	0.021	0.812	0.098	11	1.16	0.500	0.007	0.750	0.059	4	1.12
0.000 1	0.000 1	0.600	0.703	0.818	0.059	48	287.0	0.638	0.033	0.819	0.161	18	1.17	0.510	0.010	0.755	0.093	5	1.13
0.000 1	0.000 1	0.800	0.709	0.803	0.091	73	201.3	0.643	0.050	0.822	0.249	28	1.19	0.515	0.015	0.757	0.142	8	1.14
0.000 1	0.000 1	0.900	0.709	0.789	0.116	91	164.8	0.643	0.062	0.822	0.319	35	1.21	0.515	0.017	0.757	0.182	9	1.14
0.000 1	0.000 1	0.990	0.700	0.749	0.168	125	121.8	0.640	0.092	0.820	0.487	52	1.26	0.512	0.024	0.756	0.285	13	1.12
0.000 1	0.000 1	1.000	0.681	0.698	0.214	149	101.3	0.645	0.147	0.823	0.702	84	1.28	0.516	0.036	0.758	0.440	20	1.12
0.001 0	0.000 1	0.250	0.691	0.795	0.024	19	703.5	0.619	0.014	0.809	0.061	7	1.15	0.495	0.005	0.748	0.038	2	1.10
0.001 0	0.000 1	0.400	0.705	0.795	0.040	32	461.1	0.636	0.023	0.818	0.102	12	1.16	0.509	0.008	0.754	0.061	4	1.12
0.001 0	0.000 1	0.600	0.715	0.794	0.066	52	302.0	0.647	0.036	0.823	0.167	20	1.17	0.517	0.011	0.759	0.096	6	1.13
0.001 0	0.000 1	0.800	0.718	0.790	0.100	78	204.2	0.650	0.053	0.825	0.256	30	1.19	0.520	0.015	0.760	0.146	8	1.14
0.001 0	0.000 1	0.900	0.717	0.785	0.125	98	161.9	0.649	0.065	0.824	0.326	37	1.21	0.519	0.018	0.759	0.186	10	1.14
0.001 0	0.000 1	0.990	0.705	0.771	0.176	135	109.8	0.638	0.090	0.819	0.483	51	1.27	0.510	0.024	0.755	0.283	13	1.13
0.001 0	0.000 1	1.000	0.683	0.749	0.217	162	82.68	0.632	0.129	0.816	0.676	73	1.33	0.506	0.032	0.753	0.421	18	1.11
0.001 0	0.001 0	0.250	0.539	0.865	0.021	18	300.4	0.459	0.013	0.730	0.060	7	1.15	0.367	0.008	0.684	0.047	4	1.03
0.001 0	0.001 0	0.400	0.576	0.853	0.036	30	214.5	0.497	0.022	0.749	0.101	12	1.16	0.398	0.012	0.699	0.075	6	1.05
0.001 0	0.001 0	0.600	0.602	0.840	0.059	49	152.0	0.524	0.035	0.762	0.166	20	1.17	0.419	0.017	0.710	0.119	9	1.06
0.001 0	0.001 0	0.800	0.618	0.824	0.091	75	111.0	0.540	0.052	0.770	0.255	29	1.18	0.432	0.024	0.716	0.179	13	1.06
0.001 0	0.001 0	0.900	0.622	0.810	0.116	94	92.66	0.544	0.065	0.772	0.326	37	1.20	0.435	0.029	0.718	0.228	16	1.07
0.001 0	0.001 0	0.990	0.618	0.774	0.167	129	70.32	0.546	0.095	0.773	0.493	54	1.24	0.437	0.039	0.718	0.348	22	1.06
0.001 0	0.001 0	1.000	0.600	0.729	0.213	155	59.24	0.555	0.146	0.777	0.701	83	1.26	0.444	0.056	0.722	0.517	31	1.07

续表

			最优试验方案					最佳 4∶2∶1 分配方案						调整的 4∶2∶1 分配方案(0.80)					
P	p_D	p_H	ξ^*	π_L^*	p_L	Er_L^*	V^*	ζ'_L	p_L	ζ'_M	p_M	Er_L^*	R'	ζ''_L	p_L	ζ''_M	p_M	Er_L^*	R''
0.010 0	0.000 1	0.250	0.716	0.717	0.029	21	879.8	0.654	0.018	0.827	0.070	10	1.18	0.524	0.006	0.762	0.042	3	1.10
0.010 0	0.000 1	0.400	0.728	0.725	0.049	35	563.1	0.666	0.029	0.833	0.116	16	1.18	0.533	0.009	0.766	0.067	5	1.12
0.010 0	0.000 1	0.600	0.736	0.731	0.079	57	359.8	0.673	0.045	0.837	0.187	25	1.19	0.539	0.014	0.769	0.106	7	1.13
0.010 0	0.000 1	0.800	0.739	0.734	0.121	88	236.7	0.674	0.066	0.837	0.283	37	1.21	0.540	0.018	0.770	0.159	10	1.15
0.010 0	0.000 1	0.900	0.738	0.735	0.153	112	183.4	0.671	0.081	0.836	0.357	46	1.22	0.537	0.022	0.769	0.202	12	1.15
0.010 0	0.000 1	0.990	0.727	0.734	0.217	159	116.6	0.657	0.110	0.829	0.519	62	1.27	0.526	0.028	0.763	0.303	15	1.14
0.010 0	0.000 1	1.000	0.705	0.731	0.270	197	79.76	0.642	0.142	0.821	0.695	81	1.35	0.513	0.035	0.757	0.435	19	1.12
0.010 0	0.001 0	0.250	0.588	0.780	0.028	21	372.5	0.496	0.016	0.748	0.067	9	1.13	0.396	0.009	0.698	0.051	5	1.04
0.010 0	0.001 0	0.400	0.614	0.785	0.045	35	253.7	0.526	0.026	0.763	0.110	14	1.14	0.420	0.014	0.710	0.080	7	1.05
0.010 0	0.001 0	0.600	0.633	0.788	0.072	56	171.7	0.547	0.041	0.774	0.178	23	1.15	0.438	0.020	0.719	0.126	11	1.06
0.010 0	0.001 0	0.800	0.643	0.788	0.109	85	118.9	0.559	0.060	0.779	0.271	34	1.18	0.447	0.027	0.723	0.188	15	1.07
0.010 0	0.001 0	0.900	0.644	0.787	0.137	107	95.19	0.560	0.074	0.780	0.343	42	1.20	0.448	0.032	0.724	0.238	18	1.07
0.010 0	0.001 0	0.990	0.635	0.780	0.191	148	64.76	0.552	0.100	0.776	0.502	57	1.25	0.442	0.041	0.721	0.354	23	1.07
0.010 0	0.001 0	1.000	0.612	0.770	0.235	180	47.87	0.545	0.135	0.772	0.685	76	1.32	0.436	0.052	0.718	0.504	29	1.06
0.010 0	0.010 0	0.250	0.223	0.939	0.021	19	89.36	0.148	0.016	0.574	0.067	9	1.19	0.118	0.015	0.559	0.063	8	1.00
0.010 0	0.010 0	0.400	0.326	0.911	0.036	32	74.62	0.243	0.026	0.621	0.109	14	1.17	0.194	0.021	0.597	0.100	12	1.01
0.010 0	0.010 0	0.600	0.399	0.888	0.059	52	59.51	0.311	0.040	0.655	0.176	22	1.17	0.249	0.030	0.624	0.155	17	1.01
0.010 0	0.010 0	0.800	0.444	0.868	0.091	79	47.26	0.353	0.059	0.677	0.268	33	1.18	0.283	0.041	0.641	0.229	23	1.02
0.010 0	0.010 0	0.900	0.461	0.853	0.116	98	41.09	0.370	0.072	0.685	0.340	41	1.19	0.296	0.049	0.648	0.288	27	1.02
0.010 0	0.010 0	0.990	0.473	0.821	0.167	136	32.86	0.388	0.102	0.694	0.506	58	1.22	0.310	0.065	0.655	0.427	37	1.02
0.010 0	0.010 0	1.000	0.464	0.785	0.212	166	28.36	0.406	0.148	0.703	0.703	84	1.24	0.325	0.088	0.662	0.602	50	1.03
0.050 0	0.000 1	0.250	0.729	0.663	0.033	21	1043.	0.692	0.024	0.874	0.100	13	1.24	0.554	0.008	0.874	0.100	4	1.12
0.050 0	0.000 1	0.400	0.740	0.674	0.054	36	660.0	0.693	0.037	0.847	0.129	20	1.22	0.555	0.011	0.815	0.100	6	1.13

续表

			最优试验方案					最佳 4∶2∶1 分配方案						调整的 4∶2∶1 分配方案(0.80)					
P	p_D	p_H	ξ^*	π_L^*	p_L	Er_L^*	V^*	ζ'_L	p_L	ζ'_M	p_M	Er_L^*	R'	ζ''_L	p_L	ζ''_M	p_M	Er_L^*	R''
0.050 0	0.000 1	0.600	0.749	0.683	0.088	60	417.0	0.698	0.057	0.849	0.206	32	1.22	0.558	0.016	0.779	0.115	9	1.14
0.050 0	0.000 1	0.800	0.753	0.690	0.136	94	271.4	0.698	0.082	0.849	0.311	47	1.23	0.558	0.022	0.779	0.172	12	1.15
0.050 0	0.000 1	0.900	0.752	0.693	0.174	120	208.7	0.694	0.101	0.847	0.391	57	1.24	0.555	0.026	0.778	0.219	14	1.16
0.050 0	0.000 1	0.990	0.743	0.697	0.254	176	129.7	0.680	0.138	0.840	0.562	78	1.29	0.544	0.034	0.772	0.328	19	1.16
0.050 0	0.000 1	1.000	0.724	0.697	0.325	226	85.47	0.662	0.175	0.831	0.736	100	1.35	0.529	0.042	0.765	0.465	23	1.14
0.050 0	0.001 0	0.250	0.619	0.697	0.033	22	478.5	0.569	0.025	0.823	0.100	14	1.20	0.455	0.013	0.823	0.100	7	1.05
0.050 0	0.001 0	0.400	0.643	0.710	0.054	38	316.5	0.571	0.035	0.786	0.126	19	1.17	0.457	0.017	0.747	0.100	9	1.06
0.050 0	0.001 0	0.600	0.660	0.721	0.086	62	208.7	0.586	0.053	0.793	0.200	30	1.18	0.469	0.024	0.734	0.139	13	1.07
0.050 0	0.001 0	0.800	0.671	0.728	0.131	95	140.7	0.592	0.076	0.796	0.301	43	1.19	0.474	0.033	0.737	0.206	18	1.08
0.050 0	0.001 0	0.900	0.670	0.732	0.165	121	110.7	0.592	0.093	0.796	0.378	53	1.21	0.474	0.038	0.737	0.259	21	1.08
0.050 0	0.001 0	0.990	0.664	0.735	0.237	174	71.73	0.581	0.126	0.791	0.545	72	1.25	0.465	0.049	0.733	0.383	28	1.08
0.050 0	0.001 0	1.000	0.643	0.735	0.299	219	49.39	0.566	0.161	0.783	0.720	91	1.32	0.453	0.061	0.726	0.532	34	1.07
0.050 0	0.010 0	0.250	0.361	0.791	0.033	26	130.6	0.286	0.026	0.701	0.100	14	1.14	0.229	0.021	0.701	0.100	12	1.01
0.050 0	0.010 0	0.400	0.423	0.802	0.052	41	97.93	0.300	0.032	0.650	0.121	18	1.11	0.240	0.025	0.620	0.108	14	1.01
0.050 0	0.010 0	0.600	0.468	0.808	0.080	64	71.95	0.353	0.048	0.676	0.192	27	1.13	0.282	0.035	0.641	0.166	20	1.01
0.050 0	0.010 0	0.800	0.497	0.811	0.118	95	53.23	0.387	0.069	0.693	0.288	39	1.15	0.309	0.047	0.655	0.243	26	1.02
0.050 0	0.010 0	0.900	0.507	0.811	0.146	118	44.14	0.399	0.084	0.700	0.362	48	1.17	0.319	0.055	0.660	0.304	31	1.02
0.050 0	0.010 0	0.990	0.509	0.807	0.204	164	31.60	0.406	0.114	0.703	0.526	65	1.22	0.325	0.071	0.663	0.441	40	1.03
0.050 0	0.010 0	1.000	0.492	0.802	0.251	201	24.04	0.407	0.149	0.704	0.705	85	1.28	0.326	0.089	0.663	0.603	50	1.03
0.100 0	0.000 1	0.250	0.733	0.641	0.034	21	1124.	0.715	0.029	0.968	0.200	16	1.14	0.572	0.009	0.968	0.200	5	1.18
0.100 0	0.000 1	0.400	0.745	0.653	0.056	36	707.9	0.710	0.042	0.903	0.200	24	1.25	0.568	0.013	0.903	0.200	7	1.16
0.100 0	0.000 1	0.600	0.753	0.663	0.092	61	445.7	0.709	0.062	0.855	0.216	35	1.24	0.567	0.018	0.845	0.200	10	1.16
0.100 0	0.000 1	0.800	0.758	0.671	0.143	95	289.1	0.708	0.091	0.854	0.324	51	1.25	0.567	0.024	0.796	0.200	13	1.16

续表

			最优试验方案					最佳 4：2：1 分配方案						调整的 4：2：1 分配方案(0.80)					
P	p_D	p_H	ξ^*	π_L^*	p_L	Er_L^*	V^*	ζ'_L	p_L	ζ'_M	p_M	Er_L^*	R'	ζ''_L	p_L	ζ''_M	p_M	Er_L^*	R''
0.100 0	0.000 1	0.900	0.758	0.675	0.183	123	221.8	0.705	0.112	0.852	0.407	63	1.26	0.564	0.028	0.782	0.227	16	1.17
0.100 0	0.000 1	0.990	0.750	0.680	0.270	183	137.1	0.691	0.153	0.845	0.583	87	1.30	0.552	0.037	0.776	0.341	21	1.17
0.100 0	0.000 1	1.000	0.732	0.681	0.351	239	89.53	0.672	0.196	0.836	0.757	111	1.36	0.538	0.046	0.769	0.481	26	1.15
0.100 0	0.001 0	0.250	0.629	0.663	0.035	22	534.0	0.603	0.030	0.955	0.200	17	1.13	0.482	0.015	0.955	0.200	8	1.07
0.100 0	0.001 0	0.400	0.652	0.679	0.057	38	350.2	0.605	0.043	0.867	0.200	24	1.22	0.484	0.020	0.867	0.200	11	1.07
0.100 0	0.001 0	0.600	0.669	0.692	0.092	63	228.8	0.605	0.060	0.803	0.212	34	1.20	0.484	0.027	0.793	0.200	15	1.09
0.100 0	0.001 0	0.800	0.679	0.701	0.140	98	153.4	0.610	0.086	0.805	0.317	49	1.21	0.488	0.036	0.744	0.216	20	1.08
0.100 0	0.001 0	0.900	0.682	0.706	0.178	125	120.0	0.609	0.106	0.804	0.398	60	1.22	0.487	0.043	0.744	0.271	24	1.09
0.100 0	0.001 0	0.990	0.676	0.712	0.259	184	76.78	0.598	0.143	0.799	0.570	81	1.26	0.478	0.055	0.739	0.399	31	1.09
0.100 0	0.001 0	1.000	0.657	0.714	0.332	236	51.90	0.581	0.182	0.791	0.744	104	1.32	0.465	0.067	0.732	0.551	38	1.08
0.100 0	0.010 0	0.250	0.394	0.721	0.037	26	161.1	0.346	0.032	0.924	0.200	18	1.14	0.276	0.025	0.924	0.200	14	1.01
0.100 0	0.010 0	0.400	0.454	0.742	0.058	43	116.8	0.383	0.044	0.789	0.200	25	1.18	0.306	0.033	0.789	0.200	18	1.02
0.100 0	0.010 0	0.600	0.497	0.757	0.090	68	83.42	0.390	0.057	0.695	0.207	32	1.13	0.312	0.040	0.687	0.200	23	1.03
0.100 0	0.010 0	0.800	0.524	0.767	0.134	102	60.26	0.417	0.080	0.709	0.307	45	1.15	0.334	0.053	0.667	0.257	30	1.02
0.100 0	0.010 0	0.900	0.534	0.771	0.168	129	49.21	0.427	0.097	0.714	0.385	55	1.16	0.342	0.062	0.671	0.320	35	1.03
0.100 0	0.010 0	0.990	0.537	0.775	0.236	183	34.04	0.430	0.131	0.715	0.553	74	1.21	0.344	0.080	0.672	0.461	45	1.03
0.100 0	0.010 0	1.000	0.520	0.775	0.295	228	24.80	0.426	0.167	0.713	0.727	95	1.28	0.340	0.097	0.670	0.621	55	1.03

(6) 样本量

按如下方法确定样本量 n 。设 $\hat{\eta}_P(x_D)$ 在其真值的 $\pm w$ 范围内的概率为 γ ，满足要求的近似样本量 n' 为

$$n' = R'V^*(K_\gamma \sigma / w)^2 \tag{6.2-14}$$

式中，K_γ 是标准正态分布的 $100(1+\gamma)/2\%$ 分位数。获取数据之后，由数据得到置信区间并忽略 w 。

B级绝缘系统实例：

设B级绝缘系统在设计温度130 ℃下的10%分位对数寿命估计在其真值的±0.10范围内的概率为95%（$\gamma = 0.95$），满足要求的样本量为 $n' = 1.37 \times 6.530 \times (1.96 \times 2.259/0.10)^{1/2} = 57$。

(7) 试验方案设计用表

表6.2-1和表6.2-2中其他参量的含义如下。

对于最优试验方案（6.2.4节）：

ζ^*	式（6.2-12）中的最优因子
π^*	低应力下的最优样本占比
p_L	到截尾时间时低应力下的失效概率
$E(r_L^*)$	$= 1000\pi^* p_L$ 是当 $n = 1\,000$ 时，x_L 下的期望失效数
V^*	最优方差因子

对于Meeker-Hahn试验方案（最优化的4：2：1分配方案）：

ζ'	式（6.2-12）中的最佳因子
p_L	到截尾时间时低应力下的失效概率
p_M	到截尾时间时中间应力下的失效概率
$E(r_L^*)$	$= 1\,000(4/7)p_L$ 是当 $n = 1\,000$ 时，低应力下的期望失效数
R'	Meeker-Hahn试验方案方差与最优试验方案方差之比

(8) 调整的试验方案

Meeker和Hahn（1985）给出了调整的试验方案。这些试验方案采用更低的应力水平 x''_L 以减少应力外推误差和可能的模型误差。调整试验方案用 ζ' 的部分 ζ'' 替代式（6.2-12）中的 ζ' 。Meeker和Hahn给出了部分比例为0.90、0.80、0.70、0.60的试验方案用表。$\zeta'' = 0.80\zeta'$ 时的调整试验方案见表6.2-1和表6.2-2。对于B级绝缘系统实例，调整试验方案采用 $\zeta'' = 0.80 \times 0.324 = 0.292$，则 $x''_L = 2.480\,4 + 0.292(2.027\,7 - 2.480\,4) = 2.348\,2$（153 ℃）。该百分位数估计的标准误差为

$$\sigma[\hat{\eta}_P(x_D)] = \sigma \cdot (R''R'V^*/n)^{1/2}$$

因子 R'' 见表6.2-1和表6.2-2。

(9) 备注

关于Meeker-Hahn试验方案，有如下一些有益的说明：

1) 与前面几节论述的一样，Meeker-Hahn试验方案依赖于模型参数的假定值，因

此有必要进行关于其他值的敏感性分析以确定假定值是否影响试验方案。

2）Meeker－Hahn（4：2：1）试验方案采用非常不平均的样本分配方案，接近短距离外推的最优试验方案。对于长距离外推，三个应力水平的传统试验方案（6.2.3节）可能更准确，且一样稳健。

3）Meeker－Hahn试验方案采用固定的（4∶2∶1）样本分配方案，而不试图优化。一种有前景的三个应力水平等间隔分布的试验方案类如下。x_H 和 x_M 下的样本分配占比均为 π ，x_L 下的样本占比为 $(1-2\pi)$ 。选择 π 和 x_L 使 x_D 下某一百分位对数寿命的ML估计的渐近方差最小。这些试验方案的估计方差应该更小，且一样稳健。此外，若 x_L 下的样品浪费了，x_H 和 x_M 下的样品平均分配对长距离外推到 x_D 是有益的。这类试验方案值得研究。

6.3　试验方案的仿真评价

（1）目的

很多试验方案太复杂而不能用第5节的ML方法评价。本节介绍一种简单的替代方法——仿真方法（Nelson（1983b）提出，但之前并没有出版）。该方法适用于大多数模型和截尾型式，可以给出关心的估计值的标准误差。通过这些标准差可以判断试验方案和估计精度是否满足应用需求。为避免出现一些意想不到的结果，第1章推荐在试验前进行（仿真）数据分析。

（2）概述

6.3.1节介绍为评估绝缘材料寿命提出的试验方案。6.3.2节介绍用于试验方案数据计算机仿真的模型，这些模型应适用于实际试验数据。6.3.3节说明试验数据的计算机仿真方法。6.3.4节介绍模型对数据拟合的计算机计算结果。计算结果可以显示：1）设计应力下绝缘材料寿命的估计精度；2）绝缘材料厚度的影响的估计准确性；3）导体比较的准确性；4）另一试验方案下上述参量的估计精度，等等。

6.3.1　推荐试验方案

（1）试验方案

推荐试验方案需要170个试验样品。这些样品包含三种绝缘材料厚度（0.163 cm、0.266 cm和0.355 cm），四种电压应力（200、175、150和120 V/mm），四种导体（S、SS、G和SO）的多种组合，每种组合的样品数见表6.3－1。例如，绝缘材料厚度为0.163 cm、电压应力为200 V/mm、导体类型为S的样品有五个。图6.3－1显示了导体为S的样品在不同电压应力和材料厚度组合下的数量，绝缘材料厚度（THICK）和电压应力（VPM）的组合有12种，图中的两个“X”表示外推条件：电压应力分别为65 V/mm和80 V/mm，厚度为0.266 cm。

（2）目的

研究人员出于多种目的选择这个试验方案，包括估计外推条件下的绝缘材料寿命，估计绝缘材料厚度对寿命的影响，比较导体对绝缘材料寿命的影响。试验厚度范围大于实际厚度，这样可以比使用批产样品得到更准确的厚度影响估计。作为推荐的产品厚度，中心厚度为0.266cm的样品较多。遵循使应力外推更准确的优良传统，试验方案低试验应力水平下的样品数多于高应力水平，这与最优试验方案的建议一致。利用工程评价和统计设计因素（第1章）确定试验中应力、厚度和导体的组合及各种组合的样品数。

（3）注意

传统试验设计的统计理论只适用于完全数据，不要认为标准试验设计（2^{n-p}，Box中心组合试验等）的特性也适合截尾数据和区间数据，它们通常是不适用的。例如，截尾数据下，某个模型系数的ML（或其他）估计可能不存在。对于完全数据，系数估计互不相关，但对于截尾数据可能是相关的。并且，影响的混淆现象与截尾相关。另外，模型系数估计的方差取决于所有试验条件下的截尾数和（可能全部）模型系数的真值。因此各个试验条件下的截尾时间是试验设计的一部分，并影响试验方案的统计特性。

表 6.3-1　各试验条件下的样品数

厚度	0.163 cm		0.266 cm				0.355 cm	
导体	S	SS	S	SS	G	SO	S	SS
V/mm								
200	5	1	10	1	1	3	5	1
175	8	2	14	2	2	4	8	2
150	8	2	14	2	2	4	8	2
120	11	3	18	3	3	7	11	3

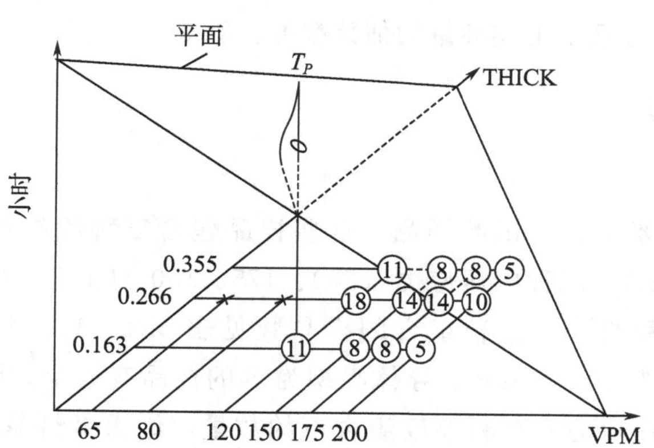

图 6.3-1　S 导体的试验条件和 τ_P 百分位数平面（坐标均为对数尺度）

6.3.2　模型

（1）模型

假设绝缘材料的寿命服从 Weibull 分布，其 $100P\%$ 分位寿命 τ_P 是绝缘材料厚度（THICK）和电压应力（VPM）的函数，即

$$\ln(\tau_p)=C_1+C_2(\mathrm{LVPM}-\overline{\mathrm{LVPM}})+C_3(\mathrm{LTHICK}-\overline{\mathrm{LTHICK}})+(1/\beta)\ln[-\ln(1-P)] \tag{6.3-1}$$

式中，$\mathrm{LVPM}=\ln(\mathrm{VPM})$，$\overline{\mathrm{LVPM}}$ 是所有试验样品 LVPM 的平均值；$\mathrm{LTHICK}=\ln(\mathrm{THICK})$，$\overline{\mathrm{LTHICK}}$是所有试验样品 LTHICK 的平均值。式（6.3－1）是 VPM 和 THICK 的逆幂函数。经验表明厚度的系数 C_3 值是负数。也就是说，相同电压应力下，绝缘材料越厚寿命越短。图 6.3－1 描述了三维对数空间中 τ_P 的平面。

（2）对数正态分布

对于采用对数正态分布的模型，其100P%分位寿命也可用公式（6.3－1）表述，但是对数以 10 为底，并用 $z_P\sigma$ 替换 $(1/\beta)\ln[-\ln(1-P)]$，即

$$\log(\tau_P)=C_1+C_2(\mathrm{LVPM}-\overline{\mathrm{LVPM}})+C_3(\mathrm{LTHICK}-\overline{\mathrm{LTHICK}})+z_P\sigma \tag{6.3-2}$$

式中，σ 为对数寿命的标准差；z_P 为标准正态分布的 $100P\%$分位数。对数正态分布的百分位数平面比 Weibull 的更贴合上述试验数据。下文采用 Weibull 分布。

（3）二项式寿命-应力关系

之前的数据显示寿命和电压应力的关系在双对数坐标上有轻微的弯曲，得到的低应力下的寿命比逆幂律模型的更长，为了描述该曲线，在式（6.3－1）中添加二次项 LVPM2，即

$$\begin{aligned}\ln(\tau_P)=&C_1+C_2(\mathrm{LVPM}-\overline{\mathrm{LVPM}})+C_3(\mathrm{LVPM2}-\overline{\mathrm{LVPM2}})+\\&C_4(\mathrm{LTHICK}-\overline{\mathrm{LTHICK}})+(1/\beta)\ln[-\ln(1-P)]\end{aligned} \tag{6.3-3}$$

式中，$\mathrm{LVPM2}=(\mathrm{LVPM}-\overline{\mathrm{LVPM}})^2$，$\overline{\mathrm{LVPM2}}$ 为所有试验样品 LVPM2 的平均值；C_1 为截距系数；C_2 为不再对应对数寿命和对数电压应力之间关系的幂系数；C_3 为二次项的系数；C_4 为厚度影响的系数。式（6.3－3）中的最后一项结合了 Weibull 分布。

利用计算机软件，采用模型式（6.3－1）和式（6.3－2）对 6.3.3 节中的仿真试验数据进行拟合，可以得到参数、百分位寿命及其他关系参量的估计的标准误差。如 6.3.4 节所述，标准误差表明了估计的精度。

6.3.3　仿真

（1）寿命仿真

利用 STATPAC 软件按照如下方法，根据电压应力和厚度，生成每个样品的蒙特卡罗寿命时间。假定式（6.3－1）的数值为

$$\ln(\tau_P)=7.416\ 910-12.276\ 45(\text{LVPM}-5.090\ 002)-$$
$$1.296\ 141[\text{LTHICK}-(-1.552\ 109)]+0.673\ 422\ \ln[-\ln(1-P)] \tag{6.3-4}$$

该方程式来自一种类似绝缘材料的加速寿命试验，其中形状参数 $\beta=1/0.673\ 422=1.484\ 953$。对于试验方案中的每个样品，用下式计算样品 i 的仿真随机 Weibull 寿命 t_i

$$\ln(t_i)=7.416\ 910-12.276\ 45(\text{LVPM}_i-5.090\ 002)-$$
$$1.296\ 141[\text{LTHICK}_i-(-1.552\ 109)]+0.673\ 422\ \ln[-\ln(u_i)]$$

式中，u_i 为取自 [0，1] 均匀分布的随机观测值。170 个样品的仿真 Weibull 寿命见表 6.2－2。许多软件都可以生成蒙特卡罗随机观测数据。Ripley（1987）介绍了寿命仿真的理论和方法。

表 6.3－2　170 个样品的试验条件和仿真寿命

1	V_1	T_1	t_1	15	V_1	T_2	t_{15}		165	V_4	T_3	t_{165}
2	V_1	T_1	t_2	16	V_1	T_2	t_{16}		166	V_4	T_3	t_{166}
⋮	⋮	⋮	⋮	⋮	⋮	⋮	⋮	etc.	⋮	⋮	⋮	⋮
14	V_1	T_1	t_{14}	45	V_1	T_2	t_{45}		170	V_4	T_3	t_{170}

```
LHOURS↑      LVPM→     CELL  LOWER  ENDPT
CELL
LOWER            4.82          5.02          5.22
ENDPT                   4.92          5.12
             <..+....+....+....+....+....+>
    ABOVE    120             150      175      200
    5.400  +
    5.200  +  1
    5.000  +  6
    4.800  +  E
    4.600  +  B
    4.400  +  D
    4.200  +  4
    4.000  +  5              2                 10 000
    3.800  +  2              6
    3.600  +  3              9                 4 000
    3.400  +  1              8
    3.200  +  1              5        2
    3.000  +                 4        9        1 000
    2.800  +                 4        6
    2.600  +                          9
    2.400  +                 1        5        2
    2.200  +                          8        4
    2.000  +                          3        8
    1.800  +
    1.600  +                                   4
    1.400  +                                   4
    1.200  +                                   3
    1.000  +                                   1
    0.800  +                                   1
    BELOW  +
             <..+....+....+....+....+....+>
```

图 6.3－2　仿真对数寿命与对数电压应力（LVPM）的对应关系图

（2）实例

图 6.2-2 给出了四个对数（以 e 为底）电压应力下的仿真对数（以 10 为底）寿命。图中没有区分样品的厚度。1 000、4 000 和 10 000 小时处的直线表示截尾观测时间。此图表明，120 V/mm 电压应力下，4 000 小时内只有 2 个失效，10 000 小时内只有 7 个失效。利用计算机软件对这些数据进行多种模型拟合，软件计算结果可以给出多个参量 ML 估计的精度（标准误差）。

（3）对数正态仿真

根据式（6.3-2）模拟对数正态寿命时，用取自标准正态分布的随机观测值替代 z_P 。

6.3.4 估计精度

（1）概述

本节介绍多个截尾时间和模型下两种试验方案的估计精度，特别是：

1）线性关系式（6.3-1）——Weibull 分布形状参数 β 估计、逆幂律模型的幂系数 C_2、厚度系数 C_3 ，及 65 V/mm 和 80 V/mm 下 Weibull 分布百分位数的估计精度。

2）将 120 V/mm 下的样品重新分配到更高的试验应力水平下的试验方案。120 V/mm 下失效的样品很少，只能得到一点信息。需要讨论上述参量的估计精度。

3）二项式关系式（6.3-3）——需要讨论上述参量和二次项系数的估计精度。

4）两种导体的比较——假设的线性关系式（6.3-1）下，两种导体的截距系数 C_1 的差、Weibull 形状参数 β 的差和逆幂律模型的幂系数 C_2 的差的估计精度。

（2）模型拟合

利用统计软件对仿真数据进行模型拟合，如采用式（6.3-1）。置信区间和标准误差可以反映估计精度。对于 170 个样品的一组仿真数据，进行 4 次数据分析：1）样品全部失效；2）数据在 10 000 小时截尾；3）数据在 4 000 小时截尾；4）数据在 1 000 小时截尾。

（3）计算结果

采用式（6.3-1）对 10 000 小时截尾的仿真数据进行拟合，STATPAC 软件的计算结果如图 6.3-3 所示。图中行 1 指出在 10 000 小时时，170 个样品中有 114 个失效。行 2 显示模型参数的 ML 估计、近似置信限和渐近标准误差的局部估计。行 3 显示百分位寿命的点估计、置信限和标准误差。用 $\hat{y}_P = \ln(\hat{\tau}_P)$ 和 $s(\hat{y}_P) = s(\hat{\tau}_P)/\hat{\tau}_P$ 计算更好。例如，在 65 V/mm、0.266 cm 下，估计 $\hat{y}_{0.001} = \ln(\hat{\tau}_{0.001})$ 的标准误差 $s(\hat{y}_{0.001}) = 567\ 750.8/1\ 197\ 913 = 0.473\ 9$，标准误差通常四舍五入到两位有效数字，近似 95%不确定度是标准误差的 1.96 倍，此处为 $1.96 \times 0.473\ 9 = 0.93$，见表 6.3-3，表中标准误差是基于下述条件获得的。

```
    CASES
1)  114 WITH OBSERVED VALUES.
    56 WITH VALUES CENSORED ON THE RIGHT.
    ----
    170 IN ALL

    MAXIMUM LOG LIKELIHOOD=   -867.28671

    * MAXIMUM LIKELIHOOD ESTIMATES FOR DIST. PARAMETERS
      WITH APPROXIMATE 95% CONFIDENCE LIMITS
```

PARAMETERS	ESTIMATE	LOWER LIMIT	UPPER LIMIT	STANDARD ERROR
2) C 1	8.162629	8.012836	8.312422	0.7642508E-01
C 2	-11.98761	-12.86361	-11.11161	0.4469395
C 3	-1.360631	-1.798193	-0.9230682	0.2232462
SPREAD	1.643543	1.436191	1.880832	0.1130857

```
    * MAXIMUM LIKELIHOOD ESTIMATE OF THF FITTED EQUATION
      CENTER= ln(α̂)
      =    8.162629
        + (LVPM    -    5.016966     )  *    -11.98761
        + (LTHICK  -    -1.371582    )  *    -1.360631
      SPREAD= β̂
      =    1.643543
      PCTILES(4.174387 - 1.324259)
```

$\ln(65) \overset{\text{LVPM}}{=} 4.1743870$　　$\ln(0.266) \overset{\text{LTHICK}}{=} -1.3242590$

```
    * MAXIMUM LIKELIHOOD ESTIMATES FOR DIST. PCTILES
      WITH APPROXIMATE 95% CONFIDENCE LIMITS
```

PCT.	ESTIMATE	LOWER LIMIT	UPPER LIMIT	STANDARD ERROR
3) 0.1	1197913.	473141.4	3032911.	567750.8
0.5	3193283.	1328727.	7674307.	1428552.
1	4875974.	2064032.	0.1151877E 08	2138608.
5	0.1314513E 08	5712061.	0.3025082E 08	5589846.
10	0.2036922E 08	8894941.	0.4664507E 08	8610591.
20	0.3215655E 08	0.1405173E 08	0.7358833E 08	0.1358237E 08
50	0.6408691E 08	0.2779166E 08	0.1477829E 09	0.2731881E 08
80	0.1069958E 09	0.4583390E 08	0.2497739E 09	0.4627930E 08
90	0.1330469E 09	0.5660396E 08	0.3127251E 09	0.5801272E 08
95	0.1561500E 09	0.6605885E 08	0.3691075E 09	0.6853637E 08
99	0.2028448E 09	0.8493471E 08	0.4844430E 09	0.9009606E 08

```
    PCTILES(4.382027 - 1.324259)
```

$\ln(80) \overset{\text{LVPM}}{=} 4.3820270$　　$\ln(0.266) \overset{\text{LTHICK}}{=} -1.3242590$

```
    * MAXIMUM LIKELIHOOD ESTIMATES FOR DIST. PCTILES
      WITH APPROXIMATE 95% CONFIDENCE LIMITS
```

PCT.	ESTIMATE	LOWER LIMIT	UPPER LIMIT	STANDARD ERROR
0.1	99407.66	44845.15	220355.7	40372.38
0.5	264991.6	127944.9	548834.0	98438.71
1	404628.0	200039.9	818455.7	145428.9
5	1090836.	560914.0	2121401.	370178.8
10	1690320.	877366.1	3256544.	565523.0
20	2668480.	1390914.	5119500.	887062.3
50	5318191.	2759185.	0.1025055E 08	1780503.
80	8878947.	4552203.	0.1731814E 08	3026414.
90	0.1104077E 08	5620329.	0.2168887E 08	3803459.
95	0.1295796E 08	6556815.	0.2560826E 08	4503585.
99	0.1683289E 08	8423159.	0.3363892E 08	5946040.

图 6.3-3　10 000 小时截尾的仿真数据拟合式（6.3-1）的 STATPAC 计算结果

（4）线性寿命-应力关系

采用线性关系式（6.3-1）对全部 170 个样品进行模型拟合，就像它们都是来自同一分布。这样忽略了导体之间可能存在的差异。结果的标准差小于只有一种导体时的标准误差，可作为只有一种导体时的标准误差下界。由两组仿真数据得到的多个参量估计的 95% 不确定度（两倍的标准误差）见表 6.3-3。参量的 95% 近似置信限是点估计加上或减去表中的不确定度。不确定度的图形有助于发现细微的差别和趋势。与预期的一样，表 6.3-3 显示截尾时间越早，不确定度越大。可以通过检查这些不确定度确定估计精度能否满足实际需要。例如，假设 LTHICK 的系数 $C_3=1.30$ 是由相似数据得到的估计值，但不具有统计显著性（如不等于 0）。表 6.3-3 显示：C_3 估计的 95% 不确定度在 0.35 到 0.62 之间，因此，如果由推荐的试验方案得到相同的估计 $\hat{C}=1.30$，其 95% 不确定度为 ±0.62，则该估计是统计显著的。$\hat{C}$ 增加的精度主要得益于推荐试验方案中样品厚度值的大范围——远大于相似数据的厚度范围。

（5）标准误差的精度

表 6.3-3 列出了参量估计的 95% 不确定度的估计（2 倍的标准误差）。不确定度估计的精度可以用如下方法估计。假设不确定度估计的抽样分布近似为均值等于真实不确定度的正态分布，利用由两组（或更多）仿真数据得到的两个（或更多）不确定度估计计算真实不确定度的置信区间。该置信区间是正态分布均值的一个 t% 置信区间。当使用两个估计时，这两个估计是其 50% 置信区间的两个端点，而 80% 置信区间的宽度是 50% 置信区间的 3 倍。

表 6.3-3　线性寿命-应力关系下参量估计的 95% 不确定度

截尾时间	失效数	$\hat{\beta}$	$2s(\hat{\beta})$	LVPM $2s(\hat{C}_2)$	LTHICK $2s(\hat{C}_3)$	6.5 V/mm，0.266 cm $2s[\ln(t_{0.001})]$	80 V/mm，0.266 cm $2s[\ln(t_{0.001})]$
∞	170	1.60	0.19	0.48	0.35	0.69	0.64
	170	1.53	0.18	0.52	0.37	0.71	0.65
10 000	114	1.64	0.22	0.88	0.44	0.93	0.80
	113	1.47	0.20	1.01	0.48	1.03	0.88
4 000	98	1.73	0.28	1.10	0.46	1.06	0.88
	104	1.49	0.22	1.18	0.51	1.20	1.01
1 000	66	1.66	0.34	2.11	0.63	1.90	1.50
	71	1.45	0.27	1.96	0.62	1.91	1.56

（6）更准确

通过如下方法可以使某些标准误差的估计更准确。假设模型分布的尺度参数为 σ，在寿命仿真时的假定值为 σ'，由仿真数据得到的 σ' 的点估计为 $\hat{\sigma}$，其标准误差（或 95% 不确定度）为 s，则调整的（更准确的）标准误差为

$$s'=(\sigma'/\hat{\sigma})s$$

对于 Weibull 分布，β' 及其点估计颠倒，即

$$s' = (\hat{\beta}/\beta')s$$

这是由于 Weibull 分布形状参数 β 是对应的极值分布尺度参数的倒数。例如，10 000 小时时，$\hat{C}_2$ 的 95％不确定度的估计值为 0.88 和 1，见表 6.3－3。调整的 95％不确定度为 0.88×(1.64/1.485)＝0.97 和 1.01×(1.47/1.485)＝1.00。调整的不确定度相互更接近，并可能更接近真实的 95％不确定度。可以用调整的不确定度按前述方法估计真实不确定度的置信限。如果点估计的理论标准误差与分布尺度参数 σ 成正比，则调整是有效的。对于线性寿命-应力关系的任一系数、位置参数、恒定尺度参数 σ 以及系数与 σ 的线性函数（如某百分位寿命）都大致如此。

(7) 更大的样本

170 个样品的大样本，多数失效，可以保证由仿真数据得到的近似标准误差估计的精度能够满足实际需要。如果试验失效数较少，如少于 50 个，可以用下述方法提高标准误差估计的精度。在寿命仿真时，用 4 个样品代表真实试验中的 1 个样品。由更大样本得到的标准误差乘以 $4^{1/2}=2$ 可得实际试验的正确标准误差。如果有必要，也可以采用更大的倍数，如 9 或 16，相乘的倍数为 $9^{1/2}=3$，$16^{1/2}=4$。当然，对于小样本，根据（渐近）大样本理论得到的标准误差和置信区间偏小。此时 LR 置信限更近似。

(8) 灵敏度分析

寿命仿真需要利用假设模型、模型参数和系数的假定值，关心的标准误差可能对这些假设敏感。这一点可以通过用不同的参数值或模型进行更多次仿真分析来检验。如果顺利的话，推荐试验方案有望在不同参数值和模型下都效果很好。否则，必须找到一种更稳健的试验方案，或者接受不知道实际标准误差是否满足要求的可能结果。

(9) 失效提供信息

在 10 000 个小时内，120 V/mm 下失效样品很少，因此它们对于估计的贡献很小。一般来说，如果数据组中的失效数据很少，估计结果的精度就会很低。很多工程技术人员希望试验中没有失效，因为这说明产品是可靠的。统计人员则希望出现很多失效，这样可以得到更准的估计结果。应该注意到多数加速试验是用来估计可靠度的，无论是否符合要求，还是准确估计。试验方法和失效数不能决定产品的可靠度，只能用于估计产品的可靠度。当然，工程设计和制造决定了产品的可靠度。因此在估计可靠度时最好有失效数据。

(10) 再分配试验方案

考虑到这一点，将 120V/mm 下的 59 个样品分配到更高的试验应力水平，这些应力水平下原有 111 个样品，重新分配后各保留试验条件下的样品数是原来的 170/111 倍。利用假设的线性- Weibull 模型式（6.3－4）针对这一新的试验方案生成样品仿真寿命数据。多个估计的（未调整的）标准误差估计结果见表 6.3－4，表中还列出了原试验方案的平均（未调整的）标准误差。表中 $\hat{\beta}$ 是由新的试验方案的仿真数据得到的。下述根据表 6.3－4 得出的结论对于这种重新分配的试验方案大体上是正确的。

表 6.3-4　120 V/mm 下样品有/无重新分配的试验方案的标准误差——线性寿命-应力关系

截尾时间	$\hat{\beta}$	$s(\hat{\beta})$	LVPM $s(\hat{C}_2)$	LTHICK $s(\hat{C}_3)$	6.5 V/mm，0.266 cm $s[\ln(\hat{\tau}_{0.001})]$	80 V/mm，0.266 cm $s[\ln(\hat{\tau}_{0.001})]$
∞	1.54	0.093/0.094	0.44/0.26	0.18/0.18	0.51/0.36	0.44/0.33
10 000	1.54	0.095/0.107	0.45/0.48	0.19/0.23	0.52/0.50	0.44/0.43
4 000	1.54	0.102/0.127	0.53/0.58	0.20/0.25	0.55/0.58	0.46/0.48
1 000	1.45	0.117/0.156	0.91/1.04	0.28/0.32	0.87/0.97	0.70/0.78

• 在截尾条件下，再分配试验方案的 $s(\hat{\beta})$ 较小。这是由于 $s(\hat{\beta})$ 随着应力水平下失效比例的增加而急剧减小，而再分配试验方案中各应力水平下的样本失效比例高于 120 V/mm。

• 在 10 000 小时或更早截尾时，再分配试验方案的 LVPM 的系数估计的标准误差 $s(\hat{C}_2)$ 较小，这是因为 $s(\hat{C}_2)$ 随着 LVPM 的试验范围的增大和失效数的增大而急剧减小。由于直至截尾时间 10 000 小时时，120 V/mm 下只有少数失效，故原试验方案的有效试验范围为 150～200 V/mm。当然，对于无截尾数据（∞），原试验方案的 $s(\hat{C}_2)$ 远小于再分配试验方案。

• 在截尾条件下，再分配试验方案的 LTHICK 的系数估计的标准误差 $s(\hat{C}_3)$ 略小。在不截尾（∞）的情况下，两种试验方案的 $s(\hat{C}_3)$ 基本相同。寿命与 LTHICK 在其试验范围内的相关性远小于与 LVPM 在其试验范围内的相关性。截尾对 LTHICK 的试验范围有效宽度的影响很小，由截尾造成的失效数据减少的影响小于试验范围。

• 对于两个外推条件，在早期截尾时，再分配试验方案的 $s(\ln(\hat{\tau}_{0.001}))$ 略小。因此，在 10 000 小时前截尾时，原试验方案中 120 V/mm 下的少数失效几乎不影响外推的精度。当然，在不截尾或截尾时间很长时，原试验方案的 $s(\ln(\hat{\tau}_{0.001}))$ 较小。

总之，对于线性寿命-应力关系［式（6.3-1）］，当试验时间小于 10 000 小时时，再分配试验方案更好。但是，这一结论在二项式寿命应力关系中并不成立。

（11）二项式寿命-应力关系

二项式寿命-应力关系适用于由线性寿命-应力关系得到的仿真数据，此时二次项系数 $C_3 = 0$。这是合理的，因为在实践中某些寿命与应力的关系只有轻微弯曲，C_3 接近于 0。表 6.3-5 给出了 120 V/mm 下的样品有无重新分配的两种试验方案下选定参量估计的（未调整的）标准误差。两种试验方案和全部 4 个截尾时间采用同一组数据。这样标准误差的比较是在同一样本范围内进行的，它们的比值应该比由不同样本得到的更准确。利用除 120 V/mm 以外各应力水平下的 111 个样品的仿真寿命计算再分配试验方案的标准误差，将由 111 个样品得到的标准误差乘以 $(111/170)^{1/2}$ 得到再分配试验方案的标准误差。重新分配时，170 个样品在 120 V/mm 之外各应力水平下的分配比例与原试验方案相同。

表 6.3-5　120 V/mm 下样品有/无重新分配的试验方案的标准误差——二项式寿命-应力关系

截尾时间	$\hat{\beta}$	$s(\hat{\beta})$	LVPM^2 $s(\hat{C}_3)$	LTHICK $s(\hat{C}_4)$	65 V/mm，0.266 cm $s[\ln(\hat{\tau}_{0.001})]$	80 V/mm，0.266 cm $s[\ln(\hat{\tau}_{0.001})]$
∞	1.55/1.48	0.093/0.090	5.1/1.9	0.18/0.19	4.7/1.35	0.76/0.38
10 000	1.54/1.53	0.094/0.112	5.1/2.7	0.19/0.23	4.8/2.2	0.76/0.41
4 000	1.54/1.55	0.104/0.127	5.4/3.9	0.18/0.25	5.1/3.4	0.83/0.56
1 000	1.47/1.46	0.123/0.152	8.1/8.5	0.28/0.34	8.3/8.6	1.63/1.71

• 可以看到 $s(\hat{\beta})$ 的估计与表 6.3-4 中线性-寿命应力关系下 $s(\hat{\beta})$ 的估计相近。这说明了一个事实：位置参数关系式的形式不会影响恒定尺度参数的估计精度，只有截尾时的失效数会影响其估计精度（两个表中截尾时间相同）。

• 厚度系数估计的标准误差 $s(\hat{C}_4)$ 也同样如此。

• 当截尾时间等于或大于 4 000 小时时，LVPM 的二次项系数估计的标准误差 $s(\hat{C}_3)$ 比原试验方案的小，特别是在无截尾（∞）时，因为此时 LVPM 的有效范围最大，为 120～200 V/mm。对于早期截尾（1 000 小时），再分配试验方案的 $s(\hat{C}_3)$ 略小，与预期一样，这是因为 120 V/mm 下没有失效，此时原试验方案有 111 个有效样品，再分配试验方案有 170 个有效样品。

• 除去最早的截尾时间（1 000 小时），在两个外推条件下，再分配试验方案的 $s(\ln(\hat{\tau}_{0.001}))$ 大于原试验方案。这是可以预期的，因为 120 V/mm 下的数据更接近外推条件，外推距离较短。表 6.3-5 中的标准误差 $s(\ln(\hat{\tau}_{0.001}))$ 远大于比表 6.3-4 中线性寿命-应力关系的 $s(\ln(\hat{\tau}_{0.001}))$，特别是在 65 V/mm 下（外推距离较大）。这说明了另一个事实：估计精度不仅与试验方案相关，还与采用的拟合模型相关。某一模型的优良试验方案，可能不是另一模型的优良试验方案。

上述分析表明：120 V/mm 下的样品对二项式寿命-应力关系下估计精度的贡献大于对线性寿命-应力关系。因此，在决定是否在 120 V/mm 下安排样品前，必须先确定线性寿命-应力关系和二项式寿命-应力关系中哪个更适合。

（12）导体的比较

试验目的之一是比较导体对绝缘材料寿命的影响。下面通过截距系数（C_1 和 C'_1）、逆幂律模型的幂系数（C_2 和 C'_2）和 Weibull 分布形状参数（β 和 β'）比较导体 S 和 SS。比较时采用模型式（6.3-1），并假设这两种导体的某些参数相等或不等，具体如图 6.3-4 所示。采用这 4 种假设模型对数据进行拟合，4 种模型下参数或其差值估计的 95%不确定度（2 倍的标准误差）见表 6.3-6。如第 2 章所述，这些模型利用指示变量描述这些参数差值。试验样本中导体 S 和 SS 的样品很多，其他导体的样品很少，因此其他几对导体的比较具有极大的不确定性。表 6.3-6 表明在相似模型下，估计的不确定度具有以下几个特征：

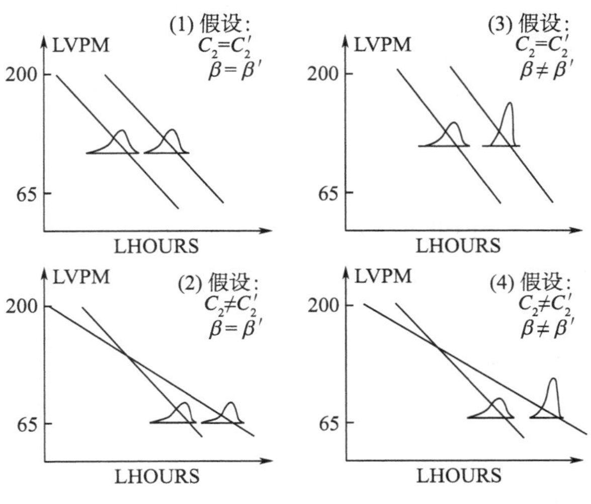

图 6.3－4　用于比较两种导体的多种假设模型

• 表中假设两个导体 β 相同的模型 1）和模型 2）的 $2s(\hat{\beta})$ 列基本相同。类似地，假设两个导体 β 不同的模型 3）和模型 4）的 $s(\ln\hat{\beta}'-\ln\hat{\beta})$ 列基本相同。

• 模型 1）和模型 3）的 $2s(\hat{C}'_1-\hat{C}_1)$ 列相同。类似地，模型 2）和模型 4）的 $2s(\hat{C}'_1-\hat{C}_1)$ 列相同且较大。对于两种导体，全部 4 种模型的 C_1 都不同。

表 6.3－6　用于比较 S 和 SS 两种导体的 95%不确定性

	模型：1）C_2，β 均相等			3）C_2 相等		
截尾时间	$\hat{C}'_1-\hat{C}_1$	$\hat{C}_2$	$\hat{\beta}$	$\hat{C}'_1-\hat{C}_1$	$\hat{C}_2$	$\ln\hat{\beta}'-\ln\hat{\beta}$
∞	0.30	0.6	0.20	0.29	0.6	0.35
10 000	0.39	1.2	0.22	0.39	1.2	0.40
4 000	0.42	1.4	0.25	0.42	1.4	0.43
1 000	0.55	2.5	0.27	0.57	2.5	0.52
	2）β 相等			4）C_2，β 均不等		
截尾时间	$\hat{C}'_1-\hat{C}_1$	$\hat{C}'_2-\hat{C}_2$	$\hat{\beta}$	$\hat{C}'_1-\hat{C}_1$	$\hat{C}'_2-\hat{C}_2$	$\ln\hat{\beta}'-\ln\hat{\beta}$
∞	0.30	1.7	0.20	0.30	1.6	0.36
10 000	0.59	4.0	0.22	0.57	4.0	0.42
4 000	0.76	4.9	0.25	0.76	5.0	0.44
1 000	1.5	8.0	0.28	1.5	8.2	0.55

• 假设两个导体 C_2 相同的模型 1）和模型 3）的 $2s(\hat{C}_2)$ 列相同。类似地，假设两种导体 C_2 不同的模型 2）和模型 4）的 $2s(\hat{C}'_2-\hat{C}_2)$ 列相同。

（13）对数正态标准误差

上述标准误差分析基于绝缘材料的寿命服从 Weibull 分布的假设，也可以假设绝缘材料的寿命服从对数正态分布重新进行分析，此时逆幂律模型的幂系数及所用寿命-应力关系中的其他系数几乎相同。但是，Weibull 分布下低百分位寿命的估计大于对数正态分布。因此，为了得到低对数正态百分位寿命估计的标准误差，需要进行对数正态分布下的寿命仿真和分析。一般来说，可以利用多种模型（寿命分布和寿命-应力关系）评价试验方案。

（4）结束语

总体来说，两种试验方案都可以满足工程技术人员的要求，他们选择采用最初的试验方案（120 V/mm 下有样品）开展试验，理由是：

1）对于线性寿命-应力关系，当试验在 10 000 小时（需要作出决定的关键时刻）截尾时，原试验方案的估计精度与再分配试验方案的相当。

2）如果需要采用二项式寿命-应力关系，原试验方案的估计结果更准确。

6.4 试验方案设计综述

（1）目的

本节概述加速试验方案外推方面的文献。6.3.1 节、6.3.2 节和 6.3.3 节是有益的基础。在试验方案方面还有很多工作要做。

（2）文献综述

基于完全数据和最小二乘拟合估计的回归模型试验方案设计方面的文献很多，但大多数文献中探讨的试验方案并不适合外推。通用理论方面的参考文献包括 Ford、Titterington 和 Kitsos（1989），Elfving（1952），Chernoff（1953，1972）Silvey（1980）Karlim 和 Studden（1966），Herzberg、Cox（1972），以及 Fedorov（1972）。金属疲劳应用方面的参考文献有 Little（1972），Little 和 Jebe（1975）。

（3）估计方法

大部分参考文献假设采用最大似然法或最小二乘法对数据进行模型拟合，此外还有采用最佳线性估计的。Mann（1972）给出了对数特征寿命 α（Weibull 分布参数）是应力的多项式函数时的最佳线性估计方法。Escobar 和 Meeker（1986）假设位置参数是多变量线性函数，给出了对数正态分布、Weibull 分布以及其他位置-尺度分布的百分位数的估计方法。上述方法只适用于定数截尾数据，定数截尾在数学上易于处理，但在实践中很少见。

（4）简单模型

简单模型的试验方案见 6.1、6.2 节。6.1 节介绍了关于完全数据和最小二乘估计的文献，第 2 节介绍了关于单一截尾数据和最大似然估计的文献。简单模型应用广泛，相应地，针对简单模型的加速试验方案设计也非常重要。

（5）其他寿命-应力关系

关于比线性寿命-应力关系更复杂的其他寿命应力关系的试验方案的文献有：Escobar 和 Meeker（1986），Elfving（1952）研究了多变量寿命-应力关系的试验方案；下面的作者给出了单变量非线性寿命-应力关系的优化试验方案，Hoel（1958），Hoel 和 Levine

(1964) 针对完全数据，采用最小二乘拟合研究了均值的多项式函数的最优试验方案；Stigler (1971) 提出了二项式寿命-应力关系的良好折中试验方案；Mann (1972) 研究了定数截尾数据下，关于 Weibull 分布对数特征寿命 α 的最优试验方案；Chernoff (1962) 提出了单一截尾数据下，关于指数分布失效率的二项式关系式的 ML 估计的最优试验方案；Little 和 Jebe (1969) 研究了完全数据下，关于非恒定标准差和均值的简单线性关系式的最小二乘估计的试验方案；Meeter 和 Meeker (1989) 研究了尺度参数是应力的对数线性函数时，简单线性模型的试验方案。

(6) 定数截尾或定时截尾

本节中大多数试验方案是针对定时截尾数据的。定时截尾数据在实践中比较常见，是在部分样品没有失效时进行数据分析产生的。定数截尾数据在实践中很少见，要求试验在各应力水平下都出现一定数量的失效时停止。定数截尾数据在数学上更容易处理。只有 Mann (1972)、Escobar 和 Meeker (1986) 给出了定数截尾下的试验方案。

(7) 定期检测数据

本节的参考文献涉及完全数据的试验方案和单一截尾数据的试验方案。Schatzoff 和 Lane (1987) 研究了 Weibull 分布下，定期检测数据（区间数据或量子响应数据）和回归模型的最优试验方案，Yum 和 Choi (1987) 研究了指数分布下，定期检测数据和回归模型的最优试验方案。Meeker 和 Hahn (1977，1978) 发展了量子响应数据和线性- Logistic 模型的试验方案。电气绝缘材料和固态电子器件的很多试验得到的是区间数据。下述关于区间数据下单一寿命分布评估的参考文献为加速试验检测时间的选取提供了指导。Kulldorff (1961)，Ehrenfeld (1962) 和 Nelson (1977) 提出了关于指数分布 ML 估计的最优检测时间。Kulldorff (1961) 提出了关于（对数）正态分布均值和标准差的 ML 估计的最优检测时间。Meeker (1986) 提出了关于 Weibull 分布百分位数的 ML 估计的最优检测时间，并讨论了其他检测时间，给出了检测时间的选取指南。检测时间等间隔便于在实践中实施，但评估结果的精度通常很差。

(8) 同时与依次

在大多数试验中，样品是同时试验的，即，所有样品在同一时刻开始和进行试验。例如，在 B 级绝缘系统试验中，4 个试验温度下的样品在 4 个试验箱中同时开始试验。本节中大部分参考文献针对的是这类试验。与之相对，一些试验只有一个试验设备，一次只能进行一个样品的试验，样品必须一个一个地依次试验。绝缘液体的试验数据就是这样获得的。Chernoff (1962)，Little 和 Jebe (1969) 研究了依次试验的试验方案。顺序试验也是依次试验，不过关心的是什么时候停止试验。Bessler 等 (1962) 将顺序试验用于加速试验。Disch (1983) 使用一个高温真空室，将该真空室的有效试验时间分成几段，在每一时间段内的参试样品（电池）组和试验温度不同，研究了在各时间段长度之和等于有效时间的约束条件下，如何确定各时间段的持续时间、温度和样品数。

(9) 优化准则

对于完全数据，本节大多数参考文献采用最小化设计应力下（对数）均值的最小二乘估计的方差的优化准则。对于截尾数据，大多数文献采用最小化设计应力下（对数）百分位数的 ML 估计的方差的优化准则。其他可行的优化准则有：

1）最小化应力范围内某一估计的方差。对于简单模型，Gaylor 和 Sweeny（1965）采用了最小化一定范围内（对数）均值的最小二乘估计的方差的优化准则。

2）最小化某一系数估计的方差。Daniel 和 Heerema（1950）在研究完全数据和均值的多变量线性函数的最小二乘估计下的最优试验方案时采用了这一优化准则。例如，第 3 节中仿真实例的试验方案不是关于厚度系数估计的优化试验方案。

3）最小化尺度参数（对数正态的 σ 或 Weibull 分布的 β）估计的方差。

4）对非线性寿命-应力关系最敏感。对于完全数据，Stigler（1971）研究了设计应力下均值估计的方差一定时，使二次项系数的最小二乘估计的方差最小的试验方案。

（10）费用

上述大多数文献没有考虑试验费用。Menzefricke（1988），Chernoff（1962），Little 和 Jebe（1969）建立了试验样品和运行时间的费用模型，在总费用不变的条件下，最小化估计的方差。

（11）应力加载

上述所有文献都是关于恒定应力加速试验的。Miller 和 Nelson（1983）提出了两个应力水平的简单步进应力加速试验的试验方案优化方法。

6.5 试验方案设计的 ML 理论

（1）目的

本节介绍单一定时右截尾数据试验方案评价或优化的最大似然（ML）理论，特别是关心参量（通常是设计应力下的百分位寿命）的 ML 估计的理论近似方差的计算方法。根据本节的方法，通过试验应力水平的最优选择和各应力水平下样品数的最优分配可以使某一估计的方差最小。在 6.2.1 节中介绍的 Jensen（1985）的计算机程序可以进行上述计算。上述理论可以扩展到区间数据及其他类型数据，例如，Schatzoff 和 Lane（1987）提出了用于区间数据加速试验方案的 ML 理论，Nelson（1982，第 9 章）介绍了适用于区间数据和量子响应数据的一般理论。

（2）基础

本节需要多方面的基础知识，特别是第 5 章 5.5 节的 ML 理论。需要的数学基础知识包括偏微分、积分和简单的矩阵代数。此外，还需要了解统计期望的基本特性，以及读懂本章第 2 节关于截尾数据的试验方案。本节没有说明理论成立模型必须满足的一些正则条件，参见 Hoadley（1971），Rao（1987）和 Rao（1973）。实践中用到的大多数模型都满足这些条件。

（3）概述

本节包括下面几个主题：

- 加速试验的一般模型；
- 截尾数据的样品似然和样本似然；
- ML 估计和似然方程；
- 二阶偏导数矩阵；
- 理论 Fisher 信息矩阵；
- ML 估计的理论协方差矩阵；
- 函数估计的方差和协方差；
- 最优试验方案。

介绍的顺序与第 5 章 5.5 节类似。

（4）模型

设样品 i 的随机（对数）失效时间为 y_i，其对应的 K 个应力或其他变量的值为 x_{1i}，$x_{2i},\cdots,x_{Ki}$，其中 $i=1,2,\cdots,n$。（对数）失效时间 y_i 的累积分布为 $F(y_i;\boldsymbol{\theta},\boldsymbol{x}_i)$，其中 $\boldsymbol{x}_i=(x_{1i},x_{2i},\cdots,x_{Ki})$ 是变量值的向量，$\boldsymbol{\theta}=(\theta_1,\theta_2,\cdots\theta_M)$ 是 M 个模型参数的向量，这些参数可能是分布参数，也可能是寿命-应力关系的系数。假设概率密度 $f(y_i;\boldsymbol{\theta},\boldsymbol{x}_i)=\mathrm{d}F(y_i;\boldsymbol{\theta},\boldsymbol{x}_i)/\mathrm{d}y_i$ 存在，可靠度函数 $R(y_i;\boldsymbol{\theta},\boldsymbol{x}_i)=1-F(y_i;\boldsymbol{\theta},\boldsymbol{x}_i)$。这个模型基本可以涵盖本书中其他所有模型。

（5）模型实例

对于简单的线性-正态模型，有

$$\begin{aligned}F(y_i;\gamma_0,\gamma_1,\sigma,x)&=\Phi[(y_i-\gamma_0-\gamma_1x)/\sigma]\\f(y_i;\gamma_0,\gamma_1,\sigma,x)&=(1/\sigma)\phi[(y_i-\gamma_0-\gamma_1x)/\sigma]\\R(y_i;\gamma_0,\gamma_1,\sigma,x)&=1-\Phi[(y_i-\gamma_0-\gamma_1x)/\sigma]\end{aligned}\tag{6.5-1}$$

式中，$\phi[]$ 为标准正态分布的概率密度，其他符号与 6.1、6.2 节相同。此处模型用对数寿命 y_i 和正态分布表述，也可以用寿命和对数正态分布表述，这两个是等价的，只是后者更复杂，但结果（估计及其方差）相同。Nelson 和 Kielpinski（1976）提出了这一模型的 ML 理论。Nelson 和 Meeker（1978）提出了简单线性- Weibull 模型的 ML 理论。

（6）样品似然

如果样品 i 在 y_i 时刻失效，其对数似然 $\mathcal{L}_i$ 是其在寿命 y_i 处的概率密度的自然对数，即

$$\mathcal{L}_i(y_i;\boldsymbol{\theta},\boldsymbol{x}_i)=\ln[f(y_i;\boldsymbol{\theta},\boldsymbol{x}_i)]\tag{6.5-2}$$

假设样品 i 在寿命 y_i 时截尾，即，样品 i 右截尾，失效时间大于 y_i。则其对数似然是大于 y_i 的分布概率（即寿命 y_i 处的可靠度）的自然对数，即

$$\mathcal{L}_i=\mathcal{L}_i(y_i;\boldsymbol{\theta},\boldsymbol{x}_i)=\ln[R(y_i;\boldsymbol{\theta},\boldsymbol{x}_i)]\tag{6.5-3}$$

$\mathcal{L}_i$ 是时间 y_i、参数 θ_1，…，θ_M、变量值 x_{1i}，…，x_{Ki} 的函数。假设样品 i 在（对数）寿命 η_i 时截尾，令 $I_i=I_i(y_i)$ 表示一个指示函数，当 $y_i<\eta_i$（失效数据）时，$I_i(y_i)=1$，当 $y_i>\eta_i$（截尾数据）时，$I_i(y_i)=0$。在下文中 y_i 和 I_i 被视为随机变量，且样品的截尾时间 η_i 可能各不相同。则样品 i 的理论对数似然可重新表述为

$$\mathcal{L}_i = I_i(y_i)\ln[f(y_i;\boldsymbol{\theta};\boldsymbol{x}_i)] + [1 - I_i(y_i)]\ln[R(\eta_i;\boldsymbol{\theta};\boldsymbol{x}_i)] \tag{6.5-4}$$

(7) 样本似然

对于 n 个样品的样本，理论样本对数似然为

$$\mathcal{L} = \mathcal{L}_1 + \mathcal{L}_2 + \cdots + \mathcal{L}_n \tag{6.5-5}$$

假设 $y_1,\cdots,y_n$ 相互独立，上式是随机变量 $y_1,\cdots,y_n$，常数 $\theta_1,\cdots,\theta_M$ 和 $x_1,\cdots,x_n$ 的函数。也就是说，在这一节中，$y_1,\cdots,y_n$ 被视为被观测的随机量。而在第 5 章中，使用的函数相同，但 $y_1,\cdots,y_n$ 表示已知的实际观测数据。在第 5 章，称 $\mathcal{L}$ 为观测样本对数似然更恰当。

(8) 似然实例

对于简单线性-正态模型，定义

$$\begin{aligned} z_i &\equiv [y_i - \mu(x_i)]/\sigma = (y_i - \gamma_0 - \gamma_1 x_i)/\sigma \\ \zeta_i &\equiv [\eta_i - \mu(x_i)]/\sigma = (\eta_i - \gamma_0 - \gamma_1 x_i)/\sigma \\ I_i &= I(y_i), \phi_i \equiv \phi(\zeta_i), \Phi_i \equiv \Phi(\zeta_i) \end{aligned} \tag{6.5-6}$$

对于单一右截尾数据，理论样品对数似然为

$$\mathcal{L}_i = I_i\left[-\ln(\sigma) - \frac{1}{2}\ln(2\pi) - \frac{1}{2}z_i^2\right] + (1 - I_i)\ln(1 - \Phi_i) \tag{6.5-7}$$

式中，z_i，ζ_i，ϕ_i，Φ_i 是变量 γ_0，γ_1 和 σ 的函数。

(9) ML 估计

如第 5 章所述，ML 估计 $\hat{\theta}_1$，…，$\hat{\theta}_M$ 是使观测样本对数似然 $\mathcal{L}$ 最大的 θ_1，…，θ_M 值，$\mathcal{L}$ 是式（6.3－5）在 y_1，…，y_n 的观测值处的估计。计算观测样本对数似然 $\mathcal{L}$ 关于 θ_1，…，θ_M 的 M 个偏导数，并令其等于 0，即可得到似然方程

$$\partial\mathcal{L}/\partial\theta_1 = 0, \cdots, \partial\mathcal{L}/\partial\theta_M = 0 \tag{6.5-8}$$

这 M 个关于 θ_1，…，θ_M 的非线性方程的解即为 θ_1，…，θ_M 的 ML 估计。这些方程可以用第 5 章提到的数值方法迭代求解，详见 Nelson（1982，第 8 章第 6 节），但通常采用最大化 $\mathcal{L}$ 的方法求解。

(10) 导数矩阵

计算负的二阶偏导数对称矩阵

$$\boldsymbol{D} = \begin{bmatrix} -\partial^2\mathcal{L}/\partial\theta_1^2 & -\partial^2\mathcal{L}/\partial\theta_1\partial\theta_2 & \cdots & -\partial^2\mathcal{L}/\partial\theta_1/\partial\theta_M \\ -\partial^2\mathcal{L}/\partial\theta_2\partial\theta_1 & -\partial^2\mathcal{L}/\partial\theta_2^2 & \cdots & -\partial^2\mathcal{L}/\partial\theta_2\partial\theta_M \\ \vdots & \vdots & \ddots & \vdots \\ -\partial^2\mathcal{L}/\partial\theta_M\partial\theta_1 & -\partial^2\mathcal{L}/\partial\theta_M\partial\theta_2 & \cdots & -\partial^2\mathcal{L}/\partial\theta_M^2 \end{bmatrix} \tag{6.5-9}$$

当 $\theta_1 = \hat{\theta}_1$，…，$\theta_M = \hat{\theta}_M$ 时，式（6.5－9）是 Fisher 信息矩阵的局部估计。在第 5 章中，该估计被用于计算近似置信限。

（11）导数实例

对于样品 i，样品对数似然的一阶偏导数为

$$\partial \mathcal{L}_i/\partial \gamma_0 = (1/\sigma)\left\{I_i z_i + (1-I_i)\frac{\phi_i}{1-\Phi_i}\right\}$$
$$\partial \mathcal{L}_i/\partial \gamma_1 = x_i \partial \mathcal{L}_i/\partial \gamma_0 = (x_i/\sigma)\left\{I_i z_i + (1-I_i)\frac{\phi_i}{1-\Phi_i}\right\} \tag{6.5-10}$$
$$\partial \mathcal{L}_i/\partial \sigma = (1/\sigma)\left\{I_i(z_i^2-1) + (1-I_i)\frac{\zeta_i\phi_i}{1-\Phi_i}\right\}$$

令一阶偏导等于 0，得到似然方程。样品对数似然的 6 个二阶偏导数为

$$\partial^2 \mathcal{L}_i/\partial \gamma_0^2 = (1/\sigma^2)\left\{-I_i + (1-I_i)\left[\frac{\zeta_i\phi_i}{1-\Phi_i} - \frac{\phi_i^2}{(1-\Phi_i)^2}\right]\right\}$$
$$\partial^2 \mathcal{L}_i/\partial \gamma_1^2 = x_i^2(\partial \mathcal{L}_i/\partial \gamma_0^2),\partial^2 \mathcal{L}_i/\partial \gamma_0\partial \gamma_1 = x_i(\partial^2 \mathcal{L}_i/\partial \gamma_0^2)$$
$$\partial^2 \mathcal{L}_i/\partial \gamma_0\partial \sigma = -(1/\sigma)(\partial \mathcal{L}_i/\partial \gamma_0) + (1/\sigma^2)\left\{-I_i z_i + (1-I_i)\left[\frac{\zeta_i^2\phi_i}{1-\Phi_i} - \frac{\zeta_i\phi_i^2}{(1-\Phi_i)^2}\right]\right\}$$
$$\partial^2 \mathcal{L}_i/\partial \gamma_1\partial \sigma = -(1/\sigma)(\partial \mathcal{L}_i/\partial \gamma_1) + (1/\sigma^2)\left\{-I_i z_i + (1-I_i)\left[\frac{\zeta_i^2\phi_i}{1-\Phi_i} - \frac{\zeta_i\phi_i^2}{(1-\Phi_i)^2}\right]\right\}$$
$$\partial^2 \mathcal{L}_i/\partial \sigma^2 = -(1/\sigma)(\partial \mathcal{L}_i/\partial \sigma) + (1/\sigma^2)\left\{-2I_i z_i^2 + (1-I_i)\left[-\frac{\zeta_i\phi_i}{1-\Phi_i} + \frac{\zeta_i^2\phi_i}{1-\Phi_i} - \frac{\zeta_i^2\phi_i^2}{(1-\Phi_i)^2}\right]\right\}$$
$$\tag{6.5-11}$$

上述一阶、二阶偏导数都是随机量 I_i、z_i 和模型参数的函数。

（12）Fisher 矩阵

真实或理论 Fisher 信息矩阵 $\boldsymbol{F}$ 是式（6.5－9）（观测量 y_i 被视为随机变量）中 $\boldsymbol{D}$ 的期望，即

$$\boldsymbol{F} = \begin{bmatrix} E\{-\partial^2\mathcal{L}/\partial\theta_1^2\} & E\{-\partial^2\mathcal{L}/\partial\theta_1\partial\theta_2\} & \cdots & E\{-\partial^2\mathcal{L}/\partial\theta_1\partial\theta_M\} \\ E\{-\partial^2\mathcal{L}/\partial\theta_2\partial\theta_1\} & E\{-\partial^2\mathcal{L}/\partial\theta_2^2\} & \cdots & E\{-\partial^2\mathcal{L}/\partial\theta_2\partial\theta_M\} \\ \vdots & \vdots & \ddots & \vdots \\ E\{-\partial^2\mathcal{L}/\partial\theta_M\partial\theta_1\} & E\{-\partial^2\mathcal{L}/\partial\theta_M\partial\theta_2\} & \cdots & E\{-\partial^2\mathcal{L}/\partial\theta_M^2\} \end{bmatrix} \tag{6.5-12}$$

式中所有导数都在参数真值处计算。

（13）期望

期望的计算如下。一般来说，观测量 y_i 的任一函数 $g(y_i;\boldsymbol{\theta},\boldsymbol{x}_i)$ 期望为

$$E\{g(y_i;\boldsymbol{\theta},\boldsymbol{x}_i)\} = \int_{-\infty}^{\infty} g(y_i;\boldsymbol{\theta},\boldsymbol{x}_i)f(y_i;\boldsymbol{\theta},\boldsymbol{x}_i)\mathrm{d}y_i \tag{6.5-13}$$

式中，当积分范围不是 $(-\infty,\infty)$ 时，则为分布范围。特别地，对于单一右截尾数据，样品 i 的样品对数似然［式（6.5－4）］的二阶偏导数的期望为

$$E\{-\partial^2\mathcal{L}_i/\partial\theta_m^2\}=\int_{-\infty}^{\infty}\{-\partial^2\mathcal{L}_i/\partial\theta_m^2\}f(y_i;\boldsymbol{\theta},\boldsymbol{x}_i)\mathrm{d}y_i$$
$$=\int_{-\infty}^{\eta_i}\{-\partial^2\ln[f(y_i;\boldsymbol{\theta},\boldsymbol{x}_i)]/\partial\theta_m^2\}f(y_i;\boldsymbol{\theta},\boldsymbol{x}_i)\mathrm{d}y_i+$$
$$\{-\partial^2\ln[R(\eta_i;\boldsymbol{\theta},\boldsymbol{x}_i)]/\partial\theta_m^2\}R(\eta_i;\boldsymbol{\theta},\boldsymbol{x}_i)\mathrm{d}y_i \tag{6.5-14}$$

$$E\{-\partial^2\mathcal{L}_i/\partial\theta_m\partial\theta_{m'}\}=E\{-\partial^2\mathcal{L}_i/\partial\theta_{m'}\partial\theta_m\}$$
$$=\int_{-\infty}^{\infty}\{-\partial^2\mathcal{L}_i/\partial\theta_m\partial\theta_{m'}\}f(y_i;\boldsymbol{\theta},\boldsymbol{x}_i)]\mathrm{d}y_i+$$
$$\{-\partial^2\ln[R(\eta_i;\boldsymbol{\theta},\boldsymbol{x}_i)]/\partial\theta_m\theta_{m'}\}R(\eta_i;\boldsymbol{\theta},\boldsymbol{x}_i)$$

式中，m 和 m' 遍历 $1,2,\cdots,M$ 。因为 $\mathcal{L}=\sum_i\mathcal{L}_i$ ，样本对数似然的导数的期望为

$$E\{-\partial^2\mathcal{L}/\partial\theta_m^2\}=\sum_i E\{-\partial^2\mathcal{L}/\partial\theta_m^2\}$$
$$E\{-\partial^2\mathcal{L}/\partial\theta_m\partial\theta_{m'}\}=\sum_i E\{-\partial^2\mathcal{L}_i/\partial\theta_m\partial\theta_{m'}\} \tag{6.5-15}$$

期望［式（6.5－14）］也可以等价计算为

$$E\{-\partial^2\mathcal{L}_i/\partial\theta_m^2\}=E\{(\partial\mathcal{L}_i/\partial\theta_m)^2\}=\int_{-\infty}^{\infty}(\partial\mathcal{L}_i/\partial\theta_m)^2 f(y_i;\boldsymbol{\theta},\boldsymbol{x}_i)\mathrm{d}y_i,$$
$$E\{-\partial^2\mathcal{L}_i/\partial\theta_m\partial\theta_{m'}\}=E\{(\partial\mathcal{L}_i/\partial\theta_m)(\partial\mathcal{L}_i/\partial\theta_{m'})\} \tag{6.5-16}$$
$$=\int_{-\infty}^{\infty}(\partial\mathcal{L}_i/\partial\theta_m)(\partial\mathcal{L}_i/\partial\theta_{m'})f(y_i;\boldsymbol{\theta},\boldsymbol{x}_i)\mathrm{d}y_i$$

这样可能比式（6.5－14）更容易计算。M 个一阶偏导数的期望通常满足

$$E\{\partial\mathcal{L}_i/\partial\theta_m\}=0 \tag{6.5-17}$$

与式（6.5－8）相似。式（6.5－16）和式（6.5－17）通常能够简化理论结果的计算。

（14）期望实例

对于简单线性-正态模型

$$E\{-\partial^2\mathcal{L}_i/\partial\gamma_0^2\}=(1/\sigma^2)\left\{\Phi_i-\left[\zeta_i-\frac{\phi_i}{1-\Phi_i}\right]\phi_i\right\}$$
$$E\{-\partial^2\mathcal{L}_i/\partial\gamma_0\partial\gamma_1\}=x_iE\{-\partial^2\mathcal{L}_i/\partial\gamma_0^2\}$$
$$E\{-\partial^2\mathcal{L}_i/\partial\gamma_1^2\}=x_i^2E\{-\partial^2\mathcal{L}_i/\partial\gamma_0^2\}$$
$$E\{-\partial^2\mathcal{L}_i/\partial\gamma_0\partial\sigma\}=(1/\sigma^2)\left\{-\phi_i\left[1+\zeta_i\left(\zeta_i-\frac{\phi_i}{1-\Phi_i}\right)\right]\right\} \tag{6.5-18}$$
$$E\{-\partial^2\mathcal{L}_i/\partial\gamma_1\partial\sigma\}=x_iE\{-\partial^2\mathcal{L}_i/\partial\gamma_0\partial\sigma\}$$
$$E\{-\partial^2\mathcal{L}_i/\partial\sigma^2\}=(1/\sigma^2)\left[2\Phi_i-\zeta_i\phi_i\left(1+\zeta_i^2-\frac{\zeta_i\phi_i}{1-\Phi_i}\right)\right]$$

上述期望是利用 $E[I_i]=\Phi_i$（I_i 的定义的推论）和 $E\{\partial\mathcal{L}_i/\partial\gamma_0\}=E\{\partial\mathcal{L}_i/\partial\gamma_1\}=E\{\partial\mathcal{L}_i/\partial\sigma\}=0$（根据式（6.5－17）），由式（6.5－14）计算得到的。因为 φ_i 和 Φ_i 只

是 ζ_i 的函数，大括号 {} 内的公式只是 ζ_i 的函数，分别记为 $A(\zeta_i)$，$B(\zeta_i)$，$C(\zeta_i)$。因此，对于线性-正态模型，x_i 处的真实 Fisher 信息矩阵 F_{x_i} 有以下形式

$$\boldsymbol{F}_{x_i}=(1/\sigma^2)\begin{bmatrix} A(\zeta_i) & x_iA(\zeta_i) & B(\zeta_i) \\ x_iA(\zeta_i) & x_i^2A(\zeta_i) & x_iB(\zeta_i) \\ B(\zeta_i) & x_iB(\zeta_i) & C(\zeta_i) \end{bmatrix} \tag{6.5-19}$$

Escobar 和 Meeker（1986，1989）给出了一种计算极值分布（Weibull 分布）下 $A()$，$B()$ 和 $C()$ 的计算机算法。

对于一个 n 个样品的试验，假设其 n 个试验应力水平为 x_1，x_2，…，x_n，则真实的样本 Fisher 信息矩阵为

$$\boldsymbol{F}=\boldsymbol{F}_{x_1}+\boldsymbol{F}_{x_2}+\cdots+\boldsymbol{F}_{x_n}=(1/\sigma^2)\begin{bmatrix} \sum A(\zeta_i) & \sum x_iA(\zeta_i) & \sum B(\zeta_i) \\ \sum x_iA(\zeta_i) & \sum x_i^2A(\zeta_i) & \sum x_iB(\zeta_i) \\ \sum B(\zeta_i) & \sum x_iB(\zeta_i) & \sum C(\zeta_i) \end{bmatrix} \tag{6.5-20}$$

例如，假设两个试验应力水平的试验方案（低应力水平 x_L 和高应力水平 x_H）的单一截尾时间为 η，n 个样品中低应力水平下的占比为 p，其余在高应力水平下试验，则该试验方案的真实 Fisher 信息矩阵为

$$\boldsymbol{F}_2=\frac{n}{\sigma^2}\begin{bmatrix} pA(\zeta_L)+(1-p)A(\zeta_H) & px_LA(\zeta_L)+(1-p)x_HA(\zeta_H) & pB(\zeta_L)+(1-p)B(\zeta_H) \\ & px_L^2A(\zeta_L)+(1-p)x_H^2A(\zeta_H) & px_LB(\zeta_L)+(1-p)x_HB(\zeta_H) \\ \cdots & & pC(\zeta_L)+(1-p)C(\zeta_H) \end{bmatrix} \tag{6.5-21}$$

其中

$$\zeta_L \equiv (\eta-\gamma_0-\gamma_1 x_L)/\sigma$$
$$\zeta_H \equiv (\eta-\gamma_0-\gamma_1 x_H)/\sigma$$

（15）协方差矩阵

ML 估计 $\hat{\theta}_1$，…，$\hat{\theta}_M$ 的真实（渐近）协方差矩阵 $\boldsymbol{\Sigma}$是真实费舍尔信息矩阵 $\boldsymbol{F}$ 的逆，即

$$\boldsymbol{\Sigma}\equiv\begin{bmatrix} \mathrm{Var}(\hat{\theta}_1) & \mathrm{Cov}(\hat{\theta}_1,\hat{\theta}_2) & \cdots & \mathrm{Cov}(\hat{\theta}_1,\hat{\theta}_M) \\ \mathrm{Cov}(\hat{\theta}_2,\hat{\theta}_1) & \mathrm{Var}(\hat{\theta}_2) & \cdots & \mathrm{Cov}(\hat{\theta}_2,\hat{\theta}_M) \\ \vdots & \vdots & \ddots & \vdots \\ \mathrm{Cov}(\hat{\theta}_M,\hat{\theta}_1) & \mathrm{Cov}(\hat{\theta}_M,\hat{\theta}_2) & \cdots & \mathrm{Var}(\hat{\theta}_M) \end{bmatrix}=\boldsymbol{F}^{-1} \tag{6.5-22}$$

协方差矩阵中参数估计的方差和协方差的位置与 Fisher 信息矩阵中相应偏导数的位置相同。例如，因为 $E\{\partial^2\mathcal{L}/\partial\theta_1^2\}$ 在 $\boldsymbol{F}$ 的左上角，$\mathrm{Var}(\hat{\theta}_1)$ 在 $\boldsymbol{\Sigma}$ 的左上角。方差都在 $\boldsymbol{\Sigma}$ 的主对角线上，$\boldsymbol{\Sigma}$ 关于对角线对称。

协方差矩阵中的方差和协方差通常是真值 θ_1，…，θ_M 的函数。对于大多数模型，这

些方差和协方差的公式过于复杂，难以用解析式表述，因此在实践中通常采用数值法进行估计。在第 5 章中，协方差矩阵的局部估计被用于计算近似置信限。$\boldsymbol{\Sigma}$ 的一个更好的估计是真实矩阵式（6.5－22）在 $\theta_1=\hat{\theta}_1$，…，$\theta_M=\hat{\theta}_M$ 时的估计，称为 $\boldsymbol{\Sigma}$ 的 ML 估计，记为 $\boldsymbol{\Sigma}$。在实践中，$\boldsymbol{\Sigma}$ 的局部估计和 ML 估计通常在数值上相当，都可以用于计算近似置信限。

（16）函数估计的方差

假设 $h=h(\theta_1,\cdots,\theta_M)$ 是 θ_1，…，θ_M 的连续函数。对于线性-正态模型，这样的函数有应力水平 x 下的 $100P\%$百分位数 $\eta_P=\gamma_0+\gamma_1 x+z_P\sigma$（$z_P$ 是标准正态分布的 $100P\%$ 分位数），可靠度 $R(y;x)=1-\Phi[(y-\gamma_0-\gamma_1 x)/\sigma]$ 等。$h=h(\theta_1,\cdots,\theta_M)$ 真值的 ML 估计为 $\hat{h}=h(\hat{\theta}_1,\cdots,\hat{\theta}_M)$，是该函数在 $\theta_1=\hat{\theta}_1$，…，$\theta_M=\hat{\theta}_M$ 时的估计值。对于失效数很多的样本，$\hat{h}$ 的累积分布函数接近均值为 h，真实（近似）方差为下式的正态分布。

$$\begin{aligned}\mathrm{Var}(\hat{h})&=\sum_m(\partial h/\partial\theta_m)^2\mathrm{Var}(\hat{\theta}_m)+2\sum_{m<m'}\sum(\partial h/\partial\theta_m)(\partial h/\partial\theta_{m'})\mathrm{Cov}(\hat{\theta}_m,\hat{\theta}_{m'})\\&=\boldsymbol{H\Sigma H}'\end{aligned}\tag{6.5-23}$$

式中，m 和 m' 遍历 $1,2,\cdots,M$，$\boldsymbol{H}=(\partial h/\partial\theta_1,\partial h/\partial\theta_2,\cdots,\partial h/\partial\theta_M)$ 是在参数真值处的偏导数行向量。评价一个关于 h 的估计的试验方案，需要计算关心的 ML 估计的理论方差。正是因为这种算法的复杂性，6.3 节介绍了仿真方法作为一种较简单的替代。偏导数必须在 θ_1，…，θ_M 的真值附近连续。利用式（6.5－23）中方差和协方差的 ML 估计和局部估计，以及 θ_1，…，θ_M 的估计 $\hat{\theta}_1$，…，$\hat{\theta}_M$，可以得到 $\mathrm{Var}(\hat{h})$ 的 ML 估计和局部估计。式（6.5－23）和式（6.5－24）基于误差传递（泰勒展开），参见 Hahn 和 Shapiro（1967）、Rao（1973）。式（6.5－23）的平方根是 $\hat{h}$ 的真实（渐近）标准误差，记为 $\sigma(\hat{h})$，其局部估计或者 ML 估计可用于计算近似置信限，见第 5 章。

（17）函数估计的协方差

设 $g=g(\theta_1,\cdots\theta_M)$ 是 θ_1，$\cdots\theta_M$ 的另一个函数，$\hat{g}=g(\hat{\theta}_1,\cdots\hat{\theta}_M)$ 和 $\hat{h}$ 的渐近协方差为

$$\begin{aligned}\mathrm{Cov}(\hat{g},\hat{h})=&\sum_m(\partial g/\partial\theta_m)(\partial h/\partial\theta_m)\mathrm{Var}(\hat{\theta}_m)+\sum_{m<m'}\sum[(\partial g/\partial\theta_m)(\partial h/\partial\theta_{m'})+\\&(\partial g/\partial\theta_{m'})(\partial h/\partial\theta_m)]\mathrm{Cov}(\hat{\theta}_m,\hat{\theta}_{m'})=\boldsymbol{H\Sigma G}'\end{aligned}\tag{6.5-24}$$

式中 m 和 m' 遍历 1，2，…，M，$\boldsymbol{G}=(\partial g/\partial\theta_1,\partial g/\partial\theta_2,\cdots,\partial g/\partial\theta_M)$ 是在参数真值处的偏导数行向量。对于大样本，$\hat{g}$ 和 $\hat{h}$ 的联合累积分布近似为均值为 g 和 h 的真值的联合正态分布，其方差由式（6－5.23）、协方差由式（6－5.24）得到。上述理论可以扩展到任何数量的函数 ML 估计的联合分布。

（18）实例

在设计应力 x_D 下的 $100P\%$（对数）分位数的 ML 估计为 $\hat{\eta}_P(x_D)=\hat{\gamma}_0+\hat{\gamma}_1 x_D+$

$z_P\hat{\sigma}$ ，其中 z_P 是标准正态分布的 100P％分位数，计算其方差需要的导数有

$$\partial\eta_P/\partial\gamma_0=1,\partial\eta_P/\partial\gamma_1=x_D,\partial\eta_P/\partial\sigma=z_P \tag{6.5-25}$$

方差为

$$\mathrm{Var}[\hat{\eta}_P(x_D)]=[1\quad x_D\quad z_P]\boldsymbol{\Sigma}[1\quad x_D\quad z_P]' \tag{6.5-26}$$

6.2 节中的试验方案以使该方差最小为优化设计准则。

(19) 最优试验方案

对于一个最优试验方案，（考虑约束条件）按如下方法确定 n 个试验应力水平 x_1，…，x_n，使方差［式（6.5－26）］最小。对于线性-正态模型，两个应力水平（x_L，x_H）的试验方案的方差为

$$\mathrm{Var}[\hat{\eta}_P(x_D)]=[1\quad x_D\quad z_P]\boldsymbol{F}_2^{-1}[1\quad x_D\quad z_P]' \tag{6.5-27}$$

式中 $\boldsymbol{F}_2$ 见式（6.5－21）。当 $P=0.50$ 时，6.2 节中的最优试验方案通过 x_L 和 p 最小化此方差。最优的 x_L^* 和 p^* 必须用数值搜索方法确定，详见 Meeker 和 Nelson（1976）。

(20) 区间数据

上述理论可以很容易地扩展到区间数据和量子响应数据。必要的理论对数似然及其二阶导数的期望详见 Nelson（1982,，第 9 章）和 Meeker（1986）。其他 ML 理论与单一截尾数据的相同。Schatzoff 和 Lane（1987）提出了区间数据的最优试验方案。

(21) 正态近似

上述 ML 理论是近似理论，更适用于失效数很多的样本。很多作者错误地说成大样本，好像是说 n 很大。但是，对于一个失效数很少的大样本，渐近正态理论并不能很好的近似 ML 估计的抽样分布。在实践中，通常 20 个失效就足够了。Nelson 和 Kielpinski（1976）进行了 $n=40$ 的截尾样本的仿真，指出：在他们设定的条件下，渐近正态分布可以很好的近似设计应力下中位寿命的 ML 估计的抽样分布。其他学者研究了近似正态 ML 置信限的精度，并建议失效数大于 20。

习题（＊表示困难或复杂）

6.1　导线漆—截尾数据。针对 6.1.5 节中的导线漆实例完成下述分析。假设试验进行到 1 800 小时截止，$\mu(260\ ℃)=\log(300)$，$\mu(180\ ℃)=\log(20\ 000)$，$\sigma=0.10$。最高许用试验温度为 260 ℃。

(a) 计算标准化的 a 和 b 。

(b) 确定最优试验方案的最低试验温度。

(c) 确定最低试验温度下的最优样本占比。

(d) 确定 μ（180 ℃）的 ML 估计的最小方差。

(e) 比较此时的最小方差与完全数据的最小方差。截尾对估计精度的影响大吗？

(f) 采用 Meeker－Hahn 试验方案，重做（a）～（e）。

6.2　导线漆—完全数据。针对 6.1.5 节中的导线漆实例完成下述计算。假设所有样

品都试验到失效。

(a) 对于给定的试验方案，计算 180 ℃下对数寿命均值的最小二乘（LS）估计的方差。

(b) 计算给定试验温度范围内最优试验方案的样品分配。

(c) 计算最优试验方案的方差。

(d) 计算样品在三个试验温度下平均分配的传统试验方案的方差。

(e*) 计算给定试验方案和传统试验方案（d）在下面 3 种情况下的方差，假设：i) 220 ℃下的样品丢失；ii) 240 ℃下的样品丢失；iii) 260 ℃下的样品丢失。

(f) 比较（a）、(c)、(d)、(e) 中得到的方差。

6.3　绝缘液体。针对第 3 章 3.3 节的绝缘液体试验，选择适合的设计电压应力和试验电压应力，完成习题 6.2 的（a）～（f）。

6.4　丢失样品。针对 6.1.1 节的加热器实例，计算下述情况下 1 100 ℉下加热器对数寿命均值的 LS 估计的方差。

(a) 假设 1 520 ℃下的样品数据无效（或丢失）。

(b) 假设 1 620 ℃下的样品数据无效（或丢失）。

(c) 假设 1 660 ℃下的样品数据无效（或丢失）。

(d) 假设 1 708 ℃下的样品数据无效（或丢失）。

(e) 上述 4 种情况下的方差两两比较，并与完全样本的方差进行比较。

6.5　线性- Weibull 模型。对于完全数据，用简单线性- Weibull 模型及其参数表述 6.1 节中的 LS 计算结果（关键方程）。说明哪些计算结果相近。

6.6　线性-指数模型。利用简单线性-指数模型和完全数据，重做习题 6.5。

6.7　敏感性分析。针对 B 级绝缘系统实例，完成下述分析。

(a) 设 σ 是实例中的 1.2 倍，重新计算最优试验方案、试验方案的方差及低试验温度下无失效的概率。

(b) 对于四应力水平的最佳传统试验方案，完成（a）。

(c) 设 γ_1 是实例中的 1.2 倍，完成（a）。

(d) 对于四应力水平的最佳传统试验方案，完成（c）。

(e) 设 antilog(γ_0) 是实例中的 1.2 倍，完成（a）。

(f) 对于四应力水平的最佳传统试验方案，完成（e）。

(g) 陈述你的结论。

(h) 进行深入分析。

6.8　调整的 95%不确定度。利用表 6.3－3，完成下述分析。

(a) 计算表中不确定度的调整的 95%不确定度。调整后，两次仿真的大部分估计的不确定度是否更接近了？

(b) 给出每个不确定度的 50%置信区间。

(c*) 计算每个不确定度的 95%置信区间。

(d) 观察 (a) ～ (c)，陈述你的结论。

(e*) 计算表 6.3-4 和表 6.3-5 的调整不确定度 (标准误差)。

6.9　平均分配方案。四个电压应力水平下样品平均分配，导体分配方案和绝缘材料厚度不变，重新进行 6.3 节的寿命仿真，得到新的表 6.3-3。描述新得到的表与表 6.3-3 有哪些不同，你更喜欢哪种样品分配方案，为什么?

6.10　对数正态分布。采用对数正态分布替换 Weibull 分布，重新进行 6.3 节的寿命仿真，得到新的表 6.3-3。描述新得到的表与表 6.3-3 的不同。绘制两个表的数据图，辅助分析两者之间的差异。

6.11　线性-正态模型—截尾数据。对于 6.5 节的实例，补充推导过程中缺少的步骤，详细完整的写出所有的公式，显示所有的参数和数据值。

6.12　线性-正态模型—完全数据。对于第 6.5 节的实例，推导完全数据的所有公式。

6.13　指数分布—完全数据。推导如下模型和完全数据的最优试验方案。设样品 i 的观测失效时间为 t_i，来自均值为 $\theta_i=\exp(\gamma_0+\gamma_1 x_i)$ 的指数分布，其中 x_i 是应力或转换应力，$i=1, 2, \cdots, n$，γ_0 和 γ_1 是待估参数。

(a) 写出样品 i 的似然函数和对数似然函数。

(b) 写出样本对数似然函数。

(c) 写出似然方程式，并说明如何求解。

(d) 写出样品 i 的对数似然函数的二阶偏导数。

(e) 计算 (d) 的负的期望，得到样品 i 和样本的理论 Fisher 信息矩阵。

(f) 计算 $\hat{\gamma}_0$、$\hat{\gamma}_1$ 的理论协方差矩阵。

(g) 对于设计应力 x_D，给出对数均值 $\mu_D=\ln(\theta_D)=\gamma_0+\gamma_1 x_D$ 的 ML 估计。

(h) 计算 $\hat{\mu}_D$ 的理论方差。

(i) 假设 np 个样品在最低应力水平 x_L 下试验，$n(1-p)$ 个样品在最高应力水平 x_H 下试验。根据 (h) 计算 $\mathrm{Var}(\hat{\mu}_0)$。

(j) 确定使 (i) 最小的 p 值。

(k) 计算 (i) 的最小值。

(l) 用 $\xi=(x_D-x_H)/(x_L-x_H)$ 表示 (j) 和 (k)。

(m) 将上面的结果与第 1 节中的结果进行比较。

(n) 计算 $\lambda(x_D)=1/\theta(x_D)$ 的 ML 估计及其理论方差，这是最小方差吗?

6.14*　指数分布—截尾数据。假设数据在时间 τ 截尾，重做习题 6.13 中的 (a) ～ (n)。

(o) 两个应力水平的试验方案，应力水平为 x_L 和 x_H，样品分配占比为 p_L 和 $p_H=1-p_L$，推导关于 τ 的方差函数。

(p) 对于某一具体 ξ 值，推导方差与 τ 的关系，并绘制关系图。

6.15*　二项式寿命-应力关系。假设对数寿命 y 服从正态分布，均值是单应力或转换应力 x 的二次函数，即 $\mu(x)=\gamma_0+\gamma_1(x-\bar{x})+\gamma_2(x-\bar{x})^2$，标准差 σ 是常数，数据是完全数据，则 n 个样品的数据为 (y_1, x_1)，…，(y_n, x_n)，$\bar{x}=(x_1+\cdots+x_n)/n$ 。

(a) 写出样品 i 的似然函数和对数似然函数。

(b) 写出样本对数似然函数。

(c) 导出似然方程，求解 $\hat{\gamma}_0$，$\hat{\gamma}_1$，$\hat{\gamma}_2$，$\hat{\sigma}$ 。

(d) 导出样品 i 的对数似然函数的二阶偏导数。

(e) 计算 (d) 的负的期望，得到样品 i 和样本的理论 Fisher 信息矩阵。

(f) 推导 $\hat{\gamma}_2$ 的理论（渐近）方差。

(g) 计算 6.1.5 节中导线漆试验方案的 $\hat{\gamma}_2$ 的理论（渐近）方差。

(h) 对于三个和四个应力水平的传统试验方案，计算 $\hat{\gamma}_2$ 的理论（渐近）方差。

按照如下方法确定最优试验方案，使 $\hat{\gamma}_2$ 的方差 $\mathrm{Var}(\hat{\gamma}_2)$ 最小。假设试验应力范围为 $x_L \sim x_H$，试验有三个试验应力水平，分别为 x_L，x_M 和 x_H，各应力下的样品占比分别为 p_L，p_M 和 $p_H(p_L+p_M+p_H=1)$。

(i) 推导该方案的的方差 $\mathrm{Var}(\hat{\gamma}_2)$ 。

(j) 确定 x_M、p_H 和 p_M，使 $\mathrm{Var}(\hat{\gamma}_2)$ 最小。

6.16* 线性- Weibull 模型。将 6.5 节的理论扩展到简单线性-极值模型。

6.17* 利用 6.5 节中的简单线性-正态模型和单一截尾数据，完成下述分析。

(a) 利用期望的特点或通过积分推导，证明 $E\{\partial\mathcal{L}_i/\partial\gamma_0\}=0$，$E\{\partial\mathcal{L}_i/\partial\gamma_1\}=0$，$E\{\partial\mathcal{L}_i/\partial\sigma\}=0$。

(b) 推导证明 $E\{-\partial^2\mathcal{L}_i/\partial\gamma_0^2\}=E\{(\partial\mathcal{L}_i/\partial\gamma_0)^2\}$ 。

(c*) 对于每个二阶偏导数，重做 (b)。

(d*) 证明式 (6.5-17) 适用于一般模型。不考虑积分、微分顺序互换的正确性。

(e*) 对于式 (6.5-16)，重做 (d)。

6.18 电容试验。采用仿真方法评价下述电容加速寿命试验方案。“Hours”表示试验条件下的截尾时间。假设电容寿命服从形状参数 β 为常数的 Weibull 分布，且

$$\ln[\alpha(T,V)]=\gamma_0+\gamma_1\cdot\ln(V)+(\gamma_2/T)$$

式中，V 为电压；T 为绝对温度，单位 K。取 $\gamma_0=-23.1$，$\gamma_1=-12.8$，$\gamma_2=40\ 000$ K，$\beta=0.29$。试验的主要目的是估计该电容在设计条件（290 V，75 ℃）下的寿命。

电压/V	550	550	550	440	440	440	380	380	290
温度/℃	70	85	100	70	85	100	70	85	75
样品数	40	20	20	70	50	40	100	50	1 342
Hours	2 300	2 300	126	2 320	2 320	126	2 140	2 220	3 119

(a) 在适当的坐标纸上画出试验方案，即画出各电压—温度条件下的样品数。说明试验方案是否合理。

(b) 在 (a) 中的坐标纸上画出 1%分位寿命线。

在：1）真实截尾时间；2）在 1 000 小时截尾（126 小时截尾的两个条件的截尾时间不变）两种情况下分别进行仿真分析，给出下述估计量的 95%不确定度。

（c）每个模型参数。

（d）设计条件下的 0.1%，0.5%和 1%分位寿命。

（e）将全部样品都安排在设计条件下，重做（c）和（d）。

（f）将 290 V 下的 1 342 个样品按比例分配到其他 8 个试验条件下，重做（c）和（d）。

（g）详述上述试验方案的结果，说明每个试验方案好的方面和不好的方面。

（h）详述试验运行 10 000 小时停止时，各试验方案的优缺点。

6.19　GaAs FET 验证试验。开展某新型 GaAs FET（半导体器件）的温度加速可靠性验证试验，验证置信度 95%下，该器件在 125 ℃下的中位寿命为 10^7 小时。试验共 24 个样品，截止时间为 5 000 小时。采用 Arrhenius -对数正态模型，并假设该器件在 125 ℃的中位寿命为 10^7 小时。在下述假设条件下，确定并评价最优试验方案，即计算 T_L，p_L^*，n_L^*，n_H^*，V^*。

（a）假设 T_H=295 ℃，σ=0.421，E=1.8 eV。

（b）假设 T_H=275 ℃，σ=0.482，E=1.5 eV。

（c）假设 T_H=250 ℃，σ=0.482，E=1.5 eV。

（d）在 Arrhenius 坐标纸上画出假设模型（a）～（c），并画出设计温度、试验温度，以及截尾时间 5 000 小时。

（e）对于（a）～（c），计算置信度为 95%、90%、60%时，通过验证试验必须超过的中位寿命值（即中位寿命的 95%、90%、60%置信下限）。

（f）对于（a）～（c），计算 5 000 小时内 T_L 下的失效概率以及 n_L^* 个样品无失效的概率。

（g）比较（a）～（c）的优缺点。

（h*）某卫星中使用了 22 个此类器件，全部需要长时间服役。根据器件的任务可靠度要求，制定更适合的验证试验方案。

（i）采用 Meeker - Hahn 设计方案，重复（a）～（g）。

第 7 章　竞争失效模式和尺寸效应

（1）简介

许多产品存在多种失效原因，任一失效原因对应一种失效模式或者失效机理。例如：

1）烧结超级合金疲劳样品失效可能是内部或者表面缺陷引起的；

2）在滚珠轴承组件中，滚珠或轴承环都可能失效；

3）在电动机中，匝间绝缘、相间绝缘或对地绝缘都可能失效；

4）圆柱形疲劳试件失效可能发生在轴向、径向、周向方向；

5）电路板的任意焊点都可能失效；

6）半导体器件可能在结点或引线处失效；

7）由相关因素或外部因素引起的样品失效，如试验设备故障造成的样品损坏。

（2）目的

加速试验中存在的混合失效模式长期困扰着试验人员，他们缺少有效的方法进行试验数据外推，评估产品在设计应力水平下的寿命分布。使用某一失效模式下的失效数据估计另一失效模式下的寿命分布显然是错误的。Yurkowski 等（1967）指出这是当时未能解决的一个主要问题。本章针对多失效模式数据介绍有效的评估模型、图形分析法和最大似然分析法，包括：

- 串联系统模型；
- 单独失效模式的数据分析；
- 全部失效模式下的产品寿命估计；
- 部分失效模式下的产品寿命估计；
- 模型和数据检验。

这些模型和分析尚未在工程和其他领域广泛应用。Nelson（1990）简单介绍了该方向的基本原理。

（3）基础

本章所需要的基础知识有第 2 章的基本模型、第 3 章的图形分析法和第 5 章多重截尾数据的最大似然分析法。7.7 节的理论需要偏微分和基础矩阵代数知识。

（4）概述

7.1 节介绍适用于竞争失效模式的串联系统模型，该模型是本章其他内容的基础。7.2 节将该模型扩展至可互换零件的串联系统。7.3 节将该模型扩展至不同尺度的产品，7.4 节将该模型扩展至承受不均匀应力的产品。7.2、7.3、7.4 节的内容具有专用性，可以跳读。7.5 节介绍多失效模式数据的图形分析法。7.6 节阐述多失效模式数据的最大似然（ML）分析法。7.7 节介绍 ML 分析的高等理论。

7.1　串联系统模型

本节介绍适用于多失效模式产品的串联系统模型，包括：串联系统、产品可靠度法则、失效率叠加法则以及消除某些失效模式后的产品寿命分布。这些内容适用于任意应力水平下的产品寿命，但本章符号标记中不会出现应力水平符号。

（1）串联系统

假设产品 M 个失效原因（又称为竞争失效模式）中的任意一个都有一个潜在失效时间。如果产品的寿命为 M 个潜在失效时间中的最小值，该产品为串联系统。当第一种失效模式出现时，串联系统失效。换言之，设 M 失效原因（或失效模式）的潜在随机失效时间为 T_1，…，T_M，则系统随机失效时间为

$$T=\min(T_1,\cdots,T_M) \tag{7.1-1}$$

在可靠性领域中，术语“串联系统”并不是指电子或机械部件的物理串联，仅表示产品失效取决于部件失效。这类产品也被更形象地称为最弱环系统。这里“失效模式”可以通过任意有效方式定义，例如，某一组件或部件的任一失效，或某一部件的失效原因。许多设备和工业产品都是由部件或子系统组成的串联系统。

（2）产品可靠度法则

在某一特定应力水平下，令 $R(t)$ 表示产品在 t 时刻的可靠度函数，$R_1(t)$，…，$R_M(t)$ 表示在没有其他失效原因时，M 种失效原因各自的可靠度函数。若产品不同失效原因（部件或失效模式）的失效时间统计独立，则称这类产品具有相互独立的失效模式，或者是具有相互独立失效模式的串联系统。这类系统的可靠度函数为

$$\begin{aligned}R(t)&=P\{T>t\}=P\{T_1>t \text{ and } T_2>t \text{ and},\cdots,\text{and } T_M>t\}\\&=P\{T_1>t\}P\{T_2>t\}\cdots P\{T_M>t\}\end{aligned}$$

由于 T_1，…，T_M 统计独立的，有

$$R(t)=R_1(t)R_2(t),\cdots,R_M(t) \tag{7.1-2}$$

上式为串联系统（部件相互独立）产品的可靠度法则。相比之下，对于混合分布（第2章2.7节），各单元来自不同的子总体，总体的可靠度函数是各单元可靠度函数的加权和。Cox（1959）、Hahn 和 Meeker（1982）指出了两者的差别。

（3）H级绝缘系统实例

某H级绝缘材料系统是一个具有三种失效模式（匝间、相间和对地绝缘失效）的串联系统，每种失效模式的 Arrhenius-对数正态模型为

$$R_T(t;T)=\Phi\{-[\log(t)-(-3.587\,481)-(3\,478.935/T)]/0.074\,234\,83\}$$

$$R_P(t;T)=\Phi\{-[\log(t)-(-1.639\,364)-(2\,660.203/T)]/0.203\,471\,2\}$$

$$R_G(t;T)=\Phi\{-[\log(t)-(-5.660\,613)-(4\,624.660/T)]/0.211\,028\,5\}$$

在 $t=10\,000$ h，温度 $T=180+273.16=453.16$ K 时，三种失效模式的可靠度估计值分别为0.886、0.872和0.995。根据产品可靠度法则，系统可靠度 $R(10\,000;453.16\text{ K})$

=0.886×0.872×0.995=0.769。计算 180 ℃（或任意其他温度）下多个 t 值处的可靠度，可得该温度下的可靠度函数，如图 7.5－5（a）所示。在本例中，三种失效模式出现在相同的试验中。对于实施多个加速试验的产品，试验加速变量和模型不同，产品失效模式可能不同。

（4）文献

许多作者已将串联系统模型用于多失效模式产品的可靠性分析，例如：

- McCool（1978）用串联系统模型进行了轴承分析；
- Sidik 等（1980）进行了电池分析；
- Nelson（1983a）进行了金属疲劳失效分析；
- IEEE 的电子绝缘产品标准 IEEE Std 101。

（5）冗余

有些产品，特别是某些军用或航空产品，并非串联系统。这些产品中存在冗余（备份）部件。冗余部件失效不会导致系统失效，例如，汽车有两个车前灯，当其中一个失效时，汽车仍可在夜间行驶。冗余是提高系统可靠度的一种方法。Shooman（1968）等介绍了不同形式的冗余及其统计模型。本书不介绍冗余相关内容。

（6）失效率叠加法则

对于失效模式统计独立的串联系统，其危险函数（失效率）和累积危险函数很简单。设某一应力水平下，系统的累积危险函数为 $H(t)$，M 个失效模式各自的累积危险函数为 $H_1(t)$，…，$H_M(t)$，产品的可靠度法则公式（7.1－2）可写为

$$\exp[-H(t)]=\exp[-H_1(t)]\exp[-H_2(t)]\cdots\exp[-H_M(t)]$$

或者

$$H(t)=H_1(t)+H_2(t)+\cdots+H_M(t) \tag{7.1-3}$$

上式求导即为串联系统的危险函数（瞬时失效率）

$$h(t)=h_1(t)+h_2(t)+\cdots+h_M(t) \tag{7.1-4}$$

上式称为统计独立失效模式（竞争失效）失效率的叠加法则。即对于失效模式相互独立的串联系统，其失效率是各单元失效率的累加和，如图 7.1－1 所示。图中给出了某串联系统及其两种失效模式在某一应力水平下的危险函数。

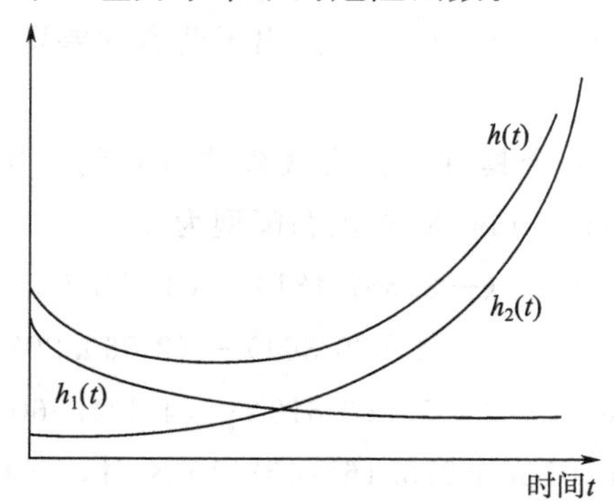

图 7.1－1　某串联系统及其两种失效模式的危险函数

（7）图形特征

假设数据的概率图或危险图如图 7.1－2 所示。图中曲线可能表明随着产品寿命的增加，另一种失效率递增的失效模式成为产品的主要失效模式。图中曲线的下部覆盖的产品寿命范围很宽，上部延续的寿命范围较窄，这表明弯曲处的失效率已经很高。图 7.1－1 中的曲线是图 7.1－2 中曲线的导数。若弯曲为其他方向则表明该分布为混合分布，或绘制曲线的坐标纸不合适。

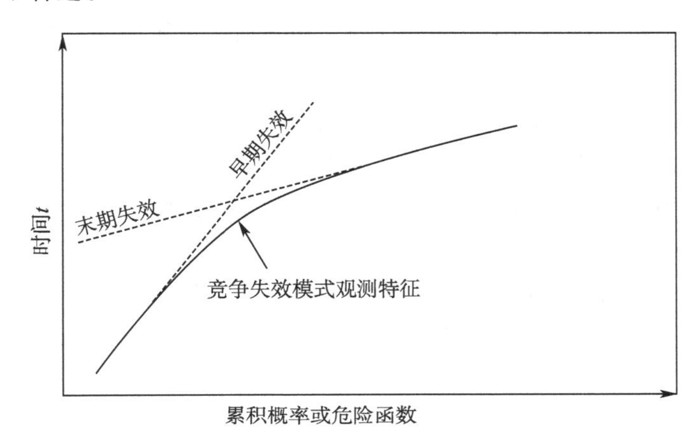

图 7.1－2　竞争失效模式的累积分布

（8）指数分布

假设产品是具有 M 种统计独立失效模式的串联系统，各失效模式的寿命都服从指数分布，恒定失效率分别为 λ_1，…，λ_M 。则根据失效率叠加法则，产品寿命服从指数寿命分布，其失效率为

$$\lambda = \lambda_1 + \cdots + \lambda_M \tag{7.1-5}$$

这一关系式广泛用于多个部件和系统的建模。只有当 M 种失效模式的寿命分布均为指数分布时，采用恒定失效率才是正确的。类似地，这类串联系统的平均失效时间为

$$\theta = [(1/\theta_1) + \cdots + (1/\theta_M)]^{-1} \tag{7.1-6}$$

式中 $\theta_1 = 1/\lambda_1$，…，$\theta_M = 1/\lambda_M$ 为各失效模式的指数分布平均寿命。

（9）MIL－HDBK－217

美军标 MIL－HDBK－217 在 5.1.2.4 节第 1 页将 MOS、双极和 CCD 存储器的失效率表示为

$$\lambda = \lambda_1 + \lambda_2 \tag{7.1-7}$$

式中，λ_1 表示由于温度和电压引起的电子失效的失效率，λ_2 表示由于振动引起的机械失效的失效率。手册中其他许多器件的失效率也表示为这样的代数和。

（10）Weibull 分布

假设产品是具有 M 种统计独立失效模式的串联系统。各失效模式的寿命服从 Weibull 分布，具有相同的形状参数 β ，尺度参数分别为 α_1，…，α_M ，则产品寿命服从 Weibull 分布，其尺度参数为

$$\alpha = 1/[(1/\alpha_1^\beta) + \cdots + (1/\alpha_M^\beta)]^{1/\beta} \tag{7.1-8}$$

形状参数 β 与各失效模式的相同，这可由下面该 Weibull 分布串联系统的危险函数看出

$$h(t) = \beta(t^{\beta-1}/\alpha_1^\beta) + \cdots + \beta(t^{\beta-1}/\alpha_M^\beta) = \beta(t^{\beta-1}/\alpha^\beta) \tag{7.1-9}$$

（11）螺栓孔

在发动机中，裂缝开始于法兰的螺栓孔。设单个螺栓孔的裂缝萌生时间服从 $\alpha = 316\ 99$ h、$\beta = 2.191\ 4$（估计值，存在不确定性）的 Weibull 分布。若该法兰上的 30 个螺栓孔中任意一个产生裂纹，则认为法兰破裂。法兰破裂时间可用串联系统模型建模，即

$$R_{30}(t) = \exp\{-30(t/31\ 699)^{2.191\ 4}\}$$

实际上，一个法兰上各个螺栓孔的裂纹萌生时间并不是相互独立的，因此由上式得到的可靠度估计值低于实际观测值。法兰寿命近似等于由 5 个统计独立的螺栓孔组成的串联系统的寿命。稍后将介绍与其组成部件的寿命相关的串联系统。

（12）其他分布

对于失效模式寿命服从对数正态分布的串联系统，系统的寿命分布却并非对数正态分布。其他多数寿命分布也是如此。类似地，公式（7.1-8）在各失效模式的 Weibull 分布形状参数不同时不适用。

（13）消除失效模式

了解可以消除影响产品寿命的失效模式的设计改进方法非常重要。与之前一样，假设产品的各种失效模式相互独立，并假设失效模式 1 已消除。失效模式 1 可能是一类失效模式。则有 $R_1(t)=1$，$h_1(t)=0$，$H_1(t)=0$，$F_1(t)=0$。由剩余失效模式组成的串联系统的寿命分布有

$$R^*(t) = R_2(t) \times \cdots \times R_M(t), F^*(t) = 1 - [1 - F_2(t)] \times \cdots \times [1 - F_M(t)]$$

$$h^*(t) = h_2(t) + \cdots + h_M(t), H^*(t) = H_2(t) + \cdots + H_M(t) \tag{7.1-10}$$

上述公式基于如下假设：1）剩余失效模式的寿命分布不受影响；2）设计改进没有引入其他失效模式；3）已消除的失效模式被完全消除（关心的任意时间范围内）。Nelson（1982，P182-185）介绍了某一失效模式未完全消除时的数据分析方法。

（14）H 级绝缘系统

假设 H 级绝缘系统的匝间失效可以消除，则在 180 ℃下、10 000 h 时，该绝缘系统的可靠度为 $0.872 \times 0.995 = 0.868$，即相间绝缘可靠度 0.872 乘以对地绝缘可靠度 0.995。重复计算多个时间点的可靠度值，可得 180 ℃下的可靠度函数，其曲线如图 7.5-6（a）所示。

（15）相关失效模式

有些串联系统的多种失效模式的寿命是统计相关的。例如，电缆相邻部分的寿命是正相关的，即它们的寿命相似。相关失效模式的分析模型十分复杂。Birnbaum（1979），David 和 Moeschberger（1979），Harter（1977），Moeschberger（1974）给出了相关失效模式分析模型的一般理论。Galambos（1978）提出了针对具有多种相关失效模式的大型系统的分析理论。Nadas（1969）使用双参数对数正态分布模型建立了两种相关失效模式

的模型。针对服从多元指数分布的失效模式相关的串联系统，Proschan 和 Sullo（1976）给出了基于致命冲击模型的数据分析和参考文献。Barlow 和 Proschan（1975，第 5 章）介绍了多元寿命分布的研究进展。Block 和 Savits（1981）调研总结了多元寿命分布。多元对数正态分布具有良好的适应性，而多元的指数分布和 Weibull 分布对大量实际应用并不适用。Harter（1977）全面论述了关于尺寸效应的模型。当各失效模式寿命正相关时，系统寿命分布存在上、下限。系统寿命分布下限是各失效模式相互独立的串联系统的寿命分布，这种近似（根据产品可靠度法则）是保守的。系统寿命分布上限是单一失效模式下最短寿命的分布。上述粗略的界限包含了真实的寿命分布，满足部分实际应用的精度需求。

（16）其他模型

很多其他模型也已被用于描述竞争失效模式。例如：Derringer（1982，1989）提出一种类似于混合分布的模型，在不假设寿命分布的情况下，给出了平均对数寿命的方程。MIL - HDBK - 217 中使用其他模型描述了器件（如电容）的尺寸效应。

7.2　可互换串联系统

（1）引言

有些串联系统是由标称相同的部件组成的，各部件的寿命服从相同的寿命分布。例如：

1）合金蠕变断裂研究常采用串联试样。两个试样首尾相连，施加应力至其中一个发生断裂。两个一组可以加快试验进度，获得更多关于断裂时间分布低尾段的信息。

2）电源电缆可以视为由大量小段电缆组成的串联系统。电缆的寿命是其第一个失效的电缆段的寿命。

3）电池组的寿命是其第一个失效电池的寿命。

4）当有一个滚珠失效时，滚珠轴承组件失效。

5）一些集成电路的失效时间是最早的门电路失效时间。这些门电路失效可能不是统计独立的。近来，越来越多的集成电路采用冗余门电路设计，一个门电路失效不会导致电路失效，这类电路不是串联系统。

6）卫星上的放大器是由 22 个 GaAs FET（场效应晶体管）组成的串联系统。

产品或试验样品都可能是串联系统。有些学者将串联系统样品的试验称为“分组最小值试验”。本节的串联系统的理论是 7.1 节一般理论的特例。与之前一样，这些理论适用于任一应力水平下的寿命分布。读者可跳过本节直接阅读 7.5、7.6 节。

（2）系统寿命分布

假设某串联系统由 M 个统计独立且同分布的部件组成，单个部件的可靠度函数为 $R_1(t)$，累积分布函数为 $F_1(t)$，危险函数为 $h_1(t)$，累积危险函数为 $H_1(t)$。该串联系统的可靠度函数为 $R_M(t)$，累积分布函数为 $F_M(t)$，风险函数为 $h_M(t)$，累积风险

函数为 $H_M(t)$，则有

$$R_M(t)=[R_1(t)]^M, F_M(t)=1-R_M(t)=1-[1-F_1(t)]^M$$

$$h_M(t)=M\cdot h_1(t), H_M(t)=M\cdot H_1(t) \tag{7.2-1}$$

上述公式是式（7.1-2）、式（7.1-3）、式（7.1-4）的特例。这类串联系统的寿命是服从同一分布的 M 个部件的随机抽样寿命的最小值。

（3）串列样品

假设蠕变断裂失效样品的寿命 t 服从对数正态寿命分布，σ 为常数，其对数寿命均值是应力 S 的函数，表示为 $\mu(S)=\gamma_0+\gamma_1\log(S)$。将每对样品首尾相连（串列），施加试验载荷直至其中一个失效。这样可以使试验装置中的样本量加倍，更好地利用试验装置。根据式（7.2-1），应力水平 S 下一对样品中有一个失效的可靠度函数为

$$R_2(t)=\{\Phi[-(\log(t)-\gamma_0-\gamma_1\log(S))/\sigma]\}^2$$

（4）指数分布部件

假设部件寿命统计独立，且均服从失效率为 λ_1 的指数分布。则由 M 个此类部件组成的串联系统也服从指数分布，其失效率为

$$\lambda_M=M\lambda_1 \tag{7.2-2}$$

此为式（7.1-5）的特例。类似地，系统平均寿命为

$$\theta_M=\theta_1/M \tag{7.2-3}$$

式中 $\theta_1=1/\lambda_1$ 为部件的平均寿命。

（5）Weibull 分布部件

假设部件寿命统计独立，且均服从形状参数为 β、尺度参数为 α_1 的 Weibull 分布。则由 M 个此类部件组成的串联系统也服从 Weibull 分布，其形状参数也为 β，尺度参数为

$$\alpha_M=\alpha_1/M^{1/\beta} \tag{7.2-4}$$

此为式（7.1-8）的特例。

（6）轴承

Morrison 等（1984）发布了滚珠轴承载荷-加速试验报告。当载荷为 4.45 kN 时，参试滚珠轴承第一个滚珠失效的时间服从 $\beta=1.40$、$\alpha_1=2\ 016$ 百万转的 Weibull 分布。在实践应用中，滚珠轴承的滚珠数量是参试滚珠轴承的 2 倍，因此轴承寿命服从 $\beta=1.40$、$\alpha_2=2\ 016/2^{1/1.40}=1\ 229$ 百万转的 Weibull 分布。

（7）极值分布部件

设部件寿命统计独立，且均服从尺度参数为 δ、位置参数 ξ_1 的最小极值分布。则由 M 个此类部件组成的串联系统服从极值分布，其尺寸参数为 δ，位置参数为

$$\xi_M=\xi_1-\delta\ln(M) \tag{7.2-5}$$

（8）残差实例

Nelson 和 Hendrickson（1972）给出了一个串联系统残差计算的实例，其中 $M=360$，部件寿命服从 $\xi_1=0$、$\delta=1$ 的极值分布。最小残差为 -8.9，看上去很小。该串联系统残差服从 $\xi_{360}=0-1\times\ln(360)=-5.886$、$\delta=1$ 的最小极值分布，最小残差小于等于 -8.90

的概率为 $F(-8.90)=1-\exp(-\exp\{[-8.90-(-5.886)]/1\})=0.049$。概率很小，表明该残差可能是值得研究的异常数据。“异常数据”是与模型和大多数数据不一致的观测数据。

(9) 其他寿命分布的部件

若部件寿命服从对数正态分布，由 M 个此类独立部件组成的串联系统的寿命却并不服从对数正态分布。但是，对于任一分布（满足一定约束），根据原始分布是否有下界，由大量此类部件组成的串联系统的寿命近似服从 Weibull 分布或极值分布。这就是极值分布十分重要的界限理论（Galambos，1978 和 Gumbel，1958）。这一结果表明 Weibull 分布和极值分布可用于描述一些大型串联系统的寿命，例如电缆。

(10) 相关部件

对于由统计相关的相同部件组成的串联系统寿命的研究很少。由于生产时间相同且生产材料来自同一批次，构成系统的各部件的寿命相近。而系统因为生产时间、部件和材料的批次不同，寿命差异较大。此外，部件寿命相关也可能是由于系统中的各部件所处的环境相同。但是不同系统的环境不同。MIL - HDBK - 217 采用经验关系式建立了含有 M 个门电路的集成电路的失效率模型，为

$$\lambda_M=\lambda_1 M^p \tag{7.2-6}$$

式中，λ_1 和 p 为集成电路的特征常量，一般取 $0.3\leqslant p\leqslant 0.5$。

7.3 尺寸效应

有些产品的尺寸大小不同，其失效率或许与产品的尺寸大小成比例。例如：

1) 电容器电介质的失效率通常与电介质的面积成比例；

2) 电缆绝缘失效率一般与电缆的长度成比例；

3) 微电子产品引线的失效率与它的长度（和弯曲数目）成比例；

4) 电气绝缘材料失效率往往与其厚度成比例。

对于某些产品，样品和产品的尺寸不同，在评估时，这类尺寸差异常被错误地忽略。例如：

1) 参试绝缘寿命试验模型与电动机在绝缘材料的形状和尺寸方面稍有不同。

2) 绝缘油试验在平行圆盘电极之间进行，而使用这种绝缘油的变压器的尺寸更大，结构形状更复杂。

3) F 级发电机绝缘材料样品有多种长度，而发电机内的绝缘材料长度远大于样品长度。

4) 高温合金疲劳试样为沙漏形或圆柱形，而实际零件更大且有其他的几何形状。

5) 导线漆（绝缘）试验在双绞线上进行，而电动机中则是大量漆包线缠绕在一起。

6) 发电机绝缘材料样品有多种厚度，而发电机内绝缘材料的厚度唯一。

Harter（1977）研究了材料强度的尺寸效应模型。读者可以跳过本节，直接阅读 7.5、7.6 节。

（1）模型

一般而言，若部件数量为 A_0 时，产品的失效率为 $h_0(t)$，则部件数量为 A 时，产品的失效率为

$$h(t)=(A/A_0)h_0(t) \tag{7.3-1}$$

即这类产品可视为由 $M=(A/A_0)$ 个服从相同寿命分布的标称相同的部件组成的串联系统，A/A_0 不必是整数，且可以小于 1。式（7.3-1）假设产品相邻部分的寿命是统计独立的。某一应力水平下，部件数量为 A 的产品的寿命分布的其他公式有

$$R(t)=[R_0(t)]^{A/A_0},H(t)=(A/A_0)H_0(t)$$

$$F(t)=1-R(t)=1-[1-F_0(t)]^{A/A_0} \tag{7.3-2}$$

式中，下标 0 表示部件数量为 A_0 的产品的寿命分布。这些公式与式（7.3-1）等价，只是用 A/A_0 替换了 M。

（2）指数分布

假设部件数量为 A_0 的产品寿命服从失效率为 λ_0 的指数分布，则公式（7.3-1）表明部件数量为 A 的同类产品亦服从指数分布，失效率为

$$\lambda=(A/A_0)\lambda_0 \tag{7.3-3}$$

产品的平均寿命为

$$\theta=\theta_0/(A/A_0) \tag{7.3-4}$$

式中，$\theta_0=1/\lambda_0$ 是部件数量为 A_0 的产品的平均寿命。

（3）电动机绝缘材料

假设电动机绝缘材料试验样品在设计条件下的寿命服从失效率为 $\lambda_0=3\times10^{-6}/\mathrm{h}$ 的指数分布。样品的绝缘面积为 $A_0=6\ \mathrm{in}^2$，而电动机中绝缘材料的面积 $A=500\ \mathrm{in}^2$，则电动机中绝缘材料的寿命服从失效率为 $\lambda=(500/6)\times3.0=250\times10^{-6}/\mathrm{h}$ 的指数分布。

（4）Weibull 分布

假设部件数量（尺寸）为 A_0 的产品寿命服从形状参数为 β、尺度参数为 α_0 的 Weibull 分布，则部件数量（尺寸）为 A 的产品也服从 Weibull 分布，且有相同的形状参数 β，尺度参数为

$$\alpha=\alpha_0/(A/A_0)^{1/\beta} \tag{7.3-5}$$

上式根据式（7.3-1）得到，与式（7.2-4）相似。

（5）电容器

某型 100 pF 的电容器在设计电压下的电介质击穿时间服从 $\beta=0.5$、$\alpha_0=100\ 000\ \mathrm{h}$ 的 Weibull 分布，相同设计的 500 pF 的电容器的电介质面积是其电介质面积的 5 倍，即 $A/A_0=5$。因此 500 pF 电容器电介质的寿命服从 $\beta=0.5$、$\alpha=100\ 000/5^{1/0.5}=4\ 000\ \mathrm{h}$ 的 Weibull 分布。因为 $\beta<1$，寿命的递减很明显。

（6）低温电缆

低温电缆绝缘加速试验表明，在设计条件下样品寿命近似服从 $\beta=0.95$、$\alpha_0=1.05\times10^{11}\ \mathrm{a}$ 的 Weibull 分布。参试样品绝缘体的体积为 $0.12\ \mathrm{in}^3$，某一电缆上绝缘体的体积是

$1.984\times10^7\ in^3$。此电缆可视为一个由相互独立的样品组成的串联系统，则其寿命分布近似为 $\beta=0.95$、$\alpha=1.05\times10^{11}/(1.984\times10^7/0.12)^{1/0.95}=234a$ 的 Weibull 分布。该电缆的 1%分位寿命 $t_{0.01}=234\cdot[-\ln(1-0.01)]^{1/0.95}=1.8\ a$。如果电缆相邻“样品长度”的电缆段的寿命正相关，则电缆的寿命分布应大于根据串联系统模型得到的预计值。但电缆的寿命分布不能超过单一样品的寿命分布。因为 (A/A_0) 较大，这两个寿命分布明显不同，但即使是保守的串联系统寿命分布仍表明该设计满足要求。Brookes（1974）提出了一种包含电缆长度和导体尺寸的电缆寿命模型。

（7）绝缘液体

某绝缘液体寿命试验方法如下。将一对平行圆盘电极浸入到绝缘液体中，并在圆盘电极上施加随时间呈线性增长的电压，直到绝缘液体击穿（火花通过电极之间的绝缘液体）。击穿时间服从 Weibull 分布。试验用圆盘电极的面积分别为 1 in^2 和 9 in^2，因此，这两种圆盘电极下，绝缘液体的特征寿命满足 $\alpha_9=\alpha_1/9^{1/\beta}$。Nelson（1982，P190）和习题 4.10 列出了这些数据。

（8）相关寿命

某些产品相邻部分的寿命可能正相关。MIL - HDBK - 217 利用经验关系式建立了电容量为 C 的电容器失效率 λ_C 的模型，即

$$\lambda_C=\lambda_1C^p \tag{7.3-6}$$

式中，λ_1 和 p 为此类电容器的特征常数，通常 $0.3\leqslant p\leqslant0.5$。

7.4　不均匀应力

7.4.1　引言

（1）目的

有些产品（或样品）承受的应力是不均匀的。下面以某发电机绝缘材料为例进行说明。在发电机电路的一端，绝缘材料处于高电压下，而在另一端，绝缘材料处于低电压下。对于这样的产品，工程师经常（错误地）只使用最大应力，并想当然地认为故障发生在最大应力下的某点，而忽略了产品尺寸的影响，以及可能发生在其他位置的故障。之前的模型假设产品受力均匀，或是样品和产品有相同的形状并受到相同的不均匀应力，只是尺寸有所不同。本节介绍处于不均匀应力下的产品（或样品）的寿命模型，该模型是对串联模型的扩展，并可扩展到几何形状不同的产品和样品。读者可以跳过本节，直接阅读 7.5、7.6 节。

（2）更复杂的模型

以一个简单的应用为例进行理论阐述。对于上述发电机中的绝缘材料，应力沿一维（长度）不均匀分布。这一理论很容易扩展到更复杂的产品上，即三维几何形状不一致及三维应力分布不均匀的产品。例如，陶瓷和金属疲劳试样通常是简单的圆柱体，承受简单的扭矩、弯曲、或单轴载荷。而实际零件的几何形状更复杂，在使用时经受复杂的张量载

荷。试样的寿命只能粗略地近似实际零件的寿命。将来，结合此处的理论扩展，陶瓷业者、机械工程师和冶金工作者可以通过有限元分析预测实际零件的疲劳寿命。同样，工程师和物理学研究者可以通过引线的长度和弯曲数目、局部温度和电压、二极管的数量、连接点等预测微电子电路的可靠度。

（3）概述

7.4.2节概括介绍均匀应力模型及其假设，7.4.3节根据样品在均匀应力下的寿命提出产品在不均匀应力作用下的寿命模型，该理论还可扩展到样品处于不均匀应力的情况。

7.4.2 均匀应力模型

（1）概述

本节以发电机绝缘材料为例介绍均匀应力模型的假设。这是不均匀应力模型的必要基础。主要内容有：1）绝缘材料的寿命分布；2）绝缘材料尺寸（这里是长度）对绝缘材料寿命分布的影响；3）绝缘材料寿命和电压应力之间的关系。

（2）寿命分布

假设在某一均匀应力水平下，长度为 L_0 的绝缘材料样品的寿命服从特征寿命为 α_0、形状参数为 β 的 Weibull 分布，特征寿命 α_0（可能还有 β）依赖于电压应力、绝缘材料厚度、环境等因素，样品在 t 时刻的可靠度函数为

$$R(t;L_0)=\exp[(t/\alpha_0)^{\beta}],t>0 \tag{7.4-1}$$

其他寿命分布，如对数正态分布，可用于描述绝缘材料、金属、半导体和其他产品的寿命。此处采用 Weibull 分布有以下几个原因：1）Weibull 分布广泛用于绝缘材料和其他材料的寿命建模，可以为对比分析提供相同的基准；2）Weibull 分布可以充分拟合多种材料的寿命数据，包括上述绝缘材料；3）此处采用 Weibull 分布时的模型及其计算结果比较简单，而采用对数正态分布会得到一个更复杂的模型和结果。但是，对于绝缘材料实例，对数正态分布可以更准确地描述产品寿命。

（3）尺寸效应

根据式（7.3-2）和式（7.3-5），长度为 L 的绝缘材料的寿命的 Weibull 分布可靠度函数为

$$R(t;L)=\exp[-(L/L_0)(t/\alpha_0)^{\beta}] \tag{7.4-2}$$

此处假设相邻绝缘材料的寿命相互独立。该假设对于大多数材料来说是合理的基本近似。相邻的部分往往具有相似的（相关的）寿命，而相距较远的部分的寿命往往无关，制成一个连续部件的电缆绝缘材料和金属零件尤其如此。不管怎样，发电机中包含许多独立制造的、隔离的导线，因此，统计独立性假设在这里是合理的。

（4）尺寸

“尺寸”的测度取决于应用。对于发电机绝缘材料，尺寸测度为其长度。经验表明，导线横截面、绝缘材料厚度和其他特性对绝缘材料寿命的影响可以忽略。对于某些产品，尺寸测度是材料的体积或暴露面积。例如，对于由内部（表面）缺陷造成的金属疲劳失

效，尺寸测度是试样的体积（面积）。

（5）寿命-应力关系

假设在某一应力 V 下，长度为 L_0 的样品的特征寿命符合逆幂律模型，即

$$\alpha_0 = K/V^p \tag{7.4-3}$$

式中系数 K 和幂 p 是试验条件和材料的正的特征参数。也可以采用其他寿命-应力关系，例如，Arrhenius 模型和多变量模型。下述计算也可采用其他寿命-应力关系。

（6）实例

对于长度 $L_0 = 21$ cm 的样品，参数的估计值为 $K = 3.3770915 \times 10^{26}$，$p = 10.18498$，$\beta = 1.140976$。因此在电压应力 V 下，长度为 L 的绝缘材料的可靠度函数为

$$R(t;L) = \exp\{-(L/21)[tV^{10.18498}/(3.3770915 \times 10^{26})]^{1.140976}\}$$

式中，t 的单位为 h，L 的单位为 cm，V 的单位为 V/mm。

7.4.3 非均匀应力模型

（1）概述

本节介绍非均匀应力模型，包括：

1）由 I 段独立的长度为 L_i、所受电压应力为 $V_i (i = 1, 2, \cdots, I)$ 的绝缘体描述的发电机可靠度函数（7.4-4）。

2）电压应力是电路长度 l 的函数 $V(l)$ 时，发电机的可靠度函数（7.4-8）。

3）发电机在其设计寿命期间未失效的概率（7.4-10）。

4）最大应力 V^* 下，与发电机具有相同的寿命分布的绝缘体等效长度 L^{**}（7.4-7）。

（2）不同应力水平

假设一台发电机在理论上可以划分为 I 段绝缘体，第 i 段绝缘体的长度为 L_i，处于均匀（或标称）应力 V_i 下。用 α_i 表示均匀应力 V_i 下，标准（样品）长度为 L_0 的绝缘体的特征寿命。假设发电机是由这些绝缘体段组成的串联系统，则发电机的可靠度函数是由式（7.4-2）得到的各绝缘体可靠度函数的乘积，即

$$R^*(t) = \exp\left\{-\sum_{i=1}^{I}(L_i/L_0)(t/\alpha_i)^{\beta}\right\} \tag{7.4-4}$$

在高电压应力下，应力分布形式可以通过式（7.4-4）利用微小长度进行精确描述，也可以采用下面介绍的精确公式（7.4-8）。

实例：根据式（7.4-3）和式（7.4-4），上述发电机的可靠度函数近似为

$$R^*(t) = \exp\left\{-\frac{t^{\beta}}{L_0 K^{\beta}}\sum_{i=1}^{I} L_i V_i^{p\beta}\right\} \tag{7.4-5}$$

这是一个 Weibull 分布可靠度函数，其形状参数为 β，尺度参数为

$$\alpha^* = K/\left\{\sum_{i=1}^{I}(L_i/L_0)V_i^{p\beta}\right\}^{1/\beta} \tag{7.4-6}$$

即 $R^*(t) = \exp[-(t/\alpha^*)^{\beta}]$。

(3) 上下限

在发电机中，电压应力是电路长度的连续函数。因此，式（7.4－4）中的和是连续应力的离散近似。α^* 的上下限和分布可以通过将每段长度 L_i 上的最高和最低电压应力分别代入式（7.4－6）得到。

(4) 应力分布型式

发电机上的电压应力也可以用距发电机某一端的距离 l 的连续函数 $V(l)$ 来描述。对于绝缘体，在电路的一端（$l=0$），电压应力为零，电压线性增大，在电路另一端（$l=L^*$）处达到最大值 V^*，即

$$V(l)=V^*(l/L^*),0\leqslant l\leqslant L^* \tag{7.4-7}$$

(5) 连续电压应力

假设电压应力 $V(l)$ 是电路长度 l 的连续函数，在式（7.4－4）中用微分 $\mathrm{d}l$ 代替 L_i，用 $V(l)$ 代替 V_i，用连续积分符号 $\int$ 代替式（7.4－5）中的求和符号 $\sum$，则有

$$R^*(t)=\exp\{-[t^\beta/(L_0K^\beta)]\int_0^{L^*}[V(l)]^{p\beta}\mathrm{d}l\} \tag{7.4-8}$$

式中积分域为 $[0, L^*]$，L^* 是发电机的绝缘长度。上式表明发电机的绝缘寿命服从Weibull分布，其形状参数为 β，尺度参数为

$$\alpha^*=K[L_0/\int_0^{L^*}[V(l)]^{p\beta}\mathrm{d}l]^{1/\beta} \tag{7.4-9}$$

实例：对于线性应力分布形式，由式（7.4－7）、式（7.4－8）和式（7.4－9）可得

$$R^*(t)=\exp[-(t/\alpha^*)^\beta] \tag{7.4-10}$$

其中

$$\alpha^*=K[(p\beta+1)L_0/L^*]^{1/\beta}/(V^*)^p \tag{7.4-11}$$

式中，t 可以是设计寿命、保修期或者任意其他时间。一台标准发电机中绝缘体的总长度为 $L^*=30\ 240$ cm，当最大电压应力为 $V^*=65$ V/mm 时，有

$$\alpha^*=3.377\ 091\ 5\times10^{26}[(10.184\ 98\times1.140\ 976+1)21/30\ 240]^{1/1.140\ 976}/(65)^{10.184\ 98}$$
$$=1\ 823\ 782.5\ \mathrm{h}=208.0519\ \mathrm{a}$$

发电机的可靠度为 $R^*(t)=\exp[-(t/208.051\ 9)^{1.140\ 976}]$，其中 t 的单位为年（a）。当 $t=40$ a（设计寿命）时，可靠度为 $R^*(40)=\exp[-(40/208.051\ 9)^{1.140\ 976}]=0.859$（85.9%）。当 $t=5$ a（当前的运行时间）时，可靠度为 $R^*(5)=\exp[-(5/208.051\ 9)^{1.140\ 976}]=0.986$（98.6%）。

(6) 等效长度

总长度为 L^* 的绝缘体并非处于一个均匀的电压应力下。为了便于比较，知道在（均匀）最大电压应力 V^* 下，与电动机具有相同寿命分布的绝缘体长度 L^{**} 非常有用。由式（7.4－10）和式（7.4－3）可得

$$L^{**}=L^*/(P\beta+1) \tag{7.4-12}$$

L^{**} 与电压 V^* 无关。如果 K、p、β 不是常数，而是依赖于电压 V，则应将它们在电压为 V^* 时的值代入式（7.4-12）及前面的公式中。

实例：对于标准发电机，$L^{**}=30\ 240$ cm。当 $p=10.184\ 98$，$\beta=1.140\ 976$ 时，$L^{**}=30\ 240/(10.184\ 98\times 1.140\ 976+1)\approx 2\ 396$ cm。

（7）扩展

上述结果可以以多种方式进行扩展：1）采用其他寿命分布，例如，对数正态分布，结果方程将更复杂。2）在其他应用中，如适合的尺寸测度为面积或体积的应用，上述理论很容易扩展到这类应用中。3）样品和产品所受应力不均匀的情况。4）发电机绝缘可能在沿电路任意长度处失效，但靠近高电压端更可能失效。因此可以通过规定导线在最高电压应力下出现故障的概率来确保产品的可靠度。这也表明了在高应力区使用更好的绝缘材料的潜在价值。

7.5　图形分析

本节介绍数据图形分析法，用于

1）分析一种失效模式下的数据。

2）估计所有失效模式下产品的寿命分布。

3）估计消除某些失效模式后产品的寿命分布。

4）检验模型和数据。

7.6 节介绍用于上述目的的解析方法（最大似然分析法）。首先使用图形分析法，之后根据需要使用解析分析法是最高效的。开始时应先通过图形分析方法评价数据，模型和分析方法的有效性。这两种方法可以相互检验，并可提供另一方法不能提供的信息。这些方法都要求每种失效的失效模式是确定的，由于考虑了其他失效模式，允许使用更高的试验应力以节省时间。下面以电动机绝缘温度加速试验为例阐述上述分析方法。

文献：Nelson（1973，1975b）和 Peck（1971）发展了竞争失效数据的图形分析法。Nelson（1983a）介绍了金属疲劳数据的图形分析实例。Peck（1971）介绍了图形分析法在半导体中的应用。

7.5.1　数据和模型

（1）试验目的

本节以表 7.5-1 中的数据为例介绍图形分析法。该数据是 H 级绝缘系统在绝缘寿命试验模型中试验的失效时间，试验温度分别为 190 ℃、220 ℃、240 ℃、260 ℃。试验目的之一是评估该绝缘系统在设计温度 180 ℃下的中位寿命（7.5.3 节）。中位寿命的设计要求值为 20 000 h。其他试验目的有：确定该绝缘系统在设计温度下的主要失效模式（7.5.2 节），以及确定重新设计消除主要失效模式是否可以明显改善该绝缘系统的寿命分布（7.5.4 节）。

(2) 数据

每个温度下 10 个电动机绝缘寿命试验模型，定期检测是否失效。表 7.5－1 中所记录的数据为发现失效的检测时间与上次检测时间的中值。若两次检测的时间间隔足够短，则中值的舍入影响很小。表 7.5－1 给出了每种失效模式（匝间、相间或对地绝缘失效）的失效时间；不同失效模式发生在绝缘系统的不同部位。每个失效部分都被电隔离，不能再次失效，绝缘寿命试验模型继续试验直至出现第 2 次、第 3 次失效。在实际使用中，无论第一次失效的原因为何都会导致电动机寿命的终结。对于大多数样品，只能从一个样品中观测到一种失效模式。但此处采用的方法可以从一个样品中获取多种失效模式。图 7.5－1 描述了这些试验数据。一条直线代表一台电动机绝缘寿命试验模型的经历，每次失效列于线上，线的长度代表该模型的试验时间长度。

表 7.5－1　H 级绝缘系统失效模式及失效数据

（单位：h）

190 ℃	失效时间			240 ℃	失效时间		
电动机	匝间绝缘	相间绝缘	对地绝缘	电动机	匝间绝缘	相间绝缘	对地绝缘
1	7228	10511	10511＋	21	1175	1175＋	1175
2	7228	11855	11855＋	22	1881＋	1881＋	1175
3	7228	11855	11855＋	23	1521	1881＋	1881＋
4	8448	11855	11855＋	24	1569	1761	1761＋
5	9167	12191＋	12191＋	25	1617	1881＋	1881＋
6	9167	12191＋	12191＋	26	1665	1881＋	1881＋
7	9167	12191＋	12191＋	27	1665	1881＋	1881＋
8	9167	12191＋	12191＋	28	1713	1881＋	1881＋
9	10511	12191＋	12191＋	29	1761	1881＋	1881＋
10	10511	12191＋	12191＋	30	1953	1953＋	1953＋
220 ℃	失效时间			260 ℃	失效时间		
电动机	匝间绝缘	相间绝缘	对地绝缘	电动机	匝间绝缘	相间绝缘	对地绝缘
11	1764	2436	2436	31	1632＋	1632＋	600
12	2436	2436	2490	32	1632＋	1632＋	744
13	2436	2436	2436	33	1632＋	1632＋	744
14	2436＋	2772＋	2772	34	1632＋	1632＋	744
15	2436	2436	2436	35	1632＋	1632＋	912
16	2436	4116＋	4116＋	36	1128	1128＋	1128
17	3108	4116＋	4116＋	37	1512	1512＋	1320
18	3108	4116＋	4116＋	38	1464	1632＋	1632＋
19	3108	3108	3108＋	39	1608	1608＋	1608
20	3108	4116＋	4116＋	40	1896	1896	1896

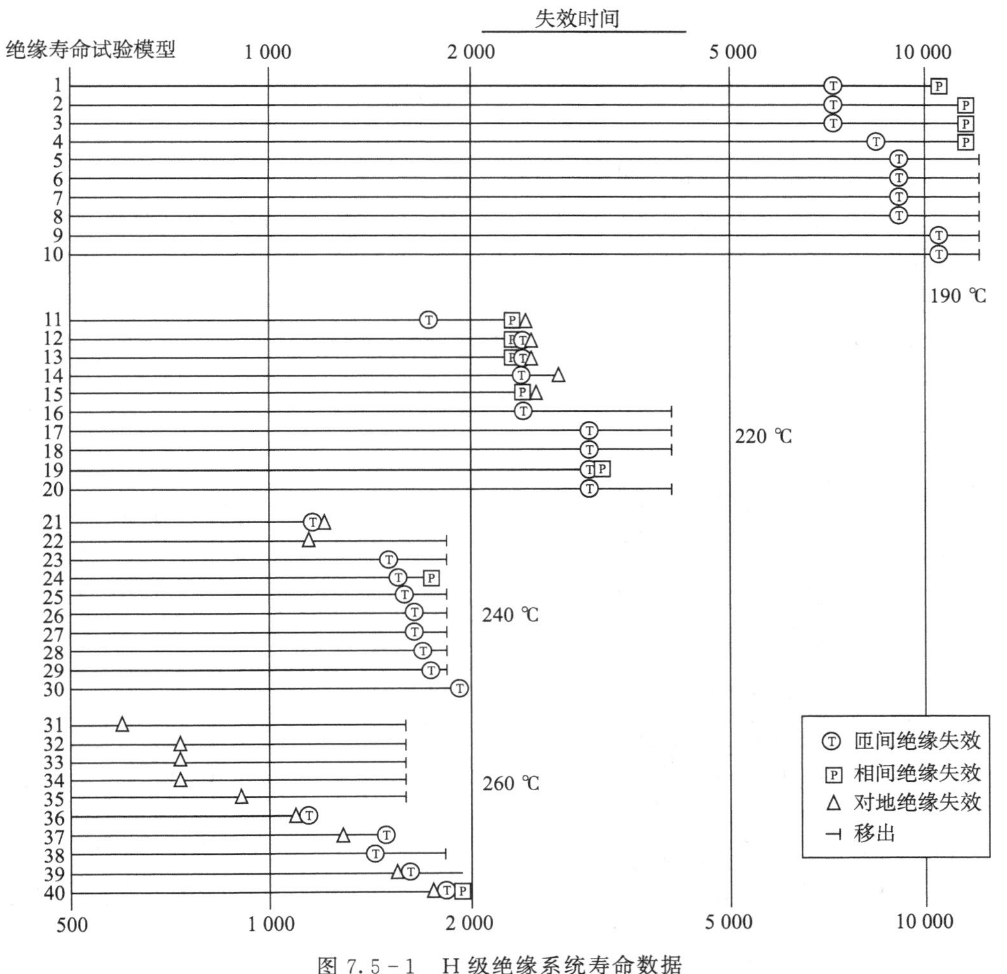

图 7.5－1　H 级绝缘系统寿命数据

（3） 首次失效

绝缘寿命试验模型的首次失效时间数据是完全数据，也就是说，每个绝缘寿命试验模型都至少出现一次失效。完全数据通常采用标准最小二乘回归分析法（第 4 章）进行分析。对于混合失效模式数据，采用这种分析方法可能会得到错误的结果，故本节采用下述分析方法。

（4） 模型

适用于上述竞争失效模式数据的模型如下：

1） 每种失效模式采用独立的 Arrhenius -对数正态模型（第 2 章）。随后的数据分析采用其他模型；

2） 不同失效模式的失效时间和样品的失效时间之间采用串联系统模型（7.1 节）。

下面简要回顾上述模型，以下数据分析方法可以通过多种方式扩展到其他寿命-应力模型。

（5） Arrhenius -对数正态模型

适用于失效模式 m 的 Arrhenius -对数正态模型假设如下：

1）在（绝对）温度 T 下，寿命服从对数正态分布（以 10 为底）。

2）对数标准差 σ_m 为常数。

3）对数寿命的均值可表示为 $x = 1\ 000/T$ 的函数

$$\mu_m(x) = \alpha_m + \beta_m x \tag{7.5-1}$$

4）与样品寿命相关的随机变量是统计独立的。

α_m、β_m 和 σ_m 是失效模式、产品和试验方法的特征参数。$\mu_m(x)$ 的反对数是中位寿命，常作为特征寿命。式（7.5－1）是一个 Arrhenius 关系式。图 7.5－2（a）和图 7.5－2（b）分别为该模型在 Arrhenius 坐标纸和对数正态概率纸上的图形。对于在应力 x 下试验的样品，失效模式 m 在 t 时刻的未失效概率即其可靠度函数

$$R_m(t) = \Phi\{-[\log(t) - \mu_m(x)]/\sigma_m\} \tag{7.5-2}$$

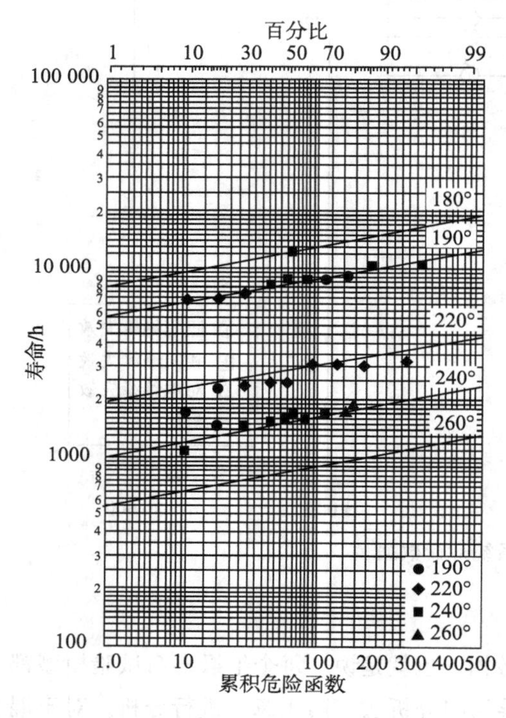

(a) 匝间绝缘失效的对数正态危险图

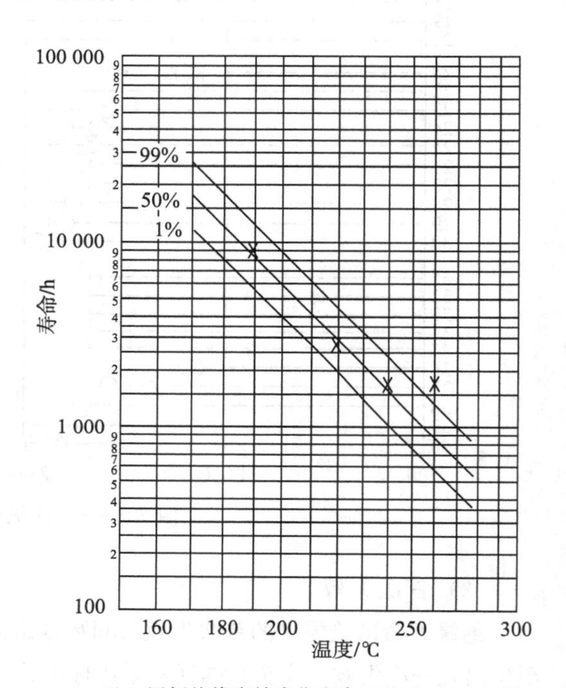

(b) 匝间绝缘失效中位寿命×的 Arrhenius 图

图 7.5－2　H 级绝缘系统匝间绝缘失效的对数正态危险图和 Arrhenius 图

参见 7.1 节中 H 级绝缘系统实例。下述数据分析方法可以扩展到其他寿命-应力模型。这些模型可能包含不同的试验、不同失效模式的加速变量、不同分布和寿命-应力关系（包括多变量寿命-应力关系）。模型参数一般由数据估计得到，此外，有些参数（如激活能和 Weibull 形状参数）可以通过手册、文献、相似产品或经验推测得到。

（6）串联系统

串联系统模型的假设如下：

1）每个样品有 M 个潜在的失效时间，每个对应一种失效模式；

2）M 个失效时间是统计独立的；

3）系统的失效时间是其 M 个潜在失效时间的最小值。

如果只有一种失效模式 m，则某一应力水平下的可靠度 $R_m(t)$ 是 t 时刻失效模式 m 不发生的概率。对于上述绝缘系统，每种失效模式的可靠度函数可由 Arrhenius -对数正态模型［式（7.5－2）］得到。根据产品的可靠度法则，样品的可靠度函数 $R(t)$ 为

$$R(t)=R_1(t)R_2(t)\cdots R_M(t) \tag{7.5-3}$$

7.5.3 节、7.5.4 节中采用上式估计了竞争失效模式数据的寿命分布。如果每种失效模式都可用一个独立的 Arrhenius -对数正态模型描述，则 Arrhenius -对数正态模型不能描述全部失效模式都存在时的样品寿命。正确的模型如图 7.5－5 和 7.5－6 所示。7.5.3 节介绍如何进行模型估计。

7.5.2　一种失效模式的分析

本节介绍适用于每种失效模式的图形分析法，估计任一应力下该失效模式的寿命-应力模型和寿命分布。本方法需已知每个失效的原因。

（1）观点

下述观点可简化一种失效模式下的数据分析。每个样品都有该失效模式相应的失效时间或无失效运行时间。当样品因另一种失效模式失效或者被移出试验时将得到该失效模式的无失效运行时间。该失效模式的失效时间大于此运行时间，故此运行时间是该失效模式的截尾时间。前述绝缘系统匝间绝缘失效在 4 个试验温度下的数据如表 7.5－2A 所示，表中匝间、相间或对地绝缘失效数据源自表 7.5－1。这些失效时间和截尾时间混合的数据是多重截尾数据。

表 7.5－2　H 级绝缘系统各失效模式的危险函数计算结果

190 ℃ h	危险函数	累积危险函数	220 ℃ h	危险函数	累积危险函数	240 ℃ h	危险函数	累积危险函数	260 ℃ h	危险函数	累积危险函数
A. 匝间绝缘失效											
7228	10.0	10.0	1764	10.0	10.0	1175	10.0	10.0	1128	10.0	10.0
7228	11.1	21.1	2436	11.1	21.1	1521	11.1	21.1	1464	11.1	21.1
7228	12.5	33.6	2436	12.5	33.6	1569	12.5	33.6	1512	12.5	33.6
8448	14.3	47.9	2436＋			1617	14.3	47.9	1608	14.3	47.9
9167	16.7	64.6	2436	16.7	50.3	1665	16.7	64.6	1632＋		
9167	20.0	84.6	2436	20.0	70.3	1665	20.0	84.6	1632＋		
9167	25.0	109.6	3108	25.0	95.3	1713	25.0	109.6	1632＋		
9167	33.3	142.9	3108	33.3	128.6	1761	33.3	142.9	1632＋		
10511	50.0	192.9	3108	50.0	178.6	1881＋			1632＋		
10511	100.0	292.9	3108	100.0	278.6	1953	100.0	242.9	1896	100.0	147.9
B. 相间绝缘失效											

续表

190 ℃ h	危险函数	累积危险函数	220 ℃ h	危险函数	累积危险函数	240 ℃ h	危险函数	累积危险函数	260 ℃ h	危险函数	累积危险函数
10511	10.0	10.0	2436	10.0	10.0	1175＋			1128＋		
11855	11.1	21.1	2436	11.1	21.1	1761	11.1	11.1	1512＋		
11855	12.5	33.6	2436	12.5	33.6	1881＋			1608＋		
11855	14.3	47.9	2436	14.3	47.9	1881＋			1632＋		
12191＋			2772＋			1881＋			1632＋		
12191＋			3108	20.0	67.9	1881＋			1632＋		
12191＋			4116＋			1881＋			1632＋		
12191＋			4116＋			1881＋			1632＋		
12191＋			4116＋			1881＋			1632＋		
12191＋			4116＋			1953＋			1896	100.0	100.0
C. 对地绝缘失效											
10511＋			2436	10.0	10.0	1175	10.0	10.0	600	10.0	10.0
11855＋			2436	11.1	21.1	1175	11.1	21.1	744	11.1	21.1
11855＋			2436	12.5	33.6	1761＋			744	12.5	33.6
11855＋			2490	14.3	47.9	1881＋			744	14.3	47.9
12191＋			2772	16.7	64.6	1881＋			912	16.7	64.6
12191＋			3108＋			1881＋			1128	20.0	84.6
12191＋			4116＋			1881＋			1320	25.0	109.6
12191＋			4116＋			1881＋			1608	33.3	142.9
12191＋			4116＋			1881＋			1632＋		
12191＋			4116＋			1953＋			1896	100.0	242.9

（2）图形分析

多种失效模式混合数据的图形分析法涉及两种常用的图形：1）多重截尾数据的危险图；2）寿命-应力关系图。这些图形可以提供所需的信息，并可用于评价数据和模型的有效性（第 3 章）。表 7.5－2A 列出了匝间绝缘失效的危险函数计算结果，其危险图如图 7－5.2（a）所示。类似地，相间绝缘失效和对地绝缘失效的危险函数计算结果如表 7.5－2B、C 所示，其图形如图 7.5－3（a）和 7.5－4（a）所示。

（3）分析

危险图的绘制和分析方法见第 3 章。例如，由图 7.5－2（a）可得匝间绝缘失效在 220 ℃ 下的中位寿命（50％分位寿命）估计值为 2 900 h，图中中位寿命用十字形符号表示。又如，由图 7.5－2（a）可知匝间绝缘失效在 220 ℃下运行 3 000 h 的失效概率为 55％，相应的可靠度估计值为 100％－55％ ＝ 45％。标准差 σ 是某一温度下 84％分位寿命和 50％分位寿命的对数差。在 220 ℃下，这两个分位寿命的估计值分别为 3 400 h 和 2 900 h，σ 的估计值为 $\log(3\,400)-\log(2\,900)=0.069$。

(4) 一个发现

图 7.5－2 (a) 有两个显著特征：1) 4 个温度下的数据曲线是平行的，这表明所有试验温度下匝间绝缘失效的对数标准差相同。相比之下，所有失效模式存在时，H 级绝缘系统失效数据（第 4 章）在 260 ℃下的对数标准差较大。2) 260 ℃下的数据与 240 ℃下的数据一致，但应该更低。对此有两种可能的解释：a) 260 ℃下试验的绝缘寿命试验模型是在其他温度的模型之后建立的，且不合格。如果是日循环试验，由于材料和控制差异，260 ℃下绝缘寿命试验模型的寿命可能更短；b) 在试验过程中，绝缘寿命试验模型在试验箱中加热到指定温度，保持规定时间后，再降温移出进行测试，构成了一个温度循环。190 ℃下的循环周期为 7 天，220 ℃下为 4 天，240 ℃和 260 ℃下为 2 天。根据标准 IEEE Std 117，260 ℃下的循环周期为 1 天才能与其他温度循环周期一致。频繁的温度循环可能加速匝间绝缘失效，使 260 ℃下的数据与其他温度下的数据一致。后续试验（习题 7.8）表明绝缘系统寿命与循环周期长短有关。图形分析法的价值在于可以显示数据和试验方法中存在的问题。这一发现，即持续运行的电动机（不存在温度循环）可采用较便宜的绝缘系统，将使企业每年节省 $1 000 000。

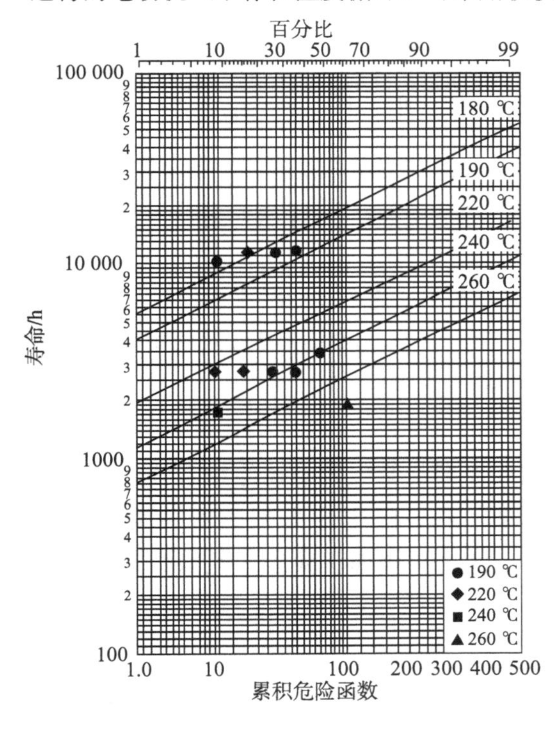

(a) 相间绝缘失效的对数正态危险图

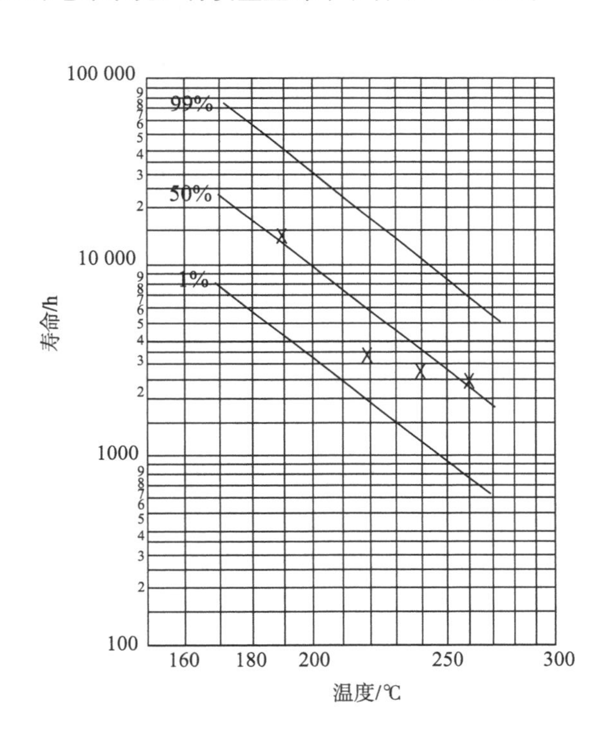

(b) 相间绝缘失效中位寿命×的 Arrhenius 图

图 7.5－3　H 级绝缘系统相间绝缘失效的对数正态危险图和 Arrhenius 图

(5) 关系图

如第 3 章所述，某一失效模式的（中位）寿命和温度的关系可以由图形估计得到。上述 H 级绝缘系统匝间绝缘失效中位寿命与试验温度的 Arrhenius 关系图如图 7.5－2 (b) 所示。进行中位寿命的直线拟合，估计匝间绝缘失效的 Arrhenius 模型。例如，匝间绝缘失效在设计温度 180 ℃下的中位寿命估计值为 12 300 h。260 ℃下的匝间绝缘失效数据与

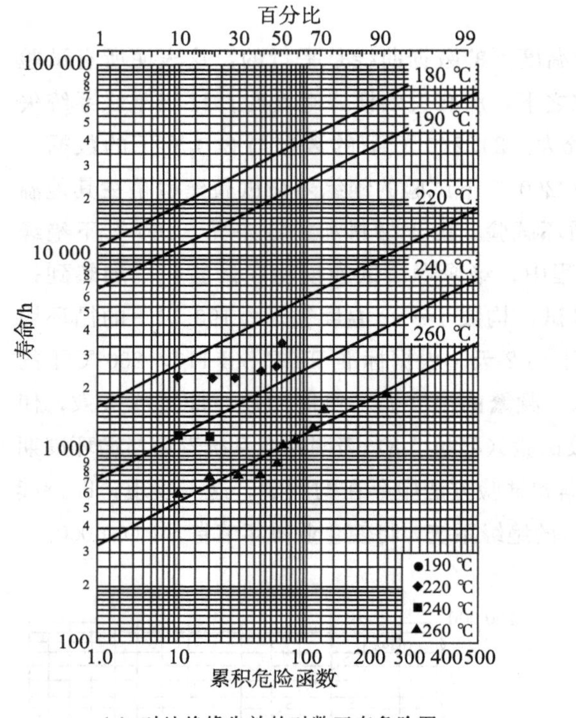

(a) 对地绝缘失效的对数正态危险图

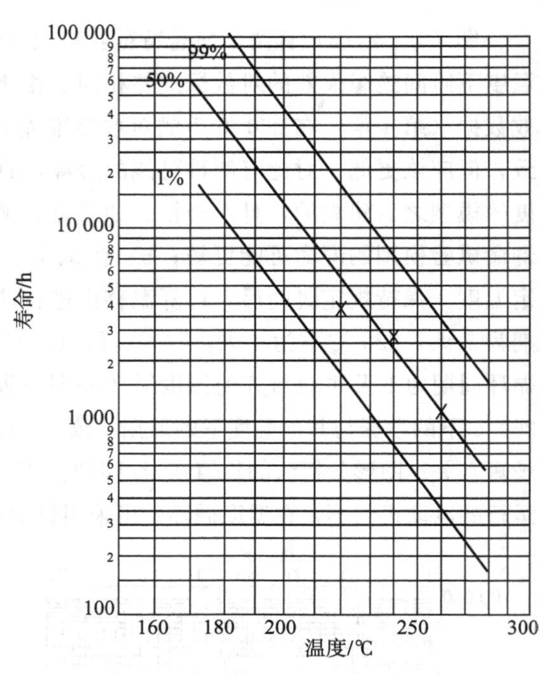

(b) 对地绝缘失效中位寿命×的 Arrhenius 图

图 7.5－4　H 级绝缘系统对地绝缘失效的对数正态危险图和 Arrhenius 图

模型不一致，不能用于估计拟合模型。正确的分析方法（习题 7.8）需考虑温度循环的影响。类似地，由 7.5－3（b）和 7.5－4（b）可得：180 ℃下，相间绝缘失效的中位寿命估计值为 17 000 h，对地绝缘失效的中位寿命估计值为 19 000 h。

（6）消除匝间绝缘失效

180 ℃下，匝间绝缘失效的中位寿命最短，因此匝间绝缘失效是该绝缘系统失效的主要原因。如果匝间绝缘失效通过再设计得以消除，则相间绝缘失效的中位寿命最短（17 000 h），但仍低于中位寿命要求值 20 000 h。上述结果表明消除匝间绝缘失效后绝缘系统仍不能满足要求，因此舍弃了这种改进方法。

（7）任意应力水平下的寿命

按照第 3 章的方法可以得到任意温度下匝间绝缘失效的寿命分布估计。例如，由图 7.5－2（b）可得匝间绝缘失效在 180 ℃下的中位寿命估计值，将该估计值在危险图［图 7.5－2（a）］中用“×”标记。通过该点做一条斜率与各试验温度下的数据拟合直线斜率相同的直线，利用图 7.5－2（a）中的这条直线可以估计 180 ℃下匝间绝缘失效的寿命分布。

（8）最大似然法

数据图的线性拟合一般是目视拟合。也可以采用 7.6 节的最大似然法进行模型拟合，绘制最大似然估计曲线。最大似然拟合的优点在于可以给出置信区间，表明估计的不确定度。置信区间（如中值寿命的置信区间）一般都很宽。

7.5.3 所有失效模式作用下的寿命分布

(1) 目的

产品在实际使用中存在多种失效模式。人们最关心的是在设计应力下，所有失效模式作用下产品的寿命分布。本节介绍任一应力水平下上述分布的估计方法。该方法需要利用每种失效模式的寿命分布估计结果（7.5.2 节）。

(2) 简单寿命分布估计

下面介绍所有失效模式作用下，某一应力水平下产品寿命分布的简单估计方法。检查各失效模式寿命分布的估计结果，所有失效模式作用下的产品寿命分布略低于各失效模式中的最短寿命分布，尤其是当其他失效模式的寿命远高于最短寿命时。例如，180 ℃下，匝间绝缘失效的中位寿命最短，为 12 300 h，故所有失效模式作用下，产品的中位寿命略低于 12 300 h。

(3) 精确寿命分布估计

下面介绍所有失效模式作用下，产品寿命分布的精确估计方法。首先按照 7.5.2 节的方法分别估计各失效模式在给定寿命和温度下的可靠度。然后，根据产品的可靠度法则[式（7.5-3）]，计算各失效模式可靠度估计值的乘积，得到所有失效模式作用下，产品在给定寿命点的可靠度估计。例如，对于前述 H 级绝缘系统，其在 10 000 h、180 ℃下的可靠度估计过程如下。由图 7.5-2（a）可得此时匝间绝缘失效的可靠度估计值为 0.886，同理可得相间绝缘失效和对地绝缘失效的可靠度估计分别为 0.872、0.995，则所有失效模式作用下，该绝缘系统的可靠度估计值为 $0.886 \times 0.872 \times 0.995 = 0.769$，失效概率的估计值为 $1 - 0.769 = 0.231$，在对数正态坐标纸 10 000 h 处用“×”标记该概率值，如图 7.5-5（a）所示。通过计算更多寿命点和温度下的可靠度估计，如表 7.5-3 所示，绘图可得所有失效模式作用下，180 ℃和其他温度的产品寿命分布估计曲线。各温度下的寿命分布线均为曲线而非直线表明这些寿命分布不是对数正态分布。图 7.5-5（a）中绘制的数据将在稍后介绍。

(4) 寿命-应力关系

H 级绝缘系统的寿命-温度关系在 Arrhenius 坐标纸上的图形如图 7.5-5（b）所示。其图形与图 7.5-2（a）中单一失效模式下的 Arrhenius 关系图不同。在图 7.5-5（b）中，寿命-温度关系为曲线，且寿命分布是非对称的，1%分位寿命线和 99%分位寿命线与 50%分位寿命线的距离不相等。图 7.5-5（b）表明：所有失效模式作用下，该绝缘系统在 180 ℃下的中位寿命估计值为 11 600 h。中位寿命曲线的获取步骤如下：1）通过对数正态概率图[图 7.5-5（a）]估计不同温度下的中位寿命；2）将其绘制在 Arrhenius 坐标纸上；3）作过各中位寿命点的光滑曲线。采用相同方法可得其他百分位寿命与温度的关系曲线。对于竞争失效模式，产品百分位寿命与应力的关系曲线是凹向下的。如果忽略失效模式，采用简单线性模型进行拟合，则低应力水平下百分位寿命直线的估计值一般高于正确估计值。

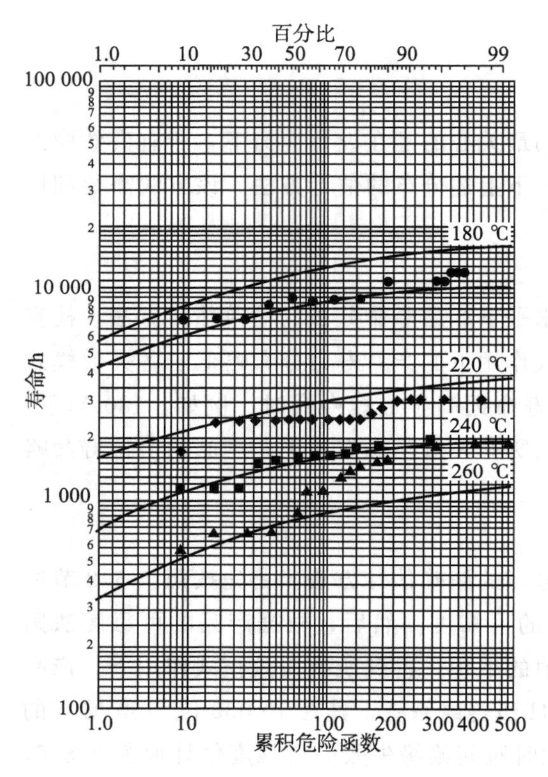

(a) 所有失效模式作用下的拟合模型和对数正态图

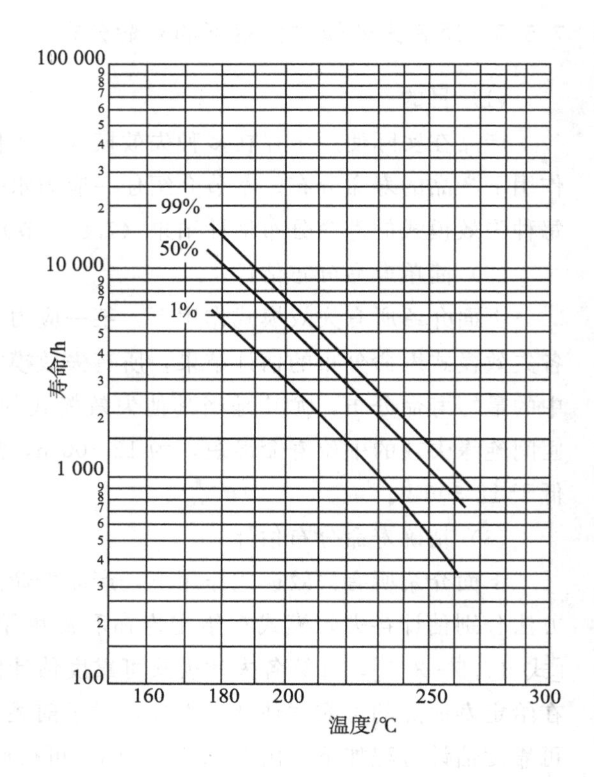

(b) 所有失效模式下模型的 Arrhenius 图

图 7.5-5　所有失效模式作用下 H 级绝缘系统的对数正态图和 Arrhenius 图

(5) 危险图

大多数数据集中，每个样品的失效模式不会多于一个。对于此类数据，不考虑失效模式，使用所有失效数据绘制各试验应力水平下的危险图。通过检查数据危险图，可以评价上文中所有失效模式作用下的寿命分布估计。只使用各样品的第一个失效数据，忽略样品的失效模式和后续失效，可绘制 H 级绝缘系统数据的危险图。绘制图 7.5-5 (a) 利用了后续失效的信息。计算各个失效模式的样本累积危险函数的和，可得所有失效模式作用下的样本累积危险函数。不考虑失效模式，按照从小到大的顺序对表 7.5-2 中的全部失效时间进行排序，计算每一试验温度下的累积危险函数，如表 7.5-4 所示。各失效模式的危险函数值见表 7.5-2。如果有需要，可以通过计算与前面的危险函数值的平均值，修正累积危险函数。在危险图纸上，绘制失效时间与累积危险函数值的关系曲线。该曲线是所有失效模式作用下寿命分布的估计。各试验温度下的危险函数曲线如图 7.5-5 (a) 所示，图中数据点与计算曲线是一致的。通过危险图可以检验数据、模型的有效性和估计结果的正确性。高尾段较差的一致性表明，竞争失效模式的寿命分布不存在明显交叠。由于 260 ℃ 下的温度循环频率较低，匝间绝缘失效出现较晚，260 ℃下高尾段的数据与累积危险函数曲线一致性不佳。不管怎样，应该忽略失效概率高于 $100(n-0.5)/n\%$ 的点，其中 n 是该应力水平下的样品数。

表 7.5－3　所有失效模式作用下的可靠度计算

寿命/h	可靠度				寿命/h	可靠度			
	匝间失效	相间失效	对地失效	所有失效共存		匝间失效	相间失效	对地失效	所有失效共存
180 ℃					220 ℃				
5 000	1.000 ×	.996 ×	1.000	=.996	1 300	1.000 ×	.999 ×	.998	=.997
6 000	1.000 ×	.987 ×	1.000	=.987	1 600	1.000 ×	.997 ×	.992	=.986
7 000	.999 ×	.971 ×	1.000	=.970	2 000	.987 ×	.987 ×	.976	=.951
8 000	.994 ×	.946 ×	.999	=.940	2 500	.823 ×	.960 ×	.935	=.739
9 000	.966 ×	.913 ×	.997	=.880	3 000	.445 ×	.914 ×	.872	=.355
10 000	.886 ×	.872 ×	.995	=.769	4 000	.034 ×	.774 ×	.707	=.019
11 000	.742 ×	.824 ×	.991	=.606	5 000	.0009 ×	.608 ×	.534	=.0003
12 000	.556 ×	.772 ×	.986	=.423					
13 000	.372 ×	.717 ×	.979	=.261	240 ℃				
14 000	.223 ×	.662 ×	.971	=.143	500	1.000 ×	1.000 ×	.999	=.999
16 000	.061 ×	.553 ×	.947	=.032	600	1.000 ×	1.000 ×	.997	=.997
18 000	.013 ×	.452 ×	.915	=.005	700	1.000 ×	1.000 ×	.992	=.992
20 000	.002 ×	.365 ×	.876	=.001	800	1.000 ×	.999 ×	.983	=.982
					900	.999 ×	.998 ×	.970	=.967
190 ℃					1 000	.995 ×	.996 ×	.952	=.944
3 000	1.000 ×	.999 ×	1.000	=.999	1 300	.853 ×	.983 ×	.870	=.729
4 000	1.000 ×	.993 ×	1.000	=.993	1 600	.435 ×	.953 ×	.758	=.314
5 000	.999 ×	.977 ×	.998	=.974	2 000	.071 ×	.884 ×	.595	=.037
6 000	.975 ×	.945 ×	.995	=.918	2 500	.003 ×	.764 ×	.413	=.001
7 000	.856 ×	.899 ×	.988	=.760					
8 000	.610 ×	.839 ×	.977	=.500	260 ℃				
9 000	.341 ×	.769 ×	.960	=.252	250	1.000 ×	1.000 ×	.998	=.998
10 000	.152 ×	.696 ×	.938	=.100	300	1.000 ×	1.000 ×	.994	=.994
11 000	.057 ×	.621 ×	.910	=.032	400	1.000 ×	1.000 ×	.974	=.974
12 000	.018 ×	.549 ×	.877	=.009	500	.999 ×	.999 ×	.932	=.930
13 000	.005 ×	.481 ×	.841	=.002	600	.984 ×	.998 ×	.868	=.852
					700	.894 ×	.993 ×	.787	=.699
					800	.679 ×	.986 ×	.699	=.468
					900	.411 ×	.974 ×	.610	=.245
					1 000	.200 ×	.957 ×	.525	=.101
					1 300	.009 ×	.877 ×	.317	=.002

表 7.5-4 所有失效模式作用下的累积危险函数计算

寿命/h	失效模式	危险函数值	累积危险函数值	寿命/h	失效模式	危险函数值	累积危险函数值
190 ℃				240 ℃			
7 228	匝间失效	10.0	10.0	1 175	对地失效	10.0	10.0
7 228	匝间失效	11.1	21.1	1 175	匝间失效	10.0	20.0
7 228	匝间失效	12.5	33.6	1 175	对地失效	11.1	31.1
8 448	匝间失效	14.3	47.9	1 521	匝间失效	11.1	42.2
9 167	匝间失效	16.7	64.6	1 569	匝间失效	12.5	54.7
9 167	匝间失效	20.0	84.6	1 617	匝间失效	14.3	69.0
9 167	匝间失效	25.0	109.6	1 665	匝间失效	16.7	85.7
9 167	匝间失效	33.3	142.9	1 665	匝间失效	20.0	105.7
10 511	匝间失效	50.0	192.9	1 713	匝间失效	25.0	130.7
10 511	匝间失效	100.0	292.9	1 761	相间失效	11.1	141.8
10 511	相间失效	10.0	302.9	1 761	匝间失效	33.3	175.1
11 855	相间失效	11.1	314.0	1 953	匝间失效	100.0	275.1
11 855	相间失效	12.5	326.5				
11 855	相间失效	14.3	340.8				
220 ℃				260 ℃			
1 764	匝间失效	10.0	10.0	600	对地失效	10.0	10.0
2 436	相间失效	10.0	20.0	744	对地失效	11.1	21.1
2 436	匝间失效	11.1	31.1	744	对地失效	12.5	33.6
2 436	对地失效	10.0	41.1	744	对地失效	14.3	47.9
2 436	相间失效	11.1	52.2	912	对地失效	16.7	64.6
2 436	匝间失效	12.5	64.7	1 128	匝间失效	10.0	74.6
2 436	对地失效	11.1	75.8	1 128	对地失效	20.0	94.6
2 436	相间失效	12.5	88.3	1 320	对地失效	25.0	119.6
2 436	匝间失效	16.7	105.0	1 464	匝间失效	11.1	130.7
2 436	对地失效	12.5	117.5	1 512	匝间失效	12.5	143.2
2 436	相间失效	14.3	131.8	1 608	对地失效	33.3	176.5
2 436	匝间失效	20.0	151.8	1 608	匝间失效	14.3	190.8
2 490	对地失效	14.3	166.1	1 896	对地失效	100.0	290.8
2 772	对地失效	16.7	182.8	1 896	匝间失效	100.0	390.8
3 108	匝间失效	25.0	207.8	1 896	相间失效	100.0	490.8
3 108	匝间失效	33.3	241.1				
3 108	相间失效	20.0	261.1				
3 108	匝间失效	50.0	311.1				
3 108	匝间失效	100.0	411.1				

7.5.4　某些失效模式消除后的寿命分布

(1) 目的

通过改变设计可以消除某些失效模式，改进产品。本节介绍消除某些失效模式后，利用现有数据，评估任一应力水平下产品寿命分布的图形方法。这种估计方法假设产品某些失效模式被完全消除，剩余失效模式不受影响，利用各剩余失效模式的寿命分布估计（7.5.2 节），可以节省重新设计和试验的时间、费用。

(2) 简单寿命分布估计

某些失效模式消除后，某一应力水平下产品寿命分布的一种简单估计方法如下。检查每种剩余失效模式各自的拟合模型，确定该应力水平下寿命最短的剩余失效模式。改进后产品的寿命分布略低于该失效模式的寿命分布，尤其是当其他失效模式的寿命远高于最短寿命时。例如，H 级绝缘系统中的匝间绝缘失效消除后，180 ℃下，相间绝缘失效的寿命最短，其中位寿命为 17 000 h，改进后绝缘系统的寿命分布略低于相间绝缘失效的寿命分布。

(3) 精确寿命分布估计

某些失效模式消除后，产品寿命分布的精确估计方法如下。例如，估计重新设计后，产品在给定寿命和温度下的可靠度。按照 7.5.2 节的方法，估计所有剩余失效模式在给定寿命和温度下的可靠度，被消除失效模式的可靠度取为 1，根据产品的可靠度法则［式（7.5－3）］，计算这些可靠度的乘积可得重新设计后产品的可靠度估计。

(4) H 级绝缘系统实例

180 ℃下，H 级绝缘系统最早出现的失效模式是匝间绝缘失效。通过绝缘系统的再设计可以消除匝间绝缘失效。估计再设计后，该绝缘系统在 1 000 h、180 ℃下的可靠度。由图 7.5－3（a）和图 7.5－4（a）可得，该条件下 H 绝缘系统相间绝缘失效和对地绝缘失效的可靠度估计分别为 0.872、0.995。因此再设计后，1 000 h、180 ℃下 H 级绝缘系统的可靠度估计值为：0.872 * 0.995＝0.868，失效概率为 0.132，在图 7.5－6（a）中用“×”标记该点。计算不同温度下多个寿命点的可靠度估计值，如表 7.5－5 所示，绘图可得绝缘系统在 180 ℃和其他温度下的可靠度曲线，如图 7.5－6（a）所示。这些曲线不是直线，表明寿命分布不是对数正态分布。由 180 ℃曲线可得绝缘系统在 180 ℃下的中位寿命估计值为 16 400 h，远低于要求值 20 000 h。因此，消除匝间绝缘失效后，绝缘系统仍不能满足要求，该绝缘系统被舍弃。

(5) 寿命-应力关系

如 7.5.3 节所述，由图 7.5－6（a）可得图 7.5－6（b）中的 Arrhenius 关系曲线。H 级绝缘系统的寿命-应力关系不符合 Arrhenius 模型，其在 Arrhenius 坐标纸上是凹向下的曲线。

(6) 危险图

某些失效模式消除后，可以绘制每个试验应力水平下的危险图，检验数据、模型的有效性和估计结果的正确性。7.5.2 节介绍了单独估计每种剩余失效模式累积危险函数的方法。所有剩余失效模式的累积危险函数相加，可得样本累积危险函数。在 H 级绝缘系统实例中，假设匝间绝缘失效已被消除，由表 7.5－2 获得剩余失效模式（相间绝缘失效和对地绝缘失效）的失效时间，按由小到大的顺序排列，见表 7.5－6。由表 7.5－2 得到每个失效的危险函数值，按表 7.5－6 所示计算累积危险函数值。在危险图纸上画出上述失效时间及其与累积危险函数值的关系曲线，如图 7.5－6（a）所示，这些曲线是剩余失效模式寿命分布的估计，数据点和计算曲线相当。与之前一样，在曲线的高尾段数据与计算曲线的一致性较差。

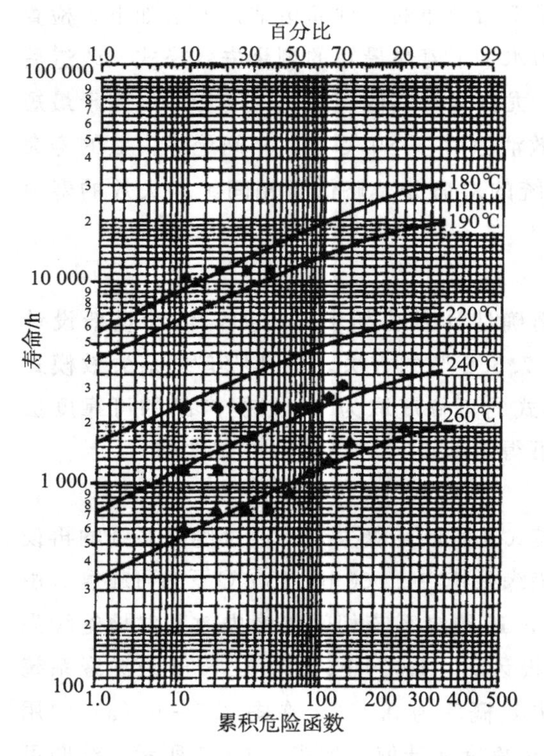

（a）消除匝间绝缘失效后的拟合模型和对数正态图

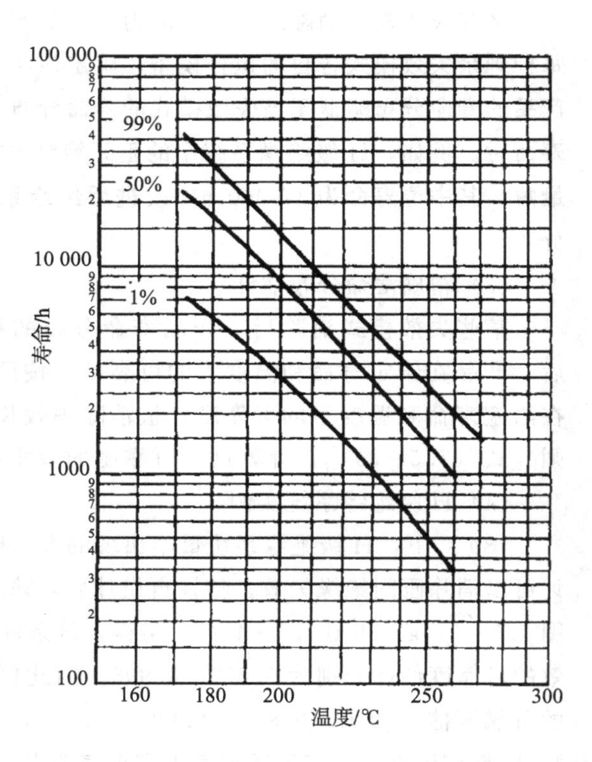

（b）消除绝缘失效后模型的 Arrhenius 图

图 7.5－6　消除匝间绝缘失效后绝缘系统的对数正态图和 Arrhenius 图

表 7.5－5　匝间绝缘失效消除后绝缘系统可靠度的计算

寿命/h	可靠度			寿命/h	可靠度		
	相间失效	对地失效	无匝间失效		相间失效	对地失效	无匝间失效
180 ℃				220 ℃			
4 000	.999 ×	1 000	=.999	1 300	.999 ×	.998	=.997
5 000	.996 ×	1.000	=.996	1 600	.997 ×	.992	=.989
6 000	.987 ×	1.000	=.987	2 000	.987 ×	.976	=.963
7 000	.971 ×	1.000	=.971	2 500	.960 ×	.935	=.898

续表

寿命/h	可靠度			寿命/h	可靠度		
	相间失效	对地失效	无匝间失效		相间失效	对地失效	无匝间失效
8 000	.946	× .999	=.945	3 000	.914	× .872	=.797
9 000	.913	× .997	=.911	4 000	.774	× .707	=.547
10 000	.872	× .995	=.868	5 000	.608	× .534	=.325
11 000	.824	× .991	=.817	6 000	.454	× .386	=.175
12 000	.772	× .986	=.762	7 000	.329	× .272	=.089
13 000	.717	× .979	=.703	8 000	.233	× .189	=.044
14 000	.662	× .971	=.642	9 000	.163	× .130	=.021
16 000	.553	× .947	=.523	10 000	.114	× .090	=.010
18 000	.452	× .915	=.414	11 000	.080	× .062	=.005
20 000	.365	× .876	=.320	12 000	.055	× .043	=.002
25 000	.206	× .757	=.156	13 000	.039	× .030	=.001
30 000	.113	× .626	=.071	240 ℃			
40 000	.034	× .393	=.013	500	1.000	× .999	=.999
50 000	.011	× .232	=.002	600	1.000	× .997	=.997
190 ℃				700	1.000	× .992	=.992
3 000	.999	× 1.000	=.999	800	.999	× .983	=.982
4 000	.993	× 1.000	=.993	900	.998	× .970	=.968
5 000	.977	× .998	=.975	1 000	.996	× .952	=.949
6 000	.945	× .995	=.940	1 300	.983	× .870	=.855
7 000	.899	× .988	=.888	1 600	.953	× .758	=.722
8 000	.839	× .977	=.819	2 000	.884	× .595	=.526
9 000	.769	× .960	=.739	2 500	.764	× .413	=.316
10 000	.696	× .938	=.653	3 000	.630	× .276	=.174
11 000	.621	× .910	=.565	4 000	.389	× .118	=.046
12 000	.549	× .877	=.482	5 000	.224	× .050	=.011
13 000	.481	× .841	=.404	6 000	.126	× .022	=.003
14 000	.418	× .801	=.268	7 000	.070	× .010	=.001
16 000	.312	× .716	=.223	260 ℃			
18 000	.229	× .628	=.144	250	1.000	× .998	=.998
20 000	.167	× .544	=.091	300	1.000	× .994	=.994
25 000	.074	× .364	=.027	400	1.000	× .974	=.974
30 000	.033	× .235	=.008	500	.999	× .932	=.931
40 000	.007	× .094	=.001	600	.998	× .867	=.865
				700	.993	× .787	=.782

续表

寿命/h	可靠度			寿命/h	可靠度		
	相间失效	对地失效	无匝间失效		相间失效	对地失效	无匝间失效
				800	.986	× .699	=.690
				900	.974	× .610	=.595
				1 000	.957	× .525	=.503
				1 300	.877	× .317	=.278
				1 600	.764	× .183	=.140
				2 000	.595	× .086	=.051
				2 500	.407	× .034	=.014
				3 000	.266	× .014	=.004

表 7.5-6 匝间绝缘失效消除后绝缘系统累积危险函数的计算

寿命/h	失效模式	危险函数	累积危险函数	寿命/h	失效模式	危险函数	累积危险函数
190 ℃				240 ℃			
10 511	相间失效	10.0	10.0	1 175	对地失效	10.0	10.0
11 855	相间失效	11.1	21.1	1 175	对地失效	11.1	21.1
11 855	相间失效	12.5	33.6	1 761	相间失效	11.1	32.2
11 855	相间失效	14.3	47.9				
220 ℃				260 ℃			
2 436	相间失效	10.0	10.0	600	对地失效	10.0	10.0
2 436	对地失效	10.0	20.0	744	对地失效	11.1	21.1
2 436	相间失效	11.1	31.1	744	对地失效	12.5	33.6
2 436	对地失效	11.1	42.2	744	对地失效	14.3	47.9
2 436	相间失效	12.5	54.7	912	对地失效	16.7	64.6
2 436	对地失效	12.5	67.2	1 128	对地失效	20.0	84.6
2 436	相间失效	14.3	81.5	1 320	对地失效	25.0	109.6
2 490	对地失效	14.3	95.8	1 608	对地失效	33.3	142.9
2 772	对地失效	16.7	112.5	1 896	对地失效	100.0	242.9
3 108	相间失效	20.0	132.5	1 896	相间失效	100.0	342.9

(7) 失效模式部分消除

有时再设计不能完全消除一种失效模式，这可以通过后续试验发现。该失效模式新的寿命分布的估计可能需要结合其他剩余失效模式各自的寿命分布。Nelson (1982, P182-185) 给出了一个这样的实例。

7.5.5　模型和数据的检验

（1）目的

本节简要介绍竞争失效模式数据的其他图形分析法，包括竞争失效模式的独立性检验，以及模型和数据的有效性检验。

（2）统计独立性

串联系统模型假设一个样品不同失效模式的失效时间是统计独立的。下面简要介绍这一假设的检验方法，以及假设不满足时如何处理。

（3）失效模式相关的寿命分布

当不同失效模式的失效时间相关时，一般是正相关。正相关意味着，一种失效模式下寿命长的产品在另一种失效模式下的寿命往往也很长，反之，一种失效模式下寿命短的产品在另一种失效模式下的寿命往往也很短。当一种失效模式的寿命与其他失效模式的寿命正相关时，按照 7.5.2 节的方法得到的该失效模式的寿命分布的估计偏大。故该估计可作为该失效模式寿命分布的上限。假设所有其他失效模式的失效时间都与该失效模式相关，即假设所有失效数据都来自该失效模式，并采用 7.5.2 节的估计方法，可得该失效模式寿命分布的下限。正确的估计值应该在这两个界限之间。当这两个界限很接近时，可能可以满足实际需要。

（4）互相关图

某一试验温度下两种失效模式的独立性可以通过这两种失效模式下失效时间的互相关图进行检验。该方法在具有两种失效模式的样品非常多时有效。两个试验温度下匝间绝缘失效与对地绝缘失效的失效时间互相关图如图 7.5－7 所示，带箭头的点表示相应失效模式的截尾时间。若所用失效时间均为观测数据，且互相关图呈现正的趋势，则这两种失效模式的失效时间正相关。对于截尾时间，须推测其在图中的应处位置。图 7.5－7 没有明显的趋势，因此匝间绝缘失效和对地绝缘失效的失效时间似乎是统计独立的。

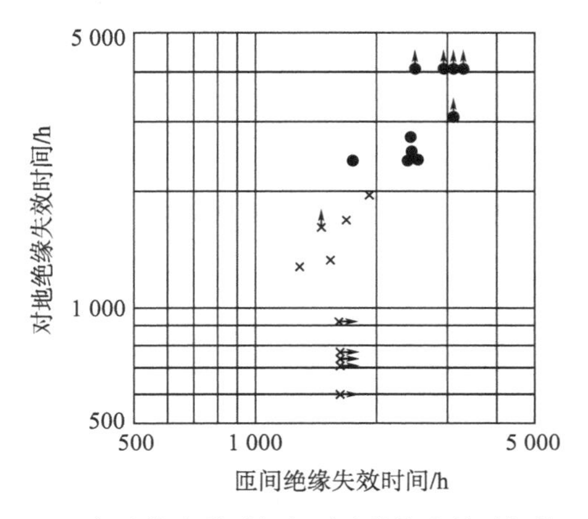

图 7.5－7　匝间绝缘失效时间与对地绝缘失效时间的互相关图

(5) 另一种独立性检验方法

Nadas (1969) 给出了一种适用于正态分布和对数正态分布的独立性检验方法，采用图形方法估计两种失效模式的联合（对数）正态分布的相关系数。一个大的正或负的估计值均表明两种失效模式的寿命相关。该方法适用于每个样品只有一种失效模式的情况。

(6) 每种失效模式的模型和数据的检验

检验每种失效模式的假设模型和试验数据可以采用第3章的图形分析法。

7.6 竞争失效模式的最大似然分析

本节介绍竞争失效模式下数据分析的最大似然（ML）方法，包括：

1) 每种失效模式的寿命-应力关系估计方法；

2) 所有失效模式作用下，任一应力水平下产品寿命分布的估计方法；

3) 某些失效模式消除后，产品寿命分布的估计方法。

ML估计可以给出客观的点估计、置信区间和假设检验方法（检验模型）。ML方法与图形方法结合使用效果最好。本节以H级绝缘系统数据为例阐述ML方法。第5章和本章7.1节、7.5节是本节必要的基础。

(1) 文献

Cox (1959)，Moeschberger (1974)，Moeschberger 和 David (1971)，Herman 和 Patell (1971)，Nelson (1982)，及 Birnbaum (1979) 提出了竞争失效模式下单一总体数据的ML分析法。Allen (1967) 介绍了竞争失效数据回归模型拟合的ML方法。Nelson (1971, 1974)，Nelson 和 Hendrickson (1972) 研究了ML方法的细节，介绍了应用实例，并给出了用于ML回归计算的计算机软件STATPAC。Sidik 等 (1980) 将ML方法应用于电池组。Glasser (1967)，Klein 和 Basu (1981) 提出了指数分布模型的ML方法。Sidik (1979)，Klein 和 Basu (1982) 提出了Weibull分布模型的ML方法。第5章5.1节介绍的ML软件可以进行指数分布和Weibull分布模型的数据拟合。

(2) 确定失效模式

下文介绍的方法要求每种失效的失效模式是已知的。当每种失效的失效模式不确定时，模型的ML拟合将更加复杂。Nelson (1982，习题8.15) 给出了一个失效模式不确定时，数据ML拟合的实例。Faraone (1986) 给出了此类加速试验数据。

(3) 概述

本节介绍：

1) 用于方法阐述的实例数据和模型；

2) 每种失效模式模型的ML估计方法；

3) 所有失效模式作用下模型的ML估计方法；

4) 通过再设计消除某些失效模式后，产品寿命的ML估计方法；

5) 数据和模型的有效性检验方法。

7.7节介绍竞争失效数据分析的ML理论。

7.6.1　数据和模型

（1）数据

以表7.5-1中的数据为例介绍ML方法。这些数据是H级绝缘系统在绝缘寿命试验模型中试验的失效时间，单位为h，试验温度为190 ℃，220 ℃、240 ℃、260 ℃。表7.5-1列出了每种失效的失效模式，有匝间绝缘失效、相间绝缘失效和对地绝缘失效，每种失效模式出现在绝缘系统的不同部件。失效模式通过工程检测确定。在一个检测周期内可能会出现多种失效模式。样品的失效部件会进行电隔离，不会再次出现相同的失效模式。将隔离后的样品继续试验，直至出现第二次或第三次失效，试验数据如图7.5-1所示。

在实际使用中，出现任一失效，电动机的寿命终止。对于大多数产品来说，一个样品上只能观测到一种失效模式。而不管一个样品有一种还是多种失效模式，ML方法都适用。

试验的目的之一是估计该绝缘系统在设计温度180 ℃下的中位寿命，中位寿命要求值为20 000 h。试验的另一个目的是确定该绝缘系统在设计温度下的主要（早期）失效模式，以及消除该失效模式能否足以改善该绝缘系统的寿命分布。

（2）模型

本节中数据分析所用的模型与7.5.1节相同，即每种失效模式采用不同的寿命-应力模型。在该绝缘系统实例中，每种失效模式均采用Arrhenius-对数正态模型。产品的寿命分布与每种失效模式的寿命分布之间采用串联系统模型。当存在一种以上失效模式时，Arrhenius-对数正态模型不能描述产品的寿命。图7.5-5描述了正确的模型。下面介绍正确模型的ML估计法。

7.6.2　每种失效模式下的ML估计

对于每种失效模式，其Arrhenius-对数正态模型和任一温度下寿命分布的ML估计方法如下。该方法可以通过第5章介绍的计算机软件很容易地实现。

（1）截尾

对于一种失效模式下的数据分析，每个样品都有一个该失效模式发生的失效时间或该失效未发生的运行时间。当样品因其他失效模式失效或者在未失效时被移出试验时，会得到一个该失效模式的运行时间。此类运行时间是该失效模式的截尾时间。表7.5-2列出了绝缘系统匝间、相间和对地绝缘失效的多重截尾数据。每种失效模式的数据可分别采用第5章介绍的多重截尾数据的ML方法进行分析。

（2）ML拟合

通过ML程序对一种失效模式的多重截尾数据进行加速试验模型拟合，如Arrhenius-对数正态模型拟合。H级绝缘系统每种失效模式加速模型的ML拟合采用Nelson和Hendrickson（1972）开发的STATPAC软件进行，拟合时剔除260 ℃下的匝间绝缘失效数据。三种失效模式模型参数的点估计、置信区间及其协方差矩阵、寿命应力关系估计、设计温度180 ℃下中位寿命的点估计和置信区间见表7.6-1。例如，在180 ℃下，匝间绝缘失效的对数寿命均值点估计为 $\hat{\mu}$(2.206 726 1)＝3.526 684＋(2.206 726 1－2.044 926)×3.478 935＝4.089 576，其中 2.206 726 1＝1 000/(273.16＋180)是绝对温度的倒数；中位寿命的 ML 点估计为 log(4.089 576)＝122 90 h，95%置信区间为［10 797，13 990］h。该置信区间远低于中位寿命要求值 20 000 h。当只存在匝间绝缘失效时，180 ℃、10 000 h 内绝缘系统失效概率的 ML 估计为 $\hat{F}$(10 000)＝Φ{[log(10 000)－4.089 576]/0.074 234 83}＝0.114。待估参量置信区间的计算方法见第 5 章。拟合模型的对数正态图和 Arrhenius 图如图 7.5－2、图 7.5－3、图 7.5－4 所示。

表 7.6－1　每种失效模式数据的 ML 拟合

匝间绝缘失效	α'	β	σ	180 ℃中位寿命
点估计	3.526 684	3.478 935	0.074 234 83	12 290
95%双侧置信下限	3.499 721	3.171 346	0.057 104 98	10 797
95%双侧置信上限	3.553 648	3.786 524	0.096 503 15	13 990
协方差矩阵	$\hat{\alpha}'$	$\hat{\beta}$	$\hat{\sigma}$	
$\hat{\alpha}'$	0.001 892 482		对称	
$\hat{\beta}$	－0.000 032 680 12	0.024 627 99		
$\hat{\sigma}$	0.000 004 606 19	－0.000 036 134 55	0.000 098 727 8	
最大对数似然值：－219.698 75				
$\mu(x)$ ＝ 3.526 684＋(x－2.044 926)3.478 935				
相间绝缘失效	α'	β	σ	180 ℃ 中位寿命
点估计	3.693 313	2.660 203	0.203 471 2	17 020
95%双侧置信下限	3.574 233	1.850 073	0.128 853 6	11 650
95%双侧置信上限	3.812 393	3.470 332	0.321 299 0	24 866
协方差矩阵	$\hat{\alpha}'$	$\hat{\beta}$	$\hat{\sigma}$	
$\hat{\alpha}'$	0.003 611 72		对称	
$\hat{\beta}$	－0.008 941 888	0.170 842 8		
$\hat{\sigma}$	0.201 319 4	－0.005 933 364	0.002 249 245	
最大对数似然值：－32.534 989				
$\mu(x)$ ＝ 3.693 313＋(x－2.004 613)2.660 203				
对地绝缘失效	α'	β	σ	180 ℃ 中位寿命
点估计	3.610 041	4.624 660	0.211 028 5	35 054
95%双侧置信下限	3.502 661	3.667 628	0.144 232 8	19 023
95%双侧置信上限	3.717 421	5.581 691	0.308 758 0	64 595
协方差矩阵	$\hat{\alpha}'$	$\hat{\beta}$	$\hat{\sigma}$	
$\hat{\alpha}'$	0.003 000 146 3		对称	
$\hat{\beta}$	0.013 857 14	0.238 418 6		
$\hat{\sigma}$	0.001 352 738	0.008 563 337	0.001 678 907	
最大对数似然值：－136.973 98				
$\mu(x)$ ＝ 3.610 041＋(x－2.004 613)4.624 660				

7.6.3　所有失效模式下的 ML 估计

产品在实际使用中存在多种失效模式。下面介绍两种所有失效模式作用下某一应力水平下产品寿命分布的评估方法。两种方法都需利用每种失效模式寿命分布的 ML 估计。

（1）简单估计

检查指定应力水平下每种失效模式寿命分布的图估计。所有模式作用下的产品寿命分布略低于最早失效模式的寿命分布。对于 H 级绝缘系统，180 ℃下最早出现的失效模式为匝间绝缘失效，H 级绝缘系统的中位寿命略低于匝间绝缘失效的中位寿命（12 290 h），其精确估计值（由下述方法得到）为 11 600 h。其他百分位寿命的近似估计值也可用此方法得到。

（2）ML 估计

某一寿命和应力水平下的产品可靠度估计方法如下。按照之前介绍的方法，计算每一失效模式在指定寿命和应力水平下的可靠度的 ML 估计，这些可靠度估计值的乘积即为所有失效模式作用下产品可靠度的 ML 估计。例如，10 000 h、180 ℃下 H 级绝缘系统的可靠度估计如下。计算此时匝间、相间、对地绝缘失效可靠度的 ML 估计，分别为：0.886、0.872 和 0.995，则 H 级绝缘系统可靠度的 ML 估计为 0.886×0.872×0.995＝0.769。失效概率的 ML 估计为 1－0.769＝0.231，在图 7.5－5（a）的对数正态图中用“×”标记。图中 180 ℃曲线是所有失效模式作用下该绝缘系统寿命分布的 ML 估计。计算某一温度下多个寿命点的可靠度可得该温度下的寿命分布估计。各试验温度下绝缘系统的寿命分布估计曲线如图 7.5－5（a）所示，寿命分布线不是直线表明这些温度下绝缘系统的寿命不服从对数正态分布。

（3）寿命-应力关系

H 级绝缘系统寿命与温度之间的关系如图 7.5－5（b）中百分位寿命曲线所示。由图 7.5－5（a）可得所有失效模式作用下绝缘系统在 180 ℃的中位寿命 ML 估计为 11600 h。同理可得绝缘系统在其他温度下的中位寿命估计，并绘制在 Arrhenius 坐标纸上，过这些中位寿命点作一条平滑曲线，如图 7.5－5（b）所示。此曲线也可以通过计算获得。采用相同方法可以得到任一百分位寿命与应力的关系曲线。竞争失效模式下 H 级绝缘系统百分位寿命与温度的关系曲线在 Arrhenius 坐标纸上总是凹向下的，寿命-应力关系不符合 Arrhenius 模型。忽略失效模式的 Arrhenius 模型拟合［如习题 7.6（a）～（f）］得到的低（设计）温度下的百分位寿命估计值偏高。寿命-应力关系的置信区间估计方法见 7.7 节。

7.6.4　某些失效模式消除后的 ML 估计

某些失效模式可以通过改变设计消除。下面介绍两种剩余失效模式下产品寿命分布的评估方法。这些方法可以节省再设计和重新试验的时间、费用。这两种方法均需利用每种剩余失效模式寿命分布的 ML 估计。

（1）简单估计

对于某一应力水平，确定剩余失效模式中哪种最先出现。所有剩余失效模式下的产品寿命分布略低于最早失效模式的寿命分布。例如，由表 7.6－1 可知，消除匝间绝缘失效后，180 ℃下相间绝缘失效最早出现。绝缘系统的中位寿命略低于相间绝缘失效的中位寿命（17 020 h），其准确估计值（由下述方法得到）为 16 400 h。

（2）ML 估计

设计改进后，某一寿命和应力水平下的产品可靠度评估方法如下。按照之前介绍的方法，计算指定寿命和应力水平下每种剩余失效模式可靠度的 ML 估计，这些可靠度估计的乘积即为再设计后产品可靠度的 ML 估计。该方法假设被消除失效模式的可靠度为 1。例如，180 ℃下绝缘系统的主要失效模式为匝间绝缘失效，通过再设计消除匝间绝缘失效后，绝缘系统在 10 000 h、180 ℃下的可靠度估计方法如下（该方法适用于消除任何数量的失效模式）。10 000 h、180 ℃下，相间绝缘失效和对地绝缘失效的可靠度的 ML 估计分别为 0.872 和 0.995。则再设计后，绝缘系统可靠度的 ML 估计为 0.872×0.995＝0.868，失效概率的估计值为 1－0.868＝0.132，在图 7.5－6（a）中的 180 ℃曲线上用“×”标记。图中 180 ℃曲线是再设计后绝缘系统寿命分布的 ML 估计。计算某一温度下多个寿命点的可靠度 ML 估计即可得到该温度下产品寿命分布的 ML 估计曲线。图 7.5－6（a）中各温度的寿命分布估计线是曲线，表明这些温度下绝缘系统的寿命分布不是对数正态分布。由图 7.5－6（a）可得，180 ℃下绝缘系统的中位寿命估计值为 16 400 h，远低于要求值 20 000 h。因此消除匝间绝缘失效不足以使绝缘系统的寿命满足要求。图 7.5－6（b）中的 Arrhenius 关系曲线可由图 7.5－6（a）通过图形分析获得，也可通过数值计算获得。上述曲线置信区间的估计方法见 7.7 节。

7.6.5 模型和数据的 ML 检验

竞争失效数据的 ML 分析方法还包括：寿命-应力关系、寿命分布、失效模式独立性的检验方法。7.5.5 节介绍了图形检验法，与 ML 检验法结合使用效果更佳。

（1）线性度

线性度的似然比检验方法（第 5 章）仅适用于单一失效模式数据。下面以匝间绝缘失效数据（表 7.5－1）的 Arrhenius 模型拟合检验为例进行介绍。对 4 个试验温度下的匝间绝缘失效数据进行 Arrhenius -对数正态模型拟合，拟合模型有 3 个参数，最大对数似然值为 17.25。对上述数据进行 4 个试验温度下对数均值不同、σ 相同的模型拟合，最大对数似然值为 36.42。检验统计量 $T=2\times(36.42-17.25)=38.34$，自由度为 $5-3=2$。由于 $T=38.34>13.82=\chi^2(0.999;\ 2)$，因此在置信水平 0.1%下，Arrhenius 模型拟合明显不充分。图 7.5－2（b）显示匝间绝缘失效在 260 ℃下的数据与其他温度下的数据不一致。剔除 260 ℃下的数据后，对剩余匝间绝缘失效数据进行 Arrhenius 模型拟合，拟合充分。当然，这样处理忽略了循环速率的影响（习题 7.8）。

（2）分布拟合

Weibull分布和对数正态分布的适用性可以通过拟合对数伽马分布进行评价。Farewell和Prentice（1977）阐述了这种拟合的ML理论，并编写了拟合程序。软件SAS、STAR和SURVCALC可以进行对数伽马分布拟合。

（3）残差

如第5章所述，计算每种失效模式的模型拟合残差，并进行图形分析非常有益。这些图形可以辅助评价寿命分布、寿命-应力关系和数据。残差与独立变量的互相关图可能有助于用截尾残差的（条件）期望值代替截尾残差，详见Lawless（1982，P281－282）。

（4）独立性

串联系统模型假设一个样品不同失效模式的失效时间在统计上是相互独立的，该独立性假设检验可以通过采用ML方法估计相关失效模式的联合分布进行。例如，采用联合对数正态分布，检查相关系数估计值是否明显不等于0，从而判定失效模式是否相互独立。Moeschberger和David（1971）给出了独立性检验的一般性理论，此处将其扩展到回归模型。7.5.5节介绍了独立性的图形检验法。

（5）相关失效模式

不同失效模式的寿命相关一般是正相关。正相关表示，一种失效模式的寿命较长（短），另一种相关失效模式的寿命也较长（短）。考虑这种相关性，按照7.6.2节的方法得到的某种失效模式的寿命的ML估计通常偏大，可作为该失效模式寿命分布估计的上限。将与该失效模式相关的失效模式的失效时间看作该失效模式的失效时间，估计此时的寿命分布可得该失效模式寿命分布的下限。如果上限和下限非常接近，得到上、下限估计值就可以满足实际需要。

7.7　竞争失效模式的ML理论

本节介绍适用于竞争失效模式下模型拟合的ML理论，包括点估计、置信区间和假设检验。但应用效果尚未经验证。David和Moeschberger（1979）、Rao（1973）和Lawless（1982）提出了竞争失效数据的ML理论。本节主要内容有一般模型、对数似然、ML估计、Fisher矩阵和协方差矩阵、函数的ML估计和置信区间。第5章5.5节的ML理论是阅读本节必要的基础。

7.7.1　一般模型

适用于相互独立竞争失效模式的寿命数据的一般模型如下。假设M种失效模式的失效时间分别服从不同的寿命分布。对于失效模式m，其可靠度函数为$R_m(y;\ \mu_m,\ \sigma_m)$，其中$y$为（对数）寿命，$\mu_m$、$\sigma_m$为分布参数，$m=1, 2, \cdots, M$；其概率密度函数为$f_m(y;\ \mu_m,\ \sigma_m)$。对于前述H级绝缘系统，假设$M=3$种失效模式的失效时间均服从对数正态分布。为了具体明确，这里采用两参数寿命分布，而实际上可以使用具有任意数量参数的寿命分布。

记 J 个独立变量为 x_1，…，x_J 。对于绝缘系统，$J=1$，即温度。失效模式 m 的寿命分布参数 μ_m 和 σ_m 是独立变量的函数，即

$$\mu_m=\mu_m(x_1,\cdots,x_J;\gamma_{m1},\cdots,\gamma_{mP_m})$$
$$\sigma_m=\sigma_m(x_1,\cdots,x_J;\gamma_{m1},\cdots,\gamma_{mP_m}) \tag{7.7-1}$$

式中，γ_{m1}，…，γ_{mP_m} 为 P_m 个未知系数，由数据估计得到。上述两个函数中的系数可能部分相同，也可能完全不同。但无论如何，$\mu_m()$、$\sigma_m()$ 中的系数与 $\mu_{m'}()$、$\sigma_{m'}()$ 中的系数不同。用 $P=P_1+\cdots+P_M$ 表示系数 γ_{mp} 的总个数。对于绝缘系统，每种失效模式的模型有 $P_1=P_2=P_3=3$ 个系数，总共 9 个系数。独立变量可能是方差分析中的指示（0－1）变量。

7.7.2 对数似然

假设一个样本包含 n 个统计独立的样品。首先考虑由于某种原因失效后不再继续试验的样品。用 x_{1i}，…，x_{Ji} 表示样品 i 的独立变量的值，$i=1$，…，n 。对于失效模式 m ，$m=1$，…，M ，根据式（7.7-1）有

$$\begin{aligned}\mu_{mi}&=\mu_m(x_{1i},\cdots,x_{Ji};\gamma_{m1},\cdots,\gamma_{mP_m})\\ \sigma_{mi}&=\sigma_m(x_{1i},\cdots,x_{Ji};\gamma_{m1},\cdots,\gamma_{mP_m})\end{aligned} \tag{7.7-2}$$

μ_{mi}、σ_{mi} 依赖于 γ_{m1}，…，γ_{mP_m} 。失效样品 i 的似然函数需要考虑其失效原因以及其他未出现的失效模式。假设样品 i 的失效模式为 m ，对数失效时间为 y_i ，其似然函数为

$$L_i=R_{1i}\cdots R_{m-1,i}f_{mi}R_{m+1,i}\cdots R_{Mi} \tag{7.7-3}$$

其中

$$R_{m'i}=R_{m'}(y_i;\mu_{m'i},\sigma_{m'i})$$
$$f_{mi}=f_m(y_i;\mu_{mi},\sigma_{mi})$$

若样品 i 至截尾寿命 y_i 没有发生任何失效，则其似然函数为

$$L_i=R_{1i}R_{2i}\cdots R_{Mi}$$

由于各种失效模式在统计上相互独立，所以样品似然函数是各失效模式要素的乘积。上述 L_i 的公式适用于Ⅰ型截尾数据和Ⅱ型截尾数据。Moeschberger 和 David（1971）提出的相关失效模式的 ML 理论可以扩展应用到此处的回归模型中。

下面考虑存在多种失效模式的样品。其似然函数需要考虑已发生失效模式的失效时间以及未发生失效模式的运行时间。假设样品 i 在 M_i 个失效模式 $M_i=\{m_{1i},m_{2i},\cdots,m_{M_ii}\}$ 下的对数失效时间为 $y_{m_1i},y_{m_2i},\cdots,y_{m_{M_i}i}$ 。并假设至（对数）时间 y'_i，其他失效模式未发生，则样品 i 的似然函数为

$$L_i=\prod_{m\in M_i}f_{mi}(y_{mi})\quad\prod_{m\notin M_i}R_{mi}(y_i') \tag{7.7-4}$$

式中符号的含义显而易见。有些绝缘寿命试验模型的失效模式不止一种。样品 i 的对数似然函数为

$$\mathcal{L}_i=\ln(L_i) \tag{7.7-5}$$

含有 I 个统计独立样品的样本的对数似然函数为

$$\mathcal{L}=\mathcal{L}_1+\cdots+\mathcal{L}_I \tag{7.7-6}$$

7.7.3 ML 估计

（1）点估计

P 个模型系数 γ_{mp} 的 ML 估计 $\hat{\gamma}_{mp}$ 是使 $\mathcal{L}$ 取最大值的系数值。根据模型和数据的正则条件，ML 估计具有唯一性。对于渐近样本量（很多失效），ML 估计通常近似服从均值向量等于系数真值的联合正态分布，分布的协方差矩阵稍后给出。此外，ML 估计的渐近方差小于任一其他近似服从正态分布的估计。

（2）计算

点估计通常通过 $\mathcal{L}$ 关于 P 个系数 γ_{mp} 的迭代数值优化获得。如果 P 很大，则计算将花费大量时间，且收敛存在不确定性。下面的方法可以简化计算。该方法将问题分解为多个简单的问题，之后可以通过现有的计算程序求解——一次一种失效模式。

（3）似然方程

对于一些模型，$\mathcal{L}$ 的最大值可以通过常见的微积分方法获得。即令 $\mathcal{L}$ 关于每个系数 γ_{mp} 的一阶偏导数等于 0

$$\partial\mathcal{L}/\partial\gamma_{mp}=0, m=1,\cdots,M\ ;\ p=1,\cdots,P_m \tag{7.7-7}$$

上式被称为似然方程。联立求解 P 个非线性方程即可得到 γ_{mp} 的 ML 点估计 $\hat{\gamma}_{mp}$ 。

（4）独立的失效模式

假设失效模式 m 的系数 γ_{mp} 与失效模式 m' 的系数 $\gamma_{m'p}$ 不同。也就是说，各种失效模式的模型不同，且无相同的参数值。则式（7.7-7）可以写为独立的 M 组针对单一失效模式模型系数的似然方程，每组 P_m 个方程，并求解。下述方法适用于只出现一种失效模式的样品，但可以扩展到出现多个失效模式的样品。根据式（7.7-7）、式（7.7-6）、式（7.7-3）或式（7.7-4）可得，失效模式 m 的 P_m 个似然方程为

$$0=\partial\mathcal{L}/\partial\gamma_{m1}=\sum_i\frac{\partial}{\partial\gamma_{m1}}\ln(f_{mi})+\sum{}'_i\frac{\partial}{\partial\gamma_{mP_m}}\ln(R_{mi})$$

$$\vdots$$

$$0=\partial\mathcal{L}/\partial\gamma_{mP_m}=\sum_i\frac{\partial}{\partial\gamma_{mP_m}}\ln(f_{mi})+\sum{}'_i\frac{\partial}{\partial\gamma_{mP_m}}\ln(R_{mi}) \tag{7.7-8}$$

式中第一（第二）个求和公式是对所有发生（未发生）失效模式 m 的样品求和，求解这 P_m 个方程可得 $\hat{\gamma}_{m1}$，$\hat{\gamma}_{m2}$，…，$\hat{\gamma}_{mP_m}$ 。其他失效模式的对数似然函数不包含失效模式 m 的模型系数，关于这些系数的偏导数全部为 0，因此失效模式 m 的似然方程中不含其他失效模式的概率密度函数、可靠度函数和模型系数，可以一次求解一种失效模式的似然方程。一种失效模式的似然方程是多重截尾样本的方程，可以通过计算机软件求解。

（5）优化似然函数

上述结果也是通过求对数似然函数的最大值获得的。可以将似然函数项重新进行分组，一种失效模式的所有系数为一组，分别求每组系数的似然函数最大值。

7.7.4 Fisher 矩阵和协方差矩阵

(1) 用途

系数 ML 估计 $\hat{\gamma}_{mp}$ 的 Fisher 信息矩阵和渐近协方差矩阵可用于求取 γ_{mp} 及其函数（如设计应力水平下的百分位寿命）的近似置信区间。

(2) 导数

首先计算样本似然函数的二阶偏导数的 $P \times P$ 矩阵

$$-\partial^2\mathcal{L}/\partial\gamma_{mp}\partial\gamma_{m'p'} \text{ 为 } m,\quad m'=1,\cdots,M$$

$$p=1,\cdots,P_m,\quad p'=1,\cdots,P_m{}' \tag{7.7-9}$$

当 $m \neq m'$ 时，由于 $\partial\mathcal{L}/\partial\gamma_{m'p'}$ 不包含失效模式 m 的模型系数 γ_{mp}，样本似然函数的二阶偏导数等于 0。设矩阵元素的排列为：失效模式 1 的偏导数位于第 P_1 行和第 P_1 列，失效模式 2 的偏导数在第 P_2 行和第 P_2 列，以此类推。则该矩阵为对角阵，主对角线外的元素均为 0。

(3) Fisher 矩阵

样本似然函数的二阶偏导数矩阵（7.7-9）中元素的数学期望为

$$E\left[\frac{-\partial^2\mathcal{L}}{\partial\gamma_{mp}\partial\gamma_{m'p'}}\right] \tag{7.7-10}$$

式（7.7-10）是矩阵元素在系数真值处的估计值，是真实的 Fisher 信息矩阵，用 $\boldsymbol{F}$ 表示。期望值依赖于截尾数据的类型（Ⅰ型、Ⅱ型或其他）和所有失效模式的模型。Moeschberger 和 David（1971）给出了单一总体二阶偏导数矩阵数学期望的一般表达式。这些表达式可扩展到回归模型，但比较复杂，在此不再给出。

(4) 协方差矩阵

Fisher 矩阵的逆矩阵 $\boldsymbol{\Sigma}=\boldsymbol{F}^{-1}$ 是系数 ML 估计 $\hat{\gamma}_{mp}$ 的协方差矩阵。协方差 $\mathrm{Cov}(\gamma_{mp},\ \gamma_{m'p'})$ 在矩阵 $\boldsymbol{\Sigma}$ 的位置与其对应项（7.7-10）在 $\boldsymbol{F}$ 中的位置相同。类似地，方差 $\mathrm{Var}(\hat{\gamma}_{mp})$ 在 $\boldsymbol{\Sigma}$ 中的位置与对应项 $E\{-\partial^2\mathcal{L}/\partial\gamma_{mp}^2\}$ 在 $\boldsymbol{F}$ 中的位置相同。用系数的 ML 估计 $\hat{\gamma}_{mp}$ 代替未知系数真值 γ_{mp}，可得协方差矩阵的 ML 估计。通常采用下述更简单的局部估计来计算 $\boldsymbol{\Sigma}$。

(5) 不相关

Fisher 信息矩阵是对角阵，则其逆矩阵即协方差矩阵也是对角阵，主对角线之外的元素均为 0。因此不同失效模式的模型系数的 ML 估计是渐近统计不相关的。此外，当 ML 估计渐近服从联合正态分布时，不同失效模式的系数的 ML 估计是渐近统计独立的。同一失效模式的系数的 ML 估计一般是相关的。

(6) 局部估计

样本似然函数的负二阶偏导数矩阵（7.7-9）在 $\gamma_{mp}=\hat{\gamma}_{mp}$ 处的估计值是局部 Fisher 信息矩阵，其逆矩阵是协方差矩阵 $\boldsymbol{\Sigma}$ 的局部估计。由于局部估计不需要求数学期望［式（7.7-10）］，故比 ML 估计更容易计算。$\boldsymbol{\Sigma}$ 的估计可用于计算近似置信区间。

7.7.5　函数的点估计和置信区间

(1) 点估计

此后以 γ_1，γ_2，…，γ_P 表示模型系数，P 为所有失效模式模型系数的总个数。估计模型系数 γ_1，γ_2，…，γ_P 的函数 $h = h(\gamma_1, \gamma_2, \cdots, \gamma_P)$ 的值。模型系数、分布参数、百分位数都是这样的函数。对于 H 级绝缘系统，180 ℃下匝间绝缘失效的中位寿命为 $h = \text{antilog}\{\gamma_1 + \gamma_2[1\,000/(273.16+180)]\}$ 。函数 h 的 ML 估计 $\hat{h}$ 是函数在 $\gamma_1 = \hat{\gamma}_1$，…，$\gamma_p = \hat{\gamma}_P$ 处的值，即 $\hat{h} = h(\hat{\gamma}_1, \cdots, \hat{\gamma}_P)$ 。

(2) 方差

$\hat{h}$ 的方差的估计如下。首先计算 h 关于每个系数 γ_p 的一阶偏导数列向量，即

$$\boldsymbol{H} = [\partial\hat{h}/\partial\gamma_1 \quad \cdots \quad \partial\hat{h}/\partial\gamma_P]^{\mathrm{T}} \tag{7.7-11}$$

式中，符号“^”表示每个偏导数是在 $\gamma_1 = \hat{\gamma}_1$，…，$\gamma_p = \hat{\gamma}_P$ 处的估计值。根据误差传递 [Rao (1973)]，方差估计为

$$\begin{aligned}\text{Var}(\hat{h}) = \boldsymbol{H}^{\mathrm{T}}\hat{\boldsymbol{\Sigma}}\boldsymbol{H} = \sum_{p=1}^{P}(\partial\hat{h}/\partial\gamma_p)^2\text{Var}(\hat{\gamma}_p) + \\ 2\sum_{p<p'}\sum(\partial\hat{h}/\partial\gamma_p)(\partial\hat{h}/\partial\gamma_{p'})\text{Cov}(\hat{\gamma}_p,\hat{\gamma}_{p'})\end{aligned} \tag{7.7-12}$$

式中，$\hat{\boldsymbol{\Sigma}}$ 是协方差矩阵在 $\hat{\gamma}_p$ 处的估计值。

$\hat{h}$ 的标准误差的 ML 估计 $s(\hat{h})$ 为

$$s(\hat{h}) = [\text{Var}(\hat{h})]^{1/2} \tag{7.7-13}$$

如第 5 章 5.5.7 节所述，标准误差可用于计算正态置信限。

习题（* 表示困难或复杂）

7.1　H 级绝缘系统。选择性检验表 7.5-3 列出的所有失效模式作用下绝缘系统寿命分布的计算结果。

7.2　消除匝间绝缘失效。假设匝间绝缘失效已消除，选择性检验 H 级绝缘系统在设计温度和试验温度下的寿命分布计算结果。

7.3　串列样品。Nelson 和 Hahn (1973) 给出了 5 对金属蠕变-断裂试验串列样品第一次失效的失效时间数据，如下表所示。当一对样品中的一个样品失效时，另一个样品终止试验。这些数据是定数截尾数据，实践中很少出现。

应力/ksi	29	32	34	37	44
失效时间/h	11 495	8 322	5 578	2 435	1 350

(a) 将数据绘制在双对数坐标纸上。评价逆幂律模型的适用性。

(b) 将数据绘制在适当的对数正态概率纸上。

(c) 样品相互独立，采用最大似然法，对样品的 10 个数据点进行幂律-对数正态模型拟合。

(d) 估计样品在设计载荷 25 ksi 下的寿命分布，并计算其 5%分位寿命的 ML 点估计和 95%置信区间。

(e) 在对数正态坐标纸上绘制出样品在试验载荷和设计载荷下的拟合模型（寿命分布）曲线。

(f) 在（a）中的双对数坐标纸上绘制选定的样本百分位寿命曲线。

(g) 计算（对数）残差，并绘制在正态概率纸上，评价（对数）正态分布的适用性。

(h) 绘制残差与应力的互相关图，并描述图形。

(i) 进行深入分析。

(j) 采用幂律- Weibull 模型重做（a）～（i），说明哪个模型更好，并给出定量比较。

7.4　B 级绝缘系统。开展 B 级电动机绝缘系统温度加速寿命试验，得到三种失效模式的失效数据，如下表所示。试验的主要目的是估计该绝缘系统在设计温度 130 ℃下的中位寿命。忽略循环周期的影响。

电动机	150 ℃(28 天)			电动机	190 ℃(4 天)		
	匝间失效	相间失效	对地失效		匝间失效	相间失效	对地失效
1	12453	12453+	11781	21	552	552+	408
2	14637	14637	12453	22	600	408	600+
3	14637	14637+	13897	23	1764	1764+	1440
4	15309	14637	15309+	24	2112+	2112	1344
5	15645+	15645+	15645+	25	2208	1344	2208+
6	15645+	15645+	15645+	26	1920	2232+	2232+
7	15645+	15645+	15645+	27	2304	2304+	2208
8	15645+	15645+	15645+	28	2496	2400+	2400
9	15645+	15645+	15645+	29	2592	3264+	3264
10	15645+	15645+	15645+	30	3360	3360	3360+
电动机	170 ℃(7 天)			电动机	220 ℃(2 天)		
	匝间失效	相间失效	对地失效		匝间失效	相间失效	对地失效
11	1932	1932+	1764	31	504	504+	408
12	2970+	2970	2722	32	600	600+	504
13	3612	3612+	3444	33	648	648+	648
14	3780	3780+	3780	34	504	696+	696
15	3948	3948+	2612	35	504	696+	696
16	4680	5196	5196+	36	696+	696	600
17	5796	5796+	5796	37	696	696+	648
18	6204	6204+	6204	38	408	768+	768+
19	7716	9648	9818	39	600	768+	768+
20	9648	9900+	7884	40	696	768+	768+

(a) 绘制如图 7.5－1 所示的数据图，每种失效模式采用不同的颜色。评述图形。

(b) 采用图形方法分析每种失效模式的数据，估计每种失效模式在 130 ℃下的寿命分布。采用修正的危险图绘点位置。

(c) 观察（b）中各失效模式的危险函数曲线，评价每种失效模式数据和模型的有效性。

(d) 采用 ML 法对每种失效模式的数据进行模型拟合，将每种失效模式的拟合模型和置信区间分别绘制在不同的对数正态概率纸和 Arrhenius 坐标纸上。

(e) 计算（d）中每种失效模式拟合模型的对数残差，绘制在正态概率纸上，并进行评述。

(f) 采用 LR 检验或其他检验方法，评价每种失效模式下的模型假设：1) Arrhenius 模型，2) σ 是常数。

(g) 在所有失效模式作用下，计算绝缘系统在试验温度和设计温度下的寿命分布估计，并绘制在对数正态概率纸上。绘制下面两种情况下每个温度所有失效模式数据的危险图：1) 仅利用每个样品的第一次失效数据；2) 利用每个样品的所有失效数据。评价数据和模型的一致性。

(h) 确定 130 ℃下的主要（最早）失效模式。假设主要失效模式已被消除，计算 130 ℃ 下产品寿命分布的 ML 估计，并标绘在（g）中得到的图形中。

7.5　滚珠轴承。Morrison 等（1984）给出了如下陶瓷滚珠轴承的载荷加速寿命试验数据，并采用幂律- Weibull 模型进行了数据分析。试验样本量为 59，每个滚珠轴承含有 7 个滚珠，试验中一个轴承可能有 1 或多个滚珠失效。

轴承寿命（单位：百万转）（滚珠失效数）					
4.45 kN	5.00 kN		6.45 kN		9.56 kN
88 (1)	271 (1)	499+	47.1 (1)	240.0+	14.5 (1)
144 (2)	236+	561+	68.1 (1)	240.0 (1)	25.6 (3)
492 (1)	281 (1)	574+	68.1 (1)	278.0+	26.2 (1)
492+	346 (1)	574+	90.8 (1)	278.0+	52.4+
582+	346+	699+	103.6 (1)	289.0+	66.3 (1)
631 (1)	411+	699+	106.0 (1)	289.0 (1)	69.3+
631 (1)	414+	998+	115.0 (1)	367.0 (1)	69.3+
638+	414+	998+	126.0 (2)	385.9+	69.8+
769+	423 (1)	1041+	146.6 (1)	392.0	76.2 (1)
769+	423+	1041+	229.0+	505.0	

(a) 滚珠相互独立，使用所有滚珠失效数据，绘制修正的危险图，利用图形方法分析滚珠的寿命数据。估计滚珠在试验载荷下的寿命分布及其 10%分位寿命的逆幂律模型。

(b) 利用（a）评价数据和模型的有效性。

(c) 采用 ML 法对滚珠数据进行模型拟合，将试验载荷下的寿命分布和置信区间绘制在 Weibull 概率纸上。将 10%分位寿命线的点估计和置信区间绘制在双对数坐标纸上。

(d) 计算 (c) 中拟合模型的残差，并进行图形分析，评价数据和 Weibull 分布的一致性。

(e) 使用 1) LR 检验法，2) 形状参数 β 与载荷的对数线性关系式，评价 β 是否为常数。

(f) 使用线性度的 LR 检验法评价逆幂律模型的适用性。

(g) 利用 (c) 的结果，估计实际上由 14 个滚珠组成的轴承的寿命模型。绘制试验载荷下实际轴承寿命分布的估计曲线。在双对数坐标纸上绘制实际轴承的 10%分位寿命线。

(h) 当轴承的振动达到一定量级时，轴承失效。检查此时有多少轴承滚珠损坏（“失效”）。给出不考虑滚珠失效数目的理由（优缺点）。

(i) 利用轴承失效数据（不考虑滚珠的失效个数），重做 (a) ～ (f)，重做 (g) 并说明有何不同。

(j) 进行深入分析。

7.6 加热器。某工业加热器的温度加速寿命试验数据如下，包含两种失效模式：短路和断路。采用 Arrhenius -对数正态模型完成下述分析。

	加热器	失效时间	失效模式		加热器	失效时间	失效模式
1 820 ℉	116	72.7	短路	1 675 ℉	108	1 532.0	断路
	119	343.9	短路		105	2 125.0	断路
	117	347.6	短路		107	2 212.0+	截尾
1 750 ℉	111	320.0	短路		106	2 242.0+	截尾
	110	1 035.0	短路	1 600 ℉	103	1 547.0	断路
	112	1 154.4	短路		104	1 726.5	断路
	113	1 979.0	短路		101	1 729.3	短路
					102	2 539.0	截尾

(a) 不考虑失效模式，绘制所有数据的 Arrhenius 图和对数正态图。采用修正的危险函数绘点位置。

(b) 评价 Arrhenius -对数正态模型和 (a) 中所用数据。

(c) 利用 (a) 中的图形，估计加热器在设计温度 1 150 ℉下的寿命分布。

(d) 不考虑失效模式，采用 ML 法对所有数据进行 Arrhenius -对数正态模型拟合，估计设计温度和试验温度下的寿命分布，并将这些寿命分布的点估计和 95%置信区间绘制在对数正态概率纸上。

(e) 计算 (d) 中拟合模型的对数残差，并绘制在正态概率纸上。评价对数正态分布的适用性。

(f) 绘制残差与加热器数量的互相关图。评述各试验温度下加热器样本分配不随机的影响。

(g) 针对短路失效，电气绝缘系统击穿，重做 (a) ～ (f)。

（h）针对断路失效，加热元件线路中断，重做（a）～（f）。

（i）采用二项式模型的 LR 检验法，评价每种失效模式下 Arrhenius 模型的适用性。

（j）用解析法评价每种失效模式的 σ 是否为常数。

（k）依据产品可靠度法则式（7.1－2），评估两种失效模式作用下，加热器在设计温度和试验温度下的寿命分布。

（l）将（k）中得到的寿命分布绘制在对数正态概率纸上，并与（d）中得到的寿命分布进行对比分析。

（m）在 Arrhenius 坐标纸上绘制两种失效模式作用下拟合模型的选定百分位寿命线，并与（a）中得到的图形进行对比分析。

（n）负责任的工程师推断："断路失效是由于试验温度下不同的热膨胀和较低的线路强度，进一步分析确定，在正常使用条件下，不会出现这种失效模式"，这一关于加热器寿命的推断有什么实际意义？

（o）制定一个更好的试验方案。

（p*）假设失效模式未知，采用包含两种竞争失效模式的模型对数据进行拟合。绘制拟合模型曲线，并与（m）进行对比。

7.7　其他加热器。与习题 7.6 中加热器类似的某型工业加热器的温度加速寿命试验数据如下，单位：h。（S）表示短路，（O）表示断路。

1 750 ℉：	108.2（S）	181.8（S）	232.2（S）	476.0（S）
1 675 ℉：	450.9（O）	501.0（S）	515.2（O）	608.1（O）
1 600 ℉：	487.1（S）	575.5（O）	600.6（O）	702.7（O）
1 525 ℉：	557.0（O）	1 171.2（S）		
1 750 ℉*：	24.1（S）	24.6（S）	35.7（S）	83.6（S）

标记"*"的 4 台加热器来自不同生产批次。假设这 4 台加热器的对数均值与其他加热器的对数均值不一致，但对数标准差相同。利用上述数据完成习题 7.6 的分析。

7.8　\$1 000 000 试验。第 3 章习题 3.9 给出了某 H 级绝缘系统试验中匝间绝缘失效的失效数据（单位：h）。由该试验得到的对地绝缘失效和相间绝缘失效的失效数据如下所示。该试验揭示了温度循环周期对寿命的影响，表明在不存在温度循环的使用条件下可以使用较为便宜的绝缘系统，这样每年可以节省 \$1 000 000。

	对地绝缘失效
200 ℃/7 d：	9 个未失效 7392＋
215 ℃/28 d：	8400，7 个未失效 11424＋
215 ℃/2 d：	6 个未失效 2784＋
230 ℃/7 d：	2451，2955，3444，3780，3948，1 个未失效 6216＋
245 ℃/28 d：	3 个为 2352，3696，4368，5712
245 ℃/2 d：	892，2 个为 988，1 个未失效 3072＋

260 ℃/7 d：	1088，1256，1592，1764
	相间绝缘失效
200 ℃/7 d：	9 个未失效 7392＋
215 ℃/28 d：	10416，7 个未失效 11424＋
215 ℃/2 d：	6 个未失效 7392＋
230 ℃/7 d：	2 个为 4620，4 个未失效 5040＋
245 ℃/28 d：	6384，5040，4 个未失效 6048＋
245 ℃/2 d：	4 个未失效 1824＋
260 ℃/7 d：	1424，1592，2 个未失效 2018＋

(a) 对每种失效模式的数据进行图分析，估计每种失效模式在设计温度 180 ℃下的寿命分布。评价数据和模型的有效性。

(b) 温度循环周期对每种失效模式寿命的影响如何？

(c) 选择适当的寿命-应力关系描述温度和温度循环周期对寿命的综合影响，并采用 ML 法对每种失效模式下的数据分别进行拟合。

(d) 分析每种失效模式的残差。

(e) 利用 LR 检验法或更一般的寿命-应力关系，评价所选模型对每种失效模式的拟合情况。

(f) 用解析法评价每种失效模式下 σ 是否为常数。

(g) 为工程师写一份简短的报告陈述你的结论。

(h) 进行深入分析。

(i) 利用 7.5 节的 H 级绝缘系统数据，完成上述分析。

7.9　幂律-对数正态模型。假设标准尺寸为 A_0 的某产品的寿命服从对数均值为 μ、对数标准差为 σ 的对数正态分布，其可靠度函数为 $R(t;\mu,\sigma,A_0)=\Phi\{-[\log(t)-\mu]/\sigma\}$。尺寸为 $A=\rho A_0$ 的该产品的可靠度函数为 $R(t;\mu,\sigma,\rho A_0)=(\Phi\{-[\log(t)-\mu]/\sigma\})^{\rho}$。推导幂律-对数正态模型的特征量，并在适当的坐标纸上绘制其概率密度、可靠度和危险函数曲线。

7.10　不均匀应力。用对数正态分布替换 Weibull 分布，扩展 7.4 节的理论。结果的完整性只能通过数值方法评估。

7.11*　样品尺寸。假设产品寿命服从指数分布，并根据 7.3 节的模型理论，假设该产品寿命依赖于样品尺寸 A。估计尺寸为 A_0 的产品在（转换）应力水平 x_0 下的 100P% 分位对数寿命 $\eta_P(x_0)$。此外，假设样品 i 的尺寸为任意值 A_i $(i=1,\cdots,n)$，试验截尾时间为 τ，最高许用试验应力为 x_H。

(a) 假设 A_i 已知，确定使渐近方差最小的最优试验方案。

(b) 求 A_i 的最优值。

(c) 使用形状参数 β 未知的线性- Weibull 模型重做（a）和（b）。

7.12　尺寸补偿。电气绝缘系统电压加速寿命试验的样品有两种长度，分别为 L 和

L'。采用幂律- Weibull 模型，按照如下方法综合两种样品尺寸下的数据并进行分析。对于长度为 L' 的样品 i，将 t'_i（失效时间或截尾时间）转换为等效时间 $t_i = t'_i (L'/L)^{1/\beta^*}$，其中 β^* 是 Weibull 分布形状参数的点估计。将这些等效时间与长度为 L 的样品的失效或截尾时间 t_i 组合起来，进行模型拟合。

(a) 评述这种分析方法的优缺点，该方法不需要拟合尺寸效应模型的专用计算机程序。

(b) 提出其他分析方法，包括可能使用标准计算机软件进行的分析方法。

7.13* 消除匝间绝缘失效。对于 H 级绝缘系统，消除匝间绝缘失效后，剩余失效模式有相间绝缘失效和对地绝缘失效。

(a) 根据 7.7 节的理论，写出包含两种剩余失效模式的模型的所有理论公式。

(b) 求设计温度 180 ℃下绝缘系统中位寿命的点估计和置信区间。

7.14* 失效模式未知。假设产品各失效模式相互独立。

(a) 对于每个样品只失效一次，且失效模式未知的失效数据，利用含两种失效模式的模型进行 ML 拟合，写出其 ML 估计的所有公式。每种失效模式均采用 Arrhenius -对数正态模型。

(b) 对于 H 级绝缘系统数据，假设匝间绝缘失效已被消除。假设失效模式未知，对每个样品的第一次相间绝缘失效或对地绝缘失效的失效时间进行模型拟合。

(c) 绘制每种失效模式的拟合模型曲线和两种失效模式下的拟合模型曲线，与之前的拟合结果进行对比。

(d) 计算所关心参量的置信区间。

(e) 根据失效模式已知和未知时的数据分析，评述置信区间的相对大小。

(f) 针对上述模型，计算并绘制合适的残差图。

(g) 评述 (f) 中得到的残差图。

7.15 两种失效模式。对于产品的两种竞争失效模式，分别采用 Arrhenius -指数模型进行分析。

(a) 假设 $E_1 = 0.3$ eV，$E_2 = 0.8$ eV，θ_1 (150 ℃) $= \theta_2$ (150 ℃) $= 5\,000$ h，计算该串联系统模型，并绘制在 Arrhenius 坐标纸和 Weibull 概率纸上。

(b) 对这两种失效模式分别采用 Arrhenius - Weibull 模型进行分析，假设 $\beta_1 = 0.5$，$\beta_2 = 2.0$，重做 (a)。

7.16 危险函数。用累积危险函数代替可靠度函数，重新表述 7.4.3 节的理论。

第8章　完全数据的最小二乘法比较

（1）目的

本章介绍完全数据的图比较和最小二乘（LS）比较，可用于比较产品的设计、材料、供应商、生产周期、检测实验室及其他类似的统计总体，此外，还可用于验证试验，评价产品是否满足可靠性要求。图形方法和解析方法联合使用往往可以获得更多信息。

（2）基础

本章的知识基础包括第3章的图形方法和第4章的最小二乘方法。此外，还需要统计假设检验的知识，8.1节只做简要介绍。

（3）为什么用最小二乘方法?

第9章介绍的最大似然比较可以用于完全数据，实际上最小二乘方法是最大似然方法的一个特例，单独介绍最小二乘方法的原因有：

1）最小二乘方法众所周知，而在满足需要的情况下，大多数人喜欢使用这些熟悉的方法，这对于从事分析工作的研究人员和他们的客户是普遍现象。

2）这些熟悉的方法可以引出第9章介绍的最大似然方法，而最大似然方法不为人熟知且较复杂。

3）最小二乘方法是精确方法［若假设的线性-（对数）正态模型适合］，即最小二乘估计是无偏估计，置信区间和假设检验是精确的，而最大似然方法是近似方法。

4）最小二乘方法的计算机程序容易获得。

5）最小二乘方法具有鲁棒性，当分布不是（对数）正态分布时，采用最小二乘比较一般也可以得到较好的近似结果。

6）最小二乘方法适用于性能退化数据（第11章）。

（4）概述

8.1节简要介绍置信区间和假设检验，8.2节介绍图形比较法，8.3、8.4、8.5节介绍简单线性-（对数）正态模型的（对数）标准差、均值和寿命-应力关系的最小二乘比较，8.6节将这些比较方法扩展到多变量寿命-应力关系。本章详细讨论广泛采用的单一加速变量的简单线性-（对数）正态模型，该模型避开了多变量关系式最小二乘理论的复杂性。最小二乘符号表示法依照第4章。

8.1　假设检验与置信区间

下面几段简要介绍比较的基本原理：假设检验和置信区间，包括比较的原因、模型、假设、行为、检验、置信区间、显著性（统计和实践）、检验功效和样本量。初级的统计学教科书详细论述了假设检验。Draper 和 Smith（1981），Neter、Wasserman 和 Kutner（1985）给出了中级假设检验理论。没有这些理论基础，理解本章和下一章的内容会存在困难。Lehman（1986）提出了假设检验的高等理论，由于本节内容相对笼统和抽象，读者可以跳过这一节，或在阅读下面几节后再阅读本节。

（1）为什么进行比较？

进行比较的原因有：1）在产品的可靠性验证中必须证明产品的可靠度、平均寿命、失效率或其他参数优于规定值；2）为了验证工程理论，需要检验模型参数的估计值与理论值的一致性，例如，Weibull 分布形状参数等于 1；3）在研制过程中，可能需要比较两种或两种以上设计，选择其一；4）分析一段时间内收集的多组数据时，在将数据合并以获得更精确的参数估计前，需要确定模型参数未发生变化；等等。上述比较有两个基本目标，一是证明产品参数优于指标要求，或者某一产品优于其他产品；二是评价（a）产品参数的估计值是否与规定值一致，或（b）若干产品的相应估计值是否相当（相等）。此处“参数”表示任一模型值，如模型系数、百分位数、可靠度等。

（2）模型

假设随机观测数据（完全数据）可以用一个参数模型描述，并假设模型是适合的。在实践中，模型是否适合通常是未知的，必须先通过数据图或有效检验评价模型的适用性（第 4、第 5 章）。下文中，假设模型满足预期目标要求，工程经验和理论指出了某些模型适合描述某几种产品。

（3）假设

假设是提出的关于一个或多个模型（总体）参数值的陈述，例如：

1）设计应力水平下（指数分布的）平均寿命大于某一规定值，常见于可靠性验证。

2）产品在规定应力水平下规定寿命时的可靠度大于某一给定值。

3）Weibull 分布的形状参数等于 1，即产品寿命服从指数分布。

4）在指定应力水平下，产品 1 的（对数）正态分布的中位寿命大于产品 2，常见于比较设计、材料、生产工艺、生产周期等。

5）多个设计的激活能相等。

6）多个（对数）正态分布的（对数）标准差相等。

7）多个 Weibull 分布的形状参数相等。

8）多个 Weibull 分布的 10%分位数相等（滚珠轴承寿命试验的常用假设）。

备择假设是指假设不是真的陈述。相对的，上述假设也称为零假设或原假设。备择假设的实例有：

1）平均寿命小于规定值。

3）Weibull 形状参数不等于 1（大于或小于）。

4）产品 1 的中位寿命小于产品 2。

5）两个或两个以上的激活能不同。

6）两个或两个以上的 Weibull 分布形状参数不同。

参数的假设（或备择假设）可以是单边的，即参数大于（小于）某一规定值，假设 1）和 2）就是此类假设，假设 4）是关于两个参数的单边假设。同样，假设（或备择假设）也可以是双边的，即（a）某一参数等于某一规定值，或（b）不同总体的参数相等。假设 3）和 5）至 8）都是双边（或相等）假设（和备择假设）。在实践中，应用时要根据参数真值的经验认知确定单边或双边假设哪个适合。

（4）行为

若假设为真，工程师需采取一种行为方针；如果备择假设为真，工程师需采取另一种行为方针，这取决于参数值。例如：

1）在可靠性验证时，若产品的平均寿命“大于某规定值”（假设），用户接受该产品，否则，用户拒收该产品（备择行为），产品必须重新设计、废弃或合同重新谈判。

4）如果产品 1 的中位寿命（median）大于标准产品 2 的中位寿命，则用产品 1 替换产品 2（假设行为），反之，产品 2 保留（备择行为）。

5）若几种设计的激活能相等（假设），可以合并它们的数据估计共同的激活能，否则需要分别估计它们的激活能（备择行为）。

7）若 Weibull 分布形状参数相等（假设），可以合并数据估计共有的形状参数值，否则，需分别估计每种产品的形状参数值（备择行为）。同一产品在不同条件下或不同生产周期收集的数据通常需要考虑是否可以合并使用。

（5）假设检验

当然，模型参数值未知时，必须基于数据采取行动。人们希望可以用数据证明某种行为是适当的。例如，一个参数的样本估计值与规定值之间可观测到的差异应大于估计时正常的随机变化，从而证明观测到的差异是由参数真值与规定值之间的真实存在的差异造成的。一个统计检验包含一个检验统计量，统计量是适当的数据的函数。检验统计量包括样本均值、中位数和 t 统计量等。当假设的参数值是参数真值时，检验统计量服从一个已知的（“零”）抽样分布。当备择假设的参数值是参数真值时，检验统计量的值将更大（或更小）。若检验统计量的观测值罕见（在其零分布的最尾端），则表明假设非真，备择行为是适当的。若检验统计量的观测值超出 5%上（下）分位点，则称检验是统计显著的，即证据有说服力。若超出（0.1%）1%分位点，则称检验是高度统计显著的，即证据更具说服力。超出观测统计量的零分布的百分位数称为统计量的显著性水平或 p 值。p 值越小，备择假设为真的证据越充分。

（6）置信区间

大多数比较最好通过置信区间进行。大多数置信区间等效于相应的假设检验，但可以提供更多信息。置信区间可以 1）表明数据与规定值一致，或 2）证明数据超出（或低于）规定参数值，如下所述：

1）如果参数的 $100\gamma\%$置信区间包含规定的参数值，则数据与规定参数值一致。如果参数的 $100\gamma\%$置信区间不包含规定的参数值，则相应的假设检验显示在显著性水平 $100(1-\gamma)\%$ 下数据与规定值具有统计学显著差异。例如，如果一个 Weibull 形状参数的置信区间包含 1，数据与假设的指数寿命分布一致（可以采用这种方法评价指数分布的适用性）。

2）如果参数的置信区间仅包含“更好的”参数值，则证明数据超出规定参数值（或更好）。例如，如果指数寿命分布均值真值 θ 的 $100\gamma\%$ 置信下限 $\underset{\sim}{\theta}$ 大于规定值 θ^*，表明在置信水平 $100\gamma\%$ 下，指数寿命分布均值大于规定值 θ^*。

3）如果两种产品相应参数的差值（或比值）的置信区间包含 0（或 1），则这两个参数相等。同样，如果该置信区间不包括 0（或 1），则说明一种产品的参数大于另一种。例如，采用新设计之前需要充分证明新设计的平均寿命大于标准设计。

4）如果 K 种产品相应参数的差值（或比值）的联合置信区间都包含 0（或 1），则这 K 个参数相等。

（7）显著性

辨别实际显著性和统计显著性非常重要。如果观测到的样本差异大于正常情况下偶然观测到的差异，则样本差异是统计显著的，即观测到的样本差异大于数据正常的随机变化。因此，认为样本差异是由实际产品差异造成的。若观测到的差异足够大，对于有效寿命来说很重要，则观测差异是实际显著的。观测到的差异可能是统计显著的，但实际上不显著，即差异是可信的，但差异值太小没有实际意义。这种情况可能出现在存在微小差异的大样本中，此时，相应产品参数的真值虽然不同，但在实际使用时认为相等。观测到的差异也可能是实际上显著（重要）但统计上不显著（可信），这可能出现在小样本的情况下，此时需要增大样本量确定观测到的差异是真实存在还是由数据正常的随机变化造成的。在实践中，通常要求观测到的差异在统计学上和实际上都是显著的，即是可信且重要的。对于评价实际显著性和统计显著性，置信区间都是最有益的，假设检验仅能表明统计显著性。某一差异的置信区间在理论上应小于实际差异，否则，需要更多数据或更好的试验设计以充分辨别差异。Mace（1974）介绍了获得所需长度置信区间的样本量选取方法。

（8）功效与样本量

置信区间的功效一般通过其“特征”长度进行评价。假设检验的功效通过其施行特征（OC）函数进行评价，大多数统计教科书都给出了 OC 函数的定义。当然，置信区间和假设检验的功效依赖于假设模型、被比较参数、使用的样本统计量、样本量和试验方案。Mace（1974）给出了关于置信区间的样本量选取方法。Cohen（1988），IDEA WORKS（1988），Odeh 和 Fox（1975），Brush（1988），Kraemer 和 Thieman（1987），Bower 和 Lieberman（1972），以及 Lehman（1986）给出了关于假设检验的样本量选定方法。本章假设样本量已定，在实践中，样本量通常由非统计因素确定，如预算、时间、样品或试验夹具的数量。

8.2　图形比较

本节介绍某一应力水平下寿命分布百分位数、一定应力范围内的寿命-应力关系、寿命-应力关系的斜率系数和（对数）标准差的图形比较法，第 3 章介绍的图形方法是本节的必要基础。

图形方法是主观的，有时存在主观观察到的差异是否可信的问题，这时需采用后面几节介绍的解析方法。

8.2.1　数据和模型

（1）数据

以表 8.2-1 中三种电动机绝缘系统的数据为例介绍图形比较法。这些数据是样品在试验温度 200 ℃、225 ℃和 250 ℃下的失效时间（h）。失效时间是该失效发生的检测周期的中点。数据的这种舍入在这里无关紧要，忽略不计。试验的目的是比较（a）设计温度 200 ℃下的中位寿命和（b）试验温度范围内的中位寿命。在航空航天中，有时应用温度高达 250 ℃。

表 8.2-1　三种绝缘系统的寿命数据

（单位：h）

绝缘系统 1					
失效时间				绘点位置	
200 ℃	225 ℃	250 ℃	Rank i	$100(i-0.5)/n$	$100i/(n+1)$
1176	624	204	1	10	16.7
1512	624	228	2	30	33.3
1512	624	252	3	50	50.0
1512	816	300	4	70	66.7
3528	1296	324	5	90	83.3
绝缘系统 2					
失效时间				绘点位置	
200 ℃	225 ℃	250 ℃	Rank i	$100(i-0.5)/n$	$100i/(n+1)$
2520	816	300	1	10	16.7
2856	912	324	2	30	33.3
3192	1296	372	3	50	50.0
3192	1392	372	4	70	66.7
3258	1488	444	5	90	83.3
绝缘系统 3					
失效时间				绘点位置	
200 ℃	225 ℃	250 ℃	Rank i	$100(i-0.5)/n$	$100i/(n+1)$
3528	720	252	1	16.7	25
3528	1296	300	2	50.0	50
3258	1488	324	3	83.3	75

（2）模型

本节采用 Arrhenius -对数正态模型，但图形比较法也适用于其他寿命-应力关系和寿命分布。

8.2.2 任一应力水平下百分位寿命的比较

任一应力水平下产品选定百分位寿命的图形比较法如下。按照第 3 章的方法，分别绘制每种产品数据的寿命-应力关系图，并拟合选定百分位寿命与应力的关系线，比较这些拟合的百分位寿命线在所关心应力水平处的值。例如，三种绝缘系统的数据在 Arrhenius 坐标纸上的图形如图 8.2－1 所示，比较 200 ℃下三种绝缘系统中位寿命线，表明绝缘系统 2 和绝缘系统 3 的中位寿命相当，绝缘系统 1 的中位寿命略小。一般说来，这些数据图最好绘制在单独的坐标纸上，之后将坐标纸重叠对光放置进行比较，坐标纸的透明性（尤其是在颜色不同时）使得比较更容易也更清晰。

8.2.3 寿命-应力关系的比较

产品的寿命-应力关系的比较方法如下，特别地，需要比较截距和斜率。

为了比较完整的寿命-应力关系，按照第 3 章介绍的方法，分别绘制每种产品数据的寿命-应力关系图，拟合寿命-应力关系线，将图纸重叠对光放置，若拟合线大致重合，则产品的寿命-应力关系相同。图 8.2－1 显示在 200 上 ℃至 250 ℃范围内，三种绝缘系统寿命与温度的关系曲线（斜率）大致相同，但绝缘系统 1 的寿命略小。8.5 节的解析比较表明三种绝缘系统寿命-应力关系的截距在统计上显著不同。

8.2.4 斜率的比较

对于很多产品，寿命-应力关系的斜率具有物理意义。例如，Arrhenius 模型的斜率正比于失效过程的激活能。斜率的图形比较法如下。当产品的材料相同但几何形状和使用率不同时，斜率可能相等。由于很少使用，截距系数的比较方法此处不作介绍。

在单独的坐标纸上分别绘制各产品的寿命-应力关系图，将图纸重叠对光放置比较斜率。图 8.2－1 表明，这三种绝缘系统的斜率（激活能）略有不同，绝缘系统 1 的斜率较小。评价这三种绝缘系统的斜率是否在统计上显著不同需要采用 8.5 节的解析方法。

8.2.5 分布散度的比较

产品寿命分布散度的比较方法如下。由于加速试验数据分析时一般假设所有应力水平下寿命分布的散度相等，在采用解析方法前应先进行分布散度的图形比较。下面以评价对数标准差是否相等为例进行介绍，此方法也适用于 Weibull 分布形状参数。

（1）概率图

按照第 3 章的方法，对于每种产品，绘制每一应力水平数据的概率图，对产品数据进行平行线拟合。某一应力水平下产品（对数）寿命的散度对应该应力水平下数据图形的斜率。将图纸重叠对光放置，近似平行的图形表明产品的（对数）寿命散度相当。试验样本一般为小样本，因此，即使真实的产品寿命分布散度相等，不同产品不同试验应力水平下寿命分布拟合线的斜率通常差别也很大。故只有斜率明显不同才能说明产品之间存在实际差异。

三种绝缘系统的对数正态概率图如图 8.2－2 所示，样本量很小，斜率大致相等，这与三种绝缘系统的真实寿命分布对数标准差相等一致。

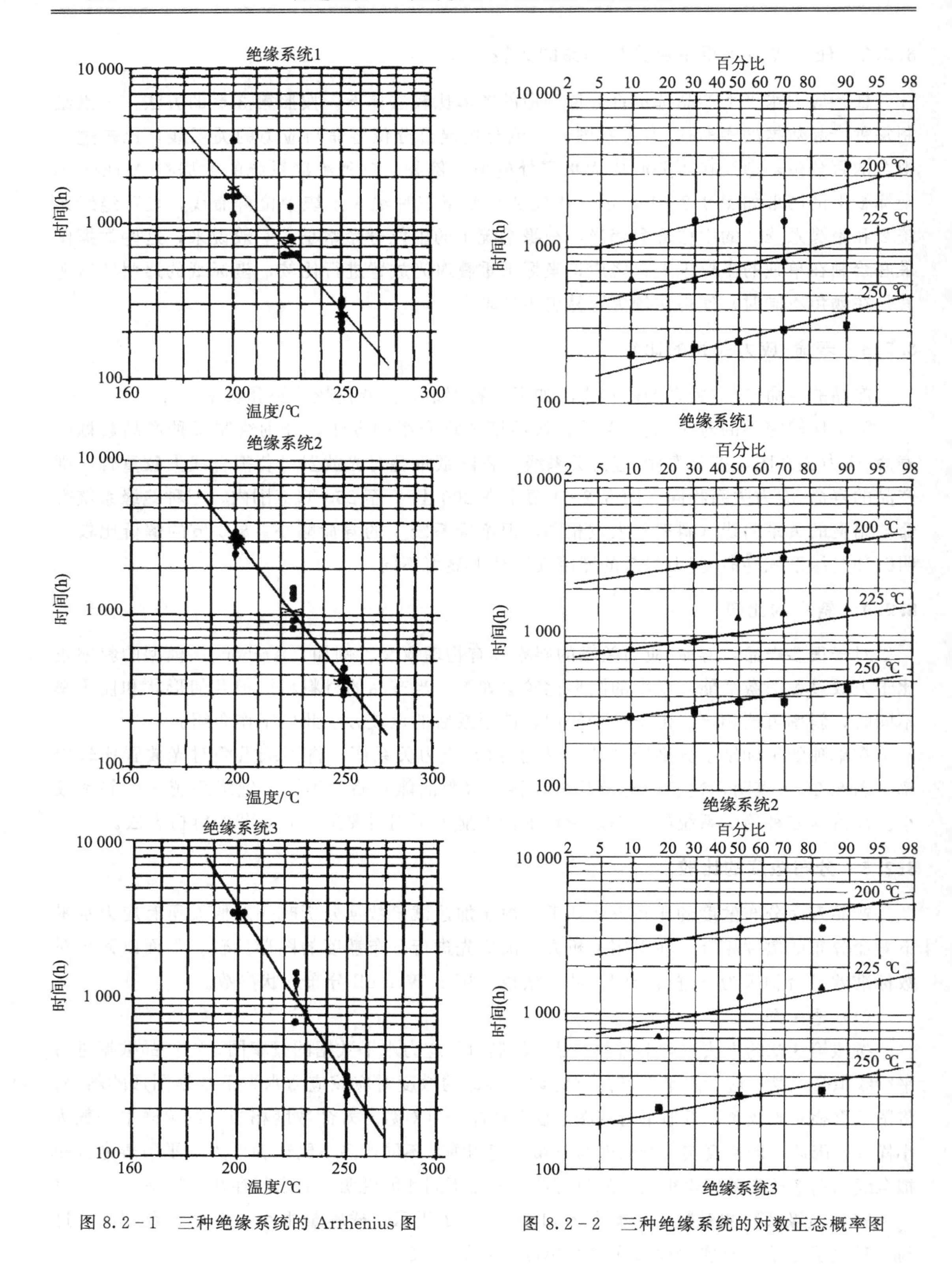

图 8.2-1　三种绝缘系统的 Arrhenius 图

图 8.2-2　三种绝缘系统的对数正态概率图

（2）残差图

（对数）残差的概率图是一种更灵敏的比较（对数）散度的方法。采用第 4 章的方法计算合并一种产品的残差并绘制残差图，比较每种产品的残差图的斜率，斜率对应产品（对数）寿命的散度。三种绝缘系统在正态概率纸上的残差图如图 8.2－3 所示，各残差图的斜率大致相等，与对数标准差相等一致。

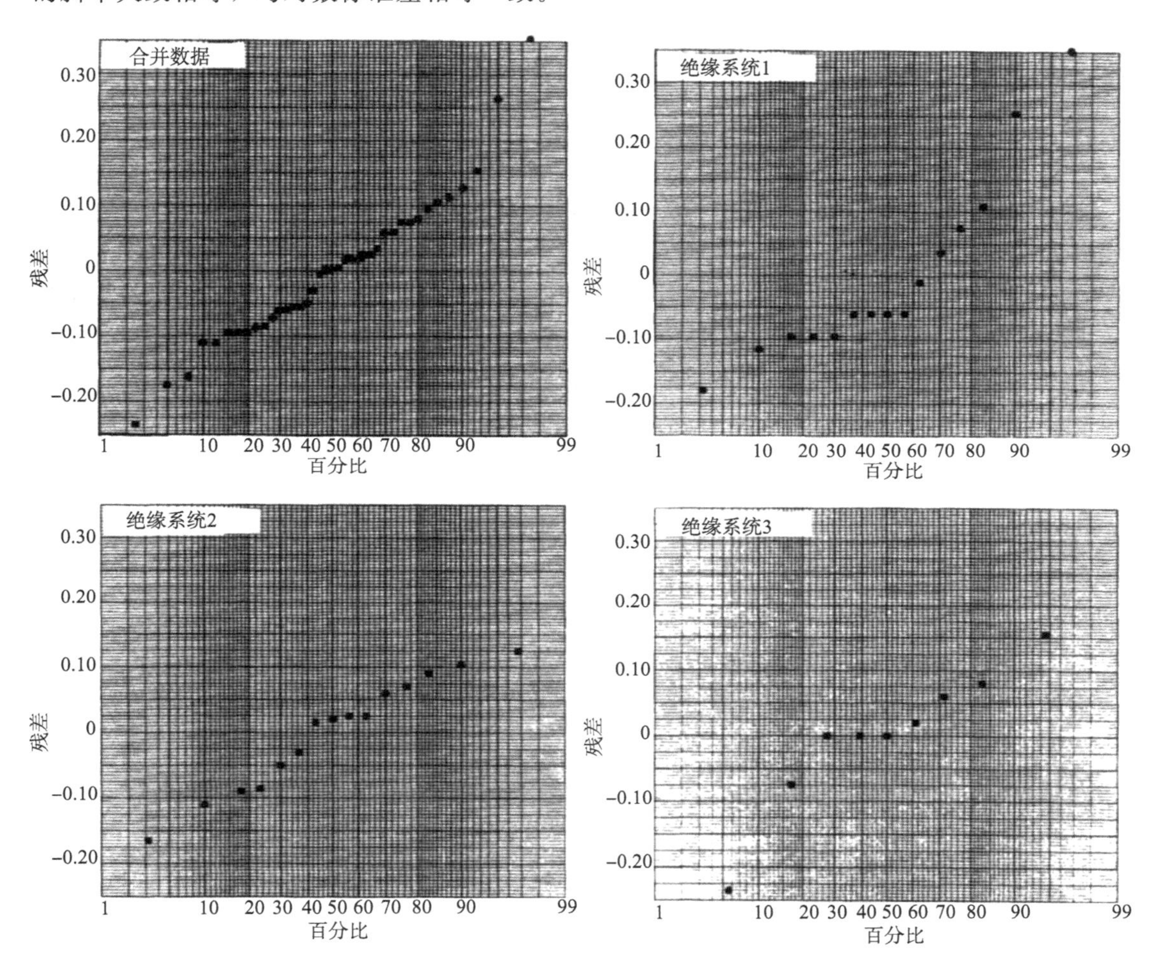

图 8.2－3　残差的正态图

8.3　对数标准差的比较

（1）目的

比较不同产品的（对数）标准差（σ）是因为：

1）（对数）标准差 σ 是产品（对数）寿命散度的度量。

2）（对数）标准差 σ 表明产品失效率的特性。

3）其他比较产品的统计方法都假设真实的产品 σ 相等。

以下比较假设任一产品的 σ 均不依赖于应力，该假设的检验方法见第 4 章。一种、两

种及 K 种产品（对数）标准差 σ 的比较方法如下。Nelson（1982，第 10 章）给出了更多的比较（对数）标准差的方法和实例，尤其是同时比较。

（2）稳健性

以下所有标准差的比较只适用于（对数）正态分布。如果真实分布不是（对数）正态分布，无论样本量或自由度多大，比较都是粗陋的。（对数）正态性的检验方法见第 4 章。另外，需要注意的是，如果假设的寿命-应力关系与数据的拟合度不好，σ 的点估计 s' 可能偏差很大或是错误的。

（3）实例

以 8.2 节中三种绝缘系统的数据为例介绍最小二乘比较法，三种绝缘系统均采用 Arrhenius -对数正态模型，绝缘系统 k 的对数寿命均值 $\mu_k(x)$ 与温度的线性关系可写为

$$\mu_k(x)=\alpha_k+\beta_k x$$

式中 $x=1\,000/T$，T 为绝对温度，单位 K。相应的对数标准差为 σ_k。表 8.3 - 1 总结了每种绝缘系统的对数寿命数据和三种绝缘系统对数寿命合并数据的最小二乘计算结果，表中公式编号对应第 4 章中的公式。在实践中，这些计算可以采用标准最小二乘程序进行。

表 8.3 - 1　三种绝缘系统的最小二乘计算结果

	绝缘系统			合并数据
	1	2	3	
n	15	15	9	39
$\bar{y}_j$[式(4.2 - 3)]				
200 ℃	3.231 34	3.482 58	3.547 50	3.400 93
225 ℃	2.881 98	3.060 10	3.047 50	2.988 68
250 ℃	2.411 30	2.555 20	2.463 00	2.956 06
s_j[式(4.2 - 4)]				
200 ℃	0.183 2	0.055 8	0	—
225 ℃	0.138 4	0.116 6	0.167 4	—
250 ℃	0.082 9	0.065 3	0.055 9	—
$\bar{x}$[式(4.2 - 6)]	2.011 33	3.011 33	2.011 33	2.011 33
$\bar{y}$[式(4.2 - 7)]	2.851 54	3.032 63	3.019 33	2.956 06
S_{yy}[式(4.2 - 8)]	1.931 44	2.239 69	1.830 09	6.321 92
S_{xx}[式(4.2 - 9)]	0.102 093	0.102 093	0.061 256	0.265 443
S_{xy}[式(4.2 - 10)]	0.413 109	0.467 640	0.328 181	1.208 93
b[式(4.2 - 11)]	4.046 39	4.580 52	5.357 53	4.554 39
a[式(4.2 - 12)]	5.297 90	−6.180 32	−7.756 45	−6.204 34
s[式(4.2 - 13)]	0.140 8	0.083 6	0.101 9	—
$\nu=n-3$	12	12	6	—
s'[式(4.2 - 14)]	0.141 4	0.086 7	0.101 3	0.148 5
$\nu'=n-2$	13	13	7	37

续表

	绝缘系统			合并数据
	1	2	3	
n	15	15	9	39
$m(x_0)$[式(4.2-15)]				
200 ℃	3.256 97	3.502 89	3.569 37	3.423 65
225 ℃	2.828 05	3.017 36	3.001 47	2.940 88
250 ℃	2.439 60	2.577 63	2.487 15	2.503 66
Antilog[$m(x_0)$]				
200 ℃	1 807	3 183	3 710	2 652
225 ℃	673	1 041	1 003	873
250 ℃	275	378	307	319

8.3.1　一个 σ 的比较

置信区间。利用第 4 章中 σ 的置信区间［式（4.2-24）］比较样本（对数）标准差 s（或 s'）与规定值 σ_0。若 σ 的 $100\gamma\%$ 置信区间包含 σ_0，则 s 与 σ_0 一致。否则，在显著性水平 $100(1-\gamma)\%$ 下，s 与 σ_0 显著不同。置信区间可以是单侧的也可以是双侧的，这类比较在实践中很少见。

8.3.2　两个 σ 的比较

（1）置信区间

假设寿命服从（对数）正态分布的两种产品的 σ_1 和 σ_2 的点估计为 s_1 和 s_2，自由度分别为 υ_1 和 υ_2。比值 σ_1/σ_2 的 $100\gamma\%$ 置信区间的下限和上限为

$$(s_1/s_2)/\{F[(1+\gamma)/2;\upsilon_1,\upsilon_2]\}^{1/2},(s_1/s_2)\times\{F[(1+\gamma)/2;\upsilon_2,\upsilon_1]\}^{1/2} \quad (8.3-1)$$

式中，$F[(1+\gamma)/2;\upsilon_1;\upsilon_2]$ 是分子自由度为 υ_1，分母自由度为 υ_2 的 F 分布的 $(1+\gamma)/2$ 分位点。F 分布的分位点值见附录 A 表 A.6。上分位点和下分位点中 υ_1 和 υ_2 的位置互换。如果该置信区间包含 1，则在显著性水平 $100(1-\gamma)\%$ 下，两种产品的样本（对数）标准差没有显著差异，否则，在显著性水平 $100(1-\gamma)\%$ 下，两种产品的样本（对数）标准差显著不同。在实践中，需要确定一个统计显著性差异是否足够大，是重要的。两个 σ 存在统计显著性差异表明下面几节中的统计比较法可能是错误的。

（2）实例

对于绝缘系统 2 和 3，由观测数据得到的对数标准差比值（表 8.3-1）为 $(0.083\,6/0.101\,9)=0.820$，其中分子的自由度为 12，分母的自由度为 6。真实比值的 95%置信区间的下限和上限分别为 $0.820/(5.37)^{1/2}=0.35$ 和 $0.820/(3.73)^{1/2}=1.58$，式中 5.37（3.73）是分子自由度为 16（6），分母自由度为 6（12）的 F 分布的 97.5%分位点。该置信区间包含 1，因此这两种绝缘系统的对数标准差没有显著差异。

每两种绝缘系统的对数标准差比值的点估计和95%置信区间如下表所示，所有置信区间都包含1，故任意两种绝缘系统的对数标准差均无显著差异。

比值	点估计	95%置信区间
σ_1/σ_2	1.68	(0.93，3.04)
σ_2/σ_3	0.82	(0.35，1.58)
σ_3/σ_1	0.72	(0.38，1.68)

8.3.3　K 个 σ 的比较

(1) 巴特利特检验

寿命服从（对数）正态分布的 K 种产品的 σ_k 的假设检验比较法如下。假设产品 k 的 σ_k 的点估计为 s_k，自由度为 υ_k，点估计用 s_k 或 s'_k 表示均可。计算合并样本的（对数）标准差

$$s^* = [(\upsilon_1 s_1^2 + \cdots + \upsilon_K s_K^2)/\upsilon^*]^{1/2} \tag{8.3-2}$$

式中 $\upsilon^* = \upsilon_1 + \cdots + \upsilon_K$ 是 s^* 的合并自由度维数。计算巴特利特检验统计量

$$Q = C\{\upsilon^* \log(s^*) - [\upsilon_1 \log(s_1) + \cdots + \upsilon_K \log(s_K)]\} \tag{8.3-3}$$

式中对数以10为底，且

$$C = 4.605/\left\{1 + \frac{1}{3(K-1)}\left[\frac{1}{\upsilon_1} + \cdots + \frac{1}{\upsilon_K} - \frac{1}{\upsilon^*}\right]\right\}$$

在显著性水平 α 下 σ_k 相等的检验如下：

1) 若 $Q \leqslant \chi^2(1-\alpha;\ K-1)$，则在显著性水平 $100\alpha\%$ 下，s_k 无显著差异。

2) 若 $Q > \chi^2(1-\alpha;\ K-1)$，则在显著性水平 $100\alpha\%$ 下，s_k 显著不同。

式中，$\chi^2(1-\alpha;\ K-1)$ 是自由度为 $(K-1)$ 的 χ^2 分布的 $100(1-\alpha)\%$ 分位数。这是方差一致性的巴特利特检验。相同的检验出现在第4章，但目的不同。

如果 s_k 显著不同，检查 s_k 的值及置信区间，以确定它们之间的差异情况，考虑用这些差异解释数据，例如，如果 s_k 之间存在显著差异，人们不可能根据由后面几节的方法得到的无意义的结果行事。

(2) 实例

对于表8.3-1中的三种绝缘系统，巴特利特检验的计算结果为

$$s^* = \{[12 \times (0.1408)^2 + 12 \times (0.0836)^2 + 6 \times (0.1019)^2]/30\}^{1/2} = 0.1132$$

$$C = 4.605/\left\{1 + \frac{1}{3 \times (3-1)}\left[\frac{1}{12} + \frac{1}{12} + \frac{1}{6} - \frac{1}{30}\right]\right\} = 4.386$$

$$Q = 4.386\{30 \log(0.1132) - [12 \log(0.1408) + 12 \log(0.0836) + 6 \log(0.1019)]\} = 3.13$$

检验统计量 Q 服从自由度为 $K-1=2$ 的 χ^2 分布。由于 $Q=3.13 < 5.99 = \chi^2(0.95;\ 2)$，在显著性水平5%下，三种绝缘系统的 s_k 无显著差异。如此下面几节的比较才会显得足够精确。

（3）最大 F 比

有时点估计 s_k 的自由度 υ_k 几乎相同，此时，可以采用最大 F 比通过图形比较 s_k，详见 Nelson（1982，第 10 章）。若自由度 υ_k 差别很大，可以采用 Bonferroni 不等式比较 s_k，详见 Nelson（1982，第 10 章）。Miller（1966），Hochberg 和 Tamhane（1987）全面介绍了上述同时两两比较的方法。

8.4　（对数）均值的比较

本节介绍比较某一应力水平下一种、两种及 K 种产品的（对数）寿命均值的解析方法。（对数）寿命均值的比较经常用于确定哪种产品更好。Nelson（1982，第 10 章）针对（对数）寿命均值的比较，尤其是同时比较，给出了更多的方法和实例。

（1）稳健性

当寿命分布不是（对数）正态分布时，下述方法通常是很好的近似方法。当样本量足够大时，根据中心极限定理，样本（对数）均值的抽样分布近似为正态分布。可以通过样本估计值自举法（Bootstrap 方法）评价这种抽样分布的正态性。同时，如果假设寿命-应力关系不适用，可能使比较不准确。下述比较方法均假设真实的产品 σ 相等，但是这些比较方法对不太大的 σ 的差异并不敏感。特别地，如果样本的（对数）标准差无统计显著差异，则可以认为这些方法满足要求。此外，当真实的 σ 不同时，可以采用第 9 章的最大似然方法。

（2）百分位数

下文假设产品的 σ 相等，此时如果产品的（对数）寿命均值相等，则对应的（对数）寿命分布百分位数相等。因此，下述（对数）均值的比较也是百分位数的比较。如果产品的 σ 不相等，则必须采用第 9 章的最大似然方法比较百分位数。

8.4.1　一个（对数）均值的比较

置信区间。设 $m(x_0)$ 是规定（转换）应力水平下（对数）寿命均值的最小二乘估计，采用第 4 章的置信区间［式（4.2-21）］，比较该点估计与规定值 μ_0。如果（对数）寿命均值的 $100\gamma\%$ 置信区间包含 μ_0，$m(x_0)$ 与 μ_0 一致，否则，在显著性水平 $100(1-\gamma)\%$ 下，$m(x_0)$ 与 μ_0 显著不同。置信区间可以是单侧的也可以是双侧的。在验证试验中，采用单侧置信下限，要验证置信度 $100\gamma\%$ 下产品的寿命为 μ_0，产品寿命置信下限必须大于 μ_0。

8.4.2　两个（对数）均值的比较

（1）置信区间

记应力水平 x_0 下两种产品（对数）寿命均值 $\mu_1(x_0)$ 和 $\mu_2(x_0)$ 的最小二乘估计为 m_1 和 m_2，样本（对数）标准差为 s_1 和 s_2，自由度分别为 υ_1 和 υ_2。差值 $\mu_1(x_0)-\mu_2(x_0)$ 的

$100\gamma\%$ 双侧置信区间为

$$(m_1 - m_2) \pm t[(1+\gamma)/2;\upsilon^*]\{(1/n_1) + (x_0 - \bar{x}_1)^2 S_{xx1}^{-1} + (1/n_2) + (x_0 - \bar{x}_2)^2 S_{xx2}^{-1}\}^{1/2} s^* \tag{8.4-1}$$

式中，$t[(1+\gamma)/2;\ \upsilon^*]$ 为自由度为 $\upsilon^* = \upsilon_1 + \upsilon_2$ 的 t 分布的 $100(1+\gamma)/2\%$ 分位数。平方和 S_{xx1} 和 S_{xx2} 的定义见第 4 章式（4.2-9），$\bar{x}_1$ 和 $\bar{x}_2$ 是样本（对数）均值，n_1 和 n_2 表示样本量，此外

$$s^* = \{(\upsilon_1 s_1^2 + \upsilon_2 s_2^2)/\upsilon^*\}^{1/2} \tag{8.4-2}$$

是 σ 的合并估计，自由度为 υ^* 。

如果该置信区间包含 0，则在显著性水平 $100(1-\gamma)\%$ 下，m_1 和 m_2 无显著差异；如果置信区间不包含 0，则在显著性水平 $100(1-\gamma)\%$ 下，m_1 和 m_2 显著不同。

（2）实例

对于表 8.3-1 中的绝缘系统 2 和 3，$s^* = \{[12\times(0.0836)^2 + 6\times(0.1019)^2]/18\}^{1/2} = 0.0912$，自由度为 $\upsilon^* = 12+6 = 18$。200 ℃下两种绝缘系统真实对数寿命均值差值的 95% 置信区间为

$$(3.503 - 3.569) \pm 2.101 \times [(1/15) + (2.114 - 2.011)^2 \times 0.1021^{-1} + (1/9) + (2.114 - 2.011)^2 \times 0.0613^{-1}]^{1/2} \times 0.0912 = -0.066 \pm 0.129$$

即（-0.195，0.063）。式中 $t[(1+0.95)/2;\ 18] = 2.101$ 是自由度为 18 的 t 分布的 97.5%分位数。该置信区间包含 0，则在显著性水平 5%下，200 ℃下两个对数寿命均值的真值无显著差异，因此绝缘系统 2 和 3 在 200 ℃下的中位寿命相当。

每两种绝缘系统对数寿命均值的 95%置信区间如下所示。

绝缘系统	95%置信区间
1-2	-0.246 ± 0.136
2-3	-0.066 ± 0.129
3-1	0.312 ± 0.175

第 1 个和第 3 个置信区间均不包含 0，表明绝缘系统 2 和 3 的对数寿命均值明显大于绝缘系统 1。第 2 个置信区间包含 0，表明绝缘系统 2 和 3 的对数寿命均值无显著差异。检验产品（对数）寿命均值之间是否存在明显差异对于工程应用非常重要。

被比较的温度下有数据的实例稀少。Hahn 和 Schmee（1980）探讨了使用被比较温度下数据的优点，如不需要指定假设的（可能不准确）寿命-应力关系。

8.4.3 K 个（对数）均值的比较

同时比较应力水平 x_0 下 K 种产品（对数）寿命均值的方法如下。设应力水平 x_0 下产品 k 的（对数）寿命均值的最小二乘估计为 m_k，（对数）标准差 σ 的最小二乘估计为 s_k，其自由度为 υ_k 。计算 x_0 下合并样本的（对数）寿命均值

$$m^* = (N_1 m_1 + \cdots + N_K m_K)/(N_1 + \cdots + N_K) \tag{8.4-3}$$

式中

$$N_k = 1/\{(1/n_k) + [(x_0 - \bar{x}_k)^2/S_{xxk}]\}$$

是合并样本在 x_0 下的“等效样本量”，其值不是整数。符号含义同第 4 章。计算合并样本的（对数）标准差

$$s^* = \{[\upsilon_1 s_1^2 + \cdots + \upsilon_K s_K^2]/\upsilon^*\}^{1/2} \tag{8.4-4}$$

其自由度为 $\upsilon^* = \upsilon_1 + \cdots + \upsilon_K$ 。计算（对数）寿命均值的平方和

$$M = N_1(m_1 - m^*)^2 + \cdots + N_K(m_K - m^*)^2 \tag{8.4-5}$$

其自由度为 $(K-1)$ 。

(1) F 检验

计算检验（对数）均值的 F 统计量

$$F = [M/(K-1)]/s^{*2} \tag{8.4-6}$$

显著性水平 α 下（对数）均值真值相等的检验如下：

1）若 $F \leqslant F(1-\alpha;\ K-1,\ \upsilon^*)$，则在显著性水平 $100\alpha\%$下，K 个（对数）均值无显著差异。

2）若 $F > F(1-\alpha;\ K-1,\ \upsilon^*)$，则在显著性水平 $100\alpha\%$下，K 个（对数）均值显著不同。

式中，$F(1-\alpha;\ K-1,\ \upsilon^*)$是分子自由度为$(K-1)$、分母自由度为$\upsilon^*$ 的 F 分布的 $1-\alpha$ 分位点，其值可查附录 A 表 A.6。这种检验类似于不同样本量 N_k 下的单向方差分析。

如果样本（对数）均值明显不同，确定差异情况及这些差异在实践中是否重要，（对数）均值的差值的置信区间［式（8.4-1）］通常有助于确定哪些差异是可信且重要的。此外，通过第 4 章中单个样本（对数）均值的置信区间［式（4.2-21）］可能得到深层的认知，绘制这些（对数）均值的点估计和置信区间以获得深层的认知。

(2) 实例

对于表 8.3-1 中的三种绝缘系统，比较 200 ℃下三种绝缘系统对数寿命均值的计算如下

$N_1 = N_2 = 1/\{(1/15) + [(2.114 - 2.011)^2/0.102\,1]\} = 5.863$

$N_3 = 1/\{(1/9) + [(2.114 - 2.011)^2/0.061\,3]\} = 3.519$

$m^* = [5.863 \times (3.257) + 5.863 \times (3.503) + 3.519 \times (3.569)]/[5.863 + 5.863 + 3.519] = 3.424$

$\upsilon^* = 12 + 12 + 6 = 30$

$s^{*2} = [12 \times (0.140\,8)^2 + 12 \times (0.083\,6)^2 + 6 \times (0.101\,9)^2]/30 = 0.012\,81$

$M = 5.863 \times (3.257 - 3.424)^2 + 5.863 \times (3.503 - 3.424)^2 + 3.519 \times (3.569 - 3.424)^2 = 0.275$

M 的自由度为 $K-1=3-1=2$，$F = [0.275/(3-1)]/0.012\,81 = 10.7$。由于 $F = 10.7 > 8.77 = F(0.999;\ 2,\ 30)$，则在显著性水平 0.1%下，样本对数均值显著不同。之前几对样本对数均值的比较表明，200 ℃下绝缘系统 2 和 3 的对数均值相当且明显大于绝缘系统 1，之后需要确定这些显著差异是否足够大，具有实际重要性。

(3) Tukey 比较

有时(对数)均值的最小二乘估计 m_k 的标准误差真值近似相同,s_k 的自由度也近似相同,此时可采用 Tukey 比较法同时比较 m_k,详见 Nelson(1982,第 10 章)。若标准误差真值或自由度 υ_k 相差很大,可以采用 Bonferroni 不等式同时比较 m_k,详见 Nelson(1982,第 10 章)。Miller(1966),Hochberg 和 Tamhance(1987)全面介绍了上述同时两两比较的方法。

8.5 简单寿命-应力关系的比较

本节介绍产品简单线性寿命-应力关系(一个加速变量)、斜率系数和截距系数的比较方法,8.4 节中关于稳健性的论述也适用于此。

8.5.1 斜率系数的比较

(1) 目的

对于许多产品,斜率系数 β 具有物理意义。例如,在 Arrhenius 模型中,β 与产品某一失效机理的激活能成比例。材料相同但几何形状和使用率不同的产品,β 值可能相同。如果是这样,可以合并这些产品的数据进行评估,得到更准确的 β 估计值。一个、两个及 K 个斜率系数的比较方法如下所述。

(2) 单个斜率

设 b 是斜率系数的最小二乘估计。采用第 4 章中 β 的置信区间[式(4.2-30)]比较 b 与规定值 β_0。若 β 的 $100\gamma\%$ 置信区间包含 β_0,则 b 与 β_0 一致。否则,在显著性水平 $100(1-\gamma)\%$ 下,b 与 β_0 显著不同。置信区间可以是单侧的也可以是双侧的。

(3) 两个斜率

设 β_1、β_2 的最小二乘估计为 b_1、b_2,相应的 σ 的点估计为 s_1、s_2,自由度分别为 υ_1、υ_2。差值 $(\beta_1-\beta_2)$ 的 $100\gamma\%$ 置信区间为

$$[b_1-b_2]\pm t[(1+\gamma)/2;\upsilon^*][(1/S_{xx1})+(1/S_{xx2})]^{1/2}s^* \quad (8.5-1)$$

式中,$t[(1+\gamma)/2;\upsilon^*]$ 是自由度为 $\upsilon^*=\upsilon_1+\upsilon_2$ 的 t 分布的 $100(1+\gamma)/2\%$ 分位数,S_{xx1} 和 S_{xx2} 的定义见第 4 章[式(4.2-10)]。

$$s^*=[(\upsilon_1 s_1^2+\upsilon_2 s_2^2)/\upsilon^*]^{1/2} \quad (8.5-2)$$

是 σ 的合并估计,自由度为 υ^*。

如果该置信区间包含 0,则在显著性水平 $100(1-\gamma)\%$ 下,b_1 与 b_2 无统计显著性差异。否则,在显著性水平 $100(1-\gamma)\%$ 下,b_1 与 b_2 显著不同,此时需要确定统计显著差异是否足够大,具有实际重要性。置信区间应该足够窄,以便确定差值 $\beta_1-\beta_2$ 的实际重要性。如果置信区间不足以判定,根据第 6 章选取更大的样本量或在试验前制定更好的试验方案。

实例。对于表 8.3-1 中的绝缘系统 2 和 3,$s^*=0.091\,2$,$\upsilon^*=12+6=18$,斜率系数差值的 95%置信区间为

$(4.581-5.358)\pm 2.101\times[(1/0.1021)+(1/0.0613)]^{1/2}\times 0.0912=-0.777\pm 0.978$

其中 $t[(1+0.95)/2;18]=2.101$。该置信区间包含 0，故在显著性水平 5%下，两种绝缘系统的斜率无显著差异，需要确定±0.978 的不确定度在实际上是否足够小。每两种绝缘系统的斜率差值的 95%置信区间如下所示。

	95%置信区间
$\beta_1-\beta_2$	-0.535 ± 1.074
$\beta_2-\beta_3$	-0.777 ± 0.978
$\beta_3-\beta_1$	1.312 ± 1.385

每个置信区间都包含 0，因此每两种绝缘系统的斜率都无显著差异。以图表表示差值的点估计和置信区间非常有用。

(4) K 个斜率

同时比较 K 种产品的斜率系数的方法如下。对于产品 k，假设 b_k 是β_k 的最小二乘估计，s_k 是 σ 的最小二乘估计，自由度为 υ_k。计算合并的斜率系数

$$b^*=[b_1S_{xx1}+\cdots+b_KS_{xxK})]/[S_{xx1}+\cdots+S_{xxK}] \tag{8.5-3}$$

式中符号意义同第 4 章。计算合并样本（对数）标准差

$$s^*=[(\upsilon_1s_1^2+\cdots+\upsilon_Ks_K^2)/\upsilon^*]^{1/2} \tag{8.5-4}$$

式中，$\upsilon^*=\upsilon_1+\cdots+\upsilon_K$ 是 s^* 的自由度。计算 K 个斜率系数的平方和

$$B=S_{xx1}[b_1-b^*]^2+\cdots+S_{xxK}[b_K-b^*]^2 \tag{8.5-5}$$

(5) F 检验

计算检验 K 个斜率相等性的 F 统计量

$$F=[B/(K-1)]/s^{*2} \tag{8.5-6}$$

显著性水平 α 下斜率相等的检验如下：

1) 若 $F\leqslant F(1-\alpha;K-1,\upsilon^*)$，在显著性水平 100α%下，K 个样本斜率无显著差异。

2) 若 $F>F(1-\alpha;K-1,\upsilon^*)$，在显著性水平 100α%下，K 个样本斜率显著不同。式中，$F(1-\alpha;K-1,\upsilon^*)$ 是分子自由度为 $(K-1)$，分母自由度为 υ^* 的 F 分布的 $1-\alpha$ 分位点。这种检验类似于不同样本量的 S_{xxk} 下的单向方差分析。

如果样本斜率 b_k 显著不同，检查确定它们的差异情况及其差异是否重要。第 4 章中 β_k 的置信区间［式（4.2-30）］有助于确定这些，此外，比较两个斜率的置信区间公式(8.5-1) 也有帮助。

实例。对于三种绝缘系统（表 8.3-1），比较斜率系数的计算如下

$b^{*} = [4.046 \times (0.1021) + 4.581 \times (0.1021) + 5.358 \times (0.0613)]/[0.1021 + 0.1021 + 0.0613]$

$= 4.544$

$\upsilon^{*} = 12 + 12 + 6 = 30$

$s^{*} = \{[12 \times (0.1408)^{2} + 12 \times (0.0836)^{2} + 6 \times (0.1019)^{2}]/30\}^{1/2} = 0.1132$

$B = 0.1021 \times (4.046 - 4.554)^{2} + 0.1021 \times (4.581 - 4.554)^{2} + 0.0613 \times (5.358 - 4.554)^{2}$

$= 0.0659$

$F = [0.0659/(3-1)]/(0.1132)^{2} = 2.57$

由于 $F = 2.57 < 3.32 = F(0.95;\ 2,\ 30)$ ，因此在显著性水平 5%下，三种绝缘系统的斜率无显著差异。

8.5.2　截距系数的比较

产品截距系数 α_k 的比较方法在此不作介绍。由于截距基本没有有用的物理意义，因而在加速试验中很少比较截距系数。截距系数的比较方法与 8.4 节中 $x_0 = 0$ 时（对数）均值的比较方法一样。

8.5.3　斜率和截距的同时比较

$K \geqslant 2$ 种产品的简单寿命-应力关系的检验比较法如下。该方法同时检验全部截距的相等性（$\alpha_1 = \alpha_2 = \cdots = \alpha_K$ ）和全部斜率的相等性（$\beta_1 = \beta_2 = \cdots = \beta_K$ ）。8.4 节中关于稳健性的论述也适用于此，符号含义同第 4 章。

（1）产品估计

设产品 k 的样本量为 n_k ，其寿命应力关系系数的最小二乘估计为 a_k、b_k 。计算产品 k 的拟合寿命-应力关系的残差平方和

$$A_k = S_{yyk} - b_k S_{xyk} = (n_k - 2) s'^{2}_{k} \tag{8.5-7}$$

式中，s'^{2}_{k} 为产品 k 的拟合寿命-应力关系的标准差，大部分回归程序都可以给出 s'_k 。计算 K 种产品拟合寿命-应力关系的总残差平方和

$$A = A_1 + \cdots + A_K = (n_1 - 2) s'^{2}_{1} + \cdots + (n_K - 2) s'^{2}_{K} \tag{8.5-8}$$

（2）合并估计

合并全部 K 种产品的数据，作为样本量为 $n = n_1 + \cdots + n_K$ 的单个样本的数据。利用合并数据，计算全部样本的均值 $\bar{x}$ 、$\bar{y}$ ，以及全部样本的偏差平方和 S_{yy} 、S_{xx} 和 S_{xy} ，见表 8.3-1。计算合并的寿命-应力关系系数估计

$$b^{*} = S_{xy}/S_{xx},\ \alpha^{*} = \bar{y} - b^{*}\bar{x} \tag{8.5-9}$$

计算合并的寿命-应力关系的残差平方和

$$A^{*} = S_{yy} - b^{*} S_{xy} = (n-2) s'^{2} \tag{8.5-10}$$

式中，s' 为合并数据的拟合寿命-应力关系的标准差，大部分回归程序可以给出 s' 。表 8.3-1 列出了三种绝缘系统合并数据的上述计算结果。

（3）F 检验

计算检验寿命-应力关系相同的 F 统计量

$$F=[(A^{*}-A)/(2K-2)]/[A/(n-2K)] \tag{8.5-11}$$

在上述所有计算中应保留更多有效数字（如 6 位），以确保 F 统计量的值精确到 3 位有效数字。在显著性水平 α 下，K 种产品的寿命-应力关系相同的检验如下：

1）若 $F \leqslant F(1-\alpha;\ 2K-2,\ n-2K)$，则在显著性水平 $100\alpha\%$下，K 种产品的寿命-应力关系无统计显著差异。

2）若 $F > F(1-\alpha;\ 2K-2,\ n-2K)$，则在显著性水平 $100\alpha\%$下，K 种产品的寿命-应力关系显著不同。

式中，$F(1-\alpha;\ 2K-2,\ n-2K)$ 是分子自由度为 $(2K-2)$，分母自由度为 $(n-2K)$ 的 F 分布的 $1-\alpha$ 分位点。如果 K 种产品的寿命-应力关系显著不同，检查 a_k、b_k 及其置信区间的图表，确定这些系数的差异情况，以及这些差异在实践中是否重要。

（4）实例

对于三种绝缘系统，其寿命-应力关系的比较如下。评价在 200 ℃到 250 ℃的工作温度范围内，三种绝缘系统的对数寿命均值是否相当的计算结果为

$$A_1=1.931\,44-4.046\,39\times 0.413\,109=0.259\,840$$

$$A_2=2.239\,69-4.580\,52\times 0.467\,640=0.097\,656$$

$$A_3=1.830\,09-5.357\,53\times 0.328\,181=0.071\,850$$

$$A=0.259\,840+0.097\,656+0.071\,850=0.429\,346$$

$$n=15+15+9=39$$

$$S_{yy}=6.321\,92, S_{xx}=0.265\,443, S_{xy}=1.208\,93$$

$$b^{*}=1.208\,93/0.265\,443=4.554\,39$$

$$A^{*}=6.321\,92-4.554\,39\times 1.208\,93=0.815\,981$$

$$F=\{(0.815\,981-0.429\,346)/[2\times 3-2]\}/\{0.429\,346/[39-2\times 3]\}=7.43$$

由于 $F=7.43>5.90=F(0.999;\ 4,\ 33)$，三种绝缘系统的 Arrhenius 模型显著不同（显著性水平 0.1%）。差异可能存在于斜率系数、截距系数，或两者都有。检查系数的点估计和置信区间，以确定哪里不同。此外，也可利用每两个系数差值的置信区间确定差异情况。上文中的比较表明，三种绝缘系统的斜率相当，绝缘系统 2 和 3 的截距相当，绝缘系统 1 的截距较小。

8.6　多变量寿命-应力关系的比较

（1）目的

本节将前面几节的比较方法扩展到多变量寿命-应力关系的比较，包括：1）对数标准差的比较；2）对数均值的比较；3）系数的比较；4）寿命-应力关系的比较。前面几节中稳健的比较方法，在这里仍是稳健的。第 4 章 4.6 节是阅读本节必要的基础。比较多变量关系式的理论详见 Draper 与 Smith（1981）和 Neter，Easserman 和 Kunter（1985）。这里仅介绍解析比较法，而图形比较法一般来说不易处理。

（2）模型

假设模型如下：寿命服从（对数）正态分布，（对数）寿命的标准差 σ 为常数，（对数）寿命均值是 P 个工程变量 x_1，x_2，…，x_P 的线性函数，即

$$\mu(x_1,\cdots,x_P)=\gamma_0+\gamma_1 x_1+\cdots+\gamma_P x_P \tag{8.6-1}$$

式中，变量 x_p 可能是代表分类变量的指针变量（0—1），系数 γ_p 由数据估计得到。如果有两个或两个以上总体，用同一模型分别拟合每个总体的数据。下述比较假设每个总体的寿命-应力关系都是适合的。如果不适合，比较的显著性水平可能是错误的。如果 σ 是 x_1，x_2，…，x_P 的函数，采用最大似然方法（第 5 章和第 9 章）。

8.6.1 （对数）标准差的比较

8.3 节介绍了 1 个、2 个及 K 个（对数）标准差的比较方法。这些比较方法也适用于多变量寿命-应力关系。比较总体 k 的点估计 s_k（基于纯误差）或 s'_k（失拟情况下）。最小二乘回归程序一般计算的是 s'_k。但是，对于式（8.6-1），s'_k 的自由度为 $\upsilon'_k=n_k-Q$，其中 n_k 是总体 k 的样品数量，$Q=P+1$ 是寿命-应力关系系数的个数，包括截距。（对数）标准差的比较也可以采用如 8.2.5 节所述的残差图进行。如果（对数）标准差显著不同，则拟合模型需要反映这一点。此时，采用最大似然方法进行（对数）标准差比较（第 9 章）更好。但是，下述比较方法在 σ_k 之间存在中等差异时仍是稳健的。

8.6.2 （对数）均值的比较

本节将 8.4 节中（对数）均值的比较方法扩展到多变量寿命-应力关系。令 m_k 表示规定条件（P 个变量的值）下，总体 k 的（对数）均值的最小二乘估计，许多最小二乘程序都可以计算 m_k，其方差为 $V_k\sigma^2$，有些最小二乘程序可以计算 $V_k s'^2$。记（对数）标准差的合并估计为 s，自由度为 υ。

（1）一个（对数）均值

计算（对数）均值 μ 关于最小二乘估计 m 的 $100\gamma\%$ 置信区间，即

$$\underset{\sim}{\mu}=m-t[(1+\gamma)/2;\upsilon]V^{1/2}s,\tilde{\mu}=m+t[(1+\gamma)/2;\upsilon]V^{1/2}s \tag{8.6-2}$$

式中，$t[(1+\gamma)/2;\ \upsilon]$ 是自由度为 υ 的 t 分布的 $100(1+\gamma)/2\%$ 分位数。比较该置信区间与规定值 μ_0，如果该置信区间包含 0，则 m 与 μ_0 是一致的，否则，m 与 μ_0 在统计上显著不同。对于单侧 $100\gamma\%$ 置信区间，置信区间公式（8.6-2）中的 $(1+\gamma)/2$ 换为 γ。在验证试验中，一般采用单侧置信下限。验证在置信水平 $100\gamma\%$ 下产品寿命为（大于）μ_0，则产品寿命的 $100\gamma\%$ 置信下限 $\underset{\sim}{\mu}$ 必须大于 μ_0。

（2）两个（对数）均值

假设指定条件下两个总体的（对数）寿命均值 μ_1、μ_2 的点估计为 m_1、m_2。差值 $\Delta=\mu_1-\mu_2$ 真值的 $100\gamma\%$ 双侧置信区间为

$$\begin{aligned}\underset{\sim}{\Delta}&=(m_1-m_2)-t[(1+\gamma)/2;\upsilon][V_1+V_2]^{1/2}s\\ \tilde{\Delta}&=(m_1-m_2)+t[(1+\gamma)/2;\upsilon][V_1+V_2]^{1/2}s\end{aligned} \tag{8.6-3}$$

如果该置信区间包含 0，则在显著性水平 $100(1-\gamma)\%$ 下，m_1 和 m_2 无显著差异。否则，m_1 和 m_2 显著不同。式中 $\upsilon=\upsilon_1+\upsilon_2$，$s=[(\upsilon_1 s_1^2+\upsilon_2 s_2^2)/\upsilon]^{1/2}$ 。

(3) K 个（对数）均值

采用 8.4.3 节的 F 检验，将 N_k 替换为 $1/V_k$ ，比较 K 个（对数）均值。共有（对数）均值的合并估计为

$$m^*=[(m_1/V_1)+\cdots+(m_K/V_K)]/[(1/V_1)+\cdots+(1/V_K)] \tag{8.6-4}$$

8.6.3　系数的比较

本节将 8.5.1 节中斜率系数的比较方法扩展到多变量寿命-应力关系。对总体 k ，以 c_k 表示式（8.6-1）中某一指定系数（如 γ_1 ）的最小二乘估计，其方差为 $D_k\sigma^2$。大部分最小二乘回归程序都可以计算 $D_k s'^2$，$D_k s'^2$ 是系数点估计协方差矩阵的对角线项。

(1) 一个系数

有时某一指定系数，如 γ_1 ，存在规定值或理论值 γ' ，利用 γ_1 的 $100\varepsilon\%$ 置信区间比较其最小二乘估计 c_1 与 γ' ，γ_1的 $100\varepsilon\%$ 双侧置信区间为

$$\underset{\sim}{\gamma}_1=c_1-t[(1+\gamma)/2;\upsilon]D_1^{1/2}s,\tilde{\gamma}=c_1+t[(1+\gamma)/2;\upsilon]D_1^{1/2}s \tag{8.6-5}$$

式中，$t[(1+\varepsilon)/2;\ \upsilon]$ 是自由度为 υ 的 t 分布的 $100(1+\varepsilon)/2\%$ 分位数。大多数最小二乘回归程序可以计算这类置信区间。如果该置信区间包含 γ'，c_1 与 γ' 一致，否则，在显著性水平 $100(1-\varepsilon)\%$ 下，c_1 与 γ' 显著不同。

(2) 两个系数

设由来自两个总体的数据得到的同一系数的最小二乘估计分别为 c_1、c_2。计算这两个总体系数差值 $\Delta=\gamma_1-\gamma_2$ 真值的 $100\gamma\%$置信区间

$$\underset{\sim}{\Delta}=(c_1-c_2)-t[(1+\gamma)/2;\upsilon][D_1+D_2]^{1/2}s$$

$$\tilde{\Delta}=(c_1-c_2)+t[(1+\gamma)/2;\upsilon][D_1+D_2]^{1/2}s \tag{8.6-6}$$

式中 $\upsilon=\upsilon_1+\upsilon_2$，$s=[(\upsilon_1 s_1^2+\upsilon_2 s_2^2)/\upsilon]^{1/2}$ 。如果该置信区间包含 0，在显著性水平 $100(1-\gamma)\%$ 下，c_1 和 c_2 无显著差异，否则，c_1、c_2 显著不同。

(3) K 个系数

设由来自 K 个总体的数据得到的式（8.6-1）中同一系数（如 γ_1）的最小二乘估计分别为 c_1，c_2，…，c_K 。下述 K 个系数相等的 F 检验是对 8.5.1 节中 F 检验的扩展。计算系数的合并估计

$$c^*=[(c_1/D_1)+\cdots+(c_K/D_K)]/[(1/D_1)+\cdots(1/D_K)] \tag{8.6-7}$$

计算 K 个系数的平方和

$$D=(1/D_1)(c_1-c^*)^2+\cdots+(1/D_K)(c_K-c^*)^2 \tag{8.6-8}$$

根据式（8.3-2）计算 K 个样本的样本标准差的合并估计 s^* ，其自由度为 υ^* 。计算检验系数相等的 F 统计量

$$F=[D/(K-1)]/s^{*2} \tag{8.6-9}$$

在显著性水平 α 下，K 个总体的系数相等的检验如下：

1）若 $F \leqslant F(1-\alpha;\ K-1,\ \upsilon^{*})$，则在显著性水平 $100\alpha\%$ 下，K 个系数的估计无显著差异。

2）若 $F > F(1-\alpha;K-1,\upsilon^{*})$，则在显著性水平 $100\alpha\%$ 下，K 个系数的估计显著不同。

式中，$F(1-\alpha;\ K-1,\ \upsilon^{*})$ 是分子自由度为 $(K-1)$，分母自由度为 υ^{*} 的 F 分布的 $1-\alpha$ 分位点。如 8.5.1 节所述，当 K 个系数显著不同时，检查系数的估计，了解 c_k 的差异情况。

8.6.4　寿命-应力关系的比较

将 8.5.3 节 K 个简单线性寿命-应力关系的比较方法扩展到多变量寿命-应力关系，方法如下。对 K 组数据中的任一组数据，分别进行寿命-应力关系拟合。假设的寿命-应力关系有 $Q=P+1$ 个系数（包括截距）。计算样本 k 基于失拟的（对数）标准差点估计 s'_k。设样本 k 的样本量为 n_k，且 $n=n_1+\cdots+n_K$，计算标准差的合并估计

$$s'^2=[(n_1-Q)s'^2_1+\cdots+(n_K-Q)s'^2_K]/(n-KQ) \tag{8.6-10}$$

然后合并 K 组数据，对合并数据进行寿命-应力关系拟合。假设 s'_0 是合并数据基于失拟的标准差点估计。计算检验 K 个寿命-应力关系相等的 F 统计量

$$F=\{[(n-Q)s'^2_0-(n-KQ)s'^2]/[(K-1)Q]\}/s'^2 \tag{8.6-11}$$

在上式及之前的计算中至少应保留 6 位有效数字，以确保该 F 统计量的值精确到 3 位有效数字。在显著性水平 α 下，K 个寿命-应力关系相等的检验如下：

1）若 $F \leqslant F[1-\alpha;\ (K-1)Q,\ n-KQ]$，则在显著性水平 $100\alpha\%$ 下，K 个寿命-应力关系无显著差异。

2）若 $F > F[1-\alpha;\ (K-1)Q,\ n-KQ]$，则在显著性水平 $100\alpha\%$ 下，K 个寿命-应力关系显著不同。

式中，$F[1-\alpha;\ (K-1)Q,\ n-KQ]$ 是分子自由度为 $(K-1)Q$，分母自由度为 $(n-KQ)$ 的 F 分布的 $1-\alpha$ 分位点。如果 K 个寿命-应力关系显著不同，检查关系式系数的点估计和置信区间，确定哪些差异是重要的。

习题（* 表示困难或复杂）

8.1　绝缘系统数据再分析。深入分析三种绝缘系统的数据（表 8.2-1、表 8.3-1），

（a）计算 250 ℃下每两种绝缘系统对数寿命均值差值的 95%双侧置信区间，在适当的坐标纸上绘制差值的点估计和和置信区间。评述 250 ℃下绝缘系统的比较情况。

（b）采用 F 检验同时比较 250 ℃下三种绝缘系统的对数寿命均值，并阐述结果。

（c）当被比较温度为 225 ℃时，重做（a）和（b）。

8.2　基于 s' 比较绝缘系统。重新分析本章中的实例数据。

（a）在整个比较过程中使用 s'_k 代替 s_k，评述采用基于 s'_k 的置信区间或假设检验得到的比较结果是否明显不同，你更愿意使用 s_k 还是 s'_k？为什么？

（b）在两种绝缘系统的比较中，使用全部三种绝缘系统的合并标准差及其自由度。评述比较结果是否与本章中的结果明显不同。评述采用合并标准差进行比较的有效性。

（c）进行进一步分析。

8.3　金-铝粘合剂。三种集成电路封装树脂中的金-铝粘合剂的温度加速寿命试验的失效数据如下，单位：h。数据由 AMD 公司的 Muhib Khan 博士友情提供。试验的目的是比较 120 ℃下封装树脂对粘合剂寿命的影响。采用 Arrhenius 模型和适当的寿命分布完成下述分析。

封装树脂	温度	寿命/h							
1)	175 ℃	110.0	82.2	99.1	82.9	71.3	91.7	76.0	79.2
	194 ℃	45.8	51.3	26.5	58.0	45.3	40.8	35.8	45.6
	213 ℃	33.8	34.8	24.2	20.5	22.5	18.8	18.2	24.2
	231 ℃	14.2	16.7	14.8	14.6	16.2	18.9	14.8	
	250 ℃	18.0	6.7	12.0	10.5	12.2	11.4		
2)	175 ℃	12.3	17.7	12.3	4.3	6.8	8.5	5.7	
	194 ℃	4.0	4.0	3.1	4.9	6.3	6.2	3.5	3.7
	250 ℃	3.6	1.7	3.8	4.1	1.3	3.4	1.2	2.8
3)	200 ℃	240.1	238.3	140.4	142.1	223.4	173.1		
	225 ℃	63.0	102.0	125.0	67.8	81.0	101.0	76.0	
	250 ℃	40.3	33.0	34.3	38.3	29.5	35.3	39.5	

（a）采用图形方法比较三种封装树脂，陈述结论。

（b）采用最小二乘法比较三种封装树脂，陈述结论。鉴于（a），最小二乘比较是否必要？为什么？

（c）为材料工程师编写一份简要报告，论述你的分析结果。

（d）进行进一步分析。

8.4　变压器油。下面的数据集 2 由习题 4.10（数据集 1）的重复试验获得。完成下述分析，评价两个数据集的一致性，可能的情况下使用计算机。

1 in^2 电极										9 in^2 电极									
10 V/s 升压率										10 V/s 升压率									
40	45	44	40	51	36	47	41	44	45	42	38	40	42	37	33	41	37	39	35
41	42	47	44	35	46	40	51	47	38	43	42	41	34	40	40	38	38	25	36
41	35	39	46	48	46	39	38	49	41	36	39	41	29	37	37	40	38	39	37
42	48	38	41	46	48	46	46	48	52	40	38	40	38	40	37	42	42	44	39
45	38	45	50	36	49	36	47	41	43	40	41	44	39	38	43	46	40	38	40
46	41	50	50	50	49	46	45	48	52	42	44	50	40	38	42	45	37	43	48

续表

<table>
<tr><td colspan="10">1 in² 电极</td><td colspan="10">9 in² 电极</td></tr>
<tr><td colspan="10">100 V/s 升压率</td><td colspan="10">100 V/s 升压率</td></tr>
<tr><td>40</td><td>51</td><td>52</td><td>51</td><td>47</td><td>54</td><td>55</td><td>52</td><td>50</td><td>31</td><td>39</td><td>45</td><td>46</td><td>46</td><td>47</td><td>45</td><td>32</td><td>46</td><td>47</td><td>44</td></tr>
<tr><td>44</td><td>50</td><td>39</td><td>53</td><td>50</td><td>51</td><td>47</td><td>46</td><td>57</td><td>55</td><td>45</td><td>44</td><td>47</td><td>47</td><td>47</td><td>45</td><td>48</td><td>50</td><td>45</td><td>44</td></tr>
<tr><td>53</td><td>51</td><td>50</td><td>42</td><td>43</td><td>45</td><td>42</td><td>43</td><td>47</td><td>58</td><td>48</td><td>50</td><td>44</td><td>44</td><td>34</td><td>43</td><td>34</td><td>50</td><td>46</td><td>52</td></tr>
<tr><td>51</td><td>53</td><td>55</td><td>52</td><td>48</td><td>40</td><td>41</td><td>54</td><td>57</td><td>53</td><td>47</td><td>51</td><td>51</td><td>44</td><td>43</td><td>50</td><td>50</td><td>46</td><td>43</td><td>54</td></tr>
<tr><td>57</td><td>48</td><td>52</td><td>55</td><td>56</td><td>49</td><td>43</td><td>52</td><td>52</td><td>49</td><td>46</td><td>49</td><td>46</td><td>51</td><td>49</td><td>45</td><td>51</td><td>51</td><td>49</td><td>45</td></tr>
<tr><td>43</td><td>44</td><td>49</td><td>54</td><td>52</td><td>50</td><td>56</td><td>48</td><td>52</td><td>50</td><td>54</td><td>53</td><td>50</td><td>49</td><td>52</td><td>52</td><td>53</td><td>53</td><td>44</td><td>48</td></tr>
<tr><td colspan="10">1 in² 电极</td><td colspan="10">9 in² 电极</td></tr>
<tr><td colspan="10">1000 V/s 升压率</td><td colspan="10">1000 V/s 升压率</td></tr>
<tr><td>57</td><td>59</td><td>56</td><td>56</td><td>58</td><td>64</td><td>58</td><td>55</td><td>58</td><td>54</td><td>57</td><td>49</td><td>49</td><td>41</td><td>52</td><td>40</td><td>48</td><td>48</td><td>43</td><td>45</td></tr>
<tr><td>65</td><td>61</td><td>64</td><td>65</td><td>65</td><td>52</td><td>53</td><td>60</td><td>58</td><td>63</td><td>57</td><td>54</td><td>49</td><td>49</td><td>52</td><td>53</td><td>51</td><td>46</td><td>55</td><td>54</td></tr>
<tr><td>60</td><td>62</td><td>54</td><td>63</td><td>60</td><td>52</td><td>62</td><td>50</td><td>60</td><td>57</td><td>49</td><td>41</td><td>50</td><td>49</td><td>51</td><td>49</td><td>47</td><td>55</td><td>49</td><td>51</td></tr>
<tr><td>63</td><td>57</td><td>57</td><td>58</td><td>52</td><td>67</td><td>52</td><td>62</td><td>56</td><td>59</td><td>41</td><td>50</td><td>50</td><td>55</td><td>46</td><td>55</td><td>57</td><td>53</td><td>54</td><td>54</td></tr>
<tr><td>55</td><td>65</td><td>63</td><td>57</td><td>67</td><td>64</td><td>62</td><td>58</td><td>66</td><td>60</td><td>54</td><td>41</td><td>60</td><td>50</td><td>55</td><td>54</td><td>53</td><td>54</td><td>53</td><td>46</td></tr>
<tr><td>57</td><td>64</td><td>66</td><td>52</td><td>65</td><td>57</td><td>58</td><td>62</td><td>60</td><td>59</td><td>55</td><td>50</td><td>59</td><td>58</td><td>60</td><td>55</td><td>55</td><td>56</td><td>59</td><td>51</td></tr>
</table>

(a) 采用图形比较法比较两组数据的一致性，陈述并解释你的结论。

(b) 对数据集 2，重做习题 4.10 的分析。

(c) 用习题 4.10 的模型 (1) 拟合数据集 2 的数据，分别计算三对对应系数 γ_0、γ_1、γ_2 的差值的置信区间。陈述并解释你的结论。

(d) 检验两个拟合模型 (1) 的等同性，陈述并解释结果。

(e) 采用习题 4.10 的模型 (2)，重做 (c)。

(f) 对模型 (2)，重做 (d)。

(g) 合并两个数据集，用模型 (1) 和 (2) 进行拟合，评述合并数据和评估结果的有效性。

(h) 采用对数残差图比较两个数据集的 Weibull 分布形状参数。

(i) 编写一份简短的报告，总结你关于两个数据集一致性的分析结果。

(j) 进行进一步分析。

8.5　两个均值。研究一种比较设计应力水平下两种产品寿命均值的最小二乘估计方法。假设任一产品都符合简单线性-（对数）正态模型，但两个模型的（对数）标准差不同。这就是回归规划中的 Bohrens - Fisher 问题。采用你的方法比较表 8.2 - 1 中的两种绝缘系统。

第9章　截尾及其他数据的最大似然比较

9.1　引言

（1）目的

本章介绍样本比较的最大似然方法，包括假设检验和置信区间。9.2～9.4节分别介绍一个样本、两个样本及K个样本的比较方法，9.5节阐释似然比（LR）检验的一般理论。人们可以在不阅读9.5节的情况下使用ML方法。本章需要的理论基础包括ML估计的知识（第5章）和假设检验的基本原理（第8章）。

（2）ML比较

ML比较具有优良的特性，最重要的是适用范围广，ML比较适用于大多数模型和数据类型，包括区间数据和多重（定时或定数）截尾数据。适用模型包括本章实例中采用的恒定应力模型和步进应力试验的累积损伤模型（第10章）。ML比较具有优良的统计特性，可以给出最短的渐近置信区间和（局部）最有效的假设检验，对于小样本，一般可以得到较好的结果。对于包含Weibull分布和指数分布的模型，ML方法可以得到比最小二乘方法更精确的估计以及更灵敏的比较结果，尤其是在完全数据情况下。计算机程序可以实现第5章介绍的复杂的ML计算。ML方法是近似方法，目前还没有截尾数据和区间数据的精确置信限和假设检验用表。

（3）图形分析

联合使用ML比较和图形比较是最有效的。仅采用ML分析而不进行图形分析可能产生错误。当模型不能充分拟合数据，或当数据中含有异常值或其他奇异时，易出现这种情况。图形比较可以按照第8章8.2节进行，当然，此时概率图必须考虑截尾数据和区间数据，且寿命-应力关系图将更难以分析。此外，需按照第5章5.3节的方法检验模型和数据，本章假设模型和数据的检验已经完成。

9.2　单个样本的比较

（1）目的

本节介绍单个样本拟合模型的ML比较法，即

1）比较某一“参量”的ML估计值与规定值是否相等，如斜率或截距系数、对数标准差、设计应力水平下中位寿命，详见9.2.1节。

2）比较某一参量的单侧置信限与规定值，以验证产品超过规定值——验证试验（9.2.1 节）。

3）同时比较多个 ML 估计值与（可能不同）规定值，如分别比较每一试验条件下 Weibull 分布形状参数的 ML 估计值与数值 1，9.2.2 节介绍此类比较方法。

4）比较多个 ML 估计值是否相等，如每个试验条件下的对数标准差或 Weibull 分布形状参数的 ML 估计值。9.2.3 节介绍此类比较方法。

上述许多比较方法在第 5 章中有过介绍，主要用于模型检验。

（2）实例

以绝缘油数据（第 3 章表 3.3－1）和幂律- Weibull 模型为例介绍 ML 比较法。下述比较用于评价：1）指数分布（根据工程理论建议）是否可以充分拟合数据；2）全部 7 个电压水平下的 Weibull 分布形状参数是否相等。表 9.2－1 汇总了多种模型对绝缘油数据的 ML 拟合结果。该实例数据为完全数据，采用简单线性模型，但 ML 方法也适用于截尾数据、区间数据，以及多变量复杂模型。

表 9.2－1　绝缘油数据的 ML 拟合

1. 单独的 Weibull 分布					
电压	n_j	$\hat{\mathcal{L}}_j$	$\hat{\beta}_j$	99%置信区间	$\hat{\alpha}_j$
26	3	－23.717	0.545	(0.16，1.84)	955.7
28	5	－34.376	0.979	(0.45，2.15)	352.5
30	11	－58.578	1.059	(0.61，1.84)	77.59
32	15	－65.737	0.561	(0.35，0.91)	25.93
34	19	－68.386	0.771	(0.51，1.16)	12.22
36	15	－37.691	0.889	(0.58，1.36)	4.292
38	8	－6.765	1.363	(0.71，2.60)	1.001
		－295.250（合计）			

		2. 单独的指数分布		3. Weibull 分布，β 相同	
电压	n_j	$\hat{\mathcal{L}}_j$	$\hat{\theta}_j$	$\hat{\alpha}_j$	
26	3	－24.517	1 303	1 174	$0.799=\hat{\beta}$
28	5	－34.378	356.2	349.9	
30	11	－58.606	75.79	104.7	$0.670=\underset{\sim}{\beta}$
32	15	－70.763	41.16	68.81	
34	19	－69.623	14.36	38.88	$0.953=\tilde{\beta}$
36	15	－37.910	4.606	12.41	
38	8	－7.300	0.916	1.851	$-299.648=\hat{\mathcal{L}}$
		－303.097（合计）			

续表

4. 幂律- Weibull 模型
$\hat{\mathcal{L}} = -137.748$　$\hat{\beta} = 0.777(0.653, 0.923)$
$\hat{\gamma}'_0 = 64.84719$　$\hat{\gamma}_1 = -17.72958$
5. 一个 Weibull 分布（合并数据）
$\hat{\mathcal{L}} = -339.645$　$\hat{a} = 26.61$　$\hat{\beta} = 0.4375$
6. 一个指数分布（合并数据）
$\hat{\mathcal{L}} = -424.889$　$\hat{\theta} = 98.56(\beta' = 1)$

9.2.1 估计值与规定值的比较

本节介绍利用置信区间或 LR 检验比较单个 ML 估计值与规定值的方法。

（1）置信区间

第 5 章介绍了参量的近似正态置信区间和 LR 置信区间。若置信区间包含规定值，则估计值与规定值一致，否则，估计值与规定值不一致。一致性检验通常采用双侧置信区间。而验证试验通常采用单侧置信区间，如果置信区间仅包含大于规定值的数值，产品通过验证试验。

（2）实例

使用形状参数相同的 7 个 Weibull 分布拟合 7 个试验电压下的绝缘油数据（表 9.2-1 中模型 3）。共有形状参数的 ML 估计为 $\hat{\beta} = 0.799$，其 95% 近似正态双侧置信区间为（0.670，0.953），99%近似正态双侧置信区间为（0.558，1.144）。形状参数的 95%置信区间不包含 1，这充分表明（显著性水平 5%）绝缘油的寿命分布不是指数分布。如之前所述，这可能是由于试验条件的变化增大了寿命数据的分散性，使得形状参数估计值减小。某些电压下的样本量很少（3 或 5 个失效），近似正态置信区间可能太短，此时采用 LR 置信区间会更好。

另一个类似的比较存在于采用幂律- Weibull 模型拟合数据时（习题 5.2），表 9.2-1 中模型 4。此时形状参数的 ML 估计为 $\hat{\beta} = 0.777$，其 95% 近似正态置信区间为（0.653，0.923），99%近似正态置信区间为（0.623，0.953）。这充分表明（显著性水平 1%）产品寿命不服从指数分布。如果假设的寿命-应力关系不适合，β 的估计值将偏低，置信区间不准确。因此，在大部分工程应用中优先采用前面不使用寿命-应力关系的比较方法，此时 β 的估计不会因为可能存在的寿命-应力关系失拟而偏小。

（3）LR 统计量

模型参数 θ 与规定值 θ' 相等的 LR 检验如下。计算 θ 的 ML 估计 $\hat{\theta}$ 和对应的最大对数似然值 $\hat{\mathcal{L}}$，并计算 $\theta = \theta'$ 时的最大对数似然值 $\hat{\mathcal{L}}'$。两个似然值都是关于其他所有参数的

最大值。LR 检验统计量为 $T=2(\hat{\mathcal{L}}-\hat{\mathcal{L}}')$ 。

（4）LR 检验

当 $\theta=\theta'$ 时，T 的大样本分布近似为单自由度 χ^2 分布。若 $\theta\neq\theta'$，T 趋于更大值，因此，近似 LR 检验如下：

1）若 $T\leqslant\chi^2(1-\alpha;\ 1)$ ，ML 估计 $\hat{\theta}$ 与 θ' 一致。

2）若 $T>\chi^2(1-\alpha;\ 1)$ ，则在显著性水平 $100\alpha\%$下，ML 估计 $\hat{\theta}$ 与 θ' 显著不同。式中，$\chi^2(1-\alpha;\ 1)$ 是自由度为 1 的 χ^2 分布的 $100(1-\alpha)\%$ 分位数。图 9.2-1 描述了 T 和关于其他所有参数最大化的 θ 的样本对数似然函数 $\mathcal{L}(\theta)$ 。$T/2$ 是 $\theta=\hat{\theta}$ 时和 $\theta=\theta'$ 时的对数似然值的差值。这种双侧检验等效于利用 θ 的置信水平为 $100(1-\alpha)\%$ 的 LR 置信区间，适当修改成单侧检验，可用于验证试验以确定 θ 是否显著大于规定值 θ' 。

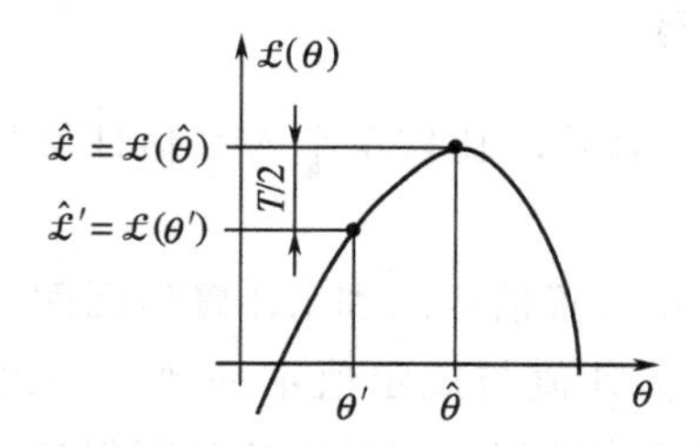

图 9.2-1　对数似然函数 $\mathcal{L}(\theta)$ 和 $\theta=\theta'$ 时的检验统计量 T

9.2.2　Q 个估计值与规定值的比较

本节介绍同时比较 Q 个 ML 估计值与各自（可能不同的）规定值的方法。设 $\hat{\theta}_q$ 是参量 θ_q 的 ML 估计，θ'_q 是 θ_q 的规定值，$q=1,\ \cdots,\ Q$ 。θ_q 可能是模型参数或系数或者是模型参数、系数的函数。这类比较利用联合置信区间或 LR 检验进行，如下所述。

（1）联合置信区间

Q 个参数估计值与规定值的比较可以通过联合的 $100\gamma\%$置信区间进行。对于每个 θ_q ，分别计算其 $100\gamma'\%$ 置信区间（精确的、正态的或 LR），其中 $\gamma'=1-[(1-\gamma)/Q]$ 。置信区间可以是单侧的也可以是双侧的，根据需要确定。根据 Bonferroni 不等式，全部 Q 个置信区间同时包含其参数真值的概率不小于γ。如果全部参数的置信区间都包含其规定值，则各参数估计均与其规定值一致。如果某一参数的置信区间不包含其规定值 θ'_q ，则该参数估计与其规定值显著不同。

（2）实例

$Q=7$ 个不同试验电压下各自 Weibull 分布形状参数的 ML 估计和 99%置信区间（近似正态）如表 9.2-1 中模型 1 所示。此处 $\gamma'=0.99$，反推有 $\gamma=1-7(1-\gamma')=0.93$，因此联合置信区间的置信度为 93%。仅电压为 32 kV 时的置信区间（0.35，0.91）不包含 1，则在显著性水平 7%下，其 ML 估计 0.561 与 1 显著不同。32 kV 下数据的 Weibull 概率图（第 3 章图 3.3-1）仅显示这些数据的斜率（形状参数估计值）较小，故该估计偏低不能用异常数据或其他问题数据解释。某些试验电压下的样品数量很少（3 或 5 个），因此，这些电压下的置信区间很窄，真实的联合置信度低于 93%。此时采用 LR 置信区间会更好，McCool（1981）的精确置信区间是正确的。

（3）LR 统计量

假设 Q 个参数的估计值与各自的规定值同时相等：$\theta_1=\theta'_1$，…，$\theta_Q=\theta'_Q$，针对这一零假设的 LR 检验如下。令模型参数与其规定值相等，进行数据拟合，得到关于所有其他模型参数最大化的约束最大对数似然值 $\hat{\mathcal{L}}'$。同时，拟合关于这 Q 个参数及其他模型参数的 ML 估计的无约束模型，得到最大对数似然值 $\hat{\mathcal{L}}$。通常任一模型都是由拟合 Q 个样本的 Q 个同一模型组成，则有 $\hat{\mathcal{L}}=\hat{\mathcal{L}}_1+\cdots+\hat{\mathcal{L}}_Q$，其中 $\hat{\mathcal{L}}_q$ 是样本 q 的最大对数似然值。这个等式也适用于规定参数值对应的最大对数似然值 $\hat{\mathcal{L}}'$。LR 检验统计量为 $T=2(\hat{\mathcal{L}}-\hat{\mathcal{L}}')$，图 9.2－2 描述了此类样本对数似然函数和 LR 统计量，图中似然函数是 $Q=2$ 个参数 θ_1，θ_2 的函数，参数规定值分别为 θ'_1、θ'_2，$T/2$ 是在 ML 估计（$\hat{\theta}_1$，$\hat{\theta}_2$）与规定值（θ'_1，θ'_2）处的最大对数似然值的差值。

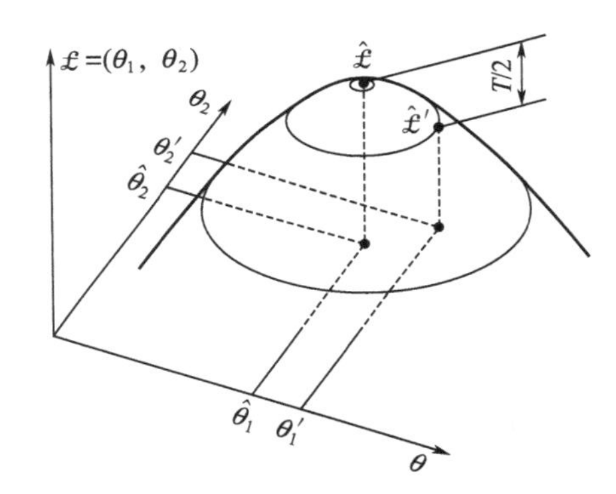

图 9.2－2　对数似然值 $\mathcal{L}(\theta_1,\ \theta_2)$ 和 $\theta_1=\theta'_1$，$\theta_2=\theta'_2$ 时的检验统计量 T

（4）LR 检验

如果零假设为真，则 T 渐近服从自由度为 Q 的 χ^2 分布。备择假设为一个或多个参数的估计值与其规定值不同。当备择假设为真时，T 趋于更大值。因此近似 LR 检验为：

1）$T\leqslant\chi^2(1-\alpha;\ Q)$，全部 Q 个参数的估计值都与其规定值一致。

2）若 $T>\chi^2(1-\alpha;\ Q)$，则在显著性水平 $100\alpha\%$ 下，某些参数的估计值与其规定值显著不同。

式中，$\chi^2(1-\alpha;\ Q)$ 是自由度为 Q 的 χ^2 分布的 $100(1-\alpha)\%$ 分位数。如果 T 很大，检查各个 θ_q 的置信区间，确定哪些参数不同。

（5）实例

对于绝缘油数据，假设每个试验电压下的 Weibull 分布形状参数均等于 1，即寿命服从指数分布，检验该假设是否为真。采用 Weibull 分布分别拟合 $Q=7$ 个试验电压下的数据，由表 9.2－1 中模型 1 可知，7 个电压下的最大对数似然值的和为 $\hat{\mathcal{L}}=-23.717-$

34.376－58.578－65.737－68.386－37.691－6.765＝－295.250。采用指数分布（$\beta'_q=1$）分别拟合每个电压下的数据（见表 9.2-1 中模型 2），得 $\hat{\mathcal{L}}'=-24.517-34.378-58.606-70.763-69.623-37.910-7.300=-303.097$。则 $T=2[-295.250-(-303.097)]=15.69$，其分布自由度为 7。由于 $T=15.69>14.07=\chi^2(0.95;7)$，故在显著性水平 5%下，某些参数的估计值不等于 1。因为某些电压下的失效数很少（3 或 5 个），对 χ^2 分布的近似很粗糙，结果应视为是临界的。β_q 单独的置信区间（见表 9.2-1 中模型 1）仅说明 32 kV 下的数据与 $\beta'_{32}=1$ 不一致，不存在 β_q 的估计值随电压的变化趋势或其他模型，这可由参数的点估计和置信区间图清楚看到。

9.2.3 多个估计值相等的比较

本节介绍 J 个模型参数 θ_1，…，θ_J 相等的 LR 检验，即零假设为 $\theta_1=\cdots=\theta_J$，例如检验所有试验条件下的 Weibull 分布形状参数（或对数正态分布的对数标准差）相等。

（1）LR 统计量

拟合含有 J 个参数的 ML 估计的模型，得到最大对数似然值 $\hat{\mathcal{L}}$。拟合含有共同参数估计值 $\theta_1=\cdots=\theta_J=\theta'$ 的模型，得到约束最大对数似然值 $\hat{\mathcal{L}}'$。一般拟合模型由拟合 J 个不同且完备的样本子集的独立模型组成。设 $\hat{\mathcal{L}}_j$ 是子样本 j 的最大对数似然值，$\hat{\mathcal{L}}=\hat{\mathcal{L}}_1+\cdots+\hat{\mathcal{L}}_J$。LR 统计量为 $T=2(\hat{\mathcal{L}}-\hat{\mathcal{L}}')$。图 9.2-3 描述了这类 LR 统计量和样本对数似然函数，图中对数似然函数是 $J=2$ 个参数 θ_1，θ_2 的函数，$T/2$ 是曲线 $\theta_1=\theta_2$ 上全局最大对数似然值 $\hat{\mathcal{L}}$ 与约束最大对数似然值 $\hat{\mathcal{L}}'$ 的差。

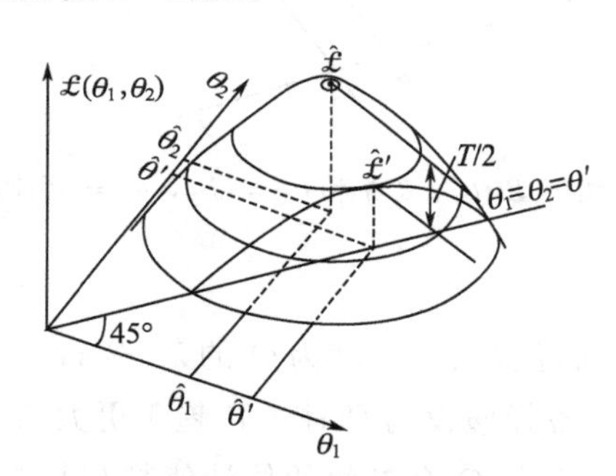

图 9.2-3 对数似然函数 $\mathcal{L}(\theta_1,\theta_2)$ 和 $\theta_1=\theta_2$ 时的检验统计量 T

（2）LR 检验

如果零假设为真，则 T 渐近服从自由度为 $J-1$ 的 χ^2 分布。当 J 个估计值不相等的备择假设为真时，T 趋于更大值。因此近似 LR 检验为：

1）若 $T\leqslant\chi^2(1-\alpha;J-1)$，$J$ 个估计值相等。

2）若 $T>\chi^2(1-\alpha;J-1)$，则在显著性水平 $100\alpha\%$ 下，某些参数估计值与其他参数估计值显著不同。

式中，$\chi^2(1-\alpha;J-1)$ 是自由度为 $J-1$ 的 χ^2 分布的 $100(1-\alpha)\%$ 分位数。

(3) 实例

对于绝缘油数据，假设全部 $J=7$ 个试验电压下的 Weibull 分布形状参数相等，检验该相等性假设。采用 Weibull 分布分别拟合每个电压下的数据（表 9.2-1 中模型 1），得到 $\hat{\mathcal{L}}=-23.717-34.376-58.578-65.737-68.386-37.691-6.765=-295.250$ 。采用形状参数相同、尺度参数不同的 Weibull 分布进行拟合，得到 $\hat{\mathcal{L}}'=-299.648$ ，$\hat{\beta}'=0.799$。则 $T=2[-295.250-(-299.648)]=8.80$，其 χ^2 分布的自由度为 $J-1=7-1=6$ 。由于 $T=8.80<10.64=\chi^2(0.90;6)$ ，故在显著性水平 10%下，7 个形状参数估计值无显著差异。因为某些电压下的失效数很少（3 或 5 个），对 χ^2 分布的近似很粗糙，因此结果的显著性水平应当更低。

9.3　两个样本的比较

(1) 目的

本节介绍两个样本的 ML 比较法。采用同一模型对各样本进行拟合，比较相应参量的估计值是否相等。此处“参量”表示任意模型系数、参数、或它们的函数，例如斜率系数、设计应力水平下的中位寿命。9.3.1 节介绍一对由不同样本得到的对应参量的比较方法，9.3.2 节介绍两对或两对以上参量的同时比较方法。Meeker（1980）提出了加速试验模型的比较方法，Nelson（1982）和 Lawless（1982）提出了寿命分布的比较方法。

(2) 实例

以发电机的两种绝缘系统数据为例介绍 ML 比较法。设绝缘系统 k 的寿命服从对数正态分布，对数标准差 σ_k 恒定，对数寿命均值 μ_k 是对数电压应力（LVPM，单位 V/mm）和绝缘材料厚度（THICK，单位 cm）的线性函数，即

$$\mu_k=\gamma'_{1k}+\gamma_{2k}(\mathrm{LVPM}-\mathrm{LVPM}'_k)+\gamma_{3k}(\mathrm{THICK}-\mathrm{THICK}'_k) \qquad (9.3-1)$$

式中，γ'_{1k} 、γ_{2k} 、γ_{3k} 和 σ_k 为待估系数或参数，LVPM'_k 和 THICK'_k 为变量的规定值，此处取为样本均值。自变量的“中心化”有助于迭代拟合收敛，得到更精确的拟合结果。式（9.3-1）是寿命和电压应力之间的逆幂律模型。采用该模型对数据进行 ML 拟合，结果如图 9.3-1 所示，这些结果将用于下文的比较。

9.3.1　一对参量的比较

每组数据都可以得到一个模型参量估计值，两个估计值的比较可采用以下方法进行：1）近似正态置信区间；2）LR 置信区间；3）LR 检验。这些比较方法大致等效，尤其是当样本失效数较多时。因此，实践中通常只使用其中一种方法。

DISTRIBUTION LOGNORMAL(HOURS)

RELATION CENTER 1STORDER(LOGVPM THICK)

COEEFICIENTS(3.3 −8.0 −3.0 −.8; .01 .01 .01 .01)

FIT (POWELL 20 −1)

CASES

106 WITH OBSERVED VALUES.

106 IN ALL

MAXIMUM LOG LIKELIHOOD=−905.45452= $\hat{\mathcal{L}}_1$

*MAXIMUM LIKELIHOOD ESTIMATES FOR DIST.PARAMETERS
WITH APPROXIMATE 95% CONFIDENCE LIMITS

PARAMETERS	ESTIMATE		LOWER LIMIT	UPPER LIMIT	STANDARD ERROR
C 1	3.323656	γ_{11}'	3.275010	3.372302	0.2481937E-01
C 2	−9.692341	γ_{21}	−11.42652	−7.958166	0.8847833
C 3	−2.085675	γ_{31}	−4.063851	−0.1074986	1.009274
SPREAD	0.2555302	σ_1	0.2233645	0.2923280	0.1753968E-01

*COVARIANCE MATRIX

PARAMETERS	C 1	C 2	C 3	SPREAD
C 1	0.6160013E-03			
C 2	0.1469285E-07	0.7828414		
C 3	−0.1520959E-07	0.4576534	1.018633	
SPREAD	−0.1010996E-08	−0.3414217E-05	−0.2192421E-05	0.3076440E-03

*MAXIMUM LIKELIHOOD ESTIMATE OF THE FITTED EQUATION

CENTER μ_1

= 3.323656

+ (LOGVPM−2.248131)*(−9.3692341)

+ (THICK−0.2133585)*(−2.085675)

SPREAD σ_1

= 0.2555302

DISTRIBUTION LOGNORMAL(HOURS)

RELATION CENTER 1STORDER(LOGVPM THICK)

COEEFICIENTS(3.3 −8.0 −3.0 −.8; .01 .01 .01 .01)

FIT (POWELL 20 −1)

CASES

92 WITH OBSERVED VALUES.

7 WITH VALUES CENSORED ON THE RIGHT.

—

99 IN ALL

MAXIMUM LOG LIKELIHOOD=−853.65955= $\hat{\mathcal{L}}_2$

*MAXIMUM LIKELIHOOD ESTIMATES FOR DIST.PARAMETERS
WITH APPROXIMATE 95% CONFIDENCE LIMITS

PARAMETERS	ESTIMATE		LOWER LIMIT	UPPER LIMIT	STANDARD ERROR
C 1	3.491614	γ_{12}'	3.414492	3.568736	0.3934801E-01
C 2	−10.60784	γ_{22}	−13.67565	−7.540039	1.565206
C 3	−2.868524	γ_{32}	−7.312165	1.575118	2.267164
SPREAD	0.3862163	σ_2	0.3338898	0.4467433	0.2868772W-01

*COVARIANCE MATRIX

PARAMETERS	C 1	C 2	C 3	SPREAD
C 1	0.1548266E-02			
C 2	−0.1154081E-02	2.449870		
C 3	−0.5854316E-03	1.842424	5.140033	
SPREAD	0.3936733E-04	−0.1284458E-02	−0.2652347E-05	0.8229850E-03

*MAXIMUM LIKELIHOOD ESTIMATE OF THE FITTED EQUATION

CENTER μ_2

= 3.491614

+ (LOGVPM−2.249733)*(−10.60784)

+ (THICK−0.2123939)*(−2.868524)

SPREAD σ_2

= 0.3862163

图 9.3－1　两种绝缘材料数据的极大似然拟合

(1) 正态置信区间

①差值

设 θ_k 为总体 k 的某一指定参量的真值。采用同一模型分别拟合每一样本（无共有参数值）。设 $\hat{\theta}_k$ 是 θ_k 的 ML 估计，V_k 为该估计的样本方差。差值 $\Delta=\theta_1-\theta_2$ 的 $100\gamma\%$ 双侧近似正态置信区间为

$$\underset{\sim}{\Delta}=(\hat{\theta}_1-\hat{\theta}_2)-K(V_1+V_2)^{1/2},\tilde{\Delta}=(\hat{\theta}_1-\hat{\theta}_2)+K(V_1+V_2)^{1/2} \tag{9.3-2}$$

式中，K 为标准正态分布的 $100(1+\gamma)/2\%$ 分位数。如果该置信区间包含 0，数据与等式 V_k 一致，否则，在显著性水平 $100(1-\gamma)\%$ 下，两个估计值显著不同。近似正态置信区间往往偏窄，其真实置信水平小于 γ，但随着失效数的增加，逐渐接近 γ。此外，有时可以通过参数转换，使估计的抽样分布更接近正态分布，提高近似性。

实例。对于两种绝缘系统，差值 $\Delta_2=\gamma_{21}-\gamma_{22}$（LVPM 的系数）的 95%置信区间为

$$\underset{\sim}{\Delta}_2=[-9.692\ 341-(-10.607\ 84)]-1.960\times(0.782\ 841\ 4+2.449\ 810)^{1/2}=-2.609$$

$$\tilde{\Delta}_2=0.915+3.524=4.439$$

该置信区间也可写为 0.915 ± 3.524。该置信区间包含 0，因此这两个系数估计值无显著差异。即，这两种绝缘系统的逆幂律模型的幂系数相同。这实际上是合理的，这两种绝缘系统包含相似的材料。类似地，差值 $\Delta_3=\gamma_{31}-\gamma_{32}$（THICK 的系数）的 95%置信区间为 $(-4.08,\ 5.33)$ 或 0.79 ± 4.87，该置信区间包含 0，故厚度系数无显著差异。由于两个样本的变量规定值 $\text{LVPM}'_1\neq\text{LVPM}'_2$、$\text{THICK}'_1\neq\text{THICK}'_2$，因此截距系数 γ'_{11}、γ'_{12} 不能用这种方法快速比较。

②比值

对于某些参数，采用它们的比值 $\rho=\theta_1/\theta_2$ 进行比较会更好。此时 θ_k 必须为正数，如对数标准差、Weibull 形状参数等，认为 $\ln(\hat{\theta}_k)$ 近似服从正态分布。分别对每个样本进行模型拟合，设 $\hat{\theta}_k$ 的样本方差为 V_k，比值 ρ 的 $100\gamma\%$ 双侧近似正态置信区间为

$$\underset{\sim}{\rho}=(\hat{\theta}_1/\hat{\theta}_2)/\exp\{K[(V_1/\hat{\theta}_1^2)+(V_2/\hat{\theta}_2^2)]^{1/2}\}$$

$$\tilde{\rho}=(\hat{\theta}_1/\hat{\theta}_2)\cdot\exp\{K[(V_1/\hat{\theta}_1^2)+(V_2/\hat{\theta}_2^2)]^{1/2}\} \tag{9.3-3}$$

式中，K 为标准正态分布的 $100(1+\gamma)/2\%$ 分位数。若该置信区间包含 1，数据与 $\theta_1=\theta_2$ 一致，否则，在显著性水平 $100(1-\gamma)\%$ 下，两个估计值显著不同。

实例。对于绝缘系统，比值 $\rho=\sigma_1/\sigma_2$ 的 95%双侧近似正态置信区间为

$$\underset{\sim}{\rho}=(0.255\ 5/0.386\ 5)/\exp\{1.960\times[(0.003\ 076/0.055\ 5^2)+(0.000\ 8230/0.386\ 2^2)]^{1/2}\}=0.542\ 6$$

$$\tilde{\rho}=(0.661\ 6)\times1.219=0.806\ 7$$

该置信区间也可以表示为 $0.6616\times/1.219$。类似地，ρ 的 99%双侧近似置信区间为 $(0.509\ 8,\ 0.858\ 5)$ 或 $0.661\ 6\times/1.298$。这两个置信区间都不包含 1，因此在显著性水平 1%下，两个对数标准差显著不同。绝缘系统 1 的对数标准差小于绝缘系统 2，在绝缘

系统的建模和比较时需要考虑这一点。

③共同参数值

上述单个置信区间需要分别对每组数据进行模型拟合，这保证了一个参量的两个估计值的统计独立性，以及上述置信区间公式的正确性。相对地，也可以采用某一对或几对参数值相同的模型拟合两个总体样本。如果在实际上和统计上合理，这样做可以得到更精确的共同参数或其他参数的估计值。不管实际上是否合理，大部分 ML 程序都采用仅对数正态标准差 σ（或 Weibull 形状参数）相等的综合模型拟合两个总体。对于大部分综合模型，每对参数的估计值是统计相关的，且上述置信区间计算公式不再适用，但下面的 LR 方法依然有效。工程实践中分析数据常常是独立模型和综合模型都采用，通常可以得到相同的结论，如果结论不同，需要进一步分析数据和了解产品。

④综合模型

上述置信区间通过对两组数据分别进行模型拟合和手动计算得到，这类由两次拟合得到的一对系数的差值的近似正态置信区间可以利用一些 ML 软件直接计算。此时需要为两个总体指定一个带指定指针变量（0－1）的综合模型，参照第 5 章 5.4.3 节。这种综合模型可能包含一些共有参数值。指定模型，令相互作用系数等于要求的两个系数的差值，拟合模型，则由软件得到的该系数的近似正态置信区间恰好是其差值的置信区间，即使其他某些对应参数相等。大部分软件仅能拟合包含一个共同对数标准差（或 Weibull 形状参数）的综合模型，因此，对于 σ_k 不同的两种绝缘系统，这些软件不能拟合适当的综合模型。

（2）LR 置信区间

如第 5 章所述，LR 置信区间一般优于正态置信区间。大多数 ML 拟合软件还不能自动计算 LR 置信区间。第 5 章 5.5.8 节介绍了利用 ML 软件获取某一系数的 LR 置信区间的方法。如上文所述，采用相互作用系数等于系数差值的综合模型获取系数差值的 LR 置信区间。综合模型的其他某些对应参数可能相等。

（3）LR 检验

①LR 统计量

两个总体的对应参数 θ_1、θ_2 相等的 LR 检验如下。虽然参数差值（或比值）的置信区间包含的信息更多，但 LR 检验一般比较容易计算，且通常可以满足要求。两个总体的模型可能是综合模型，其他某些对应的模型系数可能相等。设当 $\hat{\theta}' = \hat{\theta}_1 = \hat{\theta}_2$ 时，模型拟合的最大对数似然值为 $\hat{\mathcal{L}}'$，当 $\hat{\theta}_1 \neq \hat{\theta}_2$ 时，最大对数似然值为 $\hat{\mathcal{L}}$，则相等性假设的 LR 检验统计量为

$$T = 2(\hat{\mathcal{L}} - \hat{\mathcal{L}}') \tag{9.3-4}$$

通常不会假设模型的其他对应系数相等，对每组数据分别进行模型拟合，样本 k 的最大对数似然值为 $\hat{\mathcal{L}}_k$，则 LR 检验统计量为

$$T = 2(\hat{\mathcal{L}}_1 + \hat{\mathcal{L}}_2 - \hat{\mathcal{L}}')$$

图 9.3－2 描述了 LR 检验统计量和对数似然函数，图中对数似然函数是 $\Delta = \theta_1 - \theta_2$ 的

函数，对其他模型参数未作描述。

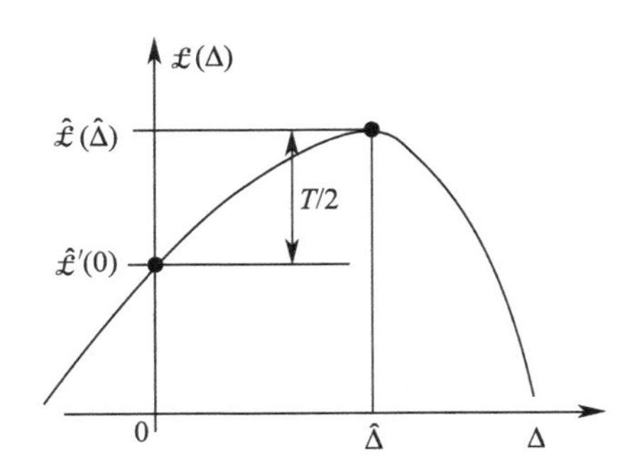

图 9.3-2　对数似然函数和 $\Delta=\theta_1-\theta_2=0$ 时的检验统计量 T

②LR 检验

当 $\theta_1=\theta_2$ 时，检验统计量 T 的大样本分布近似为自由度为 1 的 χ^2 分布，否则 T 趋于更大值。因此参数相等的 LR 检验为：

- 若 $T\leqslant\chi^2(1-\alpha;\ 1)$ ，则在显著性水平 $100\alpha\%$ 下，两个参数无统计显著差异。
- 若 $T>\chi^2(1-\alpha;\ 1)$ ，则在显著性水平 $100\alpha\%$ 下，两个参数显著不同。

式中，$\chi^2(1-\alpha;\ 1)$ 是自由度为 1 的 χ^2 分布的 $100(1-\alpha)\%$ 分位数。如果两个参数显著不同，检查其估计值以确定原因。通过参数变换可以提高其 ML 估计的正态性，进而可以改善近似正态置信区间，但参数变换对于 LR 置信区间和 LR 检验没有影响。

实例。对于两种绝缘系统，其截距系数的比较如下。对每组数据分别进行模型拟合，见第 5 章式（5.4-5）～式（5.4-8），得到 $\hat{\mathcal{L}}_1=-905.455$，$\hat{\mathcal{L}}_2=-853.660$（图 9.3-1）。采用截距系数相等、其他所有系数（和 σ）不同的另一模型对两个总体样本进行拟合，得到 $\hat{\mathcal{L}}'=-1\,759.269$，则 $T=2[-905.455-853.660-(-1\,759.269)]=0.31$。由于 $T=0.31<3.841=\chi^2(0.95;\ 1)$ ，在显著性水平 5%下，两个截距系数估计值无统计显著差异。

9.3.2　Q 对系数的同时比较

（1）假设和模型

同时比较同一模型拟合两个样本的 Q 对系数的方法如下。Q 对系数的相等性（零）假设为 $\gamma_{11}=\gamma_{12}$，…，$\gamma_{Q1}=\gamma_{Q2}$ 。其他对应模型系数可能相等也可能不等，假设哪种都可以。下面介绍多参数同时比较的方法：LR 检验、联合置信区间和 LR 置信域。9.5 节的 Wald 和 Rao 检验也适用于此。

（2）LR 统计量

设采用 Q 对模型系数相等的模型进行拟合时得到的约束最大对数似然值为 $\hat{\mathcal{L}}'$ ，而采用这些模型系数不相等的模型进行拟合时的无约束最大对数似然值为 $\hat{\mathcal{L}}$ ，则相等性假设的（对数）LR 统计量为

$$T = 2(\hat{\mathcal{L}} - \hat{\mathcal{L}}') \qquad (9.3-5)$$

通常不会假设模型的其他对应系数相等，用假设模型分别拟合每组数据，样本 k 的最大对数似然值为 $\hat{\mathcal{L}}_k$ ，则统计量为

$$T = 2(\hat{\mathcal{L}}_1 + \hat{\mathcal{L}}_2 - \hat{\mathcal{L}}') \qquad (9.3-6)$$

(3) LR 检验

当 Q 对系数相等时，检验统计量 T 的大样本分布近似为自由度为 Q 的 χ^2 分布，否则，T 趋于更大值，因此相等性假设的 LR 检验为：

1) 若 $T \leqslant \chi^2(1-\alpha;\ Q)$ ，则在显著性水平 $100\alpha\%$ 下，Q 对系数无统计显著差异。

2) 若 $T > \chi^2(1-\alpha;\ Q)$ ，则在显著性水平 $100\alpha\%$ 下，某几对系数显著不同。

式中，$\chi^2(1-\alpha;\ Q)$ 是自由度为 Q 的 χ^2 分布的 $100(1-\alpha)\%$ 分位数。如果参数存在显著差异，检查其估计值和置信区间以确定原因。以图形表示每对参数的置信区间（9.3.1 节）有助于差异分析。当 $Q=1$ 时，此 LR 检验即为 9.3.1 节的 LR 检验。

实例。两种绝缘系统拟合模型的全部 $Q=4$ 对系数（包括 σ_k ）的同时比较如下。采用包含共同参数值的模型对合并的绝缘系统数据进行拟合，最大对数似然值为 $\hat{\mathcal{L}}' = -1\ 774.986$ ，采用模型［式（9.3-1）］分别对每种绝缘系统数据进行拟合，得到 $\hat{\mathcal{L}}_1 = -0.905.455$、$\hat{\mathcal{L}}_2 = -853.660$，则 $T = 2 \times [-905.455 - 853.660 - (-1\ 774.986)] = 31.74$。由于 $T = 31.74 > 16.27 = \chi^2(0.999;\ 4)$ ，故两种绝缘系统的模型系数存在高统计显著性差异（显著性水平 0.1%）。第 5 章图 5.4-9 所示置信区间表明两种绝缘系统的对数标准差显著不同。

假设 $\sigma_1 \neq \sigma_2$，寿命-应力关系中 $Q=3$ 对系数的同时比较如下。采用 $\sigma_1 \neq \sigma_2$、其他 3 对系数相等的模型对合并数据进行拟合，得到 $\hat{\mathcal{L}}'$ ，采用 $\sigma_1 \neq \sigma_2$ 且系数不同的模型分别进行拟合，得到绝缘系统 1 的最大对数似然值 $\hat{\mathcal{L}}_1 = -907.544$，绝缘系统 2 的最大对数似然值 $\hat{\mathcal{L}}_2 = -854.451$，之后采用上文的 LR 检验进行比较。

(4) 联合置信区间

Q 对参数的相等性可以利用 Q 个对应差值（或比值）的 $100\gamma\%$ 联合置信区间进行比较。对于每一差值 Δ_q（或比值），计算其 $100\gamma'\%$ 置信区间（正态或 LR），其中 $\gamma' = 1 - [(1-\gamma)/Q]$ 。这些置信区间可以是单侧的也可以双侧的，根据需要确定。根据 Bonferroni 不等式，全部 Q 个置信区间同时包含 Q 个差值（或比值）真值的概率不小于 γ。若这 Q 个差值的置信区间都包含 0（或比值的置信区间都包含 1），则在近似显著性水平 $100(1-\gamma)\%$ 下，全部 Q 对参数无统计显著差异，否则，不包含 0 的置信区间的对应参数显著不同。这种检验大致等效于前述 LR 检验。这些置信区间也可以看作 Q 维参数空间 $(\Delta_1,\ \Delta_2,\ \cdots,\ \Delta_Q)$ 的一个置信域。Q 个置信区间规定了一个包括所有维度 $(\Delta_1,\ \Delta_2,\ \cdots,\ \Delta_Q)$ 的“矩形的” $100\gamma\%$ 置信域 $\underset{\sim}{\Delta}_1 \leqslant \Delta_1 \leqslant \tilde{\Delta}_1,\ \cdots,\ \underset{\sim}{\Delta}_Q \leqslant \Delta_Q \leqslant \tilde{\Delta}_Q$ ，其“中心点”是参数估计值 $(\hat{\Delta}_1,\ \hat{\Delta}_2,\ \cdots,\ \hat{\Delta}_Q)$ 。如果该置信域包含 Q 维空间的原点，则全

部 Q 对参数无统计显著差异。图 9.3－3 所示为 $Q=2$ 时差值的联合置信域。

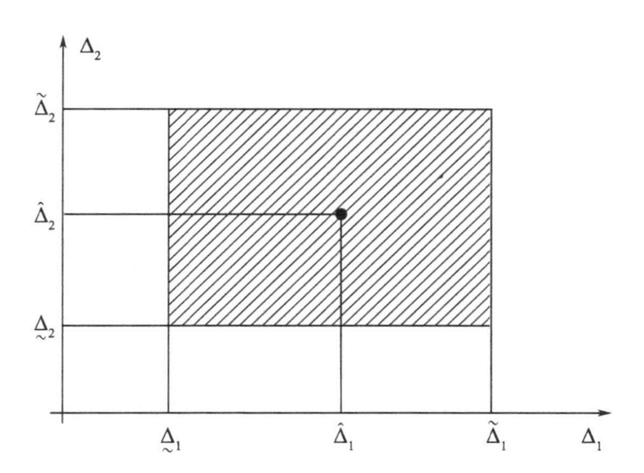

图 9.3－3　矩形联合置信域（Bonferroni 不等式）

实例。对于两种绝缘系统，当 $Q=2$ 时，$\Delta_2=(\gamma_{21}-\gamma_{22})$ 和 $\Delta_3=(\gamma_{31}-\gamma_{32})$ 的 95%近似置信区间分别为 0.915 ± 3.524 和 0.79 ± 4.87，这即为两个差值的 90%联合置信区间。

（5）LR 置信域

如下所述，Q 对参数可以通过 Q 个差值 $(\Delta_1, \Delta_2, \cdots, \Delta_Q)$ 或比值的 Q 维空间内的 LR 置信域同时进行比较。两个样本的综合对数似然值可以写为这 Q 个差值（或比值）的函数 $\mathcal{L}(\Delta_1, \cdots, \Delta_Q)$，对数似然函数 $\mathcal{L}()$ 中的其他模型参数在这种表示法中未显示，但隐含在内。两个总体的其他几对对应参数的值可能相等。Q 个差值真值 $(\Delta_1, \Delta_2, \cdots, \Delta_Q)$ 的 100γ%近似联合置信域满足

$$2[\hat{\mathcal{L}}-\hat{\mathcal{L}}(\Delta_1,\cdots,\Delta_Q)]\leqslant \chi^2(\gamma;Q) \tag{9.3-7}$$

式中，$\hat{\mathcal{L}}$ 是在 $(\hat{\Delta}_1, \cdots, \hat{\Delta}_Q)$ 和所有其他参数 ML 估计处的最大对数似然估计值；$\hat{\mathcal{L}}(\Delta_1, \cdots, \Delta_Q)$ 是在真值 $(\Delta_1, \cdots, \Delta_Q)$ 时关于所有其他参数最大化的对数似然值。当 $Q=2$ 时，有些 ML 程序可以计算并绘出联合置信域的边界。图 9.3－4 描述了 $Q=2$ 时的 LR 置信域，一个平面与对数似然函数 $\mathcal{L}(\Delta_1, \Delta_2)$ 在距最大对数似然值 $\hat{\mathcal{L}}=\mathcal{L}(\hat{\Delta}_1, \hat{\Delta}_2)$ 下方 $(1/2)\chi^2(\gamma; 2)$ 处相交。交叉点在 (Δ_1, Δ_2) 平面的投影是该置信域的边界。如果置信域包含 Q 维差值空间的原点，则在显著性水平 $100(1-\gamma)$% 下，这 Q 个差值与 0 无统计显著差异。这种 Q 对参数同时相等的检验方法等效于前面的 LR 检验，对于多失效大样本下服从正态分布的 ML 估计，LR 置信域在 Q 维空间的外形接近椭圆形。相比之下，之前介绍的联合（Bonferroni）置信区间是一个矩形区域。在实践中这两种置信域通常大致重合。

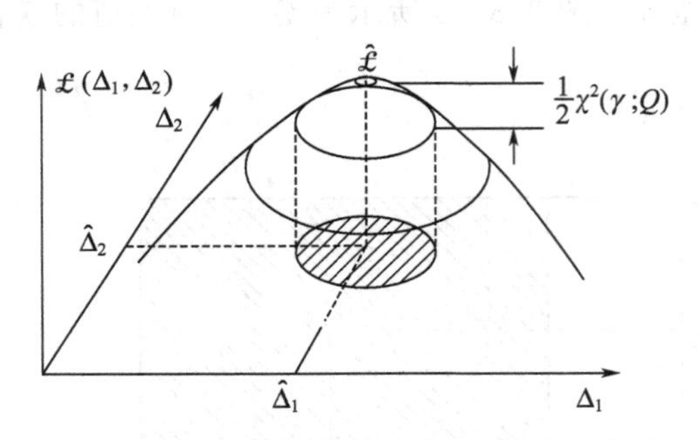

图 9.3-4 对数似然函数和 LR 联合置信域

9.4 K 个样本的比较

(1) 目的

本节介绍同一模型下 K 个样本的 ML 比较。9.4.1 节介绍由不同总体得到的同一参量的 K 个估计值相等的比较方法，9.4.2 节介绍 Q 组 K 个估计值相等的同时比较法。Nelson（1982）和 Lawless（1982）提出了寿命分布的此类比较方法。

(2) 实例

以三种电动机绝缘系统的完全数据（第 8 章表 8.2-1）为例介绍 K 个样本的 ML 比较法，这些方法也适用于截尾数据、区间数据及其他多变量模型。假设绝缘系统 k 的寿命服从对数正态分布，其对数标准差为 σ_k ，其对数寿命均值符合 Arrhenius 模型，即

$$\mu_k(x)=\alpha_k+\beta_k x \tag{9.4-1}$$

式中，$x=1\ 000/T$ ，T 为绝对温度；α_k，β_k，σ_k 为待估参数。采用三种模型对数据进行 ML 拟合，结果如表 9.4-1 所示，这些结果将用于之后的比较。第 8 章中的精确比较法适用于上述模型且更适合，但当没有精确方法时，可采用下述 ML 比较法。

表 9.4-1 三种绝缘系统数据的 ML 拟合结果

1. 分别拟合				2. 共同的 α，β；σ_1，σ_2，σ_3	3. 合并数据 共同的 α，β，σ
k	1	2	3		
n_k	15	15	9	39	39
$\hat{\mathcal{L}}_k$	9.128	16.463	8.960	$\hat{\mathcal{L}}'=24.710$	20.079
$\hat{\alpha}_k$	−5.302	−6.177	−7.758		
$\tilde{\alpha}_k$	−3.70	−5.20	−6.37	$\tilde{\alpha}=-6.502$	−6.204
$\underset{\sim}{\alpha}_k$	−6.91	−7.15	−9.15		

续表

1. 分别拟合				2. 共同的 α，β；σ_1，σ_2，σ_3	3. 合并数据 共同的 α，β，σ
k	1	2	3		
$\hat{\beta}$	4.050	4.580	5.360		
$\tilde{\beta}_k$	4.85	5.07	6.05	$\hat{\beta}'=4.731$	4.554
$\underset{\sim}{\beta}_k$	3.25	4.09	4.67		
$\hat{\sigma}_k$	0.131 7	0.080 75	0.089 41	$\hat{\sigma}'_1=0.222\ 2$	
$\tilde{\sigma}_k$	0.178 7	0.109 6	0.130 7	$\hat{\sigma}'_2=0.084\ 4$	0.144 6
$\underset{\sim}{\sigma}_k$	0.084 6	0.051 9	0.048 2	$\hat{\sigma}'_3=0.103\ 6$	

9.4.1　同一参量的 K 个估计值的比较

设由样本 k 得到的参量 θ_k 的 ML 估计为 $\hat{\theta}_k$ ，采用以下方法比较这 K 个估计值：1）二次统计量；2）似然比检验；3）多对估计的联合置信区间。这些比较方法大致等效，尤其是当样本失效数较多时。相等性（或一致性）假设为 $\theta_1=\theta_2=\cdots=\theta_K$ ，备择假设为某些参量不等 $\theta_k\neq\theta'_k$ 。

（1）二次统计量

①统计量

采用假设模型分别对每组数据进行拟合，记 $\hat{\theta}_k$ 的样本方差为 V_k ，大多数 ML 程序可以计算 V_k 。计算共同参数 θ 的线性合并估计

$$\theta^*=V[(\hat{\theta}_1/V_1)+\cdots+(\hat{\theta}_K/V_K)] \tag{9.4-2}$$

$$V=1/[(1/V_1)+\cdots+(1/V_K)] \tag{9.4-3}$$

是 θ^* 的方差的估计。则二次统计量为

$$Q=[(\hat{\theta}_1-\theta^*)^2/V_1]+\cdots+[(\hat{\theta}_K-\theta^*)^2/V_K] \tag{9.4-4}$$

②检验

若相等性假设为真，二次统计量 Q 的分布近似为自由度为 $K-1$ 的 χ^2 分布。若备择假设为真，Q 趋于更大值。因此近似检验为：

• 若 $Q\leqslant\chi^2(1-\alpha;K-1)$ ，则在显著性水平 $100\alpha\%$ 下，K 个估计值无统计显著差异。

• 若 $Q>\chi^2(1-\alpha;K-1)$ ，则在显著性水平 $100\alpha\%$ 下，K 个估计值显著不同。

式中，$\chi^2(1-\alpha;K-1)$ 是自由度为 $K-1$ 的 χ^2 分布的 $100(1-\alpha)\%$ 分位数。如果 K 个估计值显著不同，检查参数的置信区间图（第 5 章）以及每对参数差值的置信区间图（9.3.1 节），确定原因。

③实例

三种绝缘系统斜率系数的 ML 估计分别为$\hat{\beta}_1=4.050$、$\hat{\beta}_2=4\ 580$、$\hat{\beta}_3=5.360$，其样本方差分别为$V_1=0.165\ 9$、$V_2=0.061\ 4$、$V_3=0.123\ 9$。则$V=1/[(1/0.165\ 9)+(1/0.061\ 4)+(1/0.123\ 9)]=0.032\ 91$。共同斜率的合并估计为$\beta^*=0.032\ 91\times[(4.050/0.165\ 9)+(4.580/0.061\ 4)+(5.360/0.123\ 9)]=4.682$。二次统计量$Q=[(4.050-4.682)^2/0.165\ 9]+[(4.580-4.682)^2/0.061\ 4]+[(5.360-4.682)^2/0.123\ 9]=6.29$。由于$Q=6.29>5.991=\chi^2(0.95;\ 2)$，因此在显著性水平 5%下，3 个估计值显著不同。注意该假设的精确检验（第 8 章）的显著性水平不是 5%，这表明近似检验方法通常较精确检验方法显示出更高的显著性。

④其他参数相等

上面的检验需对每组数据分别进行模型拟合，这保证了 K 个估计值的统计独立性和检验的正确性。此外，还可以采用 K 个总体的其他某些参数相等的综合模型进行拟合。如果在实际上和统计上合理，这样可以得到共同参数及其他参数更精确的估计值。对于这类综合模型，大多数对应参数的估计值是统计相关的，且上面的公式不再适用，但下面的 LR 检验对于具有某些共同参数值的综合模型依然有效。工程实践中分析数据常常是独立模型和综合模型都采用，通常可以得到相同的结论，如果结论不同，需要深入分析数据、了解产品。

（2）LR 检验

①LR 统计量

设 K 个总体的对应模型参数分别为θ_1，…，θ_K，这些参数可能是 K 个对数标准差、K 个截距系数、K 个斜率系数等。这些参数相等（共同值）的 LR 检验如下。K 个总体的拟合模型可能是综合模型，即 K 个总体的其他某些模型系数可能相等。设模型包含相等参数时的最大对数似然值为$\hat{\mathcal{L}}'$，$\hat{\mathcal{L}}$ 为模型无相等参数时的最大对数似然值。相等性假设的 LR 统计量为

$$T=2(\hat{\mathcal{L}}-\hat{\mathcal{L}}') \tag{9.4-5}$$

通常不会假设任何其他系数相等，采用该模型对每组数据分别进行拟合，样本 k 的最大对数似然值为$\hat{\mathcal{L}}_k$，此时统计量为

$$T=2(\hat{\mathcal{L}}_1+\cdots+\hat{\mathcal{L}}_K-\hat{\mathcal{L}}') \tag{9.4-6}$$

②LR 检验

当参数相等时，统计量 T 的大样本分布近似为自由度为$K-1$ 的χ^2 分布，否则，T 趋于更大值，从而相等性的 LR 检验为：

• 若 $T\leqslant\chi^2(1-\alpha;\ K-1)$，则在显著性水平 $100\alpha\%$ 下，K 个估计值无统计显著差异。

• 若 $T>\chi^2(1-\alpha;\ K-1)$，则在 $100\alpha\%$ 显著性水平下，某些估计值显著不同。

式中，$\chi^2(1-\alpha;\ K-1)$ 是自由度为 $K-1$ 的 χ^2 分布的 $100(1-\alpha)\%$ 分位数。如果估计

值显著不同，检查参数点估计和置信区间图以确定原因。

③实例

三种绝缘系统的对数标准差 σ_k 的比较如下。如表 9.4－1 所示，模型 2 假设各绝缘系统的斜率、截距相同，σ_k 不同，此时最大对数似然值为 $\hat{\mathcal{L}}=24.710$。模型 3 假设各绝缘系统的斜率、截距和对数标准差 σ 均相等，最大对数似然值为 $\hat{\mathcal{L}}'=20.079$。则 $T=2\times(24.710-20.079)=9.26>9.21=\chi^2(0.99;2)$，因此在显著性水平 1%下，3 个对数标准差 σ_k 的估计值显著不同。这一结论具有误导性，谨记这类检验是检验估计的相等性，而不是参数真值的相等性。当产品的斜率系数和截距系数不同时，采用相同的斜率和截距得到的 σ_k 的估计是有偏的。LR 检验可以真实地检定产品寿命-应力关系之间的差异，这也表明在使用有相同参数值的模型时以及在利用这类模型进行假设检验时需格外注意。

(3) 两两联合置信区间

①置信区间

通过 $100\gamma\%$ 联合置信区间可以进行 K 个估计的全部两两比较。对于 $D=K(K-1)/2$ 对估计中的任意一对，计算该对估计差值（或比值）的 $100\gamma'\%$ 置信区间（见 9.3.1 节），其中 $\gamma'=1-[(1-\gamma)/D]$。置信区间可以是单侧的也可以是双侧的，根据需要确定。根据 Bonferroni 不等式，全部 D 个置信区间同时包含差值（或比值）真值的概率不小于 γ。若全部 D 个差值（或比值）的置信区间都包含 0（或 1），则在显著性水平 $100(1-\gamma)\%$ 下，这 K 个估计无显著差异，否则，某些估计显著不同，由不包含 0（或 1）的置信区间可知哪几对估计不同。差值（或比值）的置信区间和点估计图可以清晰地显示出哪些估计不同。

②实例

三种绝缘系统的 σ_k 的比较如下。共有 $D=3\times(3-1)/2=3$ 对参数组合。若联合置信区间的置信度为 $100\gamma\%=90\%$，则每对参数估计差值（或比值）的置信区间的置信度为 $100\gamma'\%=1-[(1-0.90)/3]=96.6667\%$。比值 σ_1/σ_2、σ_2/σ_3、σ_3/σ_1 的近似正态置信区间［式（9.3－3）］分别为（1.02，2.62）（0.39，1.56）（0.39，1.17），仅 σ_1/σ_2 的置信区间刚刚不包含 1，由于正态置信区间往往偏窄，故不信任该置信区间，认为其不具显著性。因此，按照这种方法，在显著性水平 10%下，三种绝缘系统的 σ_k 的估计无显著差异。采用精确置信区间（第 8 章）进行比较更好。

9.4.2　Q 组 K 个系数估计的同时比较

(1) 模型与假设

采用同一模型分别拟合 K 组数据，同时比较 Q 组、每组 K 个对应系数估计的方法如下。设有 Q 个同时相等的（零）假设：$\gamma_{11}=\gamma_{12}=\cdots=\gamma_{1K}$，…，$\gamma_{Q1}=\gamma_{Q2}=\cdots=\gamma_{QK}$。即对于每个模型系数，存在一个共同值 γ_q。备择假设为某些系数不相等 $\gamma_{qk}\neq\gamma_{qk'}$，其他每组 K 个对应模型系数可以假设相同也可以假设不同。这类相等性零假设的 LR 检验方法如下。如果 $Q=P$，P 为模型参数的个数，则此检验法可以比较 K 个模型是否相等。9.5.3

节中的 Wald 和 Rao 检验也适用于此。

（2）LR 统计量

设采用包含相等性假设的模型进行拟合时的最大对数似然值为 $\hat{\mathcal{L}}'$，而采用无相等性假设的模型进行拟合时的最大对数似然值为 $\hat{\mathcal{L}}$。则相等性假设的 LR 检验统计量为

$$T=2(\hat{\mathcal{L}}-\hat{\mathcal{L}}') \tag{9.4-7}$$

假设模型中任意其他 K 个对应系数的估计值不同，采用该模型分别拟合每组数据，得到样本 k 的最大对数似然值 $\hat{\mathcal{L}}_k$，此时 LR 检验统计量为

$$T=2(\hat{\mathcal{L}}_1+\cdots+\hat{\mathcal{L}}_K-\hat{\mathcal{L}}') \tag{9.4-8}$$

（3）LR 检验

如果 Q 组系数估计相等，检验统计量 T 的大样本分布近似为自由度为 $Q(K-1)$ 的 χ^2 分布：

1）若 $T\leqslant\chi^2(1-\alpha;Q(K-1))$，则在显著性水平 $100\alpha\%$ 下，Q 组系数无统计显著差异。

2）若 $T>\chi^2(1-\alpha;Q(K-1))$，则在显著性水平 $100\alpha\%$ 下，某些系数显著不同。式中，$\chi^2(1-\alpha;Q(K-1))$ 是自由度为 Q（K-1）的 χ^2 分布的 $100(1-\alpha)\%$ 分位数。如果参数估计存在显著差异，检查其点估计和置信区间以确定原因。$Q=1$ 组系数的 LR 检验（9.4.1 节）可以辅助分析确定原因。

（4）实例

假设三种绝缘系统的寿命-应力关系相同，检验该假设即检验 $\alpha_1=\alpha_2=\alpha_3$ 且 $\beta_1=\beta_2=\beta_3$，包含 $Q=2$ 组、每组 $K=3$ 个参数同时相等的假设。假设 σ_k 不等，由表 9.4-1 模型 1 可知，分别对每组数据进行拟合得到 $\hat{\mathcal{L}}_1=9.128$，$\hat{\mathcal{L}}_2=16.463$，$\hat{\mathcal{L}}_3=8.960$。采用 σ_k 不同的相同寿命-应力关系（模型 2）拟合数据得到 $\hat{\mathcal{L}}'=24.710$。则 $T=2\times(9.128+16.463+8.960-24.710)=19.68$，其自由度为 $Q(K-1)=2\times(3-1)=4$。由于 $T=19.68>18.47=\chi^2(0.999;4)$，故三种绝缘系统的寿命-应力关系存在高统计显著性差异（显著性水平 0.1%）。进一步的数据分析表明截距系数显著不同。

三绝缘系统的模型相等（α、β 和 σ 均相同）的比较方法如下。对合并数据进行模型拟合，得到 $\hat{\mathcal{L}}'=20.079$（表 9.4-1 中模型 3）。则 $T=2\times(9.128+16.463+8.960-20.079)=28.94$，自由度为 $Q(K-1)=3\times(3-1)=6$。$T=28.94>22.46=\chi^2(0.999;6)$，三种绝缘系统的模型存在极高的统计显著差异（显著性水平 0.1%）。其他分析表明三个模型的截距系数不同。

9.5　似然比检验和相关检验的原理

（1）目的

本节通俗地介绍似然比（LR）检验的原理，适合探索更深层的认知或希望发展自己

的模型和假设检验方法的人员。Rao（1973），Wilks（1962）和 Lehmann（1986）缜密地介绍了 LR 检验的形式理论。Nelson（1982）给出了寿命数据 LR 检验的实例，Lawless（1982）给出了 LR 检验在加速试验中的应用。LR 检验具有优良的渐近性，也就是说，LR 检验是稳定一致的或是局部最有效的。并且，LR 检验适用于小样本。第 8 章内容是本节的有益基础，第 5 章 5.5 节是本节的必要基础。

（2）LR 检验

LR 检验的原理很简单，LR 检验是一种评价一般模型对某组数据的拟合是否优于约束模型的方法。采用包含 P 个独立待估参数的一般模型拟合数据，得到一个全局最大对数似然值 $\hat{\mathcal{L}}$，而采用包含 $P' < P$ 个独立待估参数的约束模型（一般模型的特例）进行拟合，得到一个约束最大对数似然值 $\hat{\mathcal{L}}'$。如果统计量 $T = 2(\hat{\mathcal{L}} - \hat{\mathcal{L}}')$ 的值很小，约束模型对该数据的拟合效果与一般模型几乎一样。如果约束模型为真实模型，则对于多失效样本，T 的抽样分布近似为自由度为 $(P - P')$ 的 χ^2 分布，否则，T 趋于更大值。因此近似 LR 检验为：

1）若 $T \leqslant \chi^2(1-\alpha;\ P-P')$，接受（采用）约束模型。

2）若 $T > \chi^2(1-\alpha;\ P-P')$，拒绝约束模型，采用一般模型。

式中，$\chi^2(1-\alpha;\ P-P')$ 是自由度为 $P-P'$ 的 χ^2 分布的 $100(1-\alpha)\%$ 分位数。本章介绍了多种一般模型和约束模型的 LR 比较法，本节介绍 LR 比较的基本原理。

（3）概述

9.5.1 节介绍假设检验问题，即一般模型、参数空间、零假设及备择假设。9.5.2 节介绍 LR 检验、LR 检验的精确和近似临界值及其施行特征（operating characteristic，OC）函数。9.5.3 节介绍与 LR 检验渐近等效的 Rao 检验和 Wald 检验。

9.5.1　问题描述

（1）概述

本节介绍一般的假设检验问题，首先介绍样本的一般模型，之后介绍零假设（原假设）和备择假设的参数空间及子空间。同时，本节还将介绍如何规定常数假设、相等性假设和约束假设，并举例说明。

（2）一般模型

下述一般模型的表述包含本书涉及的所有模型。设由包含 n 个样品的样本获得的数据值为 $y_1,\cdots,y_n$，这些数据值可能是失效时间、截尾时间，或时间区间，此时为简单起见，将这些数据值都视为失效时间，截尾时间和区间数据稍后再作讨论。令 $\boldsymbol{X}_i = (x_{1i},x_{2i},\cdots,x_{Ji})$ 表示样品 i 的 J 个模型自变量的值，$i=1,2,\cdots,n$。$f_0(y_1,\cdots,y_n;\boldsymbol{\theta},\boldsymbol{X}_1,\cdots,\boldsymbol{X}_n)$ 为 $y_1,\cdots,y_n$ 的联合概率密度函数，其中 $\boldsymbol{\theta}=(\theta_1,\cdots,\theta_P)$ 是模型的 P 个数值参数。概率密度函数可能是连续的、离散的或混合的，可能包括来自两个或多个总体的多个独立样本。通常采用同一子模型拟合每一样本，一般模型是子模型的集合。通常假设 $y_1,\cdots,y_n$ 统计独立，则它们的联合概率密度是其各自概率密度的乘积，即

$$f_0(y_1,\cdots,y_n;\boldsymbol{\theta},\boldsymbol{X}_1,\cdots,\boldsymbol{X}_n)=f_1(y_1;\boldsymbol{\theta},\boldsymbol{X}_1)\times\cdots\times f_n(y_n;\boldsymbol{\theta},\boldsymbol{X}_n)$$

式中，$f_i(y_i;\ \theta,\ \boldsymbol{X}_i)$ 为 y_i 的概率密度函数。通常所有 y_i 的概率密度函数 $f_i()$ 相同，但每个样品的概率密度函数 $f_i()$ 可能不同。也就是说，当样品来自不同的总体或样品具有多种失效模式，每种失效模式的模型不同时，每个 $f_i()$ 可能包含关于自变量 $(x_1,\ \cdots,\ x_J)$ 不同的分布或函数。同时，参数 θ_p 可能是分布参数（如对数正态分布的对数标准差 σ 或对数伽马分布的形状参数）、寿命-应力关系的系数或其他类似参数。对数伽马分布的形状参数可以用来比较 Weibull 分布和对数正态分布的拟合优度。模型可以包含带有分类（指示）变量的 AOV 寿命-应力关系，也可以包含步进应力试验的累积损伤模型（第 10 章），因此这里定义的模型具有很强的一般性。

（3）参数空间

参数 $\boldsymbol{\theta}=(\theta_1,\ \cdots,\ \theta_P)$ 的值可以视为 P 维参数空间 Ω 内的一个点，Ω 是所有理论上可能的参数值的集合，是 P 维欧氏空间的子集。由于边界点会引起理论的复杂化，故通常参数空间 Ω 是开子集，不包括边界上的参数值。参数空间 Ω 和概率密度函数 $f_i(y_i;\ \boldsymbol{\theta},\ \boldsymbol{X}_i)$ 由假设具体指定，实例如下。

①实例 A

设 $t_1,\ \cdots,\ t_n$ 是来自均值为 θ 的指数分布的独立观测值，则 t_i 的概率密度函数为

$$f_i(t_i;\theta)=(1/\theta)\exp(-t_i/\theta)$$

θ 的参数空间 Ω 为 $(0,\ \infty)$，是实线的正半区，如图 9.5－1A 所示。

②实例 B

设 $t_1,\ \cdots,\ t_{n_1}$ 是 n_1 个来自均值为 θ_1 的指数分布的独立观测值，$t'_1,\ \cdots,\ t'_{n_2}$ 是 n_2 个来自均值为 θ_2 的指数分布的独立观测值，来自总体 k 的观测值 t_i 的概率密度函数为

$$f_i(t_i;\theta_k)=(1/\theta_k)\exp(-t_i/\theta_k),k=1,2$$

点 $(\theta_1,\ \theta_2)$ 的参数空间 Ω 是平面空间的正象限（$\theta_1>0$ 且 $\theta_2>0$），如图 9.5－1B 所示。

③实例 C

设 t_i 来自均值为 $\theta(x_i)=\exp(\alpha+\beta x_i)$ 的指数分布，其中 $i=1,\ 2,\ \cdots,\ n$。x_i 是自变量的值或转换值，t_i 的概率密度函数为

$$f_i(t_i;\alpha,\beta,x_i)=[1/\exp(\alpha+\beta x_i)]\exp[-t_i/\exp(\alpha+\beta x_i)]$$

由于 $-\infty<\alpha<\infty$，$-\infty<\beta<\infty$，因此点 $(\alpha,\ \beta)$ 的参数空间 Ω 是整个平面空间，如图 9.5－1C 所示。

④实例 D

设 y_i 是来自均值为 $\mu(x_i)=\alpha+\beta x_i$，方差为 ν 的（对数）正态分布的（对数）观测值。其中 x_i 是自变量的值或转换值，$i=1,\ 2,\ \cdots,\ n$。y_i 的概率密度函数为

$$f_i(y_i;\alpha,\beta,\nu,x_i)=(2\pi\nu)^{-1/2}\exp[-(y_i-\alpha-\beta x_i)^2/(2\nu)]$$

点 $(\alpha,\ \beta,\ \nu)$ 的参数空间是三维空间中 $\nu>0$，$-\infty<\alpha<\infty$，$-\infty<\beta<\infty$ 的半区，如图 9.5－1D 所示。

（4）零假设

为了更好地理解下述零假设的概述，阅读下面实例之后需重读本段内容。基于一般模型和参数空间，零假设可以看作是模型参数 $\boldsymbol{\theta}=(\theta_1, \cdots, \theta_P)$ 是 Ω 的 P' 维参数子空间 Ω' 内某一点的陈述，称 Ω' 为零假设子空间。如果 $\boldsymbol{\theta}$ 的真值属于 Ω'，零假设为真。对于 LR 检验，$P'<P$，即 Ω' 是 Ω 的一个低维子空间。Ω' 一般为 Ω 中的（超）平面、线或点。换句话说，零假设中约束模型是（无约束或完全）一般模型的特例。例如，下述似然比检验的理论不能用于比较正态分布和指数分布，这是由于两者中的任意一个都不是另一个的特例。而由于指数分布是 Weibull 分布在形状参数为 1 时的特例，故可以用似然比检验比较指数分布和 Weibull 分布。

（5）备择假设

如果 $\boldsymbol{\theta}$ 的真值不属于 Ω'，备择假设为真。备择假设子空间由属于 Ω 而不属于 Ω' 的点组成，记为 $\Omega-\Omega'$。通常 LR 检验的备择假设是双边的，如下例所示。一般来说，这种双边备择假设通过适当修改可以变为稍后介绍的单边备择假设。

①实例 A 续

设零假设为指数分布均值 θ 等于规定值 θ'，即 $\theta=\theta'$。零假设子空间 Ω' 仅包含一个孤立点 θ'，如图 9.5-2A 所示。此时参数空间 Ω 的维数 $P=1$（一条直线），而子空间 Ω' 的维数 $P'=0$（一个孤立点）。备择假设子空间是正半区直线减去点 θ'，即所有 $\theta\neq\theta'$ 的正数点。但大多数应用需要备择假设是单边的（$\theta>\theta'$）。

②实例 A′

对于实例 A，设零假设为寿命 t' 时的可靠度 $R(t')$ 等于规定值 R'。则 $R(t')$ 的参数空间 Ω 是单位区间 (0，1)，零假设子空间 Ω' 仅包含孤立点 R'，如图 9.5-1A′、图 9.5-2A′ 所示。此时 Ω 是 $P=1$ 维空间（单位区间），Ω' 是 $P'=0$ 维空间（一个孤立点）。当 $\theta=\theta'=-t'\ln(R')$ 时，此零假设与实例 A 的零假设等价，备择假设为 $R(t')\neq R'$ 或等价的 $\theta\neq\theta'$。但大多数应用采用单边备择假设（$R(t')>R'$）。

③实例 B 续

设零假设为两个指数分布的均值相等，即 $\theta_1=\theta_2$。零假设子空间 Ω' 由所有 $\theta_1=\theta_2$ 的点 (θ_1, θ_2) 组成，如图 9.5-2B 所示，该子空间是平面空间正半区内一条通过原点的 45° 角直线。在本例中，参数空间 Ω 是 $P=2$ 维空间，子空间 Ω' 是 $P'=1$ 维空间。备择假设子空间是平面空间的正半区减去零假设子空间那条直线，即所有满足 $\theta_1\neq\theta_2$ 的正数点 (θ_1, θ_2)。大多数应用都采用这类双边备择假设。

④实例 C 续

对于简单的线性-指数模型，设零假设为应力水平 x' 下的平均寿命等于规定值 θ'，即 $\theta'=\exp(\alpha+\beta x')$。此时零假设子空间 Ω' 由满足 $\alpha+\beta x'=\ln(\theta')\equiv\alpha'$ 的点 (α, β) 组成，如图 9.5-2C 中直线所示。在本例中，参数空间 Ω 是 $P=2$ 维空间（平面），子空间 Ω' 是 $P'=1$ 维空间（直线）。备择假设子空间由满足 $\alpha+\beta x'\neq\ln(\theta')\equiv\alpha'$ 的点 (α, β) 组成，但大多数应用需要备择假设是单边的，即 $\alpha+\beta x'<\ln(\theta')\equiv\alpha'$。

⑤实例 D 续

对于简单的线性-（对数）正态模型，设零假设为应力水平 x' 下的（对数）寿命均值等于规定值 α'，即 $\mu(x')=\alpha+\beta x'=\alpha'$。此时零假设子空间 Ω' 由满足 $\alpha+\beta x'=\alpha'$ 的点 (α, β, ν) 组成，如图 9.5－2D 中半平面所示。本例中参数空间 Ω 的维数 $P=3$（半 3 维空间），子空间 Ω' 的维数 $P'=2$（半平面）。备择假设子空间由满足 $\nu>0, \alpha+\beta x'\neq\alpha'$ 的点 (α, β, ν) 组成，但大多数应用需要备择假设是单边的，即 $\alpha+\beta x'<\alpha'$。

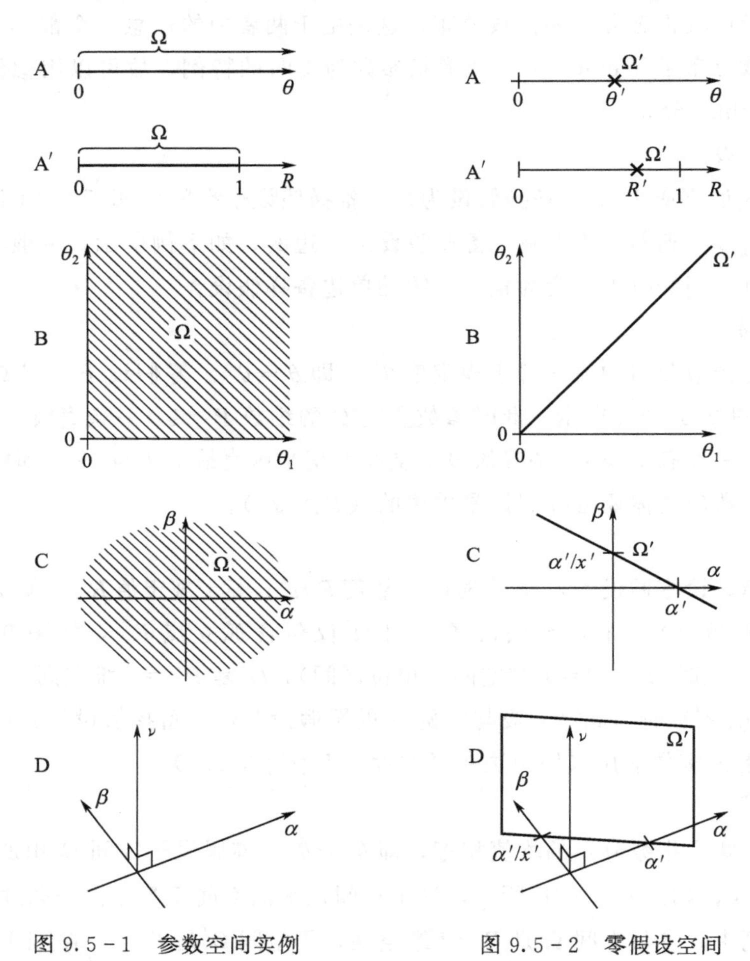

图 9.5－1　参数空间实例　　图 9.5－2　零假设空间

（6）Ω' 的表述方法

零假设，或者说零假设子空间，有多种表述方法，以下是其中的三种方法。对于很多问题，如果适当地重新参数化模型，这三种表述方法是等价的。

①常数假设

有些零假设表述为某些参数等于规定常数。如

$$\theta_1=\theta'_1, \theta_2=\theta'_2, \cdots, \theta_Q=\theta'_Q$$

式中带“′”的值是给定的。实例 A 和 A′包含这类零假设。Ω' 是 Ω 中的超平面，维数 $P'=$

$P-Q$，P' 是无约束参数 θ_{Q+1}，θ_{Q+2}，…，θ_P 的个数。

②相等性假设

K 个参数相等（共同值）的零假设为

$$\theta_1=\theta_2=\cdots=\theta_K=\theta',\text{共同值}$$

实例 B 包含这类零假设。当用一个子模型分别拟合 K 个样本时，通常假设同一参数的 K 个值相等，如截距系数相等。此时 Ω'是 Ω 中的超平面，维数 $P'=P-K+1$，P' 是无约束参数的个数，即 θ_{K+1}，…，θ_P 加上共同值 $\theta'=\theta_1=\cdots=\theta_K$ 。这种相等性假设也可以表述为常数假设。利用 $K-1$ 个参数 $\Delta_1=\theta_1-\theta_K$ ，$\Delta_2=\theta_2-\theta_K$ ，…，$\Delta_{K-1}=\theta_{K-1}-\theta_K$ 重新参数化模型，则常数假设

$$\Delta_1=0,\Delta_2=0,\cdots,\Delta_{K-1}=0$$

与上述相等性假设等价。

③约束假设

有些零假设表述为 Q 个参数约束（参数的函数）等于 0。例如

$$h_1(\theta_1,\cdots,\theta_P)=0,\cdots,h_Q(\theta_1,\cdots,\theta_P)=0$$

实例 C 和 D 中含有这类约束。一般来说，此时 Ω'是 Ω 中的超平面（线或点），维数 $P'=P-Q$ 。理论上要求每个函数对所有参数的一阶偏导连续。

稍后在这些约束条件下最大化样本对数似然函数，拉格朗日乘子法可以辅助解决这类约束最优化问题。这一理论适用于等式约束假设。Robertson 等（1980）详细论述了不等式约束假设问题。

9.5.2　似然比检验

本节介绍 9.5.1 节中模型和零假设的似然比（LR）检验。包括：

- 样本似然；
- 一般模型和约束（零假设）模型下参数的 ML 估计；
- LR 检验；
- LR 检验的临界值（精确的和近似的）
- LR 检验的施行特征函数。

采用 9.5.1 节的实例阐明这些基本原理。

（1）样本似然

第 5 章 5.5 节介绍了观测数据、截尾数据、区间数据和量子响应数据的样本似然。模型和不同类型数据的广义样本似然函数记为

$$L(\theta_1,\cdots,\theta_P)=L_0(y_1,\cdots,y_n;\theta_1,\cdots,\theta_P;\boldsymbol{X}_1,\cdots,\boldsymbol{X}_n)$$

式中符号含义同 9.5.1 节。该似然函数包含观测数据、截尾数据、区间数据和量子响应数据等数据类型。样本对数似然函数为

$$\mathcal{L}(\theta_1,\cdots,\theta_P)=\ln[L_0(y_1,\cdots,y_n;\boldsymbol{\theta},\boldsymbol{X}_1,\cdots,\boldsymbol{X}_n)]$$

若 y_1，…，y_n 统计独立，则

$$L(\theta_1,\cdots,\theta_P)=L_1(y_1;\boldsymbol{\theta},\boldsymbol{X}_1)\times\cdots\times L_n(y_n;\boldsymbol{\theta},\boldsymbol{X}_n)$$

且

$$\mathcal{L}(\theta_1,\cdots,\theta_P)=\mathcal{L}_1(y_1;\boldsymbol{\theta},\boldsymbol{X}_1)+\cdots+\mathcal{L}_n(y_n;\boldsymbol{\theta},\boldsymbol{X}_n)$$

式中 $\mathcal{L}_i(y_i,\ \boldsymbol{\theta},\ \boldsymbol{X}_i)=\ln[L_i(y_i,\ \boldsymbol{\theta},\ \boldsymbol{X}_i)]$ 是样品 i 的对数似然函数。（对数）似然函数的标记法明确显示它是参数 $\boldsymbol{\theta}=(\theta_1,\cdots,\theta_P)$ 的函数，同时也是数据 y_1，…，y_n 和 $\boldsymbol{X}_1$，…，$\boldsymbol{X}_n$ 的函数。类似地，零假设下的约束对数似然函数记为 $\mathcal{L}'(\theta_1,\cdots,\theta_P)$，其中 $(\theta_1,\cdots,\theta_P)$ 属于 Ω'。如下文所示，零假设约束包含在似然函数内，则似然函数是其他无约束参数的函数。下面举例说明。

①实例 A 续

为使这个指数分布实例更具一般性，假设实例 A 中的数据为多重截尾数据（右截尾），即 t_1，…，t_r 是观测到的失效时间，t_{r+1}，…，t_n 是截尾时间，则广义样本似然函数为

$$L(\theta)=\prod\nolimits_{i=1}^{r}(1/\theta)\exp(-t_i/\theta)\prod\nolimits_{i=r+1}^{n}\exp(-t_i/\theta)$$

广义样本对数似然函数为

$$\mathcal{L}(\theta)=-r\ln(\theta)-(T/\theta)$$

式中，$T=t_1+\cdots+t_n$ 是样本的总时间。零假设 $(\theta=\theta')$ 下的约束对数似然函数为

$$\mathcal{L}'(\theta')=-r\ln(\theta')-(T/\theta')$$

②实例 A′续

与实例 A 一样，假设数据是多重截尾数据。用参数 $R=\exp(t'/\theta)$ 表述指数分布的似然函数，则广义样本对数似然函数为

$$\mathcal{L}(R)=-r\ln[-t'/\ln(R)]+(T/t')\ln(R)$$

式中，$T=t_1+\cdots+t_n$ 是全部 n 个时间的总和。零假设 $(R=R')$ 下的约束对数似然函数为

$$\mathcal{L}'(R')=-r\ln[-t'/\ln(R')]+(T/t')\ln(R')$$

③实例 B 续

假设来自两个指数分布的数据是多重截尾数据（右截尾），t_1，…，t_{r_1} 是样本 1 的 r_1 个失效时间，t_{r_1+1}，…，t_{n_1} 是样本 1 的 n_1-r_1 个截尾时间，类似地，t'_1，…，t'_{r_2} 是样本 2 的 r_2 个失效时间，t'_{r_2+1}，…，t'_{n_2} 是样本 2 的 n_2-r_2 个截尾时间。由于两个样本统计独立，故总样本的对数似然函数是两个对数似然函数（与实例 A 中的一样）的和，即

$$\mathcal{L}(\theta_1,\theta_2)=-r_1\ln(\theta_1)-(T_1/\theta_1)-r_2\ln(\theta_2)-(T_2/\theta_2)$$

式中，T_k 为样本 k 的总时间。零假设 $(\theta_1=\theta_2=\theta')$ 下的约束对数似然函数为

$$\mathcal{L}'(\theta')=\mathcal{L}(\theta',\theta')=-(r_1+r_2)\ln(\theta')-[(T_1+T_2)/\theta']$$

④实例 C 续

对于简单的线性-指数模型，假设样本数据是多重截尾数据（右截尾），t_1，…，t_r 是 r 个失效时间，t_{r+1}，…，t_n 是 $n-r$ 个截尾时间，则广义样本对数似然函数为

$$\mathcal{L}(\alpha,\beta)=-\sum\nolimits_{i-1}^{r}(\alpha+\beta x_i)-\sum\nolimits_{i=1}^{n}t_i\exp(-\alpha-\beta x_i)$$

零假设的约束条件为 $\theta(x')=\exp(\alpha+\beta x')=\theta'$，等价于 $\alpha+\beta x'=\ln(\theta')\equiv\alpha'$ 或 $\alpha=\alpha'-\beta x'$。此时约束对数似然函数是 β' 的函数，为

$$\pounds'(\beta')=\pounds(\alpha'-\beta'x',\beta')=-\sum_{i=1}^{r}[\alpha'+\beta'(x_i-x')]-\sum_{i=1}^{n}t_i\exp[-\alpha'-\beta'(x_j-x')]$$

⑤实例 D 续

对于简单的线性-（对数）正态模型和完全数据，样本对数似然函数为

$$\pounds(\alpha,\beta,\nu)=-(n/2)\ln(2\pi)-(n/2)\ln(\nu)-(0.5/\nu)\sum_{i=1}^{n}(y_i-\alpha-\beta x_i)^2$$

零假设的约束条件为 $\mu(x')=\alpha+\beta x'=\alpha'$ 或 $\alpha=\alpha'-\beta x'$。则约束对数似然函数是 β' 和 ν' 的函数，为

$$\begin{aligned}\pounds'(\beta',\nu')&=\pounds(\alpha'-\beta'x',\beta',\nu')\\&=-(n/2)\ln(2\pi)-(n/2)\ln(\nu')-(0.5/\nu')\sum_{i=1}^{r}[y_i-\alpha'-\beta'(x_i-x')]^2\end{aligned}$$

（2）ML 估计

一般模型下参数 $\boldsymbol{\theta}=(\theta_1,\cdots,\theta_P)$ 的 ML 估计是参数空间 Ω 内使样本似然函数 $L(\theta_1,\cdots,\theta_P)$ 或（等价的）对数似然函数 $\pounds(\theta_1,\cdots,\theta_P)$ 取最大值的点 $\hat{\boldsymbol{\theta}}=(\hat{\theta}_1,\cdots,\hat{\theta}_P)$。使样本的约束似然函数 $L'(\theta_1,\cdots,\theta_P)$ 或 $\pounds'(\theta_1,\cdots,\theta_P)$ 值最大的子空间 Ω′中的点 $\hat{\boldsymbol{\theta}}'=(\hat{\theta}'_1,\cdots,\hat{\theta}'_P)$ 是零假设下 $\boldsymbol{\theta}=(\theta_1,\cdots,\theta_P)$ 的约束 ML 估计。参数估计 $\hat{\theta}_p$ 或 $\hat{\theta}'_p$ 是数据 $y_1,\cdots,y_n$ 和 $\boldsymbol{X}_1,\cdots,\boldsymbol{X}_n$ 的函数，一般约束 ML 估计 $\hat{\theta}'_p$ 不等于无约束 ML 估计 $\hat{\theta}_p$。记上述（对数）似然函数的最大值为 $\hat{L}$ 和 $\hat{L}'$（$\hat{\pounds}$ 和 $\hat{\pounds}'$），理论上，ML 估计可以通过常用的微积分方法求得，即令（对数）似然函数对每个参数的一阶偏导等于 0，并求解该似然方程组，详见第 5 章。在实践中，这些似然方程通常不能直接求解，而需要通过计算机程序采用数值迭代算法得到 ML 估计。Nelson（1982，第 8 章 8.6 节）介绍了数值迭代算法。举例如下。

①实例 A 续

指数分布均值的一般（无约束）ML 估计 $\hat{\theta}$ 是如下似然方程的解

$$0=\partial\pounds/\partial\theta=-(r/\theta)+(T/\theta^2)$$

因此 $\hat{\theta}=T/r$，$\hat{\pounds}=-r\ln(T/r)-r$。在零假设下，$\theta=\theta'$，$\hat{\pounds}'=-r\ln(\theta')-(T/\theta')$。

②实例 B 续

对于两个指数分布，均值的一般（无约束）ML 估计 $\hat{\theta}_1$，$\hat{\theta}_2$ 是如下似然方程的解

$$0=\partial\pounds/\partial\theta_1=-(r_1/\theta_1)+(T_1/\theta_1^2),0=\partial\pounds/\partial\theta_2=-(r_2/\theta_2)+(T_2/\theta_2^2)$$

因此 $\hat{\theta}_1=T_1/r_1$，$\hat{\theta}_2=T_2/r_2$，$\hat{\pounds}=-r\ln(T_1/r_1)-r_1-r_2\ln(T_2/r_2)-r_2$。约束 ML 估计 $\hat{\theta}'$ 是如下似然方程的解

$$0=\partial\pounds'/\partial\theta'=-[(r_1+r_2)/\theta']+[(T_1+T_2)/\theta'^2]$$

则有 $\hat{\theta}'=\hat{\theta}'_1=\hat{\theta}'_2=(T_1+T_2)/(r_1+r_2)$，$\hat{\pounds}'=-(r_1+r_2)\ln[(T_1+T_2)/(r_1+r_2)]-(r_1+r_2)$。

③实例 C 续

对于简单的线性-指数模型，一般（无约束）ML 估计（$\hat{\alpha}$，$\hat{\beta}$）是下述似然方程组的解

$$0=\partial\mathcal{L}/\partial\alpha=-r+\sum_{i=1}^{n}t_i\exp(-\alpha-\beta x_i)$$

$$0=\partial\mathcal{L}/\partial\beta=-\sum_{i=1}^{r}x_i+\sum_{i=1}^{n}t_i x_i\exp(-\alpha-\beta x_i)$$

一般来说，这些方程很难直接求解得到 $\hat{\alpha}$ 、$\hat{\beta}$ 。假设在两个应力水平 x_1、x_2 下，样品数量分别为 n_1、n_2，失效数分别为 r_1、r_2，T_1、T_2 是 n_1、n_2 个（失效或截尾）时间的和，则

$$0=\partial\mathcal{L}/\partial\alpha=-(r_1+r_2)+T_1\exp(-\alpha-\beta x_1)+T_2\exp(-\alpha-\beta x_2)$$

$$0=\partial\mathcal{L}/\partial\beta=-r_1x_1-r_2x_2+T_1x_1\exp(-\alpha-\beta x_1)+T_2x_2\exp(-\alpha-\beta x_2)$$

该方程组的解为 $\hat{\beta}=\dfrac{[\ln(\hat{\theta}_2)-\ln(\hat{\theta}_1)]}{(x_2-x_1)}$，$\hat{\alpha}=\ln\left\{\dfrac{[T_1\exp(-\hat{\beta}x_1)+T_2\exp(-\hat{\beta}x_2)]}{(r_1+r_2)}\right\}$，其中 $\hat{\theta}_k=\dfrac{T_k}{r_k}$，则 $\hat{\mathcal{L}}=-r_1\ln\left(\dfrac{T_1}{r_1}\right)-r_1-r_2\ln\left(\dfrac{T_2}{r_2}\right)-r_2$。零假设（$\alpha=\alpha'-\beta x'$）下的似然方程为

$$0=\partial\mathcal{L}'/\partial\beta'=-\sum_{i=1}^{r}(x_i-x')+\sum_{i=1}^{n}t_i(x_i-x')\exp[-\alpha'-\beta'(x_i-x')]$$

$$=-r_1x_1-r_2x_2+(r_1+r_2)x'+T_1(x_1-x')\exp[-\alpha'-\beta'(x_1-x')]+T_2(x_2-x')\exp[-\alpha'-\beta'(x_2-x')]$$

这个关于 β' 的方程很难直接求解得到 $\hat{\beta}'$，也无法明确计算 $\hat{\mathcal{L}}'$，实践中这种情况下需要采用数值算法进行求解。

④实例 D 续

对于简单线性-（对数）正态模型，一般（无约束）ML 估计 $\hat{\alpha}$ 、$\hat{\beta}$ 、$\hat{\nu}$ 是下述似然方程组的解（符号同第 4 章）。

$$0=\partial\mathcal{L}/\partial\alpha=(1/\nu)\sum(y_i-\alpha-\beta x_i)=(n/\nu)(\bar{y}-\alpha-\beta\bar{x})$$

$$0=\partial\mathcal{L}/\partial\beta=(1/\nu)\sum x_i(y_i-\alpha-\beta x_i)=(1/\nu)(\sum x_iy_i-n\bar{x}\alpha-\beta\sum x_i^2)$$

$$0=\partial\mathcal{L}/\partial\nu=-(n/2)(1/\nu)+(0.5/\nu^2)\sum(y_i-\alpha-\beta x_i)^2$$

该方程组的解为 $\hat{\beta}=\dfrac{S_{xy}}{S_{xx}}$，$\hat{\alpha}=\bar{y}-\hat{\beta}\bar{x}$（这也是最小二乘估计），$\hat{\nu}=\left(\dfrac{1}{n}\right)\sum(y_i-\hat{\alpha}-\hat{\beta}x_i)^2$，则 $\hat{\mathcal{L}}=-\left(\dfrac{n}{2}\right)\ln(\hat{\nu})-\left(\dfrac{n}{2}\right)$。零假设约束条件（$\alpha=\alpha'-\beta x'$）下的似然方程组为

$$0=\partial\mathcal{L}'/\partial\beta'=(1/\nu')\sum(x_i-x')[y_i-\alpha'-\beta'(x_i-x')]$$

$$0=\partial\mathcal{L}'/\partial\nu'=-(n/2)(1/\nu')+(0.5/\nu'^2)\sum[y_i-\alpha'-\beta'(x_i-x')]^2$$

其解为 $\hat{\beta}'=[\sum(x_i-x')(y_i-\alpha')]/[\sum(x_i-x')^2]$，$\hat{\nu}'=(1/n)\sum[y_i-\alpha'-\hat{\beta}'(x_i-x')]^2$，则 $\hat{\mathcal{L}}'=-(n/2)\ln(\hat{\nu}')-(n/2)$ 。

（3）似然比

设样本数据为 y_1，…，y_n，$\boldsymbol{X}_1$，…，$\boldsymbol{X}_n$，一般模型的参数空间为 Ω。检验零假设 Ω′ 的似然比（LR）Λ 是约束最大似然和无约束最大似然之比，即

$$\Lambda = \Lambda(y_1, \cdots y_n; \boldsymbol{X}_1, \cdots, \boldsymbol{X}_n) = \frac{\hat{L}'}{\hat{L}}$$

$$= \frac{[\max\limits_{\boldsymbol{\theta}\text{in}\Omega'} L'(\theta_1, \cdots, \theta_P)]}{[\max\limits_{\boldsymbol{\theta}\text{in}\Omega} L(\theta_1, \cdots, \theta_P)]}$$

LR 仅是样本数据的函数，是不依赖于未知参数真值 $(\theta_1, \cdots, \theta_P)$ 的样本统计量。实践中一般采用最大对数似然 $\hat{\mathcal{L}}$ 、$\hat{\mathcal{L}}'$ 和等价的（对数）LR 检验统计量

$$T = -2\ln(\Lambda) = 2(\hat{\mathcal{L}} - \hat{\mathcal{L}}') = 2[\max\limits_{\boldsymbol{\theta}\text{in}\Omega'} \mathcal{L}(\theta_1, \cdots, \theta_P) - \max\limits_{\boldsymbol{\theta}\text{in}\Omega} \mathcal{L}'(\theta_1, \cdots, \theta_P)]$$

T 也被不严谨地称为似然比。举例如下。

①实例 A

对于指数分布和指定常数 $\theta = \theta'$，（对数）LR 统计量为

$$U = 2\{[-r\ln(T/r) - r] - [-r\ln(\theta') - (T/\theta')]\} = 2r[-\ln(\hat{\theta}/\theta') - 1 + (\hat{\theta}/\theta')]$$

②实例 B

对于两个指数分布，（对数）LR 统计量为

$$T = 2\{[-r_1\ln(T_1/r_1) - r_1 - r_2\ln(T_2/r_2) - r_2] - [-(r_1 + r_2)\ln[(T_1 + T_2)/(r_1 + r_2)] - (r_1 + r_2)]\}$$

$$= 2\{r_1\ln[r_1 + r_2(\hat{\theta}_2/\hat{\theta}_1) + r_2\ln[r_1(\hat{\theta}_1/\hat{\theta}_2) + r_2] - (r_1 + r_2)\ln(r_1 + r_2)\}$$

③实例 C

对于简单线性-指数模型，样本（对数）LR 统计量 $T = 2(\hat{\mathcal{L}} - \hat{\mathcal{L}}')$ 不能写成显示公式，在实践中必须由 $\hat{\mathcal{L}}$ 和 $\hat{\mathcal{L}}'$ 通过数值计算得到。

④实例 D

对于简单线性-（对数）正态模型和完全数据，（对数）LR 统计量为

$$T = 2\{-(n/2)\ln(\hat{\nu}) - (n/2) - [(n/2)\ln(\hat{\nu}') - (n/2)]\} = n\ln(\hat{\nu}'/\hat{\nu})$$

（4）似然比检验

不同随机样本的似然比 Λ 的值在 0～1 之间变化，即 Λ 是随机变量 y_1，…，y_n 的函数，本身也是一个随机变量。Λ 的值接近 1 表明相应的数据值 y_1，…，y_n 很可能属于约束模型的参数空间 Ω′，而 Λ 的值接近 0 表明数据 y_1，…，y_n 相对于一般模型 Ω－Ω′不可能属于 Ω′。据此有似然比检验：

1）若 $\Lambda > \lambda_\alpha$，接受 Ω′（约束模型），即一般模型对数据的拟合未显著优于约束模型。

2）若 $\Lambda \leqslant \lambda_\alpha$，拒绝零假设 Ω′（约束模型），即一般模型对数据的拟合显著优于约束模型。

式中 λ_α 是选定常数，称为临界值。（对数）LR 统计量 $T = 2(\hat{\mathcal{L}} - \hat{\mathcal{L}}') = -2\ln(\Lambda)$ 对应的等价检验为：

1）若 $T \leqslant t_{\alpha}$，接受零假设 Ω'（约束模型）。

2）若 $T > t_{\alpha}$，拒绝零假设 Ω'，即一般模型对数据的拟合显著优于约束模型。

式中 $t_{\alpha} = -2\ln(\lambda_{\alpha})$ 是等价临界值。下文将介绍如何选择临界值。

（5）图解似然比检验

图 9.5-3 可以增强对 LR 检验的理解。图中竖轴表示样本对数似然 $\mathcal{L}(\alpha,\beta)$，是参数 (α,β) 的函数。Ω 是水平平面，维数 $P=2$。常数零假设 $\beta=\beta'$（β' 为指定常数）的参数子空间 Ω'是图中带标记的直线，维数 $P'=1$。如图 9.5-3 所示，（无约束）ML 估计 $(\hat{\alpha},\hat{\beta})$ 属于 Ω，且最大对数似然值为 $\hat{\mathcal{L}}$；约束 ML 估计 $(\hat{\alpha}',\beta')$ 属于 Ω'，最大对数似然值为 $\hat{\mathcal{L}}'$。如果 $\hat{\mathcal{L}}$ 远大于 $\hat{\mathcal{L}}'$，一般模型对数据的拟合显著优于（约束）零假设模型，$T=2(\hat{\mathcal{L}}-\hat{\mathcal{L}}')$ 很大。由于对数似然 $\mathcal{L}(\alpha,\beta)$ 是随机数据的函数，故样本不同，$\mathcal{L}(\alpha,\beta)$ 不同。因此 $\hat{\alpha}$、$\hat{\beta}$、$\hat{\alpha}'$、$\hat{\mathcal{L}}$、$\hat{\mathcal{L}}'$ 和 T 随样本不同而不同，且服从一定的抽样分布。

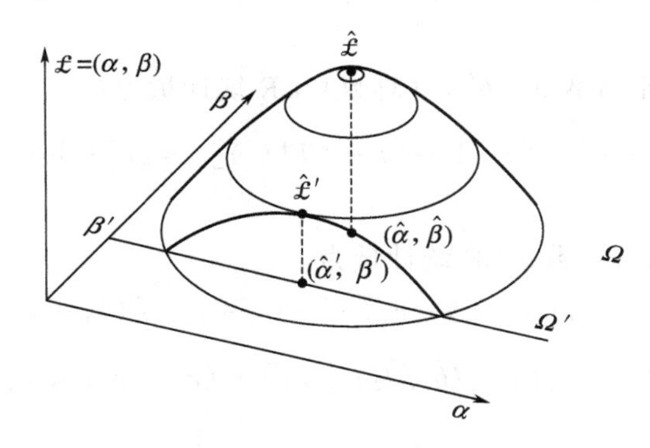

图 9.5-3 对数似然函数与 $\beta=\beta'$ 时的最大对数似然值

（6）临界值

选定的临界值（λ_{α} 或 t_{α}）要使零假设 Ω'为真时拒绝 Ω'的概率很小。选定 t_{α}，故最大拒绝概率等于 α，称 α 为其检验水平（或显著性水平），有

$$\alpha = \max_{\boldsymbol{\theta}\text{in}\Omega'} Pr\{\text{reject}\quad \Omega';\boldsymbol{\theta}\} = \max_{\boldsymbol{\theta}\text{in}\Omega'} Pr\{T > t_{\alpha};\boldsymbol{\theta}\}$$

因此 LR 检验是检验水平为 α 的检验。大体上说，t_{α} 是在零假设子空间 Ω'内的参数值 $\boldsymbol{\theta}$ 下 T 的抽样分布的上 α 分位点。两种确定 T 的抽样分布和 t_{α} 的方法如下：

1）证明 T 是已知抽样分布的统计量 U 的函数，则 LR 检验可利用基于 U 的假设检验的临界值。

2）估计零假设下 T 的抽样分布，得到一个近似临界值。对于多失效样本，零假设 Ω' 下 T 的近似大样本分布是自由度为 $(P-P')$ 的 χ^2 分布，也就是说，$t_{\alpha} \approx \chi^2(1-\alpha;P-P')$。Wilks（1962）、Rao（1973）详述了保证这种近似有效性的关于模型和零假设的正则条件。即使满足这些数学条件，但没有简单的失效数确定规则以使近似足够精确。因此，真实的检验水平通常大于 α。在实践中，通常只有一种近似分布，而由于优于无分布检验，必须使用这种近似分布。边界上的显著性结果并不可信，同时，可以

通过仿真方法评价 T 的抽样分布对 χ^2 分布的近似性。

举例如下。

①实例 A

指数分布的（对数）LR 统计量 $U=2r[-\ln(\hat{\theta}/\theta')-1+(\hat{\theta}/\theta')]$ 是 ML 估计 $\hat{\theta}=T/r$ 的函数。当 $\hat{\theta}=\theta'$ 时，$U=0$，是最小值，且 U 随着 $\hat{\theta}$ 与 θ' 的距离的增大而增大，因此 $\hat{\theta}$ 是 U 的等效统计量。对于定数截尾样本，零假设 $\theta=\theta'$ 下，$2r\hat{\theta}/\theta'$ 服从自由度为 $2r$ 的 χ^2 分布。对于定时截尾样本，$2r\hat{\theta}/\theta'$ 的抽样分布近似为 χ^2 分布。因此等效检验如下：

• 若 $\chi^2(\alpha';\ 2r)\leqslant 2r\hat{\theta}/\theta'\leqslant\chi^2(1-\alpha'';\ 2r)$，接受零假设 $\theta=\theta'$。

• 否则，拒绝该相等性假设。

式中，$\alpha=\alpha'+\alpha''$ 为检验水平，一般 $\alpha'=\alpha''=\alpha/2$。由该等效检验可得单边验证检验：

• 若 $2r\hat{\theta}/\theta'>\chi^2(1-\alpha;\ 2r)$，拒绝零假设 $\theta=\theta'$，即接受产品的平均寿命大于规定值 θ'。

• 若 $2r\hat{\theta}/\theta'\leqslant\chi^2(1-\alpha;\ 2r)$，接受零假设，即拒绝产品的平均寿命不大于规定值 θ'。

近似的 LR 检验为：

• 若 $U=2r[-\ln(\hat{\theta}/\theta')-1+(\hat{\theta}/\theta')]\leqslant\chi^2(1-\alpha;\ 1)$，接受零假设 $\theta=\theta'$。

• 否则拒绝 $\theta=\theta'$。

式中，χ^2 分布的自由度为 $P-P'=1-0=1$，该检验等效于：

• 若 $\rho'\leqslant\hat{\theta}/\theta'\leqslant\rho''$，接受零假设 $\theta=\theta'$。

• 否则，拒绝 $\theta=\theta'$。

式中，$\rho'<1<\rho''$ 是方程 $-\ln(\rho)+\rho=1+\left[\dfrac{\chi^2(1-\alpha;\ 1)}{(2r)}\right]$ 的两个解，该检验与上面第一个检验类似。

②实例 B

对于两个指数分布，LR 检验统计量为 $T=2\{r_1\ln[r_1+r_2(\hat{\theta}_2/\hat{\theta}_1)]+r_2\ln[r_1(\hat{\theta}_1/\hat{\theta}_2)+r_2]-(r_1+r_2)\ln(r_1+r_2)\}$。当 $F\equiv\hat{\theta}_2/\hat{\theta}_1=1$ 时，$T=0$，是最小值，且 T 随着 F 与 1 的距离的增大而增大，因此 F 是 T 的一个等效统计量。对于定数截尾样本，零假设 $\theta_1=\theta_2$ 下，F 服从分子自由度为 $2r_2$、分母自由度为 $2r_1$ 的 F 分布。对于定时截尾数据，$F=\hat{\theta}_2/\hat{\theta}_1$ 的抽样分布近似于 F 分布，于是等效检验为：

• 若 $F(\alpha';\ 2r_2,\ 2r_1)\leqslant F\leqslant F(1-\alpha'';\ 2r_2,\ 2r_1)$，接受零假设 $\theta_1=\theta_2$。

• 否则，拒绝该相等性假设。

式中，$\alpha=\alpha'+\alpha''$ 为检验水平，$F(\alpha';\ 2r_2,\ 2r_1)$ 是分子自由度为 $2r_2$、分母自由度为 $2r_1$ 的 F 分布的 $100\alpha'\%$ 分位数。由该双边检验可以得到一种单边检验。近似的单边 LR 检验为：

• 若 $T=2\{r_1\ln[r_1+r_2F]+r_2\ln[r_1/F+r_2]-(r_1+r_2)\ln(r_1+r_2)\}\leqslant\chi^2(1-\alpha;1)$，接受零假设 $\theta_1=\theta_2$。

• 否则，拒绝该相等性假设。

式中，χ^2 分布的自由度为 $P-P'=2-1=1$。该检验等效于：

• 若 $F'\leqslant F\leqslant F''$，接受 $\theta_1=\theta_2$。

• 否则，拒绝 $\theta_1=\theta_2$。

式中，$F'<1<F''$ 是方程 $T=2\{r_1\ln[r_1+r_2F]+r_2\ln[r_1/F+r_2]-(r_1+r_2)\ln(r_1+r_2)\}=\chi^2(1-\alpha;1)$ 的两个解。

③实例 C

对于简单线性-指数模型，统计量 T 的抽样分布不能以其他已知分布的统计量来表示，近似 LR 检验为：

• 若 $T\leqslant\chi^2(1-\alpha;1)$，接受零假设 $\alpha+\beta x'=\alpha'$。

• 若 $T>\chi^2(1-\alpha;1)$，拒绝 $\alpha+\beta x'=\alpha'$。

式中，χ^2 分布的自由度为 $P-P'=2-1=1$。

④实例 D

对于简单线性-（对数）正态模型，通过大规模的代数运算（习题 9.11），得 LR 检验统计量 $T=n\cdot\ln\{1+[t^2/(n-2)]\}$。对于差值 $m'-\alpha'$ 来说，式中 $t=(m'-\alpha')/\{\hat{\nu}[(1/n)+(x'-\bar{x})^2/S_{xx}]\}^{1/2}$，是 t 分布统计量（自由度为 $n-2$），而 m' 是 $\mu(x')$ 的最小二乘估计。$t=0$ 即 $m'=\alpha'$ 时，$T=0$，并且 T 是 $|t|$ 的单调增函数。因此 $|t|$ 是一个 T 的等价统计量，则（精确的）等效检验为：

• 如果 $|t|\leqslant t[1-(\alpha/2);n-2]$，接受零假设 $\mu(x')=\alpha'$。

• 否则，拒绝该等式。

式中，$t[1-(\alpha/2);n-2]$ 是自由度为 $n-2$ 的 t 分布的 $100[1-(\alpha/2)]\%$ 分位数，α 是检验水平。由该双边检验可得如下单边验证检验：

• 若 $t\leqslant t[1-\alpha;n-2]$，拒收产品，产品的平均寿命未显著大于 $\mu(x')=\alpha'$。

• 若 $t>t[1-\alpha;n-2]$，在置信水平 $100(1-\alpha)\%$ 下接收产品，即产品的平均寿命显著大于 $\mu(x')=\alpha'$。

近似的双边 LR 检验（检验水平 α）为：

• 若 $n\cdot\ln\{1+[t^2/(n-2)]\}\leqslant\chi^2(1-\alpha;1)$，接受零假设 $\mu(x')=\alpha'$。

• 否则，拒绝 $\mu(x')=\alpha'$。

式中，χ^2 分布的自由度为 $P-P'=3-2=1$。由该双边检验也可以得到近似的单边检验。

(7) 检验 K 个参数相等

由一般理论可以导出 K 个对应参数相等的 LR 检验（9.4 节）。设有 K 个独立样本，采用含有 J 个参数的同一模型，样本 k 的模型参数为 $\gamma_{1k},\gamma_{2k},\cdots,\gamma_{Jk}$。参数空间 Ω 的维数 $P=J\cdot K$，由所有可能的点 $(\gamma_{11},\cdots,\gamma_{J1};\cdots;\gamma_{1K},\cdots,\gamma_{JK})$ 组成。零（相等性）假设 $\gamma_{11}=\gamma_{12}=\cdots=\gamma_{1K}=\gamma_1$（共同值）的子空间 Ω' 由所有可能的点

$(\gamma_1, \gamma_{21}, \cdots, \gamma_{J1}; \cdots; \gamma_1, \gamma_{2K}, \cdots, \gamma_{JK})$ 组成，其维数为 $P' = JK - (K-1)$ 。

设样本 k 的对数似然函数为 $\mathcal{L}_k(\gamma_{1k}, \cdots, \gamma_{Jk})$，则有一般模型的对数似然函数为 $\mathcal{L}(\gamma_{11}, \cdots, \gamma_{J1}; \cdots; \gamma_{1K}, \cdots, \gamma_{JK}) = \mathcal{L}_1(\gamma_{11}, \cdots, \gamma_{J1}) + \cdots + \mathcal{L}_K(\gamma_{1K}, \cdots, \gamma_{JK})$，零假设模型的对数似然函数为

$$\mathcal{L}'(\gamma_1,\gamma_{21},\cdots,\gamma_{J1};\cdots;\gamma_1,\gamma_{2K},\cdots,\gamma_{JK}) = \mathcal{L}_1(\gamma_1,\gamma_{21},\cdots,\gamma_{J1}) + \cdots + \mathcal{L}_K(\gamma_1,\gamma_{2K},\cdots,\gamma_{JK})$$

在参数空间 Ω 内，ML 估计 $\hat{\gamma}_{1k}, \cdots, \hat{\gamma}_{Jk}$ 使对数似然函数 $\mathcal{L}_k(\gamma_{1k}, \cdots, \gamma_{Jk})$ 的值最大，即采用模型单独拟合样本 k 得到样本模型参数的 ML 估计和最大对数似然值 $\hat{\mathcal{L}}_k$ 。组合样本的无约束最大对数似然值为 $\hat{\mathcal{L}} = \hat{\mathcal{L}}_1 + \cdots + \hat{\mathcal{L}}_K$ 。在子空间 Ω' 内，ML 估计 $(\hat{\gamma}'_1; \hat{\gamma}'_{21}, \cdots, \hat{\gamma}'_{J1}; \cdots; \hat{\gamma}'_{2K}, \cdots, \hat{\gamma}'_{JK})$ 使零假设下的对数似然函数 $\mathcal{L}'()$ 取最大值 $\hat{\mathcal{L}}'$ 。LR 检验统计量 $T = 2(\hat{\mathcal{L}} - \hat{\mathcal{L}}')$ 。零假设下，T 的分布近似为自由度为 $P - P' = J \cdot K - [JK - (K-1)] = K - 1$ 的 χ^2 分布。由于各样本统计独立，且各样本模型没有共同的参数值，故在一般模型的参数空间 Ω 内，不同样本的参数估计也是统计独立的。而在约束模型参数子空间 Ω'内，$\hat{\gamma}'_1$ 是共同估计，其他参数估计一般是相关的（不是统计独立的）。

（8）检验 K 个模型相同

由一般理论可以导出 K 个模型相同的 LR 检验（9.4 节）。设有 K 个独立样本，采用含有 J 个参数的同一模型，样本 k 的模型参数为 $\gamma_{1k}, \gamma_{2k}, \cdots, \gamma_{Jk}$ 。参数空间 Ω 的维数 $P = J \cdot K$ ，由所有可能的点 $(\gamma_{11}, \cdots, \gamma_{J1}; \cdots; \gamma_{1K}, \cdots, \gamma_{JK})$ 组成。零（相等性）假设为 $\gamma_{11} = \cdots = \gamma_{1K} = \gamma_1$（共同值），$\cdots$，$\gamma_{J1} = \cdots = \gamma_{JK} = \gamma_J$（共同值），其参数子空间 Ω'由所有可能的点 $(\gamma_1, \cdots, \gamma_J; \cdots; \gamma_1, \cdots, \gamma_J)$ 组成，维数为 $P' = J$ 。

设样本 k 的对数似然函数为 $\mathcal{L}_k(\gamma_{1k}, \cdots, \gamma_{Jk})$ ，则一般模型的对数似然函数为 $\mathcal{L} = \mathcal{L}(\gamma_{11}, \cdots, \gamma_{J1}; \cdots; \gamma_{1K}, \cdots, \gamma_{JK}) = \mathcal{L}_1(\gamma_{11}, \cdots, \gamma_{J1}) + \cdots + \mathcal{L}_K(\gamma_{1K}, \cdots, \gamma_{JK})$ ，零假设模型的对数似然函数为 $\mathcal{L}'(\gamma_1, \cdots, \gamma_J) = \mathcal{L}_1(\gamma_1, \cdots, \gamma_J) + \cdots + \mathcal{L}_K(\gamma_1, \cdots, \gamma_J)$ 。参数空间 Ω 内，ML 估计 $\hat{\gamma}_{1k}, \cdots, \hat{\gamma}_{Jk}$ 使对数似然函数 $\mathcal{L}_k(\gamma_{1k}, \cdots, \gamma_{Jk})$ 的值最大，即采用模型单独拟合样本 k 得到样本模型参数的 ML 估计和最大对数似然值 $\hat{\mathcal{L}}_k$ ，从而得到 $\hat{\mathcal{L}} = \hat{\mathcal{L}}_1 + \cdots + \hat{\mathcal{L}}_K$ 。子空间 Ω'内的 ML 估计 $\hat{\gamma}'_1, \cdots, \hat{\gamma}'_J$ 最大化 $\mathcal{L}'(\gamma_1, \cdots, \gamma_J)$ ，其最大对数似然值为 $\hat{\mathcal{L}}'$ 。由于 $\mathcal{L}'$ 是单个模型和合并数据的对数似然函数，故可以采用一个模型拟合来自所有 K 个样本的合并数据得到 ML 估计 $\hat{\gamma}'_1, \cdots, \hat{\gamma}'_J$ 。零假设下，LR 检验统计量 $T = 2(\hat{\mathcal{L}} - \hat{\mathcal{L}}')$ 近似服从自由度为 $P - P' = JK - J = J(K-1)$ 的 χ^2 分布。

（9）施行特征函数

假设检验的施行特征（OC）函数是检验拒绝零假设 Ω'的概率 $P\{T > t_\alpha; \boldsymbol{\theta}\}$ ，是 Ω 内参数 $\boldsymbol{\theta} = (\theta_1, \cdots, \theta_P)$ 的函数。LR 检验的 OC 函数给出了 LR 检验的功效。有时 T 的分布已知或 LR 检验等效于某统计量分布已知的检验，如实例 A、B、D。因此可以从多种来源获取 OC 函数，如 Kraemer 和 Thiemann（1987）。如果 T 的抽样分布未知，如实例 C，则不能得到精确的 OC 函数。下述结论保证了近似 LR 检验对于多失效大样本是“优

良”的（相容的）。

（10）相容性

如果对于备择假设子空间 $\Omega-\Omega'$ 内任意一点 $\boldsymbol{\theta}$，随着样本量 $n\rightarrow\infty$，$P\{\text{reject }\Omega';\boldsymbol{\theta}\}\rightarrow 1$，则称与备择假设 $\Omega-\Omega'$ 对应的零假设 Ω' 的检验水平为 α 的检验是相容检验。这恰好说明，如果样本量足够大，当零假设不真（如 $\boldsymbol{\theta}$ 属于 $\Omega-\Omega'$）时，检验几乎必然拒绝零假设。例如，设 y_1，…，y_n 来自正态分布，分布的均值 μ 未知，标准差 σ_0 已知，设零假设 Ω' 为 $\mu=\mu_0$，备择假设为 $\mu\neq\mu_0$。检验水平 α 下的检验为：如果 $|\bar{y}-\mu_0|\leqslant\dfrac{K\sigma_0}{n^{\frac{1}{2}}}$，接受 Ω'；如果 $|\bar{y}-\mu_0|>\dfrac{K\sigma_0}{n^{\frac{1}{2}}}$，拒绝 Ω'。其中 K 是标准正态分布的 $100(1-\alpha/2)\%$ 分位数。则有 $P\{\text{reject }\Omega';\mu\}=P\{|\bar{y}-\mu_0|>K\sigma_0/n^{1/2};\mu\}=\Phi\{[\mu_0-K(\sigma_0/n^{1/2})-\mu](n^{1/2}/\sigma_0)\}+1-\Phi\{[\mu_0+K(\sigma_0/n^{1/2})-\mu](n^{1/2}/\sigma_0)\}$。当 $\mu\neq\mu_0$ 时，随着 $n\rightarrow\infty$，$P\{\text{reject }\Omega';\mu\}\rightarrow 1$，因此检验是相容的。一般来说，在关于模型 $F(y_1,\cdots,y_n;\boldsymbol{\theta})$ 的某些条件下，LR 检验是相容的。也就是说，如果 T_n 是基于 n 个失效的对数 LR 检验统计量，则对于任意 $\boldsymbol{\theta}\in\Omega-\Omega'$，随着 $n\rightarrow\infty$，$P\{T_n>\chi^2(1-\alpha',P-P');\boldsymbol{\theta}\}\rightarrow 1$。而且 LR 检验比其他检验更快达到该极限。因此，似然比检验被称为“渐近”一致最优势检验。早期的陈述往往不精确，Rao（1973）和 Wilks（1962）规定了相容检验的正则条件并证明了这一相容性结论。此外，他们和 Nelson（1977）介绍了渐近 OC 函数的计算方法。

9.5.3 相关检验

本节介绍两种与 LR 检验渐近等效的检验方法——Rao 检验和 Wald 检验。在某些实践应用中，这两种检验比 LR 检验更容易计算。

（1）Rao 检验

Rao（1973，P418）规定了如下检验统计量。设 $P\times 1$ 阶得分（score）列向量为

$$\boldsymbol{S}(\boldsymbol{\theta})=(\partial\pounds/\partial\theta_1,\cdots,\partial\pounds/\partial\theta_P)^{\mathrm{T}}$$

式中，$\pounds$ 是样本的对数似然函数，$\boldsymbol{\theta}=(\theta_1,\cdots,\theta_P)$ 是 Ω 内的向量，包含一般模型的 P 个参数。零假设 Ω' 下，得分向量 $\boldsymbol{S}(\boldsymbol{\theta})$ 的数学期望是 $\mathbf{0}$ 向量。否则，其数学期望不等于 $\mathbf{0}$ 向量。Ω 内 $P\times P$ 理论 Fisher 矩阵记为

$$\boldsymbol{F}(\boldsymbol{\theta})=\{-E[\partial^2\pounds/\partial\theta_p\partial\theta_{p'}]\}=\{-E[(\partial\pounds/\partial\theta_p)(\partial\pounds/\partial\theta_{p'})]\},p,p'=1,\cdots,P$$

设 $\hat{\boldsymbol{\theta}}'=(\hat{\theta}'_1,\cdots,\hat{\theta}'_P)'$ 是零假设的 P' 维子空间 Ω' 内的 ML 估计的 $P\times 1$ 阶列向量。例如，$\hat{\theta}'_p$ 可能是 a）常数，b）等于其他 $\hat{\theta}'_{p'}$，或 c）其他 $\hat{\theta}_p$ 的函数。对于零假设 $\boldsymbol{\theta}\in\Omega'$，Rao 统计量是二次型

$$R=\boldsymbol{S}'(\hat{\boldsymbol{\theta}}')[\boldsymbol{F}(\hat{\boldsymbol{\theta}}')]^{-1}\boldsymbol{S}(\hat{\boldsymbol{\theta}}')$$

该统计量是得分向量观测值与 $\mathbf{0}$ 向量之间距离的度量。零假设下，R 渐近等于对数 LR 检验统计量和下文的 Wald 检验统计量，即 R 渐近服从自由度为 $P-P'$ 的 χ^2 分布。由于 $\boldsymbol{F}(\boldsymbol{\theta})$ 的数学期望很难计算，R 不适宜用于多重截尾数据，此时可以采用 Fisher 信息阵

的局部估计进行计算，大多数 ML 程序都可以给出，如 Preston 和 Clarkson（1980）编写的 SURVREG 程序。R 仅需计算零假设下未知参数的 ML 估计，避免了计算一般模型的 ML 估计时可能需要的大量计算。

（2）泊松分布 λ_k 相等

下面是 Rao 检验的一个实例。设 Y_1，…，Y_K 是独立的泊松分布量，λ_k 为发生率，t_k 是观测时间长度，$k=1$，…，K。零假设为 $\lambda_1=\cdots=\lambda_K$，零假设下的样本对数似然函数为

$$\mathcal{L}(\lambda_1,\cdots,\lambda_K)=\sum_{k=1}^{K}[-\lambda_k t_k+Y_k\ln(\lambda_k t_k)-\ln(Y_k!)]$$

得分向量的第 k 项为 $\partial\mathcal{L}/\partial\lambda_k=-t_k+(Y_k/\lambda_k)$，$k=1,\cdots,K$。零假设下 $\hat{\lambda}'_1=\cdots\hat{\lambda}'_K=\hat{\lambda}'=(Y_1+\cdots+Y_K)/(t_1+\cdots+t_K)$，则得分向量为

$$\boldsymbol{S}(\hat{\lambda}'_1,\cdots,\hat{\lambda}'_K)=[-t_1+(Y_1/\hat{\lambda}'),\cdots,-t_K+(Y_K/\hat{\lambda}')]'$$

Fisher 矩阵的各项分别为

$$E\{-\partial^2\mathcal{L}/\partial\lambda_k^2\}=E\{Y_k/\lambda_k^2\}=\lambda_k t_k/\lambda_k^2=t_k/\lambda_k$$

$$E\{-\partial^2\mathcal{L}/\partial\lambda_k\partial\lambda_k'\}=E\{0\}=0 \text{ 当 } k\neq k'$$

Fisher 矩阵是对角阵，零假设下，可用 $\hat{\lambda}'_k=\hat{\lambda}'$ 替换 λ_k 计算其估计值。则 Rao 检验统计量为

$$R=[(Y_1/\hat{\lambda}')-t_1,\cdots,(Y_K/\hat{\lambda}'-t_K]\begin{bmatrix} t_1/\hat{\lambda}' & & 0 \\ & \ddots & \\ 0 & & t_K/\hat{\lambda}' \end{bmatrix}^{-1}\begin{bmatrix}(Y_1/\hat{\lambda}')-t_1 \\ \vdots \\ (Y_K/\hat{\lambda}')-t_K\end{bmatrix}$$

$$=\sum_{k=1}^{K}(Y_k-\hat{\lambda}'t_k)^2/(\hat{\lambda}'t_k)$$

这就是泊松分布发生率相等的 χ^2 分布检验统计量（二次型）［Nelson（1982，第 10 章）］。零假设下，R 渐近服从自由度为 $K-1$ 的 χ^2 分布。

（3）Wald 检验

Rao（1973，P419）规定了 Wald 检验统计量，与 LR 检验统计量渐近等效。设零假设子空间 Ω' 由下面 Q 个约束条件指定

$$h_1(\theta_1,\cdots,\theta_P)=0,\cdots,h_Q(\theta_1,\cdots,\theta_P)=0$$

检验采用 $P\times Q$ 偏微分矩阵

$$\boldsymbol{H}(\boldsymbol{\theta})=\{\partial h_q/\partial\theta_p\},q=1,\cdots,Q,p=1,\cdots,P$$

该矩阵依赖于 $\boldsymbol{\theta}$。设 $\hat{\boldsymbol{\theta}}=(\hat{\theta}_1,\cdots,\hat{\theta}_P)'$ 是一般模型参数空间 Ω 内的 ML 估计，其渐近协方差矩阵记为 $\boldsymbol{\Sigma}_{\hat{\theta}}(\boldsymbol{\theta})$，依赖于 $\boldsymbol{\theta}$。$\hat{\boldsymbol{h}}=\boldsymbol{h}(\hat{\boldsymbol{\theta}})$ 表示 $\hat{\boldsymbol{\theta}}$ 处的约束 ML 估计的 $Q\times1$ 阶向量，$\boldsymbol{h}(\hat{\boldsymbol{\theta}})$ 的渐近协方差矩阵是 $Q\times Q$ 矩阵

$$\boldsymbol{\Sigma}_{\hat{h}}(\boldsymbol{\theta})=\boldsymbol{H}'(\boldsymbol{\theta})\boldsymbol{\Sigma}_{\hat{\theta}}(\boldsymbol{\theta})\boldsymbol{H}(\boldsymbol{\theta})$$

其估计值通过在 $\boldsymbol{\theta}=\hat{\boldsymbol{\theta}}$ 处的导数和 $\boldsymbol{\Sigma}_{\hat{\theta}}$ 的 ML 估计或局部估计得到。零假设（Q 个约束）的 Wald 检验统计量为

$$W=\boldsymbol{h}'(\hat{\boldsymbol{\theta}})[\boldsymbol{\Sigma}_{\hat{h}}(\hat{\boldsymbol{\theta}})]^{-1}\boldsymbol{h}(\hat{\boldsymbol{\theta}})$$

该统计量是约束观测值的二次型，是约束观测值与 0 之间距离的度量。（约束）零假设下，W 渐近等于对数 LR 检验统计量和 Rao 检验统计量，即 W 服从自由度为 Q 的 χ^2 分布。W 适宜用于多重截尾数据，可以采用 $\boldsymbol{\Sigma}_{\hat{\theta}}(\boldsymbol{\theta})$ 的局部估计代替其 ML 估计。大部分 ML 程序给出的是其局部估计。W 仅需一般模型未知参数的 ML 估计，以便于计算，这是因为计算约束零假设模型的 ML 估计通常需要专用功能，而相当多的 ML 程序中并不包含此类专用功能。

（4）减振器实例

假设烤箱用老型和新型减振器的寿命试验数据服从正态分布，可以通过假设检验来比较这两种减振器。假设 $\sigma_O=\sigma_N=\sigma$，零假设为：$\mu_O=\mu_N$；备择假设为：$\mu_O\neq\mu_N$。将零假设表述为 $Q=1$ 个约束条件，有 $h_1(\mu_O,\mu_N,\sigma)=\mu_O-\mu_N=0$。其偏导数为 $\partial h_1/\partial\mu_O=1$，$\partial h_1/\partial\mu_N=-1$，$\partial h_1/\partial\sigma=0$，偏导数矩阵为（列向量）$\boldsymbol{H}=(1\quad -1\quad 0)^{\mathrm{T}}$。零假设下，分布参数的 ML 估计为 $\hat{\mu}_O=974.3$，$\hat{\mu}_N=1\,061.3$，$\hat{\sigma}=458.4$，参数 ML 估计的协方差矩阵的局部估计为

$$\begin{array}{cc} & \begin{array}{ccc}\hat{\mu}_O & \mu & \sigma\end{array} \\ \boldsymbol{\Sigma}^*_{\hat{\theta}}= & \begin{bmatrix}7\,930.31 & 1\,705.42 & 2\,325.45\\ 1\,705.42 & 8\,515.93 & 2\,435.20\\ 2\,325.45 & 2\,435.20 & 3\,320.58\end{bmatrix}\end{array}$$

$\hat{\boldsymbol{h}}_1$ 的 1×1 协方差矩阵的估计值为 $\boldsymbol{\Sigma}^*_{\hat{h}}=(1\quad -1\quad 0)\boldsymbol{\Sigma}^*_{\hat{\theta}}(1\quad -1\quad 0)^{\mathrm{T}}=13\,035.7$。Wald 检验统计量为 $W=(974.3-1\,061.3)'(13\,035.7)^{-1}(974.3-1\,061.3)=0.58$。当 $\mu_O=\mu_N$ 时，W 近似服从自由度为 1 的 χ^2 分布。由于 $W=0.58<2.706=\chi^2(0.90;1)$，则在显著性水平 10%下，两个均值无显著差异。

习题（* 表示困难或复杂）

9.1 绝缘油。分析 9.2 节的绝缘油数据，剔除形状参数估计值严重偏低的 32 kV 数据。

(a) 重做 9.2 节进行的所有分析，说明结论有何变化？

(b) 在适当的坐标纸上绘制（a）中得到的全部点估计和置信区间。

9.2 幂律-对数正态模型。采用幂律-对数正态模型重新分析 9.2 节中的绝缘油数据，说明结论有何不同。

9.3 Arrhenius - Weibull 模型。采用 Arrhenius - Weibull 模型重新分析 9.4 节中 3 种电动机绝缘系统的数据，说明结论有何显著不同。判断模型拟合是否充分。

9.4* 变压器油。利用习题 8.4 中的变压器油数据，采用习题 4.10 中的第一个模型，

(a) 采用 LR 检验和置信区间，比较两个样本寿命-应力关系中的每个系数，绘制系数单独的和两两对应的置信区间图形。

(b) 重复 (a) 比较 Weibull 分布形状参数。

(c) 同时比较所有模型参数。

(d) 进一步分析数据，如采用习题 4.10 推荐的其他寿命-应力关系。

(f) 绘制样本数据的概率图和寿命-应力关系图。

9.5 $1 000 000 试验。完成习题 3.9 中数据的 ML 比较，将各循环速率得到的数据视作独立样本，对每个样本分别进行 Arrhenius -对数正态模型拟合。若愿意将数据作为区间数据处理。

(a) 采用 LR 检验和置信区间，比较样本激活能，绘制单独的和两两对应的置信区间图形。

(b) 重复 (a) 比较斜率系数。

(c) 重复 (a) 比较对数标准差。

(d) 同时比较所有模型参数。

(e) 进一步分析数据。

(g) 绘制数据的概率图和寿命-应力关系图。

(h) 为绝缘工程师编写一份简要报告，陈述你的分析和结论。

9.6 金-铝粘合剂。利用习题 8.3 的数据：

(a) 完成 9.4 节中的所有 ML 比较。

(b) 在适当的坐标纸上绘制第 8 章的精确置信区间和检验统计量以及 9.4 节的置信区间和检验统计量。评述比较结果，尤其是采用近似 ML 方法得到的结论是否不同？

9.7 精确置信区间。计算 McCool (1974、1981) 得到的绝缘油数据的 7 个 Weibull 形状参数的 99%精确置信区间。在适当的坐标纸上绘制这 7 个形状参数的精确置信区间、正态近似置信区间，及对应的点估计。由该 93%联合置信区间可以得到哪些结论？

9.8 继电器。利用习题 3.11 中两种继电器的数据进行所有 ML 比较，如果可能，绘制点估计和置信区间图形，并绘制数据的危险图和寿命-应力关系图。

9.9* 疲劳极限。利用习题 5.14 中的疲劳数据进行所有 ML 比较，并绘制数据的寿命-应力关系图。为疲劳专家编写一份简要报告，总结你的结论，并根据需要加入计算结果、图形等。

9.10* 线性-指数模型。对于 9.5 节实例 C，假设有两个试验应力水平，且数据为多重定时截尾数据。

(a) 推导指定应力水平 x_0 下平均寿命的 LR 置信区间公式。

(b) 推导指定应力水平 x_0 下斜率系数的 LR 置信区间公式。

(c) 推导指定应力水平 x_0 下截距系数的 LR 置信区间公式。

9.11* 线性-对数正态模型。对于 9.5 节实例 D，给出所有公式的推导步骤，特别

地，说明 LR 统计量是 t 分布统计量的函数。

9.12* Behrens - Fisher 问题。利用单一加速变量的加速寿命试验比较两种产品的样本，假设每种产品的对数寿命符合简单线性-正态模型，但两种产品的模型参数真值不同。此外，假设样本数据是完全数据。

(a) 推导两个 σ 相等的似然比（LR）检验。

(b) 推导两个对数标准差比值的正态置信区间和 LR 置信区间。

(c) 比较（b）得到的置信区间与基于 F 统计量的精确置信区间（第 8 章）的宽度。

(d) 假设其他参数不同，推导设计应力水平下两个对数寿命均值相等的 LR 检验。

(e) 推导设计应力水平下两个对数寿命均值差值的正态置信区间和 LR 置信区间。

(f) 比较（e）得到的置信区间与假设 σ 相等时对数寿命均值差值常用的 t 分布置信区间的宽度。

(g) 假设其他参数不同，推导两个斜率系数相等的 LR 检验。

(h) 推导两斜率系数差值的正态置信区间和 LR 置信区间。

(i) 比较（h）得到的置信区间与假设 σ 相等时两个斜率系数差值的精确置信区间的宽度。

(j) 利用上述结果进行三种电动机绝缘系统数据的两两 LR 比较，并比较 200 ℃下的对数寿命均值。

9.13* Bartlett（巴特利特）检验。采用对数正态分布，并假设 J 个试验应力水平下的数据为完全数据，推导这 J 个应力水平下对数标准差相同的 LR 检验。

(a) 假设 σ_j ，μ_j 皆不同，写出样本对数似然函数。

(b) 推导似然方程，求解得到 $\hat{\sigma}_j$ ，$\hat{\mu}_j$ 。

(c) 利用（b）的解计算最大对数似然值 $\hat{\mathcal{L}}$ 。

(d) 假设 J 个应力水平下的对数标准差有共同值 σ' ，μ'_j 各不相同，写出数据的样本对数似然函数。

(e) 推导对数似然方程，求解得到共同参数估计值 $\hat{\sigma}'$ 和各 μ'_j 的估计值 $\hat{\mu}'_j$ 。

(f) 利用（e）的解计算最大对数似然值 $\hat{\mathcal{L}}'$ 。

(g) 计算 LR 统计量，它不同于 Bartlett 检验统计量（第 8 章），Bartlett 检验统计量中的因子 C 提高了其近似性。

(h) 说明 LR 检验及其近似 χ^2 分布的自由度。

(i*) 设每个应力水平下的数据为定时截尾数据，重做（a）～（h）。

9.14 习题 9.13 再分析。针对习题 9.13，推导 Wald 检验。设 $J-1$ 个约束条件为：$h_q=\sigma_q-\sigma_{q+1}=0$，$q=1, 2, \cdots, J-1$，

(a) 计算 h_q 关于模型参数 σ_j，μ_j 的一阶偏导矩阵。

(b) 推导 ML 估计 $\hat{\sigma}_j$ ，$\hat{\mu}_j$ 的理论协方差矩阵及其逆矩阵。

(c) 推导 Wald 检验统计量，说明其近似 χ^2 分布的自由度，并陈述 Wald 检验。

(d) 对 H 级绝缘系统数据进行 Wald 检验，并陈述你的结论。

(e) 利用转换参数 $\theta_j=\ln(\sigma_j)$ 重做 (a) ～ (d)。

(f) 利用可提高近似性的标准化转换 $\theta_j=\sigma_j^{\frac{1}{3}}$ ，重做 (a) ～ (d)。

(g*) 设各应力水平下的数据为单一定时截尾数据，重做 (a) ～ (f)。

9.15　线性度检验。利用 9.5 节的 LR 原理推导第 5 章 5.3.3 节中简单线性-对数正态模型的线性度检验，陈述所有模型和假设。

9.16　GaAs 场效应管验证试验。推导习题 6.19 验证试验的渐近 OC 函数，采用数值方法进行计算，并画出其与 125 ℃下中位寿命的关系曲线。

第 10 章　步进和变应力模型及数据分析

（1）目的

本章介绍步进应力和变应力寿命试验的累积损伤模型和数据分析方法，此处累积损伤模型用于评估产品可靠性，但对于那些用“大象”试验辨识和确定失效模式的人来说也是有益的基础。累积损伤模型也可以用于在变应力下运行的产品寿命的评估。阅读本章必要的基础包括第 1 章中关于步进应力和变应力寿命试验的描述、第 2 章的恒定应力加速试验模型、第 5 章的 ML 拟合，可能还需要第 9 章的 ML 比较。

（2）局限

变应力试验和累积损伤模型存在一些局限，包括：

• 正如在第 1 章提到的，步进应力和斜坡应力试验可用于快速激发故障。但是，这类试验的估计精度和试验时间长短成反比，不能得到比相同时间的恒定应力试验更精确的结果。但当失效数很多时，可以得到较好的近似结果。

• 类似于 10.2.2 节和 10.3.2 节中的模型适用于单一失效模式。如果产品具有多个失效模式，每一个都应当用一个单独的模型描述，然后再按照第 7 章的方法将这些模型组合在一起。10.2.2 节和 10.3.2 节中的基本积累损伤模型是一种简单、合理的模型，并已在一些实践中得到应用，它相当于此类模型的简单导引。在实践应用中，可能需要更复杂的模型。

• 在实践中，保持应力不变显然要比让它按规定的方式精确变化更加简单。因此变应力试验较恒定应力试验多一个试验误差源。

（3）概述

10.1 节简要总结累积损伤模型的理论与应用情况。针对步进应力试验，10.2 节给出实例数据，导出累积损伤模型，并介绍模型的 ML 拟合方法。10.3 节介绍任意形式的变应力试验的累积损伤模型及其 ML 拟合方法。广义累积损伤模型见式（10.3 - 3）、式（10.3 - 4）。本章其余部分介绍累积损伤模型的特例及其他数学表述。

10.1　变应力试验理论综述

（1）目的

本节简要总结变应力加速试验累积损伤模型的部分参考文献。很多作者指出这种模型还未得到充分的试验验证。因此所有模型都需要风险评估。本节的总结涉及早期工作，金属疲劳，电子产品，其他产品以及统计学上的进展。

(2) 早期工作

Yurkowski等(1967)总结了在变应力试验工程应用、物理原理和统计理论方面的早期工作。此后，变应力试验在物理模型和工程应用方面的进展很少，但在模型数据拟合的统计方法方面取得了进展，并实现了计算机化，因此，实际上任何模型都可以用于变应力试验数据的拟合。

(3) 金属疲劳

变载荷下的金属疲劳问题是一个重要的研究领域。疲劳方面的专家提出并评价了多个累积损伤模型。大量的持续研究表明人们对变载荷下疲劳问题的认识还不充分。Saunders (1970，1974)简要总结了疲劳累积损伤模型，Murthy和Swartz (1972，1973)提供了相关文献目录。最简单的累积损伤模型是Miner法则，由Palmgren在1924年提出，Miner在1945年将其公式化推广。Miner法则是一个基于线性损伤理论的确定性模型，尽管它对于金属疲劳不是很适用，但还是被广泛地应用。本章的基本累积损伤模型是Miner准则的概率延伸。论述此类模型的疲劳专著包括Bolotin (1969)，Bogdanoff和Kozin (1984)。Prot (1948)首先提出将斜坡应力运用到疲劳试验中，同时，很多疲劳试验的载荷谱是随机载荷。Jaros和Zaludova (1972)以及Holm和de Mare (1988)建立了随机载荷下的疲劳寿命模型。

(4) 电子产品

步进应力和序进应力试验广泛用于暴露电子产品的失效模式(大象试验)，因此可以脱离产品进行试验设计。下面的参考文献论述另一个问题——电子产品的可靠性评估。在早期的应用中，Endicott等(1961a、b，1965)，Starr和Endicott (1961)开展了线性增长电压(斜坡应力)下的电容试验。Hatch、Endicott等(1962)发表了他们使用的累积损伤模型(本书10.3.2节)，其斜坡应力数据与恒定应力数据一致。Yurkowski等(1967)提到了大量的电子产品的应用案例。

(5) 其他产品

Goba (1969)关于电气绝缘材料热老化的文献目录列出了步进应力试验和模型的参考文献。Rosenberg等(1986)，Yoshioka等(1987)提出了关于医药稳定性的模型。Rabinowicz等(1970)发表了关于灯泡、手用电钻、电动机和轴承滚珠的寿命试验报告，他们采用设计应力水平和过应力水平交替的应力，得出Miner准则可以描述这些产品的寿命的结论。习题10.17给出了Rabinowicz确定性模型的统计描述。

(6) 统计学上的进展

工程和物理学专家提出的大部分累积损伤模型都是确定性的，统计学家将这些模型扩展为不确定性模型。例如，Birnbaum和Saunders (1968)提出了Miner准则的概率形式，Shaked和Singpurwalla (1983)归纳出10.2节的基本模型的一般化形式。此外，统计学家研究了这些模型的ML拟合方法和适用性评价方法。现在这些方法可以进行大多数模型的数据拟合。Yurkowski等(1967)总结了早期统计学方法。Allen (1959)提出了一种累积损伤模型，并用其进行了数据分析。Nelson (1980)最先用ML方法进行了步进应力试验数据的累积损伤模型的拟合。Schatzoff 和 Lane（1987）将这个模型扩展到多个加速应力和区间数据，并开发出一套优化试验方案的程序。Miller 和 Nelson（1983）提出了简单步进应力试验的最优试验方案。Tobias 和 Trindade（1986）编写的教科书中用一节的内容介绍了步进应力试验。本章首次从统计角度论述这一主题。

10.2 步进应力模型和数据分析

本节给出一个步进应力试验数据实例，介绍步进应力试验基本模型，以及模型数据的最大似然（ML）拟合方法。这是对 Nelson（1980）研究工作的详尽阐述。

10.2.1 步进应力数据

（1）目的

以表 10.2-1 中的数据为例介绍步进应力数据的基本模型和分析方法。开展低温电缆绝缘材料步进应力试验，评估该绝缘材料在恒定设计应力 400 V/mil 下的寿命。并将该电缆绝缘材料与另一种绝缘材料进行比较。

（2）数据

先将每个样品在应力水平 5 kV、10 kV、15 kV、20 kV 下各试验 10 min，然后进入第 5 步在 26 kV 下试验。其中一组试样在如下第 5 到 11 步的每个应力下试验 15 min，其他三组在第 5 到 11 步的每个应力下分别试验 60 min，240 min 和 960 min。因而共有四种步进应力形式。

应力步	5	6	7	8	9	10	11
电压/kV	26.0	28.5	31.0	33.4	36.0	38.5	41.0

第 1 章图 1.3-2 描述了步进应力加载方式和数据，表 10.2-1 列出了绝缘材料样品失效时的应力步数和总试验时间。所有失效都是同一种失效模式。试验应力是电压除以样品的绝缘厚度。在失效前被从试验中移出的样品用＋号标记，因此，表中试验数据是截尾数据。

表 10.2-1　绝缘材料 1 的步进应力试验数据

持续时间/min	结束应力步	总试验时间/min	材料厚度/mil
15	9	102	27
15	9	113	27
15	9	113	27
60	10	370＋	29.5
60	10	345＋	29.5
60	10	345	28
240	10	1 249	29

续表

持续时间/min	结束应力步	总试验时间/min	材料厚度/mil
240	10	1 333	29
240	10	1 333+	29
240	9	1 106.4	29
240	10	1 250.8	30
240	9	1 097.9	29
960	7	2 460.9	30
960	7	2 460.9+	30
960	7	2 703.4	30
960	8	2 923.9	30
960	6	1 160.0	30
960	7	1 962.9	30
960	5	363.9+	30
960	5	898.4+	30
960	9	4 142.1	30

+表示无失效截尾时间

10.2.2　步进应力模型

(1) 目的

本节介绍步进应力模型，包括：

1) 寿命分布模型，是恒定应力的函数；

2) 描述单元“尺寸”对寿命影响的模型；

3) 描述步进应力试验中累积损伤效应的基本模型。

在应用时，模型的每一部分都需要检验。这类模型适用于单一失效模式。10.3.2 节[式 (10.3-3) 和式 (10.3-4)] 给出了这个模型的等价的、更简单的形式。

(2) 恒定应力模型

下面采用幂律-Weibull 模型描述样品寿命，该模型是恒定应力的函数，其假设如下：

1) 对于任一恒定应力 V (必须是正的)，样品寿命服从 Weibull 分布。

2) Weibull 分布的形状参数 β 是常数。

3) Weibull 分布的尺度参数 α 为

$$\alpha(V)=(V_0/V)^p \tag{10.2-1}$$

β，V_0，p 为产品和试验方法的正的特征参数。式 (10.2-1) 为逆幂律模型。也可采用其他恒定应力模型。产品的每种失效模式都应当用一个这样的模型来描述，再按照第 7 章的方法将这些模型合并。

根据假设，恒定应力 V 下，时间 t 内的总体失效概率 $F(t;V)$ 为

$$F(t,V)=1-\exp\{-[t(V/V_0)^p]^\beta\},\ t>0 \tag{10.2-2}$$

应力 V 下寿命分布的 F 分位数为

$$\tau_F(V)=\exp[p\ln(V_0/V)+(1/\beta)u(F)] \tag{10.2-3}$$

式中，$u(F)=\ln[-\ln(1-F)]$ 为标准极值分布的 F 分位数。

（3）尺寸效应

参试样品尺寸小于实际电缆尺寸。设电缆尺寸为 A^*，样品尺寸为 A，电缆可视为由 A^*/A 个统计独立的样品组成的串联系统，有一个样品失效，缆线就会失效。有些绝缘工程师以绝缘体积为度量，有些以“暴露面积”为度量。串联系统假设和式（10.2-2）表明在恒定应力 V 下，尺寸为 A^* 的电缆在时间 t 内的失效概率为

$$F(t;V,A^*)=1-\exp\left\{-\left(\frac{A^*}{A}\right)\left[t\left(\frac{V}{V_0}\right)^p\right]^\beta\right\} \tag{10.2-4}$$

当 $A^*=A$ 时，上式可以化简为式（10.2-2）。

（4）相关性

式（10.2-4）可能低估电缆的寿命。电缆相邻部分的寿命可能是相关的，而非统计独立的。也就是说，如果一段电缆的寿命较短（长），那么相邻电缆段的寿命也会比较短（长）。正相关使得电缆的寿命比由式（10.2-4）得到的预计值要长。极端情况，假如电缆的各段完全相关，那么电缆各段具有相同的寿命，电缆与样品的寿命相同。因此，当电缆各段的寿命正相关时，样品的寿命分布公式（10.2-2）是电缆寿命分布的上限。对于某些应用，由式（10.2-4）得到的寿命分布下限和由式（10.2-2）得到的寿命分布上限可以满足实际需求。

（5）累积损伤

对于步进应力，试验时间 t 时的失效分布为 $F_0(t)$，该分布的数据由试验观测得到。但是人们通常希望得到在产品使用的恒定应力下的寿命分布。因此需要累积损伤模型将一种失效模式在步进应力下的寿命分布（或累积损伤）与恒定应力下的寿命分布（或损伤）关联起来。下面介绍其中一个累积损伤模型。

（6）模型不足之处

基本的累积损伤模型不能描述某些产品的下述行为。有些产品常常在应力从一个应力水平升高到下一个应力水平的短时间内失效。根据累积损伤模型，应力提升时间很短，不可能产生如此多的失效。这类产品更适宜采用退化模型（第 11 章）描述。例如，假设在电压应力步进试验中，绝缘材料的击穿电压随时间降低。样品的击穿电压可能在应力提升前后的两个应力水平之间，这样的样品在应力提升期间将会失效。下述累积损伤模型不适用于此类产品。

（7）假设

累积损伤模型假设样本的剩余寿命只依赖于当前已累积的失效部分和当前应力水平，而与累积方式无关，具有马尔可夫（Markov）性质。在当前应力水平下，未失效样品的失效自之前的累积失效部分后取决于该应力水平下的累积分布。此外，模型还假设应力的变化对产品寿命没有影响，只有应力水平变化对产品寿命有影响。因此，该模型不能描述

热循环引起的失效。Nachlas（1986）提出了一个考虑循环损伤效应和不同恒定应力水平损伤效应的累积损伤模型。

（8）图形描述

图 10.2－1 描述了一种失效模式的基本累积损伤模型。图 10.2－1（a）描述了 4 步步进应力加载形式、样本的失效时间和截尾时间。图 10.2－1（b）描述了 4 个恒定应力水平（V_1，V_2，V_3，V_4）下的产品寿命累积分布。箭头表明在第一个保持时间 t_1 内，样品服从 V_1 下的累积分布，当应力水平从 V_1 提高到 V_2 后，未失效样品自累积失效部分后服从 V_2 下的累积分布。类似地，当应力水平从 V_2 提高到 V_3，V_3 提高到 V_4，等等，未失效样品自已累积失效部分之后将服从下一个应力水平下的累积分布。步进应力下的产品寿命累积分布如图 10.2－1（c）所示，它包括各恒定应力段的累积分布。通过这种简单的方法，该基本累积损伤模型考虑了样品先前的损伤历程。需要注意的是，该模型和其他累积损伤模型尚未经过充分的试验验证。

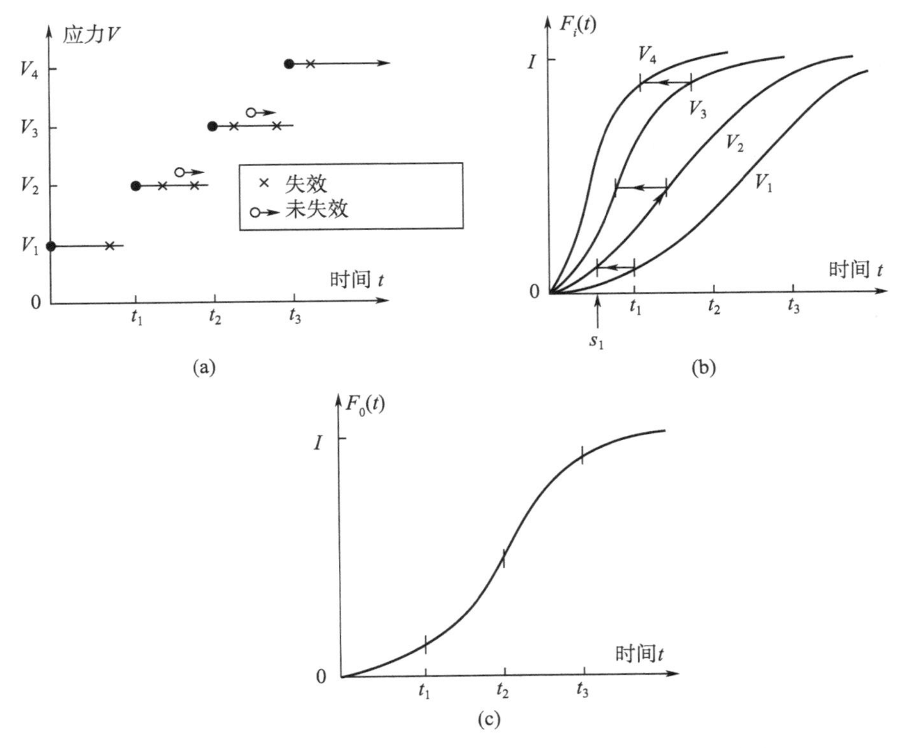

图 10.2－1　恒定应力累积分布与步进应力累积分布的关系

（9）数学表述

一种失效模式的基本累积损伤模型的数学表述如下。根据基本累积损伤模型可得某步进应力载荷下样品失效时间的累积分布 $F(t_0)$ 。$F(t_0)$ 的更简单的等价表述见公式（10.2－12）。对数学不感兴趣的读者可以跳到 10.2.3 节。假设对于某一步进应力加载方式，第 i 步在应力 V_i 下进行，开始时间为 t_{i-1}，截止时间为 t_i（$t_0=0$）。恒定应力 V_i 下的

样品失效时间累积分布函数为 $F_i(t)$ ，对于实例采用幂律- Weibull 模型，有

$$F_i(t)=1-\exp[-\{t(V_i/V_0)^p\}^\beta]$$

第 1 步：第 1 步内的总体累积失效概率为

$$F_0(t)=F_1(t),0\leqslant t\leqslant t_1 \tag{10.2-5}$$

对于此实例，第 1 步为

$$F_0(t)=1-\exp[-\{t(V_1/V_0)^p\}^\beta],0\leqslant t\leqslant t_1$$

第 2 步：第 2 步的等效开始时间为 s_1，该时刻的累积失效概率与第 1 步的相同［见图 10.2-1（b）］。因此 s_1 是下面方程的解

$$F_2(s_1)=F_1(t_1) \tag{10.2-6}$$

对于此实例，由式（10.2-6）得到的 V_2 下的等效开始时间 s_1 为

$$s_1=t_1(V_1/V_2)^p \tag{10.2-6'}$$

总试验时间 t 内，第 2 步内的总体累积失效概率为

$$F_0(t)=F_2[(t-t_1)+s_1],t_1\leqslant t\leqslant t_2 \tag{10.2-7}$$

对于此实例

$$F_0(t)=1-\exp\{-[(t-t_1+s_1)(V_2/V_0)^p]^\beta\},t_1\leqslant t\leqslant t_2 \tag{10.2-7'}$$

第 3 步：类似地，第 3 步的等效开始时间 s_2 由下式给出

$$F_3(s_2)=F_2(t_2-t_1+s_1) \tag{10.2-8}$$

则

$$F_0(t)=F_3[(t-t_2)+s_2],t_2\leqslant t\leqslant t_3 \tag{10.2-9}$$

对于此实例，第 3 步有

$$s_2=(t_2-t_1+s_1)(V_2/V_3)^p \tag{10.2-8'}$$

$$F_0(t)=1-\exp[-\{(t-t_2+s_2)(V_3/V_0)^p\}^\beta],t_2\leqslant t\leqslant t_3 \tag{10.2-9'}$$

第 i 步：一般来说，第 i 步的等效开始时间 s_{i-1} 由下式给出

$$F_i(s_i-1)=F_{i-1}(t_{i-1}-t_{i-2}+s_{j-2}) \tag{10.2-10}$$

则

$$F_0(t)=F_i[(t-t_{i-1})+s_{i-1}],t_{i-1}\leqslant t\leqslant t_i \tag{10.2-11}$$

如此，步进应力的累积分布 $F_0(t)$ 由各个应力水平下的累积分布 $F_1(\ )$，$F_2(\ )$，… 组成，如图 10.2-1（c）所示。对于同一失效模式，步进应力加载方式不同，$F_0(t)$ 不同。对于此实例，第 i 步有

$$s_{i-1}=(t_{i-1}-t_{i-2}+s_{i-2})(V_{i-1}/V_i)^p \tag{10.2-10'}$$

$$F_0(t)=1-\exp[-\{(t-t_{i-1}+s_{i-1})(V_i/V_0)^p\}^\beta],t_{i-1}\leqslant t\leqslant t_i \tag{10.2-11'}$$

因此，该失效模式的 $F_0(t)$ 包含每一应力水平下的 Weibull 分布。

（10）累积损伤

对于一种失效模式，上述累积损伤模型和幂律- Weibull 模型可以表述为一种更简单的等价形式以便得到 $F_0(t)$ 。对于累积损伤模型，任意步进应力载荷后的失效概率与采用的加载顺序无关。假设第 i 步的应力水平为 V_i，保持时间为 $\Delta_i=t_i-t_{i-1}(t_0=0)$，对应

的特征寿命为 $\alpha_i = K/V_i^p$。则 I 步之后，时间 $t_I = \Delta_1 + \Delta_2 + \cdots + \Delta_I$ 内的总体失效概率为

$$F_0(t_I) = 1 - \exp(-\varepsilon^\beta) \tag{10.2-12}$$

式中失效模式的“累积损伤”ε 为

$$\varepsilon = (\Delta_1/\alpha_1) + (\Delta_2/\alpha_2) + \cdots + (\Delta_I/\alpha_I) \tag{10.2-13}$$

Δ_I 可能仅是第 I 步计划时间的一部分。而且，$F_0(t_I)$ 和 ε 的值都与 I 步应力的顺序无关，仅与应力水平 V_i 下的对应时间 Δ_i 相关。式（10.2-12）是基本累积损伤模型的更简单的等价形式。但是，对于某些失效模式、产品和材料，失效行为与加载顺序有关，称为时序效应。式（10.2-13）不包含时序效应，它是 Miner 法则的概率形式，而 Miner 法则通常是确定性的。

（11）一般模型

式（10.2-12）和式（10.2-13）可以扩展到任意一种寿命分布 $F(t;V)$ 中仅尺度参数 $\theta(V)$ 与恒定应力 V 相关的模型，即

$$F(t;V) = G[t/\theta(V)]$$

式中，$G[\ ]$ 为尺度参数等于 1 时的累积分布。简单的线性-对数正态模型，线性-Weibull 模型和线性-指数模型都具有这种特性。对数正态分布的尺度参数是其中位数，指数分布的尺度参数是其均值，其他分布的尺度参数是常数，这里不再明确说明。则有 $F_0(t_I) = G(\varepsilon)$，其中 $\varepsilon = [\Delta_1/\theta(V_1)] + [\Delta_2/\theta(V_2)] + \cdots + [\Delta_I/\theta(V_I)]$。例如，对于上面的幂律-Weibull 模型，当 $t_{I-1} < t \leqslant t_I$ 时

$$\varepsilon(t) = \frac{t_1 - 0}{(V_0/V_1)^p} + \frac{t_2 - t_1}{(V_0/V_2)^p} + \cdots + \frac{t - t_{I-1}}{(V_0/V_I)^p}$$

这些结果对于多变量寿命-应力关系和不只一个加速变量和其他工程变量的步进应力仍然有效，详见 Schatzoff 和 Lane（1987）。

（12）试验方案

步进应力试验方案优化设计的研究工作很少。Miller 和 Nelson（1983）提出了完全数据下简单两应力水平步进应力试验的最优试验方案，他们采用简单线性-指数模型和基本累积损伤模型，以最小化设计应力水平下平均寿命的 ML 估计的方差为目标。他们考虑了两种简单步进应力试验：1）规定第一个应力水平运行时间的定时转换步进试验；2）规定第一个应力水平下失效比例的定数转换步进试验。所得结论包括：1）定时转换步进试验第一个应力水平的最优运行时间；2）定数转换步进试验低应力水平下的最优失效占比；3）这些最优试验方案的渐近方差。最优定时转换步进试验和最优定数转换步进试验与相应的最优恒定应力加速试验具有相同的渐近方差。因此，指数分布下，步进应力试验的评估精度与恒定应力试验的相同。Schatzoff 和 Lane（1987）采用基本累积损伤模型、Weibull 寿命分布以及多应力寿命-应力关系，针对定期检测数据，优化了恒定设计应力水平下百分位寿命的 ML 估计。这需要利用他们的专用计算机程序。

10.2.3　最大似然分析

（1）目的

本节利用电缆绝缘材料数据介绍：

- 步进应力数据 ML 拟合；
- 步进应力数据 ML 拟合模型；
- 模型参数（β，V_0，p）和分位数 $t_F(V)$ 的 ML 点估计和置信区间；
- 与其他电缆绝缘材料数据的比较。

（2）ML 拟合

步进应力数据模型参数及其函数的点估计和置信区间采用第 5 章的 ML 方法进行计算。点估计是使图 10.2－1（c）所示分段分布 $F_0(t)$ 的样本似然函数取最大值的参数值。利用如第 1 章图 1.3－2 所示的数据，可以计算样本累积分布函数，并且将它画在图 10.2－1（c）中。那么 ML 拟合在某种意义上是拟合 $F_0(t)$，因此拟合结果接近样本累积分布。样品寿命可能是 1）观测值，2）右（或左）截尾，3）在区间 (t', t'') 内。相应的样品似然函数分别为 1）$f_0(t)=\mathrm{d}F_0(t)/\mathrm{d}t$，2）$1-F_0(t)$［或 $F_0(t)$］，3）$F_0(t'')-F_0(t')$。步进应力加载形式不同，相应的累积分布不同，包含累积分布的样本似然函数也不同。步进应力的样本似然函数必须程序化并添加到 ML 软件中。如第 9 章所述，ML 理论还可用于数据比较（假设检验和置信区间）。本节举例阐明步进应力数据的 ML 拟合和 ML 比较，当然，完整的步进应力数据分析还包括适当的图形显示和图形分析。

（3）拟合模型

采用 ML 方法拟合表 10.2－1 中的数据，电缆在寿命 t（min）时的失效概率模型为

$$F(t;V,A^*)=1-\exp[-(A^*/9.425)\{t(V/1\,619.4)^{19.937}\}^{0.755\,97}]$$

式中，A^* 为电缆绝缘层的截面积，试验样品的截面积为 9.425 in^2；$\hat{\beta}=0.755\ 97$ 为 Weibull 分布的形状参数；$\hat{p}=19.937$ 为失效模式逆幂律模型的幂参数；V 为恒定应力，单位 V/mil。模型参数并不像式中有效数字位数显示的那么精确。在电压应力 V 下，电缆 $100P\%$ 分位寿命的点估计为

$$\hat{\tau}_P(V,A^*)=(1\,619.4/V)^{19.937}\{(9.425/A^*)[-\ln(1-P)]\}^{1/0.755\,97}$$

（4）估计

模型参数和设计应力 400 V/mil 下样本 1%分位寿命的 ML 点估计和 95%近似置信区间见表 10.2－2、表 10.2－3。对于小样本，置信区间往往偏窄。图 10.2－2 在双对数坐标纸上描述了该失效模式的 1%分位寿命与应力的关系。表中其他信息稍后说明，ML 拟合利用用户编写的似然函数和 Nelson 等（1972，1983）编写的软件 STATPAC 完成。

表 10.2-2　电缆绝缘材料1的ML估计

参数	点估计	95%置信区间	
		下限	上限
V_0	1 616.4	1 291.0	1 941.8
p	19.937	6.2	33.7
β	0.755 97	0.18	1.33
400 V/mil下的1%分位寿命	2.81×10^{9}	2.65×10^{4}	2.98×10^{14}
渐近协方差			
	$\hat{V}$	$\hat{p}$	$\hat{\beta}$
$\hat{V}_0$	27 566		对称
$\hat{p}$	−1 145.7	49.004	
$\hat{\beta}$	41.572	−1.756 1	0.086 575
最大对数似然值=−103.53			

表 10.2-3　电缆绝缘材料2的ML估计

参数	点估计	95%置信区间	
		下限	上限
V_0	3 056.3	2 177.6	3 934.9
p	9.601 5	5.6	13.6
β	0.969 10	0.54	1.40
400 V/mil下的1%分位寿命	2.62×10^{6}	2.96×10^{4}	2.32×10^{8}
渐近协方差			
	$\hat{V}$	$\hat{p}$	$\hat{\beta}$
$\hat{V}_0$	200 957		对称
$\hat{p}$	−901.11	4.159 9	
$\hat{\beta}$	61.017	−0.274 39	0.047 608
最大对数似然值=−141.66			

(5) 残差

ML拟合假设模型和数据都是有效的，因此，应当按照第5章5.3节的方法对模型和数据进行检验。残差由非标准分布 $F_0(t)$ 得到。对于失效或截尾时间 t_i，可以用 $u_i=\hat{F}_0(t_i)$ 作为转换残差，该残差服从单位区间（0，1）上的均匀分布。此外，也可以采用转换残差 $e_i=\exp(u_i)$，服从标准指数分布（$\theta=1$）。转换残差可能是观测的，截尾的或者属于某一区间。将残差标绘在适当的分布纸上，例如，对于 e_i，使用Weibull概率纸，可以显示样本的低尾段。此外，绘制 u_i（在线性尺度上）或 e_i（在对数尺度上）与其他变量

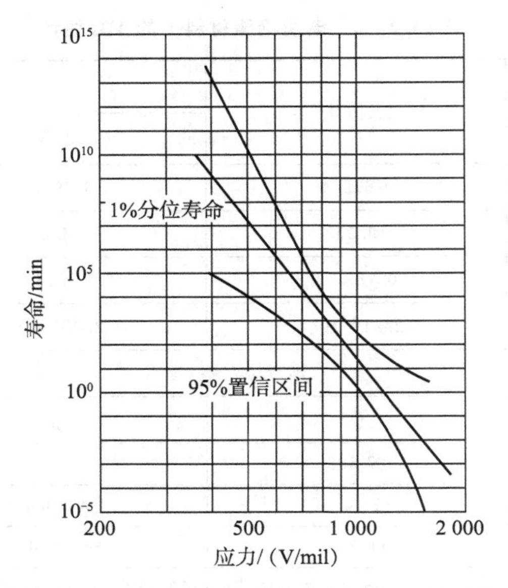

图 10.2－2　电缆绝缘材料 1：1%分位寿命的点估计和 95%置信区间与应力的关系

（在适合的尺度上）的互相关图，以检验变量对样本寿命的影响。上述残差被转换到一个假设的分布范围内，式（10.3－13）定义了一个适合任意变应力的更好的等价残差，该残差与寿命数据具有相同的自然分布范围。

（6）比较

另一种电缆绝缘材料——绝缘材料 2——具有单一失效模式，对其开展步进应力试验。两种绝缘材料的 ML 估计结果见表 10.2－2、表 10.2－3。试验目的之一是比较两种绝缘材料。采用第 9 章的方法评价对应参数的估计值相对于其不确定性是否显著不同。下面就如下参数进行两种绝缘材料的比较。

1）形状参数 β；

2）幂参数 p；

3）整个模型（同时比较 β，p，V_0）；

4）400 V/mil 下的 1%分位寿命（单位：min）。

（7）形状参数

表 10.2－2、表 10.2－3 中 β 的每个置信区间都叠盖另一个的点估计，因此，这两个 β 的估计无显著差异。下面幂参数的规范比较方法也可用于比较 β。

（8）幂

两个幂参数点估计的差为 19.937－9.601＝10.336。这两个估计是统计独立的，因此其差值的方差是其方差的和，为 49.004＋4.159 9＝53.163 9。真实差值的 95%近似置信区间为 $10.336 \pm 1.960(53.1639)^{1/2}$ 或（－3.955，24.627）。该置信区间包含 0，故两个幂参数的差与 0 无显著差异。

（9）模型

采用 LR 检验比较整个模型的相等性，即同时比较两个模型对应参数的估计。对于这两种绝缘材料，最大对数似然值的和为 $\hat{\mathcal{L}}=(-103.53)+(-141.66)=-245.19$。采用同一模型拟合合并数据，最大对数似然值为 $\hat{\mathcal{L}}'=-265.15$。LR 检验统计量 $T=2\times[-245.19-(-265.15)]=39.92$。如果两个模型相同，检验统计量近似服从自由度为 3 的 χ^2 分布。由于 $T=39.92>16.27=\chi^2(0.999;3)$，两个模型的参数估计显著不同（显著性水平 0.1%）。这主要是由于 V_0 的估计存在差异，可以采用幂参数的比较方法比较 V_0。

（10）1%分位寿命

如表 10.2－2 和表 10.2－3 所示，每个样本的 1%分位寿命的置信区间都叠盖另一样本 1%分位寿命的点估计，表明这两个估计无显著差异。可以用比较幂参数的方法比较两个分位寿命估计。

10.3　变应力模型与数据分析

10.3.1 节介绍变应力数据实例，10.3.2 节将基本累积失效模型扩展到变应力数据，10.3.3 节介绍采用该模型拟合实例数据的计算结果。

10.3.1　变应力数据

（1）目的

以习题 4.10 中的绝缘油数据为例介绍变应力试验模型和数据分析方法。试验和分析的主要目的是估计恒定电压下绝缘油的击穿时间模型。次要目的是评价该模型和指数分布是否如工程理论建议的那样适用于描述恒定电压下的击穿时间。

（2）试验方法

加速试验采用一对浸入绝缘油中的平行盘状电极，电极之间的电压随时间 t 线性增大，即 $V=Rt$，一个斜坡电压，其中 R 为电压上升斜率，单位 V/s。记录绝缘油的击穿电压（习题 4.10），相当于记录了击穿时间。根据 3 种上升斜率 R（10、100、1 000）V/s 和 2 种电极面积 A（1 in^2 和 9 in^2）分成 6 组进行试验，每组记录 60 个击穿电压，共有 360 个击穿电压数据，第 1 章图 1.3－3 描述了斜坡应力与数据。

（3）试验方案

试验方案包括选定的应力形式和每种应力型式下的样本量。绝缘油击穿试验的应力包括电压上升速率和电极面积。试验方案涉及 2 种电极面积和 3 种等间隔分布的电压上升速率（在对数尺度下）。电压上升速率和电极面积构成 6 种应力组合，每种应力组合下的样本量相同。用统计用语表述，这是一个需要 60 次重复试验的 2×3 设计。工程试验方案习惯（且无效率地）采用样本平均分配和等间隔应力水平。目前基本没有关于斜坡应力试验或其他变应力试验的最优或高效试验方案研究。绝缘油击穿试验的优化方案无疑应是电压上升速率非等间隔，且样本量非平均分配。

10.3.2　变应力模型

（1）概述

本节介绍变应力试验的一般模型，将10.2.2节中步进应力的基本累积损伤模型扩展到变应力。虽然看似合理，但该基本累积损伤模型缺少充分的试验验证。变应力模型包括恒定应力模型和基本累积损伤模型，适用于单一失效模式。

（2）恒定应力模型

为了简明易懂，假设产品寿命是加速应力 V 及其他可能的（恒定）变量 $\boldsymbol{x}$ 的函数，且模型的尺度参数 $\alpha(V, \boldsymbol{x})$ 是 V、$\boldsymbol{x}$ 和系数的函数。这些系数和所有其他模型参数是待估常数，可由数据估计得到。幂律-Weibull模型和Arrhenius-对数正态模型就是这类模型。此外，下述理论可以扩展到包含两个及两个以上加速变量的恒定应力模型。

绝缘油实例。在绝缘油实例中，恒定应力模型包含一个形状参数 β 不变的Weibull寿命分布，其特征寿命 α_0 是电压应力 V 的逆幂函数，即 $\alpha_0(V)=\left(\frac{V_0}{V}\right)^p$，其中 V_0 和 p 是绝缘油和试验方法的特征参数。电极面积 A 的效应建模见第7章。因此，击穿时间 t 的恒定应力模型为

$$F(t;V,A)=1-\exp\{-A[t(V/V_0)^p]^\beta\} \tag{10.3-1}$$

其特征寿命是 V 和 A 的函数，即

$$\alpha(V,A)=(V_0/V)^p/A^{1/\beta} \tag{10.3-2}$$

因此，该模型有一个加速变量，电压 V，一个其他变量，面积 A。

（3）变应力类型

针对本节的目的，加速应力 $V(t)$ 是时间 t 的任意（可积）函数。在实践中，$V(t)$ 一般是下述类型之一。

1）步进应力，如10.2节所述。

2）斜坡应力，即应力（从0开始）随时间线性增大。

3）循环应力，如正弦波和方波。

4）给定载荷分布和自相关系数的随机变应力。

5）无重复模式。

此外，下述原理很容易扩展到存在多个加速应力和其他工程变量的情况。

（4）累积损伤

若应力 $V(t)$ 是时间的函数，则分布尺度参数 $\alpha(V, \boldsymbol{x})$ 是时间的函数，即 $\alpha(t)=\alpha[V(t), \boldsymbol{x}]$。对应的累积损伤 $\varepsilon(t)$，在式（10.2-13）中显示为和，变为如下积分形式

$$\varepsilon(t)=\int_0^t \mathrm{d}t/\alpha[V(t),\boldsymbol{x}] \tag{10.3-3}$$

这是当所有间隔 $\Delta_i \to 0$ 时，近似 $V(t)$ 的步进应力的极限。$\varepsilon(t)$ 是 $V(t)$ 、$\boldsymbol{x}$ 和模型参数的函数。一些研究人员定义式（10.3-3）为基本累积损伤模型。这一极限的论证表明：10.2.2 节的步进应力模型（包含分段累积分布）等价于式（10.3-3）。大多数研究人员认同式（10.3-3），并认为步进应力模型是其特例。则变应力 $V(t)$ 下，时间 t 内的总体失效概率为

$$F_0[t;\text{“}V(t)\text{”},\boldsymbol{x}]=G[\varepsilon(t)] \tag{10.3-4}$$

式中，$G[\ ]$ 是假设的尺度参数为 1 的累积分布，带引号的“$V(t)$”强调 $V(t)$ 不仅仅是替代恒定应力模型中的 V，其他分布参数不依赖于 V，但可能依赖于 $\boldsymbol{x}$。本章的所有其他结果都是这个模型的特例。

（5）绝缘油实例

对绝缘油施加斜坡电压 $V(t)=Rt$ ，其中 R 为电压上升速率，单位 V/min。时间 t 内的累积损伤为

$$\varepsilon(t)=\int_0^t \mathrm{d}t/\alpha[V(t),A]=\int_0^t A^{1/\beta}(Rt/V_0)^p\,\mathrm{d}t=A^{1/\beta}(R/V_0)^p t^{p+1}/(p+1) \tag{10.3-5}$$

绝缘油击穿时间 t 的分布为

$$\begin{aligned}F_0(t;\text{“}Rt\text{”},A)&=1-\exp\{-[\varepsilon(t)]^\beta\}\\&=1-\exp\{-[t^{p+1}A^{1/\beta}(R/V_0)^p/(p+1)]^\beta\}\\&=1-\exp\{-(t/\alpha')^{\beta'}\}\end{aligned} \tag{10.3-6}$$

这是一个 Weibull 分布，形状参数和尺度参数分别为

$$\beta'=\beta(p+1),\alpha'=[(p+1)(V_0/R)^p/A^{1/\beta}]^{1/(p+1)} \tag{10.3-7}$$

Yurkowski 等（1967）给出了这一结果。等效地，击穿电压 $V=Rt$ 的分布为

$$F_0(V;\text{“}Rt\text{”},A)=1-\exp[-(V/\alpha'')^{\beta''}] \tag{10.3-8}$$

该 Weibull 分布的形状参数和尺度参数分别为

$$\beta''=\beta(p+1),\alpha''=[V_0^p(p+1)R/A^{1/\beta}]^{1/(p+1)} \tag{10.3-9}$$

此外，$\ln(V)$ 服从极值分布，其位置参数为

$$\ln[\alpha''(R,A)]=\gamma_0+\gamma_1\ln(R)+\gamma_2\ln(A) \tag{10.3-10}$$

这是一个线性寿命-应力关系，其中

$$\gamma_2=-1/[\beta(p+1)],\gamma_1=1/(p+1),\gamma_0=[1/(p+1)]\ln[V_0^p(p+1)] \tag{10.3-11}$$

该极值分布的尺度参数为

$$\delta=1/\beta''=1/[\beta(p+1)]=-\gamma_2 \tag{10.3-12}$$

利用标准的 ML 程序，采用线性关系式（10.3-10）对绝缘油数据进行拟合，可得 4 个参数 γ_0，γ_1，γ_2 和 $\delta=-\gamma_2$，见下一节。直接拟合 3 参数 V_0，p 和 β 的模型可以得到更精确的参数估计值，但是需要用户编写 ML 软件的似然函数。

（6）变使用应力

上述内容是关于变试验应力的。有些产品在实际使用中经受变应力 $V^*(t)$ ，采用上

面的模型和方法也可以得到实际使用应力 $V^*(t)$ 下的产品寿命分布 $F_0[t;“V^*(t)”]$ 。为了估计该寿命分布，首先利用（恒定或变应力）试验数据估计恒定应力模型的参数，然后将这些参数估计值带入由式（10.3－4）得到的 $F_0[t;“V^*(t)”]$ 中进行寿命分布估计。

10.3.3 最大似然分析

（1）概述

本节介绍基本变应力模型式（10.3－4）的 ML 拟合方法，并给出模型式（10.3－8）对绝缘油数据的 ML 拟合结果，以及模型和数据的检验。当然，完整的数据分析还包括图形显示和图形分析。

（2）ML 拟合

根据模型，样品 i 的失效时间 t 的累积分布为 $F_0[t_i;“V_i(t)”,\boldsymbol{x}_i]=G(\varepsilon_i)$ ，符号含义同 10.3.2 节，其中样品 i 的损伤 ε_i 是其应力 $V_i(t)$ 、其他变量 $\boldsymbol{x}_i$ 和模型参数的函数。通常将 $F_0()$ 写成恒定应力模型参数的函数，在绝缘油实例中，p、V_0 和 β 是恒定应力模型参数。此外，$F_0()$ 也可写成更适合变应力模型的参数的函数，在绝缘油实例中，式（10.3－10）中的 γ_0，γ_1，γ_2 就是这类参数。任一组参数的 ML 估计都是使含有 $F_0()$ 的样本似然函数取最大值的参数值。当然，对于观测到的失效时间 t_i，其似然函数为概率密度 $f_0[t_i;“V_i(t_i)”,\boldsymbol{x}_i]$ ，对于右截尾时间 t_i，其似然函数为 $1-F_0[t_i;“V_i(t_i)”,\boldsymbol{x}_i]$ 。左截尾数据和区间数据也有对应的样品似然函数。第 5 章中的 ML 理论和方法适用于这些似然函数和变应力数据。这类似然函数必须编程并添加到 ML 软件中求解。

（3）拟合模型

对于绝缘油击穿数据，恒定应力下，击穿时间 t 的拟合模型［式（10.3－6）］为

$$F(t;V,A)=1-\exp\{-A[t(V/42.298)^{16.40}]^{0.8204}\}$$

斜坡应力 Rt 下击穿电压 V 的拟合模型［式（10.3－8）］为

$$F_0(V;“Rt”,A)=1-\exp[-\exp\{[\ln(V)-3.69370-0.05747\ln(R)+0.07005\ln(A)]/0.07005\}]$$

表 10.3－1 列出了两组模型参数的 ML 估计和 95%（近似正态）置信区间。β 的置信区间为（0.7396，0.9101），不包含 1，说明恒定电压下绝缘油的寿命分布不是指数分布。另一方面，试验条件的变化会增大数据的分散性，从而使得 β 的估计值偏低，小于 1。

表 10.3－1 斜坡电压下绝缘油击穿数据的 ML 拟合

序进应力模型：式（10.3－11）和式（10.3－12）		
	ML 估计	95%置信区间
γ_0	3.693 70	（3.671 76，3.715 64）
γ_1	0.057 47	（0.061 80，0.053 14）
$\gamma_2=-\delta$	－0.070 05	（－0.074 75，－0.065 35）

续表

协方差矩阵（$\times 10^{-5}$）			
	$\hat{\gamma}_0$	$\hat{\gamma}_1$	$\hat{\gamma}_2$
$\hat{\gamma}_0$	12.535 4	−2.270 2	−0.533 1
$\hat{\gamma}_1$	−2.270 2	0.488 5	0.029 8
$\hat{\gamma}_2$	−0.533 1	0.029 8	0.576 1
最大对数似然值=1 050.420 5			
恒定应力模型			
	ML 估计	95%置信区间	
β	0.820 4	(0.739 6，0.910 1)	
p	16.40	(15.09，17.71)	
V_0	42.298	—	

(4) 评价模型和数据

采用第 5 章中的 ML 方法评价变应力模型和数据，下面几段包括全部试验条件下形状参数相等的检验，假设寿命-应力关系的适用性检验和残差检验。

(5) 形状参数相等

击穿电压的变应力模型在全部 6 个试验条件下有相同的形状参数值 $\beta''=\beta(p+1)$ 。下面采用 LR 试验（第 5 章）评价这一假设。表 10.3－2 列出了 2 种情况的参数拟合结果：1）6 组数据分别拟合 6 个 Weibull 分布；2）6 组数据拟合一个模型，该模型的 6 个 Weibull 分布的形状参数相同、尺度参数不同。LR 检验统计量 $T=2\times[-1\ 023.925\ 08-(-1\ 029.044\ 8)]=10.24$。这两个模型分别有 12 个和 7 个参数。所以统计量的自由度为 $\nu=12-7=5$。由于 $T=10.24<11.07=\chi^2(0.95;\ 5)$，则在显著性水平 5%下，形状参数的估计值无显著差异。但是，$T=10.24>9.236=\chi^2(0.90;\ 5)$，在显著性水平 10%（很微弱的证据）下，形状参数的估计值差异显著。这表明进一步检查这些估计可能得到更深入的认知。6 个试验条件下的参数点估计和置信区间的图形表明 β'' 可能依赖于电压上升速率。

(6) 评价 $1/\beta''=-\gamma_2$

在绝缘油击穿电压的序进应力模型式（10.3－12）中，$1/\beta''=-\gamma_2$。该等式的 LR 检验如下。斜坡应力模型包含三个参数：γ_0、γ_1 和 $\gamma_2=-1/\beta''$，且 $\hat{\mathcal{L}}'=-1\ 050.4205$（见表 10.3－1）。模型（10.3－11）中 $1/\beta''\neq-\gamma_2$，包含四个参数，且 $\hat{\mathcal{L}}=-1\ 035.426\ 9$（见表 10.3－2 中模型 3）。该等式的 LR 检验统计量为 $T=2\times[-1\ 035.426\ 9-(-1\ 050.420\ 5)]=29.99$，自由度为 4－3＝1。由于 $T=29.99>10.83=\chi^2(0.999;\ 1)$，$1/\beta''$ 与 $-\gamma_2$ 存在高显著性差异（显著性水平 0.1%）。这表明斜坡应力模型不能充分拟合数据。这两个参数各自的估计为 $-\hat{\gamma}_2=0.058\ 626$、$1/\hat{\beta}''=0.078\ 566\ 77$（见表 10.3－2）。$1/\hat{\beta}''$ 是对数电压极值分布的尺度参数的 ML 估计，是对数据关于拟合关系式的散布的估计。而 $\hat{\gamma}_2$ 是对拟合

关系式斜率的估计。因此击穿数据的散度大于由斜坡应力模型得到的预测值，较大的散度可能是由变化的试验条件引起的。相同参数 β''（与各试验条件下不同尺度参数 α''_j 一起评估）的点估计（见表 10.3－2 模型 2）为 $1/\hat{\beta}''=1/12.99680=0.076942$。这是 $1/\beta''$ 的另一个估计，不会因为对关系式（10.3－10）的失拟而过大。之前的估计（0.078 566 77）可能因为失拟而过大。$1/\beta''$ 的两个估计都表明对数电压数据的散度大于由序进应力模型[式（10.3－8）]得到的预测值。该等式假设也可以等效地用 Wald 检验法（第 9 章）检验。总之，4 参数模型可以更好地描述数据。

表 10.3－2　绝缘油击穿数据的 ML 拟合

1）各试验条件下单独的 Weibull 分布

R	A	$\hat{\mathcal{L}}$	$\tilde{\alpha}'$	$\hat{\beta}''$	$\mathrm{var}(\tilde{\alpha}')$	$\mathrm{var}(\hat{\beta}'')$	$\mathrm{cov}(\tilde{\alpha}'', \hat{\beta}'')$
10	1	−174.695 13	44.567 09	10.838 83	0.315 067 6	1.133 066	0.194 175 4
100	1	−176.593 02	50.676 80	12.525 61	0.301 381 9	1.642 074	0.216 892 2
1 000	1	−181.654 27	60.055 03	13.316 33	0.376 439 1	1.716 795	0.253 986 4
10	9	−165.583 70	39.694 78	12.219 72	0.191 780 3	1.678 554	0.163 825 9
100	9	−155.443 41	46.248 01	16.452 65	0.145 555 5	1.870 928	0.199 375 9
1 000	9	−169.955 55	50.859 69	14.681 03	0.218 236 0	2.432 529	0.210 739 4

合计：−1 023.925 08

2）各试验条件下 $\hat{\beta}''$ 相同、$\hat{\alpha}''_j$ 不同

−1 029.044 8	12.996 80	0.293 244 5

3）关系式（10.3－10）且 $1/\beta''\neq-\gamma_2$（4 个参数）

		协方差矩阵（$\times10^{-5}$）			
	ML 估计	γ_0	γ_1	γ_2	$1/\beta''$
γ_0	3.673 202	15.332 557		对称	
γ_1	0.058 435 06	−2.401 166	0.494 523		
γ_2	−0.058 626	−2.094 359	0.103 338	1.445 912	
$1/\beta''$	0.078 566 77	−0.631 478	0.024 987	0.072 873	1.059 068

最大对数似然值＝−1 035.426 9

（7）评价寿命-应力关系

击穿电压的序进应力模型包含寿命-应力关系式（10.3－10）。下面采用 LR 检验（第 5 章）评价该关系的适用性。用包含式（10.3－10）和一个不同形状参数的约束模型 3 对数据进行拟合。此时 $1/\beta''\neq-\gamma_2$，且该模型有 4 个参数，而模型（10.3－6）有 3 个参数，最大对数似然值为 $\hat{\mathcal{L}}'=-1035.4269$。模型 2 有 6 个不同的尺度参数（对应 6 个试验条件）和 1 个共同的形状参数 β''，其最大对数似然值为 $\hat{\mathcal{L}}=-1029.0448$（表 10.3－2 中模型 2）。LR 检验统计量为 $T=2\times[-1029.0448-(-1035.4269)]=12.76$。两个模型分别有 4 个和 7 个参数，故 T 的自由度为 $\nu=7-4=3$。由于 $T=12.76>11.34=$

$\chi^2(0.999;3)$，则在高显著性水平（1%）下，假设的寿命-应力关系不能充分拟合数据。对此，一个可能的解释是两种面积的电极的间距不完全相同。有分析表明即使电极间距存在 3%的细微差别都将导致这类失拟。

（8）残差

对于变应力试验，残差的定义并非显而易见的。与上面一样，假设恒定应力模型的累积分布为 $G(t/\alpha;\beta)$，其形状参数 β 为常数，尺度参数 $\alpha(V,\boldsymbol{x})$ 是加速应力 V 和其他变量 $\boldsymbol{x}$ 的函数。为了具体说明，将 $G()$ 视为 Weibull 分布。假设样品 i 所受的变应力为 $V_i(t)$，其他变量值为 $\boldsymbol{x}_i$，观测寿命值为 t_i，其"累积损伤"残差为

$$e_i \equiv \int_0^{t_i} \mathrm{d}t/\hat{\alpha}[V_i(t),\boldsymbol{x}_i] \tag{10.3-13}$$

式中　$\hat{\alpha}(V,\boldsymbol{x})$ ——恒定应力寿命-应力关系的 ML 估计。

这些残差（近似）服从恒定应力分布 $G(e;\beta)$，其中 $\alpha=1$。在分布纸上绘制残差图，检验假设的分布 $G()$。例如，对于绝缘油数据，在 Weibull 概率纸上画出其残差。定义式（10.3-13）也适用于截尾残差和区间残差。此外，可以绘制残差与任何关心变量的互相关图，以检验变量对产品寿命的影响。第 4、5 章使用的残差是这些残差的对数，因此可以等效地绘制对数残差图。例如，如果 $G()$ 是 Weibull 分布，那么对数残差服从极值分布。累积损伤残差是由本书作者（Nelson）提出的，此前从未发表。

（9）绝缘油实例

对于绝缘油数据，式（10.3-13）和式（10.3-6）给出了样品 i 在 R_i 和 A_i 下的恒定应力残差，为

$$e_i = A_i^{1/\hat{\beta}}(R_i/\hat{V}_0)^{\hat{p}}t_i^{\hat{p}+1}/(\hat{p}+1)$$

这些残差服从尺度参数为 1、形状参数为 β 的 Weibull 分布。该残差可用电压 $V_i=R_it_i$ 等效表述为

$$e_i = A_i^{1/\hat{\beta}}(V_i/V_0)^{\hat{p}}(V_i/R_i)/(\hat{p}+1)$$

对于绝缘油数据模型，可以用自然残差 $e''_i=V_i/\hat{\alpha}''(R_i,A_i)$，该残差服从尺度参数为 1、形状参数 $\beta''=\beta(p+1)$ 的 Weibull 分布。对于一般的 $V(t)$，简单的自然残差 e''_i 通常并不存在，因而必须使用 e_i。

（10）比较

前面几段介绍了用于评价模型的 ML 比较法。第 9 章中的 ML 比较法也可以用于比较两组或两组以上的变应力试验数据。例如，习题 8.4 涉及两组绝缘油击穿数据的最小二乘比较，习题 10.6 涉及这两组数据的 ML 比较，习题 10.8 涉及两组绝缘油击穿数据的 ML 比较——一组为斜坡应力数据，另一组为恒定应力数据。

习题（* 表示困难或复杂）

10.1　电缆数据图分析。设计并在适当的坐标纸上绘制 10.2 节电缆绝缘材料 1 数据

的概率图、寿命-应力关系图及其他图形，描述图形并陈述结论。

10.2　绝缘油击穿数据图分析。设计并在适当的坐标纸上绘制 10.3 节绝缘油击穿数据的概率图、寿命-应力关系图及其他图形，描述图形并陈述结论。

10.3　电缆数据拟合。利用电缆绝缘材料 1 的数据：

(a*) 在 ML 程序中，为 10.2.2 节中的 3 参数模型设定一个适当的似然函数，并且拟合该模型。计算并且绘制图 10.2-2。

(b) 对模型进行解析检验。

(c) 计算并画出残差。

(d) 进行进一步分析。

(e*) 采用对数正态分布完成 (a) ～ (e) (见习题 10.14)。评述结果与采用 Weibull 分布时的差异。

10.4　绝缘油数据拟合。利用 10.3 节 (习题 4.10) 中的绝缘油击穿数据 (数据组 1)，完成习题 10.3 中的 (a) ～ (e)。记录的击穿电压是最接近的电压，考虑区间数据，完成习题 10.3 的 (a) 和 (b)，评述结果与区间数据分析结果的差异。

10.5　绝缘油数据组 2。利用习题 8.4 中的绝缘油击穿数据 (数据组 2)，在适当的坐标纸绘制数据图，完成习题 10.3 的 (a) ～ (e)。记录的击穿电压是最接近的电压，考虑区间数据，完成习题 10.3 的 (a) 和 (b)，评述结果与区间数据分析结果的差异。

10.6　绝缘油的比较。完成绝缘油击穿数据的数据组 1 和数据组 2 的下述比较。

(a) 比较两组数据的概率图和寿命-应力关系图，陈述你的结论。

(b) 采用 ML 方法比较参数的相等性——分别比较和同时比较，陈述你的结论。

(c) 绘制残差图并陈述你的结论。

(d*) 采用对数正态分布完成 (a) ～ (c)，评论结果与 Weibull 分布结果的差异。

(e) 进行进一步分析。

10.7　变化与相关性。10.3 节中的绝缘油击穿数据的试验绝缘油样本和电极相同。由于击穿可以消除或引起缺陷，介电专家希望确定绝缘油的反复击穿是否会提高或降低它的击穿强度。习题 4.10 中的数据是按下述顺序收集的，6 个试验条件按如下顺序构成一个循环：

顺序	1	2	3	4	5	6
电压升高速率/ (V/s)	1000	1000	100	100	10	10
电极面积/in^2	9	1	9	1	9	1

每个循环得到 6 个击穿电压，循环 60 次得到 360 个击穿电压。在习题 4.10 中，一个试验条件下的数据时间次序为第 1 行、第 2 行，……

(a) 通过原始数据的图形分析确定各试验条件下的击穿电压是否存在一定的趋势，并绘制累积电压与次序的关系图。

(b) 对于残差，完成 (a)。

（c）假设击穿电压与时间的关系描述击穿电压变化趋势，用解析（ML）方法评价该关系式。

本书（及其他大多数著作）中所有数据分析方法都假设观测数据是统计独立的。击穿电压可能存在正的序列相关，即低电压之后是低电压，高电压之后是高电压。这种序列相关可能是由变化的试验条件（如变温度）引起的。

（d）对于每一试验条件，画出每个观测数据与其前一个观测数据的互相关图。该图能否显示出数据之间的趋势（相关性）？注意边缘分布是 Weibull 分布而不是正态分布。

（e）采用如下非参数检验方法检验数据的相关性。以各坐标的观测数据中值为中心将图形分为 4 个象限。如果数据之间不相关，落入每个象限的观测数据的数量应相等。用适当的列联表检验确定的边缘数据。

（f）对于各个观测数据与其之前第 2 个数据的自相关图重复（d）和（e）。根据这两个图形，考虑是否有必要绘制各数据与其之前第 3 个数据的关系图？为什么？

10.8　评价绝缘油模型。为了评价 10.3 节中的累积损伤模型，用相同样本和电极开展绝缘油的斜坡应力试验和恒定应力试验，试验数据如下所示。恒定电压试验数据存在左截尾和右截尾。在高电压下，有些样品在电压达到恒定值之前就被击穿了，用“1－”来表示其失效时间，即小于 1 s。将早期失效（如小于 3、4 或 5 s）视为左截尾数据可能是最适当的。

恒定应力试验击穿时间/s

9 in^2 电极					1 in^2 电极				
45 kV	40 kV	35 kV	30 kV	25 kV	50 kV	45 kV	40 kV	35 kV	30 kV
1－	1	30	50	521	1－	1－	49	287	908
1－	1	33	134	2 517	1－	1－	60	301	908
1－	2	41	187	4 056	1－	5	133	531	2 458
2	3	87	882	12 553	2	15	211	582	3 245
2	12	93	1 448	40 290	3	23	245	966	3 263
3	25	98	1 468	50 560＋	6	35	259	1 184	9 910
9	46	116	2 290	52 900＋	21	50	274	1 208	38 990
13	56	258	2 932	67 270＋	83	61	440	1 585	41 310
47	68	461	4 138	83 990＋	112	93	619	2 036	44 170
50	109	1 182	15 790	85 500＋	113	142	704	3 150	74 520＋
55	323	1 350	29 180＋	85 700＋	154	143	776	4 962	78 750＋
71	417	1 495	86 100＋	86 420＋	303	229	920	68 730＋	86 620＋

（a）绘制两种试验的数据图，通过图形估计模型参数，并评价每一模型和数据。由两组数据得到的参数估计是否一致？

(b) 用 ML 方法分别对每组数据进行模型拟合。数据是否与形状参数为 1 的恒定应力模型一致？为什么？

(c) 检验由 (b) 得到的残差，陈述结论。

(d) 对两个试验的对应参数的估计进行 ML 比较——分别比较和同时比较。陈述结论。

(e) 描述如何同时用两个模型拟合两组数据来获得参数的合并估计。

(f) 斜坡数据按照收集次序显示。按习题 10.7 所述，绘图确定击穿电压趋势和序列相关性。

(g) 进一步分析数据。

斜坡应力试验击穿电压

1 V/s		10 V/s		100 V/s		1 000 V/s	
1	9	1	9	1	9	1	9
28	18	37	35	37	40	58	47
32	35	44	40	42	41	46	37
36	37	43	37	47	40	41	47
32	19	35	36	46	41	52	44
30	22	37	33	50	43	56	50
37	38	42	40	50	46	57	48
39	37	42	32	50	42	58	46
35	37	39	38	42	42	62	47
38	34	41	38	51	41	52	37
34	24	43	26	47	44	52	46
36	37	40	32	52	48	53	41
37	45	46	36	51	49	60	50
35	32	33	34	57	49	57	51
38	32	38	40	51	44	56	43
34	35	45	35	50	43	57	46
38	32	42	36	53	46	53	44
38	38	47	33	59	42	63	49
40	40	44	37	45	43	62	44
39	37	39	39	52	50	57	45
38	39	50	39	49	50	53	46
39	35	43	42	48	50	67	52
42	32	44	41	57	46	61	48
41	33	43	44	53	48	57	50
43	38	41	45	56	43	61	41
38	30	45	37	46	43	62	50

10.9* 　电缆绝缘材料。三种低温电缆绝缘材料的电压应力步进试验数据如下。两行一组显示一个样品在各电压下的试验时间（单位：min）。

（a）用 10.2.2 节中的模型分别对每种电缆的数据进行拟合。

（b）由于样品数量很少，你认为有必要评价模型和残差吗？为什么？

（c）比较三种绝缘材料对应参数的估计——分别比较和同时比较。

（d）进行进一步分析。

绝缘材料 A												
电压/V	250	500	768	845	929	1 022						
时间/min	15	15	15	15	15	12.2						
电压/V	285	500	768	845	929							
时间/min	15	15	15	15	12.3							
电压/V	500	665	732	805	886	929	974	1 022	1 072	1 123	1 179	
时间/min	20	20	20	20	20	20	20	10	10	10	1.1	
电压/V	665	732	805	886	929	974	1 022	1 072				
时间/min	25	10	15	15	15	15	15	0.75				
电压/V	500	550	605	665	732	805	886	974	1 072			
时间/min	15	15	15	15	15	15	15	15	13.55			
电压/V	500	698	768	805	845	886	929	974	1 022	1 072		
时间/min	15	15	10	10	10	10	10	10	10	8.4		
绝缘材料 B												
电压/V	250	500	768	805								
时间/min	15	15	15	3.0								
电压/V	250	500	550	605	665	698	732	768	805			
时间/min	15	10	15	15	15	15	15	15	0.05			
电压/V	500	605	665	732	768	805	845	886				
时间/min	15	15	15	15	15	15	15	0.01				
电压/V	500	605	665	732	768	805						
时间/min	15	15	20	25	25	5.6						
绝缘材料 C												
电压/V	250	500	768	845	929							
时间/min	15	15	15	15	0.4							
电压/V	250	500	768	805	845	886						
时间/min	15	15	15	15	15	3.3						
电压/V	500	605	698	768	805	845	886	929	974	1 022	1 072	1 124
时间/min	15	15	15	15	15	15	15	15	15	15	15	5.0
电压/V	500	605	698	805	886	929	974	1 022	1 072			
时间/min	15	15	15	15	15	15	15	15	5.4			

续表

电压/V	500	698	768	845	886	929	974	1 022				
时间/min	15	15	15	15	15	15	15	7.5				
电压/V	605	665	719	768	805	845	886	929	974	1 022	1 072	1 124
时间/min	1 015	270	945	15	15	15	15	15	15	15	15	1.9
电压/V	605	665	732	805	886	929	974	1 022				
时间/min	1 020	15	15	15	10	20	15	14.4				

10.10* 推导模型。推导 10.3.2 节中模型和实例的所有公式，给出所有中间步。编号列出推导和建模过程中的所有假设。

10.11* 恒定应力。证明当试验应力为恒定应力时，10.3.2 节的模型简化为恒定应力模型。

10.12* 步进应力。证明当变应力为步进应力时，10.3.2 节的模型简化为 10.2.2 节的步进应力模型。

10.13* 无时序效应。由 10.2.2 节的模型推导式（10.2-12）和式（10.2-13），证明式（10.2-13）适用于任何应力施加次序的 I 步步进应力数据。

10.14* 对数正态分布。用对数正态分布代替 Weibull 分布，重新推导 10.3.2 节的模型。

10.15 对数正态拟合。利用 10.2 节中的绝缘油击穿数据。

（a*）使用 ML 程序，拟合习题 10.14 中的对数正态模型。

（b）对拟合模型进行解析检验。

（c）计算并画出残差。

（d）进行进一步分析。

（e）指出并论述上述结果与 Weibull 分布的结果的差异。

10.16* 区间数据。假设 I 步步进应力试验第 i 步的应力水平为 V_i，$i=1,2,\cdots,I$，在每一步结束时对 n 个样品进行检测。采用 10.2.2 节的步进应力模型和幂律-Weibull 模型：

（a）写出样本对数似然函数。

（b）推导似然方程。

（c）计算真实理论 Fisher 信息矩阵。由于区间内的失效数服从二项分布，数学期望很容易计算。

（d）计算在恒定设计应力 V_0 下百分位寿命的近似正态置信区间。

（e）对于包含样品移出的试验，完成（a）～（c）。即区间 1 的样品数为 n_1，区间 2 的样品数为 n_2（第 1 次检测移出后），…，区间 I 的样品数为 n_I（第 $I-1$ 次检测移出后）。

（f*）对于尺度参数的对数（ln）是（转换）应力 $\boldsymbol{x}$ 的线性函数的一般分布，完成（a）～（e）。

10.17* 方波应力。利用 10.3.2 节的一般模型，其中寿命分布为 $G[t/\theta(x)]$，

$\theta(x)$ 是应力水平 x 下的尺度参数，其他分布参数不依赖于 x。假设试验应力是一个长度为 τ 、两个应力水平 x' 、x'' 交替的循环方波应力，两个应力水平下的产品尺度参数分别为 θ' 和 θ'' 。一个循环中，应力 x' 的持续时间为 $f\tau$ ，x'' 的持续时间为 $(1-f)\tau$ 。假设样品失效时间 t 远远大于一个循环的时间长度 τ 。下述是 Rabinowicz 等（1970）发表的确定性模型的一种概率形式。注意该模型没有进行寿命-应力关系假设。

(a) 计算时间 t 内的近似累积损伤。

(b) 给出试验失效时间的分布，给出分布尺度参数关于 f 的函数表达式。

(c) 假设 x' 是设计应力水平，x'' 是某一提高的应力水平，并假设有两组样品，其中 n_i 个样品在 x' 下的试验时间为 f_i ，$i=1$，2。给出利用这些数据（完全数据或截尾数据）评估 θ' 和恒定使用应力水平 x' 下的寿命分布的方法。

(d) 对于完全数据和 σ 为常数的对数正态分布，写出（c）的样本对数似然函数，该似然函数是两个中位寿命的函数。推导似然方程、ML 估计和渐近协方差矩阵的局部估计。推导设计应力水平 x' 下百分位寿命的近似置信区间。

(e*) 对于单一定时截尾样本（截尾时间为 t' 、t''），重做（d）。

(f*) 对于定时截尾数据和指数分布，重做（d）。关于失效率的公式比关于均值的公式简单。

(g*) 对于定时截尾数据和 Weibull 分布，重做（d）。

(h) 给出验证（b）中尺度参数 θ 与 f 的关系的试验方案和假设检验方法。

(i*) 针对这种模型，研究最优试验方案。

(j*) 假设 $\ln[\theta(x)]$ 是 x 的线性函数，重做（a）～（h）。

10.18* 正弦应力。利用 10.3.2 节中的一般模型完成本题，其中尺度参数的对数（ln）是（转换）应力 x 的简单线性函数。假设样品承受周期为 τ 的正弦应力 $x(t)=A\sin(2\pi t/\tau)$，样品失效时间 t 远远大于 τ 。

(a) 计算时间 t 内的（近似）累积损伤。

(b) 给出失效时间的一般分布，给出分布尺度参数关于幅值 A 和周期 τ 的函数表达式。有些产品的寿命是频率 $1/\tau$ 的函数，这个模型包含这种情况吗？

(c) 假设样品 i 的试验应力幅值为 A_i，$i=1$，2，…，n。对于对数正态分布和完全数据，写出（b）的样本对数似然函数。推导似然方程、ML 估计和渐近协方差矩阵。推导设计应力幅值 A' 下百分位寿命的近似置信区间。

(d) 假设试验应力包含两个应力幅值，对于多重右截尾数据和指数分布，完成（c）。

(e) 假设试验应力包含两个应力幅值，对于多重右截尾数据和已知形状参数值的 Weibull 分布，完成（c）。

(f*) 对于多重右截尾数据和 Weibull 分布，完成（c）。

10.19* 随机应力。假设样品所受的应力是随机的，也就是说，样品在应力水平 x 下的总时间可由一个已知的概率密度 $f(x)$ 或“载荷谱”给出。假设样品在失效前多次经受该载荷谱，采用 10.3 节中的一般模型，其中尺度参数的对数（ln）是（变换）应力 x

的简单线性函数，完成习题 10.18 的（a）～（f）。

10.20* 最优简单步进试验方案。“简单”步进应力试验包含两个应力水平，假设第一步的应力水平为 x_1，其持续时间为 τ，第二步的应力水平为 x_2，直至所有试验样本都失效时停止。利用 10.2.2 节中的累积损伤模型，指数寿命分布和平均寿命 θ 与（转换）应力 x 之间的简单对数线性关系，即 $\ln\theta(x)=\alpha+\beta x$ 。

（a）写出 n 个样品的样本对数似然函数。

（b）推导似然方程和 α、β 的 ML 估计。

（c）推导 α、β 的真实渐近协方差矩阵。

（d）推导设计应力水平 x_0 下平均寿命的 ML 估计的渐近方差。

（e）推导使（d）的方差最小的时间 τ^* 及方差最小值。计算并画出时间 τ^* 和最小方差 V^* 与标准外推因子 $\zeta=\dfrac{(x_0-x_1)}{(x_1-x_2)}$ 的关系曲线。

（f*）比较该方差与相同的 2 个应力水平和样本量 n 下的最优恒定应力试验方案的方差，陈述结果。

（g*）对于第 2 个应力水平在时间 $\tau'>\tau$ 截尾的简单步进试验，完成（a）～（f）。

（h*）采用 Weibull 分布，完成（a）～（g）。

（i）研究最优简单步进应力试验方案，获取更多结果。

第 11 章　加速退化

(1) 目的

加速退化关注的是在过应力水平和设计条件下，产品性能随时间退化的模型和数据分析。本章简要介绍加速退化的基本原理，这一重要课题值得各应用领域广泛研究。

(2) 优势

相对于加速寿命试验，加速退化试验有很多优势。性能退化数据可以更早进行分析，如在样品“失效”之前。通过性能退化数据外推可以估计产品的失效时间，从而进一步加速试验。通过外推还可以查验不同设计对产品寿命的影响或失效时的性能水平假设。利用性能退化数据可能得到比少量失效的寿命数据更精确的寿命估计。此外，通过性能退化数据可以更好地了解产品的退化过程及改进方法。但是，上述大多数优点都是基于有一个适当的性能退化外推模型和适合的失效性能阈值。由于对胶粘剂的性能退化外推模型认识不充分，Ballado - Perez（1986，1987）建议将胶粘剂的性能退化数据视为寿命数据以简化模型和数据分析。

(3) 概述

11.1 节简要介绍加速退化的应用情况，11.2 节介绍基本的加速退化模型，11.3 节通过具体应用介绍退化数据的分析方法。读者可以先阅读简单易懂和具体化的 11.2.1 节和 11.3 节，之后可以更容易地阅读其他更抽象的章节。

11.1　应用综述

本节简要介绍加速退化（或老化）的应用情况，内容包括：文献、多种产品和材料，以及统计方法。第 1 章 1.1 节的内容是本节的有益基础，并介绍了相关的技术协会、期刊和会议。

(1) 文献

Carey（1985）和 Kulshreshtha（1976）提供了退化应用的文献目录。Meeker（1980），Losickij 和 Chernishov（1970），Goba（1969），Yurkowski、Schafer 和 Finkelstein（1969）提供了一般性的包含退化和其他相关主题的文献目录。第 1 章 1.1 节中，尤其是 1.1.4 节中提到的书籍和文章包含了关于磨损、腐蚀、蠕变等具体的退化应用的文献。

(2) 金属

金属性能的退化过程包括蠕变、裂纹的萌生和扩展、磨损、腐蚀、氧化以及生锈。相关文献包括 ASTM STP 738（1981），ASTM STP 748（1981），Bogdanoff 和 Kozin（1984），Yokobori 和 Ichikawa（1974），Zaludova（1981），Zaludova 和 Zalud（1985）。第 1 章 1.1 节中提到的很多文献都是关于金属性能退化的。

（3）半导体和微电子

在加速试验中，可以观测到许多电子器件存在电性能退化。通常将器件性能退化到低于指定值定义为器件失效。第 1 章 1.1 节中提到的许多文献都是关于电子器件性能退化的，如 Howes 和 Morgan（1981）。Carey 和 Tortorella（1987），LuValle 等（1986，1988a、b）提出了基于物理机理的概率退化模型。

（4）电介质和绝缘材料

可测量的性能包括击穿电压、伸长率、拉伸和弯曲强度。Goba（1969）提供了包含退化的文献目录。代表性的相关文献有 Simoni（1974、1983），Vincent（1987），Bernstein（1981），Whitman 和 Doigan（1954），Vlkova 和 Rychtera（1974），Beluzat 和 Goddet（1987）。

（5）食品和药品

实际上所有的食品和药品加速试验都是关于储藏期限和稳定性的退化试验。性能包括有效成分含量和细菌水平。第 1 章 1.1 节中的所有文献都与此相关，尤其是 Young（1988），Labuza（1982），FDA（1987），Beal 和 Sheiner（1985），以及 Lu 和 Meeker（1989）中药物代谢动力学方面的参考文献。

（6）塑料和聚合物

大多数塑料和聚合物加速试验都是关于力学性能和其他性能的退化试验。第 1 章 1.1 节中的大多数文献都与此相关。

（7）统计方法

因为老化退化数据通常是完全数据，故标准回归分析方法适用于此类数据。这些方法在第 4 章中有介绍。非线性回归方法也经常使用，相关著作有 Seber 和 Wild（1989），Gallant（1987），Borowiak（1989），Ratkowsky（1983），Bates 和 Watts（1988）。最大似然方法特别有用且应用广泛，详见第 5 章和第 9 章。Lancaster（1990）提出了可扩展到退化过程的统计模型。

11.2 退化模型

（1）目的

本节简要介绍恒定应力水平下的一些基本退化模型。关于此类模型的更多介绍参见第 1 章 1.1 节的相关参考文献。11.2.1 节详细介绍广泛使用的 Arrhenius 反应速率模型，11.2.2 节介绍一个一般化的退化速率恒定的简单模型，11.2.3 节和 11.2.4 节将简单模型扩展到随机系数模型和随机增量模型，11.2.5 节介绍数学退化速率模型。11.2 节来源于 Zaludova（1981）、Zaludova 和 Zalud（1985）的研究并对此进行了延伸，而他们的这些工作可以追溯到 Gertsbakh 和 Kordonskiy（1969）的相关研究。Lu 和 Meeker（1989）从理论上介绍了此类模型，其中包含药物动力学相关文献和其他一些数据分析方法。下面介绍退化模型的通用基础。

（2）假设

下文所有退化模型都包含以下假设：

1）退化是不可逆的。也就是说，性能总是单调变差的，例如，金属裂纹随着时间的增加越来越长，绝缘材料的击穿电压随着时间越来越低。退化模型不适用于随着暴露性能提高的产品，例如，热处理可以提高金属或塑料的寿命。

2）退化模型通常仅适用于单一退化过程（失效模式或失效机理）。如果同时有多个退化过程和失效模式，则每个退化过程和失效模式都需要一个特有的模型。LuValle 等（1986，1988a、b）建立了竞争退化过程模型。

3）样品性能在试验开始之前的退化可以忽略。

另外一个与退化模型无关的假设是：

性能检测带有可忽略不计的随机误差。测量误差可以有，但不包含在本节的退化模型之中。当性能变化很小时，测量误差变得很重要（“很大”）。Young（1988）指出药物的测量误差就很大。

（3）统计模型

很多工程工作仅使用性能、寿命和加速变量之间的关系式，该关系式描述的是“特征”性能。下面的统计模型则包含一个性能特征值附近的统计分布。这类分布对于关注低尾段早期失效的高可靠产品非常重要。

（4）发展

在很多工程应用中，还没有针对性能退化的适当的工程关系式。具有退化物理知识的工程师和科学家将推动这一理论的发展。同时，统计学家也将助力其发展。Abdel - Hameed 等（1984）介绍了这方面的一些最新进展。在工程文献中的多种模型尚未经过数据对比得到充分验证。另一方面，一旦指定某一模型，大多数退化试验统计设计和数据分析大体上都是常规事项。也就是说，退化试验设计和数据分析是标准化的或容易发展的，但可能计算复杂。

（5）非恒定应力

非恒定应力退化试验的模型需要一个累积损伤模型（第 10 章）。大多数这类模型都假定产品退化过程具有“马尔可夫性质”。也就是说，退化过程中的损伤率仅依赖于当前应力水平和累积损伤，而与之前的应力历程无关。但这对于金属疲劳和其他一些现象是不成立的。Bogdanoff 和 Kozin（1984）提出了结构材料的累积损伤模型。Iuculano 和 Zanini（1986）将这个模型应用到了金属膜电阻器。Rosenberg 等（1986），Yoshioka 等（1987）提出了药物稳定性的累积损伤模型。Boba（1969）的文献目录包含了关于电气绝缘材料累积损伤模型的文献。

11.2.1　Arrhenius 反应速率模型

（1）应用

Arrhenius 反应速率模型被广泛应用于温度加速退化。应用方向和参考文献包括：

• 医药品——Bently（1970），Carstensen（1972），Connors 等（1979），Grimm（1987），FDA（1987），及 Young（1988）。

• 绝缘材料和电介质——Whitman 和 Doigan（1954），Veluzat 和 Goddet（1987），及 Goba（1969）。

• 塑料和聚合物——Hawkins（1971，1984）。

• 胶粘剂——Beckwith（1979，1980），Ballado - Perez（1986，1987）。

• 电池和电池组——Linden（1984），Gabano（1983）。

下面按照 Nelson（1981）对该模型进行介绍。

（2）假设

Arrhenius 反应速率模型的假设有：

1）对于任意温度和暴露时间，性能 u 的分布是对数正态分布（以 10 为底）。因此，对数性能 $y=\log(u)$ 服从正态分布。也可以采用其他分布。

2）对数性能的标准差 σ 是常数，即 σ 不依赖于温度和暴露时间。

3）对数性能的均值 μ（中位性能 $u_{0.5}$ 的对数）与绝对温度 T、暴露时间 t 之间满足如下关系

$$\mu(t,T)=\log(u_{0.5})=\alpha-t\cdot\beta\cdot\exp(-\gamma/T) \tag{11.2-1}$$

式中，log() 为以 10 为底的对数，也可以使用自然对数。参数 α、β、γ 和 σ 是产品、退化过程、试验方法的特征参数，由数据估计得到。该关系式关于参数 α、β 是线性的，关于参数 γ 是非线性的。式（11.2-1）在半对数坐标纸上的图形如图 11.2-1 所示。图中每个温度下的中位性能 $u_{0.5}$ 与时间 t 的关系曲线在半对数坐标纸上均是一条直线。图 11.2-1 也描述了假设 1）和 2）——具有相同散度的正态分布。在实践中，关于时间 t 的线性关系式（11.2-1）可能不能适当描述产品在 0 时刻附近或者很大时刻时的性能变化，11.2.2 节将就此进行深入讨论。

（3）说明

α 是 0 时刻的中位性能 u_0 的对数。在图 11.2-1 中，所有温度下，所有中位性能线在 0 时刻的值均为 u_0。则式（11.2-1）可写为

$$\log(u_{0.5}/u_0)=-t\cdot\beta\cdot\exp(-\gamma/T) \tag{11.2-1'}$$

上式说明：1）退化过程由一个简单的一阶化学反应方程式决定；2）反应速率 $\beta\exp(-\gamma/T)$ 关于温度服从 Arrhenius 关系。Whitman 和 Doigan（1954）提出了这一公式。式中 $\gamma=E/k$，其中 k 为玻耳兹曼常数，E 为反应活化能。此外，式（11.2-1'）可用于表述初始性能 u_0 的在 t 时刻的剩余百分比 $100(u_{0.50}/u_0)\%$。

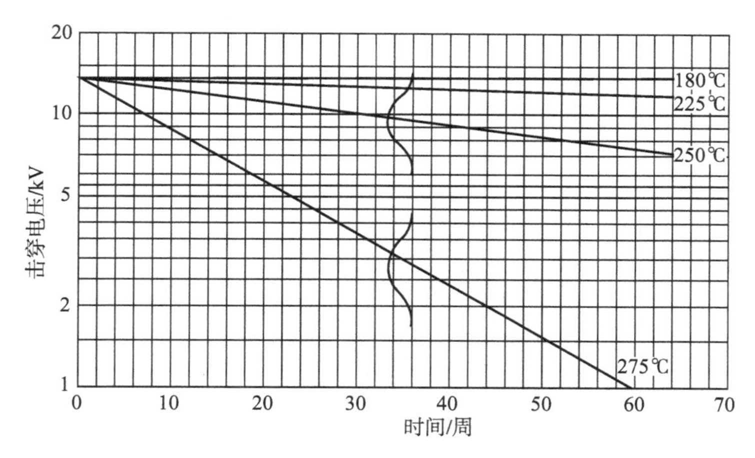

图 11.2－1　在半对数坐标纸上的 Arrhenius 反应速率模型

（4）百分位数

在绝对温度 T 下，寿命为 t 时，对数性能的 $100P\%$ 分位数 $y_P(t, T) = \log[u_P(t, T)]$ 为

$$y_P(t,T) = \mu(t,T) + z_P\sigma = \alpha - t \cdot \beta \cdot \exp(-\gamma/T) + z_P\sigma \qquad (11.2-2)$$

式中，z_P 为标准正态分布的 $100P\%$ 分位数。任一温度下的百分位数线与图 11.2－1 中的中位数线平行。

（5）设计温度

在有些实际应用中，设计温度 T^* 按照如下方法确定。指定设计寿命 t^*，要求小于指定对数性能 y^* 的概率不大于 $100P^*\%$，根据式（11.2－2），T^* 的表达式为

$$T^* = \gamma/\ln[\beta t^*/(\alpha + z_P \cdot \sigma - y^*)] \qquad (11.2-3)$$

（6）中位时间

由式（11.2－1）可得对数性能退化到指定值 y^*（相当于“失效”）的中位时间 $t_{0.5}$，为

$$t_{0.5} = [(\alpha - y^*)/\beta]\exp(\gamma/T)$$

这是关于失效（中位）时间的 Arrhenius 模型，当对数性能大于设计值 y^* 时适用。例如，对于绝缘材料，y^* 常常是设计电压的对数，对于医药品，y^* 是包装标签中的约定（中位）药品含量，$t_{0.5}$ 是保证该含量的储藏期限。

（7）寿命分布

产品在设计温度 T' 下的寿命分布如下。假设当样品的对数性能退化至设计值 $y' = \log(V')$ 以下时，样品失效。图 11.2－2 描述了样本寿命分布以及性能 V 的分布。图中直线表明设计温度 T' 下中位性能是时间 t 的函数。该图表明性能分布如何随总体寿命下降，样本总体失效概率如何随时间增大。时间 t 内的总体失效（对数性能低于 y'）概率 $F(t)$ 是图 11.2－2 中性能分布阴影部分的比例，即

$$F(t;T') = \Phi\{[y' - \alpha + t\beta\exp(-\gamma/T')]/\sigma\} \qquad (11.2-4)$$

式中，Φ{} 为标准正态分布函数。因此失效时间 t 服从正态分布，其均值和标准差如下

$$\mu_t=[(\alpha-y')/\beta]\exp(\gamma/T'),\sigma_t=(\sigma/\beta)\exp(\gamma/T') \tag{11.2-5}$$

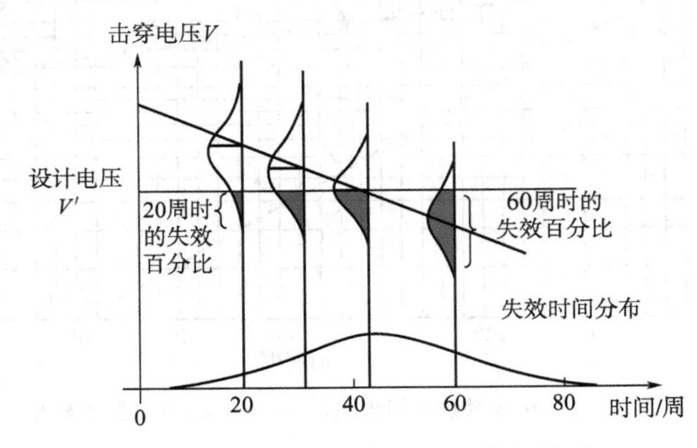

图 11.2-2　产品性能与寿命分布的关系

该正态寿命分布的 100P% 分位数为 $t_P=\mu_t+z_P\sigma_t$，其中 z_P 是标准正态分布的 100P% 分位数。可以通过试用不同的失效性能水平 y' 分析寿命分布对失效性能假定值的敏感程度。考虑失效时性能 y' 的分布的模型更贴近实际情况。例如，对于绝缘产品，产品之间的失效电压 y' 存在微小差异，且施加在产品上的电压可能随时间变化，故产品寿命分布的真实标准差 σ_t 往往更大。

部分读者可以直接跳到 11.3 节，阅读绝缘材料击穿数据拟合的相关内容。

11.2.2　简单恒定退化速率模型

在一般性的框架内，本节介绍恒定应力水平下的简单恒定退化速率模型，其中包含 11.2.1 节中的 Arrhenius 反应速率模型。

(1) 诱因

某些产品的样本性能（或其对数）与寿命的典型关系图如图 11.2-3 所示。初始性能退化速率（斜率）较高——磨合期。短时间后，退化速率变得相对平稳，在相当长的时间内保持不变——对应图中直线部分。最后，退化速率（斜率）可能在很大的寿命值时增大——磨损期。对于某些产品，退化速率始终不变。这诱导出如下模型，适用于图 11.2-3 中的直线部分。在使用直线拟合带有初始磨合期数据的退化数据时，通常删除 0 时刻的性能数据。

(2) 一般模型

对于“特征”对数性能 $\mu(t)$ 而言，最简单的退化模型是：对数性能 $\mu(t)$ 是时间 t 的线性函数，即

$$\mu(t)=\alpha-\beta' t \tag{11.2-6}$$

为了具体说明，设 $\mu(t)$ 是 t 时刻对数性能总体分布的均值或中位数。图 11.2-1 描述了几个不同 β' 值的线性关系。截距 α 是产品在 0 时刻的特征对数性能。退化速率 β' 是

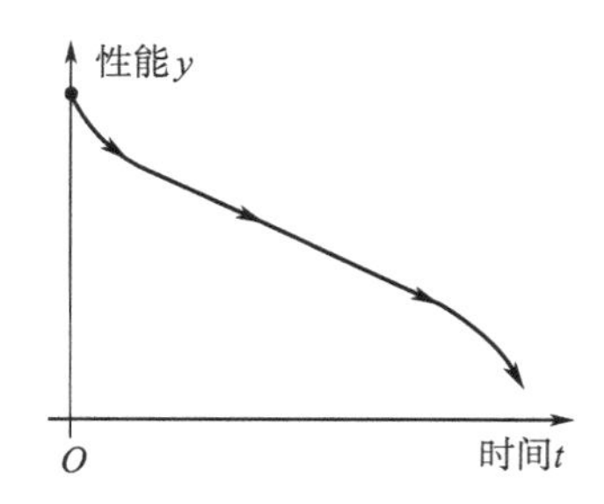

图 11.2-3　性能退化与样本寿命的典型关系

不随时间改变的常数，依赖于恒定加速应力。采用对数性能保证了退化模型不会产生负的性能值。指数化公式（11.2-6）可得性能为 $\exp(\alpha-\beta' t)$，它随着时间以指数方式减小。在一些实际应用中，$\mu(t)$ 表示性能而非对数性能，例如机械产品的耗损性应用。如果退化量很小，性能和对数性能效果基本相同。如果性能随着时间递增（例如，裂缝长度），在式（11.2-6）中使用＋替代－即可。

（3）失效

若当对数性能退化至 μ^* 时产品失效，则根据式（11.2-6），失效时间为

$$t=(\alpha-\mu^*)/\beta' \tag{11.2-7}$$

（4）Arrhenius 关系

对于由（绝对）温度 T 加速的退化过程，Arrhenius 退化速率为

$$\beta'=\beta\cdot\exp(-\gamma/T) \tag{11.2-8}$$

式中，β 和 γ 为产品和退化过程的特征常数。采用该退化速率参数，式（11.2-6）变为 Arrhenius 反应速率模型式（11.2-1），则特征对数性能为

$$\mu(t,T)=\alpha-t\cdot\beta\cdot\exp(-\gamma/T)$$

对数性能达到 μ^* 的特征失效时间为

$$t=[(\alpha-\mu^*)/\beta]\cdot\exp(\gamma/T)$$

这是第 2 章中寿命的 Arrhenius 模型。

（5）幂关系

对于某些退化过程，退化速率是正应力 V 的幂函数，即

$$\beta'=\beta V^{\gamma} \tag{11.2-9}$$

式中，β 和 γ 为产品和退化过程的特征常数。上式常用于电子器件和电介质，此时应力 V 是电压应力。幂关系在 Taylor 模型中用来描述机器刀具磨损随切割速率的函数关系，详见 Boothroyd（1975）。特征对数性能为

$$\mu(t,V)=\alpha-t\cdot\beta V^{\gamma}$$

对数性能达到 μ^* 的特征失效时间为

$$t=[(\alpha-\mu^*)/\beta]/V^{\gamma}$$

这是第 2 章中寿命的逆幂律模型。

（6）指数关系

某些退化速率可以用应力 V 的指数函数表述，即

$$\beta' = \beta \cdot \exp(\gamma V) \tag{11.2-10}$$

式中，β 和 γ 为产品和退化过程的特征常数。该指数函数可以用于描述类似湿度这样的气候变量的影响。特征对数性能为

$$\mu(t,V) = \alpha - t \cdot \beta \cdot \exp(\gamma V)$$

对数性能达到 μ^* 的特征失效时间为

$$t = [(\alpha - \mu^*)/\beta] \cdot \exp(-\gamma V)$$

这是第 2 章中寿命的指数模型。

（7）Eyring 关系

某些退化速率是绝对温度 T 和另一个应力（或转换应力）V 的函数。广义 Eyring 退化速率为

$$\beta' = \beta \cdot \exp[-(\gamma/T) - \delta V - \varepsilon(V/T)] \tag{11.2-11}$$

式中 β，γ，δ，ε 为产品和退化过程的特征常数。上式可用于电子器件和电介质，此时 V 是电压或者对数电压。特征对数性能为

$$\mu(t,T,V) = \alpha - t \cdot \beta \cdot \exp[-(\gamma/T) - \delta V - \varepsilon(V/T)]$$

对数性能达到 μ^* 的特征失效时间为

$$t = [(\alpha - \mu^*)/\beta]\exp[(\gamma/T) + \delta V + \varepsilon(V/T)]$$

这是第 2 章中寿命的广义 Eyring 模型。

（8）分布

前面的模型是对特征性能的建模。在任意的寿命时刻，性能都具有一个分布。在 11.2.1 节中，采用的分布是方差 σ 恒定的对数正态分布（11.2.3 节和 11.2.4 节的模型中性能分布的散度不是常数）。其他散度为常数的分布也可与上述模型一同使用。对于假定的性能分布，分布百分位数可以用模型参数表述，类似于式（11.2-2）。应力的设计水平也可以通过类似于式（11.2-3）的公式确定。

（9）其他模型

这里简要介绍一些近期出现的基于物理机理的退化模型。Carey 和 Tortorella（1987）提出了一个描述 MOS 氧化物退化的模型。该模型利用电荷载体的生灭过程，可以比简单的生过程更好地拟合他们的数据。LuValle 等（1986，1988a、b）提出了多个基于化学动力学和概率思想的退化模型。他们通过对一个数据集进行大量此类模型拟合，评价模型拟合优度，获得物理认知。此外，在微电子应用中，开发了一些基于原子的模型。很多概率统计模型获得了较好的应用并得到了物理解释。例如，研究人员针对那些难以退化失效的样品提出了一个竞争反应模型。也就是说，有些样品会一直生存着（第 2 章），在某些电子器件上可观测到这种现象。

（10）几何结构

可以看到大多数模型都是基于动力学理论而不涉及产品的几何结构。也就是说，这些

模型都隐含假设：开始时反应材料是均匀混合的。Arrhenius 模型就蕴含这一假设。而有些微电子产品的退化是由相连（不同）材料的原子扩散导致的，产品几何结构会影响退化过程。因此，当几何结构重要时，需对其进行建模，但是，几何结构经常被忽略。

11.2.3 随机系数模型

（1）模型

另一个描述样品 i 的对数性能 y_i 与时间 t 的函数关系的简单退化模型为

$$y_i(t) = a_i - b_i t \tag{11.2-12}$$

式中，a_i 和 b_i 为样品 i 的截距常数和退化速率常数。如此不同样品的性能退化模型不同，如图 11.2-4 所示，截距 a_i 和退化速率 b_i 各不相同，但服从一个联合分布。样品 i 的系数 a_i 、b_i 是常数，因此称模型（11.2-12）具有随机系数，更恰当的说法是：模型（11.2-12）的系数服从某一联合分布。

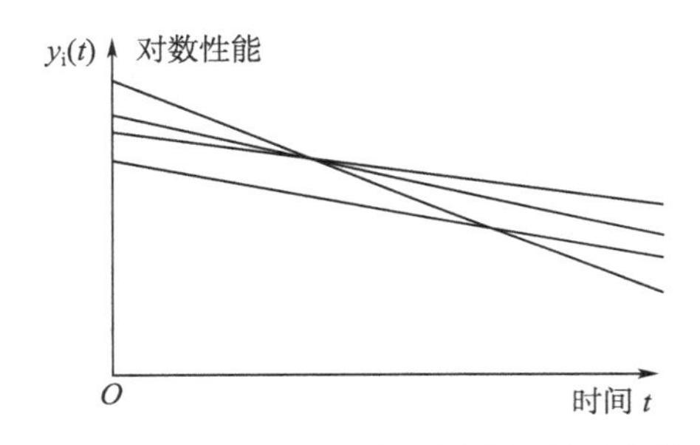

图 11.2-4 不同样品具有不同的线性退化模型

（2）均值和方差

记截距 a_i 的总体均值和标准差分别为 α 和 σ_a 。α 和 σ_a 分别是对数性能在 0 时刻的均值和标准差。σ_a 通常反映产品制造偏差和过程变量的差异。记退化速率 b_i 的总体均值和标准差分别为 β' 和 σ_b 。σ_b 通常反映材料组成的差异，材料组成决定退化速率。对于一批同源的产品，σ_b 通常很小。但是当样品来自多个批次且批次之间的材料组成存在差异时，σ_b 可能很大。一般假设 β' 依赖于加速应力，如 11.2.2 节所述。假设成对系数 $(a_i，b_i)$ 是不相关的，则 t 时刻对数性能 $y_i(t)$ 的分布的均值和方差分别为

$$\mu(t) = \alpha - \beta' t, \sigma^2(t) = \sigma_a^2 + \sigma_b^2 t^2 \tag{11.2-13}$$

均值的关系式是简单线性关系式（11.2-6），其中 β' 依赖于应力。当 $\sigma_b^2 = 0$ 时，$\sigma(t)$ 简化为前面 σ 恒定的模型，也就是说，所有的样品都具有相同的退化速率 $b_i = \beta'$ 。例如，具有相同组成的样品可能具有相同的退化速率。其他假设也可以得到这个均值和方差。需要注意的是，这个模型并未得到充分验证。Beal 和 Scheiner（1988）研究了异方差模型的拟合方法。Lu 和 Meeker（1989）综述了随机系数模型及其数据分析方法。

（3）寿命分布

如果进一步假设 a_i 、b_i 服从正态分布，则失效（对数性能退化至 y^* ）时间的分布为

$$F(t) = \Phi[(y^* - \alpha + \beta' t)/(\sigma_a^2 + \sigma_b^2 t^2)^{1/2}] \tag{11.2-14}$$

这是 Bernstein 分布，可见 Gertsbakh 和 Kordonskiy（1969），Levitanus（1973），Peshes 和 Stepanova（1972）。Ahmad 和 Shiekh（1981）介绍了截尾数据下的参数估计方法。

（4）随机变化

在前面的模型中，样品 i 的性能随时间符合特有的线性模型［式（11.2－12）］。由于样品性能围绕其线性模型上下波动，更合理的模型应包含对数性能的随机变化 $e_i(t)$，如图 11.2－5 所示。也就是说，在 t 时刻，样品 i 的对数性能 $y_i(t)$ 是式（11.2－12）加上变化量 $e_i(t)$，即模型为

$$y_i(t)=a_i-b_it+e_i(t) \qquad (11.2-12')$$

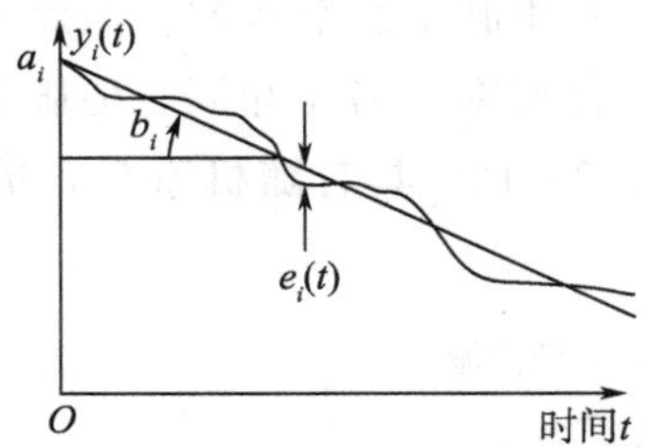

图 11.2－5　围绕线性退化模型的随机变化 $e_i(t)$

该模型中，通常假设对于任意时间 t，$e_i(t)$ 的均值为 0、方差为常数 σ_e^2。假设 a_i、b_i 和 $e_i(t)$ 统计独立，则 $y_i(t)$ 的分布的均值和方差分别为

$$\mu(t)=\alpha-\beta' t,\sigma^2(t)=(\sigma_a^2+\sigma_e^2)+\sigma_b^2t^2 \qquad (11.2-13')$$

均值的关系式是简单线性关系式（11.2－6），方差 $\sigma(t)$ 也与之前类似，仅需用 $(\sigma_a^2+\sigma_e^2)$ 替代 σ_a^2。用 $(\sigma_a^2+\sigma_e^2)$ 替换式（11.2－13′）中的 σ_a^2 即为该模型的失效时间的 Bernstein 分布。

（5）批效应

上述模型适用于简单的同源总体。当各批次产品之间存在差异时，需对模型进行扩展以表述这些差异。

11.2.4　随机增量模型

（1）模型

下述模型是退化过程的随机增量模型，是另一种随机系数模型。对于样品 i，记 0 时刻的（对数）性能为 a_i，即 $y_i(0)=a_i$。将区间 $(0, t)$ 等分为 J 个长度为 $\tau=t/J$ 的短区间，设样品 i 在时刻 $j\tau$ $(j=1, 2, \cdots, J)$ 的（对数）性能为

$$y_i(j\tau)=y_i[(j-1)\tau]-b_{ij}\tau$$

式中，$b_{ij}\tau$ 为（对数）性能在时间 $(j-1)\tau$ 和 $j\tau$ 之间的非负随机增量；b_{ij} 为样品 i 在区间 j 期间的随机退化速率。则在 t 时刻

$$y_i(t)=y_i(J\tau)=a_i-(b_{i1}+b_{i2}+\cdots+b_{ij})\tau$$

Zaludova 和 Zalud（1985）以润滑油中的金属碎屑含量为性能度量，应用该模型进行了柴油发动机磨损分析。

(2) 均值和方差

记 a_i 的总体均值和方差分别为 α 和 σ_a 。假设任意 b_{ij} 的均值是恒定退化速率 β' ，如 11.2.2 节所述，β' 依赖于应力水平。因此，t 时刻（对数）性能 $y_i(t)$ 的总体分布的均值为

$$\mu(t)=\alpha-(J\beta')\tau=\alpha-\beta' t \tag{11.2-15}$$

上式与区间分割数 J 无关，是均值的简单线性关系式（11.2-6）。为获得性能分布的方差 $\sigma^2(t)$ ，假设 a_i ，b_{i1} ，b_{i2} ，…，b_{iJ} 不相关（该假设可以简化该模型的数据拟合），任意 b_{ij} 的方差均为常数 σ_b^2 。注意，这里 σ_b^2 的意义与 11.2.3 节的不同，σ_b^2 可能是应力的函数。则 $y_i(t)$ 的总体分布的方差为

$$\sigma^2(t)=\sigma_a^2+(J\sigma_b^2)\tau=\sigma_a^2+\sigma_b^2 t \tag{11.2-16}$$

上式与区间分割数 J 无关，方差是时间 t 的线性函数。前面随机系数模型的方差［式（11.2-13′）］是 t^2 的线性函数。由其他假设也可以得到式（11.2-15）和式（11.2-16）。因此若模型对数据拟合良好，没有必要关注该模型的表述是否适当。Tomsky（1982）介绍了使用重复测量数据评估该模型参数的方法。

(3) 寿命分布

设当产品（对数）性能低于指定值 y^* 时，产品失效，根据式（11.2-15），特征失效寿命为

$$t=(\alpha-y^*)/\beta'$$

如果 a_i ，b_{i1} ，b_{i2} ，…，b_{iJ} 服从正态分布（与非负增量不一致），则 $y_i(t)$ 也服从正态分布，寿命 t 内的总体失效概率为

$$F(t)=Pr\{y_i(t)\leqslant y^*\}=\Phi[(y^*-\alpha+\beta' t)/(\sigma_a^2+\sigma_b^2 t)^{1/2}] \tag{11.2-17}$$

对于正态分布，上面的特征失效寿命是中位寿命。假设对性能的测量刻度进行调整使 $\alpha=0$，并假设所有样品具有相同的初始性能 a_i ，即 $\sigma_a^2=0$，则上述寿命分布变为 Birnbaum-Saunders（1969）分布，该分布是针对金属疲劳提出的。

11.2.5　数学退化速率模型

很多拟合退化数据的退化速率模型仅是适合的数学函数或曲线，缺乏实际的物理意义。这些曲线从数学上而言是合理的，如下面的 Weibull 模型。这些曲线只是平滑数据，通常适合内插，但是不能给出物理解释，且外推结果可能很差。本节介绍这些模型的几个代表。

(1) Weibull 模型

Crow 和 Slater（1969）使用如下“Weibull 模型”对加速风化条件下塑性建筑材料的力学性能退化进行建模，特征性能是老化时间 t 的函数，为

$$\mu(t)=\alpha\cdot\exp[-(t/\beta)^{\gamma}]+\delta \tag{11.2-18}$$

式中正的参数 α 、β 、γ 和 δ 是材料性能（如伸长率）、塑性、气候变量（如湿度、紫外线、温度）的特征参数。$\exp[-(t/\beta)^{\gamma}]$ 看起来像 Weibull 分布可靠度函数，但这里它并不是

一个分布函数。Crow 和 Slater 没有使用分布描述性能的分散性。

（2）解释

式（11.2 - 18）没有物理含义，只有一些适当的数学性质。例如，它是正的单调递减函数。模型中的参数可以作如下解释，$(\alpha+\delta)$ 是 $t=0$ 时刻的初始特征性能，δ 是在极大寿命时的特征性能极限值，通常取为 0，β 是特征性能退化至初始性能的 36.8%时的寿命。由于没有工程理论基础，使用此类模型仅是曲线拟合。Crow 和 Slate 还将参数表述为气候变量的函数，进行进一步的曲线拟合。

（3）Larsen - Miller 模型

Dieter（1961）给出了多种蠕变断裂的 Larsen - Miller 模型的一般化形式。有些只是提高数据拟合的效果，而没有物理基础或物理含义，是纯粹的数学函数。

（4）多项式模型

采用多项式模型可以实现许多数据的平滑拟合。多项式模型通常适合内插，但是对于外推和有些内插效果很差。设计人员使用金属和陶瓷的材料性能曲线进行零件设计，很多材料性能曲线都是由多项式拟合得到的。例如，Zaludova 和 Zalud（1985）使用三次多项式拟合柴油发动机的磨损数据，美国保险商实验室（1975）使用三次多项式拟合高分子聚合物的退化数据。多项式模型可以是时间或者任意个其他变量的函数。

11.3　Arrhenius 分析

（1）目的

本节介绍采用 Arrhenius 反应速率模型分析退化数据的方法。通过分析可以估计：1）模型参数；2）产品失效时间分布；3）到设计寿命时达到指定小失效概率的设计温度。本节分析使用指定的退化模型和数据，但这些方法也适用于其他产品和其他的恒定速率退化模型。因为击穿是破坏性的，实例中每个样品的性能仅在某一时间测量一次。重复测量数据的分析方法相对复杂，在此不作介绍。例如，Tomsky（1982）分析了重复测量数据。

（2）概述

11.3.1 节介绍阐述分析方法的数据和模型，11.3.2 节介绍图分析和模型拟合，11.3.3 节介绍解析模型拟合，这需要专用计算机程序，11.3.4 节介绍模型和数据的检验方法。以下内容根据 Nelson（1981）编写。

11.3.1　绝缘材料击穿数据和模型

（1）数据

本节以绝缘材料样品击穿强度数据为例阐述分析方法。绝缘材料样品在一个高温度应力水平下试验到规定时间（单位：周）后，通过破坏性测试测量击穿电压。这样的性能试验数据是典型的完全数据（即无截尾）。试验分为四个温度应力水平：180 ℃、225 ℃、

250 ℃、275 ℃，每个温度下样品数相同，分别在老化时间达到 1、2、4、8、16、32、48、64 周时，从每个试验温度下抽取 4 个样品测量击穿电压（单位：kV）。试验数据如表 11.3－1 所示，表 11.3－1 中第 1 行第 1 个样品数据是样品在 180 ℃下试验 1 周，之后测得其击穿电压为 15.0 kV。注意没有样品在 0 时刻进行测量。Beckwith（1979，1980）指出如果有 0 时刻的测量数据可以得到更精确的估计结果。当然，这只在产品性能线性退化且没有磨合期时成立。更恰当地说，在早期（或者晚期）的测试中应有更多的样品，即样品应不均匀分配。试验共有 4×4×8＝128 个样品。试验的目的是估计绝缘材料的寿命分布。当绝缘材料在设计温度 150 ℃下的击穿电压强度低于设计电压 2.0 kV 时，绝缘材料失效。

表 11.3－1　绝缘材料击穿数据

时间/周	温度/℃	kV									
1.	180.	15.0	4.	180.	13.5	16.	180.	18.5	48.	180.	13.0
1.	180.	17.0	4.	180.	17.5	16.	180.	17.0	48.	180.	13.5
1.	180.	15.5	4.	180.	17.5	16.	180.	15.3	48.	180.	16.5
1.	180.	16.5	4.	180.	13.5	16.	180.	16.0	48.	180.	13.6
1.	225.	15.5	4.	225.	12.5	16.	225.	13.0	48.	225.	11.5
1.	225.	15.0	4.	225.	12.5	16.	225.	14.0	48.	225.	10.5
1.	225.	16.0	4.	225.	15.0	16.	225.	12.5	48.	225.	13.5
1.	225.	14.5	4.	225.	13.0	16.	225.	11.0	48.	225.	12.0
1.	250.	15.0	4.	250.	12.0	16.	250.	12.0	48.	250.	7.0
1.	250.	14.5	4.	250.	13.0	16.	250.	12.0	48.	250.	6.9
1.	250.	12.5	4.	250.	12.0	16.	250.	11.5	48.	250.	8.8
1.	250.	11.0	4.	250.	13.5	16.	250.	12.0	48.	250.	7.9
1.	275.	14.0	4.	275.	10.0	16.	275.	6.0	48.	275.	1.2
1.	275.	13.0	4.	275.	11.5	16.	275.	6.0	48.	275.	1.5
1.	275.	14.0	4.	275.	11.0	16.	275.	5.0	48.	275.	1.0
1.	275.	11.5	4.	275.	9.5	16.	275.	5.5	48.	275.	1.5
2.	180.	14.0	8.	180.	15.0	32.	180.	12.5	64.	180.	13.0
2.	180.	16.0	8.	180.	15.0	32.	180.	13.0	64.	180.	12.5
2.	180.	13.0	8.	180.	15.5	32.	180.	16.0	64.	180.	16.5
2.	180.	13.5	8.	180.	16.0	32.	180.	12.0	64.	180.	16.0
2.	225.	13.0	8.	225.	13.0	32.	225.	11.0	64.	225.	11.0
2.	225.	13.5	8.	225.	10.5	32.	225.	9.5	64.	225.	11.5
2.	225.	12.5	8.	225.	13.5	32.	225.	11.0	64.	225.	10.5
2.	225.	12.5	8.	225.	14.0	32.	225.	11.0	64.	225.	10.0
2.	250.	12.5	8.	250.	12.5	32.	250.	11.0	64.	250.	7.2667
2.	250.	12.0	8.	250.	12.0	32.	250.	10.0	64.	250.	7.5

续表

时间/周	温度/℃	kV									
2.	250.	11.5	8.	250.	11.5	32.	250.	10.5	64.	250.	6.7
2.	250.	12.0	8.	250.	11.5	32.	250.	10.5	64.	250.	7.6
2.	275.	13.0	8.	275.	6.5	32.	275.	2.7	64.	275.	1.5
2.	275.	11.5	8.	275.	5.5	32.	275.	2.7	64.	275.	1.0
2.	275.	13.0	8.	275.	6.0	32.	275.	2.5	64.	275.	1.2
2.	275.	12.5	8.	275.	6.0	32.	275.	2.4	64.	275.	1.2

(2) 试验方案

上述试验方案对于 Arrhenius 反应速率模型来说是统计低效的。通过下述措施可以降低估计的统计不确定性。

1) 在 0 时刻或者接近 0 时刻对样品进行测试。这样可以得到 0 时刻的中位（对数）性能 α 的更好的估计。同时，由于可用的时间范围更宽，也可以得到斜率 β 的更好的估计。当然，这需要假设 0 时刻附近不存在磨合期。

2) 每个温度下，在靠近 0 时刻以及最长试验时间时测试更多样品，在中间测试时测量较少样品。由于可用的时间范围更宽，在模型适合的情况下，这样可以得到更精确的 β 估计值。中间测试次数要满足线性度检验需求，并可提供更多早期性能退化信息。

3) 相对于最高温度，在最低试验温度下测试较多样品。最低试验温度接近设计温度，为提高外推精度，在接近设计条件的试验条件下测试较多样品。

4) 尽可能提高最高试验温度。这样可以提高参数 γ 的估计精度。但是，最高试验温度不应引起与设计温度下不一致的新的失效模式或退化。

Bechwith（1979，1980）研究了改进试验方案。Haynes 等（1984）介绍了序贯试验方案。Ford、Titterington 和 Kitsos（1989）综述了针对化学反应非线性模型的试验设计。试验方案的估计精度可以通过仿真方法进行分析（第 6 章）。

(3) 模型

简单地说，11.2.1 节中 Arrhenius 反应速率模型的假设为：

1) 对于任意绝对温度 T 和暴露时间 t，样品击穿电压 V 的分布为对数正态分布（以 10 为底），也可以采用自然对数底 e。

2) 对数标准差 σ 是与温度和暴露时间无关的常数。

3) 击穿电压的对数均值 $y=\log(V)$ 为

$$\mu(t,T)=\log(V_{0.5})=\alpha-t\cdot\beta\cdot\exp(-\gamma/T) \tag{11.3-1}$$

(4) 图形描述

图 11.3-1 描述了 32 个试验条件（温度-时间组合）的散点图和式（11.3-1）的曲面图。

(5) 独立性

本书中所有数据分析都假设性能观测数据中的随机变量是统计独立的。该假设可以简化数据分析。实际上，大多数统计理论促成了这一假设。而且，该假设在实践中通常也是适用的。若每个样品只测量一次，该假设对于性能退化是适用的，当测量是破坏性测量时更是如此，例如，绝缘材料的击穿电压测量就属于破坏性测量。如果样品性能是重复测量的（非破坏性的），同一样品的连续测量是统计自相关的。分析此类自相关数据需要采用相对复杂且不常用的多变量统计分析方法。针对生长/磨损曲线的分析方法适用于这类相关（非独立）数据。Timm（1980）、O'Rear 和 Leeper（1983）的研究中使用了 Kleinbaum（1973）模型、Pothoff - Roy（1964）模型，以及 Box（1950）对这类数据的早期研究。Tomsky（1982）探讨了一个这类数据分析的可靠性应用。将此类连续重复测量数据视为相互独立会降低估计精度、得到错误的置信区间。

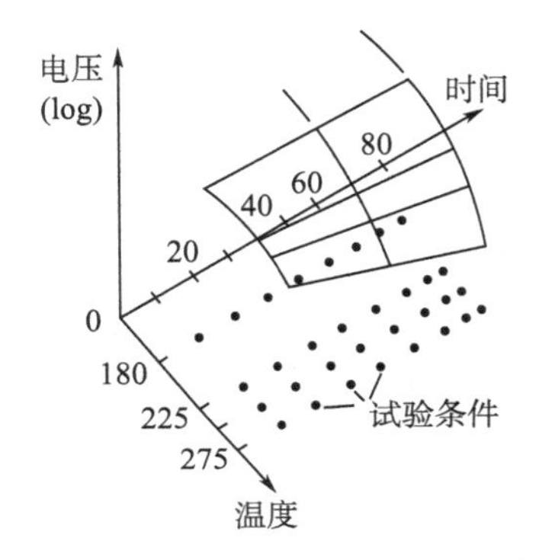

图 11.3 - 1　模型与试验条件的图形描述

11.3.2　图形分析

采用下述图分析方法可以估计模型参数以及性能、暴露时间和应力水平之间的关系，评价模型和数据的有效性。

（1）关系图

使用使产品性能与应力或暴露时间的理论关系曲线呈直线的坐标纸绘制关系图。对于绝缘材料，假设描述击穿电压和失效时间之间关系的式（11.3 - 1）在半对数坐标纸上是一条直线，如图 11.2 - 1 所示。将每个（平均对数）性能值对应其应力（或暴露时间）绘制在半对数坐标纸上，然后手动作一条数据拟合直线，如图 11.3 - 2 所示，每个温度下（对数）击穿电压和暴露时间之间的关系曲线均为直线。根据式（11.3 - 1），所有直线在时刻 0 的电压相同，因此拟合的直线都要通过一个共同的点。

（2）系数估计

系数 α 、β 和 γ 的图估计方法如下。α 的估计 α^* 是 0 时刻共同的击穿电压 V_0 的估计 V_0^* 的对数。由图 11.3 - 2 可得，$V_0^* = 13.5\text{kV}$，$\alpha^* = \log(13.5) = 1.130$。为了估计 β 和 γ ，选取两个间隔较大的（绝对）试验温度 T_1 和 T_2，以及一个长暴露时间 t 。由 T_1 和 T_2 下的拟合直线，得到 t 时刻的特征击穿电压 V_1、V_2 的估计 V_1^* 、V_2^*，真实电压 V_1、V_2 满足（11.2.1 节）

$$\log(V_1)=\log(V_0)-\beta t\exp(-\gamma/T_1)$$
$$\log(V_2)=\log(V_0)-\beta t\exp(-\gamma/T_2) \quad (11.3-2)$$

变换得

$$\gamma=[T_1T_2/(T_1-T_2)]\ln[\log(V_0/V_1)\log(V_0/V_2)]$$
$$\beta=(1/t)\exp(\gamma/T_1)\log(V_0/V_1) \quad (11.3-3)$$

利用上式，可以通过 V_0、V_1、V_2 的估计得到参数 γ 和 β 估计。对于绝缘材料实例，选取 $t=32$ 周，$T_1=250$ ℃$=523.16$ K 和 $T_2=275$ ℃$=548.16$ K，由图 11.3-2 得到 $V_0^*=13.5$ kV、$V_1^*=9.8$ kV、$V_2^*=3.27$ kV，因此

$$\gamma^*=[523.16\times(548.16)/(-25)]\times\ln[\log(13.5/9.8)/\log(13.5/3.27)]=17\ 065\ \text{K}$$
$$\beta^*=(1/32)\exp(17\ 065/523.16)\log(13.5/9.8)=6.375\times10^{11}/\text{周}$$

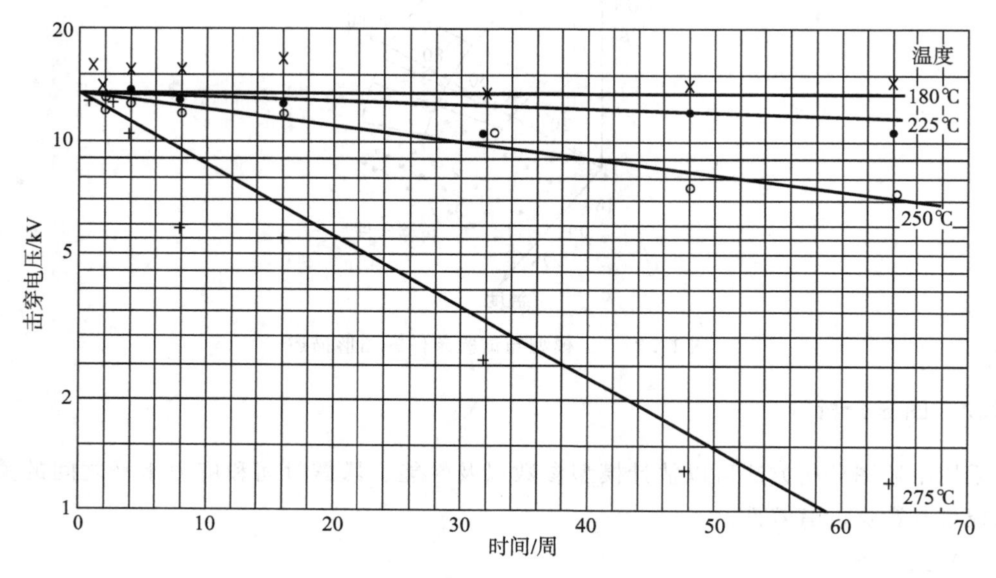

图 11.3-2 平均对数击穿电压与时间的关系图

(3) σ 的估计

对数击穿电压的对数标准差 σ 的图估计方法见 11.3.4 节，解析方法见 11.3.3 节。

(4) 寿命分布和设计温度

利用式（11.2-5）中模型系数的图估计可以估计正态寿命分布的均值和标准差，解析估计方法将在下一节介绍。类似地，可以估计分布百分位数［式（11.2-2）］和设计温度［式（11.2-3）］。

11.3.3 解析方法

本节介绍：1）退化数据模型拟合的最大似然法；2）样本失效时间分布的估计方法。退化数据的最大似然拟合需要专用的计算机程序。

(1) 拟合方法

下述模型拟合方法也适用于其他模型。这里通过模型拟合由数据估计未知模型参数

α、β、γ 和 σ。关系式（11.3－1）并不是 γ 的线性函数。线性最小二乘回归拟合的标准计算机程序不能拟合式（11.3－1）。采用最大似然法或者非线性最小二乘法拟合式（11.3－1）。使用 Nelson、Morgan 和 Caporal（1983）开发的 STATPAC 程序拟合击穿电压数据的模型。Young（1988）提供了一个可以计算最大似然估计和置信区间的计算机程序。Beckwith（1980）介绍了退化数据的传统工程评估方法，但对于 Arrhenius 反应速率模型，估计精度低于 ML 估计。此外，非线性最小二乘拟合也适用于 Arrhenius 反应速率模型。Bates 和 Watts（1988），Seber 和 Wild（1989），Gallant（1987）介绍了退化数据的模型拟合方法。

（2）实例

使用 STATPAC 程序采用模型（11.3－1）对击穿数据进行拟合，结果如图 11.3－3 所示。参数 α、β、γ 和 σ 的点估计为 $a=1.123\ 568$、$b=0.296\ 146\ 7\times10^{12}$、$c=16\ 652.63$、$s=0.074\ 955\ 86$。输出结果含有 7 位有效数字，多于数据精度与估计精度的要求位数。尽管在计算过程中保存所有有效数字，但最终结果是四舍五入的近似值，而这样可以最小化舍入误差。模型（11.3－1）的拟合结果为

$$m(t,T)=\log(V_{0.5})=1.123\ 568-2.961\ 457\times10^{11}\cdot t\cdot\exp(-16\ 652.63/T) \tag{11.3-4}$$

式中，t 为时间，单位为周；V 为电压应力，单位为 kV；T 为绝对温度，单位为 K。该关系式包含在图 11.3－2 中，看起来对数据的拟合效果很好。图 11.3－3 中还给出了待估参量的置信区间。

（3）百分位数

用拟合模型［式（11.3－4）］估计分布的中位数。绝对温度 T 下，暴露时间 t 时击穿电压分布的 $100P\%$ 分位数的点估计 V_P^* 为

$$V_P^*=\text{antilog}[a-b\cdot t\cdot\exp(-c/T)+z_P s]$$

式中，z_P 为标准正态分布的 $100P\%$分位数。

（4）寿命分布

假设当产品性能退化至指定值 V' 时，产品失效。对于绝缘材料实例，设 $V'=2.0$ kV，即其在设计温度 $T'=423.16$ K（150 ℃）下的设计电压。11.2.1 节显示失效时间的分布为正态分布，其均值和标准差见式（11.2－5）。将参数点估计代入式（11.2－5）中得

$$m_i=(1/2.961\ 467\times10^{11})[1.123\ 568-\log(V')]\cdot\exp(16\ 652.63/T')$$

$$s_i=(0.074\ 955\ 86/2.961\ 467\times10^{11})\cdot\exp(16\ 652.63/T')$$

则在 $V'=2.0$ kV、$T'=423.16$ K 时，$m_t=342\ 000$ 周≈6 560 年，$s_t=31\ 200$ 周≈600 年。μ_t、σ_t 的近似置信区间以及寿命分布的百分位数可以通过 STATPAC 程序或利用图 11.3－3 中的协方差矩阵手动计算得到。

*MAXIMUM LIKELIHOOD ESTIMATES FOR MODEL COEFFICIENTS
WITH APPROXIMATE 95% CONFIDENCE LIMITS

COEFFICIENTS	ESTIMATE	LOWER LIMIT	UPPER LIMIT
C00001 a	1.123568	1.107296	1.139841
C00002 b	0.2961467E 12	−0.1047282E 13	0.1639575E 13
C00003 c	16652.63	14166.86	19138.41
C00004 s	0.7495586E-01	0.6577759E-01	0.8413413E-01

*COVARIANCE MATRIX

COEFFICIENTS	C00001 a	C00002 b	C00003 c	C00004 s
C00001	0.6892625E-04			
C00002	−0.2595812E 10	0.4698043E 24		
C00003	−4.846288	0.8692406E 15	1608462.	
C00004	−0.3546367E-06	0.6395259E 08	0.1183286	0.2192853E-04

PCTILES(ALL)

WEEKS	TEMP
1.	180.

*MAXIMUM LIKELIHOOD ESTIMATES FOR DIST.PCTILES
WITH APPROXIMATE 95% CONFIDENCE LIMITS

PCT.	ESTIMATE	LOWER LIMIT	UPPER LIMIT
0.1	7.796200	7.228706	8.408250
0.5	8.519846	7.972861	9.104358
1	8.894664	8.359331	9.464279
5	10.00501	9.504473	10.53191
10	10.65277	10.16968	11.15881
20	11.49380	11.02556	11.98193
50	13.29033	12.80197	13.79732
80	15.36766	14.74589	16.01565
90	16.58093	15.83532	17.36164
95	17.65444	16.77899	18.57557
99	19.85829	18.67322	21.11858

图 11.3－3　Arrhenius 反应速率模型对击穿数据的 STATPAC 拟合结果

11.3.4　模型和数据的检验

（1）目的

本节介绍模型（模型假设 1、2、3）和数据的检验方法，内容包括：退化速率是否恒定，退化速率与应力的假设关系是否适当，性能是否存在不可控的变化，是否存在异常值，以及标准差 σ 是否为常数。这些问题的检验方法如下所述，需要利用关系图和残差图。上述问题的检验是完全数据分析必不可少的组成部分。

（2）恒定退化速率

如果恒定退化速率模型［式（11.2－6）］可以充分描述退化过程，则每个应力水平下的关系曲线（图 11.3－2 和图 11.3－4）都应该是一条直线。若多个应力水平下的关系曲线都偏离直线，则表明退化速率不是恒定的。对于绝缘材料击穿数据，每个温度下的关系曲线相对为一条直线。

（3）退化速率关系式

在一些实际应用中，并不知道退化速率与加速应力之间的明确关系。实践中通常的做法是利用每个试验温度下的数据分别估计式（11.2－6）中的退化速率 β' 。例如，对于绝

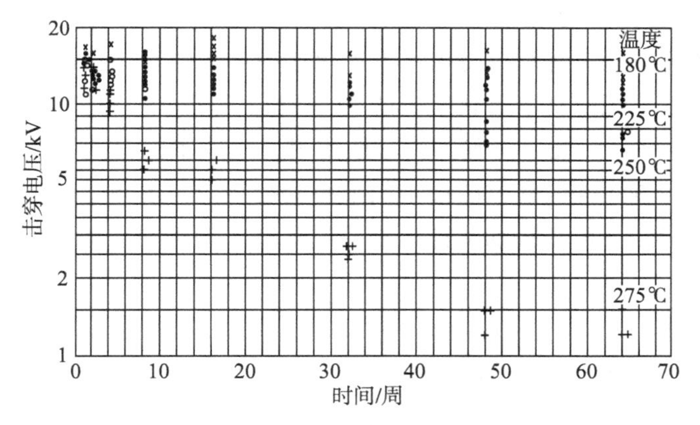

图 11.3－4　各独立击穿电压与时间的关系图

缘材料击穿数据，使用关系图估计穿过每个试验温度下（对数）数据的直线的斜率（退化速率）（目视或最小二乘）。图 11.3－2 显示了四个试验温度下击穿电压与时间之间关系的拟合直线。然后绘制退化速率估计与其应力水平的关系图，如图 11.3－5 所示的退化速率图。使用线性、双对数、半对数、Arrhenius 或其他坐标纸绘图，使退化速率图呈直线，确定哪种坐标纸最适合描述退化速率与应力的关系。关系图中的直线可能是对每个应力水平下数据分别进行最小二乘拟合得到的，此时各条直线在 0 时刻的截距不同。另一种方法是，使每条关系拟合直线在 0 时刻通过共同的截距点，这样通常可以得到更精确的退化速率估计。对于绝缘材料击穿数据，对各试验温度下的数据分别进行最小二乘拟合，得到 180 ℃、225 ℃、250 ℃、275 ℃下的退化速率分别为 0.000 669、0.001 74、0.004 08、0.017 3，将这些最小二乘估计绘制在 Arrhenius 坐标纸上，如图 11.3－5 所示。

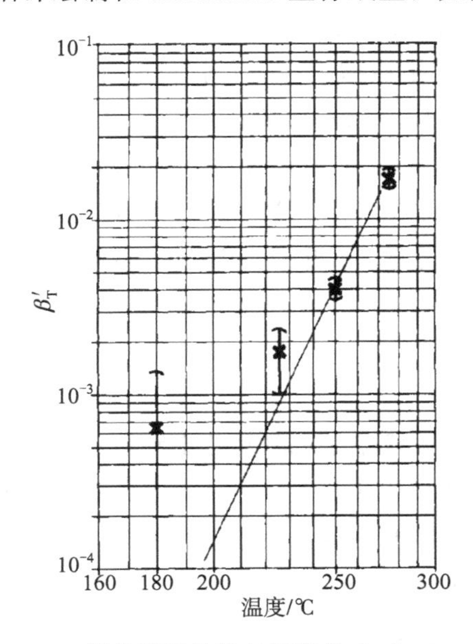

图 11.3－5　退化速率估计与温度的 Arrhenius 关系图

图 11.3－5 中退化速率曲线相对而言是一条直线，这表明 Arrhenius 退化速率式 (11.2－8) 适合描述数据。每个应力水平下退化速率参数的置信区间可以辅助评价退化速率关系曲线的直线性。绝缘材料退化速率的 95％置信区间如图 11.3－5 所示，图中直线斜率的 ML 估计为 $c=16652.63$。工程师们习惯使用退化速率图对斜率进行图估计，但估计结果往往精度很低。直线性的规范的最小二乘检验很复杂，依赖于每个试验温度下的样品数、暴露时间以及截距系数是分别估计还是一起估计，而采用 LR 检验（第 9 章）会比较简单。

(4) 不可控变化

通过直线性的 F 检验（第 4 章和第 8 章）可知，图 11.3－2 中的拟合直线不能充分拟合数据。而且，数据没有显现出整体性弯曲（退化速率不同的关系式）。因此一个试验温度下平均对数性能围绕拟合直线的随机变化相对于同一试验时间下不同样品之间的变化来说很大，这表明试验中存在影响击穿电压的不可控因素，应确定这些因素的成因。改善试验控制和测量方法可以减小不可控变异性，得到更好的拟合结果。此外，异常值也可能导致这样的现象。

(5) 异常值

可疑数据点明显偏离其他数据点的拟合线。例如，在图 11.3－2 中，275 ℃下 64 周时的平均对数击穿电压看起来比较高。重新检查这些“异常值”，确定出现异常值的原因，并决定是否用它们来进行数据分析。在实践中，最好是进行包含和不包含可疑数据的两种分析，以查看可疑数据是否对结果有显著影响。这些异常值也可能显现在残差图中。

(6) 常数 σ

Arrhenius 反应速率模型假设任意温度和试验时间下 σ 均为常数。模型拟合需利用这一假设，而且，如果数据不满足该假设，置信区间将不准确。可以采用第 4 章的方法和独立观测数据的关系图（图 11.3－4）检验该假设。在图 11.3－4 中，32 个试验条件下的数据散布应大致相同。若数据散布中存在关于暴露时间或温度的明显趋势，则表明 σ 不是常数。图 11.3－4 中性能随时间或温度没有明显变化趋势，仅 275 ℃下 48 周和 64 周时的数据较其他数据更分散，σ 近似为常数。低电压数据中存在的较大分散性可能是由低电压下的测量粒度（约 0.5 V）造成的。32 个方差的 χ^2 概率图可以提供更多信息。

(7) 残差

如第 4 章中所定义的，对数残差是观测对数击穿电压减去该试验条件下对数电压的拟合值。STATPAC 软件可以计算这些残差。另一个残差是观测对数电压减去该试验条件下的平均对数电压。如果模型对数据的拟合很差，利用残差可以更好地评价假设分布以及 σ 是否为常数。残差图有多种用途，且通常比模型适用性检验、方差一致性检验、假设分布检验等规范检验方法包含更多信息。而且，上述规范检验需要专用的计算机程序。

（8）分布检验

如果对数正态分布适用于描述击穿电压，则对数残差服从正态分布。或者，如果 Weibull 分布适合描述击穿电压，则对数残差服从极值分布。绝缘材料对数残差（关于拟合模型）的正态概率图如图 11.3-6 所示。全部残差的正态概率图中尾段太长，这表明对数正态分布不能充分描述击穿电压，这可能是由下文提到的异常值造成的。由残差的概率图也可以得到 σ 的图估计（第 4 章）。

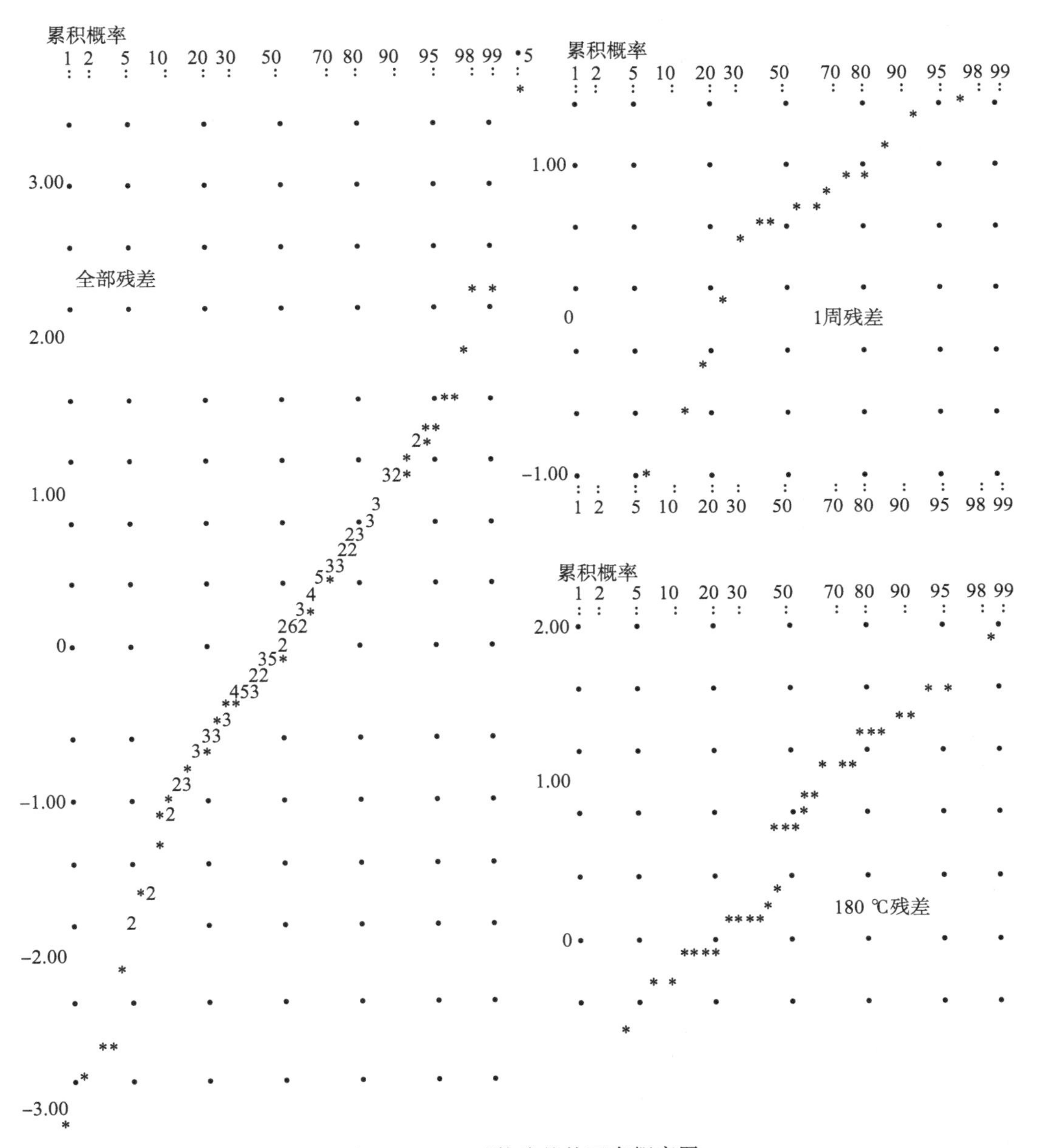

图 11.3-6　对数残差的正态概率图

（9）互相关图

残差与模型中包含或不包含的变量的互相关图通常可以显示出有关这些变量的信息。对于绝缘材料实例，残差与试验温度的互相关图如图 11.3－7 所示。如果模型（11.3－1）可以充分拟合数据，则每个温度下残差的中位数应该接近于 0。图 11.3－7 表明中位数（以“-”显示）关于温度有轻微的系统变化。一个可能的解释是实际试验温度与设计试验温度存在差异。图 11.3－7 显示 275 ℃下残差的离散程度远大于其他温度，这可能是由于之前提到的 275 ℃下 64 周时的那个数据点。残差与试验时间的互相关图如图 11.3－8 所示，图中没有奇异点，因此，可以认为拟合数据与试验时间的关系式是合适的。

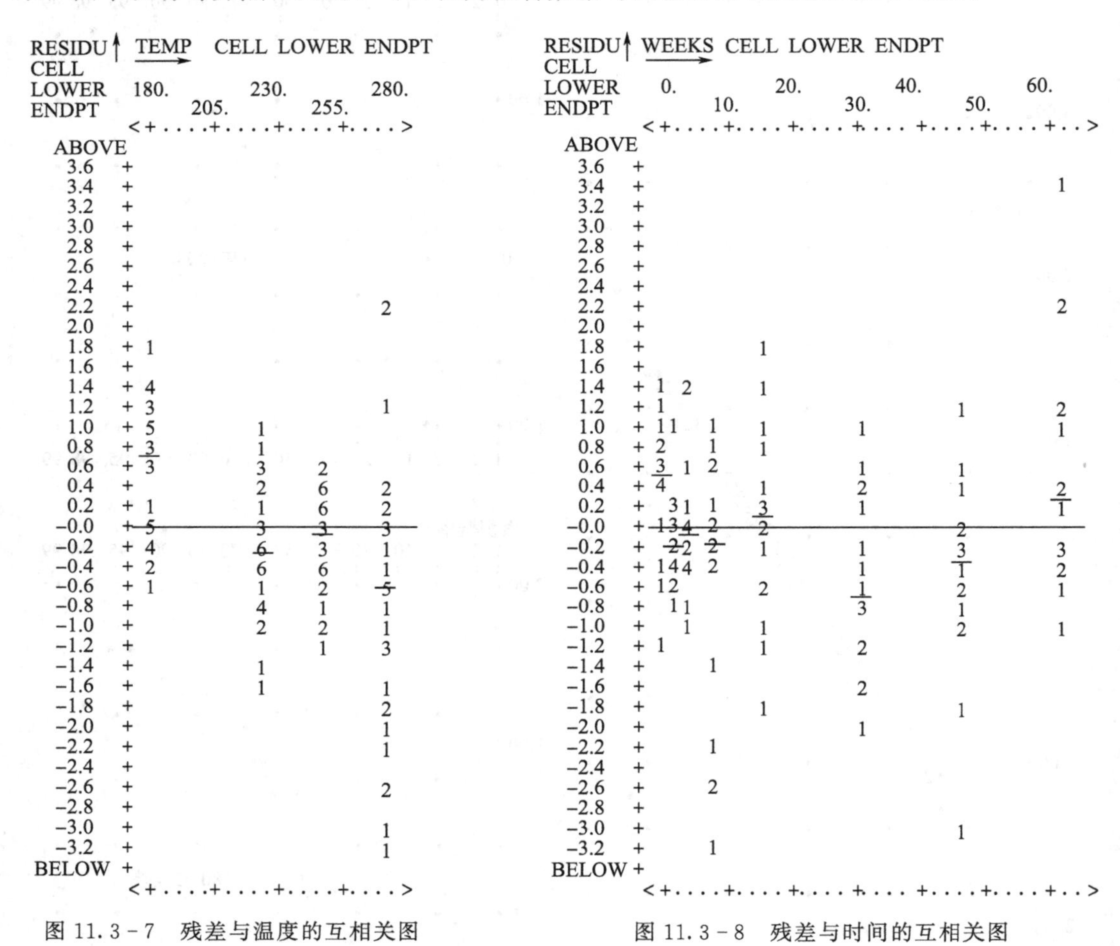

图 11.3－7　残差与温度的互相关图

图 11.3－8　残差与时间的互相关图

（10）结束语

前面的分析表明需要重新进行数据分析，分析时需剔除 275 ℃、64 周的数据，可能还需剔除 275 ℃、32 周的数据，这样可能会得到更好的估计结果，并进一步挖掘数据中所包含的信息。

习题（*表示困难或复杂）

11.1　文献。调研退化领域的相关文献并编制文献目录。

11.2　Weibull分布。在11.2.1节中，将对数正态分布替换成Weibull分布，并对所有公式进行相应修改。

11.3　随机系数模型。对于随机系数模型，假设退化速率参数与应力 V 之间符合幂关系，将11.2.3节中的所有结果表述为应力的函数。

11.4　随机增量模型。对于随机增量模型，假设退化速率参数与温度之间符合Arrhenius关系，将11.2.4节中的所有结果表述为温度的函数。

11.5　Birnbaum－Saunders分布。假设退化速率参数与应力 V 之间符合幂关系，推导11.2.2节中的Birnbaum－Saunders分布，并说明其分布参数与应力之间的关系。

11.6*　测量误差。假设模型中包含测量误差，Young（1988）论述了测量误差在医药检测中的重要性。

（a）推导11.2.3节中随机系数模型的所有结果。

（b）根据（a），设退化速率参数为常数，推导恒定退化速率模型的所有结果。

（c）推导11.2.4节中随机增量模型的所有结果。

11.7*　批次。将随机系数模型扩展至由多个不同批次产品构成的总体的样本数据。

11.8*　击穿数据。利用11.3节中的绝缘材料击穿数据，

（a）剔除275℃下64周时的数据，重做11.3节中的分析。

（b）删除你认为合适的任意试验条件下的数据，重做（a）中的分析。

（c）利用第9章中的方法通过假设检验评价模型的适用性。

（d*）绘制数据图并进行深入分析。

（e）假设绝缘材料的击穿电压服从Weibull分布，重做所有分析。你认为哪个分布更适合？为什么？

11.9　退化速率图。利用11.3.1节中的绝缘材料击穿数据，计算每个试验温度下退化速率系数 β' 的最小二乘估计和95%置信区间。

（a）假设每个温度下的截距 α 不同。

（b）假设所有温度下的截距 α 相同。

（c）将所有点估计和置信区间绘制在Arrhenius坐标纸上，并进行评述。

（d）就这些估计的Arrhenius关系的直线性构造一个假设检验。

（e*）将（d）应用于击穿数据。

11.10　粘合剂数据。下述粘接样品的剪切强度（单位：磅）数据由J. Phil Beckwith教授（1980）提供。注意不同试验温度下的三个测量时间（A、B和C）不同。

试验条件	剪切强度/磅		
	A 组	B 组	C 组
150 ℃ A=1 天 B=4 天 C=5 天	8 140 4 550 8 780 10 060 5 800	6 080 5 430 5 060 2 620 4 700	4 684 4 713 4 547 2 222 4 275
130 ℃ A=1 天 B=5 天 C=10 天	7 970 6 650 7 880 5 000 8 050	7 280 9 740 2 390 5 800 7 190	4 838 5 916 6 149 5 669 6 398
110 ℃ A=1 天 B=10 天 C=20 天	7 050 7 190 11 190 8 810	7 125 7 418 7 340 7 930 9 250	7 760 7 000 7 960 7 570 7 590
100 ℃ A=1 天 B=20 天 C=40 天	7 740 7 760 8 670 6 050 6 450	7 770 8 380 6 120 6 020 6 960	11 010 7 550 8 350 9 170 9 380
90 ℃ A=1 天 B=50 天 C=100 天	6 480 11 260 10 920 11 040 9 150	10 960 9 400 11 120 8 520 4 970	9 840 5 720 7 320 7 920 10 568
80 ℃ A=1 天 B=100 天 C=200 天	8 300 7 550 10 380 8 840 10 580	9 480 9 080 9 650 7 940 11 900	8 110 11 590 9 150 8 230 7 480

（a）在半对数坐标纸上绘制数据图。评述每个温度下数据图形的直线性。

（b）采用恒定速率模型式（11.2－6），利用最小二乘法分别估计每个试验温度下的退化速率 β' 。假设各温度下的截距相同，计算每个试验温度下退化速率 β' 的最小二乘估计。

（c）在 Arrhenius 坐标纸上绘制每个温度下退化速率的点估计和置信区间。Arrhenius 反应速率模型适合描述退化速率与温度之间的关系吗？即图形是否为直线？

（d）拟合 11.2.1 节中的 Arrhenius 反应速率模型。

（e）完成 11.3 节中的其他所有分析。

（f）计算并在适当的时间-温度坐标纸上绘制恒定百分比退化的折中曲线。

（g*）删除所有初始数据（A 组），重做（a）～（f）。当数据显示存在初始磨合期（图 11.2－3）时，适合这样处理。说明结果与使用全部数据时有哪些不同。

(h) 进行进一步分析。

(i) 为粘合剂专家编写一份简要报告陈述你的结论。

11.11* 　试验方案。温度退化的标准试验方案包括 I 个温度水平数 T_i（$i=1, 2, \cdots, I$），J_i 个检测时间点 t_{ij}（$j=1, 2, \cdots, J_i$），每个样品仅测量一次。设有 N_{ij} 个样品在测试点（T_i，t_{ij}）进行测量，样品 n 在测试点（T_i，t_{ij}）测得的对数性能为 y_{ijn}。假设样本的对数性能服从正态分布，采用 11.2.1 节中的 Arrhenius 反应速率模型，

(a) 写出所有测量数据的样本对数似然函数。

(b) 导出关于模型参数的似然方程。

(c) 描述如何求解似然方程得到模型参数的最大似然（ML）估计。

(d) 推导理论 Fisher 信息矩阵。计算 11.3 节中击穿数据的理论 Fisher 信息矩阵。

(e) 推导 ML 估计的理论协方差矩阵，计算击穿数据的理论协方差矩阵。

(f) 设当产品在（绝对）设计温度 T' 下的对数性能退化至低于指定值 y' 时，产品失效。给出正态寿命分布均值与标准差的 ML 估计，并导出其理论协方差矩阵。计算击穿数据的上述参量。

(g) 给出寿命分布的 100P%分位数的 ML 估计，计算击穿数据的 1%分位寿命。

假设最优试验方案的三个测试点为 $(T_0, 0)$，(T_1, t_1) 和 (T_2, t_2)，相应的样本量为 N_0，N_1 和 N_2，总的样本量 $N=N_0+N_1+N_2$ 是固定的。设计约束为 $0 \leqslant t_1 \leqslant t_2 \leqslant t^*$（指定的最长试验时间）和 $T_1 \leqslant T_2 \leqslant T^*$（指定的最高试验温度）。

(h) 对于每个参数估计，在最小化其理论方差准则下确定最优试验方案，即，确定最优的 T_0、T_1、t_1、T_2、t_2、N_0、N_1 和 N_2。设计最优的击穿试验方案，并比较参数的方差。

(i) 确定使 (g) 中方差最小的最优试验方案。计算击穿试验的最优试验方案。

(j) 比较最优试验方案与标准试验方案。标准试验方案中每个试验温度与检测时间组合下的样本量相同，记为 N'，试验温度 $T_1, \cdots, T_I$ 与检测时间 $t_1, \cdots, t_J$ 组成 $I \times J$ 个组合，总的试验样本量为 $N=I \times J \times N'$。将结果应用于最优击穿试验。

(k) 假设退化速率是 $1/T$ 的二次函数，在最小化 $(1/T)^2$ 的系数的 ML 估计的理论方差准则下确定最优试验方案。这样的试验方案对假设的 Arrhenius 关系式（11.2-8）是否适合敏感。设计这样的最优击穿试验。

(l) 说明如何将上述最优试验方案应用到其他退化速率模型上（幂，指数等）。

(m) 提出一个好的折中试验方案。

(n) 用 (T_0, t_0) 替换 $(T_0, 0)$，其中 $0 < t_0^* \leqslant t_0 \leqslant t^*$，$t_0^*$ 是最小检测时间，重复上述分析。

11.12* 　一致性模型。第 2 章中的对数正态- Arrhenius 模型包含对数正态寿命分布。11.2.1 节中模型的寿命分布为正态分布。证明这两个分布相近，即证明这两个模型相似。

11.13 　反应级数。根据化学动力学理论，一个化学反应中一种反应物在 t 时刻的剩余量 $\mu(t)$ 满足微分方程 $d\mu/dt=\beta'\mu^p$，其中 β' 和 p 是该化学反应的特征参数，β' 是反应速率参数，依赖于加速应力，p 是常数，被称为反应级数，通常等于 0、1 或 2，表示反应

物含量对反应速率的影响程度。当有多个化学反应同时进行时，p 可能不是整数。Young (1988) 给出了 $p=0$、1、2 时拟合模型的计算机程序。

(a) 对于任意 p，求解微分方程。明确给出 0 级、1 级、2 级反应时 $\mu(t)$ 的模型。

(b) 在 $\mu(t)$ 的关系式上添加随机项 e_t，以表示围绕特征含量 $\mu(t)$ 的反应物含量 $u(t)$ 的分布。

(c) 针对电压击穿数据，阐述如何拟合 0 级与 2 级反应的模型。

(d*) 采用上述模型对击穿数据进行拟合，哪个模型最好？为什么？

11.14　坡莫合金腐蚀。利用第 11 章的内容，完成习题 3.13 和习题 4.9。

11.15*　设计应力分布。寿命分布式 (11.2-4) 假设每个样品具有相同的（对数）设计应力 y'。将寿命分布理论扩展到试验样品的设计应力服从均值为 μ' 和标准差为 σ' 的分布的情形，将结果与式 (11.2-4)、式 (11.2-5) 进行对比。

附录 A　统计表

A. 1　标准正态分布累积分布函数 $\Phi(u)$

A. 2　标准正态分布百分位数 z_P

A. 3　标准正态分布双侧置信因子 K_P

A. 4　t 分布百分位数 $t(P; \nu)$

A. 5　χ^2 分布百分位数 $\chi^2(P; \nu)$

A. 6a　F 分布 95%分位点 $F(0.95; \nu_1, \nu_2)$

A. 6b　F 分布 99%分位点 $F(0.99; \nu_1, \nu_2)$

A. 7　概率图 $F_i = 100(i - 0.5)/n$

表 A.1　标准正态分布累积分布函数 $\Phi(u)$

u	.00	.01	.02	.03	.04	.05	.06	.07	.08	.09
−.0	.5000	.4960	.4920	.4880	.4840	.4801	.4761	.4721	.4681	.4641
−.1	.4602	.4562	.4522	.4483	.4443	.4404	.4364	.4325	.4286	.4247
−.2	.4207	.4168	.4129	.4090	.4052	.4013	.3974	.3936	.3897	.3859
−.3	.3821	.3783	.3745	.3707	.3669	.3632	.3594	.3557	.3520	.3483
−.4	.3446	.3409	.3372	.3336	.3300	.3264	.3228	.3192	.3156	.3121
−.5	.3085	.3050	.3015	.2981	.2946	.2912	.2877	.2843	.2810	.2776
−.6	.2743	.2709	.2676	.2643	.2611	.2578	.2546	.2514	.2483	.2451
−.7	.2420	.2389	.2358	.2327	.2297	.2266	.2236	.2206	.2177	.2148
−.8	.2119	.2090	.2061	.2033	.2005	.1977	.1949	.1922	.1894	.1867
−.9	.1841	.1814	.1788	.1762	.1736	.1711	.1685	.1660	.1635	.1611
−1.0	.1587	.1562	.1539	.1515	.1492	.1469	.1446	.1423	.1401	.1379
−1.1	.1357	.1335	.1314	.1292	.1271	.1251	.1230	.1210	.1190	.1170
−1.2	.1151	.1131	.1112	.1093	.1075	.1056	.1038	.1020	.1003	.09853
−1.3	.09680	.09510	.09342	.09176	.09012	.08851	.08691	.08534	.08379	.08226
−1.4	.08076	.07927	.07780	.07636	.07493	.07353	.07215	.07078	.06944	.06811
−1.5	.06681	.06552	.06426	.06301	.06178	.06057	.05938	.05821	.05705	.05592
−1.6	.05480	.05370	.05262	.05155	.05050	.04947	.04846	.04746	.04648	.04551
−1.7	.04457	.04363	.04272	.04182	.04093	.04006	.03920	.03836	.03754	.03673
−1.8	.03593	.03515	.03438	.03362	.03288	.03216	.03144	.03074	.03005	.02938
−1.9	.02872	.02807	.02743	.02680	.02619	.02559	.02500	.02442	.02385	.02330
−2.0	.02275	.02222	.02169	.02118	.02068	.02018	.01970	.01923	.01876	.01831
−2.1	.01786	.01743	.01700	.01659	.01618	.01578	.01539	.01500	.01463	.01426
−2.2	.01390	.01355	.01321	.01287	.01255	.01222	.01191	.01160	.01130	.01101
−2.3	.01072	.01044	.01017	$.0^{2}9903$	$.0^{2}9642$	$.0^{2}9387$	$.0^{2}9137$	$.0^{2}8894$	$.0^{2}8656$	$.0^{2}8424$
−2.4	$.0^{2}8198$	$.0^{2}7976$	$.0^{2}7760$	$.0^{2}7549$	$.0^{2}7344$	$.0^{2}7143$	$.0^{2}6947$	$.0^{2}6756$	$.0^{2}6569$	$.0^{2}6387$
−2.5	$.0^{2}6210$	$.0^{2}6037$	$.0^{2}5868$	$.0^{2}5703$	$.0^{2}5543$	$.0^{2}5386$	$.0^{2}5234$	$.0^{2}5085$	$.0^{2}4940$	$.0^{2}4799$
−2.6	$.0^{2}4661$	$.0^{2}4527$	$.0^{2}4396$	$.0^{2}4269$	$.0^{2}4145$	$.0^{2}4025$	$.0^{2}3907$	$.0^{2}3793$	$.0^{2}3681$	$.0^{2}3573$
−2.7	$.0^{2}3467$	$.0^{2}3364$	$.0^{2}3264$	$.0^{2}3167$	$.0^{2}3072$	$.0^{2}2980$	$.0^{2}2890$	$.0^{2}2803$	$.0^{2}2718$	$.0^{2}2635$
−2.8	$.0^{2}2555$	$.0^{2}2477$	$.0^{2}2401$	$.0^{2}2327$	$.0^{2}2256$	$.0^{2}2186$	$.0^{2}2118$	$.0^{2}2052$	$.0^{2}1988$	$.0^{2}1926$
−2.9	$.0^{2}1866$	$.0^{2}1807$	$.0^{2}1750$	$.0^{2}1695$	$.0^{2}1641$	$.0^{2}1589$	$.0^{2}1538$	$.0^{2}1489$	$.0^{2}1441$	$.0^{2}1395$
−3.0	$.0^{2}1350$	$.0^{2}1306$	$.0^{2}1264$	$.0^{2}1223$	$.0^{2}1183$	$.0^{2}1144$	$.0^{2}1107$	$.0^{2}1070$	$.0^{2}1035$	$.0^{2}1001$
−3.1	$.0^{3}9676$	$.0^{3}9354$	$.0^{3}9043$	$.0^{3}8740$	$.0^{3}8447$	$.0^{3}8164$	$.0^{3}7888$	$.0^{3}7622$	$.0^{3}7364$	$.0^{3}7114$
−3.2	$.0^{3}6871$	$.0^{3}6637$	$.0^{3}6410$	$.0^{3}6190$	$.0^{3}5976$	$.0^{3}5770$	$.0^{3}5571$	$.0^{3}5377$	$.0^{3}5190$	$.0^{3}5009$
−3.3	$.0^{3}4834$	$.0^{3}4665$	$.0^{3}4501$	$.0^{3}4342$	$.0^{3}4189$	$.0^{3}4041$	$.0^{3}3897$	$.0^{3}3758$	$.0^{3}3624$	$.0^{3}3495$
−3.4	$.0^{3}3369$	$.0^{3}3248$	$.0^{3}3131$	$.0^{3}3018$	$.0^{3}2909$	$.0^{3}2803$	$.0^{3}2701$	$.0^{3}2602$	$.0^{3}2507$	$.0^{3}2415$

续表

u	.00	.01	.02	.03	.04	.05	.06	.07	.08	.09
−3.5	$.0^{3}2326$	$.0^{3}2241$	$.0^{3}2158$	$.0^{3}2078$	$.0^{3}2001$	$.0^{3}1926$	$.0^{3}1854$	$.0^{3}1785$	$.0^{3}1718$	$.0^{3}1653$
−3.6	$.0^{3}1591$	$.0^{3}1531$	$.0^{3}1473$	$.0^{3}1417$	$.0^{3}1363$	$.0^{3}1311$	$.0^{3}1261$	$.0^{3}1213$	$.0^{3}1166$	$.0^{3}1121$
−3.7	$.0^{3}1078$	$.0^{3}1036$	$.0^{4}9961$	$.0^{4}9574$	$.0^{4}9201$	$.0^{4}8842$	$.0^{4}8496$	$.0^{4}8162$	$.0^{4}7841$	$.0^{4}7532$
−3.8	$.0^{4}7235$	$.0^{4}6948$	$.0^{4}6673$	$.0^{4}6407$	$.0^{4}6152$	$.0^{4}5906$	$.0^{4}5669$	$.0^{4}5442$	$.0^{4}5223$	$.0^{4}5012$
−3.9	$.0^{4}4810$	$.0^{4}4615$	$.0^{4}4427$	$.0^{4}4247$	$.0^{4}4074$	$.0^{4}3908$	$.0^{4}3747$	$.0^{4}3594$	$.0^{4}3446$	$.0^{4}3304$
−4.0	$.0^{4}3167$	$.0^{4}3036$	$.0^{4}2910$	$.0^{4}2789$	$.0^{4}2673$	$.0^{4}2561$	$.0^{4}2454$	$.0^{4}2351$	$.0^{4}2252$	$.0^{4}2157$
−4.1	$.0^{4}2066$	$.0^{4}1978$	$.0^{4}1894$	$.0^{4}1814$	$.0^{4}1737$	$.0^{4}1662$	$.0^{4}1591$	$.0^{4}1523$	$.0^{4}1458$	$.0^{4}1395$
−4.2	$.0^{4}1335$	$.0^{4}1277$	$.0^{4}1222$	$.0^{4}1168$	$.0^{4}1118$	$.0^{4}1069$	$.0^{4}1022$	$.0^{5}9774$	$.0^{5}9345$	$.0^{5}8934$
−4.3	$.0^{5}8540$	$.0^{5}8163$	$.0^{5}7801$	$.0^{5}7455$	$.0^{5}7124$	$.0^{5}6807$	$.0^{5}6503$	$.0^{5}6212$	$.0^{5}5934$	$.0^{5}5668$
−4.4	$.0^{5}5413$	$.0^{5}5169$	$.0^{5}4935$	$.0^{5}4712$	$.0^{5}4498$	$.0^{5}4294$	$.0^{5}4098$	$.0^{5}3911$	$.0^{5}3732$	$.0^{5}3561$
−4.5	$.0^{5}3398$	$.0^{5}3241$	$.0^{5}3092$	$.0^{5}2949$	$.0^{5}2813$	$.0^{5}2682$	$.0^{5}2558$	$.0^{5}2439$	$.0^{5}2325$	$.0^{5}2216$
−4.6	$.0^{5}2112$	$.0^{5}2013$	$.0^{5}1919$	$.0^{5}1828$	$.0^{5}1742$	$.0^{5}1660$	$.0^{5}1581$	$.0^{5}1506$	$.0^{5}1434$	$.0^{5}1366$
−4.7	$.0^{5}1301$	$.0^{5}1239$	$.0^{5}1179$	$.0^{5}1123$	$.0^{5}1069$	$.0^{5}1017$	$.0^{6}9680$	$.0^{6}9211$	$.0^{6}8765$	$.0^{6}8339$
−4.8	$.0^{6}7933$	$.0^{6}7547$	$.0^{6}7178$	$.0^{6}6827$	$.0^{6}6492$	$.0^{6}6173$	$.0^{6}5869$	$.0^{6}5580$	$.0^{6}5304$	$.0^{6}5042$
−4.9	$.0^{6}4792$	$.0^{6}4554$	$.0^{6}4327$	$.0^{6}4111$	$.0^{6}3906$	$.0^{6}3711$	$.0^{6}3525$	$.0^{6}3348$	$.0^{6}3179$	$.0^{6}3019$
.0	.5000	.5040	.5080	.5120	.5160	.5199	.5239	.5279	.5319	.5359
.1	.5398	.5438	.5478	.5517	.5557	.5596	.5636	.5675	.5714	.5753
.2	.5793	.5832	.5871	.5910	.5948	.5987	.6026	.6064	.6103	.6141
.3	.6179	.6217	.6255	.6293	.6331	.6368	.6406	.6443	.6480	.6517
.4	.6554	.6591	.6628	.6664	.6700	.6736	.6772	.6808	.6844	.6879
.5	.6915	.6950	.6985	.7019	.7054	.7088	.7123	.7157	.7190	.7224
.6	.7257	.7291	.7324	.7357	.7389	.7422	.7454	.7486	.7517	.7549
.7	.7580	.7611	.7642	.7673	.7703	.7734	.7764	.7794	.7823	.7852
.8	.7881	.7910	.7939	.7967	.7995	.8023	.8051	.8078	.8106	.8133
.9	.8159	.8186	.8212	.8238	.8264	.8289	.8315	.8340	.8365	.8389
1.0	.8413	.8483	.8461	.8485	.8508	.8531	.8554	.8577	.8599	.8621
1.1	.8643	.8665	.8686	.8708	.8729	.8749	.8770	.8790	.8810	.8830
1.2	.8849	.8869	.8888	.8907	.8925	.8944	.8962	.8980	.8997	.90147
1.3	.90320	.90490	.90658	.90824	.90988	.91149	.91309	.91466	.91621	.91774
1.4	.91924	.92073	.92220	.92364	.92507	.92647	.92785	.92922	.93056	.93189
1.5	.93319	.93448	.93574	.93699	.93822	.93943	.94062	.94179	.94295	.94408
1.6	.94520	.94630	.94738	.94845	.94950	.95053	.95154	.95254	.95352	.95449
1.7	.95543	.95637	.95728	.95818	.95907	.95994	.96080	.96164	.96246	.96327
1.8	.96407	.96485	.96562	.96638	.96712	.96784	.96856	.96926	.96995	.97062
1.9	.97128	.97193	.97257	.97320	.97381	.97441	.97500	.97558	.97615	.97670

续表

u	.00	.01	.02	.03	.04	.05	.06	.07	.08	.09
2.0	.97725	.97778	.97831	.97882	.97932	.97982	.98030	.98077	.98124	.98169
2.1	.98214	.98257	.98300	.98341	.98382	.98422	.98461	.98500	.98537	.98574
2.2	.98610	.98645	.98679	.98713	.98745	.98778	.98809	.98840	.98870	.98899
2.3	.98928	.98956	.98983	$.9^{2}0097$	$.9^{2}0358$	$.9^{2}0613$	$.9^{2}0863$	$.9^{2}1106$	$.9^{2}1344$	$.9^{2}1576$
2.4	$.9^{2}1802$	$.9^{2}2024$	$.9^{2}2240$	$.9^{2}2451$	$.9^{2}2656$	$.9^{2}2857$	$.9^{2}3053$	$.9^{2}3244$	$.9^{2}3431$	$.9^{2}3613$
2.5	$.9^{2}3790$	$.9^{2}3963$	$.9^{2}4132$	$.9^{2}4297$	$.9^{2}4457$	$.9^{2}4614$	$.9^{2}4766$	$.9^{2}4915$	$.9^{2}5060$	$.9^{2}5201$
2.6	$.9^{2}5339$	$.9^{2}5473$	$.9^{2}5604$	$.9^{2}5731$	$.9^{2}5855$	$.9^{2}5975$	$.9^{2}6093$	$.9^{2}6207$	$.9^{2}6319$	$.9^{2}6427$
2.7	$.9^{2}6533$	$.9^{2}6636$	$.9^{2}6736$	$.9^{2}6833$	$.9^{2}6928$	$.9^{2}7020$	$.9^{2}7110$	$.9^{2}7197$	$.9^{2}7282$	$.9^{2}7365$
2.8	$.9^{2}7445$	$.9^{2}7523$	$.9^{2}7599$	$.9^{2}7673$	$.9^{2}7744$	$.9^{2}7814$	$.9^{2}7882$	$.9^{2}7948$	$.9^{2}8012$	$.9^{2}8074$
2.9	$.9^{2}8134$	$.9^{2}8193$	$.9^{2}8250$	$.9^{2}8305$	$.9^{2}8359$	$.9^{2}8411$	$.9^{2}8462$	$.9^{2}8511$	$.9^{2}8559$	$.9^{2}8605$
3.0	$.9^{2}8650$	$.9^{2}8694$	$.9^{2}8736$	$.9^{2}8777$	$.9^{2}8817$	$.9^{2}8856$	$.9^{2}8893$	$.9^{2}8930$	$.9^{2}8965$	$.9^{2}8999$
3.1	$.9^{3}0324$	$.9^{3}0646$	$.9^{3}0957$	$.9^{3}1260$	$.9^{3}1553$	$.9^{3}1836$	$.9^{3}2112$	$.9^{3}2378$	$.9^{3}2636$	$.9^{3}2886$
3.2	$.9^{3}3129$	$.9^{3}3363$	$.9^{3}3590$	$.9^{3}3810$	$.9^{3}4024$	$.9^{3}4230$	$.9^{3}4429$	$.9^{3}4623$	$.9^{3}4810$	$.9^{3}4991$
3.3	$.9^{3}5166$	$.9^{3}5335$	$.9^{3}5499$	$.9^{3}5658$	$.9^{3}5811$	$.9^{3}5959$	$.9^{3}6103$	$.9^{3}6242$	$.9^{3}6376$	$.9^{3}6505$
3.4	$.9^{3}6631$	$.9^{3}6752$	$.9^{3}6869$	$.9^{3}6982$	$.9^{3}7091$	$.9^{3}7197$	$.9^{3}7299$	$.9^{3}7398$	$.9^{3}7493$	$.9^{3}7585$
3.5	$.9^{3}7674$	$.9^{3}7759$	$.9^{3}7842$	$.9^{3}7922$	$.9^{3}7999$	$.9^{3}8074$	$.9^{3}8146$	$.9^{3}8215$	$.9^{3}8282$	$.9^{3}8347$
3.6	$.9^{3}8409$	$.9^{3}8469$	$.9^{4}8527$	$.9^{3}8583$	$.9^{3}8637$	$.9^{3}8689$	$.9^{3}8739$	$.9^{3}8787$	$.9^{3}8834$	$.9^{3}8879$
3.7	$.9^{3}8922$	$.9^{3}8964$	$.9^{4}0039$	$.9^{4}0426$	$.9^{4}0799$	$.9^{4}1158$	$.9^{4}1504$	$.9^{4}1838$	$.9^{4}2159$	$.9^{4}2468$
3.8	$.9^{4}2765$	$.9^{4}3052$	$.9^{4}3327$	$.9^{4}3593$	$.9^{4}3848$	$.9^{4}4094$	$.9^{4}4331$	$.9^{4}4558$	$.9^{4}4777$	$.9^{4}4988$
3.9	$.9^{4}5190$	$.9^{4}5385$	$.9^{4}5573$	$.9^{4}5753$	$.9^{4}5926$	$.9^{4}6092$	$.9^{4}6253$	$.9^{4}6406$	$.9^{4}6554$	$.9^{4}6696$
4.0	$.9^{4}6833$	$.9^{4}6964$	$.9^{4}7090$	$.9^{4}7211$	$.9^{4}7327$	$.9^{4}7439$	$.9^{4}7546$	$.9^{4}7649$	$.9^{4}7748$	$.9^{4}7843$
4.1	$.9^{4}7934$	$.9^{4}8022$	$.9^{4}8106$	$.9^{4}8186$	$.9^{4}8263$	$.9^{4}8338$	$.9^{4}8409$	$.9^{4}8477$	$.9^{4}8542$	$.9^{4}8605$
4.2	$.9^{4}8665$	$.9^{4}8723$	$.9^{4}8778$	$.9^{4}8832$	$.9^{4}8882$	$.9^{4}8931$	$.9^{4}8978$	$.9^{5}0226$	$.9^{5}0655$	$.9^{5}1066$
4.3	$.9^{5}1460$	$.9^{5}1837$	$.9^{5}2199$	$.9^{5}2545$	$.9^{5}2876$	$.9^{5}3193$	$.9^{5}3497$	$.9^{5}3788$	$.9^{5}4066$	$.9^{5}4332$
4.4	$.9^{5}4587$	$.9^{5}4831$	$.9^{5}5065$	$.9^{5}5288$	$.9^{5}5502$	$.9^{5}5706$	$.9^{5}5902$	$.9^{5}6089$	$.9^{5}6268$	$.9^{5}6439$
4.5	$.9^{5}6602$	$.9^{5}6759$	$.9^{5}6908$	$.9^{5}7051$	$.9^{5}7187$	$.9^{5}7318$	$.9^{5}7442$	$.9^{5}7561$	$.9^{5}7675$	$.9^{5}7784$
4.6	$.9^{5}7888$	$.9^{5}7987$	$.9^{5}8081$	$.9^{5}8172$	$.9^{5}8258$	$.9^{5}8340$	$.9^{5}8419$	$.9^{5}8494$	$.9^{5}8566$	$.9^{5}8634$
4.7	$.9^{5}8699$	$.9^{5}8761$	$.9^{5}8821$	$.9^{5}8877$	$.9^{5}8931$	$.9^{5}8983$	$.9^{6}0320$	$.9^{6}0789$	$.9^{6}1235$	$.9^{6}1661$
4.8	$.9^{6}2067$	$.9^{6}2453$	$.9^{6}2822$	$.9^{6}3173$	$.9^{6}3508$	$.9^{6}3827$	$.9^{6}4131$	$.9^{6}4420$	$.9^{6}4696$	$.9^{6}4958$
4.9	$.9^{6}5208$	$.9^{6}5446$	$.9^{6}5673$	$.9^{6}5889$	$.9^{6}6094$	$.9^{6}6289$	$.9^{6}6475$	$.9^{6}6652$	$.9^{6}6821$	$.9^{6}6981$

From A. Hald, Statistical Tables and Formulas, Wiley, New York, 1952, Table Ⅱ. Reproduced by permission.

表 A.2 标准正态分布百分位数 z_P

100P%	z_P	100P%	z_P
10^{-4}	−4.753	50	0.
10^{-3}	−4.265	60	0.253
0.01	−3.719	70	0.524
0.02	−3.540	75	0.675
0.05	−3.291	80	0.842
0.1	−3.090	90	1.282
0.2	−2.878	95	1.645
0.5	−2.576	97.5	1.960
1.0	−2.326	98	2.054
2.0	−2.054	99	2.326
2.5	−1.960	99.5	2.576
5	−1.645	99.9	3.090
10	−1.282	99.95	3.291
20	−0.842	99.99	3.719
25	−0.675		
30	−0.524		
40	−0.253		

表 A.3 标准正态分布双侧置信因子 K_P

100P%	K_P
50	0.675
60	0.842
70	1.036
80	1.282
90	1.645
95	1.960
99	2.576
99.9	3.291
99.99	3.890

表 A.4　t 分布百分位数 $t(P;\ \nu)$

ν \ P	0.750	0.900	0.950	0.975	0.990	0.995	0.999	0.9995
1	1.000	3.078	6.314	12.706	31.821	63.657	318.31	636.62
2	0.816	1.886	2.920	4.303	6.965	9.925	22.326	31.598
3	0.765	1.638	2.353	3.182	4.541	5.841	10.213	12.924
4	0.741	1.533	2.132	2.776	3.747	4.604	7.173	8.610
5	0.727	1.476	2.015	2.571	3.365	4.032	5.893	6.869
6	0.718	1.440	1.943	2.447	3.143	3.707	5.208	5.959
7	0.711	1.415	1.895	2.365	2.998	3.449	4.785	5.408
8	0.706	1.397	1.860	2.306	2.896	3.355	4.501	5.041
9	0.703	1.383	1.833	2.262	2.821	3.250	4.297	4.781
10	0.700	1.372	1.812	2.228	2.764	3.169	4.144	4.587
11	0.697	1.363	1.796	2.201	2.718	3.106	4.025	4.437
12	0.695	1.356	1.782	2.179	2.681	3.055	3.930	4.318
13	0.694	1.350	1.771	2.160	2.650	3.012	3.852	4.221
14	0.692	1.345	1.761	2.145	2.624	2.977	3.787	4.140
15	0.691	1.341	1.753	2.131	2.602	2.947	3.733	4.073
16	0.690	1.337	1.746	2.120	2.583	2.921	3.686	4.015
17	0.689	1.333	1.740	2.110	2.567	2.898	3.646	3.965
18	0.688	1.330	1.734	2.101	2.552	2.878	3.610	3.922
19	0.688	1.328	1.729	2.093	2.539	2.861	3.579	3.883
20	0.687	1.325	1.725	2.086	2.528	2.845	3.552	3.850
21	0.686	1.323	1.721	2.080	2.518	2.831	3.527	3.819
22	0.686	1.321	1.717	2.074	2.508	2.819	3.505	3.792
23	0.685	1.319	1.714	2.069	2.500	2.807	3.485	3.767
24	0.685	1.318	1.711	2.064	2.492	2.797	3.467	3.745
25	0.684	1.316	1.708	2.060	2.485	2.787	3.450	3.725
26	0.684	1.315	1.706	2.056	2.479	2.779	3.435	3.707
27	0.684	1.314	1.703	2.052	2.473	2.771	3.421	3.690
28	0.683	1.313	1.701	2.048	2.467	2.763	3.408	3.674
29	0.683	1.311	1.699	2.045	2.462	2.756	3.396	3.659
30	0.683	1.310	1.697	2.042	2.457	2.750	3.385	3.646
40	0.681	1.303	1.684	2.021	2.423	2.704	3.307	3.551
60	0.679	1.296	1.671	2.000	2.390	2.660	3.232	3.460
120	0.677	1.289	1.658	1.980	2.358	2.617	3.160	3.373
∞	0.674	1.282	1.645	1.960	2.326	2.576	3.090	3.291

From N. L. Johnson and F. C. Leone, Statistics and Experimental Design in Engineering and the Physical Sciences, 2nd ed., Wiley, New York, 1977, Vol. 1, p. 466. Reproduced by permission of the publisher and the Biometrika Trustees. Use $t(P;\nu) = -(1-P;\nu)$ for $P < 0.50$.

表 A.5　χ^2 分布百分位数 $\chi^2(P;\nu)$

ν \ P	0.005	0.010	0.025	0.050	0.100	0.250	0.500
1	0.00004	0.00016	0.00098	0.00393	0.01579	0.1015	0.4549
2	0.0100	0.0201	0.0506	0.1026	0.2107	0.5754	1.386
3	0.0717	0.1148	0.2158	0.3518	0.5844	1.213	2.366
4	0.2070	0.2971	0.4844	0.7107	1.064	1.923	3.357
5	0.4177	0.5543	0.8312	1.145	1.610	2.675	4.351
6	0.6757	0.8721	1.2373	1.635	2.204	3.455	5.348
7	0.9893	1.239	1.690	2.167	2.833	4.255	6.346
8	1.344	1.646	2.180	2.733	3.490	5.071	7.344
9	1.735	2.088	2.700	3.325	4.168	5.899	8.343
10	2.156	2.558	3.247	3.940	4.865	6.737	9.342
11	2.603	3.053	3.816	4.575	5.578	7.584	10.34
12	3.074	3.571	4.404	5.226	6.304	8.438	11.34
13	3.565	4.107	5.009	5.892	7.041	9.299	12.34
14	4.075	4.660	5.629	6.571	7.790	10.17	13.34
15	4.601	5.229	6.262	7.261	8.547	11.04	14.37
16	5.142	5.812	6.908	7.962	9.312	11.91	15.34
17	5.697	6.408	7.564	8.672	10.09	12.79	16.34
18	6.265	7.015	8.231	9.390	10.86	13.68	17.34
19	6.884	7.633	8.907	10.12	11.65	14.56	18.34
20	7.434	8.206	9.591	10.85	12.44	15.45	19.34
21	8.034	8.897	10.28	11.59	13.24	16.34	20.34
22	8.643	9.542	10.98	12.34	14.04	17.24	21.34
23	9.260	10.20	11.69	13.09	14.85	18.14	22.34
24	9.886	10.86	12.40	13.85	15.66	19.04	23.34
25	10.52	11.52	13.12	14.61	16.47	19.94	24.34
26	11.16	12.20	13.84	15.38	17.29	20.84	25.34
27	11.81	12.88	14.57	16.15	18.11	21.75	26.34
28	12.46	13.56	15.31	16.93	18.94	22.66	27.34
29	13.12	14.26	16.05	17.71	19.77	23.57	28.34
30	13.79	14.95	16.79	18.49	20.60	24.48	29.34
40	20.71	22.16	24.73	26.51	29.05	33.66	39.34
50	27.99	29.71	32.36	34.76	37.69	42.94	49.33
60	35.53	37.48	40.48	43.19	46.46	52.29	59.33
70	43.28	45.44	48.76	51.74	55.33	61.70	69.33
80	51.17	53.54	57.15	60.39	64.28	71.14	79.33
90	59.20	61.75	65.65	69.13	73.29	80.62	89.33
100	67.33	70.06	74.22	77.93	82.36	90.13	99.33

（续表）

v \ P	0.750	0.900	0.950	0.975	0.990	0.995	0.999
1	1.323	2.706	3.841	5.024	6.635	7.879	10.83
2	2.773	4.605	5.991	7.378	9.210	10.60	13.82
3	4.108	6.251	7.815	9.348	11.34	12.84	16.27
4	5.385	7.779	9.488	11.14	13.28	14.86	18.47
5	6.626	9.236	11.07	12.83	15.09	16.75	20.52
6	7.841	10.64	12.59	14.45	16.81	18.55	22.46
7	9.037	12.02	14.07	16.01	18.48	20.28	24.32
8	10.22	13.36	15.51	17.53	20.09	21.96	26.12
9	11.39	14.68	16.92	19.02	21.67	23.59	27.88
10	12.55	15.99	18.31	20.48	23.21	25.19	29.59
11	13.70	17.28	19.68	21.92	24.72	26.76	31.26
12	14.85	18.55	21.03	23.34	26.22	28.30	32.91
13	15.98	19.81	22.36	24.74	27.69	29.82	34.53
14	17.12	21.06	23.68	26.12	29.14	31.32	36.12
15	18.25	22.31	25.00	27.49	30.58	32.80	37.70
16	19.37	23.54	26.30	28.85	32.00	34.27	39.25
17	20.49	24.77	27.59	30.19	33.41	35.72	40.79
18	21.60	25.99	28.87	31.53	34.81	37.16	42.31
19	22.72	27.20	30.14	32.85	36.19	38.58	43.82
20	23.83	28.41	31.41	34.17	37.57	40.00	45.32
21	24.93	29.62	32.67	35.48	38.93	41.40	46.80
22	26.04	30.81	33.92	36.78	40.29	42.80	48.27
23	27.14	32.01	35.17	38.08	41.64	44.18	49.73
24	28.24	33.20	36.42	39.36	42.98	45.56	51.18
25	29.34	34.38	37.65	40.65	44.31	46.93	52.62
26	30.43	35.56	38.89	41.92	45.64	48.29	54.05
27	31.53	36.74	40.11	43.19	46.96	49.64	55.48
28	32.62	37.92	41.34	44.46	48.28	50.99	56.89
29	33.71	39.09	42.56	45.72	49.59	52.34	58.30
30	34.80	40.26	43.77	46.98	50.89	53.67	59.70
40	45.62	51.80	55.76	59.34	63.69	66.77	73.40
50	56.33	63.17	67.50	71.42	76.15	79.49	86.66
60	66.98	74.40	79.08	83.30	88.38	91.95	99.61
70	77.58	85.53	90.53	95.02	100.4	104.2	112.3
80	88.13	96.58	101.9	106.6	112.3	116.3	124.8
90	98.65	107.6	113.1	118.1	124.1	128.3	137.2
100	109.1	118.5	124.3	129.6	135.8	140.2	149.4

From N. L. Johnson and F. C. Leone, Statistics and Experimental Design in Engineering and the Physical Scienses, 2nd ed., Wliey, New York, 1977, Vol. 1, pp. 511 – 512. Reproduced by permission of the publisher and the Bionetrika Trustees.

表 A.6a F 分布95%分位点 $F(0.95;\nu_1,\nu_2)$

ν_2 \ ν_1	1	2	3	4	5	6	7	8	9
1	161.45	199.50	215.71	224.58	230.16	233.99	236.77	238.88	240.54
2	18.513	19.000	19.164	19.247	19.296	19.330	19.353	19.371	19.385
3	10.128	9.5521	9.2766	9.1172	9.0135	8.9406	8.8868	8.8452	8.8123
4	7.7086	6.9443	6.5914	6.3883	6.2560	6.1631	6.0942	6.0410	5.9988
5	6.6079	5.7861	5.4095	5.1922	5.0503	4.9503	4.8759	4.8183	4.7725
6	5.9874	5.1433	4.7571	4.5337	4.3874	4.2839	4.2066	4.1468	4.0990
7	5.5914	4.7374	4.3468	4.1203	3.9715	3.8660	3.7870	3.7257	3.6767
8	5.3177	4.4590	4.0662	3.8378	3.6875	3.5806	3.5005	3.4381	3.3881
9	5.1174	4.2565	3.8626	3.6331	3.4817	3.3738	3.2927	3.2296	3.1789
10	4.9646	4.1028	3.7083	3.4780	3.3258	3.2172	3.1355	3.0717	3.0204
11	4.8443	3.9823	3.5874	3.3567	3.2039	3.0946	3.0123	2.9480	2.8962
12	4.7472	3.8853	3.4903	3.2592	3.1059	2.9961	2.9134	2.8486	2.7964
13	4.6672	3.8056	3.4105	3.1791	3.0254	2.9153	2.8321	2.7669	2.7144
14	4.6001	3.7389	3.3439	3.1122	2.9582	2.8477	2.7642	2.6987	2.6458
15	4.5431	3.6823	3.2874	3.0556	2.9013	2.7905	2.7066	2.6408	2.5876
16	4.4940	3.6337	3.2389	3.0069	2.8524	2.7413	2.6572	2.5911	2.5377
17	4.4513	3.5915	3.1968	2.9647	2.8100	2.6987	2.6143	2.5480	2.4943
18	4.4139	3.5546	3.1599	2.9277	2.7729	2.6613	2.5767	2.5102	2.4563
19	4.3808	3.5219	3.1274	2.8951	2.7401	2.6283	2.5435	2.4768	2.4227
20	4.3513	3.4928	3.0984	2.8661	2.7109	2.5990	2.5140	2.4471	2.3928
21	4.3248	3.4668	3.0725	2.8401	2.6848	2.5727	2.4876	2.4205	2.3661
22	4.3009	3.4434	3.0491	2.8167	2.6613	2.5491	2.4638	2.3965	2.3419
23	4.2793	3.4221	3.0280	2.7955	2.6400	2.5277	2.4422	2.3748	2.3201
24	4.2597	3.4028	3.0088	2.7763	2.6207	2.5082	2.4226	2.3551	2.3002
25	4.2417	3.3852	2.9912	2.7587	2.6030	2.4904	2.4047	2.3371	2.2821
26	4.2252	3.3690	2.9751	2.7426	2.5868	2.4741	2.3883	2.3205	2.2655
27	4.2100	3.3541	2.9604	2.7278	2.5719	2.4591	2.3732	2.3053	2.2501
28	4.1960	3.3404	2.9467	2.7141	2.5581	2.4453	2.3593	2.2913	2.2360
29	4.1830	3.3277	2.9340	2.7014	2.5454	2.4324	2.3463	2.2782	2.2229
30	4.1709	3.3158	2.9223	2.6896	2.5336	2.4205	2.3343	2.2662	2.2107
40	4.0848	3.2317	2.8387	2.6060	2.4495	2.3359	2.2490	2.1802	2.1240
60	4.0012	3.1504	2.7581	2.5252	2.3683	2.2540	2.1665	2.0970	2.0401
120	3.9201	3.0718	2.6802	2.4472	2.2900	2.1750	2.0867	2.0164	1.9588
∞	3.8415	2.9957	2.6049	2.3719	2.2141	2.0986	2.0096	1.9384	1.8799

From C. A. Bennett and N. L. Franklin, Statistical Analysis in Chemistry and the Chemical Industry, Wiley, New York, 1954, pp. 702 – 705. Reproduced by permission of the publisher and the Biometrike Trustees.

(续表)

ν_2 \ ν_1	10	12	15	20	24	30	40	60	120	∞
1	241.88	243.91	245.95	248.01	249.05	250.09	251.14	252.20	253.25	254.32
2	19.396	19.413	19.429	19.446	19.454	19.462	19.471	19.479	19.487	19.496
3	8.7855	8.7446	8.7029	8.6602	8.6385	8.6166	8.5944	8.5720	8.5494	8.5265
4	5.9644	5.9117	5.8578	5.8025	5.7744	5.7459	5.7170	5.6878	5.6581	5.6281
5	4.7351	4.6777	4.6188	4.5581	4.5272	4.4957	4.4638	4.4314	4.3984	4.3650
6	4.0600	3.9999	3.9381	3.8742	3.8415	3.8082	3.7743	3.7398	3.7047	3.6688
7	3.6365	3.5747	3.5108	3.4445	3.4105	3.3758	3.3404	3.3043	3.2674	3.2298
8	3.3472	3.2840	3.2184	3.1503	3.1152	3.0794	3.0428	3.0053	2.9669	2.9276
9	3.1373	3.0729	3.0061	2.9365	2.9005	2.8637	2.8259	2.7872	2.7475	2.7067
10	2.9782	2.9130	2.8450	2.7740	2.7372	2.6996	2.6609	2.6211	2.5801	2.5379
11	2.8536	2.7876	2.7186	2.6464	2.6090	2.5705	2.5309	2.4901	2.4480	2.4045
12	2.7534	2.6866	2.6169	2.5436	2.5055	2.4663	2.4259	2.3842	2.3410	2.2962
13	2.6710	2.6037	2.5331	2.4589	2.4202	2.3803	2.3392	2.2966	2.2524	2.2064
14	2.6021	2.5342	2.4630	2.3879	2.3487	2.3082	2.2664	2.2230	2.1778	2.1307
15	2.5437	2.4753	2.4035	2.3275	2.2878	2.2468	2.2043	2.1601	2.1141	2.0658
16	2.4935	2.4247	2.3522	2.2756	2.2354	2.1938	2.1507	2.1058	2.0589	2.0096
17	2.4499	2.3807	2.3077	2.2304	2.1898	2.1477	2.1040	2.0584	2.0107	1.9604
18	2.4117	2.3421	2.2686	2.1906	2.1497	2.1071	2.0629	2.0166	1.9681	1.9168
19	2.3779	2.3080	2.2341	2.1555	2.1141	2.0712	2.0264	1.9796	1.9302	1.8780
20	2.3479	2.2776	2.2033	2.1242	2.0825	2.0391	1.9938	1.9464	1.8963	1.8432
21	2.3210	2.2504	2.1757	2.0960	2.0540	2.0102	1.9645	1.9165	1.8657	1.8117
22	2.2967	2.2258	2.1508	2.0707	2.0283	1.9842	1.9380	1.8895	1.8380	1.7831
23	2.2747	2.2036	2.1282	2.0476	2.0050	1.9605	1.9139	1.8649	1.8128	1.7570
24	2.2547	2.1834	2.1077	2.0267	1.9838	1.9390	1.8920	1.8424	1.7897	1.7331
25	2.2365	2.1649	2.0889	2.0075	1.9643	1.9192	1.8718	1.8217	1.7684	1.7110
26	2.2197	2.1479	2.0716	1.9898	1.9464	1.9010	1.8533	1.8027	1.7488	1.6906
27	2.2043	2.1323	2.0558	1.9736	1.9299	1.8842	1.8361	1.7851	1.7307	1.6717
28	2.1900	2.1179	2.0411	1.9586	1.9147	1.8687	1.8203	1.7689	1.7138	1.6541
29	2.1768	2.1045	2.0275	1.9446	1.9005	1.8543	1.8055	1.7537	1.6981	1.6377
30	2.1646	2.0921	2.0148	1.9317	1.8874	1.8409	1.7918	1.7396	1.6835	1.6223
40	2.0772	2.0035	1.9245	1.8389	1.7929	1.7444	1.6928	1.6373	1.5766	1.5089
60	1.9926	1.9174	1.8364	1.7480	1.7001	1.6491	1.5943	1.5343	1.4673	1.3893
120	1.9105	1.8337	1.7505	1.6587	1.6084	1.5543	1.4952	1.4290	1.3519	1.2539
∞	1.8307	1.7522	1.6664	1.5705	1.5173	1.4591	1.3940	1.3180	1.2214	1.0000

表 A.6b　F 分布 99%分位点 $F(0.99;\ \nu_1,\ \nu_2)$

ν_2 \ ν_1	1	2	3	4	5	6	7	8	9
1	4052.2	4999.5	5403.3	5624.6	5763.7	5859.0	5928.3	5981.6	6022.5
2	98.503	99.000	99.166	99.249	99.299	99.332	99.356	99.374	99.388
3	34.116	30.817	29.457	28.710	28.237	27.911	27.672	27.489	27.345
4	21.198	18.000	16.694	15.977	15.522	15.207	14.976	14.799	14.659
5	16.258	13.274	12.060	11.392	10.967	10.672	10.456	10.289	10.158
6	13.745	10.925	9.7795	9.1483	8.7459	8.4661	8.2600	8.1016	7.9761
7	12.246	9.5466	8.4513	7.8467	7.4604	7.1914	6.9928	6.8401	6.7188
8	11.259	8.6491	7.5910	7.0060	6.6318	6.3707	6.1776	6.0289	5.9106
9	10.561	8.0215	6.9919	6.4221	6.0569	5.8018	5.6129	5.4671	5.3511
10	10.044	7.5594	6.5523	5.9943	5.6363	5.3858	5.2001	5.0567	4.9424
11	9.6460	7.2057	6.2167	5.6683	5.3160	5.0692	4.8861	4.7445	4.6315
12	9.3302	6.9266	5.9526	5.4119	5.0643	4.8206	4.6395	4.4994	4.3875
13	9.0738	6.7010	5.7394	5.2053	4.8616	4.6204	4.4410	4.3021	4.1911
14	8.8616	6.5149	5.5639	5.0354	4.6950	4.4558	4.2779	4.1399	4.0297
15	8.6831	6.3589	5.4170	4.8932	4.5556	4.3183	4.1415	4.0045	3.8948
16	8.5310	6.2262	5.2922	4.7726	4.4374	4.2016	4.0259	3.8896	3.7804
17	8.3997	6.1121	5.1850	4.6690	4.3359	4.1015	3.9267	3.7910	3.6822
18	8.2854	6.0129	5.0919	4.5790	4.2479	4.0146	3.8406	3.7054	3.5971
19	8.1850	5.9259	5.0103	4.5003	4.1708	3.9386	3.7653	3.6305	3.5225
20	8.0960	5.8489	4.9382	4.4307	4.1027	3.8714	3.6987	3.5644	3.4567
21	8.0166	5.7804	4.8740	4.3688	4.0421	3.8117	3.6396	3.5056	3.3981
22	7.9454	5.7190	4.8166	4.3134	3.9880	3.7583	3.5867	3.4530	3.3458
23	7.8811	5.6637	4.7649	4.2635	3.9392	3.7102	3.5390	3.4057	3.2986
24	7.8229	5.6136	4.7181	4.2184	3.8951	3.6667	3.4959	3.3629	3.2560
25	7.7698	5.5680	4.6755	4.1774	3.8550	3.6272	3.4568	3.3239	3.2172
26	7.7213	5.5263	4.6366	4.1400	3.8183	3.5911	3.4210	3.2884	3.1818
27	7.6767	5.4881	4.6009	4.1056	3.7848	3.5580	3.3882	3.2558	3.1494
28	7.6356	5.4529	4.5681	4.0740	3.7539	3.5276	3.3581	3.2259	3.1195
29	7.5976	5.4205	4.5378	4.0449	3.7254	3.4995	3.3302	3.1982	3.0920
30	7.5625	5.3904	4.5097	4.0179	3.6990	3.4735	3.3045	3.1726	3.0665
40	7.3141	5.1785	4.3126	3.8283	3.5138	3.2910	3.1238	2.9930	2.8876
60	7.0771	4.9774	4.1259	3.6491	3.3389	3.1187	2.9530	2.8233	2.7185
120	6.8510	4.7865	3.9493	3.4796	3.1735	2.9559	2.7918	2.6629	2.5586
∞	6.6349	4.6052	3.7816	3.3192	3.0173	2.8020	2.6393	2.5113	2.4073

(续表)

ν_2 \ ν_1	10	12	15	20	24	30	40	60	120	∞
1	6055.8	6106.3	6157.3	6208.7	6234.6	6260.7	6286.8	6313.0	6339.4	6366.0
2	99.399	99.416	99.432	99.449	99.458	99.466	99.474	99.483	99.491	99.501
3	27.229	27.052	26.872	26.690	26.598	26.505	26.411	26.316	26.221	26.125
4	14.546	14.374	14.198	14.020	13.929	13.838	13.745	13.652	13.558	13.463
5	10.051	9.8883	9.7222	9.5527	9.4665	9.3793	9.2912	9.2020	9.1118	9.0204
6	7.8741	7.7183	7.5590	7.3958	7.3127	7.2285	7.1432	7.0568	6.9690	6.8801
7	6.6201	6.4691	6.3143	6.1554	6.0743	5.9921	5.9084	5.8236	5.7372	5.6495
8	5.8143	5.6668	5.5151	5.3591	5.2793	5.1981	5.1156	5.0316	4.9460	4.8588
9	5.2565	5.1114	4.9621	4.8080	4.7290	4.6486	4.5667	4.4831	4.3978	4.3105
10	4.8492	4.7059	4.5582	4.4054	4.3269	4.2469	4.1653	4.0819	3.9965	3.9090
11	4.5393	4.3974	4.2509	4.0990	4.0209	3.9411	3.8596	3.7761	3.6904	3.6025
12	4.2961	4.1553	4.0096	3.8584	3.7805	3.7008	3.6192	3.5355	3.4494	3.3608
13	4.1003	3.9603	3.8154	3.6646	3.5868	3.5070	3.4253	3.3413	3.2548	3.1654
14	3.9394	3.8001	3.6557	3.5052	3.4274	3.3476	3.2656	3.1813	3.0942	3.0040
15	3.8049	3.6662	3.5222	3.3719	3.2940	3.2141	3.1319	3.0471	2.9595	2.8684
16	3.6909	3.5527	3.4089	3.2588	3.1808	3.1007	3.0182	2.9330	2.8447	2.7528
17	3.5931	3.4552	3.3117	3.1615	3.0835	3.0032	2.9205	2.8348	2.7459	2.6530
18	3.5082	3.3706	3.2273	3.0771	2.9990	2.9185	2.8354	2.7493	2.6597	2.5660
19	3.4338	3.2965	3.1533	3.0031	2.9249	2.8442	2.7608	2.6742	2.5839	2.4893
20	3.3682	3.2311	3.0880	2.9377	2.8594	2.7785	2.6947	2.6077	2.5168	2.4212
21	3.3098	3.1729	3.0299	2.8796	2.8011	2.7200	2.6359	2.5484	2.4568	2.3603
22	3.2576	3.1209	2.9780	2.8274	2.7488	2.6675	2.5831	2.4951	2.4029	2.3055
23	3.2106	3.0740	2.9311	2.7805	2.7017	2.6202	2.5355	2.4471	2.3542	2.2559
24	3.1681	3.0316	2.8887	2.7380	2.6591	2.5773	2.4923	2.4035	2.3099	2.2107
25	3.1294	2.9931	2.8502	2.6993	2.6203	2.5383	2.4530	2.3637	2.2695	2.1694
26	3.0941	2.9579	2.8150	2.6640	2.5848	2.5026	2.4170	2.3273	2.2325	2.1315
27	3.0618	2.9256	2.7827	2.6316	2.5522	2.4699	2.3840	2.2938	2.1984	2.0965
28	3.0320	2.8959	2.7530	2.6017	2.5223	2.4397	2.3535	2.2629	2.1670	2.0642
29	3.0045	2.8685	2.7256	2.5742	2.4946	2.4118	2.3253	2.2344	2.1378	2.0342
30	2.9791	2.8431	2.7002	2.5487	2.4689	2.3860	2.2992	2.2079	2.1107	2.0062
40	2.8005	2.6648	2.5216	2.3689	2.2880	2.2034	2.1142	2.0194	1.9172	1.8047
60	2.6318	2.4961	2.3523	2.1978	2.1154	2.0285	1.9360	1.8363	1.7263	1.6006
120	2.4721	2.3363	2.1915	2.0346	1.9500	1.8600	1.7628	1.6557	1.5330	1.3805
∞	2.3209	2.1848	2.0385	1.8783	1.7908	1.6964	1.5923	1.4730	1.3246	1.0000

From C. A. Bennett and N. L. Franklin, Statistical Analysis in Chemistry and the Chemical Industry, Wiley, New York, 1945, pp. 702 – 705. Reproduced by permission of the publisher and the Biometrike Trustees.

表 A.7　概率图 $F_i = 100(i - 0.5)/n$

n															
6	7	8	9	10	11	12	13	14	15	16	17	18	19	20	i
8.3	7.1	6.2	5.6	5.0	4.5	4.2	3.8	3.6	3.3	3.1	2.9	2.8	2.6	2.5	1
25.0	21.4	18.7	16.7	15.0	13.6	12.5	11.5	10.7	10.0	9.4	8.8	8.3	7.9	7.5	2
41.7	35.7	31.2	27.8	25.0	22.7	20.8	19.2	17.9	16.7	15.6	14.7	13.9	13.2	12.5	3
58.3	50.0	43.7	38.9	35.0	31.8	29.2	26.9	25.0	23.3	21.9	20.6	19.4	18.4	17.5	4
75.0	64.3	56.2	50.0	45.0	40.9	37.5	34.6	32.1	30.0	28.1	26.5	25.0	23.7	22.5	5
91.7	78.6	68.7	61.1	55.0	50.0	45.8	42.3	39.3	36.7	34.4	32.4	30.6	28.9	27.5	6
	92.9	81.2	72.2	65.0	59.1	54.2	50.0	46.4	43.3	40.6	38.2	36.1	34.2	32.5	7
		93.7	83.3	75.0	68.2	62.5	57.7	53.6	50.0	46.9	44.1	41.7	39.5	37.5	8
			94.4	85.0	77.3	70.8	65.4	60.7	56.7	53.1	50.0	47.2	44.7	42.5	9
				95.0	86.4	79.2	73.1	67.9	63.3	59.4	55.9	52.8	50.0	47.5	10
					95.5	87.5	80.8	75.0	70.0	65.6	61.8	58.3	55.3	52.5	11
						95.8	88.5	82.1	76.7	71.9	67.6	63.9	60.5	57.5	12
							96.2	89.3	83.3	78.1	73.5	69.4	65.8	62.5	13
								96.4	90.0	84.4	79.4	75.0	71.1	67.5	14
									96.7	90.6	85.3	80.6	76.3	72.5	15
										96.9	91.2	86.1	81.6	77.5	16
											97.1	91.7	86.8	82.5	17
												97.2	92.1	87.5	18
													97.4	92.5	19
														97.5	20

参考文献

[1] Abdel - Haneed, M. S. , Cinlar, E. , and Quinn, J. , Eds. (1984), Reliability Theory and Models, Academic Press, New York.

[2] Ahmad, M. ,and Sheikh, A. K. (1981),"Estimation of the Parameters of the Bernstein Distribution from Complete and Censored Samples,"Proc,43rd Session of the International Statist. Inst. ,225 - 228.

[3] Ahmad, M. , and Sheikh, A. K. (1983). "Accelerated Life Testing," presented at the 1983 Joint Statistical Meetings, Toronto.

[4] Aitchison, J. ,and Brown, J. A. C. (1957), The Lognormal Distribution, Cambridge Univ. Press, New York and London.

[5] Aitkin, M. (1981),"A Note on the Regression Analysis of Censored Data,"Technometrics 23,161 - 164.

[6] Aitkin, M. and Clayton, D. (1980), "The Fitting of Exponential, Weibull, and Extreme Value Distributions to Complex Censored Survival Data Using GLIM,"Applied Statistics 29,155 - 163.

[7] Allen, W. R. (1959), "lnference from Tests with Continuously Increasing Stress," Operations Research 7,303 - 312.

[8] Americal Society for Testing and Materials (1962), Manual on Fitting Straight Lines, Special Technical Publication 313,1916 Race St. ,Philadephia,PA 19103,(215)299 - 5400 or - 5428.

[9] American Society for Testing and Materials (1963), A Guide for Fatigue Testing and the Statistical Analysis of Fatigue Data, Special Technical Publication No. 91 - A (2nd ed.), 1916 Race St. , Phliadephia, PA 19103,(215)299 - 5400 or - 5428.

[10] American Society for Testing and Materials (1970),"Standard Method of Testing Paper by Direct - Voltage Life Testing of Capacitors," Standard D2631 - 68, Annual Book of American Society for Testing and Materials Standards, Part 29: Electrical Insulating Materials, 1916 Race St. , Philadelphia, PA 19103,(215)299 - 5400 or - 5428.

[11] American Society for Testing and Materials (1979), Statistical Analysis of Fatigue Data, by R. E. Little and J. C. Ekvall, Eds. ,Special Technical Publication 744,1916 Race St. ,Philadelphia, PA 19103,(215)299 - 5400 or - 5428.

[12] American Society for Testing and Materials (1981a), "Tables for Estimating Median Fatigue Limits,"Special Technical Publication 731, R. E. Little, Ed. ,1916 Race St. ,Philadelphia, PA 19103, (215)299 - 5400 or - 5428.

[13] American Society for Testing and Materials(1981b). "Statistical Analysis of Linear or Linearized Stress - Life(S - N) and Strain - Life (ε - N) Fatigue Data,"Special Technical Publication No. 744, 1916 Race St. ,Philadelphia, PA 19103,(215)299 - 5400 or - 5428.

[14] American Statistical Association (1987), Current Index to Statistics: Applications, Methods and Theory, 1429 Duke St. , Alexandria, VA 22314,(703)684 - 1221. Yearly since 1975.

[15] Ascher, H., and Feingold, H. (1984), Repairable Systems Reliability - Modeling, Inference, Misconceptions and Their Cause, Marcel Dakker. Inc., New York.

[16] ASTM STP 648, Hoeppner, D. W., Ed. (1978), "Fatigue Testing of Weldments," Amer. Soc. for Testing and Materials, 1916 Race St., Philadelphia, PA 19103, (215) 299 - 5585. Price $28.50.

[17] ASTM STP 738 (1981), "Fatigue Crack Growth Measurement and Data Analysis," Amer. Soc. for Testing and Materials, 1916 Race St., Philadelphia, PA 19103, (215) 299 - 5585, 371 pp. Price $39.00.

[18] ASTM STP 748 (1981), "Methods and Models for Predicting Fatigue Crack Growth under Random loading," Amer. Soc. for Testing and Materials, 1916 Race St., Philadelphia, PA 19103, (215) 299 - 5585, 140 pp. Price $16.50.

[19] Ballado - Perez, D. A. (1986), "Statistical Modeling of Accelerated Life Tests for Adhesive - Bonded Wood Composites," Dept. of Wood and Paper Science, North Carolina State Univ., Raleigh, NC.

[20] Ballado - Perez, D. A. (1987), "Statistical Model for Accelerated Life Testing of Wood Composites - A Preliminary Evaluation," Dept. of Wood and Paper Science, North Carolina State Univ., Raleigh, NC.

[21] Barnett, V., and Lewis, T. (1948), Outliers in Statistical Data, 2nd ed., Wiley, New York.

[22] Bartnilas, R., Ed. (1987), Engrneering Dielectrics - Vol, Ⅱ, American Society for Testing and Materials Publication 04 - 78300 - 21, 1916 Race St., Philadelphia, PA 19103.

[23] Bartnikas, R., and McMahon, E. J., Eds. (1979), Corona Measurement and Interpretation, American Society for Testing and Materials Special Technical Publication 669.

[24] Barton, R. R. (1987), "Optimal Accelerated Lifetest Plans Which Minimize the Maximum Test Stress," author at School of OR and Indus. Engineering, Cornell Univ., Ithaca, NY 148537501. To appear in IEEE Trans. on Reliability.

[25] Basu, A. P., and Ebrahimi, N. (1982), "Nonparametric Accelerated Life Testing," IEEE Trans. on Reliability R - 31, 432 - 435.

[26] Bates, D. M. and Watts, D. G. (1988), Nonlinear Regression and Its Applications, Wiley, New York, 384 pp.

[27] Besl, S. L., and Sheiner, L. B. (1985), "Methodology of Population Pharmacokinetics," in Drug Fate and Metabolism: Methods and Techniques, Vol. 5, 135 - 183, E. R. Garrett and J. L. Hirtz, Eds., Marcel Dekker, New York.

[28] Besl, S. L., and Sheiner, L. B. (1988), "Heteroscedastic Nonlinear Regression," Technometrics 30, 327 - 338.

[29] Beckman, R. J., and Cook, R. D. (1983), "Outlier …… s," Technometrics 25, 119 - 163 includes discussions.

[30] Beckwith, J. P. (1979). "Estimaton of the Strength Remaining of a Material Which Decays with Time," private communication, Dept. of Math and Computer Science, Michigan Technological Univ. Houghton, MI 49931.

[31] Beckwith, J. P. (1980), "An Estimator and Design Technique for the Estimation of the Rate Parameter in Accelerated Testing," paper at the Joint Statistical Meeting, author at Michigan Technological Univ., Houghton, MI 49931.

[32] Bently, D. L. (1970), "Statistical Techniques in Predicting Thermal Stability," J. of Pharmaceutical Sciences 59, 464 - 468.

[33] Bernstein, B. S. project manager(1981), "Experimental Techniques for Investigating the Degradation of Electrical Insulation," EL - 1854, Technical Planning Study TPS 79 - 723 prepared for EPRI, 3412 Hillview Ave., Palo Alto, CA 94304.

[34] Bessler, S., Chernoff, H., and Marshall, A. W. (1962), "An Optimal Sequential Accelerated Life Test," Technometrics 4, 367 - 379.

[35] Beyer, O., Pieper, V., and Tiedge, J. (1980), "On Modeling Problems of Reliability and Maintenance of Components Subject to Wear," in German, Proc. of Conf. STAQUAREL, Prague, 31 - 37.

[36] Birks, J. B., and Schulman, J. H. (1959), Progress in Dielectrics, Wiley, New York.

[37] Birnbaum, Z. W. (1979), "On the Mathematics of Competing Risks," DHEW Publ. No. (PHS) 79 - 1351. For sale by the Superintendent of Documents, U. S. Gov't. Printing Office, Washington, DC 20402.

[38] Birnbaum, Z. W., and Saunders, S. C. (1968), "A Probabilistic Interpretation of Miner's Rule," SLAM J. of Applied Math. 16, 637 - 652.

[39] Birnbaum, Z. W., and Saunders, S. C. (1969), "A New Family of Life Distributions," J. of Applied Probability 6, 319 - 327.

[40] Black, J. R. (1969a), "Electromigration Failure Modes in Aluminm Metallization for Semiconductor Devices," Proc. IEEE 57, 1587 - 1593.

[41] Black, J. R. (1969b), "Electromigation - A Brief Survey and Some Recent Results," IEEE Trans. on Electronic Devices ED - 16, 338 - .

[42] Block, H. W., and Savits, T. H. (1981), "Multivariate Distributions in Reliability Theory and Life Testing," Technical Report No. 81 - 13, Inst. for Statistics and Applications, Dept. of Math. and Statistics, Univ. of Pittsburgh, Pittsburgh, PA 12560.

[43] Bogdanoff, J. L., and Kozin, F. (1984), Probabalistic Models of Cumulative Damage, Wiley, New York.

[44] Bolotin, V. V. (1969), Statistical Methods in Structural Mechanics, Holden - Day, San Francisco.

[45] Boothroyd, G. (1957), Fundamentals of Metal Machining and Machine Tools, McGraw - Hill, New York.

[46] Borowiak, D. S. (1989), Model Discrimination for Nonlinear Regression Models, Dekker, New York, 200 pp.

[47] Boeker, A. H. and Lieberman, G. J. (1972), Engineering Statistics, 2nd ed., Prentice - Hall, Englewood Cliffs, NJ.

[48] Bowman, K. O., and Shenton, L. R. (1987), Properties of Estimators for the Gamma Distribution, Marcel Dekker, New York.

[49] Box, G. E. P. (1950), "Problems in the Analysis of Growth and Wear Curves," Biometrics 6, 362 - 389.

[50] Box, G. E. P. and Draper, N. R. (1987), Empirical Model Building and Response Surfaces, Wiley, New York.

[51] Box, G. E. P., Hunter, W. G., and Hunter, J. S. (1978), Statistics for Experimenters, Wiley, New York.

[52] Brancato, E. L., Johnson, L. M., Campbell, F. G., and Walker, H. P. (1977), "Reliability Prediction Studies on Electrical Insulation: Navy Summary Report," Naval Research Laboratory Report 8095, available from the National Technical Information Service, U. S. Dept. of Commerce, Springfield, VA 22161.

[53] Breslow, N. E., and Day, N. E. (1980), Statistical Methods in Cancer Research, Volume 1 - The Analysis of Case - Control Studies, International Agency for Research on Cancer, World Health Organization, Lyon, France.

[54] Brookes, A. S. (1974), "The Weibull Distribution: Effect of Length and Conductor Size of Test Cables," Electra 33, 49 - 61.

[55] Brostow, W., and Corneliussen, J., Eds. (1986), Failure of Plastics, Hanser, Munich.

[56] Brush, G. G. (1988), How to Choose the Proper Sample Size, Publication T3512, 115 pages, Amer. Soc. for Quality Control, 310 W. Wisconsin Ave., Milwaukee, WI 53203, (800)952 - 6587.

[57] Bugaighis, M. M. (1988), "Efficiencies of MLE and BLUE for Parameters of an Accelerated Life - Test Model," IEEE Trans. on Reliability 37, 230 - 233.

[58] Buswell, G. D., Meeker, W. Q., and Myers, D. H. (1984), "STAR - Statistical Reliability Analysis," internal AT&T Bell Labs document; contact Dr. J. H. Hooper, Room 2K537, AT&T Bell Labs, Holmdell, NJ 07733, (201)949 - 1996.

[59] Buswell, G. D., Meeker, W. Q., Myers, D. H., and Gibson, C. L. (1985), "STAR - Software for the Analysis and Presentation of Reliability Data," Amer. Statist. Assoc. 1985 Proceedings of the Statistical Computing Section.

[60] Carey, M. (1985), "Bibliography on Aging Degradation," private communication, Rm. 2K - 503, AT&T Bell Labs, Crawfords Corner Rd., Holmdel, NJ 07733 - 1988.

[61] Carey, M. and Tortorella, M. (1987), "Analysis of Degradation Data in Reliability," paper at the Annual Joint Statistical Meeting, San Francisco. Authors at AT&T Bell labs, Crawfords Corner Rd., Holmdel, NJ 07733 - 1988.

[62] Carstensen, J. T. (1972) Theory of Pharmaceutical Systems, Academic Press, New York.

[63] Carter, A. D. S. (1985), Mechanical Reliability, 2nd ed., Macmillian, London.

[64] Chambers, J. M. (1977), Computational Methods for Data Analysis, Wiley, New York.

[65] Chambers, J. M.; Cleveland, W. S.; Kleiner, B,; Tukey, P. A. (1983), Graphical Methods for Data Analysis, (hard cover) Wadsworth, Monterey, CA; (paperback) Duxbury Press, Boston.

[66] Chartpak(1988), Catalog, One River Road, Leeds, MA 01053, $3.95, (800)628 - 1910.

[67] Chernoff, H. (1953), "Locally Optimum Designs for Estimating Parameters," Ann. Math. Statist. 24, 586 - 602.

[68] Chernoff, H. (1962), "Optimal Accelerated Life Designs for Estimation," Technometrics 4, 381 - 408.

[69] Chernoff, H. (1972), Sequential Analysis and Optimal Design, Conference Board of the Mathematical Sciences Regional Conference Series in Applied Mathematics, No. 8, Soc, for Industrial and Applied Mathematics, 1916 Race St., Philadelphia, PA.

[70] Clark, J. E., and Slater, J. A. (1969), "Outdoor Performance of Plastics; III. Statistical Model for Predicting Weatherability," National Buresu of Standards Report 10 116, Washington, DC 20234.

[71] Cleveland, W. S. (1985), The Elements of Graphing Data, Wadsworth & Brooks/Cole, Pacific Grove, CA 93950, (408)373 - 0728.

[72] CODEX(1988), "CODEX Chart and Graph Papers," Catalog DG, Codex Book Co., 74 Broadway, Norwood, MA 02062, (617)769 - 1050.

[73] Coffin, Jr., L. F. (1954), "A Study of the Effects of Cyclic Thermal Stresses on a Ductile Metal," Trans. ASME 76, 923 - 950.

[74] Coffin, Jr., L. F. (1974), "Fatigue at High Temperature -- Prediction and Interpretation," James Clayton Memorial Lecture, Proc. Inst. Mech. Eng. (London)188, 109 - 127.

[75] Cohen, A. C. and Whitten, B. J. (1988), Parameter Estimation in Reliability and life Span Models, Marcel Dekker, New York.

[76] Cohen, J. (1988), Statistical Power Analysis, 2nd ed., Lawrence Assocs., 365 Broadway, Hillsdale, NJ 07642, (201) 666 - 4110. The publisher also offers a companion "MicroComputer program for Power Analysis," for IBM compatible PCs, by J. Cohen and M. Borenstein.

[77] Collins, J. A. (1981), Failure of Materials in Mechanical Design, Wiley - Interscience, New York.

[78] Connors, K. A., Amidon, G. L., and Kennon, L. (1979), Chemical Stability of Pharmaceuticals, Wiley, New York.

[79] Cox, D. R. (1958), Planning of Experiments, Wiley, New York.

[80] Cox, D. R. (1959), "The Analysis of Exponentially Distributed Life - Times with Two Types of Failures," J. Royal Statist. Soc. B 21, 411 - 421.

[81] Cox, D. R., and Oakes, D. (1984), Analysis of Survival Data, Methuen(Chapman and Hall), New York.

[82] Cox. D. R., and Snell, E. J. (1968), "A General Definition of Residuals," J. of the Royal Statist. Soc., Series B 30, 248 - 275.

[83] Cramp, M. G. (1959), "A Statistical Basis for Transformer Oil Breakdown," Masters thesis, Dept. of Electrical Engineering, Rensselaer Polytechnic Inst., Troy, NY 12181.

[84] Craver, J. S. (1980), Graph Paper from your Copier, HP Books, P. O. Box 5367, Tucson, AZ 85703, (602)888 - 2150. Price $12.95.

[85] Crawford, D. E. (1970), "Analysis of Incomplete Life Test Data on Motorettes," Insulation/Circuits 16, 43 - 48.

[86] Crow, E. L., and Shimizu, K., Eds, (1988), Lognormal Distributions, Marcel Dekker, New York.

[87] D'Agostino, R. B., and Stephens, M. A. (1986), Goodness - of - Fit Techniques, Marcel Dekker, New York. Price $79.95.

[88] Dakin, T. W. (1948), "Electrical Insulation Deterioration Treated As a Chemical Reaction Rate Phenomenon," ALEE Trans. 67, 113 - 122.

[89] Dallal, G. E. (1988), "Statistical Microcomputing - like It Is," The Amer. Statistician 42, 212 - 216.

[90] Daniel, C. (1976), Applications of Statistics to Industrial Experimentation, Wiley, New York.

[91] Daniel, C., and Heerema, N. (1950), "Design of Experiments for the Most Precise Slope Estimation or Linear Extrapolation," J. Amer. Statist. Assoc. 45, 546 - 556.

[92] Daniel, C., and Wood, F. S. (1980), Fitting Equations to Data: Computer Analysis of Multifactor Data, Wiley, New York.

[93] David, H. A., and Mosechberger, M. L. (1979), The Theory of Competing Risks, Griffin's Statistical Monograph No. 39, Methuen, London.

[94] Department of Defense(1981), "Information Analysis Centers Profiles for Specialized Technical Information," Defense Technical Information Center, Defense Logistics Agency, Cameron Station, Alexandria, VA 22314. Data Centers for Concrete, Metals and Ceramics, Mech. Props, Plastics, Relia, & others.

[95] Department of Defense (1985), "Information Analysis Centers Directory," Defense Technical Information Center, Defense Logistics Agency, Cameron Station, Alexandria, VA 22304 - 6145. General information: (202)274 - 6434.

[96] Depul, D. J., Ed. (1957), Corrosion and Wear Handbook, Sponsored by Naval Reactors Branch Division of Reactor Development, U. S. Atomic Energy Comm., McGraw - Hill, New York.

[97] Derringer, G. C. (1982), "A Proposed Model for Accelerated - Stress Life - Test Data Exhibiting Two Failure Modes," Polymer Engineering and Science 22, 354 - 357.

[98] Derringer, G. C. (1989), "A Model for Service Life of Polyethylene Pipe Exhibiting Ductile - Brittle Transition in Fracture Mode," J. Applied Polymer Science 37, 215 - 224.

[99] d' Heurle, F. M. and Ho, P. S. (1978), "Electromigration in Thin Films," pp. 243 - 303 of Thin Films -Interdiffusion and Reactions, edited by J. M. Poate, K. N. Tu, and J. W. Mayer, Wiley, New York.

[100] Diamond, W. (1981), Practical Experimental Designs for Engineers and Scientists, Lifetime Learning Publications, Belmont, CA.

[101] Dieter, Jr., G. E. (1961), Mechanical Metallurgy, McGraw - Hill, New York.

[102] Dietzgen(1988), "Quality Graph Papers," Dietzgen Corp., 250 Will Rd., Des Plaines, IL 60018, (315) 635 - 5200.

[103] Disch, D. (1983), "Optimum Accelerated Sequential Life Tests When Total Testing Time is Limited," private communication, Dept. of Mathematics, Rose - Hulman Inse. of Technology, 5500 Wabash Ave., Terre Haute, IN 47803.

[104] Dixon, W. J., Ed. (1985), BMDP Statistical Software, Univ. of Calif. Press, Los Angeles, CA. For information contact: BMDP Statistical Software, Inc., 1440 Sepulveda Blvd., Los Angeles, CA 90025, (213)479 - 7799.

[105] Doganaksoy, N. (1989a), "A Computer Program to Fit Weibull Accelerated Life Test models to Multiply Right Censored Data," author at Gradutae Mgt. Inst., Union College, Schenectady, NY 12308.

[106] Doganaksoy, N. (1989b), "Approximate Confidence Intervals for the Weibull and Smallest Extreme Value Distribution Parameters and Quantiles in Single Stress Models and Simple Accelerated - Stress Regression Models with Censored Data," Ph. D. thesis, Graduate Mgt. Inst., Union College, Schenectady, NY 12308.

[107] Draper, N. R., and Smith, H. (1981), Applied Regression Analysis, 2nd ed., Wiley, New York.

[108] Efron, B. (1986). "Why Isn't Everyone a Bayesian?," The Amer. Statistician 40, 1 - 11.

[109] EG&G Electro - Optics(1984), "Flashlamps - 1984 Catalog," available from Mr. Clayton Van Buren, Robert F. Lamb Co. Inc., 4515 Culve Rd., Rochester, NY 14622.

[110] Ehrenfeld, S. (1962), "Some Experimental Design Problems in Attibute Life Testing,"

J. Amer. Statist. Assoc. 57,668 - 679.

[111] Elfving,G. (1952),"Optimum Allocation in Linear Regression Theory,"Ann. Math. Statist. 23,255 - 262.

[112] Endicott, H. S. , and Starr, W. T. (1961), "Progressive Stress - A New Accelerated Approach to Voltage Endurance,"Trans. of AIEE(power and Apparatus Systems)80,515 - 522.

[113] Endicott, H. S. , and Zoellner, J. A. (1961), "A Preliminary Investigation of the Steady and Progressive Stress Testing of Mica Capacitors,"Proc. of the 7th National Symposium on Reliability and Quality Control,229 - 235.

[114] Endicott, H. S. , Hatch, B. D. , and Schmer, R. G. (1965), "Application of the Eyring Model to Capacitor Aging Data,"IEEE Trans. on Component Parts,CP - 12,34 - 41.

[115] Escobar,L. A. ,and Meeker,Jr. ,W. Q. (1986a). "Algorithm AS 218 Elements of the Fisher Information Matrix for the Smallest Extreme Value Distribution and Censored Data,"Applied Statistics 35,80 - 86.

[116] Escobar, L. A. , and Meeker, Jr. , W. Q. (1986b), "Optimum Accelerated Life Tests with Type II Censored Data,"J. of Statistical Computation and Simulation 23,273 - 297.

[117] Escobar,L. A. ,and Meeker,Jr. ,W. Q. (1988),"Assessing Local Influence in Regression Analysis with Censored Data,"presented at the 1988 Joint Statistical Meeting,New Orlesns. Prof. Escobar is at Dept. of Exp'l Statistics,Louisiana State Univ. ,Baton Rouge,LA 70803.

[118] Escobar,L. A. ,and Meeker,W. Q. (1989),"Elements of the Fisher Information Matrix for Location - Scale Distributions,"Dept. of Experimental Statistics,Louisiana St. Univ. ,Baton Rouge,LA 70803 - 5606.

[119] Evans,R. A. (1969),"The Analysis of Accelerated - Temperature - Tests,"Proceedings of the 1969 Annual Symposium on Reliability,294 - 302.

[120] Everitt,B. S. ,and Hand,D. J. (1981),Finite Mixture Distributions,Chapman and Hall,New York.

[121] Faraone, L, (1986), "Endurance of 9.3 mm EEPROM Tunnel Oxide," in Insulating Films on Semiconductors,edited by J. J. Simonne and J. Buxo,Elsevier Science Publ.

[122] Farewell, V. T. , and Prentice, R. L. (1977), "A Study of Distributional Shape in Life Testing," Technometrics 19,69 - 75.

[123] FDA Center for Drugs and Biologics(1987), "Guidelines for Submitting Documentation for the Stability of Human Drugs and Biologics,"Office of Drug Research and Review,5600 Fishers Lane, Rockville,MD 20857,(301)443 - 4330.

[124] Fedorov,V. V. (1972),Theory of Optimal Experiments,Academic Press,New York.

[125] Fiegl,P. ,and Zelen,M. (1965),"Estimation of Exponential Survival Probabilities with Concomitant Information,"Biometrics 21,826 - 838.

[126] Finney,D. J. (1968),Probit Analysis,3rd ed. ,Cambridge Univ. Press.

[127] Flack,V. F. , and Flores, R. A. (1989), "Using Simulated Envelopes in the Evaluation of normal Probability Plots of Regression Residuals,"Technometrics 31,219 - 225.

[128] Ford,I. ,Titterington,D. M. ,and Kitsos,C. P. (1989),"Recent Advances in Nonlinear Experimental Design,"Technometrics 31,49 - 60.

[129] Freeman,D. A. (1981),"Bootstrapping Regression Models,"Annals of Statistics 9,1218 - 1228.

[130] Frieman, S. W. (1980), "Fracture Mechanics of Glass," in Glass Science and Technology Vol. 5, Elasticity and Strength in Glasses,D. R. Ullman and N. J. Kreidl,Eds. ,pp. 21 - 78,Academic Press, New York.

[131] Fuller,W. A. (1987),Measurement Error Models,Wiley,New York.

[132] Gabano,J. P. (1983),Lithium Batteries,Academic Press,New York.

[133] Galambos,J. (1978),The Asymptotic Theory of Extreme Order Statistics,Wiley - Interscience,New York.

[134] Gallant,A. R. (1987),Nonlinear Statistical Models,Wiley,New York.

[135] Gaylor, D. W. , and Sweeny, H. C. (1965), "Design for Optimal Prediction in Simple Linear Regression,"J. Amer. Statist. Assoc. 60,205 - 216.

[136] Gertsbakh,L. B. ,and Kordonskiy,K. B. (1969),Models of Failure,Springer Verlag,Berlin.

[137] Ghate,P. B. (1982),"Electromigration - Induced Failures in VLSI Interconnects,"Proc. Internation Reliability Physics Symp. 20,292 - 299.

[138] Gillespie,R. H. (1965),"Accelerated Aging of Adhesives in Plywood - Type Joints,"Forest Products J. ,369 - 378.

[139] Glaser,R. E. (1984),"Estimation for a Weibull Accelerated Life Testing Model,"Naval Research Logistics Quarterly 31,No. 4,559 - 570.

[140] Glasser, M, (1965), "Regression Analysis with Dependent Variable Censored," Biometrics 21, 300 - 307.

[141] Glasser,M. (1967),"Exponential Survival with Covariance,"J. Amer. Statist. Assoc,62,561 - 568.

[142] Glasstone,S. , Laidler, K. J. , and Erying, H. E. (1941), The Theory of Rate Processes, McGraw - Hill,New York.

[143] Goba, F. A. (1969), "Bibliography on Thermal Aging of Electrical Insulation," IEEE Trans. on Electical Insulation EI - 4,31 - 58.

[144] Goldhoff,R. M. ,and Hahn,G. J. (1968),"Correlation and Extrapolation of Creep - Rupture Data of Several Steels and Superalloys Using Time - Temperature Parameters,"ASM publ. No. D8 - 100, Amer,Soc. for Metals,Metals Park,OH 44073.

[145] Goldhoff,R. M. ,and others(1979),"Development of a Standard Methodology for the Correlation and Extrapolation of Elevated Temperature Creep and Rupture Data,"EPRI FP - 1062,Project 638 - 1 Final Report,Electric Power Research Inst. ,Palo Alro,CA.

[146] Graham, J. A. , Ed. (1968), Fatigue Design Handbook, Soc, of Automotive Engineers, Inc. , 400 Commonwealth Dr. ,Warrendale,PA 15096,(412)779 - 4970.

[147] Grange,J. M. (1971),"Study on the Validity of Electronic Parts Stress Models,"IEEE Trans. on Reliability R - 20,136 - 142.

[148] Greene,W. H. (1986),"Analysis of Survival and Failure Time Data with LIMDEP,"The American Statistician 40,228 - 229.

[149] Greenwood,M. (1929),"The Natural Duration of Cancer,"Reports of Public Health and Medical Subjects 33,Her Majesty's Stationery Office,London.

[150] Grimm,W. ,Ed. (1987),Stability Testing of Drug Products,Wissenschaftliche Verlagsgesellschaft mbH,Stuttgart.

[151] Gumbel,E. J. (1958),Statistics of Extremes,Columbia Univ. Press,New York.

[152] Hahn, G. J. (1979), "Statistical Methods for Creep, Fatigue and Fracture Data Analysis," J. of Engineering Materials and Technology 101,344 - 348.

[153] Hahn, G. J., and Meeker, W. Q. (1982), "Pitfalls and Practical Considerations in Product Life Analysis," "Part I: Basic Concepts and Dangers of Extrapolation," "Part II: Mixtures of Product Populations and More General Models," J. of Quality Technology 14, 144 - 152 and 177 - 185.

[154] Hahn, G. J., and Meeker, W. Q. (1990), Statistical Intervals: A Guide for Practitioners, Wiley, New York.

[155] Hahn, G. J., and Miller, J. M. (1968a), "Methods and Computer Program for Estmating Parameters in a Regression Model from Censored Data," General Electric Research & Development Center TIS Report 68 - C - 277.

[156] Hahn, G. J., and Miller, J. M. (1968b), "Time - Sharing Computer Programs for Estimating Parameters of Several Normal Populations and for Regression Estimation from Censored Data," General Electric Research & Development Center TIS Report 68 - C - 366.

[157] Hahn, G. J., and Nelson, W. (1974), "A Comparison of Methods for Analyzing Censored Life Data to Estimate Relationships between Stress and Product Life," IEEE Trans. on Reliability R - 23, 2 - 10.

[158] Hahn, G, J., and Schmee, J. (1980), "Regression Estimates versus Separate Estimation at Individual Test Conditions," J. of Quality Technology 12, 25 - 35.

[159] Hahn, G. J., and Shapiro, S. S. (1967), Statistion Models in Engineering, Wiley, New York.

[160] Hahn, G. J. Morgan, C., and Nelson, W. (1985), "More Accurate Estimates of the Lower Tail of a Fatigue Life Distribution," ASM Metals/Material Technology Series 8515 - 002 from ASM's Materials Week'85, Amer. Soc. for Metals, Metals Park, OH 44073. Based on General Electric Corporate Research & Development TIS Report 85CRD004.

[161] Hamada, M. (1988), "The Costs of Using Incomplete Response Data for the Exponential Regression Model," Tech. Report STAT - 88 - 05, Dept. of Statist. and Acturial Sci., Univ. of Waterloo, Waterloo, Ontatio N2L 3G1.

[162] Harrell, Jr., F. E. (1987), "A Survey of Microcomputer Surival Analysis Software," from author, Dirv. of Biometry, Duke Univ. Medical Center, Box 3363, Durham, NC 27710.

[163] Harris, T. A. (1984), Rolling Bearing Analysis, 2nd ed., Wiley Interscience, New York.

[164] Harter, H. L. (1977), "A Survey of the Literature on the Size Effect on Material Strength," Report No. AFFDL - TR - 77 - 11, Air Force Flight Dynamics Lab. AFSC, Wright - Patterson AFB, OH 45433.

[165] Hasselblad, V., and Stead, A. G. (1982), "DISFIT: A Distibution Fitting System, 2. Continuous Distributions," Biometry Div., Health Effects Res. Lab., U. S. Environmental Protection Agency, Research Triangle Park, NC 27711.

[166] Hatch, B. D., Endicott, H. S. et al. (1962), "Long Life Satellite Reliability Program," General Electric Spacecraft Dept. Docu. No. 62SD4299, Philadelphia, PA.

[167] Hawkins, W. L. (1971), Polymer Stabilization, Wiley, New York.

[168] Hawkins, W. L. (1984), Polymer Degradation and Stabilization, Springer - Verlag, Heidelberg.

[169] Haynes, J., Simpson, J., Krueger, J., and Callahan, J. (1987), "Optimization of Experimental Designs for Two Cases in Elevated Temperature Stability Studies," Drug Devel, and Indus. Pharmacy 10, 1505 - 1526.

[170] Herzberg, A. M. and Cox, D. R. (1972), "Some Optimal Designs for Interpolation and

Extrapolation,"Biometrika 59,551 - 561.

[171] Hymen, J. S. (1988), Electronics Reliability and Measurement Technology, Noyes Publs. , Park Ridge,NJ,128 pp.

[172] Hitz,M. ,Hudec,M. ,and Müllner,W. (1985),"PROSA:a Software Package for the Analysis of Censored Survival Data,"Statistical Software Newsletter 11,N0. 2,43 - 54.

[173] Hoadley,B. (1971),"Asymptotic Properties of Maximun Likelihood Estimators for the Independent Not Identically Distributed Case,"Ann. Math. Statist. 42,1977 - 1991.

[174] Hochberg,Y. ,and Tamhane,A. C. (1987),Multiple Comparison Procedures,Wiley,New York.

[175] Hoel, P. G. (1958), "Efficiency Problems in Polyomial Estimation," Ann, Math. Statist. 29, 1134 - 1145.

[176] Hoel,P. G. , and Levine, A. (1964),"Optimal Spacing and Weighting in Polyomial Prediction," Ann. Math. Statist. 35,1553 - 1560.

[177] Holm,S. ,and de Mare',J. (1988)"A Simple Model for Fatigue Life,"IEEE Trans. on Reliability R - 37,314 - 322.

[178] Howes,M. J. ,and Morgan,D. V. ,Eds. (1981),Reliability and Degradation - Semiconductor Devices and Circuits,The Wliey Series in Solid State Devices and Circuits Vol. 6,New York.

[179] IDEA WORKS(1988),"Ex - Sample,"ad for computer package in Amstat News,No. 150,p. 2,1 (800)537 - 4866.

[180] IEC Publ. 64(1974),"Tungsten Filament Lamps for General Service,"International Electrotechnical Commission,1 rue de Varembe,Geneva,Switzerland.

[181] IEC Publ. 82 (1980), "Ballasts for Tubular Fluorescent Lamps," International Electrotechnical Commission,1 rue de Varembe,Geneva,Switzerland.

[182] IEEE Index(1988),The 1988 Index to IEEE Publications,IEEE Service Center,P. O. Box 1331, Piscataway,NJ 08855 - 1331,(201)981 - 1393 and - 9535.

[183] IEEE Standard 101(1988),"Guide for the Statistical Analysis of Thermal Life Test Data," by H. Rosen(Chr.),W. Nelson,and others of the Statistics Tech. Comm. of the IEEE Dielectrics and Electrical Insulation Soc. ,IEEE Service Center,P. O. Box 1331,Piscataway,NJ 08854 - 1331,(201) 981 - 0060.

[184] IEEE Standard 117(1974),"Standard Test Procedure for Evaluation of Systems of Insulating Materials for Random - Wound AC Machinery,"IEEE Service Center,P. O. Box 1331,Piscataway,NJ 08855 - 1331, (201)981 - 1393 and - 9535.

[185] IEEE Standard 930(1987),"IEEE Guide for the Statistical Analysis of Electrical Insulation Voltage Endurance Data,"by G. C. Stone (Chr.). W. Nelson,and others of the Statistical Technical Comm. of the IEEE. Dielectrics and Electrical Insulation Soc. Purchase from IEEE Service Center, P. O. Box 1331,Piscataway,NJ 08855 - 1331,(201)981 - 0060.

[186] Intel Corp. (1988),Quality and Reliability Handbook,Intel Literature Sales,P. O. Box 58130,Santa Clara,CA 95052 - 8130,(800)548 - 4725.

[187] Ireson, W. G. , and Coombs, Jr. , C. F. , Eds. (1988), Handbook of Reliability Engineering and Management,McGray - Hill,New York.

[188] Iuculano,G. and Zanini,A. (1986),"Evaluation of Failure Models throgh Step - Stress Tests,"IEEE

Trans, on Reliability R-35, 409-413.

[189] Jarso, F. and Zaludova, A. H. (1972), "The Estimation of Guaranteed Fatigue Life under Random Loading," Statistica Neerlandica 3, 171-181.

[190] Jensen, F., and Peterson, N. E. (1982), Burn-in: An Engineering Approach to the Design and Analysis of Burn-in Procedures, Wiley, New York.

[191] Jensen, K. L. (1985) "ALTPLAN - Microcomputer Software for Developing and Evaluating Accelerated Life Test Plans," Dept. of Statistics, Iowa State Univ., Ames, Iowa 50011. Contact Prof. Wm. Meeker.

[192] Johnson, L. G. (1964), The Statistical Treatment of Fatigue Experiments, Elsevier Publ., New York.

[193] Johnson, N. L., and Kotz, S. (1970), Distributions in Statistics: Continuous Univariate Distributions, Vols. 1 and 2, Houghlin-Mifflin, Boston.

[194] Johnoston, D. R., LaForte, J. T., Podhorez, P. E., and Galpern, H. N. (1979), "Frequency Acceleration of Voltage Endurance," IEEE Trans. on Electrical Insulation EI-14, 121-126.

[195] Kalbfleisch, J. D., and Prentice, R. L. (1980), The Statistical Analysis of Failure Time Data, Wiley, New York.

[196] Karlin, S., and Studden. W. J. (1966), "Optimum Experimental Designs," Ann. Math. Statist. 37, 783-815.

[197] Kaufman, R. B., and Meador, J. R. (1968), "Dielectric Tests for EHV Transformers," IEEE Trans. Power Apparatus and Systems, PAS-87, No. 1, 1895-1896.

[198] Kennedy, Jr., W. J. and Gentle, J. E. (1980), Statistical Computing, Marcel Dekker, New York.

[199] Keuffel & Esser (1988), "Graphic Charting and Digital Plotter Media," Catalog 4. Also "Graph Sheets Selection Guide," Keuffel & Esser Co., 20 Whippany Rd., Morristown, NJ 07960, (800)538-3355.

[200] Khan, M., Fatemi, H., Romero, J., and Delenia, J. (1988), "Effect of High Thermal Stability Mold Material on the Gold-Aluminum Bond Reliability in Epoxy Encapsulated VLSI Devise," Proceedings of the 1988 International Reliability Physics Symposium, 40-49.

[201] Kielpinski, T. J., and Nelson, W. (1975), "Optimun Censored Accelerated Life Tests for Normal and Lognormal Life Distributions," IEEE Trans, on Reliability R-24, 310-320.

[202] King, J. R. (1971), Probability Charts for Decision Making, Industrial Press, New York.

[203] Klein, J. P., and Base, A. P. (1981), "Weibull Accelerated Life Tests When There are Competing Causes of Failure," Communications in Statistical methods and Theory A10, 2073-2100.

[204] Klein, J. P., and Basu, A. P. (1982), "Accelerated Life Testing under Competing Exponential Failure Distributions," IAPQR Trans. 7, 1-20.

[205] Kleinbaum, D. G. (1973), "A Generalization of the Growth Curve Model Which Allows Missing Data," J. of Multivariate Anal. 3, 117-124.

[206] Kraemer, H. C., and Thiemann, S. (1987), HOW MANY SUBJECTS? Statistical Power Analysis in Research, Sage Publications, Newbury Park, CA (805)499-0721.

[207] Krause, B. (1974), "Modwen Techniques for Resistor Reliability Testing," Electronic Components 16, 28-29.

[208] Kulldorff, G. (1961), Estimation from Grouped and Partially Grouped Samles, Wiley, New York.

[209] Kulshreshtha, H. K. (1976), "Use of Kinetic Methods in Storage Stabies Studies on Drugs and

Pharmaceuticals,"Defence Science Journal 26,(No. 4),189 - 204,India.

[210] Labuza,T. P. (1982),Shelf - life Dating of Food,Food & Nutrition Press,Westport,CT 06880.

[211] Lachenbruch,P. A. (1985),"SURVCALC User's Manual,"Wiley Professional Software,605 Third Ave. ,New York,NY 10158,(212)850 - 6788.

[212] Lancaster,T. (1990),The Economic Analysis of Transition Data,in preparation.

[213] Lawless,J. F. (1976),"Confidence Interval Estimation in the Inverse Power Law Model,"Applied Statistics 25,128 - 138.

[214] Lawless,J. F. (1982),Statistical Models and Methods for Lifetime Data,Wiley,New York.

[215] Lee,E. T. (1980),Statistical Methods for Survival Data Analysis,Lifetime Learning (Wadsworth),Belmont,CA.

[216] Lefkowitz,J. M. (1985),Introduction to Statistical Computer Packages,an outstanding Primer on the basics of SAS,SPSS* ,Minitab,and BMDP,159 pp. ,Duxbury Press/PWS Publications,Statler Office Bldg. ,20 Park Plaza,Boston,MA 02116.

[217] Lehmann,E. L. (1986),Testing Statistical Hypotheses,Wiley,New York.

[218] Letraset(1986),Graphic Arts Reference Manual,40 Eisenhower Dr. ,Paramus,NJ 07653, $3. 95,(800)526 - 9073.

[219] Levitanus, A. D. (1973), "Accelerated Tests for Tractors and Their Components," in Russian, Mashinostrojenje,Moscow,208 pp.

[220] Liblein,J. ,and Zelen,M. (1956),"Statistical Investigation of the Fatigue Life of Deep - Groove Ball Bearings,"J. of Research of the Nat'l. Bur. of Standards 57,273 - 316.

[221] Linden,D. (1984),Handbook of Batteries and Fuel Cells,McGraw - Hill,New York,1088 pp.

[222] Little,R. E. (1972),Manual on Statistical Planning and Analysis of Fatigue Experiments,American Society for Testing and Mateials Special Technical Publication 588,1916 Race St. ,Philadelphia,PA 19103,(215)299 - 5400 or - 5428.

[223] Little,R. E. (1981),Tables for Estimating Median Fatigue Limits,American Society for Testing and Materials Special Technical Publication 731,1916 Race St. ,Philadelphia,PA 19103,(215)299 - 5400 or - 5428.

[224] Little, R. E. , and Jebe, E. H. (1969), "A Note on the Gain in Precision for Optimal Allocation in Regression As Applied to Extrapolation in S - N Fatigue Testing ,"Technometrics 11,389 - 392.

[225] Little, R. E. , and Jebe, E. H. (1975), Statistical Design of Fatigue Experiments, Halstead Press (Wiley),New York.

[226] Little,R. J. A. ,and Rubin,D. B. (1987),Statistical Analysis with Missing Data,Wiley,New York.

[227] Lipson, C. , and Sheth, N. C. (1973), Statistical Design and Analysis of Engineering Experiments, McGraw - Hill,New York.

[228] Losickij,O. G. and Chernishov, A. S(1970), "Bibliography on Problems of Accelerated Testing,"in Russian,Nadezhnost i Kontrol Kachestva 6 and 7, (Supplement to Soviet Journal Standarty i Kachestva - Standards and Quality - publication of the Societ State Committee for Standardization) Moscow,USSR.

[229] Lu, C. J. , and Meeker, Jr. , W. Q. (1989), "Using Degradation Measures to Assess Reliability," Dept. of Statistics,Iowa State Univ. ,Ames,Iowa 50011. Also,presented at the 1989 Joint Statistical

Meeting, Washington, DC.

[230] LuValle, M. J. and Welsher, T. L. (1988a), "An Example of Analyzing an Accelerated Life Test Using a Kinetic Model," AT & T Tech. Memorandum 52415 - 880909 - O1TM, Rm 4C347, AT & T Bell Labs, Whippany, NJ 07981 - 0903, (201)386 - 2244.

[231] LuValle, M, J., Welsher, T. L., and Mitchell, J. P. (1986), "A New Approach to the Extrapolation of Accelerated Life Test Data," Proceedings of the 5th International Conference on Reliability and Maintainability, 630 - 635.

[232] LuValle, M. J., Welsher, T. L., and Svoboda, K. (1988b), "Acceleration Transforms and Statistical Kinetic Models," J. of Statistical Physics 52, 311 - 330.

[233] Mace, A. E. (1974), Sample Size Determination, Reinhold, New York.

[234] McCallum, J., Thomas, R. E., Waite, J. H. (1973), "Accelerated Testing of Space Batteries," NASA report SP - 323, National Technical Information Service, Springfield, VA 22151.

[235] McCool, J. I. (1974), "Inferential Techniques for Weibull Populations," Aerospace Research Laboratories Report ARL TR 74 - 0180, National Technical Information Services Clearing - house, Springfield, VA 22151, publication AD A 009 645.

[236] McCool, J. I. (1978), "Competing Risk and Multiple Comparison Analysis for Bearing Fatigue Tests," ASLE Trans. 21, 271 - 284.

[237] McCool, J. I. (1980), "Confidence Limits for Weibull Regression with Censored Data," IEEE Trans. on Reliability R - 29, 145 - 150.

[238] McCool, J. I. (1981), Life Test and Weibull Analysis, unpublished course material, Penn State Great Valley, 30 E. Swedesford Rd., Malvern, PA 19355.

[239] McCool, J. I. (1986), "Using Weibull Regression to Estimate the Load - Life Relationship for Rolling Bearings," The Amer. Soc. of Lubr. Eng'rs. Trans. 29, 91 - 101.

[240] McCoun, K. L., Davenport, J. M., and Kolarik, W. J. (1987), "Conditional Confidence Interval Estimation for the Arrhenius and Eyring Models," presented at the Joint Statistical Meetings, San Francisco. Authors at Dept. of Math., Texas Tech., Lubbock, TX 79409.

[241] McLachlan, G. J., and Basford, K. E. (1987), Mixture Models, Marcel Dekker, New York.

[242] Maindonald, J. H. (1984), Statistical Computation, Wiley, New york.

[243] Mann, N. R. (1972), "Design of Over - Stress Life - Test Experiments When Failure Times Have a Two - Parameter Weibull Distribution," Technometrics 14, 437 - 451.

[244] Mann, N. R., Schafer, R. E., and Singpurwalla, N. D. (1974), Methods for Statistical Analysis of Reliability and Life Data, Wiley, New york.

[245] Manson, S. S. (1953), "Behavior of Materials under Conditions of Thermal Stress," NACATN - 2933 from NASA, Lewis Research Center, Cleveland, OH 44135.

[246] Manson, S. S. (1966), Thermal Stress and Low Cycle Fatigue, McGraw - Hill, New York.

[247] Mark, H., Ed. (1985), Encyclopedia of Polymer Science and Engineering, 19 volumes, Wiley, New York.

[248] Martz, H. F. and Waller, R. A. (1982), Bayesian Reliability Analysis, Wiley, New York.

[249] Meeker, Jr., W. Q. (1980a), "Bibliography on Accelerated Testing," Statistics Dept., Iowa State Univ., Ames, IA 50011, (515)294 - 5336.

[250] Meeker,Jr. ,W. Q. (1980b),"Large - Sample Accelerated Life Test Procedures for Comparing Two Products,"private communication,Dept. of Statistics,Iowa State Univ. ,Ames,IA 50011.

[251] Meeker, Jr. , W. Q. (1984a), "A Comparison of Accelerated Life Test Plans for Weibull and Lognormal Distributions and Type I Censoring,"Technometrics 26,157 - 172.

[252] Meeker, Jr. , W. Q. (1984b), "GENMAX - A Computer Program for Maximun Likelihood Estimation,"Dept of Statistics,Iowa State Univ. ,Ames,IA 50011.

[253] Meeker, Jr. , W. Q. (1984c), "A Review of the Statistical Aspects of Accelerated life Testing," Proc. of the 1984 Statistical Symposium on National Energy Issues,Seattle,WA.

[254] Meeker,Jr. ,W. Q. (1985),"Limited Failure Population Life Tests:Application to Integrated Circuit Reliability,"private communication from author at the Dept. of Statistics,Iowa State Univ. ,Ames, IA 50011.

[255] Meeker,Jr. ,W. Q. (1986),"Planning Life Tests in Which Units Are Inspected for Failure,"IEEE Trans. on Reliability R - 35,571 - 578.

[256] Meeker,Jr. ,W. Q. (1987),"Limited Failure Population Life Tests:Application to Integrated Circuit Reliability,"Techometrics 29,51 - 65.

[257] Meeker,Jr. ,W. Q. ,and Duke,S. D. (1981),"CENOR - A User - Oriented Program for Life Data Analysis,"The Amer. Statistician 35,112.

[258] Meeker,Jr. , W. Q. and Duke, S. D. (1982), "User's Manual for CENSOR - A User - Oriented Computer Program for Life Data Analysis," Statistical Laboratory, Iowa State Univ. , Ames, IA 50011,(515)294 - 5336 or - 1076. Price $5.00.

[259] Meeker. Jr. , W. Q. , and Hagn, G. J. (1977), "Asymptotically Optimum Over - Stress Tests to Estimate the Survial Probability at a Condition with a Low Expected Failure Probability," Technometrics 19,381 - 399.

[260] Meeker,Jr. , W. Q. , and Hahn, G. J. (1978), "A Comparison of Acceletated Life Test Plans to Estimate the Survival Probability at a Design Stress,"Technometrics 20,245 - 247.

[261] Meeker,Jr. ,W. Q. ,and Hahn,G. J. (1985),How to Plan an Accelerated Life Test - Some Practical Guidelines, Volume 10 of the ASQC Basic References in Quality Control: Statistical Techniques. Available from the Amer. Soc. for Quality Control,310 W. Wisconsin Ave. ,Milwaukee, WI 53203,(800)952 - 6587.

[262] Meeker, Jr. , W. Q. , and Nelson, W. (1975), "Optimum Accelerated Life Tests for Weibull and Extreme Value Distributions and Censored Data,"IEEE Trans. on Reliability R - 24,321 - 332.

[263] Meeter,C. A. ,and Meeker,W. Q. (1989),"Optimum Acelerated Life Tests with Nonconstant σ," Dept. of Statistics,Ioew State Univ. ,Ames,Iowa 50011.

[264] Menon,M. V. (1963),"Estimation of the Shape and Scale Parmeters of the Weibull Distribution," Techometrics 5,175 - 182.

[265] Menzeficke,U. ,(1988),"On Sample Size Determination for Accelerated Life Tests under a Normal Model with Type II Censoring,"at Faculty of Mgt. ,Univ. of Toronto,246 Bloor St. West,Toronto, Ont. M5S 1V4.

[266] Metals and Ceramics Information Center(1984). "User's Guide and Materisls Information Publication List,"P. O. Box 8128,Columbus,OH 43201 - 9988.

[267] MIL－HDBK－217E(27 Oct. 1986),“Reliability Prediction of Electronic Equipment,”available from Naval Publications and Forms Center,5801 Tabor Ave. ,Philadelphia,PA 19120,(215)697－3321.

[268] MIL－STD－883(29 Nov. 1985),“Test Methods and Procedures for Microelectronics,”available from Naval Publications and Forms Center,5801 Tabor Ave. ,Philadelphia,PA 19120,(215)697－3321.

[269] Miller,R. (1966,1981),Simultaneous Statistical Inference,McGraw－Hill,New york.

[270] Miller,R. (1981),Survival Analysis,Wiley,New York.

[271] Miller,Robert,and Nelson,Wayne(1983),“Optimum Simple Step－Stress Plans for Accelerated Life Testing,”IEEE Trans. on Reliability R－32,59－65.

[272] Miller,Jr. ,R. G. ,Efron,B. ,Brown,Jr. ,B. W. ,and Moses,L. E. (1980),Biostatistics Casebook, Wilty,New York.

[273] Miller,M. A. (1975),“Precision of Rate－Process Method for Predicing Life Expectancy,”Proc. 1975 Symp. on Adhesives for Products from Wood,113－141,Forest Products Lab. ,USDA,1 Pinchot Dr. ,Madison,WI.

[274] Miner,M. A. (1945),“Cumulative Damage in Fatigue,”J. of Applied Mechanics 12,A159－A164.

[275] Moeschberger, M. L. (1974), “Life Tests under Dependent Competing Causes of Failure,” Technometrics 16,39－47.

[276] Montanati,G. C. ,and Cacciari,M. (1984),“Application of the Weibull Probability Function to Life Prediction of Insulating Materials Subjected to Combined Thermal－Electrical Stress,” private communication,Instituto di Elettrotecnica,Industriale,Univ. of Bologna,Italy.

[277] Morgan,C. B. (1982),“Analysis of Censored Data from an Extreme Value Distribution Using an Iterative Least Squares Technique,” Ph. D thesis, Inst. of Administration and management, Union College,Schenectady,NY 12308.

[278] Morrison, F. R. , McCool, J. I. , Yonushonis, T. M. , and Weinberg, P. (1984), “The Load－Life Relationship for M50 Steel Bearings with Silicon Nitride Ceramic Balls,”J. Amer. Soc. of Lubrication Engineers 40,153－159.

[279] Morton,M. ,Ed. (1987),Rubber Technology,Van Nostrand Reinhold,New York.

[280] Murthy,V. K. ,and Swartz,G. B. (1972). “Annotated Bibliography on Cumulative Fatigue Damage and Structural Reliability Models,”Aerospace Research Laboratorise Report ARL72－0161,sold by National Technical Information Services Clearinghouse,Springfield,VA 22151.

[281] Murhy, V. K. , and Swartz, G. B. (1973), “Cumulativa Fatigue Damage Theory and Models,” Aerospace Research Laboratories Report ARL 73－0170, available from National Technical Info. Services Clearinghouse,Spingfield,VA 22151.

[282] Nachlas,J. A. (1986),“A General Model for Age Acceleration During Thermal Cycling,”Quality and Reliability Engineering Internat'l 2,3－6.

[283] Nadas,A. (1969),“A Graphical Procedure for Estinating All Parameters of a Life Distribution in the presence of Two Dependent Death Mechanisms,Each Having a Lognormally Distributed Killing Time,” private communication from the author at IBM Corp. ,East Fishkill Facility,Hopewell Junction,NY.

[284] NAG (1984), “GLIM－3 Users'Manual,” Numerical Algorithms Group, Inc. , The GLIM Coordinator,NAG Central Office,Mayfield House,256 Banbury Rd. ,Oxford OX2 7DE,England.

[285] Nelson,W. B. (1970),“Statistical Methods for Accelerated Life Test Data－The Inverse Power Law

Model,"General Electic Co, Corp. Research & Development TIS Report 71 - C - 001. Graphical methods appear in Nelson (1972a); least - squares methods appear in Nelson (1975a).

[286] Nelson, W. B. (1971), "Analysis of Residuals from Censored Data - with Applications to Life and Accelerated Test Data," General Electric Co. Corp. Reseearch & Development TIS Report 71 - C - 120. Part published in Technometrics 15, (Nov. 1973) 697 - 715.

[287] Nelson, Wayne (1972a), "Graphical Analysis of Accelerated Life Test Data with the Inverse Power Law," IEEE Trans. on Reliability R - 21, 2 - 11; correction (Aug. 1972), 195.

[288] Nelson, Wayne (1972b), "Theory and Application of Hazard Plotting for Censored Failure Data," Technometrics 14, 945 - 966.

[289] Nelson, Wayne (1972c), "A Short Life Test for Comparing a Sample with Previous Accelerated Test Rusults," Technometrics 14, 175 - 185.

[290] Nelson, W. B. (1973a), "Graphical Analysis of Accelerated Life Test Data with Different Failure Modes," General Electric Co. Corp. Research & Davelopment TIS Report 73 - CDR - 001.

[291] Nelson, Wayne (1973b), "Analysis of Residuals from Censored Data," Technometrics 15, 697 - 715.

[292] Nelson, W. B. (1974), "Analysis of Accelerated Life Test Data with a Mix of Failure Modes by maximum Likelihood," General Electric Co. Corp. Research & Developmen TIS Report 74 - CRD - 160.

[293] Nelson, Wayne (1975a). "Analysis of Accelerated Life Test Data - Least Squares Methods for the Inverse Power Law Model," IEEE Trans. on Reliaility R - 24, 103 - 107.

[294] Nelson, Wayne (1975b), "Graphical Analysis of Accelerated Life Test Data with a Mix of Failure Modes," IEEE Trans. on Reliability R - 24, 230 - 237.

[295] Nelson, Wayne (1977), "Optimum Demonstration Tests with Grouped Inspection Data," IEEE Trans. on Reliability R - 26, 226 - 231.

[296] Nelson, W. B. (1979), "Analysis of Life Data as a Function of Other Variabiles When Each Unit Is Inspected Once," General Electric Co. Corp. Research & Development TIS Report 79CRD216.

[297] Nelson, Wayne (1980), "Accelerated Life Testing - Step - Stress Model and Data Analyses," IEEE Trans. on Reliability R - 29, 103 - 108.

[298] Nelson, Wayne (1981), "Analysis of Performance Degradation Data from Accelerated Tests," IEEE Trans. on Reliability R - 30, 149 - 155.

[299] Nelson, Wayne (1982), Applied Life Data Analysis, Wiley, New York, (877) 762 - 2974.

[300] Nelson, W. B. (1983a), "Prediction of Fatigue Life that Would Result If Defects Are Eliminated," General Electric Co. Corp. Research & Development TIS Report 83CRD187.

[301] Nelson, Wayne (1983b), "Monte Carlo Evaluation of Accelerated Life Test Plans," presented at the Joint Statistical Meeting, Toronto.

[302] Nelson, Wayne (1983c), How to Analyze Reliability Data, Volume 6 of the ASQC Basic References in Quality Control: Statistical Techniques, Order Entry Dept., Amer. Soc. for Quality Control, 611 E. Wisconsin Ave., Milwaukee, WI 53201, (800) 248 - 1946.

[303] Nelson, Wayne (1984), "Fitting of Fatigue Curves with Nonconstant Standard Deviation to Data with Runouts," J. of Testing and Evaluation 12, 69 - 77.

[304] Nelson, Wayne (1985), "Weibull Analysis of Reliability Data with Few of No Failures," J. of Quality

Technology 17,140 - 146.

[305] Nelson,Wayne (1988),"Graphical Analysis of System Rapair Data,"J. of Quality Technology 20,24 - 35.

[306] Nelson, Wayne(1990), How to Plan and Analyze Accelerated Tests, ASQC Basic References in Quality Control: Statistical Techniques, Order Entry Dept. , Amer. Soc. for Quality Control, 611 E. Wisconsin Ave. ,Milwaukee,WI 53201,(800)248 - 1946.

[307] Nelson, Wayne, and Hahn, G. EJ. (1972), "Linear Estimation of a Regression Relationship from Censored Data - Part I. Simple Methods and Their Application,"Tehnometrics 14,247 - 269.

[308] Nelson, Wayne, and Hahn, G. J. (1973), "Linear Esitimation of a Regression Relationship from Censored Data - Part II. Best Linear Unbiased Estimation and Theory,"Technometrics 15,133 - 150.

[309] Nelson,W. B. ,and Hendrickson,R. (1972),"1972 User Manual for STATPAC - A General Purpose Program for Data Analysis and for Fitting Statistical Models to Data," General Electric Co. Corp. Research & Development TIS Reports 72GE009,73GEN012,and 77GEN032.

[310] Nelson, W. B. , and Kielpinski, T. J. (1972), "Optimun Accelerated Life Tests for Normal and Lognormal Life Distributions," General Electric Co. Corp, Research & Development TIS Report 72CRD215. Also,published as Kielpinski and Nelson(1975).

[311] Nelson,Wayne,and Kielpinski,T. J. (1976),"Theory for Optimum Censored Accelerated Tests for Normal and Lognormal Life Distribuions,"Technometrics 18,105 - 114.

[312] Nelson,Wayne,and Meeker,W. Q. (1978),"Theory for Optimun Censored Accelerated Life Tests for Weibull and Extreme Value Distributions,"Technometrics 20,171 - 177.

[313] Nelson, W. B. , Morgan, C. B. , and Caporal, P. (1983), "1983 STATPAC Simplified - A Short Introduction to How to Run STATPAC,a General Statistical Package for Data Analysis,"General Electric Co. Corp. Research & Development TIS Report 83CRD146.

[314] Neter,J. ,Wasserman,W. ,and Kutner,M. H. (1983),Applied Linear Regression Models,Richard D. Irwin Co. ,Homewood,IL.

[315] Neter,J. ,Wasserman,W. ,and Kutner,M. H. (1985),Applied Linear Statistical Models,2nd ed. , Richard D. Irwin Co. ,Homewood,IL. Price $43. 95.

[316] Nishimura,A. ,Tatemichi,A. ,Miure,H. ,and Sakamoto,T. (1987),"Life Estimation for IC Plastic Packages under Temperature Cycling Based on Fracture Mechanics," IEEE Trans. on Compo. , Hybrids,and Mfg. Tech. CHMT - 12,637 - 642.

[317] O'Connor,P. D. T. (1985),Practical Reliability Engineering,2nd ed. ,Wiley,New York.

[318] Odeh,R. E. and Fox,M. (1975),Sample Size Choice,Marcel Dekker,New York.

[319] O'Resr, M. R. , and Leeper, J. D. (1983), "Analysis of Incomplete Growth/Wear Curve Data," presented at the 1983 Joint Statistical Meetings,Toronto. Authors at College of Community Heslth Sciences,Univ. of Alabama,P. O. Box 6291,University,Alabama 35486.

[320] Ostrouchov, G. , and Meeker, Jr. , W. Q. (1988), "Accuracy of Approximate Confidence Bounds Computed from Interval Censored Weibull and Lognormal Data. " J. of Statist. Computation and Simulation 29,43 - 76.

[321] Owen,D. B. (1968),"A Survey of Properties and Applications of the Noncenteal t - Distribution," Technometrics 10,445 - 478.

[322] Plamgren,A. (1924),"Die Lebensdauer von Kugellagern,"Z. Verein. Deutschland Ingeniur 58,339 -

341. In German.

[323] Paris,P. C. and Erdogan,F. (1963),"A Critical Analysis of Crack Propagation,"Trans. ASME,Series D,85,528 - 534.

[324] Peck,D. S. (1971),"The Analysis of Data from Accelerated Stress Tests," 9th Annual Proceedings - Reliability Physics 1971,IEEE Catalog No,71 - C - 9 - Phy,67 - 78.

[325] Peck,D. S. (1986),"Comprehensive Model for Humidity Testing Correlation," Proc. International Reliability Physics Symp. 24,44 - 50.

[326] Peck,D. S. , and Trapp,O. D. (1978), Accelerated Testing Handbook, Technology Assoc's. , 51 Hillbrook Dr. ,Portola Valley,CA 94025,(415)941 - 8272. Revised 1987.

[327] Peck,D. S. and Zierdt,Jr. , C. H. (1974), "The Reliability of Semiconductor Devices in the Bell System,"Proceedings of the IEEE 62,185 - 211.

[328] Peduzzi,P. N. ,Holford,T. R. ,and Hardy,R. J. (1980),"A Stepwise Variable Selection Procedure for Survival Models," Biometrics 36,511 - 516.

[329] Peiper, V. and Thum, H. (1979), "Zuverlässigkeitsuntersuchungen unter Anwendung der Mathematischen Modellierung des Verschliessprozesses,"Schmierungstechnik 10,134 - 136.

[330] Peshes,L. J. and Stepanova,M,D. (1972), Models for Accelerated Testing, in Russian, Nauka i Technika,Minsk,USSR,165 p.

[331] Peterson,M. and Winer,W. ,Eds. (1980),Wear Control Handbook ASME Order Dept. ,22 Law Dr. ,P. O. Box 2300,Fairfield,NJ 07007,(201)882 - 1167,Cat. No. G00169, $ 85.

[332] Peto,R. (1973),"Experimental Survival Curves for Interval - Censored Data,"Applied Statistics 22, 86 - 91.

[333] Potthoff,R. F. and Roy,S. N. (1964),"A Generalized Multivariate Analysis of a Variance model Useful Especially for Growth Curve Problems,"Biometrika 51,313 - 326.

[334] Preston,D. L. ,and Clarkson,D. B. (1980),"A User's Guide to SURVREG:Survival Analysis with Regression,"contact Dr. Douglas B. Clarkson,IMSL Inc. ,7500 Bellaire Blvd. ,Houston,TX 77036, (800)222 - IMSL.

[335] Preston,D. L. , and Clarkson,D. B. (1983),"SURVREG: A Program for Interactive Analysis of Survival Regression Models,"The Amer. Statistician 37,174.

[336] Proschan,F. (1963),"Theoretical Explanation of Observed Decreasing Failure Rate,"Technometrics 5,375 - 383.

[337] Proschan,F. ,and Singpurwalla,N. D. (1979),"Accelerating Life Testing - A Pragmatic Bayesian Approach,"in Optimization in Statistics,J. S. Rustagi,ed. ,Academic Press,New York.

[338] Proshan, F. , and Sullo, P. (1976), "Estimating the Parameters of a Multivariate Exponential Distribution,"J. Amer. Statist. Assoc. 71,465 - 472.

[339] Prot,E. M. (1948),"Fatigue Testing Under Progressive Loading; A New Technique for Testing Materials,"Revue de Metallurgie XLV,No. 12,481 - 489(in French). Translation in WADC TR 52 - 148 (Sept. 1952).

[340] Quality Progress (1988),"Equipment Overview. Environmental Test Chambers,"Quality Progress (Aug 1988)84 - 87.

[341] Rabinowicz,E. (1988),Friction and Wear of Metals,2nd ed. ,Wiley,New York.

[342] Rabinowitz, E. , McEntire, R. H. , and Shirlkar, B. (1970), "A Technique for Accelerated Life Testing,"Trans. ASME J. of Engineering for Industry,706 - 710.

[343] Rao,B. L. S. P. (1987),Asymptotic Theory of Statistical Inference,Wiley, New York.

[344] Rao,C. R. (1973),Linear Statistical Inference and Its Applications,2nd ed. ,Wiley,New York.

[345] Ratkowsky,D. A. (1983), Nonlinear Regression Modeling, A Unified Practical Approach, Dekker, new york,288 pp.

[346] Reyolds, F. H. (1977), "Accelerated - Test Procedurse for Semiconductor Components, (Invited Review). "15th Annual Proceedings: Reliability Physics 1977, Las Vegas, 168 - 178. IEEE Catalog No. 80CH1531 - 3, IEEE Service Center, P. O. Box 1331, Piscataway, NJ 08854 - 1331, (201) 981 - 0060.

[347] Ripley,B. D. (1987),Stochastic Simulation,Wiley,New York.

[348] Rivers, B. H. , Gillespie R. H. , and Baker, A. J. (1981), "Accelerated Aging of Phenolic - Bonede Hardboards and Fiberboards,"Forest Products Lab. , USDA, Research Paper FPL 400. 1 Pinchot Dr. ,Madison,WI.

[349] Robertson, T. , Wright, F. T. , and Dykstra, R. L. (1988), Statistical Inference under Inequality Constraints,Wiley,New York.

[350] Robinsion,J. A. (1983),"Bootstrap Confidence Intervals in Location - Scale Models with Progressive Censoring,"Technometrics 25,179 - 188.

[351] Rosenberg, L. S. , Pelland, D. W. , Black, G. D. , Aunet, C. K. , Hostetler, C. K. , and Wagenknecht, D. M. (1986) "Nonisothermal Methods for Stability Prediction," J. of Parenteral Science and Technology 40,164 - 168.

[352] Ross,G. J. S. (1990),Nonlinear Estimation,Springer - Verlag,New York,(800)777 - 4643.

[353] Rychtera,M. (1985),Atmospheric Deterioration of Technological Materials,a Technoclimatic Atlas, Part A: Africa,Academia(Prague)and co - published by Elsevier Science Publ. Co. (Amsterdam), 225 pp.

[354] SAE Handbook AE - 4 (1968), Fatigue Design Handbook, Soc. of Automotive Engineers, 400 Commonwealth Dr. ,Warrendale,PA 15096.

[355] SAS Instiute,Inc. (1985),SAS User's Guide:Statstics,Box 8000,Cary,NC 27511 - 8000,(919)467 - 8000.

[356] Saunders, S. C. (1970), "A Review of Miner's Rule and Subsequent Generalizations for Calculating Expected Fatigue Life,"Boeing Aircraft Co. Document D1 - 82 - 1019.

[357] Saunders,S. C. (1974), "The Theory Relating the Wöhler Equation to Cumulative Damage in the Distribution of Fatigue Life," Aerospace Research Laboratories Report ARL 74 - 0016. Wright - Patterson AFB,OH 45433.

[358] Shatzoff, M. (1985), "Regression Analysis in GRAFSTAT," available from Publ's Dept. , T. J. Watson Research Center,IBM,Yorktown Heights,NY 10596.

[359] Schztzoff,M. ,and Lane,T. P. (1986),"Reliability Analysis in GRAFSTAT,"IBM Research Report RC 11655,IBM Distribution,73F04 Stormytown Rd. ,Ossining,NY 10562,(914)241 - 4273.

[360] Schatzoff,M. ,and Lane,T. P. (1987),"A General Step Stress Model for Accelerated Life Testing," private communication from Dr. Schatzoff, IBM Cambridge Scientific Center, 101 Main St. , Cambridge,MA 02142. Also,presented at the Joint Statistical Meeting. Aug. 1987,San Francisco.

[361] Schmee, J. , and Hahn, G. J. (1979), "A Simple Method for Regression Analysis with Censored Data," Technometrics 21, 417 - 432.

[362] Schmee, J. , and Hahn, G. J. (1981), "A Computer Program for Simple Regression with Censored Data," J. of Quality Technology 13, 264 - 269.

[363] Schneider, H. (1986), Truncated and Censored Samples for Normal Populations, Marcel Dekker, New York.

[364] Schneider, H. and Weissfeld, L. (1987), "Interval Estimation for Accelerated Life Tests Based on the Lognormal Model," authors at Louisiana State Univ. , Baton Rouge, LA 70803. Also in Technometrics 21(Jan, 1989)24 - 31.

[365] Seber, G. A. F. and Wild, C, J. , (1989), Nonlinear Regression, Wiley, New York.

[366] Serensen, S. V. , Garf, M. E. , and Kuz'menko, V. A. (1967), Dinamika Mashin Dlia Ispytanii NaUstalost', in Russian, Mashinostaroenie, Moscow, 459 pp.

[367] Shaked, M. , and Singpurwalla, N. D. (1983), "Inference for Step - Stress Accelerated Life Tests," J. of Statistical Planning and Inference 7, 295 - 306.

[368] Shaked, M. , Zimmer. W. J. , and Ball, C. A. (1979), "A Nonparametric Approach to Accelerated Life Testing," J. of the Amer. Statistical Assoc. 79, 694 - 699.

[369] Shatzkes, M. and Lloyd, J. R. (1986), "A Model for Conductor Failure Considering Diffusion Concurrently with Electromigration Resulting in Current Exponent of 2," J, Applied Physics 59, 3890 - 3993.

[370] Shorack, G. R. (1982), "Bootstrapping Robust Regression," Communications in Statistics, part A - Theory and Methods 11, 961 - 972.

[371] Sidik, S. M. (1979), "Maximum Likelihood Estimation for Life Distributions with Competing Failure Modes," NASA Technical Memorandum TM - 79126, National Aeronautics and Space Administration, Lewis Research Center, Cleveland, OH 44135.

[372] Sidik, S. M. , Leibecki, H. F. , and Bozek, . J. M. (1980). "Cycles to Failure of Silver - Zinc Cells with Competing Failure Modes - Preliminary Data Analysis," NASA Technical Memorandum 81556, Lewis Research Center, Cleveland, OH 44135. Also presented at the 1980 Joint Statistical Meetings, Houston.

[373] Sillars, R. W. (1973), Electrical Insulating Materials and Their Application, Peter Peregrinus Ltd. , Southage House, Stevenage, Herts. SG1 1HQ, England, published for the Instiution of Electrical Engineers.

[374] Silvey, S. D. (1980), Optimal Design, Chapman and Hall, New York.

[375] Simoni, L. (1974), Voltage Endurance of Electrical Insulation, Tecnoprint, Bologna.

[376] Simoni, L. (1983), Fundamentals of Endurance of Electrical Insulating Materials, CLUEB, Bologna.

[377] Singpurwalla, N. D. (1971), "Inference from Accelerated Life Tests When Obsevations Are Obtained from Censored Samples," Technometrics 13. 161 - 170.

[378] Singpurwalla, N. D. (1975), "Annotated Bibliography on Some Physical Models in Accelerated Life Testing and Models for Fatigue Failure," Georga Washington Univ. Technical Memorandum TM - 64901. Also, published as Aerospace Research Laboratories Report ARL - 75 - 0158, Wright - Patterson Air Force Base, OH 45433.

[379] Singpurwalla, N. D. , and Al - Khayyal, F. A. (1977), "Accelerated Life Tests Using the Power Law

Model for the Weibull Distribution,"The Theory and Applications of Reliability with Emphasis on Bayesian and Nonparametric Methods, C. P. Tsokos and I. N. Shimi, Eds., Academic Press.

[380] Skelton, R. P., Ed. (1982), Fatigue at High Temperature, Elsevier Science Publ. Co., New York.

[381] SKF (1981), General Catalogue, Number 3200 E, 1100 First Ave., King of Prussia, PA 19406 - 1352, (215)265 - 1900.

[382] SPSS, Inc. (1986), SPPS^x User's Guide, 2nd ed., 444 N. Michigan Ave., Suite 3300, Chicago, IL 60611, (312)329 - 2400.

[383] Starr, W. T., and Endicott, H. S. (1961), "Progressive Stress - A New Accelerated Approach to Voltage Endurance,"Trans. of the AIEE 80, Part 3, 515 - 522.

[384] Steinberg, D. and Colla, P. (1988), "SURVIVAL: A Supplementary Module for SYSTAT," SYSTAT, Inc. 1800 Sherman Ave., Evanston, IL 60201, (312)864 - 5670.

[385] Stigler, S. M., (1971), "Optimal Experimental Design for Polynomial Regression,"J. Amer. Statist, Assoc. 66, 311 - 320,

[386] Strauss, S. H. (1980), "STATPAC: A General Purpose Package for Data Analysis and Fitting Statistical Models to Data,"The Amer, Statistician 34, 59 - 60.

[387] Taguchi, G. (1987), System of Experimental Design, Amer. Supplier Inst., Six Parklane Blvd., Suite 411, Dearborn, MI 48126, (313)271 - 4200.

[388] TEAM(1988), "1988 Catalog and Price List,"Technical and Engineering Aids for Management, Box 25, Tamworth, NH 03886, (603)323 - 8843.

[389] Thisted, R. A. (1987), Elements of Statistical Computing - Numerical Computation, Chapman and Hall, New York.

[390] Thomas, D. R. and Grunkemeier, G. L. (1975), "Confidence Interval Estimation of Survival Probabilities for Censored Data,"J. Amer. Statist. Assoc. 70, 865 - 871.

[391] Timm, N. H. (1980), "Multivariate Analysis of Variance of Repeated Measurements,"in Hand - book of Statistics, Volume I: Analysis of Variance , P. R. Krishnaiah, Ed., 41 - 87, North - Holland, New York.

[392] Titterington, D. M., Smith, A. F. M., and Makov, U. E. (1986), Statistical Analysis of Finite Mixture Distributions, Wiley, New York.

[393] Tobias, P. A., and Trindade, D. (1986), Applied Reliability, Van Nostrand Reinhold Co., new York.

[394] Tomsky, J. (1982). "Regression Models for Detecting Reliability Degradation,"Proc. 1982 Reliability and Maintainability Symp., 238 - 245.

[395] Tufte, E. R. (1983), The Visual Display of Quantitative Information, Graphics Press, Box 430, Cheshire, CT 06410.

[396] Trunbull, B. W. (1976), "The Empirical Distribution Function with Arbitrarily Grouped, Censored, and Truncated Data,"J. Royal Statist. Soc. B 38, 290 - 295.

[397] Tustin, W. (1986), "Recipe for Reliability: shake and Bake,"IEEE Spectrum 23, no. 12, 37 - 42.

[398] Uhlig, H. H., and Revie, R. W. (1985), Corrosion and Corrosion Control, Wiley - Interscience, 458 pp. Price $ 56. 55.

[399] Uderwriters Laboratories, Inc. (1975), "Polymeric Materials - Long Term Property Evaluations," "Standard for Safety UL 746B, 1285 Walt Whitman Rd., Melville, NY 11747.

[400] Vander Wiel,S. A. and Meeker,W. Q. (1988),"Accuracy of Approximate Confidence Bounds Using Censored Weibull Regression Data from Accelerated Life Tests,"authors at Dept. of Statistics,Iowa State Univ. ,Ames,Iowa 50011. To appear in IEEE Trans on Reliability.

[401] Vaupel,J. W. ,and Yashin,A. I. (1985),"Heterogeneity's Ruses:Some Surprising Effects of Selection on Population Dynamics,"The Amer. Statistician 39,176 - 185.

[402] Veluzat,P. and Goddet,T. (1987),"New Trends in Rigid Insulation of Turbine Generators,"IEEE Electrical Insulation Magazine 3,24 - 26.

[403] Viertl,R. (1987),"Bayesian Inference in Accelerated Life Testing,"invited paper,46th Seeion of the ISI,Tokyo. From the author,Technische Univ. Wien,A - 1040 Wien,Austria.

[404] Viertl, R. (1988), Statistical Methods in Accelerated Life Testing, Vandenhoeck & Ruprecht,Göttingen.

[405] Vincent,G. A. (1987)"A Guide to Testing Liquid Dielectrics in Simple Combination with Solid Dielectrics,"a guide to tests and standards ,IEEE Electrical Insulation 3,10 - 20.

[406] Vlkova,M. and Rychtera, M. (1978),"Control of Thermo - oxidative Aging of High - Voltage Insulations,"Elektrotechn. Obzor 67,225 - 229.

[407] Wagner, A. E. , and Meeker, Jr. , W. Q. (1985),"A Survey of Statistical Software for Life Data Analysis,"private communication from Prof. Meeker, Dept. of Statistics, Snedecor Hall, Iowa State Univ. ,Amer,IA 50011.

[408] Weibull,W. (1961),Fatigue Testing and Analysis of Results,Pergamon Press,New York.

[409] Weisberg,S. (1985),Applied Linear Regression,2nd ed. ,Wiley,Ney York.

[410] Whitman, L. C. , and Doigan P. (1954)"Calaclation of Life Characteristics of Insulation," AIEE Transactions 73,193 - 198.

[411] Wilks,S. S. (1962),Mathematical Statistics,Wiley,New York.

[412] Winspear,G. Ed. (1968),Vanderbilt Rubber Handbook,230 Park Ave. ,New York,NY.

[413] Yokobori,T. and Ichikawa,M. (1974),"Non - linear Cumulative Damage Law for Time - Dependent Fracture Based on Stochastic Approach,"Strength and Fracture of Materials 10,1 - 14.

[414] Yoshioka,S. ,Aso,Y. ,and Uchiyama,M. (1987),"Statistical Evaluation of Nonisothermal Prediction of Drug Stability,J. of Pharm,Sci. 76,794 - 798.

[415] Young,W. R. (1988),"Accelerated Temperature Pharmaceutical Product Stability Deteminations," private communication,author at Dept. 916,Lederle Labs,Pearl River,NY 10965. To appear in Drug Development and Industrial Pharmacy.

[416] Yum, B. - J. and Choi, S. C. (1987),"Optimal Design of Accelerated Life Tests under Periodic Inspection," at Dept. of Indus. Engineering, Korea Advanced Inst. of Science and Technology, P. O. Box 150,Chongryang,Seoul,Korea.

[417] Yurkowski, W. , Schafer, R. E. , and Finkelstein, J. M. (1967),"Accelerated Testing Technology," Rome Air Development Center Tech. Rep. RADC - TR - 67 - 420,Griffiss AFB,NY.

[418] Zalud, F. H. (1971),"Accelerated Testing in Automobile Development," Proc. EOQC Seminar on Quality Control in the Automobile Industry,Torino.

[419] Zaludova, A. H. (1981),"Designing for Reliability Using Failure Mechanism Model," Proc. EOQC Conference,Paris,17 - 26.

[420] Zaludova, A. H. , and Zalud, F. H. (1985), "New Developments in Accelerated Testing ," Proc. EOQC Conference, Estoril, 10 - 24.

[421] Zelen, M. (1959), "Factorial Experiments in Life Testing," Technometrics 1, 269 - 288.

[422] Zhurkov, S. N. (1965), "Kinetic Concept of Stregth of Solids," Internat'l J. of Fracture Mechanics I. 311 - .